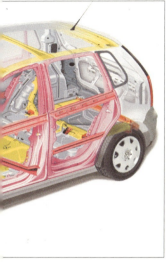

Aerodynamische Erprobung im Windkanal

metrie-Station

Umformen der Karosseriebleche in einer abgekapselten Großraum-Saugerpresse

Anbau eines Türmoduls in der Fertigmontage

... weitere Produkte aus dem
Kfz-Programm

Kraftfahrzeugtechnik
Lernfelder 1–4

Arbeitsaufträge und Grundwissen
Ringordner mit Fachbuch und Arbeitsaufträgen
Ivo Antonini, August Baier, Michaela Friese, Dietrich Kruse

Fachbuch 88 Seiten, 23 Arbeitsaufträge .. **3-14-23 1901-8**
Lösungs-CD Arbeitsaufträge **3-14-36 4011-1**

Kraftfahrzeugmechatronik
Lernfelder 5–8

Arbeitsaufträge und Fachwissen
Ringordner mit Fachbuch und Arbeitsaufträgen
Ivo Antonini, August Deinböck, Michaela Friese, Dietrich Kruse

Fachbuch 146 Seiten, 25 Arbeitsaufträge **3-14-23 1902-6**
Lösungs-CD Arbeitsaufträge **3-14-36 4012-X**

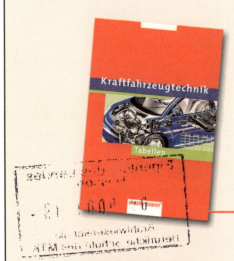

Kraftfahrzeugmechatronik
Pkw-Technik, Lernfelder 9–14

Arbeitsaufträge und Fachwissen
Ringordner mit Fachbuch und Arbeitsaufträgen
August Deinböck, Günther Einwang, Guido Frevert,
Jürgen Schäfer

Fachbuch 240 Seiten, 32 Arbeitsaufträge **3-14-23 1903-4**
Lösungs-CD Arbeitsaufträge **3-14-36 4013-8**

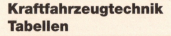

Kraftfahrzeugtechnik
Tabellen

Peter Gerigk, Detlef Bruhn, Dietmar Danner,
Leonhard Endruschat, Heinrich Gross, Dietrich Kruse,
Siegfried Neumann, Rainer Schopf

448 Seiten, vierfarbig **3-14-22 5040-9**

Wörterbuch
Kraftfahrzeugtechnik

Deutsch-Englisch / Englisch-Deutsch
Erika Prömel

96 Seiten.. **3-14-23 1950-6**

Vorwort

Die **Neuauflage** des Fachbuchs der Kraftfahrzeugtechnik ist für auszubildende Kraftfahrzeugmechatroniker/innen aller Ausbildungsjahre konzipiert.

Es ist ein Berufsschulbuch für den Teilzeit- und Vollzeitunterricht. Es kann also auch für den Unterricht im BGJ mit dem Schwerpunkt Kraftfahrzeugtechnik und in allen vergleichbaren Ausbildungsmaßnahmen verwendet werden.

Weiterhin eignet es sich zur **betrieblichen Unterweisung** und zum **Selbststudium**. Von Facharbeitern und Meistern kann es als Nachschlagewerk verwendet werden.

Die Strukturierung des **KMK-Rahmenlehrplans** nach Lernfeldern fordert die Entwicklung einer Handlungskompetenz, die in einem handlungsorientierten Unterricht besonders durch das Fachbuch unterstützt wird.

Alle **Lernfelder**, die sich an beruflichen Aufgabenstellungen und Handlungsabläufen orientieren, können mit dem Fachbuch exemplarisch bearbeitet werden.

Auf Grund der neuesten Entwicklungen auf dem Gebiet der Kraftfahrzeugtechnik wurde die 6. Auflage gegenüber der 5. Auflage wesentlich überarbeitet.

Die Bauteile, Baugruppen bzw. Systeme des Kraftfahrzeugs werden unter Einbeziehung der entsprechenden naturwissenschaftlichen Grundlagen beschrieben. Es wurde immer darauf geachtet, dass der technologische und mathematische Zusammenhang aufgezeigt wird, um so die Wirkungsweise der Bauteile, Baugruppen bzw. Systeme des Kraftfahrzeugs zu verstehen.

Das Fachbuch wurde in vielen Kapiteln neu aufbereitet bzw. durch die folgenden Kapitel ergänzt: Arbeitsschutz und Recycling im Kfz-Betrieb, Betriebliche Organisation und Kommunikation.

Wartungs- und **Arbeitshinweise** sowie **Unfallverhütungsvorschriften** ergänzen die Lerninhalte und sollen gleichzeitig das selbstständige Planen, Durchführen und Kontrollieren im Arbeitsablauf fördern.

Das Fachbuch wird für den **handlungsorientierten Unterricht** durch folgende Medien unterstützt:

- Tabellenbuch Kraftfahrzeugtechnik
  [Hinweise darauf im Fachbuch: (⇒ TB)],
- Technische Mathematik,
- CD-ROMs zur effektiven Unterrichts- und Prüfungsvorbereitung sowie
- Internetseiten zur Ergänzung und Aktualisierung der Fachbuchinhalte unter www.westermann.de,
  Rubrik *Aktuelles – Downloadpool – Berufsbildung*.

Hinweise für Verbesserungen und Ergänzungen werden von den Autoren und dem Verlag dankbar aufgenommen.

Autoren und Verlag   Braunschweig 2005

Grundlagen
10 bis 149

Kraftfahrzeuge
150 bis 155

Motor
156 bis 297

Kraftübertragung
298 bis 349

Fahrwerk
350 bis 447

Krafträder
448 bis 473

Nutzkraftwagen
474 bis 513

Elektrische Anlage
514 bis 569

Elektronische Systeme
570 bis 603

Inhaltsverzeichnis / contents

Grundlagen

1	**Arbeits- und Umweltschutz im Kfz-Betrieb**	11
1.1	Personenschutz	11
1.1.1	Sicherheitszeichen	11
1.1.2	Sicherheitseinrichtungen	13
1.1.3	Arbeitssicherheit im Umgang mit gefährlichen Stoffen	13
1.1.4	Gefahrenstoff- und Gefahrengutverordnung Straße	14
1.2	Maschinenschutz	15
1.3	Umweltschutz	15
1.3.1	Kreislaufwirtschafts- und Abfallgesetz (KrW-/AbfG)	16
1.3.2	Verordnung zur Bestimmung von überwachungsbedürftigen Abfällen zur Verwertung (BestüVabfV)	17
1.3.3	Chemikalienrecht	17
1.3.4	Gewässerschutz	18
1.3.5	Altölverordnung (AltölV)	19
1.3.6	Altautoentsorgung	19
1.4	Recycling	20
1.4.1	Demontage- und Schreddersysteme	21
1.4.2	Demontageanalyse	21
1.4.3	Schreddertechnologie	22
2	**Betriebliche Organisation und Kommunikation**	23
2.1	Grundlagen der betrieblichen Organisation	23
2.1.1	Aufbau eines Betriebes	24
2.1.2	Einflüsse auf die betriebliche Organisation	25
2.2	Qualitätsmanagement	26
2.3	Kommunikation	28
2.3.1	Grundlagen der Kommunikation	28
2.3.2	Kundengespräch	29
2.3.3	Umgang mit Reklamationen	29
2.4	Personalführung	30
2.5	Mitarbeiterverhalten	30
2.6	Arbeitsplanung	31
2.6.1	Arbeitsablaufplanung und Auftragsbearbeitung	32
2.6.2	Betriebliche Datenverarbeitung	34
3	**Prüfen**	37
3.1	Messen	37
3.2	Messabweichungen	38
3.3	Messgeräte für Längen- und Winkelmessungen	38
3.3.1	Maßverkörperungen	38
3.3.2	Anzeigende Messgeräte	38
3.4	Lehren	42
3.4.1	Normallehren	42
3.4.2	Grenzlehren	42
3.5	Maßtoleranzen	43
3.6	ISO-Passungen und ISO-Toleranzsystem	44
3.6.1	Passungen	44
3.6.2	Toleranzsystem	44
3.6.3	Passungssysteme	45
3.7	Anreißen	46
4	**Fertigungsverfahren – Übersicht**	47
5	**Urformen**	48
5.1	Urformen von Werkstücken aus Metallen	48
5.1.1	Urformen aus dem flüssigen Zustand (Gießen)	48
5.1.2	Urformen aus dem festen Zustand	49
5.2	Urformen von Werkstücken aus Kunststoffen	49
6	**Umformen**	50
6.1	Druckumformen	50
6.1.1	Schmieden	50
6.1.2	Walzen	51
6.1.3	Strangpressen	51
6.2	Zugdruckumformen	51
6.3	Biegeumformen	51
6.3.1	Biegevorgang	51
6.3.2	Biegeverfahren	52
7	**Trennen**	53
7.1	Trennverfahren	53
7.2	Werkzeuge zum Trennen	53
7.2.1	Kräfte und ihre zeichnerische Darstellung	53
7.2.2	Trennkräfte in Abhängigkeit vom Keilwinkel β	54
7.2.3	Der Keilwinkel β in Abhängigkeit von der Werkstofffestigkeit	54
7.3	Zerteilen	54
7.3.1	Keilschneiden	54
7.3.2	Scherschneiden	55
7.4	Spanen	55
7.4.1	Grundlagen des Spanens	55
7.4.2	Meißeln	56
7.4.3	Sägen	56
7.4.4	Feilen	57
7.4.5	Bohren	59
7.4.6	Senken	60
7.4.8	Gewindeherstellung	61
7.4.9	Drehen	62
7.4.10	Weitere spanende Bearbeitungsverfahren	62
7.5	Abtragen	63
7.5.1	Plasmaschneiden	63
7.5.2	Laser-Schmelzschneiden	64
8	**Fügen**	65
	Kraftschlüssige Verbindungen	65
8.1	Klemmverbindungen	65
8.2	Pressverbindungen	65
8.3	Kegelverbindungen	66
8.4	Schraubverbindungen	66
	Formschlüssige Verbindungen	71
8.5	Sicherungsscheiben und Sicherungsringe	71
8.6	Stiftverbindungen	71
8.7	Federverbindungen	71
8.8	Profilverbindungen	71
8.9	Nietverbindungen	72
8.10	Durchsetzfügen	73
8.11	Bördel- und Falzverbindungen	74
	Stoffschlüssige Verbindungen	75
8.12	Lötverbindungen	75
8.13	Schweißverbindungen	77
8.14	Klebeverbindungen	82
9	**Stoffeigenschaftändern**	85
9.1	Gefügeaufbau und Zustandsdiagramm von Eisen und Eisenkarbid	85
9.2	Wärmebehandlung von Eisenwerkstoffen	87
9.2.1	Glühen	87
9.2.2	Härten	88
9.2.3	Anlassen	89
9.2.4	Vergüten	89
10	**Werkstoffe und ihre Normung**	90
10.1	Einteilung der Werkstoffe	90
10.2	Physikalische Grundlagen	90
10.3	Chemische Grundlagen	91
10.4	Werkstoffeigenschaften	91
10.5	Eisen und Stahl	95
10.6	Normung der Stahl- und Eisenwerkstoffe	95
10.7	Einteilung der Eisen-Kohlenstoff-Gusswerkstoffe	98
10.8	Schwermetalle und ihre Legierungen	99
10.9	Leichtmetalle und ihre Legierungen	100
10.10	Nichtmetallische Werkstoffe	101
10.11	Verbundstoffe	102
10.12	Schneidstoffe	103

11	**Grundlagen technischer Systeme** 104
11.1	Systemtechnische Grundlagen 104
11.2	Hauptfunktionen technischer Systeme 104
11.3	Gliederung von technischen Systemen 106

12	**Steuerungs-, Regelungs- und Informationstechnik** 109
12.1	Grundlagen 109
12.1.1	Steuerung 109
12.1.2	Regelung 110
12.1.3	Signalfluss 110
12.1.4	EVA-Prinzip 111
12.1.5	Signalformen 111
12.1.6	Signalwandler 111
12.1.7	Sensoren 112
12.1.8	Aktoren 112
12.2	Steuerungsarten 112
12.2.1	Mechanische Steuerungen 112
12.2.2	Hydraulische und pneumatische Steuerungen ... 113
12.2.3	Elektrische Steuerungen 116
12.2.4	Elektronische Steuerungen 117
12.3	Schaltungen der Steuerungstechnik 118
12.3.1	Grundfunktionen 118
12.3.2	Ablaufsteuerungen 118
12.4	Informationstechnik 119
12.4.1	Zahlensysteme in der Datenverarbeitung 120
12.4.2	Aufbau eines Computersystems 121
12.4.3	Periphere Speicher 123
12.4.4	Computersoftware 124
12.4.5	Vernetzte Computersysteme 124
12.4.6	Bundesdatenschutzgesetz 125

13	**Grundlagen der Elektrotechnik** 126
13.1	Elektrischer Strom 126
13.2	Elektrische Spannung 126
13.3	Elektrischer Widerstand 127
13.4	Einfacher elektrischer Stromkreis 127
13.5	Ohmsches Gesetz 128
13.6	Messen elektrischer Größen 128
13.7	Messgeräte 129
13.8	Schaltungen elektrischer Verbraucher 133
13.9	Elektrische Arbeit und Leistung 134
13.10	Schutzmaßnahmen gegen die Gefahren des elektrischen Stromes 134
13.11	Magnetismus 136
13.12	Elektromagnetische Induktion 137
13.13	Elektrische und elektronische Bauelemente .. 140

Kraftfahrzeuge

14	**Entwicklung des Kraftfahrzeugs** 151

15	**Kraftfahrzeugarten** 154
15.1	Einteilung der Kraftfahrzeuge 154
15.2	Gesetzliche Bestimmungen für die Inbetriebnahme von Kraftfahrzeugen 155
15.3	Baugruppen, Anlagen und Bauteile der Kraftfahrzeuge 155

Motor

16	**Grundprinzip des Viertakt-Ottomotors** 157
16.1	Grundsätzlicher Aufbau 158
16.2	Physikalische Grundlagen 158
16.3	Vorgänge während der vier Takte eines Viertakt-Ottomotors mit Saugrohreinspritzung ... 159
16.4	p-V-Diagramm 161
16.5	Kenngrößen des Verbrennungsmotors 163
16.6	Klopfende Verbrennung 164

17	**Kraftstoffe** 166
17.1	Erdöl 166
17.2	Kraftstoffherstellung aus Erdöl 166
17.3	Ottokraftstoffe 167
17.4	Dieselkraftstoffe 168
17.5	Alternativkraftstoffe 169
17.6	Gefahrenklassen der Kraftstoffe 169

18	**Kraftstoffförderanlage** 170
18.1	Bauteile der Kraftstoffförderanlage für Ottomotoren .. 170
18.1.1	Kraftstoffbehälter 170
18.1.2	Kraftstoffförderpumpen 171
18.1.3	Kraftstofffilter 172
18.1.4	Einrichtungen zur Be- und Entlüftung 173
18.1.5	Kraftstoffleitungen 173
18.1.6	Kraftstofffördermodul 173
18.2	Wartung und Diagnose 173

19	**Filter** 174
19.1	Filterwirkung und Filterarten 174
19.1.1	Siebfilter 174
19.1.2	Faserfilter 174
19.1.3	Nassfilter 175
19.1.4	Zentrifugalfilter 175
19.1.5	Magnetabscheider 175
19.2	Anwendungsgebiete für Filter 175
19.2.1	Luftfilter 175
19.2.2	Kraftstofffilter 176
19.2.3	Schmierölfilter 177
19.2.4	Hydraulikfilter 178
19.2.5	innenraumfilter 178
19.3	Wartung und Diagnose 178

20	**Einspritzanlagen für Ottomotoren** 179
20.1	Luftverhältnis 179
20.2	Betriebszustände 179
20.3	Arten der Einspritzanlagen 180
20.4	Aufbau und Wirkungsweise elektronischer Einspritzanlagen 181
20.4.1	Kraftstoffsysteme für die indirekte Einspritzung .. 182
20.4.2	Ansaugsysteme 184
20.4.3	Steuerung elektronischer Einspritzanlagen ... 185
20.5	Indirekte Einspritzanlagen 186
20.5.1	KE-Jetronic 186
20.5.2	Mono-Jetronic 187
20.5.3	L-Jetronic 188
20.5.4	Kombinierte Zünd- und Gemischbildungssysteme ... 189
20.6	Direkte Einspritzanlagen 191
20.6.1	Betriebsarten 191
20.6.2	Aufbau und Wirkungsweise einer Direkteinspritzanlage 193

21	**Grundprinzip des Viertakt-Dieselmotors** 196
21.1	Vorgänge während der vier Takte 196
21.2	Zündverzug 198
21.3	Ideales Arbeitsspiel 198
21.4	Gemischbildung und Verbrennung 199
21.5	Verbrennungsverfahren 200
21.6	Vergleich zwischen Otto- und Dieselmotor 201
21.7	Starthilfsanlagen 201

22	**Leistungsmessung und Motorkennlinien** ... 204
22.1	Aufbau und Wirkungsweise der Leistungsbremse 204
22.2	Motorkennlinien 205
22.2.1	Ermittlung der Motorkennlinien 205
22.2.2	Auswertung der Motorkennlinien 206
22.3	Rollen-Leistungsprüfstand 207

23	**Einspritzanlagen für Pkw-Dieselmotoren** ... 208
23.1	Elektronisch geregelte Verteilereinspritzpumpe mit Regelschieber (Axialkolbenpumpe) 208
23.1.1	Kraftstoff-Vorförderpumpe 209
23.1.2	Flügelzellenpumpe 209
23.1.3	Pumpenelement 209
23.1.4	Elektronische Einspritzmengenregelung 210
23.1.5	Elektronisch geregelte Spritzbeginnverstellung ... 210
23.1.6	Kraftstoffabstellvorrichtung 211
23.2	Elektronisch geregelte Verteilereinspritzpumpe mit Förderkolben (Radialkolbenpumpe) 211
23.2.1	Kraftstoffversorgung 211
23.2.2	Hochdruckerzeugung 211

23.2.3	Einspritzmengenregelung	213
23.2.4	Spritzbeginnverstellung	213
23.3	Einspritzdüse und Düsenhalterkombination	213
23.3.1	Zapfendüse	214
23.3.2	Lochdüse	215
23.3.3	Beanspruchung der Einspritzdüse	215
23.3.4	Düsenhalter	215
23.4	Wartung und Diagnose	216
23.4.1	Einstellen des Förderbeginns	216
23.4.2	Prüf- und Messgeräte	216
23.5	Pumpe-Düse-Systeme	217
23.5.1	Kraftstoffversorgung	217
23.5.2	Hochdruckteil	218
23.6	Common-Rail-System	220
23.6.1	Hochdrucksystem	220
23.6.2	Wartung und Diagnose an PDE- und Common-Rail-Systemen	223
24	**Motorsteuerung**	**225**
24.1	Wirkungsweise der Motorsteuerung	225
24.2	Bauteile der Motorsteuerung	226
24.2.1	Antrieb der Nockenwelle	226
24.2.2	Nockenwelle	227
24.2.3	Stößel	228
24.2.4	Kipp- und Schlepphebel	229
24.2.5	Stoßstangen	230
24.2.6	Ventile	230
24.2.7	Ventilsitz	231
24.2.8	Ventilführung	232
24.2.9	Ventilfeder	232
24.2.10	Ventilfederteller und Kegelstücke	233
24.2.11	Ventildrehvorrichtung (Rotocap)	233
24.3	Wartung und Diagnose	233
24.4	Verbesserung des Liefergrades (Füllungsgrades)	235
24.4.1	Mehrventiltechnik	235
24.4.2	Schaltsaugrohre	235
24.4.3	Variable Ventilsteuerungen	236
24.4.4	Abgasturboaufladung	238
24.4.5	Aufladung mit Drehkolbengebläse (Rootsgebläse)	242
25	**Kurbeltrieb**	**243**
25.1	Bewegungen am Kurbeltrieb	243
25.2	Kräfte am Kurbeltrieb	243
25.3	Kolben	244
25.4	Kolbenringe	248
25.5	Kolbenbolzen	250
25.6	Pleuelstange	251
25.7	Kurbelwelle	252
25.8	Kurbelwellen-Gleitlager	254
25.9	Schwungrad	256
26	**Äußerer Aufbau des Hubkolbenmotors**	**257**
26.1	Zylinderkopf	257
26.2	Zylinderkopfdichtung	258
26.3	Zylinder	260
26.3.1	Anordnung der Zylinder	260
26.3.2	Zündfolgen von Hubkolbenmotoren	260
26.3.3	Flüssigkeitsgekühlte Zylinder	261
26.3.4	Luftgekühlte Zylinder	262
26.3.5	Zylinderverschleiß	262
26.4	Zylinderkurbelgehäuse	263
26.5	Motoraufhängung	264
27	**Schmierung und Schmierstoffe**	**265**
27.1	Reibung	265
27.1.1	Festkörperreibung	265
27.1.2	Flüssigkeitsreibung	266
27.2	Arten der Motorschmierung	267
27.3	Bauteile der Motorschmierung	267
27.3.1	Ölpumpe	267
27.3.2	Ölfilter	269
27.3.3	Ölkühler	269
27.3.4	Kontrollgeräte	269
27.4	Schmierstoffe	270
27.4.1	Aufgaben der Schmieröle	270
27.4.2	Anforderungen an Schmieröle	270
27.4.3	Arten der Schmieröle	271

27.4.4	Einteilung der Schmieröle in Viskositätsklassen (SAE-Klassen)	271
27.4.5	Einteilung der Schmieröle in API-Klassifiktationen	272
27.4.6	Einteilung der Motorenöle nach ACEA	273
27.4.7	Additive	273
27.4.8	Schmierfette und feste Schmierstoffe	273
27.5	Wartung und Diagnose	274
28	**Kühlung**	**275**
28.1	Aufgabe der Kühlung	275
28.2	Grundprinzip der Kühlung	275
28.2.1	Wärmeleitung	275
28.2.2	Wärmeströmung	276
28.2.3	Wärmesstrahlung	276
28.2.4	Änderung des Aggregatzustands	276
28.2.5	Wärmemenge	276
28.3	Arten der Kühlung	277
28.3.1	Luftkühlung	277
28.3.2	Flüssigkeitskühlung	277
28.4	Bauteile der Motorkühlung	278
28.4.1	Flüssigkeitskühler	278
28.4.2	Lüfter	278
28.4.3	Kühlmittelpumpe	279
28.4.4	Kühlerverschlussdeckel	280
28.4.5	Kühlmittelthermostat	280
28.4.6	Ölkühler	281
28.4.7	Kühlmittel	281
28.5	Wartung und Diagnose	282
29	**Abgasanlage und Emissionsminderung**	**283**
29.1	Aufbau der Abgasanlage	283
29.2	Schalldämpfer	283
29.2.1	Schall	283
29.2.2	Schalldämpfung	284
29.3	Emissionsminderung	285
29.3.1	Aufbau des Abgaskatalysators	285
29.3.2	Wirkungsweise des Abgaskatalysators	286
29.3.3	Abgasrückführung (AGR-System)	287
29.3.4	Sekundärluftsystem	287
29.4	Emissionsminderung Dieselmotoren	288
29.4.1	Innermotorische Maßnahmen	288
29.4.2	Abgasnachbehandlung	288
29.5	Abgasuntersuchung (AU)	291
29.6	Wartung und Diagnose	291
30	**Alternative Antriebe**	**293**
30.1	Kreiskolbenmotor	293
30.2	Elektroantrieb	294
30.3	Hybridantrieb	295
30.4	Betrieb mit alternativen Kraftstoffen	296

Kraftübertragung

31	**Antriebsarten**	**299**
31.1	Vorderradantrieb	299
31.2	Hinterradantrieb	299
31.2.1	Frontmotorantrieb	299
31.2.2	Transaxleantrieb	299
31.2.3	Heckmotorantrieb	300
31.2.4	Mittelmotorantrieb	300
31.2.5	Unterflurmotorantrieb	300
31.3	Allradantrieb	300
32	**Kupplung**	**301**
32.1	Reibungskupplungen	301
32.1.1	Physikalische Grundlagen	301
32.1.2	Einscheiben-Trockenkupplung mit Membranfeder	302
32.1.3	Einscheiben-Trockenkupplung mit Schraubenfedern	304
32.1.4	Vergleich zwischen Membranfeder- und Schraubenfederkupplung	304
32.1.5	Zweischeiben-Trockenkupplung mit Schraubenfedern	305
32.1.6	Kupplungsscheiben für Trockenkupplungen	305
32.1.7	Mehrscheibenkupplung	306

32.1.8	Doppelkupplung	307
32.2	Betätigungseinrichtungen	308
32.2.1	Kupplungsbetätigung mit Seilzug	308
32.2.2	Hydraulische Kupplungsbetätigung	308
32.2.3	Ausrücker	309
32.2.4	Kupplungsspiel	310
32.3	Wartung und Diagnose	311
33	**Wechselgetriebe**	**312**
33.1	Drehmomentwandlung	312
33.2	Drehzahlwandlung	313
33.3	Idealer Verlauf des Drehmoments an der Antriebsachse	313
33.4	Wechselgetriebearten	314
33.4.1	Schieberadgetriebe	314
33.4.2	Schaltmuffengetriebe	314
33.5	Synchronisiereinrichtungen	315
33.5.1	Sperrsynchronisierung mit Einfachkonus	316
33.5.2	Sperrsynchronisierung mit Doppelkonus	316
33.5.3	Sperrsynchronisierung mit Außenkonus-Synchronkegel	318
33.5.4	Sperrsynchronisierung mit Lamellen	318
33.6	Wechselgetriebe für Vorderradantrieb	319
33.7	Bauteile des Getriebes	319
33.7.1	Zahnräder	319
33.7.2	Wälzlager	321
33.7.3	Wellendichtringe	321
33.8	Wartung und Diagnose	321
34	**Automatische Getriebe**	**323**
34.1	Automatisierte Getriebe	323
34.2	Doppelkupplungsgetriebe	324
34.2.1	Aufbau	324
34.2.4	Wirkungsweise	326
34.3	Automatikgetriebe	326
34.3.1	Hydrodynamischer Drehmomentwandler	326
34.3.2	Planetengetriebe	329
34.3.3	Automatikgetriebe mit Planetenradsätzen	330
34.3.4	Automatisches Stirnradgetriebe	335
34.6	Stufenloses Getriebe	336
35	**Radantrieb**	**339**
35.1	Achsgetriebe	339
35.1.1	Kegelradgetriebe	339
35.1.2	Stirnradgetriebe	341
35.2	Ausgleichsgetriebe	341
35.2.1	Grundprinzip des Ausgleichsgetriebes	341
35.2.2	Aufbau und Wirkungsweise des Kegelrad-ausgleichsgetriebes	342
35.3	Ausgleichssperren	342
35.3.1	Schaltbare Ausgleichssperren	343
35.3.2	Automatische Ausgleichssperren	343
35.3.3	Torsen-Ausgleichsgetriebe	344
35.3.4	Ausgleichsgetriebe für Allradantrieb	344
35.4	Gelenkwellen	345
35.4.1	Grundaufbau der Gelenkwellen	345
35.4.2	Gelenkarten	345
35.4.3	Gelenkwellen-Lager	348
35.5	Wartung und Diagnose	348

Fahrwerk

36	**Achsgeometrie**	**351**
36.1	Fahrzeugdrehbewegungen	351
36.2	Eigenlenkverhalten	352
36.3	Radstellungen	353
36.3.1	Spurweite und Radstand	353
36.3.2	Spur, Vorspur und Nachspur	353
36.3.3	Sturz	354
36.3.4	Lenkrollhalbmesser	355
36.3.5	Spreizung	355
36.3.6	Vorlauf und Nachlauf	356
36.3.7	Spurdifferenzwinkel	356
36.4	Elektronische Achsvermessung	356
36.4.1	Niveauprüfung des Messplatzes	357
36.4.2	Messwertaufnehmer	357
36.4.3	Ablauf der Achsvermessung	357

37	**Lenkung**	**359**
37.1	Lenkungsarten	359
37.1.1	Drehschemel-Lenkung	359
37.1.2	Achsschenkel-Lenkung	359
37.2	Lenktrapez	360
37.3	Bauteile der Lenkung	360
37.3.1	Lenkgestänge	360
37.3.2	Lenkgetriebe	361
37.3.3	Lenksäule	362
37.3.4	Lenkungsdämpfer	363
37.4	Hilfskraftlenkung	363
37.4.1	Servolenkung	363
37.4.2	Servotronic	364
37.4.3	Servolectric	364
37.4.4	Aktivlenkung	365
37.5	Wartung und Diagnose	367
38	**Federung**	**368**
38.1	Grundprinzip der Federung	368
38.2	Grundaufbau der Federung	369
38.3	Arten der Fahrzeugfederung	370
38.3.1	Stahlfederung	370
38.3.2	Luftfederung	373
38.3.3	Hydropneumatische Federung	374
38.3.4	Gummifederung	374
39	**Schwingungsdämpfung**	**375**
39.1	Grundprinzip der Schwingungsdämpfung	375
39.2	Kennlinien von Schwingungsdämpfern	376
39.3	Einrohrschwingungsdämpfer	377
39.4	Zweirohrschwingungsdämpfer	377
39.5	Federbein	378
39.6	Verstellbare Schwingungsdämpfer	378
39.7	Niveauregulierung	379
39.8	Aktive Fahrwerkssysteme	380
39.8.1	Aktive Schwingungsdämpfersysteme	380
39.8.2	Aktive Federungssysteme	383
39.9	Wartung und Diagnose	385
40	**Radaufhängung**	**386**
40.1	Bauteile der Radaufhängung	386
40.1.1	Lenker	386
40.1.2	Lenkerlagerungen	386
40.1.3	Panhardstab	388
40.1.4	Radlager	388
40.2	Arten der Radaufhängung	389
40.2.1	Einzelradaufhängung (Vorderachse)	389
40.2.2	Einzelradaufhängung (Hinterachse)	390
40.2.3	Starrachsen	392
40.3	Wartung und Diagnose	392
41	**Räder**	**393**
41.1	Radscheiben	393
41.2	Radbefestigung	394
41.3	Felgen	394
41.3.1	Tiefbettfelge	394
41.3.2	Felgenbezeichnungen	395
41.4	Reifen	395
41.4.1	Anforderungen an den Reifen	395
41.4.2	Reifenbauarten	395
41.4.3	Reifenaufbau	396
41.4.4	Reifenbezeichnungen und -abmessungen	396
41.4.5	Sicherheitssysteme	397
41.4.6	Aquaplaning	399
41.4.7	Radunwucht	400
41.4.8	Ventile	401
41.4.9	Schläuche	401
41.5	Wartung und Diagnose	401
42	**Bremsen: Grundlagen**	**403**
42.1	Gesetzliche Bestimmungen	403
42.1.1	Arten von Bremsanlagen (§ 41 StVZO)	403
42.1.2	Bremsleuchten (§ 53 StVZO)	403
42.1.3	Untersuchungen (§ 29 StVZO)	403
42.2	Bremsvorgang	404
42.2.1	Physikalische Grundlagen	404
42.2.2	Zeitlicher Ablauf des Bremsvorgangs	405

42.3	Hydraulische Bremsanlagen	405
42.3.1	Physikalisches Prinzip	405
42.3.2	Zweikreis-Bremsanlagen	406

43	**Hydraulische Bremsanlage**	**407**
43.1	Hauptzylinder	407
43.1.1	Tandem-Hauptzylinder	407
43.1.2	Gestufter Tandem-Hauptzylinder	408
43.1.3	Tandem-Hauptzylinder mit gefesselter Kolbenfeder	409
43.2	Bremskraftverstärker	409
43.2.1	Saugluft-Bremskraftverstärker	409
43.2.2	Druckluft-Bremskraftverstärker	409
43.2.3	Hydraulik-Bremskraftverstärker	410
43.3	Elektro-hydraulische Bremse	410
43.4	Bremskraftübertragungseinrichtungen	411
43.4.1	Bremsgestänge und Bremsseilzug	411
43.4.2	Bremsleitungen	411
43.4.3	Bremsflüssigkeit	411
43.5	Trommelbremsen	412
43.5.1	Aufbau und Wirkungsweise	412
43.5.2	Bremstrommeln	412
43.5.3	Spannvorrichtungen	412
43.5.4	Bremsbacken und Bremsbeläge	413
43.5.5	Nachstellvorrichtungen	413
43.5.6	Anordnung der Bremsbacken	415
43.6	Scheibenbremsen	415
43.6.1	Aufbau und Wirkungsweise	415
43.6.2	Bremsscheibe	416
43.6.3	Bremsbeläge	416
43.6.4	Bremssattelarten	416
43.6.5	Lüftspiel	417
43.7	Feststellbremse	417
43.8	Vergleich: Trommel- und Scheibenbremse	418
43.9	Wartung und Diagnose	418

44	**Elektronisch geregelte Bremssysteme**	**420**
44.1	Physikalische Grundlagen	420
44.1.1	Kräfte am Rad	420
44.1.2	Schlupf am Rad	420
44.2	Anti-Blockier-System	421
44.2.1	Aufbau	421
44.2.2	ABS-Prinzipien	422
44.2.3	Wirkungsweise des Rückförder-Prinzips	423
44.2.4	ABS-Steuergerät	423
44.2.5	Arten der ABS-Regelung	423
44.2.6	ABS-Bremsanlagen	424
44.3	Antriebs-Schlupf-Regelung	425
44.3.1	Aufbau und Wirkungsweise	425
44.3.2	Motoreingriff	425
44.3.3	Motor- und Bremseneingriff	425
44.4	Elektronisches Stabilitäts-Programm	426
44.4.1	Spurstabilität	426
44.4.2	Aufbau und Wirkungsweise	426
44.4.3	ESP-Regelungen	427
44.5	Bremsassistent	427
44.5.1	Aufbau und Wirkungsweise	428
44.5.2	Bremsdruckregelung	428
44.6	Adaptive Reisegeschwindigkeitsregelung	429
44.6.1	Aufbau und Wirkungsweise	429
44.6.2	Systemeingriffe	430
44.6.3	Systemgrenzen	430
44.7	Wartung und Diagnose	430

45	**Fahrzeugaufbau**	**432**
45.1	Aufgaben des Rahmens und des selbsttragenden Aufbaus	432
45.2	Gestaltung des Fahrzeugaufbaus	432
45.2.1	Selbsttragender Aufbau	432
45.2.2	Selbsttragender Aufbau auf einer Trägerstruktur	433
45.2.3	Gerippeahmen	433
45.2.4	Leiterrahmen	433
45.3	Fahrzeugsicherheit	434
45.3.1	Aktive Sicherheit	434
45.3.2	Passive Sicherheit	434
45.4	Aerodynamik	437
45.5	Werkstoffe	439
45.5.1	Stahlbleche	439
45.5.2	Leichtmetalle	440
45.5.3	Kunststoffe	440
45.5.4	Glas	440
45.6	Leichtbau	442
45.6.1	Form-Leichtbau	442
45.6.2	Stoff-Leichtbau	443
45.7	Gesetzliche Bestimmungen	443
45.8	Oberflächenschutz	444
45.8.1	Korrosion	444
45.8.2	Korrosionsarten	444
45.8.3	Korrosionsschutz	445
45.8.4	Hohlraumversiegelung	447

Krafträder

46	**Krafträder**	**449**
46.1	Kraftradarten	449
46.2	Motor	450
46.2.1	Aufbau und Wirkungsweise des Zweitaktmotors	450
46.2.2	Vorgänge während eines Arbeitsspiels	451
46.2.3	Bauliche Besonderheiten	454
46.2.4	Vor- und Nachteile des Zweitaktmotors	455
46.3	Gemischbildungssysteme	456
46.3.1	Grundlagen des Vergasers	456
46.3.2	Aufbau und Wirkungsweise des einfachen Vergasers	456
46.3.3	Aufbau und Wirkungsweise des Gleichdruckvergasers	457
46.3.4	Schiebervergaser	458
46.3.5	Zusatzeinrichtungen für Gleichdruck- und Schiebervergaser	459
46.4	Motorkühlung	461
46.5	Motorschmierung	461
46.6	Abgasanlage	461
46.7	Elektrische Anlage	463
46.7.1	Spannungsversorgung	463
46.7.2	Zündanlage	464
46.7.3	Startanlage	464
46.8	Kraftübertragung	464
46.8.1	Primärantrieb	465
46.8.2	Kupplung	465
46.8.3	Getriebe	465
46.8.4	Sekundärantrieb	466
46.9	Fahrwerk	466
46.9.1	Fahrdynamik des Motorrades	466
46.9.2	Rahmen	468
46.9.3	Lenkung	469
46.9.4	Radaufhängung	469
46.9.5	Federung und Schwingungsdämpfung	471
46.9.6	Bremsen	471
46.9.7	Räder und Reifen	472

Nutzkraftwagen

47	**Nutzkraftwagen**	**475**
47.1	Bauformen und gesetzliche Bestimmungen	475
47.1.1	Fahrerhaus und Aufbauen	477
47.2	Motor	478
47.2.1	Aufladung	479
47.2.2	Einspritzanlagen	479
47.2.3	Elektronisch geregelte Hubschieber-Reiheneinspritzpumpe	479
47.2.4	Wartung und Diagnose	481
47.3	Kraftübertragung	483
47.3.1	Kupplung	483
47.3.2	Schaltgetriebe	483
47.4.3	Automatische Getriebe	486
47.3.4	Gelenkwellen	486
47.3.5	Achsgetriebe	486
47.3.6	Außenplaneten-Achsen	487
47.3.7	Verteilergetriebe	487
47.3.8	Nebenantriebe	488
47.4	Fahrwerk	488
47.4.1	Rahmen	488
47.4.2	Radaufhängung	489
47.4.3	Lenkung	491

47.4.4	Federung	493
47.5	Druckluftbremsanlage	496
47.5.1	Betriebsbremsanlage und Druckluftversorgung	497
47.5.2	Bremszylinder	501
47.5.3	Feststellbremsanlage	501
47.5.4	Anhängerbremsanlage	502
47.6	Antiblockiersystem (ABS) für Druckluftbremsanlagen	504
47.7	Antriebs-Schlupf-Regelung (ASR) für Druckluftbremsanlagen	504
47.8	Elektronisch geregeltes Bremssystem (EBS)	505
47.9	Druckluftbremsanlage mit hydraulischer Übertragungseinrichtung	506
47.10	Dauerbremsanlagen	507
47.10.1	Motorbremse mit Auspuffklappe	507
47.10.2	Motorbremse mit Konstantdrossel	507
47.10.3	Hydrodynamische Retarder	507
47.10.4	Elektrodynamische Retarder	508
47.11	Radbremsen	509
47.11.1	Trommelbremsen	509
47.11.2	Scheibenbremsen	509
47.12	Räder	510
47.13	Reifen	511
47.14	Koppelsysteme	513

Elektrische Anlage

48	**Kraftfahrzeugbatterie**	**515**
48.1	Aufbau der Batterie	515
48.2	Grundprinzip der Batterie	515
48.3	Bauteile der Batterie	517
48.4	Kennzeichnung der Batterie	517
48.5	Selbstentladung und Sulfatierung der Batterie	518
48.6	Batteriearten	518
48.7	Wartung und Diagnose	519
49	**Generator**	**521**
49.1	Grundaufbau und Wirkungsweise des Generators	521
49.2	Drehstromgenerator	521
49.2.1	Aufbau und Wirkungsweise des Drehstromgenerators	521
49.2.2	Gleichrichtung im Drehstromgenerator	524
49.2.3	Stromkreise des Drehstromgenerators	525
49.3	Generatorregelung	526
49.4	Sonderbauformen von Generatoren	527
49.5	Wartung und Diagnose	528
50	**Zündanlagen**	**529**
50.1	Grundlagen der Transistor-Batteriezündanlagen	529
50.2	Bauteile der Transistor-Batteriezündanlagen	531
50.3	Transistor-Batteriezündanlagen	535
50.4	Zündzeitpunktverstellung	538
50.5	Elektronische Primärstrombegrenzung, Schließwinkelregelung und Ruhestromabschaltung	543
50.6	Elektronische Klopfregelung	545
50.7	Vollelektronische Transistor-Batteriezündanlage	547
50.8	Verbrennungsaussetzer-Erkennung	550
50.9	Kondensator-Batteriezündanlage	551
50.10.	Spannungsverlauf in den Transistor-Batteriezündanlagen	552
50.11	Wartung und Diagnose	553
51	**Startanlage**	**555**
51.1	Aufbau und Wirkungsweise der Startanlage	555
51.1.1	Wirkungsweise des Startermotors	555
51.1.2	Aufbau und Schaltung des Startermotors	556
51.2	Starterarten	558
51.2.1	Schub-Schraubtrieb-Starter	558
51.3	Wartung und Diagnose	560
52	**Beleuchtungs- und Signalanlage**	**561**
52.1	Gesetzliche Vorschriften	561
52.2	Lichtquellen	561
52.2.1	Glühlampen	561
52.2.2	Halogenlampen	561
52.2.3	Xenon-Lampen	562
52.2.4	Leuchtdioden	562
52.3	Beleuchtungsanlage	562
52.3.1	Scheinwerferreflektoren	562
52.3.2	Scheinwerfer für Fern- und Abblendlicht	563
52.3.3	Scheinwerfer für Fern-, Abblend- oder Nebellicht	564
52.3.4	Leuchtweitenregulierung	565
52.3.5	Abbiege- und Kurvenlicht	566
52.3.6	Scheinwerfereinstellung	566
52.4	Signalanlage	567
52.4.1	Fahrtrichtungsanzeiger	567
54.4.2	Warnblinkanlage	568
52.4.3	Signalhornanlage	568
52.4.4	Lichthupe	569

Elektronische Systeme

53	**Grundlagen elektronischer Systeme im Kraftfahrzeug**	**571**
53.1	Aufbau und Wirkungsweise von elektronischen Steuerungssystemen	571
53.2	Aufbau und Wirkungsweise von elektronischen Regelungssystemen	572
53.3	Sensoren von elektronischen Systemen im Kraftfahrzeug	573
53.3.1	Widerstände	573
53.3.2	Sensoren zur Erfassung der Luftmasse	574
53.3.3	Drucksensoren	575
53.3.4	Drehzahlsensoren	575
53.3.5	Klopfsensor	577
53.3.6	Lambda-Sonde	577
53.3.7	Drehwinkelsensor	579
53.3.8	Drehratensensor	579
53.3.9	Beschleunigungssensor	579
53.3.10	Regensensor, Lichtsensor	580
53.4	Aktoren von elektronischen Systemen im Kfz	581
53.4.1	Magnetventile	581
53.4.2	Elektromotoren	582
53.4.3	Elektromagnetische Kupplungen	583
53.5	Steuergeräte von elektronischen Systemen im Kraftfahrzeug	584
53.5.1	Signaleingabe	584
53.5.2	Signalverarbeitung	584
53.5.3	Signalausgabe	585
53.5.4	Varianten-Codierung	585
53.6	Vernetzung von Steuergeräten	585
53.6.1	Konventionelle Datenübertragung	585
53.6.2	Serielle Datenübertragung	586
53.7	Diagnose an elektronischen Systemen im Kfz	590
53.7.1	Elektrische Mess- und Prüfverfahren	590
53.7.2	Hilfsmittel für die Fehlerdiagnose	590
53.7.3	Eigendiagnose	591
54	**Komfortelektronik**	**593**
54.1	Klimatisierung von Kraftfahrzeugen	593
54.1.1	Be- und Entlüftung des Innenraums	593
54.1.2	Innenraumheizung	594
54.1.3	Klimaanlage (Innenraumkühlung)	594
54.1.4	Wartung und Diagnose	597
54.2	Diebstahlschutzsysteme	598
54.2.1	Zentralverriegelung	598
54.2.2	Elektronische Wegfahrsperren	599
54.2.3	Diebstahlwarnanlagen	600
54.3	Elektrische Fensterheber	601
54.3.1	Einklemmschutz	601
54.3.2	Türsteuergeräte	601
54.4	Fahrerinformationssysteme	602
54.4.1	Bordcomputer	602
54.4.2	Navigationssysteme	602

Sachwortverzeichnis ... 605

Bildquellenverzeichnis ... 624

Erwerb von Grundfertigkeiten

Grundlagen

Kraftfahrzeuge

Motor

Kraftübertragung

Fahrwerk

Krafträder

Nutzkraftwagen

Elektrische Anlage

Elektronische Systeme

1	Arbeits- und Umweltschutz im Kfz-Betrieb	11
2	Betriebliche Organisation und Kommunikation	23
3	Prüfen	37
4	Fertigungsverfahren – Übersicht	47
5	Urformen	48
6	Umformen	50
7	Trennen	53
8	Fügen	65
9	Stoffeigenschaftändern	85
10	Werkstoffe und ihre Normung	90
11	Grundlagen technischer Systeme	104
12	Steuerungs-, Regelungs- und Informationstechnik	109
13	Grundlagen der Elektrotechnik	126

1 Arbeits- und Umweltschutz im Kfz-Betrieb

Die **Aufgabe** des **Arbeitsschutzes** ist es, den Menschen vor Gefährdungen und dadurch vor **Schäden** zu schützen.

Unterschieden werden die **direkte** und **indirekte** Gefährdung des Menschen.

Eine **direkte** körperliche Gefährdung des Menschen besteht z. B. durch die **Nichteinhaltung vorgeschriebener Schutzbestimmungen**, wie z. B. das Nichttragen von Schutzhandschuhen beim Umgang mit Batteriesäuren und die fehlende Schutzbrille bei Schweißarbeiten. Auch die Wahl ungeeigneter Arbeitsmittel wie z. B. das Reinigen von Autoteilen mit Kraftstoffen und die Wahl ungeeigneter Werkzeuge stellen eine Gefahr dar.

Eine **indirekte** Gefährdung des Menschen geht durch **Umweltverschmutzung** sowie **psychischen** (z. B. ständiger Lärm) und **physischen** (z. B. andauerndes Heben von schweren Lasten) **Dauerbelastungen** aus.

Zum **Arbeitsschutz** und damit zur **Unfallverhütung** werden von den Berufsgenossenschaften für jeden Berufszweig **Unfallverhütungsvorschriften (UVV)** erlassen und deren Einhaltung wird kontrolliert.

Die **Unfallverhütungsvorschriften** beziehen sich immer auf technische Systeme und die Personen, die diese nutzen bzw. die sich in der Umgebung der genutzten Maschinen aufhalten.

Arbeitsschutz soll gewährleisten, dass
- Gefahren rechtzeitig erkannt,
- Schutzmaßnahmen frühzeitig ergriffen und damit
- keine Gefährdungen entstehen.

Sicherheitswidrig verhält sich, wer durch **Nichtbeachten** von **Bedienungsanleitungen**, **Unfallverhütungsvorschriften** und **Sicherheitszeichen** sich und seine Mitarbeiter sowie die Anlagen und Einrichtungen des Betriebes gefährdet.

Die **Gestaltung technischer Systeme** muss deshalb unter den Gesichtspunkten (Tab. 1):
- Personenschutz,
- Maschinenschutz und
- Umweltschutz erfolgen.

1.1 Personenschutz

Die **Hauptgefährdung** für den Menschen geht vom Energiefluss z. B. an Maschinen und Geräten aus.

Die hohe Anzahl von Arbeitsunfällen könnte durch die genaue Beachtung der **Bedienungsanleitungen**, **Unfallverhütungsvorschriften (UVV)** und **Sicherheitszeichen** gesenkt werden.

Die **Arbeit** an Maschinen und der **Umgang** mit Maschinen erfordern vom Menschen **sicherheitsbewusstes Verhalten** und das Tragen von **persönlichen Schutzausrüstungen**.

1.1.1 Sicherheitszeichen

Um den Arbeitsschutz zu erhöhen, wurden Vorschriften über die Sicherheitskennzeichnung am Arbeitsplatz in der **B**erufs**g**enossenschaftlichen **V**orschrift **BGV** A8 und DIN 4844 verbindlich festgeschrieben.

Tab. 1: Überblick über den Schutz von Personen, Maschinen und der Umwelt

Zu ihnen gehören Gebots-, Warn-, Verbots-, Rettungs- und Brandschutzzeichen, denen jeweils bestimmte Farben und Formen zugeordnet sind (⇒ TB: Kap. 6).

Gebotszeichen haben eine kreisrunde Form. Sie sind in den Farben **blau** und **weiß** gehalten und zeigen die gebotene Schutzmaßnahme (Abb. 1). Sie schreiben ein besonderes Verhalten oder eine Tätigkeit zwingend vor, z. B. dass während des Schleifens und Schweißens eine Schutzbrille getragen werden muss. Dazu sollten Schutzbrillen verwendet werden, die möglichst auch den Augenraum durch Seitenschutzkörbe schützen.

Überall dort, wo der Lärm den Wert von 90 dB überschreitet, müssen Lärmschutzmittel (Gehörschutzstöpsel oder Kapselgehörschützer) getragen werden. Gebotszeichen können aber auch den Standort eines Telefons angeben.

Warnzeichen haben die Form eines **gleichseitigen Dreiecks**, mit der Spitze nach oben (Abb. 2). Sie sind in den Farben **gelb** und **schwarz** ausgeführt. Mit dem Warnzeichen soll ein Bereich gekennzeichnet werden, in dem vor der dargestellten Gefahr oder vor Hindernisse gewarnt wird.

An Stellen, in denen z. B. explosive oder ätzende Stoffe gelagert werden, soll das entsprechende Warnzeichen darauf hinweisen, dass diese Stoffe mit äußerster Vorsicht und nur mit den notwendigen Sicherheitsmaßnahmen gehandhabt werden dürfen.

Verbotszeichen sind **kreisrund** und zeigen als **schwarzes Bild** auf **weißem Grund** die verbotene Handlung (Abb. 3). Eine rote Umrandung und ein roter schräger Querbalken charakterisieren die Verbotszeichen.

Entflammbare Flüssigkeiten, die bei Raumtemperatur verdunsten, entzündbare Gase sowie feinster Staub können mit der Luft ab einer gewissen Konzentration explosionsfähige Gemische bilden. Kommen sie mit Zündquellen, wie offenes Feuer oder mit Funken in Berührung, explodieren sie.

Abb. 2: Warnzeichen

Räume, in denen Stoffe oder Materialien, wie z. B. Benzin, Aceton und Acetylen aber auch befüllte Kraftfahrzeugbatterien verarbeitet, gelagert oder geladen werden, gelten als **explosionsgefährdete Gebiete**.

Explosionsgefährdete Gebiete müssen durch **Verbotszeichen**, die Feuer, offenes Licht und Rauchen untersagen, gut sichtbar **gekennzeichnet** werden.

Rettungszeichen sind in den Farben **grün** und **weiß** ausgeführt und **quadratisch** oder **rechteckig** (Abb. 4). Rettungszeichen mit Pfeilen dienen der Kennzeichnung der kürzesten Rettungswege und Notausgänge.

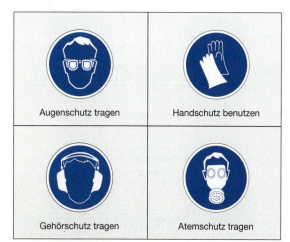

Abb. 1: Gebotszeichen

Abb. 3: Verbotszeichen

Abb. 4: Rettungszeichen

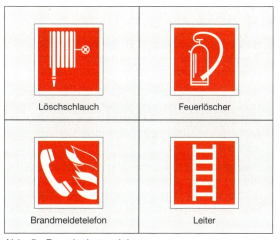

Abb. 5: Brandschutzzeichen

Das quadratische Rettungszeichen mit dem weißen Kreuz kennzeichnet Erste-Hilfe- und Rettungsstationen. Stellen, an denen z. B. Verbandskästen oder Tragen für die Erstversorgung bereitgehalten werden.

> **Rettungswege** dürfen nie durch Gegenstände **verstellt** oder durch abschließbare Türen **blockiert** werden. **Erste-Hilfe-Kästen** müssen nach Gebrauch aufgefüllt und nach Ablauf der Haltbarkeit ersetzt werden.

Brandschutzzeichen sind **rechteckig** oder **quadratisch** und in den Farben **rot** und **weiß** gehalten (Abb. 5). Oft symbolisieren sie den aufzufindenden Gegenstand zur Brandbekämpfung oder geben Auskunft über die nächste Brand-Meldeeinrichtung. Hierzu werden sie mit einem Richtungspfeil kombiniert.
Brandschutzmaßnahmen können größere Schäden an Personen, Gütern und Umwelt verhindern. Voraussetzung für den wirksamen Schutz ist das optimale Zusammenwirken baulicher, technischer und organisatorischer Brandschutzmaßnahmen. Die Verantwortung für Organisation und Umsetzung des Brandschutzes liegt beim **Unternehmer**. Er kann sich dabei z. B. von einem **Brandschutzbeauftragten** unterstützen lassen.

> **Aufgabe** des **betrieblichen Brandschutzes** ist es, vorbeugend einen Brand oder eine Explosion bzw. Verpuffung zu verhindern.

Hierzu muss das Zusammentreffen von brennbaren Stoffen, einer Zündquelle und ausreichendem Sauerstoff möglichst vermieden werden. Im betrieblichen Alltag ist das nicht immer möglich. Es lässt sich z. B. nicht immer vermeiden, dass bei Schweißarbeiten in einem Kfz-Betrieb Kraftstoffe und Öle in unmittelbarer Nähe sind.

> **Brennbare Stoffe** gilt es möglichst vom **Arbeitsplatz fern zu halten**.
> Die Verordnung zur Lagerung brennbarer Flüssigkeiten und Gegenstände ist zu beachten!

1.1.2 Sicherheitseinrichtungen

> Die **Sicherheitseinrichtungen** technischer Systeme sollen Gefährdungen des Menschen weitgehend verhindern.

So beginnt z. B. das Anlaufen der Auswuchtmaschine erst, wenn die Schutzhaube geschlossen ist. Dazu gehört aber auch die Gestaltung des Fahrzeugaufbaus als Sicherheits-Fahrgastzelle und die Ausrüstung der Fahrzeuge mit Sicherheitsgurten und Airbags (s. Kap. 45.3.2).
Grundlegende Sicherheitsanforderungen an Maschinen und Geräten werden durch gesetzliche Vorschriften wie die EU-Maschinenrichtlinie festgelegt. Maschinen, die diesen Sicherheitsanforderungen genügen, erhalten ein **CE-Kennzeichen** (Communauté Européenne, franz.: Europäische Gemeinschaft). Mit dem CE-Kennzeichen sichert der Hersteller zu, dass die Maschinen und Geräte der EU-Richtlinie entsprechen (⇒ TB: Kap. 6).

1.1.3 Arbeitssicherheit im Umgang mit gefährlichen Stoffen

Im Kfz-Bereich werden oft **gefährliche Stoffe** als Betriebs- und Hilfsstoffe eingesetzt. Die bekanntesten sind Kraftstoffe, Motoröle und Kaltreiniger, ebenso wie die bei Schweißarbeiten eingesetzten Schutz- und Brenngase.

Der Umgang mit gefährlichen Stoffen birgt **Gesundheits-** und **Unfallrisiken** in sich. So können z. B.:

- **leicht flüchtige Gase** (z. B. Benzol) Schädigungen des Blutes und der Blut bildenden Organe (Knochenmark) bis hin zur Leukämie verursachen;
- durch **hautschädigende Stoffe** und **Substanzen** (z. B. Batteriesäure, Kaltreiniger, Kältemittel, Kraftstoffe und Motorenöl) Hautrötungen und Hautveränderungen, aber auch Allergien hervorgerufen werden;
- **Reizgase** (z. B. Lösungs- und Verdünnungsmittel, die aus Holraumkonservierungsmitteln und Lacken austreten) die Bronchien und Lunge schädigen. Geringste Konzentrationen können bereits zu einer Zunahme von akuten und chronischen Atemwegserkrankungen führen;
- **erstickend wirkende Gase** (z. B. Kohlenmonoxid) die Sauerstoffaufnahme im Blut behindern. Die Folge sind Kopfschmerzen, Übelkeit und Kreislaufstörungen. In hohen Konzentrationen können sie zur Bewusstlosigkeit und zum Erstickungstod führen;
- die bei Schweißarbeiten entstehenden **Rauche** und **Dämpfe** oder die bei der Verbrennung von Dieselkraftstoff entstehenden **Rußpartikel** sowie **feinste Partikelstäube** als Abrieb von Brems- und Kupplungsbelägen tief in die Lunge eindringen und Atemwegserkrankungen sowie Lungenkrebs verursachen.

Jeder Mensch muss für seinen **Schutz sorgen**. Deshalb muss er grundsätzlich die von seinem Unternehmer zur Verfügung gestellte **persönliche Schutzausrüstung** tragen.

Zur **persönlichen Schutzausrüstung** gehören je nach **Arbeitsbereich**:

- Arbeitskleidung/Schutzkleidung,
- Atemschutz,
- Augenschutz,
- Fußschutz,
- Handschutz,
- Kopfschutz und
- Lärmschutz.

Eine **beschädigte Schutzausrüstung** muss umgehend repariert oder durch neue ersetzt werden.
Schutzkleidung muss seit dem 1.1.1997 mit der **CE-Kennzeichnung** versehen sein:

- CE ohne Jahreszahl: Schutz gegen geringe Risiken,
- CE mit Jahreszahl: Schutz gegen mittlere reversible (heilbare) Risiken und
- CE mit Jahreszahl und Nummer der Prüfstelle: Schutz gegen irreversible (unheilbare) Risiken.

1.1.4 Gefahrenstoff- und Gefahrengutverordnung Straße

Nach der **Gefahrstoffverordnung** (GefStoffV, ⇒ TB: Kap. 6) ist jeder Unternehmer verpflichtet, in seinem Betrieb mögliche Gefahrstoffe (Tab. 2) zu ermitteln und zu prüfen, ob nicht ungefährlichere Stoffe Verwendung finden können. Gleichfalls ist regelmäßig zu kontrollieren, ob die gesetzlichen Grenzwerte eingehalten werden. Ist das nicht möglich, so sind Schutzmaßnahmen einzuleiten.

Tab. 2: Gefahrstoffverordnung (GefStoffV)

Symbol		Gefahrbezeichnung
	C	ätzend
	O	brandfördernd
	F F+	leicht entzündlich hoch entzündlich
	T T+	giftig sehr giftig
	Xn Xi	gesundheitsschädlich reizend
	N	umweltgefährlich
	E	explosionsgefährlich

Werden Schutzmaßnahmen vorgenommen, so haben **technische Schutzmaßnahmen** Vorrang vor **persönlichen Schutzausrüstungen**. So muss z. B. vorrangig eine Abgasabsauganlage installiert werden, bevor an die Beschäftigten Atemschutzgeräte verteilt werden.

Besonderer Aufmerksamkeit bedarf es bei Arbeiten an **Airbags** und **pyrotechnisch arbeitenden Gurtstraffern**. Tätigkeiten an ihnen dürfen nur durchgeführt werden, wenn das Unternehmen dieses der zuständigen Behörde vorher einmalig gemeldet hat.

Generell dürfen Airbags und pyrotechnisch arbeitende Gurtstraffer nach dem **Gesetz** über **explosionsgefährdete Stoffe** nur in zugelassenen Transportbehältern gelagert und transportiert werden. Die betriebliche Lagerung muss in begrenzter Stückzahl in dafür vorgesehenen Stahlschränken erfolgen. Die Mitarbeiter sind über die Lagerungs- und Transportbedingungen zu unterweisen.

Bei der Verschrottung von Fahrzeugen sind die pyrotechnischen Einrichtungen unter Einhaltung von gesetzlichen Vorschriften, Sicherheits- und Herstellerangaben zu zünden.

Nach der **Gefahrgutverordnung Straße** müssen gefährliche Stoffe, die auf der Straße transportiert werden, gekennzeichnet sein (Tab. 3 und ⇒ TB: Kap. 6).

Kapitel 1: Arbeits- und Umweltschutz im Kfz-Betrieb

Tab. 3: Gefahrgutverordnung Straße (GGVS/ADR)

Symbol	Gefahr-klasse	Bedeutung
	1	explosive Stoffe und Gegenstände mit Explosivstoffen
	2	Gase
	3	entzündbare flüssige Stoffe
	4.1	entzündbare feste Stoffe
	4.2	selbstentzündliche Stoffe
	8	ätzende Stoffe

Jeder **Betrieb** ist gesetzlich verpflichtet, die **Mitarbeiter** mindestens einmal jährlich über die vorgeschriebenen **Schutzmaßnahmen** und **Verhaltensregeln** im **Umgang** mit **gefährlichen Stoffen** zu unterweisen und deren Einhaltung zu überwachen.

Arbeitshinweise
Allgemeine Forderungen zum sicherheitsgerechten Verhalten:

- Der Aufenthalt an Arbeitsplätzen ist nur befugten Personen erlaubt.
- Die Inbetriebnahme und Benutzung von Geräten und Maschinen ist nur den dafür geschulten Personen gestattet.
- Vor Inbetriebnahme hat sich der Bediener von der Betriebssicherheit des entsprechenden Arbeitsmittels und seiner Umgebung zu überzeugen.
- Alle Arbeiten sind so durchzuführen, dass auch für Mitmenschen keine Gefährdungen entstehen.
- Sicherheits- und Gefahrenkennzeichen dürfen weder entfernt noch zweckentfremdet benutzt werden.
- Es ist eng anliegende Arbeitskleidung zu tragen. Gefährdende Gegenstände, wie z.B. Schmuck, Halstücher, Anhänger u.a. sind abzulegen.
- Die vorgeschriebene Schutzkleidung ist zu tragen (z.B. Augenschutz, Gehörschutz, Handschutz).

1.2 Maschinenschutz

Durch eine sorgfältige **Arbeitsorganisation**, die auch die **Instandhaltung** der Maschinen einschließt, können Gefahrenquellen ausgeschaltet werden.

Der **Maschinenschutz** gliedert sich in
- Wartung,
- regelmäßige Inspektion und
- Instandsetzung.

Wartung: Sie umfasst alle Maßnahmen, die den ordnungsgemäßen Zustand z.B. des Kraftfahrzeugs gewährleisten. Dazu gehören u.a. der regelmäßige Öl-, Kühlflüssigkeits- und Bremsflüssigkeitswechsel.

Inspektion: Sie umschließt alle Maßnahmen zur Feststellung und Beurteilung des vorliegenden Zustands des Kraftfahrzeugs. Vorwiegend wird der Abnutzungsgrad von Bauteilen, wie z.B. Bremsbeläge und Bremsscheiben, Zündkerzen, Luftfilter, Reifen, Keil- und Zahnriemen sowie der Abgasanlage begutachtet.

Instandsetzung: Sie beinhaltet alle Maßnahmen zur Wiederherstellung des ordnungsgemäßen Zustands des Kraftfahrzeugs. Die Maßnahmen umfassen das Nachstellen, Reparieren oder Austauschen von Bauteilen.

Es ist wichtig, dass für jede Maschine ein **Maschinenhandbuch** bzw. für Kraftfahrzeuge **Wartungs-, Inspektions-** und **Instandsetzungsunterlagen** vorhanden sind.

1.3 Umweltschutz

Die **Umwelt** wird durch **Schadstoffe belastet** oder wenn **unwiederbringliche Vorräte** verbraucht werden, wie z.B. Rohöl. Unwiederbringliche Vorräte werden auch **Ressourcen** genannt (ressource, franz.: Hilfsmittel).

Technische Systeme wirken oft schädigend auf die Umwelt. Das kann z.B. durch Lärm, Abgase, chemische Substanzen geschehen. Sie schädigen dadurch die Pflanzenwelt (Waldsterben), tragen mit zum Treibhauseffekt bei (Erhöhung der Erdwärme) und verursachen Gebäudeschäden (Zerfall von Sandstein).

Umweltschutz ist **Menschenschutz**.

Abb. 1: Sortieren von Abfällen für eine sachgerechte Entsorgung

Um einer zunehmenden Belastung der Umwelt vorzubeugen, hat der Gesetzgeber zu ihrem Schutz eine Vielzahl von Gesetzen, Richtlinien und Verordnungen erlassen, z. B.:

Abfallwirtschaft:
- Kreislaufwirtschafts- und Abfallgesetz (KrW-/AbfG)
- Verordnung zur Bestimmung von überwachungsbedürftigen Abfällen zur Verwertung (BestüVAbfV)
- Altölverordnung (AltölV)
- Verordnung über die Überlassung und umweltverträgliche Entsorgung von Altautos (Altauto-Verordnung – AltautoV)

Arbeitsschutz:
- Betriebssicherheitsverordnung (BetrSichV), z. B. Bereitstellung von Arbeitsmitteln und deren Benutzung bei der Arbeit, Sicherheit beim Betrieb überwachungsbedürftiger Anlagen, Organisation des betrieblichen Arbeitsschutzes

Chemikalienrecht:
- Gesetz zum Schutz vor gefährlichen Stoffen (Chemikaliengesetz, ChemG)
- Verordnung zum Schutz vor gefährlichen Stoffen (Gefahrstoffverordnung, GefStofV)

Gewässerschutz:
- Gesetz zur Ordnung des Wasserhaushalts (WHG)

1.3.1 Kreislaufwirtschafts- und Abfallgesetz (KrW-/AbfG)

Zweck des Gesetzes ist die Förderung der Kreislaufwirtschaft zur Schonung der natürlichen Ressourcen und die Sicherung der umweltverträglichen Beseitigung von Abfällen, wie sie z. B. bei der Altautoentsorgung, aber auch bei den Reparaturen an Kraftfahrzeugen entstehen. **Abfälle** sind nach dem KrW-/AbfG **alle beweglichen Sachen**, deren sich ihr Besitzer entledigen will oder zum Schutz der Umwelt entledigen muss. Durch die **Produktverantwortung** der Abfallerzeuger und Abfallbesitzer, z. B. Kfz-Betriebe, übernehmen diese die volle Verantwortung für die Vermeidung, Verwertung und die ordnungsgemäße Beseitigung der Abfälle.

Um die **kostenintensive Entsorgung** von Abfällen für den Betrieb möglichst **gering zu halten** gilt:

> - Abfälle vermeiden oder vermindern,
> - Abfälle wieder verwerten,
> - den verbleiben Rest sachgerecht entsorgen.

Das **Vermeiden** oder **Vermindern** von Abfällen beginnt bereits bei der sorgsamen Auswahl von Verpackungsmaterialien (z. B. Papier statt Kunststoff) oder einem genau dosierten Einsatz von Reinigungsmitteln.

Abfälle zur **Wiederverwertung** werden dem Wirtschaftskreislauf zurückgeführt (Recycling). Hierzu gehören die erneute Verwendung (z. B. aufbereitete Getriebe, Motoren und Generatoren), die stoffliche Verwertung von Produkten (z. B. Einschmelzen von Metallschrott) und die energetische Verwertung von Abfällen zur Gewinnung von Energie (z. B. Müllverbrennungsanlagen).

> **Vorrang** bei der **Wiederverwertung** von **Abfällen** hat die **umweltverträglichste Verwertungsart**.

Die **sachgerechte Entsorgung** (Abb. 1, S. 15) umfasst alle Abfälle, die nicht verwertet werden können. Sie sind dauerhaft von der Kreislaufwirtschaft auszuschließen und zur Wahrung des Wohls der Allgemeinheit zu beseitigen (Endlagerung).

> **Arbeitshinweise**
>
> Empfehlungen zur Abfallvermeidung und Abfallverwertung:
>
> - Verwenden Sie Mietputztücher an Stelle nur einmal verwendbarer Putzlappen.
> - Achten Sie aus wirtschaftlichen und ökologischen Gründen darauf, dass Betriebs- und Hilfsstoffe sparsam verwendet werden.
> - Vermeiden Sie Ölverschmutzungen auf dem Werkstattboden z. B. durch den Einsatz von Auffangwannen an allen kritischen Stellen. Ölverschmutzungen müssen mit einem Bindemittel aufgenommen und als (Sonder-) Abfall entsorgt werden.
> - Die Voraussetzung für die Verwertung von Reststoffen ist eine sortenreine Erfassung. Entsorgen Sie die Abfälle in nur dafür gekennzeichneten Sammelbehälter z. B. für Glas, verbrauchte Ölfilter, Stoßdämpfer, Motoren- und Getriebeöle (Abb. 1, S. 15).
> - Lagern Sie Abfälle so, dass keine Gefährdung für Mensch und Umwelt entsteht. Die Abfallbehälter müssen für den jeweiligen Stoff geeignet sein.
> - Verwenden Sie nie Behälter, die für Lebensmittel vorgesehen sind, hier besteht Verwechslungs- und Lebensgefahr.
> - Kennzeichnen Sie die Behälter mit Sonderabfällen mit einem Gefahrenkennzeichen und der Bezeichnung des Abfalls.
> - Abfälle mit einem Wassergefährdungspotenzial (z. B. Kaltreiniger und Batteriesäure) müssen zusätzlich in einer ausreichend großen Auffangwanne gelagert werden.

1.3.2 Verordnung zur Bestimmung von überwachungsbedürftigen Abfällen zur Verwertung (BestüVabfV)

Die Verordnung unterscheidet zwischen drei Abfallarten:

- **Nicht überwachungsbedürftig** sind nur die Abfälle zur Verwertung, die nicht zu überwachungsbedürftigen oder besonders überwachungsbedürftigen Abfällen erklärt wurden, wie z. B. Papier und Papierverpackungen sowie Bioabfall und Glas. Sie stellen in einem Kfz-Betrieb den geringsten Anteil – sonstiger Abfall – dar (Abb. 1).
- **Überwachungsbedürftig** sind alle Abfälle, die beseitigt oder verwertet werden (Tab. 4). Sie sind bei unsachgemäßer Lagerung, Beförderung und Behandlung eine erhebliche Gefahr für die Umwelt. Ihr Verbleib ist auf Anfrage der zuständigen Behörde nachzuweisen. Zu ihnen gehören z. B. Altreifen und Schrott.
- **Besonders überwachungsbedürftig** sind Abfälle, wenn sie nach Art, Beschaffenheit oder Menge in besonderem Maße gesundheits-, wasser- oder luftgefährdend, explosiv oder brennbar sind (Tab. 4). Hierzu gehören u. a. Bremsflüssigkeit, Bleibatterien, Ölabscheiderinhalte, Öldosen und Frostschutzmittel. Sie bilden insgesamt den größten Anteil in einem Kfz-Betrieb (Abb. 1).

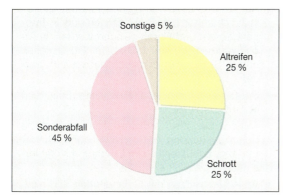

Abb. 1: Abfallzusammensetzung eines Kfz-Betriebes

Tab. 4: Beispiele für Sonderabfälle aus Kfz-Betrieben, die extern verwertet werden müssen

Bezeichnung	Ursache
Altöl	Ölwechsel
Bremsflüssigkeit	Reparatur der Bremsanlage
Kaltreiniger	Reinigung von Kfz-Teilen
Kühlflüssigkeit	Reparatur des Kühlsystems, Wartung der Motoren
Ölfilter	Ölwechsel
Starterbatterien	Batteriewechsel, Batterieservice
verunreinigte Kraftstoffe	Reparaturarbeiten am Kraftstoffsystem

Entsorgungsnachweis

Mit dem Entsorgungsnachweis dokumentiert die Abfallbehörde dem Abfallerzeuger, dem Transporteur und der Entsorgungsanlage vor Beginn der Entsorgung überwachungsbedürftiger Abfälle die Zulässigkeit des vorgesehenen Entsorgungsweges. Dieses Verfahren gilt für die Entsorgung fast aller besonders überwachungsbedürftigen Abfälle. Bei größeren Abfallmengen erhält der Abfallerzeuger direkt seinen **Einzelentsorgungsnachweis**, bei kleinen Abfallmengen kann ein Entsorger stellvertretend für mehrere Abfallerzeuger den so genannten **Sammelentsorgungsnachweis** beantragen. Vorausgesetzt, dass die Abfälle die gleiche Zusammensetzung und den gleichen Entsorgungsweg haben.

In der Regel werden Entsorgungsnachweise für fünf Jahre ausgestellt. Sie enthalten:
- die verantwortliche Erklärung des Abfallerzeugers über die Beschaffenheit des Abfalls,
- die Annahmeerklärung des Entsorgers und
- die Bestätigung der für die Entsorgungsanlage zuständigen Behörde.

Im Umgang und bei der Lagerung von Stoffen mit überwachungsbedürftigen und besonders überwachungsbedürftigen Eigenschaften ist besondere Sorgfalt anzuwenden. Es müssen folgende Bestimmungen (⇒ TB: Kap. 6) beachtet werden:
- **Chemikalienrecht**, für gefährliche Stoffe und gefährliche Zubereitungen,
- **Gewässerschutz**, für wassergefährdende Stoffe und
- die **Altölverordnung**, für den Umgang mit Altölen.

1.3.3 Chemikalienrecht

Das **Chemikalienrecht** gibt mit dem **Chemikaliengesetz** und der **Gefahrenstoffverordnung** Auskunft über die Einstufung von gefährlichen Stoffen und Zubereitungen (Tab. 5).

Tab. 5: Mögliche Gefahren nach dem Chemikaliengesetz

• explosionsgefährlich • brandfördernd • hochentzündlich • leichtentzündlich • entzündlich • sehr giftig • giftig	• gesundheitsschädlich • krebserzeugend • fortpflanzungsgefährdend • erbgutverändernd • ätzend • umweltgefährlich

Zusätzlich schreibt der Gesetzgeber vor, dass bei der Lieferung von gefährlich eingestuften Chemikalien an Firmen, ein so genanntes **Sicherheitsdatenblatt** mitgeliefert wird. Aus dem Datenblatt gehen u. a. Stoffbezeichnung, Zubereitungsbezeichnung und Firmenbezeichnung, Zusammensetzung, Erste-

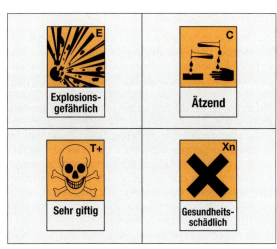

Abb. 1: Gefahrensymbole

Abb. 2: Sammeln von überwachungsbedürftigen Abfällen in dafür gekennzeichneten Behältern

Hilfe-Maßnahmen sowie Angaben zum Transport und Hinweise zur Entsorgung hervor. Neben dem Sicherheitsdatenblatt geben zusätzliche Gefahrensymbole, Kennbuchstaben und Gefahrenbezeichnungen (Abb. 1) sowie Warn-, Verbots und Sicherheitszeichen (s. Kap. 1.1.1) Hinweise zum Umgang mit dem Gefahrstoff.

Gefahrenhinweise, so genannte **R-Sätze** (R Risiko, *engl.*: risk), werden mit einem **Gefahrensymbol** zusammengefasst, z. B. explosionsgefährlich, ätzend, sehr giftig (Abb. 1). Handlungsanweisungen werden mit **S-Sätzen** (S Sicherheit, *engl.*: savety) bezeichnet, z. B. von Zündquellen fernhalten, nicht rauchen. Bei großen Gefäßen müssen die R- und S-Sätze ausgeschrieben auf dem Etikett stehen.

> Bei **Nichtbeachtung** der **Gefahrenhinweise** stellen sich sofort oder später Schäden für den Menschen oder die Umwelt ein.

Im Umgang mit **gefährlichen Stoffen** und Zubereitungen sind folgende **Regeln** zu beachten:
- Lagerung der gefährlichen Substanzen erfolgt nur in den dafür vorgeschriebenen Behältern (Abb. 2).
- Vorschriftsmäßige Kennzeichnung der Gefahrstoffbehälter, um eine Verwechslung auszuschließen.
- Gebrauch von Gefahrstoffen erfolgt nur nach Anweisung.
- Gefährliche Stoffe und Zubereitungen sind vor einem unbefugten Gebrauch durch Dritte sicher aufzubewahren.

> **Gefahrstoffe** sind an den **Gefahrenkennzeichen** mit dem dazugehörigen Sicherheitsdatenblatt auf der Verpackung erkennbar. Die Hinweise im Umgang mit diesen Stoffen sind unbedingt zu beachten.

Arbeitshinweise

Vorschriften aus dem Gefahrstoffrecht
- Die Hersteller sind verpflichtet, Sicherheitsdatenblätter zu ihren Produkten, die Gefahrstoffe enthalten, zu liefern.
- Kennzeichnen Sie alle Behälter mit Gefahrstoffen. Das gilt auch für die Sammlung von Sonderabfällen.
- Auf keinen Fall dürfen brennbare Flüssigkeiten in Durchfahrten und Durchgängen oder in Treppenhäusern und Fluren gelagert werden. In Arbeitsräumen dürfen brennbare Flüssigkeiten nur in Sicherheitsschränken aufbewahrt werden.
- Sorgen Sie für eine ausreichende Entlüftung der Arbeitsplätze.
- Tragen Sie Ihre angemessene persönliche Schutzausrüstung (z. B. Handschuhe, Staubmasken, Schutzbrillen) im Umgang mit Gefahrstoffen.
- An Arbeitsplätzen mit Gefahrstoffen darf nicht gegessen, getrunken oder geraucht werden.

1.3.4 Gewässerschutz

Der Gewässerschutz regelt alle Bestimmungen der Wassernutzung und Wassereinleitungen. Durch ihn sollen oberirdische Gewässer (Quellen und Seen), Küstengewässer und das unterirdische Wasser (Grundwasser) vor Verunreinigungen durch das Einleiten oder Deponieren gefährlicher Stoffe und Abfälle geschützt werden.

Wassergefährdende Stoffe, erkennbar an der Wassergefährdungsklasse (**WGK I bis WGK III**) auf dem Sicherheitsdatenblatt oder der Verpackung, dürfen nur gereinigt in die Kanalisation oder öffentlichen Gewässer gelangen. Für Kfz-Betriebe gibt es daher spezielle Lager- und Abwasservorschriften, um einer Verunreinigung der Gewässer und Böden durch z. B. Öl,

Kraftstoffe, Lösemittel, Frostschutzmittel und Lacke vorzubeugen. Behandlungsbedürftiges Abwasser muss vor der Einleitung z. B. mit Hilfe eines Ölabscheiders von Öl-, Kraftstoff- und Fettrückständen befreit werden.

> Um Mensch und Natur sicher vor Sonderabfällen zu schützen, dürfen sie weder in den **Hausmüll** gelangen, noch über das **Abwasser** entsorgt werden.

1.3.5 Altölverordnung (AltölV)

Durch die Altölverordnung wird der Umgang mit den in den Werkstätten anfallenden Mengen an Altölen geregelt. Altöle sind Öle, die als Abfall anfallen und die ganz oder teilweise aus Mineralöl, synthetischem oder biogenem Öl (z. B. Rapsöl) bestehen.

Altöle bekannter Herkunft können in den vorgeschriebenen Sammelbehältern vorschriftsmäßig aufbewahrt werden. Nach der **GefStofV** gehören sie zu den **umweltgefährlichen Stoffen** und müssen daher mit der **Gefahrbezeichnung N** (⇒ TB: Kap. 6) gekennzeichnet sein.

Nichtchlorierte Maschinen-, Getriebe- und Schmieröle auf Mineralölbasis können mit synthetischen und anderen Maschinen-, Getriebe- und Schmierölen auf Mineralölbasis vermischt werden.

Der Aufbereitung von Altölen bekannter Herkunft wird Vorrang vor energetischen Entsorgungsverfahren (Verbrennen) eingeräumt.

Altöle unbekannter Herkunft sind Öle, bei denen nicht ausgeschlossen werden kann, dass sie z. B. mit Bremsflüssigkeiten, Kraftstoffen oder Lösemitteln verunreinigt worden sind. Zu ihnen gehören die bei Altölsammelstellen, Tankstellen oder Werkstätten abgegebenen Altöle. Sie gehören nach der **GefStofV** zu den **leicht entzündlichen Stoffen** und dürfen nur in einem mit einer **Gefahrbezeichnung F** (⇒ TB: Kap. 6) versehenen Behälter gelagert werden.

Altöle dürfen **nicht aufbereitet** werden, wenn sie unbekannter Herkunft oder mehr als 20 mg polychlorierte Biphenyle (PCB) je kg oder mehr als 2 g Gesamthalogen je kg enthalten.

> Das **Zumischen** von anderen **Abfällen** zum **Altöl** ist **verboten**. Es kann dann nicht mehr wiederaufbereitet werden.

Unternehmen, die ihre Altöle entsorgen wollen, haben vorher eine Probe zu entnehmen. Je eine Teilmenge dieser Probe (**Rückstellprobe**) ist von der Anfallstelle und vom Unternehmen der Altölsammlung aufzubewahren, bis die vorgeschriebene PCB-Untersuchung durchgeführt worden ist und feststeht, dass die Altöle ordnungsgemäß entsorgt werden können.

1.3.6 Altautoentsorgung

In der Europäischen Union betrug im Jahr 2003 das Aufkommen an stillgelegten Fahrzeugen etwa 9 Millionen Stück, von denen allein in Deutschland 3,2 Millionen Fahrzeuge endgültig stillgelegt wurden. Davon verblieben lediglich etwa ein Drittel zum Recycling im Land, während der überwiegende Teil zum Verschrotten ins Ausland transportiert wurde.

Freiwillige Selbstverpflichtung (FSV)

Die Freiwillige Selbstverpflichtung zur umweltgerechten Altautoverwertung (Pkw) wurde vom Verband der Deutschen Automobilindustrie und 14 weiteren Wirtschaftsverbänden 1996 entwickelt. Sie trug vorrangig der Erfüllung der in § 22 des KrW-/AbfG festgelegten Grundpflicht der Produktverantwortung Rechnung und umfasste folgende **Umweltziele**:

- Recyclinggerechte Konstruktion der Fahrzeuge und Fahrzeugteile.
- Umweltverträgliche Entnahme von Betriebsstoffen, Demontage und Verwertung von Teilen und Materialien und deren ordnungsgemäße Entsorgung.
- Aufbau und Ausbau einer flächendeckenden Infrastruktur zur Rücknahme und Verwertung von Altautos sowie der Altteile aus der Pkw-Reparatur.
- Reduzierung der nicht verwertbaren Abfälle von derzeit 15 % bis zum Jahre 2015 auf 5 % der Masse des Fahrzeugs.
- Generelle Rücknahme von Altautos – umfasst alle neu zugelassenen Autos und den aktuellen Pkw-Bestand.
- Kostenlose Rücknahme von vollständigen, rollfähigen und müllfreien Altautos, die nach dem 01.04.1998 in den Verkehr gebracht wurden und nicht älter als 12 Jahre sind.

Abb. 3: Altauto-Verwertungsbetrieb

Altauto-Verordnung (AltautoV)

Mit der seit 1998 geltenden Altauto-Verordnung wurden die notwendigen rechtlichen Rahmenbedingungen für eine Verbesserung der **Altautoentsorgung** in Deutschland geschaffen. Jeder, der sich eines Altautos entledigen will oder muss, ist verpflichtet, dieses einem anerkannten Verwertungsbetrieb (Abb. 3, S. 19) oder einer anerkannten Annahmestelle zu überlassen. Im Anschluss muss vom Eigentümer bzw. Halter der Zulassungsstelle ein **Verwertungsnachweis** vorliegen oder eine **Erklärung** über den Verbleib abgegeben werden. Das ist dann der Fall, wenn der Pkw z.B. wegen einer langwierigen Instandsetzungsarbeit oder als Sammlerobjekt (»Oldtimer«) im Besitz des Eigentümers verbleibt.

Gleichzeitig wurden in der **Altauto-Verordnung** die **Umweltstandards** der Altautoannahmestellen und Verwertungsbetriebe festgelegt:

- Annahmestellen haben den Zweck, Altautos vom Besitzer zu übernehmen, für den Abtransport bereitzustellen und einem anerkannten Verwertungsbetrieb zuzuführen.
- Die Zusammenarbeit mit den Verwertungsbetrieben ist durch Verträge und den Nachweis aller Überführungen zu dokumentieren. Diese Unterlagen sind im Betriebstagebuch aufzubewahren.
- In Annahmestellen findet außer Annahme und Erfassung keine Behandlung statt, insbesondere keine Trockenlegung und keine Demontage.
- Eine Lagerung, Behandlung und Verwertung von Altautos darf nur in Verwertungsbetrieben (Abb. 3, S. 19) vorgenommen werden. Dort werden die Altautos trockengelegt und demontiert. Die Restkarosserien müssen dann einer anerkannten Schredderanlage zugeführt werden.

Zusätzlich sind die Hersteller zur Kennzeichnung von Werkstoffen verpflichtet (Abb. 4). Darüber hinaus legt die Vorschrift genau fest, wie mit den restlichen Bestandteilen und Inhaltsstoffen von Altfahrzeugen umzugehen ist.

Abb. 1: Kunststoffbauteile für eine mögliche Weiterverwertung

1.4 Recycling

> **Recycling** ist die erneute **Verwendung** oder **Verwertung** von Produkten oder Teilen von Produkten in Form von **Kreisläufen**.

Im Zusammenhang mit Umweltschutz ist **Recycling** (re, engl.: wieder, zurück, neu, cycle, engl.: Kreis, Kreislauf) äußerst wichtig, um den Verbrauch an unwiederbringlichen Ressourcen möglichst gering zu halten.

Innerhalb des Recyclingkreislaufs kann grundsätzlich zwischen den **Recyclingformen**, der erneuten **Verwendung** und der **Verwertung** von Produkten unterschieden werden (Abb. 2).

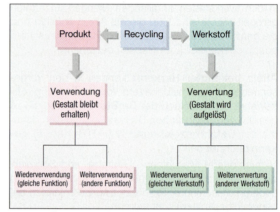

Abb. 2: Übersicht der Recyclingformen

Bei der erneuten **Verwendung** behält das Produkt weitestgehend seine Gestalt, während diese bei der **Verwertung** aufgelöst wird. Innerhalb der erneuten Verwendung kann, je nachdem ob ein Produkt die gleiche oder eine veränderte Funktion erfüllt, zwischen **Wiederverwendung** und **Weiterverwendung** differenziert werden.

Unter der **Wiederverwendung** wird daher die erneute Benutzung eines gebrauchten Produktes (Altteil) für den gleichen Verwendungszweck wie zuvor unter Nutzung seiner Gestalt ohne bzw. mit beschränkter Veränderung einiger Teile verstanden. Als Beispiel seien hier Stoßstangen, Türen, Motoren usw. genannt, die von Gebrauchtteilehändler zum Kauf angeboten werden (Abb. 1).

Unter der **Weiterverwendung** ist ebenfalls eine erneute Benutzung eines gebrauchten Produkts (Altteil) zu verstehen, jedoch für einen anderen Verwendungszweck als den, für den es ursprünglich hergestellt wurde. Ein Beispiel hierfür sind die Altreifen, die zur Lärmdämmung von Siedlungen an stark frequentierten Kraftfahrzeugstraßen in Form von künstlich aufgetürmten und anschließend bepflanzten Hügeln eingesetzt werden.

Im Bereich der **Verwertung** wird zwischen einer **Wiederverwertung** und einer **Weiterverwertung** unterschieden.

Die **Wiederverwertung** bezeichnet den wiederholten Einsatz von Altstoffen und Produktionsabfällen bzw. von Hilfs- und Betriebsstoffen in einem gleichartigen wie dem bereits durchlaufenen Produktionsprozess. Als Beispiel sei hier das chemische Recycling von Kunststoffen zur Gewinnung der Materialausgangsstoffe genannt. Bei diesem Prozess entstehen aus den Ausgangsstoffen weitgehend gleichwertige Werkstoffe.

Den größten Teil des Recyclings nimmt die **Weiterverwertung** (Abb. 1) ein. Gemeint ist damit der Einsatz von Altstoffen (Abb. 4) und Produktionsabfällen bzw. Hilfs- und Betriebsstoffen in einem von diesen noch nicht durchlaufenen Produktionsprozess. Durch Weiterverwertung entstehen Werkstoffe oder Produkte mit anderen Eigenschaften (Sekundärwerkstoffe) und/oder anderer Gestalt. Hervorzuheben sind der Metallschrott, der erneut eingeschmolzen wird und das chemische Recycling von Kunststoffen.

Im **dritten Arbeitsschritt** werden weiter und wieder verwendbare Teile, z. B. Motoren, Getriebe, Karosserieteile und Elektrokomponenten, von den Altautoverwertern ausgebaut und anschließend verkauft.

Im **vierten Schritt** müssen Stoffe, Bauteile und Materialien unter Berücksichtigung des Kreislaufwirtschaft- und Abfallgesetzes zum Zwecke der Verwertung ab- und ausgebaut werden. Hierzu gehören: große Kunststoffteile, Räder, Front-, Heck- und Seitenscheiben, Sitze, alle kupferhaltigen Teile wie Elektronik, Kabelbäume und Elektromotoren (Abb. 4).

Abb. 4: Sammeln von Altstoffen

1.4.1 Demontage- und Schreddersysteme

Die Mehrheit der Letztbesitzer liefert ihr Kraftfahrzeug bei einer Altautoannahmestelle ab. Diese überführen die Fahrzeuge zu einem Verwertungsbetrieb. In den Verwertungsbetrieben werden die Fahrzeuge zerlegt.

Abb. 3: Trockenlegung eines Fahrzeugs

Im **ersten Arbeitsschritt** werden die Altfahrzeuge trockengelegt (Abb. 3). Die Betriebsflüssigkeiten wie z. B. Motoröl, Bremsflüssigkeit und Kraftstoffe werden dabei durch Absaugen, Anbohren, Anstechen und Ablassen nach dem Schwerkraftprinzip oder Beaufschlagung mit Über- oder Unterdruck entnommen.

Im **zweiten Arbeitsschritt** werden Stoffe, Materialien und Bauteile, die einen Schad- und Störstoffcharakter besitzen, entfernt. Hierzu zählen Schwingungsdämpfer, wenn nicht trockengelegt, asbesthaltige Bauteile sowie Stoffe, Materialien und Bauteile, die in erheblichem Umfang mit Schadstoffen verunreinigt sind.

1.4.2 Demontageanalyse

Die **Aufgabe** der **Demontageanalyse** ist es, die Zerlegung der Kraftfahrzeuge überschaubar und systematisch zu gestalten. Es müssen dabei der Fahrzeugtyp und die Komplexität des Gesamtfahrzeugs ermittelt sowie die damit anfallenden Datenmengen gesammelt, entwirrt und sortiert werden. Dazu wird z. B. das zu demontierende Fahrzeug nach Umfang und Ablauf der Demontage in Bereiche eingeteilt. Hierbei handelt es sich im Einzelnen um die Module Verglasung, Türen, Sitze, Instrumententafel, Innenraum unten, Front/Seite/Heck, Motorraum und Unterboden. Für eine zügige Demontage werden die einzelnen Arbeiten nach einem **Zerlegediagramm** durchgeführt. Aus der sich hierbei ergebenden Grobeinschätzung kann über eine wirtschaftliche Demontage geurteilt werden. Durch die Aneinanderreihung der demontierten wiederverwertbaren Werkstoffe lässt sich ein genauer Überblick über die Abfolge der Demontage, die Gesamtmontagezeit und die Gesamtmasse erkennen. Ein Vergleich der Kosten für die Demontage, Logistik, Materialaufbereitung mit dem Materialneupreis und der Entsorgungsgebühr ermittelt den wirtschaftlichen Wert der Kreislaufneigung.

Ein wichtiges Instrument, mit denen die Verwertung von Kraftfahrzeugen ständig weiter verbessert wird, heißt **IDIS** (**I**nternational **D**ismantling **I**nformation **S**ystem). IDIS ist eine internationale Datenbank von Autoherstellern, in der Informationen zur Vorbehandlung und Bauteildaten z. B. Werkstoff und Einbaulage gespeichert sind. Damit können mehr als 600 Fahrzeugtypen optimal verwertet werden. IDIS unterstützt insbesondere die Demontage und sortenreine Sammlung des wachsenden Kunststoffanteils (Abb. 1 und 4).

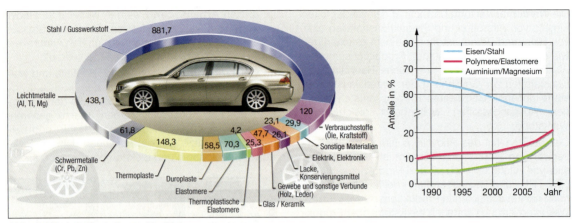

Abb. 1: Werkstoffanteile am Kraftfahrzeug

1.4.3 Schreddertechnologie

Nach der Demontage von Bauteilen werden die Altfahrzeuge geschreddert (Abb. 1).

Aus der nach der Zerkleinerung durch den Schredder entstehenden Werkstoffmenge wird die **Schredderleichtfraktion** mit einem Anteil von etwa 25 % ausgesondert.

Abb. 2: Schredderanlage

Die Schredderleichtfraktion enthält vorwiegend Fasern und Gewebe aus Polsterungen und Bodenbelägen, Gummi-, Holz- und Kunststoffpartikel sowie einen großen Anteil mineralischer Substanzen, wie z. B. Schmutz und Keramik. Sie wird entweder einer Verwertung oder der Entsorgung zugeführt.

Aus der verbleibenden Fraktion wird mit Magnetabscheidern die eisenmetallhaltige **Schrottfraktion**, die etwa 70 % ausmacht, abgetrennt.

Der Schredderschrott setzt sich aus den im Einsatzgut enthaltenen Stahl- und Eisenbestandteilen zusammen. Hierbei handelt es sich um Qualitätsschrott, der sich durch große Reinheit und annähernd gleiche Stückgrößen auszeichnet. Er wird der Stahlerzeugung wieder zugeführt.

Übrig bleibt die **Schwerfraktion** mit einem Anteil von etwa 5 %.

Die **Schredderschwerfraktion** enthält Glas, Kunststoffe, Holz, NE-Metalle und andere schwere und nichtmagnetische Stoffe. Die verschiedenen Metalle, z. B. Kupfer, Aluminium und Magnesium werden abgetrennt und können anschließend verwertet werden.

Aufgaben

1. Welche drei Schutzbereiche im Hinblick auf technische Systeme werden unterschieden?
2. Welche Hauptregel gilt im Umgang mit Maschinen und Geräten?
3. Wie lauten die fünf Hauptgruppen von Sicherheitskennzeichnungen am Arbeitsplatz?
4. Ordnen Sie den fünf Hauptgruppe die jeweilige Sicherheitsfarbe und ihre Bedeutung zu. Geben Sie ein Anwendungsbeispiel an und zeichnen Sie das Sicherheitszeichen dazu.
5. Welche Bedeutung hat das CE-Kennzeichen?
6. Welcher Grundsatz gilt für den Umgang mit gefährlichen Stoffen?
7. Wann dürfen nur Arbeiten an pyrotechnischen Bauteilen vorgenommen werden?
8. Worauf ist bei der Lagerung und während des Transports von pyrotechnischen Bauteilen zu achten?
9. Erläutern Sie die Begriffe »Wartung«, »Inspektion« und »Instandsetzung«.
10. Welchen Zweck hat der Umweltschutz?
11. Worüber gibt das Chemikalienrecht Auskunft und was wird in diesem Zusammenhang unter einem Sicherheitsdatenblatt verstanden?
12. Welche drei Abfallarten unterscheidet das Kreislaufwirtschafts- und Abfallgesetz? Geben Sie je zwei Beispiele an.
13. Welche Regel gilt für den Umgang mit Abfällen?
14. Was ist bei der Lagerung von Altölen zu beachten?
15. Warum wird der unsachgemäße Umgang mit Öl als folgenschwere Umweltverschmutzung eingestuft?
16. Erläutern Sie den Begriff »Recycling« und unterscheiden Sie mit Hilfe eines Beispiels die Recyclingformen »Verwertung« und »erneuter Verwendung«.
17. Erklären Sie den Begriff »Demontageanalyse«.

2 Betriebliche Organisation und Kommunikation

2.1 Grundlagen der betrieblichen Organisation

> Die **betriebliche Organisation** hat die **Aufgabe**, die Abteilungen des Betriebes so zu organisieren, dass diese mit möglichst geringem Aufwand einen größtmöglichen Ertrag erwirtschaften.

Produzierende Betriebe (z. B. in der Automobilindustrie) oder Dienstleistungsbetriebe (z. B. in Kraftfahrzeugwerkstätten) stehen unter einem hohen Kosten- und Zeitdruck.

Durch die schnellen Veränderungen des Marktes und die hohen Kundenanforderungen sind die Unternehmen gezwungen, ständig Lösungen für bessere Betriebsstrukturen, schnellere Arbeitsabläufe und neue Produkte zu entwickeln und umzusetzen.

Dazu zählen in den Werkstätten vor allem die Anpassung der Organisationsstruktur und die Handlungsabläufe an die erhöhten Wettbewerbs- und Kundenanforderungen sowie die Suche nach Möglichkeiten zur Kosteneinsparung, hauptsächlich bei der Auftragsabwicklung in einem Kraftfahrzeugbetrieb.

Die Aufgaben eines Betriebes sind meist sehr vielfältig. Daraus ergibt sich die Notwendigkeit, die Aufgaben so zu verteilen, dass sie zielgerichtet erfüllt werden.

> Der **Betrieb** ist eine technische, soziale, wirtschaftliche und umweltbezogene Einheit, mit selbständigen Entscheidungen und Risiken. Seine **Aufgabe** ist die **Bedarfsdeckung** in einem bestimmten wirtschaftlichen Bereich.

Ein Betrieb im marktwirtschaftlichen System wird auch als **Unternehmen** bezeichnet.

Die betriebliche **Organisation** ist in mehrere Bereiche gegliedert (Abb. 1). Sind die betrieblichen Ziele (Zielplanung) bestimmt, so wird deren Verwirklichung in der Arbeitsplanung (s. Kap 2.6) festgelegt.

Zielsetzungen des Betriebes:
- **Technische Zielsetzung**, hierzu gehören vor allem eine hohe Produktivität und kurze Auftragsdurchlaufzeiten;
- **Soziale Zielsetzung**, Versorgung der Beschäftigten und Verantwortlichkeit gegenüber den Beschäftigten und deren Familien;
- **Wirtschaftliche Zielsetzung**, optimaler Einsatz und Vermehrung des investierten Betriebskapitals;
- **Umweltbezogene Zielsetzung**, Betriebsausstattung und Betriebsablauf erfolgen nach neuesten umwelttechnischen Standards.

Die Betriebsleitung formuliert meist für das bevorstehende Geschäftsjahr Zielsetzungen, die als **Zielori-**

Abb. 1: Organisationsbereiche

entierungen für die einzelnen Abteilungen dienen. Diese könnten z. B. Umsatzsteigerung im Neufahrzeugverkauf oder eine Verringerung der betriebsinternen Unfallstatistik sein.

Die gesamte betriebliche Organisation sollte ein hohes Maß an **Kundenorientierung** haben, d. h. auf Kundenwünsche, Bedürfnisse, Gedanken und Überzeugungen muss der Betrieb schnell reagieren können.

Zur schnellen Umsetzung betrieblicher Zielsetzungen müssen Darstellungen von z. B. Arbeitsablaufplänen und Organisationsplänen in Sprache und Darstellung ein großes Maß an **Klarheit** und **Übersichtlichkeit** aufweisen.

Innerhalb eines Betriebs muss jedem Mitarbeiter ein klar festgelegter Aufgabenbereich zugeordnet werden. Durch diese **Verantwortungszuordnung** soll sich der einzelne Mitarbeiter mit der Bedeutung seiner Tätigkeit sowie mit dem Betrieb identifizieren.

Die Vergabe von Teilaufgaben innerhalb des Betriebs muss nach **fachlicher Kompetenz** erfolgen. Dies ist notwendig, um gesetzlich vorgeschriebene Tätigkeiten, z. B. die Durchführung der Hauptuntersuchung an Bremsanlagen von Nutzkraftwagen durchführen zu können.

Die **Koordination** der **Aufgaben** bei geteilten Arbeitsvorgängen wie z. B. bei der Instandsetzung von Unfallschäden (Karosseriearbeiten und Lackierarbeiten) muss im möglichst engem, zeitlichem Rahmen gewährleistet sein.

Durch **Flexibilität** z. B. in der Arbeitszeitregelung und **Kontinuität** z. B. durch verlässliche Anwesenheitszeiten des jeweiligen Kundendienstmitarbeiters

Abb. 1: Aufbau eines Betriebes

muss der Betrieb auf die jeweiligen Bedürfnisse der Kunden reagieren können.

Zur Optimierung des Wirkungsgrades eines Betriebes unterliegen die einzelnen Abteilungen sowie jeder Arbeitsvorgang einer ständigen **Qualitätskontrolle**. Dies wird z. B. durch die Probefahrt nach dem Abschluss einer Kfz-Reparatur durch den Werkstattmeister vor der Fahrzeugübergabe realisiert.

2.1.1 Aufbau eines Betriebes

Am Beispiel eines Autohauses werden die Aufgabenbereiche der einzelnen Abteilungen eines Betriebes dargestellt (Abb. 1).

Die **Betriebsleitung** hat im Wesentlichen die Aufgabe der Planung und Organisation des Betriebes, insbesondere die Umsetzung der Zielsetzungen in den einzelnen Abteilungen des Autohauses zu überwachen.

Auf Grund der unterschiedlichen Struktur und Aufgabenbereiche innerhalb eines Autohauses wird das Gesamtunternehmen in **Geschäftsbereiche** aufgegliedert. Dies soll kurze Informationswege, eine übersichtliche Verantwortung und eine schnelle Reaktion auf veränderte Situationen ermöglichen.

Die **Kfz-Werkstatt** ist für die Erledigung sämtlicher am Fahrzeug auftretenden Reparaturen (z. B. Unfallreparaturen bestehend aus Aufbau und Lackierarbeiten), Wartungs- und Diagnosearbeiten und der Vorbereitung und/oder Durchführung gesetzlich vorgeschriebener Kontrollen zuständig.

Im **Fahrzeugverkauf** erfolgt der Verkauf von Neu-, Gebraucht- und Jahreswagen. Die Verkaufsmitarbeiter unterbreiten dem Kunden Leasing- und Finanzierungsangebote und fertigen entsprechende Verträge an. In dieser Abteilung wird die Überführung, Auslieferung und Übergabe der Fahrzeuge organisiert. Außerdem erfolgt der Ankauf von Gebrauchtfahrzeugen.

Der **Kundendienst** ist die Abteilung, in der die Betreuung des Kunden stattfindet. Hier erfolgt die Auftragsannahme, die technische Beratung und nach der abschließenden Endabnahme durch den Kundendienstberater die Fahrzeugübergabe an den Kunden. Der Kundendienstberater übernimmt die Bearbeitung von Garantieansprüchen und Gewährleistungsentscheidungen. Zu den Kundendienstaufgaben gehört weiterhin, die Kunden über abholbereite Fahrzeuge zu informieren und Rückmeldungen über die Zufriedenheit der Kundschaft einzuholen.

Zum **Teiledienst** gehört der Verkauf von Ersatzteilen, Zubehör und die Ausgabe der Ersatzteile an die Werkstatt. Um diese Aufgabe zu erfüllen, müssen diese Teile im Ersatzteillager vorrätig sein. Um einen möglichst reibungslosen Ablauf zu gewährleisten, ist eine ständige Kontrolle des Lagerbestandes und eine rechtzeitige Nachbestellung von Ersatzteilen notwendig. Auf Grund der hohen Lagerhaltungskosten erfolgt in zunehmendem Maße ein Zusammenschluss verschiedener Autohäuser zur gemeinsamen Nutzung eines Teilelagers.

Kapitel 2: Betriebliche Organisation und Kommunikation

Informationen vom Kunden

z. B. durch
- Herstellerbefragungen
- Autohausbezogenen Kundenbefragungen
- Kundendienstgespräche
- Werkstattgespräche
- Verkaufsgespräche

Informationen durch unternehmensinterne Unterlagen

z. B. durch
- Unternehmensvergleich der Autohäuser
- Gespeicherte Kundendaten
- Reklamationsberichte
- Verkaufsberichte

Informationen durch Veröffentlichungen

z. B. durch
- Berichte und Statistiken des Zentralverbandes der Automobilindustrie
- Statistiken des Kraftfahrtbundesamtes
- Fachbücher und Fachzeitschriften
- Berichte von Automobilverbänden (ADAC u. a.)

Abb. 2: Informationsquellen über Kundenwünsche und Kundeninteressen

2.1.2 Einflüsse auf die betriebliche Organisation

Im Mittelpunkt der betrieblichen Organisation steht der Kunde (Abb. 2) und seine persönlichen Interessen. Das Hauptziel eines Betriebs ist, diese Interessen zu kennen und den Kunden zufrieden zu stellen.

> **Kundenorientierung** bedeutet die Ausrichtung betrieblichen Handelns auf den Kunden und seinen persönlichen Bedürfnissen.

Ein Betrieb ist bestrebt, die Bedürfnislage des Kunden zu ermitteln, sie mit einem Leistungsprofil zu vergleichen und Lösungsmöglichkeiten zu entwickeln. Dabei ist das Unternehmen teilweise auf die Informationsbeschaffung durch andere angewiesen. Das Sammeln von Kundenwünschen und Kundeninteressen erfolgt auf unterschiedliche Art und Weise (Abb. 2).

Die Kundenwünsche und Kundeninteressen können im Einzelnen sehr unterschiedlich ausgeprägt sein.

Beispiele für Kundeninteressen sind:
- günstiges Preis-Leistungsverhältnis,
- qualifizierte und fachgerechte Durchführung von Wartungs- und Reparaturarbeiten,
- schnelle Bearbeitung von Reklamationen und Garantieansprüchen,
- großzügiger Umgang mit Kulanzfällen,
- Einhaltung von Terminabsprachen,
- Sauberkeit von Verkaufs- und Werkstattflächen,
- umfangreiches Zubehör- und Ersatzteilsortiment,
- Einrichtung einer Schnellreparaturwerkstatt,
- 24 Stunden-Service,
- angenehme Atmosphäre und freundliche Bedienung, Getränke- bzw. Imbissservice speziell für VIP-Kunden,
- Verwendung von modernster Werkstatttechnologie,
- Sauberkeit der Kundenfahrzeuge, z. B. einen kostenlosen Pflegeservice,
- ausreichende Kundenparkplätze auch für den Ersatzteilverkauf.

> Entspricht die **Qualität** der durchgeführten Arbeiten den Kundeninteressen, führt dies zu erhöhter **Kundenzufriedenheit**.

Diese Kundenzufriedenheit bedeutet ein hohes Maß an **Kundenbindung** an das Unternehmen. Übersteigt die Qualität und das Angebot des Unternehmens noch die Kundeninteressen, erhöht sich die Bindung des Kunden an den Betrieb.

> Das **Ziel** aller **betrieblichen Maßnahmen** ist es, durch die Steigerung der Kundenzufriedenheit eine langfristige **Bindung** des **Kunden** an den Betrieb zu erreichen.

Dazu bedarf es der Ermittlung und der Verbesserung der Kundenzufriedenheit.

Hauptfaktoren zur Beeinflussung der Kundenzufriedenheit sind:

Produktqualität
- Ansehen des Automobilherstellers
- Kompetenz und Ansehen des Autohauses
- Qualität des Fahrzeugs
- Qualität der durchgeführten Arbeiten

Servicequalität
- Qualität der Kundenberatung
- Umgang mit z. B. Garantie- und Kulanzregelungen
- Terminzuverlässigkeit

Qualität des persönlichen Kontakts
- Vertrauen, Sympathie und freundlicher Umgang zwischen Kunden und Mitarbeitern

Kostentransparenz
- Klarheit und Übersichtlichkeit der Rechnung
- Konkurrenzfähiges Preis-Leistungs-Verhältnis
- Kostenvoranschläge als Serviceleistung
- Rabattangebote

2.2 Qualitätsmanagement

Konkurrenzfähige Unternehmen erfordern zur Führung und Leitung besondere Maßnahmen. Dies ist notwendig, um die an Sie gestellten Anforderungen zu erreichen. Unter einem Management wird die Führungs- und Leitungsebene eines Betriebes verstanden. Ziel des Managements ist die ständige Leistungs- und Qualitätsverbesserung. Teil des Unternehmensmanagements ist das Qualitätsmanagement.

Die DIN EN ISO 9000 legt die verschiedenen Begriffe des Qualitätsmanagements fest (Abb. 1).

> Das **Qualitätsmanagement (QM)** umfasst alle Tätigkeiten zur Lenkung und Leitung eines Unternehmens, bezogen auf die geforderten Qualitätsanforderungen.

Die **Hauptaufgaben** des **Qualitätsmanagements** sind die
- Qualitätsplanung,
- Qualitätslenkung,
- Qualitätsprüfung und
- Qualitätssicherung.

Die **Qualitätsplanung** umfasst die Planung bezogen auf das Produkt oder die Dienstleistung (z.B. die Feststellung, Einordnung und Gewichtung der Qualitätsmerkmale), die Festlegung der Ziele, Qualitätsanforderungen und möglicher einschränkender Bedingungen.

Die **Qualitätslenkung** umfasst alle Arbeitstechniken und Tätigkeiten die notwendig sind, die betrieblichen Prozesse zu überwachen. Gleichzeitig müssen Ursachen erkannt und beseitigt werden, die verantwortlich für nicht zufrieden stellende Ergebnisse sind.

Die **Qualitätsprüfung** stellt fest, inwieweit ein Produkt oder eine Dienstleistung die Qualitätsanforderung erfüllt.

Qualitätssicherung ist die Summe aller geplanten und systematischen Maßnahmen, um konstante Produktqualität sicherzustellen. Es werden Eigenüberwachung und Fremdüberwachung unterschieden.

Die **Eigenüberwachung** erfolgt intern durch Mitarbeiter des Unternehmens. Die **Fremdüberwachung** wird durch unabhängige Unternehmen oder durch den Kunden selbst durchgeführt.

Für die **Qualitätssicherung** gibt es externe und interne Gründe:
- Interner Zweck der Qualitätssicherung ist es, innerhalb eines Unternehmens Vertrauen gegenüber der eigenen geleisteten Arbeit zu schaffen.
- Externer Zweck der Qualitätssicherung ist es, dass der Kunde dem Unternehmen Vertrauen entgegen bringt (Kundenbindung).

DIN EN ISO 9000
Legt die Grundlagen und Begriffe zum Qualitätsmanagement (QM) fest

DIN EN ISO 9001
Erläutert die Anforderungen an ein Qualitätsmanagementsystem unter besonderer Berücksichtigung seiner Wirksamkeit

DIN EN ISO 9004
Gibt einen Leitfaden zum QM-System für Unternehmen mit höheren Anforderungen als in DIN EN ISO 9001 beschrieben

Abb. 1: Regelung des Qualitätsmanagements in der DIN EN ISO

Maßnahmen der Qualitätslenkung und Maßnahmen der Qualitätssicherung stehen zueinander in einer Wechselbeziehung.

> Für die **Verwirklichung** der **Qualitätsziele** ist jeder Mitarbeiter des Unternehmens bzw. Arbeitsbereiches durch sinnvolle Planung, Lenkung und Qualitätskontrollen verantwortlich.

Im Rahmen von **Qualitätssicherungsmaßnahmen** werden betriebliche Daten (z.B. Kundenstatistiken), Betriebsabläufe (z.B. durchschnittliche Standzeiten von Kundenfahrzeugen), Umweltschutzmaßnahmen (z.B. Entsorgung von Altwertstoffen) im Qualitätsmanagementhandbuch schriftlich festgehalten.

Qualitätsmanagementsysteme verfolgen unter anderem folgende Ziele:
- Genaue Erfassung von Kundenwünschen und deren unternehmensbedingte Umsetzung,
- Qualitätssteigerung der Waren und Dienstleistungen,
- Steigerung der Wirksamkeit der Betriebsorganisation,
- Senkung der Betriebskosten,
- Optimierung des Fortbildungsstands der Mitarbeiter und
- Umsetzung der Umweltschutzauflagen.

Bezogen auf den Handlungsablauf innerhalb eines Betriebes orientiert sich das Qualitätsmanagement an den Wertschöpfungsprozess eines Unternehmens (**Prozessorientierter Ansatz**).

Kapitel 2: Betriebliche Organisation und Kommunikation

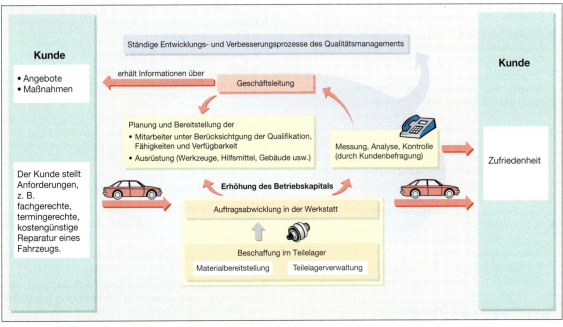

Abb. 2: Prozessmodell »Fahrzeugreparatur«

Unter **Wertschöpfung** werden die wirtschaftlichen Werte (z. B. Kapital, Inventar, Grundstücke, Gebäude usw.) verstanden, die durch die betriebliche Arbeit geschaffen oder vermehrt wurden.

Wertschöpfungsprozesse in einem Kraftfahrzeugbetrieb sind z. B. der Neu- und Gebrauchtfahrzeugverkauf, die Durchführung von Reparatur- und Wartungsarbeiten oder der Zubehör- und Ersatzteileverkauf.

Es werden z. B. verbindliche Arbeitsablaufbeschreibungen entwickelt. Diese haben zur Zielsetzung, eine bestimmte Vorgehensweise für die Mitarbeiter einer Abteilung, z. B. bei der Durchführung einer Kfz-Reparatur, festzulegen.

Zu den **unterstützenden Prozessen** innerhalb des Qualitätsmanagements gehören:

- der Umgang mit dem Betriebsinventar, insbesondere seine Wartung und Instandhaltung,
- personalpolitische Entscheidungen,
- innerbetriebliche und überbetriebliche Qualifizierungsmaßnahmen.

Am Beispiel einer Fahrzeugreparatur wird der Prozess zur Qualitätsverbesserung innerhalb des Regelkreises Qualitätsmanagements in der Abb. 2 dargestellt.

Zur ständigen Verbesserung der Qualität eines Betriebes werden unabhängige Sachverständige zur Zertifizierung beauftragt.

Zertifizierung ist die Beurteilung des Qualitätsstandards eines Unternehmens durch unabhängige Gutachter (Fremdbeurteilung).

Die **Vorteile** einer **unabhängigen Begutachtung** sind:

- Nachweis der **Produkthaftung**,
- **Steigerung des Qualitätsbewusstseins** der Mitarbeiter,
- **Überprüfung der Effektivität** der betrieblichen Organisation,
- **Erhöhung der Wettbewerbschancen** gegenüber nicht zertifizierter Betriebe und
- **Beratungsmöglichkeiten** durch den Gutachter.

Die Überprüfung der Qualität eines Unternehmens durch einen unabhängigen Gutachter erfolgt anhand der vier **Prüfbereiche**:

- Betriebsdatenerfassung,
- Erfassung der Betriebsstruktur,
- Auswertung der Betriebsdaten und
- Vereinbarungen zur Qualitätsverbesserung.

Betriebsdatenerfassung

- Betriebsgröße, z. B. Anzahl der Mitarbeiter
- Größe der einzelnen Abteilungen, z. B. Anzahl der Mitarbeiter der Abteilungen
- Leitende Angestellte, z. B. Geschäftsleitung, Werkstattleitung, Kundendienstleitung
- Verkaufszahlen, z. B. Neuwagen, Gebrauchtwagen
- Kundendienstkontakte, z. B. Reklamationen, Garantiefälle

Erfassung der Betriebsstruktur

- **Gesamteindruck**, z. B. Betriebsöffnungszeiten, Sauberkeit von Werkstatt- und Verkaufsräumen, Übersichtlichkeit der Hinweisschilder
- **Organisation**, z. B. Kundenwartezeiten, telefonische Kundenbefragungen, Fragebögen, Dokumentation von Aus- und Fortbildungsmaßnahmen, systematische Erfassung von Kundendaten
- **Kundendienstbereich**, z. B. Transparenz von Kundenaufträgen und Rechnung, Verfügbarkeit an Werkstattersatzfahrzeugen, Möglichkeit der Einsicht in die allgemeinen Geschäftsbedingungen
- **Werkstattbereich**, z. B. Sauberkeit der Kundenfahrzeuge, Umgang mit Werkzeugen und Beachtung der Unfallverhütungsvorschriften
- **Teiledienst**, z. B. Verfügbarkeit von Zubehör und Originalteilen, Qualität und Ordnung der Lagerung, Wareneingangskontrollen
- **Fahrzeugverkauf**, z. B. Zustand der Fahrzeuge, Präsentation der Fahrzeuge, Werbeaktionen

Auswertung der Betriebsdaten

Anhand der erhobenen Betriebsdaten werden die erreichten Punkte durch den unabhängigen Sachverständigen addiert und mit der Geschäftsleitung ausgewertet. Entspricht oder übersteigt die Gesamtpunktzahl einer Mindestpunktzahl, erhält der Betrieb die Zertifikation nach DIN EN ISO 9001.

Vereinbarungen zur Qualitätsverbesserung

Festlegung weiterer Maßnahmen zur Qualitätsverbesserung. Beseitigung festgestellter Mängel und Terminplan zur erneuten Zertifizierung.

2.3 Kommunikation

Um auf Kundenwünsche und Kundeninteressen eingehen zu können, ist es notwendig, erfolgreich mit dem Kunden zu **kommunizieren**. Das Ziel dieser Kommunikation ist es, eine große Kundenbindung und damit den wirtschaftlichen Unternehmenserfolg zu gewährleisten. Weiterhin ist eine funktionierende Kommunikation zwischen der Geschäftsleitung und den Mitarbeitern der einzelnen Betriebsbereiche erforderlich.

Kommunikation ist der **Austausch** von **Informationen** zwischen einem Sender (z. B. Verkäufer) und einem Empfänger (z. B. Kunde).

Zu diesem Informationsaustausch gehört ebenfalls die Rückmeldung über die Art und Weise der Entschlüsselung der empfangenen Nachricht durch den Empfänger bzw. Sender.

2.3.1 Grundlagen der Kommunikation

Die **Kommunikation** zwischen Menschen erfolgt **verbal** (sprachlich) und/oder **non-verbal** (nichtsprachlich, Abb. 1).

Mimik: Ausdrucksbewegungen des Gesichts z. B. Lachen, Überraschung, Stirnrunzeln.

Blickkontakt: Ansehen des Gesprächspartners, vermittelt z. B. Interesse oder Aufwertung des Gesprächspartners, Wegsehen vermittelt z. B. Desinteresse.

Paraverbale Zeichen: Sie sind nichtsprachliche Anteile der Stimme und des Sprechens z. B. Stimmhöhe, Lautstärke, Sprachtempo.

Pantomimik/Gestik: Beschreibt den Ausdruck des Körpers und seine Körperhaltung z. B. Kopfschütteln, Nicken, Handbewegungen, aufrechte offene Körperhaltung.

Räumliche Distanz: Beschreibt den Abstand zwischen den Gesprächspartnern. Es werden der persönliche/intime Nahraum und der gesellschaftliche/öffentliche Gesprächsabstand unterschieden.

Jegliche **Form** der **Kommunikation** erfolgt meist als Verbindung aus verbalen und non-verbalen Gesprächsanteilen. Es werden in diesem Zusammenhang inkongruente (lat.: nicht übereinstimmende) bzw. kongruente (lat.: sich deckende, übereinstimmende) Nachrichten unterschieden.

Bei den **kongruenten** Nachrichten ist der Sinngehalt der Information von sprachlichen und nichtsprachlichen Mitteilungen identisch und führt zur Glaubwürdigkeit des Gesprächspartners. Inkongruente Nachrichten führen hingegen zur Unglaubwürdigkeit.

Da der erste Eindruck meist den Verlauf der weiteren Kommunikation beeinflusst, kommt dem non-verbalen Gesprächsanteil eine besondere Bedeutung zu. Es ist deshalb wichtig, die Signale des Gesprächspartners (z. B. Kunden) schnell zu erkennen und situationsgerecht zu beantworten.

Der Nachrichtenaustausch zwischen **Sender** (z. B. Kundendienstmitarbeiter) und **Empfänger** (z. B. Kunde) erfolgt meist auf vier Betrachtungsebenen (Abb. 2):

- Der Ebene des **Sachinhaltes**,
- der Ebene des **Appells**,
- der Ebene der **Beziehung** und
- der Ebene der **Selbstoffenbarung**.

Abb. 1: Aspekte der non-verbalen Kommunikation

Kapitel 2: Betriebliche Organisation und Kommunikation

Abb. 2: Betrachtungsebenen am Beispiel »Kundengespräch« (Kommunikationsmodell)

Daraus leitet sich ab, dass der Empfänger eine Nachricht auf unterschiedliche Art und Weise auffassen kann.

> Der **Sinn** einer **Nachricht** wird bestimmt durch die persönliche, subjektive Einschätzung (Bewertung) durch den Empfänger (Zuhörer).

Der Empfänger oder Sender, der alle vier Betrachtungsebenen berücksichtigt, besitzt im Verlauf der Kommunikation entscheidende **Vorteile**:

- Er kann besser auf seinen Gesprächspartner eingehen,
- er kann besser zuhören und
- er kann Konfliktsituationen frühzeitig erkennen und sie versuchen zu vermeiden.

2.3.2 Kundengespräch

Der erste Kontakt mit dem Kunden in der Kfz-Werkstatt findet meist im Beratungsgespräch oder in der Reparaturannahme durch den Kundendienstberater statt. Hierbei ist das Auftreten und damit der erste Eindruck auf den Kunden entscheidend. Deshalb ist es für den Mitarbeiter wichtig, sofort einen guten persönlichen Kontakt zu dem Kunden aufzubauen und bis zur Übergabe des Fahrzeugs an den Kunden aufrecht zu erhalten.

Ein Beratungsgespräch bzw. eine Reparaturannahme erfolgt in vier **Phasen**:

> **Kontaktaufnahme**
> - Persönliche Begrüßung des Kunden
> - Freundliches, entgegenkommendes Auftreten
> - Ansprechen des Kunden mit Namen
> - Schaffung eines ersten positiven Eindruckes
> - Wahrnehmung der persönlichen Situation des Kunden anhand non-verbaler und verbaler Signale

> **Informationsermittlung**
> - Kundenwünsche ermitteln
> - Gezieltes Erfragen von Problemen
> - Kunden aktiv zuhören
> - Kunden aussprechen lassen

> **Auftragsverhandlung**
> - Kunden positiv einstellen
> - Vorteile und Nutzen aufzeigen
> - Kundengespräch ergebnisorientiert gestalten
> - Einwände positiv bewerten
> - Kunden zufrieden stellen

> **Auftragsabschluss**
> - Zusammenfassen der Gesprächsergebnisse
> - Weitere Vorgehensweise dem Kunden erläutern
> - Visitenkarte mit Ansprechpartnern des Betriebes aus den einzelnen Abteilungen aushändigen
> - Freundliche Verabschiedung des Kunden

2.3.3 Umgang mit Reklamationen

Reklamationen und Beschwerden des Kunden liefern wichtige Informationen über die Qualität der geleisteten Arbeit (z. B. Reparaturen) und die Beschaffenheit eines Produkts (z. B. Neuwagen, Ersatzteile).

Reklamationen sind unerfreulich für den Kunden, aber auch für den Beschäftigten (z. B. Kundendienstberater) des Betriebes. Sie bieten aber auch Gelegenheit, durch Art und Weise der Behandlung des Problems die Kundenbindung an den Betrieb zu erhöhen. Dazu ist es erforderlich, in erster Linie dem Kunden gegenüber ein hohes Maß an Verständnis aufzubringen, aber auch die Interessen des Betriebes angemessen zu vertreten.

> **Hinweise zur Durchführung von Reklamationsgesprächen:**
> - Schaffen Sie eine angenehme Gesprächsatmosphäre zur entspannten Eröffnung des Gesprächs, z. B. durch Frage nach Erfrischungsgetränken.
> - Führen Sie das Gespräch unter »vier Augen«. Gehen Sie z. B. in einen besonderen Servicebereich ohne weitere Kunden.
> - Wenn erforderlich, ziehen Sie einen sachkundigen Kollegen oder Vorgesetzten zu dem Gespräch dazu.
> - Gehen Sie auf den Kunden ein und versuchen Sie Missverständnisse durch gezielte Nachfragen zu vermeiden.
> - Bleiben Sie für den Kunden verständlich und vermeiden sie unverständliche technische Fachbegriffe.

> - Vertreten Sie ihren Betrieb positiv aber angemessen, ohne aufdringlich zu wirken.
> - Entschuldigen Sie sich für aufgetretene Mängel und Fehler, aber rechtfertigen sie sich nicht.
> - Vermitteln sie dem Kunden die Gewissheit, dass die Reklamation umgehend bearbeitet wird.
> - Veranlassen Sie in Gegenwart des Kunden die Auftragserledigung.
> - Halten sie ihre angekündigten Versprechen unbedingt ein.

2.4 Personalführung

Eine weitere wichtige Größe für das Erreichen von vorgegebenen Betriebszielen stellt der Umgang der Mitarbeiter untereinander, aber besonders die Rolle der leitenden Angestellten gegenüber den Mitarbeitern dar.

> Das **Verhalten** der **Mitarbeiter** soll so beeinflusst werden, dass die vorgegebenen **Ziele** des Unternehmens erreicht werden.

Unter Führung bzw. Leitung wird die Befähigung eines Vorgesetzten verstanden, seine Mitarbeiter von den betrieblichen Zielen zu überzeugen und so zu motivieren, dass die Mitarbeiter diese Ziele aktiv erreichen wollen.

Es werden vier grundsätzliche Führungsstile unterschieden:

Autoritärer Führungsstil: Charakteristisch für diesen Führungsstil ist die zentrale Rolle des Vorgesetzten. Er bestimmt und der Mitarbeiter führt die Anweisungen ohne Kritik aus. Bei der heutigen Qualifikation und Erziehung der Mitarbeiter hat dieser Stil nur noch geringe Bedeutung. Mitarbeiter erwarten eine gewisse Entscheidungsbefugnis.

Laissez-faire Führungsstil (frz.: »machen lassen«): Es bedeutet im weitesten Sinne die Eigenverantwortlichkeit des Einzelnen oder des Teams, der Vorgesetzte nimmt kaum Einfluss auf die Entscheidungen der Mitarbeiter.

Kooperativer Führungsstil: Heutige betriebliche Prozesse erfordern ein hohes Maß an Flexibilität, Kooperation, Kompromissbereitschaft und Zusammenarbeit. Bei dieser Art der Führung werden die Mitarbeiter als eher gleichberechtigte Partner gesehen. Das gemeinsame Handel ist auf die betrieblichen Ziele ausgerichtet. Die Mitarbeiter denken und handeln kritisch und selbstkritisch, die Verantwortung für die einzelnen Aufgaben werden auf Verantwortungsbereiche verteilt. Bei diesem Führungsstil gibt es aber weiterhin Vorgesetzte (Autoritäten).

Situativer Führungsstil: Die Leitung erfolgt angepasst an die jeweilige Situation und ist jeweils eine sinnvolle Anwendung der jeweiligen vorher beschriebenen Führungsstile. Diese Art der Führung ist nur dann sinnvoll, wenn die Situation richtig eingeschätzt wurde.

2.5 Mitarbeiterverhalten

Wichtiger Bestandteil betrieblichen und beruflichen Erfolgs ist die **positive Einstellung** des Mitarbeiters zu seiner Arbeit bzw. zu seinem Betrieb.

> Der **berufliche Erfolg** wird durch das **positive Denken** des **Mitarbeiters** über seine Arbeit unterstützt.

Die Förderung des positiven Denkens kann gezielt durch das Verhalten der Vorgesetzten und der Mitarbeiter beeinflusst werden.

Einstellung zur Tätigkeit
Hohes berufliches Interesse fördert die positive Einstellung, ebenso die gezielte berufliche Fortbildung und Qualifizierung der Mitarbeiter durch die Vorgesetzten.

Einstellung zum Betrieb
Durch die Übereinstimmung des Mitarbeiters mit den Zielen des Betriebes wird eine gezielte Beeinflussung des positiven Denkens erreicht. Die Einbindung der Mitarbeiter in Entscheidungsprozesse, der Führungsstil der Vorgesetzten und die Entlohnung der Arbeitsleistung sind Ausdruck der positiven Einstellungen.

Einstellung zu den Produkten
Die Kenntnisse der Mitarbeiter über die Produkte des Betriebes (z. B. Preise und Leistung bzw. Serviceangebote in der Werkstatt) erhöht die Übereinstimmung mit den verkauften Produkten und die Vertretung dieser Produkte gegenüber den Kunden.

Einstellung zu den Kunden
Jeder Mitarbeiter des Betriebes sollte im Umgang mit den Kunden geschult sein und gezielt das Kundengespräch suchen. Kundengespräche sollten innerhalb des Betriebsablaufs eingeplant werden. Der sichere Umgang mit den Kunden erzeugt eine positive Einstellung. Unzumutbares Kundenverhalten soll bestimmt aber freundlich zurückgewiesen, verärgertes Kundenverhalten durch bewusste Reaktionen positiv beeinflusst werden.

Umgang mit den Kollegen (Teamarbeit)
Die Kommunikation und Zusammenarbeit der Mitarbeiter untereinander ist maßgeblich für den Unternehmenserfolg verantwortlich. Viele Betriebe sind auf Grund ihrer spezifischen Aufgabenfelder (z. B. Systemdiagnose) teamorientiert organisiert. Diese Organisation kann zu einer Verbesserung des Problemlösungsverhaltens führen.

Fähigkeit zur Teamarbeit erfordert:
- Hohe fachliche Kompetenz
- Festlegung der Teamziele, einstimmige Entscheidung zur Teamleitung
- Kritikfähigkeit
- Kommunikationsfähigkeit und Fähigkeit zur Entscheidungsfindung
- Hohes Maß an Vertrauen innerhalb des Teams
- Gutes Betriebsklima

2.6 Arbeitsplanung

> Die **Arbeitsplanung** hat die **Aufgabe**, systematisch die Mittel (Mittelplanung) und die Arbeitsabläufe (Arbeitsablaufplanung) für das zielgerichtete Zusammenwirken der Mittel festzulegen.

Wenn eine **Arbeitsablaufplanung** (Abb. 1) erstellt wird, so muss gleichzeitig eine **Mittelplanung** erfolgen, denn beide Planungsbereiche sind voneinander abhängig.

Die **Personalplanung** ist die Planung von Personalbedarf und die Beobachtung der Personalentwicklung. Dazu gehört auch die Planung des Personaleinsatzes sowie die Weiterbildung und Schulung der Mitarbeiter.

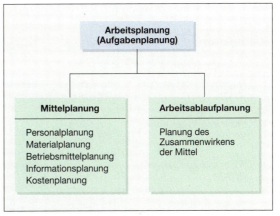

Abb. 1: Systematik der Arbeitsplanung

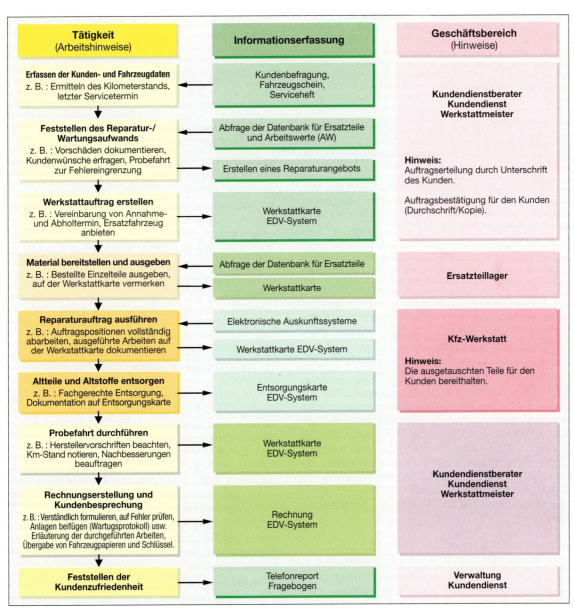

Abb. 2: Zeitlicher Ablauf eines Reparaturauftrags

Tab. 1: Arbeitsablaufplanung für den Kolbeneinbau

Nr.	Arbeitsschritte	Werkzeuge	Messgeräte/ Lehren	Messwerte/ Sollwerte	Einbauhinweise
1.	Ringstoß der Kolbenringe prüfen	Spannband oder Hand	Fühlerlehren	0,30 – 0,45 mm Verschleißgrenze 1,00 mm	Kolbenring rechtwinklig in die Zylinderöffnung etwa 15 mm vom Zylinderrand einsetzen.
2.	Kolbenringe in den Kolben einsetzen	Kolbenring-zange			Kennzeichnung „TOP" muss zum Kolbenboden zeigen. Ringstöße am Umfang versetzen, z. B. 120°.
3.	Höhenspiel der Kolbenringe prüfen		Fühlerlehren	0,02 – 0,05 mm Verschleißgrenze bei 0,15 mm	
4.	Pleuelstange und Kolbenbolzen in den Kolben einsetzen	Spezialzange für Sicherungs-ringe	Pleuelprüfvor-richtung und Waage		Maßtoleranz der Pleuelstange 5 g, ggf. am Pleuelfuß wegschleifen.
5.	Kolben mit Pleuelstange in den Zylinder einsetzen	Spannband, Hammerstiel			Kolben und Zylinderlauffläche mit Öl benetzen, Kolben mit Hand auf Lagerzapfen führen, Einbaurichtungs-markierung beachten, z. B. „front".

Die **Materialplanung** plant die Mengen (Anzahl der benötigten Ersatzteile), die erforderliche Qualität und die Auswahl der Zulieferer der ausgewählten Ersatzteile, die z. B. in der Kfz-Werkstatt verwendet werden.

Die **Betriebsmittelplanung** befasst sich mit der Auswahl, Gestaltung und Erhaltung von Maschinen, Werkzeugen, Messgeräten usw., sowie mit der Auswahl geeigneter Arbeits- und Prüfverfahren zur Einhaltung der geforderten Qualitätsmaßstäbe. Im weitesten Sinne gehören auch die Gebäude (Verkaufsräume, Werkstatt u. a.) in den Bereich der Betriebsmittelplanung.

Die **Informationsplanung** erstellt oder organisiert vollständige und verständliche Wartungs-, Reparatur oder Fertigungsunterlagen, z. B. Zeichnungen, Montagepläne, Prüfpläne usw.

Die **Kostenplanung** der Arbeitsvorbereitung umfasst die Kalkulation aller Kostenarten, die für die einzelnen Arbeitsvorgänge anfallen. Hierzu gehören unter anderem die Angabe von **Lohngruppen**, **Zeitvorgaben** oder **Arbeitswerte** (AW) zur Erfassung der Personalkosten. Ebenso gehören zu den Personalkosten z. B. die Arbeitgeberanteile an den Sozialversicherungsbeiträgen, Entgeltzahlungen im Krankheitsfall, die Beiträge an die gesetzliche Unfallversicherung der Berufsgenossenschaften und zusätzliche betriebliche Sozialleistungen zur »Motivation« der Mitarbeiter.

> Die **Arbeitsablaufplanung** erstellt Arbeitsanweisungen für den zeitlich geordneten Gebrauch von Materialien, Informationen, Betriebsmitteln und führt eine Kostenbewertung durch.

2.6.1 Arbeitsablaufplanung und Auftragsbearbeitung

Im Rahmen der Betriebsorganisation müssen die einzelnen Arbeitspositionen bei der Auftragsbearbeitung koordiniert werden.

Am Beispiel eines Reparaturauftrages werden die einzelnen Aspekte bezogen auf auszuführende Tätigkeiten, Informationserfassung und zuständige Geschäftsbereiche in zeitlicher Abfolge dargestellt (Abb. 2, S. 31)

In Kfz-Reparaturbetrieben ist die **Arbeitsablaufplanung** (Tab. 1) ein wichtiges Hilfsmittel. In ihr wird die Reihenfolge für alle Arbeitsschritte z. B. bei der Fahrzeuginstandsetzung festgelegt: Fehlerdiagnose, Ausbau, Einbau und Endkontrolle.

Allgemein gilt, dass vor jeder Ausführung eines Arbeitsauftrages vorbereitende Tätigkeiten durchzuführen sind.

Auf Grund des Arbeitsablaufplanes ist vor Beginn der eigentlichen Arbeit festzustellen, welche Materialien, Werkzeuge, Prüfmittel und technischen Unterlagen für die Abwicklung des Arbeitsauftrages notwendig sind. Es ist üblich, mit einem Materialschein die erforderlichen Ersatzteile, Betriebs- und Hilfsstoffe anzufordern. Diese Anforderung wird heute üblicherweise mit der Werkstattkarte und mit Hilfe der EDV-Systeme durchgeführt (s. Kap. 2.6.2).

In Kraftfahrzeug-Reparaturbetrieben gibt es entsprechend der Haupttätigkeiten Wartung, Diagnose und Reparatur (Montage/Demontage) drei typische **Arbeitsablaufpläne**:

- Wartungspläne,
- Diagnosepläne und
- Demontage- bzw. Montagepläne.

Kapitel 2: Betriebliche Organisation und Kommunikation

	Arbeitspositionen	Serviceprüfung spätestens nach Jahr [1] oder km (× 1.000) [1]	1 1 30	2 2 60	3 3 90	4 4 120	5 5 150	6 6 180
	Keilrippenriemen und Spannvorrichtung prüfen		x	x	x	x	x	x
	Z 13 DT-, Y 17 DT-, Y 17 DTL-, Z 17 DTH-, Z 17 DTL-Motor Keilrippenriemenwechsel:	alle 10 Jahre / 150.000 km						
	Y 30 DT-Motor Keilrippenriemen ersetzen:	alle 8 Jahre / 120.000 km						
1	Ventilspiel prüfen, einstellen Y 17 DT-, Y 17 DTL-, Z 17 DTH-, Z 17 DTL-, Y 30 DT-Motor:	alle 10 Jahre / 150.000 km						
	Z 16 XEP-Motor:	alle 10 Jahre / 150.000 km						
2	Zahnriemen und Spannrolle ersetzen:	alle 8 Jahre / 120.000 km						
	Ausnahmen: Z 20 LET- und Z 22 XE-Motor:	alle 4 Jahre / 60.000 km						
	Z 14 XE-, Z 16 XE-, Z 16 YNG-, Z 18 XE-Motor:	alle 6 Jahre / 90.000 km						
	Z 16 XEP-Motor:	alle 10 Jahre / 150.000 km						
	Z 17 DTH-Motor:	alle 10 Jahre / 100.000 km						
	Y 17 DT-, Y 17 DTL- und Z 17 DTL-Motor:	alle 10 Jahre / 150.000 km						
	Vectra-C, Signum, Z 16 XE-, Z 18 XE-, Z 18 XEL-Motor:	alle 6 Jahre / 90.000 km						
	Vectra-C, Signum, Z 32 SE-Motor:	alle 8 Jahre / 120.000 km						
3	Servolenkung auf Dichtheit sichtprüfen, Ölstand prüfen [2] [3], korrigieren		x	x	x	x	x	x
4	Motoröl und Motorölfilter wechseln, Qualität [4], Viskosität [5]		x	x	x	x	x	x
	Y 30 DT-Motor [6]:							

[2] bei zu großem Verlust/Undichtigkeit, Folgearbeiten in Kundenabstimmung
[3] nicht bei Fahrzeug X
[4] ACEA-A3/B3 (Otto) und GH-LL-B-025 (Diesel)
[5] 0W-30, 5W-30, 10W-30 oder größer als 30

Abb. 1: Wartungsplan (Auszug)

Der **Wartungsplan** (Abb. 1) gibt Auskunft über den Umfang der durchzuführenden Arbeiten, die zeitlichen Abstände bzw. die jeweilige Kilometerleistung des Fahrzeugs zwischen den Wartungen sowie über den Bedarf an erforderlichen Materialien.

Für **Diagnosearbeiten**, die nach bestimmten Arbeitsschritten Entscheidungen verlangen, haben sich u. a. sogenannte **Programmablaufpläne** (Abb. 2) bewährt. Die Arbeitsschritte werden durch Sinnbilder dargestellt.

Für die Fehlersuche gibt es in den technischen Unterlagen **Fehlersuchpläne** (Abb. 1, S. 34). Da Fehler meist eine Vielzahl von Ursachen haben können, muss in einer sinnvollen Reihenfolge der Fehler »eingekreist« werden, d. h. **nacheinander** müssen mögliche Fehlerquellen durch Überprüfung gesucht und durch Reparatur bzw. Einstellung schrittweise beseitigt werden.

Demontage- bzw. Montagepläne werden häufig durch Zusammenbauzeichnungen (Abb. 2, S. 34) näher erläutert. In Montageplänen werden die einzelnen Arbeitsschritte meist durch genaue Arbeitshinweise und durch Skizzen ergänzt. Diese Art der Arbeitsablaufpläne wird auch für Diagnosearbeiten verwendet.

Die Arbeit mit Programmablaufplänen, Fehlersuchplänen usw. wird heute meist mit Hilfe von EDV-Systemen durchgeführt. Zur Unterstützung verwendet man aber weiterhin **Werkstatthandbücher**.

Diese Unterlagen enthalten grundlegende Erläuterungen über Funktionszusammenhänge einzelner Kraftfahrzeug-Baugruppen, Arbeitsschrittfolgen für die Montage- bzw. Demontage sowie alle technischen Daten der Bauteile des jeweiligen Fahrzeugs (z.B. Kolbeneinbauspiel, Betriebsmittel, Anzugsdrehmomente u. a.).

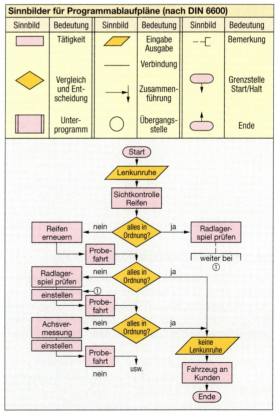

Abb. 2: Programmablaufplan für die Diagnose am Beispiel »Lenkung«

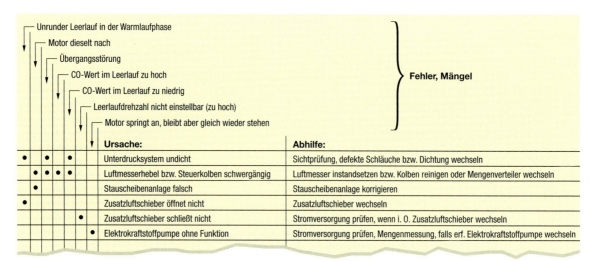

Abb. 1: Fehlersuchplan am Beispiel einer Kraftstoff-Einspritzanlage (Auszug)

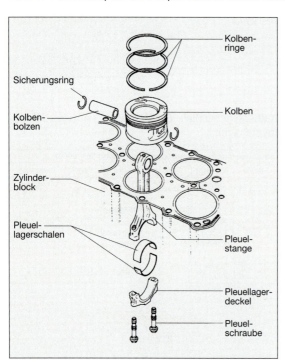

Abb. 2: Zusammenbauzeichnung eines Kurbeltriebes

2.6.2 Betriebliche Datenverarbeitung

Zur Arbeitserleichterung und Unterstützung des Betriebes wird die Elektronische Datenverarbeitung (EDV) eingesetzt. Je nach Geschäftsbereich kommen Textverarbeitungsprogramme, Tabellenkalkulationen, herstellerspezifische Software wie Teilelisten usw. und Internetprogramme zum Einsatz (s. Kap. 12). Die einzelnen Abteilungen eines Betriebes meist auch verschiedener Betriebe gleicher Hersteller sind untereinander vernetzt (**Intranet**).

In den verschiedenen Arbeitsbereichen können diese Datenverarbeitungssysteme Tätigkeiten vereinfachen bzw. unterstützen (Tab. 2).

Tab. 2: Unterstützung durch EDV-Systeme

Abteilung	Tätigkeit
Geschäftsleitung	Erstellung von Statistiken, Erstellung betrieblicher Kennzahlen und Übermittlung an den Konzern, Betriebliche Kontrollfunktion
Teiledienst	Verwaltung von Ersatzteilen und Zubehör, Verwaltung von Preislisten, Bedarfsstatistiken, Durchführung der Inventur
Kundendienst	Führen der Kundenkartei und Fahrzeugdaten, Auftrags- und Rechnungserstellung, Terminplanung, Kalkulation von Reparaturarbeiten und Preisen, Abwicklung von Garantie- und Kulanzfällen
Fahrzeugverkauf	Bewertung von Gebrauchtfahrzeugen, Finanzierungs- und Leasingangebote, Verwaltung der Neufahrzeugkundendateien
Werkstattbereich	Verwaltung von Reparaturleitfäden, Schaltplänen, Wartungsplänen und technischen Merkblättern, Erstellen von Ersatzteilanforderung für Teiledienst
Verwaltung	Finanzbuchhaltung (Steuerabrechnungen), Verwaltung der Personaldaten, Lohnbuchhaltung

Die Durchführung des Auftrags mit Hilfe der EDV erfolgt durch:

Erfassung der Kunden- und Fahrzeugdaten: Im Kundengespräch und durch den Fahrzeugschein werden die erforderlichen Daten erstmalig aufgenommen oder sind bei Stammkunden bereits gespeichert.

Auftragsbestätigung: Sie beinhaltet die wichtigsten Fahrzeug- und Kundendaten sowie die vom Kunden

Autohaus
MUSTER Autos & Service

HERR

SCHONWALDER ALLEE 60

13587 BERLIN

Auftrags-Nr.:	Tagesdatum:	TÜV:	AU:	Auftragsart:
01977	30.06.05	3.06	3.06	N

Telefon dienstlich: Telefon privat:

unverb. Abholtermin: 0

Amtl. Kennzeichen:	Fahrzeug-Ident-Nr.:	Zulassungsdatum:	Typ/Modell:	km-Stand:	Kd.-Meister:
	WVWZZZ1JZ1W610315	5.03.01	1J1366	36167	MG

○ Kulanz ○ Gewährleistung ○ Ersatzteile aufheben Motorkennbuchstabe: AJM Getriebekennbuchstabe: DRW
○ Teilereklamation ○ Leasing

1			
2	ES BEDIENTE SIE HERR MARTIN GIRNDT.		
3			
4	01090026	LONGLIFE INSPEK.SERV.M.MOB.GARANTIE	220Z
5	01400050	BREMSFLUSSIGKEITS SERVICE .	50Z
6	01585550	OLFILTER F HALDEX-KUPPLUNG ERSETZT	90Z
7	15701937	ZYLINDERKOPF AUS- U.EINGEBAUT	520Z
8	15711950	ZYLINDERKOPFDICHTUNG AUS- U.EINGEBAU	10Z
9		UND ERSETZT	
10			
11			
12			
13			
14			
15			
16			
17			
18			

Rückgabe-Ausweis
Der Auftrag ist Ausweis für die Rückgabe Ihres Fahrzeuges. Verwahren Sie ihn gut.
Für mißbräuchliche Benutzung haften wir nicht.

Muster GmbH
Musterweg 12
12345 Musterhausen

Telefon: (0 12) 3 45 67 89

Telefax: (0 12) 3 45 67 89-1

○ **Anlage**
○ **ohne Zulassung**
○ **Mängel beseitigen bis EUR**
Bitte Barzahlung bei Abholung oder EC-Karte

○ ja ○ nein Haben Sie wertvolle Gegenstände im Fahrzeug, bitte ankreuzen. Wenn ja, bitte schriftlich festlegen.

Der Auftrag wird erteilt unter Anerkennung der in der Reparaturannahme zur Einsicht aushängenden Bedingungen für die Ausführung von Instandsetzungsarbeiten an Kraftfahrzeugen und unter Anerkennung des nebenstehenden Rückgabe-Ausweises.

Öffnungszeiten Kundendienst: Mo.-Do. 7.00-18.00 Uhr, Freitag: 7.00-17.00 Uhr; Verkauf: Mo.-Do. 8.00-18.00 Uhr, Freitag: 8.00-17.00 Uhr, Samstag: 9.00-12.30 Uhr

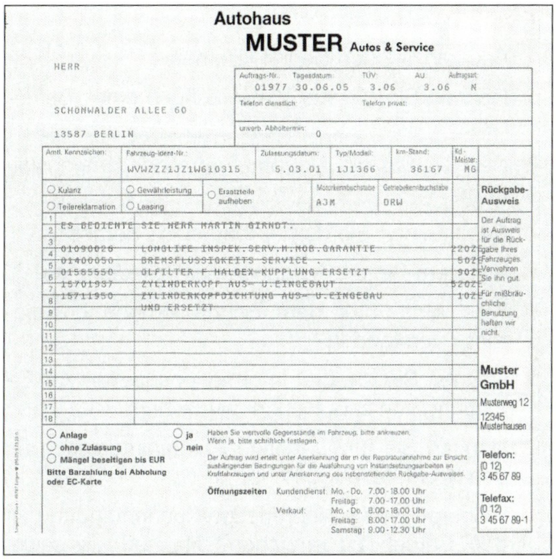

Abb. 3: Auftragsbestätigung

gegebenen Reparaturaufträge und Wartungshinweise (Abb. 3).

Erstellung der Ersatzteilliste: Die für die Reparatur benötigten Ersatzteile werden mit Hilfe eines automatischen Datenverarbeitungssystems ermittelt, aufgelistet und dem Teiledienst meist über eine elektronische Datenleitung (Intranet) übermittelt.

Ermittlung spezifischer Fahrzeugdaten mit Hilfe eines elektronischen Auskunftssystems (Abb. 4): Diese Systeme, die in Kraftfahrzeugreparaturwerkstätten eingesetzt werden, verbinden Wartungstabellen (Abb. 5), Fahrzeugreparaturdaten, Schaltpläne (Abb. 2, S. 36), Kraftfahrzeugsystemübersichten und Arbeitshinweise miteinander. Weiterhin beinhalten diese Auskunftssysteme die Möglichkeit der geführten Fehlerdiagnose.

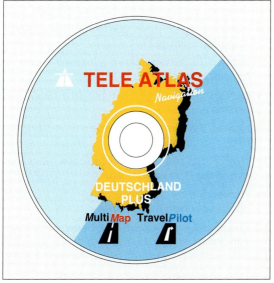

Abb. 4: Elektronisches Auskunftssystem

In den meisten Fällen ist in diesen Datensystemen neben den Fahrzeuginformationen auch ein Fahrzeugdiagnose und Messsystem enthalten. Diese Systeme verbinden die Fahrzeug-Eigendiagnose/Fehlerspeicher, die Messtechnik (z. B. Oszilloskop- und Multimeterfunktionen) mit technischen Datenbanken und der schriftlichen Dokumentation des Arbeitsauftrages miteinander.

Im Rahmen des Fahrzeugservice können durch diese Systeme verschiedene Funktionen z. B. Abfrage und Löschung des Fehlerspeichers, Programmierung des Steuergerätes (Chip-Tuning) oder Rücksetzen der Service-Intervallanzeige übernommen werden.

Eine Anbindung zum Datenaustausch mit anderen Kraftfahrzeugbetrieben über herstellerspezifische Informationen (Intranet) oder die Anbindung an das weltweite Informationssystem (Internet) sind in den meisten Auskunftssystemen bereits installiert.

Die **Wartungstabellen** sind für jedes gespeicherte Fahrzeug abrufbar. Sie beinhalten die einzelnen Prüfpunkte, die der Kraftfahrzeugmechatroniker abzuarbeiten und durch entsprechende Kennzeichnung auf der Wartungstabelle zu dokumentieren hat. Nach erfolgter Wartung ist die Tabelle auszudrucken, mit der Unterschrift des Monteurs zu versehen und dem Kunden als Rechnungsanhang auszuhändigen.

Ist am Fahrzeug eine Reparatur durchzuführen, so können über das elektronische Auskunftssystem detaillierte Informationen zur Demontage bzw. Montage abgerufen werden (Abb. 1, S. 36).

Rechnungserstellung: Die Rechnung enthält Fahrzeug- und Kundendaten, die benötigten Ersatzteile und Arbeitspositionen mit Preisen (Abb. 3, S. 36).

Wartungsliste

Auftragsnummer	Typ	Kennzeichen	Erstzulassung
01977	1J1366	X-Y 2001	2001-03-05
Fahrgestellnummer	**MKB**	**Kilometerstand**	**Kundendienstberater**
XXXXXX	AJM	000111	MG
Typbezeichnung	**GKB**	**Modelljahr**	**Datum**
Golf TDI HIGHL 85 6-G	DRW	2001	2005-1-18

Inspektions-Service (LongLife-QG1)

Elektrik	i.O./durchgeführt	n.i.O.	behoben
Frontbeleuchtung – Funktion prüfen: Standlicht, Abblendlicht, Nebelscheinwerfer, Blinkanlage, Warnblinkanlage	☑	☐	☐
Heckbeleuchtung – Funktion prüfen: Bremslicht (auch 3. Bremsleuchte), Rücklicht, Rückfahrscheinwerfer, Nebelschlussleuchte, Kennzeichenbeleuchtung, Kofferraumbeleuchtung, Blinkanlage, Warnblinkanlage	☑	☐	☐
Innenraum- und Handschuhkastenbeleuchtung, Zigarrenanzünder, Signalhorn und Kontrolllampen: Funktion prüfen	☑	☐	☐
Airbag für Fahrer und Beifahrer: Sichtprüfung der Airbag-Einheiten auf äußere Beschädigungen durchführen	☑	☐	☐
Fahrzeugsystemtest: Durchführen	☑	☐	☐
Service-Intervall-Anzeige: zurücksetzen	☑	☐	☐

Fahrzeug von außen	i.O./durchgeführt	n.i.O.	behoben
Türfeststeller und Befestigungsbolzen: Schmieren	☑	☐	☐
Scheibenwisch-/Waschanlage und Scheinwerferreinigungsanlage: Funktion und Spritzdüseneinstellung prüfen	☐	☒	☑
Scheibenwischerblätter: Auf Beschädigung prüfen	☑	☐	☐
Scheibenwischerblätter-Endablage: Prüfen	☐	☐	☐
Anstellwinkel prüfen: nur bei „rubbelnden" Wischerblättern (gilt nicht für Aerowischer)	☐	☐	☐

Abb. 5: Wartungstabelle (Auszug)

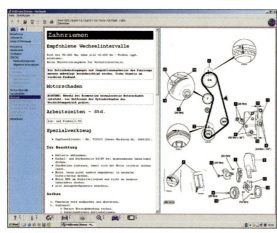

Abb. 1: Reparaturanleitung

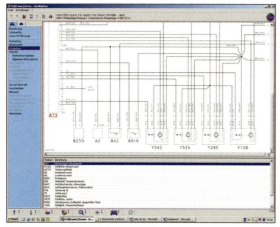

Abb. 2: Schaltplan einer Klimaanlage (Auszug)

Autohaus MUSTER Autos & Service

Autohaus Muster GmbH • Musterstraße 69 • 12345 Musterhausen

HERR
MANFRED MUSTER
MUSTERALLEE 60
12345 MUSTERSTADT

BEWERTETE
GES.AUFTRAGSLISTE ZU AUFTR. NR. 01977

Bei Zahlung bitte Rechnungs-Nr. und Kunden-Nr. angeben

Telefon (030) 12 34 56-0
Telefax (030) 12 34 56-78
e-Mail: muster@t-online.de
Steuer-Nr.: 12345/678
USt-IdNr.: DE 123 456 789
Bank
Musterhausener Bank
(BLZ 123 123 00) 777 777 777
Postbank Musterhausen
(BLZ 987 654 321) 1234 56-789

Betriebs-Nr. 123/4567.8
Auftrags-Nr. 01977
Datum 17.01.05
Kunden-Nr. 28130
Abn.-Gr. 8010 36301

Freigabe-Nr.: Seite:

	Amtl. Kennzeichen	Typ/Modell	Fahrzeug-Ident-Nr.	Auslieferungsdatum	Annahmetag	km-Stand	KD-Meister
	A-BC 0000	1A0000	WVWZZZ0JJ0W000000	5.03.01	11.01.05	111	MG 1

					EURO
100	01090005	LONGLIFE INSPEK.SERV.M.MOB.GARANTIE		160ZE	127,84
110	01400050	BREMSFLÜSSIGKEITS SERVICE .		50ZE	36,25
120	15241936	ZAHNRIEMEN AUS- U.EINGEBAUT		290ZE	210,25
130	15271981	SPANNROLLE AUS- U.EINGEBAUT		10ZE	7,25
901					
5010	Z 600 210 EW	4,500	LONGL.II		56,84
5020	074 115 562	1	FILTEREINS		8,91
5030	N 908 132 01	1	SCHRAUBE		1,05
5040	1J0 819 644 A	1	FILTEREINS		20,77
5050	B7	6	BREMSFLUE		19,50
5060	038 109 119 P	1	ZAHNRIEMEN		53,90
5070	038 109 454 A	1	MUTTER		1,05
5080	045 109 243 B	1	SPANNROLLE		62,70

	Arbeitspreis	Material/Fahrzeug	Umsatzsteuer	Austausch-Altwert	USt auf Altwert	Agenturware/Auslagen lt. Beleg*	Gesamt-Betrag
EURO	381,59	224,72	97,01	0,00	0,00	0,00	703,32*
	606,31						

Die Leistungen wurden zwischen Annahme- und Rechnungstag (§14 Abs. 1, Ziffer 4 UStG.) erbracht. Geschäftsführer Reinhard Gimdt, Hannut Gimdt, Amtsgericht Berlin-Charlottenburg HRB Nr. 9173
* Der Betrag enthält die gesetzliche Mehrwertsteuer. Die Lieferung von Originalteilen für Volkswagen erfolgt zu den im Verkaufsraum ausgehängten Lieferbedingungen.

Abb. 3: Kundenrechnung

Aufgaben

1. Erklären Sie den Begriff »Betrieb«.
2. Nennen Sie die vier Zielsetzungen eines Betriebes.
3. Nennen Sie die Hauptaufgabe der Betriebsleitung.
4. Beschreiben Sie den Aufbau eines Betriebes.
5. Erläutern Sie die Aufgaben des Teiledienstes.
6. Was wird unter dem Begriff »Kundenorientierung« verstanden?
7. Nennen Sie die drei Informationsquellen zur Ermittlung von z. B. Kundenwünschen.
8. Nennen Sie fünf wichtige Kundeninteressen für den Kraftfahrzeugbetrieb.
9. Wodurch ist eine langfristige Kundenbindung an den Betrieb zu erreichen? Nennen sie sechs Möglichkeiten.
10. Beschreiben Sie das Hauptziel aller betrieblichen Maßnahmen.
11. Nennen Sie die vier Hauptfaktoren, die die Kundenzufriedenheit beeinflussen. Geben Sie je ein konkretes Beispiel.
12. Erklären Sie den Begriff »Qualitätsmanagement«.
13. Welche Hauptaufgaben hat das Qualitätsmanagement?
14. Beschreiben Sie den Unterschied zwischen »Eigenüberwachung« und »Fremdüberwachung« zur Qualitätssicherung.
15. Erklären Sie den Begriff »Wertschöpfung«.
16. Erläutern Sie, warum für Betriebe eine Zertifizierung nach DIN EN ISO 9000 von Vorteil ist.
17. Nennen Sie die Vorteile einer unabhängigen Zertifizierung nach DIN EN ISO 9000.
18. Erläutern Sie den Begriff »Kommunikation«.
19. Welche Möglichkeiten der non-verbalen Kommunikation gibt es?
20. Nennen Sie die vier Ebenen auf denen Nachrichten ausgetauscht werden können.
21. Nennen Sie die vier Phasen bei einer Reparaturannahme.
22. Nennen Sie fünf wichtige Hinweise im Umgang mit Reklamationen.
23. Nennen Sie die vier grundsätzlichen Führungsstile in der Personalführung.
24. Nennen Sie die fünf Bereiche, die das Verhalten von Mitarbeitern beeinflussen können.
25. Erläutern Sie den Ablauf eines Reparaturauftrags von der Annahme des Auftrages bis zur Ausgabe des Fahrzeugs. Geben Sie die jeweilige zuständige Abteilung an.
26. Erklären Sie den Begriff »Arbeitsplanung«.

3 Prüfen

Maße und Formen eines Werkstücks werden nach den Angaben einer technischen Zeichnung gefertigt und geprüft. Das Prüfen kann:
- ein nichtmäßliches Prüfen sein, z. B. eine Funktionsprüfung oder das Ermitteln einer bestimmten Eigenschaft, z. B. der Oberflächenbeschaffenheit,
- ein mäßliches Prüfen sein, wie das Feststellen einer Größe durch Messen oder Lehren, z. B. Längen- und Winkelmessungen.

Die Prüfmittel sind nach DIN 2257 in **Messgeräte** und **Lehren** (Tab.1) eingeteilt. Die Messgeräte werden unterteilt in Maßverkörperungen und anzeigende Messgeräte.

Tab.1: Übersicht der Prüfmittel

Prüfmittel			
Messgeräte		Lehren	Hilfsmittel
Maßverkörperungen	anzeigende Messgeräte		
Strichmaßstab, Parallelendmaß, Winkelendmaß	Messschieber, Messschraube, Messuhr, Universalwinkelmesser	Radien- und Winkellehre, Grenzrachenlehre, Grenzlehrdorn, Fühlerlehre	Taster, Messständer, Prismen

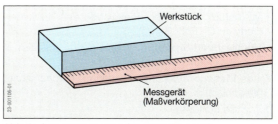

Abb.1: Längenmessung (direktes Messen)

Indirektes Messen

Ist es nicht möglich, ein Innenmaß durch einen direkten Vergleich zwischen einer Messgröße und einem Messgerät (z. B. Messschieber, Messschraube) zu ermitteln, müssen Messhilfsmittel (z. B. Innentaster) eingesetzt werden. Mit einem Außen- oder Innentaster (Abb. 2) wird die Messgröße vom Werkstück abgenommen und mit einem Messschieber oder einer Messschraube gemessen.

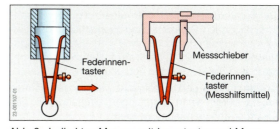

Abb. 2: Indirektes Messen mit Innentaster und Messschieber

3.1 Messen

> **Messen** ist nach DIN 1319 ein **mäßliches Prüfen**. Eine zu messende Größe (Messgröße) wird mit einer bekannten Größe eines Messgerätes verglichen.

Die **Messgröße** ist eine physikalische Größe, z.B. Länge, Dichte, Temperatur, elektrischer Widerstand.

> Eine **physikalische Größe** ist das Produkt aus dem Zahlenwert und einer Einheit.
> Physikalische Größe = Zahlenwert mal Einheit
> z.B. Länge s =   1,8   ·   m

Direktes Messen

Die Abb.1 zeigt das Anlegen einer Maßverkörperung an ein Werkstück, um einen Längenvergleich durchführen zu können. Die gesamte Länge des Messgegenstandes wird mit der im Messgerät eingebauten Maßverkörperung verglichen.

Maßeinheiten

Die Einheit für die Länge ist das Meter (Einheitenzeichen m).

1983 hat die Generalkonferenz für Maß und Gewicht im Rahmen des SI-Systems ein Vergleichsmaß für die Längeneinheit Meter beschlossen (**SI**: Abkürzung von **S**ysteme **I**nternational d'Unites – Internationales Einheiten-System).

> Das **Meter** ist die Länge der Strecke, die einfarbiges Licht während der Zeit von 1/299 792 458 Sekunde im Vakuum durchläuft.
> (Lichtgeschwindigkeit c = 299 792 458 m/s)

In Deutschland werden einige Maße für Fahrzeugteile (z. B. Reifendurchmesser) in inch (in.) angegeben.
1 in. = 25,4 mm (inch wurde früher als Zoll bezeichnet).

Die Maßeinheiten des **Winkels** sind:
- Grad (z.B. ein rechter Winkel im Gradmaß 90°),
- Radiant (z.B. rechter Winkel im Bogenmaß $\pi/2$ rad),
- Gon (z.B. ein rechter Winkel in Neugrad 100 gon).

3.2 Messabweichungen

Jedes Messergebnis (Istmaß) kann verfälscht werden durch die Unvollkommenheit

- des **Messgegenstandes** (z.B. raue Oberfläche, Werkstück mit Graten, Riefen oder mit Rückständen von Öl, Fett, Staub),
- der **Maßverkörperung** (z.B. Ungenauigkeiten in der Skalenaufteilung),
- des **Messgerätes** (z.B. Oxidation, mechanischer Verschleiß) sowie

durch die Einflüsse

- der **Umwelt** (z.B. Temperatur, Luftdruck, Luftfeuchtigkeit),
- des **Beobachters** (z.B. Aufmerksamkeit, Übung, Sehschärfe, Parallaxe).

Eine häufig vorkommende Messabweichung ist der **Parallaxenfehler** (parallaxis, griech.: Abweichung). Der Parallaxenfehler ist eine Längenmessabweichung durch falsche Blickrichtung. Die Blickrichtung während des Ablesens muss daher immer senkrecht auf eine Teilung gerichtet sein (Abb.1).

Alle Prüfmittel sind empfindlich gegen mechanische Beanspruchung und Temperaturschwankungen. Ein Temperaturunterschied oder eine zu große Spannkraft zwischen Prüfmittel und Werkstück muss vermieden werden. Es wurde eine einheitliche **Bezugstemperatur** von 20 °C festgelegt. Bei dieser Temperatur sind die Messungen vorzunehmen.

Systematische und zufällige Abweichungen können häufig durch einen sorgfältigen Umgang mit den Messgeräten vermieden werden.

Eine **systematische** Abweichung ist z.B. eine Ungenauigkeit in der Skaleneinteilung, eine Abweichung von der Bezugstemperatur (durch Handwärme) oder Teilungsfehler auf Strichskalen (Gerätefehler).

Eine **zufällige** Abweichung ist z.B. ein Grat an der zu messenden Werkstückfläche, ein Ablesefehler durch Parallaxe (Abb.1) oder ein Fehler durch zu große Messkrafteinwirkung.

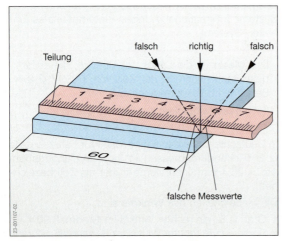

Abb. 1: Messabweichung durch Parallaxe

3.3 Messgeräte für Längen- und Winkelmessungen

3.3.1 Maßverkörperungen

Maßverkörperungen sind einfache Messgeräte. Sie verkörpern die Messgröße durch einen festen Abstand, die Lage der Flächen (z.B. Schablonen) oder den Abstand von Strichen.

Strichmaßstäbe können

- Stahlmaßstäbe,
- Arbeitsmaßstäbe,
- Rollenbandmaße,
- Gliedermaßstäbe oder
- Vergleichsmaßstäbe sein.

Der **Messwert** eines Strichmaßstabes wird an einer **Strichskala** direkt abgelesen. Durch den Abstand von Strichen wird die Längeneinheit verkörpert. Der Strichabstand, und damit die Messgenauigkeit, beträgt meist 1 mm.

Strichmaßstäbe werden aus Leichtmetall, Federbandstahl, Glas, faserverstärktem Kunststoff, Leinen oder Holz hergestellt. Die Wahl des Werkstoffs und die Art der Ausführung richten sich nach der geforderten Genauigkeit und dem Verwendungszweck.

Bei **Endmaßen** wird das Maß durch den Abstand zweier Messflächen verkörpert (DIN 2062). Nach DIN 861 werden **Parallelendmaße** in vier Genauigkeitsgrade unterteilt. Jeder Genauigkeitsgrad enthält eine zulässige Abweichung vom Nennmaß (s. Kap. 3.5).

Endmaße werden zum Prüfen und Einstellen von Lehren und anzeigenden Messgeräten sowie zum Messen von Werkstücken und zum Einstellen von Maschinen verwendet. Die Messflächen können eben, zylindrisch oder kugelig sein (Abb. 2).

3.3.2 Anzeigende Messgeräte

Anzeigende Messgeräte zeigen den Messwert entweder analog (gr.: entsprechend) oder digital (lat.: ziffernmäßig) an.

Analoge Anzeige: Der Messwert kann an einer Strichskala abgelesen werden (Abb. 1, S. 40).

Digitale Anzeige: Der Messwert wird durch eine Anzeige in Ziffern sichtbar gemacht (Abb. 2, S. 40).

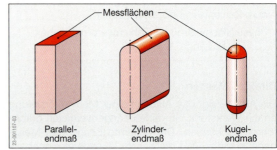

Abb. 2: Endmaßarten

Kapitel 3: Prüfen

Anzeigende Messgeräte sind:
- Messschieber,
- Messuhr,
- Messschraube und
- Winkelmesser.

Messschieber

Mit einem Messschieber (Abb. 3) können **Außenmessungen** mit den Messschenkeln, **Innenmessungen** mit den Kreuzschnäbeln und **Tiefenmessungen** mit der Tiefenmesseinrichtung vorgenommen werden.

Auf einer Schiene befinden sich Strichskalen mit Millimeter- und Incheinteilung (Hauptteilung). Der Schieber hat eine Strichskala, den Nonius (benannt nach dem Portugiesen Nunes, 1492 bis 1577).

Mit Hilfe verschiedener Nonien sind Ablesegenauigkeiten von 1/10 mm, 1/20 mm oder 1/50 mm möglich. Der Messschieber mit einer Ablesegenauigkeit von 1/50 mm ist nicht genormt.

> Der **1/10-Nonius** hat 10 gleiche Teile bezogen auf eine Länge von 9 mm. Der Abstand von Teilstrich zu Teilstrich beträgt 9/10 mm = 0,9 mm.

Sind die Messschenkel geschlossen, so steht der Nullstrich des Nonius genau unter dem Nullstrich der Hauptteilung (Abb. 4). Wird der Messschieber um 0,1 mm geöffnet, so steht der erste Teilstrich des Nonius genau unter dem ersten Teilstrich der Hauptteilung.

Der Nonius-Nullstrich steht dann 0,1 mm hinter dem Nullstrich der Hauptteilung.

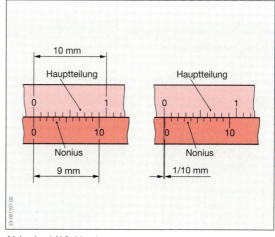

Abb. 4: 1/10-Nonius

Ablesen des Messschiebers mit 1/10-Nonius:
- ganze Millimeter auf der Hauptteilung links vom Nonius-Nullstrich ermitteln,
- den Noniusteilstrich suchen, der mit einem Teilstrich auf der Hauptteilung übereinstimmt,
- Anzahl der Noniusstriche (ohne Nullstrich) bis zu den genau gegenüberstehenden Strichen abzählen und mit 0,1 mm multiplizieren,
- die Addition beider Werte ergibt den Messwert.

Durch weitere Längen des Nonius (Tab. 2, S. 40) wird die Messgenauigkeit erhöht. Die Vorgehensweise des Ablesens entspricht der des 1/10-Nonius. Messschieber mit Rundskala (Abb. 1, S. 40) oder Messschieber mit Digitalanzeige (Abb. 2, S. 40) ermöglichen ein einfaches, schnelles und sicheres Ermitteln der Messergebnisse.

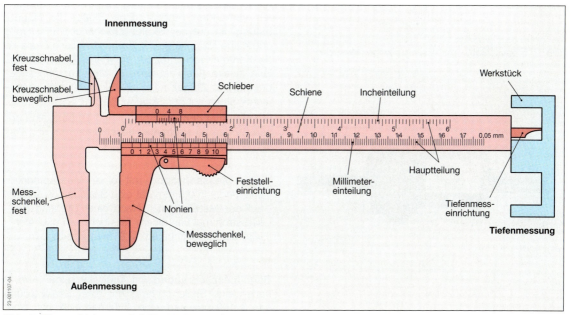

Abb. 3: Messschieber nach DIN 862 (Form A)

Tab. 2: Verschiedene Noniusarten

Bezeichnung	1/10 Nonius	erweiterter 1/10 Nonius	1/20 Nonius
Länge des Nonius	9 mm	19 mm	19 mm
Unterteilung in	10 Teile	10 Teile	20 Teile
Teilstrichabstand	9/10 mm = 0,9 mm	19/10 mm = 1,9 mm	19/20 mm = 0,95 mm
Ablesegenauigkeit	1/10 mm = 0,1 mm	1/10 mm = 0,1 mm	1/20 mm = 0,05 mm
Darstellung	10 mm, 0,9 mm, 0,9 · 10 = 9 mm	20 mm, 1,9 mm, 1,9 · 10 = 19 mm	20 mm, 0,95 mm, 0,95 · 20 = 19 mm

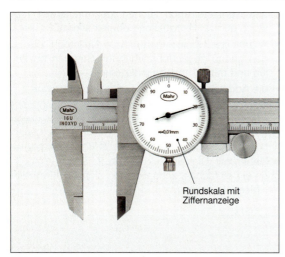

Abb. 1: Messschieber mit Analoganzeige (Messuhr)

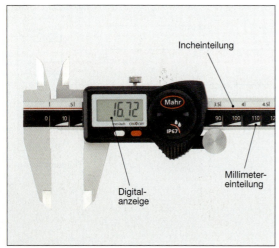

Abb. 2: Messschieber mit Digitalanzeige

Messschraube

Messschrauben sind anzeigende Längenmessgeräte mit einer Ablesegenauigkeit von 0,01 mm oder 0,001 mm. Die **Bügelmessschraube** (Abb. 3) wird für Außenmessungen, die **Innenmessschraube** (Abb. 4a) für Bohrungsdurchmesser oder Innenabstände, die **Tiefenmessschraube** zur Ermittlung der Tiefe einer Bohrung verwendet (Abb. 4b).

Die Messschraube (DIN 863) hat im Inneren eine Gewindespindel (Messspindel), deren Steigung meist 0,5 mm beträgt (Abb. 3). Nach einer Umdrehung ändert sich der Abstand der Messflächen um 0,5 mm.

An Messschrauben sind **zwei Zeiger** und **zwei Skalen** vorhanden (Abb. 3). Eine Skala, die **Hauptteilung**, ist auf der **Skalenhülse** angebracht (volle und halbe Millimeter). Der **Zeiger** für diese Skala ist die Kante (Messkante) der drehbaren Messtrommel. Eine zweite Skala ist auf der Messtrommel angebracht. Der **Zeiger** für diese Skala ist der waagerechte Strich auf der Skalenhülse.

Die **Messflächen** von Spindel und Amboss sind gehärtet oder mit Hartmetall beschichtet, um den Verschleiß gering zu halten.

> Eine **Messschraube** mit einer Messspindelsteigung von 0,5 mm hat eine Skala mit 50 Teilen auf der Messtrommel. Nach einer Drehung der Messtrommel von einem Teilstrich zum nächsten wird die Messfläche um 0,01 mm verschoben.

Bügelmessschrauben mit **Digitalanzeige** (Abb. 5) haben eine Skalentrommel mit einer Skalenteilung von 1/100 mm und eine Ziffernanzeige mit einer Skaleneinteilung von 1/1000 mm.

Kapitel 3: Prüfen

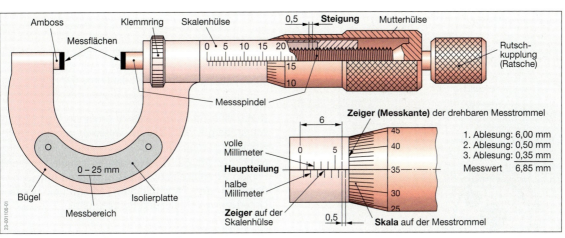

Abb. 3: Bügelmessschraube, Ablesebeispiel

Ablesen der Messschraube mit 0,5 mm Steigung:
(Ablesebeispiel, Abb. 3)
- ganze Millimeter auf der oberen Skala der Skalenhülse,
- plus ein halber Millimeter auf der unteren Skala der Skalenhülse vor der Messkante der Messtrommel,
- plus hundertstel Millimeter auf der Messtrommel ergeben den Messwert.

Arbeitshinweise

Die Messspindel wird durch Drehen der Messtrommel bis kurz vor das zu messende Werkstück bewegt. Zur **Begrenzung** der **Messkraft** erfolgt das Herandrehen der Messspindel mit einer **Rutschkupplung** (Ratsche). Dadurch wird ein gleichmäßiger **Messdruck** erreicht und ein Messfehler verhindert.

Der Messbereich einer Messschraube beträgt jeweils 25 mm. Es gibt Messschrauben für die Bereiche 0 bis 25 mm, 25 bis 50 mm usw.

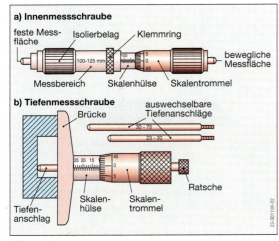

Abb. 4: Messschrauben

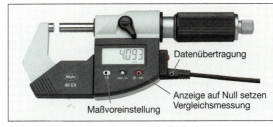

Abb. 5: Bügelmessschraube mit Digitalanzeige

Messuhr

Mit der Messuhr (DIN 878, Abb. 6) wird der Unterschied von tatsächlichem und gefordertem Werkstückmaß ermittelt. Messuhren haben eine Messgenauigkeit von 0,01 mm und 0,001 mm. Sie werden eingesetzt, um z. B. einen Zylinderverschleiß zu ermitteln oder Werkstücke auf Rundlauf zu prüfen (z. B. Bremsscheiben).

Eine Feder drückt den Messbolzen (Tastbolzen) in die Ruhelage. Die Verschiebung des Messbolzens wird durch Zahnräder auf den Zeiger übertragen. Durch Toleranzmarken können auf dem Zifferblatt die zulässigen Abweichungen vom eingestellten Nennmaß markiert werden (Abb. 6a).

Messuhren mit digitaler Anzeige haben eine Anzeigegenauigkeit von 0,001 mm (Abb. 6b).

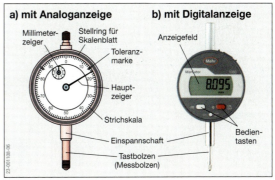

Abb. 6: Messuhren

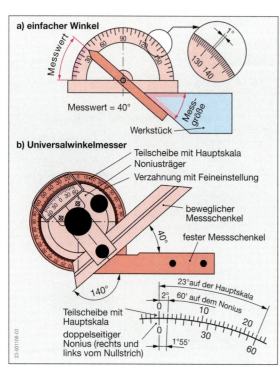

Abb. 1: Winkelmesser

3.4 Lehren

Lehren ist ein maßliches Prüfen, ohne den Zahlenwert der Messgröße zu ermitteln. Das dazu verwendete Prüfmittel ist die Lehre (DIN 2257).

Durch eine Lehre wird das zu prüfende Maß körperlich so dargestellt, dass ein Vergleich mit dem Werkstück leicht möglich ist.

Nach der Art des Prüfverfahrens werden einfache Lehren (Normallehren) und **Grenzlehren** unterschieden. Bei den **Normallehren** erfolgt eine weitere Unterteilung in Maß- und Formlehren.

3.4.1 Normallehren

Normallehren sind z.B. Fühlerlehren (Spion), Bohrerschleiflehren, Düsenlehren, Lochlehren, Gewindelehren, Radienlehren oder Haarlineale (Abb. 3).

Die Fühlerlehre wird häufig für Prüfarbeiten in der Kraftfahrzeug-Werkstatt eingesetzt. Sie dient z.B. zum Prüfen des Ventilspiels.

3.4.2 Grenzlehren

Mit Grenzlehren werden vorgegebene Toleranzmaße geprüft. Zum Prüfen von Wellen werden **Grenzrachenlehren,** zum Prüfen von Bohrungen **Grenzlehrdorne** eingesetzt. Jede Grenzlehre hat eine Gut- und eine Ausschussseite (Abb. 4).

Die **Ausschussseite** der Grenzlehren ist erkennbar durch:

- die Beschriftung des oberen Grenzabmaßes (s. Kap. 3.5) für den Grenzlehrdorn und des unteren Grenzabmaßes für die Grenzrachenlehre,
- eine rote Farbmarkierung und
- abgeschrägte Prüfflächen bei der Grenzrachenlehre bzw. verkürzte Messzapfen am Grenzlehrdorn.

Winkelmesser

Einfache **Winkelmesser** zeigen die Messwerte mit einer Messgenauigkeit von ± 1° an (Abb.1a).

Universalwinkelmesser (Abb.1b) sind wie der Messschieber mit Hauptteilung und Nonius aufgebaut und werden eingesetzt, wenn eine größere Messgenauigkeit gefordert wird.

Taster

Taster sind **Übertragungsmessgeräte** (Abb. 2). Das Maß eines Werkstücks kann auf ein Messgerät und umgekehrt übertragen werden. Der Taster selbst zeigt keinen Messwert an.

Es gibt **Innen-** und **Außentaster** (Abb. 2). Für besonders feine Einstellungen wird der Federtaster verwendet. Über das Gewinde einer Einstellmutter kann der Messwert sicherer und genauer abgegriffen werden.

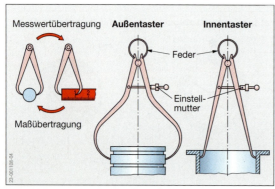

Abb. 2: Verwendung von Tastern

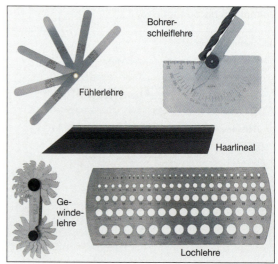

Abb. 3: Normallehren

Kapitel 3: Prüfen

Die **Grenzlehren** dienen stets der Ermittlung des folgenden Zusammenhangs:

Die Welle oder Bohrung ist
- kleiner als das Höchstmaß und
- größer als das Mindestmaß.

Eine Welle, die größer ist als das Höchstmaß, kann nachgearbeitet werden. Eine Welle, die kleiner ist als das Mindestmaß, ist Ausschuss (Abb. 4a).

Eine Bohrung, die kleiner ist als das Mindestmaß, kann nachgearbeitet werden. Eine Bohrung, die größer ist als das Höchstmaß, ist Ausschuss (Abb. 4b).

> **Arbeitshinweise**
>
> Die **Grenzrachenlehre** muss mit ihrer Gutseite, dem Höchstmaß, durch ihr Eigengewicht über die Welle gleiten. Die Ausschussseite darf nicht über die Welle gehen.
>
> Der **Grenzlehrdorn** muss mit der Gutseite, dem Mindestmaß, leichtgängig durch die Bohrung gleiten. Für die Ausschussseite, das Höchstmaß, muss die Bohrung zu klein sein.

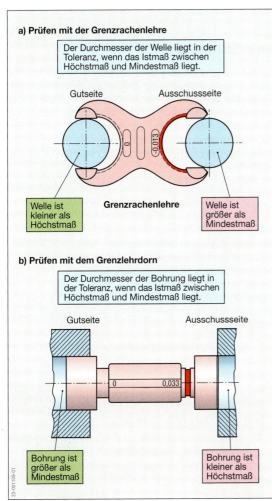

Abb. 4: Grenzlehren

3.5 Maßtoleranzen

Die in einer technischen Zeichnung angegebenen Maße (Abb. 5, ⇒ TB: Kap. 2) lassen sich bei der Fertigung eines Werkstücks nicht mit absoluter Genauigkeit erreichen. Übertrieben hohe Genauigkeitsanforderungen sind außerdem unwirtschaftlich. Eine mögliche Abweichung von einem vorgegebenen Maß (Nennmaß N, Abb. 5a) sollte die Funktion des Werkstücks nicht beeinflussen. Deshalb werden häufig neben der Angabe des **Nennmaßes** N (Ø 42) auch die **Grenzabmaße** (zugelassene Abweichungen: +0,2; −0,1) angegeben (Abb. 5b).

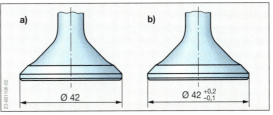

Abb. 5: Maßangaben in einer technischen Zeichnung

> Die größte zugelassene Maßabweichung zum Nennmaß wird **oberes Abmaß**, die kleinste zugelassene Maßabweichung **unteres Abmaß** genannt.

Aus Nennmaß und Grenzabmaßen lassen sich **Höchstmaß** G_{es} (größtes zulässiges Maß) und **Mindestmaß** G_{ei} (kleinstes zulässiges Maß) ermitteln (Abb. 6 und Abb. 2, S. 44).

> Der Unterschied zwischen Höchst- und Mindestmaß ist die **Maßtoleranz** T (tolerare, lat.: dulden).

Die Grenzabmaße stehen in kleinerer Schrift hinter dem Nennmaß (Abb. 5b). Das Abmaß 0 (Null) wird nicht mitgeschrieben. Das obere Abmaß »es« steht ohne Rücksicht auf das Vorzeichen höher ($42^{+0,2}$), das untere Abmaß »ei« steht tiefer als das Nennmaß ($42_{-0,1}$). Bei gleichem Wert für das obere und untere Abmaß wird der Zahlenwert nur einmal mit beiden Vorzeichen geschrieben, z.B. 110 ± 0,02 (Abb. 6).

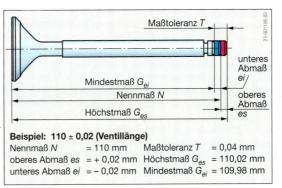

Beispiel: 110 ± 0,02 (Ventillänge)
Nennmaß N = 110 mm   Maßtoleranz T = 0,04 mm
oberes Abmaß es = + 0,02 mm   Höchstmaß G_{es} = 110,02 mm
unteres Abmaß ei = − 0,02 mm   Mindestmaß G_{ei} = 109,98 mm

Abb. 6: Maße, Abmaße und Maßtoleranz der Ventillänge

3.6 ISO-Passungen und ISO-Toleranzsystem

3.6.1 Passungen

Die Massenproduktion macht es erforderlich, dass Bauteile von Maschinen und Gebrauchsgütern an unterschiedlichen Fertigungsstätten hergestellt und ohne Nacharbeit zusammengebaut werden müssen. Auch Ersatzteile müssen problemlos ohne Nacharbeit eingebaut werden können.

DIN ISO 286 **unterteilt** die **Passungen** in (Abb. 1):

- Spielpassung,
- Übermaßpassung und
- Übergangspassung.

Die Passungen werden danach unterschieden, ob zwischen einer Welle und einer Bohrung ein Spiel oder ein Übermaß auftreten kann (Abb. 1). Für zwei Bauteile, die passend zusammengebaut werden, ergibt die Angabe der Grenzabmaße (Abb. 2) die Passungsart.

Die Angabe der Abweichungen (Grenzabmaße) kann durch Zahlen oder durch ISO Kurzzeichen (Abb. 3) erfolgen (ISO: International Organization for Standardization, engl. Internationale Organisation für Normung).

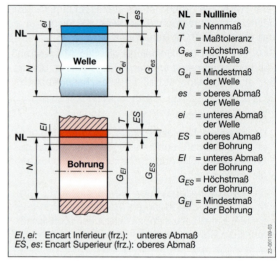

NL = Nulllinie
N = Nennmaß
T = Maßtoleranz
G_{es} = Höchstmaß der Welle
G_{ei} = Mindestmaß der Welle
es = oberes Abmaß der Welle
ei = unteres Abmaß der Welle
ES = oberes Abmaß der Bohrung
EI = unteres Abmaß der Bohrung
G_{ES} = Höchstmaß der Bohrung
G_{EI} = Mindestmaß der Bohrung

EI, ei: Encart Inferieur (frz.): unteres Abmaß
ES, es: Encart Superieur (frz.): oberes Abmaß

Abb. 2: Grenzabmaße

3.6.2 Toleranzsystem

Erfolgt eine zahlenmäßige Angabe der Grenzabmaße (Abb. 3a), so werden die zulässigen Abweichungen (Grenzabmaße) vom Nennmaß durch Plus- oder Minuszeichen gekennzeichnet. Um Konstruktion und Fertigung zu vereinfachen, wurden ISO-Toleranz- und ISO-Passungssysteme entwickelt, die durch **ISO-Toleranzkurzzeichen** ausgedrückt werden (Abb. 3b, ⇒TB: Kap. 2).

Die ISO-Toleranzkurzzeichen stehen hinter dem Nennmaß. Große Buchstaben bezeichnen Grundabmaße der Bohrungen, kleine Buchstaben Grundabmaße der Wellen.

Die Bohrungskurzzeichen werden höher, die Wellenkurzzeichen tiefer gesetzt. Die Buchstaben H und h bezeichnen das unmittelbar an der Nulllinie (NL) anschließende Toleranzfeld (Abb. 4). Von hier aus im Alphabet fortschreitend, ergeben sich in Richtung A (a) größere Spiele, in Richtung Z (z) größere Übermaße (Abb. 5).

Die **ISO-Toleranzkurzzeichen**, z. B. $100\frac{H7}{f7}$, enthalten drei Informationen:

- das Nennmaß (z. B. 100 mm),
- die Größe der Grundabmaße und damit die Lage der Toleranzfelder (Abb. 4) zur Nulllinie (Nennmaß) und die Passung (z. B. H, f),
- die Größe der Toleranz, z. B. 7, in Abhängigkeit vom Nennmaß (Toleranzreihe).

Die Zahl im Kurzzeichen kennzeichnet jeweils die Größe der Toleranz. Es gibt zwanzig Grundtoleranzgrade (z. B. h01, h02, h1 bis h18). Mit steigender Zahl nimmt die Größe der Toleranz zu.

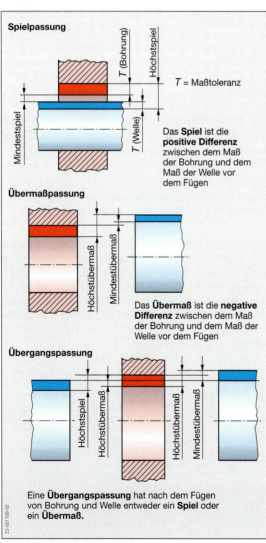

Abb. 1: Passungen

Kapitel 3: Prüfen

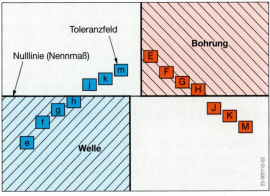

Abb. 3: Angabe der Grenzabmaße

Die **Größe** der **Toleranz** ist abhängig von:
- der Größe des Toleranzmaßes und
- dem Grundtoleranzgrad.

Die Lage der Toleranzfelder wird bestimmt durch den Verwendungszweck (z. B. Spielpassung). Die Nennmaße sind bis 500 mm in 13 Nennmaßbereiche eingeteilt. Je größer das Nennmaß, desto größer wird – bei gleicher Toleranzklasse – die Toleranz und das Grundabmaß.

Beispiel: 10^{H7}: Toleranz 0,015 mm
100^{H7}: Toleranz 0,035 mm

Die Größe der Grundabmaße und Toleranzen in Abhängigkeit von Toleranzklasse und Nennmaß sind in Tabellen erfasst (⇒ TB: Kap. 2).

3.6.3 Passungssysteme

Aus wirtschaftlichen Gründen wird bei der Massenfertigung die Zahl der zulässigen Passungen begrenzt. Für die Auswahl einer bestimmten Passung wurde das Passungssystem der **Einheitswelle** (EW) und das der **Einheitsbohrung** (EB) eingeführt (Abb. 5 und 6).

Die DIN-Normen empfehlen eines der beiden Passteile nach dem Toleranzfeld H bzw. h zu fertigen und je nach gewünschter Passung ein Toleranzfeld für das andere Passteil auszusuchen.

Abb. 4: Lage der Toleranzfelder (Ausschnitt) zur Nulllinie

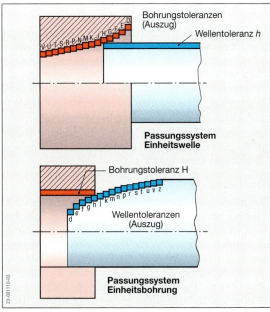

Abb. 5: Passungssysteme (Auszug)

Im Passungssystem **Einheitswelle** werden einer Welle mit z. B. der Toleranzklasse h7 Bohrungen mit verschiedenen Toleranzklassen zugeordnet. Das Höchstmaß der Welle G_{es} (Abb. 2) ist dann gleich dem Nennmaß, da das obere Abmaß der Welle es = 0 (Null) ist.

Im Passungssystem **Einheitsbohrung** ist das Mindestmaß der Bohrung G_{EI} (Abb. 2) gleich dem Nennmaß und das untere Abmaß der Bohrung EI = 0 (Null).

> Im Passungssystem **Einheitswelle** und **Einheitsbohrung** ist das Grundabmaß für die Welle immer **h** und für die Bohrung immer **H**.

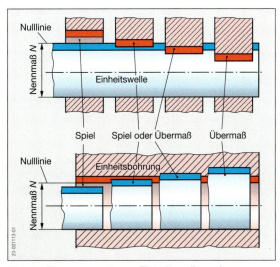

Abb. 6: Passungssysteme: Einheitswelle und Einheitsbohrung

3.7 Anreißen

Soll ein Werkstück durch spanende Fertigungsverfahren bearbeitet werden, so werden durch Anreißen die zu bearbeitenden Werkstückoberflächen mit einer Reißnadel gekennzeichnet. Anrisse werden mit Reißnadel sowie Stahlmaßstab, Anschlagwinkel oder Flachwinkel vorgenommen.

Große Werkstücke oder solche mit komplizierten Formen werden auf Anreißplatten mit einem Parallelreißer, größere Serien von Werkstücken mit Hilfe von Schablonen angerissen.

Anreißvorgang

Vor dem Anreißen müssen die Werkstückkanten und -flächen, von denen aus angerissen werden soll, vorgearbeitet werden. Ist es nicht möglich, eine Bezugskante oder -fläche zu schaffen, so wird eine Bezugslinie angerissen, von der aus die Maße abgetragen werden. Ist ein Anriss schwer erkennbar, wird ein farbiger Überzug (Anreißlack) aufgetragen. Während der Bearbeitung fällt der Anriss immer mehr mit der Bearbeitungskante zusammen, dadurch ist der Anriss nicht mehr erkennbar. Die Kontrolle wird erschwert. Nach dem Anreißen sollen daher Kontrollkörner auf die Risslinien gesetzt werden (Abb.1).

Anreißverfahren

Spitzzirkel (Abb. 2a) werden zum Anreißen von Kreisen eingesetzt oder um Teilungen auf einer Geraden oder einem Kreisbogen anzubringen.

Mit einem **Zentrierwinkel** (Abb. 2c) wird der Mittelpunkt eines kreisrunden Werkstücks ermittelt.

Wird von einer Bezugskante angerissen, so wird das Werkstück auf eine **Anreißplatte** gestellt. Mit **Höhenmessgerät** und **Parallelreißer** (Abb. 2b) werden die Maße auf das Werkstück übertragen.

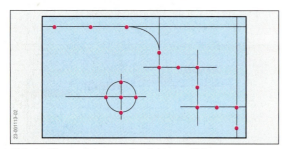

Abb.1: Kennzeichnung durch Kontrollkörner

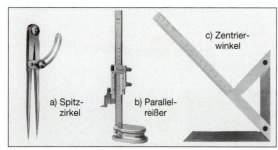

Abb. 2: Anreißwerkzeuge

Aufgaben

1. Nennen Sie Beispiele für nichtmäßliches Prüfen.
2. Erklären Sie den Begriff »Messen«.
3. Nennen Sie mindestens je zwei Ursachen von systematischen und zufälligen Messfehlern und begründen Sie diese.
4. Was sind Maßverkörperungen?
5. Nennen Sie drei anzeigende Messgeräte.
6. Beschreiben Sie das Ablesen eines Messschiebers mit 1/10-Nonius.
7. Warum wird mit einem 1/10-Nonius eine Messgenauigkeit von 0,1 mm erreicht?
8. Beschreiben Sie das Ablesen einer Messschraube mit einer Steigung von 0,5 mm.
9. Warum kann mit einer Messschraube eine Messgenauigkeit von 0,01 mm erzielt werden?
10. Ermitteln Sie die Messwerte in der Abb. 3.

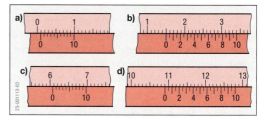

Abb. 3: Ableseübungen am Messschieber

11. Beschreiben Sie den Ablesevorgang für den Messwert 7,6 mm, wie in Abb. 3, S. 41 dargestellt.
12. Ermitteln Sie die Messwerte in der Abb. 4a und b.

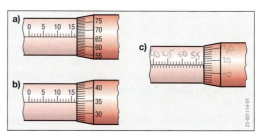

Abb. 4: Ableseübungen an der Messschraube

13. Eine Messschraube zeigt den Wert 57,68 mm (Abb. 4c). Skizzieren Sie die Abbildung, und vervollständigen Sie diese durch Eintragen von Zahlen auf der Skalenhülse und der Messtrommel.
14. Wann werden Taster eingesetzt?
15. Wodurch unterscheidet sich das Lehren vom Messen?
16. Nennen Sie die Prüfregeln für den Einsatz einer Grenzrachenlehre bzw. eines Grenzlehrdorns.
17. Warum wird in der Fertigung mit Toleranzen gearbeitet?
18. Berechnen Sie das Höchstmaß, das Mindestmaß und die Toleranz der Maßangabe: $10_{-0,071}^{-0,036}$.
19. Nennen Sie den Unterschied zwischen einem Spiel und einem Übermaß.
20. Was bedeutet das Passungssystem Einheitsbohrung?

4 Fertigungsverfahren – Übersicht

Nach DIN 8580 werden alle Fertigungsverfahren in sechs Hauptgruppen eingeteilt. Die Grundlage der Einteilung ist die Veränderung des Zusammenhalts.

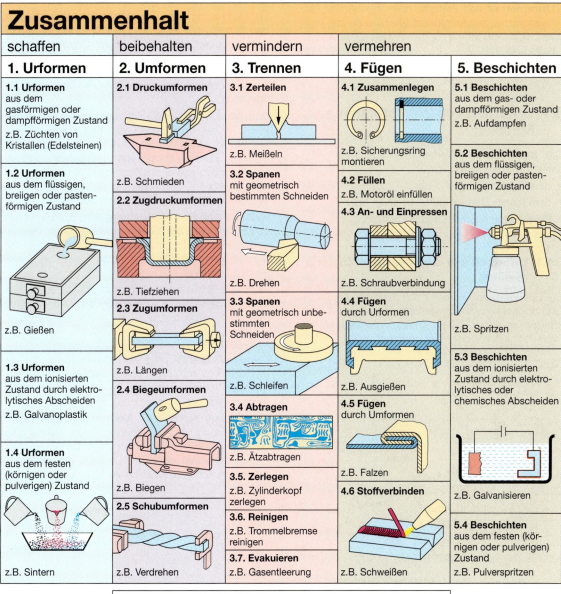

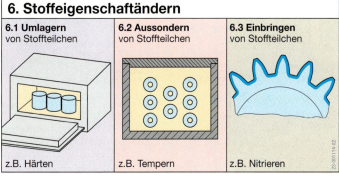

5 Urformen

> **Urformen** ist das Fertigen eines festen Körpers (Werkstücks) aus formlosem Stoff (Schmelze, Pulver, Granulat) durch Schaffen des Zusammenhalts (DIN 8580).

5.1 Urformen von Werkstücken aus Metallen

Das **Urformen** von Werkstücken aus Metallen geschieht am häufigsten aus
- dem flüssigen Zustand durch Gießen oder
- dem festen Zustand durch Pressen oder
- Pressen mit anschließendem Sintern.

5.1.1 Urformen aus dem flüssigen Zustand (Gießen)

Die Gießverfahren werden nach ihren physikalischen Grundprinzipien in Schwerkraft-, Druck- und Fliehkraftgießen unterteilt. Im Kraftfahrzeugbau hat das Fliehkraftgießen jedoch nur geringe Bedeutung.

Schwerkraftgießen

Zur Herstellung eines Gusswerkstücks (Abb. 1a) wird das flüssige Metall (Schmelze) in einen Formhohlraum gegossen (Abb. 1d). Der Formhohlraum entsteht, indem ein Modell des zu fertigenden Werkstücks (Abb. 1b) aus Holz, Metall oder Kunststoff in Formsand eingeformt und danach wieder herausgenommen wird.

Damit das Modell wieder herausgenommen werden kann, ist der Formkasten, der den Formsand aufnimmt, in einen Ober- und Unterkasten geteilt (Abb. 1c). Zur Herstellung von Hohlräumen im Gussstück werden Kerne aus Formsand in die Form eingelegt (Abb. 1d). Zur Lagerung der Kerne muss das Modell mit Kernmarken versehen sein (Abb. 1b).

Nach dem Gießen und Erstarren wird das Werkstück durch Zerstören der Sandform ausgeformt. Einguss und Steiger (Luft- und Metallaustrittsöffnung) werden vor der weiteren Bearbeitung vom Rohgussteil (Abb. 1e) entfernt.

Durch Gießen werden für Kraftfahrzeuge, z. B. Zylinderkurbelgehäuse, Kurbelwellen oder Lkw-Hinterradnaben, hergestellt.

Druckgießen

Dieses Verfahren wird zur Massenfertigung von Werkstücken mit sehr komplizierten Formen und geringen Wanddicken, z. B. Getriebegehäuse, angewendet (Abb. 2).

Das flüssige Metall, z. B. Magnesium- oder Aluminiumlegierung, wird unter hohem Druck (50 bis 2000 bar) in Dauerformen (Stahlformen, Kokillen) gedrückt. Dieses Verfahren eignet sich nur für Werkstoffe mit niedrigem Schmelzpunkt bis zu 1000 °C.

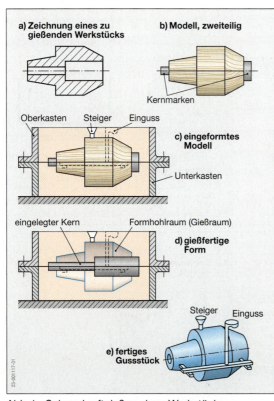

Abb. 1: Schwerkraftgießen eines Werkstücks

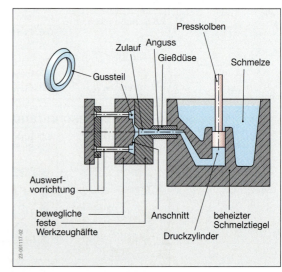

Abb. 2: Druckgießen nach dem Warmkammerverfahren

Druckgießen erfolgt nach dem Warm- oder Kaltkammerverfahren. Das Warmkammerverfahren hat einen Schmelztiegel, der in direkter Verbindung mit dem Druckzylinder steht (Abb. 2). Im Kaltkammerverfahren wird immer nur die für das Werkstück benötigte Schmelzmenge aus einem getrennten Schmelztiegel entnommen.

5.1.2 Urformen aus dem festen Zustand

Urformen aus dem festen Zustand erfolgt durch **Pressen** (Verdichten) mit anschließendem **Sintern** (»Backverfahren«) oder durch Pressen ohne Sintern. Durch Sintern können Stoffe verbunden werden, die sich nur schwer oder gar nicht legieren lassen. Die **Fertigungsstufen** für Sinterteile zeigt die Abb. 3.

Nach dem Sintern sind die Teile meist einbaufertig. Höhere Anforderungen an die Maßgenauigkeit werden durch einen anschließenden Kalibriervorgang (Pressen auf Maß) erreicht.

Im Kraftfahrzeug werden folgende Sinterwerkstoffe verwendet (s. Kap. 10.11, ⇒ TB: Kap. 3):

Poröse Sinterwerkstoffe für Filter und Gleitlager (z. B. poröse Gleitlagerbuchsen) können bis zu 30 % ihres Volumens an Schmierstoffen aufnehmen. Auf Grund der Eigenschaften des verwendeten Metallpulvers (z. B. Kupfer) und des aufgenommenen Schmierstoffes haben diese Lager gute Lauf- und Notlaufeigenschaften. Sie sind wartungsfrei.

Sinterwerkstoffe für sehr maßgenaue Teile bestehen aus den Grundwerkstoffen Eisen, Gusseisen oder Stahl, zu denen noch Legierungsmetalle hinzukommen. Sinterteile können auch gehärtet werden.
Anwendungsbeispiele: Zahnriemenräder, Zahnräder, Nocken, Pumpenräder.

Sinterreibstoffe haben CuSn- oder Graphitbestandteile.
Anwendungsbeispiele: Lamellen für Kupplungen, Synchronringe.

5.2 Urformen von Werkstücken aus Kunststoffen

Ausgangswerkstoff für Kunststoffwerkstücke sind flüssige, pastenartige oder feste Stoffe in verarbeitungsfertigem Zustand (Formmassen). Diese werden von der chemischen Industrie geliefert (⇒ TB: Kap. 3):

- **Thermoplaste**, meist in Pulverform oder als Granulat.
- **Duroplaste**, flüssig oder als vorgepresste Rohlinge.

Die Ausgangswerkstoffe werden zur Verbesserung der Eigenschaften (z. B. Festigkeitserhöhung) häufig mit Füll- oder Verstärkungsstoffen vermischt.

Thermoplaste werden meist in beheizten Spritzeinheiten (Extrudern) erwärmt und plastifiziert (Kunststoffschmelze). Dadurch ist es möglich, den Kunststoff durch Düsen oder in Formen zu pressen. Nach der Abkühlung sind die Werkstücke aus Thermoplasten bei Raumtemperatur formstabil.

Duroplaste werden durch einen chemischen Prozess, das Aushärten (Vernetzung), formstabil. Dieser Prozess wird mit so genannten Reaktionsmitteln eingeleitet oder läuft unter Druck und Wärme ab.

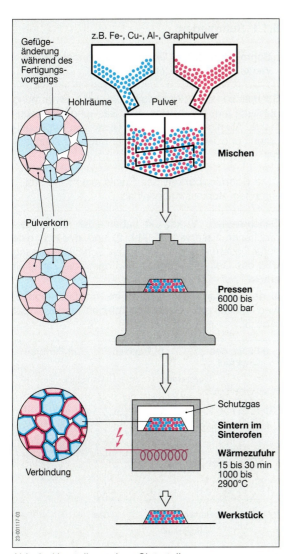

Abb. 3: Herstellung eines Sinterteils

Aufgaben

1. Nennen Sie drei Urformverfahren.
2. Begründen Sie die Notwendigkeit für eine geteilte Gussform.
3. Welche Aufgabe hat der Steiger in der Gussform?
4. Beschreiben Sie den Sintervorgang.

6 Umformen

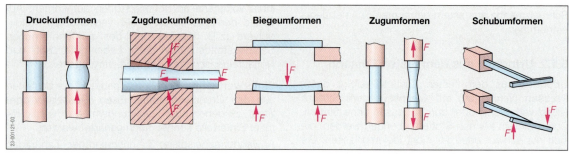

Abb. 1: Hauptgruppen des Umformens

Umformen ist das Fertigen durch plastisches Ändern der Form eines festen Körpers (DIN 8582).

Das Umformen kann in Abhängigkeit von den Werkstoffeigenschaften als Warm- oder Kaltumformen durchgeführt werden.

Das Fertigungsverfahren **Umformen** wird in Gruppen unterteilt (Abb. 1):
- Druckumformen (DIN 8583), z. B. Walzen,
- Zugdruckumformen (DIN 8584), z. B. Tiefziehen,
- Biegeumformen (DIN 8586), z. B. Abkanten,
- Zugumformen (DIN 8585), z. B. Strecken,
- Schubumformen (DIN 8587), z. B. Verdrehen.

Richten ist das Anwenden verschiedener Umformverfahren zur Beseitigung ungewollter Verformungen.

6.1 Druckumformen

Druckumformen ist das Umformen eines festen Körpers, wobei der plastische Zustand im Wesentlichen durch Druckbeanspruchung herbeigeführt wird.

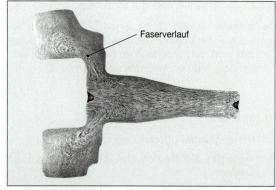

Abb. 2: Faserverlauf in einem Schmiedewerkstück (Achsschenkel)

Die grundlegenden Druckumformverfahren für den Kraftfahrzeugbau sind Schmieden, Walzen und Strangpressen.

6.1.1 Schmieden

Schmieden ist das Druckumformen metallischer Werkstoffe im plastischen Zustand.

Schmiedbar sind alle Metalle, die durch Erwärmung plastisch formbar werden, z. B. Bau- und Werkzeugstähle, Aluminium und Kupfer. Gusseisen mit Kugelgraphit und Temperguss sind nur begrenzt schmiedbar.

Die **Schmiedbarkeit** des Stahls nimmt mit steigendem Kohlenstoffgehalt ab.

Geschmiedete Werkstücke haben einen nicht unterbrochenen Faserverlauf (Abb. 2) und dadurch eine hohe Dauerfestigkeit. Durch den Schmiedevorgang wird das Gefüge verdichtet und damit die Zähigkeit erhöht.

In der Massenfertigung, z. B. im Kraftfahrzeugbau, wird meist das Gesenkschmieden angewendet (Abb. 3).

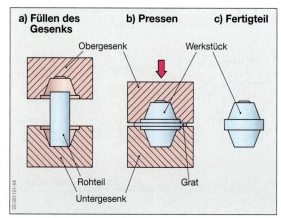

Abb. 3: Gesenkschmieden

Kapitel 6: Umformen

Die entstehenden Werkstücke können mit geringer spanender Bearbeitung fertiggestellt werden (z. B. Kurbelwellen).

6.1.2 Walzen

Walzen ist ein stetiges oder schrittweises **Druckumformen** mit einem oder mehreren sich drehenden Werkzeugen (Walzen), ohne oder mit Zusatzwerkzeugen (z. B. Stopfen oder Dorne, Stangen, Führungswerkzeuge).

Durch den Walzvorgang nimmt die Festigkeit zu, die Dehnung jedoch ab. Es kann warm oder kalt gewalzt werden.

Kalt gewalzte Halbzeuge bzw. Werkstücke sind maßgenauer als warm gewalzte.

6.1.3 Strangpressen

Das Strangpressen wird für die Herstellung von Profilen aus Stahl und NE-Metallen verwendet, die wegen ihrer komplizierten Form nicht gewalzt werden können. Der glühende Block wird durch eine Matrize gedrückt (Abb. 4).

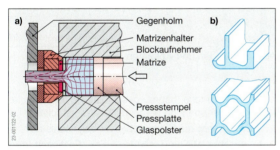

Abb. 4: a) Werkstoffbewegung während des Strangpressens und b) stranggepresste Profile

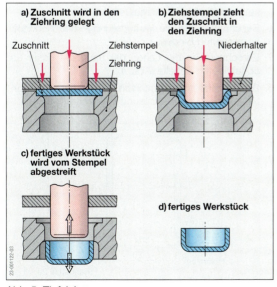

Abb. 5: Tiefziehen

6.2 Zugdruckumformen

Das wichtigste Verfahren des Zugdruckumformens ist in der Kraftfahrzeugtechnik das **Tiefziehen**. Mit diesem Verfahren werden Karosserieteile hergestellt, z. B. Türen und Motorhauben.

> **Tiefziehen** ist das Umformen eines Blechzuschnitts zu einem Hohlkörper in einem oder mehreren Arbeitsgängen.

Die Abb. 5 zeigt das Tiefziehen eines Verschlussstopfens in einem Arbeitsgang.

6.3 Biegeumformen

> **Biegeumformen** ist das Umformen eines festen Körpers, wobei der plastische Zustand im Wesentlichen durch eine Biegebeanspruchung herbeigeführt wird.

6.3.1 Biegevorgang

Durch das Biegen wird der Werkstoff auf der einen Seite **gestreckt** und auf der gegenüberliegenden Seite **gestaucht** (Abb. 1, S. 52). Dabei werden die Werkstoffkörner plastisch verformt, wobei sich auch die Querschnittsform des Werkstücks verändert.

In der Nähe der **neutralen Faser** findet nur eine elastische Verformung statt. Dadurch federt das Werkstück bei Entlastung wieder geringfügig zurück.

> In der **neutralen Faser** wird der Werkstoff weder gestreckt noch gestaucht.

Der Widerstand, den ein Werkstück der **Biegekraft** entgegensetzt, ist abhängig

- vom Werkstoff,
- von der Größe und der Form des Biegequerschnitts,
- von der Lage der Querschnittsfläche zur Biegeachse,
- vom Biegeradius und
- von der Temperatur des Werkstoffs.

Nach der Größe des **Biegeradius** werden unterschieden:

- Abkanten (kleiner Radius) und
- Runden (großer Radius, Abb. 3, S. 52).

Das Biegen von Rohren und Blechen erfordert die Einhaltung eines Mindestbiegeradius, um unzulässige Verformungen zu vermeiden.

Der Mindestbiegeradius für Bleche ist abhängig vom Werkstoff, von der Blechdicke und der Mindestzugfestigkeit des Werkstoffs (⇒ TB: Kap. 4).

> Die **Ausgangslänge** des zu biegenden Teils ist die Gesamtlänge der **neutralen Faser**.

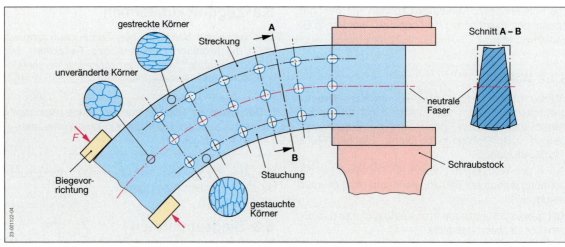

Abb. 1: Biegeumformen eines Werkstücks

6.3.2 Biegeverfahren

Das Biegen von Hohlprofilen erfordert immer dann eine Füllung (z.B. Sand, Kolophonium), wenn sich der Querschnitt des Hohlkörpers durch den Biegevorgang unzulässig verändern würde.

Die Füllungen werden nach dem Biegen wieder entfernt. Geschweißte Rohre müssen so gebogen werden, dass die Schweißnaht in der Ebene der neutralen Faser liegt. Andernfalls könnten im Bereich der Schweißnaht Risse entstehen (Abb. 2a). Risse können auch entstehen, wenn Bleche parallel zum Faserverlauf gebogen werden (Abb. 2b).

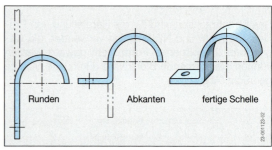

Abb. 3: Runden und Abkanten

Aufgaben

1. Welche Vorteile haben geschmiedete Werkstücke gegenüber spanend hergestellten Werkstücken?
2. Wovon hängt die Schmiedbarkeit des Stahls ab?
3. In welcher Weise verändern sich Festigkeit und Dehnung eines Werkstoffes durch Walzen?
4. Erklären Sie den Arbeitsvorgang Strangpressen.
5. Nennen Sie fünf Kraftfahrzeugteile, die üblicherweise durch Tiefziehen hergestellt werden.
6. Beschreiben Sie die Veränderungen der Werkstoffkörner durch Biegen.
7. Berechnen Sie die Länge der neutralen Faser der abgebildeten Schelle (Abb. 4).
8. Welche Maßnahmen müssen bei Biegearbeiten zur Vermeidung von Rissbildungen beachtet werden?

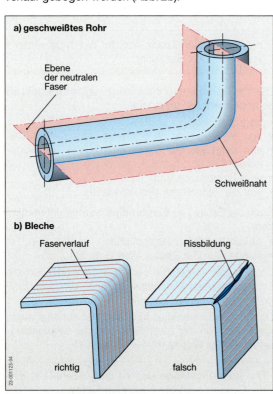

Abb. 2: Vermeidung von Rissbildungen

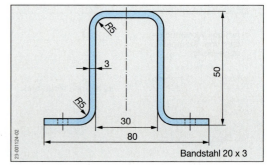

Abb. 4: Schelle

7 Trennen

7.1 Trennverfahren

Trennen ist das Fertigen durch Ändern der Form eines festen Körpers, wobei der **Zusammenhalt** zwischen den Werkstoffteilchen örtlich aufgehoben wird (DIN 8580).

Zerteilen und Spanen sind die wichtigsten Trennverfahren der Werkstoffbearbeitung.
Zerteilen ist das Abtrennen eines Teils von einem Halbzeug oder Werkstück, ohne dass formloser Werkstoff entsteht (Abb. 1a).
Spanen ist das Vermindern eines Halbzeuges oder Werkstücks, wobei formlose Werkstoffteilchen (Späne) entstehen (Abb. 1b).

7.2 Werkzeuge zum Trennen

Die Grundform der Werkzeuge für das Zerteilen und Spanen ist die **keilförmige Werkzeugschneide**. Durch das Eindringen der keilförmigen Schneide wird der Werkstoffzusammenhalt örtlich aufgehoben (Abb. 2).

Befindet sich das keilförmige Werkzeug mit dem Werkstück während des Trennens im Eingriff, so entstehen der **Spanwinkel** γ und der **Freiwinkel** α (Abb. 3).

Der von den Keilflächen eingeschlossene Winkel wird **Keilwinkel** β genannt.
Der **Spanwinkel** γ ist der Winkel zwischen der Spanfläche und der Senkrechten zur Schnittfläche.
Der **Freiwinkel** α ist der Winkel zwischen der Freifläche und der Schnittfläche.

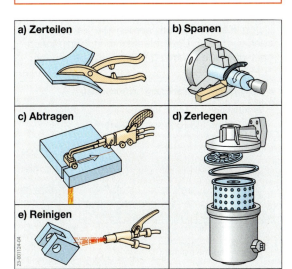

Abb.1: Trennverfahren

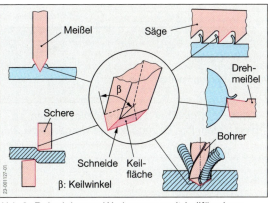

Abb.2: Beispiele von Werkzeugen mit keilförmigen Schneiden

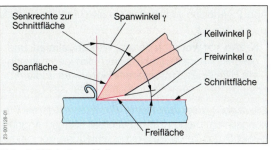

Abb. 3: Winkel am Keil

Die Summe von **Keil-**, **Span-** und **Freiwinkel** beträgt immer 90°.
$$\alpha + \beta + \gamma = 90°$$

7.2.1 Kräfte und ihre zeichnerische Darstellung

Die Einheit der **Kraft** ist das **Newton** (Einheitenzeichen N).

Die Größe einer Kraft, deren Richtung und Angriffspunkt werden durch einen Pfeil dargestellt (⇒ TB: Kap.1).

Die Länge des Pfeils ist ein Maß für die Größe (den Betrag) der **Kraft**. Die Pfeilrichtung entspricht der Kraftrichtung.

Mit Hilfe eines **Kräftemaßstabs** wird die Länge des Pfeils ermittelt. Gilt z. B. 20 N ≙ 1 mm, dann entspricht eine Kraft von 540 N einer Pfeillänge von 27 mm. Der Kraftpfeil liegt immer auf einer gedachten Linie, der **Wirkungslinie**. Auf dieser Wirkungslinie kann die Kraft verschoben werden, ohne dass sich ihre Wirkung ändert (Abb. 1, S. 54).

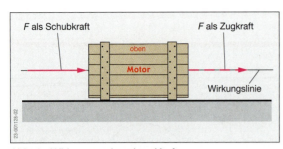

Abb. 1: Wirkungsweise einer Kraft

> **Kräfte** mit **gleicher Wirkungslinie** werden addiert, indem ihre Beträge addiert werden (Abb. 2).

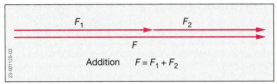

Abb. 2: Addition von Kräften mit gleicher Wirkungslinie

> **Kräfte** mit **verschiedenen Wirkungslinien** und gleichem Angriffspunkt lassen sich geometrisch mit Hilfe eines **Kräfteparallelogramms** addieren.

Die Abb. 3 zeigt die Kräfte F_1, F_2 und deren Wirkungslinien. Beide Kräfte greifen am selben Angriffspunkt S an. Durch Parallelverschiebung der beiden Kräfte bis jeweils zur anderen Pfeilspitze ergibt sich das Kräfteparallelogramm bzw. -rechteck. Die Diagonale vom Schnittpunkt S zur Pfeilspitze von F'_1 bzw. F'_2 ergibt **die resultierende Kraft F**. Sie ist die Summe der geometrischen Addition der Kräfte F_1 und F_2.

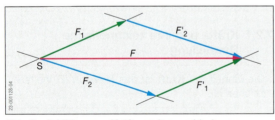

Abb. 3: Addition von Kräften mit verschiedenen Wirkungslinien

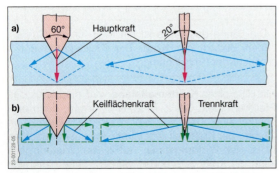

Abb. 4: Trennkräfte in Abhängigkeit vom Keilwinkel

7.2.2 Trennkräfte in Abhängigkeit vom Keilwinkel β

Die Abb. 4a zeigt die Änderung der Keilflächenkräfte am Keil bei unterschiedlichem Keilwinkel. Die Ermittlung dieser Kräfte erfolgt durch Zerlegung der Hauptkraft. Durch den Endpunkt des Pfeils der Hauptkraft werden die Parallelen zu den Wirkungsrichtungen der Keilflächenkräfte gezogen. Die Längen der Parallelogrammseiten entsprechen den wirkenden Keilflächenkräften.

Die Zerlegung der Keilflächenkraft (Abb. 4b) erfolgt in gleicher Weise durch ein Kräfteparallelogramm bzw. -rechteck. Daraus ergibt sich die **Trennkraft**.

> Je **kleiner** der **Keilwinkel**, desto **größer** ist die **Keilflächenkraft** und damit auch die **Trennkraft** und die Eindringtiefe bei gleicher Hauptkraft.

7.2.3 Der Keilwinkel β in Abhängigkeit von der Werkstofffestigkeit

Hochfeste Werkstoffe sind nur mit großer Trennkraft zu bearbeiten. Das ist nicht allein durch einen kleinen Keilwinkel zu erreichen, die Schneide würde schnell verschleißen. Der Schneidenverschleiß muss aber in wirtschaftlich vertretbaren Grenzen bleiben. Eine hohe Standzeit (s. Kap. 7.4.1) der Schneide wird im Wesentlichen nur über einen hinreichend großen Keilwinkel β erreicht.

> Je größer die **Werkstofffestigkeit** ist, desto größer muss der **Keilwinkel** β sein.

7.3 Zerteilen

7.3.1 Keilschneiden

Das Zerteilen eines Werkstücks erfolgt durch Keilschneiden oder Scherschneiden (DIN 8588).

> Durch **Keilschneiden** werden die Werkstoffteilchen verdrängt. Dadurch entstehen Zugspannungen, welche die Werkstofffestigkeit überwinden.

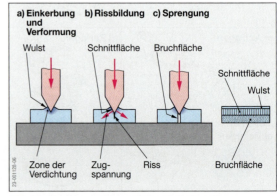

Abb. 5: Vorgänge während des Keilschneidens

Kapitel 7: Trennen

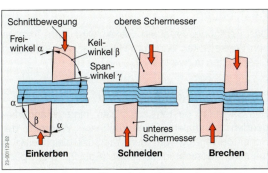

Abb. 6: Vorgänge während des Scherschneidens

Dringt der Keil senkrecht in das Werkstück ein, so bilden sich eine Einkerbung und ein Wulst. Während des weiteren Eindringens entsteht vor der **Meißelschneide** ein Riss. Die Trennkräfte führen schließlich zum Bruch des Werkstücks (Abb. 5).

7.3.2 Scherschneiden

Durch die **Scherkräfte** der Messer wird der Scherwiderstand des Werkstoffs überwunden.

Die drei Stufen des Scherschneidvorgangs sind (Abb. 6):
- Durch das untere und obere Schermesser entsteht im Werkstück eine **Einkerbung**.
- Die Messer dringen weiter in den Werkstoff ein, es kommt zu einem Schneidvorgang, der einen Teil der **Werkstofffasern zertrennt**.
- Die Scherspannungen führen zum **Bruch** des Werkstücks.

Mit Blechscheren und Stichsägen (Abb. 7) können sowohl gerade als auch gebogene Schnitte ausgeführt werden.

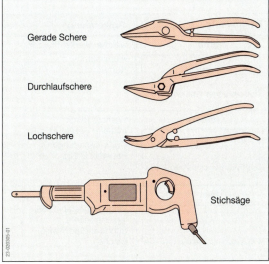

Abb. 7: Blechscheren und Stichsäge

7.4 Spanen

Spanen ist das Abtrennen von Werkstoffteilchen auf mechanischem Wege (DIN 8589).

Die **Späne** können abgetrennt werden:
- mit **geometrisch bestimmter Schneide**, z. B. dem Keil eines Meißels oder
- mit **geometrisch unbestimmter Schneide**, z. B. den Schleifkörnern einer Schleifscheibe.

7.4.1 Grundlagen des Spanens

Spanbildung

Die Spanbildung läuft in vier Teilvorgängen ab (Abb. 8). Dabei haben der Werkstoff, der Spanwinkel und die Schnitttiefe folgende Einflüsse:
- **Werkstoff**: Je spröder der Werkstoff, desto kleiner die Spanelemente.
- **Spanwinkel**: Je größer der Spanwinkel, desto besser der Zusammenhalt der Spanelemente.
- **Schnitttiefe**: Je größer die Schnitttiefe, desto länger der Verschiebeweg der Spanelemente. Es bildet sich eine rauhe Oberfläche.

Standzeit

Während des Spanens entstehen durch Reibung an der Werkzeugschneide Wärme und Verschleiß. Dadurch wird die Werkzeugschneide stumpf.

Als **Standzeit** (Einsatzdauer) wird die Zeit bezeichnet, die die Werkzeugschneide bis zum notwendigen Nachschleifen im Eingriff ist.

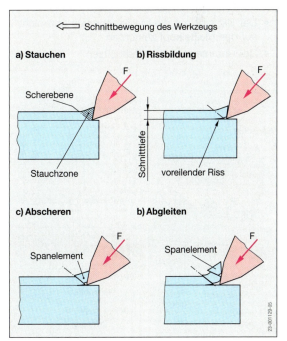

Abb. 8: Spanbildung

7.4.2 Meißeln

Beispiele für das spanende Meißeln zeigt die Abb. 1. Span- und Freiwinkel hängen von der Meißelhaltung (Anstellung) und vom Keilwinkel, d. h. vom zu bearbeitenden Werkstoff, ab.

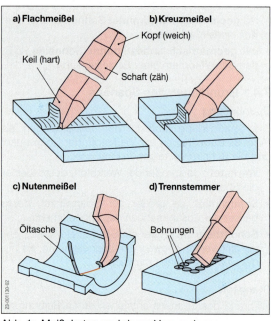

Abb. 1: Meißelarten und deren Verwendung

Unfallverhütung
- Der Meißelkopf darf keinen Grat (Bart) aufweisen.
- Der Meißel muss schmutz- und ölfrei sein.
- Der Blick ist auf die Meißelschneide und nicht auf den Meißelkopf zu richten.
- Der Hammerstiel muss fest sitzen.

7.4.3 Sägen

Das Fertigungsverfahren Sägen wird zum Trennen von Werkstücken und zum Herstellen von schmalen Einschnitten verwendet.

Wirkungsweise der Säge

Das Sägeblatt besteht aus vielen, hintereinanderliegenden, schmalen Keilen (Zähnen). Während der Schnittbewegung wird der Werkstoff gleichzeitig in mehreren Schichten zerspant (Abb. 2). Die Späne sammeln sich in den Zahnlücken und werden in ihnen aus der Schnittfuge herausgeführt. Der Spanwinkel γ soll nur 0 bis 2° betragen, da sonst die Eindringtiefe der Zähne zu groß wird.

Zahnteilung

Sägen haben einen Freiwinkel α von 38 bis 40°, damit die Zahnlücken ausreichend groß sind. Durch die Wahl der Zahnteilung, d. h. des Zahnabstands, kann die Größe der Zahnlücken den entstehenden Spanmengen angepasst werden. Es gibt **grobe**, **mittlere** und **feine Teilungen** (Abb. 4). Bei weichen Werkstoffen (z. B. Aluminium) entstehen große Späne. Es sind deshalb große Zahnlücken erforderlich.

Die Wahl der Sägeblattteilung richtet sich nach dem Werkstoff und nach der Schnittlänge. Kurze Schnittlängen (z. B. bei Blechen) erfordern wegen der Gefahr des »Hakens« feine Zahnteilungen.

Freischnitt

Während des Sägens entsteht Reibungswärme, die zur Wärmedehnung des Sägeblattes führt. Durch entsprechende Formgebung der Zahnreihe wird die Schnittfuge breiter als das Sägeblatt (Abb. 3). Das Klemmen des Sägeblattes wird vermieden. Kreissägeblätter erreichen den Freischnitt durch Hohlschliff oder eingesetzte Zähne (aufgelötete Hartmetallschneiden).

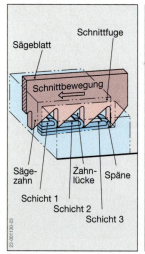

Abb. 2: Sägevorgang   Abb. 3: Freischnitt

Zahnteilung	Anwendung
grob	weiche Werkstoffe: z.B. Aluminium, Kupfer
mittel	Werkstoffe mit mittlerer Festigkeit: z.B. CuZn-Legierungen, Baustahl S 235
fein	harte Werkstoffe: z.B. Vergütungsstahl C 60, legierte Stähle, dünnwandige Profile, Bleche

Abb. 4: Zahnteilung

Kapitel 7: Trennen

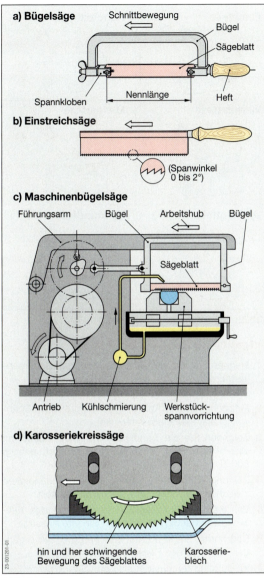

Abb. 5: Sägenarten

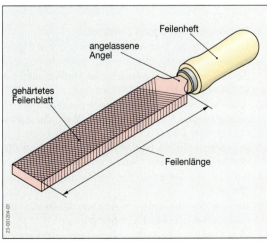

Abb. 6: Benennungen an der Feile

Sägenarten

Es werden Hand- und Maschinensägen unterschieden (Abb. 5). In Bügelsägen kann das Sägeblatt auch waagerecht (quer zur Bügelebene) eingespannt werden. Die Zähne müssen in Schnittrichtung wirken.

7.4.4 Feilen

Das Feilen wird überwiegend für das Entgraten, Anpassen von Formen und Längen sowie Brechen, d. h. Runden von Kanten, eingesetzt.

Die Feile (Abb. 6) ist ein vielschneidiges Werkzeug mit geometrisch bestimmten Schneiden. Die einzelnen Schneiden sind aus dem Feilenkörper herausgearbeitet und werden als **Hiebe** bezeichnet.

Der Feilenhieb kann entweder durch Hauen oder Fräsen hergestellt werden (Abb. 7). Mit Hilfe einer Haumaschine werden über die ganze Breite des Feilenblattes durch einen Haumeißel Zahnprofile aufgeworfen. Es entsteht ein **negativer Spanwinkel**, d. h. die Spanfläche ist in Schnittrichtung geneigt. Dadurch hat eine **gehauene Feile schabende Wirkung** (Abb. 7a).

Nur durch Fräsen können positive Spanwinkel mit schneidender Wirkung erzeugt werden (Abb. 7b). **Gefräste Feilen** können nur für weiche Werkstoffe, z. B. Kunststoffe, verwendet werden.

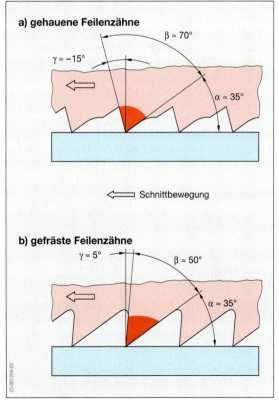

Abb. 7: Feilenzähne

Feilen / filing

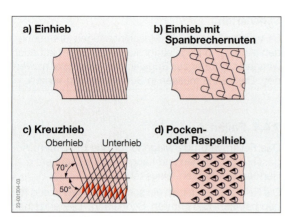

Abb. 1: Hiebarten

Tab. 1: Hiebnummern und Oberflächengüte

Hieb-Nr.	Hieb-zahl	Feilen-bezeichnung	erreichbare Oberflächengüte
0	4,5 bis 10	Grobfeile	R_z = 25 bis 160 µm
1	6,3 bis 16	Bastardfeile	
2	10 bis 25	Halbschlichtfeile	R_z = 10 bis 40 µm
3	14 bis 35,5	Schlichtfeile	
4	25 bis 50	Doppelschlichtfeile	R_z = 2,5 bis 16 µm
5	40 bis 71	Feinschlichtfeile	

Hiebarten

Einhiebige Feilen haben im gleichen Winkel schräg oder bogenförmig angeordnete Zähne.

Sie können mit Spanbrechernuten versehen sein, damit die Späne nicht zu breit werden und besser abfließen können (Abb. 1a und b). Einhiebige Feilen werden zur Bearbeitung von weichen Metallen, z. B. Kupfer und Zinn sowie Kunststoff und Holz verwendet.

Doppel- oder **kreuzhiebige Feilen** werden zur Bearbeitung fester Werkstoffe, wie z.B. Stahl, verwendet. Feilen mit Doppelhieb entstehen dadurch, dass zuerst ein Unterhieb (Abb. 1c) und dann in einem anderen Winkel ein Oberhieb gehauen wird. Es entstehen kurze und versetzte Feilzähne, die kurze Späne erzeugen und eine starke Riefenbildung verhindern.

Feilenarten und Feilenformen

Feilen werden nach Hiebnummer (Tab. 1), Größe und Feilenform unterschieden (Abb. 2).

> **Arbeitshinweise**
> - Oberflächengüte, zu zerspanendes Werkstoffvolumen, Werkstoff und Werkstückform bestimmen die Art der zu verwendenden Feile.
> - Auf festen Sitz des Feilenheftes achten: Unfallgefahr.
> - Werkstücke kurz und fest einspannen.
> - Feilen nur mit der Feilenbürste oder einem Stück Messingblech reinigen.

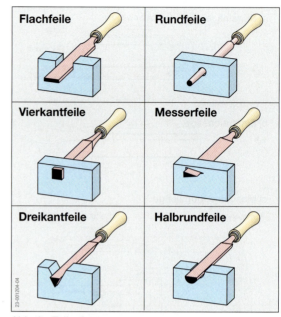

Abb. 2: Feilenformen

Aufgaben zu Kap. 7.1 bis 7.4.4

1. Nennen Sie das gemeinsame Merkmal aller Trennverfahren.
   Nennen Sie zwei Beispiele für Trennverfahren.
2. Skizzieren Sie die Abb. 3, S. 53 mit größerem Spanwinkel und kleinerem Keilwinkel.
3. Zeichnen Sie die Trennkräfte für einen Meißel mit einem Keilwinkel von 60°. Die Hauptkraft beträgt 800 N.
4. Zeichnen Sie ein Diagramm, das die Abhängigkeit zwischen Keilwinkel und Trennkraft darstellt.
5. Von welcher Einflussgröße ist die Wahl des Keilwinkels abhängig? Begründen Sie Ihre Aussage.
6. Begründen Sie das Entstehen von drei Teilvorgängen während des Keilschneidens.
7. Wodurch unterscheidet sich das Spanen vom Zerteilen?
8. Beschreiben Sie die einzelnen Vorgänge der Spanbildung.
9. Erklären Sie den Begriff Standzeit.
10. Nennen Sie die Teile eines Meißels und ihre Eigenschaften.
11. Begründen Sie drei wesentliche Maßnahmen zur Unfallverhütung für das Meißeln.
12. Welcher Zusammenhang besteht zwischen dem zu bearbeitenden Werkstoff und der Wahl der Zahnteilung einer Säge?
13. Begründen Sie die Notwendigkeit des Freischnitts während des Sägens. Skizzieren Sie Beispiele.
14. Welche zwei Verfahren zur Herstellung von Feilen gibt es?
15. Nennen Sie die unterschiedlichen Merkmale der Feilenzähne und des Feilvorgangs.
16. Begründen Sie die Notwendigkeit der unterschiedlichen Winkel von Unter- und Oberhieb.

Kapitel 7: Trennen

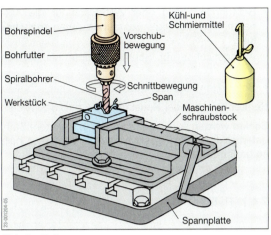

Abb. 3: Bohrvorgang

7.4.5 Bohren

Bohren dient der Herstellung von kreisrunden Löchern (Bohrungen). Als Schneidwerkzeuge werden Spiralbohrer und verschiedene Bohrwerkzeuge verwendet.

Spiralbohrer

Der Spiralbohrer ist ein zweischneidiges Werkzeug, dessen Schneiden gleichzeitig eine Schnitt- und eine Vorschubbewegung (Dreh- und Axialbewegung) ausführen (Abb. 3).

Die **Hauptschneiden** des Spiralbohrers (Abb. 4) entstehen durch das Einfräsen bzw. -schleifen zweier Wendelnuten in einen zylindrischen Grundkörper. Durch Anschleifen des Spitzenwinkels σ (sigma, griech. kleiner Buchstabe) und der Hauptfreiflächen entstehen die Hauptschneiden und die Querschneide mit dem Querschneidenwinkel ψ (psi, griech. kleiner Buchstabe) (Abb. 5).

Durch die Nebenfreiflächen (Abb. 4) wird die Reibung des Bohrers an der Bohrungswand stark vermindert.

Die Nebenschneiden an den Führungsfasen glätten die Bohrungswandung.

Der Seitenfreiwinkel α_f, der Seitenkeilwinkel β_f und der Seitenspanwinkel γ_f werden an der Schneidenecke gemessen (Abb. 5).

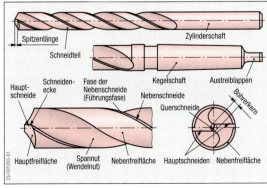

Abb. 4: Bezeichnungen am Spiralbohrer

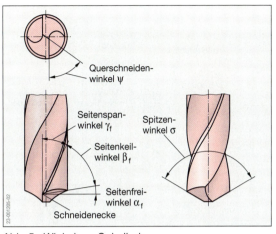

Abb. 5: Winkel am Spiralbohrer

Durch die Wendel- oder Spannuten erfolgt der Transport der Späne und die Zuführung des Kühl- und Schmiermittels.

Angaben über Verwendung, Spitzenwinkel, Schnittgeschwindigkeit und Kühl- bzw. Schmierstoffe sind werkstoff- und durchmesserabhängig ($\Rightarrow$ TB: Kap. 4).

Fehlerhaft angeschliffene Bohrer führen zu größeren Bohrungsdurchmessern und vorzeitigem Bohrerverschleiß (Abb. 6).

Bohrarbeiten

Die **Vorbereitung** einer Bohrarbeit erfordert:
- Lesen der Zeichnung,
- Wahl des Bohrwerkzeugs,
- Wahl der Bohrmaschine (z. B. Hand- oder Tischbohrmaschine),
- Bereitstellen der Spannzeuge für das Werkstück,
- Wahl des Kühlmittels und
- Bestimmen der Drehzahl und des Vorschubs.

Die Herstellung von Kegelformen, Bohrungsabsätzen oder besonders großen oder langen Bohrungen (z. B.

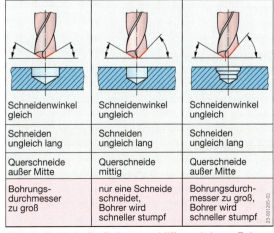

Abb. 6: Fehlerhafte Bohreranschliffe und deren Folgen

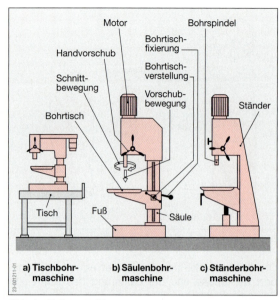

Abb. 1: Bohrmaschinenarten

Ölbohrungen im Zylinderblock) erfordert Spezialbohrer. Bohrungen, für die eine geringe Genauigkeit erforderlich ist, werden mit der Handbohrmaschine ausgeführt. Für Bohrarbeiten mit großer Genauigkeit und hoher Zerspanungsleistung werden Tisch-, Säulen- oder Ständerbohrmaschinen eingesetzt (Abb. 1).

Um eine genaue Bohrung herstellen zu können und Unfälle zu vermeiden, muss das Werkstück fest eingespannt sein. Dafür eignet sich in vielen Fällen der Maschinenschraubstock (Abb. 3, S. 59), der häufig Prismen zur Aufnahme von runden Werkstücken hat.

Arbeitshinweise
Eine einwandfreie **Bohrung** entsteht, wenn die folgenden Hinweise beachtet werden:
- Richtiger Anschliff des Bohrers.
- Wahl der Drehzahl und des Vorschubs entsprechend dem Bohrerdurchmesser und dem Werkstoff des Bohrers und des Werkstücks.
- Richtige Wahl des Kühlmittels.
- Ausreichend große Ankörnung, damit der Bohrer nicht verläuft.
- Große Bohrungen müssen zur Aufnahme der Querschneide vorgebohrt werden.

7.4.6 Senken

Das **Senken** ist ein Bohrverfahren, das sich an einen Bohrvorgang anschließt.

Durch Senken ist es möglich:
- Bohrungen zu **entgraten**,
- Bohrungen keglig oder zylindrisch für die Aufnahme von Niet- oder Schraubenköpfen **anzusenken**,
- Auflageflächen für Schraubenköpfe herzustellen und
- Bohrungen **aufzusenken**.

Senker haben in der Regel mehr als zwei Schneiden.

Senker werden vorwiegend aus hoch legiertem Stahl gefertigt. Die Schnittgeschwindigkeit wird etwa halb so groß gewählt wie für das Bohren.

7.4.7 Reiben

Reiben ist eine Feinbearbeitung zur Herstellung von Bohrungen mit Passmaßen (s. Kap. 3.5, ⇒ TB: Kap. 2).

Reibvorgang
Die aufzureibende Bohrung wird um die **Reibzugabe** kleiner vorgebohrt (Abb. 2). Sie beträgt je nach Bohrungsdurchmesser 0,2 bis 0,5 mm. Die Zerspanung wird hauptsächlich vom Anschnitt der Reibahle ausgeführt. Die Führungsfasen glätten die Bohrung. Sie haben einen negativen Spanwinkel. Dadurch erfolgt die Spanabnahme schabend. Die Führungsfasen sind ausschlaggebend für die Oberflächengüte sowie für die Maß- und Formgenauigkeit der Bohrung (Abb. 2).

Reibahlen
Es wird zwischen Hand- und Maschinenreibahlen unterschieden. Handreibahlen haben einen längeren Anschnitt, wodurch ihre Führung in der Bohrung verbessert wird.

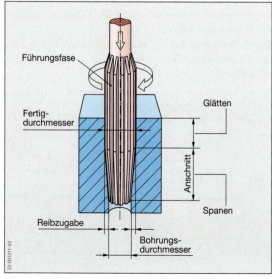

Abb. 2: Reibvorgang

Kapitel 7: Trennen

Arbeitshinweise

Für einwandfreie **Reibarbeiten** müssen folgende Hinweise beachtet werden:
- Eine Reibahle darf nie entgegengesetzt zur Schnittbewegung gedreht werden; auch nicht während des Herausdrehens.
- Zur Verringerung der Reibung sind Schneidöle oder Emulsionen (feinste Verteilung einer Flüssigkeit in einer anderen) zu verwenden.
- Eine zu große Werkstoffzugabe führt zu unnötigem Werkzeugverschleiß.
- Grundbohrungen werden mit Grundreibahlen (kurzer Anschnitt) aufgerieben.
- Als Reibahlendrehzahl ist etwa 1/4 der entsprechenden Bohrerdrehzahl zu wählen.

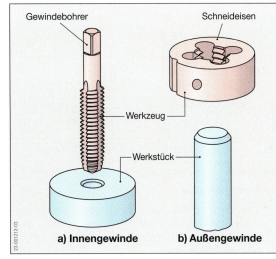

Abb. 3: Werkzeuge für Innen- und Außengewindeherstellung

7.4.8 Gewindeherstellung

Gewindeschneiden von Hand

Gewinde werden im Bereich der Reparatur und Einzelfertigung zu einem großen Teil durch Gewindeschneiden von Hand hergestellt. Für das Schneiden von **Innengewinden** werden **Gewindebohrer**, für das Schneiden von **Außengewinden Schneideisen** verwendet (Abb. 3).

Um ein sauberes Gewinde herstellen zu können und eine Überbeanspruchung des Gewindebohrers zu vermeiden, wird der Zerspanungsvorgang meist auf drei Gewindebohrer verteilt. Der Fertigschneider (drei Ringe oder auch ohne Ring am Schaft) hat den kürzesten Anschnitt, da er die kürzeste Führung benötigt (Abb. 4).

Schneideisen werden mit Hilfe eines **Schneideisenhalters** geführt (Abb. 5).

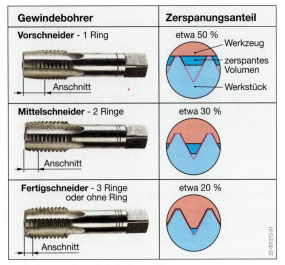

Abb. 4: Handgewindebohrersatz

Arbeitshinweise
- Der vorgegebene Kernlochdurchmesser (Innengewinde) oder der Bolzendurchmesser (Außengewinde) sind einzuhalten (⇒ TB: Kap. 4).
- Die Kernlochbohrung für Gewindegrundlöcher muss tiefer sein als die nutzbare Gewindetiefe (Abb. 1c, S. 62 und ⇒ TB: Kap. 4).
- Bohrungen ansenken, Bolzen anfasen.
- Vor-, Mittel- und Fertigschneider immer vollständig und in der richtigen Reihenfolge benutzen (Abb. 4).
- Gewindebohrer immer zentrisch zur Bohrung und in Richtung der Bohrungsachse ansetzen. Schneideisen immer senkrecht zur Bolzenachse führen (Abb. 1a und b, S. 62).

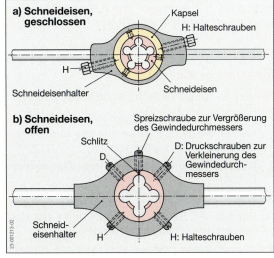

Abb. 5: Schneideisen mit Schneideisenhalter

Drehen / turning

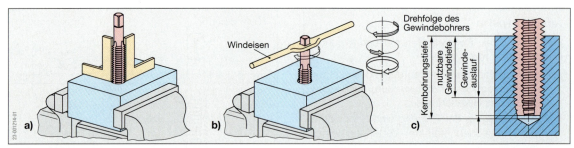

Abb. 1: Arbeitshinweise zur Gewindeherstellung

Arbeitshinweise

- Die Verwendung des richtigen Schmiermittels erleichtert die Schneidarbeit und erhöht die Standzeit des Werkzeugs und die Formhaltigkeit des Gewindes.
- Nach etwa einer halben Umdrehung ist der Span durch Zurückdrehen des Gewindebohrers oder des Schneideisens zu brechen (Abb. 1b).
- Späne während des Arbeitsvorganges mehrmals entfernen.
- Während der Herstellung von Grundlochgewinden mit großer Gewindetiefe ist der Gewindebohrer mehrmals herauszudrehen, um die Späne entfernen zu können.
- Das Gewinde mittels Bolzen bzw. Mutter oder Gewindelehre auf Maß- und Formhaltigkeit prüfen.

Gewindeherstellung mit der Werkzeugmaschine

Gewinde können auf der Drehmaschine gefertigt werden. Mit Hilfe eines Maschinengewindebohrers können auch Innengewinde mit der Bohrmaschine geschnitten werden.

In der Massenfertigung werden genaue Gewinde geschliffen, gefräst oder durch **Gewindewirbeln** wirtschaftlich hergestellt. Durch **Gewindewalzen** werden hochfeste Massenteile gefertigt.

Aufgaben zu Kap. 7.4.5 bis 7.4.8

1. Nennen Sie die Bezeichnungen am Spiralbohrer.
2. Wovon ist die Wahl eines Bohrers abhängig?
3. Nennen Sie drei Bohrfehler und erläutern Sie, wie diese vermieden werden können.
4. Wodurch unterscheidet sich das Reiben vom Bohren?
5. Welche Aufgabe hat die Reibzugabe?
6. Beschreiben Sie die Arbeitsgänge für die Herstellung eines Grundlochgewindes.
7. Warum werden Innengewinde mit einem dreiteiligen Handgewindebohrersatz geschnitten?

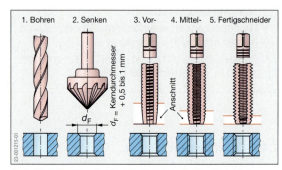

Abb. 2: Arbeitsschritte für das Gewindeschneiden

7.4.9 Drehen

Durch **Drehen** werden überwiegend Werkstücke mit kreisförmigen oder kreisringförmigen Querschnitten hergestellt.

Grundsätzlich wird zwischen **Runddrehen** und **Plandrehen** unterschieden (Abb. 3).

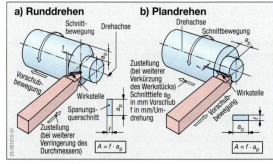

Abb. 3: Rund- und Plandrehen

7.4.10 Weitere spanende Bearbeitungsverfahren

Schleifen

Die Spanabnahme erfolgt durch Schleifkörper (z. B. Schleifscheiben). Die Schleifkörper bestehen aus harten, scharfkantigen Körnern. Sie haben geometrisch unbestimmte Schneiden (Abb. 4). Die Schleifkörner werden durch Bindemittel zusammengehalten. Der Widerstand, den die Bindung dem Ausbrechen des Schleifkorns entgegensetzt, wird als Härte der Schleifscheibe bezeichnet.

Kapitel 7: Trennen

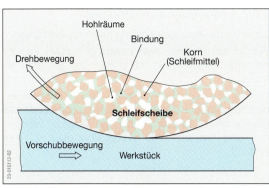

Abb. 4: Aufbau der Schleifscheibe

Tab. 2: Gebräuchliche Schleifmittel

Korund Al$_2$O$_3$ Zähe Werkstoffe und Werkstoffe über 340 N/mm^2 Festigkeit, z. B. gehärteter und ungehärteter Stahl, Temperguss, Stahlguss
Siliziumkarbid SiC Weiche und spröde Werkstoffe bis 340 N/mm^2 Festigkeit und Hartmetalle, Hartguss z. B. Gusseisen, Cu-Zn-Legierungen, weiche Cu-Sn-Legierungen, Kupfer, Aluminium, Kunstharzstoffe
Diamant für sehr harte Werkstoffe wie Hartmetalle, Glas
Bornitrid CBN für Schnellarbeitsstähle, Werkzeugstähle

Harte Scheiben haben eine feste Bindung, **weiche Scheiben** eine weniger feste Bindung.

Da die Körner während der Bearbeitung harter Werkstoffe schneller stumpf werden, sind weiche Bindungen erforderlich, damit die stumpfen Körner eher ausbrechen.

Harte Werkstoffe werden mit **weicher Schleifscheibe**, **weiche Werkstoffe** mit **harter Schleifscheibe** bearbeitet.

Gebräuchliche Schleifmittel sind in der Tab. 2 aufgeführt (⇒ TB: Kap. 4).
Mit dem **Trennschleifer** lassen sich auch doppelwandige Bauteile trennen (Abb. 5).

Der **Einsatz** von Trennschleifern erfordert besondere **Vorsichts-** und **Unfallverhütungsmaßnahmen**. Die Gefährdung geht von der schnelllaufenden Trennscheibe und dem Funkenflug aus.

Abb. 5: Trennschleifer mit Trennscheibe

Honen (Ziehschleifen)

Honen wird vorwiegend zur **Feinstbearbeitung** von **Bohrungen** (z. B. Zylinderlaufbuchsen) eingesetzt.

Das Honwerkzeug besteht aus dem Werkzeugkörper und den in ihm gelagerten Honsteinen. Diese sind leistenförmige Schleifkörper, die in drehender und hin- und hergehender Bewegung bei 0,25 bis 2,5 bar (Anpressdruck) die Oberfläche **feinstschleifen**. Daraus ergeben sich die kreuzenden Bearbeitungsspuren. Diese geben z. B. in einem Motorzylinder dem vorhandenen Ölfilm einen besonders festen Halt.

7.5 Abtragen

Abtragen ist Fertigen durch Abtrennen von Stoffteilchen von einem festen Körper auf nicht mechanischem Wege (DIN 8590).

Das Abtragen ist das Entfernen von Werkstoffschichten und das Abtrennen von Werkstückteilen.
Abtragen wird unterteilt in:
- **Thermisches Abtragen**, z. B. autogenes Brennschneiden (Abb. 1, S. 64), Abtragen durch elektrische Funken (Funkenerosion) und Abtragen mit dem Lichtbogen (Plasmaschneiden).
- **Chemisches Abtragen**, z. B. Ätzabtragen und elektrochemisches Abtragen.

7.5.1 Plasmaschneiden

Das Plasmaschneiden (Abb. 2, S. 64) ermöglicht einen sehr sauberen Schnittspalt bei einer hohen Schneidgeschwindigkeit.
Ein Schneidgas wird durch einen Lichtbogen auf etwa 2000 °C erwärmt und durch den Druck des

Laser-Schmelzschneiden / laser fusion welding

Abb. 1: Brennschneiden

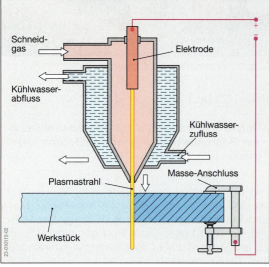

Abb. 2: Plasmaschneiden

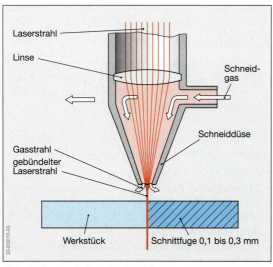

Abb. 3: Laser-Schmelzschneiden

Gases auf das Werkstück geblasen. Dadurch wird der verflüssigte Werkstoff aus der Trennfuge geschleudert. Als Schneidgase werden Argon und Stickstoff sowie Gemische aus Argon und Stickstoff oder Argon und Wasserstoff verwendet.

7.5.2 Laser-Schmelzschneiden

Laser ist die Kurzbezeichnung für »Lichtverstärker«. Werden die Strahlen eines Lasers gebündelt, so wird ein sehr kleiner Punkt mit hoher Energiedichte erzeugt.

Das zu bearbeitende Werkstück kann so präzise erhitzt werden. Ein zugeführtes Schneidegas bläst das flüssige Metall aus der Schnittfuge. Diese ist sehr genau und hat nur eine Breite von etwa 0,2 mm (Abb. 3).

Unfallverhütung

- Immer eng anliegende Arbeitskleidung tragen.
- Lange Haare durch Haarnetz oder andere geeignete Kopfbedeckung schützen.
- Schutzbleche oder -gitter nicht entfernen.
- Nie an sich bewegenden Maschinenteilen oder Werkstücken hantieren.
- Messungen nur an stillstehenden Werkstücken ausführen.
- Späne nicht mit den Händen entfernen; Spanhaken oder Besen benutzen.
- Werkstück sorgfältig spannen.
- Elektrische Einrichtungen dürfen nur von qualifizierten Facharbeitern gewartet und repariert werden.

Aufgaben zu Kap. 7.4.9 bis 7.5.2

1. Wodurch unterscheidet sich das Rund- vom Plandrehen?
2. Welche Maßnahmen müssen getroffen werden, um an Werkzeugmaschinen sicher zu arbeiten?
3. Erläutern Sie den Vorgang des Selbstschärfens einer Schleifscheibe.
4. Nennen Sie drei Schleifmittel und deren Verwendung.
5. Warum müssen für das Schleifen harter Werkstoffe Schleifscheiben mit einer weichen Bindung verwendet werden?
6. Für welche Arbeiten wird Schleifen und Honen angewendet?
   Nennen Sie Beispiele.
7. Worin unterscheidet sich das Abtragen vom Spanen?
8. Welche Gase werden für das Plasmaschneiden verwendet?
9. Beschreiben Sie die Grundwirkungsweise des Laser-Schmelzschneidens.
10. Warum darf nicht an Werkstücken gemessen werden, die sich bewegen?

8 Fügen

Fügen ist das **Zusammenbringen** oder **Verbinden** von zwei oder mehreren Werkstücken. Die Werkstücke können geometrisch bestimmte feste Formen haben oder mit Werkstoffen aus formlosen Stoffen zusammengebracht werden (DIN 8593).

Die **Hauptgruppen** der Fügeverfahren sind im Kap. 4 dargestellt.
Nach den Möglichkeiten der **Bewegung** der Fügeteile gegeneinander, werden unterschieden:
- feste Verbindung (z. B. genietete Bremsbeläge),
- bewegliche Verbindung (z. B. Gelenke, Scharniere).

Nach der **Lösbarkeit** der Verbindungen werden unterschieden:
- lösbare Verbindung (z. B. Schraubverbindung),
- unlösbare Verbindung (z. B. Nietverbindung).

Eine Verbindung gilt dann als **unlösbar**, wenn sie nur durch **Zerstören** des **Verbindungselements** und/oder des Werkstücks gelöst werden kann.

Tab. 1: Wirkprinzip und Fügeverfahren/-arten

Wirkprinzip (Verbindungsart)	Fügeverfahren/-arten
Kraftschlüssige Verbindungen Es wirken Reibungskräfte zwischen den Werkstücken.	Klemmen, Pressen, Schrumpfen, Schrauben
Formschlüssige Verbindungen Die Verbindung erfolgt durch das Ineinandergreifen geometrisch bestimmter Formen der Werkstücke.	Verstiften, Verkeilen, Kegelverbindungen, Klemmverbindungen, Nieten, Bördeln, Falzen
Stoffschlüssige Verbindungen Es wirken Molekularkräfte (Adhäsion, Kohäsion) zwischen den verbundenen Werkstücken.	Löten, Schweißen, Kleben

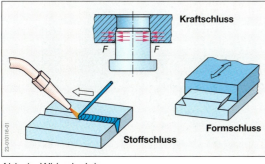

Abb. 1: Wirkprinzipien

Die Fügeverfahren werden nach dem **Wirkprinzip**, das den Zusammenhalt erzeugt, unterschieden in (Tab. 1, Abb. 1):
- kraftschlüssige (s. Kap. 8.1 bis 8.4),
- formschlüssige (s. Kap. 8.5 bis 8.11) und
- stoffschlüssige Verbindungen (s. Kap. 8.12 bis 8.14).

Kraftschlüssige Verbindungen

8.1 Klemmverbindungen

Klemmverbindungen sind **lösbare, kraftschlüssige Verbindungen.**

Sie eignen sich zum Verbinden von Naben oder Hebeln mit glatten Wellen (Abb. 2). Die Klemmwirkung wird meist durch eine Schraubverbindung erzeugt. Auf Grund der ungleichen Massenverteilung sind sie nicht für höhere Drehzahlen geeignet.

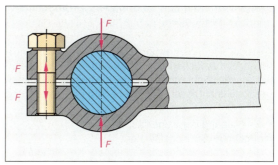

Abb. 2: Klemmverbindung

8.2 Pressverbindungen

Pressverbindungen sind **lösbare, kraftschlüssige Verbindungen.**

Pressverbindungen entstehen, wenn zwischen den Fügeteilen ein Übermaß (s. Kap. 3.6) vorhanden ist. Es werden unterschieden (Abb. 1, S. 66):
- Längspressverbindungen und
- Querpressverbindungen.

Werden die Bauteile in kaltem Zustand durch eine in Längsrichtung wirkende Kraft ineinander gepresst, wird dies als **Längspressverbindung** bezeichnet.
Durch **Aufschrumpfen** eines erwärmten Bauteils (z. B. Zahnkranz auf Schwungrad) oder durch Ausdehnen eines unterkühlten Werkstücks (z. B. Ventilsitzring im Zylinderkopf) entstehen **Querpressverbindungen**.

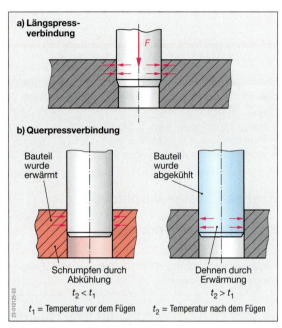

Abb. 1: Pressverbindungen

8.3 Kegelverbindungen

Kegelverbindungen sind **lösbare, kraftschlüssige Verbindungen.**

Kegelverbindungen ermöglichen einen genau zentrischen Sitz zwischen den zu fügenden Werkstücken. Sie lassen sich mit Spezialwerkzeugen (Abzieher, Treibkeil) leicht lösen. Der **feste Sitz** der Verbindung wird beeinflusst durch:

- die Neigung der Kegelflächen,
- die Größe der Kegelflächen,
- die Oberflächenbeschaffenheit der Kegelflächen
- und die wirksame Axialkraft F_A (Abb. 2).

Die Kraft F_A wird z. B. an Gelenkverbindungen und an Wellenenden meist durch ein Gewinde erzeugt (Schraubkraft F_S), an Werkzeugen durch die Vorschubkraft. Kegelverbindungen dienen als Mitnehmerverbindungen für Kugelgelenke (z. B. Spurstangen), Wellenenden (z. B. Kettenräder) oder zum Spannen von Werkzeugen (z. B. Bohrerhülsen).

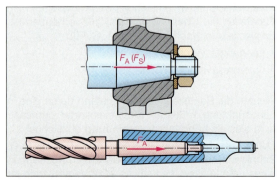

Abb. 2: Kegelverbindung

8.4 Schraubverbindungen

Durch **Schrauben** werden **lösbare Verbindungen** hergestellt. Die Verbindung erfolgt **formschlüssig** oder **kraft-** und **formschlüssig**.

Eine Schraubverbindung besteht aus formschlüssig ineinandergreifenden Gewindegängen.

8.4.1 Arten der Schraubverbindungen

Werden die Gewindegänge in eine Bohrung eingeschnitten, entstehen **Innengewinde** (Muttergewinde). Befinden sich die Gewindegänge an der Mantelfläche von Rundteilen, wird dies als **Außengewinde** (Bolzengewinde) bezeichnet (Abb. 3).

Unmittelbare (direkte) **Schraubverbindungen** entstehen, wenn sich die Gewindegänge auf den zu verbindenden Teilen selbst befinden (z. B. Zündkerze im Zylinderkopf). Bei **mittelbaren** (indirekten) Schraubverbindungen erfolgt die Verbindung durch Schrauben oder durch Schrauben und Muttern (Abb. 4).

8.4.2 Gewindesteigung und Schiefe Ebene

Wird eine Schraubverbindung angezogen, so wird eine **Arbeit** W verrichtet. Sie ergibt sich aus der Anzugskraft F und dem Umfangsweg s nach der Grundgleichung der **Arbeit**.

$$W = F \cdot s$$

W Arbeit in Nm
F Kraft in N
s Weg in m

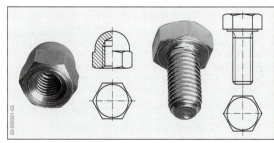

Abb. 3: Innen- und Außengewinde

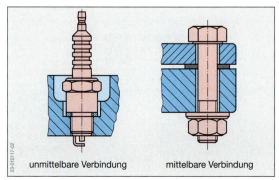

Abb. 4: Unmittelbare und mittelbare Schraubverbindungen

Kapitel 8: Fügen

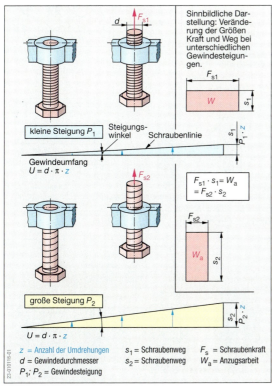

Abb. 5: Kräfte und Wege an der Schraubverbindung

Durch die Wirkung der Anzugskraft F mit dem Hebelarm l wird ein Drehmoment M erzeugt (Abb. 5).
Die Grundgleichung des **Drehmoments** lautet:

$$M = F \cdot l$$

M	Drehmoment	in Nm
F	Kraft	in N
l	wirksamer Hebelarm	in m

Durch die Wirkung des Gewindes werden die Anzugskraft F und deren Umfangsweg s in eine Schraubenkraft F_S und einen Schraubenweg s_S umgewandelt (Abb. 5 und 6).

Die **Schraubenkraft** F_S ist abhängig von:
- dem Anzugsdrehmoment M,
- der Gewindesteigung P,
- dem Gewindedurchmesser d.

Der **Schraubenweg** s_S wird beeinflusst durch:
- die Anzahl der Umdrehungen (Drehwinkel) und
- die Gewindesteigung P.

> Die **Steigung** P eines **Gewindes** ist gleich dem Weg, den die Mutter oder der Bolzen während einer Umdrehung in Längsrichtung zurücklegt.

Die Wirkung des Gewindes ist mit dem Wirkprinzip der **Schiefen Ebene** vergleichbar. Diese wird sichtbar, wenn der Verlauf eines Gewindeganges (Schraubenlinie) in der Ebene dargestellt wird (Abb. 6).
Unter Vernachlässigung der Reibung und unter der Voraussetzung des gleichen Anzugsdrehmoments M (und damit der gleichen Anzugsarbeit W_a) sind folgenden Zusammenhänge vorhanden:

Gewindesteigung P	Schraubenkraft F_S	Schraubenweg s_S
klein	groß	klein
groß	klein	groß

8.4.3 Kraftzerlegung an der Gewindeflanke

An der **Gewindeflanke** kann die Schraubenkraft F_S in zwei Einzelkräfte F_N und F_U zerlegt werden (Abb. 7).

Die Normalkraft F_N beeinflusst wesentlich die Reibungskraft F_R zwischen den Gewindeflanken.

$$F_R = F_N \cdot \mu$$

F_R	Reibungskraft in N
F_N	Normalkraft in N
μ	Reibungszahl

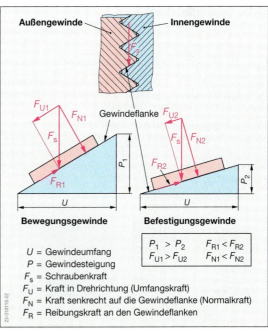

Abb. 6: Schraubenkraft in Abhängigkeit von der Gewindesteigung

Abb. 7: Kraftzerlegung an der Gewindeflanke

In Drehrichtung der Gewindeverbindung wirkt die Umfangskraft F_U (Abb. 7, S. 67). Sie versucht die Gewindegänge gegeneinander zu verdrehen.

> Eine **kleine Gewindesteigung** (z. B. Feingewinde) erzeugt **große Haftreibung**, eine **große Gewindesteigung** erzeugt **kleine Haftreibung** zwischen den Gewindeflanken.

Befestigungsgewinde haben eine große Haftreibung und damit eine große Reibungskraft F_R zwischen den Gewindeflanken. Diese verhindert ein selbsttätiges Lösen der Gewindeverbindung.

Bewegungsgewinde sind Gewindeverbindungen, deren Bolzen und Mutter sich leicht gegeneinander verdrehen lassen und deren Aufgabe es ist, Bewegungen zu übertragen.

8.4.4 Gewindebezeichnung

Die Abb. 1 zeigt Beispiele für Kurzbezeichnungen von Gewinden.
Auf die Angabe der Gewindesteigung wird bei Regelgewinden verzichtet (⇒ TB: Kap. 4). Für diese Gewinde ist in Normblättern zu jedem Gewindenenndurchmesser die Steigung festgelegt.

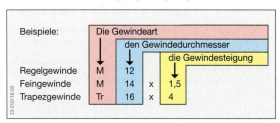

Abb. 1: Beispiele für Kurzbezeichnung des Gewindes

8.4.5 Gewindearten

Gewinde werden hauptsächlich unterschieden nach:
- ihrem Gewindeprofil,
- dem Drehsinn und
- der Gewindesteigung,
- der Gangzahl (Abb. 2).

Gewinde werden üblicherweise als **eingängige Rechtsgewinde** hergestellt (Drehrichtung während des Anziehens im Uhrzeigersinn).

Mehrgängige Gewinde ermöglichen eine große Gewindesteigung und werden hauptsächlich als Bewegungsgewinde eingesetzt. Eine Aufstellung unterschiedlicher Gewindearten und deren Verwendung zeigt die Tab. 2 (⇒ TB: Kap. 4).

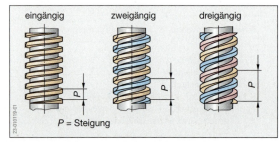

Abb. 2: Eingängiges und mehrgängige Gewinde

Tab. 2: Gewindearten und Beispiele für ihre Verwendung

Gewindeart Verwendung	Kurzbezeichnung	Gewindeprofil
Metrisches ISO-Gewinde (Regelgewinde) DIN 13 — Verschraubungen	M 10	60°
Metrisches Feingewinde DIN 13 — Verschraubungen, Einstellschrauben	M 10 x 1	60°
Whitworth-Rohrgewinde DIN 259 — dichte Rohrverschraubungen	R $\frac{1}{2}$ Angabe in Inch	55°
Trapezgewinde DIN 103 — Schraubstock- und Leitspindel, Kraftübertragung in zwei Richtungen	Tr 40 x 7	30°
Sägengewinde DIN 513 — Spindelpressen, Kraftübertragung in einer Richtung	S 40 x 7	3° / 30°
Rundgewinde DIN 405 — Kupplungsspindel (Eisenbahnwaggons)	Rd 30 x $\frac{1}{8}$ (8 Gänge auf 1 Inch)	30°
Elektrogewinde DIN 40400 — Glühlampenfassung, Sicherungen	E 16	

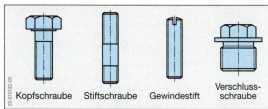

Abb. 3: Grundformen der Schrauben

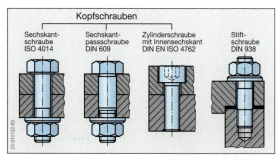

Abb. 4: Auswahl von Kopf- und Stiftschrauben

8.4.6 Schrauben- und Mutternarten

Schrauben lassen sich nach ihrem Aufbau in **vier Grundformen** unterscheiden (Abb. 3, ⇒ TB: Kap. 4). Im Kraftfahrzeugbau werden hauptsächlich **Kopf-, Stift-** und **Verschlussschrauben** verwendet. Für die Übertragung großer Drehmomente (vom Werkzeug auf die Schraube) werden Sechskantschrauben (DIN EN ISO 24 014, 24 016, 28 765) und Zylinderschrauben (Abb. 4) mit Innensechskant (DIN EN ISO 4762) verwendet. Die dazugehörenden Sechskantmuttern sind z.B. in DIN EN 24 032, 24 033 oder 24 035 enthalten.

Kopf- und Stiftschrauben können auch als **Passschrauben** ausgeführt sein (DIN 609 und 938). Passschrauben dienen nicht nur als Verbindungselement, sondern fixieren die zu verbindenden Teile in ihrer Lage und übernehmen Scherkräfte.

Zylinderschrauben mit **Innensechskant** können versenkt eingebaut werden. Sie werden überwiegend dort eingesetzt, wo wenig Platz für den Schraubenkopf oder das Werkzeug zur Verfügung steht oder die Werkstückoberfläche eben sein soll, wie z. B. auch an drehenden Bauteilen.

Zylinderschrauben mit **Innenvielkant** (Torxschrauben, ⇒ TB: Kap. 4) ermöglichen ein häufiges Umsetzen des Anziehwerkzeugs (alle 30°), einen festen Sitz der Schraube auf dem Werkzeug und dadurch leichte Montagearbeiten auch an schwer zugänglichen Stellen. Durch den festen Sitz der Schraube auf dem Werkzeug verringert sich der Werkzeugverschleiß.

Stiftschrauben verbleiben nach dem Lösen der Schraubverbindung mit dem Einschraubende im Werkstück. Dadurch wird das Innengewinde geschützt und die Montage der Bauteile erleichtert.

Die Verbindung dünner Blechteile erfolgt kostengünstig durch **Blechschrauben**. Die Schrauben formen während des Einschraubens in vorgebohrte Bleche das Muttergewinde oder es werden vorgestanzte Bleche als Muttergewinde verwendet (Abb. 5).

Bauteile, an denen wechselnde dynamische Beanspruchungen auftreten (Pleuellager, Zylinderkopf, Bremssattel), werden durch **Dehnschrauben** verbunden (Abb. 6). Ihr Schaft ist auf 0,8 bis 0,9 x Gewindekerndurchmesser verringert. Er hat eine sehr glatte Oberfläche und der Übergang zum Gewinde ist gerundet. Durch diese Maßnahme wird die Kerbwirkung des Gewindes und damit die Bruchgefahr vermieden.

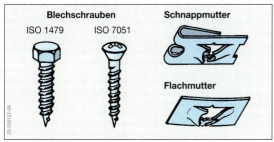

Abb. 5: Blechschrauben und Muttern

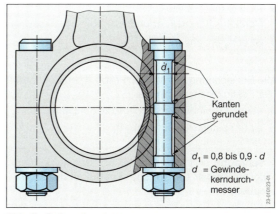

$d_1 = 0{,}8$ bis $0{,}9 \cdot d$
d = Gewindekerndurchmesser

Abb. 6: Dehnschrauben

Dehnschrauben müssen mit dem vorgeschriebenen Drehmoment angezogen werden. Das Anzugsdrehmoment ist so bemessen, dass die Schraube in den Bereich der elastischen Verformung gebracht wird (Elastizität, s. Kap. 10.4.1).

Bedingt durch die Vorspannung können diese Schrauben hohen dynamischen Belastungen standhalten. Sie sind unempfindlich gegen Wärmedehnung und benötigen keine Schraubensicherungen.

> **Dehnschrauben** sind nach der Demontage meist zu **wechseln** (Herstellerangaben beachten), da nicht ausgeschlossen werden kann, dass sie bis in ihren plastischen Bereich beansprucht wurden.

Im Kraftfahrzeugbau werden hauptsächlich die in der Abb. 7 dargestellten Mutternarten verwendet.

8.4.7 Schrauben- und Mutternwerkstoffe

Als Werkstoffe für Schrauben und Muttern werden unlegierte sowie legierte Stähle verwendet. Die Güte von Schrauben und Muttern wird nach DIN EN 20 898 und DIN ISO 5759 sowie DIN 267 bestimmt durch:
- die Ausführung und
- die Festigkeitsklasse des Verbindungselements.

Die **Ausführung** (Produktklasse) gibt die Toleranzen für die Winkligkeit und Maßgenauigkeit sowie die Qualität der Oberflächen an.

Die **Festigkeitsklasse** besteht aus zwei Zahlen und muss zusammen mit einem Herstellerzeichen auf Schrauben **ab 5 mm** Gewindenenndurchmesser angegeben werden (Abb. 1, S. 70). In der Zahlenkombination sind, durch Multiplikatoren verschlüsselt, folgende Angaben enthalten:

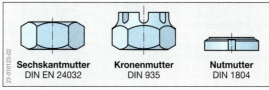

Abb. 7: Mutternarten

- Nennzugfestigkeit R_m,
- Nennstreckgrenze R_{el} und
- Streckgrenzenverhältnis $\dfrac{R_{el}}{R_m}$.

Die Bezeichnung der **Muttern** (Abb. 1) erfolgt nur mit der Festigkeitskennzahl bei
- einem Gewindenenndurchmesser > 5 mm und
- einer Festigkeitskennzahl > 8.

> **Schraube** und **Mutter** einer Schraubverbindung sollen immer die gleiche **Festigkeitskennzahl** haben.

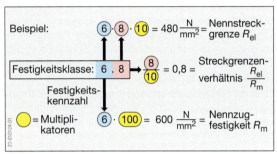

Abb. 1: Beispiel für die Bezeichnung von Schrauben und Muttern

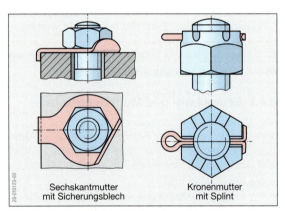

Abb. 2: Formschlüssige Schraubensicherungen

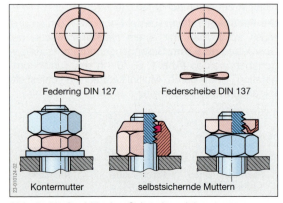

Abb. 3: Kraftschlüssige Schraubensicherungen

8.4.8 Schraubensicherungen

> **Schraubensicherungen** haben die **Aufgabe**, das **selbsttätige Lösen** von Schraubverbindungen zu verhindern.

Nach dem **Wirkprinzip** werden unterschieden (⇒ TB: Kap. 4):
- formschlüssige Schraubensicherungen (Abb. 2),
- kraftschlüssige Schraubensicherungen (Abb. 3),
- stoffschlüssige Schraubensicherungen (Kleben).

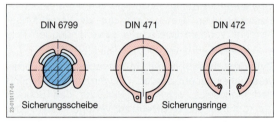

Abb. 4: Sicherungsscheiben und Sicherungsringe

Aufgaben zu Kap. 8.1 bis 8.2

1. Worin unterscheidet sich eine lösbare von einer unlösbaren Verbindung?
2. Es werden Längspressverbindungen und Querpressverbindungen unterschieden. Beschreiben Sie den Unterschied der beiden Verbindungsarten und nennen Sie Anwendungsbeispiele.
3. Von welchen Einflussgrößen ist der feste Sitz einer Kegelverbindung abhängig?
4. Beschreiben Sie den Unterschied zwischen einer mittelbaren und einer unmittelbaren Schraubverbindung und geben Sie Anwendungsbeispiele an.
5. Ermitteln Sie zeichnerisch die Kraft F_N an einer Gewindeflanke.
   Die Schraubenkraft beträgt 600 N und der Steigungswinkel 15°. Berechnen Sie die Reibungskraft F_R (Reibungszahl μ = 0,1).
6. Skizzieren Sie drei unterschiedliche Gewindeprofile.
7. Nennen Sie zwei Gewindearten nach ihrem Verwendungszweck.
8. Beschreiben Sie drei ausgewählte Gewindearten und geben Sie weitere Anwendungsbeispiele an.
9. Woran sind Dehnschrauben erkennbar?
10. Welche drei Angaben enthält die Gewindekurzbezeichnung?
11. Nennen Sie die Vorteile von Zylinderschrauben mit Innenvielkant (Torxschrauben).
12. Auf Schraubenköpfen befinden sich häufig zwei Zahlen. Geben Sie an, welche Angaben daraus ermittelt werden können.
13. Eine Schraube hat eine Nennstreckgrenze von 640 N/mm² und ein Streckgrenzenverhältnis von 0,8. Berechnen Sie die Festigkeitsklasse der Schraube.

Kapitel 8: Fügen

Formschlüssige Verbindungen

8.5 Sicherungsscheiben und Sicherungsringe

> **Sicherungsscheiben** und **Sicherungsringe** sind **formschlüssige, lösbare Verbindungselemente.**

Sicherungsscheiben und Sicherungsringe (Abb. 4, ⇒ TB: Kap. 4) begrenzen Längsbewegungen von Wellen und sichern die Lage von Bauteilen.

8.6 Stiftverbindungen

> **Stiftverbindungen** sind **lösbare, formschlüssige Verbindungen**.

Stiftverbindungen werden durch Verwendung von Zylinder-, Kegel-, Spann- oder Kerbstiften (Abb. 5, ⇒ TB: Kap. 4) hergestellt und dienen:
- als Mitnehmerverbindung zwischen Welle und Nabe,
- als Überlastungsschutz und
- zur Sicherung der Lage verschraubter Teile.

Alle Stifte werden mit Übermaß in die Bohrungen eingepresst. Die erforderliche Bohrungsqualität richtet sich nach der Stiftart (Abb. 5).

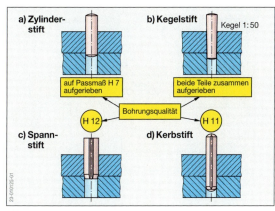

Abb. 5: Stiftarten

8.7 Federverbindungen

> **Federverbindungen** sind **lösbare, formschlüssige Verbindungen**.

Federverbindungen dienen z. B. als Mitnehmerverbindungen zwischen Wellen und Zahnrädern, Riemenscheiben oder Kupplungen.
Als Verbindungselemente werden Passfedern (Abb. 6) oder Scheibenfedern verwendet (Abb. 7).
Die Drehkraftübertragung zwischen Welle und Nabe erfolgt nur über die Seitenflächen der Feder. Da zwischen Nutgrund und Feder stets ein Spiel vorhanden ist, werden die zu verbindenden Werkstücke nicht

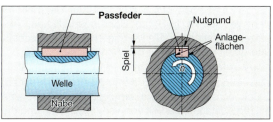

Abb. 6: Passfeder

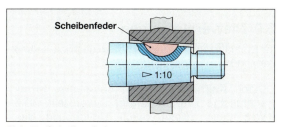

Abb. 7: Scheibenfeder

gegeneinander verspannt. Daher haben Federverbindungen eine gute Rundlaufgenauigkeit.

Scheibenfedern werden in Kegelverbindungen eingebaut. Die Scheibenfeder kann sich in der Wellennut bewegen und sich so der Nutrichtung in der Nabe anpassen.

8.8 Profilverbindungen

> Durch **Profile** werden **lösbare, formschlüssige Verbindungen** hergestellt.

Durch Einführen von Profilwellen in Naben mit gleichem Gegenprofil werden **feste** oder **längsbewegliche Mitnehmerverbindungen** hergestellt. Die Abb. 8 zeigt gebräuchliche Profilformen.

Die Drehkraft wird gleichmäßig auf den gesamten Umfang verteilt. Es können große Drehmomente in wechselnde Richtungen übertragen werden.

Keilwellenprofile werden hauptsächlich für längsbewegliche Verbindungen (z. B. Gelenkwellenschiebestücke, Getriebewellen) eingesetzt. **Kerbverzahnungen** werden für feste Verbindungen (z. B. Drehstäbe, Antriebswellen) verwendet. **Polygonprofile** (polygon, gr.: Vieleck) sind kostengünstig in der Herstellung und unempfindlich gegen Kerbwirkung.

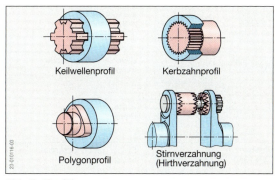

Abb. 8: Profilformen

Kerben entstehen durch mechanische Bearbeitung der Werkstücke (z. B. an Bohrungen, Nuten, Absätzen, Einstichen). Sie verringern den Querschnitt und damit die Festigkeit der Werkstücke.

Durch **Stirnverzahnungen** (Hirthverzahnungen) werden Werkstücke gefügt, deren Fertigung in einem Stück schwierig ist. Sie ermöglichen zudem eine leichte Austauschbarkeit von Verschleißteilen und die Verwendung von Wälzlagern an **gebauten Kurbelwellen** (Abb. 8, S. 71).

8.9 Nietverbindungen

Im Kraftfahrzeugbau werden hauptsächlich Kaltnietverbindungen eingesetzt.

> Durch **Kaltnieten** werden **unlösbare, formschlüssige Verbindungen** hergestellt. Die Verbindung erfolgt durch Umformung des Verbindungselements (Niet).

Vorteile der Nietverbindung sind:
- kein Verzug der Fügeteile,
- keine Gefügeveränderungen,
- Verbindung unterschiedlicher Werkstoffe möglich,
- Lösen der Verbindung durch Abscheren oder Ausbohren des Nietkopfes möglich.

Nachteile der Nietverbindung sind:
- für große Nietdurchmesser ungeeignet (großer Kraftaufwand erforderlich),
- Schwächung der Fügeteile durch Bohrlöcher und
- nur überlappte Verbindungen möglich.

8.9.1 Nietarten und Nietformen

Niete unterscheiden sich durch:
- die Kopfform,
- die Schaftform (Vollniet, Rohrniet) und
- den Nietwerkstoff.

Die Tab. 3 zeigt einige Nietarten und deren Anwendungsbereiche.

Tab. 3: Nietarten und Anwendungsbereiche

Nietform	Anwendungsbereich
Halbrundniet DIN 660 ab 10 mm DIN 124	Stahlbau, Behälterbau, Kesselbau, Leichtmetallbau, Blechschlosserei
Senkniet DIN 661 ab 10 mm DIN 302	siehe oben, jedoch mit glatter Oberfläche
Linsenniet DIN 662	Beschläge, Feinbleche, Pappen, Leder
Riemenniet DIN 675	Gurte, Riemen
Rohrniet DIN 7340	Brems- und Kupplungsbeläge

8.9.2 Nietvorgang

Die Wahl des Nietwerkstoffs richtet sich nach dem Werkstoff der zu verbindenden Bauteile. Zur Vermeidung **elektrochemischer Korrosion** (s. Kap. 45.8) sollen nur gleiche Metalle miteinander verbunden werden.

> Werden **verschiedene Werkstoffe** miteinander vernietet, ist auf ausreichenden **Korrosionsschutz** zu achten.

Eine fachgerechte Nietung (Abb. 1) erfordert die folgenden **Arbeitsgänge**:
- Säubern der Bleche, Bohren und Entgraten der Nietlöcher,
- Einsetzen des Niets, Anpressen der Bleche und
- Umformen des Niets durch Stauchen des Nietschafts und Ausformen des Schließkopfes.

Im Bereich der Nutzkraftwagen (Abb. 2) wird die Umformarbeit der Niete (Nietdurchmesser > 10 mm) während des Nietvorgangs durch handgeführte hydraulische Werkzeuge ausgeführt.

> Erfolgt die Umformung des Niets unter dem Einfluss von **Wärme** und **Kraft**, wird dies als **Warmnietung** bezeichnet. Es entstehen **unlösbare form-** und **kraftschlüssige Verbindungen**.

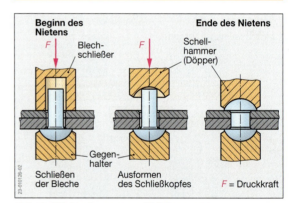

Abb. 1: Nietwerkzeuge und Nietvorgang

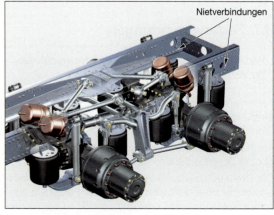

Abb. 2: Kaltnietverbindungen am Leiterrahmen

8.9.3 Stanznietverbindungen

Stanznietverbindungen (Abb. 3) ermöglichen das Fügen unterschiedlicher Werkstoffe und Dicken ohne den Einfluss von Wärme. Ein Lochen der Bleche ist nicht erforderlich, der Stanzniet formt sich seinen Durchbruch.

Die Bleche werden zusammengedrückt, der Halbhohlniet (Stanzniet) durchstanzt das obere Blech, verformt sich und bildet mit dem unteren Blech zusammen die Schließform aus. Die Kontur der Schließform wird von der Matrizenform bestimmt.

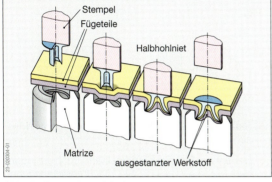

Abb. 3: Stanznietverbindung

Im Karosseriebau kommt dieses Fügeverfahren hauptsächlich bei der Verwendung von Aluminium, Magnesium und Sandwich-Materialien (Verbund unterschiedlicher Werkstoffe) zur Anwendung.

> Durch **Stanznietverbindungen** entstehen **dichte, unlösbare, formschlüssige Verbindungen**.

Blindnietverbindungen

Ist die Nietstelle nur von einer Seite zugänglich, werden **Blindniete** (DIN 7337) oder **Kerpinniete** verwendet. Die Abb. 4 zeigt den Vorgang während des Nietens mit einem Blindniet (Abb. 4a) und einem Kerpinniet (Abb. 4b).

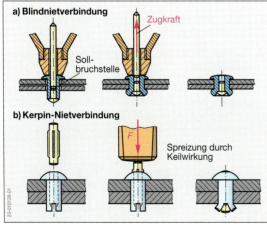

Abb. 4: Blindnietverbindung

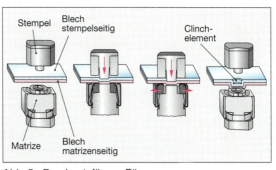

Abb. 5: Durchsetzfügen: Fügevorgang

8.10 Durchsetzfügen

> Durch das **Durchsetzfügen (Clinchen)** entstehen **dichte, unlösbare, formschlüssige Verbindungen**.

Die zu verbindenden Bleche werden durch einen Umformvorgang miteinander verbunden (Abb. 5). Beide Seiten der Fügestelle müssen zugänglich sein. Es können Bleche unterschiedlicher Dicke (< 5 mm) und Werkstoffarten miteinander verbunden werden.

Durch den mechanischen Umformvorgang entstehen druckknopfähnliche Verbindungen (Abb. 6). Das **Durchsetzfügen** kann mit handgeführten Werkzeugen, aber auch mit Fertigungsrobotern durchgeführt werden (Abb. 7).

Abb. 6: Clinchelemente, Fügeformen

Abb. 7: Durchsetzfügen: Frontklappe

Vorteile des Durchsetzfügens (Clinchen) sind:
- keine Vorbehandlung der Bleche erforderlich,
- die Oberfläche der Bleche bleibt unbeschädigt, Schutzschichten bleiben erhalten,
- keine thermischen Belastungen im Bereich der Fügestelle,
- keine Nacharbeiten erforderlich (z. B. Korrosionsschutzmaßnahmen).

8.11 Bördel- und Falzverbindungen

> Durch **Bördeln** und **Falzen** entstehen **unlösbare, formschlüssige Verbindungen.**

Durch die Umformtechniken Bördeln und Falzen können Bauteile unterschiedlicher Art und Dicke formschlüssig miteinander verbunden werden.

Durch das Bördeln werden die Kanten der Bauteile so umgeformt, dass eine formschlüssige Verbindung zwischen den Bauteilen entsteht (Abb. 1).

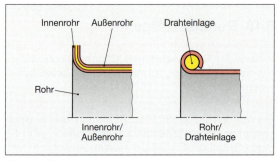

Abb. 1: Bördelverbindungen

Im Bereich des Karosseriebaus kommen Falzverbindungen bei Radläufen, Türen, Motorhauben und Kofferdeckeln zum Einsatz. Diese Verbindungstechnik ermöglicht dichte, saubere Oberflächen (Abb. 2 und 3).

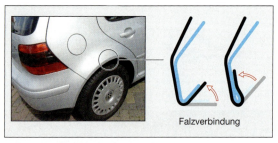

Abb. 2: Falzverbindungen am Radhaus

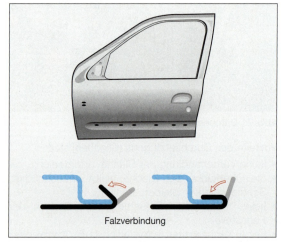

Abb. 3: Falzverbindung an der Tür

Aufgaben zu Kap. 8.5 bis 8.11

1. Nennen Sie verschiedene formschlüssige Verbindungsarten.
2. Beschreiben Sie die Unterschiede der Sicherungsringe DIN 471 und DIN 472 und geben Sie die jeweiligen Anwendungsbereiche an.
3. Nennen Sie unterschiedliche Stiftverbindungsarten.
4. Bezeichnen Sie die abgebildeten Stiftverbindungen und beschreiben Sie den Unterschied in der Fertigung der Verbindung.

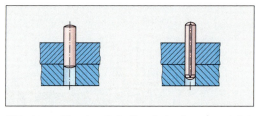

5. Skizzieren Sie eine Scheibenfeder in perspektivischer Darstellung.
6. Benennen Sie die dargestellten Profilverbindungen und beschreiben Sie die unterschiedlichen Einsatzbereiche.

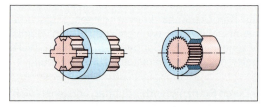

7. Welche Vorteile haben Hirth-Profilverzahnungen und wo werden diese Verbindungen genutzt?
8. Nennen Sie die Vorteile und Nachteile von Nietverbindungen.
9. Wann besteht die Gefahr elektrochemischer Korrosion an Nietverbindungen?
10. Beschreiben Sie die Herstellung einer Blindnietverbindung.
11. Worin unterscheidet sich das Stanznieten vom Durchsetzfügen?
12. Nennen Sie Anwendungsbeispiele für das Blindnietverfahren.
13. Benennen Sie die abgebildeten Nietverbindungen und beschreiben Sie die unterschiedlichen Fertigungsabläufe der Nietverbindungen.

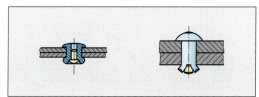

14. Nennen Sie Vorteile des Durchsetzfügens.

Stoffschlüssige Verbindungen

8.12 Lötverbindungen

> Durch **Löten** werden **unlösbare**, **stoffschlüssige Verbindungen** zwischen gleichen oder unterschiedlichen Werkstoffen hergestellt. Die Verbindung erfolgt durch einen **schmelzenden Zusatzwerkstoff** (Lot). Die zu verbindenden Teile bleiben in festem Zustand.

8.12.1 Lötverfahren

Die Lötverfahren werden nach den folgenden Merkmalen unterschieden:

nach dem **Schmelzpunkt** des Lots:
- Weichlöten (Schmelzpunkt unter 450 °C),
- Hartlöten (Schmelzpunkt über 450 °C, ⇒ TB: Kap. 4),
- Hochtemperaturlöten, MIG-Löten, Laserstrahllöten (Schmelzpunkt über 900 °C),

nach der **Art** der **Lötstelle**:
- Auftragslöten (Verzinnen, Beschichten),
- Verbindungslöten (Fugenlöten, Spaltlöten, Abb. 4),

nach der **Art** der **Erzeugung** der notwendigen **Arbeitstemperatur**:
- Kolbenlöten (elektrisch beheizter Kolben, 250 bis 300 °C, nur zum Weichlöten) und
- Flammlöten (Schweißbrenner, Lötlampe).

Im Karosseriebau werden zunehmend hoch- und höherfeste Bleche, sowie verzinkte und beschichtete Bleche eingesetzt. Zielsetzung ist eine deutliche Verminderung der Fahrzeugmasse und eine Verbesserung des Korrosionsschutzes.

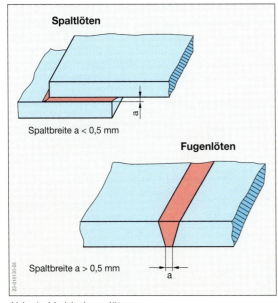

Abb. 4: Verbindungslöten

Dabei sollen jedoch die **Eigenschaften** wie
- Festigkeit,
- Steifigkeit,
- Umformbarkeit,
- Reparaturmöglichkeit und
- Verkehrssicherheit

gleich bleiben oder noch gesteigert werden.

Bei der **Herstellung** und der **Reparatur** der Karosserien darf die Arbeitstemperatur während des Fügens in diesen Bereichen nicht höher als 900 bis 950 °C sein. Bei höheren Temperaturen im Bereich der Fügestelle (z. B. MIG-Schweißen, s. Kap. 18.13.3) kommt es zu Gefügeveränderungen, die eine Verringerung der Festigkeit der gefügten Werkstoffe bewirkt. Zudem würden Beschichtungen der Bleche zerstört und dadurch der Korrosionsschutz verringert werden.

> Bei **Reparaturschweißungen** ist die Wahl der geeigneten **Fügeverfahren** von großer Bedeutung (Herstellervorschriften beachten), damit **keine Gefügeänderungen** auftreten.

In der Karosseriefertigung wird das **Laserstrahlhartlöten** und das **MIG-Löten** angewendet.

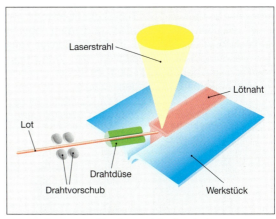

Abb. 5: Laserstrahlhartlöten: Arbeitsprinzip

Laserstrahlhartlöten (Abb. 5) ermöglicht hohe Fügegeschwindigkeiten (mehrere Meter in einer Minute) und kann in der Großserie von Robotern genau durchgeführt werden. Der Zusatzwerkstoff wird maschinell zugeführt und schmilzt unter dem Einfluss der Wärme des Laserstrahls. Durch die geringe Wärmeeinbringung gibt es kaum Verzug in den Bauteilen. Nacharbeiten im Bereich der Außenhaut der Karosserie sind kaum erforderlich.

Die Arbeitstemperatur beim **MIG-Löten** (Abb. 1, S. 76, s. Kap. 8.13.3) liegt zwischen 900 und 1100 °C. Es werden Lotwerkstoffe verwendet (Kupferlegierungen) deren Schmelzpunkte in diesen Temperaturbereichen liegen. Der Grundwerkstoff wird dabei nicht aufgeschmolzen.

Abb. 1: MIG-Löten

Vorteile des MIG-Lötens sind:
- geringer Abbrand der Beschichtung,
- geringe Wärmeeinbringung,
- keine Korrosion in der Naht,
- hohe Fügegeschwindigkeit,
- minimale Poren- und Spritzerbildung sowie
- gute Spaltüberbrückung.

Der Aufbau der **MIG-Lötgeräte** ähnelt denen für das MIG-Schweißen (Abb. 6, S. 79).

8.12.2 Lötvorgang

Im Bereich der Lötnaht müssen die Werkstücke metallisch rein und die **Arbeitstemperatur** erreicht sein. Die Arbeitstemperatur wird durch die Lotart bestimmt. Sie liegt zwischen dem unteren und dem oberen Schmelzpunkt des Lots. Nur in diesem Bereich kann der geschmolzene Lotwerkstoff die Werkstückoberfläche gut **benetzen**, in die Naht **fließen** und sich mit den Werkstoffen **verbinden** (Abb. 2).

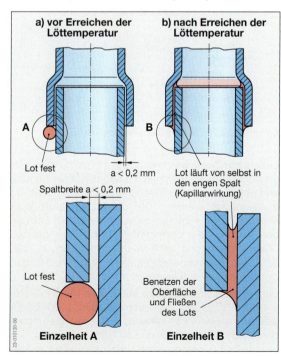

Abb. 2: Kapillarwirkung

Die **Bindung** zwischen dem Lotwerkstoff und den Oberflächen erfolgt durch:
- Eindringen des Lotwerkstoffs in die Werkstückoberflächen (Diffusion) und
- Legierungsbildung.

Die **Festigkeit** der Lötverbindung ist abhängig von:
- der Größe der Lötfläche,
- der Art (Festigkeit) des Lotwerkstoffs und
- der Spaltbreite.

Dünne Nähte (Spaltbreite 0,05 bis 0,2 mm) haben eine hohe Festigkeit. Die hohe Festigkeit ergibt sich aus dem großen Anteil an Legierungsbestandteilen in der Naht, bezogen auf die gesamte Lotmenge.

Durch die **Kapillarwirkung** (kapillar, lat.: haarfein) wird das Lot gut in die Naht hineingezogen (Abb. 2). Geringe Spaltbreiten erfordern eine hohe Passgenauigkeit der Werkstücke.

8.12.3 Flussmittel

> Eine gute **Verbindung** zwischen Grundwerkstoff und Lot wird nur erreicht, wenn die Lötflächen vor und während des Lötvorgangs oxid- und fettfrei sind.

Die Beseitigung vorhandener Oxidschichten erfolgt durch mechanische Bearbeitung und durch Flussmittel (⇒ TB: Kap. 4). Während des Lötvorgangs wird die Bildung neuer Oxidschichten durch das Flussmittel oder auch durch ein Schutzgas verhindert.

Die Wahl des **Flussmittels** richtet sich nach:
- dem Lötverfahren,
- der erforderlichen Arbeitstemperatur,
- der Zusammensetzung des Lotwerkstoffs und
- den Werkstoffen der zu lötenden Bauteile.

Als Flussmittel für das Weichlöten werden Lötwasser (in Salzsäure aufgelöstes Zink), verdünnte Salzsäure, Lötfette oder Kolophonium verwendet. Für Hartlötungen werden hauptsächlich Borverbindungen als Pasten, Pulver oder Flüssigkeiten eingesetzt.

Tab. 4: Lotwerkstoffe

	Bezeichnung	Zusammensetzung	Verwendung
Weichlote	S-Pb74Sn25Sb1	25% Sn; 1% Sb Rest Pb	Karosserie- und Kühlerbau, Elektroindustrie (gedruckte Schaltungen), Luftfahrt
	S-Sn60Pb36Ag4	60% Sn; 4% Ag Rest Pb	
	S-Pb95Ag5	5% Ag; Rest Pb	
Hartlote	L-SFCu	99,9% Cu S: Lotspalt F: Lotfuge	Auflöten von Hartmetallplättchen, Fahrradrahmen, Edelstahlbauteile
	L-CuZn63	63% Cu; Rest Zn	
	L-Ag55Sn	55% Ag; 22% Cu; 4% Sn; Rest Zn	

8.12.4 Lotwerkstoffe

Lote mit einer Schmelztemperatur unter 450 °C werden als **Weichlote** bezeichnet. Sie bestehen hauptsächlich aus Blei-Zinnlegierungen.

Hartlote haben eine Schmelztemperatur über 450 °C. Sie werden als Kupferlote (mit den Legierungsbestandteilen Sn, Zn, Ni, P) oder als silberhaltige Hartlote (mit den Legierungsbestandteilen Cd, P, Zn, Sn, Ca) hergestellt (Tab. 4, ⇒ TB: Kap. 4).

Die Verwendung einiger Flussmittel führt zu korrodierenden Rückständen nach dem Löten. Diese sind mit geeigneten Mitteln zu entfernen, um Folgeschäden zu vermeiden.

8.13 Schweißverbindungen

> Durch **Schweißen** werden **unlösbare, stoffschlüssige Verbindungen** hergestellt.

Das **Fügen** der zu verschweißenden Werkstücke erfolgt in der Schweißzone unter dem Einfluss von Wärme mit oder ohne

- Zusatzwerkstoff,
- Krafteinwirkung (Schmelzschweißen, Pressschweißen) und
- Schweißhilfswerkstoff (Gase, Pulver, Pasten).

Im Kraftfahrzeugbau werden die folgenden **Metallschweißverfahren** angewendet:

- Widerstands-Pressschweißen (Punktschweißen, Buckelschweißen, Rollnahtschweißen),
- Punktschweißkleben,
- Lichtbogen-Schutzgasschweißen,
- Laserstrahlschweißen,
- Autogen-Gasschmelzschweißen und
- Lichtbogen-Handschweißen mit ummantelter Elektrode.

8.13.1 Widerstands-Pressschweißen

Widerstands-Pressschweißverfahren finden vorrangig bei der **Montage** von Rohkarosserien Anwendung. Schweißroboter setzen bis zu 5000 Schweißpunkte an eine Rohkarosserie. Für **Instandsetzungsarbeiten** kann dieses Schweißverfahren nur eingesetzt werden, wenn **beide Seiten** der Schweißstelle **zugänglich** sind.

Widerstands-Pressschweißverfahren haben folgende **Vorteile**:

- geringe Wärmeeinbringung, d. h. kaum Verzug,
- kurze Schweißzeiten,
- gute Qualität der Schweißverbindung,
- es können auch unterschiedliche Werkstoffe miteinander verbunden werden,
- es ist kein Zusatzwerkstoff erforderlich,
- hoher Automatisierungsgrad möglich und
- kaum Nacharbeiten erforderlich.

Für den **Schweißvorgang** ist eine **Kraft**, die beide Teile zusammenpresst, und **elektrischer Strom** erforderlich, welcher die benötigte **Wärme** liefert.

> Die **Wärmeentwicklung** in einem elektrischen Leiter ist von der **Stromstärke** und von dem **Widerstand** abhängig.

Die **Erwärmung** wird beeinflusst durch:

- den Übergangswiderstand zwischen Elektrode und Werkstückoberfläche,
- den elektrischen Widerstand in den Fügeteilen,
- die Stromstärke und
- die Dauer des Stromflusses.

Da der **Übergangswiderstand** zwischen den zu schweißenden Bauteilen sehr groß ist, entsteht dort auch die größte Wärme. Während des Schweißvorgangs fließt eine Stromstärke von etwa 8000 A, die Anpresskraft der Elektroden beträgt etwa 2000 N. Der dadurch entstehende **Anpressdruck** bewirkt eine Verbindung der Fügeteile im teigigen Zustand und die Bildung einer **Schweißlinse** (Abb. 3).

Die **Qualität** einer Punktschweißverbindung ist abhängig von:

- der Stromstärke,
- der Anpresskraft,
- den Elektrodendurchmessern,
- der Schweißzeit,
- der Sauberkeit der Oberfläche und
- dem Abstand der Schweißpunkte.

Die Werkstoffoberflächen und die Elektrodenspitzen müssen **metallisch blank** sein.

Als Schweißgeräte werden in der Karosseriereparatur überwiegend tragbare **Punktschweißzangen** (Abb. 1, S. 78) verwendet.

Bei großen Schweißleistungen kommt es zu hohen Temperaturen an den Elektrodenspitzen. Ein Kühlmittelkreislauf innerhalb der Elektroden verhindert eine zu hohe Erwärmung.

Es werden unterschieden:

- Punktschweißverbindungen (Abb. 3a),
- Buckelschweißverbindungen (Abb. 3b) und
- Rollnahtverbindungen (Abb. 2, S. 78).

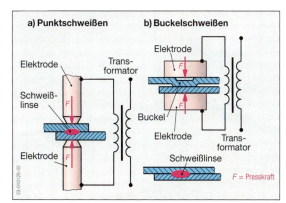

Abb. 3: Punkt- und Buckelschweißverbindungen

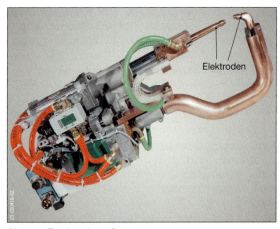

Abb. 1: Punktschweißzange

Durch **Rollnahtschweißen** (Abb. 2) werden Überlappverbindungen hergestellt. Die Überlappung der Bleche beträgt etwa 2mal Blechdicke. Durch dieses Schweißverfahren werden kostengünstig gerade, dichte Schweißnähte erzeugt (z. B. bei Tailored Blanks, s. Kap 45.5.1).

Zwei Rollenelektroden pressen die Bleche aufeinander. Der Stromfluss erwärmt die Schweißnaht. Im teigigen Zustand quetscht die Druckkraft der Elektroden die Bleche zusammen. Nach der Schweißung beträgt die Nahtüberhöhung etwa 10 % der Blechdicke.

Bei Nichteisenmetallen ist es erforderlich, vor dem Schweißen die **Oxidschicht** zu entfernen (z. B. durch Beizen). Die **Schweißpunkte** in den Punkt- und Buckelschweißverbindungen müssen gleichmäßig, jedoch nicht zu dicht nebeneinander gesetzt werden (Gefahr von Nebenschlüssen). Ein Abstand von 20 bis 25 mm sollte nicht unterschritten werden.

Die richtigen **Einstellwerte** sind durch Versuche zu ermitteln. Es wird eine **Probeschweißung** durchgeführt und durch einen Ausknöpfversuch die Festigkeit der Verbindung geprüft (Abb. 3). Die auf Zug und Biegung beanspruchte Schweißung darf nicht im Schweißpunkt reißen.

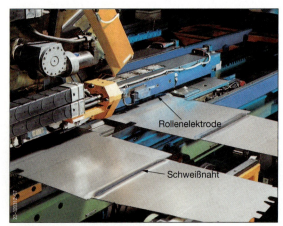

Abb. 2: Rollnahtverbindungen

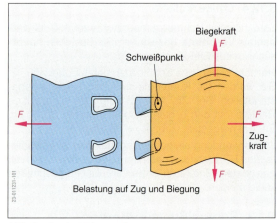

Abb. 3: Ausknöpfversuch

8.13.2 Punktschweißkleben

Vor dem Punktschweißen wird auf die Fügestellen ein hochfester Epoxid-Klebstoff aufgetragen. Nach dem Punktschweißen härtet dieser Kleber aus.

Durch das Punktschweißkleben können in den Verbindungsflanschen größere Kräfte übertragen werden, dadurch wird die Steifigkeit der Karosserie verbessert.

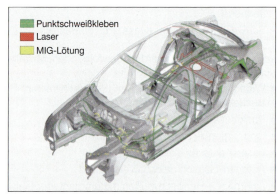

Abb. 4: Punktschweißkleben: Anwendungsbereich

8.13.3 Schutzgasschweißen

Die für das Aufschmelzen der Werkstoffe erforderliche Wärme wird durch einen elektrischen Lichtbogen erzeugt.

Wolframschutzgasschweißen (WSG)

Der Lichtbogen brennt unter einer Schutzgasglocke zwischen der Werkstückoberfläche und einer **nicht abschmelzenden Wolframelektrode** (WIG-Verfahren).

Metallschutzgasschweißen (MSG)

Der Lichtbogen brennt unter einer Schutzgasglocke zwischen der Werkstückoberfläche und einer **abschmelzenden** Elektrode, die gleichzeitig **Zusatzwerkstoff** ist (MIG- und MAG-Verfahren).

Kapitel 8: Fügen

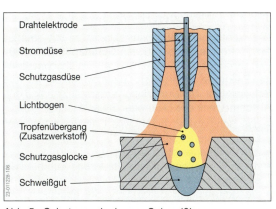

Abb. 5: Schutzgasglocke am Schweißbrenner

Schutzgase (Abb. 5) schirmen das Schmelzbad gegen schädliche Einflüsse aus der Umgebungsluft (z. B. Sauerstoff, Stickstoff) ab.

Als Schutzgase werden **inerte** (inert, lat.: unbeteiligt, träge) oder **aktive** Gase verwendet. Inerte Gase (Edelgase, z. B. Helium, Neon, Argon) gehen während des Schmelzvorgangs keine chemische Reaktion mit dem Grundwerkstoff ein.

Die aktiven Gase (z. B. Kohlendioxid, Sauerstoff, Wasserstoff) nehmen durch chemische Reaktion am Schweißvorgang teil. Sie beeinflussen die Lichtbogenform, die Lichtbogenlänge sowie Form und Tiefe des Einbrands.

Die Wahl geeigneter Schutzgase wird wesentlich von den zu schweißenden Werkstoffen bestimmt.

In Abhängigkeit vom verwendeten Schutzgas werden **zwei Metall-Schutzgasschweißverfahren** unterschieden:

- **MIG-Verfahren** (**M**etall-**I**nert**g**as-Schweißverfahren) für Aluminium, Magnesium und hoch legierte Stähle.
- **MAG-Verfahren** (**M**etall-**A**ktiv**g**as-Schweißverfahren) für alle Stahlarten, insbesondere für Dünnbleche.

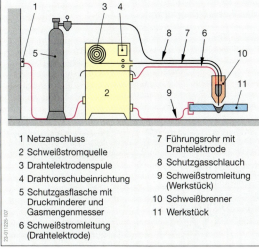

Abb. 6: MIG/MAG-Schutzgasschweißgerät

Den **Aufbau** eines MIG/MAG-Schutzgasschweißgeräts zeigt die Abb. 6. Im **Schlauchpaket** sind das Führungsrohr für den Schweißdraht und der Schutzgasschlauch zusammengefasst. Der Schweißdraht wird von der **Drahtvorschubeinrichtung** durch das Schlauchpaket zum Schweißbrenner geschoben.

Die Vorschubgeschwindigkeit ist abhängig von der Dicke der zu schweißenden Bleche und wird am Gerät eingestellt. Die **Einbrandtiefe** des Schweißbads wird durch die gewählte Schweißspannung und das Schutzgas beeinflusst (Abb. 7).

> **Arbeitshinweis**
> Vor dem Beginn von Schweißarbeiten am Kraftfahrzeug sind **Vorsichtsmaßnahmen** zum Schutz der **elektronischen Geräte** des Fahrzeugs zu treffen (Herstellerangaben beachten).

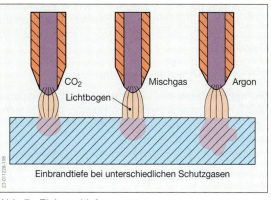

Abb. 7: Einbrandtiefen

Das **WIG-Verfahren** (Abb. 8) ist ein Wolfram-Inertgas-Schweißverfahren mit nicht abschmelzender Elektrode. Es wird hauptsächlich für hoch legierte Stähle, Aluminiumlegierungen und Titanwerkstoffe eingesetzt. Die Schutzgasschweißungen werden meist mit **Gleichstrom** durchgeführt. Die Elektrode liegt am wärmeren Pluspol.

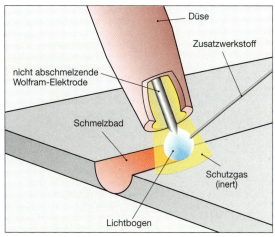

Abb. 8: WIG-Verfahren

18.13.5 Lichtbogen Handschweißverfahren

Das Lichtbogen-Handschweißverfahren mit **umhüllter Elektrode** gehört zu den **Schutzgas-Schweißverfahren** (Abb. 3, ⇒ TB: Kap. 4). Die abschmelzende Elektrode liefert den Zusatzwerkstoff für die Schweißnaht. Die Umhüllung verdampft während des Abschmelzens der Elektrode. Sie soll:

- das Schmelzbad durch eine Gasglocke vor dem Luftsauerstoff schützen,
- den Lichtbogen stabilisieren,
- die erwünschten Zusatzstoffe in das Schmelzbad einbringen und
- die Schweißnaht durch Schlacke abdecken, um eine schnelle Abkühlung zu verhindern.

Der Lichtbogen entsteht durch kurzzeitiges Aufsetzen der Elektrode auf das Werkstück (Kurzschluss mit starker Erwärmung an den Berührungspunkten) und sofortiges Abheben der Elektrode. Der Abstand zwischen der Elektrode und dem Werkstück soll etwa so groß wie der Elektrodendurchmesser sein (Abb. 3). Lichtbogenschweißungen mit umhüllten Elektroden werden überwiegend mit **Gleichstrom** (s. Kap. 13.1) durchgeführt. Nur für das Schweißen von Aluminium oder anderen Werkstoffen mit widerstandsfähigen Oxidschichten wird **Wechselstrom** (s. Kap. 13.1) verwendet.

Schweißstromquellen sind **Gleichstromgeneratoren (Umformer)**, **Gleichrichter** oder **Transformatoren**.

Lichtbogen-Handschweißverfahren werden im Nutzfahrzeugbau eingesetzt (Blechdicken > 5 mm). Die erforderliche Stromstärke richtet sich nach dem Elektrodendrahtdurchmesser und der gewünschten Einbrandtiefe.

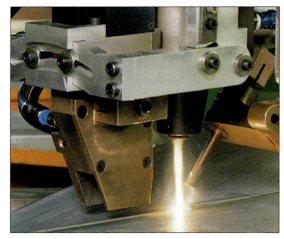

Abb. 1: Laserstrahlschweißen

Wechselstrom wird zum Schweißen von Werkstoffen mit fest haftenden Oxidschichten in Verbindung mit dem WIG-Verfahren eingesetzt. Die ständig wechselnde Stromrichtung zerstört die sich bildende Oxidschicht.

8.13.4 Laserstrahlschweißen

Die hohe Energie des Laserstrahls (Abb. 1) erwärmt die Schweißzone nur in einem Bereich von 0,4 mm. Das Schweißverfahren eignet sich für Aluminium- und Stahlverbindungen.

Dieses Schweißverfahren bietet folgende **Vorteile**:

- geringer Verzug,
- saubere Naht,
- geringe Nacharbeitung,
- hohe Festigkeit,
- hohe Schweißleistung und
- Bleche mit unterschiedlichen Dicken und Werkstoffgüten können miteinander verschweißt werden.

Das Laserstrahlschweißen (Abb. 1) findet im industriellen Bereich, z. B. bei der Herstellung von Tailored Blanks (s. Kap. 45.5.1) und bei der Montage der Rohkarossen Anwendung. Es können beliebige Schweißnahtverläufe hergestellt werden (Abb. 2).

8.13.6 Schweißnahtformen

Die **Nahtform** einer Schweißverbindung wird beeinflusst durch:

- die Lage der zu verbindenden Teile zueinander,
- die Werkstoffdicke,
- die Werkstoffqualität und
- das Schweißverfahren.

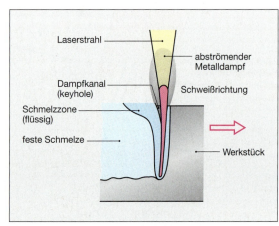

Abb. 2: Laserstrahlschweißnaht

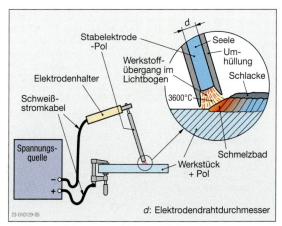

Abb. 3: Lichtbogen-Handschweißverfahren

Kapitel 8: Fügen

Eine Auswahl gebräuchlicher Nahtformen und deren sinnbildliche Darstellung zeigt die Abb. 4 (⇒ TB: Kap. 2).

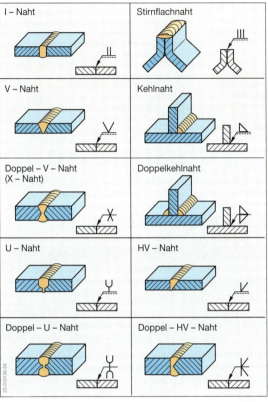

Abb. 4: Schweißnahtarten und deren sinnbildliche Darstellung (Auswahl aus DIN EN 22 553)

8.13.7 Autogen- Gasschmelzschweißen

Die erforderliche Wärme für das Aufschmelzen der Werkstoffe wird durch eine **Gasflamme** erzeugt. Je nach **Nahtart** wird dieses Schweißverfahren mit oder ohne Zusatzwerkstoff durchgeführt. Die Flamme entsteht durch Mischen und Zünden eines **Sauerstoff-Brenngas-Gemisches** in einem **Brenner**. Als Brenngas wird meist Acetylen (C_2H_2) verwendet. Die Mischung des Brenngases mit dem Sauerstoff erfolgt vorwiegend in **Saugbrennern** (Injektorbrenner, Abb. 5).

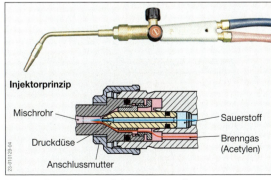

Abb. 5: Saugbrenner (Injektorbrenner)

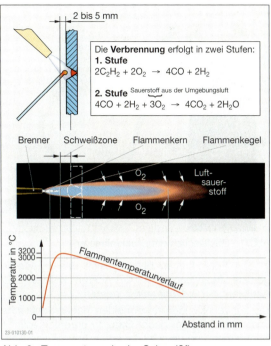

Abb. 6: Temperaturen in der Schweißflamme

Sauerstoff strömt mit Überdruck von etwa 2,5 bar und hoher Geschwindigkeit durch die Druckdüse im Brenner. Durch die hohe Strömungsgeschwindigkeit entsteht in der Brenngasleitung ein Unterdruck (Saugwirkung, Injektorwirkung).

Das mit einem Überdruck von 0,3 bis 0,5 bar herangeführte Brenngas wird angesaugt und verbindet sich im Mischrohr mit dem Sauerstoff. Mit handbetätigten Ventilen wird die Menge der durchströmenden Gase beeinflusst. Sie sind so einzustellen, dass Brenngas und Sauerstoff im Verhältnis 1:1 gemischt werden. Es stellt sich dann eine **neutrale Flamme** an der Brennerspitze ein.

> Eine **neutrale Flamme** hat einen scharf begrenzten hellen Flammenkegel vor der Brennerspitze.

In der Schweißflamme herrschen unterschiedliche Temperaturen (Abb. 6). Der Brenner muss daher stets so gehalten werden, dass die höchste **Flammentemperatur** im Bereich des Schmelzbades liegt.

Brenngase und **Sauerstoff** werden üblicherweise unter Druck in **Gasflaschen** (Abb. 1, S. 82) gespeichert und über Schlauchleitungen entnommen.

Während Sauerstoff gefahrlos mit einem Druck von 200 bar in Stahlflaschen gelagert werden kann, würde das Acetylengas explosionsartig bei einem Druck von etwa 2 bar zerfallen. Deshalb wird Acetylengas in Aceton gelöst und unter einem Druck von 15 bar in Gasflaschen gelagert. Zur Aufnahme des Acetons sind die Flaschen mit einer porösen Masse gefüllt.

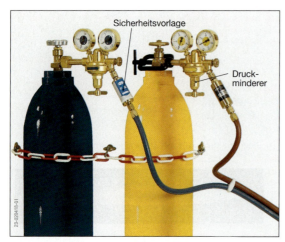

Abb. 1: Gasflaschen mit Druckminderer

In den Porenräumen befindet sich das in Aceton gelöste Acetylengas. In 1 l Aceton können 25 l Acetylengas bei 1 bar gelöst werden.

Um Verwechslungen zu vermeiden, haben Schläuche und Flaschen, je nach Gasart, unterschiedliche Kennfarben und verschiedenartige Anschlüsse (Tab. 5, ⇒ TB: Kap. 4).

Druckminderer (Abb.1) werden am Flaschenventil befestigt und haben die Aufgabe, den in der Flasche herrschenden **Vorratsdruck** auf den erforderlichen **Arbeitsdruck** zu mindern (z. B. bei Sauerstoff von 200 bar auf etwa 2,5 bar).

Unfallverhütung

- Bei allen Schweißarbeiten entsprechende Schutzkleidung tragen (Schürzen, Augenschutz, Handschuhe, feste Schuhe).
- Für gute Belüftung im Bereich der Schweißstelle sorgen.
- Brennbare Gegenstände vor Schweißbeginn entfernen oder abdecken.
- Schadhafte elektrische Leitungen oder Schweißgeräte nur von Fachleuten instand setzen lassen.
- Für das Elektroschweißen in engen, feuchten Räumen isolierende Unterlagen benutzen.

Für Lagerung und Transport von **Gasflaschen** gelten besondere **Sicherheitsbestimmungen**:

- Flaschen gegen Umfallen sichern.
- Transport nur mit aufgeschraubter Schutzkappe.
- Zulässige Entnahmemenge je Zeiteinheit beachten.

Bei zu hoher **Strömungsgeschwindigkeit** kommt es zur Ventilvereisung.

- Gasflaschen keinen extremen Temperaturen aussetzen, Temperaturbereich 0 bis 50 °C.
- Acetylenflaschen bei Gasentnahme nie flach legen (Aceton könnte mit ausströmen und die Ventile verkleben, Neigungswinkel mind. 30°).
- Kupfer oder Kupferverbindungen nie mit Acetylengas in Verbindung bringen (Explosionsgefahr).
- Sauerstoffventile und Schläuche frei von Fett und Öl halten (Explosionsgefahr).

Tab. 5: Kennfarben und Schlauchanschlüsse

Gasart	Flasche (Mantel)		Schlauch	
	Farbe	Anschluss	Farbe	Anschluss
Sauerstoff	weiß	R 3/4 rechts	blau	A 6 x R 1/4 rechts
Acetylen	kastanienbraun	Bügelverschluss	rot	A 9 x R 3/8 links
Propan/Butan	–	W 21,8 x 1/14 links	orange	A 6 x R 3/8 links
Kohlendioxid	grau	W 21,8 x 1/14 links	schwarz	A 6 x R 1/4 rechts

Aus Sicherheitsgründen muss nach jedem Druckminderer eine **Sicherheitsvorlage** angebracht werden (Abb. 1). Diese unterbricht, z. B. bei einem Flammenrückschlag, sofort die Gaszufuhr.

8.14 Klebeverbindungen

> Durch **Kleben** werden **stoffschlüssige**, meist **unlösbare Verbindungen** zwischen gleichen oder ungleichen Werkstoffen hergestellt. Die Verbindung erfolgt durch einen Klebstoff.

Wie in anderen Fertigungsbereichen, findet die Klebetechnik auch im Kraftfahrzeugbau immer mehr Anwendungsbereiche, so z. B. für das Einkleben von Glasscheiben, Versteifungen oder Verkleidungen sowie für das Aufkleben von Brems- und Kupplungsbelägen (⇒ TB: Kap. 4).

Vorteile des Klebens sind:

- Verbindung unterschiedlicher Werkstoffe möglich,
- gleichmäßige Kräfteverteilung in der Klebenaht,
- keine Schwächung der zu verbindenden Teile durch Bohrlöcher,
- keine Gefügeveränderung in der Randzone der Schweißnaht durch den Einfluss von Wärme,
- Verbindung sehr dünner Werkstücke möglich,
- glatte Außenflächen bei Blechkonstruktionen,
- gas- und flüssigkeitsdichte Klebefugen,
- kostengünstiges Verbindungsverfahren, auch für den Bereich der Reparatur (Blechschäden an Kraftfahrzeugen).

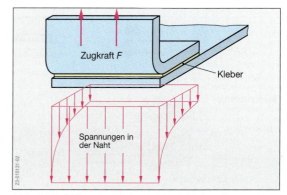

Abb. 2: Schälbeanspruchung einer Klebenaht

Nachteile des Klebens sind:
- geringe Temperaturfestigkeit der Klebenaht,
- Veränderung der Nahtfestigkeit unter dem Einfluss der Alterung,
- zerstörungsfreie Nahtprüfung kaum möglich,
- aufwändige Nahtvorbereitung erforderlich (Sauberkeit der Fügeteile, Passgenauigkeit),
- Klebenaht empfindlich gegen Schälbeanspruchung (Abb. 2), Biegung und Schlag.

Die **Festigkeit** von Klebeverbindungen wird von der **Oberflächenbeschaffenheit**, der **Größe** und der konstruktiven **Gestaltung** der Klebeflächen sowie von der Festigkeit und der Haftfähigkeit des Klebers bestimmt.

Die Festigkeit des Klebers wird durch die **Kohäsionskräfte** (cohaerere, lat.: zusammenhängen) beeinflusst. Diese Kräfte entstehen durch die elektrische Anziehung der Moleküle eines Stoffs (z. B. des Klebers). Die Haftfähigkeit des Klebers auf der Oberfläche wird durch die **Adhäsionskräfte** (adhaerere, lat.: aneinanderhaften) beeinflusst. Sie entstehen durch ungleiche Elektronenverteilung zwischen den Molekülen unterschiedlicher Stoffe (z. B. Kleber-Fügeteil, Abb. 3).

Die Adhäsionskräfte sind groß, wenn die Moleküle dicht beieinander liegen. Eine Verdopplung des Abstands zwischen den Molekülen bedeutet eine Verringerung der Adhäsionskräfte auf den 128ten Teil. Aus diesem Grund müssen die Oberflächen der Fügeteile frei von Verunreinigungen sein.

8.14.1 Kleberarten

Dauerhafte, feste Klebeverbindungen werden durch Klebstoffe erzielt, die auf der Basis von Kunstharzen (Phenol, Polyurethan, Epoxid) entwickelt worden sind. Diese Kleber erreichen ihre Festigkeit nach der Aushärtung. Nach der Art, wie der Aushärtungsvorgang eingeleitet wird, werden unterschieden:
- Lösungsmittelkleber und
- Reaktionskleber.

Lösungsmittelkleber sind natürliche oder künstliche Klebstoffe (Kautschuk, Cellulose, Kunstharze), die in einem organischen Lösungsmittel (z.B. Aceton, Toluol) gelöst sind. Das leichtflüchtige Lösungsmittel verdunstet nach dem Auftrag des Klebers vor dem Zusammenfügen der Fügeteile oder entweicht durch die Klebenaht.

Kontaktkleber sind Lösungsmittelkleber, die erst nach dem völligen Verdunsten des Lösungsmittels ihre Klebekraft entwickeln. Die Bauteile sind dann erst unter Druck zusammenzufügen.

Reaktionskleber werden als
- Einkomponentenkleber oder
- Zweikomponentenkleber hergestellt.

Einkomponentenkleber sind meist duroplastische Kunstharze (Phenolharze, Polyamide), die in dünnflüssiger Form in die Klebefuge gelangen. Die Aushärtung erfolgt durch eine **chemische Reaktion** (Polymerisation, Polykondensation oder Polyaddition) unter dem Einfluss von Druck und Wärme.

Die Aushärtung erfolgt je nach Kleberart unter dem Einfluss von Wärme (**Warmkleber**) oder bei Raumtemperatur (**Kaltkleber**).

Blitz- oder **Sekundenkleber** (Cyanoacrylat-Kleber) haben eine besonders kurze Härtezeit. Die Aushärtung erfolgt durch chemische Reaktion des Klebers mit der Luftfeuchtigkeit auf den Fügeflächen.

Schmelzkleber sind Kunstharze mit hohem Schmelzpunkt. Unter dem Einfluss von Wärme wird der Kleber flüssig und mit geeigneten Geräten auf den Klebeflächen aufgebracht. Durch die schnelle Abkühlung in der Klebefuge erstarrt der Kleber.

Die Aushärtung von **Zweikomponentenklebern** erfolgt durch eine chemische Reaktion des Bindeharzes mit einem **Härter**. Bindeharz und Härter müssen vor der Klebung in einem bestimmten Mischungsverhältnis gut vermengt werden.

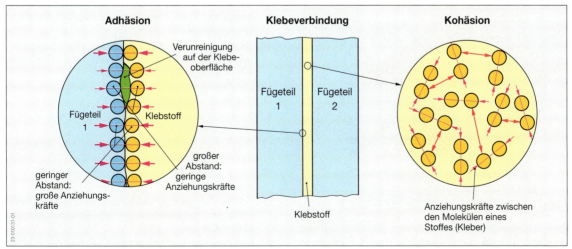

Abb. 3: Adhäsions- und Kohäsionskräfte

Da Bindeharz und Härter unterschiedlich eingefärbt sind, ist eine gute Mischung erst dann erreicht, wenn der Kleber eine einheitliche Farbe hat.

> Der Zeitraum vom Ansetzen des Klebers bis zum Einsetzen der Aushärtung wird als **Topfzeit** oder **offene Zeit** bezeichnet. Innerhalb dieser Zeit muss der Klebevorgang beendet sein.

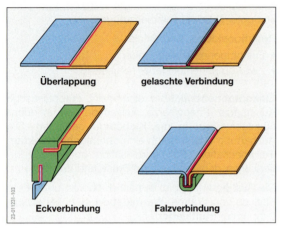

Abb. 1: Arten von Klebeverbindungen

Geklebte Verbindungen werden meist als einfache Überlappungen ausgeführt. Gelaschte Überlappungen erfordern mehr Arbeitsaufwand, ergeben aber eine glatte Oberfläche auf einer Seite. Die Abb. 1 zeigt mögliche Klebeverbindungen.

Im Fahrzeugleichtbau werden Leichtmetall-Profilträger für Böden und Aufbauten zusammengefügt. Im Bereich der Profilverzahnung erfolgt der Zusammenhalt durch Kleben (Abb. 2). Als Verstärkungen werden Profilträger eingeschweißt.

> Der **Fahrzeugleichtbau** umfasst alle konstruktiven und werkstofftechnischen Maßnahmen zur Minderung der Fahrzeugmasse.

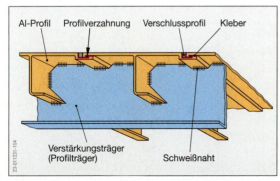

Abb. 2: Fahrzeugleichtbau: Bodenkonstruktion

Durch Klebeverbindungen können die Bauteile dort verstärkt werden, wo die größten Beanspruchungen auftreten (Abb. 3).

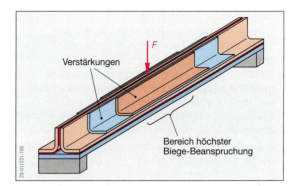

Abb. 3: Geklebter Leichtmetallprofilträger

Aufgaben zu Kap. 8.12 bis 8.14

1. Nach welchen Kriterien werden Lötverfahren unterschieden?
2. Von welchen Einflussgrößen ist die Festigkeit einer Lötverbindung abhängig?
3. Welche Aufgaben haben Flussmittel während des Lötvorgangs?
4. Wonach richtet sich die Wahl des Flussmittels für das Löten?
5. Was verstehen Sie unter dem Begriff »Arbeitstemperatur« der Lote?
6. Beschreiben Sie die Vorteile des MIG-Lötens gegenüber dem MIG-Schweißen.
7. Was bedeuten die Abkürzungen WSG- und MSG-Schweißverfahren? Nennen Sie die wesentlichen Unterschiede beider Verfahren.
8. Worin besteht der Unterschied zwischen einem inerten und einem aktiven Gas?
9. Begründen Sie, warum Ausknöpfversuche durchgeführt werden.
10. Skizzieren Sie eine I-Naht und eine Kehlnaht.
11. Welche Aufgabe haben die Schutzgase während des Schweißvorgangs?
12. Nennen Sie die Vorteile des Laserstrahlschweißens.
13. Worin unterscheiden sich die Verfahren MIG-Löten und MIG-Schweißen?
14. Welche Vorteile bieten elektrische Schweißverfahren gegenüber dem Gasschmelzschweißen im Kraftfahrzeugbau?
15. Beschreiben Sie den Arbeitsvorgang beim Lichtbogen Handschweißen mit umhüllter Elektrode. Nennen Sie Anwendungsbereiche.
16. Beschreiben Sie die Wirkungsweise eines Injektorbrenners.
17. Woran ist zu erkennen, welche Gasart sich in einer Gasflasche befindet?
18. Begründen Sie die Notwendigkeit der Unfallverhütungsvorschriften für das Schweißen.
19. Wann kommt es zu einer Schälbeanspruchung in einer Klebenaht?
20. Erklären Sie die Begriffe Adhäsions- und Kohäsionskräfte und beschreiben Sie ihre Auswirkungen auf eine Klebenaht.
21. Erläutern Sie den Unterschied zwischen der Topfzeit und der Aushärtung.

9 Stoffeigenschaftändern

Stoffeigenschaftändern ist das Fertigen eines festen Körpers durch Umlagern, Aussondern oder Einbringen von Stoffteilchen (DIN 8580).

Für Kraftfahrzeugbauteile werden überwiegend Eisenwerkstoffe durch folgende **Verfahren** den Anforderungen angepasst:

- **Umlagern** von **Stoffteilchen:** Änderung der Gitterstruktur durch Glühen, Härten und Anlassen (z. B. Vergüten von Antriebswellen).
- **Aussondern** von **Stoffteilchen:** Entkohlen der Werkstücke, um die Schweißbarkeit und Zähigkeit zu verbessern (z. B. Entkohlen von Hebeln und Gehäuseteilen).
- **Einbringen** von **Stoffteilchen:** Erhöhung des Kohlenstoff- oder Stickstoffgehalts in den Randschichten von Werkstücken durch Aufkohlen oder Nitrieren (z. B. Aufkohlen der Randschichten von Kolbenbolzen, damit sie gehärtet werden können).

Die vorgenannten Verfahren werden auch als **Wärmebehandlungsverfahren** bezeichnet, da sie eine Erwärmung der Werkstoffe erfordern.

Durch die Wärmebehandlung sollen Bearbeitbarkeit, Schweißbarkeit, Festigkeit, Härte oder Zähigkeit der Werkstoffe verbessert werden. Diese Eigenschaften hängen vom Gefügeaufbau, vom Kohlenstoffgehalt und von der Zusammensetzung (Legierungsbestandteile) der Werkstoffe ab.

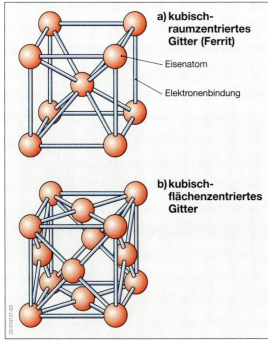

Abb. 1: Gitterformen des Eisens

9.1 Gefügeaufbau und Zustandsdiagramm von Eisen und Eisenkarbid

9.1.1 Kristalliner Aufbau der Eisenwerkstoffe

Die Atome des reinen Eisens und der Eisen-Kohlenstoffverbindung **Eisenkarbid** (Fe_3C) bilden nach dem Erstarren aus der Schmelze keine amorphen (formlosen) Gebilde, sondern ordnen sich zu einer **Kristallgitterstruktur**.

Die kleinste geometrische Einheit eines metallischen Kristallgitters ist die Gitterzelle. Reines Eisen (Ferrit) bildet kubische Gitterzellen (kubus, gr.-lat: Würfel). Die Gitterzelle des **Ferrits** ist **kubisch-raumzentriert**, ein Eisenatom befindet sich dabei in der Würfelmitte (Abb. 1a). Durch Erwärmung auf über 723 °C verändert sich die Gitterzelle, es entsteht das **kubisch-flächenzentrierte** Gitter (Abb. 1b).

9.1.2 Entstehung der Gefüge

Während der Abkühlung ist die Temperatur in der Schmelze nicht überall gleich groß. Daher setzt die Kristallbildung an unterschiedlichen Stellen (sogenannten Kristallisationskeimen) und zu unterschiedlichen Zeitpunkten ein. Die Kristalle können nur so weit wachsen, bis sie an andere anstoßen. Die dabei entstandenen begrenzten Kristalle werden **Körner** genannt. Große Körner bilden sich bei langsamer Abkühlung, kleine Körner bei rascher Abkühlung. Diese Körner können unter dem Mikroskop sichtbar gemacht werden (**Schliffbilder** Abb. 1 und 3, S. 86). Die Anordnung der Kristalle oder Körner mit ihren Korngrenzen wird als **Gefüge** bezeichnet.

Abhängig vom Kohlenstoffgehalt bilden sich Gefüge aus **Ferrit** und **Eisenkarbid**. Ferrit ist ein Gefüge aus kubisch-raumzentriertem Eisen. Es ist weich, gut umformbar und wenig fest. Die Eisenkarbidkristalle werden **Zementit** genannt. Zementit besitzt eine größere Härte als Ferrit.

Enthält Stahl weniger als 0,8 % C, so zeigen sich im Schliffbild überwiegend Ferritkörner mit streifenartigen Zementit- und Ferritlamellen, die sich an den Korngrenzen bilden (Abb. 1a, S. 86). Diese Ferrit-Zementit-Lamellen haben im Schliffbild ein perlmuttähnliches Aussehen und werden daher auch **Perlit** genannt.

Stahl mit etwa 0,8 % C zeigt im Schliffbild ein gleichmäßiges Perlitgefüge (Abb. 1b, S. 86). Dieser Stahl wird als **eutektoider** Stahl bezeichnet (von Eutektikum, gr.: gut schmelzend, gut gebaut).

Stahl mit mehr als 0,8 % C zeigt im Schliffbild Perlitkörner mit Zementiträndern (Abb. 1c, S. 86). Dieser Stahl wird als **übereutektoider** Stahl bezeichnet.

Gitterumwandlung / transformation of crystal lattice

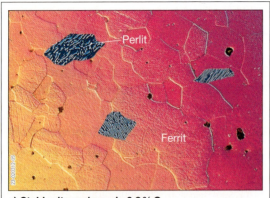

a) Stahl mit weniger als 0,8 % C

b) Stahl mit 0,8 % C (Perlitgefüge)

c) Stahl mit mehr als 0,8 % C

Abb. 1: Schliffbilder verschiedener Gefügearten

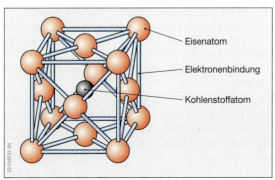

Abb. 2: Austenitgitter

9.1.3 Gitterumwandlung durch Erwärmung und Abkühlung

Die Erwärmung von Stählen auf Temperaturen über 723 °C bewirkt eine Änderung der Gitterform. Diese Änderung erfolgt in festem Zustand des Werkstoffs. Das kubisch-raumzentrierte Gitter klappt in ein kubisch-flächenzentriertes Gitter um, das in der Raummitte ein Kohlenstoffatom aufnehmen kann (Abb. 2). Zuerst wird der Perlit umgewandelt, dann der Ferrit bzw. der Zementit. Die entstehenden Einlagerungsmischkristalle werden nach dem Entdecker Austen (engl. Metallurge, 1843 bis 1902) **Austenit** genannt.

Die Umwandlungstemperatur, bei der nur noch Austenitgefüge vorliegt, ist vom Kohlenstoffgehalt des Stahls abhängig.

Die Zusammenhänge zeigt das **Eisen-Eisenkarbid-Diagramm** (Abb. 4). Dieses Diagramm ist für die Wärmebehandlung der Stähle wichtig, da **je nach Kohlenstoffgehalt** unterschiedliche Wärmebehandlungstemperaturen erforderlich sind.

Werden die Stähle erwärmt und dann wieder sehr langsam abgekühlt, entstehen die ursprünglichen Ferrit-Perlit- oder Perlit-Zementit-Gefüge. Der Kohlenstoff diffundiert (diffundieren, lat.: ausbreiten, zerstreuen) aus den Raummitten der flächenzentrierten Gitter heraus, und die Gitter klappen in das dichtere, raumzentrierte Gitter um.

Bei sehr **schneller Abkühlung** (Abschrecken) kann nicht der gesamte Kohlenstoff das Gitter verlassen. Die Kohlenstoffatome werden zu den Würfelkanten gedrängt, damit das Eisenatom die Raummitte des umklappenden Gitters einnehmen kann. Das Gitter wird verspannt, die Perlitbildung teilweise verhindert. Diese **Verspannung bewirkt eine große Härte**. Die verspannten Gitter ergeben ein Gefüge, das sich im Schliffbild als nadelige Einlagerungen in der Grundmasse (Restaustenit) zeigt (Abb. 3). Dieses Gefüge wird nach seinem Entdecker Martens (dt. Metallurge, 1850 bis 1914) als **Martensit** bezeichnet.

Stähle mit Martensitgefüge sind sehr hart und spröde.

Abb. 3: Martensitgefüge (500:1)

9.2 Wärmebehandlung von Eisenwerkstoffen

Die wichtigsten **Wärmebehandlungsverfahren** sind:
- Glühen,
- Härten,
- Anlassen und
- Vergüten.

9.2.1 Glühen

> **Glühen** ist das Erwärmen des Werkstücks auf eine bestimmte Temperatur, die eine gewisse Zeit gehalten werden muss.

Das anschließende Abkühlen muss langsam und am ganzen Werkstück gleichmäßig erfolgen.

Das Erwärmen erfolgt in elektrischen oder gasbeheizten Kammeröfen, in Metall- oder Salzbädern (z. B. Natriumsalzbad).

Wichtige **Glühverfahren** sind:
- Weichglühen,
- Normalglühen,
- Spannungsarmglühen und
- Rekristallisationsglühen.

Weichglühen wird angewendet, um harte oder kaltverfestigte Stähle (z. B. durch Walzen) leichter spanabhebend bearbeiten zu können. Dazu wird der Werkstoff oder das vorgefertigte Werkstück auf Temperaturen um 723 °C mehrere Stunden lang erwärmt (Abb. 4). Bei diesen Temperaturen ballen sich die harten Zementitstreifen zu kugelförmigen Gebilden zusammen. Der kugelförmige Zementit setzt den Werkzeugschneiden weniger Widerstand entgegen.

Normalglühen soll ungleichmäßige Gefüge oder zu grobe Körner beseitigen, die durch Walzen, Gießen oder Schmieden entstanden sind. Dazu genügt, je nach C-Gehalt des Stahls, ein kurzzeitiges Erwärmen auf 800 bis 1000 °C mit anschließendem Abkühlen an der Luft (Abb. 4). Es entsteht ein feinkörniges, festes Gefüge.

Spannungsarmglühen soll Spannungen im Werkstück verringern, die durch Kaltumformen, Schweißen oder ungleichmäßige Abkühlung entstanden sind. Das Werkstück muss etwa 2 Stunden auf 600 bis 650 °C geglüht und danach gleichmäßig abgekühlt werden (Abb. 4).

Rekristallisationsglühen soll Kaltverfestigungen und Sprödigkeiten abbauen, die durch starke Kaltverformung entstanden sind. Das Werkstück muss 1 bis 2 Stunden bei Temperaturen oberhalb 450 °C geglüht werden (Abb. 4).

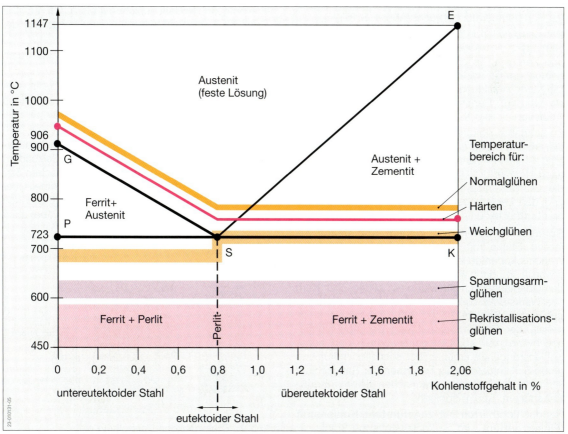

Abb. 4: Eisen-Eisenkarbid-Diagramm mit Kennlinien für die Wärmebehandlung der Stähle

9.2.2 Härten

Härten besteht aus mehreren Arbeitsabfolgen (Abb. 3). Zuerst wird das Werkstück auf Härtetemperatur **erwärmt** und gehalten (Abb. 5). Anschließend wird **abgeschreckt**, d. h. in Wasser oder Öl getaucht. Dadurch wird der Stahl sehr spröde und bruchempfindlich. Durch nachfolgendes **Anlassen**, d. h. auf Anlasstemperatur erwärmen und abschließendes Abkühlen an der Luft, erhält der Stahl seine Gebrauchshärte.

> **Härten** ist eine Wärmebehandlung von Stählen mit Abschrecken und anschließendem Anlassen auf niedrigen Temperaturen. Dabei wird die Härte und Verschleißfestigkeit erhöht und die Zähigkeit angepasst.

Das **Härten** lässt sich unterteilen in:
- Durchhärten durch Gefügeumwandlung,
- Randschichthärten mit eigenem Kohlenstoff durch Gefügeumwandlung,
- Randschichthärten mit zugeführtem Kohlenstoff (Einsatzhärten) durch Gefügeumwandlung und
- Randschichthärten, wobei in der Werkstoffoberfläche durch zugeführte Stoffe chemische Verbindungen entstehen (z. B. Nitrierhärten).

Durchhärten wird überwiegend für Werkzeuge angewendet. Je nach Kohlenstoffgehalt wird das Werkzeug erst langsam vorgewärmt, um Spannungen nach der Bearbeitung zu beseitigen und dann schnell auf Härtetemperatur gebracht (Abb. 4, S. 87).

Das anschließende schnelle Abkühlen (Abschrecken) verhindert die Rückbildung des Austenits in Perlit und Zementit. Es entsteht ein nadeliges Martensitgefüge großer Härte und Festigkeit (s. Kap. 10.4.1). Die Martensitbildung lässt die Werkzeuge sehr spröde werden. Daher ist meist ein nachfolgendes **Anlassen** (s. Kap. 9.2.3) erforderlich.

Zu schnelles Abkühlen kann zu Härterissen führen, die das Werkzeug unbrauchbar machen. Zu langsames Abkühlen verhindert die Martensitbildung. Je nach dem erforderlichen Abkühlungsmittel werden die Stähle, entsprechend ihrem Kohlenstoffgehalt und den Legierungsbestandteilen, in **Wasser-**, **Öl-** und **Lufthärter** unterschieden.

Randschichthärten mit **eigenem Kohlenstoff** erfordert Stähle mit mindestens 0,5 % C. Wird die Werkstückoberfläche kurzzeitig auf Härtetemperatur erwärmt und dann abgeschreckt, so kann sich nur in der Oberflächenschicht Martensit bilden. Der Kern des Werkstücks bleibt weich und zäh. Die Tiefe der gehärteten Schicht hängt von dem Kohlenstoffgehalt, der Erwärmungszeit und der Abkühlungsgeschwindigkeit ab. Langes Erwärmen und hoher Kohlenstoffgehalt ergeben bei schneller Abkühlung große Schichttiefen. Das Erwärmen der Randschicht kann durch Gas oder elektrischen Strom (**Induktionshärten**, Abb. 1) erfolgen.

Randschichthärten mit **zugeführtem Kohlenstoff** (**Einsatzhärten**) wird für kohlenstoffarme Stähle mit weniger als 0,2 % C angewendet.

Abb. 1: Induktionshärten einer Antriebswelle

Dazu werden die zu härtenden Teile zuerst in kohlenstoffabgebenden Mitteln (kohlenstoffreiches Gas, Holzkohle) geglüht. Die Glühtemperatur liegt bei etwa 900 °C, die Glühdauer beträgt bis zu 10 Stunden. Alle Stellen, die nicht mit Kohlenstoff angereichert (aufgekohlt) werden sollen, sind zuvor mit einer gasdichten Paste zu bedecken (an Nockenwellen werden z. B. nur die Lagerstellen und Laufbahnen aufgekohlt).

Das Kohlenstoffgas lässt Kohlenstoffatome in die Randschichten eindringen (diffundieren). Es entsteht eine aufgekohlte Randschicht mit bis zu 0,8 % C. Die Tiefe der Schicht (0,2 bis 0,8 mm) hängt von der Glühdauer ab.

Das Härten der aufgekohlten Teile erfolgt durch Abschrecken in Abkühlungsmitteln.

Nitrierhärten ist ein Randschichthärten. In den Randschichten der Werkstücke entstehen durch Stickstoffanreicherung chemische Verbindungen, die als Nitride bezeichnet werden. **Nitride** sind sehr hart.

Das Nitrieren (Abb. 2) erfolgt in stickstoffreichen Gasen (Ammoniakgas) oder cyanhaltigen Salzbädern (sehr giftig!). Die Temperaturen liegen zwischen 500 und 570 °C. In Salzbädern beträgt die Nitrierdauer bis zu 2 Stunden, in Gasen sind bis zu 100 Stunden erforderlich. Es bildet sich eine sehr harte, aber auch

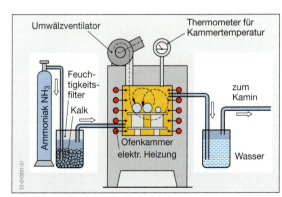

Abb. 2: Schematische Darstellung einer Nitrieranlage

Kapitel 9: Stoffeigenschaftändern

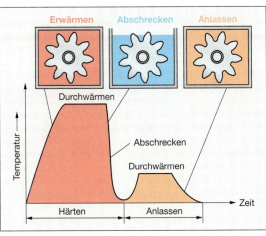

Abb. 3: Arbeitsabfolge für das Härten

sehr dünne Randschicht. Die Werkstücke müssen nicht abgeschreckt werden. Sie verziehen sich daher auch nicht und können vor dem Nitrieren fertigbearbeitet sein.

Nitriergehärtete Teile bleiben auch noch bei hohen Temperaturen verschleißfest (z. B. Laufbuchsen, Ventile, Nockenwellen, Zahnräder, Kolbenbolzen).

9.2.3 Anlassen

> **Anlassen** ist ein Wiedererwärmen gehärteter Werkzeuge oder Werkstücke mit nachfolgendem Abkühlen, um die Sprödigkeit zu mindern.

Das gehärtete Werkzeug wird auf Anlasstemperatur (100 bis 400 °C) erwärmt und anschließend in Wasser oder Öl abgeschreckt (Abb. 5).

Die vorgeschriebene Temperatur lässt sich durch Beobachtung der **Anlassfarben** auf dem blanken Werkstück einhalten. Durch das Anlassen wird die Sprödigkeit (sogenannte Glashärte) verringert, die Zähigkeit nimmt zu.

9.2.4 Vergüten

> **Vergüten** ist ein Härten mit nachfolgendem Anlassen bei höheren Temperaturen zur Steigerung der Festigkeit und Zähigkeit (Abb. 4).

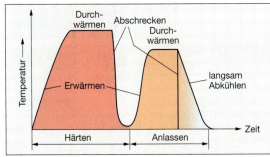

Abb. 4: Arbeitsabfolge für das Vergüten

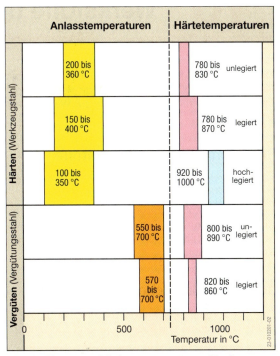

Abb. 5: Härte- und Anlasstemperaturen für das Stoffeigenschaftändern von Stahl

Die **Anlasstemperaturen** des **Vergütens** sind etwas höher als die des Anlassens nach dem Härten (Abb. 5). Es entsteht ein sehr gleichmäßiges, feinkörniges Gefüge. Durch Vergüten kann z. B. die Zugfestigkeit des Edelstahls C 60 E (⇒TB: Kap. 3), die unbehandelt etwa 600 N/mm² beträgt, auf 800 N/mm² gesteigert werden. Vergütet werden Maschinenteile, die hohen, wechselnden Zug-, Druck- und Biegebeanspruchungen ausgesetzt sind (z. B. Kurbelwellen, Achsschenkel, Pleuelstangen).

Aufgaben

1. Beschreiben Sie die Entstehung der Kristalle.
2. Welcher Vorgang vollzieht sich im Kristallgitter von Stahl mit 0,8 % C während der Erwärmung auf 740 °C?
3. Nennen Sie vier Wärmebehandlungsverfahren von Stählen und ihre wesentlichen Unterschiede.
4. Beschreiben Sie die Vorgehensweise für das Härten eines Schraubendrehers.
5. Welchen Einfluss auf die Härte und die Gefügeart hat die Abkühlungsgeschwindigkeit bei einer Wärmebehandlung?
6. Welche Vorgänge im Kristallgitter bewirken die durch Abschrecken auftretende Härte kohlenstoffreicher Stähle?
7. Beschreiben Sie den Unterschied zwischen dem Nitrierhärten und dem Randschichthärten.
8. Wozu dienen die Anlassfarben?
9. Welche Aufgabe hat das Vergüten?

10 Werkstoffe und ihre Normung

Die **Rohstoffe** aus der Natur (z. B. Erdöl, Erze und Kohle) werden durch entsprechende Herstellungs- und Weiterverarbeitungsverfahren zu **Werkstoffen** umgewandelt.

10.1 Einteilung der Werkstoffe

Die Abb. 1 zeigt eine Einteilung der wichtigsten am Kraftfahrzeug verwendeten Werkstoffe.

Für die Werkstoffherstellung und Bearbeitung werden **Hilfsstoffe** (z. B. Schmierstoffe, Kühlflüssigkeiten) und **Hilfsmittel** (z. B. Wärmeenergie, elektrische Energie) benötigt.

10.2 Physikalische Grundlagen

Die Werkstoffeigenschaften sind abhängig vom Aufbau der Atome und ihrer Anordnung zueinander.

> **Elemente** (Grundstoffe) bestehen aus gleichen Atomen und sind chemisch nicht in andere Stoffe zerlegbar.

10.2.1 Atomaufbau

> **Atome** (atomos, griech.: unteilbar) bestehen aus dem **Atomkern** und den **Elektronen**.

Niels Bohr (dän. Physiker, 1885 bis 1962) entwickelte eine Modellvorstellung, nach der sich die Elektronen auf Kreisbahnen (Atomhüllen) um den Atomkern bewegen (Abb. 2).

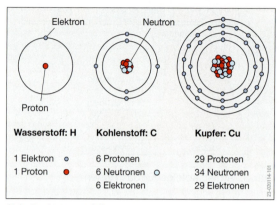

Abb. 2: Atommodelle

Der **Atomkern** besteht aus elektrisch positiv geladenen Teilchen, den **Protonen** und elektrisch neutralen Teilchen, den **Neutronen**. **Elektronen** sind elektrisch negativ geladene Teilchen. Die Größe der Ladung von Protonen und Elektronen ist gleich. Daher ist das Atom nach außen elektrisch neutral. Die Masse der Protonen und Neutronen ist nahezu gleich. Die Masse der Elektronen ist etwa 1835mal kleiner als die der Protonen oder Neutronen (⇒ TB: Kap. 1).

Für die meisten Werkstoffeigenschaften, z. B. elektrische Leitfähigkeit, Korrosionsbeständigkeit, ist die Anzahl der Elektronen auf der äußeren Bahn ausschlaggebend. Die äußere Elektronenbahn enthält maximal 8 Elektronen. Elemente mit aufgefüllter äußerer Elektronenhülle (**Edelgase**) sind sehr stabil (reaktionsträge). Der Zustand einer aufgefüllten äußeren Elektronenhülle wird von allen Elementen angestrebt (s. Kap. 10.3.1).

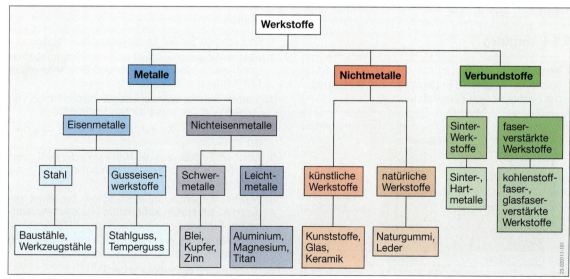

Abb. 1: Einteilung der wichtigsten Werkstoffe

10.2.2 Zustandsformen der Werkstoffe

Der Zusammenhalt gleicher Werkstoffmoleküle untereinander erfolgt durch **Kohäsionskräfte** (cohaerere, lat.: zusammenhängen). Diese Kräfte beeinflussen die Festigkeit, Härte und Zustandsform der Werkstoffe bei Temperaturänderungen. Der Zusammenhalt kann durch Wärmezufuhr verringert werden. Wärme lässt die Atome und Moleküle eines Körpers in Bewegung geraten. Durch Wärmezufuhr bewegen sich die Atome und Moleküle mit zunehmender Geschwindigkeit.

> Die **Temperatur** ist eine Messgröße zur Bestimmung des Wärmezustands eines Körpers. Sie wird in Grad Celsius (°C) oder Kelvin (K) gemessen.

Fast alle Werkstoffe (außer z. B. Kunststoffe, Leder) können die drei **Aggregatzustände** (Zustandsformen) fest, flüssig und gasförmig annehmen.

Feste Stoffe haben eine bestimmte Form und ein bestimmtes, temperaturabhängiges Volumen. Die Kohäsionskräfte sind sehr groß.

Flüssige Stoffe lassen sich kaum verdichten und passen sich jeder gegebenen Form an. Die Kohäsionskräfte sind in Flüssigkeiten geringer als in festen Stoffen.

Gasförmige Stoffe lassen sich leicht verdichten. Die Moleküle sind in ständiger, regelloser Bewegung. Die Kohäsionskräfte sind vollständig aufgehoben.

10.3 Chemische Grundlagen

10.3.1 Chemische Verbindungen

Bindungen zwischen chemischen Elementen (unterschiedlichen Atomen) werden chemische Verbindungen genannt (⇒ TB: Kap. 1).

> Durch eine **chemische Verbindung** entsteht ein neuer Stoff, der andere Eigenschaften aufweist als die Grundstoffe.

Atome mit nicht aufgefüllter äußerer Elektronenbahn gehen mit anderen Atomen Bindungen ein, um fehlende Elektronen zu ergänzen oder überzählige abzugeben.

Die Atome teilen sich ein oder mehrere Elektronenpaare. Es entsteht die sogenannte **Elektronenpaarbindung**, bei der die Elektronenpaare beiden Atomen gleichermaßen zugeordnet werden.

Eine Verbindung von zwei oder mehreren Atomen wird als **Molekül** bezeichnet.

> Ein **Molekül** ist der kleinste Teil eines chemischen Elements oder einer chemischen Verbindung.

Moleküle eines **chemischen Elements** bestehen aus mindestens zwei **gleichen** und bei **chemischen Verbindungen** aus mindestens zwei **unterschiedlichen Atomen**.

Reduktion und Oxidation

Wird einer chemischen Verbindung (z. B. Eisenoxid) der Sauerstoff (lat. Oxygenium) unter Wärmezufuhr entzogen, wird dieser Vorgang als **Reduktion** (reducere, lat.: zurückführen) bezeichnet.

Verbindet sich ein Stoff mit Sauerstoff (z. B. Aluminium + Sauerstoff), wird das als **Oxidation** bezeichnet. Die dabei entstandene chemische Verbindung heißt **Oxid** (z. B. Aluminiumoxid ⇒ Al_2O_3). Die Oxidation setzt Wärme frei. Fast alle metallischen Werkstoffe oxidieren. Dieser Vorgang läuft sehr langsam ab und erfolgt an der Werkstückoberfläche.

10.3.2 Stoffgemische

Stoffgemische entstehen als Verbindungen unterschiedlicher Stoffe, die im flüssigen Zustand miteinander vermischt werden, ohne chemische Verbindungen einzugehen. Sie können durch physikalische Verfahren wieder getrennt werden. Stahl ist ein Gemisch aus Eisen (Fe), Eisenkarbid (Fe_3C) und weiteren Zusatzstoffen. Metallgemische werden als **Legierungen** bezeichnet, z. B. Kupfer + Zink ergeben eine Kupfer-Zink-Legierung, früher Messing genannt.

10.4 Werkstoffeigenschaften

Werkstoffe haben unterschiedliche Eigenschaften (Tab. 1). Diese sind zum Teil vom Herstellungsverfahren abhängig.

10.4.1 Physikalische Eigenschaften

Dichte

> Die **Dichte** eines Werkstoffs ist das Verhältnis der Masse m zu seinem Volumen V.

Das Formelzeichen für die Dichte ist ϱ (rho; griech. kleiner Buchstabe).

$$\varrho = \frac{m}{V}$$

ϱ Dichte in $\frac{g}{cm^3}$, $\frac{kg}{dm^3}$, $\frac{t}{m^3}$

m Masse in g, kg, t

V Volumen in cm^3, dm^3, m^3

Tab. 1: Wichtige Werkstoffeigenschaften

Werkstoffeigenschaften			
physikalische	technologische	chemische	ökologische
Dichte, Härte, Elastizität, Plastizität, Festigkeit, Schmelzpunkt, Wärmedehnung, thermische Leitfähigkeit, elektrische Leitfähigkeit	Gießbarkeit, Umformbarkeit, Zerspanbarkeit, Schweißbarkeit, Härtbarkeit	Legierbarkeit, Korrosionsbeständigkeit, Brennbarkeit, Giftigkeit	Umweltverträglichkeit, Wiederverwendbarkeit, Entsorgbarkeit

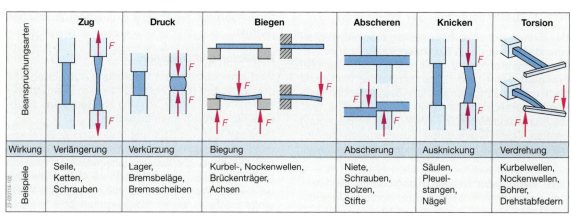

Abb. 1: Krafteinwirkungsarten

Härte

Die **Härte** ist der Formänderungswiderstand, den ein Werkstoff an der Oberfläche dem Eindringen eines anderen Körpers entgegensetzt.

Die Härte von mineralischen Stoffen wurde von dem deutschen Mineralogen Friedrich Mohs (1773 bis 1839) in einer Härteskala erfasst (Mohs'sche Härteskala, ⇒ TB: Kap. 1; Härteprüfung, ⇒ TB: Kap. 3).

Elastizität

Die **Elastizität** ist die Fähigkeit eines Werkstoffs, nach der Aufhebung einer Belastung wieder die ursprüngliche Form anzunehmen.

Die Elastizität hängt von der Größe der Kohäsionskräfte ab. Überschreitet eine Belastung die Elastizitätsgrenze (s. Kap. 11.2), so werden die Kohäsionskräfte überwunden. Der Werkstoff erfährt eine bleibende Formänderung (plastische Verformung).

Plastizität

Die **Plastizität** ist das Formänderungsvermögen eines Werkstoffs unter Krafteinwirkung, ohne dass der Werkstoffzusammenhalt aufgehoben wird.

Plastische Werkstoffe verformen sich unter Krafteinwirkung und behalten die neue Form, wenn die Kraft nicht mehr wirkt.

Festigkeit

Die **Festigkeit** ist der innere Widerstand eines Werkstoffs gegen Verformung oder Zerstörung durch äußere Kräfte.

Je nach Art der Krafteinwirkung (Abb. 1) wird nach Zug-, Druck-, Biege-, Scher-, Knick- oder Torsionsfestigkeit unterschieden. Die Festigkeit ist das Verhältnis der wirkenden Kraft F zur Querschnittsfläche S. Formelzeichen für Zug-, Druck- und Biegespannungen ist σ (sigma; griech. kleiner Buchstabe), für Scher- und Torsionsspannungen τ (tau; griech. kleiner Buchstabe). Die bei der maximalen Zugkraft F_m wirkende Zugspannung wird als **Zugfestigkeit** R_m bezeichnet.

$$R_m = \frac{F_m}{S_0}$$

$$\sigma = \frac{F}{S_0}$$

$$\tau = \frac{F}{S_0}$$

R_m Zugfestigkeit in $\frac{N}{mm^2}$
F_m maximale Zugkraft in N
S_0 Querschnittsfläche in mm^2
σ Zugspannung in $\frac{N}{mm^2}$
F Kraft in N
τ Scherspannung in $\frac{N}{mm^2}$

Spannungs-Dehnungs-Diagramm

Mit Hilfe des Spannungs-Dehnungs-Diagramms werden wesentliche Eigenschaften, z. B. **Zugfestigkeit**, **elastischer** und **plastischer** Bereich, eines Werkstoffs ermittelt.

Wird ein weicher Stahl (Abb. 2) über den Bereich elastischer Verformung hinaus belastet, erfolgt ein unstetiger Übergang (R_e: **Streckgrenze**), ab dem der Werkstoff zu Fließen beginnt. Ist der Fließvorgang beendet, steigt die Kurve weiter an und erreicht die **maximale Zugfestigkeit R_m** (B). Im Punkt Z (**Zerreißgrenze**) wird der Werkstoff zerstört. Das Diagramm für einen harten Stahl (Abb. 2) ist nur durch einen elastischen und plastischen Bereich gekennzeichnet. Eine Streckgrenze wird nicht sichtbar.

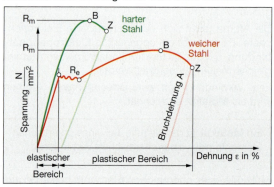

Abb. 2: Spannungs-Dehnungs-Diagramm

Kapitel 10: Werkstoffe und ihre Normung

Schmelzpunkt

> Der **Schmelzpunkt** ist die Temperatur, bei der ein Werkstoff vom festen in den flüssigen Zustand übergeht.

Durch Wärmezufuhr werden die Moleküle bzw. Atome in Bewegung versetzt, bis die Kohäsionskräfte nicht mehr ausreichen, um sie an ihren Plätzen zu halten. Der Werkstoff wird flüssig, der geordnete Aufbau (z. B. von Metallen) ist aufgehoben. Während des Abkühlens flüssiger Metalle bilden sich wieder regelmäßige Gitterstrukturen (Abb. 3a). Diese Atomanordnung wird als **kristalline Struktur** bezeichnet. Andere Werkstoffe (z. B. Glas) erstarren zu **amorphen** (griech.: formlos, ungeordnet) Strukturen (Abb. 3b).

Wärmedehnung

> Die **Wärmedehnung** ist die Eigenschaft von Stoffen, sich durch Wärmezufuhr nach allen Richtungen auszudehnen.

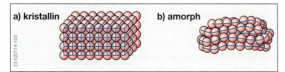

Abb. 3: Strukturmodelle

Mit Hilfe der **Wärmeausdehnungszahl** α (alpha; griech. kleiner Buchstabe) lässt sich errechnen, um welchen Betrag Δl (delta; griech. großer Buchstabe; verwendet für Differenz) die Länge l_0 eines bestimmten Körpers bei einer Temperaturerhöhung ΔT (Temperaturdifferenz) zunimmt.

$$\Delta l = l_0 \cdot \alpha \cdot \Delta T$$

Δl Längenänderung in mm; m
l_0 Ausgangslänge in mm; m
α Wärmeausdehnungszahl in 1/K
ΔT Temperaturdifferenz in K

Thermische Leitfähigkeit

> Die **thermische Leitfähigkeit** (Wärmeleitfähigkeit) ist die Eigenschaft der Werkstoffe, zugeführte Wärme an benachbarte Moleküle weiterzugeben.

Die Bewegung der erwärmten Moleküle wird auf die benachbarten Moleküle übertragen.

Elektrische Leitfähigkeit

> Die **elektrische Leitfähigkeit** ist die Eigenschaft der Werkstoffe, elektrischen Strom zu leiten.

Gute elektrische Leiter sind z. B. Silber, Kupfer und Gold. Sie werden als **Leiterwerkstoffe** verwendet. Eisen und Stahl sind keine guten elektrischen Leiter. Glas, Keramik und Kunststoffe leiten den Strom nicht. Sie werden als Isolatoren eingesetzt.

10.4.2 Technologische Eigenschaften

Durch die technologischen Eigenschaften wird das Verhalten der Werkstoffe bei der Herstellung und Bearbeitung von Werkstücken gekennzeichnet.
Die Tab. 2 zeigt einige Werkstoffe und ihre technologischen Eigenschaften.

Gießbarkeit

> Die **Gießbarkeit** ist die Eigenschaft der Werkstoffe, sich in Formen zu Werkstücken gießen zu lassen.

Eine ausreichende Gießbarkeit besitzt ein Werkstoff, der die Gussform vollständig ausfüllt, bei der Abkühlung gleichmäßig abkühlt und nur geringe Spannungen aufweist, die durch die Schrumpfung bei der Abkühlung entstehen. Gut gießbar sind z. B. Gusseisen, Aluminium-Guss- und Kupfer-Zink-Legierungen.

Umformbarkeit

> Die **Umformbarkeit** ist die Eigenschaft der Werkstoffe, sich durch Belastung bleibend in eine andere Form bringen zu lassen.

Die Umformbarkeit hängt von der Plastizität (s. Kap. 10.4.1) des Werkstoffs ab. Durch Umformen (z. B. Biegen oder Schmieden) wird das Werkstück in eine andere Form gebracht, ohne dass der Werkstoffzusammenhalt aufgehoben wird. Gut umformbar sind z. B. kohlenstoffarmer Stahl, Aluminium, Kupfer-Knetlegierungen und Blei ($\Rightarrow$ TB: Kap. 3).

Tab. 2: Werkstoffe und technologische Eigenschaften

Werkstoffe	technologische Eigenschaften
Kupfer (Cu)	schlecht gießbar, gut umformbar durch Walzen, Ziehen oder Biegen, gut lötbar und schweißbar
Blei (Pb)	gut gießbar; gut umformbar durch Walzen, Ziehen oder Biegen; schlecht spanend bearbeitbar
Aluminium (Al)	gut spanend bearbeitbar durch Drehen, Fräsen oder Bohren, gut gießbar, gut umformbar

Zerspanbarkeit

> Die **Zerspanbarkeit** ist die Eigenschaft der Werkstoffe, sich wirtschaftlich durch trennende Fertigungsverfahren bearbeiten zu lassen.

Die Zerspanbarkeit eines Werkstoffs beeinflusst die Oberflächengüte, die Form und Länge der Späne, die Standzeit des Werkzeugs und die Wirtschaftlichkeit der Fertigung. Gut zerspanbar sind niedriglegierte und unlegierte Stähle, Gusseisen-Werkstoffe und Aluminiumlegierungen.

Schweißbarkeit

> Die **Schweißbarkeit** ist die Eigenschaft eines Werkstoffs, sich durch Schweißen dauerhaft fügen zu lassen.

Die Schweißbarkeit der Werkstoffe hängt von ihrer Zusammensetzung und ihrem inneren Aufbau ab. Gut schweißbar sind z. B. unlegierte und niedriglegierte Stähle mit einem Kohlenstoffgehalt $\leq 0{,}22\,\%$. Aluminiumlegierungen sind durch Lichtbogen-Schweißen mit Wechselstrom schweißbar.

Härtbarkeit

> Die **Härtbarkeit** ist die Eigenschaft des Werkstoffs, durch eine Wärmebehandlung (z. B. Erwärmen und Abschrecken) den Widerstand gegen das Eindringen eines anderen Körpers zu erhöhen.

Durch Härten kann die Verschleißfestigkeit der Werkstoffe erhöht werden. Gut härtbar sind z. B. Stähle mit einem Kohlenstoffgehalt $\geq 0{,}22\,\%$ und einige Aluminiumlegierungen.

10.4.3 Chemische Eigenschaften

Die chemischen Eigenschaften der Werkstoffe hängen von dem Atomaufbau, der Art der chemischen Verbindung und den Legierungsbestandteilen ab.

Legierbarkeit

> Die **Legierbarkeit** ist die Eigenschaft der Metalle, im flüssigen Zustand mit anderen Stoffen mischbar zu sein.

Durch Legieren werden die Werkstoffeigenschaften verändert. So kann z. B. die Korrosionsbeständigkeit von Stahl durch Legieren mit Chrom verbessert werden.

Korrosionsbeständigkeit

> Die **Korrosionsbeständigkeit** ist die Eigenschaft der Werkstoffe, zerstörenden Wirkungen **chemischen** oder **elektrochemischen** Umgebungseinflüssen zu widerstehen.

Korrosionsbeständig sind z. B. alle Edelmetalle, Glas und keramische Werkstoffe (Korrosion, s. Kap. 45.8).

Brennbarkeit

> Die **Brennbarkeit** ist die Eigenschaft der Werkstoffe, bei einer bestimmten Umgebungstemperatur zu brennen.

Brennbar sind z. B. einige Kunststoffe und Magnesium. Im Umgang mit brennbaren Stoffen sind besondere Sicherheitsvorschriften zu beachten (s. Kap. 1, ⇒ TB: Kap 6).

Giftigkeit

> Die **Giftigkeit** ist die Eigenschaft der Werkstoffe, Organismen zu schädigen oder zu zersetzen.

Giftig sind z. B. Blei, Cadmium, Kühl-, Schmier- und Bremsflüssigkeiten. Im Umgang mit giftigen Stoffen sind besondere Unfallverhütungsvorschriften (UVV) zu beachten (s. Kap. 1), z. B. ist bei Lötarbeiten mit blei- und cadmiumhaltigen Weichloten für eine Absaugung und gute Belüftung der Arbeitsplätze zu sorgen.

10.4.4 Ökologische Eigenschaften

Umweltverträglichkeit

> **Umweltverträgliche Stoffe** belasten die Umwelt bei der Herstellung, Verarbeitung und Verwendung gering.

Umweltverträglich sind alle natürlichen Werkstoffe (z. B. Holz, Leder) und die meisten Metalle.

Wiederverwendbarkeit

> **Wiederverwendbare Stoffe** (s. Kap. 1) können durch geeignete Recyclingverfahren aufbereitet und erneut verwendet werden.

Die meisten Metalle lassen sich durch Einschmelzen wiederverwenden.

Entsorgbarkeit

> **Entsorgbare Stoffe** lassen sich mit geringem Aufwand aufbereiten oder unschädlich beseitigen.

Leicht entsorgbar sind z. B. Holz und keramische Stoffe. Die meisten Kunststoffe sind schwer entsorgbar. Die Entsorgung der Werkstoffe muss unter Beachtung der Abfallbestimmungsverordnung und der Abfallgesetze erfolgen (z. B. Altölverordnung, s. Kap. 1, ⇒ TB: Kap. 6).

10.5 Eisen und Stahl

Stahl enthält als Hauptbestandteil das chemische Element Eisen (Fe), dem Legierungsbestandteile zugesetzt werden, die seine Eigenschaften, z. B. Härte, Festigkeit und Korrosionsbeständigkeit, verbessern (⇒ TB: Kap. 3).

> Als **Stahl** gilt ein Eisenwerkstoff mit einem Kohlenstoffanteil von etwa 0,1 % (unlegierter Einsatzstahl) bis zu 2,2 % (legierter Werkzeugstahl).

Tab. 3: Übersicht der Kohlenstoffanteile von Eisenwerkstoffen

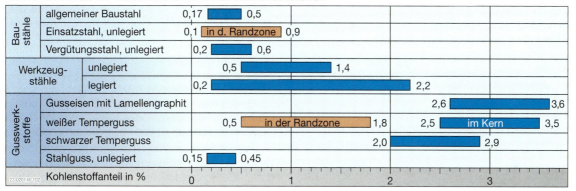

Eisen mit mehr als 2% Kohlenstoffanteil wird als **Gusseisen** bezeichnet. Eine Übersicht der Kohlenstoffanteile der Eisenwerkstoffe zeigt die Tab. 3.

10.6 Normung der Stahl- und Eisenwerkstoffe

Die **Normung** ist ein Mittel zur Ordnung und Vereinheitlichung von Werkstoffen, Werkstücken und Fertigprodukten. Sie ermöglicht Kosteneinsparungen durch Verringerung der Lagerhaltung, kostengünstige Produktion durch hohe Stückzahlen und Austauschbarkeit der Einzelteile. Die Normung fördert die Rationalisierung und die Qualitätssicherung. Die Normen berücksichtigen den jeweiligen Stand der Technik und die wirtschaftlichen Möglichkeiten.

Deutsche Normen sind Festlegungen, die das Deutsche Institut für Normung e.V. aufstellt und mit dem Verbandszeichen DIN herausgibt. Sie werden auch kurz **DIN-Normen** genannt.

EURONORMEN (EN) werden von der Europäischen Union für Kohle und Stahl herausgegeben. Die Inhalte der EURONORMEN werden in den entsprechenden DIN-Normen berücksichtigt (**DIN EN**).

ISO-Normen werden von der Internationalen Normungsorganisation (**I**nternational **O**rganization for **S**tandardization) herausgegeben. Vom Deutschen Institut für Normung e.V. übernommene Normen werden als **DIN-ISO-Normen** gekennzeichnet.

Tab. 4: Benennung nach Gebrauchseigenschaften

Werkstoffbenennung	Herstellungsteil	Mittelteil (Gebrauchseigenschaften)	Behandlungsteil	Verwendung
RR St 13	RR: besonders beruhigt vergossen (Zusätze von Al, Si)	St 13: Mindestzugfestigkeit 130 N/mm²	ohne Angaben	schwierige Tiefziehteile, Türen, Kotflügel, Hauben, Dächer
R St 50	R: beruhigt vergossen	St 50: Mindestzugfestigkeit 500 N/mm²	ohne Angaben	Zahnräder, Stifte, Schrauben

10.6.1 Werkstoffnormung nach DIN 17006

DIN 17006 erfasst alle **Eisenwerkstoffe** und ihre **Legierungen** (⇒ TB: Kap. 3). Die Benennung ist dreiteilig und erfolgt nach den Gebrauchseigenschaften (Tab. 4) oder der chemischen Zusammensetzung (Tab. 5).

10.6.2 Kurznamen für Stähle und Stahlguss nach DIN EN 10027 T 1 und DIN V 17006 T 100

Die Stähle werden bezeichnet nach:
- Verwendung und Eigenschaften (Stahlgruppe 1) oder
- der chemischen Zusammensetzung (Stahlgruppe 2).

Stahlbezeichnungen nach Verwendung und Eigenschaften

Die Bezeichnung besteht aus dem **Hauptsymbol** und dem **Zusatzsymbol** (⇒ TB: Kap. 3).

Das **Hauptsymbol** der Stahlgruppe 1 enthält:
- einen **Buchstaben** für die Verwendung (Tab. 6, S. 96) und
- eine **Zahl** für die Eigenschaften. In Einzelfällen werden für die Eigenschaften zusätzlich Buchstaben und Zahlen angegeben.

Tab. 5: Benennung nach der Zusammensetzung

Werkstoffbenennung	Herstellungsteil	Mittelteil (chemische Zusammensetzung)	Behandlungsteil	Verwendung
YC 15	Y: Sauerstoffaufblasstahl	C 15: unlegierter Qualitätsstahl mit 0,15% C, für Wärmebehandlung geeignet	ohne Angaben	Nockenwellen, Kolbenbolzen, Zahnräder
X 45 CrSi 9	ohne Angaben	X: hochlegierter Stahl 45 CrSi 9: 0,45% C, 9% Cr, mit Anteilen von Si	ohne Angaben	Auslassventile

Die **Zusatzsymbole** können aus Buchstaben und Zahlen zusammengesetzt sein. Sie enthalten Angaben über z. B. Herstellungsart, Kerbschlagarbeit, Güte oder Oberflächenbeschaffenheit.

Bezeichnung eines Stahls für den Maschinenbau:

Bezeichnung eines Stahls für Karosseriebleche:

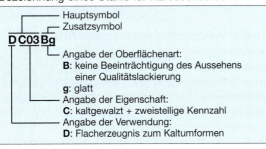

Für allgemeine Baustähle wird auch noch das bisherige Kurzzeichen **St** für Baustahl und das Kennzeichen (1/10 der Mindestzugfestigkeit) der Gebrauchseigenschaft verwendet (z. B. **St 37**: **St** für allgemeinen Baustahl, **37** für die **Mindestzugfestigkeit** von 37 daN/mm²).

Stahlbezeichnungen nach der chemischen Zusammensetzung

Die chemische Zusammensetzung wird als Kennzahl angegeben, die mit einem **Multiplikator** (Umrechnungsfaktor, Tab. 7) zu multiplizieren ist. Der Multiplikator ermöglicht ganzzahlige Werte für die Stahlbezeichnung.

Das **Hauptsymbol** enthält:
- die Kennzahl des Kohlenstoffanteils und
- die Kennzahl der Legierungsanteile.

Dem Hauptsymbol können bei unlegierten Stählen **Zusatzsymbole** folgen, die Angaben über die Nachbehandlung, Verwendbarkeit oder vorgeschriebene Grenzanteile von Schwefel und Phosphor liefern. Davon ausgenommen sind Automatenstähle, die einen erhöhten Schwefel- und Phosphoranteil aufweisen, der die Zerspanbarkeit bzw. die Korrosionsbeständigkeit verbessert.

Tab. 6: Buchstaben für die Stahlgruppe 1 (Auszug)

Buchstabe	Verwendung
B	Betonstähle
C	unlegierte Stähle
D	Flacherzeugnisse aus weichen Stählen zum Kaltumformen
E	Maschinenbaustähle
H	kaltgewalzte Flacherzeugnisse aus höherfesten Stählen zum Kaltumformen
L	Stähle für den Rohrleitungsbau
P	Stähle für den Druckbehälterbau
S	Stähle für den Stahlbau
M	Elektroblech und -band

Unlegierte Stähle

Unlegierte Stähle sind Stähle, die nicht mehr als z. B. 0,5 % Si, 0,8 % Mn, 0,1 % Al, 0,1 % Ti oder 0,25 % Cu enthalten, oder wenn sonstige Bestandteile nicht absichtlich beigegeben wurden.

Unlegierte Stähle werden durch das chemische Symbol **C** für Kohlenstoff und die Kennziffer des Kohlenstoffanteils bezeichnet. Die Zusatzsymbole **E** oder **R** kennzeichnen diese Stähle als **Edelstähle**, da der Schwefelanteil vorgeschrieben wird (E: vorgeschriebener max. Schwefelanteil, R: vorgeschriebener Bereich des Schwefelanteils). Den Zusatzsymbolen nachgestellte Ziffern geben den mit dem Faktor 100 multiplizierten, vorgeschriebenen Schwefelanteil an.

Edelstähle haben gegenüber Qualitätsstählen einen **geringeren Phosphor-** und **Schwefelanteil** und gleichmäßigere Eigenschaften nach einer Wärmebehandlung (z. B. gleichmäßigere Härte). Sie sind weitgehend frei von nichtmetallischen Einschlüssen und haben eine bessere Oberflächenbeschaffenheit.

Bezeichnung eines unlegierten Stahls:

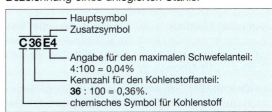

Legierte Stähle (niedrig legiert)

Legierte Stähle sind Stähle mit höheren Legierungsanteilen als unlegierte Stähle. Liegt der Massenanteil der einzelnen Legierungsbestandteile jeweils unter 5 %, werden sie auch als **niedriglegierte** Stähle bezeichnet.

Die Bezeichnung erfolgt durch die Kennziffer des Kohlenstoffanteils, das Kurzzeichen der Legierungselemente und die Kennzahl der Legierungsanteile (z. B. 42 CrMo 4 für Kurbelwellen (Abb.1) mit 0,42 % C, 4/4 = 1 % Cr und geringen Anteilen von Mo).

Tab. 7: Multiplikatoren der Legierungselemente

Elemente	Multiplikator
Cr, Co, Mn, Ni, Si, W	4
Al, Cu, Mo, Ta, Ti, V	10
C, P, S, N	100
B	1000

Kapitel 10: Werkstoffe und ihre Normung

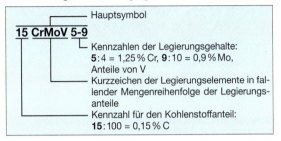

Abb. 1: Kurbelwelle aus 42 CrMo 4

Bezeichnung eines niedriglegierten Kurbelwellenstahls:

```
                  Hauptsymbol
15 CrMoV 5-9
                  Kennzahlen der Legierungsgehalte:
                  5:4 = 1,25 % Cr, 9:10 = 0,9 % Mo,
                  Anteile von V
                  Kurzzeichen der Legierungselemente in fal-
                  lender Mengenreihenfolge der Legierungs-
                  anteile
                  Kennzahl für den Kohlenstoffanteil:
                  15:100 = 0,15 % C
```

Legierte Stähle (hochlegiert)

> **Legierte Stähle**, bei denen der Massenanteil mindestens eines Legierungselements ≥ 5 % ist, werden auch als **hochlegierte Stähle** bezeichnet.

Diese Stähle werden durch ein vorangestelltes **X** gekennzeichnet. Diesem folgt die Kennziffer des Kohlenstoffanteils, dann die chemischen Symbole der enthaltenen Legierungselemente mit den nachfolgenden **tatsächlichen** Prozentangaben. Die Tab. 8 enthält eine Auswahl der Stähle für den Fahrzeugbau.

Bezeichnung eines hochlegierten Stahls für Fahrzeugachsen:

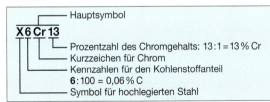

Tab. 8: Stähle für den Fahrzeugbau

Bauteil	Werkstoff	Kurzzeichen
Motorhaube	Grundstähle	DC 03, DC 04,
Achsen, Achsschenkel, Gelenkwellen	Vergütungsstähle	41 Cr 4, 50 Cr V 4
Blattfedern, Schraubenfedern	Federstähle	38 Si 7, 60 SiCr 7, 51 CrMoV 4
Getriebewellen	Einsatzstähle	16 MnCr 5, 15 CrNiMo 6, 17 CrNiMo 6
Einlassventile	Ventilstähle	37 MnSi 5, X 45 CrSi 9-3
Auslassventile	Ventilstähle	X 45 CrNiW 18-9, X 55 CrMnNiN 20-8

10.6.3 Werkstoffnummern für Stähle nach DIN EN 10027 T 2

Das Nummernsystem (⇒ TB: Kap. 3) ist für Datenverarbeitungszwecke gut geeignet. Die Werkstoffnummern sind siebenstellig. Sie bestehen aus:

Die zweistellige **Stahlgruppennummer** kennzeichnet unlegierte **Grundstähle** (Stähle, die nicht für eine Wärmebehandlung vorgesehen sind; ohne Anforderungen an besondere Gebrauchseigenschaften), **Qualitätsstähle** (Stähle mit besonderen Gebrauchseigenschaften; geeignet für Wärmebehandlung), **Edelstähle** (Stähle, die besonders rein hergestellt sind, mit geringen Schwefel- und Phosphoranteilen) und legierte **Qualitäts-** und **Edelstähle**. Die **Zählnummer** wird von der **Europäischen Stahlregistratur** vergeben.

Werkstoffnummer eines Stahls für gering beanspruchte Achsen und Wellen:

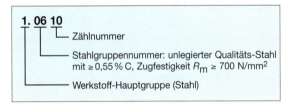

Aufgaben zu Kap. 10.1 bis 10.6

1. Worin unterscheiden sich Werkstoffe und Hilfsstoffe?
2. Beschreiben und skizzieren Sie am Beispiel des C-Atoms den Aufbau der Atome.
3. Worin unterscheiden sich Edelgase von anderen Elementen?
4. Erklären Sie den Begriff Festigkeit.
5. Nennen Sie unterschiedliche Arten der Festigkeit.
6. Berechnen Sie die Länge eines Ventils, das um 300 °C erwärmt wird, wenn die Ausgangslänge l_0 = 120 mm und die Wärmeausdehnungszahl α = 0,000009 1/K beträgt.
7. Welcher Unterschied besteht zwischen Oxidation und Reduktion?
8. Was ist Stahl?
9. Worin unterscheidet sich Stahl vom Eisen?
10. Was bedeutet die Stahlbezeichnung 34 CrMo 4?
11. Worin unterscheiden sich Qualitäts- und Edelstähle?
12. Welche Auswirkungen hat die Zunahme des Kohlenstoffgehalts auf die Stahleigenschaften?
13. Wie werden legierte Stähle gekennzeichnet, die mindestens ein Legierungselement mit einem Anteil ≥ 5 % enthalten?

10.7 Einteilung der Eisen-Kohlenstoff-Gusswerkstoffe

Die Eisen-Kohlenstoff-Gusswerkstoffe werden in folgende Gruppen unterteilt:

- **Stahlguss:** in Formen gegossener Stahl, Herstellungskennzeichen: GS (DIN 1681),
- **Gusseisen mit Lamellengraphit:** Kurzname: GJL (DIN EN 1561),
- **Gusseisen mit Vermikulargraphit:** Herstellungskennzeichen: GGV (nicht genormt),
- **Gusseisen mit Kugelgraphit:** Kurzname: GJS (DIN EN 1563),
- **Weißer Temperguss** (entkohlend geglüht): Kurzname: GJMW (DIN EN 1562),
- **Schwarzer Temperguss** (nicht entkohlend geglüht): Kurzname: GJMS (DIN EN 1562) und
- **Hartguss:** nicht genormte Sondergussart, Herstellungskennzeichen: GH.

Die Herstellung der Gusswerkstoffe erfolgt aus dem grauen Roheisen (Ausnahme: Stahlguss), dem Gussbruch und Stahlschrott zugesetzt wird. Zur Bezeichnung und Verwendung von Gusseisen s. Tab. 9.

Stahlguss

Stahlguss wird am häufigsten aus unlegierten Stahlsorten hergestellt, die in Formen gegossen werden. Stahlguss hat eine höhere Festigkeit als Gusseisen oder Temperguss. Er wird z. B. für Getriebe- und Hinterachsgehäuse, Bremstrommeln und Radnaben verwendet.

Gusseisen mit Lamellengraphit

Durch langsame Abkühlung wird der im Guss enthaltene Kohlenstoff (2,5 bis 3,5 % C) vollständig als grob verästelte Graphitadern (Abb. 1a) zwischen den Eisenkristallen ausgeschieden (Lamellengraphit). Die Graphitlamellen wirken bei Zugbeanspruchung des Gusseisens wie kleine Kerben und Risse. Diese mindern die Zugfestigkeit und Elastizität, erhöhen aber die Gleiteigenschaften (Notlaufeigenschaften) und die Schalldämpfung. Es ist gut gießbar und zerspanbar.

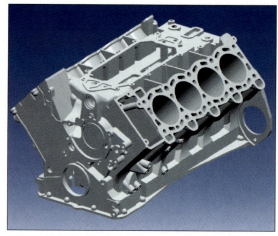

Abb. 2: Zylinderblock aus Gusseisen mit Vermikulargraphit

Gusseisen mit Vermikular- und Kugelgraphit

Der Schmelze wird Magnesium (Mg) zugesetzt. Mg bewirkt, dass sich der Kohlenstoff erst vermikular (lat.: wurmförmig, Vermikulargraphit: Abb. 1b, Anwendung: Abb. 2) und mit zunehmendem Mg-Anteil (über 0,01 %) mehr kugelförmig zwischen den Eisenkristallen ablagert (Abb. 1c). Durch die kugelförmigen Einlagerungen entstehen keine Kerbwirkungen. Dadurch ist die Zugfestigkeit 2- bis 4-fach höher als die von Gusseisen mit Lamellengraphit.

Weißer Temperguss

Die Gusswerkstücke werden etwa 80 Stunden in sauerstoffreicher Atmosphäre geglüht. Die Temperatur beträgt etwa 1070 °C. Dabei wird den äußeren Werkstoffschichten (bis maximal 5 mm tief) der Kohlenstoff größtenteils entzogen. Die Werkstücke werden weich und zäh. Weißer Temperguss ist schweißbar.

Schwarzer Temperguss

Die Werkstücke werden mehrere Tage unter Luftabschluss geglüht. Die Temperatur beträgt 800 °C bis 950 °C. Die Eisen-Kohlenstoff-Verbindung (Eisenkarbid) zerfällt, und der Kohlenstoff verteilt sich gleichmäßig in Form rundlicher Temperkohleflocken. Die Dehnung ist gegenüber Gusseisen erheblich größer.

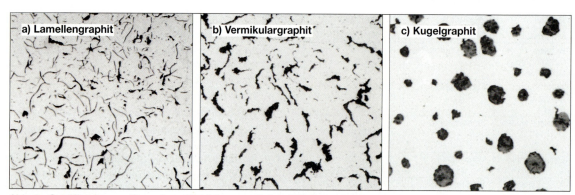

Abb. 1: Schliffbilder von Gusseisen (Abbildungsmaßstab 100:1)

Kapitel 10: Werkstoffe und ihre Normung

Schwarzer Temperguss lässt sich vergüten (Härten mit nachfolgendem Anlassen auf etwa 400 °C), oberflächenhärten, löten und bedingt schweißen. Die Schweißstellen sind nicht dauerbelastbar.

10.7.1 Bezeichnung der Gusswerkstoffe

Die Bezeichnung erfolgt nach DIN EN 1560 durch Kurzzeichen oder Werkstoffnummern (⇒TB: Kap. 3).

Kurzzeichen eines **Gusswerkstoffs** für Bremstrommeln:

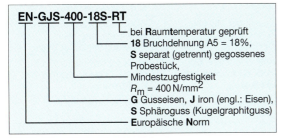

EN-GJS-400-18S-RT
- bei **R**aum**t**emperatur geprüft
- **18** Bruchdehnung A5 = 18 %,
- **S** separat (getrennt) gegossenes Probestück,
- Mindestzugfestigkeit $R_m = 400\,\text{N/mm}^2$
- **G** Gusseisen, **J** iron (engl.: Eisen),
- **S** Sphäroguss (Kugelgraphitguss)
- **E**uropäische **N**orm

10.8 Schwermetalle und ihre Legierungen

Schwermetalle sind alle Metalle und Legierungen, deren Dichte über 5 kg/dm³ liegt.

Diese Einteilung ist nicht genormt. Die Legierungen der Metalle werden in Gusslegierungen und Knetlegierungen unterschieden (⇒TB: Kap. 3).

Gusslegierungen werden durch Gießen zu Werkstücken verarbeitet.

Knetlegierungen werden durch spanlose Umformung (z. B. Walzen, Ziehen) zu Blechen, Profilen, Rohren oder Drähten verarbeitet.

Tab. 9: Kurznamen und Verwendung der Gusswerkstoffe (Auszug)

Kurzname	Mindestzugfestigkeit R_m in N/mm²	Verwendung
EN-GJL-250 (Gusseisen mit Lamellengraphit) DIN EN 1561	250	Zylinderblöcke, Gehäuse, Bremsscheiben, Kupplungsteile
EN-GJS-600 (Gusseisen mit Kugelgraphit) DIN EN 1563	600	Kurbelwellen, Nockenwellen, Hinterachsen, Getriebegehäuse, Bremstrommeln
EN-GJMW 400 (weißer Temperguss) DIN EN 1562	400	Bremstrommeln, Hebel, Getriebegehäuse, Bremsscheiben
EN-GJMB 700 (schwarzer Temperguss) DIN EN 1562	700	Kupplungsteile, Bremsbacken, Schwungräder, Radnaben

10.8.1 Kupfer

Kupfer wird aus kupferhaltigen Erzen (Kupferkies, Kupferglanz) gewonnen. Reines Kupfer ist sehr weich, zäh, gut legierbar und gießbar. Es hat eine gute elektrische Leitfähigkeit, ist gut lötbar und sehr korrosionsbeständig. Die spanende Bearbeitung wird durch lange Späne erschwert. Die **Dichte** beträgt 8,93 kg/dm³, der **Schmelzpunkt** 1083 °C.

Kupfer ist nach **Silber** der beste Wärme- und Elektrizitätsleiter. In reiner Form wird Kupfer hauptsächlich für elektrische Leitungen verwendet. Verunreinigungen setzen die Leitfähigkeit stark herab. Wegen der guten Wärmeleitfähigkeit wird Kupfer für Wärmetauscher, Heiz- und Kühlrohre verwendet.

10.8.2 Kupfer-Zink-Legierungen (Messing)

Gusslegierungen

Die Bezeichnung Messing ist durch die genauere Bezeichnung Kupfer-Zink-Legierung abgelöst worden. Diese Legierungen enthalten mindestens 50 % Cu und bis zu 44 % Zn. Zink verbessert die Gießfähigkeit und spanende Bearbeitbarkeit. Die Kennzeichnung der Gusslegierungen erfolgt durch den angehängten Buchstaben C. Die Ziffern geben den Prozentanteil der Hauptlegierungszusätze an.

Die Gusslegierung: Cu Zn 25 Al 5 Mn 4 Fe 3 - C (bisheriges Kurzzeichen: G-Cu Zn 25 Al 5) ist eine Kupfer-Zink-Gusslegierung mit 25 % Zn, 5 % Al, 4 % Mn, 3 % Fe, Rest Cu. Diese Legierung wird für Gleitlager und Schneckenräder verwendet.

Knetlegierungen

Knetlegierungen werden z. B. für Schrauben, Bänder, Kühler, Siebe und Lagerbuchsen verwendet. Cu Zn 40 R 340 ist eine Knetlegierung mit 60 % Cu und 40 % Zn, die Mindestzugfestigkeit wird durch den Buchstaben **R** und die folgenden Ziffern in N/mm² angegeben, hier 340 N/mm².

10.8.3 Kupfer-Zinn-Legierungen (Bronze)

Diese Legierungen enthalten mindestens 60 % Cu und als Hauptlegierungsbestandteil Sn. Zinn verbessert die Gleiteigenschaften und die Abriebfestigkeit.

Cu Sn 8 R 390 ist eine Knetlegierung mit 92 % Cu und 8 % Sn. Die Mindestzugfestigkeit beträgt 390 N/mm². Verwendung: Siebe, Federn und Membranen.

Abb. 3: Pleuelbuchsen

Tab. 10: Schwermetalle mit Verwendungsbeispielen

Werkstoff	Dichte	Schmelzpunkt	Eigenschaften	Verwendung
Blei (Pb)	11,4 kg/dm^3	328 °C	weich, biegsam, korrosionsbeständig, sehr giftig!	Batterieplatten, Lagermetalle, Weichlote
Chrom (Cr)	7,19 kg/dm^3	1857 °C	in reinem Zustand weich, gut dehn- und streckbar, mit Verunreinigungen hart und spröde, korrosionsbeständig, säurebeständig, polierfähig	Legierungsmetall für Stahl, Oberflächenschutz für Metallteile, Verschleißschutz für Kolbenringe und Zylinder
Silber (Ag)	10,5 kg/dm^3	962 °C	höchste elektrische und thermische Leitfähigkeit aller Metalle, läßt sich gut löten und kaltumformen	Silberlote, Überzüge für elektronische Kontaktteile
Vanadium (V)	6,1 kg/dm^3	1890 °C	in reiner Form weich und dehnbar, sonst hart, temperaturbeständig	Legierungsmetall für Stahl (z.B. Auslassventile)
Wolfram (W)	19,3 kg/dm^3	3410 °C	höchster Schmelzpunkt der Metalle, säurebeständig, schlecht gießbar, Verarbeitung durch Sintern	Glühlampendrähte, Schweißelektroden, Kontakte, Legierungsmetall für Stahl
Zink (Zn)	7,14 kg/dm^3	420 °C	gut gießbar, schweiß- und lötbar, gut spanend verarbeitbar, sehr hohe Längenausdehnung bei Erwärmung	Korrosionsschutz für Stahlbleche, Legierungsmetall für Cu (Messing)
Zinn (Sn)	7,3 kg/dm^3	232 °C	weich, korrosionsbeständig, läßt sich zu dünnen Folien walzen	Zinnlote, Lagermetall

10.8.4 Kupfer-Zinn-Blei-Legierungen

Kupfer-Zinn-Blei-Legierungen enthalten bis zu 10 % Zinn und bis zu 30 % Blei. Sie werden zu Lagerteilen vergossen, da sie gute Gleiteigenschaften und Notlaufeigenschaften vereinigen.

Die Gusslegierung **Cu Sn 5 Pb 20 - C** (bisheriges Kurzzeichen: G-Cu Pb 20 Sn) enthält 5% Sn, 20% Pb und 75 % Cu. Sie wird für hochbeanspruchte Pleuelbuchsen (Abb.3, S. 99) verwendet.

10.8.5 Lagermetalle

Gleitlager für Kurbelwellen erfordern Werkstoffe, die hohe Stoßbelastungen bei geringen Schichtdicken aufnehmen können. Diese Anforderungen erfüllen Lagermetalle mit hohem Zinn- oder Bleianteil, etwas Antimon (Sb) und Kupfer. Gusslegierungen mit hohem Zinnanteil eignen sich für hohe Belastungen und hohe Gleitgeschwindigkeiten (z.B. Sn Sb 12 Cu 6 Pb mit 12% Sb, 6% Cu, etwa 2% Pb, Rest Sn). Gusslegierungen mit hohem Bleianteil sind für mittlere Belastungen und Gleitgeschwindigkeiten einsetzbar (z.B. Pb Sb 15 Sn 10 mit 15% Sb, 10% Sn, Rest Pb).

10.8.6 Weitere Schwermetalle

Die Tab.10 enthält weitere im Kraftfahrzeugbau eingesetzte Schwermetalle, sowie deren Verwendung (Normung: ⇒ TB: Kap. 3).

10.9 Leichtmetalle und ihre Legierungen

> **Leichtmetalle** sind alle Metalle und Legierungen, deren Dichte unter 5 kg/dm^3 liegt.

Im Kraftfahrzeugbau werden überwiegend Leichtmetalllegierungen verarbeitet (Tab.11, Normung: ⇒ TB: Kap. 3).

10.9.1 Aluminium

Ausgangsstoff für die Herstellung ist das **Bauxit**. Aluminium ist ein guter Wärme- und Elektrizitätsleiter. Es ist gut zerspanbar und legierbar. Es hat eine geringe **Dichte** von 2,7 kg/dm^3 und eine geringe **Zugfestigkeit** (z.B. gegossen 90 bis 120 N/mm^2, gewalzt 195 bis 245 N/mm^2). Die Zugfestigkeit, Härte und Verschleißfestigkeit lassen sich durch Legieren (z.B. mit Si, Cu und Mn) erheblich verbessern. Aluminium ist sehr korrosionsbeständig, da es mit dem Luftsauerstoff eine Oxidhaut bildet, die eine weitere Oxidation verhindert. Der **Schmelzpunkt** beträgt 660 °C. Aluminium und Aluminiumlegierungen lassen sich gut kaltumformen sowie weich- und hartlöten. Schweißverbindungen sind durch MIG und WIG-Schweißverfahren möglich (s. Kap. 8).

Aluminiumgusslegierungen

Die Gießeigenschaften von Aluminium werden durch Zusätze von Cu und Si verbessert. Cu erhöht die Festigkeit, Si senkt den Schmelzpunkt, Magnesium

Tab. 11: Beispiele für Leichtmetalllegierungen

Legierung	Kurzname	Verwendung
Aluminiumgusslegierung	EN AC–AlSi 12 Cu 4 Ni 2 Mg (Thermodur)	Kolben
Aluminiumknetlegierung	EN AW-AlZn 4,5 Mg 1	Karosserieteile
Magnesiumgusslegierung	EN MC-MgAl 6 Zn 3	Getriebe- und Motorgehäuse, Felgen
Magnesiumknetlegierung	EN MW-Mg Mn 2 F 20	Armaturen, Kraftstoffbehälter
Titanknetlegierung	TiAl 6 V 4 F 89	Schrauben, Hebel und Gelenke im Rennsport

Kapitel 10: Werkstoffe und ihre Normung

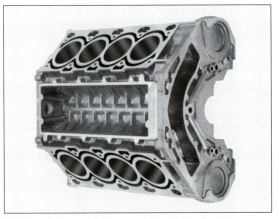

Abb. 1: Motorengehäuse aus Aluminiumdruckguss

(Mg) erhöht die Festigkeit und Härte. Die Gusslegierungen werden für Achsbauteile, Getriebegehäuse, Ölwannen, Kolben, Lüfterflügel, Motorengehäuse (Abb. 1) und Zylinderköpfe verwendet. Die Bezeichnung erfolgt durch Kurznamen oder Werkstoffnummern nach DIN EN 1706 und DIN EN 1780 (⇒ TB: Kap. 3).

Beispiel der Werkstoffnummer einer Gusslegierung für Zylinderköpfe:

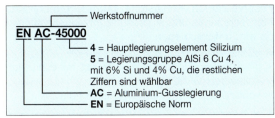

Kurzname nach DIN EN 1780: EN AC-AlSi 6 Cu 4.

Aluminiumknetlegierungen

Die Knetlegierungen enthalten meist höhere Cu-Anteile als die Gusslegierungen. Cu verringert die Korrosionsbeständigkeit gegenüber reinem Aluminium. Knetlegierungen werden für Zahnräder, Pleuelstangen, Karosserieteile, Radnaben und Zierleisten eingesetzt. Für Pleuel z.B. EN AW-AlZn 5 Mg 3 Cu mit etwa 5% Zn, 3% Mg, 1,5% Cu, Werkstoffnummer: EN AW-7022.

10.9.2. Magnesium

Magnesium (Mg) wird aus den Erzen Magnesit und Dolomit hergestellt. Es ist weich und wenig korrosionsbeständig. **Dichte:** 1,74 kg/dm^3, **Festigkeit:** 100 N/mm^2, **Schmelzpunkt:** 649 °C. Reines Magnesium ist sehr leicht entflammbar und kann nicht mit Wasser gelöscht werden (nur mit Sand oder Pulverlöschmitteln löschbar). Durch Legieren mit Al, Zn, Mn oder Zr (Zirkon) wird Magnesium korrosionsbeständig, fest, spanend bearbeitbar und schweißbar.

Magnesiumgusslegierungen

Magnesiumgusslegierungen werden für Kolben, Getriebe- und Pumpengehäuse verwendet (z.B. ENMC-MgAl 9 Zn 1 mit 9% Al und 1% Zn).

Magnesiumknetlegierungen

Magnesiumknetlegierungen werden für Blechprofile, Verkleidungen, Armaturen, Kraftstoffbehälter, Felgen und Gehäusedeckel eingesetzt (z.B. ENMW-MgAl 8 Zn F29 mit 8% Al und etwa 0,6% Zn, Mindestzugfestigkeit: 290 N/mm^2). Die **Mindestzugfestigkeit** wird durch den Buchstaben **F** und nachfolgende Ziffern in daN/mm^2 angegeben.

10.9.3 Titan

Titan wird aus Erzen erschmolzen. Die Herstellung ist sehr aufwändig; **Dichte:** 4,5 kg/dm^3, **Schmelzpunkt:** 1660 °C. Titan hat etwa die Festigkeit von Baustahl, aber eine größere Korrosionsbeständigkeit. Titanlegierungen mit Al und Molybdän (Mo) werden für Achsen und Motorenteile im Rennsport verwendet.

10.10 Nichtmetallische Werkstoffe

10.10.1 Kunststoffe

> **Kunststoffe** werden durch verschiedene chemische Verfahren überwiegend aus Kohlenstoff (C), Sauerstoff (O), Wasserstoff (H), Stickstoff (N), Schwefel (S) oder Chlor (Cl) hergestellt.

Je nach Mischung der Ausgangsstoffe und Herstellungsverfahren entstehen Kunststoffe mit **langkettigen Molekülen**, die unterschiedlich vernetzt sind (Abb. 2).

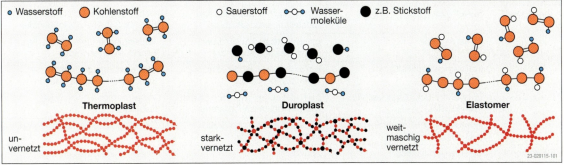

Abb. 2: Vernetzungsarten der Kunststoffe

Die Ausgangsstoffe und die Herstellung beeinflussen die technologischen und physikalischen Eigenschaften der Kunststoffe. Kunststoffe verändern ihr mechanisches Verhalten unter dem Einfluss von Wärme. Abhängig von diesem Verhalten werden sie in 3 Hauptgruppen unterteilt (⇒ TB: Kap. 3):

- **Thermoplaste** werden durch Wärmezufuhr weich und formbar, die Moleküle sind nur wenig vernetzt.
- **Elastomere** nehmen nach der Beanspruchung durch Zugkräfte wieder die ursprüngliche Form ein.
- **Duroplaste** sind durch Wärmezufuhr nicht mehr formbar, sie sind ausgehärtet. Die Moleküle sind stark vernetzt.

Die Festigkeit der Kunststoffe kann durch Glasfasern oder Kohlefasern erheblich verbessert werden (s. Kap. 10.11). Die Tab. 12 enthält die wichtigsten Kunststoffe, die im Kraftfahrzeugbau verwendet werden und ihre Bezeichnungen.

10.10.2 Glas

Glas wird aus den Rohstoffen Quarzsand, Soda, Dolomit, Kalk, Kohle und Feldspat erschmolzen. Die warme Glasmasse ist teigig und lässt sich gut umformen (z.B. durch Walzen).

Glas ist hart und druckfest. Es lässt sich nur durch Diamanten oder oxidkeramische Werkstoffe zerspanen. Für Kraftfahrzeugscheiben sind Sicherheitsgläser vorgeschrieben, die möglichst keine scharfkantigen Splitter ergeben, wenn es zum Bruch kommt (s. Kap. 45.5.4).

10.10.3 Gummi

Naturgummi wird aus dem milchigen Saft des Gummibaumes hergestellt (Latexmilch). Dazu wird die eingedickte Milch (Kautschuk) mit Schwefel- und Rußbeimengungen unter Druck erwärmt (vulkanisiert). Geringe Schwefelbeimengungen (5 % bis 20 %) ergeben einen weichen Gummi, der für Schläuche und Dichtungen geeignet ist.

Hartgummi erfordert größere Schwefelanteile (30 % bis 50 %). Daraus werden Griffe und Lenkräder hergestellt. Fahrzeugbereifungen bestehen aus Mischungen von Naturgummi und Kunstgummi (Styrol-Butadien-Kautschuk, SBR).

10.10.4 Keramische Werkstoffe

Keramische Werkstoffe sind z. B. Siliziumcarbid (Verbindung von Silizium und Kohlenstoff), Aluminiumoxid (Verbindung von Aluminium und Sauerstoff) und Siliziumnitrid (Verbindung von Silizium und Stickstoff). Diese Werkstoffe sind sehr hart, verschleißfest, chemisch und thermisch beständig. Sie eignen sich für hohe thermische Belastungen (z. B. Zirkoniumoxid für λ-Sonden). In Kraftfahrzeugen werden keramische Werkstoffe für Beschichtungen (z. B. Kolben, Kolbenringe), Zündkerzen, Glühkerzen, Hochleistungskupplungen und Hochleistungsbremsscheiben eingesetzt.

10.11 Verbundstoffe

Verbundstoffe sind Stoffe, die durch Verbindungen mit anderen Stoffen ihre Eigenschaften verbessern.

10.11.1 Faserverstärkte Kunststoffe

Faserverstärkte Kunststoffe (Abb. 1) ermöglichen Masseersparnis und sind sehr korrosionsbeständig. Es wird **unterschieden** in:

- glasfaserverstärkte Kunststoffe (GFK),
- glasfaserverstärkte Kunststoffe mit mineralischen Füllstoffen (GFM) und
- kohlenstofffaserverstärkte Kunststoffe (CFK).

Abb. 1: Pleuelstange aus CFK

Tab. 12: Kunststoffe (Beispiele)

Kunststoff	Bezeichnung	Eigenschaften	Verwendungsbeispiele
Thermoplast	Polyethylen (PE)	je nach Dichte weich bis hart herstellbar, unzerbrechlich	weich: für Kabelisolierungen, hart: für Scheibenwaschbehälter
	Polystyrol (PS)	glasklar, lässt sich einfärben, schwer zerbrechbar, steif	Abdeckungen für Rückleuchten, Blinker, Innenleuchten
	Polyvinylchlorid (PVC)	einfärbbar, weich, dehnbar, chemisch beständig	Polsterbezüge, Fußmatten, Innenverkleidung, Schläuche
Duroplast	Epoxidharz-Schichtpressstoffe (z.B. EPGM)	hart, einfärbbar, chemisch beständig, gut elektrisch isolierend	Verteilerkappen, Lenkräder, Gehäuse
	Phenolharz-Schichtpressstoffe (z.B. PFCC)	hohe Zähigkeit, hohe Biegefestigkeit, einfärbbar	Zahnräder, Lagerschalen, Rollen
Elastomer	Butadien-Kautschuk (BR: künstlicher Gummi)	abriebfest	Reifen, Gurte, Keilriemen

Kapitel 10: Werkstoffe und ihre Normung

Tab. 13: Dichteklassen der Sinterwerkstoffe

Klasse	Porenraumanteil	Verwendung
Sint-A	bis 60 %	Filter
Sint-B	bis 30 %	ölgetränkte Gleitlager
Sint-C	bis 20 %	Bauteile geringer Festigkeit, z. B. Hebel
Sint-D	bis 15 %	Bauteile höherer Festigkeit, z. B. Zahnriemenscheiben
Sint-E	bis 5 %	Bauteile mit hoher und höchster Festigkeit, z. B. Gewindebohrer

Glasfaserverstärkte Kunststoffe weisen nicht die Zugfestigkeit von CFK auf, sind aber kostengünstiger. Sie werden für Karosserieteile und Verkleidungen eingesetzt.

Glasfaserverstärkte Kunststoffe mit mineralischen Füllstoffen (z. B. Gesteinsmehl) lassen sich zu druck- und temperaturbeständigen Formteilen pressen (z. B. Isolierteile, Verteilerkappen).

Kohlenstofffaserverstärkte Kunststoffe übertreffen die Zugfestigkeit von hochwertigen Stählen. Sie erfordern eine aufwändige Fertigung. Sie sind nur bis etwa 160 °C einsetzbar und sehr kostenaufwändig. Versuchsweise wurden bisher Kolbenbolzen, Ventilfederteller, Karbonverkleidungen für Sportwagen und Pleuelstangen aus CFK hergestellt.

Die Masseersparnis von CFK, GFM und GFK beträgt etwa 50 % gegenüber Stahlwerkstoffen.

10.11.2 Gesinterte Werkstoffe

Durch Sintern (s. Kap. 5.1.2) lassen sich Werkstoffe zu Werkstücken (Abb. 2) verarbeiten oder verbinden, die sonst nur schwer verarbeitbar oder nicht legierbar sind, z. B. weil ihre Schmelzpunkte weit auseinanderliegen.

Die Sinterwerkstoffe werden aus Metallpulvern durch Pressen und Sintern hergestellt. Mit zunehmendem Pressdruck verringert sich der Porenraumanteil und erhöht sich die Dichte. Daher werden diese Stoffe nach ihrem Porenraumanteil in Klassen eingeteilt (Tab. 13, ⇒ TB: Kap. 3).

Durch Sintern werden neben porigen Werkstoffen auch Sinterreibstoffe (z. B. Bremsbeläge, Dauermagnetstoffe) und äußerst harte Werkstoffe (z. B. Hartmetalle bzw. oxidkeramische Schneidstoffe) hergestellt.

Abb. 2: Gebaute Nockenwelle mit gesinterten Nocken

10.12 Schneidstoffe

Für die spanende Fertigung werden Schneidstoffe benötigt. Sie sind **hart**, **verschleißfest** und **warmfest**. Für die Aufnahme der Zerspanungskräfte ist eine hohe Festigkeit des Schneidstoffs erforderlich.

Schneidstoffe sind:
- Werkzeugstähle,
- Hartmetalle und
- oxidkeramische Werkstoffe.

Werkzeugstähle

Ein härtbarer Stahl wird Werkzeugstahl genannt. Er wird zum Bearbeiten metallischer und nichtmetallischer Werkstoffe verwendet. Werkzeuge, z. B. Bohrer, Fräser oder Drehmeißel können aus diesem Werkstoff hergestellt werden.

Es gibt unlegierte, niedrig und hoch legierte Werkzeugstähle.

Hartmetalle

Hartmetalle werden aus Titankarbid, Wolframkarbid, Molybdänkarbid und Kobalt (als Bindemittel) durch Sintern hergestellt. Diese gesinterten Werkstoffe sind sehr hart. Es ist möglich, mit ihnen z. B. Hartguss, oberflächengehärtete Werkstücke, Glas und Keramik zu bearbeiten.

Oxidkeramische Schneidstoffe

Oxidkeramische Schneidstoffe werden durch Sintern aus den Oxiden von z. B. Aluminium, Magnesium, Titan und Beryllium hergestellt. Diese Keramiken sind sehr hart, verschleißfest und chemisch widerstandsfähig.

Aufgaben zu Kap. 10.7 bis 10.12

1. Beschreiben Sie die Auswirkungen von Kugelgraphit und Lamellengraphit auf die Festigkeit des Gusseisens.
2. Nennen Sie einen Werkstoff für Zylinderblöcke.
3. Nennen Sie Werkstoffe für Gleitlager.
4. Was unterscheidet die Leichtmetalle von den Schwermetallen?
5. Beschreiben Sie Vor- und Nachteile der Leichtmetalle gegenüber den Schwermetallen.
6. Nennen Sie Einsatzmöglichkeiten für Kunststoffe.
7. In welchen Eigenschaften unterscheiden sich Thermo- und Duroplaste?
8. Durch welche Maßnahmen lässt sich die Festigkeit von Kunststoff verbessern?
9. Beschreiben Sie den Einfluss des Schwefels auf die Eigenschaften von Gummi.
10. Welchen Vorteil bieten faserverstärkte Kunststoffe?
11. Nennen Sie Werkstoffe, die durch Sintern hergestellt werden.
12. Welche Anforderungen werden an Schneidstoffe gestellt?

11 Grundlagen technischer Systeme

Maschinen und Geräte sind **technische Systeme**, wie z. B. eine Werkzeugmaschine, ein Kraftfahrzeug oder dessen Motor. Sie sind in ihrer Gesamtfunktion oft schwer zu übersehen und zu verstehen. Nur durch eine **systematische Betrachtung** ihres Aufbaus und ihrer Wirkungsweise ist es möglich, ihre komplizierten Zusammenhänge zu erfassen.

11.1 Systemtechnische Grundlagen

Mit Hilfe der **Systemtechnik** ist es möglich, für alle technischen Systeme bestimmte Merkmale zu entwickeln und Übereinstimmungen zwischen den Systemen festzustellen (Systembetrachtung).

> Das Ziel der **Systembetrachtung** ist es, ein technisches System soweit zu zerlegen, dass eine übersichtliche **Darstellung** und **Untersuchung** (Analyse) des **technischen Systems** möglich ist.

Jedes technische System ist in sich abgeschlossen und durch die Systemgrenze nach außen gekennzeichnet (Abb. 1).

> Die **Systemgrenze** (gedachte Grenze) trennt ein technisches System von anderen technischen Systemen und/oder von seiner Umgebung ab.

Die Systemgrenzen werden häufig auch als **Schnittstellen** bezeichnet, z. B. in der Informatik (s. Kap. 12.4.2).

Jedes technische System ist gekennzeichnet durch
- **Eingabe** (Eingangsgrößen, Input), die von außerhalb der Systemgrenze kommt,
- **Verarbeitung** der Eingangsgrößen innerhalb des technischen Systems und
- **Ausgabe** (Ausgangsgrößen, Output), die über die Systemgrenze an die Umgebung geht (**EVA-Prinzip**, s. Kap. 12.1.4 und ⇒ TB: Kap. 1).

In der Abb. 1 ist die Eingabe, Verarbeitung und Ausgabe (EVA-Prinzip) für das technische System Ottomotor vereinfacht dargestellt.

> Ein technisches System steht über **Eingangsgrößen** und **Ausgangsgrößen** mit anderen Systemen und/oder mit der Umgebung in Verbindung.

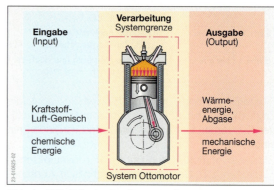

Abb. 1: EVA-Prinzip des Systems Ottomotor

Das **technische System** steht in Verbindung
- zu anderen technischen Systemen (z. B. Motor zum Getriebe),
- zum Menschen (z. B. durch Bedienen, Warten) und
- zur Umwelt (z. B. durch Lärm, Abgase).

11.2 Hauptfunktionen technischer Systeme

> Die **Hauptfunktion** eines technischen Systems ergibt sich aus dem **Unterschied** zwischen den **Eingangsgrößen** (Inputgrößen) und **Ausgangsgrößen** (Outputgrößen). Die Änderung von Größen wird **Umsetzung** genannt.

In technischen Systemen werden die Größen **Energie**, **Stoff** und **Information** umgesetzt. Dabei steht die Umsetzung einer dieser Größen im Vordergrund. Die Umsetzung dieser Größe ist die **Hauptfunktion** des technischen Systems.

> Die **Hauptfunktion** erfüllt den eigentlichen Zweck des technischen Systems, für die es entwickelt wurde.

Die Hauptfunktion eines technischen Systems kann in **Teil-** und in **Grundfunktionen** gegliedert werden (s. Kap. 11.3.2 und 11.3.3).

> Die **Summe** der Teil- und Grundfunktionen eines technischen Systems ist dessen **Hauptfunktion**.

Kapitel 11: Grundlagen technischer Systeme

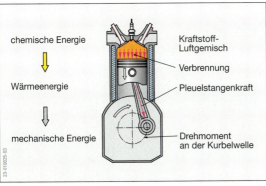

Abb. 2: Energieumsetzung im Verbrennungsmotor

Abb. 3: Stoffumsetzung (Formänderung) durch Werkzeugmaschine

Je nach dem, welche **Hauptfunktion** technische Systeme haben, werden diese unterteilt in:

- **energieumsetzende**,
- **stoffumsetzende** und
- **informationsumsetzende** Systeme.

11.2.1 Energieumsetzende Systeme

> **Energieumsetzung** ist die Umwandlung einer Energieform in eine andere Energieform.

Der Verbrennungsmotor wird zur Umsetzung von chemischer Energie in mechanische Energie verwendet. Mit dem erzeugten Drehmoment an der Kurbelwelle werden Fahrzeuge und Maschinen angetrieben.

Seine **Hauptfunktion** ist die **Energieumsetzung**. Die wichtigste **Eingangsgröße** ist die im Kraftstoff gebundene **chemische Energie**. Diese Energie wird durch Verbrennung in **Wärmeenergie** und über den Kurbeltrieb weiter in **mechanische** Energie umgewandelt (Abb. 2).

11.2.2 Stoffumsetzende Systeme

> **Stoffumsetzung** umfasst die Formänderung oder den Transport (Lageänderung) von Stoffen.

Mit der **Bremstrommeldrehmaschine** (Abb. 3) wird z. B. die Form der gegossenen Bremstrommel durch Trennen, d. h. Ausdrehen, soweit verändert, dass die gewünschten Maße und die geforderten Toleranzen durch Stoffumsetzung (Formänderung) erreicht werden.

An der **Stoffumsetzung** im **Verbrennungsmotor** sind überwiegend Kraftstoff, Luft, Öl und Wasser beteiligt.

Die **Kühlmittelpumpe** eines Motors gehört zur Motorkühlung. Ihre Hauptfunktion ist der **Transport** des Kühlmittels, d. h. Stoffumsetzung durch Lageänderung (Abb. 4).

Das Gleiche gilt auch für den Lüfter, der die Luft für die Motorkühlung transportiert bzw. den Transport der Luft während der Fahrt unterstützt (Lageänderung, Abb. 4).

11.2.3 Informationsumsetzende Systeme

> **Informationsumsetzung** ist die Umwandlung und/oder die Weitergabe von Informationsgrößen, z. B. physikalische Größen wie Temperatur, Luftdurchsatz, Geschwindigkeit.

Die **Informationsumsetzung** erfasst die Daten, die zum Betrieb des Verbrennungsmotors benötigt werden. Dazu gehören Informationen über den Kraftstoff- und Luftsatz, aber auch Daten über den Betriebszustand des Verbrennungsmotors, wie z. B. Motordrehzahl, Lastzustand, Kühlmittel- und Öltemperatur (Abb. 1, S. 106).

So wird z. B. die **Temperatur** der **Kühlflüssigkeit** durch einen Temperatursensor (s. Kap. 53.3.1) erfasst.

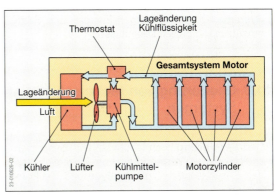

Abb. 4: Stoffumsetzung durch Lageänderung

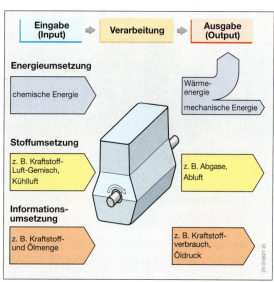

Abb. 1: Energie-, Stoff- und Informationsumsetzung im Verbrennungsmotor

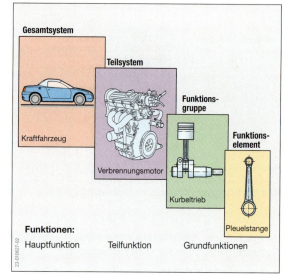

Abb. 2: Gliederung eines technischen Systems

Dies erfolgt durch eine Widerstandsänderung des Temperatursensors und der damit verbundenen Spannungsänderung an einem Messwiderstand im Steuergerät. Die Spannungsänderung wird im Steuergerät gemessen und anhand von gespeicherten Werten in einem **Kennfeld** die Motortemperatur ermittelt. Im Steuergerät wird die ermittelte Temperatur verarbeitet, um z. B. die Einspritzmenge zu bestimmen, die bei dieser Motortemperatur benötigt wird, um z. B. den Leerlauf des Motors zu gewährleisten.

> Das **Eingangssignal** (Widerstandsänderung) wird im Gerät verarbeitet (**Informationsverarbeitung**) und als **Ausgangssignal** (Einspritzzeit) ausgegeben (**EVA-Prinzip**).

Technische Systeme enthalten immer eine Informationsverarbeitung (Informationsumsetzung).

> **Steuer-** und **Regeleinrichtungen** eines Verbrennungsmotors sind **informationsumsetzende Systeme**. Durch sie werden Energie- und Stoffumsetzungen gezielt beeinflusst.

11.3 Gliederung von technischen Systemen

> Die **Gliederung** von technischen Systemen erleichtert das **Verständnis** von Einzeleinheiten des Gesamtsystems, die **Analyse** und die **Fehlersuche**.

Technische Systeme werden wie folgt unterteilt (Abb. 2):

- **Gesamtsystem**; es ist zuständig für die Erfüllung der **Hauptfunktion**, z. B. soll das Kraftfahrzeug Personen und/oder Güter befördern.

- **Teilsystem**; es ist zuständig für die Erfüllung einer **Teilfunktion** (s. Kap. 11.3.2), z. B. soll der Verbrennungsmotor chemische Energie in mechanische Energie umwandeln (Abb. 2, S. 105). Das Teilsystem ist eine **selbständig verwendbare Einheit**. So kann z. B. der Verbrennungsmotor in verschiedenen Kraftfahrzeugen seine Teilfunktion erfüllen.

- **Funktionsgruppe**; sie ist zuständig für die Erfüllung einer **Grundfunktion** (s. Kap. 11.3.3), so soll z. B. der Kurbeltrieb des Verbrennungsmotors die hin- und hergehende Bewegung des Kolbens in eine drehende Bewegung der Kurbelwelle umwandeln.

  Die **Funktionsgruppe** ist eine nicht **selbstständig verwendbare Einheit** eines Teilsystems.

- **Funktionselement**; es ist die kleinste unteilbare Einheit einer Funktionsgruppe, z. B. Kurbelwelle, Pleuel, Kolben, Kolbenbolzen, Lagerschalen. Auch das Funktionselement hat eine **Grundfunktion** zu erfüllen. So soll z. B. das Pleuel die Kraft vom Kolben, die durch den Verbrennungsdruck entsteht, auf die Kurbelwelle leiten.

Was z. B. als Gesamtsystem oder Teilsystem angesehen wird, hängt vom Betrachter ab. Für den **Hersteller** eines **Kraftfahrzeugs** ist das Kraftfahrzeug das Gesamtsystem und z. B. der Motor ein Teilsystem. Der **Motorenhersteller** wird aber den Motor als Gesamtsystem betrachten und z. B. die Einspritzanlage als Teilsystem ansehen.

Kapitel 11: Grundlagen technischer Systeme

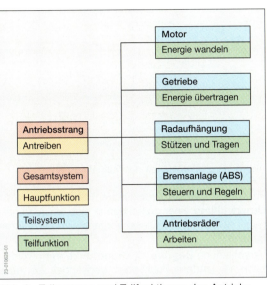

Abb. 3: Teilsysteme und Teilfunktionen des Antriebsstrangs

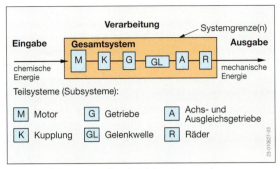

Abb. 4: Teilsysteme des Antriebsstrangs eines Kraftfahrzeugs

11.3.1 Teilsysteme des Kraftfahrzeugs

Jedes Kraftfahrzeug besitzt die folgenden **Teilsysteme** (Abb. 3):
- Antriebseinheit, z. B. Verbrennungsmotor,
- Energieübertragungseinheit, z. B. Getriebe,
- Stütz- und Trageinheit, z. B. Radaufhängung,
- Steuerungs- und Regelungseinheit, z. B. ABS der Bremsanlage und
- Arbeitseinheit, z. B. Antriebsräder.

Antriebseinheit

Die **Antriebseinheit** wandelt die zugeführte **Energie** in die erforderliche **Antriebsenergie** um.

Im Kraftfahrzeug wird durch den Motor (Antriebseinheit) die zugeführte chemische Energie in mechanische Energie umgewandelt (Abb. 2, S. 105).

Energieübertragungseinheit

Die **Energieübertragungseinheit** leitet die **Energie** in der geforderten Bewegungsart und Bewegungsgeschwindigkeit zu den **Antriebsrädern**.

Die Übertragung der mechanischen Energie des Motors erfolgt über den Antriebsstrang (Übertragungseinheit, Abb. 4).

Stütz- und Trageinheit

Am **System Kraftfahrzeug** ist die Stütz- und Trageinheit der Rahmen oder der selbsttragende Aufbau. Diese haben hauptsächlich die Aufgabe, die Teilsysteme aufzunehmen und zu einer Einheit zu verbinden.

Steuerungs- und Regelungseinheit

Die **Steuerungs-** und **Regelungseinheit** beeinflusst die **Stoff-** und **Energieumsetzung** durch **Informationsverarbeitung**.

Im **Kraftfahrzeug** sind mehrere Steuerungs- und Regelungseinheiten vorhanden, z. B. Lenk-, Brems-, Einspritz-, Zünd- und Abgaseinheiten.

Arbeitseinheit

Die **Arbeitseinheit** ist das Teilsystem, durch das eine **Hauptfunktion** unmittelbar erfüllt wird.

Die **Arbeitseinheit** des **Kraftfahrzeugs** ist die Verbindung Antriebsrad/Straße. Durch die Drehung der Antriebsräder auf der Straße werden Personen und Güter befördert (Erfüllung der Hauptfunktion).

11.3.2 Teilfunktionen

Wird z. B. der **Antriebsstrang** eines Kraftfahrzeugs als **Gesamtsystem** betrachtet, so sind Motor, Kupplung, Getriebe usw. **Teilsysteme** (Abb. 4). Sie übernehmen für die Kraftübertragung bis zu den Rädern eine bestimmte **Teilfunktion**.

Die Anordnung und Verknüpfung der **Teilsysteme** ergibt die **Struktur** der **Teilsysteme** und die **Teilfunktionsstruktur** eines Gesamtsystems.

Im Kraftfahrzeug vorhandene Systeme haben viele, häufig alle der in der Abb. 3 aufgeführten Teilfunktionen und damit Teilfunktionsstruktur. Diese sind typisch für technische Systeme.

11.3.3 Grundfunktionen

Grundfunktionen technischer Systeme können nicht mehr in weitere Funktionen **zerlegt** werden.

Grundfunktionen sind immer Bestandteile einer Teilfunktion, wobei das Zusammenwirken mehrerer Grundfunktionen zu einer Teilfunktion führt. So wird

z. B. die Teilfunktion **Antreiben** der Kurbelwelle während des Startens durch die Antriebseinheit Starter (Elektromotor) verwirklicht. Das Antreiben wird durch die Grundfunktionen **Koppeln** und **Unterbrechen** (Ein- und Ausschalten) und **Wandeln** (elektrische Energie in mechanische Energie) verwirklicht (Abb. 1).

Grundfunktionen beinhalten wie die Haupt- und Teilfunktionen Energie-, Stoff- und Informationsumsetzung (s. Kap. 11.2).

> **Grundfunktionen** werden durch entsprechende **Funktionsgruppen** und **Funktionselemente** ausgeführt.

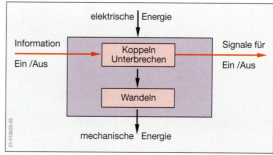

Abb. 1: Grundfunktionen der Teilfunktion Antreiben

Ausgehend von den Funktionsgruppen und Funktionselementen lassen sich am **Kraftfahrzeug** z. B. folgende Grundfunktionen, die im Text hervorgehoben sind, unterscheiden:

Der Generator erzeugt elektrische Energie. Dies geschieht durch das **Wandeln** mechanischer Energie. Der Antrieb des Generators erfolgt über einen Keilriemen. Über diesen findet das **Leiten** von Kräften statt. Gleichzeitig erfolgt das **Leiten** von elektrischem Strom zu den Verbrauchern durch einen Leiter und ein **Isolieren** durch die Kunststoffbeschichtung des Leiters, um Kurzschlüsse zu vermeiden. Bevor der elektrische Strom aus dem Generator zu den Verbrauchern fließt, muss er gleichgerichtet werden. Dieser Vorgang wird als **Richten** bezeichnet.

Durch die unterschiedlichen Riemenscheibendurchmesser erfolgt ein **Vergrößern** der Drehzahl des Generators gegenüber der Kurbelwellendrehzahl.

An der Nockenwelle eines Viertakt-Motors findet dagegen ein **Verkleinern** der Motordrehzahl statt.

In der Batterie erfolgt ein **Speichern** der vom Generator erzeugten elektrischen Energie.

Wird der Rückwärtsgang eingelegt, erfolgt ein **Richtungsändern** der Drehrichtung der Antriebsräder.

Wird die Bremse betätigt, so erfolgt die Kraftübertragung durch die in den Bremsleitungen geführte Bremsflüssigkeit. Dieser Vorgang wird **Führen** genannt.

Die Abgase werden nach dem Verlassen des Verbrennungsraumes durch die Abgasanlage geführt und danach einfach in die Umwelt abgelassen. Dies wird als **Nichtführen** bezeichnet.

Während der Kühlung des Motors erfolgt ein **Verbinden** von Wärmeenergie mit der Kühlflüssigkeit. Im Motorkühler findet ein **Trennen** der Wärmeenergie von der Kühlflüssigkeit statt. Wird die Heizungsanlage betätigt, so wird die Kühlflüssigkeit zum Teil zur Heizungsanlage geführt. Dies wird als **Teilen** von Stoff und Energiemengen bezeichnet.

Das **Fügen** beider Kühlflüssigkeitsmengen erfolgt in den Kühlflüssigkeitsräumen des Verbrennungsmotors.

Im Kompressor der Druckluftbremsanlage erfolgt die **Umwandlung** einer drehenden in eine hin- und hergehende Bewegung. Dieser Vorgang wird **Oszillieren** genannt.

Verschiedene **Begriffe** für **Grundfunktionen** werden auch für andere Funktionen verwendet, so dass Überschneidungen begrifflicher Inhalte nicht zu vermeiden sind. In der Kraftfahrzeugtechnik wird z. B. ein Getriebe auch Drehmoment- und Drehzahlwandler genannt, da das Drehmoment und die Drehzahlen durch die Zahnradübersetzungen verkleinert oder vergrößert werden können. Mit »Wandeln« ist aber eine andere Funktion gemeint: Umwandlung einer Energieform in eine andere.

Aufgaben

1. Was sind technische Systeme und wodurch erfolgt ihre Kennzeichnung?
2. Nennen Sie fünf Beispiele für technische Systeme des Kraftfahrzeugs.
3. Nennen Sie das Prinzip, nach dem in technischen Systemen gearbeitet wird. Geben Sie ein Beispiel aus der Kfz-Technik an.
4. Nennen Sie die drei Umsetzungsarten (Hauptfunktionen) technischer Systeme.
5. Beschreiben Sie die Stoffumsetzung einer Kühlmittelpumpe.
6. Was ist ein Funktionselement?
7. Nennen Sie drei Teilsysteme des Kraftfahrzeugs.
8. Nennen Sie die fünf typischen Teilfunktionen technischer Systeme.
9. Welche Aufgabe hat die Energieübertragungseinheit?
10. Welche Aufgabe hat die Stütz- und Trageinheit?
11. Welches Teilsystem des Kraftfahrzeugs erfüllt die Hauptfunktion?
12. Welche Aufgaben hat die Steuerungseinheit einer Hebebühne?
13. Was haben alle Grundfunktionen gemeinsam?
14. Aus welchen Funktionen wird eine Teilfunktion gebildet?
15. Nennen Sie drei Grundfunktionen, die zur Teilfunktion »Bremsen mit einer Trommelbremse« gehören.
16. Erläutern Sie die Grundfunktion »Leiten« anhand der Wirkungsweise des Starters.

12 | Steuerungs-, Regelungs- und Informationstechnik

12.1 Grundlagen

Aufgabe der Steuerungs-, Regelungs- und Informationstechnik ist es, den Menschen dort zu entlasten, wo ihm eine Überwachung, Lenkung oder Ausführung von Arbeitsabläufen nur schwer oder nicht mehr möglich ist.

Dazu gehören z. B. Arbeitsabläufe, die den Menschen durch Lärmbelästigung und Eintönigkeit überfordern (z. B. Karosserieschweißarbeit, Bandarbeit), oder Vorgänge, welche die menschliche Reaktionsfähigkeit übersteigen (z. B. Abbremsung eines Fahrzeugs mit größtmöglicher Bremsverzögerung, ohne dass die Räder blockieren).

12.1.1 Steuerung

> Das **Steuern** oder die **Steuerung** ist nach DIN 19226 der Vorgang in einem System, bei dem eine oder mehrere Eingangsgrößen die Ausgangsgrößen aufgrund der Gesetzmäßigkeit des Systems beeinflussen.

Die **Bremsanlage** (Abb. 1) ist z. B. ein **Steuerungssystem**, das die Aufgabe hat, die Verringerung der Raddrehzahl, d. h. die Verringerung der Fahrgeschwindigkeit zu steuern. Die **Eingangs-** oder **Führungsgröße w** ist die Fußkraft (z. B. 300 N) am Bremspedal. Die **Ausgangs-** oder **Aufgabengröße v** ist die Verringerung der Fahrgeschwindigkeit (Abb. 2).

Die **Gesetzmäßigkeit** eines Steuerungssystems besteht in dem **Zusammenwirken** der **Einzelbauteile**. Für die Steuerung der hydraulischen Bremsanlage bestehen Gesetzmäßigkeiten in der mechanischen Kraftübersetzung (Bremspedal), dem Druckaufbau (Hauptzylinder), der hydraulischen Druckübertragung (Bremsleitungen), der hydraulischen Kraftübersetzung (Haupt- und Radzylinder) und den Reibpaarungen (Bremsbelag/Bremsscheibe, Reifen/Straßenbelag).

> Die **Anordnung** der **Bauteile** einer Steuerung in der Reihenfolge des **Wirkungsablaufs** zwischen Eingangs- und Ausgangsgröße wird als **Steuerkette** bezeichnet.

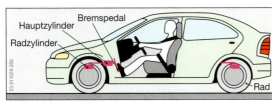

Abb. 1: Steuerung der Bremsanlage

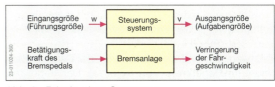

Abb. 2: Prinzip einer Steuerung

Für die Steuerung der hydraulischen Bremsanlage bilden z. B. das Bremspedal, der Hauptzylinder, die Radzylinder mit den Leitungen, die Bremsbeläge mit den Bremsscheiben, die Räder und die Straße die Steuerkette (Abb. 3).

> Kennzeichen eines **Steuerungssystems** ist der **offene Wirkungsablauf** der einzelnen Bauteile (Übertragungsglieder) der **Steuerkette**.

Offener Wirkungsablauf bedeutet, dass Störgrößen, die auf die **Steuerstrecke** einwirken, durch die Steuereinrichtung nicht berücksichtigt werden. Die **Steuereinrichtung** umfasst die Bauteile der Steuerung, die auf die Steuerstrecke einwirken (Abb. 3).

> Die **Steuerstrecke** ist der Teil der Steuerkette, durch den die Aufgabengröße von der Stellgröße des Stellglieds direkt beeinflusst wird.

Steuerstrecke der Bremsanlage ist die **Reibungskraft** der Bremsbeläge, welche die Verringerung der Fahrgeschwindigkeit direkt beeinflusst. Die Reibungskraft wird durch die Anpresskraft (Stellgröße) der Radzylinderkolben (Stellglied) verändert (Abb. 3).

Störgrößen der Steuerung der Bremsanlage sind z. B. Luft in den Bremsleitungen, die den Bremsdruckaufbau verzögert oder klemmende Kolben der Radzylinder. Zu geringer Bremsdruck verringert die Anpresskraft der Beläge an die Bremsscheiben und damit die schnelle Verringerung der Fahrgeschwindigkeit. Straßenglätte lässt die Räder blockieren, die Bremsverzögerung nimmt ab.

> Die Wirkung der **Störgrößen** kann durch eine Steuerung nicht aufgehoben werden.

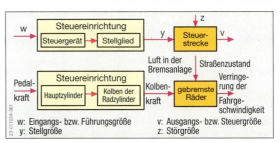

Abb. 3: Steuerkette der Bremsanlage als Blockschaltplan

12.1.2 Regelung

> Das **Regeln** oder die **Regelung** ist nach DIN 19 226 der Vorgang in einem System, bei dem die zu **regelnde Größe** (Regelgröße x) fortlaufend gemessen und mit dem Sollwert (Führungsgröße w) ständig verglichen und diesem angepasst wird.

Der Vergleich und die Anpassung der Regelgröße x findet im **Regelkreis** statt (Abb. 1a). Der Regelkreis stellt einen in sich **geschlossenen Wirkungsablauf** dar.

> Kennzeichen eines **Regelsystems** ist der **geschlossene Wirkungsablauf**, den die Signalglieder zum Regelkreis schließen.

Der Regelkreis wird unterteilt in **Regeleinrichtung**, **Regelstrecke** und **Signalglieder** (Abb. 1a). Der geschlossene Wirkungsablauf ergibt sich durch die Signalglieder.

> Im Gegensatz zur Steuerung wird bei einer Regelung der **Einfluss** der **Störgrößen** im Regelkreis erfasst und für die Korrektur der Regelgröße x berücksichtigt.

Eine **Bremsanlage** mit **Antiblockiersystem** (ABS) bildet einen **Regelkreis** (Abb. 2). Der Blockschaltplan der Anlage zeigt die schematische Übersicht der Bauteile (Abb. 1b). Aufgabe des ABS ist es, den Bremsdruck so zu beeinflussen, dass das Fahrzeug so schnell wie möglich abgebremst wird, ohne dass die Räder blockieren (s. Kap. 44.2). Die Drehzahl der abgebremsten Räder darf die berechnete **Referenzgeschwindigkeit** nicht unterschreiten. Diese Forderung entspricht dem **Sollwert**, der Führungsgröße w. Der Sollwert wird vom Steuergerät aus den Signalen der Raddrehzahlsensoren berechnet. Diese liefern auch die Informationen über die tatsächlichen Raddrehzahlen der einzelnen Räder, den **Istwert x**. Ergeben sich Drehzahlunterschiede zwischen den Rädern (Blockierneigung), so werden im Steuergerät die notwendigen Spannungsimpulse für die Stellglieder errechnet. Über die Stellglieder (Hydraulikeinheit mit Magnetventilen) wird der Bremsdruck so verändert, dass das Blockieren der Räder verhindert wird. Der Istwert wird an den Sollwert angeglichen.

Auftretende **Störgrößen**, wie z. B. Straßenzustand oder unterschiedlich abgefahrene Reifen werden durch die Regelung berücksichtigt.

12.1.3 Signalfluss

Der Aufbau der Steuerungen oder Regelungen (z. B. Bremsanlage) lässt sich nach der Wirkungsrichtung (Signalfluss) und der Funktionsweise (Funktionsglieder, Funktionseinheiten) in jeweils drei Hauptgruppen einteilen, die auf die Steuerstrecke wirken (Abb. 3).

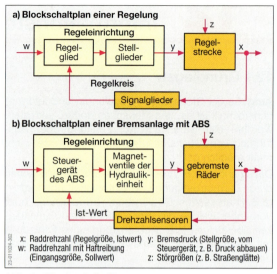

x: Raddrehzahl (Regelgröße, Istwert)
w: Raddrehzahl mit Haftreibung (Eingangsgröße, Sollwert)
y: Bremsdruck (Stellgröße, vom Steuergerät, z. B. Druck abbauen)
z: Störgrößen (z. B. Straßenglätte)

Abb. 1: Blockschaltpläne

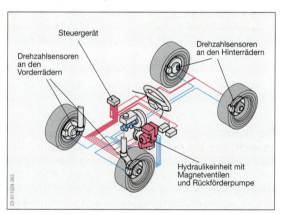

Abb. 2: Bremsanlage mit Antiblockier-Regelung (ABS)

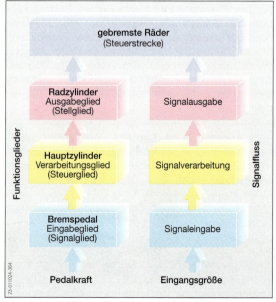

Abb. 3: Signalfluss der Steuerung einer Bremsanlage

Kapitel 12: Steuerungs-, Regelungs- und Informationstechnik

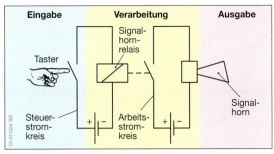

Abb. 4: Steuerung der Signalhornanlage eines Kraftfahrzeugs

12.1.4 EVA-Prinzip

Das Prinzip des Signalflusses: Eingabe, Verarbeitung, Ausgabe wird als »**EVA-Prinzip**« bezeichnet (⇒ TB: Kap. 1). Alle Steuerungen und Regelungen arbeiten nach dem EVA-Prinzip und bestehen aus:

- **Eingabegeräten** (Sensoren), z. B. Schalter, Hebel, Pedale,
- **Verarbeitungsgeräten** (Steuergeräte), z. B. Prozessoren, Steuergeräte, Relais, Getriebe und
- **Ausgabegeräten** (Aktoren), z. B. Lampen, Zündspulen, Arbeitszylinder, Bremsbeläge.

So besteht z. B. die Signalhornanlage (Abb. 4) aus dem Taster als Eingabegerät, das den Steuerstromkreis schließt. Die Verarbeitung der Eingabe erfolgt in dem Signalhornrelais, das durch den schwachen Steuerstrom elektromagnetisch den Arbeitsstromkontakt schließt. Der Arbeitsstrom versetzt die Membran des Ausgabegerätes (Signalhorn) in hörbare Schwingungen.

12.1.5 Signalformen

> Steuerungen und Regelungen werden durch **Eingangssignale** in ihrer Wirkungsweise beeinflusst und liefern **Ausgangssignale**. Die Signale können dabei analoge, binäre oder digitale Form haben.

Ein Signal ist **analog** (analogia, gr.: Gleichförmigkeit), wenn zwischen zwei Größen (z. B. Drehzahlen) unendlich viele Zwischenwerte möglich sind (Abb. 5a). So ist z. B. das Eingangssignal der Fahrzeuglenkung, die Drehbewegung des Lenkrades, ein analoges Signal. Das Lenkrad kann zwischen zwei Endlagen beliebig viele Zwischenstellungen einnehmen.

Ein Signal ist **binär** (binarium, lat.: zwei, beide), wenn es nur zwei Werte liefern kann (Abb. 5b). Ein Schalter bzw. eine Kontrolllampe liefert nur zwei Informationen: **Ein** oder **Aus**. Informationen, die nur zwei mögliche Inhalte haben, stellen die kleinste Informationseinheit dar. Diese wird als **Bit** bezeichnet (Bit: engl. Abkürzung aus: **b**inary dig**it** = Zweierstelle, Zweierzahl).

Ein Signal ist **digital** (digitus, lat.: zeigen, Zeiger), wenn die **Größen** in festgelegten Schritten angegeben werden, ohne dass es Zwischenwerte gibt (Abb. 5c).

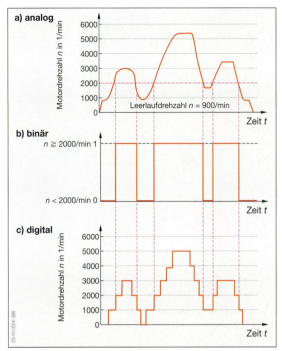

Abb. 5: Signalformen

So rückt z. B. die Anzeige einer digitalen Uhr sprunghaft um je eine Sekunde weiter (60 Schritte/min).

In der Abb. 5 sind die drei Signalformen am Beispiel der Messung der Motordrehzahl dargestellt. **Analog** lassen sich alle Zwischenwerte der Drehzahl von 0 bis z. B. 6000/min darstellen.

Binär kann nur erfasst werden, ob die Drehzahl ober- oder unterhalb eines bestimmten Wertes liegt, z. B. 2000/min. **1** bedeutet, dass der Wert erreicht oder überschritten wurde. **0** bedeutet, dass der Wert darunter liegt. **Digital** ergeben sich nur Zwischenwerte in Sprüngen von z. B. 1000/min, wenn eine Drehzahl bis zu 6000/min in 6 Schritten angegeben werden soll.

12.1.6 Signalwandler

> **Signalwandler** wandeln ein Signal von einer Signalform in eine andere um.

Für die Verarbeitung eines analogen Signals in einer digital arbeitenden Steuerung oder Regelung muss das analoge Signal durch einen **Analog/Digital-Wandler** (A/D-Wandler) in ein digitales oder binäres Signal umgewandelt werden. Jeder Übergang von einer Signalform in eine andere erfordert einen entsprechenden Signalwandler. So wird z. B. der Raddrehzahlsensor (Hallgeber, s. Kap. 53.3.4, ⇒ TB: Kap. 12) des ABS als **Analog/Binär-Wandler** eingesetzt, da er die analoge Drehzahl des Rades in eine Rechteckspannung umwandelt, die als binäres Signal vom Steuergerät ausgewertet wird. Aus der Anzahl der Spannungsimpulse je Zeiteinheit errechnet das Steuergerät die Radgeschwindigkeit.

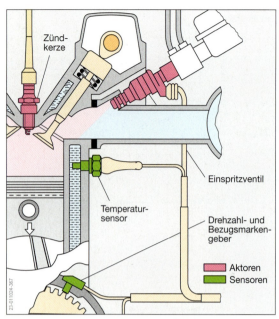

Abb. 1: Sensoren und Aktoren am Motor

12.1.7 Sensoren

Eingangssignale werden durch Sensoren (Signalglieder) erfasst und an das Steuer- bzw. Regelungssystem weitergeleitet (⇒ TB: Kap. 12).

> **Sensoren** (Signalglieder) erfassen physikalische Größen und wandeln diese z.B. in elektrische Spannungsimpulse um.

So benötigt das Steuergerät elektronischer Einspritzanlagen Informationen über z.B. die Motordrehzahl, die Motortemperatur, die Ansauglufttemperatur, den Lastzustand und die Abgaszusammensetzung, um daraus die erforderliche Kraftstoffmenge zu ermitteln. Die physikalischen Größen (z.B. Motortemperatur, Kraftstoffdruck, Motordrehzahl) werden durch entsprechende Sensoren erfasst (Abb. 1) und an das **Steuergerät** der Einspritzanlage weitergeleitet.

12.1.8 Aktoren

> **Aktoren** (Stellglieder) sind Bauteile, die durch die Ausgangssignale eines Steuerungs- oder Regelungssystems zum Arbeiten veranlasst werden.

So gehören z.B. zu den Aktoren einer Einspritzanlage die **Magnetventile** (Einspritzventil, Abb. 1). Diese erhalten vom Steuergerät das Ausgangssignal in Form von Spannungsimpulsen, wodurch sie öffnen. Dadurch wird während der Öffnungszeit der Ventile eine bestimmte Kraftstoffmenge in das Saugrohr des Verbrennungsmotors eingespritzt. Weitere Aktoren sind z.B. Zündspulen, Kontrollleuchten, Stellmotoren (⇒ TB: Kap. 12).

12.2 Steuerungsarten

Für das Betreiben einer Steuerung oder Regelung wird Energie benötigt, die sogenannte **Hilfsenergie**, die durch unterschiedliche **Übertragungsmedien** weitergeleitet werden kann. Nach der Art der Energieübertragung und der Steuerungsgeräte (Gerätetechnik) werden z.B. folgende **Steuerungsarten** unterschieden:

- **mechanische Steuerungen** (Übertragungsmedium: feste Stoffe, Gerätetechnik: Mechanik),
- **hydraulische Steuerungen** (Übertragungsmedium: flüssige Stoffe, Gerätetechnik: Hydraulik),
- **pneumatische Steuerungen** (Übertragungsmedium: gasförmige Stoffe, Gerätetechnik: Pneumatik) und
- **elektrische Steuerungen** (Übertragungsmedium elektrischer Strom, Gerätetechnik: Elektrik).

12.2.1 Mechanische Steuerungen

Mechanische Steuerungen sind z.B. Ventilsteuerung (Abb. 2), Lenkung, Schaltgetriebe, Feststellbremsanlage und Fensterheber.

Für die **Signaleingabe** werden z.B. Wellen (Nockenwelle der Ventilsteuerung), Hebel (Feststellbremse), Handkurbeln (Fensterheber) und Lenkräder (Lenkung) verwendet.

Die **Signalverarbeitung** erfolgt z.B. durch Nocken (Nocken der Ventilsteuerung, Bremsnocken), Zahnradpaarungen (Getriebe, Lenkgetriebe) und Pleuel mit Kurbelzapfen (Kurbeltrieb).

Stellglieder für die **Signalausgabe** sind z.B. Hebel (Schwinghebel der Ventilsteuerung, Spurhebel der Lenkung) und Wellen (Getriebeausgangswelle).

Die **Energieübertragung** erfolgt z.B. durch Zahnräder, Wellen, Ketten, Schubglieder und Riemen.

Die **mechanische Ventilsteuerung** (Abb. 2) hat als Ausgangs- bzw. **Steuergröße v** die Aufgabe, den Ladungswechsel (Beginn und Ende der Frischladung bzw. des Auslassens der verbrannten Gase) zu steuern.

Führungsgröße w ist die Drehbewegung der Nockenwelle. Die **Stellgröße y** ist der Ventilhub. **Störgrößen z** sind z.B. Verschleiß und Temperatur.

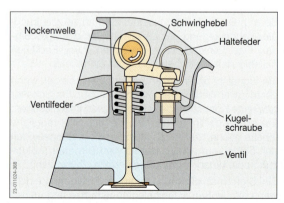

Abb. 2: Ventilsteuerung

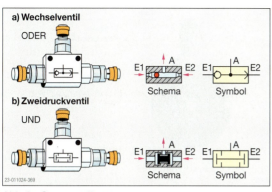

Abb. 3: Sperrventilarten

12.2.2 Hydraulische und pneumatische Steuerungen

Hydraulische Steuerungen sind z. B. Bremsanlage (Abb. 1, S. 109), Schwingungsdämpfer, Hydrostößel, hydraulisches Automatikgetriebe, Servolenkung, hydrodynamischer Wandler oder Retarder.

Pneumatische Steuerungen sind z. B. Druckluftbremsanlage (s. Kap. 47.7, ⇒ TB: Kap. 9), pneumatische Niveauregulierung, Luftfederung, Zentralverriegelung mit Unterdruck, Unterdruckbremskraftverstärker oder Bustürsteuerung.

Für die **Signaleingabe** werden Wegeventile verwendet (Abb. 1, S. 114, ⇒ TB: Kap. 2).

Die **Signalverarbeitung** erfolgt z. B. durch Wegeventile (Abb. 1, S. 114), Wechselventile (ODER-Schaltung, Abb. 3a) oder Zweidruckventile (UND-Schaltung, Abb. 3b).

Stellglieder für die **Signalausgabe** (Arbeitsglieder) sind z. B. Arbeitszylinder (Abb. 4, S. 114, hydraulische Variatorverstellung der Multitronic, Abb. 4 und s. Kap. 35, pneumatische Bustürbetätigung), Hydraulikmotoren und Pneumatikmotoren (Schlagschrauber).

Die **Druckquelle** der **Hydraulik** ist die Hydraulikpumpe, die durch ein Pedal (z. B. Hauptbremszylinder) oder durch den Fahrzeugmotor (z. B. Hydraulikpumpe der Servolenkung) angetrieben wird.

Die **Energieübertragung** erfolgt durch Hydraulikflüssigkeiten (z. B. Bremsflüssigkeit, ATF-Öl für Automatikgetriebe) in Druck- bzw. Rücklaufleitungen.

> **Hydraulische Steuerungen** erfordern Rücklaufleitungen, welche die Hydraulikflüssigkeit wieder in den Vorratsbehälter zurückströmen lässt.

Die **Druckquelle** der **Pneumatik** ist ein Kompressor, der vom Fahrzeugmotor oder einem Elektromotor angetrieben wird.

Die **Energieübertragung** erfolgt in Kraftfahrzeugen meist durch Luft in Druckleitungen, Rückleitungen sind im Allgemeinen nicht erforderlich, der Druckabbau erfolgt ins Freie.

Die Bauteile der Pneumatik unterscheiden sich in der Funktion nicht wesentlich von denen der Hydraulik.

Hydraulische Bauteile müssen aber höheren Drücken (z. B. Dieseleinspritzanlage p_{abs} bis zu 2200 bar) standhalten.

Pneumatische Steuerungen werden mit geringeren Drücken betrieben (z. B. Druckluftbremsanlage mit etwa p_{abs} = 10 bar).

Die Bauelemente werden entsprechend ihrer **Wirkungsweise** eingeteilt in:

- **Wegeventile** (z. B. 2/2-Wegeventil, 5/2-Wegeventil),
- **Sperrventile** (z. B. Wechselventil, Zweidruckventil),
- **Druckventile** (z. B. Druckregelventil, Druckbegrenzungsventil),
- **Stromventile** (z. B. Drosselventil, Drosselrückschlagventil),
- **Arbeitszylinder** (z. B. Radbremszylinder der Druckluftbremsanlage) und
- **Drehantriebe** (z. B. Schlagschrauber, Bohrmaschinen).

Wegeventile (Abb. 1, S. 114) werden durch zwei Zahlen gekennzeichnet (z. B. 5/2-Wegeventil). Die erste Zahl nennt die **Zahl** der **Anschlüsse**, die zweite Zahl die Zahl der möglichen **Schaltstellungen**. So hat das 5/2-Wegeventil (lies: Fünf-Strich-Zwei-Wegeventil) in der Abb. 1, S. 114 fünf Anschlüsse und zwei Schaltstellungen (a und b). Die **Anschlüsse** werden mit folgenden Ziffern gekennzeichnet:

1	Anschluss der Druckleitung, Energiezufuhr,
12, 14, 16	Steueranschlüsse,
3, 5, 7	Entlüftungsanschlüsse,
2, 4, 6	Ausgänge (z. B. zum Arbeitszylinder).

Sperrventile beeinflussen die Durchflussrichtung der Druckluft. Das **Wechselventil** (Abb. 3a) hat drei Anschlüsse (zwei Eingänge E1 und E2 und einen Ausgang A). Es wird auch als **ODER-Ventil** bezeichnet, da der Ausgang nur dann freigegeben wird, wenn an einem **oder** beiden Eingängen Druck vorhanden ist.

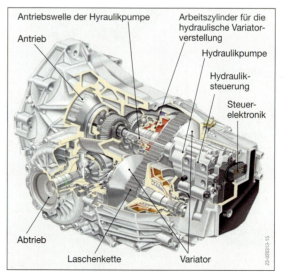

Abb. 4: Hydraulische Steuerung der Multitronic (Getriebe)

Das **Zweidruckventil** (Abb. 3b, S. 113) hat drei Anschlüsse. Es wird auch als **UND-Ventil** bezeichnet, da der Ausgang nur dann freigegeben wird, wenn an dem einen **und** dem anderen Eingang Druck anliegt.
Druckventile sind für die Einstellung des Drucks erforderlich.

Mit dem **Druckreduzierventil** (Abb. 2) kann der Druck stufenlos eingestellt werden. **Druckbegrenzungsventile** schützen die Anlage vor Überlastung. Sie öffnen, wenn ein eingestellter Druckwert überschritten wird. Die Druckluft strömt dann ins Freie.
Stromventile beeinflussen die Durchflussmenge des Übertragungsmediums und damit die Zeit, in der sich der am Druckregler eingestellte Arbeitsdruck aufbaut.

So können Schalt- und Arbeitsgeschwindigkeiten verändert werden. Die Durchflussmenge wird durch Verengung des Durchlassweges beeinflusst. Die Verengung kann gleichbleibend sein (Blendenventil) oder stufenlos veränderbar (einstellbares Drosselventil, Abb. 3).
Arbeitszylinder und **Drehantriebe** sind die **Arbeits-** oder **Antriebsglieder** (Aktoren) der Pneumatik. Sie wandeln den eingeleiteten Druck in geradlinige oder drehende Bewegungen um.

Einfach wirkende Zylinder werden durch den Druck ausgefahren und durch Federkraft zurückgefahren oder umgekehrt.
Doppelt wirkende Zylinder führen beide Bewegungen durch Druckzufuhr aus und können daher in beiden Bewegungsrichtungen Arbeit verrichten (Abb. 4).

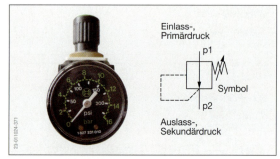

Abb. 2: Druckreduzierventil

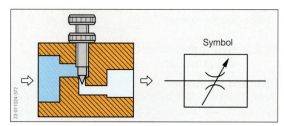

Abb. 3: Einstellbares Drosselventil

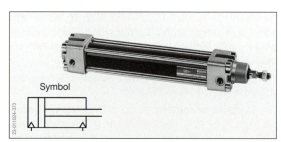

Abb. 4: Doppelt wirkender Arbeitszylinder

Benennung	2/2-Wegeventil	3/2-Wegeventil	5/2-Wegeventil
Strömungswege	von 1 nach 2 oder in beiden Richtungen gesperrt	von 2 nach 3, Anschluss 1 gesperrt, oder in geänderter Schaltstellung von 1 nach 2, Anschluss 3 gesperrt	von 1 nach 2 und von 4 nach 5 oder in geänderter Schaltstellung von 1 nach 4 und von 2 nach 3
symbolhafte Darstellung nach DIN-ISO 1219	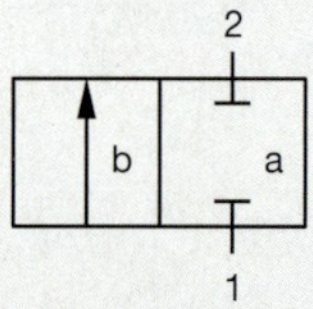	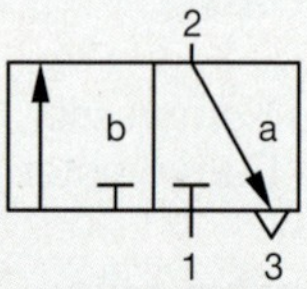	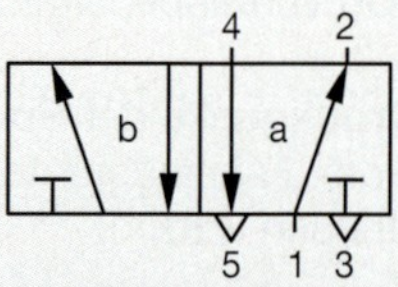
Anwendungsbeispiel	Stellglied zum Steuern von Blaspistolen, „Zapfstellenventile"	Stellglied zum Steuern von einfach wirkenden Zylindern oder Motoren	Stellglied zum Steuern von doppelt wirkenden Zylindern oder Motoren

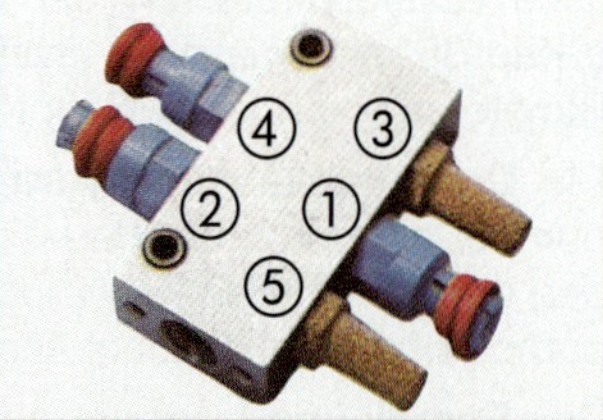

Abb. 1: Wegeventile

Kapitel 12: Steuerungs-, Regelungs- und Informationstechnik

Schaltplan

Ein **Schaltplan** zeigt durch Symbole die Wirkungsweise einer Steuerung. Die Symbole (Schaltzeichen) elektrischer Schaltungen enthält DIN EN 60617 (s. Kap. 13 und ⇒ TB: Kap. 11), die Symbole pneumatischer und hydraulischer Schaltungsbauteile DIN ISO 1219. Eine Auswahl von Symbolen nach DIN ISO 1219 zeigt die Abb. 5 (⇒ TB: Kap. 2).

Pneumatische Schaltpläne werden im Allgemeinen nach der Wirkrichtung der pneumatischen Bauteile von unten nach oben aufgebaut. Die Eingabegeräte, die den Arbeitsablauf starten, stehen unter den Arbeitszylindern, die betätigt werden sollen. Die Abb. 6 zeigt die Schaltpläne für die Grundschaltung der Steuerung eines einfachwirkenden und eines doppeltwirkenden Arbeitszylinders.

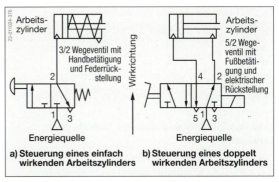

Abb. 6: Schaltpläne der Arbeitszylindersteuerung

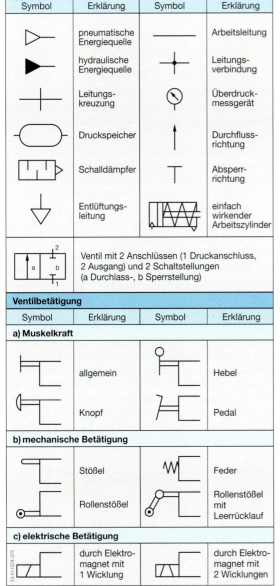

Abb. 5: Auswahl von Symbolen nach DIN ISO 1219

Logikplan

Ein **Logikplan** wird mit den **Logiksymbolen** und der Wahrheits- oder Funktionstabelle (Tab. 2, S. 117) entsprechend der Aufgabenstellung erstellt.

Die logische Funktion **Identität** (lat.: Gleichheit, Übereinstimmung) zeigt, dass zwischen Eingangs- und Ausgangssignal Übereinstimmung besteht. Ein Eingangssignal E führt zu einem Ausgangssignal A. Der **Inverter** (invertieren, lat.: umkehren) kehrt das Eingangssignal um. Liegt kein Eingangssignal vor (z. B. Schalter nicht betätigt), so gibt es ein Ausgangssignal und umgekehrt (z. B. Lampe an oder aus). Der kleine Kreis vor dem Ausgangssignal (Bezeichnung A) kennzeichnet die Umkehrung. Für die Formelschreibweise der Inverter- oder auch Nicht-Funktion (Umkehrung) ist folgende Schreibweise üblich: $A = \bar{E}$. Weitere Beispiele für logische Funktionen zeigt die Tab. 2, S. 117.

Das Logiksymbol **Exklusiv-Oder** (kurz: EXOR, excludere, lat.: ausschließen) zeigt, dass nur **ein** Eingangssignal zu einem Ausgangssignal führt. Es wird **ausgeschlossen**, dass **beide** Eingangssignale ein Ausgangssignal liefern (Abb. 7).

Der **Logikplan** enthält alle **logischen Verknüpfungen**, die sich aus der Funktionstabelle oder Formel ablesen lassen. Für den ausführlichen Logikplan einer EXOR-Schaltung (Abb. 7) sind folgende Logikbildzeichen erforderlich: 2 Inverter, 2 UND sowie 1 ODER. Die verkürzte Darstellung erfolgt durch das Logiksymbol der Antivalenz (anti, gr.: gegen, valenz, lat.: Wertigkeit). Gemäß Funktionstabelle (Tab. 2, S. 117, Antivalenz) sind nur 2 Schaltstellungen der Eingangssignale E1 und E2 möglich, die zu einem Ausgangssignal führen. Die Antivalenz entspricht der elektrischen Wechselschaltung.

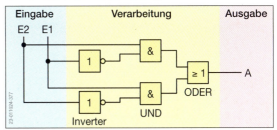

Abb. 7: Logikplan einer EXOR-Schaltung

Tab. 1: Funktionstabelle der Aufgabenstellung

Schalter	E1	Schalter	E2	Ausgangssignal	A
unbetätigt	0	unbetätigt	0	nicht vorhanden	0
betätigt	1	unbetätigt	0	vorhanden	1
unbetätigt	0	betätigt	1	vorhanden	1
betätigt	1	betätigt	1	vorhanden	1

Pneumatische Steuerung mit Schalt- und Logikplan

Der Aufbau einer pneumatischen Steuerung soll am Beispiel einer Bustürsteuerung gezeigt werden.

Aufgabenstellung: Die Tür eines Kraftomnibusses soll sich pneumatisch von innen und von außen durch einen Handknopf öffnen lassen. Die Tür soll im unbetätigten Zustand durch Druckluft geschlossen sein.

Lösungsansatz: Das Öffnen der Tür erfordert zwei Eingabegeräte (Schalter E1 und E2), die über eine logische Verknüpfung (ODER- bzw. Wechselventil) ein Ausgangssignal an das 5/2-Wegeventil (mit pneumatischer Betätigung und Federrückstellung) leiten, das den Arbeitszylinder steuert, der die Tür betätigt.

Die **Funktionstabelle** (Tab. 1) zeigt, dass immer dann ein Ausgangssignal (eine 1) entsteht, wenn Schalter E1 **oder** E2 **oder beide** Schalter betätigt (auf 1 gesetzt) werden. Sind beide Schalter unbetätigt (auf 0 gesetzt), so ergibt sich auch kein Ausgangssignal. Damit erfüllt die Schaltung mit dem **Wechselventil** (Abb. 3a, S. 113) die Bedingungen der Aufgabenstellung.

Die **Funktionstabelle** kann als **Funktionsgleichung**: **A = E1 oder E2** angegeben werden. Dieses »oder« lässt auch zu, dass beide Schalter gleichzeitig betätigt werden. Wird das Wort »oder« durch das entsprechende Symbol (∨ entspricht »oder«, ∧ entspricht »und«) ersetzt, so verkürzt sich die Funktionsgleichung auf die **Formel: A = E1 ∨ E2**.

Der **Logikplan** (Abb. 1) enthält das oder die Symbole der logischen Verknüpfung, durch welche die Bedingungen der Funktionstabelle erfüllt werden.

Der **Schaltplan** der Bustürsteuerung (Abb. 2) enthält die Symbole für die Druckluftversorgung (Energiequelle), zwei handbetätigte 3/2-Wegeventile als Eingabegeräte, das Wechselventil, das die Eingangssignale logisch verarbeitet und das 5/2-Wegeventil ansteuert, sowie den doppeltwirkenden Arbeitszylinder, der die Tür betätigen soll und die erforderlichen Verbindungsleitungen.

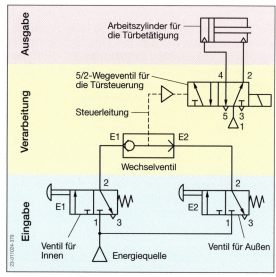

Abb. 2: Schaltplan der Bustürsteuerung

12.2.3 Elektrische Steuerungen

Elektrische Steuerungen werden zur Betätigung z. B. der Hupenanlage (Abb. 4, S. 111), Lichtanlage, Zentralverriegelung, Fensterheber oder Schiebedach benötigt.

Für die **Signaleingabe** werden z. B. Tastschalter als Schließer (Hupenanlage), hebelbetätigte, rastende Schließer (Blinkanlage) oder Tastschalter als Öffner (Türbetätigung der Innenbeleuchtung) verwendet.

Die **Signalverarbeitung** erfolgt z. B. durch Relais (elektromagnetisch betätigte Schalter, s. Kap. 14) oder Schaltschütze (Relais für höhere Leistungen z. B. über 1 kW) und Steuergeräte.

Die **Signalausgabe** erfolgt z. B. durch Lampen, Motoren (Startanlage, Scheibenwischer), Zündspulen oder Lautsprecher.

Schaltplan elektrischer Steuerungen

Einen Schaltplan für die Ansteuerung einer Glühlampe zeigt die Abb. 3. Der Schaltplan kann in aufgelöster (Abb. 3a) oder zusammenhängender Darstellung (Abb. 3b) ausgeführt werden. Er enthält die Schaltzeichen für die Spannungsquelle (Batterie), den Schalter, die Lampe und die Verbindungsleitungen. Eine Auswahl von Schaltzeichen enthält die Abb. 1, ⇒ TB: Kap. 11.

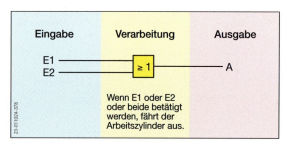

Abb. 1: Logikplan der Bustürsteuerung

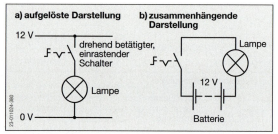

Abb. 3: Schaltplan zur Ansteuerung einer Glühlampe

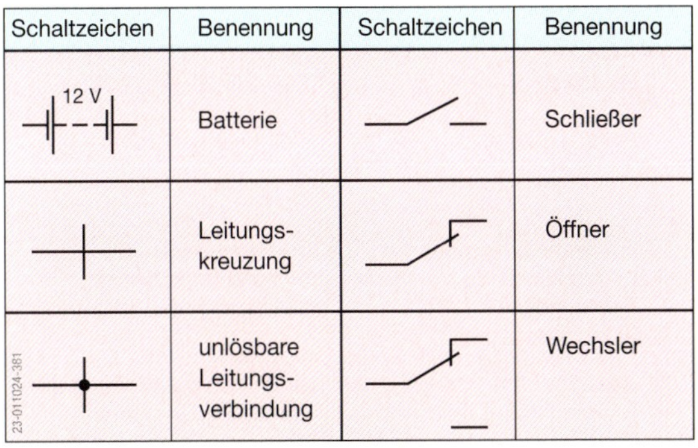

Kapitel 12: Steuerungs-, Regelungs- und Informationstechnik

Schaltzeichen	Benennung	Schaltzeichen	Benennung
⊣⊢⊣⊢ 12 V	Batterie	⟋	Schließer
┼	Leitungs-kreuzung	⟋	Öffner
┿	unlösbare Leitungs-verbindung	⟋	Wechsler

Abb. 4: Auswahl von Schaltzeichen

12.2.4 Elektronische Steuerungen

Elektronische Steuerungen und Regelungen enthalten elektronische Bauteile (z.B. Transistoren, Dioden, Kondensatoren). Die Eingangssignale werden von Sensoren erfasst und zum Steuergerät übertragen, das diese Signale nach einem vorgegebenen Programm verarbeitet und die Aktoren ansteuert (s. Kap. 53.5, ⇒TB: Kap.12). Steuerungen, die mit gespeicherten Programmen arbeiten, werden als **S**peicher-**P**rogrammierte-**S**teuerungen (SPS) bezeichnet. Elektronische Steuerungen werden verwendet für z.B. elektronische Zünd- und Gemischbildungssysteme, Komfortelektronik oder Sicherheitselektronik.

Tab. 2: Logische Funktionen, Symbole und Ersatzschaltungen

Bezeichnung/ logische Funktion (Gleichung)	Symbole nach DIN 60 617	Funktionstabelle E1	E2	A	Ersatzschaltung pneumatisch/hydraulisch nach ISO 1219	Ersatzschaltung elektrisch/elektronisch nach DIN 60 617
Identität A = E1	E1 – 1 – A	0		0		
		1		1		
NICHT-Glied Inverter (NOT) A = $\overline{E1}$ (nicht E1)	E1 – 1 –o A	0		1		
		1		0		
UND-Glied (AND) A = E1 ∧ E2 (E1 und E2)	E1, E2 – & – A	0	0	0		
		1	0	0		
		0	1	0		
		1	1	1		
ODER-Glied (OR) A = E1 ∨ E2 (E1 oder E2)	E1, E2 – ≥1 – A	0	0	0		
		1	0	1		
		0	1	1		
		1	1	1		
UND-NICHT-Glied (NAND) A = $\overline{E1}$ ∨ $\overline{E2}$ A = $\overline{E1 \wedge E2}$ A = E1 ∧ $\overline{E2}$	E1, E2 – & –o A	0	0	1		
		1	0	1		
		0	1	1		
		1	1	0		
ODER-NICHT-Glied (NOR) A = $\overline{E1}$ ∨ $\overline{E2}$	E1, E2 – ≥1 –o A	0	0	1		
		1	0	0		
		0	1	0		
		1	1	0		
ÄQUIVALENZ-Glied A = ($\overline{E1}$ ∧ $\overline{E2}$) ∨ (E1 ∧ E2)	E1, E2 – = – A	0	0	1		
		1	0	0		
		0	1	0		
		1	1	1		
ANTIVALENZ-Glied (Exklusiv-Oder) A = (E1 ∧ $\overline{E2}$) ∨ ($\overline{E1}$ ∧ E2)	E1, E2 – =1 – A	0	0	0		
		1	0	1		
		0	1	1		
		1	1	0		

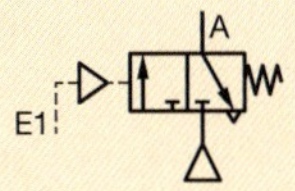

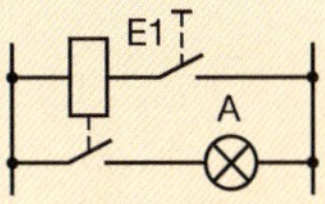

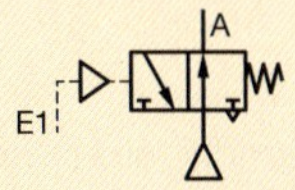

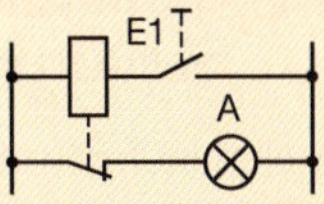

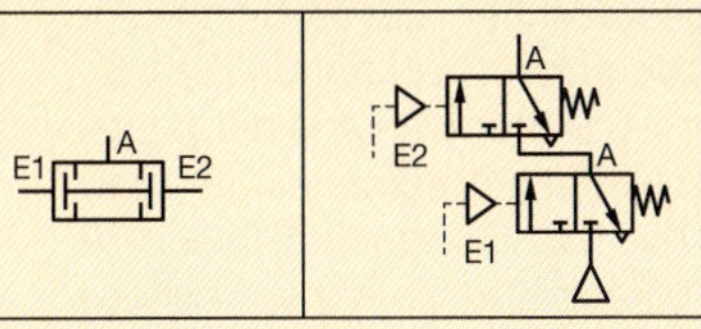

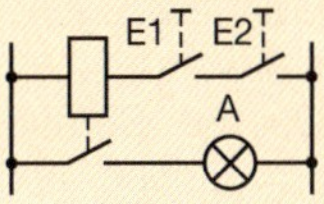

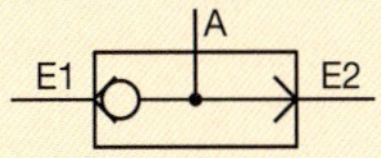

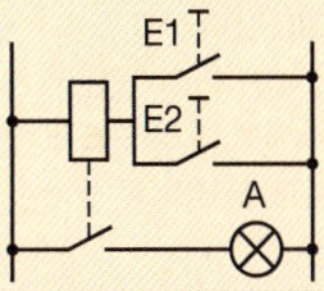

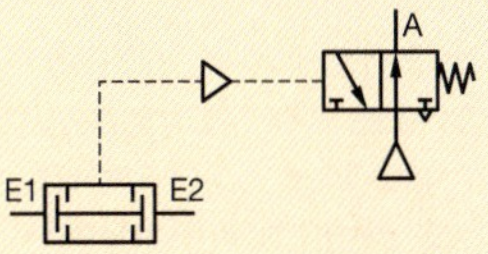

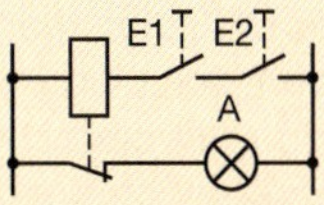

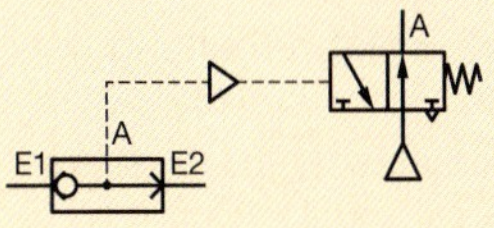

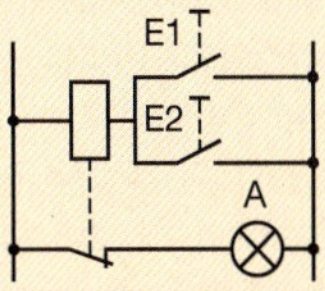

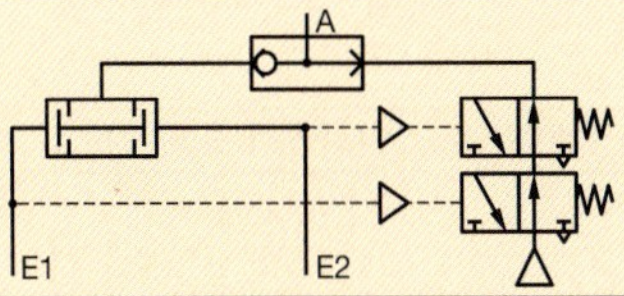

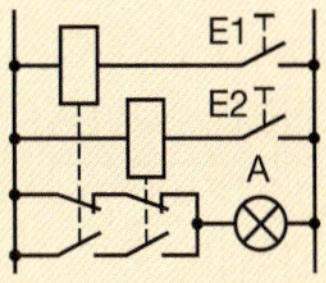

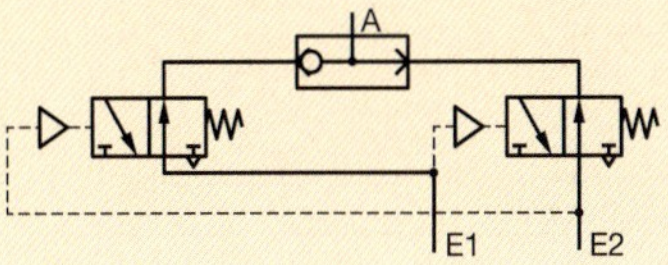

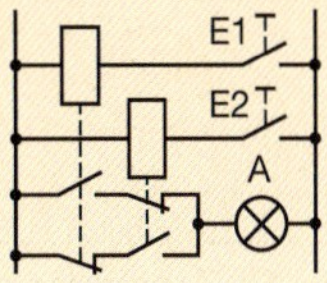

Tab. 3: Gegenüberstellung einiger Steuerungsarten

Gerätetechnik	Mechanik	Pneumatik	Hydraulik	Elektrik, Elektronik
Übertragungsmedium	feste Stoffe (z.B. Hebel, Gestänge, Nocken)	Gas (z.B. Luft)	Flüssigkeit	elektrischer Strom
Beispiel am Kraftfahrzeug	Feststellbremse, Ventilsteuerung, Handschaltgetriebe, Fensterheber	Druckluftbremsanlage, Luftkühlung, Ansauganlage, Unterdruckbremskraftverstärker	automatisches Getriebe, hydraulische Bremsanlage, Flüssigkeitskühlung, Einspritzanlage	Beleuchtungs- und Signalanlage, Motorelektronik, Alarmanlage
Vorteile	einfacher Aufbau, keine Fremdkraft erforderlich, Energiespeicherung durch Federkraft möglich	einfache Energiespeicherung (Druckluftbehälter), Leckstellen sind relativ ungefährlich, keine Funkenbildung	einfache Übertragung von großen Kräften mit kleinen Bauteilen, keine Funkenbildung	einfache Weiterleitung und Verteilung, sehr kleine Bauweise von Schaltungen, schnelle Signalübertragung, kein Verschleiß elektronischer Bauteile
Nachteile	nur für kurze Übertragungswege bei kleinen Kräften geeignet, verschleißanfällig, große Bauweise für Steuerungen	Lärm durch Abluft, Geschwindigkeitsregelung ist aufwändig, große Bauweise für Steuerungen	nur indirekte Energiespeicherung möglich, Leckstellen verschmutzen die Umgebung, geringe Arbeitsgeschwindigkeit, große Bauweise für Steuerungen	aufwändige Energiespeicherung (schwere Batterien), große Bauweise für große Kräfte, Funkenbildung (z. B. an Kontakten) schwer zu verhindern

12.3 Schaltungen der Steuerungstechnik

Die Schaltungen der Steuerungstechnik sind meist Kombinationen unterschiedlicher Gerätetechniken, um die jeweiligen Vorteile nutzen zu können (Tab. 3). So verwendet z.B. eine ABS-Bremsanlage mit pneumatischer Betätigung (Druckluftbremsanlage) und hydraulischen Radzylindern die Elektronik für kleinste Schaltungen, die Pneumatik für einfache Energiespeicherung und die Hydraulik für große Kräfte bei kleinen Bauteilen. Die Mechanik wird wegen der vielen Nachteile zunehmend durch andere Gerätetechniken ersetzt.

12.3.1 Grundfunktionen

Verknüpfungssteuerungen sind logische Kombinationen der Eingangssignale, um das der Aufgabenstellung entsprechende Ausgangssignal zu erhalten. Die Verknüpfungen bestehen aus folgenden **Grundfunktionen** (Abb. 1):

- **NICHT**-Funktion (elektrische Ersatzschaltung ist der Öffner),
- **UND**-Funktion (elektrische Ersatzschaltung ist die Reihenschaltung) und
- **ODER**-Funktion (elektrische Ersatzschaltung ist die Parallelschaltung).

NICHT-Funktion

Die NICHT-Funktion (engl.: NOT) findet z. B. Anwendung bei der Handschuhfachbeleuchtung. Bei geöffnetem Handschuhfachdeckel ist der Schalter (ein Öffner) **nicht** betätigt, die Lampe leuchtet. Wird der Deckel geschlossen, also der Schalter betätigt, geht die Lampe aus. Den Schaltplan zeigt die Abb. 1a.

UND-Funktion

Die UND-Funktion (engl.: AND) findet z. B. Anwendung bei der Blinkanlage. Nur wenn die Zündung eingeschaltet ist **und** der Blinkerschalter betätigt wird, leuchten die Blinklampen einer Seite. Den Schaltplan zeigt die Abb. 1b.

ODER-Funktion

Die ODER-Funktion (engl.: OR) findet z.B. Anwendung bei der Schaltung der Innenraumleuchte. Die Innenraumleuchte ist eingeschaltet, wenn der eine oder der andere **oder** beide Türkontakte nicht betätigt sind (Tür offen). Den Schaltplan zeigt die Abb. 1c. Weitere Verknüpfungen und die entsprechenden Ersatzschaltungen enthält die Tab. 2, S. 117.

12.3.2 Ablaufsteuerungen

Ablaufsteuerungen sind Bewegungsvorgänge, die schrittweise aufeinander abgestimmt sind. Der nächste Schritt erfolgt erst, wenn der vorangegangene abgeschlossen ist. Für die Herstellung eines Innengewindes ist z. B. erst das Kernloch zu bohren, bevor das Gewinde geschnitten werden kann. Eine entsprechende Arbeitsplanung erfordert daher eine Berücksichtigung der logischen Schrittfolgen.

Beispielsweise sind für die Steuerung des Viertaktmotors die Schrittfolgen in der Anordnung der Nocken der Nockenwelle gespeichert. Damit wird er-

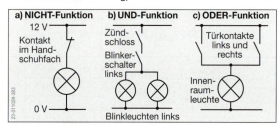

Abb. 1: Schaltpläne von Grundfunktionen

reicht, dass das Auslassventil erst öffnet, wenn der Verbrennungsvorgang abgeschlossen ist.

Die Kurbelwelle speichert die Kolbenstellungen in der Anordnung der Kurbelwellenkröpfungen.

Für einen geordneten Ablauf der Arbeitstakte sind die Nockenwelle und die Kurbelwelle durch den Antrieb (z. B. Zahnriemen) als UND-Verknüpfung verbunden. Der Drehzahl- und Bezugsmarkengeber der Kurbelwelle (Abb. 1, S.112) liefert das Signal an das Steuergerät, das die Zündung auslöst, wenn Ventil- und Kolbenstellungen des jeweiligen Zylinders sich in der richtigen Position für den Zündzeitpunkt befinden.

Aufgaben zu Kap.12.1 bis 12.3

1. Beschreiben Sie den Aufbau einer Steuerung am Beispiel des mechanischen Fensterhebers.
2. Fertigen Sie eine Zeichnung an, die eine Steuerkette eines selbstgewählten Steuerungsbeispiels darstellt.
3. Nennen Sie die Merkmale eines Steuerungs- und eines Regelungssystems.
4. Erklären Sie die Begriffe: analog, binär und digital.
5. Welche Aufgabe hat ein Signalwandler?
6. Was sind Sensoren und Aktoren? Nennen Sie Beispiele.
7. Nennen Sie pneumatische Bauelemente und beschreiben Sie ihre Aufgaben.
8. Erklären Sie die Kennzeichnung von Wegeventilen am Beispiel eines 5/2-Wegeventils.
9. Welche Gerätetechniken können für eine Hebebühne angewendet werden? Begründen Sie Ihre Aussage.
10. Beschreiben Sie die Wirkungsweise eines einstellbaren Druckreduzierventils anhand einer Skizze.
11. Zeichnen Sie das Symbol des Druckreduzierventils aus der Aufgabe 10.
12. Erstellen Sie für die folgende Aufgabe einen pneumatischen Schaltplan:
Der Arbeitszylinder für eine Druckluftbremse soll durch ein 3/2-Wegeventil betätigt werden. Die Rückstellung des Zylinders soll durch Federkraft erfolgen. Das Wegeventil wird vom Fahrer über ein Pedal betätigt und durch Federkraft in die Ruhestellung gebracht.
13. Welches pneumatische Ventil erfüllt die Bedingung, dass ein Arbeitszylinder nur dann ausfährt, wenn zwei Eingangssignale vorliegen? Welche elektrische Schaltung erfüllt ebenfalls diese Bedingung?
14. Beschreiben Sie den Unterschied zwischen einem Logikplan und einem Schaltplan.
15. Aus welchen logischen Grundfunktionen besteht die Antivalenz?
16. Welche Vorteile haben elektrische Steuerungen?
17. Welche Aufgabe hat die Kurbelwelle in einer Ablaufsteuerung?

12.4 Informationstechnik

In der Informationstechnik werden Informationen (Daten, Signale) einem Informationssystem (z. B. Computersystem) **eingegeben**. Das System **verarbeitet** die Informationen nach einem vorgegebenen Programm und liefert das Ergebnis als **Ausgabe**.

> **Informationssysteme** arbeiten nach dem Prinzip: **E**ingabe-**V**erarbeitung-**A**usgabe (EVA-Prinzip).

Die Informationen können aus numerischen Daten (z.B. Zahlenangaben), alphabetischen Daten (z.B. Texte) oder grafischen Daten (z.B. Zeichensymbole) bestehen. Damit das Informationssystem (z. B. Computer, Steuergerät) diese Informationen verarbeiten kann, werden sie von den Eingabegeräten in elektrische Impulse umgewandelt.

Allgemein besteht ein Informationsinhalt aus einer Anzahl von **Zeichen** (z. B. Schriftzeichen oder Zahlen) oder **Signalen** (z. B. Blinkzeichen oder Tonfolgen), die der **Kommunikation** (communicare, lat.: mitteilen) dienen.

Umfangreichere Kommunikationssysteme sind Datenverarbeitungsanlagen, die auch Rechner- oder Computersysteme (compute, engl.: berechnen) genannt werden. Sie bestehen aus mehreren Geräten (Abb. 2).

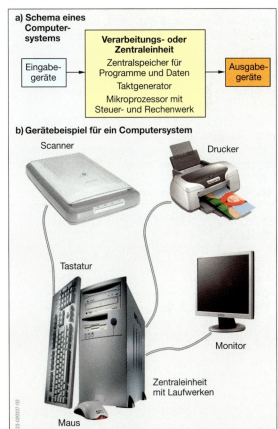

Abb. 2: Aufbau eines Computersystems

12.4.1 Zahlensysteme in der Datenverarbeitung

Computer können nur die Informationen oder Signalzustände **Aus**, **Ein** (0 und 1 des dualen Zahlensystems) verarbeiten. Deshalb müssen die **eingegebenen** Informationen umgewandelt werden.

In der Datenverarbeitung werden folgende **Zahlensysteme** eingesetzt:
- Dualsystem und
- Hexadezimalsysteme.

Das **duale Zahlensystem** (dual, lat.: eine Zweiheit bildend) beruht auf der Multiplikation mit der **Basiszahl 2** (Binärsystem). Die kleinste Informationseinheit dieses Zahlensystems kann den Wert 0 ($0 \cdot 2^0 = 0$) oder 1 annehmen ($1 \cdot 2^0 = 1$), denn jede Zahl hoch Null (Exponent 0) ist gleich 1. Sie wird als **Bit** bezeichnet.

Jedes in die Tastatur eingegebene **Zeichen** (Buchstabe, Zahl oder Sonderzeichen) wird als **8 Bit-Folge** (Nullen oder Einsen) in den Computer eingegeben.

Eine Glühlampe z. B. entspricht auf Grund ihrer Informationsmöglichkeiten ebenfalls einem Bit. Wenn sie leuchtet, entspricht das der **1**, leuchtet sie nicht, entspricht das der **0**. Mit **3 Glühlampen** (3 Bit) können insgesamt **8 Informationen** ($1 \cdot 2^3 = 2 \cdot 2 \cdot 2 = 8$) ausgegeben werden. So könnte z. B. eine Verkehrsampel mit ihren 3 farbigen Lampen insgesamt 8 Informationen signalisieren (Abb. 1). Es werden jedoch nur 5 (in einigen Ländern 6) genutzt.

Eine Ziffernfolge aus **8 Bit** (Dualzahl), z. B. 1011 0010 wird als **Byte** bezeichnet. Für die Eingabe von Zeichen über die Tastatur wurden international für die verschiedenen Zeichen jeweils 8 Bit vereinbart. Mit einem Byte lassen sich insgesamt 256 ($1 \cdot 2^8$) unterschiedliche Zeichen darstellen.

Nr.	Informationen 🟢	🟡	🔴	Art
1	0	0	0	Ampel nicht in Betrieb, Verkehrszeichen oder Vorfahrtsregeln gelten
2	0	0	1	Halt vor der Kreuzung
3	0	1	0	Vor der Kreuzung auf das nächste Zeichen warten
4	0	1	1	Bereitmachen, auf Grün warten
5	1	0	0	Freie Fahrt
6	1	0	1	Wird nicht genutzt
7	1	1	0	Wird nicht genutzt
8	1	1	1	Wird nicht genutzt

Abb. 1: Informationsmöglichkeiten einer Ampel

Für die Verkürzung der Ziffernfolgen und da das Zehner- oder Dezimalsystem für das Rechnen mit Dualzahlen ungeeignet ist, wurde das **Hexadezimalsystem** (hexa, griech.: sechs; Hexadezimalsystem: 16er-System) eingeführt. Die Tab. 4 zeigt ein Beispiel für die Darstellung der Dezimalzahl 163.

Der **ASCII-Code** (**A**merican **S**tandard **C**ode for **I**nformation **I**nterchange; amerikanischer Standard-Code für den Informationsaustausch; ⇒ TB: Kap.1) und der **ANSI-Code** (**A**merican **N**ational **S**tandard **I**nstitute; amerikanisches Institut für nationalen Standard) stellen eine **Vereinbarung** über die **Zeichenzuordnung** für die einzelnen Kombinationen dar. Beide Codierungen unterscheiden sich nur in einzelnen Zuordnungsvorschriften voneinander. Windows-Betriebssysteme und Windows-Programme arbeiten mit dem ANSI-, DOS-Programme mit ASCII-Code. Ein fehlerfreier Informationsaustausch ist daher zwischen beiden Programmen nur nach einer vorhergehenden Angleichung (**Konvertierung**) der Zeichenzuordnung möglich.

Tab. 4: Zahlensysteme und ihre Umrechnung

	Dezimalsystem	Dualsystem	Hexadezimalsystem
Basiszahl	10	2	16
Zeichen	0, 1, 2, 3, 4, 5, 6, 7, 8, 9	0, 1	0, 1, 2, 3, 4, 5, 6, 7, 8, 9 A = 10; B = 11; C = 12; D = 13; E = 14; F = 15
Beispiel	1 6 3 $3 \times 10^0 = 3$ $6 \times 10^1 = 60$ $1 \times 10^2 = 100$ $\underline{163}$	1 0 1 0 0 0 1 1 $1 \times 2^0 = 1$ $1 \times 2^1 = 2$ $0 \times 2^2 = 0$ $0 \times 2^3 = 0$ $0 \times 2^4 = 0$ $1 \times 2^5 = 32$ $0 \times 2^6 = 0$ $1 \times 2^7 = 128$ $\underline{163}$	A 3 $3 \times 16^0 = 3$ $A \times 16^1 = 160$ $\underline{163}$

12.4.2 Aufbau eines Computersystems

Zu einem Computersystem (Abb. 2b, S. 119) gehören Hardware und Software.

Hardware (engl.: harte Ware) sind alle technischen Bestandteile einer Datenverarbeitungsanlage.

Software (engl.: weiche Ware) sind alle für den Betrieb der Datenverarbeitungsanlage erforderlichen Anleitungen, Betriebssysteme und Programme.

Zur **Hardware** gehören:

- die Eingabegeräte, z. B. Tastatur, Maus,
- die Verarbeitungs- oder Zentraleinheit,
- der Mikroprozessor mit Steuer- und Rechenwerk und
- die Ausgabegeräte, z. B. Drucker, Monitor.

Die Ein- und Ausgabegeräte (Abb. 2a, S. 119) werden auch als Peripheriegeräte (peripher, gr.-lat.: am Rande befindlich) bezeichnet.

Eingabegeräte

Das wichtigste Eingabegerät ist die **Tastatur**, auch Keyboard (engl.: Tastatur) genannt (Abb. 2b, S. 119).

Mit der Tastatur werden Buchstaben, Zahlen, Rechen- und Sonderzeichen sowie Steuerbefehle eingegeben.

Die Tab. 5 zeigt einige Beispiele von Tastaturzeichen mit den zugehörigen Dualzahlen sowie die entsprechende Umrechnung in Dezimal- und Hexadezimalzahlen.

In der Abb. 2 sind weitere **Eingabegeräte** aufgeführt. In Kraftfahrzeugen entsprechen die **Sensoren** den Eingabegeräten. Sie erfassen physikalische Größen (z. B. Temperatur, Drehzahl, Verstellwinkel, Druck im Saugrohr) und geben sie als Signale an die Verarbeitungseinheit. **Analoge Signale** müssen vor der Eingabe **digitalisiert** (umgewandelt) werden. Das erfordert einen Analog/Digital-Wandler (A/D-Wandler, s. Kap. 12.1.6).

Tab. 5: Beispiele für Standardzeichen im ASCII- und ANSI-Code

Tastatur	Dualzahl ASCII- und ANSI-Code	Dezimalzahl	Hexadezimalzahl
e	0110 0101	101	65
F	0100 0110	70	46
3	0011 0011	51	33
£	1001 1100	156	9C
µ	1110 0110	230	E6
*	0010 1010	42	2A
{	0111 1011	123	7B
}	0111 1101	125	7D

Ausgabegeräte

> Das wichtigste Ausgabegerät des Computers ist der **Bildschirm** bzw. **Monitor**. Im Kraftfahrzeug sind es die **Aktoren**.

Bildschirme wandeln die Signale der Zentraleinheit in Bildpunkte (pixel) um. Bei einer Auflösung von z. B. waagerecht 1280 und senkrecht 1024 sind das insgesamt 1 310 720 (1280 × 1024 = 1 310 720) Bildpunkte. Diese werden bei **TFT-Bildschirmen** mit Dünnfilm-Transistoren (engl.: thin-film-transistor) oder durch Elektronenstrahlröhren (Monitor) zu einem Gesamtbild zusammengefügt. Die Bilder von **TFT-** und **Flüssigkristall-Bildschirmen** (LC, engl.: **l**iquid **c**rystal) sind im Allgemeinen heller als die von Röhrengeräten, außerdem senden sie keine Röntgen- oder magnetischen Strahlen aus.

Andere Ausgabegeräte (Abb. 2) sind z. B. Drucker und Lautsprecher. In der Kraftfahrzeugtechnik werden **Aktoren** als **Ausgabegeräte** verwendet (z. B. Zündspulen, Einspritzventile, Signalhörner, Glühlampen, Magnetventile, Airbag).

Die Aktoren erhalten ihre Signale (1/0, Ein/Aus) als Ein- oder Ausschaltimpulse vom Steuergerät (Abb. 1, S. 122), bzw. von der Verarbeitungs- oder Zentraleinheit.

Zentraleinheit

Die **Zentraleinheit** (Abb. 2, S. 122) besteht aus:

- Ein- und Ausgabeeinheit,
- Zentralspeicher,
- Mikroprozessor und
- Taktgenerator.

Eingabegeräte (Sensoren)		
Beispiele Computer		**Beispiele im Kraftfahrzeug**
Web-Cam	Tastatur	Lambdasonde
Scanner	Joystick	Geber für Kühlmitteltemperatur
Ausgabegeräte (Aktoren)		
Beispiele Computer		**Beispiele im Kraftfahrzeug**
LCD-Display	Beamer	Zündspule
Drucker	Lautsprecher	Einspritzventil
Ein- und Ausgabegeräte (Computer)		
CD-RW-Laufwerk	Tastbildschirm	Modem

Abb. 2: Ein- und Ausgabegeräte

Aufbau eines Computersystems / configuration of computer systems

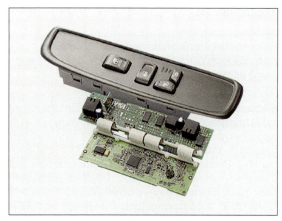

Abb. 1: Steuergerät der Pkw-Komfortelektronik

Die Verbindung der einzelnen Bauteile der Zentraleinheit erfolgt durch ein Leitungssystem, das **Bussystem** genannt wird.

Das Bussystem (Abb. 2) umfasst den **Datenbus**, über den der Datenfluss läuft, den **Adressbus**, der die Adressen der Peripheriegeräte überträgt und den Steuerbus, der die Abfolge der einzelnen Arbeitsschritte beeinflusst.

Die Arbeitsschritte erfolgen in einem vorgegebenen Takt nacheinander. Dazu liefert der **Taktgenerator** dem **Mikroprozessor**, **CPU** (Zentraleinheit, engl.: **C**entral **P**rocessing **U**nit, Abb. 1 und 3) genannt, Impulse in einem bestimmten Zeitrhythmus. Heutige Frequenzen liegen bei über 4 GHz = über 4 000 000 000 Arbeitsschritte pro Sekunde. Für einzelne Befehle sind mehrere Takte erforderlich. Die CPU erfordert zumindest zwei Einheiten: **Steuerwerk** bzw. **Kontrolleinheit CU** (**C**ontrol **U**nit) und **Rechenwerk ALU** (**A**rithmetic and **L**ogical **U**nit).

> Die **Kontrolleinheit** regelt die Aufeinanderfolge aller Operationen der gesamten Zentraleinheit. Sie erzeugt die Synchronisierungssignale und steuert die Befehle, die zwischen der ALU, den Ein- und Ausgabegeräten und den Speichern ausgetauscht werden.
>
> Das **Rechenwerk** bearbeitet alle rechnerischen und logischen Operationen an den Daten.

Die Programme, die von der CPU abgearbeitet werden, sind in Speichern abgelegt. Programme bestehen aus CPU-Befehlen und Daten.

Nach dem Einschalten des Computers muss ein Programm (BIOS) ablaufen, das die Zentraleinheit überprüft und weitere Programme (z. B. das Betriebssystem) laden kann. **BIOS** ist ein Basis-Ein- und Ausgabesystem (**B**asic-**I**nput-**O**utput-**S**ystem). Dieses Programm muss in einem unveränderlichen Speicher abgelegt sein, damit es während des Einschaltens sofort abrufbar ist.

Diese Speicher heißen **ROM** (**R**ead **O**nly **M**emory; Nur-Lese-Speicher). **RAM** (**R**andom **A**ccess **M**emory) sind Speicher mit wählbarem Zugriff. Es sind Schreib-Lese-Speicher. In diesen Speichern werden Programme oder Daten abgelegt, die über die Eingabegeräte eingelesen werden.

Ein- und **Ausgabegeräte** werden durch entsprechende Schaltungen und Programme mit der Zentraleinheit verbunden. Diese Schaltungen werden als **Schnittstellen** bezeichnet. **Standardschnittstellen** für den Anschluss von äußeren Zusatzgeräten (externe Schnittstellen) sind z. B. serieller Datenport und paralleler Datenport (Abb. 4). Der **USB-Anschluss** ist ein **u**niverseller, **s**erieller **B**us, über den bis zu 127 Zusatzgeräte mit beliebigen Verbindungsmöglichkeiten untereinander angeschlossen werden können. Im Gerät befindliche (interne) Schnittstellen sind für den Anschluss von Laufwerken (z. B. CD, DVD) und Steckkarten (z. B. Grafikkarten, Modem) erforderlich.

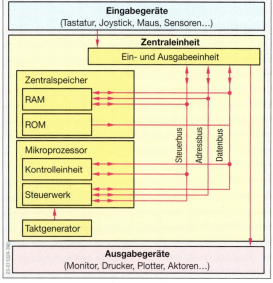

Abb. 2: Schema der Zentraleinheit

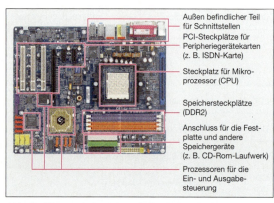

Abb. 3: Hauptplatine eines PC mit Steckplätzen

> **Parallele Schnittstellen** übertragen z. B. 8 Bit nebeneinander (parallel) über getrennte Datenleitungen. **Serielle Schnittstellen** übertragen die einzelnen Bits nacheinander (in Serie).

Die **Ein-** und **Ausgabeeinheit** (z. B. Prozessoren für die Steuerung der Ein- und Ausgabe) übernimmt den Datenaustausch zwischen den Peripheriegeräten und der Zentraleinheit.

12.4.3 Periphere Speicher

Für die Übertragung großer **Datenmengen** und verschiedener Programme reicht der Speicherplatz der internen RAM-Speicher nicht aus. Daher sind **periphere Speicher** erforderlich. Zu den peripheren Speichern gehören z. B.:

- Festplattenlaufwerk,
- USB-Speicherstick,
- CD-ROM- und
- DVD-Laufwerk.

Der Datenaustausch zwischen der Zentraleinheit und den peripheren Speichern wird durch das **Betriebssystem** organisiert. Leistungsfähige 32-Bit-Rechner verarbeiten 4 Byte gleichzeitig. Um die riesigen Datenmengen in überschaubaren Zahlenwerten angeben zu können, wurden für Speichermedien Mengeneinheiten auf Byte-Basis eingeführt (Tab. 6).

Festplatten-Laufwerke (Abb. 5) verwenden für die Datenspeicherung eine oder mehrere Aluminiumscheiben (Festplatten), die beidseitig mit einer Magnetschicht versehen sind. Die Platten rotieren mit sehr hohen Drehzahlen (PC-Festplatten mit etwa 7200/min, Notebook-Festplatten mit etwa 5400/min). Für jede Plattenseite ist ein Schreib-Lesekopf erforderlich. Der Schreib-Lesekopf gleitet auf einem Luftpolster und arbeitet daher verschleißfrei.

Tab. 6: Mengeneinheiten in der Datenverarbeitung

Mengeneinheit	Abkürzung	Byte-Menge
1 Kilobyte	KB/Kbyte	1024
1 Megabyte	MB/Mbyte	etwa 1,05 Million
1 Gigabyte	GB/Gbyte	etwa 1,07 Milliarden

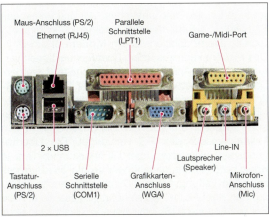

Abb. 4: Standardschnittstellen am Computer

CD-Laufwerke (Compact Disketten) verwenden optische Datenspeicher, die mittels Laserabtastung gelesen werden. Die Daten sind auf der Diskette in Form von Erhöhungen und Vertiefungen (Pits) gespeichert. Durch die hohe Datendichte kann eine CD bis zu 800 MB speichern. Sie eignet sich daher auch zur Aufnahme von digitalisierten Bildern, die viel Speicherplatz erfordern.

DVD-Laufwerke verwenden digitale, vielschichtige beschreibbare Scheiben (**D**igital **V**ersatile **D**isk), deren Speicherkapazität mehrfach höher ist, als die einer CD. Die Speicherkapazität der DVD liegt je nach Typ von 4,7 bis 17 GB. Eine normale DVD besitzt pro Seite eine Speicherkapazität von 4,7 GB, sie lässt sich aber auch doppelt beschreiben. Dazu wird auf die 0,6 mm Aluminiumschicht der 4,7-GB-DVD eine zweite Schicht aufgetragen. Die DVD wird dann vom Single Layer (engl.: Einzelschicht) zum Dual-Layer-DVD-Datenträger (engl.: Doppelschicht). Die zweite Schicht fasst aber nur eine Datenmenge von 3,8 GB, Gesamtspeicherkapazität 8,5 GB je Seite.

In DVD-Laufwerken können auch normale CD-ROMs abgespielt werden. Die Datenspeicherung auf CD oder DVD hat den Vorteil, dass sie unempfindlich gegen Magnetfelder sind. **CD-RW** und **DVD-RW** können mittels Laserstrahlen gelesen (**R**ead), gelöscht und mehrfach wieder beschrieben (**W**rite) werden.

Abb. 5: Festplattenlaufwerk

> **Arbeitshinweise**
>
> Alle **Datenträger** sind vor starker Erwärmung, Staub und Feuchtigkeit geschützt aufzubewahren.
>
> Vor der Benutzung neuer Disketten oder Festplatten müssen die Spuren und Sektoren mit Nummern versehen und entsprechend eingeteilt werden. Dieses wird als **formatieren** oder **initialisieren** bezeichnet. Das geschieht durch ein entsprechendes Programm, das meist im Betriebssystem enthalten ist.
>
> **Magnetische Datenträger** (z. B. Wechselfestplatten) sollen nicht in die Nähe von Magnetfeldern gebracht werden, da dadurch Daten gelöscht oder verändert werden.

12.4.4 Computersoftware

Unter **Software** werden alle Informationen und Programme verstanden, die von der Hardware bearbeitet oder ausgeführt werden können. **Programme** können in **Systemprogramme** und **Anwenderprogramme** unterschieden werden.

> **Systemprogramme** sind die Voraussetzung, um ein Computersystem nutzen zu können. Sie werden in Betriebssysteme sowie Hilfs- und Dienstprogramme unterteilt.

Betriebssysteme bestehen aus vielen unterschiedlichen Programmen, die den Datenaustausch zwischen Zentraleinheit und Peripheriegeräten (z. B. DVD- oder Festplattenlaufwerken) organisieren und die Anwendersoftware steuern und kontrollieren. Bekannte Betriebssysteme sind z. B. Linux, OS/2 und Windows XP.

Hilfsprogramme (engl.: Utilities) sind kleine Programme, die Probleme des Betriebssystems ausgleichen oder zusätzlich zum System gewünschte Funktionen bereitstellen, um mit diesen schneller und besser arbeiten zu können.

Dienstprogramme (Treibersoftware) werden benötigt, um eine Hardware in Betrieb zu setzen, z. B. Tastatur, Drucker, Scanner.

> **Anwenderprogramme** werden von der Softwareindustrie zur Vereinfachung für häufig auftretende Anwendungsbereiche als fertige Programme angeboten.

Es werden drei **Anwenderprogrammarten** unterschieden:

- **Standardsoftware**, z. B. Textverarbeitung, Tabellenkalkulation, Grafikbearbeitung,
- **Branchensoftware**, z. B. Ersatzteillisten, Buchhaltung, Lagerhaltung, Rechnungserstellung, Reparaturkostenkalkulation und
- **Individualsoftware**, z. B. Diagnoseprogramme, die den speziellen Wünschen des Anwenders angepasst werden.

Standardsoftware verwendet Fensteroberflächen, die beschriftete Menüs (Menüleiste, z. B. Datei, Extras) und grafische Symbole (Symbolleiste, z. B. Speichern, Drucken) enthalten. Durch Anklicken mit der linken Maustaste werden diese Funktionen aktiviert, wobei darin noch Unterfunktionen enthalten sein können. So ist z. B. in dem Textverarbeitungsprogramm »Word« die Funktion der Rechtschreibprüfung vorhanden.

Branchensoftware wird für häufig vorkommende und ähnlich gelagerte Arbeitsabläufe in den jeweiligen Branchen entwickelt. Durch die Vereinheitlichung der anfallenden Anforderungen sind Programme möglich, die von mehreren Unternehmen genutzt werden können. Dadurch verringern sich die Anschaffungskosten. Es werden z. B. Ersatzteilbestellungen (Abb. 1) und die Lagerhaltung durch Programme erleichtert, die neben der Teilebezeichnung und Nummerierung auch noch Abbildungen enthalten. Die äußeren Merkmale helfen Verwechslungen zu vermeiden.

Individualsoftware ist dann erforderlich, wenn die speziellen Aufgaben (z. B. eines Herstellers von Bremsenprüfständen) nicht mit allgemein erstellten Programmen gelöst werden können. Es wird dann für die Anforderungen an das Programm vom Auftraggeber ein Pflichtenheft erstellt, das möglichst exakt alle Wünsche und Vorgaben enthält, welche die Software erfüllen soll.

12.4.5 Vernetzte Computersysteme

Vernetzte Computersysteme ermöglichen den Datenaustausch innerhalb eines lokalen Netzwerks oder über Telekommunikationsleitungen, Kabelverbindungen und Richtfunk zwischen **weltweiten** Netzwerken.

Für lokale Netzwerke werden die Arbeitsstationen (Workstations oder Clients) mit dem Hauptrechner (Server, to serve, engl.: servieren, bedienen) durch Datenleitungen verbunden. Die Arbeitsstationen sind mit lokalen Netzwerkkarten (**LAN**-Card, **L**ocal **A**rea **N**etwork-Card) ausgestattet.

Für den Zugang zu weltweiten Datennetzen z. B. Internet (internationales Netzwerk) ist ein **Provider** (engl.: Versorger, Lieferant) erforderlich, der die Nutzung ermöglicht. Die Datenübertragung erfolgt über die analogen Kommunikationsleitungen des Telefonnetzes oder über **ISDN**-Leitungen. Für die **Mo**dulation (lat.-engl.: Umwandlung) der über analoge Leitungen zu versendenden digitalen PC-Daten in analoge Signale (und umgekehrt der ankommenden Signale) in die für den PC erforderlichen digitalen Signale (**Dem**odulation) ist ein **Modem** erforderlich. Das Modem kann zusätzlich über Faxfunktionen verfügen und als Anrufbeantworter eingesetzt werden. Das digitale Netzwerk für integrierte Dienste **ISDN** (**I**ntegrated **S**ervices **D**igital **N**etwork) erfordert nur eine ISDN-Steckkarte, die als aktive Karte einen eigenen Prozessor enthält, bzw. als passive Karte den Mikroprozessor des PC verwendet. Die Übertragungsgeschwindigkeit über ISDN-Leitungen liegt je Kanal bei 64 kBit/s, gegenüber maximal 56 kBit/s des analogen Leitungsnetzes. Durch Frequenzänderung auf den Kupferkabelnetzen können diese als **d**igitale **S**ervice-**L**eitung (**DSL**) mit höherer Geschwindigkeit (bis zu 1500 kBit/s) genutzt werden.

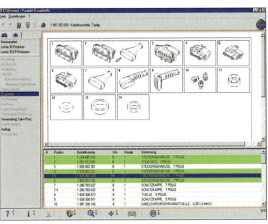

Abb. 1: Branchensoftware für die Ersatzteilbestellung

Systemvoraussetzungen für die Internetnutzung

Für die Internetnutzung, bzw. den Internetzugang sind mindestens folgende **Hard-** und **Softwarevoraussetzungen** erforderlich:

- PC oder entsprechend ausgerüstetes Mobiltelefon (Handy),
- TCP/IP und Browser als installierte Software,
- Telefonanschluss,
- Modem und/oder ISDN-Anschluss,
- Provider: Zugangsanbieter, der den Zugang ermöglicht.

Das **TCP/IP**-Protokoll (**T**ransmission **C**ontrol **P**rotocol/**I**nternet **P**rotocol, engl.: Übertragungs-Kontroll-Protokoll/Internetprotokoll) ist das Übertragungsverfahren zwischen Computern in verschiedenen Netzwerken. Es zerlegt die Informationen in mehrere kleine Datenpakete, die mit Adressen versehen bis zum Zielort geleitet werden. Im PC des Empfängers werden die Datenteile zusammengefügt und über den Browser auf dem Bildschirm dargestellt. Der **Browser** (to browse engl.: sich umsehen, schmökern) ist ein Programm (z. B. Internet Explorer, Mozilla Firefox) das den Zugriff auf die Daten des **www** (world wide web, engl.; weltweiten Netzes) ermöglicht.

Der **Provider** (to provide, engl.: versorgen, anbieten, ausstatten) bietet die Möglichkeit der Einwahl in das Internet. Der Kunde muss sich bei der Einwahl durch einen **Benutzernamen** und ein **Kennwort** legitimieren. Das Kennwort sollte aus einer willkürlichen Kombination von Buchstaben, Ziffern oder zugelassenen Sonderzeichen bestehen. Sinnvolle Wörter oder Namen sind aus Sicherheitsgründen zu vermeiden, da sie zu leicht von Unbefugten ermittelt werden können. Der Kunde schließt mit dem Anbieter einen Vertrag über den Internetzugang. Einige Anbieter liefern auch den Internetzugang durch Direkteinwahl (Call-by-call, engl.: durch Anruf) ohne Zugangsvertrag.

Die Zugangskosten können je nach Anbieter und dessen Leistungen unterschiedlich sein. Einige Leistungen sind z. B. E-Mail, Newsgroups, Homebanking oder Speicherplatz für eine eigene **Homepage** (engl.: Heimseite oder Hauptseite, die der Benutzer selbst gestalten kann) und damit eine eigene **Internetadresse**. Die Internetadresse enthält einen Namen und eine Kennung, die als Länderkennung (z. B. **de** Deutschland, **us** USA, **at** Österreich) oder Organisationskennung (z. B. **com** Firmen, **gov** Behörden, **edu** Schulen) vergeben wird. Die Verwaltung der Internetadressen mit der Kennung .de ist das **DENIC** (**D**eutsches **N**etwork **I**nformation **C**enter) mit Sitz in Frankfurt/Main.

12.4.6 Bundesdatenschutzgesetz

Das Bundesdatenschutzgesetz (BDSG) trat am 1. Januar 1978 in Kraft. Es soll durch Vorschriften und Auflagen den einzelnen Bürger vor dem Missbrauch seiner persönlichen Daten schützen. Wichtige **Rechte** des **Bürgers** sind:

- Recht auf Berichtigung falscher Daten,
- Recht auf Auskunft über gespeicherte Daten,
- Recht auf Löschung von Daten, wenn die Voraussetzung für die Erfassung entfällt oder unzulässige Erfassung vorlag und
- Recht auf Auskunftsverweigerung, wenn keine Rechtsvorschrift die Datenerfassung und Datenverarbeitung regelt.

Aufgaben zu Kap. 12.4

1. Beschreiben Sie den grundsätzlichen Aufbau eines Computersystems.
2. Erläutern Sie das Grundprinzip eines Informationssystems an einem Beispiel (z. B. Signalhornanlage).
3. Nennen Sie drei Beispiele für Datenarten, aus denen Informationen bestehen können.
4. Geben Sie je vier Beispiele für Ein- und Ausgabegeräte an.
5. Nennen und erklären Sie die kleinste Informationseinheit der Datentechnik.
6. Was ist ein Sensor? Geben Sie Beispiele aus der Kfz-Technik an.
7. Worin unterscheidet sich ein RAM-Speicher von einem ROM-Speicher?
8. Was sind periphere Speicher und welche Aufgaben haben sie?
9. Welche Aufgaben hat die Ein- und Ausgabeeinheit eines Computers?
10. Nennen Sie Arbeitshinweise für den notwendigen Umgang mit Datenträgern.
11. Erklären Sie die Begriffe »Hardware« und »Software«.
12. Was ist ein Provider?
13. Welche Rechte hat jeder Bürger durch das Bundesdatenschutzgesetz?

13 Grundlagen der Elektrotechnik

13.1 Elektrischer Strom

Der elektrische Strom ist nur **indirekt** über seine **Wirkungen** zu erkennen:
- magnetische Wirkung, z. B. im Generator,
- Wärmewirkung, z. B. in der heizbaren Heckscheibe,
- Lichtwirkung, z. B. im Scheinwerfer,
- chemische Wirkung, z. B. in der Batterie,
- physiologische Wirkung. Sie ist die Wirkung des elektrischen Stromes auf den menschlichen Körper.

> Der **elektrische Strom** in metallischen Leitern ist die **gerichtete Bewegung** von freien **Elektronen**.

Die gerichtete Bewegung der freien Elektronen kommt unter dem Einfluss einer **elektrischen Spannung** zustande.

Freie Elektronen befinden sich auf den **äußeren Schalen** der Metallatome (s. Kap. 10.2.1).

Die elektrische **Stromstärke** gibt an, wie viele Elektronen in einer bestimmten Zeit durch einen Leiterquerschnitt fließen. Sie wird in **Ampere** gemessen (André Marie Ampère, frz. Physiker, 1775 bis 1836). Die elektrische Stromstärke hat das Formelzeichen I und das Einheitenzeichen A.

Fließt elektrischer Strom immer in eine Richtung, so wird er als **Gleichstrom** bezeichnet. Wechselt die Stromrichtung ständig, so wird er **Wechselstrom** genannt (Abb. 1).

Drehstrom besteht aus drei zeitlich versetzten Wechselströmen (dreiphasiger Wechselstrom, s. Kap. 49.2.1).

13.2 Elektrische Spannung

> Das **Ausgleichsbestreben** von **elektrischen Ladungen** ist die **elektrische Spannung**. Sie bewirkt das **Fließen** des **elektrischen Stromes**.

Elektrische **Spannung** wird in **Volt** gemessen (Alessandro Volta, ital. Physiker, 1745 bis 1827). Sie hat das Formelzeichen U und das Einheitenzeichen V.

Von **Spannungserzeugern,** auch Spannungsquellen genannt, z. B. Batterien, Generatoren (generare, lat.: erzeugen) wird die elektrische Spannung erzeugt. Die zwei Anschlussklemmen der Spannungserzeuger werden auch als **Pole** bezeichnet, z. B. an der Batterie. Die erzeugte elektrische Spannung wirkt zwischen den Polen.

Bei der **Gleichspannung** behalten die Pole ihre einmal angenommene Polarität. Der Pluspol (+) bleibt positiv und der Minuspol (−) bleibt negativ elektrisch gepolt, z. B. bei der Batterie.

Bei der **Wechselspannung** ändert sich die Polarität ständig. So ändert sich z. B. die Polarität der Wechselspannung im elektrischen Versorgungsnetz (Steckdose) 100mal in der Sekunde (50 Hz).

In der Abb. 2 sind die **Spannungs-Zeit-Diagramme** der Gleich- und Wechselspannung abgebildet, wie sie z. B. von einem Oszilloskop (s. Kap.13.7.3) dargestellt werden.

> **Gleichspannung** bewirkt einen Gleichstrom.
> **Wechselspannung** bewirkt einen Wechselstrom.
> **Dreiphasige Wechselspannung** bewirkt einen Drehstrom.

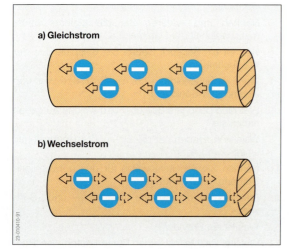

Abb. 1: Stromarten

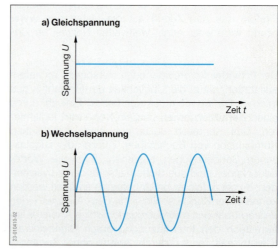

Abb. 2: Spannungsarten

13.3 Elektrischer Widerstand

> Dem Fließen eines elektrischen Stromes wird ein **Widerstand** entgegengesetzt, dieser wird als **elektrischer Widerstand** bezeichnet.

Der elektrische Widerstand wird in Ohm gemessen (Georg Simon Ohm, dt. Physiker, 1789 bis 1854). Er hat das Formelzeichen R und das Einheitenzeichen Ω (Omega: griech. großer Buchstabe).

> Jeder **elektrische Verbraucher** ist ein **elektrischer Widerstand**.

Die **Größe** des elektrischen Widerstands ist abhängig von:
- dem Werkstoff,
- der Querschnittsfläche,
- der Länge und
- der Temperatur des Leiters.

Werkstoffe setzen dem Fließen eines elektrischen Stromes einen unterschiedlichen Widerstand entgegen. Diese Eigenschaft wird durch den **spezifischen elektrischen Widerstand** des Werkstoffs ausgedrückt ($\Rightarrow$ TB: Kap. 5).

> Der **spezifische elektrische Widerstand** ist der Widerstand eines Leiters von 1 m Länge und 1 mm² Querschnittsfläche bei 20°C.

Der spezifische elektrische Widerstand hat das Formelzeichen ϱ (Rho; griech. kleiner Buchstabe) und die Einheit $\frac{\Omega \cdot mm^2}{m}$.

Die Größe des elektrischen Widerstands kann nach der folgenden Gleichung berechnet werden:

$$R = \frac{\varrho \cdot l}{q}$$

R elektr. Widerstand in Ω
ϱ spezif. elektr. Widerstand in $\frac{\Omega \cdot mm^2}{m}$ bei 20°C
l Länge des Leiters in m
q Querschnittsfläche des Leiters in mm²

Die **Werkstoffe** werden nach ihrem elektrischen Widerstand in:
- Leiter,
- Nichtleiter (Isolatoren) und
- Halbleiter

eingeteilt.

Leiter, z. B. Kupfer, Aluminium, Kohle, sind Werkstoffe, die den elektrischen Strom gut leiten, also einen kleinen spezifischen elektrischen Widerstand besitzen.

Nichtleiter (Isolatoren), z. B. Porzellan und Gummi, sind Werkstoffe, die den elektrischen Strom nicht oder sehr schlecht leiten, also einen hohen spezifischen elektrischen Widerstand haben.

Halbleiter, z. B. Germanium und Silizium, sind Werkstoffe, deren spezifische elektrische Widerstände zwischen denen der Leiter und der Nichtleiter liegen. Durch gezielte Mischung der Halbleiterwerkstoffe mit anderen Werkstoffen, z. B. Aluminium und Arsen, wird ihr spezifischer elektrischer Widerstand so verändert, dass sie als Grundwerkstoffe für elektronische Bauelemente, z. B. Dioden und Transistoren, verwendet werden können (s. Kap. 13.13).

13.4 Einfacher elektrischer Stromkreis

Der einfache elektrische Stromkreis (Abb. 3) besteht aus einem Spannungserzeuger (z. B. Batterie), einem elektrischen Widerstand (z. B. Signallampe als elektrischer Verbraucher) und den elektrischen Verbindungsleitungen (Stromleitungen).

> **Elektrischer Strom** kann nur in einem **geschlossenen Stromkreis** fließen.

Für die Darstellung von elektrischen Stromkreisen (elektrischen Schaltungen) werden genormte **Schaltpläne** und **Schaltzeichen** verwendet (Abb. 3 und $\Rightarrow$ TB: Kap. 11).

Im Kraftfahrzeug wird das **Einleitersystem** verwendet. Es wird nur eine Leitung vom Spannungserzeuger zum Verbraucher gelegt. Die Rückleitung des Stromes erfolgt über die metallische Karosserie des Fahrzeugs. Diese wird als **Masse** bezeichnet.

Die Masse (Karosserie) eines Fahrzeugs ist elektrisch neutral. Sie wird **negativ** oder **positiv** durch das Anschließen des jeweiligen **Batteriepoles**.

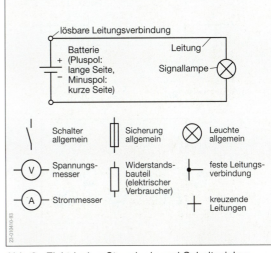

Abb. 3: Elektrischer Stromkreis und Schaltzeichen

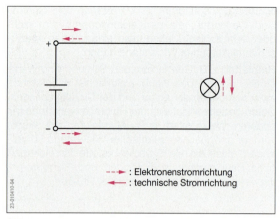

Abb. 1: Elektronen- und technische Stromrichtung

Im elektrischen Stromkreis fließen die **Elektronen** vom **Minuspol** des Spannungserzeugers durch den Verbraucher zum **Pluspol** zurück (Elektronenstromrichtung).

Ampère hatte im Jahr 1820 irrtümlich die Stromrichtung vom Plus- zum Minuspol angenommen. Da die Stromrichtung aber keinen Einfluss auf die Wirkungen des elektrischen Stromes hat, wurde in der Technik die von Ampère angenommene Stromrichtung beibehalten (Abb. 1).

Die **technische Stromrichtung** führt vom **Pluspol** zum **Minuspol**.

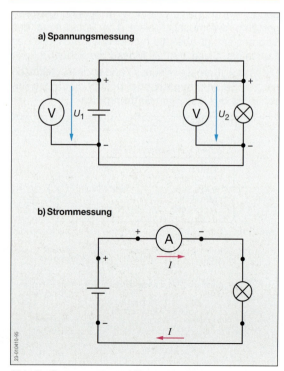

Abb. 2: Spannungs- und Strommessung

13.5 Ohmsches Gesetz

Das **Ohmsche Gesetz** besagt, dass das Verhältnis der Spannung U zur Stromstärke I bei gleichbleibendem Widerstand R **konstant** ist.

$$\frac{U}{I} = \text{konstant (Ohmsches Gesetz)}$$

Daraus folgt, dass sich die Stromstärke in dem selben Verhältnis wie die Spannung ändert. Verdoppelt sich z. B. die Spannung, so wird auch die Stromstärke verdoppelt und umgekehrt.

Messungen der Spannungen und der zugehörigen Stromstärken ergeben, dass der Quotient aus der jeweiligen Spannung und der zugehörigen Stromstärke der elektrische Widerstand R ist.

$$R = \frac{U}{I}$$

R elektr. Widerstand in Ω
U Spannung in V
I Stromstärke in A

Daraus abgeleitete Gleichungen sind

$$U = R \cdot I \quad \text{und} \quad I = \frac{U}{R}$$

Die Gleichung $I = \frac{U}{R}$ wird in der Praxis oft als das Ohmsche Gesetz bezeichnet.

13.6 Messen elektrischer Größen

Spannungsmessung

Die Größe einer Spannung wird mit dem **Spannungsmesser** gemessen. Der Spannungsmesser wird an den beiden Punkten eines Stromkreises angeschlossen, zwischen denen die Spannung gemessen werden soll (Abb. 2a).

Spannungsmesser werden immer **parallel** zum Spannungserzeuger oder zum Verbraucher (Widerstand) geschaltet.

Strommessung

Die Größe einer Stromstärke wird mit dem **Strommesser** gemessen (Abb. 2b).

Strommesser werden immer in **Reihe** (hintereinander) mit dem Verbraucher (Widerstand) geschaltet.

In der Werkstatt wird der Spannungsmesser auch als **»Voltmeter«** und der Strommesser als **»Amperemeter«** bezeichnet.

Kapitel 13: Grundlagen der Elektrotechnik

Da Strommesser einen kleinen Innenwiderstand haben, dürfen sie **nicht parallel** zum Verbraucher geschaltet werden. Die Zerstörung des Messgerätes oder von Bauteilen der Schaltung könnte die Folge sein (**Kurzschlussgefahr!**).

Widerstandsmessung

Die Größe des Widerstands eines elektrischen Verbrauchers kann mit einem **Widerstandsmessgerät** (Ohmmeter) direkt gemessen werden (Abb. 3).

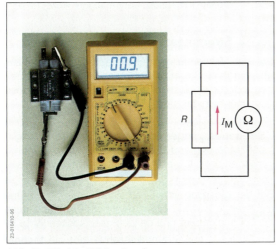

Abb. 3: Direkte Widerstandsmessung

Die Größe des Widerstands bestimmt die Messstromstärke I_M, der aus der Batterie des Messgeräts durch den Widerstand fließt und vom Messgerät als Maß für den Widerstandswert erfasst wird.

> Zur **direkten Messung** des Widerstands eines Verbrauchers muss dieser vom Stromkreis getrennt werden.

Durch die **indirekte Widerstandsmessung** ist die Bestimmung des Widerstands ohne Widerstandsmessgerät möglich. Sie erfolgt durch die Messung der Stromstärke, welche durch den Verbraucher fließt und die Messung der am Verbraucher anliegenden Spannung (Abb. 4). Nach dem ohmschen Gesetz wird dann der Widerstand des Verbrauchers berechnet.

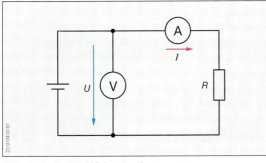

Abb. 4: Indirekte Widerstandsmessung

13.7 Messgeräte

Für die Spannungs-, Strom- und Widerstandsmessung werden in der Kfz-Technik **Vielfachmessgeräte** (Multimeter, Abb. 3, 5 und Abb. 1, S. 130) verwendet. Für die Darstellung des Verlaufs von Spannungen und Strömen kommen **Oszilloskope** zum Einsatz (s. Kap. 13.7.3). Sind Vielfachmessgerät und Oszilloskop in einem Gerät untergebracht, welches auf die besonderen Anforderungen der Kraftfahrzeugtechnik abgestimmt wurde, so wird dieses als **Motortester** bezeichnet (s. Kap. 13.7.4).

13.7.1 Vielfachmessgeräte

> **Vielfachmessgeräte** (Multimeter) sind Messgeräte, mit denen **mehrere elektrische Größen** gemessen werden können, z. B. Spannung, Stromstärke und Widerstand.

Vielfachmessgeräte gibt es in analoger und digitaler Ausführung (s. Kap. 12.1.5).

Analog anzeigende Messgeräte (Abb. 5) werden auch als Zeigermessgeräte bezeichnet. Sie besitzen mehrere Skalen zum Ablesen der jeweiligen elektrischen Größe und dem gewählten Messbereich.

Unterhalb der Skalen sind **Sinnbilder** aufgeführt, die Auskunft geben z. B. über die Art des Messwerkes, die Gebrauchslage, die Prüfspannung und die Güteklasse (Genauigkeit) des Messgerätes.

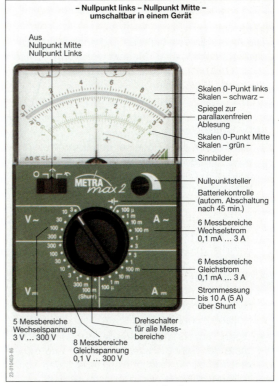

Abb. 5: Analog anzeigendes Vielfachmessgerät

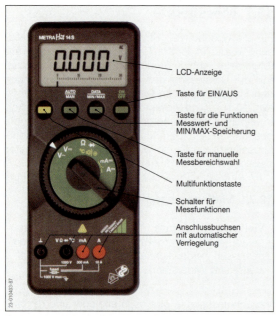

Abb. 1: Digital anzeigendes Vielfachmessgerät

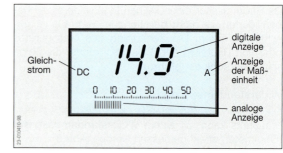

Abb. 2: Digitale mit zusätzlicher analoger Anzeige

Digital anzeigende Messgeräte (Abb.1) zeigen den Messwert als Ziffernfolge an. Die digitale Anzeige kann durch eine analoge Linearanzeige ergänzt werden (Abb. 2). Digitale Messgeräte haben auch oft eine Minimum- und Maximum-Funktion für schwankende Messwerte sowie eine Einfrier-Funktion (Festhalten eines **Messwertes »Hold«**). Die Umschaltung von einen Messbereich einer bestimmten elektrischen Größe in einen anderen erfolgt meist automatisch.

> Die **Anzeigen** von digitalen und analogen Messgeräten haben eine **Messabweichung**. Diese wird in **Prozent**, bezogen auf den **Messbereichsendwert**, angegeben.

Arbeitshinweise
- Werden von ihrer Höhe her unbekannte elektrische Größen gemessen, so ist vor der Messung mit analogen Messgeräten der größte Messbereich zu wählen, um eine Beschädigung des Messwerkes zu vermeiden.
- Bei digitalen Messgeräten muss auf die Wahl des richtigen Messbereiches nicht unbedingt geachtet werden, da keine Zerstörungsgefahr besteht.
- Um die Messabweichung möglichst gering zu halten, muss bei der Messung beachtet werden, dass der Messwert im oberen Drittel des Messbereiches liegt.
- Digital anzeigende Messgeräte werden im Laufe der Gebrauchszeit ungenauer und müssen deshalb in regelmäßigen Abständen kontrolliert und eingestellt (kalibriert) werden.

13.7.2 Strommesszangen

Bei der Verwendung von Vielfachmessgeräten zur Messung von Stromstärken muss die Leitung aufgetrennt und das Messgerät in Reihe zum Verbraucher geschaltet werden (Abb. 2b, S. 128).

> **Strommesszangen** dienen zur **Vereinfachung** der Messung von **Stromstärken**. Die Leitungen müssen bei der Messung nicht getrennt werden.

Bei der Messung von Stromstärken mit der Strommesszange wird diese im geöffneten Zustand über die Leitung geführt und danach geschlossen (Abb. 3).
Ein **Pfeil** auf der Strommesszange gibt die **technische Stromrichtung** an. Erscheint ein Minuszeichen vor dem Messwert, so ist die technische Stromrichtung entgegengesetzt zur Pfeilrichtung der Strommesszange.
Die Messung der Stromstärke mit der Strommesszange beruht auf der Wirkung des **Magnetfeldes**, welches jeden stromdurchflossenen Leiter umgibt (s. Kap. 13.11.2).
Die Messung der Stromstärke erfolgt **induktiv** (s. Kap. 13.12) oder durch einen **Hall-Geber** (s. Kap. 53.3.4).
Einfache Strommesszangen haben keine Anzeigeeinheit (Display) und müssen deshalb zusammen mit einem Vielfachmessgerät verwendet werden (Abb. 3).

Abb. 3: Messung der Stromstärke einer Generatorleitung mit der Strommesszange eines Volt-Ampere-Testers

Kapitel 13: Grundlagen der Elektrotechnik

13.7.3 Oszilloskop

Mit einem Oszilloskop (oscillare, lat.: schwingen; skopein, gr.: sehen) werden der **zeitliche Verlauf** einer elektrischen **Spannung** (Abb.1, S.132) dargestellt und einzelne **Werte** der **Spannung** gemessen.

In der **Kfz-Technik** findet das Oszilloskop unter anderem Verwendung in der Darstellung von **Zündspannungsverläufen** (Zündoszilloskop, s. Kap. 50.11.2) und der **Generatorspannung** (s. Kap. 49.5).

> Das wichtigste Teil des Oszilloskops ist die **Elektronenstrahl-Ablenkröhre,** auch **Braunsche Röhre** genannt (Karl Ferdinand Braun, dt. Physiker, 1850 bis 1918).

In der Abb. 5 ist der grundsätzliche Aufbau der Braunschen Röhre dargestellt. Durch die Heizung der **Kathode** werden **Elektronen** frei, die auf ihrem Weg zur **Anode** von der negativen Polung des **Wehneltzylinders** gebündelt werden. Von der positiven Polung der Anode stark beschleunigt, gelangen sie durch die Öffnung der Anode an den **Ablenkplatten** vorbei zum **Bildschirm**, wo sie beim Auftreffen einen Lichtpunkt erzeugen. Je nach Polarität der Ablenkplatten wird die **Richtung** des **Elektronenstrahls** beeinflusst (Abb. 6).

Neben der Darstellung des Verlaufs von Spannungen können auch **Kennlinien** (Strom- und Spannungsverläufe), z. B. von Dioden (s. Kap. 13.13.5), dargestellt werden, indem der Spannungsverlauf an einem niederohmigen Vorwiderstand im Stromkreis aufgezeichnet wird. Dieser Spannungsverlauf ist dann identisch mit dem Stromverlauf im Vorwiderstand.

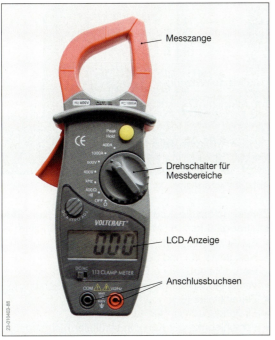

Abb. 4: Vielfachmessgerät mit Strommesszange

Bei **Strommesszangen** mit **Display** wird der Messwert direkt abgelesen. Diese Strommesszangen haben oft auch noch eine **Messmöglichkeit** für die **Spannungs-** und **Widerstandsmessung** (Vielfachmessgerät mit integrierter Strommesszange, Abb. 4). **Testgeräte** in der **Kfz-Technik** sind meistens mit Strommesszangen ausgerüstet, wie z. B. der **Volt-Ampere-Tester** (Abb. 3) oder der **Motortester** (Abb. 3, S.132).

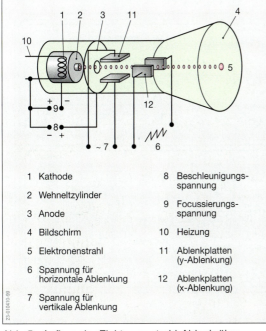

Abb. 5: Aufbau der Elektronenstrahl-Ablenkröhre

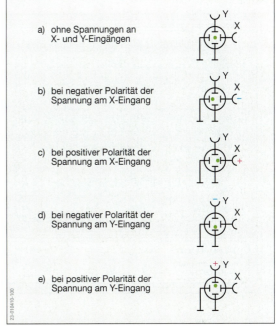

Abb. 6: Ablenkung des Elektronenstrahls

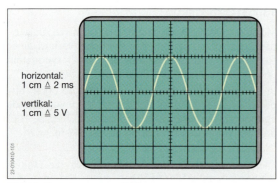

Abb.1: Spannungs- und Frequenzmessung

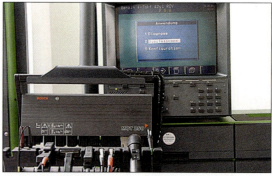

Abb. 3: Motortester

Da das Oszilloskop über eine kalibrierte Zeitablenkung verfügt (Zeitmaßstab), kann die Zeit für einen Spannungsverlauf (**Periodendauer**) bestimmt und daraus die **Frequenz** errechnet werden (Abb.1).

Bei Zweikanal-Oszilloskopen (Abb. 2) können zwei Spannungsverläufe zur selben Zeit dargestellt und miteinander verglichen werden.

Auch ist es möglich, mit Hilfe von Widerständen, zwei Stromverläufe darzustellen.

Einige Oszilloskope haben eine Einrichtung, durch die Spannungsverläufe gespeichert werden können (Speicheroszilloskope). Dadurch ist es möglich, nach der Aufnahme von Spannungskurven, diese auszumessen und miteinander zu vergleichen.

> In der **Kraftfahrzeugtechnik** kommen einkanalige und mehrkanalige Oszilloskope mit und ohne Speicherfunktion zur Anwendung.

Zweikanaloszilloskope bieten eine Fülle von **Einstellmöglichkeiten** (Abb. 2). Die wichtigsten sind:
- Ein/Aus Schalter (1),
- Helligkeits- (2) und Schärfeeinsteller (3),
- Horizontalablenkung Ein/Aus (4),
- Verschiebung der Kurve in horizontaler Richtung (5),
- Zeiteinsteller (6),
- Eingangsbuchsen für Kanal 1 und 2 (7),
- Verschiebung der Kurve in vertikaler Richtung (8),
- Amplitudeneinsteller (Messbereichswahl) (9),
- Ein- bzw. Zweikanalbetrieb (10) und
- Massebuchse (11).

13.7.4 Motortester

Motortester sind speziell auf die **Anforderungen** der **Kfz-Technik** zugeschnittene Mess-, Test- und Diagnosegeräte. In einem Gehäuse sind Vielfachmessgerät und Oszilloskop mit vielfältigen Messmöglichkeiten untergebracht (Abb. 3 und Abb. 3, S. 592).

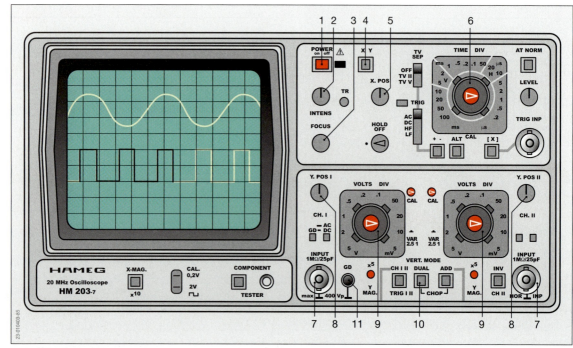

Abb. 2: Zweikanaloszilloskop

13.8 Schaltungen elektrischer Verbraucher

13.8.1 Reihenschaltung

Werden die **Stromstärken** in einer Reihenschaltung von Verbrauchern (Widerständen, Abb. 4) gemessen und miteinander verglichen, so ergibt sich:

> In einer **Reihenschaltung** von Verbrauchern ist die **Stromstärke** I_g im Stromkreis **an allen Stellen gleich groß**:
> $$I_g = I_1 = I_2 = I_3$$

Werden die **Spannungen** in einer Reihenschaltung von Verbrauchern (Abb. 4) gemessen und miteinander verglichen, so ergibt sich:

> In einer **Reihenschaltung** von Verbrauchern ist die **Gesamtspannung** U_g gleich der **Summe** der **Teilspannungen** an den einzelnen Verbrauchern:
> $$U_g = U_1 + U_2 + U_3$$

Dieser Zusammenhang wird als **Zweites Kirchhoffsches Gesetz** bezeichnet (Gustav Kirchhoff, dt. Physiker, 1824 bis 1887).

> In einer **Reihenschaltung** ist der **Gesamtwiderstand** R_g gleich der Summe der **Einzelwiderstände** der elektrischen Verbraucher:
> $$R_g = R_1 + R_2 + R_3$$

13.8.2 Parallelschaltung

Werden die **Spannungen** in einer Parallelschaltung von Verbrauchern (Widerstände, Abb. 5) gemessen und miteinander verglichen, so ergibt sich:

> In der **Parallelschaltung** liegt an allen elektrischen Verbrauchern **dieselbe Spannung** U_g an:
> $$U_g = U_1 = U_2 = U_3$$

Werden die **Stromstärken** in einer Parallelschaltung von Verbrauchern (Abb. 5) gemessen und miteinander verglichen, so ergibt sich:

> In der **Parallelschaltung** ist die **Gesamtstromstärke** I_g gleich der **Summe** der **Teilstromstärken**, die durch die elektrischen Verbraucher fließen:
> $$I_g = I_1 + I_2 + I_3$$

Dieser Zusammenhang wird als **Erstes Kirchhoffsches Gesetz** bezeichnet.

Der **Gesamtwiderstand** R_g der Parallelschaltung wird nach der folgenden Gleichung berechnet:

$$\frac{1}{R_g} = \frac{1}{R_1} + \frac{1}{R_2} + \frac{1}{R_3}$$

Daraus ist zu ersehen:

> Der **Gesamtwiderstand** einer Parallelschaltung ist **immer kleiner** als der **kleinste Einzelwiderstand** in der Schaltung.

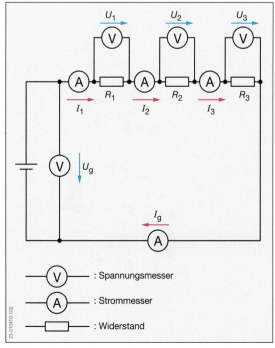

Abb. 4: Strom- und Spannungsmessung in einer Reihenschaltung

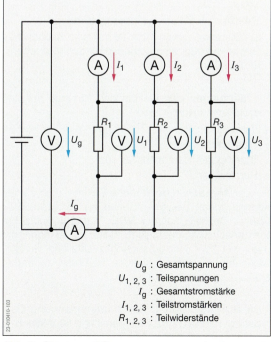

Abb. 5: Strom- und Spannungsmessung in einer Parallelschaltung

13.9 Elektrische Arbeit und Leistung

Die **elektrische Arbeit** wird nach der folgenden Gleichung berechnet (⇒ TB: Kap.5) :

$$W = U \cdot I \cdot t$$

- W elektr. Arbeit in Ws
- U Spannung in V
- I Stromstärke in A
- t Zeit in s

Die elektrische Arbeit wird in **Wattsekunden** (Ws) angegeben (James Watt, engl. Ingenieur, 1736 bis 1819).

Andere Einheiten der **elektrischen Arbeit** sind die Wattstunde (Wh) und die Kilowattstunde (kWh).

Für die Berechnung der **elektrischen Leistung** gilt:

$$P = U \cdot I$$

- P elektrische Leistung in W
- U Spannung in V
- I Stromstärke in A

Die elektrische Leistung wird in **Watt** (W) angegeben. Eine größere Einheit für die elektrische Leistung ist das Kilowatt (kW).

13.10 Schutzmaßnahmen gegen die Gefahren des elektrischen Stromes

Jeder **elektrische Strom**, der durch den menschlichen Körper fließt, ist gefährlich. Die **Gefährdung** nimmt mit wachsender Stromstärke und längerer Einwirkungszeit zu (⇒TB: Kap.11).

> **Elektrischer Strom ist lebensgefährlich!**
> Stromstärken von 10 bis 25 mA sind schädlich, solche von über 25 mA können für den Menschen **tödlich** sein!

Die **Wirkungen** des elektrischen Stromes auf den menschlichen Körper sind:
- Verbrennungen,
- Muskelkrämpfe,
- Störung des Herzrhythmus und
- Herzstillstand.

Für den **Menschen gefährliche Ströme** (über 25 mA) können schon bei einer Spannung von etwa 50 V fließen. Deshalb hat der **VDE** (Verband Deutscher Elektrotechniker) festgelegt, dass für Anlagen mit mehr als 50 V Nennspannung zusätzliche Schutzmaßnahmen gegen indirektes Berühren zu treffen sind.

> Die **höchstzulässige Berührungsspannung** U_B beträgt nach VDE für den Menschen **50 V Wechselspannung** (~) bzw. **120 V Gleichspannung** (–).

Bei den **Schutzmaßnahmen** werden unterschieden:
- Schutzmaßnahmen ohne besonderen Schutzleiter, z. B. Schutzisolierung, Schutzkleinspannung,
- Schutzmaßnahmen mit besonderem Schutzleiter und Fehlerstrom-Schutzeinrichtung (VDE 0100 Teil 410).

Bei der **Schutzisolierung** sind die stromführenden Teile eines elektrischen Gerätes gegeneinander und gegen das Gehäuse isoliert (Basisisolierung). Wird das Gehäuse des Gerätes aus Kunststoff hergestellt, so handelt es sich um eine **Vollisolierung**.

> **Vollisolierte elektrische Geräte dürfen keinen Schutzleiter haben!**

Bei der **Schutzkleinspannung** wird mit Spannungswerten unter 50 V~ bzw. 120 V– gearbeitet.

Genormte Schutzkleinspannungen sind 6 V, 12 V, 24 V und 42 V.

Bei der Verwendung von **Schutzleitern** wird das Metallgehäuse von elektrischen Geräten durch den genormten **gelb-grünen** Schutzleiter geerdet. Bei einem Defekt fließt der Strom über den Schutzleiter zur Erde (Masse), wodurch auf Grund der hohen Stromstärke (Kurzschluss) die Sicherung auslöst.

Bei der **Fehlerstrom-Schutzeinrichtung (FI)** wird die Stromstärke zum Verbraucher und vom Verbraucher zurück von einem Fehlerstrom-Schutzschalter (Abb.1) gemessen.

Liegt die Differenz beider Ströme z. B. über 30 mA löst der Schalter innerhalb von 0,2 s aus, wodurch der Verbraucher abgeschaltet wird.

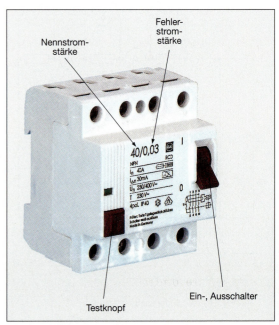

Abb.1: Fehlerstrom-Schutzschalter

Kapitel 13: Grundlagen der Elektrotechnik

Für Arbeiten an elektrischen Anlagen sind vom VDE **Sicherheitsvorschriften** erlassen worden, die in jedem Fall zu beachten sind.

> **Das Arbeiten an unter Spannung stehenden Teilen ist grundsätzlich verboten (VDE 0105).**

Unfallverhütung

- Vor Instandsetzungsarbeiten an der elektrischen Anlage des Kraftfahrzeugs immer die Minusklemme von der Batterie abklemmen.
- Vor dem Ausbau der Batterie erst die Minusklemme, dann die Plusklemme lösen. Während des Einbaus umgekehrt verfahren.
- Niemals beschädigte Stecker, Steckdosen und Zuleitungen verwenden.
- Alle Arbeiten am elektrischen Versorgungsnetz (Erweiterungen, Reparaturen) und an elektrischen Geräten müssen unter Berücksichtigung der VDE-Vorschriften von Fachkräften ausgeführt werden.
- Durchgebrannte Sicherungen im Kraftfahrzeug und im Netz nur durch gleiche Sicherungen (Amperezahl beachten!) ersetzen. Niemals Sicherungen überbrücken (Brandgefahr!).
- Die Leistung von elektronischen Zündanlagen (s. Kap. 50) bedeutet Lebensgefahr bei Berührung durch den Menschen. Die gefährlichen Spannungen treten nicht nur an den Bauteilen der Zündanlage, sondern auch am Kabelbaum, z.B. Diagnosestecker, an Steckverbindungen und den Diagnose- und Testgeräten auf.

Erste Hilfe bei Unfällen durch elektrischen Strom

1. Strom sofort unterbrechen.
2. Bei Atemstillstand sofort künstlich Beatmen.
3. Bei zusätzlichem Kreislaufstillstand neben der Beatmung mit der Herzmassage beginnen.
4. Liegt kein Atem- und Kreislaufstillstand vor, Verunglückten in die stabile Seitenlage bringen.
5. Bei Atem- und Kreislaufstillstand, größeren Verbrennungen oder Ohnmacht für schnellen Transport ins Krankenhaus sorgen.

Aufgaben zu Kap. 13.1 bis 13.10

1. Nennen Sie fünf Wirkungen des elektrischen Stromes.
2. Was ist elektrischer Strom in metallischen Leitern?
3. Nennen Sie den Unterschied zwischen Gleich- und Wechselstrom.
4. Was ist Drehstrom?
5. Was bewirkt die elektrische Spannung?
6. Nennen Sie den Unterschied zwischen der Gleich- und Wechselspannung.
7. Nennen Sie die Formel- und die Einheitenzeichen für die Stromstärke, die Spannung und den elektrischen Widerstand.
8. Wovon ist der elektrische Widerstand eines Leiters abhängig?
9. Erklären Sie den Begriff »spezifischer« elektrischer Widerstand.
10. Erklären Sie den Unterschied zwischen einem Leiter, Nichtleiter und Halbleiter.
11. Nennen Sie die Bedingungen dafür, dass in einem elektrischen Stromkreis ein elektrischer Strom fließen kann.
12. Zeichnen Sie den Schaltplan eines einfachen elektrischen Stromkreises. Tragen Sie die Elektronen- und die technische Stromrichtung ein.
13. Erläutern Sie das ohmsche Gesetz.
14. Beschreiben Sie die Abhängigkeit der Stromstärke von der Spannung und vom Widerstand.
15. Woraus ergibt sich rechnerisch der elektrische Widerstand im Gleichstromkreis?
16. Was muss bei der Spannungsmessung beachtet werden?
17. Warum dürfen Strommesser nicht parallel zum Verbraucher geschaltet werden?
18. Erklären Sie, weshalb ein Strommesser vor und nach dem Verbraucher dieselbe Stromstärke misst.
19. In einem einfachen Stromkreis soll die Stromstärke und die Spannung an einem Verbraucher gemessen werden. Skizzieren Sie die Schaltung.
20. Beschreiben Sie die direkte und indirekte Messung des Widerstands eines Verbrauchers.
21. Was sind Vielfachmessgeräte?
22. Beschreiben Sie den Unterschied zwischen einem analogen und digitalen Messgerät.
23. Welchen Vorteil bieten Strommesszangen?
24. Welche Messungen können mit einem Oszilloskop vorgenommen werden?
25. Beschreiben Sie die Wirkungsweise der Braunschen Röhre.
26. Was sind Motortester?
27. Beschreiben Sie die Gesetzmäßigkeiten in einer Reihenschaltung für die Stromstärke, die Gesamtspannung und den Gesamtwiderstand.
28. Welche Gesetzmäßigkeiten gelten bei einer Parallelschaltung für die Spannung, die Gesamtstromstärke und den Gesamtwiderstand?
29. Warum werden elektrische Verbraucher im Kraftfahrzeug fast nur parallel geschaltet?
30. Nennen Sie die Schutzmaßnahmen gegen indirektes Berühren.
31. Beschreiben Sie die Fehlerstrom-Schutzeinrichtung.
32. Begründen Sie, warum die Schutzmaßnahmen gegen die Gefahren des elektrischen Stromes eingehalten werden müssen.

13.11 Magnetismus

13.11.1 Dauermagnetismus

> Als **Dauermagnete** oder **Permanentmagnete** (permanere, lat.: dauern) werden Magnete bezeichnet, die über einen längeren Zeitraum ihre **magnetische Wirkung** behalten.

Die magnetische Wirkung besteht darin, dass Magnete auf eisen-, nickel- und kobalthaltige Werkstoffe eine Anziehungskraft ausüben. Die Anziehungskraft durchdringt auch andere Werkstoffe (Abb. 1). Die magnetischen Werkstoffe werden auch **ferromagnetische** (ferrum, lat.: Eisen) Werkstoffe genannt.

Werden ferromagnetische Werkstoffe von einem Magneten angezogen, so werden sie magnetisiert. Ferromagnetische Werkstoffe, die nach dem Magnetisieren ihren Magnetismus lange behalten, werden als **hartmagnetisch** und die, die ihren Magnetismus schnell wieder verlieren als **weichmagnetisch** bezeichnet.

Magnete haben einen **Nord-** (N) und einen **Südpol** (S) (Abb. 2 und 3).

> **Ungleichnamige** Magnetpole **ziehen** sich **an**.
> **Gleichnamige** Magnetpole **stoßen** sich **ab**.

Die magnetische Wirkung kann durch Eisenfeilspäne auf einer Glasplatte sichtbar gemacht werden. Die Eisenfeilspäne zeigen den Verlauf des **magnetischen** Feldes an (Abb. 3). Die **Feldlinien** sind räumlich um den Magneten angeordnet und setzen sich im Magneten fort. Die magnetischen Feldlinien sind in sich geschlossen. Die Richtung der Feldlinien ist festgelegt und verläuft außerhalb des Magneten vom Nord- zum Südpol und innerhalb vom Süd- zum Nordpol. Die **Dichte** der **Feldlinien**, und damit die magnetische Wirkung, ist an den Polen am größten.

13.11.2 Elektromagnetismus

> Als **Elektromagnete** werden Magnete bezeichnet, deren Magnetismus durch die Wirkung des elektrischen Stromes hervorgerufen wird.

Im Unterschied zum Dauermagneten ist der Elektromagnet nur solange magnetisch, wie der elektrische Strom fließt.

Fließt durch einen elektrischen Leiter ein Strom, so entsteht um den Leiter ein **Magnetfeld** (Abb. 4). Die magnetischen Feldlinien verlaufen kreisförmig um den Leiter. Die Richtung der Feldlinien ist dabei von der Stromrichtung abhängig. Die Stromrichtung wird bei der Darstellung in der Ebene durch einen Punkt oder durch ein Kreuz angegeben (Abb. 4).

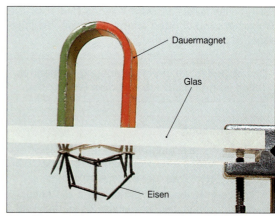

Abb. 1: Magnetische Wirkung durchdringt Glas

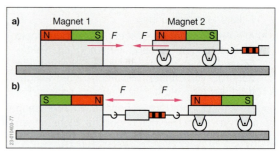

Abb. 2: a) Anziehung und b) Abstoßung von Magneten

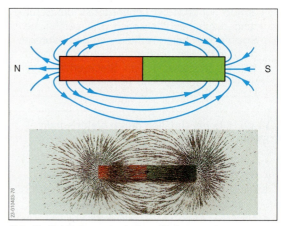

Abb. 3: Feldlinienverlauf eines Stabmagneten

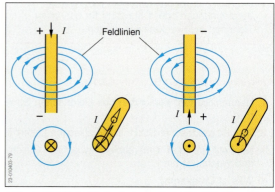

Abb. 4: Feldlinienverlauf eines stromdurchflossenen Leiters

Wird der elektrische Leiter zu einer **Leiterschleife** ausgebildet, so entsteht das in der Abb. 5 dargestellte Feldlinienbild. Innerhalb der Leiterschleife haben die Feldlinien die gleiche Richtung. Mehrere Leiterschleifen (Windungen) hintereinander geschaltet ergeben eine **Spule**, die auch als **Wicklung** bezeichnet wird (Abb. 6). Die Felder der einzelnen Leiterschleifen (Windungen) der Spule setzen sich zu einem **Gesamtfeld** zusammen.

> Das **Umpolen** des Elektromagneten erfolgt durch Vertauschen der elektrischen Anschlüsse und damit durch **Änderung** der **Stromrichtung**.

Je größer die **Windungszahl** der Spule und/oder die **Stromstärke** sind, desto größer ist die magnetische **Wirkung** der Spule.
Eine **Verstärkung** der magnetischen Wirkung wird auch durch einen von der Spule umschlossenen **weichmagnetischen Eisenkern** erreicht. Dieser wird durch die magnetische Wirkung der stromdurchflossenen Spule selbst zu einem Magneten und verstärkt somit das Magnetfeld der Spule.

> Die **Stärke** des **Magnetfeldes** einer Spule ist vom Werkstoff des Spulenkerns, der Windungszahl der Spule und von der Stromstärke abhängig.

Da der Spulenkern aus weichmagnetischem Werkstoff besteht, verliert er fast völlig seinen Magnetismus, wenn der elektrische Strom abgeschaltet wird. Es bleibt ein **Restmagnetismus** zurück, der auch als magnetische **Remanenz** (remanere, lat.: zurückbleiben) bezeichnet wird.
Der Restmagnetismus wird bei elektrischen Maschinen (Generatoren) zur Spannungserzeugung durch Selbsterregung ausgenutzt (s. Kap. 49.2.3).

13.12 Elektromagnetische Induktion

> Wird in einem elektrischen Leiter (Spule) eine **elektrische Spannung** durch Änderung der Stärke eines Magnetfeldes erzeugt, so wird dies als **elektromagnetische Induktion** bezeichnet (**Induktionsgesetz**).

Voraussetzung für die Spannungserzeugung ist, dass das Magnetfeld während der Änderung seiner Stärke die **Spule durchdringt**.
Die **Höhe** der erzeugten elektrischen Spannung ist abhängig von:
- der Windungszahl der Spule,
- der Stärke des Magnetfeldes und
- der Zeit, in der sich die Stärke des Magnetfeldes ändert.

Bei der **elektromagnetischen Induktion** (inducere, lat.: bewegen, einführen) werden unterschieden:
- Generatorprinzip und
- Transformatorprinzip.

13.12.1 Generatorprinzip

> Die Spannungserzeugung nach dem **Generatorprinzip** erfolgt durch **Bewegung** eines Magneten oder einer Spule zueinander. Dabei ändert sich die Stärke des Magnetfeldes, das die Spule durchdringt.

Die Abb. 1, S. 138 zeigt das Generatorprinzip. Wird der Magnet hin- und herbewegt, so entsteht in der Spule eine **Wechselspannung** (Abb. 2, S. 138). Dasselbe ist zu beobachten, wenn die Spule die Bewegung ausführt und der Magnet stillsteht. In beiden Fällen ändert sich das Magnetfeld, das die Spule durchdringt. Wird die **Windungszahl** der Spule vergrößert, so wird die erzeugte Spannung größer.

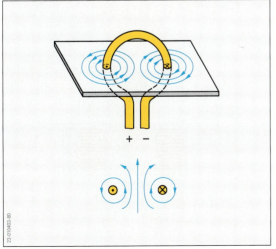

Abb. 5: Feldlinienbild einer Leiterschleife

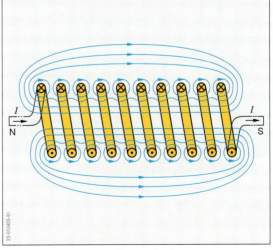

Abb. 6: Feldlinienverlauf einer Spule

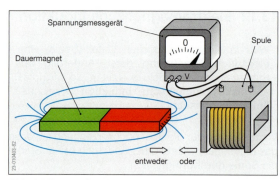

Abb. 1: Generatorprinzip

Wird ein **stärkerer** Magnet verwendet, so ist auch die erzeugte Spannung höher.

Wird die **Geschwindigkeit** der Bewegung des Magneten oder der Spule erhöht, so erhöht sich ebenfalls die erzeugte Spannung.

Der in der Abb. 2 eingesetzte Stabmagnet kann durch einen Elektromagneten ersetzt werden. Wird die Spule oder der Elektromagnet bewegt, so wird ebenfalls in beiden Fällen eine Spannung in der Spule erzeugt.

13.12.2 Transformatorprinzip

> Die **Spannungserzeugung** nach dem Transformatorprinzip erfolgt durch **Veränderung** der **Stromstärke** in einem Elektromagneten. Dadurch ändert sich die Stärke des Magnetfeldes, das die Spule durchdringt.

Die Abb. 3 zeigt das Transformatorprinzip. Durch einen **veränderbaren Widerstand** kann die Stromstärke und damit die Stärke des Magnetfeldes des Elektromagneten geändert werden. Wird die Stromstärke dauernd vergrößert und verkleinert, entsteht in der Spule eine **Wechselspannung**.

Im **Transformator** (transformare, lat.: verwandeln) sind die beiden Spulen auf einem gemeinsamen Eisenkern angeordnet (Abb. 4). Die erste Spule wird

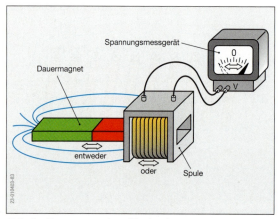

Abb. 2: Erzeugung einer Wechselspannung

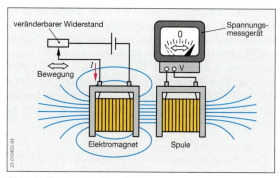

Abb. 3: Transformatorprinzip

Primärspule (primus, lat.: der erste) und die zweite Spule wird **Sekundärspule** (secundus, lat: der zweite) genannt.

Wird an die Primärspule eine **Wechselspannung** (~) gelegt (Abb. 4), so fließt in dieser ein **Wechselstrom**. Das Magnetfeld der Primärspule, das über den Kern die Sekundärspule durchdringt, ändert dadurch dauernd seine Stärke und Richtung. Daraus folgt:

> Wird an die **Primärspule** eines Transformators eine Wechselspannung gelegt, so wird in der **Sekundärspule** eine Wechselspannung erzeugt.

Durch Veränderung der **Primärspannung** und der **Windungszahlen** der beiden Spulen ergibt sich:

> Die **Spannungen** U am Transformator verhalten sich wie die **Windungszahlen** N (Transformatorgleichung):
>
> $$\frac{U_1}{U_2} = \frac{N_1}{N_2}$$

Daraus folgt für die Höhe der **Sekundärspannung**:

$$U_2 = U_1 \cdot \frac{N_2}{N_1}$$

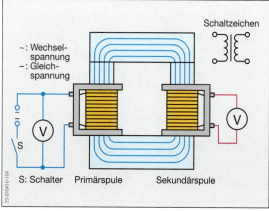

Abb. 4: Transformator

Kapitel 13: Grundlagen der Elektrotechnik

> Je höher die **Windungszahl** der Sekundärspule im Verhältnis zur Windungszahl der Primärspule ist, desto höher ist die **Sekundärspannung**.

Eine **Gleichspannung** (−) an der Primärspule (Abb. 4) bewirkt, dass nur während des **Ein-** und **Ausschaltens** des Gleichstromes in der Sekundärspule eine Spannung erzeugt wird. Dabei ist die Sekundärspannung während des Ausschaltens größer als während des Einschaltens. Außerdem ist zu beobachten, dass während des Ausschaltens an den Kontaktflächen des Schalters S ein **Funke** überspringt.

13.12.3 Selbstinduktion

> Durch die **Selbstinduktion** wird in der **Primärspule** des Transformators während des Ein- und Ausschaltens des Stromes eine **Spannung** (**Selbstinduktionsspannung**) erzeugt.

Wird der Gleichstrom **eingeschaltet**, baut sich in der Primärspule ein Magnetfeld auf. Da sich die Stärke des Magnetfeldes während des Aufbaus ändert, wird nicht nur in der Sekundärspule, sondern auch in der Primärspule eine Spannung erzeugt. Diese Selbstinduktionsspannung ist der angelegten Spannung **entgegengerichtet**. Dadurch wird der Aufbau des Magnetfeldes verzögert.
Wird der Gleichstrom **abgeschaltet**, so wird das Magnetfeld abgebaut. Die Folge ist wieder eine Selbstinduktionsspannung, die aber der angelegten Spannung **gleichgerichtet** ist.

> Die **Selbstinduktionsspannung** ist stets so gerichtet, dass sie der **Ursache** ihrer Entstehung (Auf- oder Abbau des Magnetfeldes) **entgegenwirkt**.

Diese Erscheinung wird als **Lenzsche Regel** (Heinrich Friedrich Emil Lenz, balt. Physiker, 1804 bis 1865) bezeichnet.
Während des **Einschaltens** des Gleichstromes schwächt die erzeugte Selbstinduktionsspannung die angelegte Spannung. Dadurch wird der Aufbau des Magnetfeldes verzögert, d.h. die Stärke des Magnetfeldes ändert sich nur langsam.
Durch das schnelle **Ausschalten** des Gleichstromes ändert sich die Stärke des Magnetfeldes schneller. Deshalb ist die Sekundärspannung während des Ausschaltens höher als während des Einschaltens.
Die Höhe der Sekundärspannung während des Ein- und Ausschaltens kann nicht aus der Transformatorgleichung berechnet werden, da diese nur für einen Wechselstrom gilt, der langsam ansteigt und abfällt (Abb. 5a).

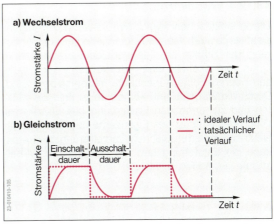

Abb. 5: Wechselstromverlauf und Gleichstromverlauf in der Primärspule

Der Gleichstrom fällt während des Ausschaltens sehr viel schneller ab als der Wechselstrom. Dadurch ändert sich die Stärke des Magnetfeldes schneller, d. h. in **kürzerer Zeit**. Die erzeugte Sekundärspannung ist deshalb viel höher, als die aus der Transformatorgleichung errechnete.

> Je **schneller** sich die Stärke des Magnetfeldes ändert, desto **höher** ist die Sekundärspannung.

Die **Zündspule** (s. Kap. 50.2.1) im Kraftfahrzeug arbeitet nach dem Transformatorprinzip. Die Sekundärspule besitzt etwa 100mal so viele Windungen wie die Primärspule. Sekundärseitig ergibt sich bei einer 12V-Anlage nach der Transformatorgleichung eine Spannung von 12 V · 100 = 1200 V = 1,2 kV.
Für einen sicheren Funkenüberschlag an der Zündkerze sind je nach Betriebsbedingungen des Motors 5000 bis 17 000 V (5 bis 17 kV) erforderlich. Diese hohe Spannung wird durch die schnelle Änderung der Stärke des Magnetfeldes während des Abschaltens des Gleichstromes erreicht.
Die hohe Selbstinduktionsspannung (etwa 400 V) in der Primärspule hat an den Kontaktflächen des Schalters (Unterbrecherkontakt) einen **Funken** (Kontaktfeuer) zur Folge. Der Funke ist das sichtbare Zeichen dafür, dass aufgrund der Selbstinduktionsspannung in der Primärspule ein **Selbstinduktionsstrom** fließt, der **dieselbe Richtung** wie der Gleichstrom hat.

> Der **Selbstinduktionsstrom** (Funke) verhindert eine schnelle Änderung der Stärke des Magnetfeldes und **verringert** dadurch die **Sekundärspannung**.

In der elektronischen Zündanlage (s. Kap. 50.1.1) wird der Primärstrom durch Transistoren (s. Kap. 13.13.6) gesteuert. Diese verhindern mit anderen elektronischen Bauteilen die Entstehung eines Funkens und damit die Verringerung der Sekundärspannung.

13.12.4 Wirbelströme

Die in elektrischen Maschinen verwendeten Weicheisenkerne sind, wie die Spulen, ebenfalls der Änderung der Stärke des Magnetfeldes ausgesetzt. In ihnen wird deshalb eine Induktionsspannung wirksam, deren Folge sogenannte **Wirbelströme** sind. Durch die Wirbelströme kommt es zu Energieverlusten und zur unnötigen Erwärmung des Eisenkerns. Durch den Aufbau des Eisenkerns aus voneinander elektrisch isolierten Blechen (Lamellierung des Kerns) kann die Entstehung und die Wirkung der Wirbelströme vermindert werden.

Aufgaben zu Kap. 13.11 und 13.12

1. Was sind Dauermagnete?
2. Was unterscheidet hartmagnetische von weichmagnetischen Werkstoffen?
3. Welche Aussage kann über die Anziehungskraft von Magnetpolen untereinander gemacht werden?
4. Was ist ein Elektromagnet?
5. Nennen Sie das Grundprinzip des Elektromagnetismus.
6. Was ist eine Spule? Skizzieren Sie das Feldlinienbild einer Spule.
   Tragen Sie die Stromrichtung, die Feldlinienrichtung sowie Nord- und Südpol ein.
7. Von welchen Größen hängt die Stärke des Magnetfeldes eines Elektromagneten ab?
8. Was ist elektromagnetische Induktion?
9. Von welchen Größen ist die erzeugte (induzierte) Spannung abhängig?
10. Beschreiben Sie das Generator- und das Transformatorprinzip.
11. Welcher prinzipielle Unterschied besteht zwischen dem Generator- und dem Transformatorprinzip?
12. Was ist die Ursache für die Spannungserzeugung nach dem Generator- und dem Transformatorprinzip?
13. Skizzieren Sie den Aufbau eines Transformators. Beschreiben Sie dessen Wirkungsweise, wenn an die Primärspule eine Wechselspannung gelegt wird.
14. Wie groß ist die Sekundärspannung eines Transformators, wenn die Primärspannung 220 V beträgt, die Primärspule 300 und die Sekundärspule 60 Windungen haben?
15. Beschreiben Sie den Vorgang der Selbstinduktion.
16. Wie lautet die Lenzsche Regel?
17. Erklären Sie, warum die Sekundärspannung eines Transformators während des Ausschaltens größer ist als während des Einschaltens, wenn der Transformator mit Gleichstrom betrieben wird.
18. Von welchen Größen ist die Zündspannung einer Zündspule abhängig?
19. Was sind Wirbelströme und wodurch wird ihre Entstehung vermindert?

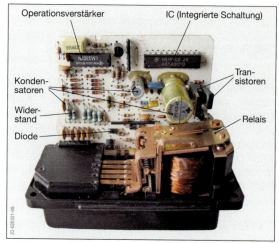

Abb. 1: Elektrische und elektronische Bauelemente in einem Glühzeitsteuergerät für einen 5-Zylindermotor

13.13 Elektrische und elektronische Bauelemente

13.13.1 Relais

> **Relais** haben die **Aufgabe**, elektrische Verbraucher (z. B. Scheinwerfer) **ein-** und **auszuschalten**. Sie sind elektromagnetische Schalter.

Die Abb. 2 zeigt den **Aufbau** eines Relais.
Relais müssen zum Schalten veranlasst werden.
Durch einen Schalter (z. B. Lichtschalter) wird der Strom (Steuerstrom) durch die Relaisspule eingeschaltet. Der Klappanker wird aufgrund der Magnetkraft der Spule angezogen und schließt die Relaiskontakte. Über die Kontakte fließt dann der Arbeitsstrom zum elektrischen Verbraucher (Abb. 3). Wird der Stromfluss zur Relaisspule unterbrochen, zieht die Blattfeder den Klappanker wieder in die Ausgangsstellung zurück. Die Kontakte werden getrennt, und der elektrische Verbraucher wird dadurch ausgeschaltet.

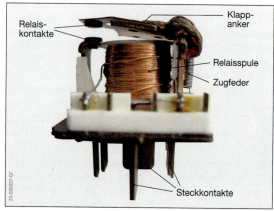

Abb. 2: Relaisaufbau

Kapitel 13: Grundlagen der Elektrotechnik

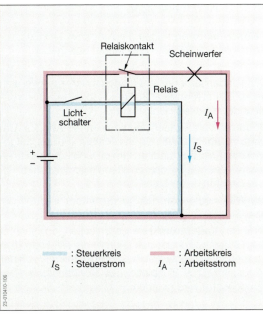

Abb. 3: Relaisschaltung

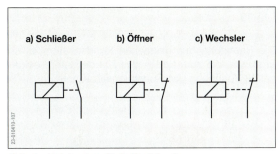

Abb. 4: Relaisarten (Schaltzeichen)

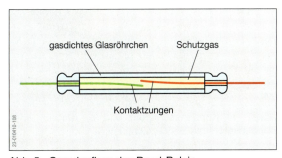

Abb. 5: Grundaufbau des Reed-Relais

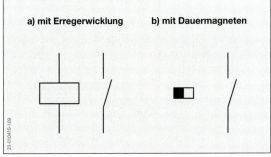

Abb. 6: Schaltzeichen des Reed-Relais

Die Relaisschaltung (Abb. 3) hat einen **Steuerkreis** und einen **Arbeitskreis**. Die Stromstärke im Steuerkreis (Steuerstromstärke) eines Relais soll so klein wie möglich sein, um den Eigenverbrauch (Steuerleistung) des Relais gering zu halten.

> Ein **Relais** schaltet mit einer geringen **Steuerstromstärke** (0,15 bis 0,2 A) eine große **Arbeitsstromstärke** (z. B. 9 A in der Beleuchtungsanlage).

Relais werden verwendet, damit:
- an den elektrischen Verbrauchern die volle Betriebsspannung anliegt. Spannungsverluste durch Schalter und lange elektrische Leitungen (z. B. bei den Scheinwerfern) werden vermieden.
- keine großen Stromstärken über die Schalter (z. B. Lichtschalter) fließen, wodurch die Lebensdauer der Schalterkontakte verlängert wird.

Im Kraftfahrzeug werden hauptsächlich die folgenden **Relaisarten** verwendet (⇒ TB: Kap. 11):
- Relais mit **Arbeitskontakten** (Schließer, Abb. 4a). Die Kontakte sind im Ruhezustand geöffnet. Sie schalten z. B. Scheinwerfer und Fanfaren.
- Relais mit **Ruhekontakten** (Öffner, Abb. 4b). Die Kontakte sind im **Ruhezustand geschlossen**. Sie werden z. B. für das automatische Schalten (Abschalten) des Nebellichts verwendet, wenn das Fernlicht eingeschaltet wird.
- Relais mit **Wechselkontakten** (Wechsler, Abb. 4c). Es enthält »Öffner« und »Schließer« und wird z. B. als Umschaltrelais verwendet (Klemmenbezeichnungen an Relais: ⇒ TB: Kap. 11).

Sämtliche Relaisarten können für spezielle Anforderungen mit mehreren **Schließ-** und **Öffnerkontakten** ausgerüstet werden. Zusätzlich ist es möglich, dass unter Verwendung **elektronischer Schaltungen** das Ein- und Ausschalten der Relais verzögert erfolgt.

Reed-Relais

Das Reed-Relais (Abb. 5) besteht aus einem gasdichten **Glasröhrchen**. Dieses ist wegen der Unterdrückung von Kontaktfeuer (s. Kap. 13.3) mit **Edelgas** gefüllt. Im Glasröhrchen befinden sich zwei federnde **Kontaktzungen** aus magnetischem Werkstoff, die im Ruhezustand getrennt sind. Werden die Kontaktzungen einem **Magnetfeld** ausgesetzt, so werden sie magnetisch und dabei so gepolt, dass sie sich anziehen. Die Kontakte schließen gegen die Federkraft. Wird das Magnetfeld entfernt, werden die Kontakte unmagnetisch und auf Grund ihrer mechanischen Vorspannung getrennt.

Das Schalten des Reed-Relais kann durch eine Erregerwicklung oder durch Dauermagnete erfolgen (Abb. 6).

Reed-Relais finden Verwendung als Drehzahlgeber, z. B. im Getriebe, oder zur Fehlermeldung, z. B. im Glühzeitsteuergerät (Abb. 1, ⇒ TB: Kap. 11).

13.13.2 Widerstände

> **Widerstände** haben die **Aufgabe**, die Stromstärke und/oder die Spannung in einem Stromkreis zu verändern.

Es werden folgende **Widerstände** unterschieden:
- Festwiderstände,
- mechanisch veränderbare Widerstände und
- temperaturabhängige Widerstände.

Festwiderstände begrenzen z. B. als Vorwiderstände die Stromstärke in einem elektrischen Verbraucher, z. B. in der Zünd- und Glühanlage.

Mechanisch veränderbare Widerstände haben einen beweglichen Schleifer (Abb.1). Durch Veränderung der Schleiferstellung wird die wirksame Länge des Widerstandsdrahtes oder der Widerstandsschicht und damit der Widerstandswert geändert. Sie werden auch als **Potenziometer** bezeichnet. Mit ihnen kann z.B. die Helligkeit der Instrumentenbeleuchtung verändert werden. Sie werden auch zur indirekten Messung der Luftmenge oder des Drosselklappenwinkels eingesetzt (s. Kap.20).

Temperaturabhängige Widerstände (Thermistoren) werden in Kalt- und Heißleiter unterschieden.
Kaltleiter sind Widerstände, die im »kalten« Zustand den elektrischen Strom gut leiten, d. h., wenn sie erwärmt werden, steigt ihr Widerstandswert. Sie werden auch als **PTC**-Widerstände (**p**ositive **t**emperature **c**oefficient) bezeichnet.
Heißleiter sind Widerstände, die im »heißen« Zustand den elektrischen Strom gut leiten, d.h., wenn sie abgekühlt werden, steigt ihr Widerstandswert. Sie werden auch als **NTC**-Widerstände (**n**egative **t**emperature **c**oefficient) bezeichnet.
PTC-Widerstände werden z. B. zur Heizung der Lambda-Sonde und NTC-Widerstände z.B. zur Messung der Luft-, Kühlmittel- und Öltemperatur verwendet (s. Kap. 53.3.1, ⇒ TB: Kap.12).

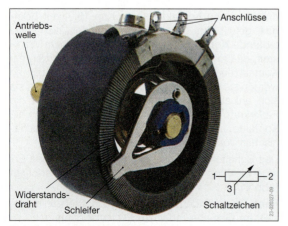

Abb.1: Drehpotenziometer

13.13.3 Kondensatoren

> **Kondensatoren** haben die **Aufgabe**, elektrische Energie zu speichern und wieder abzugeben.

Der Kondensator besteht grundsätzlich aus zwei sich gegenüberstehenden **Platten** (Abb. 2b), die voneinander elektrisch isoliert sind.
Bauarten von Kondensatoren zeigt die Abb. 2a. Um Platz zu sparen, werden die Platten (Folien) aufgewickelt (Abb. 2b) und in einem Gehäuse untergebracht, das häufig den zweiten Anschluss darstellt, z. B. Entstörkondensator.
Die **Wirkungsweise** des Kondensators wird mit der Abb. 3 dargestellt.
Wird der **Ladestromkreis** geschlossen, so leuchtet die Glühlampe kurz auf. Durch die Wirkung des Spannungserzeugers fließt der **Ladestrom** I_L von der Minusplatte zur Plusplatte des Kondensators. Der Kondensator wird geladen.

> Im **geladenen Zustand** besteht zwischen den Platten des Kondensators eine **elektrische Spannung**.

Die Spannung des geladenen Kondensators ist so groß, wie die zum Laden des Kondensators eingesetzte Spannung des Spannungserzeugers.

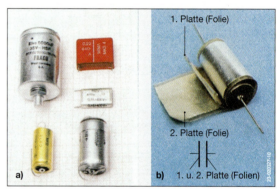

Abb. 2: a) Kondensatorarten und b) Aufbau eines Kondensators mit Schaltzeichen

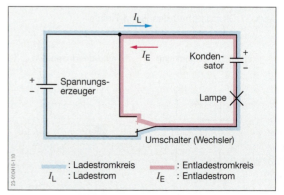

Abb. 3: Laden und Entladen eines Kondensators

Wird der **Entladestromkreis** geschlossen, so leuchtet die Glühlampe erneut kurz auf, der Entladestrom fließt von der Plusplatte zur Minusplatte des Kondensators. Der Kondensator wird entladen.

> Im **entladenen Zustand** besteht zwischen den Platten des Kondensators **keine Spannung**.

Durch einen Strommesser in der Schaltung lässt sich nachweisen, dass der Entladestrom dem Ladestrom **entgegengerichtet** ist.
Die verschiedenen Kondensatoren können unterschiedliche Mengen an **elektrischer Energie** speichern. Die Speicherfähigkeit ist von der Größe und der Bauart des Kondensators abhängig. So haben z.B. Elektrolytkondensatoren bei kleiner Baugröße eine große Kapazität.

> Die **Speicherfähigkeit** eines Kondensators wird als **elektrische Kapazität** bezeichnet.

Die elektrische Kapazität wird in **Farad** gemessen (Michael Faraday, engl. Physiker, 1791 bis 1867). Die Kapazität hat das Formelzeichen C und das Einheitenzeichen F.

Da die Einheit 1 Farad sehr groß ist, sind kleinere Einheiten gebräuchlich:

1 µF = 10^{-6} F (Mikrofarad)
1 nF = 10^{-9} F (Nanofarad)
1 pF = 10^{-12} F (Picofarad)

Entstörkondensatoren (⇒TB: Kap.11) haben etwa eine Kapazität von 2,2 µF und sind für eine Gleichspannung bis zu 110 V ausgelegt.

13.13.4 Sicherungen

Sicherungen dienen dem Schutz von Geräten und Leitungen. Im Kraftfahrzeug werden überwiegend **Schmelzsicherungen** verwendet (Abb. 4).

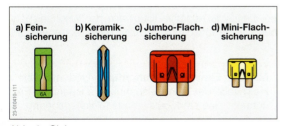

Abb. 4: Sicherungen

Feinsicherungen sind in den Geräten, z.B. Radio, Navigationssysteme, Messgeräte und Motortester, eingebaut. Keramik- und Flachsicherungen dienen dem Schutz von Leitungen und werden in dem **Sicherungskasten** für die verschiedensten Stromkreise zusammengefasst.

13.13.5 Dioden

> **Dioden** haben die **Aufgabe**, elektrische Spannungen und Ströme in einer Richtung durchzulassen und in der anderen Richtung zu sperren.

Dioden haben zwei Anschlüsse, die Anode (A) und Katode (K) genannt werden. Die Katode wird oft durch einen Farbring gekennzeichnet (Abb. 5b). Dioden bestehen hauptsächlich aus den Halbleiterwerkstoffen **Silizium** (Si) oder **Germanium** (Ge).

Die reinen Halbleiterwerkstoffe sind für die Herstellung von Halbleiterbauteilen nicht geeignet. Sie werden deshalb gezielt mit anderen Werkstoffen vermischt. Die gezielte Vermischung der Halbleiterwerkstoffe mit anderen Werkstoffen, z.B. Arsen, Indium oder Aluminium, wird **Dotierung** genannt. Durch die Dotierung (dotare, lat.: ausstatten) werden **zwei Arten** von dotierten Halbleiterwerkstoffen hergestellt.

> Es werden **N-leitende** und **P-leitende** Halbleiterwerkstoffe unterschieden.

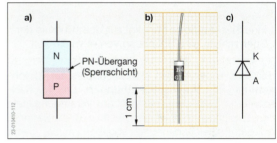

Abb. 5: Halbleiterdiode: a) PN-Zonenfolge, b) Bauform einer Diode, c) Schaltzeichen (A: Anode, K: Katode)

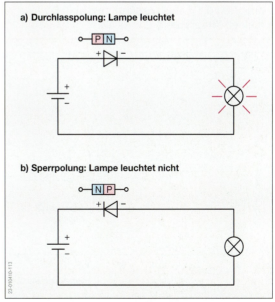

Abb. 6: Wirkungsweise der Diode im Gleichstromkreis

Wird ein P-Leiter, auch **P-Zone** genannt, mit einem N-Leiter (N-Zone) kombiniert, so entsteht eine **PN-Zonenfolge** mit einem **PN-Übergang** (Abb. 5, S. 143). Der PN-Übergang ist elektrisch nichtleitend. Er stellt für den elektrischen Strom eine Sperre dar, die als **Sperrschicht** bezeichnet wird. Unter dem Einfluss einer Spannung kann die Sperrschicht **aufgehoben** oder **vergrößert** werden. Je nachdem, wie eine Diode in einem Gleichstromkreis gepolt wird (Abb. 6, S. 143), lässt sie den Strom durch (Durchlasspolung) oder sie sperrt den Strom (Sperrpolung).

> Eine **Diode** wird leitend, wenn der **Pluspol** eines Spannungserzeugers an der **P-Zone** (Anode) und der **Minuspol** an der **N-Zone** (Kathode) liegt.

Die Diode kann von ihrer Wirkung her mit einem **Rückschlagventil** verglichen werden.
Zum **Abbau** der **Sperrschicht** in Durchlassrichtung der Diode wird eine bestimmte Spannung benötigt. Diese beträgt bei **Siliziumdioden** etwa 0,6 V und bei **Germaniumdioden** etwa 0,3 V, d. h., dass bei einer Siliziumdiode der Strom erst ab einer angelegten Spannung von etwa 0,6 V anfängt merklich zu fließen (Schwellenspannung, Abb. 1).

> Eine **Siliziumdiode** benötigt zur Überwindung der Sperrschicht eine Spannung von etwa 0,6 Volt.

Halbleiterdioden eignen sich besonders zur **Gleichrichtung** von **Wechselspannungen**. Die Wechselspannung aus dem öffentlichen Versorgungsnetz muss gleichgerichtet werden, wenn z. B. ein Batterieladegerät Gleichspannung abgeben muss, damit eine Batterie geladen werden kann.

> **Siliziumdioden** haben bis zur Schwellenspannung von 0,6 V einen **großen** und ab 0,6 V einen **kleinen** Widerstand.

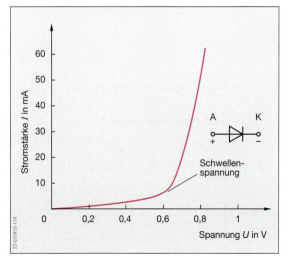

Abb. 1: Kennlinie einer Siliziumdiode

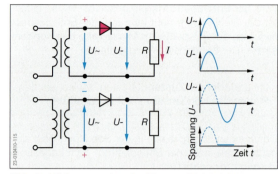

Abb. 2: Wirkungsweise der Einweg-Gleichrichtung

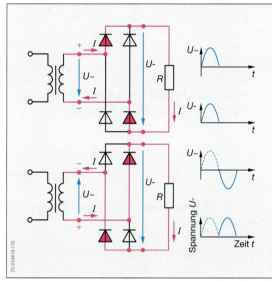

Abb. 3: Wirkungsweise der Zweiweg-Gleichrichtung

Einweg-Gleichrichtung

Die einfachste Gleichrichterschaltung und ihre Auswirkung auf eine angelegte Wechselspannung zeigt die Abb. 2.

Liegt die positive Halbwelle der Wechselspannung am Plusanschluss (Anode) der Diode, wird diese leitend und es fließt ein Strom durch den elektrischen Verbraucher R, z. B. während der Ladung der Batterie. Liegt die negative Halbwelle der Wechselspannung am Plusanschluss der Diode, so sperrt die Diode.

> Mit der **Einweg-Gleichrichtung** wird nur eine **Halbwelle** der Wechselspannung ausgenutzt. Es entsteht eine stark pulsierende Gleichspannung.

Zweiweg-Gleichrichtung

Durch die Verwendung von mehreren Dioden können beide Halbwellen der Wechselspannung gleichgerichtet werden. Dies wird durch die **Zweiweg-Gleichrichterschaltung** erreicht. Die häufigste Zweiweg-Gleichrichterschaltung ist die **Brückenschaltung** mit vier Dioden (Abb. 3).

Kapitel 13: Grundlagen der Elektrotechnik

Bei der Brückenschaltung sind jeweils zwei Dioden abwechselnd in Durchlass- und Sperrrichtung geschaltet. Dadurch fließt während beider Halbwellen der Wechselspannung ein Strom durch den Verbraucher.

> Mit der **Zweiweg-Gleichrichtung** werden beide **Halbwellen** der Wechselspannung ausgenutzt. Es entsteht eine pulsierende Gleichspannung.

Leuchtdioden

Leuchtdioden werden auch als Lumineszenzdioden (lumen, lat.: »Licht«) bzw. abgekürzt **LED** (**l**ight **e**mitting **d**iode, engl.: Licht aussendende Diode) bezeichnet.

> **Leuchtdioden** sind Halbleiterbauelemente, die bei Stromfluss in Durchlassrichtung **elektromagnetische Wellen (Licht)** aussenden.

Es werden Leuchtdioden hergestellt, die weißes, gelbes, rotes, grünes und blaues Licht sowie nicht sichtbare elektromagnetische Wellen (infrarotes Licht) ausstrahlen (Abb. 4).

Das Schaltzeichen der Leuchtdiode besteht aus dem Schaltzeichen der Diode und zwei von der Diode wegweisenden Pfeilen, die das abgestrahlte Licht darstellen (Abb. 5a). Da die **Betriebspannung** der Leuchtdioden je nach Farbe ihres Lichtes zwischen 1,3 und 2,8 V liegt, müssen sie im Kraftfahrzeug mit einem Vorwiderstand R_v betrieben werden (Abb. 5b).

Die **Vorteile** der Leuchtdioden sind:
- lange Haltbarkeit,
- hohe Betriebssicherheit,
- geringer Energieverbrauch,
- hohe mechanische Festigkeit und
- geringe Abmessungen.

Leuchtdioden werden in Diodenprüflampen sowie im Kraftfahrzeug als Kontrolllampen z. B. für das Fernlicht oder die Nebelschlussleuchte, als Blink- und Bremsleuchten eingesetzt.

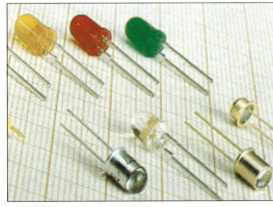

Abb. 4: Leuchtdioden

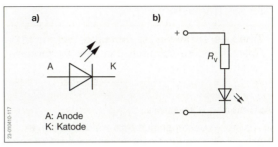

Abb. 5: a) Schaltzeichen der Leuchtdiode und b) ihre Schaltung an Gleichspannung mit Vorwiderstand R_v

Z-Dioden

Z-Dioden, auch **Zener-Dioden** genannt (Clarence Zener, amerik. Physiker, 1906 bis 1963), sind hoch dotierte Dioden, welche sich in Durchlassrichtung wie normale Dioden verhalten (Abb. 6).

> Wird die **Z-Diode** in **Sperrrichtung** betrieben, so wird sie bei einer bestimmten Spannung **schlagartig leitend**. Unterschreitet die Spannung die sog. **Z-Spannung** sperrt die Z-Diode wieder.

Da Z-Dioden wie ein schnell geschlossener Schalter wirken, müssen sie in den meisten Fällen mit einem Vorwiderstand R_v betrieben werden, der zur **Strombegrenzung** dient (Abb. 7).

Z-Dioden werden fast immer in **Sperrrichtung** betrieben und werden zur Spannungsbegrenzung oder Spannungsstabilisierung (Abb. 7), als Sollwertgeber (s. Kap. 49.3.2) und als Leistungsdioden (s. Kap. 49.2.2) verwendet.

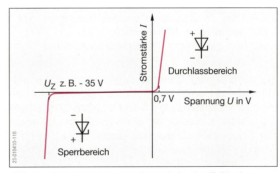

Abb. 6: Schaltzeichen und Kennlinie der Z-Diode

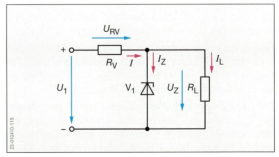

Abb. 7: Spannungsstabilisierungsschaltung

13.13.6 Transistoren

Transistoren haben die **Aufgabe**, Ströme und Spannungen zu **schalten** und/oder zu **verstärken**.

Aufbau des Transistors

Transistoren bestehen aus **drei Halbleiterzonen**. Nach der Anordnung dieser Zonen werden **PNP**- und **NPN-Transistoren** unterschieden (Abb. 1).

Transistoren haben drei Anschlüsse, die als Basis (basis, gr.: Fundament), **Emitter** (emittere, lat: aussenden) und **Kollektor** (colligere, lat.: einsammeln) bezeichnet werden.

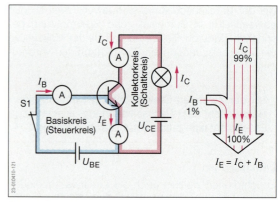

Abb. 2: Transistorschaltung

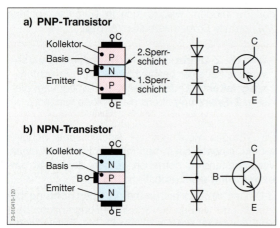

Abb. 1: Aufbau, Diodenmodell und Schaltzeichen von Transistoren

Der **Pfeil** im Schaltzeichen des Transistors gibt die **technische Stromrichtung** an und kennzeichnet gleichzeitig den **Emitteranschluss**.

Aufgrund der **drei Zonen** hat der Transistor zwei **PN-Übergänge** und damit **zwei Sperrschichten** (Abb. 1). Voraussetzung für die Funktionsfähigkeit des Transistors ist eine im Verhältnis zu den beiden anderen Zonen sehr **dünne Basiszone** (etwa 0,01 mm). Deshalb können zwei Dioden in Reihe geschaltet keinen Transistor ergeben.

Transistor als Schalter

Von der Wirkungsweise her kann der Transistor mit einem Relais verglichen werden (s. Kap. 13.13.1).
Der **Basiskreis** entspricht dabei dem **Steuerkreis** und der **Kollektorkreis** dem **Schaltkreis** (Arbeitskreis, Abb. 2). Wie das Relais, muss auch der Transistor zum Schalten **veranlasst** werden.
Der **Transistor schaltet durch**, wenn die Sperrschicht zwischen Basis und Emitter aufgehoben wird. Das ist dann der Fall, wenn im Diodenmodell des Transistors (Abb. 1) die Diode zwischen Basis und Emitter in Durchlassrichtung gepolt ist. Die zweite Sperrschicht wird durch den dann fließenden **Basisstrom** I_B (Steuerstrom) und die **Spannung** zwischen Kollektor und Emitter (U_{CE}) aufgehoben (Abb. 2).

Der **Transistor** schaltet durch, wenn die Basis-Emitter-Strecke leitend wird (**Transistoreffekt**).

Der **NPN-Transistor** (Abb. 2) schaltet durch, wenn über den Schalter S1 die Basis **positiv** gegenüber dem Emitter gepolt wird. Es fließt dann ein Strom im Kollektorkreis (Schaltkreis), wenn auch der Kollektor gegenüber dem Emitter **positiv** gepolt ist. Die Glühlampe leuchtet auf. Wird der Schalter geöffnet, sperrt der Transistor. Die Glühlampe leuchtet nicht mehr.
Bei der Verwendung eines **PNP-Transistors** (Abb. 1a) werden die Anschlüsse umgekehrt gepolt.

Das **Schalten** des **Transistors** erfolgt über die **Basis**.

Damit die **Sperrschicht** zwischen Basis und Emitter aufgehoben wird, muss bei einem Silizium-Transistor die Spannung etwas höher als die **Schwellenspannung** von 0,6 V sein. Entsprechend gering ist auch die Basisstromstärke (Steuerstromstärke).
Werden die **Stromstärken** für I_B, I_C und I_E gemessen und miteinander verglichen, so ergibt dies:

$$I_E = I_C + I_B$$

Wird die Basisstromstärke I_B mit der Kollektorstromstärke I_C verglichen ergibt dies, dass die Basisstromstärke I_B **sehr viel kleiner** als die Kollektorstromstärke I_C ist (Abb. 2, ⇒TB: Kap. 5).

Der **Transistor** steuert mit einer **kleinen Basisstromstärke** (Steuerstromstärke) eine **große Kollektorstromstärke** (Arbeitsstromstärke). Er ist ein **kontaktloses Relais**.

Kapitel 13: Grundlagen der Elektrotechnik

Die **Vorteile** des Transistors als Schalter sind:
- Er kann im Vergleich zum Unterbrecherkontakt in der Zündanlage höhere Ströme schalten.
- Er schaltet schneller.
- Es gibt keine Funkenbildung, er arbeitet deshalb verschleißfrei und
- er hat kleine Abmessungen.

Transistor als Verstärker

Das Verhältnis vom Kollektorstrom zum Basisstrom wird als **Stromverstärkung B** bezeichnet. Mit den Werten aus der Abb. 2 ergibt sich eine Stromverstärkung von B = 99, d. h., dass der Basisstrom durch den Transistor um das **99fache verstärkt** wird.

Mit den Transistoren können aber nicht nur Gleichströme, sondern mit geeigneten Schaltungen auch Gleichspannungen sowie Wechselspannungen und Wechselströme verstärkt werden.

> Der Transistor kann **Ströme** und **Spannungen** verstärken. Er ist daher auch ein **Verstärker**.

Der Transistor wird auch als **veränderlicher Widerstand** (elektronisches Potentiometer, s. Kap. 50.5.1) eingesetzt. Wird die Basis-Emitter-Spannung U_{BE} langsam geändert, so schaltet der Transistor nur langsam durch. Das bedeutet, dass der Widerstand des Transistors von sehr groß nach sehr klein ebenfalls langsam geändert wird.

> Der **Widerstand** des **Transistors** wird durch eine Änderung der **Basis-Emitter-Spannung** U_{BE} ebenfalls geändert.

Grundschaltungen für die Transistorzündung

In der Abb. 3a ist eine NPN-Transistorschaltung abgebildet, die im Gegensatz zur Transistorschaltung in der Abb. 2 nur von einer Batterie versorgt wird. Der Widerstand R1 begrenzt den Basisstrom. Über den Schalter wird die Basis gegenüber dem Emitter positiv gepolt. Der Transistor schaltet durch und die Glühlampe leuchtet auf.

Wird der Schalter geöffnet, so hat die Basis gegenüber dem Emitter keine positive Polung mehr. Der Transistor sperrt und die Glühlampe erlischt.

Eine Erweiterung der Schaltung zeigt die Abb. 3b. Der Widerstand R1 ist mit einem weiteren Widerstand R2 in Reihe geschaltet (Spannungsteiler). Die Wirkungsweise dieser Schaltung ist wie die in der Abb. 3a. Durch den Widerstand R2 wird erreicht, dass die Basis genauso gepolt wird wie der Emitter, wenn der Schalter öffnet. Dadurch sperrt der Transistor schneller und der Strom durch die Glühlampe wird schneller unterbrochen.

In der Abb. 3c wird ein PNP-Transistor verwendet. Damit der Transistor durchschaltet, muss die Basis negativ gegenüber dem Emitter gepolt werden. Das wird dadurch erreicht, dass der Schalter mit dem Minuspol (Masse) der Batterie verbunden wird. Diese Schaltung ist für die Verwendung in **Transistor-Zündanlagen** geeignet, da der Schalter bzw. der Impulsgeber (s. Kap. 50.1) an **Masse** liegt.

Wird der Schalter S1 geschlossen, so wird die Basis durch die Wirkung der Widerstände R2 und R1 negativ gegenüber dem Emitter gepolt. Der Transistor schaltet durch. Der Widerstand R1 begrenzt auch hier den Basisstrom. Wird der Schalter S1 geöffnet, so wird die Basis über den Widerstand R2 positiv gepolt wie der Emitter. Der Transistor sperrt.

Darlington-Schaltung

In den Schalt- und Steuergeräten der Kraftfahrzeug-Elektrik werden als Endstufen, z. B. für das Schalten des Primärstromes in der Zündanlage oder der Öffnungsströme für die Einspritzventile, sogenannte **gekoppelte Transistorschaltungen** verwendet, die zusätzlich noch von einem Steuer- bzw. Treibertransistor angesteuert werden.

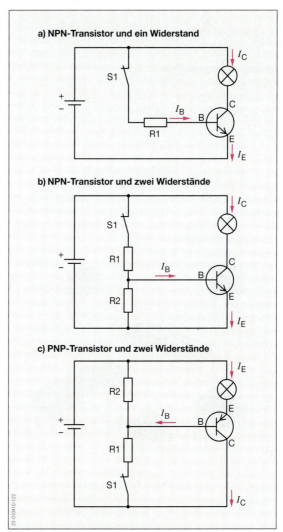

Abb. 3: Transistorschaltungen

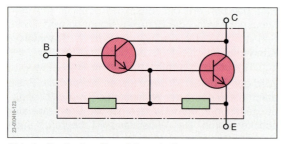

Abb. 1: Darlington-Transistorschaltung

Eine verwendete Schaltung ist die **Darlington-Schaltung** (Sidney Darlington, amerik. Physiker, 1906 bis 1997). Diese besteht aus der Kopplung von zwei Transistoren, die in einem gemeinsamen Gehäuse sitzen, welches wie ein Transistor nur drei Anschlüsse hat (Abb.1). Die Bezeichnung der Anschlüsse erfolgt wie bei einem Transistor. Der Vorteil der Darlington-Schaltung liegt darin, dass in den Steuergeräten wegen der großen Stromverstärkung B (B > 1000) des Darlington-Transistors mit geringen Steuerstromstärken gearbeitet werden kann. Dadurch wird die Wärmeentwicklung klein gehalten und die Verwendung von integrierten Schaltungen ermöglicht (s. Kap. 13.13.8).

Operationsverstärker

Der Operationsverstärker (Abb. 2) ist eine integrierte Schaltung (s. Kap. 13.13.8) mit einer sehr hohen Spannungsverstärkung (B = 10^3 bis 10^8). Ein Operationsverstärker besteht aus einer Kopplung von vielen Transistoren und Widerständen. Ursprünglich wurde er für mathematische Operationen eingesetzt. Aus dieser Zeit stammt auch sein Name. In der Kraftfahrzeug-Elektrik wird er verwendet, um z. B. kleine Sensorspannungen wie im Hall-Geber (s. Kap. 53.3.4) zu verstärken. Darüber hinaus dient er zur Fehlererkennung in Vorglühzeitrelais (Abb.1, S.140) und Glühlampenkontrollgeräten.

Abb. 2: a) Operationsverstärker und b) Schaltzeichen

13.13.7 Thyristoren

Thyristoren haben die **Aufgabe**, große Stromstärken und Spannungen und somit große elektrische Leistungen zu schalten.

Thyristoren sind **steuerbare** elektronische Schalter mit Gleichrichtereigenschaften. Im Kraftfahrzeug werden sie z. B. in der Thyristorzündung (Kondensatorzündung) und im elektronischen Blinkgeber verwendet.

Der Thyristor ist aus **vier** Zonen (Schichten, PNPN) aufgebaut (Abb. 3). Er wird deshalb auch als steuerbare **Vierschichtdiode** bezeichnet. Der Thyristor hat drei PN-Übergänge und damit drei Sperrschichten. Drei der Zonen haben elektrische Anschlüsse. Diese werden mit **Anode** (Pluspol), **Katode** (Minuspol) und **Gate** (engl.: Tor) bezeichnet.

Wird der Thyristor in **Sperrichtung** betrieben, so fließt kein Strom, da lediglich die mittlere Sperrschicht aufgehoben wurde (Abb. 4a). In **Durchlassrichtung** gepolt, besteht nur noch die mittlere Sperrschicht (Abb. 4b). Wird an den Gateanschluss eine Steuerspannung gelegt, so fließt ein Steuerstrom, welcher die mittlere Sperrschicht aufhebt. Der Thyristor schaltet durch. Es fließt ein Strom von der Anode zur Katode. Dieser Vorgang wird auch als »Zünden« des Thyristors bezeichnet.

Der **Thyristor** wird durch **Steuerspannungen** und **Steuerströme** durchgeschaltet. Er wird **gezündet**.

Nach dem Zünden des Thyristors kann die Steuerspannung abgeschaltet werden. Der Thyristor bleibt so lange durchgeschaltet, bis der Strom von der Anode zur Katode einen bestimmten Wert unterschritten hat (**Haltestromstärke**).

Der **Thyristor** braucht zum **Zünden** nur einen Spannungs- und damit Stromstoß.

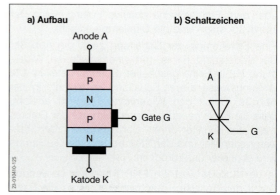

Abb. 3: Thyristor

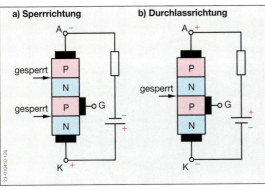

Abb. 4: Thyristorschaltungen

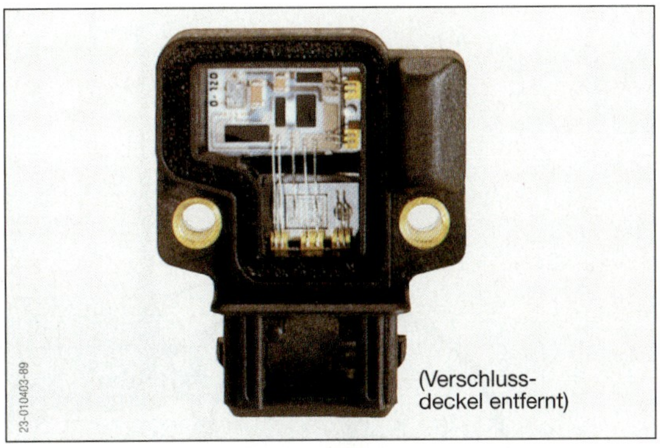

Abb. 5: Zündsteuergerät in Mikrohybridbauweise (Verschlussdeckel entfernt)

13.13.8 Diskrete, integrierte und Hybrid-Schaltungen

Die elektrischen und elektronischen Bauelemente werden zu elektrischen Schaltungen zusammengefasst, um bestimmte Aufgaben zu erfüllen.

Werden dabei einzelne Bauelemente auf einer Platine zusammengebracht und miteinander verschaltet, wird diese als **diskrete Schaltung** (diskret, lat.-fr.: vereinzelt) bezeichnet (Abb. 1, S. 140).

Integrierte Schaltkreise (Schaltungen) werden auch **IC**s (engl.: Integrated Circuits) genannt. Bei diesen können einzelne Bauelemente nicht mehr unterschieden werden. Jeder IC hat ganz bestimmte Aufgaben zu erfüllen, deshalb sind ICs auch in Gehäusen (Chips, engl.: dünne Scheibe) mit den typischen Anschlüssen (Spinnenbeine) untergebracht (Abb. 2 und Abb. 1, S. 140).

Hybrid-Schaltungen bestehen aus einer Kombination von diskreten und integrierten Schaltungen (Abb. 4, S. 541). Bei **Mikrohybrid-Schaltungen** sind einzelne Bauelemente kaum noch erkennbar (Abb. 5). Hybrid- und Mikrohybrid-Schaltungen vereinen viele Funktionen auf engstem Raum, wodurch Platz und Masse eingespart und die Funktionssicherheit erhöht werden.

Aufgaben zu Kap. 13.13

1. Welche Aufgaben haben Relais?
2. Beschreiben Sie die Wirkungsweise eines Relais.
3. Warum werden Relais verwendet?
4. Nennen Sie drei Relaisarten und geben Sie für jede Art ein Anwendungsbeispiel an.
5. Beschreiben Sie den Aufbau und die Wirkungsweise eines Reed-Relais.
6. Welche Aufgaben haben Widerstände?
7. Was ist ein Potentiometer?
8. Was sind PTC- und NTC-Widerstände?
9. Welche Aufgabe haben Kondensatoren?
10. Was wird unter der Kapazität eines Kondensators verstanden?
11. Wie lauten Formel- und Einheitenzeichen für die Kapazität eines Kondensators?
12. Nennen Sie die Aufgabe von Sicherungen.
13. Nennen Sie Halbleiterwerkstoffe.
14. Was wird unter dem Begriff »Dotierung« verstanden?
15. Was ist ein PN-Übergang und welche Eigenschaften hat er?
16. Beschreiben Sie den Aufbau und die Wirkungsweise der Diode.
17. Wann wird eine Diode leitend?
18. Mit welchem Bauteil kann eine Diode verglichen werden und was haben beide gemeinsam?
19. Wie groß muss die Spannung sein, damit eine Siliziumdiode leitend wird?
20. Beschreiben Sie die Einweg- und Zweiweg-Gleichrichtung einer Wechselspannung.
21. Welchen Vorteil hat die Zweiweg-Gleichrichtung gegenüber der Einweg-Gleichrichtung?
22. Was sind LEDs?
23. Welche Aufgabe hat der Vorwiderstand einer LED?
24. Beschreiben Sie die Wirkungsweise einer Z-Diode.
25. Warum müssen Z-Dioden meist mit einem Vorwiderstand betrieben werden?
26. Zeichnen Sie die Kennlinie einer Z-Diode aus Silizium mit einer Sperrspannung von 42 V.
27. Beschreiben Sie den Aufbau und die Wirkungsweise eines Transistors.
28. Mit welchem Bauteil kann der Transistor verglichen werden? Nennen Sie Ähnlichkeiten.
29. Beschreiben Sie die Darlington-Schaltung.
30. Was ist ein Operationsverstärker?
31. Wie ist ein Thyristor aufgebaut?
32. Wodurch kommt es zum Zünden des Thyristors?
33. Beschreiben Sie den Unterschied zwischen einer diskreten und einer integrierten Schaltung.
34. Was sind ICs?
35. Welche Vorteile haben Hybrid-Schaltungen?

Dreirad von Benz, 1886

Grundlagen

Kraftfahrzeuge

Motor

Kraftübertragung

Fahrwerk

Krafträder

Nutzkraftwagen

Elektrische Anlage

Elektronische Systeme

| 14 | Entwicklung des Kraftfahrzeugs | 151 |
| 15 | Kraftfahrzeugarten | 154 |

14 Entwicklung des Kraftfahrzeugs

Der Traum vom Automobil (auto, gr.: selbst; mobil, lat.: beweglich) ist mehrere tausend Jahre alt. Schon bald nach der Erfindung des Rades (etwa 4000 Jahre vor der Zeitrechnung) beschäftigten sich die Menschen damit, Fahrzeuge zu entwickeln, die sich unabhängig von der Muskelkraft eines Menschen oder eines Tieres bewegen konnten.

Erfindung der **Dampfmaschine** im Jahr **1768** durch James **Watt** (engl. Mechaniker und Erfinder, 1736 bis 1819).

1769/70 baute Nicolaus Joseph **Cugnot** (franz. Ingenieur, 1725 bis 1804) ein dreirädriges Fahrzeug mit einem Dampfmaschinenantrieb. Das Fahrzeug erreichte eine Höchstgeschwindigkeit von 4 km/h und konnte Lasten bis zu 7 t transportieren.

1801 baute Richard **Trevithick** (engl. Erfinder, 1771 bis 1833) den ersten fahrtüchtigen Dampfwagen zur Beförderung von Fahrgästen.

1816 wurde die Achsschenkellenkung erfunden.

1845 meldet Robert William Thomson aus Edinburgh in London das Patent auf den ersten Luftreifen für eine Kutsche an.

1860 beendete Lenoir die Arbeiten an seinem **Gasmotor**.

1862 entwickelte Nikolaus August **Otto** (dt. Kaufmann und Erfinder, 1832 bis 1891) das Arbeitsprinzip des **Viertaktmotors**. Der von ihm gebaute erste Viertaktmotor erwies sich aber als nicht zuverlässig. Otto arbeitete dann zunächst an der Weiterentwicklung der Gasmaschine.

1867 zeigten Nikolaus August **Otto** und Eugen **Langen** (dt. Erfinder, 1833 bis 1895) auf der Pariser Weltausstellung einen **Gasmotor** mit einer Leistung von 1,5 kW. Der Flugkolben wurde durch die bei der Verbrennung expandierenden Gase hochgeschleudert. Die Bewegungsenergie des herabfallenden Kolbens wurde über Zahnstange und Ritzel in Nutzarbeit umgewandelt. Nachteilig war die große Bauhöhe des Motors.

1868 konstruierte Siegfried **Marcus** (österr. Erfinder, 1831 bis 1891) einen Viertakt-Benzinmotor und trieb damit 1875 ein Fahrzeug an. Seine Erfindung konnte sich nicht durchsetzen.

1875 wurde flüssiger Brennstoff verwendet und der **Oberflächenvergaser** entwickelt.

1876 baute Nikolaus August **Otto** einen zuverlässigen Viertakt-Motor. 1877 erhielt er für diesen Motor ein Patent.

1882 gründeten Gottlieb **Daimler** (dt. Ingenieur, 1834 bis 1900) und Wilhelm **Maybach** (dt. Konstrukteur, 1846 bis 1929) in Cannstadt eine Firma zur Herstellung kleiner Benzinmotoren.

1883 erhielt Gottlieb **Daimler** die ersten Patente auf einen schnelllaufenden Benzinmotor. Dieser Motor war mit einer **Glührohrzündung** ausgerüstet und erreichte Drehzahlen von 500 bis 900/min. Die Steuerung des Gaswechsels erfolgte über Nocken und Ventile. Die Motorleistung betrug 0,36 kW.

1885 baute Gottlieb **Daimler** seinen Motor zunächst in ein Niederrad (Abb.1) ein.

1885 entwickelte Wilhelm **Maybach** einen Schwimmervergaser.

1885 meldete Karl **Benz** (dt. Ingenieur, 1844 bis 1929) seine Patente für das erste Automobil der Welt an.

1886 wurden die Versuchsfahrten mit diesem Fahrzeug begonnen. Der dreirädrige Benz-Motorwagen hatte einen Motor mit einem Hubvolumen von 0,9 l, eine max. Drehzahl von 400/min und eine Leistung von 0,65 kW.

1886 stellte Gottlieb **Daimler** seinen vierrädrigen Motorwagen vor. Bei einem Hubvolumen von 0,46 l und einer Drehzahl von 600/min leistete der Motor 0,81 kW.

1889 brachte die Firma Dunlop den ersten **Luftreifen** auf den Markt.

1892 erhielt Rudolf **Diesel** (dt. Ingenieur, 1858 bis 1913) sein erstes Patent auf einen **Motor mit Selbstzündung**. Im Jahr 1897 war der erste Dieselmotor einsatzfähig.

1895 rüstete Dunlop das erste Automobil mit Luftreifen aus.

Um **1900** begann in Frankreich unter Verwendung von Daimler-Patenten die Produktion der ersten Automobile. Die bei den Firmen Panhard, Levassor, Peugeot, Renault und de Dietrich gebauten Fahrzeuge waren mit **Kegelkupplungen**, **Viergang-Zahnradwechselgetriebe** und **Kettenantrieb** ausgerüstet.

Abb.1: Niederrad von Gottlieb Daimler

Abb.1: Ford T-Modell

1901 verließ das erste **Mercedes-Fahrzeug** die Daimler Werke. Der Motor des Fahrzeugs leistete etwa 30 kW bei einer Drehzahl von 1100/min. Die Kraftübertragung erfolgte über eine Gelenkwelle. Der Motor besaß gesteuerte Ventile, eine Magnetzündung und einen Wabenkühler. Der Rahmen wurde aus Stahlblech gefertigt. Die Lagerung von Wellen erfolgte erstmals durch Kugellager.

1902 entwickelte Robert **Bosch** (dt. Unternehmer, 1861 bis 1942) die erste **Hochspannungs-Magnetzündung**.

1903 gründete Henry **Ford** (amerik. Ingenieur, 1863 bis 1947) die Ford-Motor-Company. Er führte 1913 die **Fließbandfertigung** in der Automobilherstellung ein. In den Jahren 1907 bis 1926 wurden dort insgesamt 15 Millionen Fahrzeuge des **T-Modells** (Abb.1) gefertigt. 1925 betrug die Tagesproduktion 9000 Fahrzeuge. Das T-Modell hatte einen Hubraum von 2,9 l und erreichte eine Leistung von 15,7 kW bei einer Drehzahl von 1600/min. Der Motor war mit einer **Summerzündung** und einem **Wechselstromgenerator** ausgerüstet.

Um **1920** wurde die **hydraulische Bremse** erstmals eingebaut. Außerdem begann die Erprobung der **Hochspannungszündung** mit Induktionsspulen (Zündspulen).

1924 wurde der erste Dieselmotor in einen Lastkraftwagen eingebaut.

1925 wurde die Produktion von **Batteriezündanlagen** (Einfunkenzündung) bei Bosch aufgenommen.

1927 Einführung der **Dieseleinspritzpumpe** durch Bosch.

1928 konstruierte Charles F. **Kettering** (amerik. Ingenieur, 1876 bis 1956) ein **synchronisiertes Getriebe**.

1930 erarbeitete der amerikanische Ingenieur Maurice **Olley** Grundlagen zur Theorie der Radaufhängung. Erste Fahrzeuge mit **Einzelradaufhängung** wurden von Daimler-Benz 1934 gebaut und erprobt.

1934 Beginn der Entwicklung des **Volks-Wagen** durch Ferdinand Porsche. Die Serienfertigung des Käfers (Abb. 2) begann nach dem Kriegsende. Bis zum Jahr 1981 wurden mehr als 20 Millionen dieser Fahrzeuge gebaut.

1934 Serienproduktion von **selbsttragenden Karosserien**.

1948 Beginn der Entwicklung des **Stahlgürtelreifens** bei Michelin.

1950 baute die Firma Rover in England ein Kraftfahrzeug mit **Gasturbinenantrieb**.

1954 konstruierte Felix **Wankel** (dt. Ingenieur, 1902 bis 1988) einen **Rotationskolbenmotor**. 1964 war der Motor serienreif.

1967 Einbau der ersten elektronischen Benzineinspritzung (D-Jetronic) in Serienfahrzeuge.

1970 Einführung der **Gurtpflicht** (vordere Sitze).

1974 Beginn der Großserienproduktion für **kontaktlose Transistorzündanlagen** in Deutschland.

1978 Einbau des **Anti-Blockiersystems** (ABS) in Serienfahrzeugen.

1979 Ausrüstung von Kraftfahrzeugen mit der **Motronic** (L-Jetronic zusammen mit der elektronischen Zündzeitpunktverstellung – **Kennfeldzündung**).

1982 Einführung des **Vierradantriebs** für Personenkraftwagen.

1983 Einführung des **elektronischen Vergasers** und der **Klopf-** und **Ladedruckregelung**.

1984 Airbag und **Gurtstraffer** in Serienfahrzeugen.

1985 Einführung von **Abgaskatalysatoren** mit **Lambda-Sonde** und **unverbleitem Kraftstoff** in Deutschland. Einbau von elektronisch gesteuerten Dieseleinspritzpumpen (EDC), Antriebs-Schlupf-Regelung (ASR), Fahrwerksabstimmung, Getriebesteuerung.

1990 Einführung des **Katalysators** in Personenkraftwagen mit Dieselmotoren.

1993 Einführung des **Schaltsaugrohrs** und der **variablen Nockenwellensteuerung**. Einbau von Dieseleinspritzsystemen mit Einspritzdrücken bis 1500 bar, **Pumpe-Düse-Einheit** (PDE), **Pumpe-Leitung-Düse** (PLD).

1994 Einbau elektronischer **Navigationssysteme** in Personenkraftwagen.

1995 Einführung des **elektronischen Stabilitätsprogramms** (ESP).

Abb. 2: VW-Käfer, Baujahr 1947

1996 Abgasturbolader mit variabler Turbinengeometrie (VTG).
1997 Einbau des **Common-Rail-Einspritzsystems** in Pkw-Dieselmotoren.
2000 Entwicklung der **Benzin-Direkteinspritzung** zur Serienreife in Deutschland.
2000 Einbau **Aktiver Fahrwerksstabilisierungssysteme** in Serienfahrzeuge (Active Body Control).
2001 Elektrohydraulische Bremssysteme (EHB) werden in Serienfahrzeuge eingebaut. Ein elektronisches Steuergerät erfasst die Sensordaten des elektronischen Bremspedals sowie die Raddrehzahlen, die Gierrate, die Querbeschleunigung und berechnet daraus die erforderlichen Drücke in den Bremsleitungen.
2002 Einsatz des **PAX-Reifensystems** in Serienfahrzeugen. Dieses Reifen-/Felgesystem ermöglicht nach einer Reifenpanne eine sichere Fahrstrecke bis zu 200 km.
2002 Benzin-Direkteinspritzmotoren werden im Bereich der Serienfahrzeuge eingeführt.
2003 Das **aktive Kurvenlicht** ist ein Beitrag zur aktiven Verkehrssicherheit. Die Scheinwerfer werden mit dem Lenkeinschlag bewegt.
2003 Entwicklung von Serienfahrzeugen mit **Hybridantrieb**.
2003 Bau von Technologieträgern zur Vernetzung von Systemen der aktiven und passiven Verkehrssicherheit (**Apia**: **A**ctive **P**assiv **I**ntegration **A**pproach).
2004 Serienproduktion von Stahlkarosserien mit **höher-** und **höchstfesten Blechen**. Dies erfordert die Entwicklung und Bereitstellung neuer Fügeverfahren im Karosseriebau (Durchsetzfügen, MIG-Löten, Laserlöten, Punktschweißkleben).
2005 Beginn der Serienproduktion von **Fahrerassistenzsystemen** zur Spurhaltung.
2005 Einsatz von **CRT-** und **SCR-Katalysatoren** zur Erreichung der Schadstoffgrenzwerte im Abgassystem (Euro 4) von Fahrzeugen mit Dieselmotoren.

Zukünftige Entwicklungen

Elektromechanische Bremssysteme (EMB)

Wie bei dem elektrohydraulischen Bremssystem werden die erforderlichen Daten durch Sensoren erfasst und in einem Steuergerät verarbeitet. Die Ausgangssignale des Steuergeräts werden durch elektrische Leitungen zu den Bremssätteln geführt. Dort werden die erforderlichen Spannkräfte für jedes Rad elektromechanisch erzeugt (brake by wire, Abb. 3).

Seitenwand-Torsionssensor

Durch den Seitenwand-Torsionssensor werden die Verformungen des Reifens ermittelt. Aus diesen Verformungen lassen sich die tatsächlich zwischen Rad und Fahrbahn wirkenden Kräfte bestimmen.
Die Reifeninnenseite ist magnetisiert. Magnetfeldsensoren (Abb. 4) ermitteln Veränderungen der Magnet-

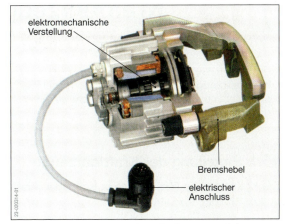

Abb. 3: Elektromechanisches Radbremsmodul

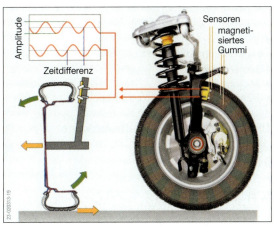

Abb. 4: Seitenwand-Torsionssensor

felder bei unterschiedlichen Belastungen des Reifens.
Die vom Seitenwand-Torsionssensor ermittelten Daten können für verschiedene Systeme im Fahrzeug, z. B. ABS, ASR, ESP und zukünftige Fahrzeugregelsysteme, genutzt werden.

Precrash Sensorik

Dieses System ist ein Beitrag zur passiven Verkehrssicherheit. Mehrere Front-, Heck- und Seitensensoren erkennen die Fahrgeschwindigkeit des Fahrzeugs, die Geschwindigkeit und den Abstand zu anderen Fahrzeugen und Objekten.
Ein Zusammenstoß wird frühzeitig erkannt und entsprechende Schutzmassnahmen, wie z. B. Aktivierung der Gurtstraffer und der Airbags sowie die Optimierung der Sitzposition werden eingeleitet.

Drive by Wire

Ein Fahrdynamik-Rechner übernimmt per Leitung (wire) die Steuerung aller wichtigen Fahrzeugkomponenten, z. B. Motor, Antriebsstrang, Lenkung und Bremsen. Die Fahrzeugkomponenten werden elektronisch angesteuert, die Steuerungsanweisungen mechanisch auszuführen (Mechatronik).

15 Kraftfahrzeugarten

Kraftfahrzeuge sind selbstfahrende, maschinell angetriebene Landfahrzeuge, die nicht an Gleise gebunden sind (DIN 70010).

15.1 Einteilung der Kraftfahrzeuge

Die Kraftfahrzeuge (Kfz) werden in Krafträder (Krad) und Kraftwagen (Kw) unterschieden.

15.1.1 Einspurige Kraftfahrzeuge

Alle **Krafträder** (Krad) gelten als einspurige Kraftfahrzeuge. Das gilt auch dann, wenn ein Seitenwagen befestigt ist.

Es werden unterschieden:
- Motorräder,
- Motorroller und
- Fahrräder mit Hilfsmotor (s. Kap. 46).

15.1.2 Mehrspurige Kraftfahrzeuge

Nach dem **Verwendungszweck** der Kraftwagen (Kw) werden unterschieden:
- **Personenkraftwagen** (Pkw),
- **Nutzkraftwagen** (Nkw, s. Kap. 47),
  Kraftomnibusse (KOM),
  Lastkraftwagen (Lkw),
  Zugmaschinen.

In **Personenkraftwagen** (Pkw) dürfen je nach der Art des Aufbaus bis zu 9 Personen und das Gepäck transportiert werden.

Kraftomnibusse (KOM) sind Kraftfahrzeuge, in denen mehr als 9 Personen und das entsprechende Gepäck befördert werden dürfen.

Lastkraftwagen (Lkw) sind nach ihrer Bauart und Einrichtung zum Transport von Gütern bestimmt.

Zugmaschinen sind Kraftfahrzeuge, die hauptsächlich zum Ziehen von Anhängerfahrzeugen gebaut sind.

Die Kraftfahrzeuge können mit **Anhängerfahrzeugen** zu **Fahrzeugkombinationen** zusammengestellt werden, z. B.:
- Personenwagenzug (z. B. Pkw mit Anhänger),
- Omnibuszug (z. B. Gliederzug),
- Lastkraftwagenzug,
     Anhängerzug
     Sattelkraftfahrzeug
- Zugmaschinenzug (z. B. Traktor mit Anhänger).

Das Führen der Kraftfahrzeuge erfordert den Besitz einer entsprechenden Fahrerlaubnisklasse (Tab.1). Folgt dem Buchstaben für die Fahrzeugklasse **1**, so ist das eine Einschränkung, folgt der Buchstabe **E**, ist das eine Erweiterung der Fahrerlaubnis.

Tab.1: EU-Fahrerlaubnisklassen

Klasse Mindestalter	Fahrzeugart	Besonderheit		
M 16 Jahre	Kleinkrafträder mit max. 50 cm^3	≤ 45 km/h		
A1 16 Jahre	Leichtkrafträder mit max. 125 cm^3	≤ 11 kW Motorleistung max. 80 km/h (16- bis 17-jährige)		
A 18 Jahre	Krafträder mit und ohne Beiwagen	mit max. 25 kW Motorleistung und einem Leergewicht ≤ 0,16 kW/kg Die Beschränkung entfällt zwei Jahre nach Erteilung der Fahrerlaubnis.		
25 Jahre		ohne Beschränkungen		
L 16 Jahre	land- oder forstwirtschaftliche Zugmaschinen	≤ 32 km/h ≤ 25 km/h mit Anhänger		
	selbstfahrende Arbeitsmaschinen, Flurförderfahrzeuge	≤ 25 km/h (auch mit Anhänger)		
T 16 Jahre	land- oder forstwirtschaftliche Zug- u. Arbeitsmaschinen	≤ 40 km/h (auch mit Anhänger)		
18 Jahre	land- oder forstwirtschaftliche Zugmaschinen	≤ 60 km/h (auch mit Anhänger)		
		zulässige Gesamtmasse	zulässige Anhängermasse	Sitzplätze (ohne Führersitz)
B 18 Jahre	Kraftwagen	≤ 3,5 t	≤ 750 kg	8
	Zugkombinationen	≤ 3,5 t	> 750 kg ≤ Leermasse Zugwagen	8
BE	Zugkombinationen aus Kraftwagen der Klasse B und einem Anhänger. Dieser darf höchstens die 1,5fache Masse der zulässigen Gesamtmasse des ziehenden Fahrzeugs haben.			
C 18 Jahre[1]	Kraftwagen	≥ 3,5 t	≤ 750 kg	8
	[1] bei Einsatz in der gewerblichen Güterbeförderung, 21 Jahre			
CE	Lastzüge und Sattelfahrzeuge ohne fahrerlaubnisrechtliches Gewichtslimit der Kombination			
C1	Kraftwagen	≤ 7,5 t	≤ 750 kg	8
C1E	Zugkombinationen Gesamtmasse ≤ 12000 kg	≤ 7,5 t	>750 kg ≤ Leermasse Zugwagen	8
D 21 Jahre	Omnibusse		≤ 750 kg	> 8
DE	Omnibusse		> 750 kg	> 8
D1	Omnibusse		≤ 750 kg	≤ 16
D1E	Omnibusse, Zugkombinationen Gesamtmasse ≤ 12000 kg		> 750 kg ≤ Leermasse Zugwagen	≤ 16

Kapitel 15: Kraftfahrzeugarten

15.2 Gesetzliche Bestimmungen für die Inbetriebnahme von Kraftfahrzeugen

> Auf öffentlichen Wegen und Plätzen dürfen nur Kraftfahrzeuge benutzt werden, die von der Straßenverkehrsbehörde für den **Straßenverkehr zugelassen** sind.

Die **Zulassung** des Kraftfahrzeuges für den Straßenverkehr erfolgt durch die Erteilung einer Betriebserlaubnis.

Die Betriebserlaubnis bestätigt, dass das Fahrzeug der **Straßenverkehrszulassungsordnung** (StVZO) entspricht. Für Serienfahrzeuge wird dem Fahrzeughersteller für die gesamte Serie eine **allgemeine Betriebserlaubnis (ABE)** erteilt.

Einzelfahrzeuge oder Serienfahrzeuge, an denen Veränderungen vorgenommen wurden, erhalten eine **Einzelbetriebserlaubnis (EBE)**.

> Unerlaubte Veränderungen an Kraftfahrzeugen führen zum **Erlöschen** der allgemeinen Betriebserlaubnis (ABE).

Kraftfahrzeuge dürfen im öffentlichen Straßenverkehr nur benutzt werden, wenn die folgenden gesetzlichen Voraussetzungen erfüllt sind:
- Der Fahrzeugführer muss eine **Fahrerlaubnis** für das Kraftfahrzeug besitzen und
- das Kraftfahrzeug muss **versichert** und **versteuert** sein sowie von der örtlichen Zulassungsbehörde ein **amtliches Kennzeichen** erhalten haben.

Vom Fahrzeugführer mitzuführen sind die **Fahrerlaubnis** (Führerschein), der **Fahrzeugschein** des Kraftfahrzeugs und die **Prüfbescheinigung** der Abgasuntersuchung (AU). Die **Fahrerlaubnis** wird nach bestandener Prüfung für eine oder mehrere Kraftfahrzeugarten erteilt (Tab.1).

Kraftfahrzeuge und Anhänger werden in regelmäßigen Abständen einer **Hauptuntersuchung (HU)** unterzogen. Ist das Kraftfahrzeug verkehrs- und betriebssicher und entspricht den Vorschriften der allgemeinen Betriebserlaubnis, wird auf dem hinteren Kennzeichen eine amtliche **Prüfplakette** angebracht. In den Kraftfahrzeugschein kommt ein amtlicher Stempel, aus dem die Listennummer des Prüfberichts und der Zeitpunkt der nächsten Hauptuntersuchung hervorgehen. Kraftfahrzeuge mit Ottomotoren (ab Erstzulassung 1.7.1969) und mit Dieselmotoren (ab Erstzulassung 1.1.1977) müssen regelmäßig zur **Abgasuntersuchung** (AU, s. Kap. 29.4, ⇒TB: 6).

Die bestandene **Abgasuntersuchung** (AU) wird durch eine Prüfbescheinigung und die Vergabe einer Plakette auf dem vorderen Nummernschild bestätigt.

15.3 Baugruppen, Anlagen und Bauteile der Kraftfahrzeuge

Eine Zuordnung der Bauteile eines Kraftfahrzeugs in Baugruppen zeigt die Tab. 2.

Aufgaben

1. In welchem Jahr wurde die Dampfmaschine erfunden? Nennen Sie den Erfinder und geben Sie an, in welchem Zeitraum er gelebt hat.
2. Wann wurde das erste Patent für einen Dieselmotor erteilt? Wer erhielt dieses Patent?
3. Wer führte in welchem Jahr die Fließbandfertigung in der Automobilindustrie ein?
4. Nennen Sie technische Daten der ersten Mercedes-Fahrzeuge.
5. Durch welche Konstruktion wurde der amerikanische Ingenieur Charles F. Kettering bekannt?
6. Welche Besonderheit hat der von Felix Wankel konstruierte Motor?
7. Erläutern Sie den Begriff »ABE«.
8. Für welche Kraftfahrzeuge muss eine Einzelbetriebserlaubnis erteilt werden?
9. Welche regelmässigen Untersuchungen müssen an Kraftfahrzeugen durchgeführt werden?
10. Welche Kraftfahrzeuge dürfen mit der Führerscheinklasse »B« gefahren werden?

Tab. 2: Baugruppen, Anlagen und Bauteile der Kraftfahrzeuge

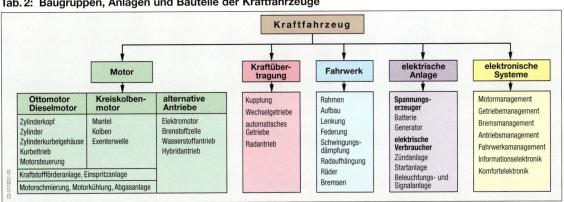

V6-Motor eines Personenkraftwagens

Grundlagen
Kraftfahrzeuge
Motor
Kraftübertragung
Fahrwerk
Krafträder
Nutzkraftwagen
Elektrische Anlage
Elektronische Systeme

16	Grundprinzip des Viertakt-Ottomotors	157
17	Kraftstoffe	166
18	Kraftstoffförderanlage	170
19	Filter	174
20	Einspritzanlagen für Ottomotoren	179
21	Grundprinzip des Viertakt-Dieselmotors	196
22	Leistungsmessung und Motorkennlinien	204
23	Einspritzanlagen für Pkw-Dieselmotoren	208
24	Motorsteuerung	225
25	Kurbeltrieb	243
26	Äußerer Aufbau des Hubkolbenmotors	257
27	Schmierung und Schmierstoffe	265
28	Kühlung	275
29	Abgasanlage und Emissionsminderung	283
30	Alternative Antriebe	293

16 | Grundprinzip des Viertakt-Ottomotors

Der Ottomotor, benannt nach August Nikolaus Otto (dt. Ing. 1832 bis 1891), ist eine Verbrennungskraftmaschine, die chemische Energie über die Verbrennung in Wärmeenergie und diese in mechanische Arbeit umwandelt. Die Abb. 1 zeigt den Aufbau eines Viertakt-Ottomotors.

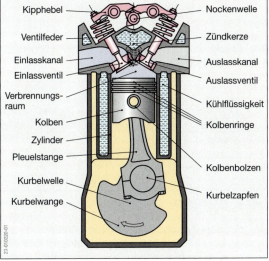

Abb. 1: Aufbau eines Viertakt-Ottomotors

Viertakt-Ottomotoren werden unterschieden in:
- Vergasermotoren (s. Kap. 46),
- Einspritzmotoren mit Saugrohreinspritzung,
- aufgeladene Motoren mit Turbolader bzw. Kompressor und
- Motoren mit Direkteinspritzung.

> Die Bezeichnung »Viertakt« besagt, dass für ein **Arbeitsspiel vier Takte** (Vorgänge) erforderlich sind. Ein Takt entspricht ungefähr einem Kolbenhub. Er wird jeweils begrenzt durch die **Ventilsteuerzeiten**.

Der **Kolbenhub** ist der Abstand zwischen den beiden Totpunkten des Kolbens im Zylinder (Abb. 2). Der **Totpunkt** ist der Umkehrpunkt des Kolbens am jeweiligen Ende des Kolbenhubes. Der Kolbenhub entspricht einer halben Kurbelwellenumdrehung. Das sind 180° Kurbelwinkel (°KW).

Ein **Arbeitsspiel** umfasst alle Vorgänge im Zylinder, die notwendig sind, um Arbeit zu verrichten (Abb. 2). Für ein Arbeitsspiel werden zwei Kurbelwellenumdrehungen (720 °KW) benötigt.

> Die vier Takte des Arbeitsspiels sind:
> - **Ansaugen** des Kraftstoff-Luft-Gemisches oder der Luft,
> - **Verdichten** des Kraftstoff-Luft-Gemisches,
> - **Arbeiten**, d.h. Verbrennen des Kraftstoff-Luft-Gemisches mit anschließender Ausdehnung der verbrannten Gase und
> - **Ausstoßen** der verbrannten Gase.

Kennzeichnende Merkmale des Ottomotors sind:

- **Äußere** oder **innere Gemischbildung:** Es wird ein Kraftstoff-Luft-Gemisch oder Luft angesaugt. Die Gemischbildung erfolgt außerhalb oder innerhalb des Verbrennungsraums.

- **Fremdzündung:** Die Verbrennung des Kraftstoff-Luft-Gemisches wird durch einen elektrischen Zündfunken eingeleitet.

- **Gleichraum-Verbrennung:** Der Kraftstoff verbrennt schlagartig. Der Verbrennungsraum bleibt während der Verbrennung dabei nahezu konstant.

- **Quantitäts-** oder **Qualitätsregelung:** Für jeden Belastungszustand des Motors wird die Menge des Kraftstoff-Luft-Gemisches oder die Kraftstoffmenge geändert.

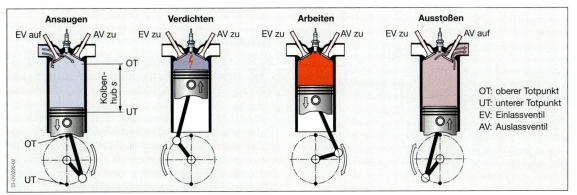

Abb. 2: Arbeitsspiel eines Viertakt-Ottomotors

16.1 Grundsätzlicher Aufbau

Die **Baugruppen** des Viertakt-Ottomotors sind:
- das Zylinderkurbelgehäuse mit den Zylindern und der Kurbelwellenlagerung,
- der Kurbeltrieb mit Kolben, Pleuelstange, Kurbelwelle und Schwungrad,
- der Zylinderkopf mit den Verdichtungsräumen,
- die Motorsteuerung mit Nockenwelle, Stößeln, Kipphebeln, Ventilfedern, Ventilen,
- die Nebenaggregate wie z.B. Zündanlage, Kühlmittelpumpe, Generator, Starter, Einspritzanlage, Ölpumpe.

Bezeichnungen am Hubkolbenmotor

Der Begriff **Hubkolbenmotor** bezieht sich auf die Kolbenbewegung (Abb.1). Der Kolben bewegt sich zwischen zwei Umkehrpunkten, dem **oberen Totpunkt** (OT) und dem **unteren Totpunkt** (UT).

Der **Kolbendurchmesser** wird mit d bezeichnet. Der Weg zwischen den beiden Totpunkten ist der **Kolbenhub** s (Abb.1). Der Zylinderraum zwischen den beiden Totpunkten ist der **Hubraum** V_h (das Hubvolumen) des einzelnen Zylinders. Der Raum über dem im OT stehenden Kolben ist der **Verdichtungsraum** V_c (**Kompressionsraum**).

Die Größe des Hubraumes wird wie folgt berechnet:

$$V_h = \frac{d^2 \cdot \pi \cdot s}{4}$$

V_h Zylinderhubraum in cm³
d Zylinderdurchmesser in cm
s Kolbenhub in cm

Wird die Zahl der Zylinder mit z bezeichnet, so ist V_H der Gesamthubraum eines Mehrzylindermotors:

$$V_H = V_h \cdot z$$

V_H Gesamthubraum in cm³
V_h Zylinderhubraum in cm³
z Zahl der Zylinder

Der größte **Verbrennungsraum** V setzt sich zusammen aus dem Zylinderhubraum V_h und dem Verdichtungsraum V_c.

$$V = V_h + V_c$$

V Verbrennungsraum in cm³
V_h Zylinderhubraum in cm³
V_c Verdichtungsraum in cm³

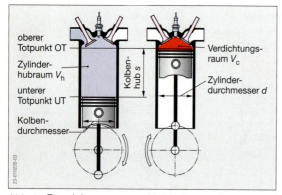

Abb.1: Bezeichnungen am Hubkolbenmotor

16.2 Physikalische Grundlagen

16.2.1 Druck

Durch das Verbrennen des Kraftstoff-Luft-Gemisches während des Arbeitstaktes wird ein Druck erzeugt.

> Ein **Druck** p entsteht, wenn eine Kraft F auf eine Fläche A wirkt.

$$p = \frac{F}{A}$$

p Druck in N/cm²
F Kraft in N
A Fläche in cm²

Der Druck wird in der Technik in bar gemessen.
1 bar = 10 N/cm²

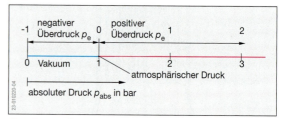

Abb. 2: Druckskala

Der **atmosphärische Druck** (Normalluftdruck), gemessen bei 15 °C auf Meereshöhe, beträgt 1,013 bar. Er hat das Formelzeichen p_{amb} (ambiens, franz.: umgebend). Ein Druck, größer als der atmosphärische Druck, wird **positiver Überdruck** p_e genannt (Abb. 2). Der Druck zwischen 0 bar (Vakuum) und 1 bar (atmosphärischer Druck) wird als **negativer Überdruck** p_e bezeichnet. Der **absolute Druck** p_{abs} (z. B. 0,8 bar; 1,2 bar) wird vom 0-Punkt aus gemessen.

Der negative Überdruck wurde bisher als Unterdruck bezeichnet. Das Wort »Unterdruck« darf nur noch für die Bezeichnung eines Zustands verwendet werden, z.B. »Unterdruckkammer«, Unterdruck im Saugrohr. Durch die Verbrennung des Kraftstoffs wird im Zylinder auf die Kolbenbodenfläche eine Kraft ausgeübt. Werden die Kraft F in N (Kolbenkraft) und der Hub s in m gemessen, so errechnet sich die mechanische Arbeit in Newtonmeter (Nm) bzw. Joule (J).

16.2.2 Gasgesetze

Während des **Arbeitsspiels** werden im Zylinder **Volumen**, **Druck** und **Temperatur** des Kraftstoff-Luft-Gemisches durch die Verbrennung und die daraus folgende Hubbewegung des Kolbens ständig verändert. Diese Größen stehen in einer gesetzmäßigen Beziehung zueinander. Robert **Boyle** (engl. Physiker, 1627 bis 1691) und Edmé **Mariotte** (franz. Physiker, um 1620 bis 1684) entdeckten, dass für ein eingeschlossenes Gasvolumen bei **gleichbleibender Temperatur** das Produkt aus Druck p und Volumen V unverändert bleibt.

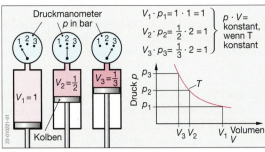

Abb. 3: Gesetz von Boyle-Mariotte

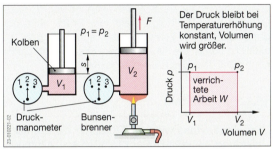

Abb. 4: Volumenänderung bei konstantem Druck in Abhängigkeit von der Temperatur

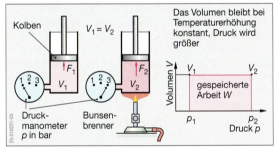

Abb. 5: Druckerhöhung bei konstantem Volumen in Abhängigkeit von der Temperatur

Die in der Abb. 3 dargestellte Gesetzmäßigkeit $p \cdot V =$ konstant wird als das Gesetz von **Boyle-Mariotte** bezeichnet.

Joseph Louis **Gay-Lussac** (franz. Physiker und Chemiker, 1778 bis 1850) fand heraus, das sich die Gase bei konstant gehaltenem Druck je Grad Temperaturerhöhung um 1/273 ihres Volumens bei 0°C ausdehnen (Abb. 4).

Ein ähnliches Ergebnis erhielt Gay-Lussac bei **konstant gehaltenem Volumen** (Abb. 5).

Die Gase ändern ihren Druck bei jedem Grad Temperaturerhöhung um 1/273 ihres Druckes bei 0°C.

Druck, Volumen und Temperatur sind physikalische Größen eines Gases, die durch Verbrennung des Gases im Motor ihren Zustand ändern. Ihre Beziehung zueinander wird ausgedrückt durch die

allgemeine Gasgleichung: $\dfrac{p \cdot V}{T}$ = konstant

16.3 Vorgänge während der vier Takte eines Viertakt-Ottomotors mit Saugrohreinspritzung

16.3.1 Ansaugtakt

> Der **Ansaugtakt** beginnt mit dem Öffnen des Einlassventils einige Grad Kurbelwinkel (°KW) vor oder nach OT und endet nach UT. Der Zylinder soll während des Ansaugtakts möglichst vollständig mit Kraftstoff-Luft-Gemisch gefüllt werden.

Während der Kolben sich nach UT bewegt (Abb. 2, S. 160), erfolgt eine **Volumenvergrößerung** und dadurch ein Abfall des Drucks p_{abs} auf 0,8 bis 0,9 bar. Das hat eine **Saugwirkung** (Druckausgleich) im Zylinderraum zur Folge. Durch das geöffnete Einlassventil strömt das Kraftstoff-Luft-Gemisch in den Zylinder. Bei betriebswarmem Motor beträgt die Temperatur der Frischgase etwa 100°C.

Um die volle Saugwirkung des Kolbens ohne Verzögerung, d.h. bei möglichst großem Einlassquerschnitt wirken zu lassen, öffnet das Einlassventil oft bis zu 40°KW vor OT (Abb. 1, S. 160).

Die durch die Volumenvergrößerung erzeugte Druckdifferenz kann jedoch wegen der Trägheit des einströmenden Gemisches nicht ausreichend ausgeglichen werden. Um die Strömungsenergie, die kurz vor UT am größten ist, möglichst lange wirken zu lassen, wird das Einlassventil erst bis zu 70°KW nach UT geschlossen.

Die Abb. 1, S. 160 zeigt das Steuerdiagramm eines Viertakt-Ottomotors. Die Steuerpunkte sowie die Winkelbereiche des Öffnens und Schließens der Ventile werden auf den Kurbelwellenkreisen, die in Spiralform gezeichnet werden, angegeben.

Bei einem Motor wird die für die Zylinderfüllung zur Verfügung stehende Zeit mit zunehmender Drehzahl besonders kurz. Das Einlassventil muss deshalb früher öffnen und wird später geschlossen. Es bleibt bis etwa 300°KW geöffnet.

16.3.2 Verdichtungstakt

> Durch die **Verdichtung** des Kraftstoff-Luft-Gemisches wird eine hohe Temperatur erreicht, die aber unterhalb der Selbstzündungstemperatur des Kraftstoffs liegen muss.

Durch eine hohe **Verdichtungstemperatur**, die unterhalb der Selbstzündungstemperatur des Kraftstoffs liegen muss, verdampft der Kraftstoff besser und vermischt sich vorteilhafter mit der Luft.

Während des Verdichtungstakts (Abb. 3, S. 160) bewegt sich der Kolben von UT nach OT. Das Einlassventil ist noch bis 70°KW nach UT geöffnet (Abb. 1, S. 160).

Vorgänge während der vier Takte / events during the four-strokes

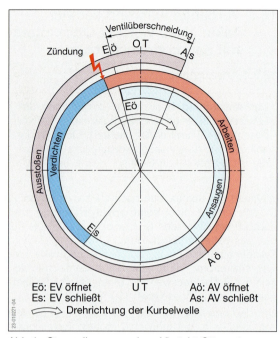

Abb.1: Steuerdiagramm eines Viertakt-Ottomotors

In dieser Zeit wird bereits das Zylindervolumen verkleinert und dadurch das Kraftstoff-Luft-Gemisch verdichtet. Der Druck und die Temperatur steigen. Das Maß der Verdichtung im OT ist das **Verdichtungsverhältnis** ε (s. Kap. 16.5.2). Das Verdichtungsverhältnis wird bei einem Ottomotor so gewählt, dass es am Ende des Verdichtungstakts (Abb. 3) zu keiner Selbstzündung (Klopfen) des gasförmigen Gemisches kommt. Durch die Herstellung klopffester Kraftstoffe und eine günstige Gestaltung des Verdichtungsraums konnte ein immer höheres Verdichtungsverhältnis ε erreicht werden. Das Verdichtungsverhältnis liegt bei 9:1 bis 12,5:1. Die Verdichtungstemperatur beträgt etwa 350 bis 450 °C. Diese Temperatur ist ein Mittelwert. Die tatsächlichen Temperaturen sind an der gekühlten Zylinderwand geringer und an den Bauteilen wie z. B. Kolbenboden, Auslassventil am höchsten.

Je nach Verdichtungsverhältnis beträgt der **Verdichtungsdruck** kurz vor der Zündung 10 bis 16 bar. Der Nachteil einer hohen Verdichtung ist ein hoher Arbeitsdruck und damit eine hohe Belastung aller Motorenteile. Da die Zündung des Gasgemisches noch in der Phase der Kolbenbewegung von UT nach OT kurz vor OT erfolgt, steigt der Druck nicht nur durch die Volumenverkleinerung, sondern noch zusätzlich durch die Verbrennung. Es erfolgt daher noch vor OT ein Druckanstieg (s. Kap. 16.4).

16.3.3 Arbeitstakt

Der **Arbeitstakt** wird vor OT durch die **Fremdzündung** eingeleitet. Der Kraftstoff soll während des Arbeitstakts vollständig verbrennen.

Das bis in die Nähe der Selbstzündung verdichtete brennbare Kraftstoff-Luft-Gemisch wird durch einen **Zündfunken** kurz vor OT gezündet. Da die Entflammung des Kraftstoff-Luft-Gemisches eine Zeit von etwa 1/1000 s beansprucht, muss die **Zündung früher** (vor OT) erfolgen. Je nach Motorbauart erfolgt die Zündung in Abhängigkeit von der Drehzahl und der Belastung des Ottomotors bis etwa 40 °KW vor OT. Die Zylinderfüllung verbrennt. Sie dehnt sich durch die Wärmeentwicklung aus. Der entstehende Druck bewegt den Kolben nach UT (Abb. 4).

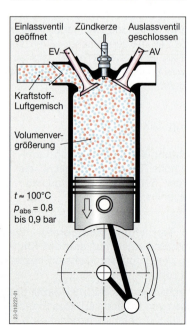

Abb. 2: Ansaugtakt

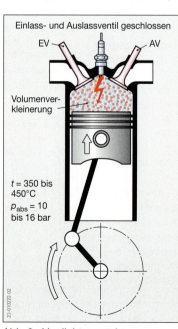

Abb. 3: Verdichtungstakt

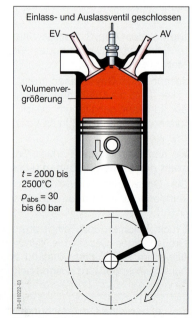

Abb. 4: Arbeitstakt

Der **Verbrennungsvorgang** beginnt bei den Gemischteilchen, die sich zum Zündzeitpunkt an der Zündkerze befinden.

Er überträgt sich schichtweise auf das umgebende Gemisch (Abb. 2, S.165). Eine **Flammenfront** durchläuft den gesamten Brennraum in Form einer Kugelschale.

Damit die Zündung des Gemisches mit Sicherheit erreicht wird, muss:

- durch den Funken eine ausreichende Wärmemenge zugeführt werden und
- ein zündfähiges Kraftstoff-Luft-Gemisch, vor allem im Bereich der Zündkerze, auch während des Kaltstarts vorhanden sein.

Die **Geschwindigkeit** der **Flammenfront** wird durch die Wärmeleitung und den Wärmeaustausch zwischen den verbrannten und unverbrannten Teilchen beeinflusst.

Durch eine gute Verwirbelung wird die Wärmeübertragung entscheidend beschleunigt. Zusätzlich wird das Gemisch durch die Verdichtung auf eine hohe Temperatur gebracht, um einen schnellen Ablauf der Verbrennung zu erreichen.

Durch die Verbrennung erfolgt ein Druckanstieg auf **30** bis **60 bar** mit einer Temperatur von **2000** bis **2500 °C** und einer Brenngeschwindigkeit von **10** bis **50 m/s**.

Die unterschiedlichen Werte sind abhängig vom Verdichtungsverhältnis, von der Zusammensetzung des Kraftstoff-Luft-Gemisches, von der Motordrehzahl, der Brennraumform u. a.

Die Verbrennung ist schon einige Grad Kurbelwinkel nach OT beendet.

16.3.4 Ausstoßtakt

> Der **Ausstoßtakt** beginnt vor UT und endet nach OT. Die verbrannten Gase sollen vollständig aus dem Verbrennungsraum ausgestoßen werden.

Noch während des Arbeitstakts (40 bis 60 °KW vor UT) beginnt das Auslassventil zu öffnen (Abb.1). Bei einem Druck von **3** bis **5 bar** beginnen die verbrannten Gase mit sehr hoher Geschwindigkeit durch den Auslasskanal zu strömen (Abb.5). Um eine möglichst große verbrannte Gasmenge entweichen zu lassen, schließt das Auslassventil häufig erst bis 30 °KW nach OT, obwohl das Einlassventil schon geöffnet ist (Ventilüberschneidung, Abb.1), da am Taktende die Strömungsenergie am größten ist.

Ist der Einlasskanal bzw. sind die Einlasskanäle so angeordnet, dass die Frischgase direkt aus dem Einlass- in den Auslasskanal einströmen könnten (Erhöhung der Schadstoffemissionen und gleichzeitig eine Gefahr für den Abgaskatalysator) oder wird der Motor aufgeladen (s. Kap. 24), kann eine **Ventilüberschneidung nicht verwendet** werden.

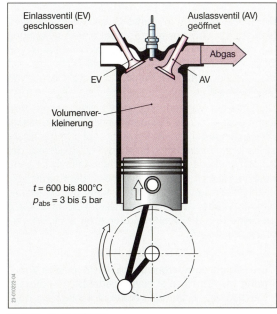

Abb. 5: Ausstoßtakt

16.4 p-V-Diagramm

Aus den Erkenntnissen von Boyle-Mariotte und Gay-Lussac (s. Kap.16.2.2) ergibt sich ein **ideales p-V-Diagramm** (Druck-Volumen-Diagramm) für das Arbeitsspiel eines Viertakt-Ottomotors.

> Ein **p-V-Diagramm** zeigt den im Zylinder in jedem Augenblick des Arbeitsspiels herrschenden Druck p über dem zugehörigen Zylindervolumen V.

Bedingungen für ein ideales Arbeitsspiel:

- das Kraftstoff-Luft-Gemisch verbrennt vollständig,
- im Zylinder befinden sich nur Frischgase, Restgase vom vorangegangenen Arbeitsspiel sind nicht mehr vorhanden.

Die **Reihenfolge** der **Zustandsänderungen** eines **idealen Arbeitsspiels** bei einem Viertakt-Ottomotor zeigt die Abb. 6. Durch den Kolben wird das Kraftstoff-Luft-Gemisch von Punkt 1 nach 2 verdichtet (Gesetz von Boyle-Mariotte). Durch die einsetzende

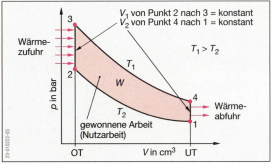

Abb. 6: Ideales p-V-Diagramm

Verbrennung im Punkt 2 wird Wärme zugeführt. Der Gasdruck erreicht in Punkt 3 seinen Höchstwert (Gesetz von Gay-Lussac). Es folgt eine Ausdehnung auf das Ausgangsvolumen im Punkt 4 (Gesetz von Boyle-Mariotte). Durch Wärmeabfuhr (Kühlung) wird der Ausgangsdruck im Punkt 1 erreicht (Gesetz von Gay-Lussac).

Die Linie der Verbrennung von Punkt 2 nach 3 verläuft senkrecht, das Zylindervolumen bleibt in dieser Phase des Arbeitsspiels konstant. Auch in der Realität läuft die Verbrennung so schnell ab, dass sich der Kolben während dieser Zeit nur geringfügig bewegt, denn im Bereich des OT bewegt sich der Kolben verhältnismäßig langsam. Deshalb kann davon ausgegangen werden, dass in der Realität für eine kurze Zeit eine der Gleichraumverbrennung ähnliche Verbrennung abläuft.

> Die **Gleichraumverbrennung** ist ein **idealer Vorgang** im Arbeitsspiel eines Viertakt-Ottomotors. Der gesamte Kraftstoff verbrennt schlagartig bei gleichbleibendem Zylindervolumen.

Die von den Punkten 1-2-3-4 eingeschlossene Fläche stellt die durch das Arbeitsspiel **gewonnene Arbeit** W dar (Abb. 6, S. 161).

> Die Größe der **gewonnenen Arbeit** ist hauptsächlich abhängig von der Höhe der Verdichtung und einem möglichst großen Temperatur- bzw. Druckunterschied.

Ein großer Temperaturunterschied bedeutet: Die Temperatur soll im Punkt 1 möglichst niedrig und im Punkt 4 sehr hoch sein. Hohe Temperaturen und große Drücke sind jedoch durch Werkstoffeigenschaften (Warmfestigkeit), Massen (Wanddicken) und Kraftstoffeigenschaften begrenzt.

Mit Hilfe dieser vereinfachten Darstellung lassen sich verschiedene Motoren hinsichtlich ihrer Wirtschaftlichkeit vergleichen. Das ideale Arbeitsspiel ist ein wichtiges Hilfsmittel, um den Arbeitsablauf (Ventilsteuerung) in dem wirklichen Viertakt-Ottomotor auszuwählen. Verdichtungsverhältnis, Ventilüberschneidung, Zündzeitpunkt u. a. werden festgelegt. In der Praxis gibt es keinen idealen bzw. vollkommenen Motor. Die Abb. 1 zeigt das **tatsächliche p-V-Diagramm** eines Viertakt-Ottomotors. Der Verlauf des tatsächlich ablaufenden Arbeitsspiels kann mit einem Indikator (Anzeiger) aufgenommen werden. Dieser zeichnet den Druck im Zylinder über dem Kolbenweg bzw. Hubvolumen oder dem Kurbelwinkel auf. In einem p-α Diagramm wird der Druckverlauf während des Arbeitsspiels über 720 °KW (zwei Kurbelwellenumdrehungen) aufgetragen (Abb. 2).

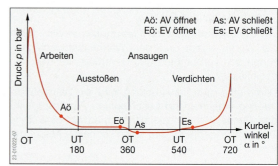

Abb. 2: p-α-Diagramm

Das **Arbeitsspiel** des **wirklichen** Motors unterscheidet sich erheblich von dem **idealen Arbeitsspiel** des Ottomotors (Abb. 3):

- der Kraftstoff verbrennt nur unvollständig,
- die Verbrennung erfolgt nicht bei konstantem Volumen,
- der Ladungswechsel ist unvollkommen,
- es treten Wärmeverluste zwischen dem Gas und den Zylinderwänden auf,
- es treten in der Ansaug- und Auspuffanlage Strömungsverluste auf,
- an den Kolbenringen entweicht Gas in das Kurbelgehäuse.

Je mehr diese Einflussfaktoren für die Konstruktion eines Motors berücksichtigt werden, desto besser ist eine Annäherung an den idealen Prozess möglich.

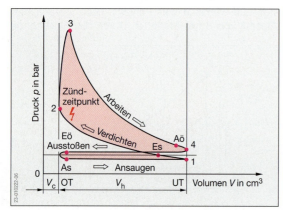

Abb. 1: p-V-Diagramm eines Viertakt-Ottomotors

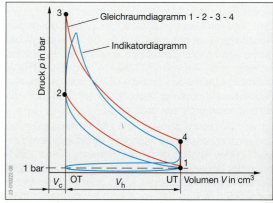

Abb. 3: Ideales p-V-Diagramm und Indikatordiagramm

Kapitel 16: Grundprinzip des Viertakt-Ottomotors

16.4.1 Mittlerer Kolbendruck

> Das Einströmen der Frischgase und das Ausströmen der verbrannten Gase wird als **Ladungswechsel** bezeichnet.

Die Vorgänge während des Ausstoß- und des Ansaugtakts erscheinen im p-V-Diagramm als Schleife (Ladungswechselschleife), die gegen den Uhrzeigersinn verläuft und eine **Verlustarbeit** darstellt (Abb. 4).

Im Bereich des Ladungswechsels sollen:
- die verbrannten Gase vollständig aus dem Zylinder ausgestoßen und
- der Zylinder mit einer großen Masse brennbaren Gemisches gefüllt werden.

Der Ansaugtakt beginnt mit dem Öffnen des Einlassventils einige Grad Kurbelwinkel vor OT. Das Auslassventil ist noch geöffnet. Dieser Bereich des Arbeitsspiels wird als **Ventilüberschneidung** (Abb. 1, S. 160) bezeichnet.

Die **gewonnene Arbeit** (Nutzarbeit) wird durch die Linien des Verdichtungs- und Arbeitstakts begrenzt. Die Verlustarbeit ist im Vergleich zur gewonnenen Arbeit gering.

> Die Fläche eines p-V-Diagramms (ohne Verlustfläche) entspricht der **verrichteten Arbeit** in einem Zylinder je Arbeitsspiel.

Wird die **Fläche** der verrichteten Arbeit im p-V-Diagramm in ein flächengleiches Rechteck über dem Kolbenhub s umgewandelt, so entspricht die Höhe h des so gewonnenen Rechtecks dem **mittleren indizierten Kolbendruck** p_{mi}, (Abb. 5). Mit diesem Druck wird die in einem Zylinder je Arbeitsspiel verrichtete Arbeit W errechnet.

aus
$W = p_{mi} \cdot V_h$
mit
$V_h = A_k \cdot s$
folgt

$$W = p_{mi} \cdot A_k \cdot s$$

p_{mi} mittlerer indizierter Kolbendruck in bar
V_h Zylinderhubraum in cm³
A_k Kolbenfläche in cm²
s Kolbenhub in m
W mechanische Arbeit in Nm

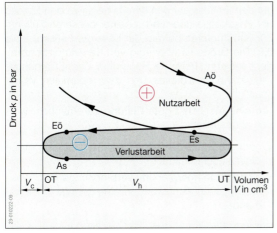

Abb. 4: Ladungswechselschleife

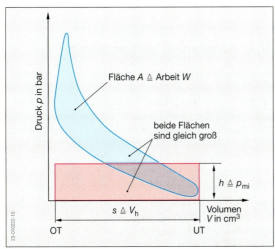

Abb. 5: Ermittlung des mittleren Kolbendrucks

16.5 Kenngrößen des Verbrennungsmotors

16.5.1 Effektiver Wirkungsgrad

Durch die Verbrennung des Kraftstoffs wird im Motor Wärme erzeugt. Die gesamte Wärmemenge kann nicht vollständig in effektive Leistung (Nutzleistung) umgewandelt werden. Durch die notwendige Kühlung wird z. B. ein Teil der Wärmemenge abgeführt. Die Differenz zwischen der zugeführten und abgeführten Wärmemenge je Stunde ist gleich der effektiven Leistung.

> Der **effektive Wirkungsgrad** η_{eff}, auch Nutzwirkungsgrad genannt, ist das Verhältnis der effektiven Leistung P_{eff} zur zugeführten Wärmemenge ϕ_{zu} je Stunde (DIN 1940).

$$\eta_{eff} = \frac{P_{eff}}{\phi_{zu}}$$

η_{eff} effektiver Wirkungsgrad
P_{eff} effektive Leistung in kW
ϕ_{zu} zugeführte Wärmemenge in $\frac{kJ}{h}$

In Verbrennungsmotoren ist die effektive Leistung im Vergleich zur zugeführten Wärmemenge ϕ_{zu} (Phi; griech. großer Buchstabe) je Stunde gering.

Der effektive Wirkungsgrad η_{eff} (eta: gr. kleiner Buchstabe) eines Ottomotors beträgt etwa 15 bis 36 %. Er ist entscheidend abhängig vom spezifischen Kraftstoffverbrauch b_{eff}, der auf einem Motorprüfstand ermittelt wird und dem Heizwert H_u des Kraftstoffs. Die Höchstwerte werden nur in einem bestimmten Betriebszustand (λ = 1) erreicht, sonst ist der effektive Wirkungsgrad geringer. Die Abb. 4 zeigt den Anteil der Wärmemenge, der im Ottomotor in effektive Leistung umgewandelt wird.

16.5.2 Verdichtungsverhältnis

Eine wichtige Einflussgröße für die Leistung der Hubkolbenmotoren ist das Verdichtungsverhältnis ε (epsilon; griech. kleiner Buchstabe).

> Das **Verdichtungsverhältnis** ε ist das Verhältnis des gesamten Verbrennungsraums eines Zylinders ($V_h + V_c$) zum Kompressions- oder Verdichtungsraum (V_c).

$$\varepsilon = \frac{V_h + V_c}{V_c}$$

ε Verdichtungsverhältnis
V_h Zylinderhubraum in cm³
V_c Verdichtungsraum in cm³

Der Verdichtungsraum hat keine geometrisch einfache Form. Seine Größe kann in der Praxis nur durch **Auslitern** ermittelt werden. Je kleiner das Endvolumen der Verdichtung zum Zylinderhubraum ist, desto größer ist ε. Ein hohes Verdichtungsverhältnis bewirkt eine bessere Ausnutzung der Kraftstoffenergie und damit einen höheren Wirkungsgrad des Motors.

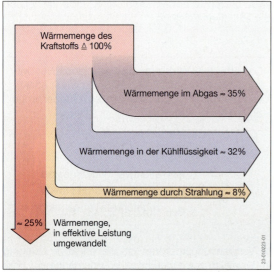

Abb. 1: Wärmeflussdiagramm eines Ottomotors

16.5.3 Liefergrad

> Der **Liefergrad** λ_L ist das Verhältnis der tatsächlich angesaugten zur theoretisch möglichen Frischladungsmasse.

$$\lambda_L = \frac{m_z}{m_{\text{th}}}$$

λ_L Liefergrad (Lambda: griech. großer Buchstabe)
m_z tatsächlich angesaugte Frischladungsmasse in kg
m_{th} theoretisch mögliche Frischladungsmasse in kg

Der Liefergrad, auch häufig als **Füllungsgrad** bezeichnet, wird entscheidend beeinflusst durch die Vorgänge während des Ladungswechsels. Das Auslass- und Einlassventil sind am Ende des Ausstoßtakts geöffnet (Ventilüberschneidung). Vor dem Einlassventil herrscht ein höherer Druck als hinter dem Auslassventil. Durch die nachsaugende Wirkung der verbrannten Gase entsteht eine zusätzliche Strömung. Diese Saugwelle der Abgase hat einen beschleunigenden Einfluss auf den bereits beginnenden Einlass der Frischgase und führt zu einer besseren Füllung. Für Saugmotoren beträgt der Liefergrad etwa 0,7 bis 0,9. Die Größe ist abhängig von der Motordrehzahl, der Länge und Form der Saugrohre, dem Strömungswiderstand im Luftfilter und dem optimalen Ventilspalt.

Um eine möglichst gute **Füllung** zu erreichen, werden angestrebt:

- geringer Druckabfall am Einlassventil durch große Einlassquerschnitte,
- niedrige Temperatur im Verbrennungsraum während des Ansaugtakts und eine geringe Restgasmenge.

Durch Aufladung (s. Kap. 24) kann der Liefergrad wirkungsvoll erhöht werden. In aufgeladenen Motoren ist ein Liefergrad von 1,2 bis 1,6 möglich.

16.6 Klopfende Verbrennung

Ein Gasteilchen nahe der Flammenfront wird erst nach einer bestimmten Zeit von der Flammenfront erreicht. Ist der Temperaturanstieg vor der Flammenfront sehr groß, entzünden sich Gasteilchen, bevor sie von der Flammenfront erreicht wurden (Abb. 2). Es bildet sich dadurch eine zweite Flammenfront. Durch den starken Druckanstieg kommt es zu einer schlagartigen unkontrollierten Verbrennung der Zylinderfüllung und damit zu **klopfenden Verbrennungsgeräuschen**.

Eine klopfende Verbrennung führt kurzzeitig zu **hohen Drücken** (Druckspitzen, Abb. 3). Der Motor wird mechanisch stark belastet. Ein großer Verschleiß (Zylinder, Kolben) oder ein Zerstören der Pleuel- und Kurbelwellenlager, Kurbelwelle können die Folgen sein.

> **Motorklopfen** entsteht, wenn eine **Selbstzündung** eines Teils des Gemisches noch vor dem Erreichen der Flammenfront eintritt.

Durch eine hohe Flammenfrontgeschwindigkeit (gute Verwirbelung) und kurze Flammenfrontwege im Verbrennungsraum wird die Zeit der Verbrennung wirksam verkürzt, und dadurch die Klopfneigung verringert.

Ursachen einer klopfenden Verbrennung können sein:

- Fehler im Kühlsystem,
- starke Ablagerungen im Verbrennungsraum oder
- zu niedrige Oktanzahl.

Ein hoher Druck und eine hohe Temperatur nach Beendigung des Verdichtungstakts verstärken die Klopfneigung des Motors (Tab. 1).

Außerdem kann ein **Beschleunigungsklopfen** entstehen. Wird ein Fahrzeug aus niedriger Geschwindigkeit durch sehr schnelles Öffnen der Drosselklappe beschleunigt, wird die Motorfüllung vergrößert. Dadurch wird der Verdichtungsdruck stark erhöht und der Motor neigt zum Klopfen.

Bei sehr hohen Drehzahlen wird der zeitliche Abstand der Verbrennungsabläufe immer geringer. Es kann nicht mehr ausreichend Wärme an das Kühlsystem abgeführt werden. Druck und Temperatur sind sehr hoch, der Motor neigt zum **Hochgeschwindigkeitsklopfen**. Das Hochgeschwindigkeitsklopfen ist in den meisten Fällen akustisch nicht wahrnehmbar. Es ist häufig die Ursache für einen durchgebrannten Kolbenboden.

Tab. 1: Einflüsse auf die Klopfneigung

Die Klopfneigung	
nimmt ab: durch	**nimmt zu:** durch
niedrige Verdichtung	hohe Verdichtung
niedrige Temperatur von Ansaugluft und Kühlflüssigkeit	hohe Temperatur von Ansaugluft und Kühlflüssigkeit
Kohlenwasserstoffe mit ringförmigem Aufbau	Kohlenwasserstoffe mit kettenförmigem Aufbau

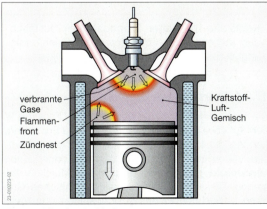

Abb. 2: Klopfende Verbrennung

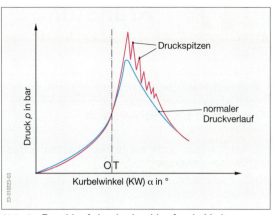

Abb. 3: Drucklauf durch eine klopfende Verbrennung

Aufgaben

1. Nennen Sie die fünf wichtigsten Baugruppen eines Viertakt-Ottomotors.
2. Erklären Sie den Begriff »Arbeitsspiel«.
3. Nennen Sie die zwei Volumen, aus denen sich der größtmögliche Verbrennungsraum zusammensetzt.
4. Erklären Sie den Begriff »Druck«.
5. Wie wird der Druck zwischen 0 bar und 1 bar genannt?
6. Erklären Sie den Begriff »positiver Überdruck«.
7. Erklären Sie die Zusammenhänge zwischen Volumen, Druck und Temperatur eines Gases mit Hilfe der Gesetze von Boyle-Mariotte und Gay-Lussac.
8. Nennen Sie die Vorgänge während des Arbeitsspiels in einem Viertakt-Ottomotor.
9. Zeichnen Sie das Steuerdiagramm eines Viertakt-Ottomotors mit folgenden Steuerzeiten:
Eö: 25°KW vor OT, Es: 50°KW nach UT, Zündzeitpunkt 10°KW vor OT, Aö: 50°KW vor UT, As: 25°KW nach OT.
Kennzeichnen Sie die Ventilüberschneidung.
10. Welchen Einfluss hat der Zündzeitpunkt auf den Verlauf der motorischen Verbrennung?
11. Nennen Sie die Drücke und Temperaturen während des Arbeitsspiels eines Viertakt-Ottomotors.
12. Nennen Sie zwei Bedingungen, die zu einem idealen Arbeitsspiel eines Viertakt-Ottomotors führen.
13. Zeichnen Sie das tatsächliche p-V- und p-α-Diagramm eines Viertakt-Ottomotors. Markieren Sie die Punkte: Es, Eö, Zündzeitpunkt, Aö, As.
14. Wodurch unterscheidet sich das tatsächliche p-V-Diagramm eines Viertakt-Ottomotors vom idealen p-V-Diagramm?
15. Ein Viertakt-Ottomotor, Bohrung/Hub: 62/58 mm hat einen mittleren indizierten Arbeitsdruck p_{mi} = 8,2 bar. Wie groß ist die abgegebene Arbeit während eines Arbeitsspiels?
16. Nennen Sie die Einflussfaktoren, die die Größe des Verdichtungsverhältnisses im Ottomotor begrenzen.
17. Erklären Sie den Begriff »Liefergrad«.
18. Erklären Sie das »Motorklopfen« mit Hilfe einer Skizze.
19. Welchen Einfluss hat die Flammenfrontgeschwindigkeit auf das Motorklopfen?
20. Nennen Sie Faktoren, die ein Motorklopfen in einem Ottomotor beeinflussen.

17 Kraftstoffe

> **Kraftstoffe** enthalten die notwendige Energie für den Betrieb des Verbrennungsmotors. Sie werden überwiegend aus **Erdöl** hergestellt.

Sie werden aber auch aus Kohle, Pflanzen, Erdgas und Wasser gewonnen.

Durch Erwärmung der **Kohle** entsteht Gas, das zu **Methanol** verflüssigt wird.

Pflanzen werden durch Fäulnisprozesse zu Alkohol vergoren, aus dem **Ethanol** und **Methanol** gewonnen wird. Methanol (sehr giftig) und Ethanol werden als Alkohole bezeichnet, da sie Sauerstoff, gebunden an ein H-Atom, enthalten. Sie sind sehr klopffest, haben aber einen geringen Heizwert (⇒ TB, Kap. 1).

Pflanzenöle werden aus ölhaltigen Pflanzen z.B. Sonnenblumen-, Raps- und Leinsamen gepresst. Aus Rapsöl wird durch Zusatz von Ester (organische Säure und Alkohol) **Biodieselkraftstoff** hergestellt.

Erdgas besteht hauptsächlich aus Methan, enthält aber zusätzlich noch **Ethan**, **Propan** und **Butan**.

Wasserstoff lässt sich z.B. durch Aufspaltung des Wassers in Sauerstoff und Wasserstoff herstellen oder durch katalytische Umwandlung (Reformieren) des Methanols in Wasserstoff und Kohlendioxid.

17.1 Erdöl

Die **Entstehung** der Erdölvorkommen ist bis heute nicht vollständig geklärt. Es gibt **zwei Theorien**. Nach der älteren Theorie ist das Erdöl aus **Kleinstlebewesen** und **pflanzlichen Stoffen** entstanden, die zu einer schlammigen Masse verfaulten. Dieser Faulschlamm wurde in Jahrmillionen unter hohem Druck und unter Luftabschluss durch Bakterieneinwirkung zu Erdöl umgewandelt.

Nach einer neueren Theorie wird angenommen, dass vor Jahrmillionen in der irdischen Atmosphäre **Kohlenwasserstoffverbindungen** vorhanden waren. Diese regneten während der Abkühlungsphase der Erde herab und versickerten im Erdboden.

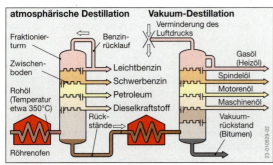

Abb. 1: Destillation des Erdöls

Das **Erdöl** ist eine dunkelbraune, zähflüssige Masse. Es besteht aus unterschiedlichen **Kohlenwasserstoffverbindungen** und enthält in geringen Mengen Sauerstoff-, Schwefel- und Stickstoffverbindungen.

17.2 Kraftstoffherstellung aus Erdöl

Durch **Destillation** (Verdampfen und nachfolgendes Kondensieren) wird das Erdöl in einzelne Siedebereiche (Fraktionen) zerlegt (Abb. 1). Die Destillation bei Umgebungsluftdruck (atmosphärische Destillation) ergibt Kraftstoffgrundbestandteile, die erst durch weitere Verarbeitungsvorgänge für den motorischen Einsatz brauchbar werden. Die Rückstände der atmosphärischen Destillation werden teilweise in der **katalytischen Crackanlage** (to crack, engl.: spalten, zerbrechen) zu weiteren Kraftstoffbestandteilen verarbeitet. Die restlichen Rückstände werden im Fraktionierturm unter Verminderung des Luftdrucks um etwa 50 bis 60 mbar destilliert (Vakuum-Destillation). Durch die Verminderung des Luftdrucks lässt sich der Siedebereich der Rückstände um etwa 100 bis 150 °C absenken. Es werden Ausgangsstoffe für extra leichte **Heizöle**, **Dieselkraftstoffe** und die **Schmierölherstellung** gewonnen. Rückstand der Vakuumdestillation ist das Bitumen (Verwendung im Straßenbau, z.B. als Isolieranstrich).

Durch weitere **Raffinerieverfahren** (Verfeinerungs- und Verbesserungsverfahren) werden die Kraftstoffe den motorischen Anforderungen angepasst.

> Kraftstoffe mit **geringer Klopffestigkeit** bestehen aus langen, unverzweigten Molekülketten (z. B. Heptan).

Durch Cracken von langen Molekülketten lassen sich der Aufbau der Kohlenwasserstoffmoleküle (Abb. 1, S. 176) und damit die Eigenschaften des Kraftstoffs beeinflussen.

> Kraftstoffe mit **hoher Klopffestigkeit** bestehen aus kurzen, stark verzweigten oder ringförmig angeordneten Molekülketten (z. B. Iso-Oktan).

17.2.1 Thermisches Cracken

Die langkettigen Moleküle werden unter Druck (bis 20 bar) auf etwa 500 °C erwärmt. Durch die Erwärmung geraten die Moleküle in starke Schwingungen und zerbrechen in kleinere Moleküle. Es können dabei **verzweigte**, **gerade** oder **ringförmige** Moleküle entstehen. Dieser Vorgang wird als **thermisches Cracken** bezeichnet. Er erfolgt ungesteuert und daher zufällig.

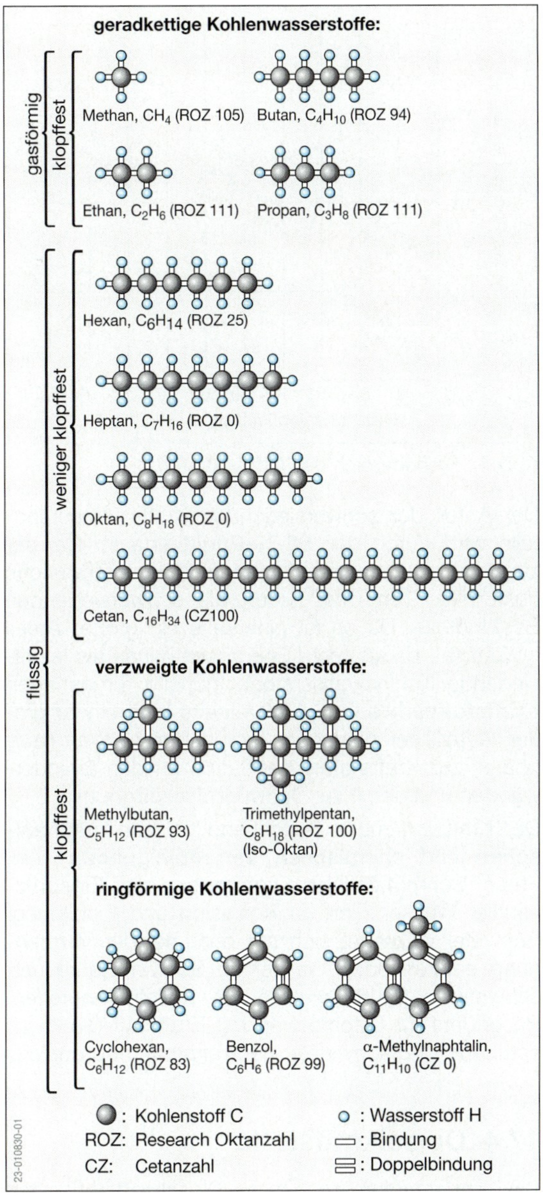

Abb. 2: Molekülschema und Formelzeichen einiger Kohlenwasserstoffe

Der Aufbau der Moleküle ist von der Anzahl der »Fangarme«, **Valenzen** (Valenz, lat.: Wertigkeit) der beteiligten Atome abhängig. Das Kohlenstoffatom (C) kann vier andere Atome an sich binden, es hat vier Valenzen, es ist vierwertig. Das Wasserstoffatom (H) hat nur eine Valenz, es ist einwertig. Die Kohlenstoffatome können untereinander **Doppelbindungen** eingehen wie z. B. bei dem klopffesten Benzol (Abb. 2).

17.2.2 Katalytisches Cracken

Das katalytische Cracken kann durch den Einsatz von Katalysatoren (z. B. Aluminiumoxid, Edelmetalle oder Säuren) die Entstehung von verzweigten oder ringförmigen Molekülen gezielt beeinflussen.

> **Katalysatoren** sind Stoffe, die einen chemischen Vorgang einleiten oder beschleunigen, ohne sich dabei selbst zu verändern.

Hauptsächliche katalytische Crackverfahren sind Isomerisieren und Aromatisieren. Durch **Isomerisieren** (isomer, gr.: von gleichen Teilen) werden lange, geradkettige Moleküle niedriger Klopffestigkeit (z. B. Oktan) in verzweigte mit hoher Klopffestigkeit umgewandelt (z. B. in Iso-Oktan, Abb. 1).

> **Isomere** sind Moleküle, die bei gleicher Anzahl von C- und H-Atomen einen unterschiedlichen Aufbau und andere Eigenschaften haben.

Durch **Aromatisieren** entstehen ringförmige Kohlenwasserstoffmoleküle, die wegen ihres aromatischen Geruchs als **Aromaten** bezeichnet werden (z. B. Benzol, Abb. 1). Aromaten sind sehr klopffeste Kraftstoffbestandteile und werden wegen der Gesundheitsgefährdung nur im Rennsport eingesetzt. Bei der Herstellung wird Platin als Katalysator verwendet.

17.2.3 Hydro-Cracken

Hydro-Cracken ist ein katalytisches Cracken. Langkettige Moleküle werden bei 400 °C und hohem Druck (bis 150 bar) aufgespalten und mit Wasserstoff angereichert (hydriert). Es entstehen dabei hochwertige, schwefelarme Kraftstoffbestandteile.

Zusätzlich fallen bei den Crackverfahren größere Mengen kurzer, gasförmiger, ungesättigter (H-Atome fehlen) Kohlenwasserstoffmoleküle an. Die Umwandlung in klopffestere, verzweigte Kraftstoffbestandteile erfolgt durch **Polymerisieren** (polymer, gr.: vielteilig). Als Katalysatoren dienen z. B. Säuren. Durch Mischen der Kraftstoffkomponenten und Hinzufügen spezieller Zusätze (Additive) entstehen die unterschiedlichen Kraftstoffe.

17.3 Ottokraftstoffe

Die Mindestanforderungen an **Ottokraftstoffe** sind in DIN EN 228 festgelegt. Die Tab. 1 zeigt unterschiedliche Kraftstoffe und einige Kennwerte. Ottokraftstoffe müssen folgende **Eigenschaften** haben:
- ausreichende Klopffestigkeit,
- hohen Heizwert,
- günstigen Siedebereich, sowie
- mechanische und chemische Reinheit.

> Die **Klopffestigkeit** ist ein Maß für den Widerstand des Kraftstoffs gegen unerwünschte **Selbstzündung**. Hohe Klopffestigkeit entspricht einer hohen Selbstzündungstemperatur.

Klopffeste Kraftstoffe ermöglichen **höhere Verdichtungsverhältnisse** und damit ein höheres Motordrehmoment sowie eine höhere Motorleistung.

> Das **Maß** der **Klopffestigkeit** ist die **Oktanzahl** (OZ, ROZ). Sie wird in einem Prüfmotor mit veränderlichem Verdichtungsverhältnis ermittelt.

Ein Kraftstoff mit einer Klopffestigkeit von z.B. ROZ 92 hat die gleichen Klopfeigenschaften wie ein Gemisch aus 92 Vol.-% **Iso-Oktan** und 8 Vol.-% **Heptan**. Das klopffeste Iso-Oktan (ROZ = 100) und das klopffreudige Heptan (ROZ = 0) sind Eichkraftstoffe für die Oktanzahlbestimmung eines Ottokraftstoffs.

Die Mindestwerte der Klopffestigkeit nach DIN EN 228 betragen für Ottokraftstoff Normal: 91 ROZ, Super: 95 ROZ und Super-Plus: 98 ROZ (Tab.1).

> Der **Heizwert** gibt an, wie viel Energie in einem Kilogramm Kraftstoff enthalten ist. Je höher der Heizwert, desto mehr Energie kann durch den Verbrennungsprozess umgewandelt werden.

Der **Siedebereich**, bzw. die **Siedekurve** eines Kraftstoffs lässt erkennen, welcher Kraftstoffanteil bei einer bestimmten Temperatur gasförmig wird (Abb. 1). Die Temperatur, bei der 10 Volumenprozent des Kraftstoffs gasförmig sind, wird mit **10-%-Punkt** bezeichnet. Liegt der 10-%-Punkt bei niedrigen Temperaturen, so wirkt sich das günstig auf das **Kaltstartverhalten** des Motors aus, denn nur der gasförmige Kraftstoffanteil ist brennbar. Es können sich dann aber leichter **Dampfblasen** in der Kraftstoffförderanlage bilden.

Bei höheren Außentemperaturen wird ein Kraftstoff hergestellt (**Sommerkraftstoff**), dessen 10-%-Punkt höher liegt als bei einem Kraftstoff für niedrigere Temperaturen (**Winterkraftstoff**).

Der **50-%-Punkt** ist für das **Warmlaufverhalten**, besonders bei nasskalter Witterung, entscheidend. Es ist die Temperatur, bei der 50% des Kraftstoffs gasförmig sind. Gutes Warmlaufverhalten erfordert einen niedrigen 50-%-Punkt. Das fördert aber bei nasskalter Witterung das Gefrieren der Wasseranteile im Kraftstoff, da der Kraftstoff auf Grund seiner Verdunstung der Umgebung viel Wärme entzieht.

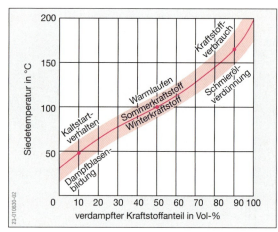

Abb. 1: Siedebereich des Ottokraftstoffs

Der Anteil der schwersiedenden Kraftstoffbestandteile wird durch den **90-%-Punkt** erfasst. Bei der zugehörigen Temperatur sind 90% des Kraftstoffs gasförmig. Den Rest bilden die schwersiedenden Bestandteile. Davon ist einerseits ein großer Anteil erwünscht, da sie mehr Energie enthalten als leichtsiedende Kohlenwasserstoffe (günstig für geringen **Kraftstoffverbrauch**). Andererseits führt ein zu großer Anteil bei niedrigen Temperaturen (Warmlaufphase) zur Kraftstoffkondensation an den Zylinderwänden und damit zur **Schmierölverdünnung**.

Der Kraftstoff muss weitgehend frei von **mechanischen** und **chemischen Verunreinigungen** sein. Feste Schmutzteilchen verstopfen die Einspritzventile. Wasser führt zu Korrosion und Eisbildung. Schwefel verbindet sich mit dem bei der Verbrennung entstehenden Wasser zu Schwefelsäure und schwefliger Säure, welche die Metalle angreifen. Besonders für Ottomotoren mit Kraftstoff-Direkteinspritzung sind schwefelarme Kraftstoffe erforderlich.

17.4 Dieselkraftstoffe

Die Mindestanforderungen an Dieselkraftstoffe sind in DIN EN 590 festgelegt (Tab.1). Anforderungen an Biodiesel enthält E DIN 51606. Die Anforderungen an den Heizwert und die Reinheit entsprechen denen der Ottokraftstoffe. Dieselkraftstoffe sollen aber, im Gegensatz zu den Ottokraftstoffen, sehr zündwillig sein.

Tab.1: Kennwerte verschiedener Kraftstoffe

Kennwerte	Ottokraftstoffe					Dieselkraftstoffe	
	SuperPlus	Super	Normal	Erdgas	Wasserstoff	Sommer	Winter
Dichte bei 15 °C in kg/l	0,745 bis 0,770	0,740 bis 0,760	0,732 bis 0,751	0,0007314	0,0000841	0,830 bis 0,844	0,825 bis 0,842
Siedebereich (Siedepunkt) in °C	29 bis 196	31 bis 202	25 bis 202	≈ −160	−253	180 bis 385	175 bis 370
mittlerer Heizwert Hu in kJ/kg	40500	41000	40000	47700	120000	42800 bis 43100	
mittlerer Heizwert Hu in kJ/l	30127	30340	29280	34,89	10,09	35300 bis 35770	
Luftbedarf in kg Luft /kg Kraftstoff	etwa 14,7	etwa 14,7	etwa 14,8	5,41	34	etwa 14,8	
Oktanzahl (ROZ)	98 bis 99,2	95 bis 97,5	≈ 91 bis 94,5	≈ 130	90	−	−
Cetanzahl (CZ)	−	−	−	−	−	51 bis 55	51 bis 53

> Das Maß der **Zündwilligkeit** ist die **Cetanzahl** (CZ). Sie wird in einem Prüfmotor ermittelt.

Als **Eichkraftstoffe** dienen das sehr zündwillige Cetan (CZ = 100) und das besonders zündträge α-Methylnaphthalin (CZ = 0). Kraftstoffe mit hoher Oktanzahl haben eine niedrige Cetanzahl und sind daher nicht als Dieselkraftstoffe geeignet. Die Cetanzahl für Dieselkraftstoffe soll nach DIN EN 590 mindestens 49 betragen.

Sommerdieselkraftstoff enthält einen hohen Paraffinanteil, der die Zündwilligkeit (Cetanzahl) erhöht und die Schadstoffemission verringert. Die Paraffinausscheidung beginnt bei etwa 5°C. Die Filtrierbarkeit ist noch bis maximal −10°C möglich, dann besteht die Gefahr der Filterverstopfung.

Für den **Winterbetrieb** werden dem Dieselkraftstoff Fließverbesserer zugesetzt. Diese senken den Beginn der Paraffinausscheidung auf −7 bis −10 °C ab. Die Filtrierbarkeit wird dadurch bis mindestens −20 °C ermöglicht.

17.5 Alternativkraftstoffe

Pflanzenöle haben eine geringere Cetanzahl gegenüber Dieselkraftstoffen aus Erdöl. Der Einsatz bei Temperaturen unter 10°C ist nur durch besondere Beheizungseinrichtungen möglich. Andernfalls ist mit Dieselkraftstoff zu starten und erst nach dem Warmlaufen kann auf Pflanzenöl umgeschaltet werden. Pflanzenölbetrieb verringert die Anteile von Schwefel, Ruß und krebserregenden Partikeln im Abgas.

Biodieselkraftstoff besteht aus **Pflanzenölen**, denen Ester zugemischt wurde, um die Cetanzahl zu erhöhen. Diese Stoffe wirken wie ein Lösungsmittel auf Lacke und Kunststoffe. Der Einsatz ist nur in solchen Motoren möglich, deren Leitungen und Dichtungen besonders für den Betrieb mit Biodieselkraftstoff vorbereitet sind (Herstellerangaben beachten).

Erdgas besteht, je nach Fördergebiet, aus 90% Methan und 10% Ethan. Auf Grund der Zusammensetzung verbrennt es rückstandsfreier als Otto- oder Dieselkraftstoffe. Der Heizwert und die Zylinderfüllung sind aber etwas geringer als die von Ottokraftstoffen. Das verringert die Motorleistung um etwa 10%. Durch die hohe Oktanzahl (ROZ bis 130) kann die Verdichtung bis 1:13 gesteigert und damit der Leistungsverlust verringert werden. Die Speicherung erfordert druckfeste Tanks (bis 200 bar) für **CNG-Betrieb** (**C**ompressed **N**atural **G**as, engl.: komprimiertes Erdgas) oder wärmeisolierte Tanks (bis −160°C) für den **LNG-Betrieb** (**L**iquid **N**atural **G**as, engl.: flüssiges Erdgas).

Wasserstoff verbrennt ohne schädliche Emissionen. Er erfordert für die Speicherung im flüssigen Zustand wärmeisolierte Tanks (Kryogenspeicher), da Wasserstoff erst bei −253 °C flüssig wird. Gasförmig lässt sich Wasserstoff an Metalle anbinden (Metallhydridspeicher) oder in Druckbehältern aufbewahren. Die Mischung von Wasserstoff und Sauerstoff im gasförmigen Zustand ergibt das hochexplosive **Knallgas**, das zu Wasser verbrennt.

Tab. 2: Gefahrenklassen brennbarer Flüssigkeiten

Gefahrenklasse	Flammpunkt	Beispiele
AI	unter 21°C	Benzin, Benzol, Methanol, Erdgas, Wasserstoff
AII	21 bis 55°C	Petroleum, Kerosin, Terpentin
AIII	55 bis 100°C	Methanol, Erdgas Dieselkraftstoff, Heizöl, Biodiesel

17.6 Gefahrenklassen der Kraftstoffe

Die Einteilung der brennbaren Flüssigkeiten in unterschiedliche Gefahrenklassen erfolgt in Abhängigkeit von dem Flammpunkt (Tab. 2).

> Der **Flammpunkt** ist die Temperatur, bei der eine brennbare Flüssigkeit bei Annäherung einer Zündquelle (z.B. Streichholz) gerade aufflammt, ohne weiterzubrennen, wenn die Zündquelle entfernt wird.

Ottokraftstoffe sind besonders **feuergefährlich**, da schon bei Raumtemperatur brennbare Gase entstehen. Diese Gase sind schwerer als Luft und sammeln sich an den tiefsten Stellen (z.B. Arbeitsgruben). Um die Zündgefahr zu verringern, ist für eine ausreichende Durchlüftung der Räume zu sorgen (z.B. Garagen).

> **Kraftstoffbrände** nie mit Wasser löschen. Kraftstoff schwimmt auf dem Wasser und das Feuer breitet sich aus. Für Kraftstoffbrände eignen sich z.B. Pulver- und CO_2-Löscher.

Aufgaben

1. Beschreiben Sie den Unterschied zwischen der atmosphärischen Destillation und der Vakuum-Destillation.
2. Welche Grundstoffe sind die Hauptbestandteile der Kraftstoffe?
3. Worin unterscheiden sich die Oktan- und Cetanzahl?
4. Erklären Sie die 10%-, 50%- und 90%-Punkte der Siedekurve.
5. Nennen Sie die Vor- und Nachteile von pflanzlichen Dieselkraftstoffen.
6. Was bedeutet der Begriff »Flammpunkt«?

18 Kraftstoffförderanlage

18.1 Bauteile der Kraftstoffförderanlage für Ottomotoren

> Die **Kraftstoffförderanlage** hat die **Aufgabe**, der Kraftstoffeinspritzanlage stets gereinigten, blasenfreien Kraftstoff in ausreichender Menge und mit dem erforderlichen Druck ohne Druckschwankungen zuzuführen.

Die Kraftstoffförderanlage (Abb. 1, ⇒ TB: Kap. 7) besteht aus folgenden **Bauteilen**:
- Kraftstoffbehälter mit Kraftstoffvorratsanzeiger,
- Kraftstoffförderpumpe,
- Kraftstofffilter,
- Einrichtungen zur Be- und Entlüftung,
- Kraftstoffleitungen und
- Diagnoseeinrichtungen (z.B. Diagnosepumpe und Drucksensor).

Kraftstoffförderanlage für Dieselmotoren s. Kap. 23.

18.1.1 Kraftstoffbehälter

Der Kraftstoffbehälter ist meist so bemessen, dass eine Füllung für eine Fahrstrecke von 400 bis 700 km ausreicht. Er kann aus schlagfestem **Kunststoff** oder aus Stahlblech bestehen. **Stahlbehälter** benötigen wegen der Korrosionsgefahr eine korrosionsbeständige Innen- und Außenbeschichtung. **Kunststoffbehälter** haben eine geringere Masse und lassen sich in ihrer Form einfacher den gegebenen Raumverhältnissen anpassen. Aus Sicherheitsgründen wird der Kraftstoffbehälter außerhalb der Knautschzone und vom Motor entfernt angeordnet.

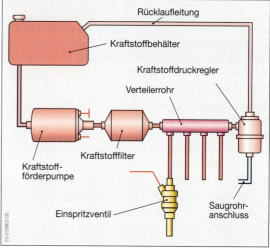

Abb. 2: Kraftstoffförderanlage mit In-Line-Pumpe

In dem Kraftstoffbehälter befindet sich ein Dralltopf mit Bohrungen, der Schlingerbewegungen des Kraftstoffs weitgehend verhindert. Die Kraftstoffförderpumpe ist bei In-Tank-Pumpen in den Dralltopf eingebaut (Abb. 1). Die Anordnung der Kraftstoffförderpumpe außerhalb des Kraftstoffbehälters, in Reihe zu Filter und Verteilerrohr (In-Line-Pumpe) zeigt die Abb. 2.

Der **Kraftstoffvorratsanzeiger** besteht aus der Schwimmereinrichtung mit veränderlichem Widerstand (Potentiometer), die innerhalb des Kraftstoffbehälters z.B. an der Kraftstoffförderpumpe (Abb. 1) befestigt ist. Der Behälterinhalt wird als Zahlenwert oder Zeigerausschlag am Armaturenbrett angezeigt.

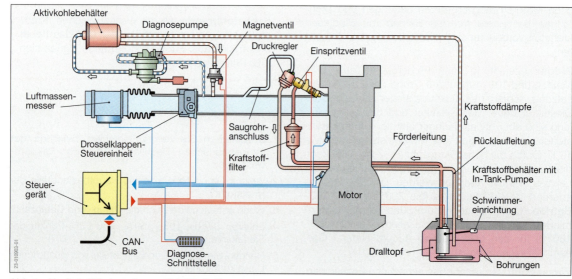

Abb. 1: Kraftstoffförderanlage mit In-Tank-Pumpe

18.1.2 Kraftstoffförderpumpen

> Die **Kraftstoffförderpumpe** hat die **Aufgabe**, den Kraftstoff aus dem Kraftstoffbehälter mit dem erforderlichen Druck in das Verteilersystem der Einspritzanlage zu fördern.

Die Kraftstoffförderpumpe besteht aus dem Pumpenteil und dem Elektromotor. Das Gehäuse wird ständig von Kraftstoff durchspült, wodurch eine gute Kühlung erreicht wird. Explosionsgefahr besteht nicht, da sich mangels Sauerstoff kein zündfähiges Gemisch im Gehäuse bilden kann. Je nach **Gemischaufbereitungssystem** kommen folgende Pumpenbauarten zum Einsatz:

- Verdrängerpumpen (z.B. Rollenzellen-, Innenzahnradpumpe und Schraubenpumpe) und
- Strömungspumpen (z.B. Peripheral- und Seitenkanalpumpe).

Verdrängerpumpen sind **selbst ansaugende** Pumpen, sie können daher außerhalb des Kraftstoffbehälters als In-Line-Pumpe angeordnet werden. Strömungspumpen sind **nicht selbst ansaugend** und müssen als In-Tank-Pumpen eingebaut werden.

Rollenzellenpumpe

Den Aufbau und die Wirkungsweise der Rollenzellenpumpe zeigt die Abb.3. Die im Pumpengehäuse exzentrisch angeordnete Läuferscheibe hat an ihrem Umfang bewegliche Metallrollen (Abb.3b). Diese werden durch die Zentrifugalkräfte, die bei der Drehung der Scheibe auftreten, gegen den Laufring der Kraftstoffförderpumpe gepresst. Sie wirken als Dichtung. Die Kraftstoffförderung erfolgt in den »sichelförmigen« Räumen zwischen Laufring, Läuferscheibe und Rollen, die sich im ständigen Wechsel vergrößern **(Ansaugen)** und verkleinern **(Fördern)**. Die Pumpenleistung wird so gewählt, dass erheblich mehr Kraftstoff gefördert wird als maximal benötigt werden kann. Dadurch wird die erforderliche Volllastmenge sichergestellt. Der Förderdruck wird durch das Rückschlagventil (Abb.3a) für eine gewisse Zeit nach dem Abschalten des Motors gehalten, um Dampfblasenbildung im System zu verhindern. Das Überdruckventil schützt die Pumpe vor Überlastung (z.B. verstopftes Kraftstofffilter). Die Rollenzellenpumpe liefert einen max. Förderdruck von etwa $p_{abs} = 7$ bar.

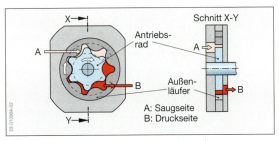

Abb. 4: Wirkungsweise der Innenzahnradpumpe

Innenzahnradpumpe

Die Wirkungsweise der Innenzahnradpumpe zeigt die Abb. 4. Die Innenzahnradpumpe besteht aus einem inneren Antriebsrad, das mit einem mitlaufenden, exzentrisch gelagerten Außenläufer kämmt. Der Außenläufer hat einen Zahn mehr als das Antriebsrad und dreht sich daher langsamer. Durch die Drehung des Antriebsrades, das mit dem Elektromotor verbunden ist, vergrößern sich die Zahnzwischenräume auf der **Saugseite A**, in die daraufhin Kraftstoff angesaugt wird. Auf der **Druckseite B** verkleinern sich die Zahnzwischenräume und der Kraftstoff wird mit einem max. Druck von etwa $p_{abs} = 6{,}5$ bar gefördert.

Schraubenpumpe

Den Aufbau der Schraubenpumpe zeigt die Abb. 5. Die im Pumpengehäuse angeordneten Schraubenwellen greifen ineinander und bilden mit dem Gehäuse ein Fördersystem nach dem Schraubenprinzip. Der Antrieb erfolgt über die Antriebsspindel (Abb. 5). Eine oder zwei Laufspindeln werden über die schraubenförmige Verzahnung in gegenläufige Drehung versetzt. Der Kraftstoff wird aus den im Einlassbereich großen Zwischenräumen in die zum Auslassbereich hin kleiner werdenden Zwischenräume verdrängt. Der max. Kraftstoffdruck beträgt etwa $p_{abs} = 4$ bis 5 bar.

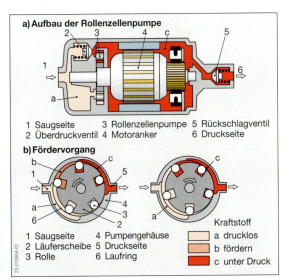

Abb. 3: Wirkungsweise der Rollenzellenpumpe

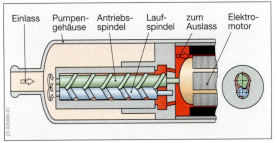

Abb. 5: Aufbau der Schraubenpumpe

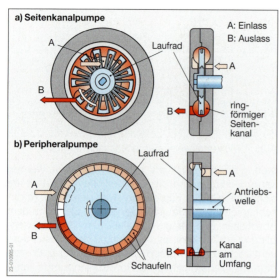

Abb. 1: Wirkungsweise der Strömungspumpen

Seitenkanal- und Peripheralpumpe

Diese Strömungspumpen fördern den Kraftstoff durch die Drehung eines Laufrades mit Schaufeln. Die Kraftstoffteilchen werden aus dem Einlass, der sich näher an der Antriebswelle befindet als der Auslass, bogenförmig von innen nach außen befördert. Die Seitenkanalpumpe fördert über einen seitlich angeordneten Kanal, die Peripheralpumpe über einen Kanal am Umfang (Peripheralkanal). Sie unterscheiden sich in der Form der Laufräder (Abb. 1) und dem Förderdruck. Eine Kombination beider Laufräder wird ebenfalls eingesetzt.

Die **Seitenkanalpumpe** (Abb. 1a) kann einen maximalen Förderdruck von $p_{abs} = 2$ bar liefern. Sie wird als Förderpumpe für Zentraleinspritzungen oder als Vorförderstufe (Vorförderpumpe) bei zweistufigen Kraftstoffförderpumpen (Abb. 2) eingesetzt. Durch die Vorförderung wird der Kraftstoff der Hauptstufe ohne Gasblasen zugeführt. Die asymmetrische Anordnung der Schaufeln vermindert die Laufgeräusche.

Die **Peripheralpumpe** (Abb. 1b) hat am Laufrad mehr Schaufeln als die Seitenkanalpumpe. Daher ist die Förderung gleichmäßiger und geräuschärmer. Sie liefert einen max. Förderdruck von $p_{abs} = 4$ bar.

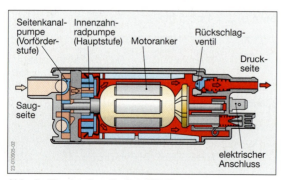

Abb. 2: Zweistufige Kraftstoffförderpumpe

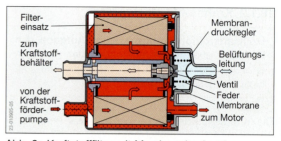

Abb. 3: Kraftstofffilter mit Membrandruckregler

Der **Druckregler** hält den Kraftstoffdruck auch bei unterschiedlichen Verbrauchsmengen (Leerlauf, Volllast) konstant, damit die Einspritzmenge über die Öffnungszeit der Magnetventile festgelegt werden kann (s. Kap. 20). Der Membrandruckregler (Abb. 3) regelt den Druck abhängig vom atmosphärischen Druck, der Druckregler mit Saugrohranschluss (Abb. 1, S. 170) abhängig vom Saugrohrdruck. Bei abgeschaltetem Motor schließt das Druckregelventil und hält so den Kraftstoffdruck in der Anlage über eine gewisse Zeit aufrecht, um Dampfblasenbildung zu verhindern.

Relais

Das Relais (Abb. 5) schaltet die **Spannungsversorgung** zur **Kraftstoffförderpumpe**. Es wird über das Steuergerät und den Zünd-Start-Schalter eingeschaltet. Das Steuergerät unterbricht die Spannungsversorgung, wenn kein Drehzahlsignal am Steuergerät anliegt. Damit wird die Brandgefahr (z. B. gerissene Kraftstoffleitung nach einem Unfall) vermindert.

18.1.3 Kraftstofffilter

Grobe Verunreinigungen werden durch **Siebe** vor der Saugleitung oder in der Kraftstoffförderpumpe aufgefangen. Kleinere Schmutzteilchen werden durch **Papierfilter** (s. Kap. 19) von den Einspritzdüsen oder Einspritzventilen ferngehalten. Das Filter (Abb. 3 und 4) ist hinter der Kraftstoffförderpumpe angeordnet.

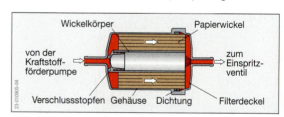

Abb. 4: Kraftstofffilter

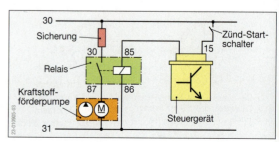

Abb. 5: Steuerung der Kraftstoffförderpumpe

Kapitel 18: Kraftstoffförderanlage

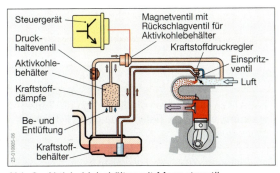

Abb. 6: Aktivkohlebehälter mit Magnetventil

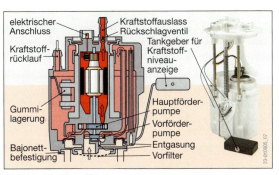

Abb. 7: Kraftstoffördermodul

18.1.4 Einrichtungen zur Be- und Entlüftung

Die Vorschriften des § 47 der StVZO enthalten Grenzwerte für die Verdampfungsverluste aus dem Kraftstoffsystem an die Umgebungsluft. Deshalb muss die Be- und Entlüftung mit einem Aktivkohlebehälter (Abb. 6) verbunden sein. Aktivkohle bindet (absorbiert) den Kraftstoffdampf. Das Magnetventil wird vom Steuergerät angesteuert und führt dem Motor die Kraftstoffdämpfe zur Verbrennung zu. Es enthält ein Rückschlagventil. Dieses verhindert, dass bei abgestelltem Motor Kraftstoffdämpfe in das Saugrohr und von dort über das Luftfilter an die Außenluft gelangen.

18.1.5 Kraftstoffleitungen

Die Kraftstoffleitungen bestehen aus Stahl-, Kupfer- oder Kunststoffrohren. Auftretende Schwingungen und Längenänderungen werden von elastischen Verbindungsschläuchen aufgenommen. In der Nähe von erwärmten Teilen ist eine **Wärmeisolation** erforderlich, denn erwärmter Kraftstoff bildet Dampfblasen, welche die Kraftstoffförderung behindern. Zusätzlich kann die Dampfblasenbildung durch die Kraftstoffrückförderung in der **Kraftstoffrücklaufleitung** weitgehend vermieden werden (Abb. 1 und 2, S. 170). Die von der Kraftstoffförderpumpe zuviel geförderte Kraftstoffmenge fließt durch diese Leitung in den Kraftstoffbehälter zurück. Durch die Umwälzung einer größeren Kraftstoffmenge wird die Temperatur der kraftstoffdurchflossenen Teile gesenkt.

18.1.6 Kraftstoffördermodul

Das Kraftstoffördermodul (Abb. 7) vereinigt die Bauteile der Kraftstoffförderung, Ansaugfilterung und den Füllstandsgeber in einer Einheit, die in den Kraftstoffbehälter eingebaut wird. Durch das Teleskoprohr und die flexiblen Anschlussleitungen können geringe Höhenunterschiede der Kraftstoffbehälter ausgeglichen werden. Der Reservebehälter wird aktiv über eine separate Vorstufe der Kraftstoffförderpumpe oder eine Saugstrahlpumpe gefüllt. Die Tankbelüftung erfolgt durch das Belüftungsventil, das mit einem Überrollschutz-Ventil (Rollover-Ventil) versehen ist. Das Ventil verschließt die Belüftung bei extremen Schräglagen (z.B. Seitenlage oder auf dem Dach liegendes Fahrzeug nach einem Unfall).

18.2 Wartung und Diagnose

Die Kraftstoffförderanlage erfordert keine aufwändige Wartung. Die **Papierfilter** sind regelmäßig **auszuwechseln**. Die Anschlüsse sind auf Dichtheit zu prüfen und müssen gegebenenfalls nachgezogen werden.

Die Dichtheitsprüfung der Kraftstoffförderanlage erfolgt bei Anlagen mit eingebautem Diagnosesystem **OBD** (**O**n **B**oard **D**iagnose mit Drucksensor, (Abb. 7) über das Steuergerät. Die Diagnosepumpe (Abb. 1, S. 170) wird angesteuert und baut einen Überdruck auf. Es wird geprüft, wie schnell der Druck abfällt, um daraus auf die Dichtigkeit des Systems zu schließen. Durch Messung des Förderdrucks wird die Wirkungsweise der Kraftstoffförderpumpe geprüft. Zu hoher Kraftstoffdruck kann durch Beschädigungen an der Druckreglermembrane und bei verstopfter Rücklaufleitung entstehen.

Bei Wartungsarbeiten ist auf Sauberkeit zu achten, damit keine Schmutzteilchen in die Kraftstoffförderanlage gelangen.

Aufgaben

1. Skizzieren Sie die Bauteile der Kraftstoffförderanlage und tragen Sie den Kraftstofffluss ein. Beachten Sie dabei die Einbaulage des Kraftstofffilters.
2. Worin unterscheiden sich Verdrängerpumpen und Strömungspumpen?
3. Beschreiben Sie die Wirkungsweise der Rollenzellenpumpe und der Innenzahnradpumpe.
4. Nennen Sie die Unterschiede zwischen der Seitenkanal- und der Peripheralpumpe.
5. Wo ist das Kraftstofffilter angeordnet?
6. Welche Aufgabe hat der Druckregler?
7. Welche Aufgabe hat das Relais für die Kraftstoffförderpumpe?
8. Nennen Sie die Bauteile für die Be- und Entlüftung und beschreiben Sie die Wirkungsweise dieser Bauteile.
9. Warum ist für die Kraftstoffleitungen eine Wärmeisolation in der Nähe erwärmter Motorteile erforderlich?
10. Aus welchen Bauteilen besteht ein Kraftstoffördermodul?

19 Filter

In Kraftfahrzeugen haben **Filter** die **Aufgabe**, die Motoren, Bauteile und Insassen vor Verunreinigungen (z. B. Staub, Verbrennungsrückstände, Abrieb) zu schützen.

19.1 Filterwirkung und Filterarten

Das Ausfiltern fester Verunreinigungen aus strömenden Medien (Luft, Öl, Kraftstoff, Abgas) ist durch unterschiedliche **Wirkprinzipien** möglich:
- Siebwirkung (Siebfilter),
- Tiefenwirkung (Faserfilter),
- Haftwirkung an klebrigen Flächen (Nassfilter),
- Fliehkraftwirkung (Zentrifugalfilter) und
- Magnetwirkung (Magnetabscheider).

An Filter werden folgende **Anforderungen** gestellt:
- gute Filterwirkung,
- geringer Durchflusswiderstand,
- einfache Wartungsarbeiten und
- geringe Baugröße.

19.1.1 Siebfilter

Als Siebfilter (Oberflächenfilter) werden Metall- oder Kunststoffsiebe verwendet.

Die **Filterwirkung** wird dadurch erreicht, dass die Abmessungen der Maschen kleiner sind als die der Verunreinigungen (Siebwirkung).

Das in das Filter einströmende Medium (Flüssigkeiten oder Luft) wird von außen durch die Maschen des Siebfilters gedrückt (Abb.1). Verunreinigungen, welche größer als die Maschenweite sind, werden an der Sieboberfläche zurückgehalten.

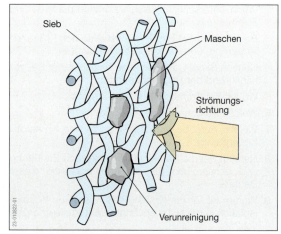

Abb. 1: Wirkungsweise eines Siebfilters

19.1.2 Faserfilter

Faserfilter kombinieren die **Sieb-** und die **Tiefenwirkung**, wobei die Tiefenwirkung des Filterwerkstoffs überwiegt.

Die Wirkungsweise der Faserfilter zeigt die Abb. 2. Einlagige Faserfilter (z. B. Papierfilter, Abb. 2a) arbeiten nach dem Prinzip der **Siebwirkung**. Die **Tiefenwirkung** entsteht durch die mehrlagige Anordnung der Faserwerkstoffe (Abb. 2b). Die Faserlagen liegen wie verschobene Siebe übereinander und bilden stark zerklüftete Hohlräume, durch die das zu reinigende Medium strömt. Das Medium wird zu mehrfachen, schnellen Richtungsänderungen gezwungen. Die Verunreinigungen können diesen Richtungsänderungen aufgrund ihrer Trägheit nicht folgen und sammeln sich in den Poren. Die zwischen dem Filter und den Schmutzteilchen wirkenden **Adhäsionskräfte** halten die Verunreinigungen dort fest. Die Güte der Filterung hängt von der Art des verwendeten Faserwerkstoffs (Porengröße) und der Dicke der Filterschicht ab. Mehrlagige Faserfiltereinsätze werden als Platten- oder Rohreinsätze (Wanddicke 8 bis 15 mm) verwendet (Abb. 3).

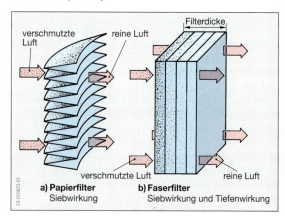

Abb. 2: Wirkungsweise der Faserfilter

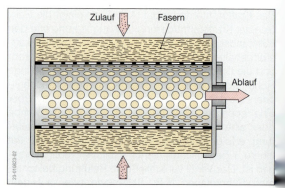

Abb. 3: Faserfiltereinsatz

19.1.3 Nassfilter

In **Nassfiltern** (z. B. Nassluftfiltern) durchströmt die angesaugte Luft einen Faserfiltereinsatz. Der Filtereinsatz ist **mit Öl benetzt**. Die Staubteilchen kommen mit den ölbenetzten Filterflächen in Berührung und bleiben dort kleben. Mit zunehmender Verschmutzung steigt schnell der Strömungswiderstand des Filters. Der Luftdurchsatz wird geringer. Diese Filter sind nur bei geringer Luftverschmutzung einsetzbar. Sie haben eine **kurze Einsatzdauer** (Standzeit) und müssen regelmäßig geprüft und gereinigt werden.

19.1.4 Zentrifugalfilter

In Zentrifugalfiltern wird das zu filternde Medium (z. B. Ölnebel aus der Kurbelgehäuseentlüftung) in **Drehung** (Rotation) versetzt. Als Folge der **Fliehkräfte** setzen sich die Verunreinigungen an den Wandungen des Filters ab (Abb. 4).

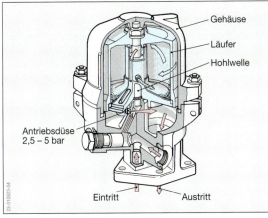

Abb. 4: Zentrifugalfilter

Abb. 5: Zweistufenfilter

19.1.5 Magnetabscheider

Der Magnetabscheider zieht **ferromagnetische Verunreinigungen** aus den vorbeiströmenden Medien an und hält sie fest. Gegenüber anderen Verunreinigungen ist dieses Verfahren wirkungslos. Magnetabscheider werden z. B. als Bestandteile von Ölablassschrauben eingesetzt.

19.2 Anwendungsgebiete für Filter

Nach der Art des zu filternden **Mediums** werden im Kraftfahrzeug folgende Filter (⇒ TB: Kap. 7) benötigt:

- Luft- und Abgasfilter,
- Kraftstofffilter,
- Schmierölfilter,
- Hydraulikfilter (für z. B. Bremsflüssigkeit und ATF-Öle) und
- Innenraumfilter (z. B. Smog- und Ozonfilter).

19.2.1 Luftfilter

> **Luftfilter** haben die **Aufgabe**, durch hohe Filterwirkung Verunreinigungen zurückzuhalten und durch entsprechende Gestaltung des Filtergehäuses die Ansauggeräusche zu dämpfen.

Für die Verbrennung von 10 l Kraftstoff benötigt ein Motor etwa 100 m^3 Luft. Der **Staubgehalt** der Luft schwankt zwischen 0,01 mg/m^3 (Seeluft) und 100 mg/m^3 (Luft auf Baustellen). Mit der Luft werden bei der Verbrennung von 10 l Kraftstoff und einem Staubgehalt von 0,1 g/m^3, demnach etwa 10 g Staub angesaugt. Ohne Filterung der Ansaugluft würde diese Staubmenge den Verschleiß im Motor stark erhöhen. Daher sind Luftfilter im Ansaugbereich der Motoren notwendig.

Luftfilterarten

Ölbadluftfilter bestehen aus einem Faser- oder Metallgewebefilter, dem ein Ölbad vorgelagert ist (Abb. 5). Der vom Motor angesaugte Luftstrom wird so gelenkt, dass er zunächst senkrecht auf das Ölbad trifft. Dort wird der Luftstrom umgelenkt und strömt dann durch das Faserfilter. Der starken Umlenkung des Luftstroms können die Staubteilchen nicht folgen. Sie gelangen in das Ölbad und werden dort gebunden. Ölbadluftfilter haben eine gute Filterwirkung und eine **lange Standzeit**. Sie werden z. B. in Baustellenfahrzeugen eingesetzt, die hohen Staubbelastungen ausgesetzt sind.

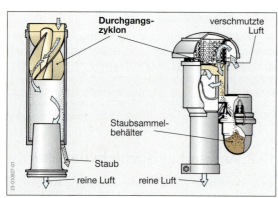

Abb. 1: Schleuderluftfilter (Zyklone)

In **Trockenluftfiltern** erfolgt die Reinigung der Luft durch Papierfiltereinsätze. Die Filterwirkung ist abhängig von der Maschenweite des Filterpapiers. Um eine für Verbrennungsmotoren ausreichende Filterung zu erreichen, muss die Maschenweite 0,001 mm betragen.

Schleuderluftfilter (Zyklone, Abb. 1) versetzen die einströmende Luft durch Leitbleche in Rotation. Die Fliehkräfte schleudern den Staub an die Filterwandung. Von dort wird der Staub vom Luftstrom zum Sammelbehälter oder ins Freie transportiert. Schleuderluftfilter haben keine sehr große Filterwirkung (Staubabscheidungsgrad etwa 90 %) und eignen sich daher nur als **Vorfilter**.

Zweistufenfilter bestehen aus zwei Filtern, einem **Grobfilter** (Schleuderluftfilter) und einem **Feinfilter** (meist Trockenluft- oder Ölbadluftfilter). Diese Filter haben durch die Vorreinigung im Grobfilter und die anschließende Feinfilterung eine sehr gute Filterwirkung. Sie haben eine **lange Standzeit** und sind für den Einsatz in sehr staubhaltiger Luft geeignet (z. B. für Baustellenfahrzeuge). Die **Ansauggeräusche** im Bereich des Zweistufenfilters führen, insbesondere bei schweren Nutzfahrzeugen, zu einer starken Lärmbelastung (ungedämpft bis 100 Dezibel). Dem Filter vorgeschaltete oder in das Filter eingebaute Dämpfungselemente verringern die Geräuschentwicklung während des Ansaugvorgangs. Als Dämpfungselemente werden meist Resonatoren (s. Kap. 27.3.5) verwendet.

Abgasfilter sind erforderlich, wenn eine teilweise Rückführung der Abgase in den Brennraum zur Verringerung der Stickoxide im Abgas vorgenommen wird. Das **Abgasrückführungsfilter** reinigt die wieder in den Motor einströmenden Abgase von Verbrennungsrückständen und metallischen Abriebteilen. Als Filterwerkstoffe werden wärmebeständige Fasern verwendet. Für die weitere Abgasreinigung (z. B. Reduzierung der Rußpartikel im Abgas von Dieselmotoren) werden **Partikelfilter** (s. Kap. 27.2.2) eingesetzt.

Abb. 2: Kraftstofffilter

19.2.2 Kraftstofffilter

Kraftstofffilter haben die **Aufgabe**, mechanische Verunreinigungen aus dem Kraftstoff herauszufiltern.

Kraftstofffilter für Ottomotoren

Ottomotoren erfordern für die Grobfilterung Siebfilter mit einer Maschenweite von etwa 0,06 mm (z. B. Saugfilter im Kraftstoffbehälter). Für die Feinfilterung werden Filter eingesetzt, die Verunreinigungen bis 0,001 mm zurückhalten können.

Diese Filter sind überwiegend Papierfilter (Feinfilter, Abb. 2), die hinter der Kraftstoffförderpumpe und vor der Einspritzanlage als In-Line-Filterung (in line, engl.: in Reihe angeordnet) eingebaut sind. Es werden Wechselfilter verwendet.

Kraftstofffilter für Dieselmotoren

Dieselmotoren werden mit einer Kombination unterschiedlicher Filter ausgerüstet. Das **Grobfilter** ist ein

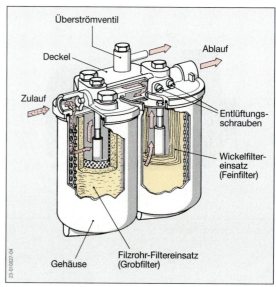

Abb. 3: Stufenfilter

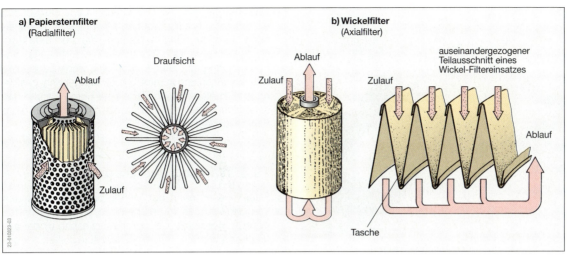

Abb. 4: Papierfiltereinsätze

Siebfilter aus Metall oder Kunststoff. Es ist vor der Kraftstoffförderpumpe angeordnet (Abb. 2, S. 199).

Eine besonders gute Filterwirkung wird durch Kombination zweier hintereinander geschalteter Filter erreicht (**Stufenfilter**, Abb. 3).

Als **Filtereinsätze** im Kraftstoff-Stufenfilter (Abb. 3) werden **Filz-** oder **Papiereinsätze** verwendet. Die Feinfilterung erfolgt wegen der gleichmäßigeren Maschenweite und der größeren Filteroberfläche durch Papierfilter (Wickelfilter, Sternfilter, Abb. 4). Ein in der Überströmleitung angebrachtes Überströmventil öffnet bei einem Überdruck von 1,2 bis 1,5 bar. Dadurch wird der zum Durchströmen der Filter erforderliche Druck konstant gehalten. Die nicht benötigte Kraftstoffmenge wird zum Kraftstoffbehälter zurückgeleitet.

Im Kraftstoffbehälter kann sich durch Kondensation Wasser ansammeln. Es wird vom Kraftstoff mitgerissen und muss deshalb durch den **Wasserabscheider** vom Kraftstoff getrennt werden. Das Wasser sammelt sich auf Grund der höheren Dichte im Abscheidegefäß unten und kann durch die Ablassschraube entfernt werden (Abb. 5).

19.2.3 Schmierölfilter

Schmierölfilter haben die **Aufgabe**, die vom Schmieröl aufgenommenen Verunreinigungen herauszufiltern.

Verunreinigungen im Schmieröl (z. B. Verbrennungsrückstände, Metallabrieb, Staub) verschlechtern die Qualität des Öls, erhöhen den Verschleiß und verringern so die Haltbarkeit des Motors (s. Kap. 25.6). Schmierölfilter (Abb. 6) sind überwiegend Wechselfilter, die als Filtereinsätze (überwiegend für Nkw) oder als Filterpatronen verbaut werden. Sie entfernen feste Fremdstoffe aus dem Motoröl und erhalten so die Funktionsfähigkeit des Schmieröls innerhalb der Wartungsintervalle. Die Einsatzdauer (Standzeit) rich-

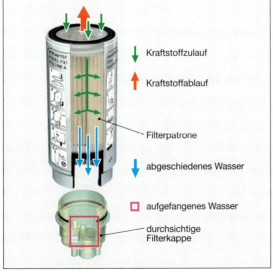

Abb. 5: Filter mit Wasserabscheider

Abb. 6: Schmierölfilter

Abb. 1: Filter für automatische Getriebe

tet sich nach dem vom Motorhersteller vorgeschriebenen Wartungsintervall. Filterwartung und Ölwechsel sollen zusammen erfolgen. Filterpatronen enthalten meist ein Umgehungsventil, das bei Filterverstopfung öffnet, um den Schmierölkreislauf nicht zu unterbrechen.

19.2.4 Hydraulikfilter

Hydraulikfilter werden als Siebfilter für die Reinigung der Hydraulikflüssigkeiten (z. B. Bremsflüssigkeit, ATF-Öle in hydraulischen Lenkhilfen und Automatikgetrieben) eingesetzt. Kunststoffsiebe sind z. B. im Nachfüllbehälter der Bremsanlage angeordnet. Getriebefilter (Abb. 1) sind flach ausgeführte Wechselfilter mit Papiereinsätzen.

19.2.5 Innenraumfilter

Innenraumfilter filtern die Außenluft für die Personen im Fahrgastinnenraum. Sie schützen die Personen vor Staub, Pollen und schädlichen Gasen (z. B. Smog). Innenraumfilter bestehen aus drei (Filter ohne Aktivkohleschicht) oder vier Lagen (Abb. 2). Das Vorfilter hält den groben Schmutz zurück.

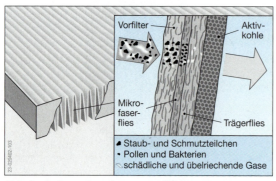

Abb. 2: Aufbau eines Innenraumfilters

Das Mikrofaservlies in der mittleren Lage besteht aus elektrostatisch aufgeladenen Mikrofasern, an denen auch Teilchen hängen bleiben, die nur 0,001 mm (1 µm) klein sind. Das Trägervlies, die dritte Lage, stabilisiert den gesamten Aufbau. Die vierte Lage, eine Aktivkohleschicht, nimmt die eindringenden gasförmigen Schadstoffe wie Ozon oder Smog auf und hält schädliche oder geruchsintensive Substanzen vom Fahrgastinnenraum fern.

19.3 Wartung und Diagnose

Filter müssen nach der Menge der zu erwartenden Verunreinigungen in entsprechenden Zeitabständen **geprüft**, **gereinigt** (z. B. durch Auswaschen) oder **gewechselt** werden. Papierfiltereinsätze sollten nur gewechselt werden.

Während des **Auswaschens** ist der Innenraum der Filter gegenüber dem Reinigungsmedium abzudichten. So wird verhindert, dass Verunreinigungen mit dem Reinigungsmedium in das Filter gelangen.

Das anschließende **Ausblasen** erfolgt immer entgegen der Strömungsrichtung des zu filternden Mediums, damit die Verunreinigungen und Reinigungsflüssigkeitsreste nach außen hin entfernt werden und nicht im Filter verbleiben.

Aufgaben

1. Welche Anforderungen werden an die Filter gestellt?
2. Berechnen Sie die Oberfläche eines Sternfilters mit 50 Außenkanten. Höhe h = 100 mm, Außendurchmesser D = 70 mm, Innendurchmesser d = 10 mm.
3. a) Erläutern Sie den Begriff »Standzeit« eines Filters.
   b) Von welchen Einflussgrößen ist die Standzeit eines Filters abhängig?
4. Nennen Sie drei Anwendungsgebiete der Filter für das Kraftfahrzeug.
5. Beschreiben Sie die Aufgaben der Luftfilterung.
6. Beschreiben Sie den Unterschied zwischen einem Nass- und einem Trockenluftfilter.
7. Erklären Sie die Wirkungsweise eines Schleuderluftfilters.
8. Nennen Sie die Aufgabe der Kraftstofffilterung.
9. Skizzieren Sie schematisch den Aufbau eines Stufenfilters und legen Sie den Kraftstoffstrom farbig an. Erläutern Sie den Aufbau, die Eigenschaften und das Einsatzgebiet dieses Filters.
10. Erläutern Sie die Wirkungsweise eines Wasserabscheiders.
11. Welche Aufgabe hat die Aktivkohleschicht eines Innenraumfilters?
12. Warum werden Schmierölfilter in Kraftfahrzeugen eingesetzt?

20 Einspritzanlagen für Ottomotoren

Die **Einspritzanlage** eines Ottomotors hat die **Aufgabe**, für alle Betriebszustände (Lastzustände und Motordrehzahlen) das erforderliche Kraftstoff-Luft-Gemisch zu liefern.

20.1 Luftverhältnis

Zur vollständigen Verbrennung einer bestimmten Kraftstoffmenge wird eine bestimmte Menge Luft benötigt (Tab. 1).

Tab. 1: Luftbedarf von Kraftstoffen

Kraftstoffart	theoretischer Luftbedarf für 1 kg Kraftstoff	
	in kg Luft	in l Luft
Ottokraftstoff Normal	14,8	8490
Ottokraftstoff Super	14,7	8586
Motorenbenzol	13,5	9209
Dieselkraftstoff	14,5	9667

Das **Luftverhältnis** bzw. die **Luftzahl** λ (Lambda; griech. kleiner Buchstabe) ist das Verhältnis zwischen der tatsächlich dem Kraftstoff zugeführten Luftmenge L und der für die vollständige Verbrennung des Kraftstoffs erforderliche Luftmenge L_{th} (theoretischer Luftbedarf).

$$\lambda = \frac{L}{L_{th}}$$

λ Luftverhältnis, Luftzahl
L zugeführte Luftmenge in kg
L_{th} erforderliche Luftmenge in kg

Wird 1 kg Ottokraftstoff Normal mit 14,8 kg Luft vermischt, so ist $L_{th} = L$ und damit $\lambda = 1$. Wird z. B. 1 kg Ottokraftstoff Normal mit 16,28 kg Luft vermischt, so ergibt dies ein mageres Gemisch (Luftüberschuss) mit

$$\lambda = \frac{16{,}28 \text{ kg Luft}}{14{,}8 \text{ kg Luft}} = 1{,}1.$$

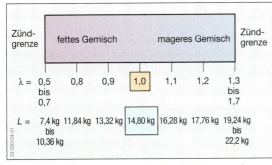

Abb. 1: Beziehung zwischen Luftverhältnis λ und zugeführter Luftmenge L

Für Ottokraftstoff Normal ergibt sich der in der Abb. 1 dargestellte Zusammenhang zwischen dem Luftverhältnis λ und der zugeführten Luftmenge L.

Für die **katalytische Abgasnachbehandlung** mit einem Dreiwegekatalysator muss für den Leerlauf-, Teillast- und Volllastbetrieb eines betriebswarmen Motors die Gemischzusammensetzung einen **Lambda-Wert** von **1** haben.

20.2 Betriebszustände

Der Motor wird bei voll geöffneter Drosselklappe in **Volllast**, bei fast geschlossener Drosselklappe im **Leerlauf** betrieben. Alle Stellungen der Drosselklappe zwischen Leerlauf und Volllast werden als **Teillast** bezeichnet.

Die **Drosselklappe** oder eine **Drosselklappeneinheit** ist im Ansaugrohr zwischen Luftfilter und Einlassventil angeordnet (Abb. 2, S. 180). Die Stellung der Drosselklappe wird durch die Stellung des Fahrpedals bestimmt. Durch die Stellung der Drosselklappe wird die Luftmenge und damit die Gemischmenge, welche in die Zylinder strömt, gesteuert.

Kaltstart und Nachstartphase

Während des Kaltstarts und der Nachstartphase wird abhängig von der Motortemperatur, zeitlich begrenzt, eine zusätzliche Menge Kraftstoff eingespritzt. Das ist nötig, weil auf Grund niedriger Motordrehzahl und niedriger Ansauglufttemperatur eine geringe Verdampfung des Kraftstoffs erfolgt. So wird das Starten des Motors und ein besserer Übergang zum Leerlauf gewährleistet. Das Einspritzen der zusätzlichen Kraftstoffmenge erfolgt durch eine **Verlängerung** der **Einspritzzeit** aller Einspritzventile oder durch ein **Kaltstartventil** bei älteren Einspritzanlagen.

Leerlauf

Bei kaltem Motor benötigt der Motor zur Überwindung der erhöhten Reibungsverluste eine größere Gemischmenge, um einen runden Leerlauf zu erzielen.

Warmlaufphase

Während der Warmlaufphase wird abhängig von der Motortemperatur, dem Lastzustand und der Motordrehzahl eine erhöhte Kraftstoffmenge zugeteilt.

Beschleunigung

Durch plötzliches Öffnen der Drosselklappe magert das Gemisch kurzzeitig ab. Durch eine kurzzeitige Kraftstoffanreicherung wird ein gutes Übergangsverhalten erzielt und dadurch ein »Beschleunigungsloch« verhindert.

Schiebebetrieb

Im Schiebebetrieb (Drosselklappe geschlossen und Motordrehzahl höher als Leerlaufdrehzahl) erfolgt eine Schubabschaltung durch eine Unterbrechung der Kraftstoffzufuhr zum Motor.

20.3 Arten der Einspritzanlagen

Die Abb. 2 zeigt einen Überblick über die gebräuchlichen Einspritzanlagen für Ottomotoren.

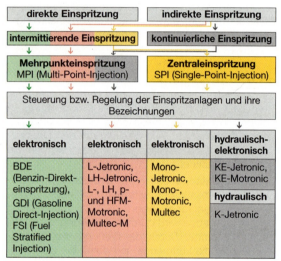

Abb. 1: Einspritzanlagen

Direkte Einspritzung

In Benzineinspritzanlagen mit direkter Einspritzung (innerer Gemischbildung, Abb. 2a) wird der Kraftstoff durch elektromagnetische Einspritzventile direkt in den Verbrennungsraum des Zylinders eingespritzt. Die Bildung eines brennbaren Kraftstoff-Luft-Gemisches findet jeweils im Zylinder statt.

Indirekte Einspritzung

In Benzineinspritzanlagen mit indirekter Einspritzung (äußerer Gemischbildung, Abb. 2b und 2c) entsteht das brennbare Kraftstoff-Luft-Gemisch außerhalb des Brennraums im Ansaugrohr.

Intermittierende Einspritzung

Bei den Systemen mit **intermittierender** (intermittere, lat.: zeitweilig unterbrechend) Einspritzung erfolgt diese entweder zentral für alle Zylinder in das Ansaugrohr vor der Drosselklappe (Abb. 2c) oder in das Ansaugrohr für jeden Zylinder einzeln vor das Einlassventil (Abb. 2b) bzw. direkt in die Zylinder (Abb. 2a). Die Einspritzung erfolgt durch **Einspritzventile**.

Kontinuierliche Einspritzung

Bei den **kontinuierlich** (continuus, lat.: unaufhörlich, fortdauernd) einspritzenden Systemen erfolgt die Einspritzung in das Ansaugrohr für jeden Zylinder einzeln vor das Einlassventil (indirekte Einspritzung, Abb. 2b). Die Einspritzung erfolgt durch **Einspritzdüsen**.

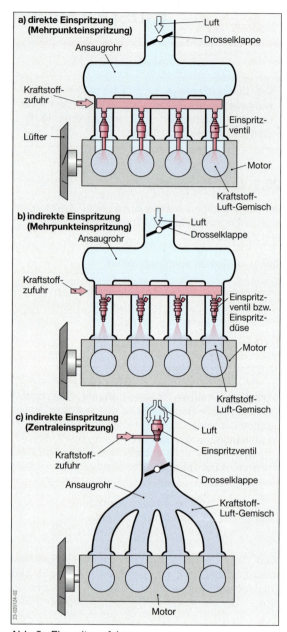

Abb. 2: Einspritzverfahren

Mehrpunkteinspritzung

Jedem Zylinder ist ein elektromagnetisch betätigtes Einspritzventil zugeordnet (**MPI: M**ulti **P**oint **I**njection, engl.: Mehrpunkteinspritzung). Der Kraftstoff wird direkt in das Ansaugrohr jeweils vor das geschlossene Einlassventil (Abb. 2b) oder direkt in die Zylinder gespritzt (Abb. 2a).

Zentraleinspritzung

Ein elektromagnetisch betätigtes Einspritzventil an zentraler Stelle vor der Drosselklappe (Abb. 2c) spritzt den Kraftstoff intermittierend in das Ansaugrohr (**SPI: S**ingle **P**oint **I**njection, engl.: Einzelpunkteinspritzung).

20.4 Aufbau und Wirkungsweise elektronischer Einspritzanlagen

Elektronische **Einspritzanlagen** (Abb. 3) bestehen aus:
- dem **Kraftstoffsystem**: Kraftstoffbehälter, Kraftstoffförderpumpe, Kraftstofffilter, Kraftstoffdruckregler, Einspritzventile (s. Kap. 20.4.1),
- dem **Ansaugsystem**: Luftfilter, Saugrohr, Drosselklappeneinheit (s. Kap. 20.4.2) und
- der **Systemsteuerung** (EVA-Prinzip): Signaleingabe durch Sensoren (Messfühler) an das Steuergerät und Signalausgabe an Aktoren (Stellglieder), z. B. Einspritzventile (s. Kap. 20.4.3).

Die Zumessung des **Kraftstoffs** zur angesaugten **Luft** erfolgt bei allen Einspritzanlagen durch Einspritzdüsen oder Einspritzventile.

> **Einspritzdüsen** werden durch den Kraftstoffdruck (hydraulisch) betätigt. Dagegen erfolgt die Betätigung der **Einspritzventile** elektromagnetisch.

In Einspritzanlagen mit **kontinuierlicher Einspritzung** werden **Einspritzdüsen** verwendet. Wird der Motor gestartet, werden die Einspritzdüsen durch den Kraftstoffdruck geöffnet. Sie schließen erst wieder, wenn der Motor abgestellt wird. Die Zumessung des Kraftstoffs erfolgt durch eine **Änderung** des **Durchflussquerschnitts**. Die Änderung des Durchflussquerschnitt und damit der dem Zylinder zugeführten Kraftstoffmenge erfolgt in Abhängigkeit von der angesaugten Luftmenge. Die angesaugte Luftmenge wird von einem **mechanischen Luftmengenmesser** erfasst. Dieser überträgt die Luftmengenmessung mechanisch auf einen **Kraftstoffmengenteiler**. Im Kraftstoffmengenteiler wird der Durchflussquerschnitt verändert (s. Kap. 20.5.1).

> Durch die **Änderung** des **Durchflussquerschnitts** fließt mehr oder weniger Kraftstoff durch die Einspritzdüsen und damit zur angesaugten Luft.

Voraussetzung für die richtige Zumessung des Kraftstoffs zur angesaugten Luft ist ein gleichbleibender **Kraftstoffdruck** in der Kraftstoffleitung zum Kraftstoffmengenteiler. Diese Aufgabe wird von einem **Kraftstoffdruckregler** übernommen.

In Einspritzanlagen mit **intermittierender Einspritzung** werden **Einspritzventile** verwendet. Wird der Motor gestartet, werden die Einspritzventile durch die Ansteuerung vom elektronischen Steuergerät geöffnet und nach dem Einspritzen einer vom Steuergerät berechneten Kraftstoffmenge wieder geschlossen.

Die Zumessung des Kraftstoffs zur angesaugten Luft erfolgt bei elektronischen Einspritzanlagen durch das Öffnen und Schließen des Einspritzventils und damit durch eine **Änderung** der **Einspritzzeit**.

Die angesaugte Luftmenge bzw. Luftmasse wird von einem **mechanisch-elektrischen** Luftmengenmesser (z. B. L-Jetronic) bzw. von einem **elektronischen Luftmassenmesser** (z. B. LH-Jetronic) direkt erfasst. Andere Einspritzanlagen benutzen die **Stellung der Drosselklappe** (Drosselklappenwinkel, z. B. Mono-Jetronic) oder den **Druck** im **Ansaugrohr** (z. B. Multec), um auf die angesaugte Luftmenge zu schließen (indirekte Messung, s. Kap. 20.4.2).

Alle **Lufterfassungssysteme** für die intermittierende Einspritzung übertragen ihre Messergebnisse in Form von **elektrischen Signalen** an das **Steuergerät**. Das Steuergerät errechnet mit zusätzlichen Informationen, z. B. Motordrehzahl, Ansauglufttemperatur, Motortemperatur, die einzuspritzende Kraftstoffmenge und bestimmt daraus die erforderliche **Einspritzzeit**.

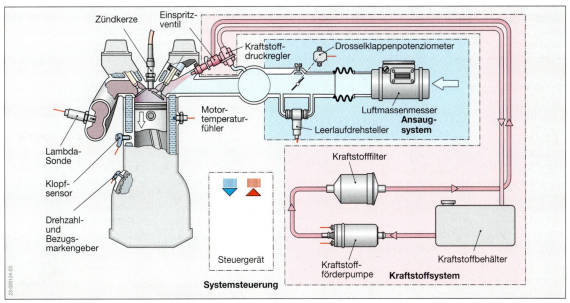

Abb. 3: Aufbau einer Benzineinspritzanlage

Für die richtige Zumessung des Kraftstoffs ist auch bei diesen Einspritzanlagen ein gleichbleibender **Kraftstoffdruck** notwendig. Dieser wird durch einen **Kraftstoffdruckregler** gewährleistet.

20.4.1 Kraftstoffsysteme für die indirekte Einspritzung

Im **Kraftstoffsystem** mit **Rücklauf** (Abb. 1) fließt der überschüssige Kraftstoff, den die Einspritzventile nicht einspritzen, über den **Kraftstoffdruckregler** zurück in den Kraftstoffbehälter. Der Kraftstoffdruckregler ist meist am Kraftstoffverteilerrohr angebracht. Neben den Kraftstoffanschlüssen hat er eine Rohrverbindung zum Sammelsaugrohr des Motors. Durch diesen Anschluss wird erreicht, dass der Kraftstoffdruck an den Einspritzventilen vom **Saugrohrdruck** abhängt. Die Differenz zwischen Saugrohr- und Kraftstoffdruck bleibt immer konstant. Der **Systemdruck** (Kraftstoffdruck) beträgt etwa 3 bar.

Im **rücklauffreien Kraftstoffsystem** wird der Kraftstoffdruckregler außerhalb oder im Kraftstoffbehälter (Abb. 2) bzw. in die Kraftstoffbehälter-Tankeinbaueinheit (z.B. mit Vorfilter, Füllstandsensor, Elektrokraftstoffpumpe) angebracht. Eine Kraftstoffrücklaufleitung entfällt. Die von der Elektrokraftstoffpumpe zuviel geförderte Kraftstoffmenge wird vom Druckregler direkt in den Kraftstoffbehälter gefördert. Der Systemdruck beträgt je nach Einspritzanlage etwa 3,5 bis 5,4 bar.

> Durch ein **rücklauffreies Kraftstoffsystem** strömt kein im Motorraum erwärmter Kraftstoff in den Kraftstoffbehälter zurück. Dadurch wird eine Abnahme der dampfförmigen Kohlenwasserstoffemissionen im Kraftstoffbehälter und somit eine Entlastung des Aktivkohlebehälters erreicht.

Einspritzdüsen (Abb. 3) öffnen, sobald der Kraftstoffdruck den Öffnungsdruck der Düse, z.B. 3,3 bar, überschreitet. Öffnet die Düse, fällt der Kraftstoffdruck und die Düse schließt. Der Kraftstoffdruck steigt wieder, worauf die Düse wieder öffnet. Durch dieses andauernde Öffnen und Schließen (Schnarren) der Düse, kommt es zu einer guten Zerstäubung des Kraftstoffs.

Einspritzventile (Abb. 4, 5 und 6) werden durch elektrische Impulse vom Steuergerät elektromagnetisch geöffnet. Die Einspritzventile haben eine **Ventilnadel** mit aufgesetztem **Ventilanker**. Ist die Magnetwicklung stromlos, drückt eine Schraubenfeder die Ventilnadel im Ruhezustand auf den Ventilsitz des Ventilkörpers und schließt dadurch den Kraftstoffaustritt zum Saugrohr bzw. Zylinder des Motors. Durch einen Stromimpuls vom Steuergerät wird der Magnetanker mit der Ventilnadel etwa 60 bis 100 μm angehoben. Abhängig vom Betriebszustand des Motors beträgt die Einspritzzeit 1,5 bis 18 ms. Zur besseren Zerstäubung ist die Ventilnadel mit einem **Spritzzapfen** versehen. Die Einspritzdüsen und -ventile sind mit Gummiformteilen in den Halterungen gelagert. Dadurch wird eine gute Wärmeisolierung erreicht, eine Dampfblasenbildung verhindert und die Ventile werden gegen Erschütterungen (Vibrationen) geschützt.

Das **Top-Feed-Einspritzventil** (Abb. 4) wird von oben (top, engl.: oben, feed, engl.: zuführen) axial vom Kraftstoff durchströmt. Es wird mit einem Dichtring im Kraftstoffverteilerrohr eingesetzt und durch eine Halteklammer gegen Herausrutschen gesichert.

Dem **Bottom-Feed-Einspritzventil** (Abb. 5) wird der Kraftstoff seitlich zugeführt (bottom, engl.: Boden) und ist vom Kraftstoff umspült. Es ist im **Kraftstoffverteiler-Modul** eingebaut. Das Kraftstoffverteiler-Modul ist auf das Saugrohr montiert. Das Modul mit den Einspritzventilen zeichnet sich durch eine gute Kraftstoffkühlung, gutes Warmstart- und Warmlaufverhalten aus.

Einspritzventile mit **Luftumfassung** (Abb. 6) ermöglichen eine Verbesserung der Gemischbildung. Die angesaugte Luft wird aus dem Ansaugrohr vor der Drosselklappe durch einen kalibrierten Spalt mit Schallgeschwindigkeit an die **Spritzlochscheibe** gesaugt. Der eingespritzte Kraftstoff wird feinst vernebelt. Damit Luft durch den Spalt gesaugt wird, ist ein Druckunterschied an der Drosselklappe erforderlich. Die Luftumfassung wirkt daher überwiegend im Teillastbereich des Motors, da der Unterdruck im Teillastbereich an der Drosselklappe hoch ist.

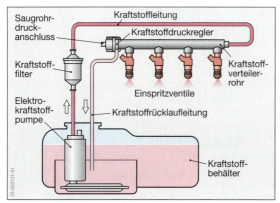

Abb. 1: Kraftstoffsystem mit Rücklauf

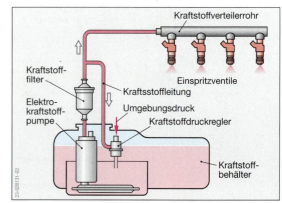

Abb. 2: Rücklauffreies Kraftstoffsystem

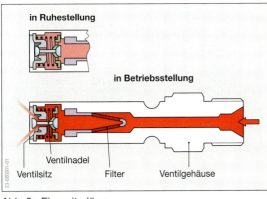

Abb. 3: Einspritzdüse

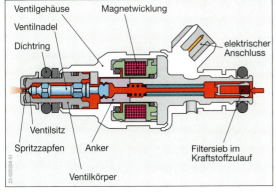

Abb. 4: Top-Feed-Einspritzventil

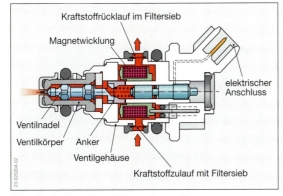

Abb. 5: Bottom-Feed-Einspritzventil

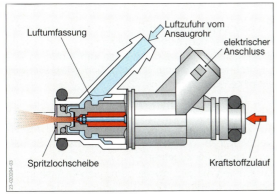

Abb. 6: Einspritzventil mit Luftumfassung

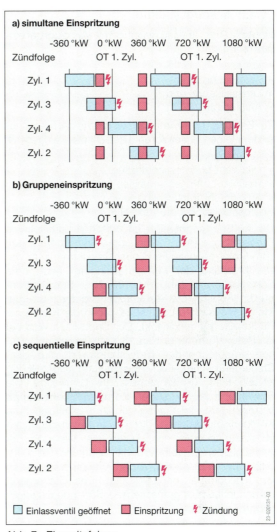

Abb. 7: Einspritzfolgen

Einspritzfolgen

Es werden folgende **Einspritzfolgen** unterschieden:
- simultane Einspritzung (Abb. 7a),
- Gruppeneinspritzung (Abb. 7b) und
- sequentielle Einspritzung (Abb. 7c).

Die **simultane Einspritzung** erfolgt bei allen Einspritzventilen zum selben Zeitpunkt zweimal pro Arbeitsspiel. Der Einspritzzeitpunkt ist fest vorgegeben.

Bei der **Gruppeneinspritzung** werden zwei Gruppen von Einspritzventilen zusammengefasst (Zylinder 1 und 3 sowie Zylinder 2 und 4 bei einem 4-Zyl.-Motor), die je Arbeitsspiel einmal einspritzen. Der zeitliche Abstand beider Gruppen beträgt eine Kurbelwellenumdrehung.

Die **sequentielle Einspritzung** erfolgt für jeden Zylinder einzeln, analog zur Zündfolge. Der Einspritzbeginn ist frei wählbar und kann dem jeweiligen Betriebszustand angepasst werden. Dabei ist eine **zylinderindividuelle Einspritzung** möglich. Durch diese kann für jeden Zylinder die Einspritzzeit und der Einspritzbeginn festgelegt werden.

20.4.2 Ansaugsysteme

Bauteile der Ansaugsysteme mit **Ansaugrohreinspritzung** sind:
- Luftfilter,
- Lastsensor,
- Drosselklappe und
- Ansaugrohr.

Zur Ermittlung der **Motorlast** werden je nach Ansaugsystem folgende **Sensoren** (Lastsensoren) eingesetzt:
- Luftmengenmesser,
- Hitzdraht-Luftmassenmesser,
- Heißfilm-Luftmassenmesser,
- Ansaugrohrdrucksensor oder
- Drosselklappenpotenziometer.

Der **Luftmengenmesser** ist zwischen Luftfilter und Drosselklappe (Abb. 1a) angebracht und erfasst den vom Motor angesaugten Luftvolumenstrom in m^3/h. Die Messung der Luftmenge erfolgt nach dem Schwebekörper- (Abb. 1, S. 186) bzw. Stauklappenprinzip (Abb. 1a). Die **Stauklappe** wird durch die vom Motor angesaugte Luftmenge gegen die Kraft einer Rückstellfeder ausgelenkt. Der Drehwinkel wird auf ein **Potenziometer** (s. Kap. 13.13.2) übertragen, dessen entsprechender Widerstandswert wird dem Steuergerät durch eine Messspannung mitgeteilt und ist ein Maß für die angesaugte Luftmenge. Die Stauklappe ist mit einer **Kompensationsklappe** (kompendere, lat.: ausgleichen) verbunden. Die Kompensationsklappe gleicht Druckschwingungen im Ansaugsystem aus. Durch die Messung der Ansauglufttemperatur wird die Änderung der Luftdichte bei einer Änderung der Lufttemperatur durch das Steuergerät berücksichtigt. Das Steuergerät berechnet aus der gemessenen Luftmenge die angesaugte Luftmasse.

Durch einen **Luftmassenmesser** mit integriertem Ansauglufttemperaturfühler (Abb. 1b) wird die angesaugte Luftmasse erfasst. Die Luftmassenmessung erfolgt ohne bewegte Teile und ohne Verschleiß bei geringem Strömungswiderstand.

Ein Platindraht im **Hitzdraht-Luftmassenmesser** (s. Kap. 53.3.2) wird vom Steuergerät auf eine Temperatur von 100 °C über der Ansauglufttemperatur gehalten. Dadurch wird erreicht, dass das Ausgangssignal nicht von der Ansauglufttemperatur abhängig ist.

> Die **Aufheizstromstärke** für den Hitzdraht ist ein Maß für die angesaugte **Luftmasse**.

Der beheizte Körper des **Heißfilm-Luftmassenmessers** (s. Kap. 53.3.2) ist ein Platin-Filmwiderstand. Der Heißfilm wird vom Steuergerät gleichfalls auf einer Temperatur von 100 °C über der Ansauglufttemperatur gehalten.

> Die notwendige **Regelspannung (Signalspannung)** für die Temperaturerhöhung des Heißfilms ist ein Maß für die angesaugte **Luftmasse**.

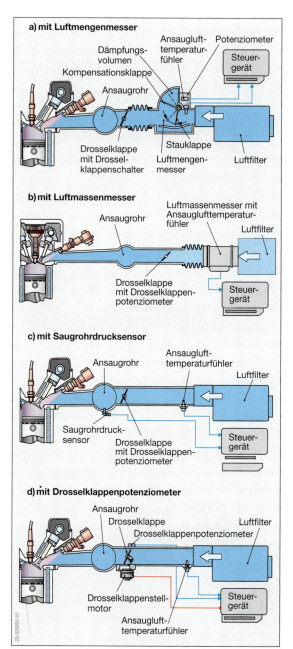

Abb. 1: Ansaugsysteme

Ein **Saugrohrdrucksensor** (s. Kap. 53.3.3) ist zur Ermittlung der vom Motor angesaugten Luftmasse im Steuergerät oder direkt am Ansaugrohr oder in Ansaugrohrnähe befestigt (Abb. 1c) und erfasst so den absoluten Saugrohrdruck.

Das **Drosselklappenpotenziometer** (Abb. 1d) wird z. B. in der **Zentraleinspritzung** (SPI) zur Messung der angesaugten Luftmenge benutzt. Der Drosselklappenwinkel α wird gemessen und dem Steuergerät als Signal zugeführt.

Zusammen mit der jeweils gemessenen Ansauglufttemperatur (Abb. 1c und 1d) berechnet das Steuergerät die Luftmasse.

In der **Mehrpunkteinspritzung** (MPI) dient das Drosselklappenpotenziometer zur Erkennung der Betriebszustände Leerlauf, Teillast und Volllast sowie als Notlaufsensor, wenn der Luftmengen- bzw. Luftmassenmesser ausgefallen ist.

20.4.3 Steuerung elektronischer Einspritzanlagen

Einspritzanlagen arbeiten nach dem **EVA-Prinzip** (Abb. 2). Die Signaleingabe an das Steuergerät erfolgt durch **Sensoren** (Messfühler), z. B. Motortemperaturfühler, eine Signalausgabe an **Aktoren** (Stellglieder), z. B. Einspritzventile.

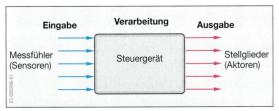

Abb. 2: EVA-Prinzip der Einspritzanlagen

Die Eingangssignale werden vom Steuergerät nach programmierten Vorgaben, z. B. anhand von Kennfeldern (Abb. 4, S. 187), verarbeitet. So wird z. B. bei der L-Jetronic (s. Kap. 20.5.3) aus der gemessenen **Luftmenge** und der gemessenen **Ansauglufttemperatur** die angesaugte **Luftmasse** bestimmt.

> Die vom Motor angesaugte **Luftmasse** ist eine Hauptmessgröße für die Bestimmung der **Einspritzmenge**. Eine Veränderung der Luftmasse führt zu einer Veränderung der Einspritzmenge.

Da bei der L-Jetronic z. B. nur einmal je Kurbelwellenumdrehung bzw. je Arbeitsspiel zeitweise (intermittierend) eingespritzt wird (Abb. 7, S. 183), muss die **Motordrehzahl** nicht nur zur Bestimmung der Anzahl der Einspritzvorgänge je Minute, sondern auch zur Bestimmung der Einspritzmenge je Einspritzvorgang erfasst werden.

> Die **Motordrehzahl** ist eine Hauptmessgröße für die Bestimmung der **Einspritzmenge je Kurbelwellenumdrehung** bzw. **je Arbeitsspiel**, da eine Veränderung der Motordrehzahl eine Veränderung der Einspritzmenge je Einspritzvorgang zur Folge hat.

Das **Steuergerät** hat die **Aufgabe**, die von den Sensoren gelieferten Signale über den Betriebszustand des Motors auszuwerten. Die Auswertung ergibt z. B. **Steuerimpulse** für die Einspritzventile. Die Impulsdauer bestimmt die **Öffnungszeit** (Einspritzzeit) der Einspritzventile. Die einzuspritzende **Kraftstoffmenge** wird über die Öffnungszeit der Einspritzventile bestimmt.

> Die **elektronischen Schaltungen** im Steuergerät sind so programmiert, dass im **Normalbetrieb** des Motors bei jeder Luftmasse und Motordrehzahl möglichst der **Lambda-Wert 1** erreicht wird.

Die **Betriebszustände** (s. Kap. 20.2) Kaltstart, Nachstart- und Warmlaufphase sowie Beschleunigung und Leerlauf werden in Abhängigkeit von den entsprechenden Sensorsignalen, z. B. Motortemperatur, Motordrehzahl, durch eine **Veränderung** der **Einspritzzeit** berücksichtigt.

Treten **Störgrößen** auf, welche die **Gemischzusammensetzung** so beeinflussen, dass die Programmierung des Steuergeräts (λ-Kennfeld, Abb. 4, S. 187) die Einhaltung eines Lambda-Wertes 1 nicht mehr gewährleistet, setzt die **Lambda-Regelung** ein (s. Kap. 29.3.2).

Aufgaben zu Kap. 20.1 bis 20.4

1. Nennen Sie die Aufgabe einer Benzineinspritzanlage.
2. Erklären Sie den Begriff »Luftverhältnis λ«.
3. Wann befindet sich ein Motor in den Betriebszuständen »Leerlauf«, »Teillast« und »Volllast«?
4. Nennen Sie den Unterschied zwischen der direkten und indirekten Einspritzung.
5. Wodurch unterscheidet sich die Mehrpunkt- von der Zentraleinspritzung?
6. Beschreiben Sie den grundsätzlichen Aufbau einer Einspritzanlage.
7. Erklären Sie den grundsätzlichen Unterschied zwischen einer Einspritzdüse und einem Einspritzventil.
8. Wodurch erfolgt die Zumessung des Kraftstoffs bei der Einspritzdüse und dem Einspritzventil?
9. Welche Aufgabe hat der Kraftstoffdruckregler?
10. Nennen Sie den Vorteil eines rücklauffreien Kraftstoffsystems.
11. Welche Vorteile hat ein Einspritzventil mit Luftumfassung?
12. Wodurch unterscheiden sich die simultane, die Gruppen- und die sequentielle Einspritzung.
13. Beschreiben Sie die grundsätzliche Wirkungsweise einer Benzineinspritzanlage mit Saugrohreinspritzung.
14. Nennen Sie vier Ansaugluferfassungssysteme.
15. Erklären Sie die Wirkungsweise des Luftmengenmessers mit Stauklappe.
16. Beschreiben Sie die Unterschiede zwischen einem Hitzdraht- und einem Heißfilm-Luftmassenmesser.
17. Nach welchem Prinzip erfolgt die Steuerung der Einspritzanlagen?
18. Welche Aufgaben haben Sensoren und Aktoren einer Einspritzanlage?
19. Welches sind die beiden Hauptmessgrößen einer Einspritzanlage?
20. Wodurch erfolgt die Zumessung der Kraftstoffmenge bei einer elektronischen Einspritzanlage?

20.5 Indirekte Einspritzanlagen

20.5.1 KE-Jetronic

Die **KE-Jetronic** (Abb.1) ist die Weiterentwicklung der mechanisch-hydraulisch gesteuerten **K-Jetronic**. Das **K** steht für die **kontinuierliche** Einspritzung (s. Kap. 20.3) und das **E** für die Ergänzung der mechanisch-hydraulischen durch eine **elektronische** Steuerung.

Durch die zusätzliche elektronische Steuerung können weitere **Betriebsdaten** durch Sensoren, wie z. B. Drosselklappenschalter, Stauscheibenpotenziometer, Motortemperaturfühler und Lambda-Sonde erfasst werden. Die Betriebsdaten dieser Sensoren werden durch ein Steuergerät verarbeitet, welches einen **elektro-hydraulischen Drucksteller** ansteuert.

> Im Gegensatz zu den rein elektronisch gesteuerten Einspritzanlagen, z. B. der L-Jetronic, wird bei der KE-Jetronic nicht die **Einspritzzeit**, sondern der **Durchflussquerschnitt** gesteuert.

Aufbau und Wirkungsweise

Den Aufbau der KE-Jetronic zeigt die Abb.1. Durch die elektrische Kraftstoffpumpe wird der Kraftstoff über das Kraftstofffilter zum **Kraftstoffmengenteiler** gefördert. Der **Systemdruckregler** regelt den Kraftstoffdruck (Systemdruck) in Abhängigkeit vom Saugrohrdruck je nach Ausführung der Anlage auf etwa 4,8 bis 5,4 bar.

Die angesaugte Luft strömt durch den **Luftmengenmesser** und hebt dabei die **Stauscheibe** an (Abb.1). Über ein Hebelsystem wird dabei der **Steuerkolben** des Mengenteilers verschoben. Der Steuerkolben gibt, je nach Auslenkung der Stauscheibe, unterschiedliche Längen der **Steuerschlitze** frei (Abb. 2). Durch den auf dem Steuerkolben wirkenden **Systemdruck** wird sichergestellt, dass der Steuerkolben immer der Auslenkung der Stauscheibe folgt.

Wird gestartet, so wird die Stauscheibe angehoben und dadurch der Steuerkolben verschoben. Durch die zum Teil geöffneten Steuerschlitze baut sich ein Druck bis zu den Einspritzdüsen auf, die bei einem Druck von 3,3 bar öffnen. Sind die Einspritzdüsen geöffnet, wird solange Kraftstoff eingespritzt, bis der Motor abgestellt wird. Wird beschleunigt, so erfolgt eine weitere Öffnung der Steuerschlitze und dadurch eine Vergrößerung des **Durchflussquerschnitts**. Durch diese Vergrößerung des Durchflussquerschnitts fließt mehr Kraftstoff zu den Einspritzdüsen. Es wird mehr **Kraftstoff** eingespritzt.

Anpassung an die Betriebszustände

Um die **Einspritzmenge** den **Betriebszuständen** (s. Kap. 20.2) des Motors besser anpassen zu können, sind den Steuerschlitzen **Differenzdruckventile** nachgeordnet (Abb. 2). Die Differenzdruckventile bestehen aus einer Ober- und einer Unterkammer, die durch eine Stahlmembrane getrennt sind. In der Unterkammer befindet sich eine Druckfeder, die gegen die Membrane drückt. Die Stellung der Membrane bestimmt den Ventilöffnungsquerschnitt der Differenzdruckventile. Der Öffnungsquerschnitt ist abhängig von der Druckdifferenz zwischen der Ober- und Unterkammer.

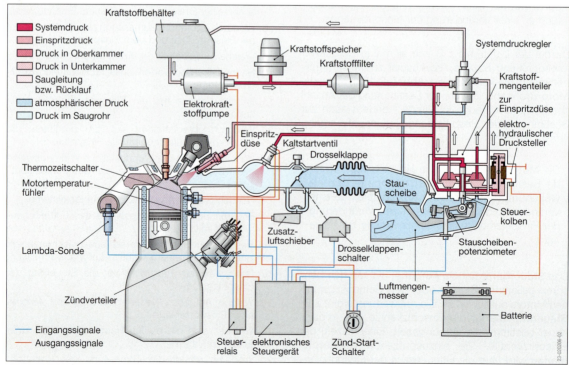

Abb.1: KE-Jetronic

Kapitel 20: Einspritzanlagen für Ottomotoren

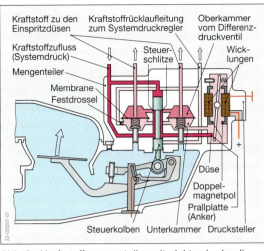

Abb. 2: Kraftstoffmengenteiler mit elektro-hydraulischem Drucksteller (Teillast)

Befindet sich der Motor z. B. im Schiebebetrieb, so wird der Druck in der Unterkammer so weit erhöht, dass durch die Federkraft und die Druckerhöhung die Membrane den Zulauf zu den Einspritzdüsen gegen den Druck in der Oberkammer verschließt. Dadurch erfolgt eine Unterbrechung der Kraftstoffzufuhr zu den Einspritzdüsen.

> Die Veränderung des Kraftstoffdrucks in der **Unterkammer** in Abhängigkeit vom jeweiligen Betriebszustand des Motors erfolgt durch den **elektro-hydraulischen Drucksteller**.

Der elektro-hydraulische Drucksteller wirkt wie ein veränderlich einstellbares elektromagnetisches Ventil, welches, je nach Stromstärke, einen mehr oder weniger großen Ventilquerschnitt freigibt.

Während des **Schiebebetriebs** werden die beiden Wicklungen (Abb. 2) so angesteuert, dass die Prallplatte entgegen der Federkraft von der Düse weggezogen wird. Der Druck in der Unterkammer steigt an, wodurch die Membrane den Zulauf zur Einspritzdüse verschließt. Im Gegensatz dazu erfolgt bei **Volllast** die Ansteuerung so, dass die Prallplatte die Düsenöffnung verschließt. Der Druck in der Unterkammer nimmt ab. Dadurch öffnet der Druck in der Oberkammer entgegen der Federkraft die Differenzdruckventile vollständig.

Während der **Lambda-Regelung** beeinflusst der elektro-hydraulische Drucksteller den Druck in der Unterkammer so, dass bei betriebswarmem Motor in den Lastbereichen Leerlauf, Teillast und Volllast ein Lambda-Wert von 1 erreicht wird.

> Versagt die elektronische Steuerung, so kann die **KE-Jetronic** aufgrund der dann allein wirkenden mechanisch-hydraulischen Steuerung weiter betrieben werden (**Notlaufbetrieb**).

20.5.2 Mono-Jetronic

> Die **Mono-Jetronic** ist ein **elektronisches Einspritzsystem**, bei der durch ein zentrales Einspritzventil alle Zylinder mit Kraftstoff versorgt werden. Die Einspritzung erfolgt intermittierend.

Dadurch ergibt sich ein kostengünstiges Zentraleinspritzsystem (Abb. 2c, S. 180) für Motoren bis etwa 1,8 l Hubraum.
Die Mono-Jetronic (Abb. 3) wird auch **SPI** genannt (**SPI**: **S**ingle **P**oint **I**njection, engl.: Einzelpunkteinspritzung).

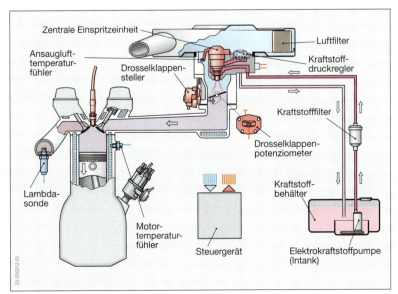

Abb. 3: Mono-Jetronic

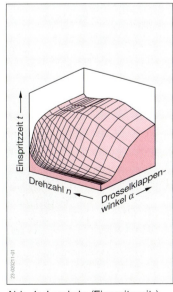

Abb. 4: Lambda-(Einspritzzeit-) Kennfeld

Aufbau und Wirkungsweise

Die Abb. 3, S. 187 zeigt den Aufbau der Mono-Jetronic.

Der Kraftstoff wird von einer zweistufigen **In-Tank-Kraftstoffpumpe** (s. Kap.18.1.2) über das Kraftstofffilter zur zentralen Einspritzeinheit gefördert.

Die **zentrale Einspritzeinheit** (Abb. 3, S. 187) besteht aus dem Hydraulik- und dem Drosselklappenteil.

Im **Hydraulikteil** sind das zentrale Einspritzventil, der Kraftstoffdruckregler und der Ansauglufttemperaturfühler untergebracht.

Im **Drosselklappenteil** befinden sich die Drosselklappe, das Drosselklappenpotentiometer und der Drosselklappensteller.

Das **Drosselklappenpotenziometer** teilt dem Steuergerät die Stellung der Drosselklappe (Drosselklappenwinkel α) mit.

Über den **Drosselklappensteller** wird die Leerlaufdrehzahl geregelt.

Steuerung der Kraftstoffmenge

Bei betriebswarmem Motor bestimmt das Steuergerät aus dem **Drosselklappenwinkel** α und der **Motordrehzahl n** (α/n-System) die notwendige Kraftstoffmenge, bzw. die Einspritzzeit für einen Einspritzvorgang anhand eines Lambda- (Einspritzzeit)-Kennfeldes (Abb. 4, S. 187). Die Signale vom Ansauglufttemperaturfühler werden zur Korrektur der Einspritzzeit auf Grund unterschiedlicher Luftdichte berücksichtigt.

Die Anpassung an die **Betriebszustände** des **Motors** (s. Kap. 20.2) erfolgt durch eine Änderung der Einspritzzeit.

20.5.3 L-Jetronic

> Die L-Jetronic ist ein **elektronisches Einspritzsystem** mit einer **intermittierenden Mehrpunkteinspritzung**.

Die L-Jetronic (Abb. 1) ist eine **MPI**-Anlage. (**MPI**: **M**ulti **P**oint **I**njection, engl.: Mehrpunkteinspritzung).

Die Einspritzung erfolgt vor die Einlassventile (Abb.1). Bei älteren Anlagen erfolgt die Einspritzung simultan oder als Gruppeneinspritzung, bei neueren sequentiell (s. Kap. 20.4.1).

Aufbau und Wirkungsweise

Die in der Abb.1 abgebildete L-Jetronic ist mit einem **Luftmengenmesser**, Kaltstartventil, Thermozeitschalter und Drosselklappenschalter ausgerüstet. Das Drehzahlsignal kommt von der Zündanlage. Im Luftmengenmesser sitzt der Ansauglufttemperaturfühler.

> Anhand der **Signale** vom **Luftmengenmesser** und dem **Ansauglufttemperaturfühler** berechnet das Steuergerät die angesaugte **Luftmasse**.

Andere Ausführungen enthalten einen **Luftmassenmesser** mit Hitzdraht (**LH-Jetronic**) oder Heißfilm (**LHFM-Jetronic**, s. Kap. 20.4.2). Diese Messen direkt die angesaugte **Luftmasse**. Bei diesen Ausführungen fehlt das Kaltstartventil. Die notwendige **Kraftstoffmehrmenge** wird während des Kaltstarts und der Warmlaufphase den Zylindern über eine Verlängerung der **Einspritzzeit** zugeführt. Der Drosselklappenschalter wurde durch ein Drossel-

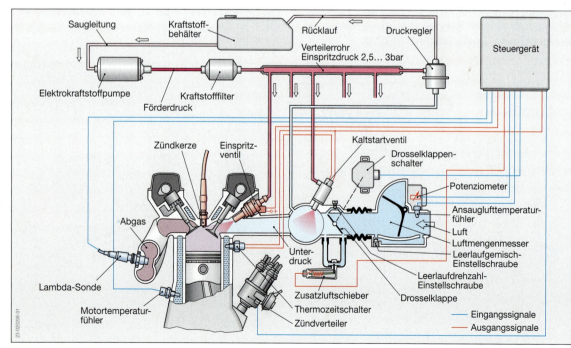

Abb.1: L-Jetronic

Kapitel 20: Einspritzanlagen für Ottomotoren

klappenpotenziometer ersetzt. Dadurch kann die jeweilige Teillast sowie der Beschleunigungswunsch des Fahrers vom Steuergerät erkannt werden. Das Drehzahlsignal kommt vom Drehzahl- und Bezugsmarkengeber (Abb. 2).

Die **Kraftstoffversorgung** erfolgt durch eine elektrische Kraftstoffpumpe. Der Kraftstoff fließt durch das Kraftstofffilter zum Verteilerrohr (Abb.1).
Ein **Druckregler** sorgt für den notwendigen Kraftstoffdruck (etwa 3 bar) in Abhängigkeit vom Saugrohrdruck, der für die Zumessung des Kraftstoffs erforderlich ist. Dadurch wird gewährleistet, dass der Druckabfall des Kraftstoffs an den Einspritzventilen gleich bleibt. Die Einspritzmenge ist deshalb nur vom Kraftstoffdruck und der Einspritzzeit abhängig.

Steuerung der Kraftstoffmenge

Bei betriebswarmen Motor bestimmt das Steuergerät aus den Signalen des Luftmengen- bzw. Luftmassenmessers und der Drehzahlinformation die notwendige Kraftstoffmenge für einen Einspritzvorgang anhand eines Lambda-Kennfeldes (**Lambda-Steuerung**).
Da die Kraftstoffmenge über die Öffnungszeit der Einspritzventile bestimmt wird, errechnet das Steuergerät die **Einspritzzeit** (s. Kap. 20.4.3).
Die Anpassung an die **Betriebszustände** des **Motors** (s. Kap. 20.2) erfolgt durch eine Änderung der Einspritzzeit.

> Bei einer L-Jetronic mit **Lambda-Regelung** korrigiert diese die **Lambda-Steuerung** der Einspritzanlage.

20.5.4 Kombinierte Zünd- und Gemischbildungssysteme

Die kombinierten Zünd- und Gemischbildungssysteme, auch als Motronic bezeichnet, haben die **Aufgabe**, den **Zündzeitpunkt** und die **Kraftstoffzumessung** so zu steuern bzw. zu regeln, dass
- der Kraftstoffverbrauch gering,
- die Motorleistung hoch und
- der Anteil der Schadstoffe im Abgas niedrig ist.

Das **Hauptbauteil** kombinierter Zünd- und Gemischbildungssysteme ist das für beide Teilsysteme gemeinsame **elektronische Steuergerät** mit dem digital arbeitenden Mikrocomputer (s. Kap. 53.5).

> Wegen der **digitalen Verarbeitung** der Motordaten werden kombinierte Zünd- und Gemischbildungssysteme auch als **digitale Motorelektronik** (DME) bzw. **digitales Motormanagement** bezeichnet.

Das Steuergerät verarbeitet für beide Teilsysteme die Motordaten (z. B. Motordrehzahl), die von den Sensoren (Messfühler) an das Steuergerät geliefert werden.

> Durch die **gemeinsame Steuerung** beider Teilsysteme werden **Zündung** und **Kraftstoffzumessung** optimiert.

Die **Arten** der kombinierten Zünd- und Gemischbildungssysteme unterscheiden sich hauptsächlich in der Ausführung des **Teilsystems Gemischbildung**.

Unterschieden werden Systeme (Abb. 1, S. 180) mit
- Zentraleinspritzung, z. B. Mono-Motronic, Multec und
- Mehrpunkteinspritzung.

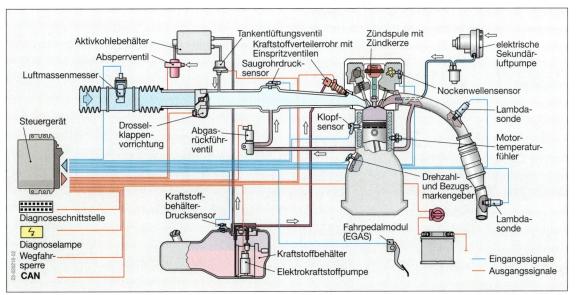

Abb.2: ME-Motronic

Bei der **Mehrpunkteinspritzung** wird unterschieden in Systeme mit **indirekter** Einspritzung, wie:

- mechanisch-elektronische, z.B. KE-Motronic,
- elektronische, z.B. L-Motronic, auch als Digifant bezeichnet, LH-Motronic, Multec-M, Simos, MEMotronic und
- Systeme mit **direkter** Einspritzung, die alle rein elektronisch gesteuert werden, wie z.B. MED-Motronic, GDI- und FSI-System (s. Kap. 20.6).

Das **Teilsystem Zündung** besteht bei allen Anlagen aus einer **Kennfeldzündung** (s. Kap. 50.4.3) mit Schließwinkelkennfeld bzw. Schließwinkelregelung (s. Kap. 50.5), die evtl. durch eine Klopfregelung (s. Kap. 50.6) ergänzt ist. Die Verteilung der Zündspannung erfolgt dabei durch einen Hochspannungsverteiler oder verteilerlos (s. Kap. 50.7).

ME-Motronic

Bei der **ME-Motronic** (Abb.2, S.189) steht das **M** für Motronic. Das **E** weist auf das elektronische Fahrpedal hin (**E**GAS, Abb. 1).

Aufbau und Wirkungsweise

Eine elektrisch angetriebene **In-Tank-Pumpe** in einer Kraftstoffbehälter-Einbaueinheit fördert den Kraftstoff über ein Kraftstofffilter aus dem Kraftstoffbehälter zum Kraftstoffverteiler mit den elektromagnetischen Einspritzventilen. Ein **Druckregler** in unmittelbarer Nähe der Kraftstoffpumpe regelt den Systemdruck durch Veränderung des in den Kraftstoffbehälter zurück strömenden Kraftstoffs, was zu geringen Temperaturen im Kraftstoffbehälter beiträgt. Es wird ein Druck von 3 bar im Kraftstoffsystem eingestellt. Dadurch wird eine Dampfblasenbildung im Kraftstoff verhindert und die Bildung von Kohlenwasserstoffgas wird verringert. Die Wirkung des Kraftstoffverdunstungs-Rückhaltesystems wird dadurch erhöht.

Zur Verbesserung der Gemischaufbereitung werden **Einspritzventile** mit **Luftumfassung** (s. Kap. 20.4.1) eingesetzt.

Im **EGAS-System** (Abb. 1) übernimmt das elektronische Steuergerät auch die Ansteuerung der Drosselklappe. In der **Drosselklappenvorrichtung**, auch als Drosselklappeneinheit oder Drosselvorrichtung bezeichnet, sind die Drosselklappe, der Drosselklappenantrieb (elektrischer Stellmotor) und der Drosselklappen-Winkelsensor (Doppelpotenziometer) als Einheit zusammengefasst.

Die Drosselklappe steuert die vom Motor angesaugte **Luftmasse** und damit die **Zylinderfüllung**. In herkömmlichen Systemen wird die Drosselklappe vom Fahrer über Seilzug oder Gestänge betätigt.

> Bei der **elektronischen Motorfüllungssteuerung** übernimmt das Steuergerät die **Anstellung** der Drosselklappe.

Entsprechend dem Fahrerwunsch wird die Stellung des Fahrpedals aus Sicherheitsgründen durch zwei gegenläufige Potenziometer (Doppelpotenziometer) erfasst. Diese arbeiten in modernen Systemen berührungslos und dadurch verschleißfrei. Unter Berücksichtigung des aktuellen Betriebszustands des Motors wird die erforderliche Öffnung der Drosselklappe errechnet und vom Drosselklappenantrieb umgesetzt.

Im Ansaugsystem wird durch einen **Luftmassenmesser** mit integrierter **Rückstromerkennung** (Abb. 2) die angesaugte Luftmasse gemessen.

> Durch einen **Luftmassenmesser** mit **Rückstromerkennung** wird nicht nur während des Ansaugens die Luftmasse gemessen, sondern auch die Luftmasse, die auf Grund von Schwingungen im Ansaugrohr zurückströmt.

Während des Ansaugens strömt die Luft über den temperaturabhängigen Widerstand NTC 1 (Abb. 2). Die Luft kühlt den NTC 1 ab, wodurch sich dessen Widerstandswert ändert. Durch das Heizelement wird die vorbeiströmende Luft erwärmt. Der NTC 2

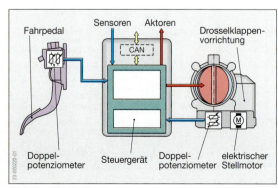

Abb. 1: EGAS-System

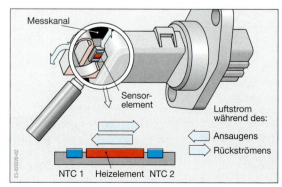

Abb. 2: Luftmassenmesser mit Rückstromerkennung

Kapitel 20: Einspritzanlagen für Ottomotoren

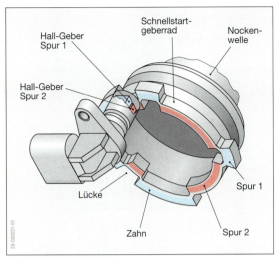

Abb. 3: Nockenwellensensor mit Schnellstart-Geberrad

wird durch die wärmere Luft weniger abgekühlt, wodurch sich sein Widerstandswert weniger verändert als der von NTC 1. Aus der Differenz der Widerstandswerte erkennt das Steuergerät, dass Luft angesaugt wird.

Strömt die Luft entgegengesetzt, wird der NTC 2 stärker abgekühlt als der NTC 1. Das Steuergerät erkennt, das Luft zurückströmt.

Die **Erfassung** der angesaugten und zurückströmenden Luftmasse erfolgt durch die Abkühlung des Heizelementes (s. Kap. 20.4.2 und 53.3.2). Die tatsächlich angesaugte Luftmasse ergibt sich aus der Differenz der angesaugten Luftmasse und der rückströmenden Luftmasse.

Über die tatsächlich angesaugte Luftmasse kann die Kraftstoffmenge genauer bemessen werden.

> Das Signal des **Saugrohrdrucksensors** dient als Notlaufsignal bei Ausfall des Luftmassenmessers.

Durch einen **langen Startvorgang**, besonders bei niedrigen Außentemperaturen, besteht die Gefahr, dass viel unverbrannter Kohlenwasserstoff in den Katalysator strömt. Um das Anspringen des Motors zu beschleunigen, ist der **Nockenwellensensor** mit einem **Schnellstartgeberrad** und einem **Doppelhallgeber** versehen (Abb. 3).

Das Schnellstartgeberrad hat zwei Spuren. Wenn eine Spur eine Lücke zeigt, hat die zweite Spur an dieser Stelle einen Zahn. Die **Hallgeber** erzeugen ungleiche Signale. Jeder Hallgeber tastet eine Spur ab. Das Steuergerät vergleicht die beiden Signale und erkennt, in welchem Zylinder demnächst angesaugt wird. Mit dem Signal des Drehzahl- und Bezugsmarkensensors kann die **sequentielle Einspritzung** (s. Kap. 20.4.1) nach etwa 440 bis 600° Kurbelwinkel eingeleitet werden.

20.6 Direkte Einspritzanlagen

> In **direkten Einspritzanlagen** strömt die reine Luft während des Ansaugtakts durch das geöffnete Einlassventil. Der Kraftstoff wird **direkt** in den Verbrennungsraum eingespritzt.

Vorteile der direkten Einspritzanlagen sind:
- Der Kraftstoff ändert den Aggregatzustand ausschließlich im Verbrennungsraum. Dies führt zu einer guten Innenkühlung und besseren Füllung und damit einer **größeren Motorleistung**.
- Eine sichere Verbrennung des Kraftstoff-Luft-Gemisches lässt hohe **Abgasrückführraten** zu und begünstigt einen extremen Magerbetrieb.
- Durch den **Magerbetrieb** und eine **verbesserte Füllung** sinkt der Kraftstoffverbrauch.
- Durch die **direkte Einspritzung** wird für die Beschleunigungsanreicherung und Gemischanfettung bei kaltem Motor weniger Kraftstoff benötigt.

Nachteile der direkten Einspritzanlagen sind:
- Der höhere bauliche Aufwand gegenüber der indirekten Einspritzung.
- Im Schichtladungsbetrieb, bei dem sehr magere Gemische verbrannt werden, entstehen trotz der hohen Abgasrückführungsraten hohe Anteile von Stickoxiden (NO_x) im Abgas. Diese können durch einen normalen Abgaskatalysator nicht im gewünschten Maße verringert werden. Es wird ein zusätzlicher Speicherkatalysator für die Stickoxide benötigt (s. Kap. 29.3.2).

> **Direkte Einspritzanlagen** sind immer kombinierte Zünd- und Gemischbildungssysteme (s. Kap. 20.5.4) mit EGAS, z.B. MED-Motronic.

20.6.1 Betriebsarten

Betriebsarten der direkten Einspritzanlage sind:
- Schichtladungs-Betrieb und
- Homogen-Betrieb.

Schichtladungs-Betrieb

> Im **Schichtladungs-Betrieb** kommt es durch eine Veränderung des Ansaugquerschnitts und/oder durch Steuerung der Einspritzung zu unterschiedlichen Gemischzusammensetzungen (Gemischschichten) im Verbrennungsraum.

Um die **Zündkerze** herum wird ein zündfähiges Gemisch gebildet (**innere Schichtladung**). Im restlichen Verbrennungsraum entsteht ein mageres Gemisch (**äußere Schichtladung**).

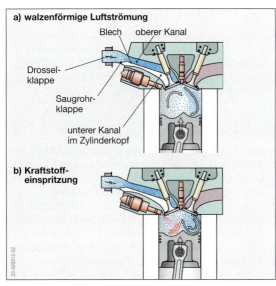

Abb. 1: Schichtladungsbetrieb

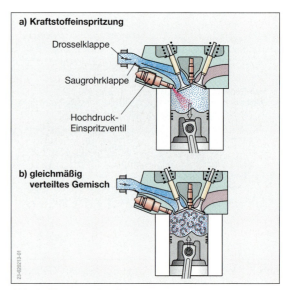

Abb. 2: Homogenbetrieb

Voraussetzungen für den Schichtladungs-Betrieb sind:
- ein bestimmter Last- und Drehzahlbereich (Abb. 3),
- keine Fehler in der Lambdaregelung,
- Kühlmitteltemperatur höher als 50 °C,
- Temperatur im NOx-Speicherkatalysator zwischen 250 und 500 °C und
- Drosselklappe weit geöffnet.

Die weit geöffnete Drosselklappe gewährleistet erst einen Schichtladungsbetrieb mit magerem Gemisch. Damit die Drosselklappe unabhängig vom jeweiligen Fahrerwunsch weit geöffnet werden kann, muss ein elektronisches Fahrpedal (EGAS) vorhanden sein (s. Kap. 20.5.4).

Bei der direkten Einspritzung mit **Veränderung des Ansaugquerschnitts** befindet sich z. B. ein eingegossenes Blech im Ansaugkanal des Zylinderkopfes, welches diesen in einen oberen und unteren Kanal unterteilt (Abb. 1a). Der untere Kanal kann durch eine Saugrohrklappe geöffnet und geschlossen werden. Durch die geschlossene Saugrohrklappe (Abb. 1a) wird die angesaugte Luft beschleunigt und strömt walzenförmig in den Zylinder. Die walzenförmige Luftströmung wird im Zylinder durch eine besondere Form des Kolbenbodens verstärkt. Im letzten Drittel des **Verdichtungstakts** erfolgt die **Einspritzung** des Kraftstoffs auf die Kraftstoffmulde im Kolbenboden (Abb. 1b). Das Kraftstoff-Luft-Gemisch wird in Richtung Zündkerze geleitet. Im Brennraum entsteht dadurch die **Schichtladung**. Auf den gesamten Brennraum bezogen werden Lambda-Werte zwischen 1,6 und 3 erzielt.

Eine besondere Betriebsart des Schichtladungs-Betriebs ist das **Schicht-Katheizen**. Der Kraftstoff wird dabei im Schichtbetrieb mit hohem Luftüberschuss zuerst im Verdichtungstakt und dann noch einmal im Arbeitstakt eingespritzt. Der Kraftstoffanteil der zweiten Einspritzung verbrennt sehr spät, dadurch entstehen hohe Abgastemperaturen, wodurch der Katalysator seine Betriebstemperatur schneller erreicht.

Homogenbetrieb

> Im **Homogenbetrieb** wird der Kraftstoff so eingespritzt, dass er mit der angesaugten Luft ein gleichmäßiges (homogenes) Gemisch im gesamten Verbrennungsraum bildet.

Die Ansaugrohrklappe bleibt bei geringer Last und niedrigen Drehzahlen geschlossen. Erst bei großer Last und höheren Drehzahlen wird sie geöffnet (Abb. 2), um einen besseren Füllungsgrad zu erreichen. Die Einspritzung des Kraftstoffs erfolgt während des Ansaugtakts. Das Kraftstoff-Luft-Gemisch wird im gesamten Verbrennungsraum gleichmäßig verteilt (Abb. 2). In Ausnahmefällen, z. B. bei extremer Beschleunigung, hoher Motordrehzahl oder hohes gefordertes Motordrehmoment erfolgt ein geringer Kraftstoffüberschuss (homogen, fett, Abb. 3).

In einem Übergangsbereich zwischen Schicht- und Homogenbetrieb kann der Motor mit homogen magerem Gemisch $\lambda > 1$ betrieben werden (Abb. 3). Der Kraftstoffverbrauch ist geringer, da die Ladungswechselverluste durch geringere Drosselung der Luft kleiner werden.

Im **Homogen-Klopfschutz-Betrieb** kann bei Anwendung der Doppeleinspritzung (Einspritzung im Ansaug- und Verdichtungstakt) auf eine Zündverstellung nach »spät«, zur Vermeidung von Klopfen (s. Kap. 50.6) verzichtet werden. Durch die Ladungsschichtung wird das Klopfen weitgehend verhindert. Motordrehmoment und Motorleistung bleiben hoch.

Kapitel 20: Einspritzanlagen für Ottomotoren

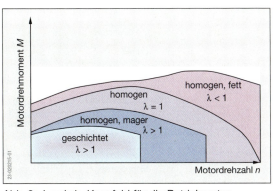

Abb. 3: Lambda-Kennfeld für die Betriebsarten

Abb. 5: Bauteile der Direkteinspritzanlage

20.6.2 Aufbau und Wirkungsweise einer Direkteinspritzanlage

Die Abb. 5 zeigt die Bauteile und die Abb. 4 zeigt den Aufbau der Direkteinspritzanlage.

Wirkungsweise

Das **Kraftstoffversorgungssystem** hat einen Nieder- und einen Hochdruckteil. Der Niederdruckteil kann mit oder ohne Kraftstoffrücklauf ausgeführt werden.

In der Abb. 4 ist ein Kraftstoffversorgungssystem **ohne Rücklauf** vorhanden. In der Abb. 1, S. 194 ist ein Kraftstoffversorgungssystem **mit Rücklauf** und **Vordruckerhöhung** dargestellt. Das **Absperrventil** (Abb. 1, S. 194) ist im Normalbetrieb immer offen. Der Kraftstoffdruck (Vordruck) wird im Niederdruckteil durch den **Druckregler** auf 3 bar eingestellt.

Bei hoher Kühlmittel- (> 115 °C) und Ansauglufttemperatur (> 50 °C) besteht die Gefahr einer Dampfblasenbildung in der Saugseite der Hochdruckpumpe während des Startens und im Leerlauf. Um dies zu verhindern, wird das Absperrventil geschlossen und dadurch der Kraftstoffdruck auf 5 bar erhöht.

Durch das **Druckbegrenzungsventil** in der **Elektrokraftstoffpumpe** wird gewährleistet, dass der Kraftstoffdruck nicht größer als 5 bar wird.

Nach etwa 50 s wird das Absperrventil wieder geöffnet, weil die Gefahr der Dampfblasenbildung dann gering ist.

Die **Hochdruckpumpe** (Abb. 5 und Abb. 1, S. 194) erzeugt den Kraftstoffdruck im Hochdruckteil. Durch sie kann der Kraftstoffdruck von 3 bar (Vordruck) bis auf 120 bar erhöht werden.

Der unter Hochdruck stehende Kraftstoff wird im Kraftstoffverteilerrohr (Common-Rail, Abb. 4 und Abb. 1, S. 194) gespeichert.

Der Kraftstoffdruck wird vom **Kraftstoffdrucksensor** gemessen und vom Steuergerät über das **Drucksteuerventil** (Abb. 2, S. 194) in Abhängigkeit vom geforderten Motordrehmoment und Motordrehzahl auf Werte zwischen 50 bis 120 bar eingestellt.

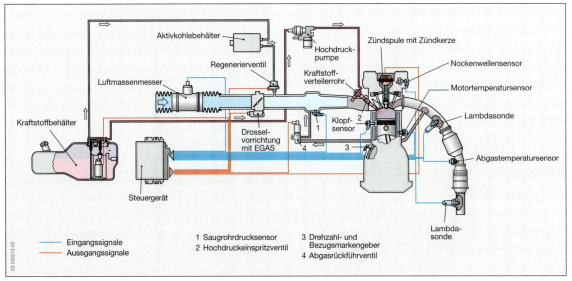

Abb. 4: Direkteinspritzanlage (MED-Motronic)

Direkteinspritzanlage / direct injection system

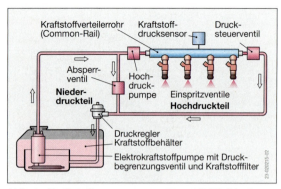

Abb. 1: Kraftstoffversorgungssystem mit Rücklauf

Eine vom Steuergerät gelieferte **Rechteckspannung** steuert die Spule (Abb. 2) im Drucksteuerventil an. Die Ventilkugel hebt vom Sitz ab und verändert den Durchflussquerschnitt in Abhängigkeit von der Frequenz der Rechteckspannung.

Die **Hochdruckpumpe** (Abb. 5, S. 193) ist eine **Dreizylinderpumpe**, die von der Nockenwelle angetrieben wird. Ein Exzenter erzeugt die Auf- und Abwärtsbewegung des Pumpenkolbens. Der unter Vordruck stehende Kraftstoff strömt über ein Einlassventil in den Pumpenzylinder, wird verdichtet und zum Kraftstoffverteilerrohr gefördert.

Die **Einspritzventile** (Abb. 3) werden vom Steuergerät angesteuert. Entgegen der Federkraft wird die Ventilnadel vom Sitz vollständig abgehoben und der Kraftstoff eingespritzt. Der Beginn und die Dauer der Einspritzung wird vom Steuergerät in Abhängigkeit vom geforderten Motordrehmoment bestimmt.

> Im Gegensatz zur indirekten elektronischen Einspritzung, wird bei der direkten Einspritzung die einzuspritzende **Kraftstoffmenge** (Kraftstoffmasse) durch die Veränderung des **Kraftstoffdrucks** und der **Einspritzzeit** bestimmt.

Die in der Abb. 4, S. 193 dargestellte Anlage ist eine Benzin-Direkteinspritzanlage mit einer **drehmomentgeführten elektronischen** Steuerung.

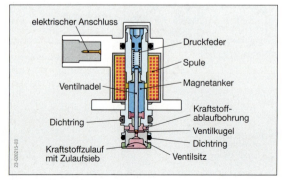

Abb. 2: Drucksteuerventil

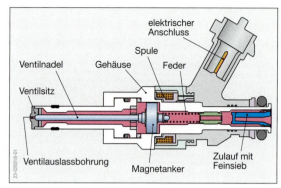

Abb. 3: Einspritzventil

Das **elektronische Fahrpedal** (EGAS, s. Kap. 20.5.4) übersetzt den Fahrerwunsch in ein elektronisches Signal zum Öffnen und Schließen der Drosselklappe. Die elektronische Motorsteuerung erfasst alle Motordrehmomentanforderungen vom EGAS, der Getriebesteuerung und vom ASR-System. Sie errechnet daraus alle Motorgrößen wie Luftmasse, erforderliche Kraftstoffmasse und Zündwinkel so, dass das erforderliche Motordrehmoment mit dem möglichst geringsten Verbrauch und den geringsten Schadstoffen im Abgas erzeugt wird.

> Das **Motordrehmoment** wird durch die Veränderung der eingespritzten Kraftstoffmenge (Kraftstoffmasse) gesteuert.

In der Abb. 4 ist der Schaltplan einer direkt einspritzenden Motronic mit der Bezeichnung MED 7.1.1 abgebildet.

Legende zum Schaltplan der MED 7.1.1:

F36	Kupplungspedalschalter
F47	Bremslichtschalter
F265	Thermostat für Motorkühlung
G2	Geber für Kühlmitteltemperatur
G6	Kraftstoffpumpe
G28	Geber für Motordrehzahl
G39	Lambdasonde vor KAT
G40	Hallgeber
G42	Geber für Ansauglufttemperatur
G61	Klopfsensor 1
G62	Geber für Kühlmitteltemperatur
G66	Klopfsensor 2
G70	Luftmassenmesser
G71	Geber für Saugrohrdruck
G79	Geber 1 für Gaspedalstellung
G83	Temperaturfühler-Kühleraustritt
G130	Lambdasonde nach KAT
G185	Geber 2 für Gaspedalstellung
G186	Drosselklappenantrieb
G187	Winkelgeber 1 und
G188	Winkelgeber 2 für Drosselklappenantrieb
G212	Geber für Stellung des Abgasrückführungsventils
G235	Geber für Abgastemperatur
G247	Geber für Kraftstoffdruck
G295	Geber für NO_x im Abgas

Kapitel 20: Einspritzanlagen für Ottomotoren

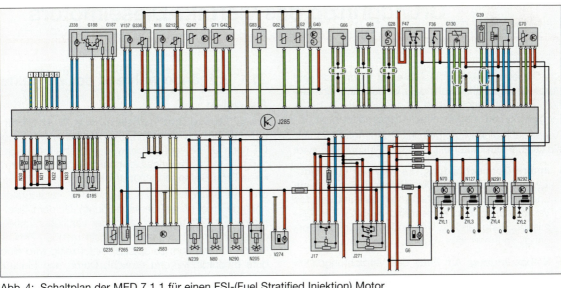

Abb. 4: Schaltplan der MED 7.1.1 für einen FSI-(Fuel Stratified Injektion) Motor

G336	Geber für die Stellung der Saugrohrklappe
J17	Kraftstoffpumpenrelais
J27	Spannungsversorgungsrelais
J285	Steuergerät MED 7.1.1
J338	Drosselklappenmotor
J583	Steuergerät für NOx-Sensor
N18	Ventil für Abgasrückführung
N30	Einspritzventil 1
N31	Einspritzventil 2
N32	Einspritzventil 3
N33	Einspritzventil 4
N70	Zündmodul Zylinder 1
N80	Ventil für Aktivkohlebehälter
N127	Zündmodul Zylinder 3
N205	Ventil für Nockenwellenverstellung
N239	Ventil für Schaltsaugrohr
N290	Mengensteuerventil
N291	Zündmodul Zylinder 4
N292	Zündmodul Zylinder 2
P	Zündkerzenstecker
Q	Zündkerzen
V274	Lüfter für Steuergerät

Zusatzsignale

1. K-Leitung
2. CAN-High-Antrieb
3. CAN-Low-Antrieb
4. Generator Testsignal
5. Kühlerlüfter PWM
6. TD-Signal (nur bei Multitronic)

Farbcodierung

: Eingangssignal
: Ausgangssignal
: Plus-Versorgung
: Masse
: CAN-Bus
: Bidirektional

Aufgaben zu Kap. 20.5 bis 20.6

1. Beschreiben Sie die Erfassung der Luftmenge bei der KE-Jetronic.
2. Erläutern Sie die Wirkungsweise des elektrohydraulischen Druckstellers bei der Schubabschaltung.
3. Was ist ein α/n-System?
4. Welche Informationen erhält das Steuergerät aus einem Lambda-Kennfeld?
5. Beschreiben Sie die Steuerung der Kraftstoffmenge bei einer Mono-Jetronic.
6. Beschreiben Sie die Wirkungsweise des Luftmengenmessers der L-Jetronic.
7. Beschreiben Sie die Steuerung der Kraftstoffmenge bei einer L-Jetronic.
8. Was ist eine Motronic?
9. Aus welchen Teilsystemen besteht eine Motronic?
10. Erläutern Sie den Aufbau und die Wirkungsweise des EGAS-Systems.
11. Was ist ein Luftmassenmesser mit Rückstromerkennung und welche Vorteile hat er?
12. Welche Vorteile hat die Verwendung eines Schnellstartgeberrades?
13. Erläutern Sie den Unterschied zwischen einer direkten und einer indirekten Benzin-Einspritzung.
14. Welcher Unterschied besteht zwischen dem Schichtladungs-Betrieb und dem Homogenbetrieb einer Benzin-Direkteinspritzanlage?
15. Beschreiben Sie den Aufbau des Kraftstoffversorgungssystems einer Benzin-Direkteinspritzanlage.
16. Begründen Sie, warum der Kraftstoff in einer Benzin-Direkteinspritzanlage mit hohem Druck eingespritzt werden muss.
17. Geben Sie anhand des Schaltplans (Abb. 4, S. 195) an, welche Einspritzfolge und Zündanlage die Motronic hat.
18. Zeichnen Sie einen Teilschaltplan der Motronic (Abb. 4, S. 195) nach DIN 40719 in aufgelöster Darstellung für die Teilsysteme Zündung und Einspritzung.

21 | Grundprinzip des Viertakt-Dieselmotors

Der Dieselmotor (Abb. 1) ist, wie der Ottomotor, eine Verbrennungskraftmaschine. Er ist benannt nach seinem Erfinder Rudolf Diesel (dt. Ing., 1858 bis 1913). Es gibt Viertakt- und Zweitakt-Dieselmotoren.

Kennzeichnende Merkmale des Dieselmotors im Vergleich zum Ottomotor mit indirekter Einspritzung sind:

- **Innere Gemischbildung:** Es wird nur Luft angesaugt und verdichtet. Der Kraftstoff wird erst am Ende des Verdichtungstakts fein zerstäubt in den Verbrennungsraum eingespritzt (Abb. 2). Die Gemischbildung erfolgt während des Einspritzvorgangs im Innern des Verbrennungsraums.
- **Selbstzündung:** Am Ende des Verdichtungstakts liegt die Temperatur der verdichteten Luft über der Selbstentzündungstemperatur des Kraftstoff-Luft-Gemisches. Kurz nach dem Einspritzen des Kraftstoffs kommt es zur Selbstzündung.
- **Gleichdruck-Verbrennung:** Während der Verbrennung, in der Phase der größten Wärmeentwicklung, erfolgt kein weiterer Druckanstieg, der Druck bleibt gleich hoch (Abb. 3).
- **Qualitätsregelung:** Über den gesamten Drehzahlbereich wird die Luft ungedrosselt angesaugt. Für jeden Lastzustand wird bei nahezu gleichbleibender Luftmenge die Kraftstoffmenge geändert.

> **Dieselmotoren** benötigen im Gegensatz zu Ottomotoren keine Zündanlage. Das Kraftstoff-Luft-Gemisch entzündet sich auf Grund der hohen Temperaturen in der verdichteten Luft von selbst.

21.1 Vorgänge während der vier Takte

Ansaugtakt

Etwa 20 bis 10 Grad Kurbelwinkel (°KW) vor OT öffnet das Einlassventil (Abb. 5). Der Kolben wird von OT nach UT bewegt, dabei wird gefilterte Luft angesaugt. Der Strömungswiderstand ist gering, weil keine Drosselklappe vorhanden ist (Abb. 4a).

Das Auslassventil ist zu Beginn des Ansaugtakts noch geöffnet (Ventilüberschneidung). Da der Dieselmotor nur Luft ansaugt, wird die Ventilüberschneidung ausgenutzt, um mit der einströmenden Frischluft den Brennraum zu spülen. Gleichzeitig wird eine gute Innenkühlwirkung erreicht. Durch den Einsatz eines Turboladers (s. Kap. 24) wird die Luft mit Überdruck in den Zylinder gedrückt, dadurch wird die Zylinderfüllung verbessert und die Leistung gesteigert. Je höher der Druck vor der Verbrennung im Zylinder ist, desto höher ist die Temperatur. Dadurch erfolgt eine schnellere Gemischbildung und Verbrennung.

Verdichtungstakt

Wie bei einem Ottomotor ist die erzeugte Arbeit (Größe der Fläche, Abb. 3) auch abhängig von der Temperatur und dem Druck vor Beginn des Verdichtungstakts. Eine hohe Endtemperatur, wie sie ein Dieselmotor zur Selbstzündung benötigt, wird durch ein hohes Verdichtungsverhältnis und damit hohen Verdichtungsdruck erzeugt.

Etwa 40 bis 60 °KW nach UT schließt das Einlassventil (Abb. 5). Der sich in Richtung OT bewegende Kolben (Abb. 4b) verdichtet die angesaugte Luft auf

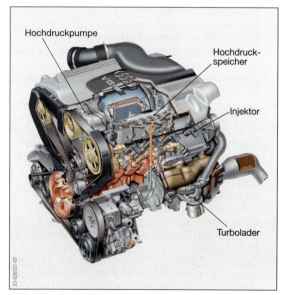

Abb. 1: Aufbau eines Dieselmotors

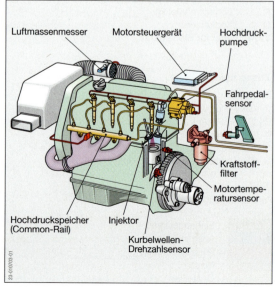

Abb. 2: Einspritzanlage eines Dieselmotors

Kapitel 21: Grundprinzip des Viertakt-Dieselmotors

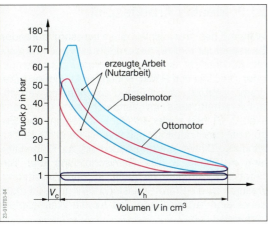

Abb. 3: p-V-Diagramm des Otto- und Dieselmotors

25 bis 45 bar (Verdichtungsverhältnis ε = 14:1 bis 24:1), wobei die Luft auf eine Temperatur von 750 bis 900 °C erwärmt wird. Etwa 30 bis 15 °KW vor OT wird durch die Einspritzdüse **Kraftstoff** feinst zerstäubt in den Verbrennungsraum **eingespritzt**. Damit die Selbstzündung einsetzen kann, muss ein Teil des Kraftstoffs verdampfen und sich mit der Luft vermischen.

Arbeitstakt

Die Verbrennung wird durch die hohe Temperatur der verdichteten Luft eingeleitet. Der Einspritzvorgang erstreckt sich über einen Kurbelwinkel von etwa 20 bis 40°. Er endet 5 bis 10 °KW nach OT.

Die Kraftstoffeinspritzung soll dosiert erfolgen, um einen weichen Verbrennungsablauf zu erzielen. Sie wird unterteilt in Voreinspritzung (geringe Kraftstoffmenge), eine Haupteinspritzung (große Einspritzmenge) und eine Nacheinspritzung (geringe Einspritzmenge), um Restsauerstoffanteile im Zylinder zu vermeiden.

Ein **weicher Verbrennungsablauf** mindert die Beanspruchung der Bauteile und verringert das Verbrennungsgeräusch.

> Durch einen zeitlich anhaltenden, dosierten Einspritzvorgang wird erreicht, dass der **Verbrennungsdruck** nicht schlagartig abfällt, sondern noch bis einige Grad KW nach OT auf **gleichbleibender Höhe** gehalten wird (Gleichdruckverbrennung).

Die Verbrennung endet ungefähr 60 °KW nach OT. Der Verbrennungsdruck bewegt den Kolben nach UT (Abb. 4c). Die erzeugte Kraft wird über die Pleuelstange auf die Kurbelwelle übertragen.

Ausstoßtakt

Das Auslassventil öffnet 60 bis 45 °KW vor UT (Abb. 5). Mit einer Temperatur von 550 bis 750 °C strömen die verbrannten Gase ins Freie (Abb. 4d). Zu Beginn des Ausstoßtakts herrscht ein Druck von 4 bis 6 bar. Von dem Kolben wird der Rest der Abgase durch das Auslassventil ausgestoßen. Das Auslassventil schließt etwa 10 bis 20 °KW nach OT. Der durchschnittliche Abgasdruck während des Ausstoßtakts beträgt p_{abs} = 1,1 bis 1,2 bar.

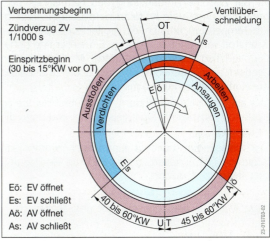

Eö: EV öffnet
Es: EV schließt
Aö: AV öffnet
As: AV schließt

Abb. 5: Steuerdiagramm

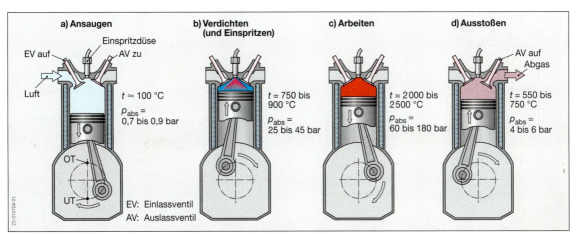

Abb. 4: Arbeitsspiel des Viertakt-Dieselmotors

21.2 Zündverzug

> Der **Zündverzug** (ZV) ist die Zeit zwischen dem Einspritzbeginn und dem Beginn der Verbrennung.

Der **Zündverzug** wird beeinflusst durch:
- den Druck und die Temperatur im Verbrennungsraum vor Beginn des Einspritzvorgangs,
- die Größe der Kraftstofftropfen und
- den Aufbau der Kohlenwasserstoffmoleküle.

Mit steigendem Verdichtungsdruck und steigender Temperatur wird der **Zündverzug kürzer**.

Hoher Verdichtungs- und Einspritzdruck ergeben kleine Einspritztropfen (große Oberfläche des Kraftstoffs). Der Kontakt zwischen Kraftstoff und Sauerstoff wird erhöht, der Zündverzug verkürzt. Da die Gemischbildung erst mit der Einspritzung des Kraftstoffs beginnt und eine gewisse Zeit dauert (Zündverzug), ist die Drehzahl eines Dieselmotors begrenzt.

Nageln des Dieselmotors

Ist die Zeit der Aufbereitung des Gemisches sehr groß (z.B. nach dem Kaltstart bei niedriger Ansaugluft-Temperatur), entsteht ein großer Zündverzug. Der Kraftstoff verbrennt schlagartig. Ein steiler und hoher Druckanstieg erzeugt ein lautes **Motorgeräusch** (Nageln), es entstehen hohe Drücke, die zu Schäden am Kurbeltrieb führen können.

Um ein Nageln zu verhindern, wird zuerst nur wenig Kraftstoff eingespritzt (Voreinspritzung) und dann die Restmenge.

Der Dieselmotor benötigt einen sehr zündwilligen Kraftstoff. Der Zündverzug wird dadurch verkürzt und das »**Nageln**« reduziert.

> Ein Maß für die Zündwilligkeit des Dieselkraftstoffs ist die **Cetanzahl**.

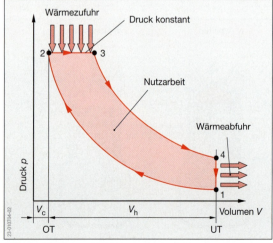

Abb. 1: Ideales p-V-Diagramm eines langsam laufenden Dieselmotors

21.3 Ideales Arbeitsspiel

Während des Arbeitsspiels eines **langsam laufenden** Dieselmotors wird die angesaugte Luft hoch verdichtet. Es entsteht eine hohe Verdichtungsendtemperatur. Die Linie von Punkt 1 nach Punkt 2 im p-V-Diagramm (Abb. 1) ist auf Grund des höheren Verdichtungsverhältnisses im Vergleich zum Ottomotor (Abb. 3, S. 197) steiler. Im Punkt 2 beginnt das Einspritzen des Kraftstoffs und anschließend die Selbstzündung. Dieser Vorgang dauert bis zur Kolbenstellung im Punkt 3. Die Gemischbildung und Verbrennung erfolgen bis weit in den Arbeitstakt. Dadurch ist die Wärmebelastung sehr groß. Es muss daher eine ausreichende Zeit für die Wärmeabfuhr vorhanden sein.

Die während der Verbrennung entstehende Wärme bewirkt einen großen Druckanstieg. Durch die Vergrößerung des Verbrennungsraumes (bis zum Punkt 3) wird dieser Druckanstieg ausgeglichen. Im Punkt 3 endet die Verbrennung, es erfolgt kein weiterer Temperaturanstieg. Der Druck fällt bis Punkt 4.

> Gleichdruckverbrennung ist ein idealer Vorgang im Arbeitsspiel eines **langsam laufenden Dieselmotors**.
>
> **Gleichdruckverbrennung** bedeutet:
>
> Das Volumen wird größer (Kolben bewegt sich nach UT), der Druck bleibt konstant.

Der Verlauf der Ausdehnungslinie (von Punkt 3 nach Punkt 4) ist steiler als der Verlauf bei einem Ottomotor. Da die Verbrennungstemperatur sehr groß ist, muss im Vergleich zum Ottomotor in sehr kurzer Zeit mehr Wärme abgeführt werden. Ein weiterer Druckabfall durch Wärmeabfuhr erfolgt bei gleichbleibendem Volumen von Punkt 4 nach Punkt 1.

In **schnell laufenden Dieselmotoren** wird die Wärmeentwicklung durch den Einspritzverlauf gesteuert. Dadurch findet die Verbrennung bei konstantem Volumen statt und zwar von Punkt 2 nach Punkt 3 (Abb. 2).

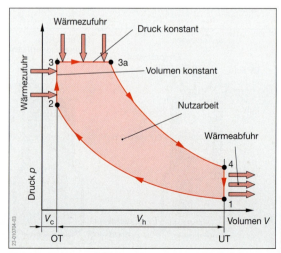

Abb. 2: Ideales p-V-Diagramm eines schnell laufenden Dieselmotors

Kapitel 21: Grundprinzip des Viertakt-Dieselmotors

Ein Teil des Kraftstoffs verbrennt zunächst wie im Ottomotor schlagartig bei gleichbleibendem Volumen (**Gleichraumverbrennung**).

Hat der Motor seinen zulässigen Höchstdruck erreicht (Grenzdruckverbrennung), wird weiter Kraftstoff zugeführt, so dass eine Verbrennung bei gleichbleibendem Druck von Punkt 3 nach 3a ablaufen kann (**Gleichdruckverbrennung**, Abb. 2).

> Die **Grenzdruckverbrennung** setzt sich aus einer Gleichraum- und Gleichdruckverbrennung zusammen.
> Sie ist der ideale Vorgang im Arbeitsspiel eines **schnell laufenden Dieselmotors**.

21.4 Gemischbildung und Verbrennung

Gemischbildung und Verbrennung sind Vorgänge am Ende des Verdichtungstakts und zu Beginn des Arbeitstakts. Sie werden in einem **Dieselmotor** wesentlich beeinflusst durch:

- die Gestalt des Verbrennungsraumes,
- den Einspritzverlauf,
- die Motordrehzahl und
- die Luftbewegung, erzeugt durch eine besondere Gestaltung des Ansaugkanals.

> Der **Kraftstoff** soll nach dem Einspritzen in die hoch verdichtete Luft **fein zerstäubt** werden (luftverteilende Einspritzung).

> Der **Ablauf** der **Verbrennung** im Dieselmotor wird wesentlich durch die Form des Kraftstoffstrahls beeinflusst.

Der aus der Düse austretende Kraftstoffstrahl ist glatt (Abb. 3). Danach wird er durch den Gegendruck im Brennraum zerklüftet und in Einzeltropfen aufgelöst.

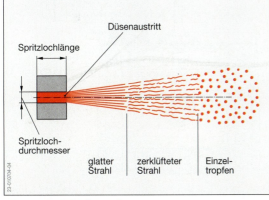

Abb. 3: Kraftstoffstrahl

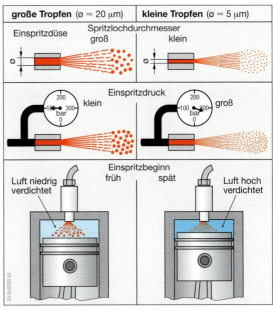

Abb. 4: Einflüsse auf die Tropfengröße

Durchmesser und Länge des Spritzlochs können den zeitlichen Verlauf der Zerstäubung und die Tropfengröße beeinflussen (Abb. 4).

> Der Einspritzdruck, der Gegendruck im Verbrennungsraum, der Durchmesser, der Winkel und die Länge des Spritzlochs haben einen Einfluss auf die **Tropfengröße**.

Der Kraftstofftropfen muss möglichst klein sein, um schnell verdampfen zu können. Als Folge der hohen Temperatur beginnt der Tropfen zunächst an seiner Oberfläche zu verdampfen. Der Kraftstoffdampf (CH-Anteile) dringt in die ihn umgebende Luft (O_2-, N_2-Anteile). Gleichzeitig dringt Luft in den Kraftstoffdampf ein (Abb. 5). Das weitere Verdampfen des Kraftstoffs erfolgt durch einen ständigen Wärmetransport von der Luft (hohe Lufttemperatur) zum Kraftstoff (niedrige Kraftstofftemperatur). Im Bereich

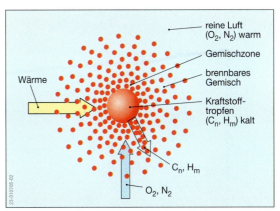

Abb. 5: Gemischbildung am Tropfen

um den flüssigen Kraftstofftropfen entsteht eine **Gemischzone**. In ihr bildet sich in bestimmtem Abstand zum Tropfen ein brennbares Gemisch (Abb. 5, S. 199). Dieses entzündet sich bei genügend hoher Temperatur. Durch die einsetzende Verbrennung in der Gemischzone wird der Temperaturunterschied zwischen der Luft und dem Kraftstoff größer. Der Kraftstoff verdampft schneller und vermischt sich weiter mit der Umgebungsluft zu einem brennbaren Gemisch. Dieser Vorgang dauert an, bis der Kraftstoff vollständig verbrannt ist.

Steht während des Gemischbildungsvorgangs im Verbrennungsraums des Dieselmotors nicht ausreichend Sauerstoff zur Verfügung oder wird die Verbrennung z.B. durch einen starken Temperaturabfall der Luft vorzeitig abgebrochen, so tritt ein Teil der schwer brennbaren Kohlenwasserstoffe als **Ruß** im **Abgas** auf (typischer Diesel-Schwarzrauch).

21.5 Verbrennungsverfahren

21.5.1 Indirekte Einspritzung

Dieselmotoren mit Vor- oder Wirbelkammer (indirekte Einspritzung) benötigen wegen der großen Brennraumoberfläche (bestehend aus Hauptbrennraum und Vorkammer oder Wirbelkammer) und der damit verbundenen Ableitung der Verbrennungswärme Glühstiftkerzen als Starthilfen.

Vorkammerverfahren

Während des Verdichtungstakts wird etwa ein Drittel der angesaugten Luft über eine oder mehrere Bohrungen vom Kolben in eine **Vorkammer** verdrängt. Der Kraftstoff wird durch eine Zapfendüse (s. Kap. 23) mit einem Druck bis zu 450 bar in die Vorkammer eingespritzt (Abb. 1).

Auf Grund der geringen Luftmenge in der Kammer kann der eingespritzte Kraftstoff nur teilweise verbrennen. Die Teilverbrennung erzeugt in der Vorkammer einen hohen Druck. Die Flamme und mit ihr der unverbrannte Kraftstoff wird durch die Bohrungen in den Hauptbrennraum gedrückt, wo die restliche Verbrennung stattfindet. Durch den geteilten Brennraum wird eine »**weiche**« **Verbrennung** erreicht. Da die Gemischbildung und die anschließende Verbrennung sehr schnell ablaufen, können hohe Drehzahlen erreicht werden.

Wirbelkammer-Verfahren

Während des Verdichtungstakts wird vom Kolben fast die gesamte Luft über einen in den Brennraum tangential einmündenden Verbindungskanal in die kugelförmige **Wirbelkammer** verdrängt (Abb. 2).

Durch die Größe und die Form des Verbindungskanals sowie durch die Gestalt der Kammer wird eine kreisende, stark wirbelnde Luftbewegung in der Kammer erzwungen. Der Kraftstoff wird durch eine Zapfendüse in die Kammer mit bis zu 450 bar eingespritzt und entzündet. Durch den entstehenden Druck in der Wirbelkammer strömt das brennende Kraftstoff-Luft-Gemisch in den Hauptbrennraum über. Auf Grund geringer Drosselung während des Überströmens erfolgt die Hauptverbrennung mit einem hohen Druckanstieg im Hauptbrennraum.

21.5.2 Direkte Einspritzung

Für die direkte Einspritzung werden Lochdüsen (s. Kap. 23) verwendet. Der Kraftstoff wird mit einem Druck von 150 bis 2050 bar eingespritzt. Nach erfolg-

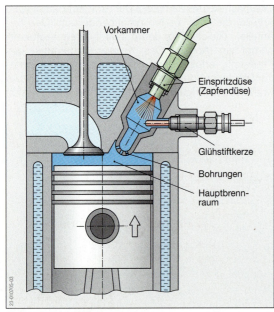

Abb. 1: Vorkammer-Verfahren

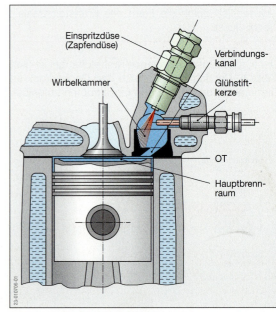

Abb. 2: Wirbelkammer-Verfahren

ter Gemischaufbereitung kommt es zu einem heftigen und schnellen Verbrennungsablauf, da sehr viel Kraftstoff schlagartig verbrennt. Die Folge ist ein »**harter**« Lauf des Motors während der Warmlaufphase.

Der Verdichtungsraum entsteht durch unterschiedliche **Muldenformen** (Abb. 3a) im Kolbenboden oder im Zylinderkopf. Durch eine hohe Luftgeschwindigkeit und eine intensive Luftverwirbelung während des Einlassvorgangs wird der Zündverzug verkürzt. Dies kann durch besonders geformte Einlasskanäle erzielt werden (Abb. 3b). Der Kraftstoff wird meist senkrecht zur Luftbewegung eingespritzt, so dass nur ein geringer Anteil die Brennraumwandung trifft.

> Die **Vorteile** der direkten Einspritzung sind ein hoher effektiver Wirkungsgrad bei niedrigem Kraftstoffverbrauch und ein gutes Kaltstartverhalten.

Durch die hohen Verbrennungsdrücke ist die **mechanische Belastung** des Motors sehr hoch.

21.6 Vergleich zwischen Otto- und Dieselmotor

Merkmale	Ottomotor	Dieselmotor
Gemischbildung	äußere und innere	innere
Zündung	Fremdzündung	Selbstzündung
Regelung	Quantitäts- und Qualitätsregelung	Qualitätsregelung
Verbrennung	Gleichraumverbrennung	Gleichraum- und Gleichdruckverbrennung
Gemischzusammensetzung im Verbrennungsraum	gleichmäßig (homogen)	ungleichmäßig (heterogen)
größte Motordrehzahl bei größter effektiver Leistung	4000 bis 10000/min	1500 bis 5000/min
Luftverhältnis	0,995 bis 1	immer >1
Verdichtungsverhältnis	9 bis 12,5:1	14 bis 24:1
Verdichtungsenddruck	10 bis 16 bar	25 bis 45 bar
Verdichtungstemperatur	350 bis 450 °C	750 bis 900 °C
Verbrennungshöchstdruck	30 bis 60 bar	60 bis 180 bar
höchste Verbrennungstemperatur	etwa 2500 °C	etwa 2500 °C
Abgastemperatur	600 bis 800 °C	550 bis 750 °C
spez. Kraftstoffverbrauch	240 bis 430 g/kWh	160 bis 340 g/kWh
effektiver Wirkungsgrad	bis 32 %	bis 45 %

21.7 Starthilfsanlagen

Während des **Startens** eines **Dieselmotors** bei niedrigen Temperaturen ist das Erreichen der **Selbstzündungstemperatur** des Kraftstoffs durch das Verdichten der angesaugten kalten Luft häufig nicht möglich. Daher ist die Zuführung von Wärme durch eine fremde Wärmequelle erforderlich.

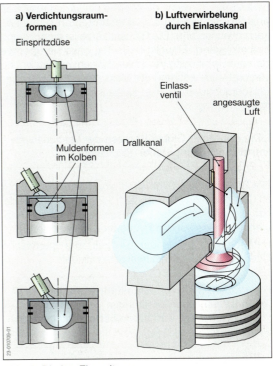

Abb. 3: Direkte Einspritzung

> **Starthilfsanlagen** haben die **Aufgabe**, das **Anspringen** des kalten Dieselmotors zu erleichtern.

Starthilfsanlagen gewährleisten:
- ein schnelleres Anspringen des Motors,
- eine Verkürzung der Warmlaufphase des Motors durch das Nachglühen bzw. Nachflammen,
- die Verringerung des Ausstoßes von unverbranntem Kraftstoff durch Zündaussetzer,
- die Verhinderung von umweltgefährdendem Schwarz-, Weiß- bzw. Blaurauch,
- die Verringerung der Rußpartikelemission und
- das Vermeiden des Kaltstartnagelns (s. Kap. 21.2).

> **Starthilfsanlagen** sind nur vor und während des Startens, sowie kurz nach dem **Anspringen** des Dieselmotors **eingeschaltet**.

Starthilfsanlagen sind:
- Vorglühanlage mit Glühkerzen und
- Flammstartanlage.

21.7.1 Vorglühanlage mit Glühkerzen

Die Vorglühanlage mit Glühkerzen wird bei Dieselmotoren mit **geteilten Brennräumen** und bei **direkteinspritzenden** Dieselmotoren für Pkw sowie für Nkw mit einem Motorhubraum unter 4 Liter verwendet.

Die **Glühkerzen** ragen entweder in die Vor- bzw. Wirbelkammer oder direkt in den Verbrennungsraum hinein (Abb. 1), damit die Wärme direkt den Kraftstoff erreicht. Sie werden als **Glühstiftkerzen** (Stabglühkerzen) ausgeführt. Die Glühstiftkerze ist einpolig und **selbstregelnd**. Einpolig bedeutet, dass sie über die Schraubverbindung (Anschlussbolzen) mit Spannung versorgt wird, während der Masseanschluss über das Einschraubgewinde des Kerzenkörpers zum Zylinderkopf erfolgt.

> Die einpoligen **Glühstiftkerzen** der Vorglühanlage sind **elektrisch parallel** geschaltet.

Die Glühstiftkerzen enthalten eine **Regelwendel** mit PTC-Widerstand (s. Kap. 13.13.2). Die Regelwendel hat die Aufgabe, die Stromstärke durch die Heizwendel mit steigender Temperatur zu verringern.
Dadurch wird bei langer Glühzeit eine thermische Überlastung der Glühstiftkerze vermieden.

> Die Eigenschaft von **Glühstiftkerzen**, ihre **Temperatur** ab einer bestimmten Temperatur **konstant zu halten**, wird als **selbstregelnd** bezeichnet.

Glühstiftkerzen sind für Bordnetzspannungen von 12 bzw. 24 V ausgelegt. Bei der Nennspannung haben sie jeweils eine Heizleistung zu Beginn des Vorglühens von etwa 250 W.
Die Steuerung der **Vorglühanlage** mit Glühstiftkerzen erfolgt durch ein **Glühzeitsteuergerät** (Abb. 2 und Abb. 1, S. 140) bzw. **Glühzeitsteuerrelais**. Diese beeinflussen die Vor- und Nachglühzeit in Abhängigkeit von der Motortemperatur, die durch einen NTC-Widerstand erfasst wird (Abb. 2). Die Startbereitschaft des Motors wird dabei durch das Verlöschen einer Lampe angezeigt.
Durch die **Steuerung** der **Glühanlage** wird erreicht, dass:
- die Glühanlage bei warmem Motor (etwa 65 °C) nicht eingeschaltet wird,
- die Vor- und Nachglühzeiten so kurz wie möglich sind,
- das Vorglühen abgeschaltet wird, wenn kein Startvorgang stattfindet (Sicherheitsabschaltung),
- ein Nachglühen bis etwa 60 °C Motortemperatur erfolgt,
- bei Kurzschluss in der Anlage die Glühanlage abgeschaltet wird (Kurzschlussabschaltung) und
- defekte Glühstiftkerzen durch das Weiterleuchten bzw. Wiederaufleuchten der Anzeigelampe nach dem Starten angezeigt werden (Fehleranzeige).

Die **Fehlererkennung** (Stromunterbrechung bzw. Kurzschluss) an den Glühstiftkerzen erfolgt bei älteren Anlagen durch ein bzw. mehrere Reed-Relais (s. Kap. 13.13.1) im Stromkreis der Glühstiftkerzen bzw. durch niederohmige Widerstände, an denen die Spannungsfälle erfasst und durch Operationsverstärker (s. Kap.13.13.6, Abb. 1, S. 140) ausgewertet werden.

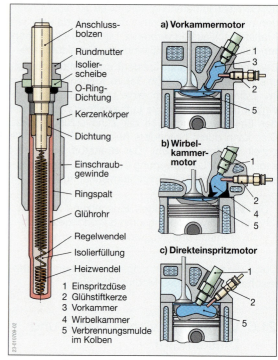

Abb. 1: Aufbau der Glühstiftkerze und ihr Einbauort im Zylinderkopf

Bei **Dieselmotoren** mit **EDC** (s. Kap. 23) übernimmt das Motorsteuergerät völlig oder nur teilweise die Steuerung der Glühanlage. Die Glühanlage ist dadurch selbstdiagnosefähig. Fehler werden gespeichert und können mit dem Systemtestgerät (s. Kap. 53.6.3) ausgelesen werden.

> **Arbeitshinweis**
> Glühstiftkerzen, die für Vorglühanlagen ohne Nachglüheinrichtung bestimmt sind, dürfen auf keinen Fall in Vorglühanlagen **mit** Nachglüheinrichtung eingesetzt werden. Es besteht die Gefahr, dass die Glühstiftkerzen durchbrennen.

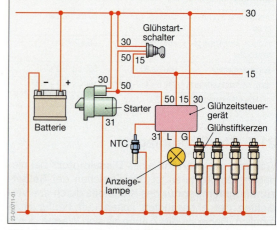

Abb. 2: Vorglühanlage mit Glühstiftkerzen

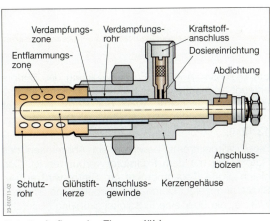

Abb. 3: Aufbau der Flammglühkerze

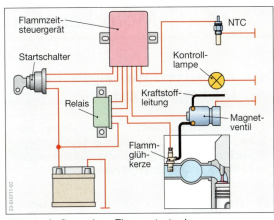

Abb. 4: Aufbau einer Flammstartanlage

21.7.2 Flammstartanlage

Die Flammstartanlage wird bei Dieselmotoren für Nkw mit einem Motorhubraum über 4 Liter eingesetzt, damit diese auch bei tiefen Temperaturen sicher gestartet werden können.

Hauptteil der Flammstartanlage ist die **Flammglühkerze**, die im Saugrohr des Motors eingeschraubt ist (Abb. 4). Je nach Hubraumgröße des Motors können auch mehrere Flammglühkerzen vorhanden sein.

Die **Flammglühkerze** (Abb. 3) besteht aus einer **Glühstiftkerze** mit einem zusätzlichen **Kraftstoffanschluss**, einer **Dosiereinrichtung** für den Dieselkraftstoff, einem **Verdampfungsrohr** um einen Teil der Stabglühkerze sowie einem mit Öffnungen versehenen **Schutzrohr** (Flammhülse) um den Glühstab herum.

Kurz vor dem Starten (Startschalter in Stellung I) wird in Abhängigkeit von der Motortemperatur, z.B. < 25°C, durch das **Flammzeitsteuergerät** (Abb. 4) der Stromfluss durch die Glühstiftkerze eingeschaltet. Glüht diese, wird durch die Signallampe Startbereitschaft angezeigt.

Wird gestartet (Startschalter in Stellung II) wird das **Magnetventil** geöffnet (Abb. 4). Kraftstoff gelangt durch die Dosiereinrichtung in den Zwischenraum (Verdampfungszone) von Verdampfungsrohr und Glühstiftkerze. Durch die Wärme verdampft der Kraftstoff und vermischt sich nach dem Austreten aus dem Verdampfungsrohr mit einem Teil der angesaugten Luft, die durch die Öffnungen des Schutzrohres (Abb. 3) strömt. Das Gemisch wird in der Entflammungszone an der Spitze der Glühstiftkerze gezündet, wodurch die zum Zylinder strömende Luft erwärmt wird. Ist der Motor angesprungen, erfolgt solange ein Nachflammen, bis die Motortemperatur etwa 25°C beträgt.

> Bei der **Flammstartanlage** erfolgt ein Erwärmen der angesaugten Luft durch die Flamme während des Startens des Motors und ein Nachflammen nach dem Anspringen des Motors.

Aufgaben

1. Nennen Sie die vier kennzeichnenden Merkmale eines Dieselmotors.
2. Beschreiben Sie die Wirkungsweise eines Dieselmotors.
3. Vergleichen Sie einen Ottomotor mit einem Dieselmotor anhand der Abb. 1, S. 197.
4. Beschreiben Sie die Vorgänge während des Arbeitsspiels eines Dieselmotors.
5. Erklären Sie den Begriff »Nageln«.
6. Erklären Sie die Ursachen für das »Nageln« von Dieselmotoren.
7. Wodurch kann das Nageln eines Dieselmotors vermindert werden?
8. Skizzieren Sie die Form eines Kraftstoffstrahls nach Eintritt in den Verbrennungsraum.
9. Nennen Sie die Einflüsse auf die Größe eines Kraftstofftropfens.
10. Beschreiben Sie die Gemischbildung am Kraftstofftropfen.
11. Nennen Sie die Vorteile einer großen Ventilüberschneidung für einen Dieselmotor.
12. Erklären Sie den Begriff »Zündverzug«.
13. Welche Nachteile hat ein großer Zündverzug?
14. Wodurch kann der Zündverzug in einem Dieselmotor verkürzt werden?
15. Erklären Sie den Begriff »Gleichdruckverbrennung«.
16. Beschreiben Sie die Vorgänge während einer Grenzdruckverbrennung.
17. Nennen Sie die zwei Verbrennungsverfahren für Dieselmotoren mit geteiltem Brennraum.
18. Welche Nachteile haben Motoren mit direkter Einspritzung?
19. Warum benötigen Dieselmotoren eine Starthilfsanlage?
20. Begründen Sie, warum die Starthilfsanlage nur vor und während des Startens, sowie kurz nach dem Anspringen des Motors eingeschaltet ist.
21. Nennen Sie vier Aufgaben des Glühzeitsteuergerätes.
22. Wie kommt es zur Flammenbildung an der Flammglühkerze?

22 Leistungsmessung und Motorkennlinien

22.1 Aufbau und Wirkungsweise der Leistungsbremse

> Das **Motordrehmoment** M, die **effektive Leistung** P_{eff} und der **spezifische Kraftstoffverbrauch** b_{eff} eines Verbrennungsmotors werden mit Hilfe einer **Leistungsbremse** ermittelt.

Die grundsätzliche Wirkungsweise der Leistungsbremse zeigt die Abb.1.

Der **Prüfmotor** ist mit der Kupplung des **Rotors** der Leistungsbremse verbunden.

Der **Stator** ist im Gehäuse der Leistungsbremse pendelnd gelagert. Er stützt sich über einen Hebel auf einer Feder ab. Der Rotor ist über ein Arbeitsmittel (z.B. Wasser oder Magnetfeld) mit dem Stator verbunden. Wird der Motor gedreht, entsteht ein Drehmoment, das dem Drehmoment des Verbrennungsmotors entgegenwirkt. Der Motor wird abgebremst. Die erzeugte Gegenkraft an der Feder hält über den Hebel des Stators diesen im Gleichgewicht. Die Hebelkraft (Gegenkraft) wird auf einer Skala angezeigt.

Je nach **Arbeitsmittel** werden folgende Leistungsbremsen unterschieden:
- mechanische,
- hydraulische (Abb.1) und
- elektrische Leistungsbremsen.

Am häufigsten wird die elektrische Leistungsbremse, die Wirbelstrombremse, eingesetzt (Abb. 2).

> In einer **Wirbelstrombremse** wird durch ein Magnetfeld ein Drehmoment über den Stator auf die Federwaage übertragen.

Ein Gleichstrom in der Erregerwicklung des Stators erzeugt ein magnetisches Kraftfeld. Der Rotor ist eine gezahnte Polscheibe. Wird der Rotor im Stator gedreht, entstehen **Wirbelströme** im Rotor (s. Kap. 13.12.4).

Diese Wirbelströme bewirken ein Abbremsen des Rotors, der mit dem Prüfmotor verbunden ist. Das gleich große Gegenmoment am Stator wird an der Skala angezeigt. Durch die Wirbelströme entsteht Wärme, die über eine Flüssigkeitskühlung abgeführt wird.

Vorteile der Wirbelstrombremse z.B. gegenüber einer hydraulischen Leistungsbremse sind:
- schnell laufende Hochleistungsmotoren können bei hohen Drehzahlen (z.B. 185 kW bei 13000/min) gemessen werden,
- rechts- und linksdrehende Motoren können abgebremst werden,
- bei kleinen Motordrehmomenten ist eine gute Regulierbarkeit möglich,
- sicheres Einhalten eines Betriebspunktes, d. h. ein konstanter Messpunkt bei einer bestimmten Drehzahl.

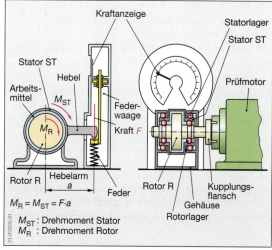

Abb.1: Schematische Darstellung der Leistungsbremse

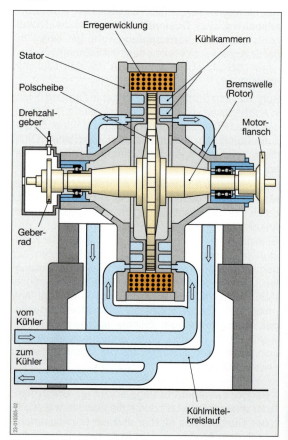

Abb. 2: Wirbelstrombremse

22.2 Motorkennlinien

Die charakteristischen Kennlinien eines Verbrennungsmotors zeigen den **Verlauf**:
- des Motordrehmoments M,
- der effektiven Leistung P_{eff} und
- des spezifischen Kraftstoffverbrauchs b_{eff}

in Abhängigkeit von der Motordrehzahl.

22.2.1 Ermittlung der Motorkennlinien

Ein serienmäßig ausgerüsteter Verbrennungsmotor wird mit einer Ansaug- und Abgasanlage, einer Einspritzanlage und einem unbelasteten Generator zur Ermittlung der effektiven Leistung P_{eff} auf einem Leistungsprüfstand betrieben.
Die **effektive Leistung** von Kraftfahrzeugmotoren wird nach DIN ISO 1585 ermittelt.

> Die **effektive Leistung** P_{eff} eines Verbrennungsmotors ist die Leistung in kW, die an der Kupplung eines serienmäßig gebauten Motors zur Verfügung steht.

Es gibt Volllast- und Teillast-Kennlinien. Zur Ermittlung der **Volllast-Kennlinien** (Abb. 3) wird der Verbrennungsmotor bei voll geöffneter Drosselklappe (Ottomotor) bzw. größtmöglicher Kraftstofffördermenge (Dieselmotor) betrieben. Das Drehmoment der Leistungsbremse wird solange erhöht, bis die Motordrehzahl (Messpunkt) erreicht ist, für die die Motorleistung ermittelt werden soll.

Das **Motordrehmoment** kann von einer entsprechenden Skala an der Bremse direkt abgelesen werden, da der Hebelarm der Bremse ein bestimmtes Maß hat.
Die **Motorleistung** wird dann mit Hilfe der folgenden Gleichung errechnet:

$$P_{eff} = \frac{M \cdot n}{9550}$$

P_{eff} effektive Leistung in kW
M Motordrehmoment in Nm
n Motordrehzahl in 1/min
9550 Umrechnungszahl

Wird die Drehkraft F angezeigt, die über einen Hebelarm von 0,955 m Länge wirkt, so ergibt dies die Leistungsgleichung:

$$P_{eff} = \frac{F \cdot 0{,}955 \cdot n}{9550}$$

und daraus folgt:

$$P_{eff} = \frac{F \cdot n}{10\,000}$$

P_{eff} effektive Leistung in kW
F Kraft in N
n Motordrehzahl in 1/min

Das Drehmoment kann mit der folgenden Gleichung errechnet werden:

$$M = \frac{P_{eff} \cdot 0{,}955}{n}$$

M Motordrehmoment in Nm
P_{eff} effektive Leistung in kW
n Motordrehzahl in 1/min

Eine Messreihe wird meist mit einer Drehzahl von 1000/min begonnen und in Stufen von 1000/min bis zur Höchstdrehzahl fortgesetzt. Die dabei ermittelten Drehmoment- und Leistungswerte werden in ein Diagramm über der Drehzahl eingetragen. Die Verbindung der Punkte ergibt die Drehmoment- bzw. Leistungs-Kennlinie (Abb. 3).

Während der Leistungsmessung wird für jeden Betriebspunkt die Zeit für den Verbrauch eines konstanten Kraftstoffvolumens gemessen und der Kraftstoffverbrauch je Zeiteinheit errechnet.

$$B = \frac{V \cdot \varrho \cdot 3600}{t}$$

B Kraftstoffverbrauch in kg
V Kraftstoffvolumen in dm^3
ϱ Kraftstoffdichte in kg/dm^3
t Zeit in s
3600 Umrechnungszahl

> Der **spezifische Kraftstoffverbrauch** b_{eff} gibt an, wie viel Gramm Kraftstoff ein Verbrennungsmotor je kW Nutzleistung und Stunde verbraucht.

$$b_{eff} = \frac{B \cdot 1000}{P_{eff}}$$

b_{eff} spezifischer Kraftstoffverbrauch in g/kWh
B Kraftstoffverbrauch in kg/h
P_{eff} effektive Leistung in kW
1000 Umrechnungszahl

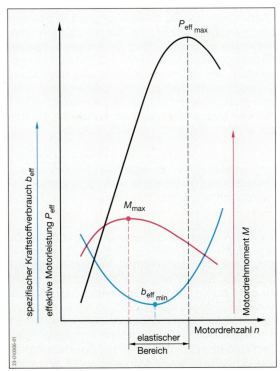

Abb. 3: Volllast-Kennlinien eines Viertakt-Ottomotors

Die so errechneten Werte für den spezifischen Kraftstoffverbrauch werden als Messpunkte in das Diagramm übertragen. Die Verbindungen der Messpunkte ergeben die Kennlinie für den spezifischen Kraftstoffverbrauch (Abb. 3, S. 205).

22.2.2 Auswertung der Motorkennlinien

Das Kennlinien-Diagramm (Abb.1) zeigt im Bereich von 0 bis etwa 1000/min kein Drehmoment bzw. keine Nutzleistung.

Dies hat mehrere Gründe:
- Die Reibkräfte des Motors sind sehr groß.
- Die Kolbenbewegung erzeugt eine zu geringe Strömungsgeschwindigkeit, die nicht ausreicht, ein genügend brennbares Gemisch zu bilden.
- Der zeitliche Abstand der Arbeitstakte ist so groß, dass eine genügend gleichförmige Bewegung nicht möglich ist.
- Es kommt auf Grund der zeitlich großen Abstände der Arbeitstakte zu großen Wärmeverlusten.

Im **Leerlauf** und im unteren **Drehzahlbereich** ist die Nutzleistung gering, weil auf Grund der geringen Strömungsgeschwindigkeit
- Luftmangel herrscht und
- der Kraftstoff nicht vollständig verdampft, sich an den Wänden von Saugrohr und Verbrennungsraum niederschlägt.

> Mit zunehmender Drehzahl steigt die **effektive Leistung (Nutzleistung)**. Die Masse des Kraftstoff-Luft-Gemisches nimmt ständig zu.

Die effektive Leistung (Nutzleistung) erreicht einen Höchstwert und fällt bei sehr **hohen Drehzahlen** wieder ab, weil:
- die Strömungsgeschwindigkeit des Kraftstoff-Luft-Gemisches bzw. der Luft (Dieselmotor) zur Drosselung im Ansaugrohr führt,
- sich durch die hohe Temperatur das Kraftstoff-Luft- Gemisch so stark ausdehnt, dass die Füllung verringert wird und
- die Reibkräfte im Verhältnis zur erzeugten Leistung wieder größer werden.

Die **Größe** des **Motordrehmoments** ist abhängig von der Füllung im Zylinder.

Die Füllung wird wesentlich beeinflusst durch die Größe der Ventilüberschneidung und der Ventilöffnungsquerschnitte. In Bereichen geringer und hoher Motordrehzahlen ist der Verbrennungsdruck geringer. Das Drehmoment steigt an bzw. fällt ab (Abb.1).

Bei **Ottomotoren** sind die Krümmungen bzw. Neigungen der Kennlinien flacher als bei Dieselmotoren. Bei niedrigen Motordrehzahlen liefert das Einspritzsystem des Ottomotors auf Grund geringer Strömungsgeschwindigkeiten der angesaugten Luft ein fettes Kraftstoff-Luft-Gemisch. Die Folge ist ein erhöhter **spezifischer Kraftstoffverbrauch**.

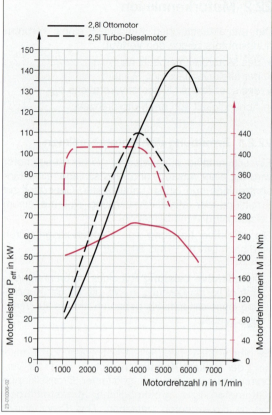

Abb. 1: M- und P_{eff}- Kennlinien vom Otto- und Dieselmotor

Durch große Ansaugquerschnitte wird eine für die Kraftstoffzerstäubung notwendige große Strömungsgeschwindigkeit erzielt. Es kommt dadurch aber besonders im Bereich hoher Drehzahlen zu großen Strömungswiderständen und folglich zu Füllungsverlusten. Ein Teil des Kraftstoffs wird unverbrannt ausgestoßen. **Nutzleistung** und **Drehmoment** fallen stärker ab. Zwischen größtem Motordrehmoment und höchster Motorleistung liegt der **elastische Bereich** des Verbrennungsmotors (Abb. 3, S. 205).

> Im »**elastischen**« **Bereich** der Verbrennungsmotoren liegt der geringste spezifische Kraftstoffverbrauch.

Bei einem aufgeladenen **Turbo-Dieselmotor** mit variabler Schaufelgeometrie (s. Kap. 24.4.4) herrscht in allen Motordrehzahlbereichen ein fast konstanter Ladedruck. Es wird eine gute Zylinderfüllung erzielt, die einen steilen Motordrehmomentanstieg schon bei niedrigen Motordrehzahlen und ein hohes und konstantes Motordrehmoment über einen großen Motordrehzahlbereich zur Folge hat (Abb.1). Auf Grund des Gemischbildungsverfahrens (innere Gemischbildung) und der Selbstzündung (Zündverzug) ist eine hohe Motordrehzahl wie bei Ottomotoren nicht möglich.

Kapitel 22: Leistungsmessung und Motorkennlinien

22.3 Rollen-Leistungsprüfstand

> Mit Hilfe eines **Rollen-Leistungsprüfstands** können die Antriebsleistung des Motors auf die angetriebenen Räder, der Kraftstoffnormverbrauch und die Abgaswerte des Motors ermittelt werden.

Die Abb. 2 zeigt den Aufbau eines Rollen-Leistungsprüfstands.

In Instandsetzungsbetrieben wird der Prüfstand auch zur **Diagnose** und für die **Prüfung** von **Wartungsarbeiten** eingesetzt. Fehler am Motor (z.B. Zündung oder Einspritzsystem) oder an der Kraftübertragung (z.B. Kupplung oder Getriebe) werden durch die Simulation einer Straßenfahrt festgestellt. Das Fahrzeug wird dabei an den Antriebsrädern durch eine **hydraulische** (Wasserwirbelbremse) oder **elektrische Bremse** (Wirbelstrombremse) abgebremst. Es können unterschiedliche Fahrzustände simuliert werden. Grundsätzlich arbeitet ein Rollen-Leistungsprüfstand wie eine Leistungsbremse. Die Räder laufen auf Rollen, die mit dem Rotor der Bremse verbunden sind (Abb. 3). Die Reibungskräfte der Wasserteilchen (Wasserwirbelbremse) oder die Kräfte des Magnetfeldes (Wirbelstrombremse) wirken den Umfangskräften der getriebenen Rolle entgegen. Sie werden vom **Stator** über einen Hebel auf eine Messskala übertragen (Abb. 1, S. 204).

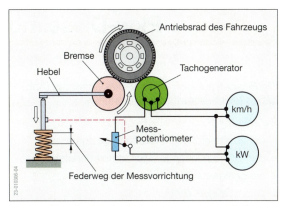

Abb. 3: Grundsätzliche Wirkungsweise eines Rollen-Leistungsprüfstands

Aufgaben

1. Beschreiben Sie den Aufbau einer Wirbelstrombremse.
2. Erklären Sie den Begriff »effektive Leistung«.
3. Nennen Sie die Voraussetzungen einer Leistungsmessung nach DIN ISO 1585.
4. Beschreiben Sie die Ermittlung der Messpunkte einer Volllast-Kennlinie für das Motordrehmoment und die effektive Leistung.
5. Erklären Sie den Begriff »spezifischer Kraftstoffverbrauch«.
6. Zeichnen Sie die drei charakteristischen Volllast-Kennlinien eines Verbrennungsmotors mit Hilfe der folgenden Daten in ein Diagramm:
   Leerlaufdrehzahl: 750/min, Höchstdrehzahl: 6000/min, kleinste Leistung: 18 kW bei Leerlaufdrehzahl, größte Leistung: 76 kW bei 5000/min, 64 kW bei Höchstdrehzahl, kleinstes Drehmoment: 75 Nm bei Höchstdrehzahl, größtes Drehmoment: 120 Nm bei 2600/min, 90 Nm bei Leerlaufdrehzahl, spezifischer Kraftstoffverbrauch: 320 g/kWh bei Leerlaufdrehzahl, 380 g/kWh bei Höchstdrehzahl, kleinster spezifischer Kraftstoffverbrauch: 180 g/kWh bei 4000/min.
7. Wie wird die Volllast-Kennlinie für den spezifischen Kraftstoffverbrauch ermittelt?
8. Warum zeigen die Kennlinien zwischen 0 und etwa 1000/min kein Drehmoment und keine Nutzleistung?
9. Begründen Sie den ansteigenden Leistungsverlauf mit zunehmender Motordrehzahl.
10. Warum fällt die effektive Leistung nach Erreichen eines Höchstwertes wieder ab?
11. Begründen Sie den Verlauf des spezifischen Kraftstoffverbrauchs.
12. Warum hat der Verbrennungsmotor im »elastischen« Bereich den geringsten spezifischen Kraftstoffverbrauch?
13. Begründen Sie den unterschiedlichen Verlauf der effektiven Leistung eines Ottomotors gegenüber dem eines aufgeladenen Dieselmotors.
14. Nennen Sie Prüfungen, die mit einem Rollen-Leistungsprüfstand durchgeführt werden können.

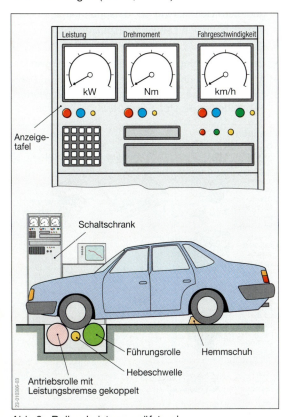

Abb. 2: Rollen-Leistungsprüfstand

23 | Einspritzanlagen für Pkw-Dieselmotoren

Die Einspritzanlagen für Pkw-Dieselmotoren (Abb. 1) haben folgende **Aufgaben** zu erfüllen:

Sie sollen:
- die erforderliche Kraftstoffmenge zumessen,
- den erforderlichen Einspritzdruck bereitstellen,
- die geeignete Strahlform erzeugen,
- zum richtigen Zeitpunkt und
- über einen bestimmten Zeitraum einspritzen.

Die Diesel-Einspritzanlagen unterscheiden sich hauptsächlich in den Bauteilen für die Druckerzeugung, Kraftstoffmengen- und Spritzbeginnregelung, sowie durch die Bauform der Einspritzdüsen.

Sollen unterschiedliche Kraftstoffe in einem Dieselmotor (Vielstoffmotor) eingesetzt werden, so ist eine **Vielstoff-Einspritzanlage** erforderlich. Folgende **Diesel-Einspritzanlagen** werden eingesetzt (⇒ TB: Kap. 7):

- Reiheneinspritzpumpe mit mechanischem oder elektronischem Regler (s. Kap. 47.3.3),
- Hubschieber-Reiheneinspritzpumpe mit elektronischem Regler (s. Kap. 47.3.4),
- Verteilereinspritzpumpe elektronisch geregelt mit Regelschieber (Axialkolbenpumpe, Pkw),
- Verteilereinspritzpumpe, elektronisch geregelt mit Förderkolben (Radialkolbenpumpe, Nkw, Pkw),
- Pumpe-Düse-Einheit (Pkw, Nkw),
- Pumpe-Leitung-Düse (Nkw) und
- Common-Rail-System (Pkw, Nkw).

23.1 Elektronisch geregelte Verteilereinspritzpumpe mit Regelschieber (Axialkolbenpumpe)

Die gestiegenen Anforderungen an Dieselmotoren, wie Minimierung der Schadstoffe und Minderung des Kraftstoffverbrauchs, sind mit einer mechanisch geregelten Einspritzanlage nicht zu realisieren.

Die Erfüllung dieser Anforderungen wird durch die elektronische Dieselregelung (**EDC**: **E**lektronic **D**iesel **C**ontrol) erreicht.

An Stelle des mechanischen Stellwerks bei mechanisch geregelten Verteilerpumpen wird ein elektronisch angesteuertes elektromagnetisches Mengenstellwerk (Aktor) eingesetzt. In Verbindung mit Messfühlern (Sensoren) und dem Steuergerät ersetzen sie die mechanischen Baugruppen. Eine Übersicht der Baugruppen einer **EDC** zeigt die Abb. 2.

In elektronisch geregelten Axialkolbenpumpen erfolgt die **Einspritzmengenregelung** durch ein elektromagnetisches Mengenstellwerk (Abb. 3).

Vorteile der **elektronisch geregelten** gegenüber der mechanisch geregelten **Verteilereinspritzpumpe**:
- genauerer Einspritzbeginn,
- genauere Bemessung der Einspritzmenge,
- lastunabhängige Leerlaufdrehzahlregelung,
- Regelung der Abgasrückführung,
- Laufruheregelung und Ruckeldämpfung sowie
- Ausgabemöglichkeiten von verschiedenen Fahrzeugdaten, wie z. B. Kraftstoffverbrauchswerten, Kühlmitteltemperatur, Öltemperatur, Ölmenge.

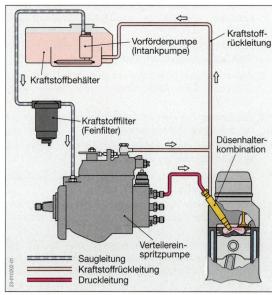

Abb. 1: Aufbau einer Diesel-Einspritzanlage

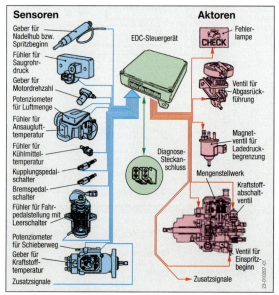

Abb. 2: Baugruppen der EDC

Kapitel 23: Einspritzanlagen für Pkw-Dieselmotoren

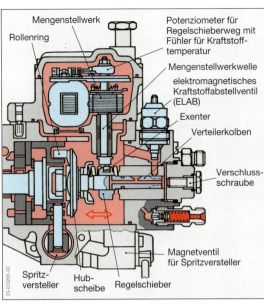

Abb. 3: Elektronisch geregelte Axialkolbenpumpe

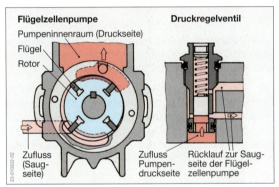

Abb. 4: Flügelzellenpumpe und Druckregelventil

Das **Steuergerät** verfügt über ein dreiteiliges Sicherheitskonzept mit **Selbstüberwachung, Notlauffunktion** und **Eigendiagnose**.

Den Aufbau einer elektronisch geregelten Verteilereinspritzpumpe (Axialkolbenpumpe) zeigt die Abb. 3.

Das **Fahrpedal** hat im Gegensatz zur mechanischen Verteilerpumpe **keine mechanische Verbindung** zur Einspritzpumpe (EGAS, s. Kap. 20.5.4).

Die **Fahrpedalstellung** wird durch ein elektrisches Signal direkt an das Steuergerät geleitet, wo es gleichzeitig für die Abgasrückführung oder die Ladedruckbegrenzung (Turbodiesel) ausgewertet wird.

In dem Gehäuse der Verteilereinspritzpumpe sind neben dem **Pumpenelement** noch die **Flügelzellenpumpe**, das **Mengenstellwerk** und der **Spritzbeginnversteller** untergebracht.

Die Verteilereinspritzpumpe wird über Zahnriemen oder Zahnräder von der Kurbelwelle angetrieben.

Das **Übersetzungsverhältnis** zwischen der Kurbelwelle und der Verteilereinspritzpumpe beträgt 2:1.

23.1.1 Kraftstoff-Vorförderpumpe

In Kraftfahrzeugen, bei denen lange Leitungswege oder große Höhenunterschiede zwischen dem Kraftstoffbehälter und der Einspritzpumpe überwunden werden müssen, ist zwischen diesen Bauteilen eine **Vorförderpumpe** angeordnet (Abb. 1). Sie unterstützt die **Förderpumpe** (Flügelzellenpumpe), die im Gehäuse der Verteilereinspritzpumpe liegt.

Als Vorförderpumpe können Membranpumpen mit einem Förderdruck von 1,1 bis 1,4 bar oder Elektrokraftstoffpumpen (s. Kap. 18.1.2) eingesetzt werden. Die Elektrokraftstoffpumpen sind meist im Kraftstoffbehälter angeordnet (Intank-Pumpen, Abb. 1).

Bevor der Kraftstoff die Verteilereinspritzpumpe erreicht, strömt er durch einen Feinfilter (Abb. 1). Ist das Feinfilter durch Verunreinigungen verstopft, öffnet das **Überströmventil** und der Kraftstoff kann durch die **Kraftstoffrückleitung** direkt zum Kraftstoffbehälter fließen. Der Pumpeninnenraum und die Einspritzdüsen sind ebenfalls mit dieser Kraftstoffrückleitung verbunden.

23.1.2 Flügelzellenpumpe

Sie versorgt den Innenraum und das Pumpenelement der Verteilereinspritzpumpe mit Kraftstoff. Der Rotor (Abb. 4) befindet sich direkt auf der Antriebswelle. Mit zunehmender Drehzahl steigt der Förderdruck im Pumpeninnenraum. Der zulässige Pumpeninnendruck wird durch das **Druckregelventil** begrenzt. Steigt der Kraftstoffdruck über einen zulässigen Wert an, öffnet das Druckregelventil und der Kraftstoff fließt zur Saugseite der Flügelzellenpumpe zurück.

23.1.3 Pumpenelement

Die Antriebswelle treibt über ein Mitnehmerkreuz die **Hubscheibe** an (Abb. 3). Diese hat so viele Nocken wie der Motor Zylinder hat. Die Nocken laufen gegen einen Rollenring und erzeugen bei einer Umdrehung der Hubscheibe so viele Hubbewegungen, wie die Hubscheibe Nocken hat.

Der **Verteilerkolben** ist mit der Hubscheibe fest verbunden und führt **Hub-** und **Drehbewegungen** aus.

Die Abb. 1, S. 210 zeigt die Wirkungsweise des Pumpenelements in der **Hub-** und **Förderphase**.

Die Abb. 1a, S. 210 zeigt den **Kraftstoffzulauf**. Im UT strömt Kraftstoff über den Zulaufkanal und einen Steuerschlitz in den Hochdruckraum.

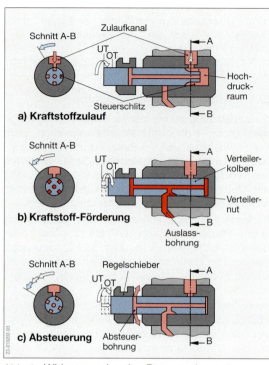

Abb. 1: Wirkungsweise des Pumpenelements

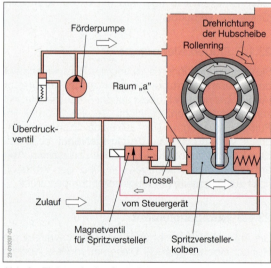

Abb. 2: Elektronische Spritzbeginnverstellung

Die **Kraftstoff-Förderung** (Abb. 1b) **beginnt** mit dem Verschluss des Zulaufkanals durch den Verteilerkolben. Durch die Drehbewegung wird eine Auslassbohrung über die Verteilernut mit dem Hochdruckraum verbunden. Während der Hubbewegung in Richtung OT steigt der Druck an (bis zu 1850 bar, ⇒ TB: Kap. 7) und der Kraftstoff gelangt über die Auslassbohrung zur Einspritzdüse.

Die **Kraftstoff-Förderung** (Abb. 1c) ist **beendet**, wenn der Regelschieber die Absteuerbohrung öffnet. Nach Erreichen des oberen Totpunkts bewegt sich der Verteilerkolben in Richtung UT und verschließt die Absteuerbohrung. Der Hochdruckraum wird wieder über den in Drehrichtung nächsten Steuerschlitz mit Kraftstoff gefüllt (Abb. 1a).

23.1.4 Elektronische Einspritzmengenregelung

Die **Einspritzmengenregelung** erfolgt durch die Verstellung des Regelschiebers über das Mengenstellwerk.

Das Mengenstellwerk verstellt den Regelschieber durch das Verdrehen der Mengenstellwerkwelle (Abb. 3, S. 209) und damit des Exzenters. Durch die Drehung des Exzenters wird der Regelschieber nach rechts oder links auf dem Verteilerkolben verschoben (Abb. 1). Dadurch wird die Absteuerbohrung früher oder später geöffnet und die Einspritzmenge verändert.

Nullförderung: Verschiebung des Regelschiebers ganz nach links. Dadurch bleibt die Steuerbohrung geöffnet und es kann kein Hochdruck aufgebaut werden.

Vollförderung: Verschiebung des Regelschiebers ganz nach rechts. Dadurch wird die Steuerbohrung erst nach dem größten Förderhub geöffnet.

Die Verstellung des Regelschiebers erfolgt durch Signale an das Mengenstellwerk durch das Steuergerät der EDC in Abhängigkeit von den Signalen der Sensoren, wie z. B. vom Pedalwertgeber, Drehzahlgeber, Potenziometer für den Regelschieberweg, Ansauglauft- und Motortemperaturgeber.

Das **Steuergerät** berechnet aus den Signalen der Sensoren anhand der im Steuergerät gespeicherten Kennfelder die Verstellung des Regelschiebers.

23.1.5 Elektronisch geregelte Spritzbeginnverstellung

Der am Spritzverstellerkolben anliegende hydraulische Druck (Abb. 2, Raum »a«) wird durch ein getaktetes **Magnetventil**, d. h. Ansteuern des Ventils in bestimmten Zeitabständen, so verändert, dass der Soll-Spritzbeginn erreicht wird. Über die Drossel wird der Raum »a« ständig mit Druck versorgt.

Bei geöffnetem Magnetventil sinkt der Druck, es kommt zu einem späteren Einspritzbeginn, bei geschlossenem Magnetventil (Druckanstieg) zu einem früheren Einspritzbeginn.

Der tatsächliche Zeitpunkt (Istwert) wird vom Nadelbewegungsfühler (Abb. 1, S. 216) erfasst und dem Steuergerät zum Vergleich mit dem Soll-Wert übermittelt. Durch die vom Steuergerät berechneten Zeitabstände zur Ansteuerung des Magnetventils wird der Spritzbeginn angepasst.

23.1.6 Kraftstoffabstellvorrichtung

Der Dieselmotor kann nur durch Unterbrechung der Kraftstoffzufuhr abgeschaltet werden. Nach der Betätigung des Fahrzeugschlüssels in die Nullstellung wird das Mengenstellwerk auf Nullförderung gestellt.

Das elektromagnetische Abstellventil (ELAB) unterbricht zusätzlich die Kraftstoffzufuhr zwischen dem Pumpeninnenraum und dem Zulaufkanal zum Hochdruckraum (Abb. 1). Es dient damit der Betriebssicherheit bei einem Defekt des Mengenstellwerks.

23.2 Elektronisch geregelte Verteilereinspritzpumpe mit Förderkolben (Radialkolbenpumpe)

Das **e**lektronisch geregelte **V**erteiler-**E**inspritzsystem mit Förderkolben (**EVE**) wird, wie die Verteilereinspritzpumpe mit Regelschieber, über Sensoren, das Steuergerät und die angeschlossenen Aktoren je nach Fahrsituation geregelt.

> Der Unterschied zur Axialkolbenpumpe besteht in der **Hochdruckerzeugung** der Radialkolbenpumpe, der **Mengen-** und **Spritzbeginnverstellung**.

In den Radialkolbenpumpen können bei schnelllaufenden Motoren Einspritzdrücke düsenseitig bis 1950 bar erzeugt werden, wodurch die Zerstäubung des Kraftstoffs verbessert und die Schadstoffemission gesenkt wird. Außerdem können **Einspritzmenge** und **Einspritzzeitpunkt** für **jeden Zylinder** unterschiedlich bemessen werden. Dadurch ergibt sich ein geringerer spezifischer Kraftstoffverbrauch und ein ruhigerer und gleichmäßigerer Motorlauf.

Zwischen dem Fahrpedal und der Einspritzpumpe gibt es, wie bei den elektronischen Axialkolbenpumpen, keine mechanische Verbindung. Das mit dem Fahrpedal gekoppelte Potenziometer wandelt die Pedalstellung in Spannungssignale um, die mit den anderen Sensorsignalen zur **Steuereinheit** (**ECU**: **E**lectronic **C**ontrol **U**nit oder auch **CPU**: **C**entral **P**rocessing **U**nit) geleitet werden.

Bei einem Signalausfall bildet das Steuergerät anhand gespeicherter Daten einen Ersatzwert (Notlauffunktionen), um die Funktion des Einspritzsystems aufrechterhalten zu können.

Die vom Steuergerät gebildeten **Ersatzwerte** haben Einfluss auf:

- die Abgasrückführung,
- die Ladedruckregelung und
- die Leerlaufregelung.

In diesem Fall werden Leistung und Höchstdrehzahl reduziert.

23.2.1 Kraftstoffversorgung

Bevor der Kraftstoff in die **Flügelzellenpumpe** der Verteilereinspritzpumpe gelangt, fließt er durch einen **Kraftstoffwärmetauscher** und das **Hauptfilter**. Die überschüssige Kraftstoffmenge fließt vom Innenraum der Verteilereinspritzpumpe zum Kraftstoffbehälter zurück. Der **Kraftstoffwärmetauscher** (Abb. 3) ist im Zylinderkopf eingebaut. Durch die Thermostatsteuerung wird der Kraftstoff bei einer Temperatur < 18 °C vollständig und zwischen 18 und 30 °C teilweise vorgewärmt. Oberhalb von 30 °C erfolgt keine Vorwärmung des Kraftstoffs. Das Vorwärmen des Kraftstoffs soll die Ausscheidung von Paraffinen aus dem Dieselkraftstoff im Winterbetrieb verhindern.

23.2.2 Hochdruckerzeugung

Die Antriebswelle wird direkt über eine Mitnehmerscheibe mit der Verteilerwelle verbunden (Abb. 3, S. 212). Die Mitnehmerscheibe greift in die radial angeordneten Führungsschlitze ein (Abb. 4). Diese nehmen die **Rollenschuhe** mit jeweils zugehöriger **Gleitrolle** auf. Es werden Radialkolbenpumpen mit zwei, drei oder vier Förderkolben eingesetzt. Die Anzahl der Erhebungen des Nockenrings entspricht der Zylinderzahl des Motors (Abb. 4: 6-Zyl.-Motor).

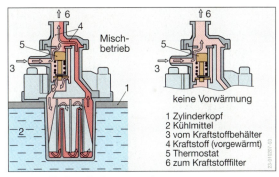

Abb. 3: Kraftstoffwärmetauscher

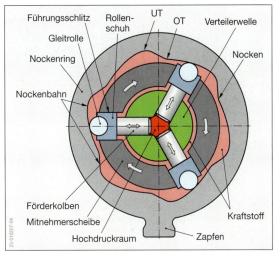

Abb. 4: Wirkungsweise der Radial-Hochdruckpumpe

Radialkolbenpumpe / radial piston pump

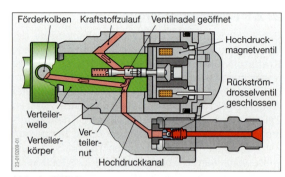

Abb. 1: Füllphase

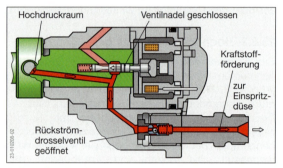

Abb. 2: Förderphase

Nach etwa zwei Umdrehungen der Flügelzellenpumpe ist der Vorförderdruck von 5 bar im Hochdruckraum aufgebaut. Der Vorförderdruck und die Zentrifugalkräfte (Fliehkräfte) drücken die Förderkolben, die Rollenschuhe und die Gleitrollen an die Nockenbahn des Nockenrings (Abb. 4, S. 211 und Abb. 3).

Durch die Drehung der Mitnehmerscheibe und die Wirkung des Anstiegs der Nockenbahn werden die Förderkolben über die Gleitrollen und Rollenschuhe nach innen gedrückt. Ist das Hochdruckmagnetventil geschlossen, steigt der Druck im Hochdruckraum an.

In der **Füllphase** (Abb. 1) fließt der Kraftstoff über den Kraftstoffzulauf und den Kanal der Verteilerwelle zwischen die Förderkolben in den Hochdruckraum.

In der **Zwischenphase** dreht sich die Mitnehmerscheibe und damit die Verteilerwelle weiter. Der Kraftstoffzulauf wird durch das Hochdruckmagnetventil geschlossen und der Hochdruckkanal für einen bestimmten Zylinder geöffnet.

Die **Förderphase** (Abb. 2) beginnt, sobald die Nocken am Nockenring die Förderkolben über die

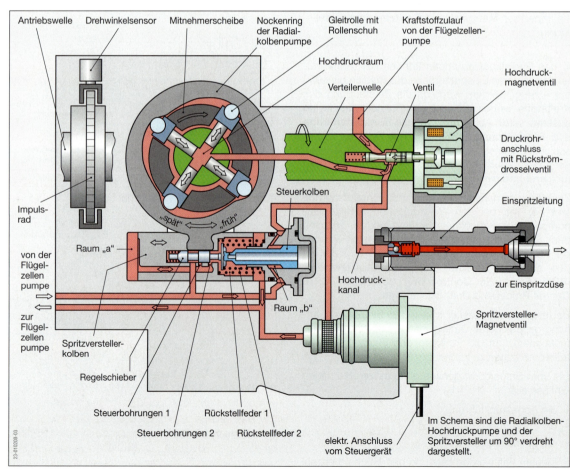

Abb. 3: Hochdruckteil der Radialkolbenpumpe mit Einspritzmengen- und Spritzbeginnregelung

Gleitrollen und Gleitschuhe nach innen drücken. Bei geschlossenem Hochdruckmagnetventil gelangt der Kraftstoff über den Hochdruckkanal zur Einspritzdüse. Nach Erreichen des Düsenöffnungsdrucks wird der Kraftstoff eingespritzt. Die Förderphase endet, wenn das Hochdruckmagnetventil öffnet und sich der Druck über die Kraftstoffzulaufleitung abbaut.

Die **Verteilung** des **Kraftstoffs** erfolgt durch die Verteilerwelle genauso wie bei der elektronisch geregelten Verteilereinspritzpumpe mit Regelschieber.

23.2.3 Einspritzmengenregelung

> Die **Einspritzmengenregelung** erfolgt durch ein **Hochdruckmagnetventil**.

Das Hochdruckmagnetventil erhält vom Steuergerät einen elektrischen Impuls, um im unteren Totpunkt des Nockens am Nockenring den Hochdruckraum zu verschließen (Abb. 3).

Die erforderliche Einspritzmenge wird durch den Förderbeginn und das Öffnen des Hochdruckmagnetventils bestimmt (d. h. durch die Schließdauer des Hochdruckmagnetventils).

> Durch **Änderung** des **Nutzhubes** der Förderkolben ändert sich die Einspritzmenge. Der Nutzhub wird bestimmt durch das Verschließen bzw. Öffnen des Kraftstoffzulaufs durch das Hochdruckmagnetventil.

Der Kraftstoff, der nach dem Öffnen des Hochdruckmagnetventils aus dem Hochdruckraum gefördert wird, gelangt in den Pumpeninnenraum zurück (Abb. 1 und 2).

Das **Rückströmdrosselventil** (Abb. 3) hält die Einspritzleitung unter Druck. Dadurch wird ein Nachöffnen der Düsennadel durch die Druckwellen, die am Ende des Einspritzvorgangs erzeugt werden verhindert.

23.2.4 Spritzbeginnverstellung

> Die **Spritzbeginnverstellung** erfolgt über das **Verdrehen** des **Nockenrings**.

Der Nockenring ragt mit dem Zapfen in eine Nut des **Spritzverstellerkolbens** (Abb. 3). Mittig im Spritzverstellerkolben ist ein Regelschieber angeordnet, der die Steuerbohrungen im Spritzverstellerkolben öffnet und schließt. Das **Spritzversteller-Magnetventil**, angesteuert vom Steuergerät, beeinflusst den Druck am **Steuerkolben**. In Ruhestellung (Magnetventil offen) wird der Spritzverstellerkolben durch die **Rückstellfeder** »1« in der Stellung „Einspritzbeginn spät" gehalten. Der **Vorförder-Kraftstoffdruck** von der Flügelzellenpumpe wirkt als **Steuerdruck**.

Soll der Spritzbeginn nach »früh« verstellt werden, wird das Magnetventil geschlossen. Im Raum »b« wird Druck aufgebaut (Abb. 3) und dadurch der Steuerkolben und der Regelschieber entgegen der Kraft der **Rückstellfeder** »2« in Richtung »früh« verschoben. Über die jetzt offene **Steuerbohrung** »1« wird im Raum »a« Druck aufgebaut und dadurch entgegen der Kraft der **Rückstellfeder** »1« der Spritzverstellerkolben und über den Zapfen der Nockenring nach »früh« verstellt (Abb. 3).

Wird der **Spritzbeginn** nach »**spät**« verstellt, öffnet das Magnetventil. Im Raum »**b**« fällt der Druck ab. Durch die Kraft der Rückstellfeder »2« wird der Steuerkolben und der Regelschieber in Richtung »spät« verschoben. Der Regelschieber verschließt die Steuerbohrung »1« und öffnet die Steuerbohrung »2«, über der Druck im Raum »a« abgebaut wird. Der Spritzverstellerkolben bewegt durch die Kraft der Rückstellfeder »1« über den Zapfen den Nockenring in die Stellung »spät«.

Wird das Magnetventil angetaktet, schließt und öffnet es. Das **Tastverhältnis** (s. Kap. 53.4.1) wird vom Steuergerät in Abhängigkeit von den Signalen des **Drehwinkelsensors** und den **Sollwerten** des **Einspritzkennfeldes** vorgegeben (**Spritzbeginnregelung**). Dadurch wird der Druck am Steuerkolben so eingestellt, dass dieser jede beliebige Stellung zwischen »früh« und »spät« einnehmen kann.

23.3 Einspritzdüse und Düsenhalterkombination

Die Einspritzdüse hat die **Aufgaben**:
- dem Kraftstoff die gewünschte Strahlform zu geben,
- ihn fein zu zerstäuben und
- den Kraftstoff in einem bestimmten Winkel einzuspritzen.

> Die **Einspritzdüsen** haben einen entscheidenden Einfluss auf die Gemischbildung, den Verbrennungsablauf, die Schadstoffemission und den Motorlauf.

Die Einspritzdüse (Abb. 1, S. 214) besteht aus dem **Düsenkörper** und der **Düsennadel**. Düsenkörper und Düsennadel haben eine Feinstpassung mit 0,002 bis 0,003 mm Spiel und sind deshalb nur gemeinsam austauschbar.

Die Einspritzdüse wird mit der Düsenspannmutter an den Düsenhalter geschraubt (Abb. 3, S. 215), an dem sich auch der Anschluss für die Druckleitung befindet. Der Düsenhalter wird in den Zylinderkopf eingeschraubt.

Die Düsennadel wird über den **Druckbolzen** durch eine bzw. zwei Druckfedern (Abb. 3, S. 215) des Düsenhalters belastet. Die Düsennadel wird durch die Druckfederkraft F_D mit ihrer kegelförmigen Sitzfläche auf die Gegenfläche im Düsenkörper

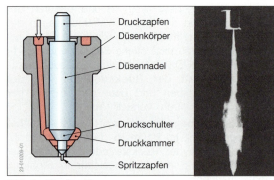

Abb. 1: Zapfendüse

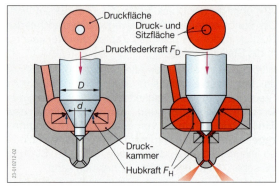

Abb. 2: Wirkungsweise der Lochdüse

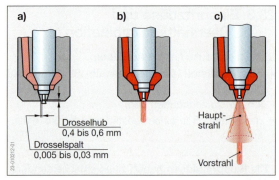

Abb. 3: Drosselzapfendüse und Drosselzapfendüse mit schräger Fläche

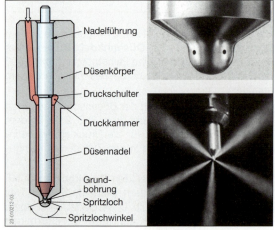

Abb. 4: Mehrlochdüse (lange Lochdüse)

gepresst (Abb. 2). Zu Beginn des Förderhubes wird die Düsennadel durch den ansteigenden Kraftstoffdruck von ihrem Sitz gehoben.

Bei diesem Vorgang hat sich die wirksame Druckfläche um die Sitzfläche vergrößert. Da die Kraftstofffördermenge größer ist als das Kraftstoffvolumen in der Druckkammer, öffnet die Einspritzdüse sehr schnell und gibt den gesamten Öffnungsquerschnitt frei.

Die Düsennadel wird geschlossen, wenn der nutzbare Förderhub der Einspritzpumpe beendet ist, d. h. der Druck in der Einspritzleitung abfällt. Dann ist die Druckfederkraft größer als die senkrecht wirkenden Gegenkräfte des Kraftstoffs (Spritzende).

Während der Hochdruckförderung können Einspritzdrücke von bis zu 2050 bar erreicht werden. Die Höhe des geforderten Einspritzdruckes ist abhängig vom eingesetzten Diesel-Einspritz-System (⇒ TB: Kap. 7).

Es gibt zwei **Bauarten** der Einspritzdüse:
- Zapfendüse und
- Lochdüse.

23.3.1 Zapfendüse

Zapfendüsen werden in **Vor-** und **Wirbelkammermotoren** verwendet.

Die Zapfendüsen arbeiten mit wesentlich geringeren Einspritzdrücken als Lochdüsen, da in Motoren mit unterteilten Brennräumen die Verwirbelung intensiver ist, was die Gemischaufbereitung begünstigt. Durch zylindrische oder kegelige Zapfenenden kann der Strahlwinkel beeinflusst werden.

Drosselzapfendüsen (Abb. 3) bilden einen Vor- und einen **Hauptstrahl**. Während des Vorstrahls wird nur ein schmaler Drosselspalt freigegeben (Abb. 3b).

Durch die stufenweise Kraftstoffeinspritzung wird ein »**weicher**« **Verbrennungsablauf** erzielt.

Die Verbrennung des Gemisches führt anfangs zu einem geringen Druckanstieg im Verbrennungsraum, da noch nicht die gesamte Kraftstoffmenge eingespritzt ist. Der Nachteil der Zapfendüsen ist das Verkoken des Ringspaltes. Durch den Zapfenhub wird das Verkoken teilweise verhindert. Es kommt zur **Selbstreinigung**.

Trotzdem bleibt die Ringspaltfläche meist nur zu 30% frei. Je kleiner der Ringspalt, desto besser die Selbstreinigung.

Wichtige **Daten** der **Zapfendüse**:
- Düsenöffnungsdruck 110 bis 140 bar,
- Spritzlochdurchmesser 0,8 bis 2 mm,
- Nadelhub 0,4 bis 1,1 mm und
- Strahlwinkel bis 30°.

Kapitel 23: Einspritzanlagen für Pkw-Dieselmotoren

23.3.2 Lochdüse

> **Lochdüsen** werden für Motoren mit **direkter Einspritzung** verwendet.

Eingesetzt werden **Ein- und Mehrlochdüsen** (Abb. 4). Die Zahl der Löcher richtet sich nach der günstigsten Verteilung des Kraftstoffs im Verbrennungsraum und der Hubraumgröße des Zylinders.

Lochdurchmesser und -länge beeinflussen die Form des Strahls und die Eindringtiefe in die verdichtete Luft. So bewirkt ein langes Spritzloch einen geschlossenen Kraftstoffstrahl und eine größere Eindringtiefe.

Lange Lochdüsen (Abb. 4) sind erforderlich, wenn die Erwärmung einer Düse zu groß werden würde (Klemmgefahr). Die Nadelführung einer langen Lochdüse liegt von der Stelle der höchsten Erwärmung weiter entfernt.

Wichtige **Daten** der **Lochdüse**:
- Düsenöffnungsdruck 150 bis 450 bar,
- 1 bis 12 Löcher je Düse,
- Spritzlochdurchmesser von 0,2 bis 0,45 mm und
- Strahlwinkel bis 180°.

23.3.3 Beanspruchung der Einspritzdüse

Einspritzdüsen sind hoch belastete Bauteile. Sie unterliegen neben der Gefahr der Verkokung folgenden Beanspruchungen:
- **Schlagverschleiß** zwischen Düsennadelsitzfläche und Sitzfläche im Düsenkörper,
- **Reibverschleiß** an den Gleitflächen von Nadel und Düsenkörper, verstärkt durch Verunreinigungen im Kraftstoff und durch Ölkohle,
- **Strahlverschleiß** an den Bohrungen und am Spritzzapfen und
- **Korrosionsverschleiß** an den Gleitflächen und an den Bohrungen.

23.3.4 Düsenhalter

Die **Aufgaben** des Düsenhalters sind:
- Die Aufnahme der Einspritzdüse,
- die Verbindung der Düse mit der Kraftstoffleitung,
- die Aufnahme der Druckfeder, des Stabfilters sowie der Druckeinstellvorrichtung

und
- die Aufnahme des Nadelbewegungsfühlers.

Die Abb. 5 zeigt den Aufbau einer **Düsenhalterkombination**.

Die Einstellung des Öffnungsdrucks wird entweder durch Verdrehen einer Einstellschraube oder durch Einlegen von Einstellscheiben unter die Druckfeder erreicht. Durch das Einlegen einer zusätzlichen Scheibe wird der Düsenöffnungsdruck erhöht, da die Federkraft F_D ansteigt (Abb. 2).

Die **Zweifeder-Düsenhalterkombination** (Abb. 6) erreicht durch eine Voreinspritzung eine weichere Verbrennung bei direkter Einspritzung. Durch die geringe Kraftstoffmenge, die zu Beginn in den Zylinder eingespritzt wird, steigt der Verbrennungsdruck nicht schlagartig an (s. Kap. 21.3).

Die **Voreinspritzung** wird dadurch erreicht, dass durch die weichere Druckfeder 1 zuerst der Bereich des Vorhubs geöffnet wird (Vorhub H_1). Während des anschließenden Haupthubes H_2 werden die Druckfedern 1 und 2 zusammengedrückt. Dabei stützt sich die Druckfeder 2 über den Federteller auf der Anschlaghülse, mit der Vertiefung für den Vorhub H_1, ab.

Die Abb. 1, S. 216 zeigt eine **Düsenhalterkombination** mit **Nadelbewegungsfühler**, der bei der elektronischen Dieselregelung (EDC) dem Steuergerät die Information für den Spritzbeginn und die Einspritzzeit der Einspritzdüse gibt. Bei der Bewegung des Druckbolzens in der Geberspule wird eine Spannung erzeugt, die über die Leitung an das Steuergerät gelangt.

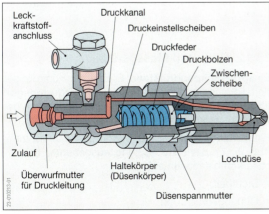

Abb. 5: Düsenhalterkombination

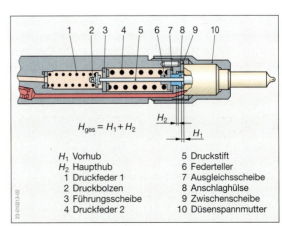

$H_{ges} = H_1 + H_2$

H_1 Vorhub
H_2 Haupthub
1 Druckfeder 1
2 Druckbolzen
3 Führungsscheibe
4 Druckfeder 2
5 Druckstift
6 Federteller
7 Ausgleichsscheibe
8 Anschlaghülse
9 Zwischenscheibe
10 Düsenspannmutter

Abb. 6: Zweifeder-Düsenhalterkombination

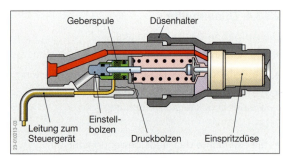

Abb. 1: Düsenhalter mit Nadelbewegungsfühler

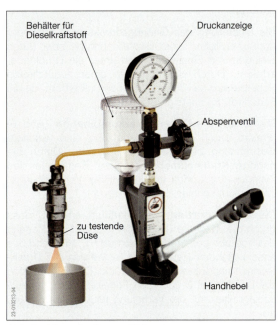

Abb. 2: Einspritzdüsenprüfstand

Um die an der Einspritzdüse entstehende Wärme schnell abzuführen, benötigen Dieselmotoren **Wärmeschutzeinrichtungen** für die Einspritzdüsen. Durch starke Erwärmung der Düsenkuppen wird die Haltbarkeit der Düse herabgesetzt.

Bei Dieselmotoren mit Direkteinspritzung und Aufladung (Lochdüsen) werden **Wärmeschutzhülsen** verwendet. Bei indirekten Einspritzverfahren (Zapfendüsen) werden **Wärmeschutzscheiben** eingesetzt, die sich zwischen Düsenspannmutter und Zylinderkopf befinden.

> **Arbeitshinweise**
>
> Damit im Düsenhalter und in der Düse keine unzulässigen Spannungen auftreten, muss die Düse im Düsenhalter und der Düsenhalter im Zylinderkopf mit den vom Hersteller vorgeschriebenen **Drehmomenten** angezogen werden.
>
> Während des Einbaus der Wärmeschutzscheibe ist auf die richtige Einbaulage zu achten, da sie unterschiedliche Ausformungen besitzt.

23.4 Wartung und Diagnose

Verteilereinspritzpumpen werden durch den Dieselkraftstoff gekühlt und geschmiert, eine Füllstandskontrolle bzw. ein Ölwechsel, wie er bei Reiheneinspritzpumpen üblich ist, entfällt (s. Kap. 47).

> Diesel-Einspritzanlagen mit Verteilereinspritzpumpen sind **selbstentlüftend**.

Die Voraussetzungen für eine **einwandfreie Wirkungsweise** sind im Wesentlichen:
- einwandfreier Zustand der Einspritzdüsen,
- richtig eingestellter Öffnungsdruck der Einspritzdüsen und
- richtiger Förderbeginn der Einspritzpumpe.

23.4.1 Einstellen des Förderbeginns

Der Förderbeginn der Verteilereinspritzpumpe wird wie folgt **geprüft** und **eingestellt**:
- Kolben (Verdichtungshub) des ersten Zylinders auf OT stellen, d. h. Kurbelwelle so lange drehen, bis die Markierung des 1. Zylinders auf dem Schwungrad mit der festen Markierung übereinstimmt;
- Verschlussschraube am Einspritzpumpenkopf herausschrauben (Abb. 3, S. 209);
- Adapter in das Verteilerpumpengehäuse einsetzen und Messuhr mit Vorspannung einschrauben;
- Kurbelwelle entgegen dem Uhrzeigersinn so lange drehen, bis sich der Zeiger der Messuhr nicht mehr bewegt;
- Messuhr auf »0« stellen;
- Kurbelwelle in Motordrehrichtung drehen, bis die OT-Marke der Festmarke am Gehäuse gegenübersteht, Messwert ablesen;
- Die Messuhr muss das Sollmaß des Pumpenhubs anzeigen. Sonst die Pumpe lösen und so weit verdrehen, bis der vorgeschriebene Hub angezeigt wird.

23.4.2 Prüf- und Messgeräte

Einspritzpumpenprüfstand: Er dient zur Kontrolle der Verteilereinspritzpumpe auf **gleiche Fördermengen** für alle Zylinder. Die Einspritzmengen können an der Verteilereinspritzpumpe nicht eingestellt werden.

Einspritzdüsenprüfstand (Motor- oder Handbetrieb, Abb. 2): Er dient zur Prüfung ausgebauter Düsenhalterkombinationen auf
- Dichtheit,
- Öffnungsdruck und
- Strahlform.

Voraussetzung einer exakten **Düsenprüfung** ist die vorherige **Reinigung** und **Gleitprüfung** der Düse. Bei der Gleitprüfung wird die Düsennadel an den Düsenkörper angesetzt und muss selbsttätig durch ihr Eigengewicht in den Düsenkörper hineingleiten. Dabei darf die **Düsennadel** wegen der Korrosionsgefahr nur am **Druckzapfen** angefasst werden.

Besonders wichtig ist die **Dichtheitsprüfung** an Einspritzdüsen. Eine Düse ist dicht, wenn innerhalb von zehn Sekunden bei einem Druck von 20 bar unterhalb des Öffnungsdrucks der Einspritzdüse kein Kraftstofftropfen abfällt. Die Düsenhersteller geben für alle Düsenarten Testblätter mit den Solldaten der Düsen heraus.

Während des Öffnens der Einspritzdüse fällt der Druck an der Einspritzdüse ab, so dass die Düsennadel in den Sitz zurückgedrückt wird. Da der Förderhub noch nicht beendet ist, steigt der Druck an, die Düsennadel hebt wieder ab. Dieses Öffnen und Schließen führt zum typischen »**Schnarren**« an der Einspritzdüse und wird am Düsenprüfstand getestet (Schnarrprüfung).

> **Unfallverhütung**
>
> Auf Grund des sehr hohen Einspritzdrucks ist die Berührung mit dem Kraftstoffstrahl gefährlich, da dieser tief in das Hautgewebe eindringt. Es besteht die Gefahr der Blutvergiftung.
> Bei allen Prüfarbeiten am Düsenprüfstand ist eine Schutzbrille zu tragen. Der Einsatz einer Absauganlage ist vorgeschrieben, da die Kraftstoffdämpfe gesundheitsschädliche Wirkungen haben.

Rauchgastester: Er dient zur Kontrolle der Rußpartikel im Abgas. Verbreitet ist die fotoelektrische Messung der Schwärzungszahl einer Filterscheibe. Sie wird durch eine an der Abgasanlage befestigten Sonde und eine Dosierpumpe mit dem Abgasstrom in Berührung gebracht.

Elektronischer Dieseltester: Mit diesem Tester erfolgt bei laufendem Motor (dynamische Prüfung) eine Prüfung der Diesel-Einspritzpumpe. Bei diesem Test wird der Förderbeginn und die Förderbeginnverstellung ermittelt.

Diese **Prüfdaten** erhält der **Dieseltester** entweder über
- Stroboskop und Klemmgeber oder
- OT-Geber und Klemmgeber.

In elektronischen Dieselsystemen (EDC) kommen diese Informationen von dem Nadelbewegungsfühler und dem OT-Geber.

23.5 Pumpe-Düse-Systeme

Die gestiegenen Ansprüche an Dieselmotoren hinsichtlich Kraftstoffverbrauch, Schadstoffemissionen, Leistung und Motorlauf führten zur Entwicklung der **Pumpe-Düse-Einheit** (PDE) bzw. **Pumpe-Leitung-Düse** (PLD).

> Diese Systeme spritzen die erforderliche **Kraftstoffmenge** zum richtigen Zeitpunkt **für jeden Zylinder** einzeln mit einem Druck von bis zu **2050 bar** in den Verbrennungsraum ein.

Die vier **Baugruppen** des Systems sind:
- die Kraftstoffversorgung (Niederdrucksystem),
- der Hochdruckteil (Pumpe-Düse-Einheit),
- die elektronische Regelung (EDC)
und
- die Nebenaggregate des Motors (Abgasturbolader).

23.5.1 Kraftstoffversorgung

> Die **Kraftstoffversorgung** hat die **Aufgabe**, den Kraftstoff zu speichern, ihn zu reinigen, zu kühlen bzw. vorzuwärmen und in allen Betriebszuständen eine ausreichende Kraftstoffmenge in den Hochdruckteil des Systems zu fördern.

Die Kraftstoffversorgung besteht aus dem Kraftstoffbehälter, dem Kraftstoffkühler, dem Kraftstofffilter (s. Kap. 19) und der Kraftstoffförderpumpe (z. B. Elektrokraftstoffpumpen, s. Kap. 18 oder Zahnradpumpen, s. Kap. 27). In einigen Fahrzeugen werden zusätzlich Kraftstoffvorförderpumpen und auch Intank-Pumpen (s. Abb.1, S. 208) eingesetzt.

Kraftstoffkühlung

Durch den hohen Druck, der im Injektor erzeugt wird, erwärmt sich der Kraftstoff sehr stark, damit ändert sich die Dichte des Kraftstoffs. Der überschüssige Kraftstoff wird deshalb auf seinem Rückweg von der Einspritzdüse zum Kraftstoffbehälter gekühlt. Zur Kühlung reicht der Motorkühlkreislauf nicht aus, da das Motorkühlmittel unter Betriebsbedingungen zu warm ist und der Kraftstoff nicht ausreichend gekühlt wird. Deshalb ist ein eigener Kühlkreislauf vorhanden. Die Abb. 1, S. 218 zeigt schematisch den Kraftstoff-Kühlkreislauf. Der Kraftstoff fließt über den **Kraftstofftemperatursensor** zum Kraftstoffkühler und gibt dort seine gespeicherte Wärmeenergie an das Kühlmittel ab. Da der Kraftstoffkühlkreislauf unabhängig vom Motorkühlkreislauf arbeiten muss, ist eine **zusätzliche Kühlmittelpumpe** erforderlich.

Diese fördert das Kühlmittel zum Zusatzkühler, wo die Wärmeenergie abgegeben wird.

23.5.2 Hochdruckteil

Der Hochdruckteil des Systems besteht aus der **Pumpe-Düse-Einheit** (PDE) auch Unit-Injektor (unit, engl.: Einheit) genannt.

Er ist unmittelbar im Zylinderkopf angeordnet, d. h. jeder Zylinder erhält eine Pumpe-Düse-Einheit, die jeweils von einem Einspritznocken der Nockenwelle direkt oder über einen Kipphebel angetrieben wird. Die Abb. 3 zeigt den **Aufbau** einer Pumpe-Düse-Einheit.

> In der Pumpe-Düse-Einheit befinden sich die **Hochdruckerzeugung**, das **Hochdruckmagnetventil** zur Kraftstoffmengen- und Spritzbeginnregelung und die **Einspritzdüse** (Mehrlochdüse) mit **Düsenhalter** in einer Baugruppe.

Über den Kraftstoffzulauf (Abb. 3) wird der Niederdruckteil (Kraftstoffversorgung) mit dem Hochdruckteil (Pumpe-Düse-Einheit) verbunden.

Die Rückstellfeder gewährleistet, dass der Pumpenkolben gegen den Kipphebel und dieser gegen den Einspritznocken der Nockenwelle gedrückt wird, um den Verschleiß zu vermindern. Nach Beendigung des Einspritzvorgangs wird der Pumpenkolben durch die Rückstellfeder wieder in seine Ausgangslage gedrückt.

Die Abb. 4 zeigt die **Wirkungsweise** der Pumpe-Düse-Einheit in den vier Phasen: Saughub, Vorhub, Förderhub und Resthub.

Während des **Saughubes** wird der Pumpenkolben (2) durch die Rückstellfeder (3) nach oben gedrückt. Dadurch fließt der Kraftstoff über die Zulaufbohrung (7) in den Magnetventilraum (6). Da das Magnetventil (5) im stromlosen Zustand geöffnet ist, gelangt der Kraftstoff in den Hochdruckraum (4). Durch die Drehung der Nockenwelle (1) bewegt sich der Pumpenkolben (2) nach unten, der Kraftstoff wird über das Magnetventil (5) in den Kraftstoffrücklauf (8, Niederdruckteil) gedrückt (**Vorhub**). Während des Vorhubs wird kein Kraftstoff eingespritzt.

Zum Zeitpunkt des vom Steuergerät berechneten **Einspritzbeginns**, wird nun die Spule (9) mit einer Stromstärke von 20 A (Anzugsstrom, Abb. 2) durchflossen. Das Magnetventil schließt, so dass die Verbindung von Hochdruck- und Niederdruckteil verschlossen wird (**Förderhub**). Durch das Aufschlagen des Magnetventils in den Ventilsitz entsteht an dem Magnetventil das **BIP-Signal** (**B**eginning of **I**njection **P**eriod, Abb. 2) und wird an das Steuergerät geleitet, das die Haltestromstärke auf 12 A absenkt. Der Kraftstoffdruck steigt bis zum Öffnungsdruck der Einspritzdüse an.

Die Düsennadel (11) wird vom Nadelsitz abgehoben (Einspritzbeginn). Wegen der hohen Fördermengen

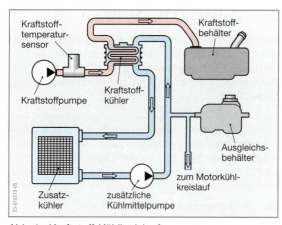

Abb. 1: Kraftstoff-Kühlkreislauf

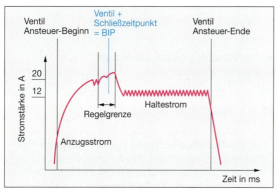

Abb. 2: Stromverlauf am Magnetventil der PDE

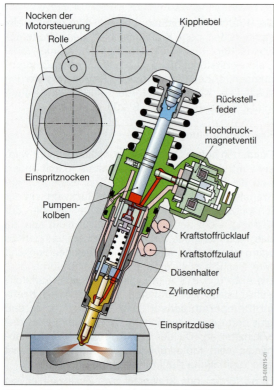

Abb. 3: Aufbau der Pumpe-Düse-Einheit (PDE)

des Pumpenkolbens steigt der Druck während des Einspritzvorganges weiter bis auf 2050 bar an.

Wird der Spulenstrom vom Steuergerät unterbrochen, öffnet das Magnetventil (5) und gibt die Verbindung zwischen dem Hoch- und dem Niederdruckbereich frei. Nach Unterschreiten des Düsenöffnungsdrucks schließt die Düse und der Einspritzvorgang ist beendet.

Während des **Resthubes** strömt der Kraftstoff über das geöffnete Magnetventil in den Niederdruckbereich und fließt durch den Kraftstoffrücklauf (8) in den Kraftstoffbehälter zurück.

Während des **Startvorgangs** wird der Magnetventilraum (6) durch das Magnetventil (5) verschlossen, so dass Kraftstoff gefördert wird. Zum Abstellen des Motors bleibt das Magnetventil stromlos. Der Kraftstoff fließt über den Kraftstoffrücklauf (8) und Kraftstoffkühler direkt in den Niederdruckbereich zurück zum Kraftstoffbehälter (Nullförderung).

Die sehr hohe Steuerstromstärke von 20 A und Haltestromstärke von 12 A führen zu einer hohen thermischen Belastung der Magnetspule, der während des Einspritzvorgangs nicht verwendete Kraftstoff wird zur Kühlung des Magnetventils und der Magnetventilfeder verwendet.

Die Stromänderung am Magnetventil (**BIP-Signal**) wird von dem Steuergerät zur Überwachung des Injektors genutzt, z. B. eine hängende Ventilnadel oder Luft im Kraftstoffsystem führen zu einer Veränderung dieses Signals. Es kann gleichzeitig auch mit Hilfe des Systemtestgerätes zur Diagnose herangezogen werden.

Anhand des Lastwunsches des Fahrers, der am Fußfahrgeber (Potenziometer) ermittelt wird, der Luftmasse (Luftmassenmesser) und der Motordrehzahl (Drehzahlsensor) wird die Kraftstoffmenge vom Steuergerät berechnet.

Durch die elektronische Kennfeldregelung (s. Kap. 50.4.3) des Einspritzbeginns und der Einspritzdauer ist eine Anpassung des Einspritzverlaufs, d. h. Vor-, Haupt und Nacheinspritzung, an den jeweiligen Motorbetrieb durch Veränderung der Einschalt- und Ausschaltpunkte der Spulenstromstärke des Magnetventils möglich.

Pumpe-Leitung-Düse

Die Arbeitsweise dieses Systems entspricht der der Pumpe-Düse-Einheit (PDE).

Das PLD-System wird überwiegend in Nutzkraftwagen eingesetzt (Abb. 1 und 2, S. 220).

> Bei der **Pumpe-Leitung-Düse**, auch als Unit Pump (engl.: Pumpeneinheit) bezeichnet, sind die **Einspritzdüse** und die **Hochdruckpumpe** mit **Magnetventil** in getrennten Bauteilen angeordnet.

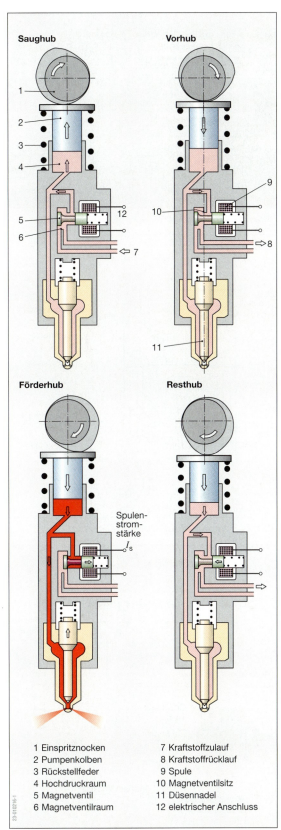

1 Einspritznocken
2 Pumpenkolben
3 Rückstellfeder
4 Hochdruckraum
5 Magnetventil
6 Magnetventilraum
7 Kraftstoffzulauf
8 Kraftstoffrücklauf
9 Spule
10 Magnetventilsitz
11 Düsennadel
12 elektrischer Anschluss

Abb. 4: Wirkungsweise der Pumpe-Düse-Einheit (Unit-Injektor)

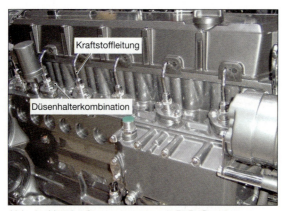

Abb. 1: Nutzkraftwagenmotor mit PLD-System

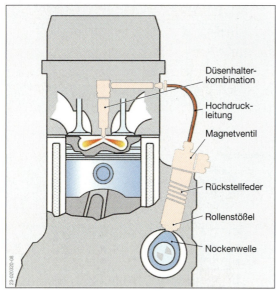

Abb. 2: Pumpe-Leitung-Düse (PLD-System)

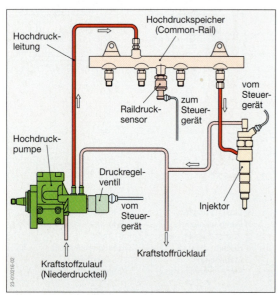

Abb. 3: Baugruppen des Common-Rail-Hochdrucksystems

Beide, d. h. Düsenhalterkombination und Hochdruckerzeugung mit Magnetventil sind durch eine Hochdruckleitung miteinander verbunden (Abb. 2). Aus dieser Anordnung ergeben sich die folgenden **Vorteile**:

- Die Zylinderköpfe bedürfen keiner kostenaufwändigen Neukonstruktion, da die Einspritzdüsen weiterhin vom Zylinderkopf aufgenommen und die Einzelpumpen seitlich am Motor durch einen geeigneten Pumpenhalter befestigt werden können.
- Der Antrieb der Einzelpumpen erfolgt direkt, d. h. von der Pumpennockenwelle ohne Kipphebel, so dass größere Kräfte bei gleichzeitig geringerem Verschleiß übertragen werden können.
- Die einzelnen Bauteile sind besser zu erreichen
- und deshalb bei der Wartung oder Reparatur einfacher austauschbar.

23.6 Common-Rail-System

Im Common-Rail-System (CR) (common, engl.: gemeinsam) sind die **Hochdruckerzeugung** und die **Kraftstoffeinspritzung** voneinander getrennt.

Der Einspritzdruck wird drehzahlunabhängig von der Hochdruckpumpe erzeugt und im »**Rail**« (engl.: Schiene, hier Speicher) gespeichert.

Einspritzbeginn, -menge und -verlauf werden durch die **EDC** (**E**lectronic **D**iesel **C**ontrol) berechnet und von dem Injektor zugemessen.

Durch den veränderlichen **Raildruck** von 400 bar im Leerlauf und bis zu 1800 bar bei Volllast und die variable Ventilöffnungszeit des Injektors, wird die erforderliche Einspritzmenge bereitgestellt.

Die Common-Rail-Einspritzung setzt sich im Wesentlichen aus den beiden Teilsystemen

- Kraftstoffversorgung (Niederdrucksystem, s. Kap. 23.5.1) und
- dem Hochdrucksystem zusammen.

Auf Grund der hohen Einspritzdrücke, die bei der Common-Rail-Einspritzung erzeugt werden, ist eine Kraftstoffkühlung erforderlich (s. Kap. 23.5.1).

23.6.1 Hochdrucksystem

Das Hochdrucksystem (Abb. 3) besteht aus den folgenden **Baugruppen**:

- Hochdruckpumpe,
- Druckregelventil,
- Hochdruckspeicher (Common-Rail),
- Common-Rail-Drucksensor und
- Injektor.

Kapitel 23: Einspritzanlagen für Pkw-Dieselmotoren

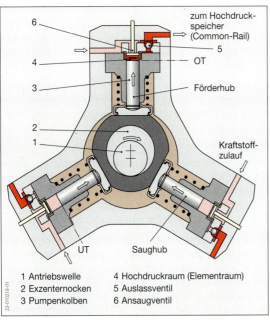

1 Antriebswelle
2 Exzenternocken
3 Pumpenkolben
4 Hochdruckraum (Elementraum)
5 Auslassventil
6 Ansaugventil

Abb. 4: Wirkungsweise der Hochdruckpumpe

Hochdruckpumpe

Die **Hochdruckpumpe** hat die **Aufgabe**, in allen Betriebszuständen genügend Kraftstoff mit ausreichendem Druck dem Motor zur Verfügung zu stellen und während des Startvorgangs für einen schnellen Druckanstieg im Hochdruckspeicher zu sorgen.

Die Antriebswelle (1, Abb. 4) wird vom Motor angetrieben und bewegt mit ihrem Exzenternocken (2) die drei Pumpenkolben (3). Ist der Öffnungsdruck des Ansaugventils (6) überschritten, wird Kraftstoff aus dem Niederdrucksystem in den jeweiligen Hochdruckraum (4) gefördert, dessen Pumpenkolben sich nach unten bewegt (**Saughub**). Wird der Pumpenkolben durch die Exzenterwelle nach oben gedrückt, schließt das Ansaugventil und das Auslassventil öffnet (**Förderhub**).
Der Kolben fördert solange Kraftstoff, bis der OT erreicht ist. Durch den abwärts gehenden Kolben kommt es zu einer Volumenvergrößerung, so dass Kraftstoff nachfließen kann.

Zur Reduzierung des Kraftstoffverbrauchs bei Leerlauf und im Teillastbetrieb können einzelne Injektoren abgeschaltet werden (Zylinderabschaltung).

Druckregelventil

Der Systemdruck wird durch das **Druckregelventil** (Abb. 3) bestimmt. Bei niedrigen Drehzahlen darf der maximale Druck nicht aufgebaut werden. Die erforderliche Einspritzmenge ist so klein, dass bei maximalem Einspritzdruck diese Menge nicht eingestellt werden kann. Deshalb muss durch das Druckregelventil der Speicherdruck (Common-Rail-Druck) der jeweiligen Betriebssituation des Motors angepasst werden. Das Druckregelventil befindet sich entweder an der Hochdruckpumpe oder direkt am Hochdruckspeicher.

Hochdruckspeicher

Der **Hochdruckspeicher** hat die **Aufgabe**, den Kraftstoff unter hohem Druck zu speichern.

Da das Speichervolumen wesentlich größer ist als die zu entnehmende Kraftstoffmenge bleibt der Druck nahezu konstant. Dies ist erforderlich, um Schwankungen der Einspritzmenge zu vermeiden.

Der Hochdruckspeicher (Common-Rail) ist ein dickwandiges Stahlrohr (Abb. 3) oder eine Stahlkugel. Das Common-Rail ist mit Anschlüssen für die Kraftstoffleitungen, dem Common-Rail-Drucksensor und eventuell mit dem Druckregelventil ausgestattet.

Common-Rail-Drucksensor

Der **Common-Rail-Drucksensor** ermittelt den tatsächlichen Druck im Speicher und gibt diesen Wert als elektrisches Signal an das Steuergerät.

Dieses Signal wird zur Ansteuerung des Injektors und damit zur Anpassung der Kraftstoffeinspritzmenge vom Steuergerät ausgewertet. Die Messung des Drucks erfolgt durch Spannungsänderungen bei der Verformung eines **Piezoelements** (s. Kap. 53.3.5)

Injektoren

Die Injektoren (Abb. 1 und Abb. 2, S. 222) werden oberhalb der Brennräume angeordnet. Ein Umrüsten herkömmlicher Zylinderköpfe auf das Common-Rail-System ist ohne großen Aufwand möglich, so dass eine Neukonstruktion der Zylinderköpfe entfällt. Die Injektoren ersetzen lediglich die Düsenhalter-Kombination (Abb. 2).

Der **Injektor** ermöglicht die genaue Einstellung von **Einspritzbeginn, Einspritzmenge** sowie eine **Vor-, Haupt-** und **Nacheinspritzung**, um den Verbrennungsablauf weicher zu gestalten.

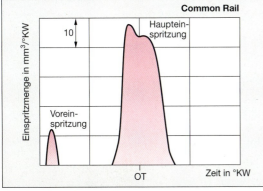

Abb. 5: Einspritzverlauf

Die Abb. 5, S. 221 zeigt den Einspritzverlauf am Injektor in Abhängigkeit von der Einspritzmenge und der Einspritzzeit in °KW.

Die Geschwindigkeit des Druckanstiegs bei der Verbrennung beeinflusst maßgeblich das Geräusch- und Schwingungsverhalten des Motors. Dieses Verhalten kann durch die gezielte Formung des Einspritzverlaufs (Vor- und Haupteinspritzung) verändert werden. Der Nacheinspritzung kommt auf Grund der immer stärker im Vordergrund stehenden Abgasnachbehandlung eine besondere Bedeutung zu. Eine exakt dosierte Menge an Kohlenwasserstoffen verringert die Stickoxidemissionen. Durch eine chemische Reaktion, die durch die Nacheinspritzung eingeleitet wird, werden in Verbindung mit einem geeigneten Katalysator (s. Kap. 29) die Stickoxidanteile wesentlich beeinflusst.

Magnetventilgesteuerter Injektor

Die **Kraftstoffversorgung** erfolgt über die Kraftstoffzuleitung und den Zulaufkanal (7) zur Düsennadel (Abb. 1). Außerdem gelangt Kraftstoff über die Zulaufdrossel (4) in den Düsennadelsteuerraum (5).

Dieser ist über die Ablaufdrossel (3) mit dem Kraftstoffrücklauf bei geöffnetem Magnetventil verbunden. Die Düse bleibt geschlossen, obwohl an der Düsennadel (8) ständig der hohe Druck des Common-Rails anliegt.

Durch den Druck oberhalb des Düsennadelsteuerkolbens (6) im Steuerraum (5) entsteht eine Kraft, die größer ist als die entgegengerichtete Kraft, die auf die Druckschulter (10) der Düsennadel (8) wirkt, so dass die Düse geschlossen bleibt.

Wird das Magnetventil (1) vom Steuergerät angesteuert, öffnet das Kugelventil (2). Der Druck im Düsennadelsteuerraum fällt ab und die Düsennadel wird durch die Kraft, die an der Druckschulter der Düsennadel wirkt, angehoben (Einspritzbeginn).

Wird das Magnetventil nicht mehr angesteuert (stromlos), so wird das Kugelventil durch die Ventilfeder in den Sitz gedrückt. Das Kugelventil verschließt den Rücklauf. Der Druck im Düsennadelsteuerraum (5) steigt an, so dass der Düsennadelsteuerkolben (6) und die Druckfeder (9) die Düsennadel in den Düsensitz zurückdrückt (**Einspritzende**).

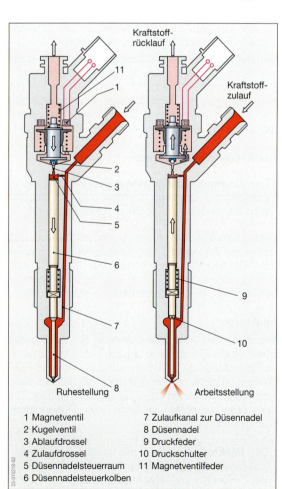

1 Magnetventil
2 Kugelventil
3 Ablaufdrossel
4 Zulaufdrossel
5 Düsennadelsteuerraum
6 Düsennadelsteuerkolben
7 Zulaufkanal zur Düsennadel
8 Düsennadel
9 Druckfeder
10 Druckschulter
11 Magnetventilfeder

Abb. 1: Magnetventilgesteuerter Injektor

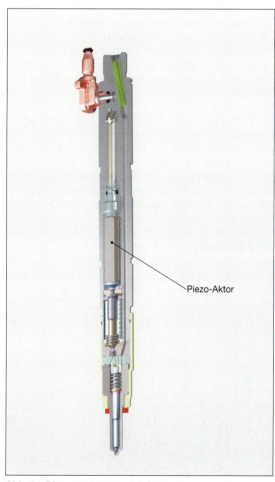

Abb. 2: Piezogesteuerter Injektor

Während des **Leerlaufbetriebs** wird der Druck im Speicher auf 400 bar durch das Druckregelventil abgesenkt, um die erforderlichen, sehr kleinen Kraftstoffmengen im Leerlaufbetrieb bereitstellen zu können.

Für das **Abstellen** des **Motors** wird das Magnetventil vom Steuergerät nicht mehr angesteuert.

Piezogesteuerter Injektor

Der Piezogesteuerte Injektor (Abb. 2) besteht aus:
- dem Aktorelement,
- dem Schaltventil,
- dem Kopplerelement und
- der Düsenhalterkombination (s. Kap. 23.3.4).

Das **Aktorelement** besteht im wesentlichen aus bis zu 700 Piezoplättchen, die vom Steuergerät mit einer Spannung versorgt werden. Die Anzahl der Plättchen ist entscheidend für den maximalen Hub des Ventilkolbens.

Das **Schaltventil** besitzt eine Ventil- und Drosselplatte sowie den Ventilbolzen mit der Ventilfeder.

Wesentlicher Bestandteil des **Kopplerelementes** sind der Kopplerkolben mit dem Ventilkolben und der Ventilkolbenfeder.

Die **Längenänderung** der Piezoplättchen wird auf das Kopplerelement übertragen. Zwischen dem Kopplerkolben und der Membran befindet sich Kraftstoff, der wie ein hydraulischer Zylinder wirkt. Der hydraulische Druck wird durch ein Regelventil im Kraftstoffrücklauf konstant gehalten. Ein Druckabfall führt zum Ausfall des Injektors.

Der Kopplerkolben betätigt den Ventilbolzen, der auf der Drosselplatte liegt (Abb. 3). In der Drosselplatte befinden sich die **Zulaufbohrung**, durch die Kraftstoff in den Raum oberhalb der Düsennadel gelangt, die **Ablaufbohrung**, die von dem Ventilbolzen des Schaltventils gesteuert wird und die **Zuflussbohrung**. Über diese Bohrung wird der Motor mit der erforderlichen Kraftstoffmenge versorgt.

Der Kraftstoff gelangt mit dem im Rail vorliegenden Druck (lastabhängig) durch den Stabfilter des Injektors über die Zulaufbohrung in der Drosselplatte zur Düsennadel. Der Raum oberhalb der Düsennadel steht ebenfalls unter Raildruck.

Wird die Ablaufbohrung durch den Ventilbolzen des Schaltventils geöffnet, sinkt der Druck oberhalb der Düsennadel. Der Druck an der Druckschulter der Düsennadel hebt diese an. Der Kraftstoff wird eingespritzt.

Wird das Aktorelement nicht mehr mit Spannung vom Steuergerät versorgt, schließt der Ventilbolzen die Ablaufbohrung. Der Druck oberhalb der Düsennadel steigt an und die Düsennadel schließt

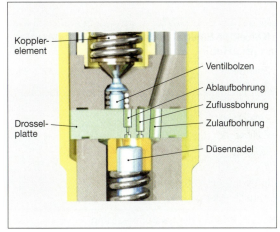

Abb. 3: Schaltventil mit Drosselplatte

federunterstützt, so dass der Einspritzvorgang beendet ist.

> Die Vorteile des **piezogesteuerten Injektors** bestehen in der wesentlich **höheren Schaltgeschwindigkeit** sowie in dem genaueren **Abschalten** gegenüber dem magnetventilgesteuerten Injektor.

Darüber hinaus ergibt sich eine genauere Zumessung des Kraftstoffs und eine Aufteilung der Kraftstoffmenge in mehrere Teilmengen zur weiteren Verbesserung des Motorlaufs.

23.6.2 Wartung und Diagnose an PDE- und Common-Rail-Systemen

Zur regelmäßigen Wartung an den Einspritzsystemen gehört die Kontrolle der Hochdruckleitungen und der Hochdruckanschlüsse auf äußere Beschädigungen, Undichtigkeiten oder lose Schraubverbindungen.

Für die weitere Arbeit an den Systemen ist ein Diagnose bzw. Systemtestgerät zu verwenden. Die regelmäßige Kontrolle des dynamischen Spritzbeginns erfolgt mit Hilfe eines meist Menü geführten Testgerätes. **Voraussetzungen** zur **Prüfung** sind:
- die korrekte mechanische Grundeinstellung der Einspritzbauteile,
- die vorgeschriebene Zahnriemenspannung bzw. Kettenspannung und
- ein betriebswarmer Motor.

Zur Auswertung für den Spritzbeginn wird das BIP-Signal verwendet (s. Abb. 2, S. 218).

Eine weitere Wartungsarbeit ist die **Kontrolle** der **Laufruheregelung** in den Common-Rail-Systemen. Das Steuergerät berechnet in Abhängigkeit der Drehmoment- und Drehzahlunterschiede der einzelnen Zylinder Korrektureinspritzmengen bei jeder Einspritzung und jedem Zylinder.

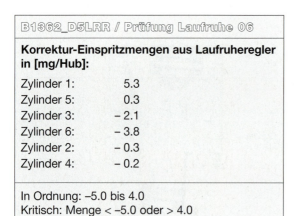

Abb. 1: Prüfung der Laufruheregelung

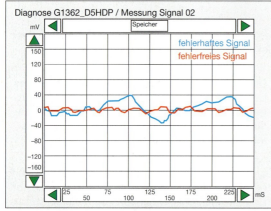

Abb. 2: Spannungsverlauf am Raildrucksensor

Die Abb. 1 zeigt die Anzeige der **Kraftstoffkorrekturmengen** an einem Systemtestgerät. Hierbei liegt z. B. ein schadhafter erster Zylinder vor.

Die Prüfung der **Hochdruckpumpe** des Common-Rail-Systems erfolgt ebenfalls mit dem Systemtestgerät und einem geeigneten Anschlusskabel über den Raildrucksensor.

Hierzu schaltet das Testgerät in den Testmodus »Druckregelung«, um ein Drucksignal von dem Raildrucksensor zu erhalten. Voraussetzung zur Kontrolle ist ein intakter Raildrucksensor und ein intaktes Druckregelventil, keine gespeicherten Systemfehler und ein dichtes Hochdrucksystem.

Die Abb. 2 zeigt ein **fehlerfreies Hochdruckpumpensignal**, bei dem die Amplitude und die Frequenz des Signals gleichmäßig verlaufen, und ein fehlerhaftes Signal. Beim fehlerhaften Signal sind die Amplitude und die Frequenz unterschiedlich. Dies deutet z. B. auf einen ausgefallenen Hochdruckkolben hin.

Aufgaben

1. Welche Aufgaben hat die Flügelzellenpumpe der Verteilereinspritzpumpe?
2. Wie erfolgt die Verteilung des Kraftstoffs auf die einzelnen Zylinder bei der Verteilereinspritzpumpe (Axialkolbenpumpe)?
3. Beschreiben Sie die elektronische Spritzverstellung einer Verteilereinspritzpumpe (Axialkolbenpumpe).
4. Wodurch wird die Kraftstoffmenge bei der elektronisch geregelten Verteilereinspritzpumpe mit Axialkolben geregelt?
5. Nennen Sie die baulichen Unterschiede zwischen der Radial- und der Axialkolbenpumpe.
6. Welche max. Einspritzdrücke können mit der Axial bzw. Radialkolbenpumpe erreicht werden?
7. Beschreiben Sie den Druckaufbau (Hochdruck) in der Verteilereinspritzpumpe mit Axialkolben?
8. Wie erfolgt bei der elektronischen Verteilereinspritzpumpe mit Radialkolben die Mengenregelung?
9. Welche Aufgabe hat der Drehwinkelsensor an der Radialkolbenpumpe?
10. Erläutern Sie die Wirkungsweise des Nadelbewegungsfühlers.
11. Welcher Verschleiß kann an Einspritzdüsen auftreten?
12. Von welchem Bauteil der elektronischen Dieselregelung erhält das Steuergerät die Information über den tatsächlichen Spritzbeginn?
13. Nennen Sie die Vorteile einer Einspritzdüse mit Zweifeder-Düsenhalter gegenüber einem mit einer Feder.
14. Nennen sie die Aufgabe der Wärmeschutzhülse bei Lochdüsen.
15. Welche Arbeiten können mit einem Einspritzpumpenprüfstand ausgeführt werden?
16. Welche Unfallverhütungsvorschriften sind am Einspritzdüsenprüfstand unbedingt zu beachten?
17. Welche Baugruppen werden im System der Pumpe-Düse-Einheit unterschieden?
18. Beschreiben Sie die Wirkungsweise der Pumpe-Düse-Einheit.
19. Aus welchen Bauteilen besteht die Pumpe-Düse-Einheit?
20. Welcher bauliche Unterschied besteht zwischen den Systemen PDE und PLD?
21. Beschreiben Sie die Aufgaben des Hochdruckspeichers des Common-Rail-Systems.
22. Warum benötigt das Common-Rail-System ein Druckregelventil?
23. Nennen Sie die Bauteile im Hochdruckteil des Common-Rail-Systems.
24. Beschreiben Sie die Wirkungsweise der Hochdruckpumpe des Common-Rail-Systems.
25. Beschreiben Sie die Wirkungsweise des magnetgesteuerten Injektors.
26. Wodurch wird im Common-Rail-System der Einspritzdruck gesteuert?
27. Warum muss der Common-Rail-Druck im Leerlaufbetrieb abgesenkt werden?
28. Beschreiben Sie die Wirkungsweise des piezogesteuerten Injektors
29. Nennen Sie die Vorteile des piezogesteuerten Injektors gegenüber dem magnetventilgesteuerten Injektor.
30. Beschreiben Sie die Diagnose an einer Hochdruckpumpe im System Common-Rail.

24 | Motorsteuerung

Die Motorsteuerung hat folgende **Aufgaben**:

Festlegung von

- Beginn und Ende der Frischladung,
- Beginn und Ende des Auslassens der verbrannten Gase.

Der Gaswechsel wird durch das Zusammenwirken der in Abb. 1 dargestellten Bauteile gesteuert.

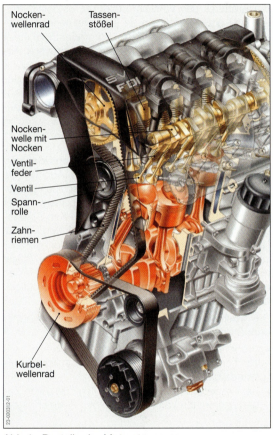

Abb. 1: Bauteile der Motorsteuerung

24.1 Wirkungsweise der Motorsteuerung

Das Öffnen der Ventile erfolgt durch die Nocken der Nockenwelle. Die Übertragung der Kräfte von der Nockenwelle auf die Ventile kann durch Schlepphebel bzw. Schwinghebel (Abb. 2c), Kipphebel (Abb. 2a und 2b), Stößel (Abb. 2a und 2b) und Stoßstangen (Abb. 2a) erfolgen. Geschlossen werden die Ventile durch die Kraft der Ventilfedern.

Für ein Arbeitsspiel benötigen Viertaktmotoren zwei Kurbelwellenumdrehungen. Dabei werden die Ein- und Auslassventile jeweils einmal geöffnet und geschlossen. Daraus ergibt sich, dass die Nockenwelle während der zwei Umdrehungen der Kurbelwelle nur eine Umdrehung ausführt.

> Das **Drehzahlverhältnis** zwischen Kurbelwelle und Nockenwelle beträgt **2:1**.

Nach DIN 7967 (⇒ TB: Kap. 7) werden Motoren nach der Schließrichtung der Ventile eingeteilt in:

- **Obengesteuerter Motor:** Die Schließbewegung der Ventile erfolgt in gleicher Richtung wie die Bewegung des Kolbens zum OT (Abb. 2a).
- **Untengesteuerter Motor:** Die Schließbewegung der Ventile erfolgt in gleicher Richtung wie die Bewegung des Kolbens in Richtung UT.

Die Lage der Nockenwelle bleibt bei dieser Einteilung unberücksichtigt.

Obengesteuerte Motoren ermöglichen eine Formgebung des Verbrennungsraumes, der den Verbrennungsprozess hinsichtlich Ausbreitung der Flammenfront, Verbrennungsablauf und Schadstoffemission positiv beeinflusst.

Untengesteuerte Motoren werden wegen der ungünstigen Brennraumform heute nicht mehr in Kraftfahrzeugen eingesetzt.

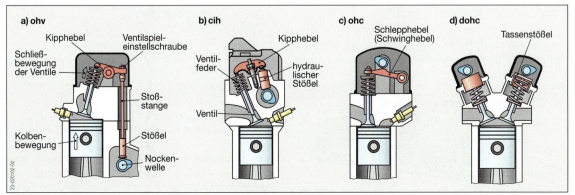

Abb. 2: Bezeichnung der Motoren nach der Lage der Nockenwelle

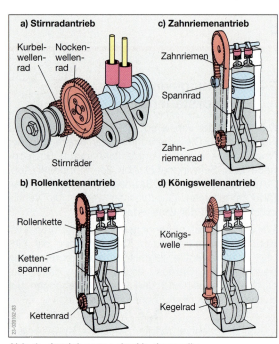

Abb. 1: Antriebsarten der Nockenwelle

Schlupflose Antriebe (Abb. 1) sind:
- Stirnradantrieb,
- Rollenkettenantrieb,
- Zahnriemenantrieb und
- Königswellenantrieb.

Stirnradantrieb

Die Kraftübertragung zwischen der Kurbelwelle und der Nockenwelle erfolgt durch schrägverzahnte Stirnräder (Abb. 1a). Dieser Antrieb wird meist in großvolumigen, langsamlaufenden Dieselmotoren mit unten liegenden Nockenwellen eingesetzt, um hohe Antriebskräfte übertragen zu können. Die Übertragung der Kräfte zu den Ventilen erfolgt mit Stößeln, Stoßstangen und Kipphebeln. In schnelllaufenden Otto- und Dieselmotoren wird der Stirnradantrieb meist nicht eingesetzt, da zur Überbrückung größerer Abstände zwischen Kurbelwelle und Nockenwelle Zwischenräder eingebaut werden müssten. Dadurch nehmen die beschleunigten Massen zu und die Drehzahlfestigkeit, d. h. die erreichbaren Höchstdrehzahlen, ab.

Rollenkettenantrieb

Die Kraftübertragung erfolgt über **Kettenräder** und **einfache** oder **doppelte Rollenketten** (Abb. 1b). Da die Kraftübertragung auf Grund der Beschleunigungs- und Verzögerungskräfte im Kurbeltrieb nicht immer gleichmäßig ist, neigen die Rollenketten zum Schwingen und damit zur Geräuschentwicklung. Diese Nachteile werden durch mechanische oder hydraulische Kettenspanner und Führungsschienen (meist aus Kunststoff) verringert. Die Spannkräfte werden mechanisch durch Spannfedern oder hydraulisch durch den Motoröldruck aufgebracht.

Die **Vorteile** des Rollenkettenantriebs gegenüber dem Stirnradantrieb sind:
- größere Abstände zwischen Kurbelwelle und Nockenwelle können ohne großen baulichen Aufwand überbrückt werden und
- der Antrieb von zwei Nockenwellen sowie von Zusatzaggregaten kann mit derselben Kette erfolgen.

Nach der **Lage** der **Nockenwelle** werden unterschieden (Abb. 2, S. 225):

- **ohv**-Motoren (engl.: **o**ver**h**ead **v**alves: Über-Kopf-Ventile). Diese Motoren haben eine untenliegende Nockenwelle (meist im Zylinderkurbelgehäuse),
- **cih**-Motoren (engl.: **c**amshaft **i**n **h**ead: Nockenwelle im Zylinderkopf),
- **ohc**-Motoren (engl.: **o**ver**h**ead **c**amshaft: über dem Zylinderkopf liegende Nockenwelle) und
- **dohc**-Motoren (engl.: **d**ouble **o**ver**h**ead **c**amshaft: zwei über dem Zylinderkopf liegende Nockenwellen).

24.2 Bauteile der Motorsteuerung

24.2.1 Antrieb der Nockenwelle

> Die **Nockenwelle** muss **schlupffrei** angetrieben werden, d. h. die Nockenwelle darf sich gegenüber der Kurbelwelle nicht verdrehen.

Dies ist erforderlich, um eine Änderung der Steuerzeiten der Ventile zu vermeiden (s. Kap. 16.3).

Zahnriemenantrieb

Der Zahnriemenantrieb (Abb. 1c) vereinigt die **Vorteile** des Kettenantriebs mit denen des Keilriemenantriebs. Die **Vorteile** sind:
- geringe Masse,
- geräuscharmer Lauf,
- geringe Herstellungskosten und
- Wegfall der Schmierung.

Die **Nachteile** sind:
- regelmäßiger Wechsel des Zahnriemens,
- Zahnriemen dürfen nicht geknickt werden und
- dürfen nicht mit Schmierstoffen in Berührung kommen.

Der Zahnriemen muss auf beiden Seiten geführt werden, um ein Ablaufen zu verhindern. Er benötigt nicht immer eine Spannvorrichtung, da er mit einer geringen Vorspannung aufgelegt wird.

Abb. 2: Aufbau eines Zahnriemens

Ein **Zahnriemen** (Abb. 2) muss folgende **Eigenschaften** haben:
- geringe Längenausdehnung,
- große Zugfestigkeit,
- hohe Elastizität (Biegsamkeit) und
- beständig gegen Feuchtigkeit.

Als Werkstoffe werden Kunststoffe verwendet, die Einlagen aus Stahlcord oder Glasfasern erhalten. Die Einlagen erhöhen die Zugfestigkeit und verringern die Längendehnung.

Königswellenantrieb

Werden an den Nockenwellenantrieb höchste Anforderungen gestellt (z.B. geringe Masse und große Steuergenauigkeit bei hohen Drehzahlen), wird die Nockenwelle über zwei Kegelradpaare und eine Welle, die in ihrer Form einem Königszepter ähnelt und daher Königswelle genannt wird, angetrieben (Abb. 1d). Dieser Antrieb ist sehr kostenaufwändig und wird deshalb kaum noch eingesetzt.

24.2.2 Nockenwelle

> Die **Nockenwelle** hat die **Aufgabe**, zum richtigen Zeitpunkt den Öffnungs- und Schließvorgang für die Ein- und Auslassventile zu steuern.

Für jedes Ventil ist ein Nocken erforderlich (Abb. 3). Die Form des Nockens bestimmt die Größe des Ventilhubes, den Öffnungswinkel des Ventils und den Bewegungsablauf während des Öffnungs- und Schließvorgangs.

An die **Nocken** werden folgende **Anforderungen** gestellt:
- Das Ventil soll möglichst schnell geöffnet bzw. geschlossen werden,
- der Öffnungsquerschnitt soll längere Zeit so groß wie möglich sein und
- der Öffnungs- und Schließvorgang soll möglichst ruckfrei erfolgen, um Federschwingungen und hohe Belastungen, z.B. zwischen Kipphebel und Ventil, zu vermeiden.

Die Wahl der Nockenform richtet sich nach den Anforderungen an den Motor. Die Abb. 4 zeigt einen **flachen** und einen **steilen** (scharfen) **Nocken**.

Der flache Nocken öffnet und schließt das Ventil ruckfrei, wodurch die Belastungen am Ventil gering gehalten werden.

Der steile Nocken hält das Ventil gegenüber dem flachen Nocken längere Zeit vollständig geöffnet, wodurch der Füllungsgrad des Zylinders verbessert wird. Es treten große Beschleunigungs- und Verzögerungskräfte während des Öffnungs- und Schließvorgangs auf. Diese großen Kräfte führen zu einem erhöhten Verschleiß an den Nocken, Ventilen und den Übertragungsteilen, z.B. Kipphebel. Deshalb werden steile Nocken nur für Motoren mit hoher Hubraumleistung verwendet.

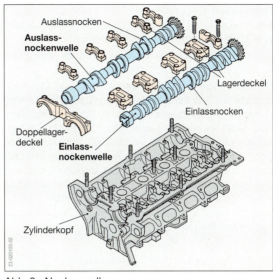

Abb. 3: Nockenwellen

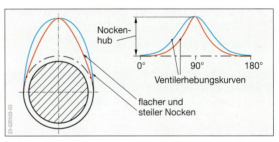

Abb. 4: Nockenformen und Ventilerhebungskurven

Die **Nockenwelle** wird in geteilten oder ungeteilten Gleitlagern gelagert. Um den Ein- bzw. Ausbau bei ungeteilten Lagern zu ermöglichen, ist der Innendurchmesser der Lager größer als die Gesamthöhe der Nocken. Die Nockenwelle kann zusätzlich als Antrieb für weitere Aggregate verwendet werden, z.B. zum Antrieb des Pumpenkolbens bei der Pumpe-Düse-Einheit (s. Kap. 23).

Die **Herstellung** der **Nockenwelle** erfolgt durch:
- **Gießen** aus Sondergusswerkstoffen (z.B. Temperguss, Hartguss oder Gusseisen mit Kugelgraphit),
- **Schmieden** aus legierten Stählen (z.B. Einsatzstahl oder härtbarer Stahl) oder
- **Zusammenbau** aus Einzelteilen (gebaute Nockenwelle, Abb. 5).

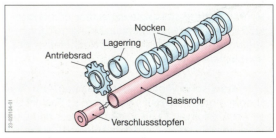

Abb. 5: Gebaute Nockenwelle

Gegossene Nockenwellen haben eine sehr genaue Form. Nach dem Härten müssen die Lagerstellen und Nockenbahnen geschliffen werden.

Geschmiedete Nockenwellen besitzen eine hohe Dauerfestigkeit und Zähigkeit (s. Kap. 6.1.1).

Gebaute Nockenwellen bestehen aus einem kaltgezogenen Stahlrohr und Nocken aus Einsatz-, Vergütungs- oder Nitrierstählen bzw. Sinterwerkstoffen. Die Nocken werden auf das Stahlrohr aufgeschrumpft. Sie haben gegenüber geschmiedeten oder gegossenen Nockenwellen eine Masseersparnis von bis zu 45 %. Wegen der direkten Lagerung des geschliffenen Stahlrohres im Zylinderkopf kann auf zusätzliche Lagerringe verzichtet werden.

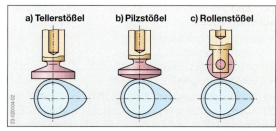

Abb. 1: Stößelbauarten

> **Arbeitshinweise**
>
> Ausbau einer Nockenwelle:
> - Kurbelwelle auf OT 1. Zylinder stellen,
> - Lagerdeckel markieren,
> - Lagerdeckelschrauben kreuzweise von außen nach innen lösen, da die Nockenwelle unter Spannung steht.
>
> Einbau einer Nockenwelle:
> - Lagerstellen einölen und Lagerdeckel aufsetzen,
> - Lagerdeckelschrauben von innen nach außen kreuzweise festziehen und
> - mit vorgeschriebenem Drehmoment anziehen.

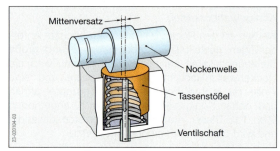

Abb. 2: Tassenstößel mit außermittiger Stößelanordnung

24.2.3 Stößel

> Die **Stößel** haben die **Aufgabe**, die Drehbewegung der Nocken als Hubbewegung auf die Ventile zu übertragen.

Diese Hubbewegung der Stößel kann direkt oder über Stoßstangen und Kipphebel auf die Ventile übertragen werden. Es werden unterschieden:
- **Teller-, Pilz-, Rollenstößel** nach der Form der Druckfläche (Abb. 1) und
- **Tassenstößel** nach der Form des Stößels (Abb. 2).

Zwischen den Nocken und Stößeln entsteht Gleitreibung. Um den Verschleiß zwischen Nocken und Stößel gering zu halten, werden die Stößel außermittig angeordnet (Abb. 2). Dadurch wird eine Drehung des Stößels erreicht, die zu einer gleichmäßigeren und geringeren Abnutzung der Berührungsflächen führt.

> **Hydraulische Ventilspielausgleicher** und **Hydrostößel** gleichen die temperaturabhängige Längenänderung des Ventils aus. Das **Nachstellen** des **Ventilspiels entfällt**.

Der **hydraulische Ventilspielausgleicher** (Abb. 3) ist mit dem Motorölkreislauf verbunden. Er besteht aus den Abstützkolben 1 und 2, dem Zylinder und einer Spielausgleichsfeder. Der Vorratsraum ist durch ein Kugelventil mit dem Hochdruckraum verbunden.

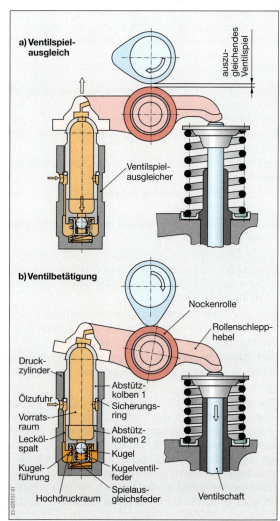

Abb. 3: Hydraulischer Ventilspielausgleicher

Kapitel 24: Motorsteuerung

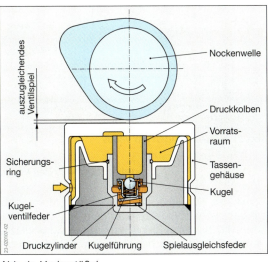

Abb. 4: Hydrostößel

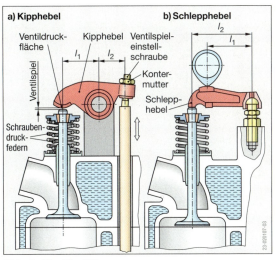

Abb. 5: Ventilbetätigungen

Ventilspielausgleich

Wird der Rollenschlepphebel entlastet (Abb. 3a) drückt die Spielausgleichsfeder die beiden Abstützkolben soweit heraus, bis die Nockenrolle des Rollenkipphebels am Nocken der Nockenwelle anliegt. Während des Herausdrückens verringert sich der Öldruck in der unteren Ölkammer. Das Kugelventil öffnet, bis der Druck zwischen dem Vorratsraum und dem Hochdruckraum ausgeglichen ist.

Ventilbetätigung

Läuft der Nocken der Nockenwelle auf den Rollenschlepphebel auf (Abb. 3b), steigt der Druck in der unteren Ölkammer an. Das Kugelventil verschließt den Hochdruckraum. Da sich das Öl nicht verdichten lässt, kann der Kolben nicht weiter in den Zylinder gedrückt werden. Der Ventilspielausgleicher wirkt als starres Abstützelement. Die Ein- und Auslassventile werden geöffnet.

Vorteile des hydraulischen Ventilspielausgleichers:
- große Laufruhe der Steuerungsteile,
- kleine bewegte Masse, da er fest im Zylinderkopf eingebaut ist,
- längere Haltbarkeit der Steuerungsteile und
- genaueres Einhalten der Steuerzeiten.

Nachteile des hydraulischen Ventilspielausgleichers:
- nur einsetzbar bei Kipp- oder Schlepphebelsteuerung und
- kostenaufwändig.

Erfolgt die Ventilbetätigung direkt von der Nockenwelle über Tassenstößel, liegt der **hydraulische Stößel** (Hydrostößel) im Tassenstößel (Abb. 4). Er hat die gleiche Wirkungsweise wie der hydraulische Ventilspielausgleicher. Die Druckölversorgung erfolgt über eine Bohrung im Tassenstößel in den Vorratsraum. Der Hydrostößel ist aber nicht fest im Zylinderkopf eingebaut und gehört deshalb zu den bewegten Massen des Ventiltriebs.

24.2.4 Kipp- und Schlepphebel

> Der **Kipphebel** überträgt den Nockenhub direkt von der unterhalb liegenden Nockenwelle, von der Stoßstange oder vom Stößel betätigt, auf das Ventil.

Der Kipphebel ist ein zweiseitiger Hebel. Die Hebelarme des Kipphebels (Abb. 5a) sind oft ungleich lang. Wird der kürzere Hebelarm des Kipphebels von der Nockenwelle betätigt, so wird mit einem kleinen Nockenhub ein großer Ventilhub erreicht. Die Kraft am Nocken nimmt aber im gleichen Verhältnis zu.

Die konstruktive Lösung mit untenliegender Nockenwelle und Stoßstangen (Abb. 5a) wird vorwiegend bei Nkw-Motoren eingesetzt.

> Der **Schlepphebel** (Schwinghebel) wird direkt von der Nockenwelle betätigt und überträgt den Nockenhub auf die Ventile.

Der Schlepphebel ist ein einseitiger Hebel (Abb. 5b) und auf einem Kugelbolzen oder hydraulischen Ventilspielausgleicher gelagert, der im Zylinderkopf befestigt ist. Wie bei dem Kipphebel kann ein kleiner Nockenhub durch die Hebelübersetzung in einen großen Ventilhub gewandelt werden. Zur Verminderung der Reibung zwischen dem Nocken, der Nockenwelle und dem Schlepp- oder Kipphebel werden Rollenschlepp- (Abb. 3) bzw. Rollenkipphebel (Abb. 6) eingebaut.

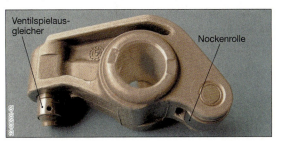

Abb. 6: Rollenkipphebel

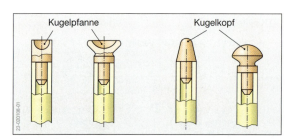

Abb. 1: Stoßstangen

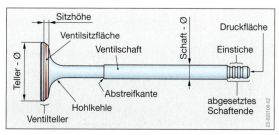

Abb. 2: Bezeichnungen am Ventil

24.2.5 Stoßstangen

> Die **Stoßstange** hat die **Aufgabe**, den Hub des Nockens auf den Kipphebel zu übertragen.

Stoßstangen werden eingesetzt, wenn der Abstand zwischen der Nockenwelle und dem Kipphebel zu groß ist (ohv-Motoren für Nkw).

Stoßstangen werden als Stäbe oder Rohre aus Stahl oder Aluminiumlegierungen hergestellt. Die Kugelköpfe und Kugelpfannen sind gehärtet und in die Stahlprofile eingelötet. Die Abb. 1 zeigt Stoßstangen mit unterschiedlichen Kugelköpfen und Kugelpfannen, die am oberen und unteren Ende angeordnet sein können.

24.2.6 Ventile

> Die **Ventile** haben die **Aufgabe**, die Gaswege für den Ansaug- und Ausstoßtakt freizugeben und während des Verdichtungs- und Arbeitstakts den Verbrennungsraum abzudichten.

Die Abb. 2 zeigt die **Bezeichnungen** am Ventil.

Damit eine ausreichende Frischladung während der Öffnungsdauer der Einlassventile in den Verbrennungsraum einströmen kann, ist der Durchmesser der Einlassventile im allgemeinen größer als der von Auslassventilen. Die Ventilteller der Einlassventile erreichen Betriebstemperaturen bis etwa 550 °C. Die Wärmeableitung erfolgt durch die einströmenden Frischgase und über die Ventilsitzflächen und Ventilführungen. Die Ventilteller der Auslassventile erreichen wegen der vorbeiströmenden Abgase Betriebstemperaturen von etwa 700 bis 800 °C.

Die Temperaturdifferenz zwischen kaltem und betriebswarmem Motor bewirkt Längenänderungen an allen Bauteilen der Steuerung, besonders an den Ventilen. Die Länge des Ventils nach der Erwärmung lässt sich nach folgender Gleichung berechnen:

$$l = l_0 + l_0 \cdot \alpha \cdot \Delta T$$

- l Länge des Ventils nach der Erwärmung in mm
- l_0 Ausgangslänge des Ventils in mm
- α Längenausdehnungszahl in 1/K
- ΔT Temperaturdifferenz in K

Die Längenausdehnung des Ventils berechnet sich nach der Gleichung:

$$\Delta l = l_0 \cdot \alpha \cdot \Delta T$$

- Δl Längenausdehnung des Ventils in mm

Damit das Ventil bei betriebswarmem Motor dicht schließt, ist ein **Ventilspiel** erforderlich. Das Ventilspiel wird zwischen Kipphebel und Ventildruckfläche (Abb. 5, S. 229), zwischen Nocken und Schlepphebel (Abb. 5, S. 229) oder zwischen Nocken und Tassenstößel (Abb. 2, S. 228) gemessen. Eingestellt wird das Ventilspiel an der Einstellschraube des Schlepp- bzw. Kipphebels oder mittels Einstellscheiben am Tassenstößel bzw. Einstellscheibe oder Exzenterscheibe am Kipphebel. Ist ein hydraulischer Ventilspielausgleicher oder Stößel vorhanden, entfällt diese Einstellung.

Folgen zu kleinen Ventilspiels:
- Ventil schließt nicht bei betriebswarmem Motor,
- Gasverluste,
- Leistungsverluste,
- übermäßige Erwärmung des Ventiltellers, evtl. Verbrennen des Ventiltellers und -sitzes und
- Brandgefahr, falls über das offene Einlassventil Abgase in den Ansaugkanal gelangen.

Folgen zu großen Ventilspiels:
- Verringerung des Öffnungsquerschnitts,
- Verkürzung der Öffnungszeit,
- Verschlechterung des Füllungsgrades,
- Leistungsverlust,
- Zunahme der Ventilgeräusche und
- erhöhter Verschleiß.

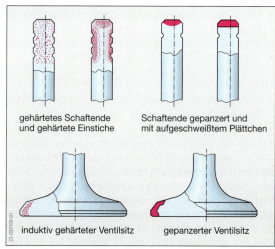

Abb. 3: Härtung und Panzerung am Ventil

Einmetallventil

Ventilschaft und -teller des Einmetallventils bestehen aus **demselben Werkstoff** (Einlassventil z. B.: X 85 CrMoV 18 2; Auslassventil: X 53 CrMnNi 21 9). In vielen Motoren werden häufig aus Kostengründen für beide Ventile dieselben Werkstoffe verwendet. Sitzflächen und Schaftenden werden zur Verlängerung der Betriebsdauer **gehärtet** oder durch Aufschweißen einer besonders widerstandsfähigen CrNi-Legierung »**gepanzert**« (Abb. 3).

Bimetallventil

Es besteht aus zwei **unterschiedlichen Werkstoffen** (Abb. 4a). Der Ventilteller wird aus einem Werkstoff mit hoher Warmfestigkeit und hoher Korrosionsbeständigkeit hergestellt. Der Ventilschaft erfordert einen Werkstoff mit guten Gleiteigenschaften. Die Verbindung beider Teile erfolgt durch Widerstands-Pressschweißen (s. Kap. 8.13).

Hohlventil

Hohlventile mit **Natriumfüllung** (Abb. 4b) werden in thermisch hoch beanspruchten Motoren eingesetzt. Diese Ventile haben einen Hohlraum, der bis zu 60% mit Natrium gefüllt ist, das bei einem Schmelzpunkt von etwa 97 °C flüssig wird. Natrium besitzt eine gute Wärmeleitfähigkeit. Während des Öffnens und Schließens der Ventile wird das flüssige Natrium im Hohlraum hin- und hergeschleudert. Dadurch transportiert es die Wärme vom Ventilteller zum Ventilschaft. Die Natriumfüllung senkt die Betriebstemperatur am Ventilteller um 60 bis 120 °C.

24.2.7 Ventilsitz

Zum Ventilsitz (Abb. 5) gehören die kegelige Dichtfläche zur Aufnahme des Ventiltellers und die angrenzenden Kegelflächen (Korrekturflächen). Durch die Ventilsitzflächen erfolgt die Abdichtung des Verbrennungsraumes. Die Wärme des Ventiltellers wird teilweise über die Ventilsitzflächen an den Zylinderkopf abgeleitet (Wärmeleitung, s. Kap. 28).

> **Breite Ventilsitzflächen** ermöglichen eine **gute Wärmeleitung**, dichten aber schlechter ab.
> **Schmale Ventilsitzflächen** ergeben eine größere Flächenpressung und damit eine **gute Abdichtung** des Verbrennungsraumes. Die **Wärmeleitung** ist aber schlechter.

Aus diesen Gründen soll die Breite der Ventilsitzfläche 1,5 bis 2,5 mm betragen. Wegen der höheren Temperaturbelastung haben Auslassventile eine breitere Ventilsitzfläche als Einlassventile.

Die an die Ventilsitzfläche (45°) angrenzenden Flächen liegen im allgemeinen unter Winkeln von 15° und 75°, damit die Gasströme möglichst ungehindert und ohne Wirbelbildung ein- und ausströmen können.

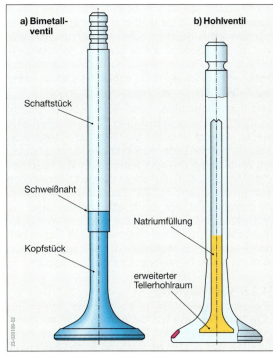

Abb. 4: Bimetall- und Hohlventil

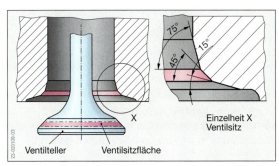

Abb. 5: Winkel am Ventilsitz

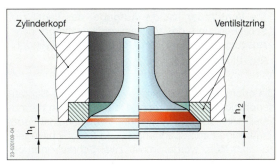

Abb. 6: Lage des Ventils

Bei einer Motordrehzahl von 5000/min schlägt der Ventilteller in jeder Minute 2500mal auf die Ventilsitzfläche. Da die Zylinderköpfe aus Al-Legierungen und der Ventilteller aus Stahl bestehen, würde das Ventil den Sitz im Zylinderkopf zerstören. Deshalb werden **Ventilsitzringe** aus Schleuderguss oder hochlegiertem Stahl, z. B. X210 Cr12, in den Zylinderkopf eingesetzt.

Die Ventilsitzringe (Abb. 6, S. 231) werden mit einem Übermaß von 0,08 bis 0,10 mm gefertigt und in den Zylinderkopf eingepresst oder eingeschrumpft. Dafür wird der Zylinderkopf auf 60 bis 80 °C erwärmt (Vergrößerung der Bohrung) und/oder der Ventilsitzring mit Trockeneis auf etwa –70 °C abgekühlt (Verkleinerung des Außendurchmessers des Ventilsitzrings).

Sind die Ventilsitzringe beschädigt, können sie mit einer Ventilsitzdrehvorrichtung (Abb. 1) bearbeitet werden. Zuerst wird die Ventilsitzfläche hergestellt (Abb. 2). Von der **Tiefe** der **Sitzfläche** hängt es ab, ob das **Ventil höher** (h_1) oder **tiefer** (h_2) im **Zylinderkopf** sitzt (Abb. 6, S. 231). Die angrenzenden Kegelflächen werden mit einem 15°/75° Drehmeißel hergestellt. Mit diesem lässt sich die **Breite** und die **Lage** der Ventilsitzflächen korrigieren. Die Feinbearbeitung der Sitzflächen erfolgt durch Einschleifen der Sitzflächen mit feinkörniger Schleifpaste. Die Sitzreparatur kann auch mit einem Fräsersatz durchgeführt werden.

24.2.8 Ventilführung

> Die **Ventilführung** hat die **Aufgabe**, die auf den Ventilschaft wirkenden Seitenkräfte aufzunehmen und die Wärme des Ventilschafts an den Zylinderkopf abzuleiten.

Ventilführungen (Abb. 3) werden aus Werkstoffen mit guten Gleit- und Wärmeleiteigenschaften hergestellt. Das Spiel zwischen Ventilschaft und Ventilführung muss gering sein (0,03 bis 0,08 mm), damit der Ventilschaft gut geführt wird. So kann auch die Wärmeleitung möglichst direkt erfolgen.

Durch eine **Ventilschaftabdichtung** (Abb. 3) wird verhindert, dass Motoröl vom Zylinderkopf über die Ventilführung in den Verbrennungsraum gelangt.

24.2.9 Ventilfeder

> Die **Ventilfeder** hat die **Aufgabe**, das Ventil zu schließen und das Auslassventil während des Ansaugtakts gegen den Unterdruck im Zylinder geschlossen zu halten.

Die erforderliche Federkraft wird durch eine Schraubendruckfeder aufgebracht. Da bei Motoren mit hohen Drehzahlen und Verwendung von nur einer Feder ungünstige Federspannungen und Federschwingungen auftreten, werden meist zwei Schraubendruckfedern (Abb. 5a, S. 229) eingesetzt.

Durch die zweite Feder wird bei kleinerer Baugröße eine größere Federkraft und damit eine höhere Drehzahlfestigkeit erreicht. Falls eine Feder bricht, verhindert die zweite Feder, dass das Ventil in den Zylinderraum hineinragt und Motorschäden verursacht.

Als Werkstoffe werden spezielle Federstähle verwendet, die mit Chrom, Mangan, Silizium, Vanadium und Molybdän legiert sind (z.B. 51 CrMoV 4 oder 60 SiCr 7).

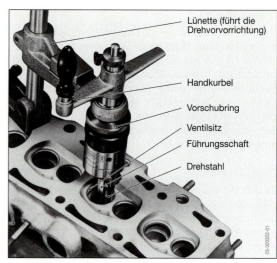
Abb. 1: Ventilsitzdrehvorrichtung

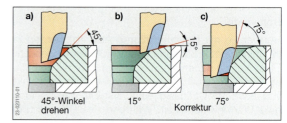
Abb. 2: Drehen der Ventilsitzkegelflächen

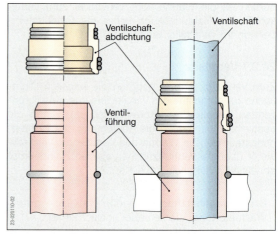
Abb. 3: Ventilführung und Ventilschaftabdichtung

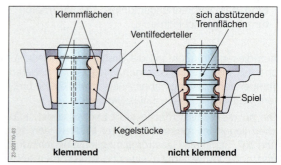
Abb. 4: Ventilfederteller und Kegelstücke

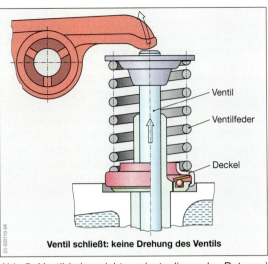

Abb. 5: Ventildrehvorrichtung (untenliegendes Rotocap)

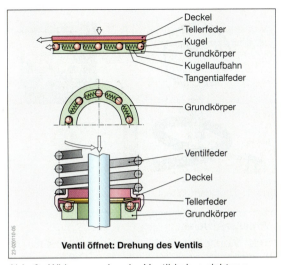

Abb. 6: Wirkungsweise der Ventildrehvorrichtung

24.2.10 Ventilfederteller und Kegelstücke

> Der **Ventilfederteller** überträgt die von der Ventilfeder ausgeübte Kraft über die Kegelstücke auf das Ventil.

Es gibt **klemmende** und **nichtklemmende** Kegelstücke (Abb. 4). Die nichtklemmenden Kegelstücke stützen sich mit ihren Trennflächen gegeneinander ab. Durch das entstehende Spiel ist eine Drehbewegung des Ventils möglich. Die nichtklemmenden Kegelstücke sind gehärtet, um den Verschleiß zu verringern.

Die klemmenden Kegelstücke sitzen spielfrei zwischen dem Ventilfederteller und dem Ventilschaft und verhindern eine Drehung des Ventils.

24.2.11 Ventildrehvorrichtung (Rotocap)

Ventilsitzfläche und Ventilschaft unterliegen einem starken Verschleiß. Um eine gleichmäßige thermische Belastung und mechanische Abnutzung zu erreichen, wird eine Ventildrehvorrichtung eingebaut. Die Drehung des Ventils sorgt zusätzlich für eine Reinigung des Ventilsitzes von Ölkohle.

Bei der in Abb. 5 dargestellten Ventildrehvorrichtung ist der **Deckel** (unterer Ventilfederteller) über eine scheibenförmige Tellerfeder und Kugeln drehbar gelagert. Bei geschlossenem Ventil werden die Kugeln von den Tangentialfedern auf dem höchsten Punkt der geneigten Laufbahn gehalten.

Wird das **Ventil geöffnet** (Abb. 6), so drückt die Tellerfeder auf die Kugeln und diese rollen bis zum tiefsten Punkt der geneigten Laufbahnen im Grundkörper. Dabei drehen sie die Tellerfeder und drücken die Tangentialfedern zusammen. Die Drehbewegung der Tellerfeder wird über den Deckel, die Ventilfeder, den oberen Federteller und die Klemmstücke auf das Ventil übertragen. Schließt das Ventil, wird die Tellerfeder entlastet.

Die Kugeln werden von den Tangentialfedern ohne zu rollen wieder in die Ausgangslage zurückgeschoben.

Die Ventildrehvorrichtung kann entweder im unteren Ventilfederteller (Abb. 5, untenliegendes Rotocap) oder im oberen Ventilfederteller (obenliegendes Rotocap) angeordnet sein.

24.3 Wartung und Diagnose

> Die **Einhaltung** der **Steuerzeiten** hängt vom einwandfreien Zustand der Steuerungsbauteile ab.

Durch Verschleiß ergeben sich Abweichungen von den vorgegebenen Sollwerten. Deshalb erfordert die Ventilsteuerung ohne hydraulischen Ventilspielausgleich eine regelmäßige Wartung.

An Motorsteuerungen mit hydraulischem Ventilspielausgleich sind Einstellarbeiten nicht erforderlich. Bei der Motorenherstellung erfolgt eine Grundeinstellung, die nur nach dem Austausch von Steuerungsteilen wieder erforderlich wird.

Störungen an der Ventilsteuerung können meist an zunehmenden Geräuschen der Steuerungsbauteile, einem erhöhten Kraftstoffverbrauch und am Leistungsabfall des Motors erkannt werden.

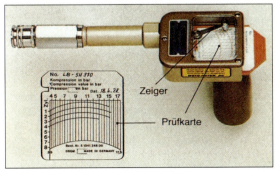

Abb. 7: Kompressionsdruckschreiber

Abb. 1: Druckverlusttest

Arbeitshinweise

Das **Ventilspiel** muss nach vorgeschriebener Fahrstrecke oder bei auffälliger Geräuschentwicklung der Motorsteuerung mit Hilfe einer **Fühlerlehre** überprüft werden.

Die Herstellerangaben sind unbedingt zu beachten. Sie enthalten Vorschriften über Betriebszustände, die für das Einstellen des Ventilspiels erforderlich sind. Sie werden im kalten oder betriebswarmen Zustand eingestellt.

Kompressionsdruckverluste sind die Folge von Undichtigkeiten im Verbrennungsraum. Bei ausgeschalteter Zündung und Einspritzung kann über die Stromstärke, die durch den Starter fließt, auf die Kompression geschlossen werden. Der Kompressionsdruck wird mit dem Kompressionsdruckschreiber (Abb. 7, S. 233) bei warmem Motor und geöffneter Drosselklappe gemessen.

Die Verbrennungsräume sind dicht, wenn die Drücke der einzelnen Zylinder nicht mehr als 1 bis 2 bar bei Ottomotoren und 2 bis 4 bar bei Dieselmotoren vom gemessenen Höchstwert abweichen und dabei einen Mindestwert entsprechend der Herstellerangaben nicht unterschreiten. Treten größere Abweichungen auf, so können **Undichtigkeiten** vorhanden sein zwischen:

- Ventil und Ventilsitzring,
- Kolbenringen und Zylinder oder
- durch schadhafte Zylinderkopfdichtung.

Zur einfachen Bestimmung der Undichtigkeit wird etwas Motoröl in den entsprechenden Zylinder gespritzt und durch Drehen der Kurbelwelle verteilt. Ergibt die zweite Messung eine Druckerhöhung, so sind entweder die Kolbenringe oder die Zylinderwand beschädigt. Bleibt der Druck gleich, so liegen die Schäden im Bereich der Ventile oder der Zylinderkopfdichtung.

Zur genaueren Eingrenzung der Undichtigkeit wird der **Druckverlusttest** (Leakdown-Test) durchgeführt (Abb. 1). Dabei wird der Kolben des zu messenden Zylinders auf OT gestellt (Ein- und Auslassventil geschlossen). Das Messgerät wird in das Kerzengewinde oder Einspritzdüsengewinde geschraubt und ein Druck von z. B. 6 bar auf diesen Zylinder gegeben. Der Druck wird mittels eines Regulierventils eingestellt und auf dem ersten Druckmessgerät angezeigt. Auf dem zweiten Druckmessgerät wird der Druck angezeigt, den der Zylinder noch hält. Aus der Differenz beider abgelesener Drücke lässt sich der Druckverlust in Prozent errechnen. Die Höhe des Druckverlustes gibt das Ausmaß des Schadens an. Mit Hilfe der Hörprobe kann der Weg der entweichenden Druckluft lokalisiert werden. So kann festgestellt werden, ob z. B. die Einlass-, Auslassventile, die Kolbenringe oder die Zylinderkopfdichtung die Undichtigkeit verursachen.

Einstellen der Steuerzeiten

Ein Verschleiß am Nockenwellenantrieb (abgenutzte Zahnräder, Steuerketten oder Zahnriemen) führt zu Veränderungen der Steuerzeiten. Der Einbau der Ersatzteile erfordert die Beachtung der Markierungen am Motorgehäuse bzw. den Steuerrädern, der Schwungscheibe oder dem Schwingungsdämpfer (s. Kap. 25.8), da der Öffnungsbeginn der Ventile von der Winkelstellung der Nockenwelle zur Kurbelwelle abhängt. Die Herstellerangaben sind zu beachten. Allgemein gilt, dass der Kolben des 1. Zylinders im OT steht, wenn die Nockenwellenstellung über entsprechende Markierungen zugeordnet wird. Nach dem Einstellen der Steuerzeiten muss die Kurbelwelle zweimal in Drehrichtung bewegt und die Markierungen nochmals kontrolliert werden.

Aufgaben zu Kap. 24 bis 24.3

1. Nennen Sie die zwei Motorsteuerungsarten.
2. Nennen Sie die Merkmale eines obengesteuerten Motors.
3. Benennen Sie die Einzelteile einer ohc-Steuerung.
4. Nennen Sie die vier Antriebsarten der Nockenwelle.
5. Nennen Sie den Vorteil einer gebauten Nockenwelle gegenüber einer gegossenen oder geschmiedeten.
6. Beschreiben Sie die Wirkungsweise des hydraulischen Stößels.
7. Geben Sie an, worin sich ein hydraulischer Ventilspielausgleicher von einem hydraulischen Stößel unterscheidet.
8. Nennen Sie den Hauptunterschied zwischen Kipp- und Schlepphebel.
9. Welchen Einfluss hat ein zu großes Ventilspiel am Einlassventil auf die Öffnungszeit?
10. Nennen Sie die Folgen eines zu kleinen Ventilspiels am Ein- und Auslassventil.
11. Nennen Sie die Vorteile des Bimetallventils gegenüber dem Einmetallventil.
12. Welche Aufgabe hat die Natriumfüllung im Hohlventil?
13. Beurteilen Sie schmale und breite Ventilsitzflächen in Bezug auf Wärmeübertragung und Dichtheit.
14. Wie können Undichtigkeiten am Ventil festgestellt werden?
15. Welche Auswirkung hat ein großer Verschleiß der Ventilsteuerteile?

24.4 Verbesserung des Liefergrades (Füllungsgrades)

Die **Verbesserung** des **Liefergrades** des Zylinders eines Verbrennungsmotors kann durch folgende **Verfahren** erfolgen:

- Mehrventiltechnik,
- Schaltsaugrohre,
- variable Ventilsteuerungen,
- Abgasturboaufladung und
- Aufladung mit Drehkolbengebläse.

Das Motordrehmoment und damit die Leistung eines Verbrennungsmotors hängen von der Luftmasse und der entsprechenden Kraftstoffmasse ab, die im Zylinder für die Verbrennung zur Verfügung stehen. Je mehr Luft in den Verbrennungsraum eingebracht wird, desto mehr Kraftstoff kann bis zu einer bestimmten Grenze zugemessen werden.

> Durch die Verfahren zur Liefergradverbesserung erfolgt eine **Motordrehmomentsteigerung** und damit eine **Leistungssteigerung**, verbunden mit einer **Minderung** des **spezifischen Kraftstoffverbrauchs**.

24.4.1 Mehrventiltechnik

In Otto- und Dieselmotoren werden Zylinderköpfe mit bis zu sechs Ventilen je Zylinder eingesetzt (Abb. 2 und 3).

Vorteile sind:
- verbesserter Ladungswechsel und
- bessere Füllung, besonders im unteren und mittleren Motordrehzahlbereich.

Nachteil ist:
- höherer Bauaufwand für Ventile, Nockenwellen und Zylinderkopf.

Durch die **Gestaltung** der **Ansaugkanäle** (Abb. 2) kann der Ladungswechsel verbessert werden. Es entsteht eine walzenförmige Kraftstoff-Luftverwirbelung, durch die eine vollständige Verbrennung des Kraftstoff-Luft-Gemisches erzielt wird.

Bei **getrennten Ansaugkanälen** (Drall- und Füllkanal, Abb. 3) je Zylinder wird eine intensivere Verwirbelung der angesaugten Luft und ein erhöhter Liefergrad erreicht.

24.4.2 Schaltsaugrohre

> Mit Hilfe **variabler Ansaugrohrlängen** kann der **Liefergrad** und dadurch die **Leistung** eines Motors gesteigert werden.

Während des Ansaugtakts eines Motors entsteht durch die Volumenvergrößerung im Zylinder ein Unterdruck. Das Kraftstoff-Luft-Gemisch vor dem geöffneten Einlassventil wird angesaugt. Schließt das Einlassventil, wird die beschleunigte Gassäule vor dem Einlassventil verdichtet. Es entsteht ein Gasdruck, der dazu führt, dass sich die Gassäule in die Gegenrichtung (Luftfilter) entspannt. Die Gassäule wird bei laufendem Motor in schneller Folge beschleunigt und verzögert. Es entsteht ein Schwingungssystem, dessen Frequenz und erzeugter Druck von der Ansaugrohrlänge abhängen.

Durch eine Veränderung der Länge der Ansaugrohrlängen werden die Schwingungen so beeinflusst, dass dadurch der Liefergrad der Zylinder verbessert wird.

Variable Ansaugrohrlängen können durch Saugrohranlagen mit
- einer Umschaltklappe (Abb. 4),
- zwei Umschaltklappen (Abb. 1, S. 236) oder
- stufenloser Verstellung (Abb. 2, S. 236) erzielt werden.

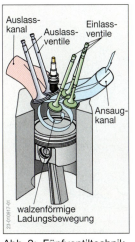

Abb. 2: Fünfventiltechnik Ottomotor

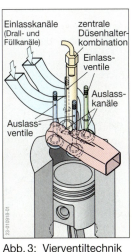

Abb. 3: Vierventiltechnik Dieselmotor

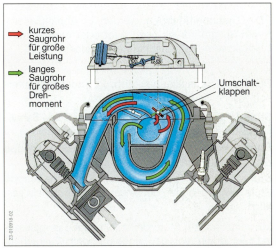

Abb. 4: Zweistufiges Klappenschaltsaugrohr

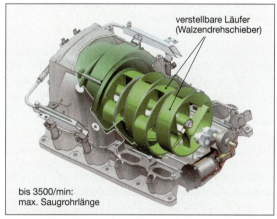

Abb. 1: Dreistufiges Klappenschaltsaugrohr

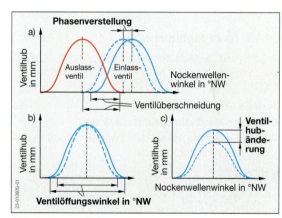

Abb. 2: Stufenloses verstellbares Saugrohr

Im unteren Motordrehzahlbereich (bis etwa 4000/min) werden im **zweistufigen Klappenschaltsaugrohr** (Abb. 4, S. 235) durch lange Saugrohre mit kleinen Ansaugquerschnitten verbesserte Frischgasfüllungen in den Zylindern erreicht. Bei Motordrehzahlen von mehr als 4000/min werden die Umschaltklappen für jeden Zylinder im Ansaugrohr geöffnet. In den kurzen Ansaugrohren mit großen Querschnitten kann die Luftsäule ungedrosselt strömen.

> Die **Umschaltklappen** werden in Abhängigkeit vom Saugrohrdruck geschaltet oder drehzahlabhängig vom Motorsteuergerät gesteuert.

Durch zwei Schaltklappen (Abb. 1) werden drei unterschiedliche Saugrohrlängen genutzt.

Stufe 1: Unterer Motordrehzahlbereich: Beide Schaltklappen sind geschlossen, der Ansaugweg ist lang.
Stufe 2: Mittlerer Drehzahlbereich: Die Schaltklappe Stufe 2 wird geöffnet, der Ansaugweg verkürzt.
Stufe 3: Oberer Drehzahlbereich: Die Schaltklappe Stufe 3 wird geöffnet, der Ansaugweg nochmals verkürzt.

Mit zunehmender Motordrehzahl hängt das maximale Drehmoment von der Länge und dem Querschnitt des Ansaugrohrs ab. Durch die drei Stufen wird ein hohes Drehmoment im unteren Drehzahlbereich und ein fast konstant hohes Drehmoment im mittleren und oberen Drehzahlbereich erzielt.

Bei dem **stufenlosen verstellbaren Saugrohr** (Abb. 2) wird durch das Verdrehen des Walzendrehschiebers die Länge des Ansaugweges vollvariabel den Motordrehzahlen angepasst.

24.4.3 Variable Ventilsteuerungen

> Durch eine **variable Ventilsteuerung** können Drehmoment, Leistung, Kraftstoffverbrauch und Abgasverhalten eines Motors verbessert werden.

Variable Ventilsteuerungen gibt es für die Einlass- und Auslassventile.

Variable Ventilsteuerungen bewirken eine
- Änderung der Ventilsteuerzeiten und damit Änderung der Ventilüberschneidung (Phasenverstellsystem, Abb. 3a),
- Änderung des Ventilöffnungswinkels und damit der Ventilüberschneidung (Abb. 3b) und
- Ventilhubänderung (Abb. 3c).

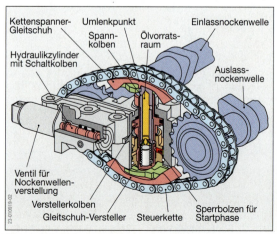

Abb. 3: Ventilerhebungskurven

Abb. 4: Einfache Nockenwellenverstellung

Kapitel 24: Motorsteuerung

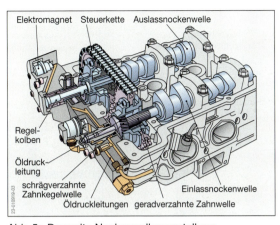

Abb. 5: Doppelte Nockenwellenverstellung

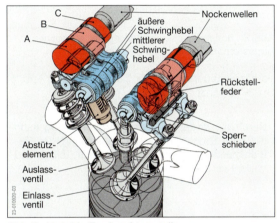

Abb. 6: Variable Zweipunktverstellung

Änderung der Ventilsteuerzeiten

Die Abb. 4 zeigt eine Änderung der Ventilsteuerzeiten der Einlassventile durch ein Verdrehen der Einlassnockenwelle. Der Ventilöffnungswinkel bleibt dabei gleich groß (Abb. 3a). Angetrieben wird die Einlassnockenwelle über die Steuerkette von der Auslassnockenwelle. Die Verstellung in Richtung »früh« erfolgt durch einen elektrisch gesteuerten Hydraulikzylinder. Bis zu einer Motordrehzahl von 1300/min befindet sich der Umlenkpunkt der Steuerkette vor der Einlassnockenwelle, es findet keine Verstellung statt. Ab 1300/min wird der Kettenspanner durch Öldruck nach unten gedrückt. Der Umlenkpunkt befindet sich hinter der Einlassnockenwelle. Die Nockenwelle wird in Richtung früh verstellt. Die Verstellung erfolgt nur zwischen zwei Steuerzeiten, z. B. Einlassventil öffnet 30 °KW oder 5 °KW vor OT.

Im System der **Doppel-Vanos** (Abb. 5) erfolgt die Verstellung der **Ein-** und **Auslassnockenwelle** stufenlos, d. h. es kann bei einer Verstellmöglichkeit von max. 60 °KW eine Verstellung um 1°, 2° usw. bis zu 60 °KW erfolgen. Die Verstellung wird durch einen öldruckbeaufschlagten Regelkolben (Öldruck etwa 100 bar), der mit einer schräg- und geradverzahnten Zahnwelle verbunden ist, vorgenommen. Der maximale Verstellwinkel beträgt bei der Einlassnockenwelle etwa 60 °KW, bei der Auslassnockenwelle etwa 40 °KW.

Ventilhubänderung

Die Abb. 6 zeigt eine variable Ventilsteuerung, durch die der **Ventilhub** in zwei Stufen verändert werden kann. Ein **größerer Ventilhub** vergrößert dabei gleichzeitig den Ventilöffnungsquerschnitt.

Vier Ventile je Zylinder werden über Schwinghebel von zwei Nockenwellen gesteuert. Die Nockenwellen haben für jedes Ventilpaar drei Steuernocken, von denen die beiden äußeren gleich sind. Der mittlere, ein steiler Nocken (B), ermöglicht einen größeren Ventilhub. Bei Motordrehzahlen bis etwa 5000/min betätigen die beiden äußeren Nocken (A und C) die äußeren Schwinghebel, dadurch wird ein geringerer Ventilhub erzeugt. Der mittlere Schwinghebel ist entriegelt und der Nocken B dreht wirkungslos mit. Das Abstützelement gleicht das Spiel des mittleren Schwinghebels aus und bewirkt im Umschaltpunkt einen weichen Einsatz der Ventilbetätigung. Für die Entriegelung, das Umschalten, sorgt eine Rückstellfeder im äußeren Schwinghebel (Abb. 6).

Der **Umschaltvorgang** auf den inneren Nocken erfolgt z. B. bei folgenden Voraussetzungen:
- hohe Last in Abhängigkeit vom Saugrohrdruck,
- Motordrehzahl > 5000/min,
- Kühlmitteltemperatur > 60 °C und
- Fahrzeuggeschwindigkeit > 30 km/h.

Werden die Sperrschieber mit Motoröldruck beaufschlagt, wird die Rückstellfeder gespannt. Alle drei Schwinghebel sind dadurch formschlüssig miteinander verbunden und arbeiten als starre Einheit. Das **Nockenprofil** des mittleren Nockens (B) ist so gestaltet, dass nicht nur der Ventilhub und damit der Ventilöffnungsquerschnitt, sondern auch die Ventilsteuerzeiten, die Ventilöffnungswinkel und somit die Ventilüberschneidung verändert werden.

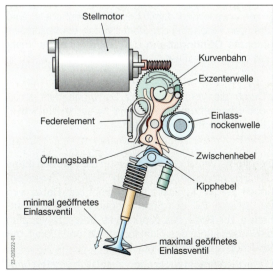

Abb. 7: Stufenlose Ventilhubsteuerung (Valvetronic)

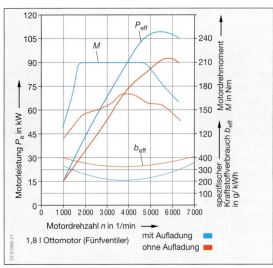

Abb. 1: Motorkennlinien eines Motors mit und ohne Aufladung

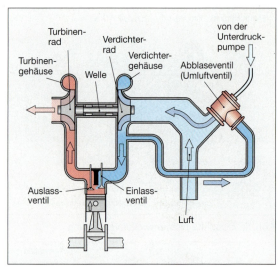

Abb. 2: Schematische Darstellung der einstufigen Abgasturboaufladung mit Abblaseventil

Eine Leistungssteigerung bei gleichzeitiger Kraftstoffverbrauchsminderung um etwa 10 % sowie eine Verringerung der Schadstoffe im Abgas wird durch eine **stufenlose Ventilhubsteuerung** der Einlassventile erreicht.

Die Abb. 7, S. 237 zeigt die stufenlose Ventilhubsteuerung **Valvetronic**. Das **Einlassventil** wird von einem Nocken der Nockenwelle über einen verstellbaren **Zwischenhebel** und einen **Kipphebel** betätigt. Um die Reibung zwischen Nocken und Zwischenhebel, sowie zwischen Zwischenhebel und Kipphebel klein zu halten, erfolgt die Bewegungsübertragung jeweils über eine **Rolle**.

Der obere Teil des Zwischenhebels stützt sich auf der **Kurvenbahn** der **Exzenterwelle** ab. Die Exzenterwelle wird von einem elektrisch betätigten Schrittmotor über einen Schneckenantrieb verdreht. Ein **Federelement** drückt den Zwischenhebel mit seiner Rolle gegen den Nocken. Je nach Stellung der Exzenterwelle und damit des Zwischenhebels, wird über den Kipphebel das Ventil, durch die besonders geformte **Öffnungsbahn** des Schwinghebels, mehr und weniger geöffnet.

> Durch die Verstellung des Schwinghebels wird das **Übersetzungsverhältnis** zwischen Nockenhub und Ventilhub verändert.

Der größte Ventilhub erfolgt, wenn die Führungsbahn der Exzenterwelle den oberen Teil des Zwischenhebels zur Nockenwelle hin gedreht hat. Dabei wird der steilste Teil der Führungsbahn des Zwischenhebels zur Rolle des Kipphebels bewegt, wodurch die Auslenkung des Schlepphebels und damit der Ventilhub am größten sind.

Damit die **Ventilsteuerzeiten** zusätzlich verstellt werden können, wird die Ventilhubsteuerung durch eine Ventilzeitsteuerung (z. B. Doppel-Vanos, Abb. 5, S. 237) ergänzt.

> Durch die **stufenlose Ventilhubsteuerung** kann auf eine Drosselklappe zur Einstellung der Betriebszustände Startvorgang, Leerlauf, Teillast und Volllast verzichtet werden.

24.4.4 Abgasturboaufladung

Bei der **Abgasturboaufladung** wird durch ein Vorverdichten der Ansaugluft und zusätzliches Kühlen der vorverdichteten Luft der **Liefergrad** λ_L (s. Kap. 16.5.3) eines Verbrennungsmotors vergrößert. Der Druck vor Beginn des Verdichtungstakts wird durch das Vorverdichten auf den Ladedruck p angehoben. Der max. Verbrennungsdruck und dadurch die Arbeitsfläche im p-V-Diagramm werden größer (s. Kap. 16.4). Das Motordrehmoment und die Motorleistung steigen, der spezifische Kraftstoffverbrauch wird gesenkt (Abb. 1).

> Für die **Abgasturboaufladung** wird die **Strömungsenergie** der **Abgase** genutzt.

Die Abgase des Motors geben, bevor sie in die Abgasanlage gelangen, einen Teil ihrer Strömungsenergie an ein **Turbinenrad** ab (Abb. 2). Das Turbinenrad treibt ein **Verdichterrad** an, das auf derselben Welle sitzt. Das Verdichterrad saugt die Frischluft an und drückt diese mit Überdruck in die Zylinder. Es werden folgende **Bauarten** der Abgasturboaufladung eingesetzt:

- einstufige Abgasturboaufladung,
- zweistufige Abgasturboaufladung und
- Biturboaufladung.

Kapitel 24: Motorsteuerung

Die **Bauteile** des Abgasturboladers sind (Abb. 2 und 3):
- Laufzeug (Verdichterrad, Welle, Turbinenrad),
- Lagergehäuse,
- Turbinengehäuse,
- Verdichtergehäuse,
- Ladedruckregelventil und
- Ladeluftkühler.

Durch die Strömungsenergie der Abgase wird das **Verdichterrad** über den Läufer angetrieben. Die maximale Drehzahl kann bis zu **180 000/min** betragen. Das Verdichterrad saugt Frischluft an und drückt sie vorverdichtet über den Ladeluftkühler zu den einzelnen Zylindern. Das **Laufzeug** ist im Lagergehäuse in **Gleitlagern** gelagert und wird über den Motorölkreislauf geschmiert. Das Lagergehäuse nimmt die Bohrungen für die Schmierung der Lagerstellen auf, sowie Kanäle der Kühlmittelversorgung aus dem Motorkühlkreislauf bei flüssigkeitsgekühlten Abgasturboladern.

Zur Aufrechterhaltung des Ladedrucks, z. B. im Schiebebetrieb und um ein schnelles Ansprechen des Motors während der folgenden Beschleunigung zu erreichen, wird durch den Saugrohrunterdruck bei Ottomotoren oder durch eine Unterdruckpumpe bei Dieselmotoren ein Abblaseventil (Umluftventil) geöffnet (Abb. 2).

Durch den Frischladungsstrom von der Verdichterseite zur Ansaugseite wird bei geschlossener Drosselklappe die Drehzahl des Laders kurzzeitig aufrecht erhalten.

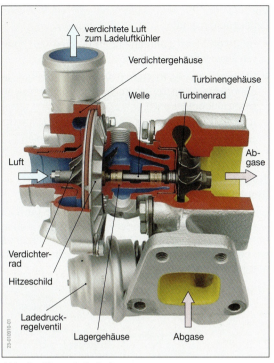

Abb. 3: Abgasturbolader

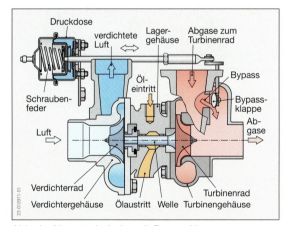

Abb. 4: Abgasturbolader mit Bypassklappe

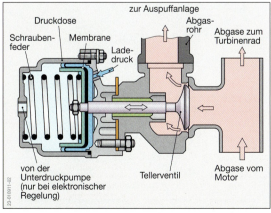

Abb. 5: Ladedruckregelung mit Tellerventil

Ladedruckregelung

> Um ein **konstantes Motordrehmoment** zu erzielen, muss der Ladedruck mit steigender Motordrehzahl **geregelt** werden.

Es gibt folgende **Ladedruckregelungen**:
- mechanische,
- elektronische und
- elektronische mit verstellbaren Leitschaufeln.

Mechanische Ladedruckregelung

Die Ladedruckregelung erfolgt durch eine Druckdose, die über ein Gestänge mit einer **Bypassklappe** (Abb. 4) oder mit einem **Tellerventil** (Abb. 5) verbunden ist. In der Druckdose befindet sich eine Membrane, die auf der einen Seite durch eine Schraubenfeder vorgespannt ist. Die andere Seite der Membrane wird mit dem Ladedruck beaufschlagt. Ist dieser höher als die Federkraft, wird die Membrane entgegen der Federkraft verschoben. Dadurch wird die Bypassklappe bzw. das Tellerventil geöffnet. Ein Teil der Abgase gelangt so über den Bypass am Turbinenrad vorbei direkt zur Abgasanlage.

Elektronische Ladedruckregelung

> Die elektronische **Ladedruckregelung** erfolgt vom Steuergerät in Abhängigkeit vom Ladedruckkennfeld. Sie hat die **Aufgabe**, den Ladedruck drehzahl- und lastabhängig zu regeln.

Durch einen von einer Unterdruckpumpe erzeugten Unterdruck wird ein Tellerventil zum Bypass betätigt (ähnlich wie in der Abb. 4 und 5, S. 239). Das Steuergerät erfasst den Ladedruck durch einen Druckfühler und berechnet mit Hilfe des Kennfeldes die Steuergröße für den Druckwandler der Ladedruckregelung.

Der Druckregler regelt entsprechend dem Sollwert den von der Unterdruckpumpe erzeugten Unterdruck und leitet diesen zur Unterdruckdose (Abb. 5). Das Ladedruckregelventil öffnet mehr oder weniger den Bypass. Ein Teil der Abgase wird unter Umgehung des Turbinenrades direkt zur Abgasanlage geführt.

Elektronische Ladedruckregelung mit verstellbaren Leitschaufeln

> **Verstellbare Leitschaufeln** beeinflussen den Abgasstrom auf das Turbinenrad über den **gesamten Drehzahlbereich**.

Die **Leitschaufeln** sind mit ihren Wellen auf einem Trägerring befestigt (Abb. 1). Auf der Rückseite des Trägerrings haben die Wellen der Leitschaufeln einen **Führungszapfen**, der in einen Verstellring eingreift. Alle Leitschaufeln werden gleichzeitig über den Verstellring verdreht. Der Verstellring wird mit dem Führungszapfen des Steuergestänges von einem **Stellmotor** oder einer **Unterdruckdose** bewegt.

Durch ein **Magnetventil** wird die Unterdruckdose mit Saugrohrdruck oder Atmosphärendruck beaufschlagt. Bei größtem Saugrohrdruck (Unterdruck) werden die Leitschaufeln flach, durch den Atmosphärendruck steil gestellt.

Werden die Leitschaufeln »flach« gestellt (Abb. 2a), ergibt sich ein enger Eintrittsquerschnitt für die Abgase. Das geschieht, um bei niedrigen Motordrehzahlen und Volllast einen schnellen Ladedruckaufbau zu ermöglichen. Durch die Verengung wird der Abgasstrom beschleunigt und dadurch die Turbinendrehzahl erhöht.

Mit zunehmender Abgasmenge oder einem geringeren Ladedruckbedarf werden die Leitschaufeln »steiler« gestellt (Abb. 2b). Der Eintrittsquerschnitt wird vergrößert, Ladedruck und Leistung der Turbine bleiben annähernd konstant. Die steilste Stellung der Leitschaufeln und damit der größte Einlassquerschnitt ist gleichzeitig Notlaufstellung bei Ausfall der Regelung. In dieser Stellung nimmt der Ladedruck ab und damit sinkt die Motorleistung.

Vorteile der Ladedruckregelung mit verstellbaren Leitschaufeln sind:

- größeres Motordrehmoment im unteren und oberen Motordrehzahlbereich,
- Verringerung des Kraftstoffverbrauchs durch einen geringeren Abgasdruck am Turbinenrad im oberen Drehzahlbereich und
- dadurch Verringerung der Schadstoffanteile im Abgas über den gesamten Motordrehzahlbereich.

Zweistufige Abgasturboaufladung (Registeraufladung)

Bei der zweistufigen Abgasturboaufladung (Abb. 3) werden zwei Abgasturbolader kombiniert, die sich in der Ladearbeit ergänzen. Ziel dieser Konstruktion ist es, bei den Motoren das »Turboloch« weitestgehend auszuschalten.

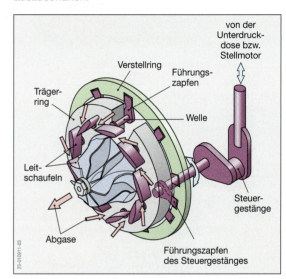

Abb. 1: Verstellung der Leitschaufeln

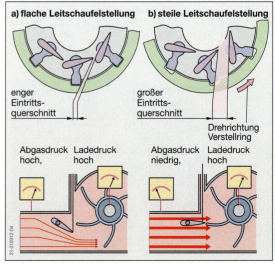

Abb. 2: Leitschaufelstellungen

Kapitel 24: Motorsteuerung

Abb. 3: Zweistufige Abgasturboaufladung

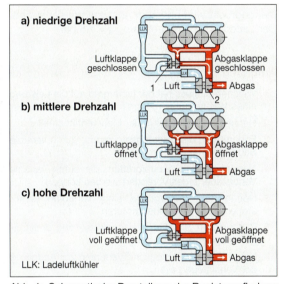

LLK: Ladeluftkühler

Abb. 4: Schematische Darstellung der Registeraufladung

Der Begriff »**Turboloch**« beschreibt das verzögerte Ansprechen des Abgasturboladers auf Grund der geringen Abgasgeschwindigkeiten im unteren Drehzahlbereich, so dass die Frischgase durch das Verdichterrad abgebremst werden. Dieses Abbremsen führt zu einer Verringerung des Liefergrades und damit zu einem kurzzeitigen Leistungsverlust.

Der kleine Abgasturbolader (1) mit geringem Strömungsquerschnitt, der bereits bei geringen Motordrehzahlen anspricht, füllt den Motor bis etwa 1800/min (Abb. 4a). Mit steigenden Drehzahlen öffnet die Motorelektronik kontinuierlich die Abgasklappe, so dass beide Abgasturbolader die angesaugte Luft verdichten (Abb. 4b). Bei höheren Drehzahlen ist die Abgasklappe des großen Laders (2) vollständig geöffnet (Abb. 4c). Jetzt verdichtet ausschließlich der große Abgasturbolader die Luft. Sein großer Querschnitt erlaubt einen sehr hohen Luftdurchsatz, der neben einer Füllungsverbesserung auch eine Erhöhung der Motordrehzahlen ermöglicht.

Biturboaufladung

Zwei flüssigkeitsgekühlte Abgasturbolader (Abb. 5) werden bei der **Biturboaufladung** eingesetzt. Je ein Abgasturbolader versorgt drei Zylinder (bei einem 6-Zylinder-V-Motor) oder vier Zylinder (bei einem 8-Zylinder-V-Motor). Die Ladedruckregelung beider Abgasturbolader erfolgt über zwei Ladedruckregelventile. Die Ladedruckregelventile verhindern einen zu großen Ladedruck. Die benötigte Luftmasse für ein bestimmtes Motordrehmoment wird vom Steuergerät über eine Luftmassenberechnung bestimmt und durch die Regelung des Ladedrucks verwirklicht.

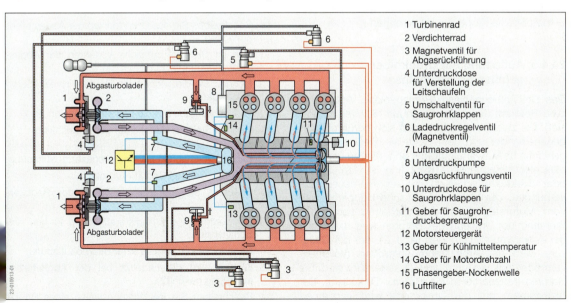

1 Turbinenrad
2 Verdichterrad
3 Magnetventil für Abgasrückführung
4 Unterdruckdose für Verstellung der Leitschaufeln
5 Umschaltventil für Saugrohrklappen
6 Ladedruckregelventil (Magnetventil)
7 Luftmassenmesser
8 Unterdruckpumpe
9 Abgasrückführungsventil
10 Unterdruckdose für Saugrohrklappen
11 Geber für Saugrohrdruckbegrenzung
12 Motorsteuergerät
13 Geber für Kühlmitteltemperatur
14 Geber für Motordrehzahl
15 Phasengeber-Nockenwelle
16 Luftfilter

Abb. 5: Biturboaufladung

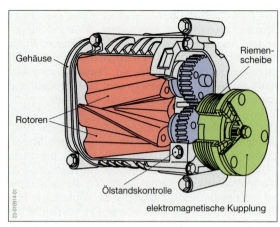
Abb. 1: Rootsgebläse

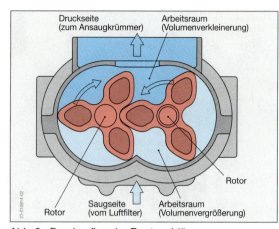
Abb. 2: Druckaufbau im Rootsgebläse

Vorteile der **Biturboaufladung** sind:
- kleinere Abgasturbolader, dadurch geringere Masse und gutes Ansprechverhalten,
- hoher Ladedruck bei niedrigen Motordrehzahlen,
- kurze Abgaswege und dadurch geringe Temperaturverluste und
- schnelles Aufheizen des Katalysators, dadurch schnelle Umwandlung der Schadstoffe.

Ladeluftkühlung

Durch die Verdichtung der Frischluft im Lader steigt die Temperatur der Frischluft, so dass die Dichte sinkt und die Zylinder dadurch mit weniger Luftmasse gefüllt werden. Deshalb wird die Luft nach der Verdichtung durch einen Ladeluftkühler gekühlt.

Vorteile der **Ladeluftkühlung** sind:
- kalte Luft hat eine höhere Dichte, der Liefergrad des Motors wird verbessert und
- niedrigere Temperaturen im Verbrennungsraum vor dem Verdichtungstakt, dadurch wird bei Ottomotoren die Klopfneigung verringert.

24.4.5 Auflading mit Drehkolbengebläse (Rootsgebläse)

Das Drehkolbengebläse (Rootsgebläse, Abb.1) hat zwei Rotoren, deren drei Flügel um 60° verschränkt sind. Die zwei Rotoren bewegen sich berührungslos gegeneinander und dem Gehäuse. Sie werden gegenläufig über zwei Zahnräder angetrieben und über eine elektromagnetische Kupplung (s. Kap. 53.4.3) oder direkt kraftschlüssig mit der Riemenscheibe verbunden. Die elektromagnetische Kupplung wird vom Motorsteuergerät zum Schalten veranlasst. Während der Drehung der Rotoren wird die Größe der Arbeitsräume verändert (Abb. 2). Auf der Saugseite wird der Arbeitsraum vergrößert (Volumenvergrößerung), wodurch die Luft angesaugt wird. Die Rotoren transportieren die Luft zur Druckseite. Der Arbeitsraum auf der Druckseite wird verkleinert (Volumenverkleinerung), wodurch die Luft zusammengedrückt wird und zum Ansaugkrümmer strömt. Der Ladedruck beträgt etwa $p_{abs} = 1{,}5$ bar.

Aufgaben zu Kap. 24.4

1. Welchen Einfluss hat der Liefergrad auf die Leistung eines Verbrennungsmotors?
2. Nennen Sie die Vorteile der Mehrventiltechnik.
3. Erklären Sie die Leistungssteigerung durch variable Saugrohrlängen.
4. Nennen Sie die Steuergrößen, die durch variable Ventilsteuerungen verändert werden können.
5. Nennen Sie die Vorteile einer variablen Ventilsteuerung in Hubkolbenmotoren.
6. Beschreiben Sie die Wirkungsweise des dreistufigen Klappenschaltsaugrohres.
7. Nennen Sie zwei mögliche Verfahren zur Änderung der Ventilsteuerzeiten.
8. Beschreiben Sie die variable Zweipunktverstellung.
9. Beschreiben Sie die Wirkungsweise der Valvetronic.
10. Beschreiben Sie das Grundprinzip der Abgasturboaufladung.
11. Nennen Sie drei mögliche Verfahren der Abgasturboaufladung.
12. Nennen Sie die wichtigsten Bauteile eines Abgasturboladers.
13. Welche Aufgabe hat die Ladedruckregelung?
14. Nennen Sie zwei Vorteile der Ladeluftkühlung.
15. Nennen Sie die Vorteile einer Regelung mit verstellbaren Leitschaufeln bei einer Abgasturboaufladung.
16. Erläutern Sie den Begriff »Turboloch«.
17. Erläutern Sie die Wirkungsweise der Registeraufladung.
18. Skizzieren Sie die Registeraufladung in den drei Schaltstufen.
19. Nennen Sie die Vorteile einer Biturboaufladung.
20. Warum wird die Ladeluft bei der Abgasturboaufladung gekühlt?
21. Beschreiben Sie die Wirkungsweise eines Rootsgebläses.

25 Kurbeltrieb

Die **Aufgaben** des Kurbeltriebs sind:
- die geradlinige hin- und hergehende Bewegung des Kolbens in eine drehende Bewegung der Kurbelwelle umzuwandeln,
- die durch den Verbrennungsdruck entstandene Kolbenkraft über die Pleuelstange zur Kurbelwelle zu leiten. Durch die Kröpfung der Kurbelwelle entsteht ein Drehmoment.

Die **Bauteile** des Kurbeltriebs sind (Abb. 1):
- Kolben mit Kolbenringen und Kolbenbolzen,
- Pleuelstange mit Pleuellager,
- Kurbelwelle mit Kurbelwellenlager und
- Schwungrad.

Die Führungsbahn des **Kolbens** ist die **Zylinderbohrung**. Diese ist eine druckbeanspruchte Gleitbahn. Die **Pleuelstange** ist mit dem Kolbenbolzen in dem Kolbenauge des Kolbens und am anderen Ende an einem Kurbelzapfen der **Kurbelwelle** gelagert. Die Lagerung der Kurbelwelle erfolgt mehrfach im Kurbelgehäuse.

25.1 Bewegungen am Kurbeltrieb

Der **Kolben** bewegt sich zwischen den zwei Totpunkten OT und UT. Dabei wird er beschleunigt und verzögert. Die Geschwindigkeit wechselt ständig; sie ist ungleichförmig.

> Die **Bewegungen** der Pleuelstange setzen sich aus der **hin- und hergehenden Bewegung** des Kolbens und der **kreisförmigen Bewegung** des Kurbelzapfens zusammen.

Vom **Schwungrad** wird die ungleichmäßige Krafteinwirkung während der Arbeitsspiele ausgeglichen. Ein Teil der Energie des Arbeitsspiels wird vom Schwungrad gespeichert und während der Leertakte abgegeben. Die **Kurbelwelle** dreht sich deshalb mit nahezu gleichförmiger Umfangsgeschwindigkeit.

25.2 Kräfte am Kurbeltrieb

Die Größe der **Kolbenkraft** F_K in Richtung der Zylinderachse wird beeinflusst durch den Verbrennungsdruck und die Massenkräfte. Die Massenkräfte werden verursacht durch die hin- und hergehenden Massen des Kolbens mit den Kolbenringen, dem Kolbenbolzen und einem Teil der Pleuelstange. Die Kolbenkraft F_K wird zerlegt in die **Pleuelstangenkraft** F_P und die **Kolbenseitenkraft** (Kolbennormalkraft) F_N, die auf die Zylinderlaufbahn wirkt (Abb. 2).

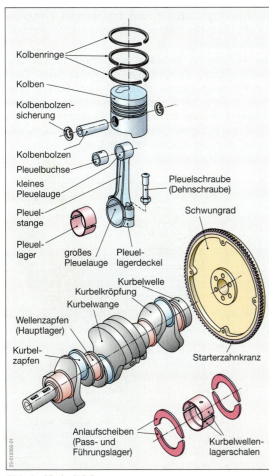

Abb. 1: Kurbeltrieb

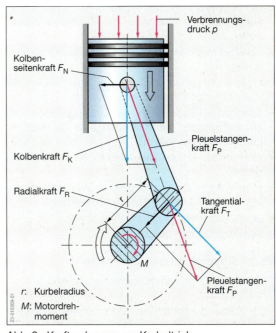

r: Kurbelradius
M: Motordrehmoment

Abb. 2: Kraftzerlegung am Kurbeltrieb

Die Kolbenseitenkraft tritt bei jeder Schräglage der Pleuelstange auf. Sie drückt den Kolben wechselseitig gegen die Zylinderwand (Abb. 1). Die Kolbenseitenkraft ist auf Grund des höchsten Verbrennungsdrucks nach dem OT am größten.

Die **Pleuelstangenkraft** F_P wird am Kurbelkreis in eine **Radialkraft** F_R und eine **Tangentialkraft** F_T zerlegt.

Diese Kräfte beanspruchen die Kurbelwelle und die Kurbelwellenlager (Abb. 2, S. 243).

> Die **Tangentialkraft** F_T erzeugt an der Kurbelwelle mit dem Kurbelradius r das **Motordrehmoment** M.
> $$M = F_T \cdot r$$

Desachsierung: Der Kolbenbolzen wird außermittig angeordnet, die Bolzenachse ist in Richtung der Druckseite des Kolbens verschoben. Dadurch erfolgt ein früher Seitenwechsel des Kolbens vor OT (Abb. 1), der die Bildung eines **dämpfenden Ölfilms** begünstigt. Die Druckseite eines Kolbens ist die Seite, auf die während des Arbeitsspiels der größte Druck wirkt. Die Desachsierung wird überwiegend in Ottomotoren angewendet, um den Verschleiß und das Kolbengeräusch im Bereich des OT gering zu halten.

25.3 Kolben

Der Kolben soll die folgenden **Aufgaben** erfüllen:
- den Verbrennungsdruck in eine mechanische Bewegung umwandeln,
- die Seitenkräfte an die Zylinderwand abgeben,
- den Verbrennungsraum des Motors beweglich gegen das Kurbelgehäuse abdichten,
- die vom Kolbenboden während der Verbrennung aufgenommene Wärme an das Kühlmittel weiterleiten und
- den Ladungswechsel in Zweitaktmotoren steuern (s. Kap. 46).

Um diese Aufgaben erfüllen zu können, muss der Kolben folgende **Eigenschaften** haben:
- eine große Festigkeit in der Kolbenringzone, um ein Einschlagen der Kolbenringe in die Kolbenringnuten zu vermeiden,
- eine geringe Masse, damit die Massenkräfte gering bleiben,
- gute Wärmeleitung und geringe Wärmedehnung, um ein kleines Einbauspiel zu ermöglichen,
- einen warmfesten Kolbenboden sowie
- einen elastischen Schaft.

25.3.1 Bezeichnungen am Kolben

Die Bezeichnungen am Kolben zeigt die Abb. 2.

> Der **Kolbendurchmesser** wird am unteren Schaftende quer zur Kolbenbolzenachse gemessen.

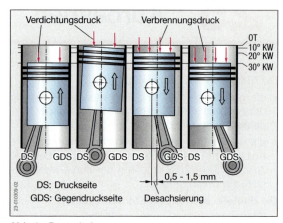

Abb. 1: Desachsierung

Die Form der **Kolbenbodenfläche** wird durch die konstruktive Gestaltung des Verdichtungsraums beeinflusst. Ein ebener Kolbenboden hat den Vorteil, dass die warmen Verbrennungsgase mit der kleinsten Oberfläche in Berührung kommen, dadurch wird der Kolbenboden durch hohe Temperaturen geringer belastet. Häufig sind Mulden für die Ventile oder, speziell bei Dieselmotoren, für den Verbrennungsraum im Kolbenboden erforderlich (Tab. 1, S. 247), damit die Verbrennungsgase gut verwirbelt werden. Durch die Verwirbelung der Verbrennungsgase erfolgt eine gute Gemischbildung.

Die Abdichtung zwischen Verbrennungsraum und Kurbelgehäuse übernehmen die Kolbenringe. Geht die **Kolbenringzone** direkt in den Schaft über (Abb. 3), kann der Schaft zusätzlich Wärme aus dem oberen Teil ableiten. Ist die Kolbenringzone durch Schlitze vom Schaft getrennt, bleibt der Kolbenschaft kühler und der Kolben kann mit einem geringeren Spiel eingebaut werden.

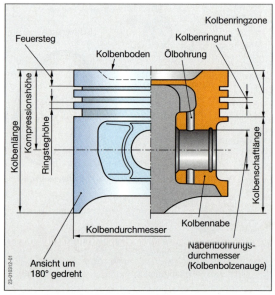

Abb. 2: Bezeichnungen am Kolben

Kapitel 25: Kurbeltrieb

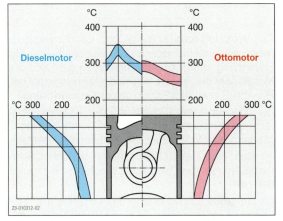

Abb. 3: Ringträger im Kolben eines Dieselmotors

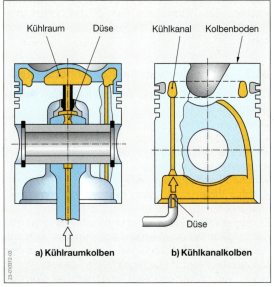

Abb. 4: Temperaturen am Kolben bei Volllast

Abb. 5: Ölgekühlte Kolben

Der **Feuersteg** schützt besonders den ersten Kolbenring vor übermäßiger Erwärmung. Bei Kolben für Ottomotoren beträgt die Höhe des Feuerstegs 6 bis 12 % des Kolbendurchmessers, für Dieselmotoren 10 bis 18 %. Wegen der abnehmenden Temperatur- und Gasdruckbeanspruchung wird die Höhe der Stege zwischen den Kolbenringnuten nach unten geringer.

In Dieselmotoren wird die erste Kolbenringnut durch extrem hohe Temperaturen und großen Druck beansprucht. Deshalb ist unterhalb des Kolbenbodens meist ein Ringträger (Abb. 3) aus Stahlguss eingegossen. Die Wärmedehnung ist im Bereich des Ringträgers sehr gering und der Verschleißwiderstand wird dadurch wesentlich erhöht.

25.3.2 Temperaturen am Kolben

Die Temperaturen am Kolben werden wesentlich beeinflusst durch:
- das Arbeitsverfahren (Zwei- oder Viertaktmotor),
- das Verbrennungsverfahren (Otto- oder Dieselmotor),
- die Art der Kühlung (Luft- oder Flüssigkeitskühlung) und
- die jeweilige Belastung (Lastzustand) des Motors.

Eine gute **Wärmeleitfähigkeit** des Kolbenwerkstoffs verbessert den **Wärmetransport**, dadurch sinkt die Betriebstemperatur des Kolbens. Die Abb. 4 zeigt Mittelwerte des Temperaturgefälles von der Kolbenbodenmitte zur Zylinderwand sowie vom Kolbenboden zum Schaftende in Otto- und Dieselmotoren bei Volllast.

Durch eine gute Kühlung des **Kolbenbodens** ist eine Steigerung der Motorleistung möglich, weil die Dichte der Luft mit abnehmender Temperatur zunimmt und dadurch die Menge der Frischladung größer werden kann. Durch eine große Werkstoffanhäufung im Kolbenboden oder eine Verrippung der Kolbeninnenseite kann zusätzlich Wärme abgeleitet werden.

Ist der Kolbenboden, speziell in Dieselmotoren, einer hohen thermischen Belastung ausgesetzt, wird dieser zusätzlich durch Öl gekühlt. Die Abb. 5 zeigt zwei Möglichkeiten einer Ölkühlung.

Durch eine Längsbohrung in der Pleuelstange (Abb. 5a) wird aus einer Düse am Pleuelstangenauge Öl gegen den Kolbenboden gespritzt. In Dieselmotoren für Last- und Personenkraftwagen wird durch einen **Kühlkanal** (Abb. 5b) im oberen Teil des Kolbens eine wirksame Kühlung erreicht. Der Kühlkanalkolben hat einen ringförmigen Hohlraum mit ovalem Querschnitt auf der Höhe der ersten Ringnut. Auf Regelelemente kann verzichtet werden.

25.3.3 Kolbenformen, Kolben-Einbauspiel

In einem betriebswarmen Motor herrschen unterschiedliche Temperaturen am Kolben (Abb. 4). Die Temperatur am Kolbenboden ist erheblich höher als am Schaft. Dadurch dehnt sich der Kolben in den entsprechenden Kolbenzonen unterschiedlich aus. Um dem entgegenzuwirken, ist die äußere Form des kalten Kolbens ballig-oval (Abb. 1, S. 246). Bei Betriebstemperatur stellt sich als Folge der Massen- und Temperaturverteilung eine zylindrische Form ein.

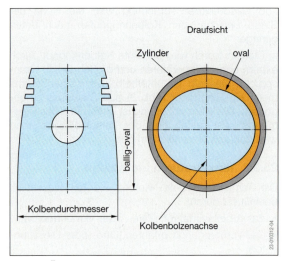

Abb. 1: Äußere Kolbenform

Im kalten Zustand hat der Kolbenschaft im oberen Teil eine größere, im unteren eine geringere **Ovalität**. Die kleine Achse der Ovalform hat die gleiche Richtung wie die Kolbenbolzenachse. Durch eine ovale **Schaftform** wird die massenbedingte Volumen- und Umfangszunahme in Richtung der Bolzenaugen gelenkt und den Schaftverformungen durch die Kolbenseitenkraft entgegengewirkt.

> Das **Kolben-Einbauspiel** ist die Differenz zwischen dem Zylinderdurchmesser und dem größten Kolbendurchmesser, der durch die Balligkeit und Ovalität vorgegeben wird.

Das **Kolben-Einbauspiel** hängt von der Kolbenbauart, dem Zylinderdurchmesser und der Werkstoffpaarung Kolben/Zylinderlaufbahn ab. Es beträgt z. B. für Ottomotoren mit Gusseisen-Zylinderlaufbahnen 0,2 mm, bei einer Zylinderlaufbahn aus einer AlSi-Legierung, z. B. 0,0016 mm.

Die Kolbenausdehnung kann durch den Einbau von **Regelgliedern** so beeinflusst werden, dass sich die Kolbenform bei Erwärmung nur wenig ändert und ein Kolben mit einem kleineren Spiel eingebaut werden kann.

> **Regelglieder** sind **Stahlbleche** oder **-ringe**, die in den Kolben eingegossen werden. In Verbindung mit dem Kolbenwerkstoff haben sie eine Bimetallwirkung.

Der Werkstoff des Kolbens und der Regelglieder haben eine unterschiedliche Wärmeausdehnung. Bei Erwärmung erfolgt eine Krümmung zu der Seite des Metalls, das die kleinere Wärmeausdehnungszahl hat. Die Abb. 2 zeigt das Prinzip dieser **Regelwirkung**.

Die unerwünschte Ausdehnung des Kolbens senkrecht zur Kolbenbolzenachse wird durch die Regelglieder gezielt in Richtung der Kolbennabe geleitet.

In allen Otto- und Dieselmotoren werden Leichtmetall-Regelkolben eingebaut. Die Tab. 1 zeigt einige Beispiele.

Da die größere Ausdehnung des Leichtmetalls nicht verhindert werden kann, ist eine größere Schaftovalität erforderlich. Durch **Trennschlitze** in der Nut des Ölabstreifringes kann die Regelfähigkeit begünstigt werden. Ein Wärmefluss vom Kolbenboden zum Schaft wird erschwert. Das Regelglied wird voll wirksam.

25.3.4 Kolbenwerkstoffe, Kolbenherstellung

Die Kolbenwerkstoffe müssen die folgenden **Anforderungen** erfüllen:
- niedrige Dichte,
- hohe Wärmeleitfähigkeit,
- geringer Verschleiß auch bei hohen Temperaturen,
- geringe Wärmedehnung,
- hohe Warmfestigkeit und
- hoher Widerstand gegen Deformation und Dauerbruch.

Eine gute Wärmeleitfähigkeit und Warmfestigkeit wird durch **Aluminium-Kupfer-Legierungen** erreicht. Neben Kupfer enthalten die Legierungen geringe Mengen Nickel und Magnesium. Die Forderung nach hoher **Verschleißfestigkeit** und geringer **Wärmeausdehnung** kann aber mit diesen Legierungen nur begrenzt erfüllt werden. Kolben für Verbrennungsmotoren werden deshalb überwiegend aus **Aluminium-Silizium-Legierungen** gefertigt. Die Legierungsbestandteile sind 12 bis 25 % Silizium, je 1 % Kupfer, Nickel und Magnesium sowie geringe Legierungsanteile von Eisen, Titan und Zink (unter 1 %).

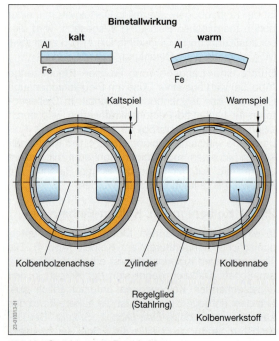

Abb. 2: Stahlring mit Regelwirkung

Tab.1: Kolbenformen

Kolben für **Zweitakt-Motoren** müssen hohe thermische Belastungen aushalten, da die kühlenden Leerhübe fehlen. Besonders die Feuerstegkante wird durch die Steuerung des Gaswechsels belastet. Die Wärmedehnung wird durch die Formgebung geregelt.

Einmetall- oder **Presskolben** sind gegossene bzw. geschmiedete Kolben aus einer Al-Legierung ohne zusätzliche Eingussteile. Einmetallkolben werden bevorzugt in Gusseisenzylinder, Presskolben in thermisch hoch belasteten Ottomotoren mit Al-Zylindern eingebaut.

Fenster- oder **Kastenkolben** sind gepresste oder gegossene, wärmebehandelte Kolben mit großer Festigkeit bei geringer Masse. Durch große nichttragende Bereiche wird eine deutliche Minderung der Reibfläche erzielt. Er wird in thermisch hoch belasteten Ottomotoren (z.B. in Direkteinspritzverfahren) eingesetzt.

Ringträgerkolben haben häufig einen Segmentstreifen als Regelelement. Meist liegt die obere, aber auch die zweite Ringnut in einem fest mit dem Kolbenwerkstoff verbundenen Ringträger. Er wird in Dieselmotoren eingebaut.
Ringträgerkolben mit **Öl-Kühlkanal** haben ein geringeres Temperaturniveau bei hohen Verbrennungsdrücken und dadurch eine geringere Ovalität.

Mit größer werdendem **Siliziumanteil** sinkt die Wärmeausdehnungszahl und steigt die Verschleißfestigkeit. Kolben mit hohem Siliziumanteil werden in Motoren mit hoher thermischer Belastung (Dieselmotoren, aufgeladene Motoren, Zweitaktmotoren) eingesetzt.

Die Kolben werden überwiegend im **Kokillenguss** gefertigt. Kleine Stückzahlen werden in Handkokillen, große Stückzahlen im **Maschinenguss** gegossen. Thermisch und mechanisch hoch belastete Kolben werden durch **Warmfließpressen** gefertigt. Die Ausgangsform des Werkstoffs (Stranggussstange) wird in mehreren Stufen hydraulisch oder mechanisch zur Form des Kolbens gepresst.

Die Bearbeitung der gegossenen oder gepressten Kolben erfolgt in mehreren Arbeitsgängen. Das Vordrehen und Nutenstechen geschieht mit Hartmetalldrehmeißeln, das Fertigdrehen auf einer Kopierdrehmaschine, die mit Diamant-Drehmeißeln ausgerüstet ist.

Ölgekühlte Kolben (Kühlraumkolben) für großvolumige Dieselmotoren werden aus mehreren Teilen zusammengebaut (gebaute Kolben). Der Kolbenboden aus hochwertigem Stahl oder Gusseisen wird mit dem restlichen Kolbenteil verschraubt. Der restliche Kolbenteil besteht aus einer gepressten AlSi-Legierung oder aus Gusseisen mit Kugelgraphit.

25.3.5 Kolbenlaufflächenschutz

Ein Riss des Ölfilms nach mehreren Kaltstarts, eine kurzzeitige Überlastung (hohe Drehzahlen) des Motors oder eine nicht ausreichende Schmierung (Ölvolumen zu gering) führen häufig zum »**Fressen**« des Kolbens.

Für das Einlaufen des Motors und für ungünstige Betriebszustände wird die Kolbenmanteloberfläche mit einem **Laufflächenschutz** beschichtet, um die:

- Gleitfähigkeit zu erhöhen,
- thermische Belastbarkeit zu schützen,
- Motoreinlaufzeit zu verkürzen und
- Notlaufeigenschaften zu erhöhen.

Blei- oder Zinnbeschichtung

In einem Schmelzbad wird der Kolben mit einer Bleischicht überzogen. Der Schmelzpunkt der Oberfläche wird im Vergleich zum Zinn erhöht. Einem »Fressen« des Kolbens wird vorgebeugt, z. B. bei nicht ausreichender Schmierung. Eine dünne Zinnschicht auf der Leichtmetalloberfläche erhöht die **Gleitfähigkeit** während des Kaltstarts und in der Warmlaufphase. Die 1 bis 2 µm dicke Metallschicht führt außerdem zu sehr guten Notlaufeigenschaften.

Graphit-Beschichtung

Zunächst wird in alkalischen Bädern eine dünne Metallphosphatschicht erzeugt. Die ungefähr 1 µm dicke Schicht dient als vorbereitende metallische Oberfläche für die Kunstharzgraphitschicht. Sie besteht aus Graphit, gebunden in Phenol-Resol-Harz. Die ungefähr 10 bis 20 µm dicke Schicht wird bei hohen Temperaturen eingebrannt. Graphit hat gute Schmier- und Ölhaftfähigkeiten. Die Notlaufeigenschaften werden wesentlich verbessert.

Eisenbeschichtung

Die Kolbenoberfläche wird verkupfert und anschließend mit einer dünnen Eisenschicht versehen. Die Eisenschicht erhöht die **Verschleißfestigkeit**. Eine zusätzliche Zinnschicht verbessert den **Korrosionsschutz**.
Die Kolben werden vorwiegend in Aluminium-Zylinderkurbelgehäusen mit Si-, Cu- und Mg-Anteilen, die nach dem ALUSIL- oder LOKASIL-Verfahren (Markenname) hergestellt werden, eingebaut.

Kunststoffüberzüge

Der Kolbenschaft wird teilweise oder vollständig mit einem Kunststoffüberzug versehen. Der Überzug ist z. B. eine Epoxidharz-Schicht. Die **Motorgeräusche** und der **Verschleiß** werden gemindert.

> **Arbeitshinweise**
>
> Auf Grund der **Kolbendesachsierung** (Abb. 1, S. 244) müssen die Kolben nach Anweisung der Hersteller in einer bestimmten Richtung zur Motorachse eingebaut werden. Hinweise für die Einbaurichtung sind häufig auf dem Kolbenboden eingeprägt (Abb. 1).

Die Spitze eines Pfeils oder ein Kurbelwellensymbol, häufig mit **front** oder **avant** (vorn) versehen, muss in die Fahrtrichtung des Fahrzeugs zeigen.
Richtungsfestlegungen gelten für eingebaute Front- und Heckmotoren.
Andere mögliche **Einbauhinweise** auf dem Kolbenboden:

v, h:	Der Kolben ist als vorderer (v) oder hinterer (h) Kolben einzubauen, immer in Fahrtrichtung gesehen.
re, li:	Dieser Kolben ist bei einem Boxermotor oder V-Motor rechts (re) oder links (li) einzubauen.
Anl. S:	Dieser Kolben ist auf der Starterseite in die Zylinderbohrung einzusetzen.
Z1, Z3:	Der Kolben ist in die 1. bzw. 3. Zylinderbohrung einzubauen.

25.4 Kolbenringe

Die Kolbenringe haben folgende **Aufgaben**:
- den Verbrennungsraum gegen das Kurbelgehäuse abzudichten (Verdichtungsringe),
- einen Teil der Verbrennungswärme vom Kolben zur Zylinderwand abzuleiten und
- überschüssiges Öl von der Zylinderwand ins Kurbelgehäuse abzustreifen (Ölabstreifringe).

> Die Kolbenringe werden nach ihren Aufgaben in **Verdichtungs-** und **Ölabstreifringe** unterteilt.

Kolben für Ottomotoren haben meist zwei Verdichtungsringe und einen Ölabstreifring (Abb. 2).
Kolben für Dieselmotoren benötigen zwei bis vier Verdichtungsringe und einen bis zwei Ölabstreifringe.
Häufig wird bei Kolben für Lkw-Dieselmotoren auch ein Ölabstreifring unterhalb des Kolbenbolzenauges im Kolbenschaft angeordnet.
Zweitaktmotoren haben nur 1 bis 2 Verdichtungsringe. Sie benötigen keine Ölabstreifringe (s. Kap. 46).

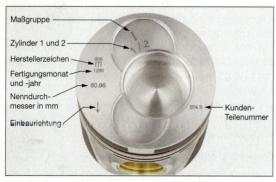

Abb. 1: Einbauhinweise auf dem Kolbenboden

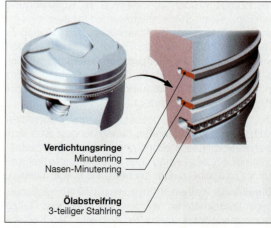

Abb. 2: Anordnung der Kolbenringe

Kapitel 25: Kurbeltrieb

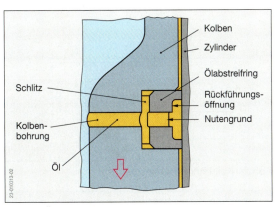

Abb. 3: Ölabstreifring

Aufgaben und Abmessungen der Verdichtungsringe sind in DIN 70910 bis 70916, für die Ölabstreifringe in DIN 70930 bis 70948 dargestellt.

Damit der **Verdichtungsring** gut abdichtet, muss er federnd der Zylinderwand folgen. Zur Erzeugung des **Radialdruckes**, der den Ring gegen die Zylinderwand presst, erhält der Ring die Form einer **offenen Ringfeder** (Abb. 1, S. 250).

Der **Ölabstreifring** wird immer unter den Verdichtungsringen angebracht. Das abgestreifte Öl läuft durch Schlitze oder Bohrungen des Ölabstreifringes in die Bohrung des Kolbens (Abb. 3). Von dort gelangt es durch den Innenraum des Kolbens in die Ölwanne.

Verdichtungs- und Ölabstreifringe können auf Grund ihrer Form häufig nur in einer bestimmten Lage eingebaut werden. Der Aufdruck **»Top«** zeigt stets in Richtung des Kolbenbodens.

25.4.1 Kolbenringwerkstoffe

Als Werkstoffe (DIN ISO 6621-2) werden feinkörnige, mit Phosphor legierte Sondergusseisen verwendet. Um die Gleiteigenschaften und das Einlaufverhalten zu verbessern, sowie den Verschleiß gering zu halten, werden die Ringe oberflächenbehandelt. Sie werden phosphatiert, verzinnt, verkupfert, ferroxiert oder verchromt.

Der am höchsten beanspruchte obere Ring wird an seiner Lauffläche häufig hartverchromt. Mit Molybdän gefüllte oder überzogene Ringe verhindern durch eine gute Wärmeleitfähigkeit das »Fressen« der Ringe.

25.4.2 Kolbenringformen

Die Tab. 3 zeigt gebräuchliche Kolbenringformen.

Die Form der Kolbenringe wird durch den Verwendungszweck festgelegt. Da die Anlagefläche, z. B. bei einem **Minutenring**, zunächst sehr klein ist, passen sich diese Ringe der Zylinderform schnell an. Die Schräge beträgt ungefähr 40 Winkelminuten.

Ein **Trapezring** wird dort eingesetzt, wo mit einem Verkleben durch Schmieröl oder Kraftstoffrückstände zu rechnen ist. Da der Trapezring ständig in seiner Nut wandert, wird der Schmutz aus seiner Ringnut herausgedreht.

Ist ein Zylinder verzogen oder unrund, werden **Ringe** mit **eingelegten Federn** verwendet. Ein einwandfreies Abdichten wird dadurch ermöglicht.

25.4.3 Stoßspiel, Höhenspiel

Der Abstand der Kolbenringenden bei eingebautem Kolben wird als **Stoßspiel** bezeichnet.

Die Größe des Stoßspiels (Abb. 1, S. 250) ist abhängig vom Zylinderdurchmesser. Bei zu geringem Spiel führt ein Zusammenstoßen der Ringenden in einem betriebswarmen Motor zum Bruch des Ringes. Zu großes Spiel bedeutet Leistungsverlust. Das Stoßspiel kann 0,15 bis 0,9 mm betragen.

Tab. 3: Kolbenringformen

Ringform / Kurzzeichen	Bezeichnung, besondere Merkmale
Verdichtungsringe	
R	**Rechteckring,** Einbau in beiden Richtungen möglich, außer mit »TOP« gekennzeichnete Kolbenringe
M TOP	**Minutenring,** schnelle Abdichtung durch kurze Einlaufzeit, »TOP«-Kennzeichnung muss zum Kolbenboden zeigen
T	**Trapezring** (doppelseitig), verhindert Verkoken am Zylinder bei hohen Temperaturen (Dieselmotor), kann in beiden Richtungen eingebaut werden, außer mit »TOP« gekennzeichnete Kolbenringe
L	**L-Ring,** eigenspannungsarmer Ring, Anpressdruck am Zylinder durch Verbrennungsgase, die hinter den Ring drücken, senkrechter Schenkel zeigt in Richtung Kolbenboden (Zweitakt-Motoren)
Ölabstreifringe	
NM TOP	**Nasen-Minutenring** beschleunigt Einlaufvorgang, »TOP«-Kennzeichnung zum Kolbenboden
S	**Ölschlitzring,** kann in beiden Richtungen eingebaut werden
U	**U-Flex-Ring mit Expanderfeder,** kann in beiden Richtungen eingebaut werden außer mit »TOP« gekennzeichnete Kolbenringe
DSF	**Dachfasenschlitzring mit Schlauchfeder,** durch sehr hohen Anpressdruck gleichmäßige Anpassung, Einbau in beiden Richtungen möglich, außer mit »TOP« gekennzeichnete Kolbenringe

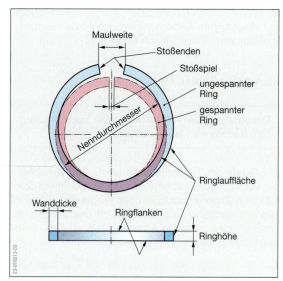

Abb. 1: Bezeichnungen am Kolbenring

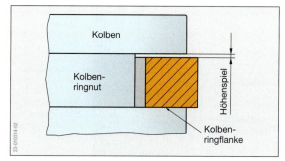

Abb. 2: Kolbenring-Höhenspiel

> **Arbeitshinweise**
> Zur Messung des **Stoßspiels** muss sich der Kolbenring im Zylinder senkrecht zur Zylinderwand befinden. Das Stoßspiel wird mit einer Fühlerlehre gemessen.

Der Abstand zwischen Kolbenringnut und Kolbenringflanke wird als **Höhenspiel** bezeichnet.

Das Höhenspiel (Abb.2) beträgt je nach der Größe des Kolbendurchmessers 0,02 bis 0,04 mm.

Ein zu **großes Höhenspiel** führt
- zu Verbrennungsrückständen im Verbrennungsraum,
- zum Verkanten und
- zum »Pumpen« des Kolbenrings in der Ringnut.

Durch die **Pumpwirkung** der Kolbenringe wird Öl von der Zylinderwand in den Verbrennungsraum gefördert und verbrannt. Dies hat einen erhöhten Ölverbrauch und Ölkohleablagerungen im Verbrennungsraum sowie einen Anstieg unverbrannter Kohlenwasserstoffe im Abgas zur Folge.

25.5 Kolbenbolzen

Der **Kolbenbolzen** überträgt die Kolbenkraft vom Kolben auf die Pleuelstange.

Der Kolbenbolzen wird überwiegend auf **Biegung** beansprucht. Um die hin- und hergehenden Massen gering zu halten, ist der Kolbenbolzen hohl gestaltet. Er ist in den Lagerflächen durch hohe Drücke (oft bei mangelnder Schmierung) hohen wechselnden Belastungen ausgesetzt. Seine Oberfläche muss daher hart und verschleißfest sein.

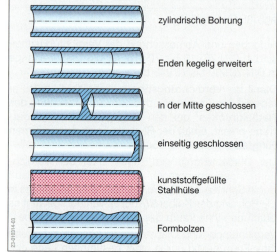

Abb. 3: Kolbenbolzenformen

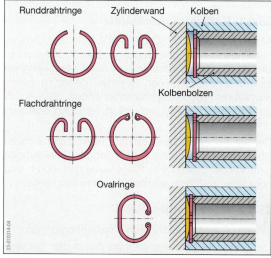

Abb. 4: Kolbenbolzensicherungen

Als Kolbenbolzenwerkstoffe werden niedrig legierte Einsatzstähle (z. B. 15 Cr 3 oder 16 MnCr 5) oder für hoch belastete Motoren Nitrierstähle (z. B. 31 CrMoV 9) verwendet. Die erforderliche Oberflächenhärte wird durch Einsatzhärten oder Nitrieren erzielt.

Durch Feinschleifen und nachfolgendes Läppen wird eine glatte Oberfläche erreicht.

Es gibt Kolbenbolzen mit durchgehender zylindrischer Bohrung und Kolbenbolzen mit kegeligen Bohrungsenden (Abb. 3), um die Masse des Kolbenbolzens noch weiter zu verringern.

Für **Zweitaktmotoren** werden in der Mitte oder einseitig geschlossene Kolbenbolzen eingesetzt, damit keine **Spülverluste** auftreten.

Bei aufgeladenen Motoren kann es durch hohe Verbrennungsdrücke zu einer Überlastung der Kolbennaben kommen. Um kritische Spannungen im Bereich der Kolbennaben abzubauen, werden **Formbolzen** eingesetzt (Abb. 3).

Auf Grund der Forderung nach geringen hin- und hergehenden Massen wurde für Ottomotoren ein Kolbenbolzen entwickelt, der aus einer sehr dünnen Stahlhülse besteht, die mit einem **Kunststoffkern** gefüllt ist (Abb. 3).

Kolbenbolzen für Ottomotoren werden häufig durch eine **Schrumpfverbindung** in der Pleuelstange gehalten (Schrumpfpleuel). Eine Bolzensicherung wird dadurch eingespart. Bei Dieselmotoren wird der Kolbenbolzen häufig mit der Pleuelstange verschraubt. In hoch beanspruchten Otto- und Dieselmotoren wird ein »schwimmend« gelagerter Kolbenbolzen bevorzugt. Ein Kolbenbolzen ist »schwimmend« gelagert, wenn die Pleuelstange durch eine Lagerbuchse im kleinen Pleuelauge mit dem Kolbenbolzen gleitend verbunden ist. Er muss gegen seitliches Auswandern gesichert werden. Es werden überwiegend **federnde Sicherungsringe** verwendet (Abb. 4). Sie werden in Rillen oder Nuten am Außenrand der Nabenbohrung eingesetzt.

25.6 Pleuelstange

> Die **Pleuelstange** verbindet den Kolben mit der Kurbelwelle. Sie überträgt die Kolbenkraft auf die Kurbelwelle.

Die Pleuelstange (Abb. 5) führt eine hin- und hergehende Bewegung in Richtung der Zylinderachse und gleichzeitig eine drehende Bewegung um den Kolbenbolzen und eine pendelnde Bewegung um das Pleuellager der Kurbelwelle aus. Die Pleuelstange wird während des Arbeitsspiels auf Zug, Druck und besonders auf Knickung beansprucht. Durch die Pendelbewegung um die Kolbenbolzenachse erfolgt zusätzlich eine Biegebeanspruchung. Die Querschnittsform des Pleuelstangenschaftes ist meist ein **Doppel-T**, die bei geringer Masse eine hohe Knickfestigkeit hat. Für kleinere Motoren werden kreisrunde, ovale oder rechteckige Querschnitte verwendet.

25.6.1 Werkstoffe und Fertigung

Pleuelstangen werden aus Stahlguss oder vergütetem Stahl gefertigt. Vergütungsstahl (0,35 bis 0,40 % C) ist mit Mangan oder Chrom und Molybdän legiert. Der Stahlguss enthält Kugelgraphit.

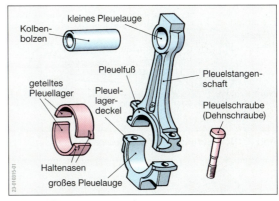

Abb. 5: Pleuelstange

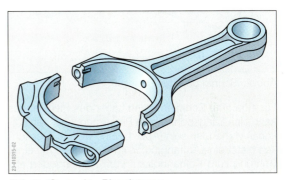

Abb. 6: Gecrackte Pleuelstange

Pleuelstangen aus **hochwertigem Aluminium** sind leichter, sie haben jedoch den Nachteil der großen Wärmedehnung und der geringeren Wechselfestigkeit. Ein weiterer Nachteil ist die Ableitung der Kolbenwärme zum Kurbelzapfen, deshalb muss eine zusätzliche Kühlung der Kurbelzapfen vorhanden sein.

Pleuelstangen werden überwiegend im Gesenk geschmiedet, in Formen gegossen oder gesintert.

Gecrackte Pleuelstangen (Abb. 6) werden einteilig mit einer Sollbruchstelle geschmiedet oder gesintert, der Pleuellagerdeckel wird an der Sollbruchstelle gebrochen (gecrackt). Die Trennfläche zwischen Pleuelfuß und Lagerdeckel wird nicht spanend gefertigt. Es wird dadurch eine große Passgenauigkeit im Lager erzielt. Durch die körnige Bruchstelle sind die Pleuellagerdeckel nicht austauschbar. Gesinterte Pleuelstangen haben kleinere Schaftquerschnitte und eine geringere Masse als Stahl-Pleuelstangen.

25.6.2 Pleuellager

Das **kleine Pleuelauge** ist ein ungeteiltes Lager. Der Kolbenbolzen ist im Pleuelauge meist drehbar in einer Buchse aus einer **Kupfer-Zinn-Legierung** oder **Leichtmetall** gelagert. In Dieselmotoren werden häufig für die Schmierung durchlöcherte außen und innen drehbare Gusseisenbuchsen eingesetzt. Der Kolbenbolzen ist meist im Pleuelauge »schwimmend« gelagert. In Zweitaktmotoren werden wegen der Mischungsschmierung häufig **Nadellager** eingesetzt.

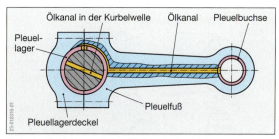

Abb. 1: Schmierung des Kolbenbolzens

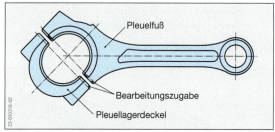

Abb. 2: Schräg geteilter Pleuelfuß

Für eine gute Schmierung im Lager des Pleuelauges kann eine Längsbohrung im Pleuelstangenschaft (Ölkanal) vorhanden sein (Abb. 1). Eine weitere Möglichkeit bietet eine Auffangmulde im Pleuelauge mit einer Bohrung zum Kolbenbolzen. Vom Kolbenboden abtropfendes Öl wird so zu den Gleitflächen geführt.

Das **große Pleuelauge**, der Pleuelfuß und der Lagerdeckel, umfasst den Kurbelzapfen und das Pleuellager. Bei Dieselmotoren wird der Pleuelfuß wegen der hohen Drücke häufig breiter ausgelegt als der Zylinderdurchmesser. Um einen Ausbau durch die Zylinderbohrung dennoch zu ermöglichen, wird der Pleuelfuß schräg geteilt (Abb. 2).

Als Pleuellager wird meist ein **geteiltes Gleitlager** vorgesehen. Die Lagerschalen werden durch Presssitz im großen Pleuelauge gehalten. Eine Bewegung zwischen Lager und Pleuelfuß wird durch **Haltestifte** oder **Haltenasen** verhindert (Abb. 5, S. 251).

Die Lagerschalen sind dünnwandige Mehrstofflager mit Stahlrücken (Abb. 5, 255).

Für geteilte Kurbelwellen kann der Pleuelfuß ungeteilt ausgeführt werden. Es werden wie in Zweitaktmotoren auch hier **Wälzlager** verwendet (s. Kap. 46).

Die Pleuelschrauben werden stets auf Zug beansprucht. Da sie während des Richtungswechsels höheren Zugbeanspruchungen ausgesetzt sind, werden **Dehnschrauben** verwendet.

> **Arbeitshinweise**
> - Muss die Buchse des kleinen Pleuelauges erneuert werden, so erfolgt der Einbau mit Hilfe einer Presse oder eines passenden Treibdorns. Sind die vorgesehenen Öllöcher gebohrt, wird die Bohrung bei kleineren Motoren unter Verwendung einer Vorrichtung auf die erforderliche Bolzenpassung gebracht.

- Durch die Bewegung von Kolben und Pleuelstange treten Beschleunigungskräfte auf. Bei Mehrzylindermotoren werden diese Kräfte durch gegenläufige Triebwerkskräfte gleicher Masse ausgeglichen. Bei Instandsetzungsarbeiten müssen daher die vorgesehenen **Toleranzen** für die Pleuelstangenmassen (Pkw 5 g, Lkw 10 g) eingehalten werden. Zu große Massen können am Pleuelfuß weggeschliffen werden.
- Sind Kolben und Bolzen durch einen Schrumpfsitz verbunden, wird der Kolben für den Einbau des Bolzens auf 80 °C erwärmt (Ölbad, Heizplatte).
- Um die unterschiedliche **Wärmedehnung** zwischen Kurbelwelle und Kurbelgehäuse auszugleichen, muss der Pleuelfuß ein seitliches Spiel auf dem Kurbelzapfen haben.

Abb. 3: Mögliche Kröpfungen und Lagerungen der Kurbelwelle eines 12- und 5-Zylinder-Motors

25.7 Kurbelwelle

> Die **Kurbelwelle** hat die **Aufgabe**, die Kolbenkräfte, die über die Pleuelstange geleitet werden, aufzunehmen, diese in ein Drehmoment umzuwandeln und das Drehmoment über die Kupplung an das Getriebe weiterzuleiten.

Länge und **Form** der Kurbelwelle bei Mehrzylinder-Motoren werden wesentlich beeinflusst durch:
- die Anzahl der Zylinder,
- die Lage der Zylinderachsen zueinander (z. B. V-Motor),
- die Zündfolge des Motors und
- die Anzahl und Lage der Hauptlager.

Die Abb. 3 zeigt mögliche Kröpfungen der Kurbelwelle eines Zwölfzylinder-V-Motors und eines Fünfzylinder-Reihenmotors.

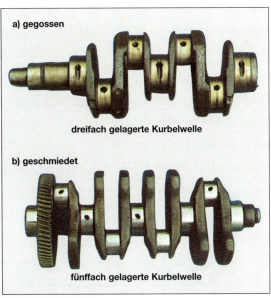

Abb. 4: Kurbelwellen

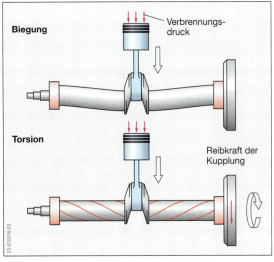

Abb. 5: Kräfte an der Kurbelwelle

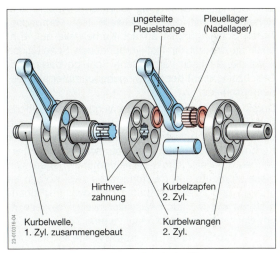

Abb. 6: Zusammengebaute Kurbelwelle

Nach der Anzahl der Hauptlager werden bei einem Vierzylinder-Reihenmotor drei- oder fünffach gelagerte Kurbelwellen unterschieden (Abb. 4). Eine fünffach gelagerte Kurbelwelle hat den Vorteil, dass die auftretenden Fliehkräfte und Biegemomente nur geringe Durchbiegungen hervorrufen. Kurbelzapfen und Kurbelwangen ergeben eine ungleiche Massenverteilung an der Kurbelwelle. Durch die Massen der Kurbelwangen, jeweils auf der Gegenseite der Kurbelzapfen, erfolgt ein Massenausgleich. Durch **dynamisches Auswuchten** werden Werkstoffanhäufungen durch Auswuchtbohrungen ausgeglichen.

An der Kurbelwelle werden durch die Kolben und die Pleuelstangen Beschleunigungs- und Verzögerungskräfte wirksam. Zusammen mit den zusätzlich wirkenden Fliehkräften wird die Kurbelwelle durch Torsion (Verdrehung), Biegung und Drehschwingungen belastet (Abb. 5). Besonders die Flieh- und Biegekräfte müssen von den Hauptlagern aufgenommen werden. Lagerschäden, fehlerhafte Ventilbetätigung, Veränderungen der Steuerzeiten, des Zündzeitpunktes oder der Zylinderfüllung sind Ursachen von Drehschwingungen, die zum Bruch der Kurbelwelle führen können.

25.7.1 Werkstoffe und Fertigung

Nach dem **Fertigungsverfahren** werden unterschieden:
- geschmiedete,
- gegossene und
- zusammengebaute Kurbelwellen.

Geschmiedete Kurbelwellen

Der Werkstoff ist ein **hochwertiger Vergütungsstahl**, ein Chrom-Nickelstahl mit geringem Kohlenstoffgehalt (z. B. 18 CrNi 5) oder ein **Nitrierstahl** (z. B. 34 CrAl 16). Ein erwärmter Stahlblock wird in einem oder mehreren Arbeitsgängen im Gesenk geschmiedet. Eine so gefertigte Kurbelwelle (Abb. 4b) besitzt einen zusammenhängenden, nicht unterbrochenen Faserverlauf, wodurch sich eine hohe Festigkeit ergibt.

Gegossene Kurbelwellen

Sie bestehen aus Gusseisen mit Kugelgraphit (Abb. 4a). Dieser lässt sich sehr gut zerspanen. An den Radien der Haupt- und Pleuellager wird durch **Festwalzen** eine hohe Festigkeit gegen Schwingungsbrüche erzielt.

Zusammengebaute Kurbelwellen

Die Bauteile werden gegossen oder geschmiedet. Sie werden für Zweitaktmotoren und oft für Hochleistungsmotoren mit hohen Drehzahlen verwendet. Mit Flansch-, Press- oder Schrumpfverbindungen an den Hauptlagerzapfen (Abb. 6) sowie mit der **Hirth-Verzahnung** (Hirth, H.; dt. Ingenieur, 1886 bis 1938) an den Kurbelzapfen werden die Kurbelwellen zusammengebaut (s. Kap. 8.8). Bei Schrumpf- und Pressverbindungen ist ein genaues Ausrichten der Kurbelwelle nach dem Zusammenbau wichtig.

25.7.2 Schwingungsdämpfer und Schwingungstilger

Die Kurbelwelle wird durch **Drehschwingungen** beansprucht, die zum Bruch der Welle führen können. **Schwingungsdämpfer** oder **Schwingungstilger** sollen die Drehschwingungen ausgleichen oder dämpfen.

Der Schwingungsdämpfer oder der Schwingungstilger ist meist an dem des Schwungrades gegenüberliegenden Ende der Kurbelwelle angebracht. Schwingungsdämpfer und Schwingungstilger sind zusätzliche Schwungmassen. Der Schwingungstilger kann auch eine Welle im Kurbelgehäuse sein, die parallel zur Kurbelwelle läuft und von dieser angetrieben wird (Ausgleichswelle, Abb. 2).

Schwingungsdämpfer können Viskosedämpfer oder Gummidämpfer sein. Im Viskosedämpfer wird zur Dämpfung der Schwingungen die innere Reibung einer Flüssigkeit ausgenutzt. Die gleiche Wirkung zeigt ein Gummidämpfer. Zwischen zwei Metallscheiben ist ein Gummiring vulkanisiert (Abb. 1). Eine Scheibe ist mit der Kurbelwelle fest verbunden. Treten Schwingungen an der Kurbelwelle auf, d. h. auch an der mit ihr fest verbundenen Scheibe, so wirkt die elastisch verbundene Scheibe dämpfend. Gleichzeitig dient der Schwingungsdämpfer als Keilriemenscheibe.

Durch die Auf- und Abwärtsbewegung des Kolbens entstehen im unteren und oberen Totpunkt durch unterschiedliche Hebelarme zum Mittelpunkt der Kurbelwelle Momente, die Motorschwingungen erzeugen. In Vier-Zylinder-Reihenmotoren heben sich diese Momente auf, da sich jeweils zwei Kolben im unteren und oberen Totpunkt befinden. In Reihenmotoren werden auch Ausgleichswellen eingesetzt, um einen ruhigeren Motorlauf zu erreichen.

Bei V-Motoren wirken die Kolbenkräfte in Richtung des V-Winkels. Die Momente werden nicht gegenseitig ausgeglichen. Eine Ausgleichswelle hat zwei Ausgleichsmassen, die um 180° verdreht angeordnet sind (Abb. 2). Sie wird von der Kurbelwelle (Abb. 3), entgegen der Kurbelwellendrehrichtung, angetrieben. Motorschwingungen werden dadurch verhindert (getilgt).

25.8 Kurbelwellen-Gleitlager

> Die **Gleitlager** an der Kurbelwelle nehmen die Kräfte auf, die bei der hin- und hergehenden Bewegung des Kolbens entstehen.

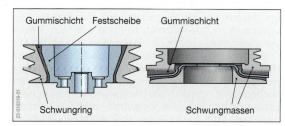

Abb. 1: Schwingungsdämpfer

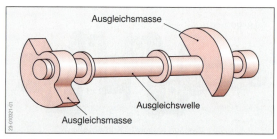

Abb. 2: Ausgleichswelle

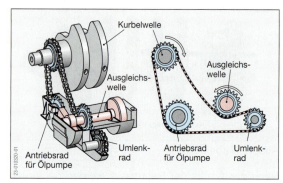

Abb. 3: Schwingungstilger

Nach der Belastungsrichtung werden unterschieden:
- Radiallager (Querlager) und
- Axiallager (Längslager).

Radiallager übertragen die Kräfte, die quer zur Drehachse wirken (Abb. 4).

An der Kurbelwelle werden während des Auskuppelns auch Kräfte in Längsrichtung wirksam. Zur Abstützung dieser Kräfte wird ein Hauptlager der Kurbelwelle als **Axiallager** (Pass- oder Führungslager) ausgeführt oder in ein Hauptlager ein Radiallager mit Anlaufscheiben eingesetzt (Abb. 1, S. 243).

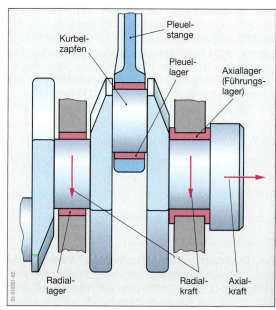

Abb. 4: Kräfte an Radial- und Axiallager der Kurbelwelle

Zweistofflager

Die zwei **Schichten** des Lagers sind:
- die Stützschale aus Stahl und
- eine dünne Laufschicht (Abb. 5).

Die **Stützschale** besteht aus Stahl mit 0,1 % C-Gehalt und Anteilen von Mn, P und S. Sie erhöhen die Festigkeit und den Widerstand gegen Dauerbeanspruchung.

Die Stützschale hat Notlaufeigenschaften, d.h., sie kann nach vollständiger Abnutzung der Laufschicht, deren Aufgabe für kurze Zeit übernehmen. Die Laufschicht ist eine Legierung aus Al, Sn und Cu.

Bonderlager sind Aluminium-Zweistofflager, die im Walzplattenverfahren hergestellt werden. Auf eine Aluminium-Laufschicht aus AlZn 4, 5 Si-CuPb wird eine Bonder-Einlaufschicht (1 bis 2 µm) chemisch aufgetragen.

Dreistofflager

Diese Lager sind für höchste Belastungen geeignet. Sie werden als Haupt- und Pleuellager in Otto- und Dieselmotoren verwendet.

Die drei **Schichten** des Lagers sind:
- die Stützschale aus Stahl,
- die Tragschicht und
- die Laufschicht (Abb. 5).

Die **Stützschale** ist 1 bis 10 mm dick und besteht aus Stahl mit etwa 0,1 % C. Die **Tragschicht** ist aus einer CuSn-Legierung mit Pb-Anteilen und die **Laufschicht** aus Weißmetall mit Pb-, Sn- und Cu-Anteilen. Die Laufschicht ist 0,022 bis 0,1 mm dick. Ein ungefähr 0,0015 mm dicker **Nickeldamm** zwischen Laufschicht und Tragschicht verhindert das Eindringen des Weißmetalls in die Tragschicht. Der Bund eines Axiallagers ist auch mit dieser Laufschicht überzogen.

Hoch belastete, aufgeladene Dieselmotoren mit Direkteinspritzung werden mit **Sputterlagern** ausgerüstet. Sputtern ist ein elektromagnetisches Beschichtungsverfahren im Vakuum. Es werden kleinste Einlagerungen von Zinn in feinkörniges, hartes Aluminium eingebracht und dadurch eine sehr gute Feinkörnigkeit der Oberfläche erzielt.

Maße und Begriffe an Gleitlagern

Die Differenz zwischen dem Außendurchmesser einer Halbschale (gemessen über der Trennfläche) und dem Durchmesser der Bohrung im Kurbelgehäuse wird als **Spreizmaß** bezeichnet (Abb. 6a).

Die Spreizung der Lagerschale erleichtert den Einbau, da sie dadurch während der Montage nicht aus dem Lagerdeckel fallen kann.

Nach dem Einlegen der Lagerhälften in die Bohrungen des Kurbelgehäuses oder der Pleuelstange, und in den entsprechenden Lagerdeckel, wird dieser auf die Gehäusebohrung bzw. Pleuelstange gesetzt. Ohne den Lagerdeckel festzuziehen, muss sich auf einer Seite ein Spalt ergeben, der je nach Lager-

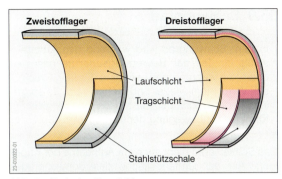

Abb. 5: Kurbelwellengleitlager

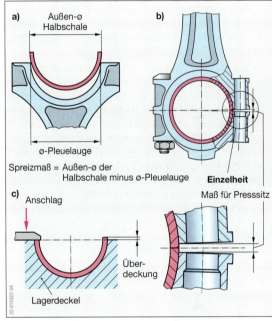

Abb. 6: Spreizmaß, Presssitz und Überdeckung bei geteilten Gleitlagern

durchmesser bis 0,1 mm betragen soll (Abb. 6b). Wird der Lagerdeckel mit dem vorgeschriebenen Anzugsmoment (Angaben der Hersteller beachten!) angezogen, erhält das Lager den erforderlichen **Presssitz**.

Ein Maß (als Hilfsmittel) für die Größe des Presssitzes ist die **Überdeckung** (Abb. 6c). Wird eine Lagerschale mit einseitigem Anschlag in die Gehäusebohrung eingelegt, so steht sie am anderen Ende um das Maß der Überdeckung über.

Dünnwandige Zwei- und Dreischichtlager werden zur Sicherung gegen Verdrehen und Herausschieben mit Haltenasen (Abb. 4, S. 243) versehen.

> Die Differenz zwischen dem Pleuel- oder Hauptlagerzapfendurchmesser und dem Durchmesser der unter Presssitz befindlichen Lagerschale ist das **Lagerspiel**.

Das Lagerspiel wird mit Hilfe von Innentaster und Bügelmessschraube ermittelt.

25.9 Schwungrad

In dem Schwungrad wird während des Arbeitsspiels ein Teil der **Bewegungsenergie** gespeichert, die während der Leertakte (Ladungswechsel, Verdichten) wieder abgegeben wird. Es sorgt infolge der Trägheit seiner Masse für eine gleichförmige Drehbewegung der Kurbelwelle.

Das Schwungrad dient auch zur Aufnahme der Kupplung. Auf der Umfangsfläche des Schwungrades (Abb. 1) ist ein Zahnkranz aufgeschrumpft oder angeschraubt, in den das Ritzel des Starters eingreift.

Bei Mehrzylinder-Motoren kann das Schwungrad kleiner und leichter sein, da der Abstand zweier Arbeitstakte geringer ist. Kleine und leichte Schwungräder erhöhen das Beschleunigungsvermögen.

Das Schwungrad besteht aus Stahl oder Gusseisen. Es wird an die Kurbelwelle angeflanscht und muss gegen Verdrehen, z.B. durch Stifte, gesichert werden. Das **Schwungrad** wird zusammen mit der Kurbelwelle **statisch** und **dynamisch** ausgewuchtet (s. Kap. 41). Der **Massenausgleich** erfolgt durch Bohrungen in den Kurbelwangen und im Schwungrad. Durch die Anordnung von Führungsstiften oder durch ungleichmäßige Abstände der Schraubenbohrungen ist der Zusammenbau von Kurbelwelle und Schwungrad nur in einer bestimmten Stellung zueinander möglich.

Zweimassenschwungrad

Die Gaskräfte eines Hubkolbenmotors erzeugen bei niedrigen Motordrehzahlen ein ungleichförmiges Drehmoment an der Kurbelwelle und am Schwungrad. Es entstehen Drehschwingungen, die über die Kupplung auf das Getriebe und den Antriebsstrang übertragen werden. Eine große mechanische Belastung aller Getriebebauteile ist die Folge. Durch ein Zweimassenschwungrad werden die **Drehschwingungen** aufgenommen und gedämpft.

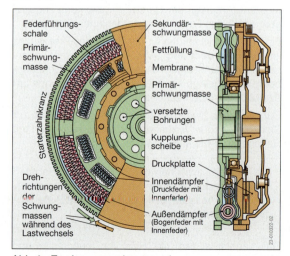

Abb. 1: Zweimassenschwungrad

Die Schwungmasse des Zweimassenschwungrades (Abb. 1) besteht aus einer **Primärschwungmasse**, die formschlüssig mit der Kurbelwelle und einer **Sekundärschwungmasse**, die durch ein Außen- und Innen-Feder-Dämpfersystem mit der Primärschwungmasse verbunden ist. Das Motordrehmoment wird von der Primärschwungmasse über das Feder-Dämpfersystem auf die Sekundärschwungmasse übertragen. Die Kupplung ist auf die Sekundärschwungmasse geschraubt.

Kurzzeitig große Drehmomentschwankungen, z.B. im Lastwechsel, werden von den Bogenfedern des **Außendämpfers** aufgenommen. Bei hohen Motordrehzahlen werden die Bogenfedern zusammengedrückt (Außendämpfer blockiert), die **Innendämpfer** übernehmen die Schwingungsdämpfung.

Aufgaben

1. Nennen Sie die Bauteile des Kurbeltriebs eines Hubkolbenmotors.
2. Ermitteln Sie zeichnerisch die Tangentialkraft am Kurbeltrieb bei einem Verbrennungsdruck von 54 bar. Die Zylinderbohrung beträgt 80 mm, der Hub 74 mm. Die Pleuelstange (100 mm lang) ist 45° ausgelenkt (Kräftemaßstab: 5000 N ≙ 1 cm).
3. Beschreiben Sie fünf Aufgaben des Kolbens.
4. Nennen Sie fünf Kolbenbauarten.
5. Beschreiben Sie den unterschiedlichen Verlauf der Temperaturen bei Otto- und Dieselmotoren-Kolben.
6. Beschreiben Sie die Wirkungsweise der Regelglieder im Kolben.
7. Nennen Sie die Legierungsbestandteile der Kolbenwerkstoffe.
8. Worauf ist während des Einbaus eines Kolbens zu achten?
9. Welchen Belastungen ist ein Kolbenbolzen ausgesetzt?
10. Nennen Sie vier Kolbenbolzenformen.
11. Beschreiben Sie drei Aufgaben der Kolbenringe.
12. Nennen Sie fünf Kolbenringformen und erläutern Sie deren besondere Eigenschaften.
13. Beschreiben Sie die Aufgabe der Pleuelstange.
14. Skizzieren Sie eine Pleuelstange und tragen Sie die wichtigsten Bezeichnungen ein.
15. Welche Kräfte wirken an einer Kurbelwelle?
16. Welche Vorteile hat eine gegossene gegenüber einer geschmiedeten Kurbelwelle?
17. Beschreiben Sie die Ursachen von Drehschwingungen an der Kurbelwelle.
18. Beschreiben Sie die Wirkungsweise eines Schwingungsdämpfers.
19. Skizzieren Sie den Aufbau eines Dreistofflagers und benennen Sie die Schichten.
20. Erklären Sie den Begriff »Überdeckung« bei einem geteilten Pleuellager.
21. Erläutern Sie drei Aufgaben des Schwungrades.
22. Beschreiben Sie die Wirkungsweise eines Zweimassenschwungrades.

26 | Äußerer Aufbau des Hubkolbenmotors

26.1 Zylinderkopf

Der **Zylinderkopf** hat die **Aufgabe**, die Zündkerzen oder Glühkerzen, die Einspritzventile oder Einspritzdüsen sowie Bauteile der Motorsteuerung aufzunehmen.

Der Zylinderkopf enthält einen Teil des Verdichtungsraums. Bei Viertakt-Motoren sind auch die Ventile und meistens die Nockenwelle im Zylinderkopf untergebracht. Der **Zylinderkopf** wird durch Zylinderkopfschrauben am Zylinderblock befestigt.

Eine **Zylinderkopfdichtung** zwischen Zylinderkopf und Zylinderblock verhindert, dass Gase aus dem Verbrennungsraum ausströmen und Kühlflüssigkeit oder Schmieröl aus den Verbindungskanälen austritt.

In Mehrzylinder-Motoren wird überwiegend ein einteiliger Zylinderkopf eingebaut (Abb. 3). Großvolumige Dieselmotoren haben häufig einen Zylinderkopf für jeden Zylinder oder gruppenweise für einige Zylinder gemeinsam. Dies hat den Vorteil, dass bei Instandsetzungsarbeiten nicht alle Zylinder geöffnet werden müssen. Die Verbindung Zylinderkopf-Zylinder kann durch Stiftschrauben im Zylinderkurbelgehäuse erfolgen. Die **Schraubenvorspannkraft** wird durch das **Anzugsdrehmoment** der Schrauben zwischen Zylinder und Zylinderkopf erzeugt. Sie ist abhängig von:

- dem Schraubenwerkstoff,
- der Art der Schraubenausführung,
- den Werkstoffen für Zylinderkopf und Zylinderblock und
- der Art der Zylinderkopfdichtung.

> **Arbeitshinweis**
>
> Das erforderliche **Anzugsdrehmoment** der Zylinderkopfschrauben und die Reihenfolge des Anziehens muss immer den Angaben des Herstellers entsprechen. Wird dieser wichtige Arbeitshinweis nicht beachtet, können schädliche Formänderungen am Zylinderkopf, am Zylinder oder an den Ventilsitzen auftreten.

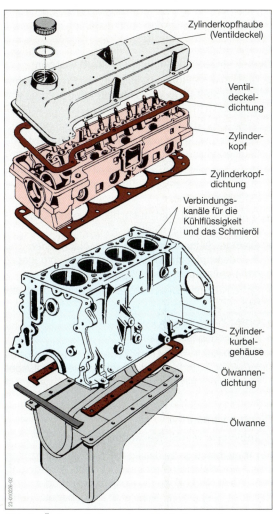

Abb. 2: Äußerer Aufbau eines Hubkolbenmotors

Nach DIN ISO 7967 besteht der äußere Aufbau eines Hubkolbenmotors (Abb. 2) aus den folgenden **Bauteilen**:

- Zylinderkopfhaube (Ventildeckel),
- Zylinderkopf oder Zylinderdeckel (Zweitakt-Motoren),
- Zylinderkopfdichtung,
- Zylinder mit Lauffläche für den Kolben oder Zylindermantel, in den eine auswechselbare Zylinderlaufbuchse eingesetzt wird oder Zylinderblock mit einem oder mehreren zusammengegossenen oder miteinander verschraubten Zylindern oder Zylindermänteln oder Zylinderkurbelgehäuse, ein Kurbelgehäuse mit angegossenem Zylinderblock, Zylindergehäuse mit angegossenem Kurbelgehäuseoberteil,
- Kurbelwanne oder Ölwanne.

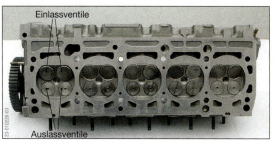

Abb. 3: Einteiliger Zylinderkopf (5-Zylinder-Viertakt-Ottomotor)

Der Zylinderkopf muss gekühlt werden, da er durch hohe Temperaturen während der Verbrennung hoch beansprucht wird. In flüssigkeitsgekühlten Motoren wird das Kühlmittel vom Zylinderblock durch die Zylinderkopfdichtung zum Zylinderkopf geführt (Abb.1, S.257).

Flüssigkeitsgekühlte Zylinderköpfe werden aus Leichtmetall- oder Gusseisenlegierungen gegossen (z.B. EN AC-AlSi10Mg oder EN-GJL-250).

Luftgekühlte Zylinderköpfe werden fast ausschließlich aus Leichtmetalllegierungen gefertigt. Diese sind mit Kühlrippen versehen (Abb. 6, S. 461).

Verdichtungsraum

> Nach DIN 1940 ist der **Verdichtungsraum** das kleinste Volumen des Verbrennungsraums während eines Arbeitsspiels.

Das Volumen des Verdichtungsraums ist abhängig von der Größe des Verdichtungsverhältnisses (s. Kap.16) und des Hubraums.

Die Form des Verbrennungsraums und das Verdichtungsverhältnis bestimmen die Oktanzahl des zu verwendenden Kraftstoffs.

Klopffeste Verdichtungsräume sind hauptsächlich gekennzeichnet durch kurze Verbrennungswege (Abb.1).

Die Zündkerze befindet sich in der Nähe des warmen Auslassventils, weil dort zuerst ein zündfähiges Gemisch entsteht. Die klopfgefährdete Zone liegt der Flammenfront gegenüber in der Nähe des Kolbens (s. Kap.16.6). Besonders in Dieselmotoren wird durch Quetschkanten im Kolben eine starke Verwirbelung erreicht und dadurch die Geschwindigkeit der Flammenfront erhöht (Abb.1).

Die **ideale Form** des Verdichtungsraums ist eine der Kugel angenäherte Form (Abb.1e). Die Ventilteller können zusätzlich nach innen gewölbt sein, und eine halbkugelförmige Mulde befindet sich im Kolbenboden.

26.2 Zylinderkopfdichtung

> **Aufgabe** der **Zylinderkopfdichtung** ist es, den Verbrennungsraum gasdicht nach außen abzuschließen sowie die Kühlflüssigkeits- und Ölkanäle gegenseitig und nach außen abzudichten.

Daraus ergeben sich folgende **Anforderungen**:
- Hohe Temperaturbeständigkeit. Im Brennraumbereich herrschen an der Dichtung Temperaturen von über 300 °C.
- Hohe Druckfestigkeit. Je nach Gemischbildungsverfahren wirkt bei wechselnden Belastungen eine Flächenpressung von etwa 5000 bis 20000 N/cm².
- Hohe elastische Verformbarkeit (Rückfederung), auch bei wechselnden Temperaturen und großer Flächenpressung.
- Gute Plastizität, um auch bei geringen Unebenheiten sicher abzudichten.
- Geringe Setzneigung, die kein Nachziehen der Zylinderkopfschrauben innerhalb der vorgegebenen Laufleistung des Motors erfordern.
- Hohe Kühlmittelbeständigkeit und Kühlmitteldichtheit.
- Gute Ölbeständigkeit und Öldichtheit.
- Korrosionsbeständigkeit.
- Klebefreiheit der Oberfläche. Im Reparaturfall muss die Zylinderkopfdichtung problemlos ausgetauscht werden können.

Dichtungsbauarten
Kombinierte Metall-Weichstoffdichtung

Ein Trägerblech ist beidseitig mit Weichstoffschichten versehen. **Weichstoffe** können, je nach Anforderung (z.B. Abdichten gegen Öl, Kühlflüssigkeit oder Gas), Zellulose, Asbest (in Kunststoff eingebettet), Kera-

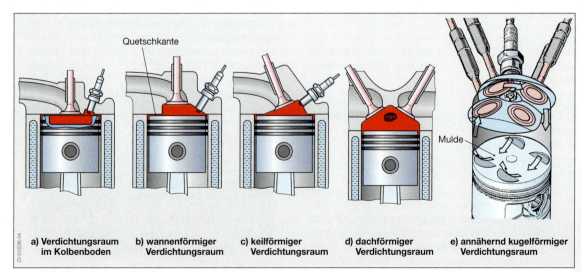

a) Verdichtungsraum im Kolbenboden   b) wannenförmiger Verdichtungsraum   c) keilförmiger Verdichtungsraum   d) dachförmiger Verdichtungsraum   e) annähernd kugelförmiger Verdichtungsraum

Abb.1: Schematische Darstellung unterschiedlicher Verdichtungsräume

Kapitel 26: Äußerer Aufbau des Hubkolbenmotors

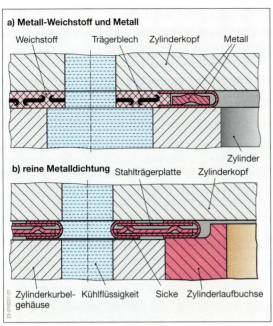

Abb. 2: Bauarten von Zylinderkopfdichtungen

mik, Quarzglas oder Kohlenstoff sein. Der **Brennraumdurchgang** ist durch eine **metallische Einfassung** geschützt. Das Trägerblech im Inneren der Dichtung dient der Festigkeit. Die Weichstoffschicht bewirkt eine gute Abdichtung auch bei wechselnden Betriebsbedingungen (z. B. Teillast, Volllast).

Kombination Metall-Weichstoff und Metall

Die Bereiche der Brennraumdurchgänge sind rein metallisch aufgebaut. Der Metall-Weichstoffbereich besteht aus einem **gezackten Trägerblech** mit beidseitiger Weichstoffschicht (Abb. 2a). Diese Bauart ist für eine hohe Flächenpressung geeignet und hat ein großes Rückfederungsvermögen im Bereich der Flüssigkeitsdurchgänge.

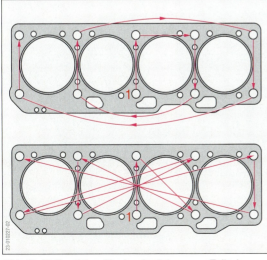

Abb. 3: Reihenfolge für das Anziehen von Zylinderkopfschrauben

Reine Metalldichtung

Sie besteht aus einer ein- oder mehrlagigen **Stahlträgerplatte**. In den Bereichen der Flüssigkeits- und Brennraumdurchgänge können bei nicht ausreichender Flächenpressung **Sicken** oder **Profilelemente** die Anpassung an die Dichtflächen erhöhen (Abb. 2b).

> **Arbeitshinweise**
>
> - Die Undichtigkeit einer Zylinderkopfdichtung führt meist zu großem Leistungsverlust des Motors. Sie kann durch einen Kühlmittel- oder Ölverlust erkannt werden.
> - Ein hoher Öl- oder Kühlmittelverlust zum Verbrennungsraum hin führt zu einer Verfärbung der Abgase (Weiß- oder Schwarzrauch).
> - Entstehen an der Zylinderkopfdichtung Gas-Verluste, so steigen bei betriebswarmem Motor Gasblasen aus der Kühlflüssigkeit.
> - Durch Undichtigkeit zwischen Brennraum und Ölkanal entsteht im Ölkreislauf ein erhöhter Gasdruck. Dieser kann am Öleinfüllstutzen des Ventildeckels oder an der Öffnung des Ölmessstabes festgestellt werden.
> - Ein Gasaustritt zwischen Zylinderkopf und Zylinder kann durch Bestreichen der Trennkanten mit Seifenwasser bei betriebswarmem, laufendem Motor ermittelt werden (Blasenbildung).
> - Bevor die Zylinderkopfschrauben gelöst werden, muss der Motor abgekühlt sein, um ein Verziehen des Zylinderkopfes zu vermeiden.
> - Sind die Dichtungsreste an den Dichtflächen beseitigt, werden die Dichtflächen mit einem Haarlineal auf Ebenheit geprüft und gegebenenfalls auf einer Planschleifmaschine nachgeschliffen.
> - Nach Auflegen der neuen Zylinderkopfdichtung werden die Durchlässe für Öl und Wasser sowie die Ränder zu den Verdichtungsräumen geprüft. Die Zylinderkopfschrauben oder Stehbolzen werden in bestimmter Reihenfolge nach Angabe des Herstellers angezogen (Abb. 3).
> - Die vorgeschriebene Vorspannkraft muss immer mit einem **Drehmomentschlüssel** nach Herstellerangaben erzeugt werden, häufig auch durch ein Nachziehen mit vorgegebenem Drehwinkel, z. B. 75 Nm + 45°.
> - Hat die Zylinderkopfdichtung Weichstoffe mit hoher Dichte und damit eine geringe Setzneigung, bietet sie den Vorteil, dass auf ein Nachziehen verzichtet werden kann.
> - Die Zylinderkopfschrauben eines Zylinderkopfes aus einer Gusseisenlegierung werden bei bebetriebswarmem Motor nachgezogen.
> - Die Zylinderkopfschrauben eines Leichtmetall-Zylinderkopfes dürfen nur bei kaltem Motor an- bzw. nachgezogen werden.
> - Eine unsachgemäße Vorgehensweise bei der Erneuerung einer Zylinderkopfdichtung führt zu einem Verziehen des Zylinderkopfes.

26.3 Zylinder

Die **Aufgaben** des Zylinders eines Hubkolbenmotors sind:
- Führung des Kolbens (Führungsbahn). Aufnahme des Verbrennungsdrucks und
- Ableitung der Verbrennungswärme an das Kühlmittel.

Auf Grund der Aufgaben muss der Zylinder folgende **Anforderungen** erfüllen:
- hohe Verschleißfestigkeit,
- ausreichende Notlaufeigenschaften,
- hohe Formsteifigkeit,
- geringe und gleichmäßige Wärmeausdehnung und
- gute Wärmeleitfähigkeit.

26.3.1 Anordnung der Zylinder

Die Abb.1 zeigt die übliche Anordnung der Zylinder in Kraftfahrzeugmotoren (⇒ TB: Kap.7).

Nach DIN 1940 sind die Bauformen der Verbrennungsmotoren nach der **Lage** der **Zylinderachsen** festgelegt. Es werden stehend, liegend und hängend angeordnete Motoren unterschieden. Geneigt angeordnete Motoren gehören zur stehenden Anordnung. Die hängende Anordnung gibt es nur im Flugzeugbau.

Drehrichtung eines Hubkolbenmotors

Die Drehrichtung eines Hubkolbenmotors ist in der DIN 73021 festgelegt. Es gibt links- und rechtsdrehende Motoren.

> Ein Motor **dreht rechts** herum, wenn sich die Kurbelwelle in Blickrichtung auf die der Kraftabgabe gegenüberliegende Seite rechts herum dreht (in Uhrzeigerrichtung).

Bezeichnung der Zylinder

In DIN 73021 ist die Bezeichnung der Zylinder an Mehrzylinder-Motoren festgelegt.

> Die **Bezeichnung** (Zählung) der **Zylinder** beginnt stets an der der Kraftabgabe gegenüberliegenden Seite des Motors.

In einem **V-** oder **Boxermotor** liegt der erste Zylinder in der linken Zylinderreihe und der kraftabgebenden Seite gegenüber. Die Zylinder werden in der Reihe fortlaufend gezählt (Abb.1). In der im Uhrzeigersinn folgenden Reihe wird weitergezählt.

26.3.2 Zündfolgen von Hubkolbenmotoren

> Die **Reihenfolge**, in der die Arbeitstakte der Zylinder eines Mehrzylindermotors erfolgen (in der gezündet wird), heißt die »**Zündfolge**« des Motors.

Der **Zündabstand** eines Einzylinder-Viertaktmotors beträgt 720° Kurbelwinkel (°KW), der eines Vierzylinder-Viertaktmotors 180°KW.

> Der **Zündabstand** ist der Kurbelwinkel, den die Kurbelwelle zwischen zwei aufeinanderfolgenden Zündungen weiterdreht. Für den Viertaktmotor gilt:
>
> $$\text{Zündabstand} = \frac{720°\text{KW}}{\text{Zahl der Zylinder eines Motors}}$$

Mehrzylindermotoren haben einen geringeren Zündabstand und folglich einen ruhigeren Motorlauf. Die Tab.1 zeigt einige der wichtigsten Zündfolgen.

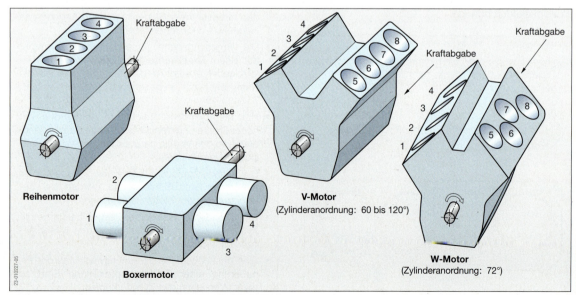

Abb.1: Anordnungen und Bezeichnungen der Zylinder

Tab. 1: Zündfolgen von Viertaktmotoren (Beispiele)

Einzylindermotor

Zündfolge:	Zylinder	Takte			
1*	1. Zyl.	Arbeiten	Ausstoßen	Ansaugen	Verdichten
	Kurbelwinkel	0° 180°	360°	540°	720°

Zündabstand: 720 °KW
1 Arbeitstakt je 2 Kurbelwellenumdrehungen

Zweizylinder-Boxer- bzw. Reihenmotor

Zündfolge: 1-2

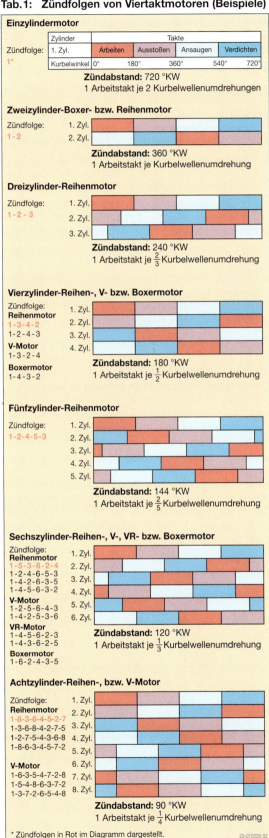

Zündabstand: 360 °KW
1 Arbeitstakt je Kurbelwellenumdrehung

Dreizylinder-Reihenmotor

Zündfolge: 1-2-3

Zündabstand: 240 °KW
1 Arbeitstakt je $\frac{2}{3}$ Kurbelwellenumdrehung

Vierzylinder-Reihen-, V- bzw. Boxermotor

Zündfolge:
Reihenmotor
1-3-4-2
1-2-4-3
V-Motor
1-3-2-4
Boxermotor
1-4-3-2

Zündabstand: 180 °KW
1 Arbeitstakt je $\frac{1}{2}$ Kurbelwellenumdrehung

Fünfzylinder-Reihenmotor

Zündfolge: 1-2-4-5-3

Zündabstand: 144 °KW
1 Arbeitstakt je $\frac{2}{5}$ Kurbelwellenumdrehung

Sechszylinder-Reihen-, V-, VR- bzw. Boxermotor

Zündfolge:
Reihenmotor
1-5-3-6-2-4
1-2-4-6-5-3
1-4-2-6-3-5
1-4-5-6-3-2
V-Motor
1-2-5-6-4-3
1-4-2-5-3-6
VR-Motor
1-4-5-6-2-3
1-4-3-6-2-5
Boxermotor
1-6-2-4-3-5

Zündabstand: 120 °KW
1 Arbeitstakt je $\frac{1}{3}$ Kurbelwellenumdrehung

Achtzylinder-Reihen-, bzw. V-Motor

Zündfolge:
Reihenmotor
1-8-3-6-4-5-2-7
1-3-6-8-4-2-7-5
1-2-7-5-4-3-6-8
1-8-6-3-4-5-7-2
V-Motor
1-6-3-5-4-7-2-8
1-5-4-8-6-3-7-2
1-3-7-2-6-5-4-8

Zündabstand: 90 °KW
1 Arbeitstakt je $\frac{1}{4}$ Kurbelwellenumdrehung

* Zündfolgen in Rot im Diagramm dargestellt.

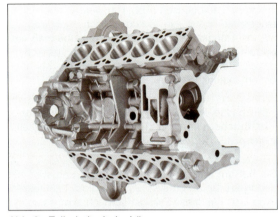

Abb. 2: Zylinderkurbelgehäuse

26.3.3 Flüssigkeitsgekühlte Zylinder

Die Zylinder flüssigkeitsgekühlter Mehrzylinder-Motoren werden aus einem oder zwei Gussteilen gefertigt. Es werden zwei Bauarten unterschieden: **Closed-Deck-Ausführung** (Abb. 2, Zylinderkurbelgehäuse ist zum Zylinderkopf geschlossen und wird nur durch Kühlkanäle unterbrochen) und **Open-Deck-Ausführung** (Abb. 1, S. 101, Zylinderkurbelgehäuse ist zum Zylinderkopf durch den Wassermantel offen).

Die **Werkstoffe** der Zylinder bzw. der Zylinderkurbelgehäuse sind **Gusseisen** mit **Lamellengraphit** (z. B. EN-GJL-250) oder zunehmend aus **Al-Legierungen** (z. B. EN AC AlSi 6 Cu 4).

Das Gusseisen wird auch für die Zylinderlaufbahn verwendet. Der Graphitanteil im Gusseisen bewirkt eine gute Verschleißfestigkeit und hohe Gleiteigenschaften auch bei unzureichender Schmierung (Notlaufeigenschaften).

Bei den Zylindern aus Al-Legierungen (z. B. AlSiCu- bzw. AlSiMg-Gusslegierung) kann z. B. das ausgeschiedene Silizium eine verschleißfeste Laufbahn bilden. Eine weitere Möglichkeit ist das Aufbringen von Plasmaschichten (z. B. Molybdän-Stahlpulver).

Zylinderlaufbuchsen

Eine Motorinstandsetzung wird einfacher und kostengünstiger, wenn in flüssigkeitsgekühlten Motoren Zylinderlaufbuchsen in den Zylinderblock oder das Zylinderkurbelgehäuse eingesetzt sind. Es werden **trockene** und **nasse Zylinderlaufbuchsen** unterschieden. Sie werden im Schleudergussverfahren gefertigt und haben geringe Zusätze von Chrom, Nickel und Molybdän (z. B. Cr-Ni-legiertes Gusseisen oder Cr-Mo-legiertes Gusseisen).

> **Trockene Zylinderlaufbuchsen** haben mit der Kühlflüssigkeit keine Berührung.

Sie werden mit oder ohne **Bund** gefertigt (Abb. 1, S. 262). Der Bund verhindert ein axiales Verschieben. Die dünnwandige (1,5 bis 2,5 mm) trockene Buchse wird in die Zylinderbohrung eingepresst.

Trockene Laufbuchsen (Abb. 1 a) werden auch dann eingesetzt, wenn ein Zylinder nach mehreren Instandsetzungsarbeiten auf ein letztes Übermaß aufgebohrt wurde. Es fehlt dann sowohl die ausreichende Wanddicke für ein weiteres Aufbohren als auch ein entsprechender Kolben mit Übermaß.

> Die **nasse**, dickwandige (6 bis 8 mm) **Zylinderlaufbuchse** wird direkt von der Kühlflüssigkeit umspült.

Sie hat am oberen Ende einen Bund und wird mit geringem Spiel in den Zylinderblock eingesetzt (Abb. 1 b). Die nasse Zylinderlaufbuchse muss an der Zylinderkopfseite und zum Kurbelgehäuse hin abgedichtet werden. An der Zylinderkopfseite verhindern **Metalldichtungen** das Eindringen der Kühlflüssigkeit in den Verbrennungsraum. Zur Kurbelraumseite verhindern Gummidichtringe (O-Ringe), dass Kühlflüssigkeit in das Schmieröl gelangt.

Arbeitshinweis
Um eine einwandfreie Abdichtung zu gewährleisten, müssen die Bundauflagen an Buchse und Zylinderbohrung sorgfältig gesäubert werden. Eine Riefenbildung ist zu vermeiden.

26.3.4 Luftgekühlte Zylinder

Luftgekühlte Motoren haben fast immer einzelne Zylinder, die auf das Kurbelgehäuse aufgesetzt sind. Sie werden ausschließlich aus **Leichtmetalllegierungen** (z. B. EN AC-AlSi 5 Mg) gegossen (Abb. 3, S. 454).

Die Wärmeleitfähigkeit ist ungefähr dreimal so groß wie die von Gusseisen. Eine annähernd gleiche Wärmeausdehnung zum Kolben ermöglicht in einem Leichtmetall-Zylinder ein kleineres Kolben-Einbauspiel als in einem Gusseisen-Zylinder. Leichtmetalllegierungen sind als Lauffläche für den Kolben nicht geeignet. Die Zylinder müssen deshalb mit einer besonderen Kolbenlauffläche beschichtet werden.

Es sind mehrere **Beschichtungsverfahren** möglich:

- Im Alfin-Verbund-Verfahren wird der Zylinder aus einer Aluminiumlegierung mit einer Zylinderlauffläche aus Gusseisen versehen. Die Alfin-Schicht, eine Übergangszone aus Aluminium und Eisen, stellt dabei eine metallische Verbindung zwischen dem Aluminium und dem Gusseisen her.
- Auf die Lauffläche eines Leichtmetall-Zylinders wird Molybdäneisen gespritzt.
- Auf die Zylinderlaufbahn wird eine Nickelschicht mit eingelagerten Siliciumcarbid-Kristallen galvanisch aufgetragen.
- Die Laufbahn wird mit einer Keramikschicht versehen.
- Die Zylinderlaufflächen werden galvanisch hart verchromt. Verchromte Laufflächen haben einen geringeren Zylinderverschleiß, führen jedoch zu höherem Verschleiß der Kolbenringe.

26.3.5 Zylinderverschleiß

Der **normale Verschleiß** ist in Höhe des ersten Kolbenringes im OT am größten (Abb. 2a). Hier herrscht nach dem Seitenwechsel des Kolbens von der Gegendruckseite zur Druckseite im Zylinder die höchste Temperatur und der größte Verbrennungsdruck. Die Kolbenseitenkraft ist zwischen dem oberen und unteren Totpunkt nicht konstant. Der Verbrennungsdruck wird auf dem Weg zum unteren Totpunkt geringer. Da auch die Schmierung im Bereich des OT unzureichend ist, ist hier der Verschleiß größer als im UT. Nimmt die Temperatur ab, wird auch der Verschleiß geringer.

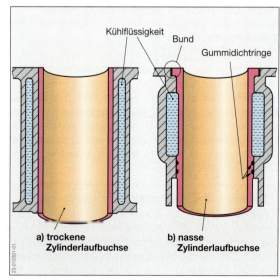

Abb. 1: Zylinderlaufbuchsen

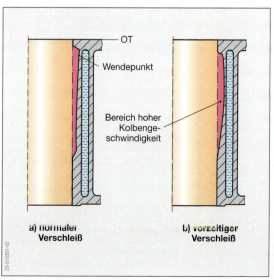

Abb. 2: Zylinderverschleiß

Kapitel 26: Äußerer Aufbau des Hubkolbenmotors

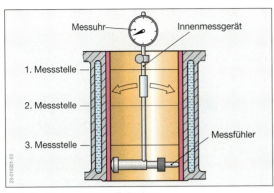

Abb. 3: Messen eines Zylinders

Im Bereich hoher Kolbengeschwindigkeiten ist bei unzureichender Schmierung der Verschleiß in der Mitte der Laufbahn größer als in den Wendepunkten bei geringen Kolbengeschwindigkeiten, es kommt zu **vorzeitigem** erhöhten **Verschleiß**, die Zylinderbohrung wird bauchig (Abb. 2b). Weitere wesentliche Einflüsse auf den Verschleiß der Zylinderlaufflächen haben die verwendeten Kraft- und Schmierstoffe sowie die Werkstoffpaarung Kolbenring/Zylinderlaufbahn.

> Der **normale Verschleiß** beträgt etwa 0,01 mm im Bereich des OT je 10000 km.

Dadurch sinkt mit zunehmender Betriebsdauer die Verdichtung. Die Motorleistung fällt ab und der Kraftstoffverbrauch steigt. Die Kolbenringe pumpen Öl in den Verbrennungsraum (erhöhter Ölverbrauch). Kraftstoff gelangt in das Kurbelgehäuse, der Motorlauf wird geräuschvoller. Ein Hinweis auf Zylinderverschleiß ist die Höhe des gemessenen Verdichtungsdrucks im Vergleich zu den anderen Zylindern. Der Verdichtungsdruck kann mit Hilfe eines **Kompressionsdruckschreibers** (s. Kap. 24.3) ermittelt werden. Der tatsächliche Zylinderverschleiß wird nach Abbau des Zylinderkopfes mit einem **Innenmessgerät** ermittelt (Abb. 3). Dabei werden mehrere Messungen, im OT beginnend, in Richtung UT vorgenommen. Der Messfühler muss dabei senkrecht zur Zylinderachse geführt werden.

26.4 Zylinderkurbelgehäuse

Das Zylinderkurbelgehäuse wird aus Gusseisen mit Lamellengraphit oder einer Aluminiumlegierung gegossen. Es wird mit den einzelnen Zylindern oder dem Zylinderblock verschraubt. Ist es mit dem Zylinderblock aus einem Teil gegossen, wird es als Zylinderkurbelgehäuse bezeichnet (Abb. 4). Zylinderkurbelgehäuse aus Gusseisen benötigen keine besondere Beschichtung der Zylinderlaufflächen. Der wesentliche Vorteil eines Leichtmetall-Zylinderkurbelgehäuses ist die 3- bis 4mal geringere Masse.

Das Zylinderkurbelgehäuse nimmt die Kurbelwellenlagerung (Abb. 4) auf und hat die Lagerungspunkte für die Motoraufhängung sowie für einige Hilfsaggregate (z. B. Generator, Kühlmittelpumpe, Einspritzpumpe). Es muss daher steif, d. h. entsprechend verrippt sein. Das Zylinderkurbelgehäuse enthält Bohrungen oder befestigte Rohre in denen das Schmiermittel transportiert wird. Die Trennebene zwischen unterem und oberem Zylinderkurbelgehäuse liegt in der Mitte der Kurbelwellenlager. Das untere Zylinderkurbelgehäuse besteht aus einer gepressten Stahlblech-Ölwanne (Abb. 5b). Um eine bessere Kühlung zu erzielen, werden häufig Leichtmetall-Ölwannen (Abb. 5a) mit Kühlrippen verwendet.

Eine Hälfte der Kurbelwellenlager wird in das Kurbelgehäuse eingegossen (Abb. 4), die andere Hälfte jeweils durch einen einzelnen Lagerdeckel gebildet.

Kurbelgehäuse-Entlüftung

Das Kurbelgehäuse füllt sich mit Öldämpfen und Gasen, die an den Kolbenringen vorbei aus dem Verbrennungsraum entweichen können. Die Pumpbewegung der Kolben setzt diese Öldämpfe und Gase unter Druck. Zum Schutz der Umwelt muss ein Entweichen dieser Gase verhindert werden.

Aus der Zylinderkopfhaube Ventildeckel und damit aus dem Kurbelgehäuse führt eine Schlauchverbindung zum Saugrohr (Abb. 1, S. 264). Bei laufendem Motor werden die Öldämpfe und Gase abgesaugt und der Verbrennung wieder zugeführt.

Die entweichenden Schadstoffe aus dem Kurbelgehäuse werden durch ein Kurbelgehäuse-Entlüftungs-

Abb. 4: Zylinderkurbelgehäuse mit Kurbelwellenlagerung

Abb. 5: Ölwannen

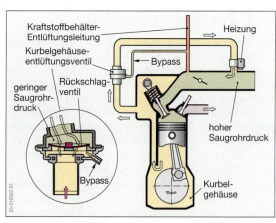

Abb. 1: Kurbelgehäuse-Entlüftung

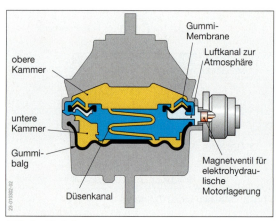

Abb. 2: Hydrolager

ventil mit Bypass und integriertem Rückschlagventil über den gesamten Betriebsbereich (Abb.1) dem Motor zur Verbrennung zugeführt. Das Rückschlagventil verhindert bei geringem Saugrohrunterdruck, dass Ansaugluft im Teillastbereich in das Kurbelgehäuse gelangt. Eine defekte, verstopfte oder vereiste Entlüftung führt zu einem großen Druck im Kurbelgehäuse, der das Schmieröl aus den Dichtungen (z. B. an Kurbelwelle, Ölwanne oder aus der Öffnung für den Ölmessstab) drückt. Es entsteht ein großer Ölverlust, der zu Motorschäden und zu Umweltbelastungen führt.

26.5 Motoraufhängung

Die **Motoraufhängung** hat die **Aufgabe**, die Gewichtskraft des Motors und die Gegenkräfte des Motordrehmoments aufzunehmen, Motorschwingungen zu dämpfen sowie Erschütterungen durch die Fahrbahn zu mindern.

Die Aufhängung des Motors erfolgt mit **Gummi-Metall-Elementen** am Rahmen des Fahrzeugs. Der Kern des Lagers besteht aus einem **Leichtmetall-Gussteil**, in das eine Gewindebuchse aus Stahl eingegossen ist. Der Kern ist eingebettet in einen **Hartgummiblock**, der von einem als Flansch ausgebildeten Tiefziehteil begrenzt wird. Dieser Block wird auch **Silentbloc** genannt.

Die Hydraulikflüssigkeit eines Hydrolagers (Abb. 2) wird im **Leerlaufbetrieb** (bis 1100/min) in der oberen Kammer durch kleine Schwingungswege des Motors unter Druck gesetzt. Durch den Druck wird die Gummimembrane verformt und die Luft aus dem geöffneten Luftkanal verdrängt. Das Lager wird weich.

Im **Fahrbetrieb** wird das Magnetventil vom Motorsteuergerät geschlossen, die Luft kann nicht entweichen, bildet ein Luftpolster und damit einen Widerstand für den Hydrauliköldruck im Lager. Das Öl wird durch den Düsenkanal in die untere Kammer gedrückt, das Lager wird hart. Große Schwingungen des Motors werden abgebaut.

Aufgaben

1. Nennen Sie die Bauteile des äußeren Aufbaus eines Hubkolbenmotors.
2. Beschreiben und begründen Sie die ideale Form eines Verdichtungsraums.
3. Nennen Sie drei Anforderungen, die an eine Zylinderkopfdichtung gestellt werden.
4. Beschreiben Sie den Aufbau einer kombinierten Metall-Weichstoffdichtung.
5. Beschreiben Sie den Arbeitsablauf bei der Erneuerung einer Zylinderkopfdichtung.
6. Nennen Sie Gründe, warum die Zylinderkopfschrauben mit einem vom Hersteller angegebenen Drehmoment angezogen werden müssen.
7. Nennen Sie drei Anforderungen, die an den Zylinder eines Hubkolbenmotors gestellt werden.
8. Wie ist die Drehrichtung eines rechtsdrehenden Motors festgelegt?
9. Bezeichnen Sie die Anordnung der Zylinder eines Sechszylinder-V-Motors anhand einer Skizze.
10. Erklären Sie den Begriff »Zündabstand«.
11. Berechnen Sie den Zündabstand eines Zwölfzylinder-Viertakt-V-Motors.
12. Zeichnen Sie die Zünd- und Arbeitsfolgen eines Sechszylinder-Viertakt-Reihenmotors. Zündfolge: 1-2-4-6-5-3.
13. Nennen Sie den Vorteil einer nassen Zylinderlaufbuchse gegenüber einer trockenen.
14. Welchen Vorteil haben Zylinder aus Leichtmetalllegierungen gegenüber Gusseisen-Zylindern?
15. Nennen Sie Beschichtungsmöglichkeiten für Zylinder aus Leichtmetalllegierungen.
16. Nennen Sie die Aufgaben des Kurbelgehäuses.
17. Begründen Sie die Ursachen eines normalen Zylinderverschleißes.
18. Begründen Sie die Notwendigkeit einer Kurbelgehäuse-Entlüftung.
19. Nennen Sie die Aufgaben der Motoraufhängung.
20. Beschreiben Sie die Wirkungsweise eines Hydrolagers im Fahrbetrieb.

27 Schmierung und Schmierstoffe

Aufgabe der Schmierung ist es, die **Reibung** zwischen den gegeneinander bewegten Bauteilen zu vermindern und damit den Verschleiß der Bauteile zu verringern.

27.1 Reibung

> Durch die Bewegung zweier Bauteile gegeneinander entsteht an den Berührungsflächen eine **Reibungskraft**.

Die Reibungskraft F_R (Abb. 1) ist abhängig von:
- der Kraft (Normalkraft F_N), mit der die Bauteile aufeinandergedrückt werden und
- der Reibungszahl μ.

Die **Reibungszahl** μ wird beeinflusst durch:
- die Art der Reibung (Festkörper- oder Flüssigkeitsreibung),
- den Bewegungszustand zwischen den Berührungsflächen (z. B. Haften, Gleiten, Rollen),
- die Werkstoffart, die Oberflächengüte der Reibflächen, den Rollradius bei Rollreibung und
- die Eigenschaften eines Schmiermittels.

Die Reibungszahl einer Reibflächenpaarung wird durch Versuche ermittelt.
Die Reibungskraft F_R wird nach der folgenden Gleichung berechnet:

$$F_R = F_N \cdot \mu$$

F_R Reibungskraft in N
F_N Normalkraft in N
μ Reibungszahl

27.1.1 Festkörperreibung

Haftreibung

> Eine **Haftreibungskraft** wirkt an den Berührungsflächen zweier Bauteile und verhindert eine Bewegung zwischen den **in Ruhe** befindlichen Teilen.

Die Haftreibungskraft verhindert solange ein Verschieben der beiden Bauteile gegeneinander, bis die angreifende Kraft F größer als die Haftreibungskraft F_R ist (Abb. 1 a).

Beispiele für Haftreibung:
Bremsbeläge der betätigten Feststellbremse haften an der Bremsscheibe oder Bremstrommel, Kupplungsscheibe haftet an der Druckplatte und der Schwungscheibe (eingekuppelt), Schraube und Mutter eines Befestigungsgewindes haften aneinander.

Gleitreibung

> Eine **Gleitreibungskraft** wirkt an den Berührungsflächen gegeneinander **bewegter** Bauteile.

Die Gleitreibungskraft F_R ist der Bewegungskraft F entgegengerichtet (Abb. 1 b).

Beispiele für erwünschte Gleitreibung:
Der Bremsbelag gleitet an der Bremsscheibe während des Bremsvorgangs, die Kupplungsscheibe gleitet am Schwungrad und an der Druckplatte während des Einkuppelns.

Beispiele für unerwünschte Gleitreibung:
Blockierte Räder gleiten auf der Fahrbahn, Kolben gleitet an der ungeschmierten Zylinderwand.

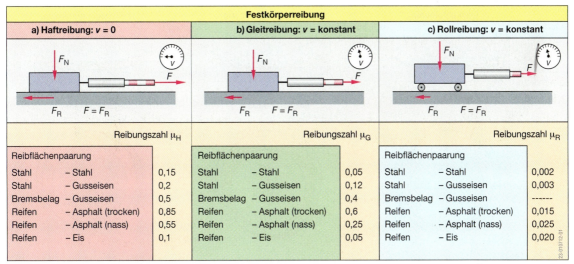

Festkörperreibung		
a) Haftreibung: v = 0	b) Gleitreibung: v = konstant	c) Rollreibung: v = konstant
Reibungszahl μ_H	Reibungszahl μ_G	Reibungszahl μ_R
Reibflächenpaarung	Reibflächenpaarung	Reibflächenpaarung
Stahl – Stahl 0,15	Stahl – Stahl 0,05	Stahl – Stahl 0,002
Stahl – Gusseisen 0,2	Stahl – Gusseisen 0,12	Stahl – Gusseisen 0,003
Bremsbelag – Gusseisen 0,5	Bremsbelag – Gusseisen 0,4	Bremsbelag – Gusseisen ------
Reifen – Asphalt (trocken) 0,85	Reifen – Asphalt (trocken) 0,6	Reifen – Asphalt (trocken) 0,015
Reifen – Asphalt (nass) 0,55	Reifen – Asphalt (nass) 0,25	Reifen – Asphalt (nass) 0,025
Reifen – Eis 0,1	Reifen – Eis 0,05	Reifen – Eis 0,020

Abb. 1: Arten der Festkörperreibung

Rollreibung

> Befindet sich zwischen zwei Bauteilen ein **Rollkörper** (z. B. Kugel, Reifen), so kommt es durch die Bewegung beider Bauteile zueinander zum Abrollen des Rollkörpers und damit zur Rollreibung.

Die entstehende **Rollreibungskraft** ist sehr gering (Abb. 1c, S. 265) und der Bewegungskraft entgegengerichtet.

Beispiele für Rollreibung:
Kugellager, z. B. Lagerung der Getriebewellen; Kegelrollenlager, z. B. Lagerung der Antriebswellen.

27.1.2 Flüssigkeitsreibung

Reibungskräfte werden wesentlich verringert, wenn zwischen den Bauteilen einer Reibpaarung ein zusammenhängender, tragfähiger **Schmierfilm** aufgebaut wird.

Der **Aufbau** eines **Schmierfilms** (Abb. 2) wird wesentlich beeinflusst von der
- Form des Schmierspalts und
- Geschwindigkeit der bewegten Bauteile.

Der Schmierspalt bildet sich bei der **Längsbewegung** der **gleitenden Bauteile** indem das Schmiermittel, wegen der Haftung an den Oberflächen und der Reibung innerhalb des Schmiermittels (Adhäsions- und Kohäsionskräfte, s. Kap. 8.14), in den keilförmigen Schmierspalt gedrückt wird. An der engsten Stelle des Schmierspalts ist der Druck in der Flüssigkeit am größten. Durch diesen **Flüssigkeitsdruck** werden die beiden Bauteile voneinander getrennt (Prinzip der hydrodynamischen Schmierung). So wird z. B. zwischen Kolben und Zylinderwand der Schmierspalt durch die ballige Form des Kolbens erreicht (Abb. 2).

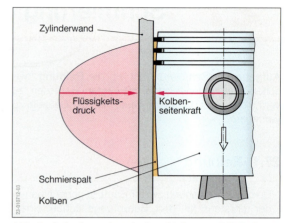

Abb. 2: Schmierspalt zwischen Kolben und Zylinder

Der Schmierspalt bildet sich bei einer **Drehbewegung** eines **Bauteils**, z. B. in Gleitlagern durch die außermittige Lage des Zapfens (Abb. 1).

Je nach **Umfangsgeschwindigkeit** des **drehenden Bauteils** treten folgende Reibungszustände auf: Trockenreibung, Mischungsreibung und Flüssigkeitsreibung.

Reine Flüssigkeitsreibung wird bei der hydrodynamischen Schmierung erst nach Erreichen einer bestimmten **Umfangsgeschwindigkeit** des Lagerzapfens möglich. Sie ist abhängig von der Lagerbelastung, der Schmierspaltdicke und der Zähflüssigkeit (Viskosität) des Schmieröls. Während der Anlaufzeit eines Lagers kommt es daher kurzzeitig zu metallischer Berührung der Gleitflächen und damit zum Verschleiß durch Reibung (Abb. 1 a und b).

> **Hydrodynamische Schmiersysteme** (dynamisch, gr.: »die von Kräften erzeugte Bewegung«) benötigen zum Aufbau des Schmierspalts immer eine Bewegung zwischen den beiden Bauteilen.

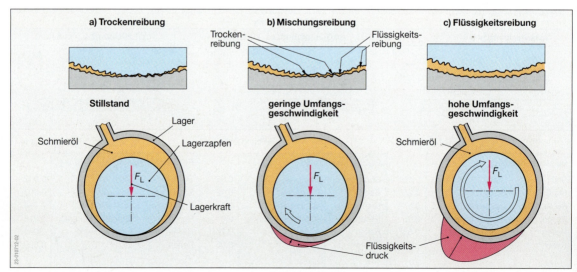

Abb. 1: Reibungszustände während des Anlaufens eines Gleitlagers

Kapitel 27: Schmierung und Schmierstoffe

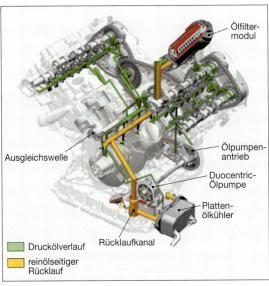

Abb. 3: Aufbau einer Druckumlaufschmierung

27.2 Arten der Motorschmierung

Das Schmieröl muss den Schmierstellen des Verbrennungsmotors in allen Betriebszuständen in ausreichender Menge zugeführt werden. Es werden **verschiedene Schmierverfahren** unterschieden:
- Druckumlaufschmierung,
- Mischungsschmierung (s. Kap. 46) und
- Frischölschmierung (s. Kap. 46).

Druckumlaufschmierung

Die Abb. 3 zeigt den **Aufbau** einer Druckumlaufschmierung. Die Schmierstellen eines Motors sind durch Bohrungen und Rohrleitungen miteinander verbunden. Durch eine Ölpumpe wird das Öl aus der Ölwanne in die Rohrleitungen und Bohrungen gefördert. Bevor es zu den Schmierstellen gelangt, wird es durch einen Filter gereinigt. **Umgehungsventile** vor dem Hauptstromfilter ermöglichen bei dessen Verstopfung (z.B. durch Metallabrieb), dass das Öl ungefiltert zu den Schmierstellen gelangen kann. **Ventile vor den Motorbauteilen begrenzen** und **halten** den Druck des Öls im Schmiersystem.

Die Schmierung der Zylinderwandung und des Kolbenbolzens erfolgt meist durch das aus dem Pleuellager austretende Schmieröl. Die umlaufende Kurbelwelle zerstäubt das Öl und schleudert es gegen die Zylinderwandungen. Hochleistungsmotoren haben eine Bohrung in der Pleuelstange, durch die Öl zum Kolbenbolzen gelangt (s. Kap. 25.6).

Die **Trockensumpfschmierung** arbeitet nach dem Prinzip der Druckumlaufschmierung. Durch eine Rückförderpumpe gelangt aber das Öl aus einer flachen Ölwanne in einen Vorratsbehälter (Abb. 4). Von dort fördert eine Ölpumpe das Schmieröl zunächst zu den Filtern und dann zu den Schmierstellen.

Die Trockensumpfschmierung hat folgende **Vorteile**:
- Im Vorratsbehälter kann eine große Ölmenge aufgenommen werden, dadurch verbessert sich die Kühlwirkung des Schmieröls. Ein Teil des Öls wird zusätzlich durch Feinfilter gereinigt, wodurch die Ölwechselintervalle verlängert werden (Ölwechsel nach 30 000 km).
- Durch die flache Ölwanne unter der Kurbelwelle wird die Bauhöhe des Motors geringer. Dadurch kann die Höhe des Fahrzeugschwerpunkts geringer werden.
- Auch bei großer Schräglage des Motors (Geländefahrzeuge) oder bei sehr schnell durchfahrenen Kurven ist eine einwandfreie Schmierung gewährleistet.

Die Trockensumpfschmierung ist gegenüber der Druckumlaufschmierung kostenaufwändiger in der Herstellung. Sie wird für Motoren in flachen Sportwagen, für Geländefahrzeuge und Unterflurmotoren verwendet.

27.3 Bauteile der Motorschmierung

27.3.1 Ölpumpe

> Die **Ölpumpe** hat die **Aufgabe**, das Schmieröl zu den Schmierstellen zu **fördern** und für einen **ausreichenden Druck** im Schmiersystem zu sorgen.

Der Antrieb der Ölpumpe erfolgt meist über die Kurbel- oder die Nockenwelle. Die Förderleistung wird durch die Baugröße der Ölpumpe und die Drehzahl der Antriebswelle bestimmt.

Üblicherweise werden Ölpumpen verwendet, welche die gesamte Ölmenge innerhalb einer Minute bis zu viermal umwälzen.

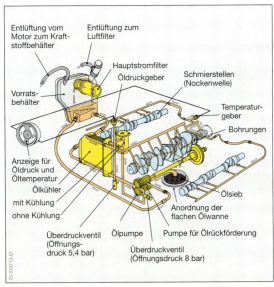

Abb. 4: Aufbau einer Trockensumpfschmierung

Ölpumpen könnten bei hohen Motordrehzahlen Drücke bis etwa 70 bar in der Schmieranlage aufbauen. Solche hohen Drücke würden aber die Bauteile (z. B. Gleitlager, Dichtungen) und die Schmierstellen des Motors beschädigen. In der Druckleitung ist deshalb ein Überdruckventil (Abb. 3 und 4, S. 267) angeordnet, das den Höchstdruck im Schmiersystem auf etwa 5 bis 8 bar begrenzt. Als **Ölpumpen** werden

- Zahnradpumpen,
- Sichelpumpen,
- Pendelschieberpumpen oder
- Rotorpumpen verwendet.

Zahnradpumpe

Zahnradpumpen haben eine **Druck-** und eine **Saugseite** (Abb. 1a). Durch die Bewegung der Zähne aus den Zahnlücken heraus entsteht wegen der **Volumenvergrößerung** ein **Unterdruck** (Saugseite). Das Öl wird in die Zahnlücken gesaugt und an der Gehäusewand entlang in den Druckraum gefördert. Durch das Ineinandergreifen der Zähne entsteht wegen der **Volumenverkleinerung** ein **Überdruck**. Im Druckraum wird das Öl aus den Zahnlücken verdrängt und in die Leitungen gedrückt. Zahnradpumpen sind zwar kostengünstig in der Herstellung, sie haben jedoch im Vergleich zu Rotor- und Sichelpumpen eine geringere Förderleistung. Die Förderleistung der Zahnradpumpe hängt von der Größe der Zahnlücken und der Pumpendrehzahl ab.

Sichelpumpe

Sichelpumpen werden meist direkt von der Kurbel- oder Getriebeeingangswelle angetrieben. Das Innenrad treibt das Außenrad an (Abb. 1b). Die Sichel ermöglicht die Bildung von großen Zahnlücken. Das durch **Volumenvergrößerung** einströmende Schmieröl wird an beiden Seiten der Sichel zum Druckraum transportiert. Sichelpumpen sind extrem flach bei einem großen Außendurchmesser. Sie arbeiten geräuscharm und erbringen schon bei geringen Motordrehzahlen hohe Förderleistungen.

Pendelschieberpumpe

Die **Leistung** der Pumpe wird durch die **Exzentrizität** (Abweichung vom Mittelpunkt) des **Pendelschiebers** bestimmt. Verstellt wird der Pendelschieber durch einen schrägen Kolben, der im Gleichgewicht zwischen dem Motoröldruck und der Kolbenfeder steht (Abb. 2). Je weiter der Pendelschieber sich außermittig zum Rotor befindet, desto größer ist die Förderleistung der Pumpe (Abb. 2a).

Je größer der Motoröldruck wird, desto mehr wird der Kolben gegen die Feder gedrückt und umso mehr verdreht sich der Pendelschieber in Richtung **minimaler Förderung** (Abb. 2b). Steht der Pendelschieber mittig zum Rotor, findet keine Förderung mehr statt, da alle Pumpenkammern gleich groß sind.

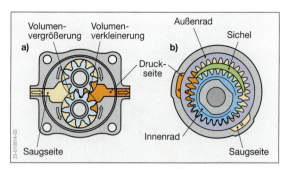

Abb. 1: a) Zahnradpumpe und b) Sichelpumpe

Rotorpumpe

In der Rotorpumpe (auch Kapsel- oder Eatonpumpe genannt) treibt ein Innenrad das exzentrisch angeordnete Außenrad an (Abb. 3). Bei der Bewegung eines Zahnes aus der Zahnlücke heraus entsteht durch **Volumenvergrößerung** ein **Unterdruck**. Das Öl strömt in die freie Zahnlücke ein und wird dort transportiert, bis ein Zahn des Innenrades in die Zahnlücke des Außenrades greift. Die damit verbundene **Volumenverkleinerung** drückt das Öl aus der Pumpe heraus. Rotorpumpen sind kostenaufwändig, haben aber eine hohe Förderleistung und einen ruhigen Lauf.

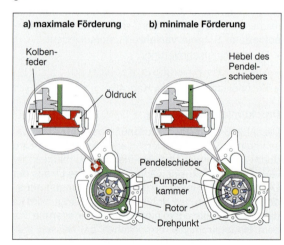

Abb. 2: Geregelte Pendelschieberpumpe

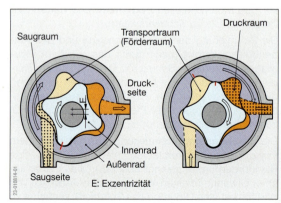

Abb. 3: Rotorpumpe

27.3.2 Ölfilter

Die vom Öl im Motor aufgenommenen Verunreinigungen (Metallabrieb, Ruß, Staub) verschlechtern die Schmierfähigkeit des Öls und können zu Beschädigungen der Motorenbauteile (z.B. Lager) führen.

> **Ölfilter** haben die **Aufgabe**, Verunreinigungen aus dem Schmieröl herauszufiltern.

Ölfilter sind in der Druckleitung hinter der Ölpumpe angeordnet. Es werden unterschieden:

Haupt- und **Nebenstromfilter**.

> Durch einen **Hauptstromfilter** strömt ständig die gesamte Ölmenge.

Die Hauptstromfilterung (Abb. 4a) gewährleistet, dass kein Öl ungefiltert zu den Schmierstellen gelangt. Um einen schnellen Öldurchsatz zu ermöglichen, darf der Durchgangswiderstand des Filters nicht zu groß sein. Dadurch ist die Filterwirkung gering. Kleinere Verunreinigungen werden nicht aus dem Öl herausgefiltert. Ist das Filter **verstopft**, fließt das Öl durch ein **Umgehungsventil** ungefiltert den Schmierstellen zu.

> Durch einen **Nebenstromfilter** fließt nur ein Teil der gesamten Schmierölmenge (etwa 10 bis 20 %).

Die Hauptmenge des Öls würde bei ausschließlicher Nebenstromfilterung den Schmierstellen ungefiltert zuströmen. Im Verlauf einer Stunde wird so nur die gesamte Ölmenge 5- bis 6mal gefiltert. Die Filterwirkung von Nebenstromfiltern ist sehr gut. Eine Kombination beider Filteranordnungen erreicht die beste Filterwirkung (Abb. 4b). Aus Kostengründen werden jedoch überwiegend Hauptstromfilter eingesetzt.
Für die Ölfilterung werden die im Kap. 19.2.3 aufgeführten Filter verwendet.

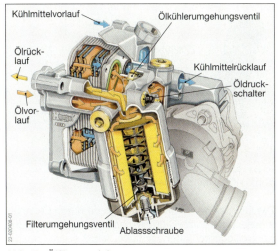

Abb. 5: Ölfiltermodul

27.3.3 Ölkühler

In thermisch hoch belasteten Motoren erwärmt sich das Schmieröl sehr stark. Dadurch werden die Schmierfähigkeit und die Kühlwirkung verringert. In **Ölkühlern** wird die Temperatur des Öls auf etwa 85 °C herabgesetzt (Abb. 4, S. 267). Thermostate steuern die Menge des in den Ölkühler einströmenden Schmieröls. So wird eine gleichbleibende Öltemperatur erreicht. Die Kühlung des Öls kann durch Luftkühlung (Fahrtwindkühlung) oder durch Flüssigkeitskühlung (Wärmetauscher, Abb. 5) erfolgen.

27.3.4 Kontrollgeräte

Die Lagerstellen werden nur dann sicher geschmiert, wenn neben der vorgeschriebenen **Ölmenge** auch ein ausreichender **Öldruck** vorhanden ist. Die Messung des **Ölstands** und damit der Ölmenge kann durch einen in die Ölwanne ragenden Peilstab und durch elektrische Anzeigegeräte erfolgen.

> Für die **Betriebssicherheit** des Motors muss bei warmem Motor und Leerlaufdrehzahl ein **Mindestöldruck** vorhanden sein.

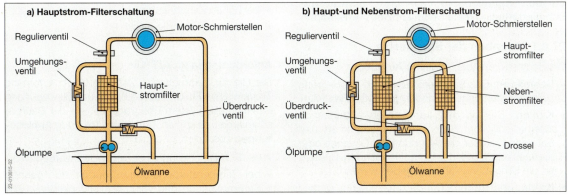

Abb. 4: Anordnung der Filter

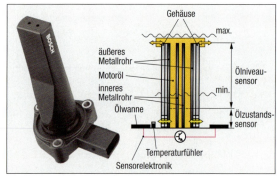

Abb.1: Ölzustandssensor

Der Öldruck im Schmiersystem kann durch Öldruckmesser oder durch Öldruckschalter in Verbindung mit Kontrollleuchten überwacht werden.

Während **Öldruckschalter** nur das Unterschreiten eines Mindestöldrucks (meist p_{abs} = 2 bar) signalisieren, zeigen **Öldruckmesser** den im Schmiersystem tatsächlich vorhandenen Öldruck an.

Ein **Ölzustandssensor** in der Ölwanne kann den aktuellen Zustand des Schmiermittels ermitteln, indem er Viskosität, Temperatur, Ölfüllstand und elektrische Feldstärke des Öls misst (Abb. 1).

Der Sensor besteht aus zwei ineinander angeordneten Metallröhren, die die Kondensatorelektroden bilden. Zwischen den Elektroden befindet sich das Motoröl als Dielektrikum (griech.: elektrischer Nichtleiter). Verändert sich durch Beanspruchung oder Alterung der Zustand des Öls, ändert sich auch die Kapazität des Kondensators. Die sich in dem Ölzustandssensor befindliche Auswertelektronik verarbeitet den Kapazitätswert zu einem digitalem Signal und übermittelt es an das Motorsteuergerät. Anhand dieser Daten lässt sich der optimale Zeitpunkt eines bedarfsgerechten Ölwechsels genau bestimmen. Außerdem lassen die Informationen des Sensors auch Rückschlüsse auf den Zustand des Motors zu. Darüber hinaus kann das bisherige Ablesen des Ölstands mit dem Messstab entfallen.

27.4 Schmierstoffe

Zu den Schmierstoffen gehören **Schmieröle**, **Schmierfette** und **feste Schmierstoffe** (⇒TB: Kap. 3).

27.4.1 Aufgaben der Schmieröle

Die Schmieröle haben folgende **Aufgaben**:

- **Schmieren:** Das Schmieröl verringert die Reibung zwischen den gegeneinander bewegten Bauteilen.
- **Kühlen:** Die an den Lagerstellen entstehende Wärme soll vom Schmieröl aufgenommen und über den Ölkühler, die Wandung der Ölwanne oder die Gehäusewand des zu schmierenden Bauteils an die Umgebungsluft abgegeben werden.
- **Kräfte übertragen:** Der Schmierspalt zwischen Kolbenbolzen und Pleuel bzw. zwischen Pleuellager und Kurbelwelle muss die auf den Kolben wirkenden Verbrennungsdrücke auf die Kurbelwelle übertragen. Dabei können Drücke im Schmierspalt bis zu 10 000 bar auftreten.
- **Transportieren** und **Reinigen:** Das Schmieröl soll Abrieb- und Schmutzteilchen aufnehmen und diese zum Ölfilter transportieren.
- **Abdichten:** Die Feinabdichtung des Verbrennungsraums an den Kolbenringen gegenüber dem Kurbelgehäuse erfolgt durch das Motorenöl.
- **Korrosionsschutz:** Der Ölfilm soll verhindern, dass Luft oder Wasser an die zu schützenden Teile gelangt.
- **Geräuschdämpfung:** Schmieröl leitet den Schall schlecht und vermindert damit die Motor- und Getriebegeräusche.

27.4.2 Anforderungen an Schmieröle

Die Anforderungen ergeben sich aus den Betriebsbedingungen der zu schmierenden Bauteile. Alle Öle müssen folgende Anforderungen erfüllen:

- frei von Säuren und harzigen Bestandteilen sein,
- geringe Verdampfungsverluste aufweisen,
- dichtungsverträglich und alterungsstabil sein,
- bei Erwärmung eine geringe Viskositätsabnahme (Viskosität, lat.: Zähflüssigkeit) haben und
- die Fließfähigkeit auch bei sehr niedrigen Temperaturen erhalten.

Weitere Anforderungen an Motorenöle

Diese müssen zusätzlich noch:

- die Gleitflächen gut benetzen und einen tragfähigen, zerreißfesten Ölfilm bilden,
- rückstandsfrei verbrennen, Verunreinigungen lösen und in der Schwebe halten können und
- über einen großen Temperaturbereich (Abb. 2) gleichbleibende Schmiereigenschaften haben.

Weitere Anforderungen an Getriebe- und Achsöle

Diese müssen zusätzlich noch:

- bei hohen Zahndrücken schmierfähig bleiben und
- korrosionsbeständig sein.

Anforderungen an ATF-Öle

Die Öle für automatische Getriebe (**ATF**: **A**utomatic **T**ransmission **F**luid) müssen Kräfte und Bewegungen im Hydraulik-System übertragen sowie die Bauteile schmieren und kühlen. Daher sind folgende **Anforderungen** zusätzlich zu erfüllen:

- die Schaumbildung muss verhindert werden und
- bei Temperaturänderungen dürfen nur geringe Schwankungen des Volumens und der Viskosität auftreten.

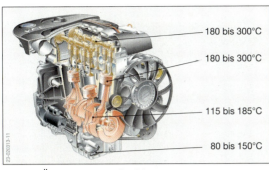

Abb. 2: Öltemperaturen im Motor

27.4.3 Arten der Schmieröle

Schmieröle können nach ihren Ausgangsprodukten in Erst- und Zweitrafinate sowie in mineralische und synthetische Schmieröle eingeteilt werden.

Erstrafinate haben als Ausgangsprodukt Erdöl, während **Zweitrafinate** aus wieder aufbereitetem Altöl bestehen. Hierzu müssen die gebrauchten Öle in aufwändigen Verfahren von z. B.: Kraftstoffkondensat, Wasser und Verschmutzungen befreit werden.

Mineralische Schmieröle werden aus dem Erdöl durch die Vakuum-Destillation (s. Kap. 17.2) gewonnen. Die durch Destillation gewonnenen mineralischen Öle (als Grundöle bezeichnet) werden durch Nachbehandlung und Zusatzstoffe (Additive) in ihren Eigenschaften dem jeweiligen Verwendungszweck angepasst.

Synthetische Schmieröle werden durch besondere chemische Verfahren aus dem Erdöl hergestellt oder aus Polyglykolen (spezielle Alkohole) gewonnen. Synthetische Öle aus Kohlenwasserstoffen sind mit mineralischen Schmierölen mischbar. Sie sind, im Gegensatz zu Mineralölen, auch noch bei tiefen Temperaturen fließfähig (gutes Kältefließverhalten) und bei hohen Temperaturen noch schmierfähig. Die Verdampfungsverluste sind geringer als die von rein mineralischen Ölen. Sie werden oft als **Additive** (Additive, lat.-engl.: Zusatz) zur Verbesserung der Schmier- und Fließfähigkeit den mineralischen Ölen zugesetzt.

27.4.4 Einteilung der Schmieröle in Viskositätsklassen (SAE-Klassen)

Die Schmierfähigkeit der Öle beruht auf der geringen inneren Reibung der Ölmoleküle untereinander.

> Die innere Reibung wird durch die **Zähflüssigkeit** oder **Viskosität** gekennzeichnet. Die Viskosität nimmt mit sinkender Temperatur zu, das Öl wird zähflüssiger und verringert sich mit steigender Temperatur.

Die Zähflüssigkeit eines Öls darf bei tiefen Temperaturen nicht zu groß sein, damit das Öl in den Lagern während des **Kaltstarts** der Drehbewegung keinen zu hohen Widerstand entgegensetzt. Andererseits muss das Öl bei hohen Temperaturen noch zähflüssig genug sein, damit der Schmierfilm nicht reißt.

Je nach Zusammensetzung der Öle weist die innere Reibung eine unterschiedliche Temperaturabhängigkeit auf. Nach der Zähflüssigkeit werden die Schmieröle in Viskositätsklassen, die sogenannten **SAE-Klassen**, unterteilt (⇒ TB: Kap. 3).

Die Einteilung erfolgte durch die amerikanische **So**ciety of **A**utomotive **E**ngineers (Vereinigung der Kraftfahrzeug-Ingenieure).

> Die **Motorenöle** umfassen die Klassen **SAE 0W** bis **SAE 60**.

Der Zusatz **W** kennzeichnet Öle, die für den **Winterbetrieb** geeignet sind.

> Öle mit **niedrigen** Kennziffern sind **dünnflüssiger** als Öle mit höheren Kennziffern.

Die **Getriebeöle** werden bei etwa gleicher Viskosität mit einer höheren Kennziffer (beginnend mit 70) gekennzeichnet. So können sie von den Motorenölen deutlich unterschieden werden. Ein Getriebeöl für Schaltgetriebe der SAE-Klasse 75 hat z. B. annähernd die gleiche Viskosität wie ein Motorenöl der Klasse 10W, bezogen auf eine Temperatur von jeweils 100 °C.

> Die **Getriebeöle** umfassen die Klassen **SAE 70** bis **SAE 250**.

Die Viskositätsanforderungen der Motoren- und Getriebeöle sind in DIN 51 511 und 51 512 erfasst.

Je nach Messverfahren wird die dynamische und die kinematische Viskosität unterschieden (⇒ TB: Kap. 3).

Die **dynamische Viskosität** wird aus dem Bewegungswiderstand ermittelt, der sich ergibt, wenn zwei mit Schmieröl benetzte Flächen gegeneinander bewegt werden. Als Messgerät dient z. B. ein **Rotationsviskosimeter** (Abb. 3). Der Rotor eines Modelllagers wird in der Ölprobe gedreht. Aus dem erforderlichen Antriebsdrehmoment wird die dynamische Viskosität errechnet. Die SI-Einheit der dynamischen Viskosität ist die Pascalsekunde (Pa·s); (Pascal, fr. Mathematiker und Philosoph, 1623 bis 1662).

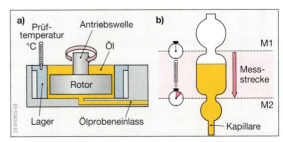

Abb. 3: a) Rotations- und b) Kapillarviskosimeter

Die **kinematische Viskosität** wird aus der Durchlaufzeit eines Öls durch eine senkrecht stehende enge Glasröhre (Kapillare) berechnet. Das Messgerät wird als **Kapillarviskosimeter** bezeichnet (Abb. 3b, S. 271). Die SI-Einheit der kinematischen Viskosität ist m^2/s. Üblich ist die abgeleitete Einheit mm^2/s.

Motorenöle, die nur die Viskositätsanforderungen einer SAE-Klasse erfüllen, werden **Einbereichsöle** genannt.

> Erfüllt ein Motorenöl die Viskositätsanforderungen mehrerer Einbereichsöle, so wird es als **Mehrbereichsöl** bezeichnet.

Werden im kalten Zustand die Anforderungen einer W-Klasse und bei 100 °C die einer Klasse ohne »W« erfüllt, so ist es ein Mehrbereichsöl z. B. SAE 10W-30 bei Motorölen oder SAE 75W-90 bei Getriebeölen. Mehrbereichsöle können ganzjährig eingesetzt werden (Abb. 1).

Durch **Viskositäts-Verbesserer** lässt sich der Temperaturbereich, in dem ein Öl eingesetzt werden kann, erweitern.

Als Viskositäts-Verbesserer werden Stoffe mit langkettigen Molekülen (Polymere) verwendet. Diese behindern bei tiefen Temperaturen die Bewegung der Ölmoleküle nur wenig. Bei hohen Temperaturen dehnen sich die Polymere stark aus und behindern durch ihre Länge und ihr gegenseitiges Ineinanderschlingen die Bewegung der Ölmoleküle. Das Öl wird nicht so dünnflüssig, der Schmierfilm bleibt länger erhalten.

> Die **SAE-Klassen** der Schmieröle lassen keine Aussagen über die Schmierfähigkeit bzw. Qualität eines Öls zu, sondern geben nur den **Temperaturbereich** an, in dem die Öle eingesetzt werden können.

27.4.5 Einteilung der Schmieröle in API-Klassifikationen

Die Einteilung der Schmieröle für festgelegte Einsatzbedingungen wurde 1947 vom **A**merikanischen **P**etroleum **I**nstitut (**API**) festgelegt. Die Festlegungen wurden 1970 in Zusammenarbeit mit **SAE** und **ASTM** (amerikanische Gesellschaft für Werkstoffprüfung) überarbeitet. Es entstand ein offenes Klassifikationssystem der **Motorenöle**:

- **S**-Öle (**S**ervice-Öle für Ottomotoren) und der
- **C**-Öle (**C**ommercial-Öle für Dieselmotoren),

das erweitert werden kann, ohne bestehende Ölsortenbezeichnungen zu verändern (Tab. 1).

Die Belastbarkeit der Öle wird in den jeweiligen Aggregaten (Motoren, Getriebe, Achsen) geprüft. Das **Scherverhalten** (Abnahme der Viskosität nachdem das Schmieröl durch eine Düse gepresst wurde) wird als **Scherstabilität** bezeichnet. Das Prüfverfahren ist in DIN 51383 festgelegt. Die **Tragfähigkeit** des Schmierfilms wird in Drucklagern geprüft und als **Druckfestigkeit** bezeichnet.

Viele Automobilhersteller nehmen selbst Ölprüfungen vor und erlassen dann eigene Vorschriften (Spezifikationen) über die Zulassung eines Schmieröls für ihre Fahrzeuge. Die jeweils erforderliche **Ölqualität** wird vom **Hersteller** des Fahrzeugs für die einzelnen Baugruppen festgelegt.

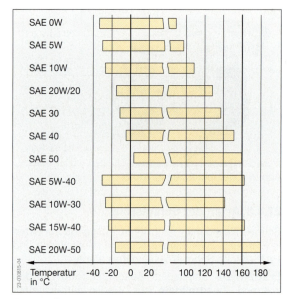

Abb. 1: Einsatztemperatur-Bereiche verschiedener Motorenöle

Tab. 1: API-Klassifikation der Motorenöle

	Ottomotoren
SH	Anforderungen an Öle für US-Ottomotoren ab 1993/94, mit schärferen Anforderungen an z. B.: die Ölprüfung und Oxidationsstabilität.
SJ	Öle für US-Ottomotoren der Baujahre ab 1996.
SL	2001 eingeführt Spezifikation mit nochmals verschärften Anforderungen an z. B.: Ölverbrauch, Kraftstoffeinsparung. Die Low-Viskosity-Öle (Super-Leichtlauf-Motorenöle) werden durch die Klassifikation erfasst.
	Dieselmotoren
CF-4	Öle für US- Dieselmotoren mit schweren Belastungen (z. B.: aufgeladene Motoren mit hoher Drehzahl und Leistung). Verbesserter Schutz gegen Verschleiß, Ablagerungen und Lagerkorrosion.
CG-4	Öle für Dieselmotoren, welche die US-Abgasvorschriften von 1994 erfüllen.
CH-4	Ersetzt ab Dezember 1998 API-CG4. Vergleichbar mit ACEA E5 bei verringertem Aschegehalt.

Die Tab. 2 zeigt die Einteilung der **Getriebeöle** nach der API-Klassifikation.

Tab. 2: API-Klassifikation der Getriebeöle

GL1	gering belastete Schaltgetriebe **GL**: **G**ear **L**ubricant
GL2	Schneckengetriebe
GL3	normal belastete Schaltgetriebe
GL4	hoch belastete Schaltgetriebe, gering belastete Hypoidgetriebe
GL5	hoch belastete Hypoidgetriebe, sowie für besondere Schaltgetriebe

27.4.6 Einteilung der Motorenöle nach ACEA

Europäische Motorenöle werden nach ACEA-Testverfahren (**ACEA**: **A**ssociation des **C**onstructeurs **E**urope'ens de l'**A**utomobiles – Vereinigung der europäischen Automobilkonstrukteure) in A-, B- und E-Leistungsklassen eingeteilt (Tab. 3, ⇒ TB: Kap. 3).

Tab. 3: ACEA-Leistungsklassen

A1-02, A2-96, A3-02 A5-02	Hochleistungsöle für Ottomotoren kraftstoffsparende Motorenöle
B1-02, B2-98, B3-98	Hochleistungsöle für Pkw-Dieselmotoren
B4-02	Öle für Direkteinspritzerdieselmotoren (TDI)
B5-02	kraftstoffsparende Motorenöle
E1-96 bis E3-96 E4-99 E5-02	Öle für Nkw-Dieselmotoren Öle für längste Ölwechselintervalle Öle für Euro III-Motoren

27.4.7 Additive

Die Schmieröle benötigen Additive (Zusätze und Wirkstoffe), um die Anforderungen erfüllen zu können, die an das Motoren- oder Getriebeöl gestellt werden.

Stockpunktverbesserer verschieben den Erstarrungsvorgang des Öls zu tieferen Temperaturen hin und erhalten die Schmierfähigkeit während des Kaltstarts und der Warmlaufphase.

> Der **Stockpunkt** ist die Temperatur, bei der das Öl aufhört unter dem Einfluss der Schwerkraft sichtbar zu fließen.

Oxidations- und Korrosionsschutzmittel verhindern, dass die Schmieröle durch Sauerstoffaufnahme zu schnell altern und verbessern den Korrosionsschutz.

Hochdruck- und Verschleißzusätze haben die Aufgabe, auch unter höchsten Druckbeanspruchungen einen sicheren Verschleißschutz zu gewährleisten.

Schaum-Verhinderer sollen die Verschäumung des Schmieröls vermeiden. Durch die eintauchenden Bauteile (z. B. Zahnräder, Pleulstange) wird das Öl mit Luft gemischt und neigt zum Schäumen. Die Schmierfähigkeit wird herabgesetzt und der Öldruck sinkt. In automatischen Getrieben können dadurch Fehlfunktionen auftreten. Geringe Mengen an zugesetzten Silikonölen vermindern die Schaumbildung.

Als **HD-Öle** (**H**eavy **D**uty, engl.: schwere Beanspruchung) werden Motorenöle bezeichnet, die mit Zusatzstoffen legiert sind, welche die Verbrennungsrückstände in der Schwebe halten oder lösen können. Die Schmutzteilchen werden durch das Ölfilter oder durch Ölwechsel entfernt. Alle heutigen Motorenöle haben diese HD-Eigenschaften.

Für Getriebeöle werden **HP-Zusätze** (**h**igh-**p**ressure, engl.: Hochdruck) verwendet.

Hypoid-Antriebe (s. Kap. 35) erfordern Öle mit **EP-Zusätzen** (**e**xtreme **p**ressure, engl.: Höchstdruck). Diese Öle werden als **Hypoid-Öle** bezeichnet.

Hypoid-Öle greifen z.B. Buntmetalle und Siliconkautschukdichtungen an. Sie dürfen nur in Antrieben verwendet werden, die diese Werkstoffe nicht enthalten.

> **Schmieröle** dürfen nur für die jeweils vorgesehenen Baugruppen verwendet werden, da es sonst zu Funktionsstörungen kommen kann.

27.4.8 Schmierfette und feste Schmierstoffe

Schmierfette bestehen aus Grundölen, die durch Zusätze von Metallseifen (Verbindungen von Metallsalzen und Fettsäuren) eingedickt wurden. Je nach Art und Menge der zugesetzten Metallseife ergibt sich ein salbenartiges oder zähes Fett. Einige Schmierfette und ihre wichtigsten Merkmale zeigt die Tab. 4.

Für dauergeschmierte Lager und Gelenke wird dem Fett ein fester Schmierstoff, meist Molybdändisulfid (MoS_2), zugesetzt.

> **Schmierfette** bestehen aus Grundölen, Verdickern (z. B. Metallseifen) und Additiven (z. B. Hochdruckschutz).

Einsatzstellen am Kraftfahrzeug sind z. B.:
Radlager, Gelenkwellen, Kupplungs- und Ausrücklager, Scharniere, Lager für Kühlmittelpumpen.

Feste Schmierstoffe sind:
- **Graphit** und
- **Molybdändisulfid**.

Tab. 4: Merkmale der Schmierfette

Verseifungsart	Einsatztemperatur hoch	Einsatztemperatur niedrig	wasserempfindlich	Verwendung als	verträglich mit
Ca (Kalzium/Kalk)	nein	ja	nein	Abschmierfett,	Li-Fett
Na (Natrium/Natron)	ja	nein	ja	Wälzlagerfett,	–
Li (Lithium)	ja	ja	nein	Mehrzweckfett	Ca-Fett

Sie werden in Pulverform als Zusatzstoffe für Schmierfette und Schmieröle verwendet. Feste Schmierstoffe haften gut an den Werkstückoberflächen, haben eine gute Schmierwirkung und sind beständig gegen hohe Drücke und hohe Temperaturen. Sie verbessern die **Notlaufeigenschaften** bei niedrigen Drehzahlen und hohen Temperaturen.

27.5 Wartung und Diagnose

Die Haltbarkeit und die Funktionssicherheit eines Verbrennungsmotors oder Getriebes hängen wesentlich davon ab, ob in allen Betriebszuständen zwischen den Gleitflächen ein tragfähiger Schmierfilm vorhanden ist. Die **Güte** der **Schmierung** hängt von den folgenden Einflussgrößen ab:

- Schmierspaltdicke,
- Schmierölqualität und
- Mindestölmenge.

Nach längerer Betriebsdauer verschlechtert sich die **Qualität** des **Schmieröls** durch:

- Alterung,
- Verunreinigungen und
- Ölverdünnung (z. B. durch Kraftstoff).

> **Alterung** bezeichnet die chemische Reaktion der Bestandteile des Schmieröls (Kohlenstoff und Wasserstoff) mit dem Luftsauerstoff.

Es kommt zu einer chemischen Veränderung der Ölmoleküle, zur Bildung von harzhaltigen Stoffen, die das Öl eindicken. Durch den Zusatz von Additiven lässt sich dieser Vorgang zwar hinauszögern, aber nicht verhindern.
Wird das **Öl** und das **Filter** nicht in regelmäßigen Abständen **gewechselt** oder **gereinigt**, so können die vom Öl aufgenommenen Verunreinigungen nicht mehr zurückgehalten werden. Diese Verunreinigungen (Staub, Ruß, metallischer Abrieb, Wasser, Kraftstoff) bilden im Schmieröl einen Schlamm. Dieser kann in die Ölleitungen, das Ölsieb oder in die Filter gelangen und den Schmierölkreislauf behindern oder unterbrechen. Der Verschleiß erhöht sich.
An besonders warmen Bauteilen bilden sich krustenförmige **Ablagerungen**, welche die Wärmeleitung an diesen Bauteilen und die freie Beweglichkeit der Bauteile (z. B. der Kolbenringe) vermindern.
Durch einen häufigen Kurzstreckenverkehr gelangt an den Zylinderwandungen **kondensierter Kraftstoff** in das Schmieröl. Dadurch wird die Schmierfähigkeit des Öls wesentlich herabgesetzt. Ein Anteil von 5 % Kraftstoff im Schmieröl verringert seine Viskosität um etwa 30 %.
Der Zufluss von Kraftstoff in das Schmieröl erweckt den Eindruck, dass kein Öl im Verbrennungsmotor verbraucht wird. Tatsächlich aber verbraucht jeder Verbrennungsmotor Öl. Ein geringer Teil des an der Zylinderwandung haftenden Schmierfilms gelangt in den Verbrennungsraum und verbrennt. Eine weitere Verringerung des Schmieröls ergibt sich daraus, dass ein Teil des Öls im Kurbelgehäuse stark verwirbelt wird. Dadurch verdampfen die leichtflüchtigen Bestandteile des Schmieröls an den warmen Motorbauteilen. Diese Dämpfe gelangen durch die Kurbelgehäuseentlüftung in den Ansaugkanal des Motors und werden verbrannt.

> Der **zulässige Ölverbrauch** wird für jeden Fahrzeugtyp vom Hersteller angegeben. Er beträgt etwa 0,5 bis 1 l auf 1000 km.

Nach dem Ölwechsel muss eine ordnungsgemäße **Sammlung** und **Lagerung** bzw. **Entsorgung** des Altöls erfolgen (s. Kap. 1 und ⇒ TB: Kap. 6).

Aufgaben

1. Nennen Sie die Aufgabe der Schmierung.
2. Berechnen Sie die Reibungskraft, die während des Verschiebens einer 520 kg schweren Kiste wirksam wird ($\mu_G = 0,3$).
3. Wovon ist die Reibungszahl μ abhängig?
4. Nennen Sie die drei Arten der Festkörperreibung und geben Sie Beispiele an.
5. Nennen Sie die Vorteile einer Trockensumpfschmierung gegenüber einer Druckumlaufschmierung.
6. Beschreiben Sie die Wirkungsweise einer Zahnradpumpe.
7. Von welchen Größen hängt die Förderleistung einer Pendelschieberpumpe ab?
8. Skizzieren Sie eine Rotorpumpe und erklären Sie ihre Wirkungsweise.
9. Beschreiben Sie die Wirkungsweise einer Sichelpumpe.
10. Nennen Sie die Aufgabe der Ölfilterung.
11. Beschreiben Sie die unterschiedlichen Wirkungsweisen eines Haupt- und eines Nebenstromfilters.
12. Welche Größen misst ein Ölzustandssensor?
13. Welche Aufgaben haben Schmieröle zu erfüllen?
14. Erklären Sie den Begriff »Zähflüssigkeit«.
15. Erklären Sie die Abkürzungen: SAE 0W, SAE 75 und SAE 5W-40.
16. Welchen Vorteil bieten Mehrbereichsöle?
17. Warum muss die Verschäumung des Schmieröls verhindert werden?
18. Worin unterscheiden sich die Schmierfette voneinander?
19. Wodurch verschlechtert sich nach längerer Betriebsdauer die Qualität des Schmieröls?

28 | Kühlung

28.1 Aufgabe der Kühlung

Aufgabe der **Kühlung** ist es, die von den Motorbauteilen während des Verbrennungsvorgangs aufgenommene Wärme an die Umgebungsluft abzuführen.

Das ist erforderlich, um
- eine zu hohe Erwärmung und die damit verbundene Zerstörung der Motorbauteile zu verhindern,
- die Temperatur im Verbrennungsraum (Abb.1) zu senken, um kontrollierte Verbrennungsvorgänge zu ermöglichen und
- eine zu hohe Erwärmung des Schmieröls und damit eine Veränderung der Schmiereigenschaften zu vermeiden.

Durch die notwendige Kühlung des Verbrennungsmotors gehen bis zu 33% der zugeführten chemischen Energie verloren (Abb. 2).

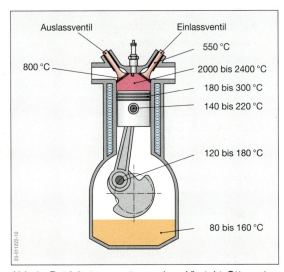

Abb.1: Betriebstemperaturen eines Viertakt-Ottomotors

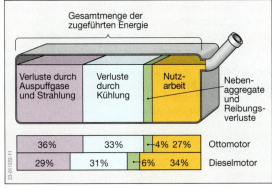

Abb.2: Energievergleich von Verbrennungsmotoren

28.2 Grundprinzip der Kühlung

Die Kühlung der Motoren erfolgt nach unterschiedlichen **Prinzipien**:
- Wärmeleitung,
- Wärmeströmung,
- Wärmestrahlung und
- Änderung des Aggregatzustands.

28.2.1 Wärmeleitung

Wärmeleitung ist der Wärmetransport innerhalb eines ruhenden Stoffs. Die Wärmeleitung vollzieht sich vom wärmeren Teil des Stoffs zum kälteren Teil und zwar so lange, bis der Temperaturunterschied ausgeglichen ist.

Folgende Größen beeinflussen die übertragbaren Wärmemengen:
- die **Querschnittsfläche** des wärmeleitenden Körpers,
- der **Temperaturunterschied** innerhalb des Körpers und
- die **Wärmeleitfähigkeit** des Stoffs, durch den die Wärme geleitet wird.

Die **Wärmeleitfähigkeit** eines Stoffs gibt an, welche Wärmemenge in einer Sekunde bei einem Temperaturunterschied von 1 K durch einen Würfel mit einer Kantenlänge von 1 m hindurchfließt.

Tab.1: Wärmeleitfähigkeit verschiedener Stoffe

Wärmeleitfähigkeit in $\frac{W}{m \cdot K} = \frac{J}{s \cdot m \cdot K}$			
Silber	429	Quecksilber	10
Kupfer	401	Glas	0,81
Gold	310	Wasser	0,6
Aluminium	204	Gefrierschutzmittel	0,45
Magnesium	156	Dieselkraftstoff	0,15
Zink	116	Sauerstoff	0,267
Stahl, niedriglegiert	55	Luft	0,026
Gusseisen	50	Xenon	0,006

Stoffe mit einer hohen Wärmeleitfähigkeit sind **gute Wärmeleiter**, d.h. sie setzen dem Wärmedurchgang nur einen geringen Widerstand entgegen (Tab.1, ⇒TB: Kap.1).

Metallische Werkstoffe haben eine hohe Wärmeleitfähigkeit. Flüssigkeiten, Gase und Wärmedämmstoffe weisen dagegen eine geringe Wärmeleitfähigkeit auf.

28.2.2 Wärmeströmung

In Flüssigkeiten und Gasen erfolgt der Wärmetransport durch Aufnahme und Mitführung (Konvektion; convehere, lat.: mitbringen, mitführen) der Wärme während eines Strömungsvorgangs.

> **Wärmeströmung** erfolgt, indem der erwärmte Stoff sich bewegt und die Wärme mit sich führt.

Die **Wärmemenge**, die durch Wärmeströmung transportiert werden kann, ist abhängig von:
- der **spezifischen Wärmekapazität** (Tab. 2) des strömenden Mediums,
- dem **Volumen** des strömenden Mediums und
- der **Strömungsgeschwindigkeit** des strömenden Mediums.

28.2.3 Wärmestrahlung

> Erwärmte Körper setzen einen Teil ihrer **Wärmeenergie** in **Strahlungsenergie** um und kühlen sich dabei ab.

Wärmestrahlen breiten sich wie Lichtstrahlen geradlinig aus und können reflektiert werden.

Die **Wärmeaufnahme** und die **Wärmeabgabe** eines Körpers durch Wärmestrahlung sind von seiner Temperatur sowie der Größe und der Beschaffenheit seiner Oberfläche abhängig.

Dunkle, raue Oberflächen geben mehr Wärme durch Strahlung ab, nehmen aber auch besser Wärme durch Wärmestrahlung auf als glatte, helle Oberflächen.

28.2.4 Änderung des Aggregatzustands

> Die **Änderung** des **Aggregatzustands** vom festen in den flüssigen oder vom flüssigen in den gasförmigen Zustand ist nur unter Aufnahme von Wärme möglich.

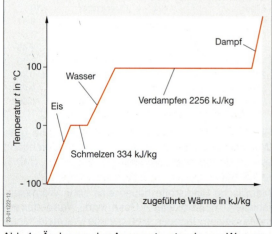

Abb. 1: Änderung des Aggregatzustands von Wasser

Die für die Änderung des Aggregatzustands des Kraftstoffs erforderliche Wärmemenge wird in Verbrennungskraftmaschinen den **warmen** Motorbauteilen **entzogen** (Abb. 1).

Kraftstoff wird im flüssigen Aggregatzustand in den Motor eingespritzt. Für die Umwandlung des flüssigen Kraftstoffs in den gasförmigen Zustand ist Wärme erforderlich. Die Motorbauteile werden dadurch gekühlt.

Diese Art der Kühlung wird als **Innenkühlung** des Motors bezeichnet. Die Kühlwirkung ist abhängig von der Temperatur und der Gemischzusammensetzung (Kraftstoff-Luft). Fette Gemische haben eine größere Kühlwirkung als magere Gemische.

Etwa 2 bis 3% der erforderlichen Kühlung erfolgt durch Innenkühlung. Etwa 97 bis 98% der Kühlung vollziehen sich durch Wärmeleitung, Wärmeströmung und Wärmestrahlung, die als **Außenkühlung** bezeichnet wird.

28.2.5 Wärmemenge

Für die Wärmemenge, die bei der Verbrennung des Kraftstoffs frei wird, gilt folgende Gleichung:

$$Q = m \cdot H_u$$

- Q frei gewordene Wärmemenge in kJ
- m Masse des Brennstoffs in kg
- H_u unterer Heizwert in kJ/kg

Ein großer Teil der frei werdenden Wärmemenge geht durch die erforderliche Kühlung verloren. Für die Wärmemenge, die durch eine Kühlanlage abgeführt wird, gilt folgende Gleichung:

$$Q = m \cdot c \cdot \Delta T$$

- Q abzuführende Wärmemenge in kJ
- m Masse des Kühlmittels in kg
- c spezifische Wärmekapazität des Kühlmittels in $\frac{kJ}{kg \cdot K}$
- ΔT Temperaturdifferenz vor und nach der Abkühlung in K oder °C

> Die **spezifische Wärmekapazität** c eines Stoffs ist die Wärmemenge in kJ, die erforderlich ist, um 1 kg eines Stoffs um 1 K zu erwärmen (Tab. 2).

Tab. 2: Mittlere spezifische Wärmekapazität verschiedener Stoffe

Spezifische Wärmekapazität in $\frac{kJ}{kg \cdot K}$ bei 20 °C			
Wasser	4,18	Holz	1,40
Äthylalkohol	2,40	Aluminium	0,94
Kraftstoffe	2,05	Eisen	0,47
Porzellan	1,20	Kupfer	0,39
Kunststoffe	2,10	Kupfer-Zink-Leg.	0,38

28.3 Arten der Kühlung

Nach der Art des verwendeten **Kühlmittels** werden für Kfz-Motoren zwei Kühlsysteme unterschieden:
- Luftkühlung und
- Flüssigkeitskühlung.

Für die Kühlung von Pkw-Motoren findet fast ausschließlich die Flüssigkeitskühlung Anwendung. Die Luftkühlung wird meist für Kraftradmotoren eingesetzt.

28.3.1 Luftkühlung

> Bei der **Luftkühlung** erfolgt der Wärmetransport durch die an den warmen Motorbauteilen **vorbeiströmende Luft**.

Die Luftkühlung hat gegenüber der Flüssigkeitskühlung folgende **Vorteile**:
- geringerer baulicher Aufwand; die Motoren sind dadurch kostengünstiger,
- geringere Störanfälligkeit,
- die Betriebstemperatur des Motors wird schneller erreicht; Verkürzung der Warmlaufphase und
- das Kühlmittel kann nicht einfrieren.

Die **Nachteile** sind:
- größere Temperaturunterschiede zwischen kaltem und warmem Motor (höherer Verschleiß) entstehen wegen höherer Zylinderwandtemperaturen und
- größere Betriebsgeräusche wegen des fehlenden geräuschdämmenden Flüssigkeitsmantels.

Durch **Wärmeleitung** gelangt die vom Verbrennungsraum abzuführende Wärmemenge zunächst in die Zylinder- und die Zylinderkopfwandungen. Für diese Bauteile werden Werkstoffe mit großer Wärmeleitfähigkeit verwendet (z. B. Al, Tab. 1, S. 275). Von der Oberfläche der warmen Motorbauteile wird die Wärme an die Kühlluft abgegeben. Dieser Wärmetransport erfolgt durch **Wärmeströmung** der Luft.

Um den Wärmeübergang vom Motor an die Kühlluft zu verbessern, wird die wärmeabgebende Oberfläche durch Kühlrippen wesentlich vergrößert (Abb. 2).

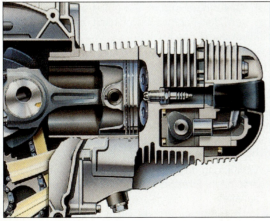

Abb. 2: Zylinder mit Kühlrippen

Der Luftstrom kann auf zwei Arten an die zu kühlenden Motorbauteile herangeführt werden:
- durch den **Fahrtwind** und/oder
- durch ein **Gebläse**.

Fahrtwindkühlung

> **Fahrtwindkühlung** eignet sich nur für thermisch nicht sehr hoch belastete Motoren. Sie wird meist für Kraftradmotoren verwendet.

Die **Vorteile** der Fahrtwindkühlung sind:
- geringerer baulicher Aufwand und
- wartungsfreie Nutzung.

Die **Nachteile** sind:
- die Kühlwirkung ist abhängig von der Fahrgeschwindigkeit und der Lufttemperatur und
- der Motor muss vom Fahrtwind umströmt werden.

Gebläseluftkühlung

> Die **Gebläseluftkühlung** versorgt die einzelnen Zylinder durch ein Gebläse mit Kühlluft. Das Gebläse wird meist über einen Keilriemen vom Motor angetrieben.

Leitbleche führen den Luftstrom so, dass alle Motorbauteile ausreichend gekühlt werden.

28.3.2 Flüssigkeitskühlung

> Bei der **Flüssigkeitskühlung** erfolgt der Wärmetransport von den warmen Motorbauteilen durch **strömende Flüssigkeiten**, meist Wasser mit Korrosionsschutz- und Gefrierschutzmitteln.

Entsteht der Strömungsvorgang selbstständig (durch Änderung der Dichte der Flüssigkeit bei Temperaturerhöhung) wird dies als **Wärmeumlaufkühlung** (Thermosyphonkühlung) bezeichnet.

Heute werden ausschließlich **Pumpenumlaufkühlungen** (Abb. 1, S. 278) eingebaut. Die Strömung des Kühlmittels wird durch eine Pumpe erzeugt. Pumpenumlaufkühlungen haben folgende **Vorteile**:
- eine Verringerung der Kühlmittelmenge,
- der Kühler kann kleiner sein und muss nicht höher als der Motor angeordnet werden,
- die Temperaturdifferenz vor und nach dem Kühler kann geringer gehalten werden. Dadurch werden Wärmespannungen im Motor vermindert.

Die **Kühlmittelmenge** ist hauptsächlich abhängig von:
- der Motorleistung,
- dem Gesamthubraum und
- der Umwälzgeschwindigkeit des Kühlmittels.

Kühlanlagen werden so ausgelegt, dass eine Motorbetriebstemperatur von 85 bis 90 °C eingehalten wird. Der Temperaturunterschied vor und nach dem Kühler beträgt etwa 10 °C (für Hochleistungsmotoren 5 °C).

28.4 Bauteile der Motorkühlung

28.4.1 Flüssigkeitskühler

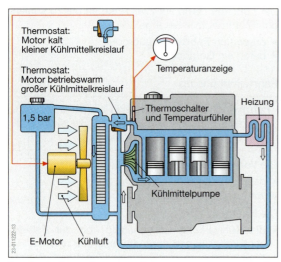

Abb. 1: Pumpenumlaufkühlung

> Die **Aufgabe** des **Kühlers** ist es, die Temperatur des einströmenden Kühlmittels um etwa 5 bis 10 °C zu senken.

Die Kühlmittelpumpe pumpt das erwärmte Kühlmittel durch eine Vielzahl paralleler Rohre im Kühler. Dort gibt das Kühlmittel die Wärme zunächst an die Rohrwandungen ab. Die Rohre bestehen aus Werkstoffen mit einer hohen **Wärmeleitfähigkeit** (Al, Cu, Cu-Zn-Legierungen). Durch die Verwendung von Aluminium wird bis zu 50 % Masse gegenüber einem Cu-Kühler eingespart.

Die Rohre des Kühlerblocks (Abb. 2) werden mit den Kühlrippen mechanisch gefügt oder verlötet. Kühlmittelkästen (oberer und unterer) schließen den Kühlerblock auf beiden Seiten ab.

Durch Wärmeleitung wird die Wärme an die Außenflächen der Rohre transportiert und dort über die **Kühlrippen** an die durch den Kühler strömende Luft abgegeben (Wärmeleitung und -strömung). Die Kühlrippen vergrößern die wärmeabgebende Oberfläche.

Ist in das Kühlsystem ein Ausgleichsbehälter integriert, wird dort die Volumenänderung des Kühlmittels, bedingt durch die Temperaturänderung, ausgeglichen.

In Kühlsystemen werden verschiedene Bauteile platzsparend zu einem Kühlmodul zusammengefasst (Abb. 3).

Dieses **Kühlmodul** kann die Bereiche

- Flüssigkeitskühlung,
- Ladeluftkühlung (s. Kap. 24) und
- Kältemittelkühlung in Klimaanlagen (s. Kap. 54) enthalten.

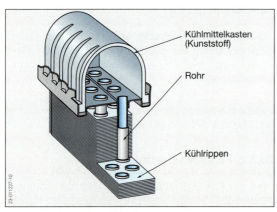

Abb. 2: Aufbau des Kühlerblocks

28.4.2 Lüfter

Die Wirkung eines Kühlers ist wesentlich von der **Luftmenge** abhängig, die während einer Zeiteinheit den Kühler durchströmt. Ein Lüfter saugt, unabhängig von der Fahrgeschwindigkeit des Fahrzeugs, Kühlluft durch den Kühler.

Der Lüfter soll für eine stets ausreichende Kühlluftmenge sorgen. Der Antrieb kann mechanisch, z. B. über Keilriemen von der Kurbelwelle, oder elektrisch erfolgen.

Eine **Steuerung** der Kühlluftmenge ist über zu- und abschaltbare Lüfter möglich. Gegenüber den ständig mitlaufenden Lüftern haben zuschaltbare Lüfter folgende **Vorteile**:

- Verkürzung der Warmlaufphase, da sich der Lüfter erst nach Erreichen der Betriebstemperatur einschaltet.
- Kraftstoffersparnis, da nicht ständig Antriebsenergie für den Lüfter benötigt wird.

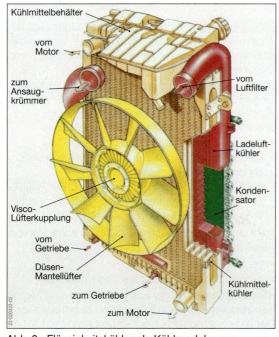

Abb. 3: Flüssigkeitskühler als Kühlmodul

Die Steuerung der Ein- und Abschaltvorgänge ist von der Bauart der Lüfter abhängig. **Elektrisch angetriebene Lüfter** (Abb. 4a) werden durch einen Temperaturfühler gesteuert. Dieser betätigt, nach Überschreiten einer bestimmten Kühlmitteltemperatur, einen elektrischen Kontakt.

Für die vom Motor über Keilriemen angetriebenen Lüfter werden meist elektromagnetische oder hydrodynamische Lüfterkupplungen verwendet.

Elektromagnetische Kupplungen (Abb. 4c) schalten temperaturgesteuert den Lüfter zu. Kraftschluss zwischen Lüfter und Riemenscheibe wirkt, wenn durch das entstehende Magnetfeld in der Spule die Ankerplatte an die Riemenscheibe gedrückt wird.

Visco-Lüfterkupplungen (Visco, von Viscosität, lat: Zähflüssigkeit, Abb. 4b) ermöglichen eine stufenlose Änderung der Saugleistung des Lüfters. Die Antriebsscheibe wird immer vom Motor angetrieben. Sie dreht sich im Gehäuse des Lüfters.

Die Antriebsscheibe hat zum Kupplungskörper und zur Zwischenscheibe jeweils einen Abstand von etwa 1 mm. Aus einem Vorratsbehälter strömt, in Abhängigkeit von der Betriebstemperatur und der Drehzahl des Motors, eine unterschiedlich große Silikonölmenge in das Gehäuse ein.

Die Saugleistung des Lüfters ist abhängig von der Silikonölmenge im Gehäuse. Die Übertragung des Antriebsdrehmoments auf den Lüfter erfolgt durch die Reibungskräfte im Öl.

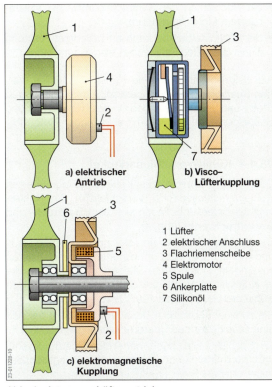

Abb. 4: Arten von Lüfterantrieben

1 Lüfter
2 elektrischer Anschluss
3 Flachriemenscheibe
4 Elektromotor
5 Spule
6 Ankerplatte
7 Silikonöl

28.4.3 Kühlmittelpumpe

Als Kühlmittelpumpen werden hauptsächlich **Radialpumpen** verwendet (radius, lat.: Strahl, Abb. 5).

Im Pumpengehäuse befindet sich ein Pumpenrad. In der Mitte des Pumpengehäuses strömt das Kühlmittel in die Pumpe ein und trifft dort auf das sich drehende Pumpenrad. Das Pumpenrad transportiert den Kühlmittelstrom auf einer spiralförmigen Bahn. Durch die entstehende Zentrifugalkraft wird das Kühlmittel radial nach außen durch den Kühlmittelaustrittsstutzen in den Kühlkreislauf gedrückt.

Der Antrieb des Pumpenrades kann durch einen Riemen von der Kurbelwelle oder durch einen Elektromotor erfolgen.

Elektrisch angetriebene Kühlmittelpumpen (Abb. 6) haben folgende Vorteile:

- sie benötigen nur etwa 20 % der Antriebsleistung riemengetriebener Kühlmittelpumpen (Kraftstoffersparnis etwa 3 %),
- durch eine integrierte Steuerelektronik wird die Pumpenleistung dem jeweiligen Betriebszustand (z. B. Motortemperatur, Lufttemperatur, Lastzustand, Kühlmitteltemperatur) genau angepasst,
- die Betriebstemperatur des Motors wird schneller erreicht und genauer geregelt,

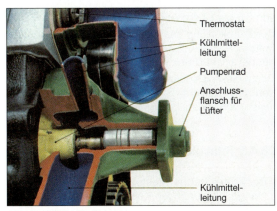

Abb. 5: Kühlmittelpumpe

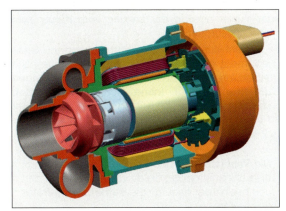

Abb. 6: Elektrisch angetriebene Kühlmittelpumpe

- ein Nachlaufen der Kühlmittelpumpe bei stillstehendem Motor ist möglich,
- die Kühlmittelpumpe kann an beliebiger Stelle im Kühlsystem des Fahrzeuges eingebaut werden.

Als elektrisch angetriebene Kühlmittelpumpen werden Spaltrohrpumpen eingesetzt. Ein zwischen dem Stator und dem Rotor angeordnetes Rohr dichtet den Stator gegen den im Kühlmittel laufenden Rotor ab.

28.4.4 Kühlerverschlussdeckel

Der Kühlmittelkasten des Kühlers ist durch einen Kühlerverschlussdeckel verschlossen. Im Kühlerverschlussdeckel befinden sich ein **Überdruck-** und **Unterdruckventil** (Abb. 1).

Das Kühlmittel dehnt sich bei der Erwärmung aus und drückt dabei das Luftpolster im Kühlmittelkasten zusammen. Durch diese Steigerung des Luftdrucks im Kühlsystem erhöht sich die **Siedetemperatur** des Kühlmittels auf 105 bis 120 °C.

Bis zu einem absoluten Druck von 1,5 bis 2 bar hält eine Druckfeder das Überdruckventil geschlossen.

Wird der Druck zu hoch, öffnet das Überdruckventil und Kühlmitteldampf strömt in den Ausgleichsbehälter oder ins Freie.

Der Öffnungsdruck ist auf dem Kühlerverschlussdeckel eingeprägt (z. B. 600 für einen Öffnungsdruck von 0,6 bar Überdruck).

Durch Abkühlung des Kühlmittels verringert sich der Luftdruck im Kühlsystem. Das Unterdruckventil öffnet bei einem Druck von p_{abs} = 0,92 bis 0,95 bar.

Durch diesen **Druckausgleich** werden Beschädigungen des Kühlers (z. B. Verformungen, Undichtigkeiten) vermieden.

28.4.5 Kühlmittelthermostat

> Der **Kühlmittelthermostat** steuert die Kühlmittelmenge, die durch den Kühler fließen soll.

Der Kühlmittelthermostat (Abb. 3) ist in der Zuleitung zum Kühler oder in der Leitung vom Kühler zum Motor angeordnet.

Er besteht aus einem temperaturabhängigen Stellglied (meist ein Dehnstoffelement, Abb. 2). Je nach Ventilstellung fließt das Kühlmittel nur im **kleinen Kühlmittelkreislauf** (ohne Kühler), im **großen Kühlmittelkreislauf** (mit Kühler) oder es durchströmt zu unterschiedlichen Teilen beide Kreisläufe (Abb. 1, S. 270).

> Die **Ventilstellung** des **Thermostaten** bestimmt die Kühlmittelmenge, die durch den Kühler strömt und beeinflusst dadurch die **Betriebstemperatur** des Motors.

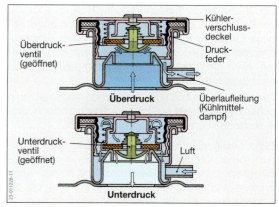

Abb. 1: Kühlerverschlussdeckel

Bis zum Erreichen der Betriebstemperatur von etwa 90 °C verschließt der obere Ventilteller des **Doppelventils** den Zulauf zum Kühler (Abb. 3a). Über den geöffneten unteren Ventilteller strömt das Kühlmittel im kleinen Kreislauf (Motorkreislauf) durch die **Kurzschlussleitung** ungekühlt zum Motor. Nach Erreichen der Betriebstemperatur öffnet das Ventil zum Kühler und ein Teil der Kühlmittelmenge wird dem Kühler zugeleitet. Beide Ventile sind geöffnet, dem Motor strömt eine Mischung aus gekühltem und ungekühltem Kühlmittel zu (Abb. 3b). Steigt die Kühlmitteltemperatur stark an, wird die Kurzschlussleitung verschlossen, und die gesamte Kühlmittelmenge strömt durch den Kühler (großer Kühlmittelkreislauf, Abb. 3c).

> Während der **Warmlaufphase** des Motors strömt das Kühlmittel nur im **kleinen Kühlmittelkreislauf**. Im **Normalbetrieb** fließt das Kühlmittel über beide Kühlmittelkreise, um die Temperatur konstant zu halten.

Die Stellung des Doppelventils im Kühlmittelthermostat wird von einem **Dehnstoffelement** (Abb. 2) gesteuert. Der Arbeitskolben steckt in einem Gummieinsatz und wird in einem Metallgehäuse gehalten. Zwischen Gummieinsatz und Gehäuse befindet sich ein Dehnstoff, der bei Erwärmung sein Volumen vergrößert. Durch die kegelige Form des Arbeitskolbens wird dieser aus dem Dehnstoff heraus geschoben.

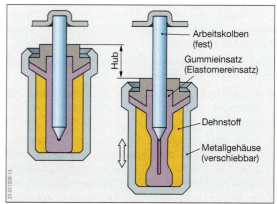

Abb. 2: Dehnstoffelement

Kapitel 28: Kühlung

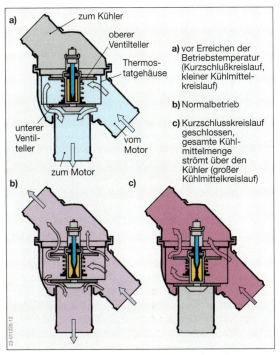

Abb. 3: Kühlmittelthermostat mit Doppelventil

a) vor Erreichen der Betriebstemperatur (Kurzschlußkreislauf, kleiner Kühlmittelkreislauf)
b) Normalbetrieb
c) Kurzschlusskreislauf geschlossen, gesamte Kühlmittelmenge strömt über den Kühler (großer Kühlmittelkreislauf)

Wird der Arbeitskolben im Thermostat befestigt, bewegt sich das Gehäuse und verschiebt dadurch die beiden Ventilteller des Doppelventils.

Nach dem Erkalten des Kühlmittels schiebt eine Druckfeder den Arbeitskolben wieder in das Gehäuse zurück.

Ein **elektronisch geregelter Thermostat** (Abb. 4) ermöglicht eine schnelle, feinfühlige Anpassung der Betriebstemperatur des Motors an die verschiedenen Betriebsbedingungen. Entsprechende Kennfelder sind im Steuergerät gespeichert. Ein Heizwiderstand verändert die Temperatur im Dehnstoffelement. In Abhängigkeit vom Lastzustand wird der Heizwiderstand vom Steuergerät angesteuert.

Eine zusätzliche Erwärmung des Dehnstoffelements durch einen Heizwiderstand bewirkt eine größere Öffnung des oberen Ventiltellers und dadurch eine Verringerung der Kühlmitteltemperatur.

Im Teillastbereich wird die Betriebstemperatur angehoben, bei Volllast abgesenkt (Abb. 5). Dadurch ergeben sich folgende **Vorteile**:
- vollständigere Verbrennung,
- geringerer Kraftstoffverbrauch und
- Verminderung der Schadstoffe im Abgas.

28.4.6 Ölkühler

Öltemperaturen über 115 °C verringern die Schmierfähigkeit des Öls. Deshalb wird das Öl überwiegend in der Ölwanne gekühlt (Fahrtwindkühlung). Reicht diese Art der Kühlung nicht aus, ist eine zusätzliche Ölkühlung erforderlich. Ölkühler werden als **Öl-Luftkühler** oder als **Öl-Flüssigkeitskühler** (Wärmetauscher) ausgeführt.

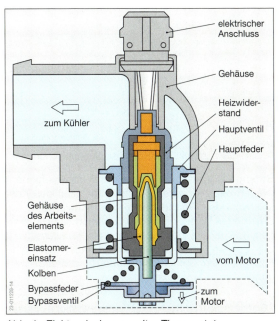

Abb. 4: Elektronisch geregelter Thermostat

Im Öl-Luftkühler erfolgt die Kühlung durch den Wärmeübergang auf die **Kühlluft**, im Öl-Flüssigkeitskühler wird die Wärme von der **Kühlflüssigkeit** abgeführt.

Ein Thermostat steuert den Ölstrom so, dass erst nach Erreichen einer Öltemperatur von etwa 115 °C das Öl den Kühler durchströmt.

Ölkühler werden für die Kühlung von Schmierölen in den Bereichen Motorschmierung, Getriebeschmierung und für Strömungsbremsen bei Nutzkraftwagen eingesetzt (Retarder, s. Kap. 47.11).

28.4.7 Kühlmittel

Die Kühlflüssigkeit hat die Aufgabe, Wärme vom Motor zum Kühlflüssigkeitskühler zu transportieren (Wärmeströmung) und das Kühlsystem vor Korrosion zu schützen.

> Die in den Kühlkanälen strömende **Kühlflüssigkeit** soll frei von Mineralien und anderen Verunreinigungen sein.

Mineralien (Kalk und Salze) setzen sich an den Kühlkanälen als Kesselstein ab, verringern den nutzbaren

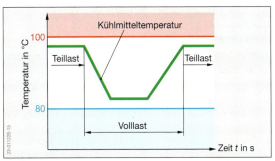

Abb. 5: Betriebstemperatur in Abhängigkeit vom Lastzustand

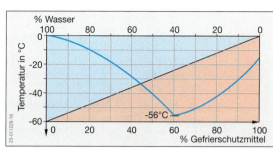

Abb. 1: Gefrierpunkt von Kühlflüssigkeitsmischungen

Strömungsquerschnitt der Rohre und behindern (wegen der geringeren Wärmeleitfähigkeit des Kesselsteins) den Wärmeübergang zur Kühlerwandung. Destilliertes Wasser eignet sich wegen seines geringen Kalkgehalts besonders gut als Kühlflüssigkeit. Zur Senkung des Gefrierpunktes muss der Kühlflüssigkeit ein Gefrierschutzmittel beigemengt werden.

> **Gefrierschutzmittel** sind wasserlösliche Flüssigkeiten auf Glykolbasis (Glykol: einfacher, zweiwertiger Alkohol). **Achtung: giftig!**

Diese Mittel haben einen Gefrierpunkt von etwa –10 bis –14 °C.

In Verbindung mit Wasser senkt sich der Gefrierpunkt, bei einem Mischungsverhältnis von 60 % Gefrierschutzmittel zu 40 % Wasser, bis auf –56 °C (Abb. 1).

Durch die Beimengung von Gefrierschutzmitteln verändert sich die **Dichte** der Kühlflüssigkeit. Mit einem Aräometer kann die Dichte des Kühlmittels und damit sein Gefrierpunkt ermittelt werden.

28.5 Wartung und Diagnose

Durch **Fernthermometer** (Abb. 1, S. 278) wird die Temperatur der Kühlflüssigkeit ständig gemessen. Auf einem Anzeigeinstrument kann die Temperatur der Kühlflüssigkeit abgelesen werden oder es wird ein Signalgeber verwendet, der nur bei Überschreiten der zulässigen Betriebstemperatur (etwa 110 °C) ein Signal gibt (optisch oder akustisch). Störungen innerhalb des Kühlsystems beeinflussen die Temperatur der Kühlflüssigkeit und damit die Betriebstemperatur des Motors. Ein **Überschreiten** der zulässigen **Betriebstemperatur** führt in den meisten Fällen zu überhöhten Verbrennungsraumtemperaturen.

Folgen von überhöhten Verbrennungsraumtemperaturen sind:

- Die in den Verbrennungsraum einströmenden Frischgase entzünden sich unkontrolliert an z. B. glühenden Zündkerzen oder Ventiltellern (Glühzündung).
- Die einströmenden Frischgase dehnen sich stark aus, damit verringert sich die Füllung des Zylinders. Die Motorleistung nimmt ab.
- Das Schmieröl verbrennt an den warmen Zylinderwandungen, es kommt dadurch zu Ölkohleansätzen (Gefahr der Glühzündungen).

> **Arbeitshinweise**
> - Kontrolle der Kühlmittelmenge und der Zusammensetzung (Gefrierschutzmittelanteil).
> - Sichtkontrolle aller Schlauchverbindungen auf Dichtigkeit und äußerliche Beschädigungen. Kontrolle der Keilriemen auf Zustand und Spannung.
> - Reinigen der Kühlrippen und der Lamellen des Kühlers von Verunreinigungen.
>
> Undichtigkeiten innerhalb des Kühlsystems lassen sich durch eine **Druckprobe** feststellen. Anstelle des Kühlerverschlussdeckels wird ein Druckprüfgerät auf den Kühlerstutzen gesetzt. Durch die Handpumpe wird innerhalb des Kühlsystems ein Überdruck von 0,6 bis 1 bar aufgebaut. Dieser Druck muss vom Kühlsystem über einen Zeitraum von 2 min gehalten werden. Verringert sich der Druck, so ist die undichte Stelle zu lokalisieren und abzudichten. Mit demselben Gerät ist es möglich, den Öffnungsdruck des Kühlerverschlussdeckels zu prüfen.

Aufgaben

1. Beschreiben Sie die Aufgabe der Motorkühlung.
2. Erläutern Sie den Begriff »Wärmeleitung«.
3. Worin unterscheidet sich der Wärmetransport der »Wärmeströmung« von dem der »Wärmeleitung«?
4. Nennen Sie zwei Metalle, die gute Wärmeleiter sind.
5. Erklären Sie den Begriff »Innenkühlung«.
6. Begründen Sie die Ursache für den Strömungsvorgang bei der Wärmeumlaufkühlung.
7. Welchen Vorteil haben Lüfter, die nur bei Bedarf zugeschaltet werden?
8. Skizzieren Sie schematisch ein Kühlsystem (Motor mit Flüssigkeitskühlung) und legen Sie die beiden Kühlmittelkreisläufe farbig an.
9. Nennen Sie die Vorteile elektrisch angetriebener Kühlmittelpumpen.
10. Wodurch wird erreicht, dass das Kühlmittel in einem geschlossenen System erst bei einer Temperatur von z. B. 112 °C siedet?
11. Welche Folgen können sich einstellen, wenn das Überdruckventil eines Kühlerverschlussdeckels beschädigt ist und nicht mehr schließt?
12. Beschreiben Sie die Aufgabe und die Wirkungsweise eines Dehnstoff-Kühlmittelthermostaten.
13. Ein Kühlmittelthermostat klemmt (schließt nicht). Beschreiben Sie die Folgen.
14. Welche Vorteile bieten elektronisch geregelte Kühlmittelthermostate?
15. Sie sollen ein Kühlsystem frostsicher machen. Berechnen Sie, wie viel Liter Gefrierschutzmittel Sie in das System einfüllen müssen, wenn die gesamte Kühlmittelmenge 15 l beträgt und ein Gefrierpunkt von –45 °C erreicht werden soll.

29 | Abgasanlage und Emissionsminderung

Die **Abgasanlage** hat folgende **Aufgaben**: Sie soll
- die warmen Verbrennungsgase gefahrlos ins Freie leiten,
- die Abgasgeräusche dämpfen,
- die Schadstoffe im Abgas durch chemische Prozesse in nahezu ungefährliche Stoffe umwandeln und
- den Ladungswechsel und damit die Füllung des Motors mit Kraftstoff-Luft-Gemisch verbessern.

29.1 Aufbau der Abgasanlage

Der Abgaskrümmer (meist aus Gusseisen) vereinigt die Abgaskanäle der einzelnen Zylinder. Stahlrohre führen den Abgasstrom so, dass er ohne Gefahr für die Fahrzeuginsassen und das Kraftfahrzeug nach hinten oder, häufig bei Lkw, nach oben ins Freie entweichen kann.

Zwischen den Rohren (Abb. 1) sind Schalldämpfer angeordnet. Bauteile zur Emissionsminderung (Katalysatoren) sind zwischen Abgaskrümmer und Schalldämpfer eingebaut. **Veränderungen** an der serienmäßigen Abgasanlage erfordern die Erteilung einer neuen **Allgemeinen Betriebserlaubnis** (ABE).

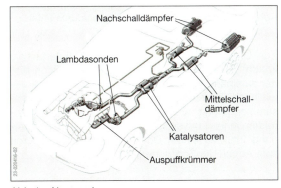

Abb. 1: Abgasanlage

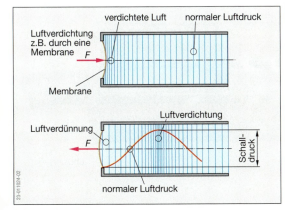

Abb. 2: Schallentstehung

Tab. 1: Lautstärken verschiedener Schallquellen

Schallquelle	Lautstärke in dB	Schallquelle	Lautstärke in dB
Hörschwelle	0	Maschinenhalle	100
schlafender Mensch	30	Diskothek	110
Unterhaltungssprache	70	Schmerzschwelle	120
Pkw	75		
Verkehrslärm	80	Düsentriebwerk	140

29.2 Schalldämpfer

29.2.1 Schall

Vom menschlichen Ohr wahrgenommene Sinneseindrücke (Töne, Geräusche, Lärm) werden als Schall bezeichnet.

Schall breitet sich in einem Übertragungsmedium mit **Schallgeschwindigkeit** aus, z. B. in Luft mit 333 m/s. Schallwellen entstehen durch **Verdichtung** und **Verdünnung** des Übertragungsmediums (z. B. der Luft, Abb. 2). Je größer z. B. die Verdichtung der Luft, desto höher ist der Schalldruck.

Der Schalldruck wird als **Schallpegel** (objektive Messgröße in dB) oder **Lautstärke** (subjektive Messgröße in dB) angegeben. Das menschliche Ohr nimmt über das Trommelfell diesen Schalldruck auf und wandelt ihn in eine Sinneswahrnehmung um.

> Mit Schalldruckpegelmessgeräten kann der Schalldruck (Schallpegel) gemessen werden. Die Maßeinheit für den **Schallpegel** und die **Lautstärke** ist das Dezibel (dB).

Die Tab. 1 zeigt die Lautstärken verschiedener Schallquellen.

Die **Tonhöhe** eines Geräusches (Frequenz) ist abhängig von der Anzahl der Schwingungen der Schallwellen in einer Zeiteinheit.

$$\text{Frequenz} = \frac{\text{Zahl der Schwingungen}}{\text{Zeit}}$$

$$f = \frac{n_s}{t}$$

f Frequenz in $\frac{1}{s}$ oder Hz (Hertz)
n_s Zahl der Schwingungen
t Zeit in s

Die Einheit der Frequenz ist nach dem deutschen Physiker Heinrich Hertz (1857 bis 1894) benannt. Der Hörbereich eines Menschen reicht von etwa 20 Hz bis 20 000 Hz.

29.2.2 Schalldämpfung

Nach der StVZO gelten für den Betrieb von Kraftfahrzeugen folgende Außengeräuschgrenzwerte: Pkw 80 dB, Lkw 84 dB, Motorrad 86 dB. Daher ist es erforderlich, die Abgasgeräusche zu mindern. Eine Minderung der Abgasgeräusche ist durch eine Verringerung der Schallenergie (des Schalldrucks, Abb. 3) möglich.

Nach dem **Wirkprinzip** werden zwei Arten der Schalldämpfung unterschieden (Abb. 2):
- Schalldämpfung durch Absorption und
- Behinderung der Ausbreitung des Schalls durch schallreflektierende Hindernisse.

> In **Absorptionschalldämpfern** wird die Schallenergie durch Reibung an schallabsorbierenden Werkstoffen (Schluckstoffe) in Wärme umgewandelt (absorbere, lat.: in sich aufnehmen).

Wegen der sehr hohen Abgastemperaturen (800 bis 1000 °C) müssen als Schall-Schluckstoffe wärmebeständige, poröse Werkstoffe, wie Glas-, Stahl- oder Steinwolle verwendet werden (Abb. 1).

An schallreflektierenden Hindernissen wird die **Schalldämpfung** bewirkt durch (⇒ TB: Kap. 7):
- **Reflexion** (reflexio, lat.: zurückwerfen),
- **Interferenz** (ferire, lat.: sich überlagern) und
- **Resonanz** (resonatia, lat.: Widerhall).

Eine Reflexion des Schalls erfolgt an festen Wänden, in Drosseln, Düsen und bei der Änderung des schallführenden Kanalquerschnitts.

> In **Reflexionsschalldämpfern** wird die Schallenergie der Schallwellen durch fortwährende Reflexion an festen Wänden vermindert.

Die Schallenergie verringert sich mit zunehmendem Weg wie ein abklingendes Echo. Ein Teil der Schallwellen kann auch durch Interferenz vermindert oder gelöscht werden (Abb. 4).

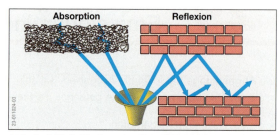

Abb. 2: Möglichkeiten der Schalldämpfung

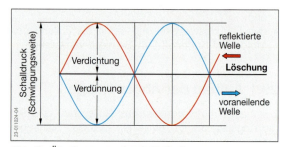

Abb. 3: Überlagerung durch Reflexion

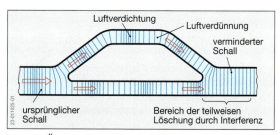

Abb. 4: Überlagerung von Schallwellen durch unterschiedlich lange Kanäle

Zur Überlagerung von Schallwellen (Interferenz) kommt es, wenn die Wellen nach einer Reflexion wieder aufeinandertreffen (Abb. 3) oder wenn Schallwellen nach unterschiedlich langen Wegen wieder zusammengeführt werden (Abb. 4). Das Zusammentreffen einer Luftverdichtung mit einer Luftverdünnung führt zu einem Druckausgleich und dadurch zum Abbau der Schallenergie.

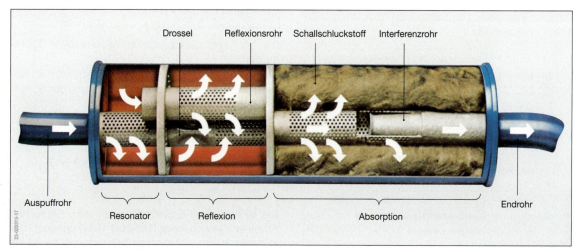

Abb. 1: Kombinationsschalldämpfer

Kapitel 29: Abgasanlage und Emissionsminderung

In **Interferenzschalldämpfern** werden die Schallwellen durch unterschiedlich lange Kanäle geführt oder sie treffen nach einer Reflexion aufeinander.

Resonatoren sind Bauteile, die durch Schallwellen zu Eigenschwingungen angeregt werden. Dadurch kommt es in bestimmten Frequenzbereichen zur Schalldämpfung.

Die in den Kraftfahrzeugen verwendeten Schalldämpfer arbeiten meist mit einer Kombination unterschiedlicher Wirkprinzipien der Schalldämpfung (Abb. 1).

29.3 Emissionsminderung

Mit den Abgasen (Abb. 5) strömen die **Schadstoffe**
- Kohlenmonoxid (CO),
- Stickoxide (NO_x) und
- unverbrannte Kohlenwasserstoffe (HC)

durch die Abgasanlage in die Umgebungsluft.

Die **Gesamtmenge** der **Schadstoffe**, die durch die Abgasanlage strömt, wird beeinflusst durch:
- die Güte der Verbrennung,
- das Hubvolumen des Motors und
- den Lastzustand des Motors.

Der Prozentanteil der einzelnen Schadstoffe im Abgas ist hauptsächlich vom Luftverhältnis λ abhängig, bei dem die Verbrennung erfolgt (Abb. 5). Durch gesetzliche Bestimmungen wurden Grenzwerte (⇒TB: Kap. 7) festgelegt, die in vorgeschriebenen **Fahrprogrammen** (Abb. 6) ermittelt werden können.

Die Einhaltung der festgelegten Grenzwerte der Schadstoffanteile kann nur durch **katalytische Nachverbrennung** (katalysis, griech.: auflösen) erreicht werden.

Als **Katalysator** wird ein Stoff bezeichnet, der durch seine Anwesenheit chemische Reaktionen auslöst und/oder beschleunigt, ohne dass er selbst verändert oder verbraucht wird.

29.3.1 Aufbau des Abgaskatalysators

Der **Abgaskatalysator** (Abb. 7, ⇒TB: Kap. 7) besteht aus:
- dem Träger,
- der Zwischenschicht und
- der katalytisch aktiven Schicht.

Der in einem Edelstahlgehäuse gehaltene Träger besteht aus einem mit Edelmetall beschichteten wabenförmigen **Monolith** (Monolithe, griech.: aus einem Teil bestehend) aus **Keramik** oder **Metall**.

Keramische Träger werden aus einem hoch temperaturfesten Magnesium-Aluminium-Silikat gefertigt. Gegenüber den Metallmonolithen ist die Zelldichte geringer.

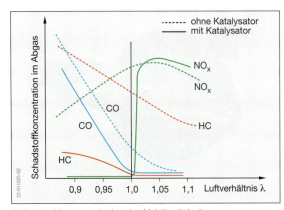

Abb. 5: Abgasemission in Abhängigkeit vom Luftverhältnis λ

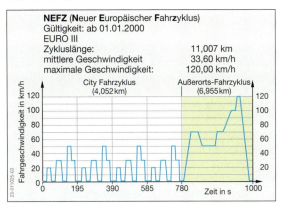

Abb. 6: Fahrprogramm

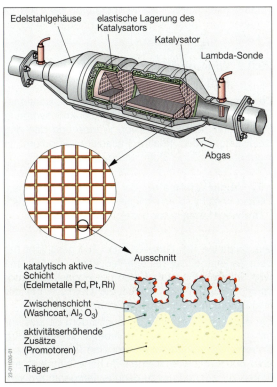

Abb. 7: Aufbau eines Katalysators

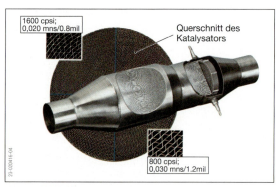

Abb. 1: Metallkatalysator

Metallkatalysatoren (Abb. 1) erreichen eine Zellendichte von 800 bis 1600 cpsi (Anzahl der Zellen/inch^2). Die Trägerfolie hat eine Wanddicke von 0,03 mm.

Auf diesen Träger sind die Zwischenschicht und die katalytisch aktive Schicht aufgebracht (Abb. 7, S. 285). Die Zwischenschicht aus Aluminiumoxid (Al_2O_3) erhöht die Aktivität der katalytischen Edelmetallbeschichtung aus Palladium (Pd), Platin (Pt) oder Rhodium (Rh).

Gegenüber den Keramikkatalysatoren haben Metallkatalysatoren folgende **Vorteile**:
- geringerer Durchströmwiderstand,
- längere Haltbarkeit,
- höhere mechanische Belastbarkeit und
- schnelleres Erreichen der Anspringtemperatur, weil der Katalysator wegen der höheren Temperaturbeständigkeit (kurzzeitige Temperaturen bis 1300 °C) näher am Auslasskrümmer eingebaut werden kann.

29.3.2 Wirkungsweise des Abgaskatalysators

Die drei Schadstoffe werden in einem Oxidationsvorgang (CO, HC) und in einem Reduktionsvorgang (NO_x) unter dem Einfluss von Wärme und den drei Katalysatorstoffen (Platin, Palladium, Rhodium) in nicht so schädliche Stoffe umgewandelt (Tab. 2).

> Ein **Abgaskatalysator**, der alle drei schädliche Gase in nicht so schädliche umwandelt, wird als **Dreiwegekatalysator** bezeichnet.

Die Oxidation der Gase CO und HC geschieht mit dem Sauerstoff, der bei der Reduktion von NO_x frei wird und dem Sauerstoff, den der Abgaskatalysator speichert, wenn das angesaugte Gemisch bei der Regelung durch die Lambda-Sonde mager ist.

Die dabei erforderliche Wärme wird dem Katalysator mit den Abgasen des Ottomotors zugeführt. Im Dauerbetrieb soll im Katalysator eine Temperatur von etwa 800 °C gehalten werden. Zu hohe Temperaturen führen zur Zerstörung, zu geringe Temperaturen verringern die Wirksamkeit des Katalysators.

Tab. 2: Chemische Vorgänge im Abgaskatalysator

2 CO	+ O_2	⇒ 2 CO_2	
Kohlenmonoxid	Sauerstoff	Kohlendioxid	
2 NO	+ 2 CO	⇒ N_2	+ 2 CO_2
Stickoxid	Kohlenmonoxid	Stickstoff	Kohlendioxid
2 C_2H_6	+ 7 O_2	⇒ 4 CO_2	+ 6 H_2O
Kohlenwasserstoff	Sauerstoff	Kohlendioxid	Wasser

> Die **Anspringtemperatur** eines geregelten Katalysators ist die Temperatur, bei der etwa 50 % der Schadstoffe umgewandelt werden. Sie liegt zwischen 250 und 270 °C.

Um die Anspringtemperatur möglichst schnell zu erreichen, kann dem Katalysator ein Brenner vorgeschaltet werden. Dieser bringt den Katalysator schon in wenigen Sekunden auf Betriebstemperatur.

Der **Konvertierungsgrad k** (convertere, lat.: umwenden) ist ein Maß für die Wirksamkeit des Katalysators.

$$k = \frac{\text{Schadstoffmenge vor dem Katalysator} \ \text{minus} \ \text{Schadstoffmenge hinter dem Katalysator}}{\text{Schadstoffmenge vor dem Katalysator}}$$

Ein hoher Konvertierungsgrad wird erreicht, wenn sich der Verbrennungsprozess bei einem Luftverhältnis von λ = 0,99 bis 1,02 vollzieht (Abb. 5, S. 285).

Ein in allen Betriebszuständen konstantes Luftverhältnis λ = 1 wird nur durch eine **Gemischregelung** erzielt. Diese Regelung erfordert einen im Abgas befindlichen Messfühler (Lambda-Sonde) und ein elektronisches Steuergerät.

Die **Spannungsprung-Lambda-Sonde** (s. Kap. 53.3.6) gibt z. B. in Abhängigkeit von der Abgaszusammensetzung ein Spannungssignal an das Steuergerät, dessen Wert sich bei λ = 1 sprunghaft ändert (von etwa 100 mV - mageres Gemisch auf etwa 800 mV - fettes Gemisch).

Im Vergleich mit dem Sollwert von etwa 450 mV erkennt das Steuergerät die jeweilige Gemischzusammensetzung. Auf Abweichungen vom Sollwert reagiert das Steuergerät mit einer Änderung der Gemischzusammensetzung, indem die Einspritzzeit der Einspritzventile verändert wird.

> Die **Gemischzusammensetzung** wird durch das Steuergerät so geregelt, dass ein Luftverhältnis λ = 0,995 bis 1,005 eingehalten wird.

> Die **Gemischaufbereitung** mit Katalysator, Lambda-Sonde und Steuergerät wird als **geregeltes System** bezeichnet.

Kapitel 29: Abgasanlage und Emissionsminderung

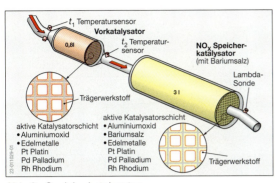

Abb. 2: Speicherkatalysator

Eine zweite Lambda-Sonde, hinter dem Katalysator angeordnet (s. Kap. 53.3.6), ermittelt den Sauerstoffgehalt im Abgas nach dem Katalysator. Aus dem Vergleich beider Messwerte der λ-Sonden 1 und 2 kann auf die Wirksamkeit des Katalysators geschlossen werden.

> **Ungeregelte Systeme** haben keine Gemischregelung. Veränderungen in der Abgaszusammensetzung haben keinen Einfluss auf die Gemischaufbereitung.

Ungeregelte Systeme haben einen um die Hälfte schlechteren Konvertierungsgrad.

Speicherkatalysatoren werden z. B. in Benzin-Direkteinspritzmotoren eingesetzt. Diese Motoren arbeiten verbrauchsgünstig meist mit mageren Gemischen ($\lambda > 2$). Bei dieser Gemischzusammensetzung entsteht ein hoher Anteil von Stickoxiden (NO_X).

Der Speicherkatalysator (Abb. 2) ist hinter einem Vorkatalysator angeordnet. In der aktiven Katalysatorschicht befindet sich auch Bariumsalz. Die Bariummoleküle speichern Stickoxide. Ist das Speichervolumen dieser Moleküle erschöpft, wird kurzzeitig das Gemisch angefettet und dadurch die Temperatur der Abgase erhöht. Die Wärmezufuhr löst die Stickoxide aus den Speichermolekülen und wandelt sie in Stickstoff und Sauerstoff um. Der Speicherkatalysator ist wieder aufnahmefähig. Diese Regenerationsphase wird vom Steuergerät in regelmäßigen Abständen (etwa alle 60 s) veranlasst.

Die **schädlichen Bestandteile** der Abgase von **Dieselmotoren** bestehen hauptsächlich aus Stickoxiden (NO_X) und Rußpartikeln (Abb. 1, S. 288). Die NO_X-Anteile werden in einem Speicherkatalysator (Pkw) umgewandelt, die Rußpartikel können in einem Filter zurückgehalten und verbrannt werden.

27.3.3 Abgasrückführung (AGR-System)

Je höher die Verbrennungsraumtemperatur, desto höher ist der Anteil an Stickoxiden (NO_X) im Abgas. Eine Verringerung der NO_X-Emission kann durch die **Zumischung** von **Abgasen** in die einströmenden Frischgase erreicht werden. Dadurch steht weniger Sauerstoff für die Verbrennung zur Verfügung, die Verbrennungstemperatur und damit der NO_X-Ausstoß werden vermindert.

Die Abgasrückführungsrate beträgt für **Ottomotoren** etwa 10 bis 15 %. Eine Steigerung dieser Rate führt zu einer Vergrößerung des HC-Anteils im Abgas.

Für **Diesel-** und **Benzin-Direkteinspritzmotoren** (Luftüberschuss, mageres Gemisch) kann die Abgasrückführungsrate bis 50 % betragen.

In den Bereichen Leerlauf, Warmlauf, Beschleunigung und Volllast arbeitet das Abgasrückführungssystem nicht, da dem Motor ein fetteres Gemisch angeboten wird. Fette Gemische haben nach der Verbrennung einen geringeren NO_X-Anteil im Abgas.

Ein elektronisches Steuergerät regelt über ein Abgasrückführungsventil (AGR-Ventil) die in den Ansaugkanal einströmende Abgasmenge (Abb. 3). Die Kühlung der zurückgeführten Abgase durch einen Edelstahl-Wärmetauscher führt zu einer weiteren Minderung der Stickoxide.

29.3.4 Sekundärluftsystem

Während der Warmlaufphase werden die Ottomotoren mit einem fetten Gemisch versorgt. Dadurch entsteht ein erhöhter Anteil unverbrannter Kohlenwasserstoffe. Um den Oxidationsvorgang der Schadstoffe im Katalysator zu verbessern und die Ansprungzeit zu verkürzen, wird während dieser Betriebssituation Frischluft (Sekundärluft) vor dem Katalysator eingeblasen und eine Nachverbrennung eingeleitet.

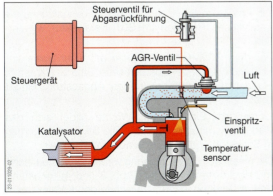

Abb. 3: Abgasrückführung

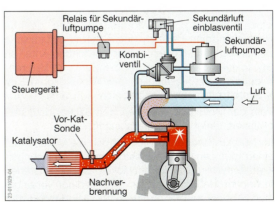

Abb. 4: Sekundärluftsystem

29.4 Emissionsminderung Dieselmotoren

> Eine Minderung der Schadstoffemissionen von Dieselmotoren wird durch **innermotorische Maßnahmen** und durch **Abgasbehandlung** erreicht.

Die Abgaszusammensetzung von Pkw-Dieselmotoren zeigt die Abb. 1.
Der Gesetzgeber beschränkt die Menge der schädlichen Bestandteile im Abgas (Abb. 2).

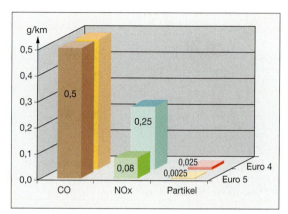

Abb. 2: Schadstoffgrenzwerte Euro 4/Euro 5 (Pkw)

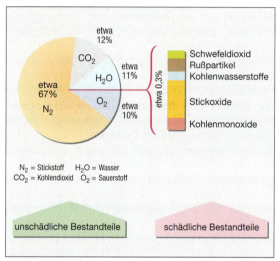

Abb. 1: Abgaszusammensetzung von Dieselmotoren

29.4.1 Innermotorische Maßnahmen

Innermotorische Maßnahmen zur Minderung der Schadstoffe sind:
- Aufladung,
- Ladeluftkühlung,
- Hochdruckeinspritzung,
- Mehrfacheinspritzung,
- Mehrventiltechnik,
- Abgasrückführung und
- Entwicklung besserer Brennverfahren.

Eine Auslegung des Motors auf eine geringe Partikelemission bedingt, durch thermodynamische Zusammenhänge, einen größer werdenden Anteil an Stickoxiden. Bei höheren Temperaturen im Verbrennungsraum verbessert sich der Wirkungsgrad, der Kraftstoffverbrauch verringert sich.

Wird der Motor auf einen geringen Stickoxidausstoß optimiert, steigt der Partikelausstoß.

Im **Nutzkraftwagenbereich** werden die Motoren auf einen geringen Partikelausstoß und einen geringen Kraftstoffverbrauch hin entwickelt. Dabei entstehen in hohem Maße Stickoxide. Dies bedingt vorrangig eine **Abgasnachbehandlung** zur **Minderung** der **Stickoxide**.

Im Bereich der **Personenkraftwagen** werden die Motoren unter dem Gesichtspunkt einer geringen Stickoxidbildung entwickelt. Dadurch wird eine Abgasnachbehandlung erforderlich, die vorrangig die **Rußpartikel zurückhält** und dann **beseitigt**.

29.4.2 Abgasnachbehandlung

Zur Verminderung der Stickoxide im Bereich der Nutzkraftwagen werden Systeme eingesetzt, welche eine zusätzliche Flüssigkeit benötigen.

Die Filterung der Rußpartikel kann in Systemen mit oder ohne Additive erfolgen.

Minderung der Stickoxidemission

> Der **SCR-Katalysator** (engl.: **S**elective **C**atalytic **R**eduktion, selektive katalytische Reduktion) **mindert** hauptsächlich den Anteil an **Stickoxiden (NO_X)** im Abgas. Als Stickoxide werden zusammenfassend Verbindungen von Stickstoff **N** und Sauerstoff **O** bezeichnet (z. B. NO, NO_2).

In einem Oxidationskatalysator, der vor dem SCR-Katalysator angeordnet ist, werden die Stoffe HC (Kohlenwasserstoff), CO (Kohlenmonoxid) und ein Teil der NO_X (Stickoxide) zu CO_2 (Kohlendioxid), H_2O (Wasser) und NO_2 (Stickstoffdioxid) oxidiert (Abb. 3).

Ein Anteil von 50 % NO_2 im Abgas beschleunigt die katalytische Reaktion im SCR-Katalysator wesentlich.

Vor dem SCR-Katalysator wird mit einer Dosiereinrichtung wässrige Harnstofflösung (32,5 % Harnstoff; Handelsname: AdBlue) in den Abgasstrom eingedüst.

Unter dem Einfluss von Wärme bildet sich das Reduktionsmittel Ammoniak. Die Stickoxide werden in Stickstoff und Wasserdampf umgewandelt.

Die wässrige Harnstofflösung wird in separaten, kühlmittelbeheizten Behältern (Abb. 3 und 4) mitgeführt und in den Abgasstrom zwischen die Katalysatoren eingebracht.

Kapitel 29: Abgasanlage und Emissionsminderung

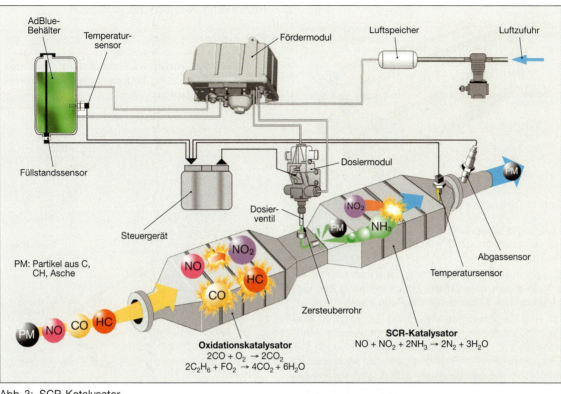

Abb. 3: SCR-Katalysator

Der Verbrauch der wässrigen Harnstofflösung ist von der jeweiligen Leistung des Motors abhängig und beträgt etwa 4 bis 6 % der verbrauchten Kraftstoffmenge.

Minderung der Rußpartikelemission

Es werden Systeme unterschieden, bei denen die Minderung der Rußpartikelemission ohne oder mit Zugabe von Additiven erfolgt.

Partikelfiltersysteme ohne Additiv

CRT-Katalysator

> Der **CRT-Katalysator** (**C**ontinuosously **R**egenerating **T**rap, engl.: ständig regenerierter Filter) **mindert** hauptsächlich den Anteil an **Rußpartikeln** im Abgas. Er arbeitet ohne Zugabe von Additiven.

Dem CRT-Katalysator ist ein hoch wirksamer Oxidationskatalysator vorgeschaltet. Dort werden die Bestandteile CO, HC und NO_x oxidiert. Es entstehen die Bestandteile Kohlendioxid (CO_2), Wasser (H_2O) und Stickstoffdioxid (NO_2).

Das Abgas strömt dann in den **Partikelfilter** (Abb. 5). Die dünnwandigen Kanäle (geschlossene Kanalstruktur) des Keramikfilters haben eine katalytische aktive Beschichtung und sind jeweils einseitig verschlossen (Abb. 1; S. 290).

Abb. 4: AdBlue Behälter am Fahrzeug

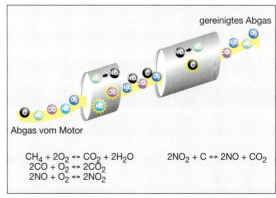

Abb. 5: CRT-Katalysator

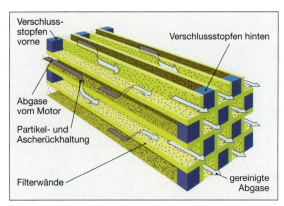

Abb. 1: Partikelfilter mit geschlossener Kanalstruktur

Das Abgas muss durch die porösen Seitenwände der Kanäle strömen. Dort werden die Russpartikel zurückgehalten.

Drucksensoren, vor und nach dem Partikelfilter, ermitteln durch eine Differenzdruckmessung die Verstopfung des Filters durch die Rußpartikel.

Ist eine **Regeneration** des Filters erforderlich, wird die Abgastemperatur durch innermotorische Maßnahmen (z. B. Nacheinspritzung oder Verstellung des Einspritzbeginns in Richtung spät) auf etwa 600 °C erhöht. In diesem Betriebszustand wird der hauptsächlich aus Kohlenstoff bestehende Rußanteil durch das im Oxidationskatalysator gebildete NO_2 zu CO_2 und NO regeneriert und verlässt die Abgasanlage.

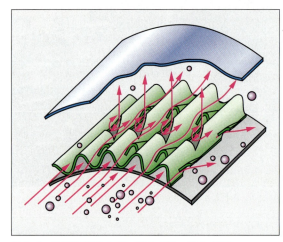

Abb. 2: Partikelfilter mit offener Kanalstruktur

PM-Filter (Particulate Matters, engl.: Stoffteilchen) werden als Metallwickelfilter mit einer offenen Kanalstruktur hergestellt. Die Metallfolien werden durch ein Sintermetallvlies getrennt. Durch die Umlenkung des Gasstroms sammeln sich die Rußpartikel im Sintermetallvlies und werden dort kontinuierlich verbrannt (Abb. 2).

Diese Filter halten Rußpartikel im Nano-Bereich (Partikelgröße $< 10^{-9}$ mm) zurück, ohne Einfluss auf die Motorleistung und den Kraftstoffverbrauch. Dabei erfolgt keine Verstopfung der Filter.

Partikelfiltersystem mit Additiven

FAP-System

Das **FAP-System** (Filtre à Partikules, frz.: Teilchenfilter) **benötigt** zur Minderung der Rußpartikelemission ein **Additiv**.

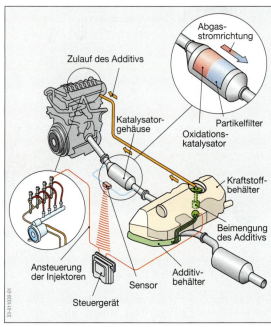

Abb. 3: FAP-System

In einem zusätzlichen Behälter im Kraftstoffbehälter (Abb. 3) befindet sich ein Additiv (Handelsname: CER, mit Eisen versetzt). Aufgabe des Additivs ist es, die Verbrennungstemperatur der Rußpartikel um etwa 100 °C, auf 500 °C zu senken.

Bei **jedem Tankvorgang** wird dem Dieselkraftstoff eine geringe Menge dieses **Additives** beigegeben.

Das Additiv wird werkseitig eingefüllt, reicht für eine Fahrstrecke von etwa 180 000 km und wird dann im Rahmen einer Inspektion wieder aufgefüllt.

Der Abgaskatalysator besteht aus einem Oxidationskatalysator (Vorkatalysator) und einem dünnwandigen keramischen Partikelfilter.

Im Oxidationskatalysator werden die Bestandteile CO und HC umgewandelt. Im Partikelfilter werden die Rußpartikel zurückgehalten.

Die erforderliche Abgastemperatur zum Verbrennen der Partikel und zur Reinigung des Partikelfilters, wird bei hoher Belastung des Motors ständig erreicht. Bei geringerer Belastung, z. B. Stadtverkehr, ermitteln Drucksensoren den Differenzdruck vor und hinter dem Katalysator. Wird ein Grenzwert überschritten, leitet das elektronische Steuergerät eine Nacheinspritzung ein. Die Abgastemperatur steigt auf über 500 °C, die Rußpartikel verbrennen.

Kapitel 29: Abgasanlage und Emissionsminderung

HJS-Partikelfilter

> Das **HJS-Partikelfiltersystem** (HJS, Firmenname) eignet sich für die Erstausrüstung von Kraftfahrzeugen, aber auch zur Nachrüstung. Dieses System benötigt ein Additiv zur Minderung der Verbrennungstemperatur der Rußpartikel.

Dem Partikelfilter ist ein Oxidationskatalysator vorgeschaltet (Abb. 4). In diesem werden die Stoffe CO und HC umgewandelt.

Das Abgas strömt dann in den taschenförmigen Partikelfilter aus Sintermetall (Abb. 5). Die gasförmigen Anteile durchströmen den Filter, die Partikel haften an der Oberfläche des Filters.

Ist eine Regeneration des Filters erforderlich, wird der Partikelfilter elektrisch auf etwa 1000 °C aufgeheizt, die Partikel verbrennen. Die Heizelemente sind um den Filterkörper gelegt und haben eine elektrische Leistung von 1000 W.

Ein elektronisches Steuergerät steuert die Regeneration des Filters, ein Additiv mindert die Verbrennungstemperatur der Russpartikel.

> Bei der **Regeneration** aller Partikelfilter fällt **Asche** an, die sich im Filtergehäuse sammelt. Im Rahmen von Wartungsarbeiten muss diese Asche **entsorgt** werden.
> **Partikelfilter**, die **ohne** ein zusätzliches Additiv arbeiten, erzeugen deutlich weniger Asche.

29.5 Abgasuntersuchung (AU)

Die für die Abgasuntersuchung (AU) gesetzlich gültigen Vorschriften sind im § 47a StVZO festgelegt.

Von der **AU ausgenommen** sind:

Fahrzeuge mit Benzinmotoren,
- die vor dem 01. Juli 1969 erstmals in Betrieb genommen worden sind,
- mit weniger als 4 Rädern,
- mit einem zulässigen Gesamtgewicht von weniger als 400 kg,
- mit einer bauartbedingten Höchstgeschwindigkeit von weniger als 50 km/h und

Fahrzeuge mit Dieselmotoren,
- die vor dem 01. Januar 1977 erstmals in Betrieb genommen worden sind,
- mit weniger als 4 Rädern,
- die eine bauartbedingte Höchstgeschwindigkeit von weniger als 25 km/h haben.

Die **Prüfungsintervalle** betragen (⇒ TB: Kap. 6):

36 Monate für erstmals zugelassene Fahrzeuge mit geregeltem Katalysator und für Dieselfahrzeuge bis 3,5t zul. Gesamtgewicht.

24 Monate für Fahrzeuge mit geregeltem Katalysator und für Dieselfahrzeuge bis 3,5t zul. Gesamtgewicht nach der ersten Untersuchung.

12 Monate für Fahrzeuge ohne Katalysator oder mit einem ungeregelten Katalysator.

Die **AU**-Prüfung umfasst eine **Sichtprüfung** und **Kontrollarbeiten** (Tab. 3, S. 392).

29.6 Wartung und Diagnose

Abgasanlagen sind wartungsfrei. Sie sollten in regelmäßigen Abständen auf Dichtheit und Durchrostung kontrolliert werden. Feuchtigkeit und Streusalze von außen, sowie aggressive Abgaskondensate von innen fördern die Korrosion der Abgasanlage.

Schalldämpfer und Verbindungsrohre werden üblicherweise aus Stahlblech hergestellt. Durch die Verwendung von Edelstählen oder emaillierten Blechen kann die Haltbarkeit der Abgasanlage erheblich verlängert werden.

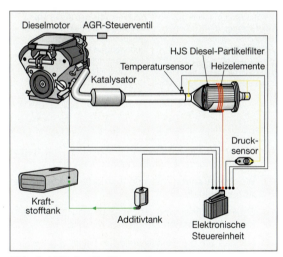

Abb. 4: HJS-Partikelfiltersystem

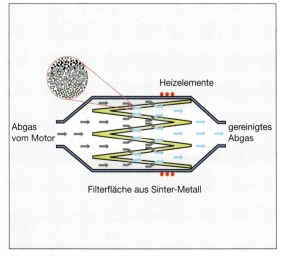

Abb. 5: Sintermetallfilter

Tab. 3: Prüfumfang AU

Sichtprüfung für alle Fahrzeugarten
Prüfung aller schadstoffrelevanten Bauteile einschließlich der Abgasanlage auf Vorhandensein, Vollständigkeit, Dichtheit und auf Beschädigungen, der Art des Tankstutzens und der erforderlichen Betankungshinweise. Bei **OBD-Systemen** ist eine Prüfung der Verliersicherung für den Tankdeckel oder anderer dafür vom Fahrzeughersteller eingebauter Systeme, sowie der Kontrollleuchte Motordiagnose erforderlich.

Kontrollarbeiten			
Fahrzeuge ohne oder **ohne geregelten Katalysator**	Fahrzeuge **mit geregeltem Katalysator**	Fahrzeuge **mit On-Bord Diagnosesystem (OBD)**	Fahrzeuge mit **Dieselmotor**
Prüfung der schadstoffrelevanten Einstelldaten nach den Vorgaben der Hersteller. Bei betriebswarmem Motor sind zu prüfen: • Schließwinkel bei kontaktgesteuerten Zündanlagen, • Zündzeitpunkt, • Leerlaufdrehzahl, • CO-Gehalt im Abgas bei Leerlaufdrehzahl. und wenn vorhanden, die Funktionsfähigkeit • des Abgasrückführungssystems, • des Sekundärluftsystems, • die Wirkung des Katalysators durch Messung des CO-Gehalts bei einer erhöhten Leerlaufdrehzahl.	Prüfung der schadstoffrelevanten Einstelldaten auf Einhaltung der vom Hersteller für das Fahrzeug anzugebenden Sollwerte. Bei betriebswarmem Motor und Katalysator sind zu prüfen: • Zündzeitpunkt (wenn möglich), • Leerlaufdrehzahl, • Funktion des Lambda-Regelkreises durch Störgrößenaufschaltung und -abschaltung (Bestimmung des Lambda-Verlaufs) oder eines anderen einfachen, zugelassenen Verfahrens, • Wert für Lambda mit einer zul. Abweichung von ± 2 % bei erhöhter Leerlaufdrehzahl im Abgasendrohr, • CO-Gehalt im Abgas bei Leerlauf und erhöhtem Leerlauf (min. 2500/min).	Prüfung der schadstoffrelevanten Einstelldaten auf Einhaltung der vom Hersteller für das Fahrzeug anzugebenden Sollwerte. Bei betriebswarmem Motor und Katalysator sind zu prüfen: • Fehlerspeicher, • abgasrelevante Systemdaten – Leerlaufdrehzahl, – Motortemperatur, – Istwerte, die eine Aussage über die Funktionsfähigkeit des Systems erlauben. Über die **Diagnoseschnittstelle** ist **auszulesen** und zu prüfen: • Lambdawert mit einer zul. Abweichung von ± 2 % bei erhöhtem Leerlauf im Abgasendrohr, • CO-Gehalt im Abgas bei Leerlauf und erhöhtem Leerlauf (min. 2500/min).	• Überprüfung der **Leerlauf-** und der **Abregeldrehzahl** nach den Angaben der Hersteller. • Erfassung des Spitzenwertes der **Rauchgastrübung** bei freier Beschleunigung. Bei den Messungen wird die Motordrehzahl zügig und stoßfrei bis zur Abregeldrehzahl hoch gefahren. Diese Drehzahl muss kurzzeitig gehalten werden, der Trübungskoeffizient wird ermittelt, anschließend wird wieder die Leerlaufdrehzahl eingestellt. Dieser Vorgang ist viermal durchzuführen. Aus den drei letzten Messungen wird ein Mittelwert gebildet. Der so ermittelte Trübungswert darf den vom Hersteller vorgegebenen Wert nicht überschreiten.

Aufgaben

1. Nennen Sie die Aufgaben der Abgasanlage.
2. Beschreiben Sie die Schalldämpfung durch Absorption.
3. Skizzieren Sie schematisch die Löschung von Schallwellen durch Interferenz.
4. Nennen Sie Schadstoffe, die mit den Abgasen durch die Abgasanlage strömen.
5. Skizzieren Sie den Anteil von Stickoxiden im Abgas in Abhängigkeit vom Luftverhältnis vor und hinter dem Abgaskatalysator.
6. Berechnen Sie die Volumen der Abgasbestandteile für 1,5 m^3 Abgas (s. Abb. 1, S. 280).
7. Beschreiben Sie die Wirkungsweise eines Abgaskatalysators.
8. Erklären Sie den Begriff »Konvertierungsgrad«?
9. Welchen Einfluss hat die Anspringtemperatur auf die Wirksamkeit eines Katalysators?
10. An welchen Motoren werden Speicherkatalysatoren verwendet?
11. Worin unterscheidet sich eine geregelte Katalysatoranlage von einem ungeregelten System?
12. Warum werden Abgasrückführungssysteme eingebaut?
13. Skizzieren Sie schematisch ein Abgasrückführungssystem und bezeichnen Sie die Bauteile.
14. Welchen Vorteil hat die Kühlung der Abgase im AGR-System?
15. In welchem Lastbereich arbeitet das AGR-System? Begründen Sie Ihre Antwort.
16. Skizzieren Sie ein Sekundärluftsystem und tragen Sie alle erforderlichen Bezeichnungen ein.
17. Welche Aufgabe hat die Lambda-Sonde in der Abgasanlage?
18. Ein Partikelfilter wird regelmäßig von Partikeln gereinigt. Beschreiben Sie diesen Vorgang.
19. Nennen Sie die Bestandteile der Dieselabgase.
20. Welche Schadstoffe werden vorrangig mit dem SCR-System umgewandelt?
21. Dem CRT-Filter ist ein hochwirksamer Oxidationskatalysator vorgeschaltet. Welche Aufgabe hat dieser Katalysator?
22. Beschreiben Sie die Wirkungsweise eines PM-Filters.
23. Aus welchen Bestandteilen besteht die Flüssigkeit AdBlue?
24. Welche Aufgabe hat das Additiv im Kraftstoffbehälter eines Diesel-Fahrzeugs (FAP-System)?
25. Aus welchen Gründen wird für die Reinigung des Partikelfilters (FAP-System) eine Nacheinspritzug erforderlich?
26. Welche Fahrzeuge sind von der Abgasuntersuchung nach § 47a StVZO ausgenommen?
27. Nennen Sie die Prüfinhalte der AU für Otto- und Dieselfahrzeuge.
28. Wie wird bei der AU geprüft, ob die Lambda-Sonde funktionsfähig ist?

30 Alternative Antriebe

Alternative Antriebe (alternativ, lat.-fr.: wahlweise, andere Möglichkeit, ⇒ TB: Kap. 8) sind:
- Kreiskolbenmotor,
- Elektroantrieb,
- Hybridantrieb und
- Betrieb mit alternativen Kraftstoffen.

30.1 Kreiskolbenmotor

> Der **Kreiskolbenmotor** (Wankel-Motor, Felix Wankel, dt. Ingenieur, 1902 bis 1988) hat im Gegensatz zum Hubkolbenmotor keine hin- und hergehenden Massen.

30.1.1 Aufbau des Kreiskolbenmotors

Der **Kolben** (Rotor) hat die Form eines gleichseitigen Bogendreiecks (Abb. 1a). Er führt in dem Innengehäuse, das einer Acht ähnelt (Epitrochoide), eine kreisende Bewegung aus. In die drei Flanken des Kolbens sind muldenförmige Verbrennungsräume eingearbeitet (Brennraummulden, Abb. 1b). Der Innenraum des Gehäuses wird durch den Kolben in **drei Kammern** unterteilt. Die seitliche Begrenzung der Kammern bilden die an den Mantel angeschraubten Seitenteile. Dichtleisten am Kolben (Abb. 1a und 1b) dichten die Kammern untereinander ab. Die Kolbenführung im Gehäuse erfolgt durch die **Exzenterwelle** (Abtrieb) und die **Innenverzahnung** des Kolbens, die auf dem feststehenden **Ritzel** umläuft (Abb. 1a). Das Ritzel ist mit dem Gehäuseseitenteil verbunden. Der Kolben ist auf der Exzenterwelle mit Nadellagern gelagert.

30.1.2 Wirkungsweise des Kreiskolbenmotors

Der Kreiskolbenmotor arbeitet nach dem **Viertaktverfahren**, da ein geschlossener Gaswechsel vorhanden ist. Jedoch steuert der Kolben den Ladungswechsel wie im **Zweitaktverfahren** über Ein- und Auslasskanäle (Abb. 1a). Die Arbeitsspiele in den einzelnen Kammern laufen um 120° versetzt ab. Dreht sich der Kolben um 90°, so dreht sich die Exzenterwelle um 270° (Abb. 1, S. 294). Der Kolben eilt somit der Exzenterwelle nach. Das Übersetzungsverhältnis zwischen der Innenverzahnung des Kolbens und dem Ritzel beträgt $i = 3:1$. Als **Motordrehzahl** wird die Drehzahl der **Exzenterwelle** angegeben.

> Einer Umdrehung des **Kolbens** entsprechen drei Umdrehungen der **Exzenterwelle**. In jeder Kammer läuft während einer Kolbenumdrehung ein vollständiges **Arbeitsspiel** ab. Bei drei Kammern sind das drei Arbeitsspiele an einem Kolben.

Zur Vergrößerung der Motorleistung werden mehrere Kolben nebeneinander angeordnet (Mehrkolbenmotor, Abb. 1b).

Die **Schmierung** des Kreiskolbenmotors kann sowohl über das Gemisch (Mischungsschmierung oder Frischölautomatik, s. Kap. 46) oder durch eine Druckumlaufschmierung erfolgen. Kombinationen zwischen beiden Systemen sind ebenfalls möglich.

Als **Kühlsystem** wird für kleinere Motoren die Luftkühlung und für größere Motoren die Flüssigkeitskühlung bevorzugt. Der Kolben wird zusätzlich über das Öl der Druckumlaufschmierung gekühlt.

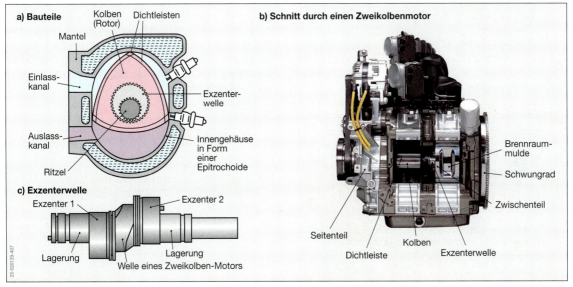

Abb. 1: Kreiskolbenmotor

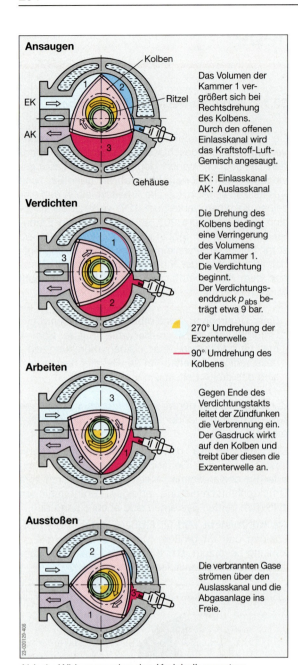

Abb. 1: Wirkungsweise des Kreiskolbenmotors

Vorteile gegenüber dem Hubkolbenmotor sind:
- Ventilsteuerung entfällt,
- große Laufruhe, da keine hin- und hergehenden Massen,
- geringere Masse und weniger Bauteile,
- geringeres Bauvolumen bei gleicher Leistung,
- geringer Oktanzahlbedarf,
- gut geeignet für den Betrieb mit Wasserstoff.

Nachteile gegenüber dem Hubkolbenmotor sind:
- höherer Kraftstoffverbrauch,
- die Abdichtung der Kammern ist sehr aufwändig und
- die Einhaltung der Abgasgesetze erfordert zusätzlichen hohen Aufwand.

30.2 Elektroantrieb

Der Elektroantrieb ist auf Grund der guten Leistungs- und Drehmomentcharakteristik der Elektromotoren (z. B. Asynchronmotor, Abb. 3 und 4) gut für den Fahrzeugantrieb geeignet. Elektromotoren liefern schon bei geringen Drehzahlen ein hohes Drehmoment und mittlere Leistungen. Die **Bauteile** des Elektroantriebs mit Batterien als Energiespeicher zeigt die Abb. 2. Der Elektroantrieb erhält seine Energie aus den Antriebsbatterien oder einer **Brennstoffzelle** (s. Kap. 30.4.3). Der elektrische Strom (z. B. Drehstrom) erzeugt in dem **Stator** und dem **Läufer** des Elektromotors Magnetfelder (Drehfelder), die sich abstoßen und den Läufer in Drehung versetzen (s. Kap. 49).

Die Läuferdrehzahl liegt immer unterhalb der Drehfelddrehzahl, da sonst im Läufer keine Spannung induziert wird. Steigt die Läuferdrehzahl über einen bestimmten Wert (z. B. 4000 /min, Abb. 3), so verringert sich die Differenz zwischen Drehfelddrehzahl und Läuferdrehzahl und damit auch die Leistungszunahme und das Drehmoment. Der Elektromotor wird mit einer hohen Betriebsspannung (bis etwa 650 V) betrieben, um bei einer entsprechenden Leistung mit kleineren Stromstärken auszukommen. Dadurch werden die Leistungsverluste verringert. Der Elektromotor dient während des Bremsens gleichzeitig als Generator und gibt dann die erzeugte Spannung an die Batterien ab. Dieser Vorgang wird auch »**Nutzbremsung**« genannt.

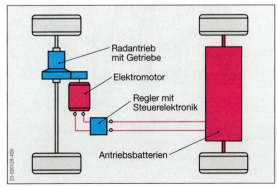

Abb. 2: Bauteile des Elektroantriebs

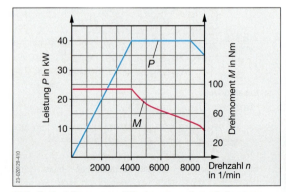

Abb. 3: Leistungs- und Drehmomentkennlinie eines Elektromotors

Kapitel 30: Alternative Antriebe

Die **Steuerung** wird von einer Steuerelektronik übernommen, welche die Umschaltung vom Motorbetrieb zum Generatorbetrieb vornimmt.
Vorteile gegenüber Verbrennungsmotoren sind:
- keine Emissionen im Betrieb,
- kein Energieverbrauch im Stand,
- geringere Geräuschentwicklung und
- wartungsarmer Betrieb.

Nachteile gegenüber Verbrennungsmotoren sind:
- geringere Reichweite,
- lange Batterieladezeiten,
- hohe Herstellungskosten und
- geringe Nutzlast wegen der großen Batteriemasse.

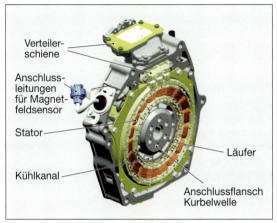

Abb. 4: Elektromotor – Generator (Asynchronmotor)

30.3 Hybridantrieb

> Der **Hybridantrieb** ist ein Fahrzeugantrieb mit **zwei unterschiedlichen Antriebsaggregaten**, die zusammenwirken.

Der **Elektro-Hybridantrieb** (hybrid, lat.: Mischling, aus Verschiedenartigem zusammengesetzt) ist eine Kombination aus **Verbrennungsmotor** (z. B. Otto- oder Dieselmotor) und **Elektromotor** (⇒ TB: Kap. 8).
Unterschieden werden die Hybride nach ihrer seriellen, parallelen oder gemischten Antriebsart.

Serieller Hybridantrieb

Im **seriellen Hybridantrieb** werden **Verbrennungs- und Elektromotor** in **Reihe** geschaltet (Abb. 5). Der Verbrennungsmotor dient nur zum Antrieb eines Generators, wodurch sich die Motorbelastung kaum ändert. Der **Motorbetrieb** wird auf den **verbrauchs- und emissionsgünstigsten Drehzahlbereich** abgestimmt. Als Fahrzeugantrieb dient dann nur der Elektromotor, der von den Batterien und dem Generator mit elektrischer Energie versorgt wird. Die überschüssige elektrische Energie wird in den Batterien zwischengespeichert. Während des Bremsens wird der Elektromotor durch Umschalten als Generator betrieben. So kann ein Teil der Bremsenergie zur Ladung der Batterie genutzt werden (Abb. 5).

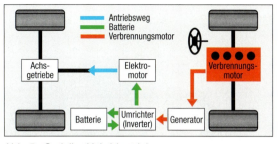

Abb. 5: Serieller Hybridantrieb

Paralleler Hybridantrieb

Ist der Verbrennungsmotor zusätzlich für den Fahrzeugantrieb vorgesehen, so übernimmt der Elektromotor das Anfahren bis zu einer festgelegten Geschwindigkeit oder den Antrieb in Gebieten, die schadstoffarmen Fahrbetrieb zwingend erfordern. Anschließend wird das Fahrzeug nur vom Verbrennungsmotor angetrieben. Sobald der Verbrennungsmotor mehr Energie liefert als benötigt wird (Schiebebetrieb, Talfahrt), wird der Elektromotor als Generator geschaltet (Abb. 6). Die erzeugte Spannung lädt die Batterien auf. Die Umschaltung erfolgt durch eine **elektronische Steuerung**.

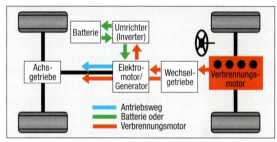

Abb. 6: Paralleler Hybridantrieb

Gemischter Hybridantrieb

Der **gemischte Hybridantrieb** ist eine **Kombination** aus einer **seriellen** und einer **parallelen** Anordnung (Abb. 7). Er entspricht einem Getriebe mit Leistungsverzweigung und stufenlos veränderbarer Übersetzung (Abb. 1, S. 296). Das Planetengetriebe verteilt je nach Betriebszustand die Leistung des Verbrennungsmotors auf die Antriebsräder und/oder den Generator. Damit kann der Verbrennungsmotor, ähnlich dem seriellen Hybridantrieb, oft im verbrauchsoptimierten Bereich betrieben werden.

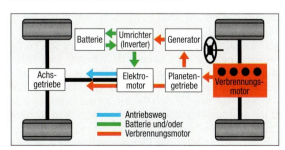

Abb. 7: Gemischter Hybridantrieb

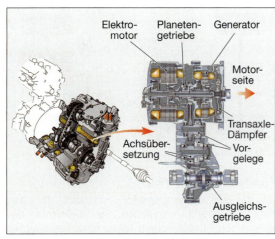

Abb.1: Leistungsverzweigter Antriebsstrang

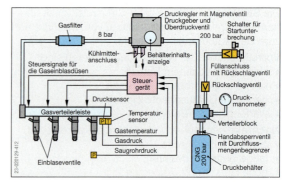

Abb.2: Bauteile für den Erdgasbetrieb

30.4 Betrieb mit alternativen Kraftstoffen

Zu den alternativen Kraftstoffen zählen:
- Pflanzenöl und Biodiesel, und
- Erdgas (Methan)
- Wasserstoff.

30.4.1 Pflanzenölbetrieb

Pflanzenölmotoren erfordern eine motorische Anpassung an den Kraftstoff, da die Pflanzenöle geringere Cetanzahlen als Dieselkraftstoff aufweisen. Hierzu gehört z. B. der Einbau einer Kraftstoffvorwärmeinrichtung, da das Pflanzenöl zähflüssiger ist. Zusätzlich müssen Veränderungen an den Bauteilen des Einspritzsystems vorgenommen werden, da die Einspritzdüsen zur Verkokung neigen.

Biodiesel besteht aus Pflanzenölen, die den motorischen Bedingungen angepasst wurden. Dazu werden in der Raffinerie die natürlichen Fette (z. B. Glycerin) durch Methanol oder Ethanol ersetzt. Dieser Vorgang wird als »Umesterung« bezeichnet. Dieses Verfahren erhöht die Cetanzahl und macht die Pflanzenöle dünnflüssig wie mineralischen Dieselkraftstoff. Derart aufbereitetes Pflanzenöl (PME: Pflanzenöl-Methyl-Ester, RME: Rapsöl-Methyl-Ester) kann in den vom Hersteller dafür freigegebenen Motoren verwendet werden.

30.4.2 Erdgasbetrieb

Erdgas besteht, je nach Fundstätte, aus 90 bis 98% Methan (CH_4). Es kann als Flüssiggas (LNG, engl.: liquid natural gas) oder gasförmig (CNG, engl: compressed natural gas) eingesetzt werden. Der Flüssiggasbetrieb erfordert wärmeisolierte Kraftstoffbehälter, da Erdgas erst bei −160 °C flüssig wird. Als Kraftstoffbehälter für den Betrieb im gasförmigen Zustand werden Druckbehälter eingesetzt (Abb. 2). Der Druckregler vermindert den Gasdruck. Durch das Steuergerät werden die Einblaseventile im Ansaugbereich angesteuert. Wird der Motor speziell für den Erdgasbetrieb konstruiert, kann die Verdichtung auf etwa 13:1 angehoben werden, da Erdgas gegenüber Ottokraftstoffen eine höhere Oktanzahl (ROZ bis 130) aufweist (s. Kap.17).

Vorteile gegenüber Ottokraftstoffen sind:
- geringere CO und NO_x-Emissionen,
- geringe Partikel- und Schwefelemissionen,
- ausreichende Vorkommen,
- ohne chemische Veränderungen in Ottomotoren einsetzbar und
- hohe Klopffestigkeit.

Nachteile gegenüber Ottokraftstoffen sind:
- geringerer Heizwert,
- Leistungsminderung,
- geringere Reichweite,
- Verlust an Stauraum durch die Gasbehälter und
- weniger dichtes Tankstellennetz.

30.4.3 Wasserstoffbetrieb

Der Wasserstoffbetrieb wird unterteilt in
- Wasserstoffbetrieb mit Ottomotoren und
- Wasserstoffbetrieb mit Brennstoffzellen.

Wasserstoffbetrieb mit Ottomotoren

Der Wasserstoffbetrieb (Abb. 3) ermöglicht umweltfreundliche Kraftfahrzeugnutzung, **unabhängig vom Erdöl**. Wasserstoff kann flüssig (LH_2, L: liquid, engl.: flüssig) oder gasförmig (GH_2, G: gas, engl.: Gas) eingesetzt werden. LH_2-Kraftstoffbehälter sind Tiefkühlbehälter (−273 °C). Die Speicherung des Wasserstoffs in gasförmigem Zustand erfolgt durch Anlagerung an Metallpulver (Hydridspeicher). Es entstehen chemische Verbindungen, die als **Hydride** bezeichnet werden. Dieser Vorgang setzt Wärme frei. Daher ist der Hydridspeicher mit wassergefüllten Röhrchen versehen, die den Wärmetransport übernehmen. Bei der Entnahme des Wasserstoffs muss Wärme zugeführt werden, die den Abgasen über Wärmetauscher entnommen wird. Der Wasserstoff gelangt über Filter, Druckminderer, Abschaltventil und Mengenteiler zu den Einblaseventilen der einzelnen Zylinder. Um Rückzündungen zu vermeiden, wird Wasser eingespritzt.

Kapitel 30: Alternative Antriebe

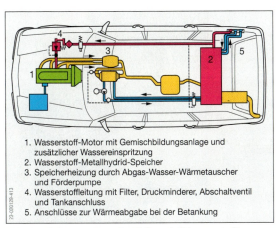

1. Wasserstoff-Motor mit Gemischbildungsanlage und zusätzlicher Wassereinspritzung
2. Wasserstoff-Metallhydrid-Speicher
3. Speicherheizung durch Abgas-Wasser-Wärmetauscher und Förderpumpe
4. Wasserstoffleitung mit Filter, Druckminderer, Abschaltventil und Tankanschluss
5. Anschlüsse zur Wärmeabgabe bei der Betankung

Abb. 3: Schema eines Antriebs mit Wasserstoff

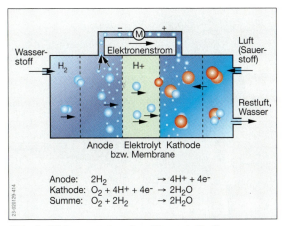

Anode: $2H_2 \rightarrow 4H^+ + 4e^-$
Kathode: $O_2 + 4H^+ + 4e^- \rightarrow 2H_2O$
Summe: $O_2 + 2H_2 \rightarrow 2H_2O$

Abb. 4: Wirkungsweise einer Brennstoffzelle

Wasserstoffbetrieb mit Brennstoffzellen

Dieser Wasserstoffbetrieb besteht aus dem Elektroantrieb mit Brennstoffzellen als Energielieferant.

Aufbau

Das wesentliche Bauteil der Brennstoffzelle bildet die Membran-Elektroden-Einheit, die aus einer 0,1 mm dicken Protonen leitenden Elektrolytfolie (PEM: proton exchange membrane) besteht (⇒ TB: Kap. 8). Sie ist beidseitig mit Katalysatorfolien belegt. Für die Anode und Kathode wird Platin als Beschichtungswerkstoff (0,1 mg/cm^2) eingesetzt. Der aktiven Katalysatorschicht werden über poröse Graphitelektroden (Bipolarplatte) auf der eine Seite Wasserstoff und auf der anderen Seite Sauerstoff zugeführt. Die Bipolarplatten schließen die Membran-Elektroden-Einheit von beiden Seiten ein und bilden mit ihr eine Einzelzelle. Mehrere Einzelzellen lassen sich zu einem so genannten Stack (engl.: Stapel) zusammenschalten.

Wirkungsweise

Das **Grundprinzip** einer Brennstoffzelle beruht auf der **Umkehrung** der **Elektrolyse** von **Wasser** (Abb. 4). Die Anode wird dabei mit dem Brennstoff (Wasserstoff H$_2$) und die Kathode mit dem Oxidationsmittel (in Luft enthaltener Sauerstoff O$_2$) versorgt. Der Wasserstoff oxidiert an der Anode und die gebildeten Protonen (H$^+$) übertragen die elektrische Ladung durch den Elektrolyten zur Kathode, wo durch die Reaktion mit dem Luftsauerstoff als Endprodukt Wasser (H$_2$O) entsteht. Die dabei freigestellten Elektronen (e$^-$) fließen über den äußeren Stromkreis und werden in das Versorgungsnetz des Fahrzeugs eingespeist.

Wasserstoffherstellung

Wasserstoff kommt in der Natur nur in gebundener Form (z.B. Wasser H$_2$O, Erdgas CH$_4$, Methanol CH$_3$OH) vor. Er lässt sich aus den verschiedenen Stoffen durch Energiezufuhr abspalten. Wasser kann durch Gleichstrom in Wasserstoff und Sauerstoff aufgespalten werden (Elektrolyse). Methanol wird durch katalytische Umwandlung (Reformieren) in Wasserstoff (H$_2$) und Kohlendioxid (CO$_2$) getrennt.

Vorteile des Wasserstoffbetriebs sind:
- die Abgase bestehen fast nur aus Wasserdampf,
- sehr guter Wirkungsgrad und
- der Rohstoff zur Wasserstoffherstellung steht in unbegrenzter Menge zur Verfügung (z.B. als H$_2$O).

Nachteile des Wasserstoffbetriebs sind:
- hohe Umrüstkosten und höherer Betankungsaufwand für Wasserstoffbetrieb mit Ottomotoren (Gefahr der Reaktion von Wasserstoff und Sauerstoff zu hochexplosivem Knallgas muss vermieden werden),
- die Hydridspeicher haben eine große Masse bei geringer Kapazität (560 kg Speicherplatz entsprechen einem Kraftstoffbehälterinhalt von etwa 22 l). Das verringert die Reichweite und die Zuladung.
- Methanol erfordert eine Aufbereitungsanlage und
- flüssiger Wasserstoff muss tiefgekühlt werden.

Aufgaben

1. Beschreiben Sie die grundsätzliche Arbeitsweise des Kreiskolbenmotors.
2. Welche Vorteile hat der Elektroantrieb?
3. Beschreiben Sie die Wirkungsweise des Elektro-Hybridantriebs.
4. Welche Formen der Hybridantriebe werden unterschieden?
   Erklären Sie die jeweiligen Unterschiede.
5. Welche Kraftstoffbehälter sind für die Speicherung von flüssigem Erdgas erforderlich?
6. Worin unterscheidet sich der Pflanzenölbetrieb von dem Betrieb mit Biodiesel?
7. Erklären Sie die Wirkungsweise einer Brennstoffzelle.
8. Welche Vorteile hat der Wasserstoffbetrieb von Kraftfahrzeugen?

298

Antriebsstrang eines Personenkraftwagens

Grundlagen

Kraftfahrzeuge

Motor

Kraftübertragung

Fahrwerk

Krafträder

Nutzkraftwagen

Elektrische Anlage

Elektronische Systeme

31	Antriebsarten	299
32	Kupplung	301
33	Wechselgetriebe	312
34	Automatische Getriebe	323
35	Radantrieb	339

31 Antriebsarten

Der **Antrieb** eines Kraftfahrzeugs erfolgt durch den Motor über die Bauteile der Kraftübertragung auf die Räder (⇒ TB: Kap. 8).
Die Bauteile der Kraftübertragung sind:
Kupplung, Getriebe, Gelenkwellen, Achsgetriebe, Ausgleichsgetriebe und Achsantriebswellen.

> Die **Bauteile** der **Kraftübertragung** eines Kraftfahrzeugs haben die **Aufgaben**, die Drehzahl und das Drehmoment des Motors zu wandeln bzw. weiterzuleiten und auf die Antriebsräder zu übertragen.

Nach der **Einbaulage** des **Motors** im Kraftfahrzeug werden unterschieden:
- Frontmotor,
- Mittelmotor,
- Heckmotor und
- Unterflurmotor.

Nach der **Einbaulage** der **Antriebsachsen** werden unterschieden:
- Vorderradantrieb,
- Hinterradantrieb und
- Allradantrieb.

31.1 Vorderradantrieb

Motor, Kupplung, Getriebe und Achs- und Ausgleichsgetriebe werden zu einer kompakten Baueinheit zusammengefasst und liegen im Bereich der angetriebenen Vorderachse (Abb.1). Der Motor kann quer oder längs zur Fahrtrichtung, stehend oder geneigt vor, auf oder hinter der Vorderachse angeordnet sein.

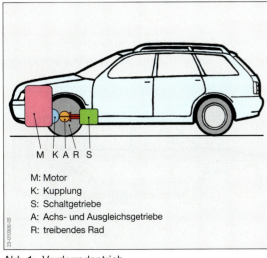

M: Motor
K: Kupplung
S: Schaltgetriebe
A: Achs- und Ausgleichsgetriebe
R: treibendes Rad

Abb.1: Vorderradantrieb

Vorteile:
- gleichmäßige Achslastverteilung bei maximaler Zuladung,
- kurze Wege der Kraftübertragung,
- hohe Fahrsicherheit (z.B. Geradeauslauf) dadurch, dass das Fahrzeug gezogen wird und
- kein störender Mitteltunnel.

Nachteile:
- aufwändige Vorderachse,
- Einfluss der Antriebskräfte auf die Radführung und
- schlechtes Anfahrverhalten am Berg.

31.2 Hinterradantrieb

In einem Fahrzeug mit Hinterradantrieb werden nach der **Einbaulage** des **Motors** unterschieden:
- Frontmotorantrieb (Standardbauweise),
- Transaxleantrieb,
- Heckmotorantrieb,
- Mittelmotorantrieb und
- Unterflurmotorantrieb.

31.2.1 Frontmotorantrieb

Der Motor, die Kupplung und das Getriebe liegen im Bereich der Vorderachse (Abb.1a, S. 300). Das Achs- und Ausgleichsgetriebe liegt in oder an der Hinterachse.

Vorteil:
- gleichmäßige Massenverteilung bei maximaler Zuladung auf Vorder- und Hinterachse.

Nachteile:
- ein störender Tunnel für die Gelenkwelle in der Bodengruppe und
- bei geringer Zuladung Durchdrehen der Hinterräder auf glatter Fahrbahn und am Berg.

31.2.2 Transaxleantrieb

Die **Transaxle-Bauweise** (Transaxle, engl.: von »den Achsen aus«, Abb.1b, S. 300) ist dadurch gekennzeichnet, dass der Motor und die Kupplung auf der Vorderachse, Getriebe und Ausgleichsgetriebe auf der Hinterachse liegen. Motor und Getriebe sind durch ein Rohr zu einer starren Antriebseinheit verbunden. In diesem Zentralrohr läuft die Gelenkwelle.

Vorteil:
- günstige Schwerpunktlage durch gleichmäßige Achslastverteilung.

Nachteil:
- geminderte Raumausnutzung der Fahrgastzelle durch Platzbedarf für Zentralrohr.

31.2.3 Heckmotorantrieb

Der Motor, die Kupplung, das Getriebe und das Achs- und Ausgleichsgetriebe liegen im Bereich der angetriebenen Hinterachse (Abb. 1c).

Vorteile:
- kurze Wege für die Kraftübertragung und
- gutes Anfahrverhalten bei Glätte und am Berg.

Nachteile:
- begrenzte Kofferraumgröße,
- lange Schaltwege zum Getriebe,
- lange Luft- oder Kühlmittelwege zur Heizanlage,
- höherer Aufwand für die Kühlung des Motors.

31.2.4 Mittelmotorantrieb

Der Motor liegt vor der angetriebenen Hinterachse. Kupplung, Getriebe und Achs- und Ausgleichsgetriebe liegen auf der Hinterachse (Abb. 1d). Der Vorteil gegenüber dem Heckmotorantrieb ist eine günstige Schwerpunktlage des Fahrzeugs. Diese Antriebsart wird ausschließlich in Sport- und Rennwagen angewendet.

31.2.5 Unterflurmotorantrieb

Diese Anordnung des Antriebs findet überwiegend in Nutzfahrzeugen Anwendung. Der Antrieb ist am Rahmen zwischen Vorder- und Hinterachse angeordnet (Abb. 1e), was zu einer günstigen Schwerpunktlage beiträgt.

31.3 Allradantrieb

Wird für ein Fahrzeug eine große Zugkraft oder Geländegängigkeit gefordert, werden alle Räder angetrieben.

Es werden überwiegend Nutzfahrzeuge (z. B. Baufahrzeuge), aber auch Personenkraftwagen mit Allradantrieb ausgerüstet (Abb. 2). Er wird überwiegend bei der Frontmotor- oder Mittelmotorbauweise angewendet.

Motordrehmoment und -drehzahl werden über das Schaltgetriebe zu einem Verteilergetriebe und von dort über Gelenkwellen zu den Achs- und Ausgleichsgetrieben an Vorder- und Hinterachse übertragen. Die Ausgleichsgetriebe sind jeweils mit Ausgleichssperren ausgerüstet (s. Kap. 35.3).

Aufgaben

1. Nennen Sie die Aufgaben der Kraftübertragung.
2. Nennen Sie mindestens vier Vorteile eines Vorderradantriebs.
3. Nennen Sie drei Nachteile des Heckmotorantriebs.

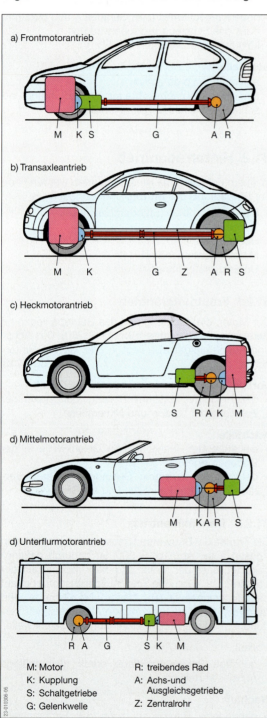

Abb. 1: Hinterradantriebe

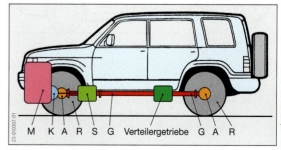

Abb. 2: Allradantrieb

32 Kupplung

Die Kupplung hat folgende **Aufgaben**. Sie soll:
- ein weiches und ruckfreies Anfahren des Kraftfahrzeugs aus dem Stand ermöglichen,
- das Motordrehmoment auf das Getriebe übertragen,
- für das Schalten der Gänge den Kraftfluss vom Motor zum Getriebe unterbrechen,
- die Drehschwingungen der Kurbelwelle mindern bzw. vom Getriebe fernhalten und
- den Motor bzw. das Getriebe vor Überlastung schützen.

In Kraftfahrzeugen mit Wechselgetrieben werden zwischen Motor und Getriebe meist trennbare Kupplungen verwendet.

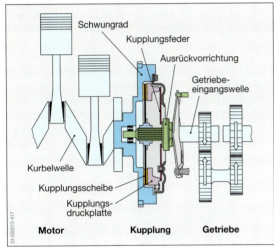

Abb. 1: Anordnung der Kupplung zwischen Motor und Getriebe

32.1 Reibungskupplungen

Die Reibungskupplungen übertragen das Drehmoment des Motors durch Reibungskräfte auf die Getriebeeingangswelle. Die Kupplung ist zwischen der Kurbelwelle mit dem Schwungrad und der Getriebeeingangswelle angeordnet (Abb. 1).

> Das **Motordrehmoment** wird über das Schwungrad, die Kupplungsdruckplatte und die Kupplungsscheibe auf die Getriebeeingangswelle übertragen.

Die **Anpresskraft** (Normalkraft) für die Kupplungsscheibe wird durch senkrecht auf die **Kupplungsdruckplatte** wirkende **Federkräfte** erzeugt.

32.1.1 Physikalische Grundlagen

Das übertragbare Drehmoment ist von der Reibkraft F_R an der Kupplungsscheibe und dem wirksamen Radius r_m abhängig (Abb. 2). Für das **übertragbare Kupplungsdrehmoment** gilt:

$$M_K = F_R \cdot r_m$$

M_K Kupplungsdrehmoment in Nm
F_R Reibkraft in N
r_m wirksamer mittlerer Radius in m

Die Reibkraft F_R ist abhängig von der Normalkraft F_N (Anpresskraft der Federn), der Reibungszahl μ und der Anzahl der Reibflächenpaarungen z.

$$F_R = F_N \cdot \mu \cdot z$$

F_R Reibkraft in N
F_N Normalkraft in N
μ Reibungszahl
z Anzahl der Reibflächenpaarungen

Der Erhöhung der Reibkraft F_R, d.h. der Erhöhung des übertragbaren Drehmoments durch Vergrößerung der Normalkraft F_N sind Grenzen gesetzt. Eine zu hohe Flächenpressung p führt zur Zerstörung der Kupplungsbeläge.

Die zulässigen Flächenpressungen sollen deshalb 20 N/cm² nicht übersteigen. Eine Vergrößerung der Reibkraft F_R kann aber durch eine größere Anzahl von Reibflächenpaarungen (Zwei- und Mehrscheibenkupplungen) erreicht werden.

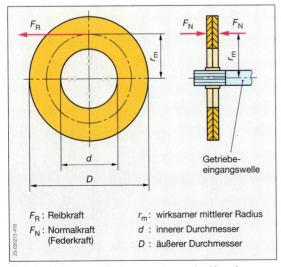

Abb. 2: Kräfte und Drehmomente an der Kupplungsscheibe

F_R: Reibkraft
F_N: Normalkraft (Federkraft)
r_m: wirksamer mittlerer Radius
d: innerer Durchmesser
D: äußerer Durchmesser

> Eine Kupplung ist so bemessen, dass sie das maximale Motordrehmoment mit 1,3- bis 2facher **Sicherheit** überträgt.
>
> 2fache Sicherheit bedeutet, dass ein doppelt so großes Drehmoment übertragen werden kann als der Motor bereitstellt.

Folgende **Arten** von **Reibungskupplungen** werden eingesetzt (⇒ TB: Kap. 8):
- Einscheiben-Trockenkupplung mit Membranfeder (Tellerfeder),
- Einscheiben-Trockenkupplung mit Schraubenfedern,
- Zweischeiben-Trockenkupplung mit Schraubenfedern,
- Mehrscheibenkupplung (Nasskupplung) und
- Fliehkraftkupplung.

32.1.2 Einscheiben-Trockenkupplung mit Membranfeder

Es gibt gedrückte und gezogene Membranfederkupplungen.

Die **gedrückte** Membranfederkupplung (Abb.1) wird in Pkw, aber auch überwiegend in Nutzkraftwagen eingesetzt. Die Anpresskraft wird von einer Membranfeder erzeugt.

Die Membranfeder ist eine **kegelige Tellerfeder** mit **radialen Schlitzen** (Abb. 1, 3 und 5). Diese geben ihr im Zusammenhang mit dem Federwerkstoff die besondere Elastizität.

Die Membranfeder ist zwischen zwei **Drahtringen** (Kippringe) beweglich am Kupplungsdeckel befestigt. Der Kupplungsdeckel ist mit dem Schwungrad verschraubt. Die Membranfeder drückt im **eingekuppelten Zustand** die Kupplungsdruckplatte gegen die Kupplungsscheibe. Diese wird dadurch gegen das Schwungrad gedrückt und somit von der Kurbelwelle des Motors kraftschlüssig angetrieben.

Während des **Einkuppelvorgangs** wirkt **Gleitreibung**, wodurch nur ein Teil des Motordrehmoments übertragen wird. Es erfolgt eine allmähliche Drehzahlangleichung zwischen der Kurbelwelle des Motors und der Getriebeeingangswelle. Ist eine kraftschlüssige Verbindung vollständig hergestellt, so wirkt Haftreibung. Das gesamte Motordrehmoment wird auf das Getriebe übertragen (Abb. 2a).

Die Nabe der Kupplungsscheibe ist auf der Getriebeeingangswelle verschiebbar und überträgt durch ein Keilwellenprofil formschlüssig das Motordrehmoment auf die Getriebeeingangswelle (Abb.1 und 2).

Durch Betätigen des Kupplungspedals wird **ausgekuppelt**. Dabei wird über eine Betätigungseinrichtung der Ausrücker axial gegen die Membranfederspitzen gedrückt. Der Kegel der Membranfeder wird um den Kippkreis »umgestülpt«. Die Druckplatte wird entlastet und durch die Blattfedern von der Kupplungsscheibe weggezogen. Es entsteht ein **Lüftspiel**, sowohl zwischen Schwungrad und Kupplungsscheibe, als auch zwischen Kupplungsscheibe und Kupplungsdruckplatte von insgesamt etwa 0,6 bis 1,0 mm.

> Bei diesem Kupplungsaufbau und der Betätigungsart wirkt die Tellerfeder als zweiseitiger Hebel, der sich um den Kippkreis dreht. Sie wird als **gedrückte** Kupplung bezeichnet, denn der Ausrücker wird **in Richtung** Kupplung gedrückt.

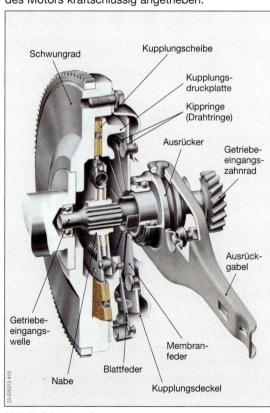

Abb. 1: Membranfederung

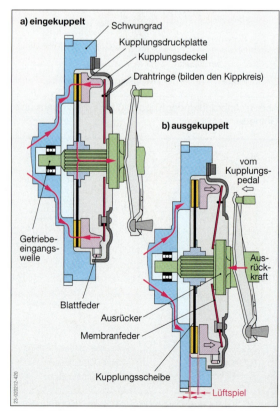

Abb. 2: Wirkungsweise der Einscheiben-Trockenkupplung mit Membranfeder

Kapitel 32: Kupplung

Die Druckplatte wird durch Blattfedern am Kupplungsdeckel gehalten und zentriert (Abb. 1). Die Blattfedern übertragen einen Teil des Motordrehmoments auf die Druckplatte. Gleichzeitig dienen sie während des Auskuppelns als Rückzugfedern für die Druckplatte.

Gezogene Membranfederkupplung

Den **Aufbau** einer gezogenen Membranfederkupplung zeigt die Abb. 3. Die Membranfederzungen greifen in eine Nut des Ausrückers. Außen ist die Membranfeder im Kupplungsdeckel gelagert. Wird der Ausrücker zum Auskuppeln von der Kupplung **weggezogen**, wirkt die Membranfeder als einseitiger Hebel und gibt dadurch die Druckplatte frei.

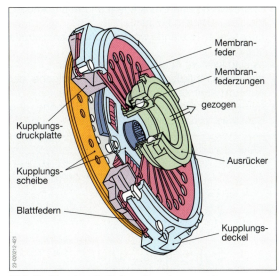

Abb. 3: Membranfederkupplung (gezogen)

Eine **andere Bauart** zeigt die Abb. 4. Das Kupplungsgehäuse und damit auch die Druckplatte ist direkt mit der Kurbelwelle verschraubt. Das Schwungrad wird nach dem Einsetzen der Kupplungsscheibe am Kupplungsgehäuse befestigt. Auch bei dieser Bauart wirkt die Membranfeder als einseitiger Hebel. Sie wird auch als gezogene Kupplung bezeichnet, obwohl zum Auskuppeln der Druckteller durch die Druckstange in Richtung Motor bewegt wird. Die Druckstange wird in der hohlen Getriebewelle geführt. Die Betätigungseinrichtung befindet sich am anderen Getriebeende.

Selbsteinstellende Membranfederkupplung

Grundsätzlich besteht ein linearer Zusammenhang zwischen dem zu übertragenden Motordrehmoment und der Anpresskraft und damit auch der Ausrückkraft der Kupplung. Die Ausrückkraft soll aber möglichst klein sein, um ohne kraftverstärkende Betätigungseinrichtungen auskommen zu können.

Die Membranfederkupplung hat den Nachteil, dass die Ausrückkraft mit zunehmendem Belagverschleiß durch die keglige Form der Membranfeder erheblich ansteigt. Bei der selbsteinstellenden Kupplung, auch **SAC-Kupplung** genannt (**S**elf **A**djusting **C**lutch, engl.: selbsteinstellende Kupplung), wird die Lagerung der Membranfeder entsprechend dem Belagverschleiß nachgeführt (Abb. 5a).

Die Membranfeder wird auf einer Sensor-Tellerfeder oder einer Sensorzunge der Membranfeder abgestützt (Abb. 5b). Die Druckplatte wird durch

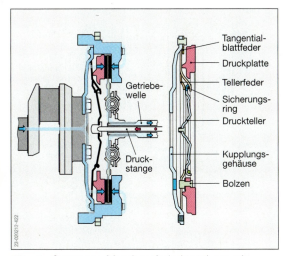

Abb. 4: Gezogene Membranfederkupplung mit Druckstangenbetätigung

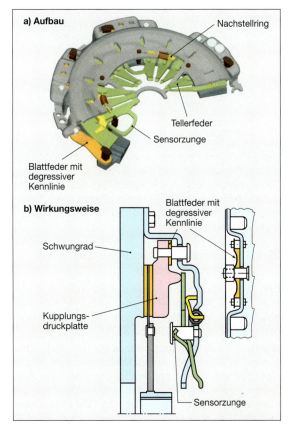

Abb. 5: Selbsteinstellende Membranfederkupplung

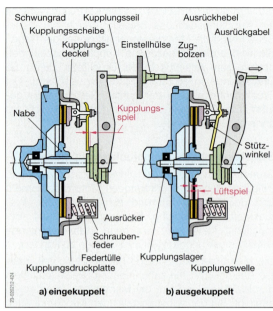

Abb. 1: Wirkungsweise der Schraubenfederkupplung

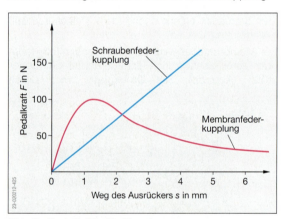

Abb. 2: Pedalkräfte für Kupplungen

32.1.4 Vergleich zwischen Membranfeder- und Schraubenfederkupplung

Die Wirkungsweise der Membranfederkupplung während des Auskuppelns ergibt eine besondere Federkennlinie. Sie ist in der Abb. 2 im Vergleich mit der Federkennlinie einer Schraubenfederkupplung dargestellt.

Die Pedalkraft ist an der Membranfederkupplung kurz nach dem Auskuppeln am größten. Wird das Pedal weiter durchgetreten, nimmt die Federkraft nach dem Drehen um den Kippkreis ab.

Vorteile der **Membranfederkupplung** gegenüber der Schraubenfederkupplung sind:

- hoher Bedienungskomfort,
- die Membranfeder ist unempfindlich gegen hohe Drehzahlen (keine Druckfedern und Ausrückhebel, die sich verlagern können),
- bei geringer Baulänge werden hohe Anpresskräfte erreicht,
- es sind kleinere Ausrückkräfte notwendig,
- die Membranfeder übernimmt die Aufgabe der Ausrückhebel, dadurch weniger Bauteile,
- bei gezogenem Ausrücker sind Bauhöhe und Bauaufwand noch geringer.

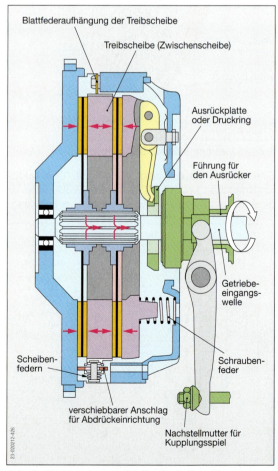

Blattfedern mit degressiver Kennlinie geführt. Steigt durch Belagverschleiß die Ausrückkraft, gibt die Sensorzunge nach. Es entsteht ein Spiel, welches durch die Keilwirkung eines federbelasteten Nachstellrings zwischen Kupplungsdeckel und Membranfeder ausgeglichen wird.

32.1.3 Einscheiben-Trockenkupplung mit Schraubenfedern

Die Anpresskraft der Kupplungsscheibe wird von mehreren Schraubenfedern erzeugt, die zwischen dem Kupplungsdeckel und der Kupplungsdruckplatte angeordnet sind (Abb. 1a).

Während des **Auskuppelns** wird der Ausrücker gegen die Enden der Ausrückhebel gedrückt. Diese bewegen die Kupplungsdruckplatte über die Zugbolzen gegen die Kraft der Schraubenfedern von der Kupplungsscheibe weg (Abb. 1b). Die Kraftübertragung, d. h. der Kraftfluss ist unterbrochen. Es stellt sich ein Lüftspiel von etwa 0,6 bis 1 mm ein.

Abb. 3: Wirkungsweise der Zweischeiben-Trockenkupplung mit Schraubenfeder

32.1.5 Zweischeiben-Trockenkupplung mit Schraubenfedern

> Bei gleichen Abmessungen der Reibbeläge und gleicher Normalkraft kann die **Zweischeiben-Trockenkupplung** gegenüber der Einscheiben-Trockenkupplung ein **doppelt** so **großes Drehmoment** übertragen.

Die Zweischeiben-Trockenkupplung mit Schraubenfedern (Abb. 3) wird in schweren Nutzkraftwagen eingesetzt (s. Kap. 47). Sie hat zwischen den beiden Kupplungsscheiben eine **Treibscheibe** (Zwischenscheibe). Die Treibscheibe wird durch Blattfedern, ähnlich wie die Druckplatte der Membranfederkupplung, mitgenommen und geführt.

Während des Auskuppelns wirken die Blattfedern als Rückzugfedern (Abdrückeinrichtung). Oft begrenzt ein sich selbst nachstellender, verschiebbarer Anschlag den Weg der Zwischenscheibe. So entsteht an beiden Kupplungsscheiben immer das gleiche Lüftspiel. Es beträgt zusammen etwa 1,2 mm.

> Das **doppelte Lüftspiel** erfordert somit den **doppelten Weg** der Druckplatte.

32.1.6 Kupplungsscheiben für Trockenkupplungen

> **Kupplungsscheiben** haben die **Aufgabe**, das Motordrehmoment vom Schwungrad über die Kupplungsdruckplatte auf die Getriebeeingangswelle zu übertragen.

Es werden zwei **Bauarten** unterschieden:
- starre Kupplungsscheibe (ohne Schwingungsdämpfer) und
- Kupplungsscheibe mit Schwingungsdämpfer (Abb. 4).

Beide Bauarten haben meist eine Belagfederung.

> Die **Belagfederung** erleichtert ein weiches und ruckfreies Anfahren, weil der Weg zwischen eingekuppeltem und ausgekuppeltem Zustand größer wird und dadurch eine feinfühligere Betätigung der Kupplung möglich wird.

Die einfachste Kupplungsscheibe ist die starre Kupplungsscheibe ohne Belagfederung. Die Beläge sind direkt auf das Trägerblech genietet oder geklebt. Diese Kupplungsscheibe wird vorzugsweise im Motorradbau in Ein- oder Zweischeiben-Trockenkupplungen verwendet. Sie ermöglicht eine »sportliche Fahrweise«. Nachteilig ist die Neigung zum Verzug durch Wärmeeinwirkung bei hoher Beanspruchung.

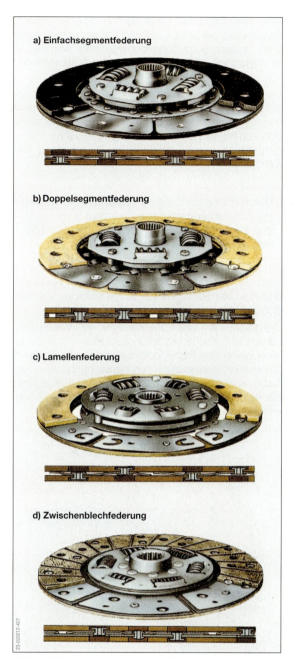

a) Einfachsegmentfederung
b) Doppelsegmentfederung
c) Lamellenfederung
d) Zwischenblechfederung

Abb. 4: Kupplungsscheiben mit Schwingungsdämpfer

Die einfachste Belagfederung besteht aus einem Scheibenkranz, der in herausgebogene und gewölbte Segmente unterteilt ist. Die elastischen Segmente geben unter der Wirkung der Anpresskraft federnd nach.

Andere Ausführungen zeigt die Abb. 4.

Der Scheibenkranz besteht z.B. aus angenieteten Federblechen (Abb. 4a). Dadurch wird der Kranz häufig leichter, da die Federbleche dünn sind. Die Kupplungsscheibe hat dann eine geringere Massenträgheit und kann schneller der Schwungraddrehzahl angeglichen werden.

Wird eine Doppelsegmentfederung (Abb. 4b, S. 305) vorgesehen, bei der jeweils zwei Federblechsegmente unter Vorspannung aufeinandergenietet werden, ist ein besonders weiches und ruckfreies Anfahren möglich.

Durch den ungleichförmigen Lauf der Kurbelwelle entstehen Drehschwingungen (Torsionsschwingungen). Werden diese Schwingungen auf das Getriebe übertragen, so entstehen Getriebegeräusche (Zahnradgeräusche) und zusätzliche Belastungen der Zahnräder.

> Durch die Verwendung von **Kupplungsscheiben** mit **Schwingungsdämpfern** können Schwingungen zwischen der Kurbelwelle und der Getriebeeingangswelle gedämpft werden.

Wird die Kupplungsscheibe gegenüber der Nabe verdreht, so werden zuerst die tangential angeordneten Schraubenfedern zusammengedrückt (Abb. 1).

Sie nehmen die Drehschwingungen auf. Gleichzeitig kommt es zwischen Kupplungsscheibe und Nabe zu einer gleitenden Reibung. Um einen hohen Reibwert zu erhalten, werden zwischen Kupplungsscheibe und Nabe verschleißfeste Kunststoffringe gelegt. Durch die Reibung wird die Schwingungsenergie in Wärmeenergie umgewandelt.

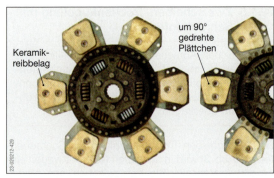

Abb. 2: Kupplungsscheibe mit gesinterten keramischen Reibbelägen

Kupplungsbeläge

Anforderungen an den Kupplungsbelag sind:
- hohe Reibungszahl μ,
- große Verschleißfestigkeit,
- gute Wärmebeständigkeit,
- gute Wärmeleitfähigkeit und
- gleichmäßige Kraftübertragung.

Die Reibbeläge werden nach den **Grundwerkstoffen** in drei Gruppen eingeteilt:
- **organische** Beläge mit Kunstharzbindung und Zusatzwerkstoffen, wie z.B. Metallfäden, Graphit und Zellulose,
- **metallische** Sinterbeläge auf Eisen- oder Nichteisenbasis und
- **keramische** Sinterbeläge (Ceram-Scheibe).

Die Beläge mit **Kunstharzbindung** zeichnen sich durch rupffreies Reibverhalten aus. Zur besseren Wärmeleitung enthalten sie Wolle und Späne aus Kupfer und/oder Zink.

Bei hoher thermischer Beanspruchung werden **metallische** oder **keramische** Beläge verwendet (Abb. 2). Keramische Sinterbeläge werden z.B. in Kettenfahrzeugen und im Motorsport verwendet.

Dem Vorteil der hohen Wärme- und Verschleißfestigkeit steht der Nachteil des schlechteren Anfahrverhaltens wegen der fehlenden Belagfederung gegenüber. Da Sinterwerkstoffe sehr hart und spröde sind und dadurch zum Ausbrechen bzw. Reißen neigen, werden die Reibbeläge mit einer Stahlblechaufnahme eingefasst und auf der Scheibe befestigt.

32.1.7 Mehrscheibenkupplung

Die Mehrscheibenkupplung, auch **Lamellenkupplung** genannt (Abb. 3), überträgt trotz eines geringen Durchmessers, wegen der großen Zahl von Reibpaarungen, ein großes Drehmoment. Sie läuft **trocken** oder in **Öl** (Nasskupplung).

Mehrscheibenkupplungen werden in Krafträdern als Anfahr- und Schaltkupplung (s. Kap. 46), aber auch in automatischen Getrieben zur kraftschlüssigen Verbindung der Bauteile des Planetengetriebes (s. Kap. 34) eingebaut.

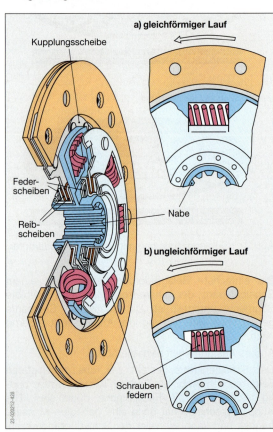

Abb. 1: Wirkungsweise des Schwingungsdämpfers

Die **Kupplungsscheiben** (Lamellen) befinden sich mit einer Außenverzahnung axial verschiebbar im Kupplungsgehäuse (Kupplungskorb). Zwischen je zwei Lamellen befindet sich jeweils eine **Zwischenscheibe** (Abb. 4), die mit der Innenverzahnung verschiebbar auf der Kupplungsnabe gelagert ist.

Im **eingekuppelten** Zustand werden die Zwischenscheiben mit den Lamellen durch Federkraft kraftschlüssig verbunden. Dadurch ist über das Kupplungsgehäuse, die Lamellen und die Zwischenscheiben der Kraftfluss zum Getriebe hergestellt. Die Spannkraft kann durch eine Zentralfeder (Membranfeder), durch mehrere Kupplungsdruckfedern (Schraubenfedern), durch Spannhebel oder hydraulisch erzeugt werden.

Das **Lösen** der Mehrscheibenkupplung wird durch Abheben der Kupplungsdruckplatte erreicht. Die Ausrückkraft wird z.B. über einen Bowdenzug zum Kupplungsdruckbolzen und -druckstück und damit zur Druckplatte geleitet (Abb. 3).

Vorteile der Mehrscheibenkupplung sind:
- kompakte Bauweise und
- geringer Verschleiß bei Nasskupplungen.

Nachteil der Mehrscheibennasskupplung ist:
- Neigung zum Zusammenkleben der Lamellen im kalten Zustand (Öl ist noch zähflüssig).

Kupplungsscheiben

Es gibt Kupplungsscheiben (Abb. 4) aus Stahl ohne Beläge oder mit Belägen aus Kunststoff oder Sinterwerkstoffen. Die Kupplungsscheiben für Nasskupplungen haben Wellen, Vertiefungen oder radial verlaufende Nuten, damit das Öl während des Einkuppelns leicht verdrängt wird, aber auch schmieren kann.

32.1.8 Doppelkupplung

> **Doppelkupplung** hat die **Aufgabe**, zwei Getriebeeingangswellen unabhängig voneinander mit dem Motor zu verbinden bzw. zu trennen.

Die Abb. 5 zeigt den grundsätzlichen **Aufbau** einer Doppelkupplung (s. Kap. 34.2). Die Kupplungsscheiben befinden sich axial verschiebbar jeweils auf einer Vollwelle und einer Hohlwelle, den Getriebeeingangswellen. Die Betätigung erfolgt durch elektromechanische oder elektro-hydraulische Aktoren.

In einer anderen Bauart wird das System der Doppelkupplung mit Hilfe zweier Mehrscheibenkupplungen realisiert.

Um bei beiden Bauarten eine kompakte Bauweise zu erreichen, sind die beiden Kupplungen immer ineinander verschachtelt angeordnet, so dass es zwangsläufig eine große und eine kleinere Kupplung gibt. Da die größere Kupplung auch ein größeres Drehmoment übertragen kann, wird sie als Anfahrkupplung verwendet.

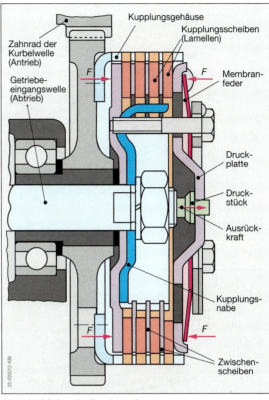

Abb. 3: Mehrscheibenkupplung

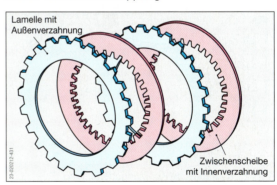

Abb. 4: Kupplungs- und Zwischenscheibe

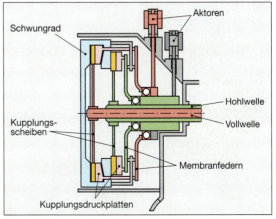

Abb. 5: Doppelkupplung

32.2 Betätigungseinrichtung

> Die **Betätigungseinrichtung** für die Kupplung soll die Fußkraft verstärken und auf den Ausrücker übertragen, damit die Federkräfte der Kupplung überwunden werden können.

Das Kupplungspedal ist am Fahrzeugaufbau gelagert. Motor, Kupplung und Getriebe sind über Gummi-Metall-Elemente am Aufbau befestigt und führen gegenüber dem Kupplungspedal Schwingungen aus. Darum eignen sich für die **Kupplungsbetätigung** besonders:

- der Seilzug oder
- eine hydraulische Kraftübertragung.

Die **Betätigungskraft** (Fußkraft) am Kupplungspedal soll nach Möglichkeit 150 N nicht überschreiten, da größere Kräfte zur Ermüdung des Fahrers und damit zur Minderung der Verkehrssicherheit führen. Die in einer Pkw-Kupplung wirksamen Anpresskräfte betragen etwa 5000 N.

Durch die Wahl einer entsprechenden **Hebelübersetzung**

- am Kupplungspedal,
- an der Ausrückgabel und
- an den Ausrückhebeln bzw. an der Membranfeder

oder einer hydraulischen Übersetzung (s. Kap. 42.3) kann die erforderliche **Ausrückkraft** an der Kupplung erreicht werden.

Die **Gesamtübersetzung** zwischen Kupplungspedal und Kupplungsdruckplatte beträgt etwa 40:1. Das entspricht einem Kupplungspedalweg von 40 mm bei einem Weg der Kupplungsdruckplatte von 1 mm.

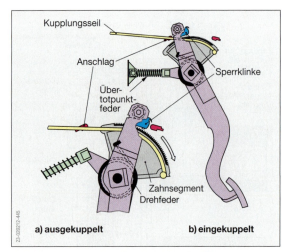

Abb. 1: Selbstnachstellende Seilzugbetätigung

32.2.1 Kupplungsbetätigung mit Seilzug

Die Abb. 1 zeigt eine Kupplungsbetätigung mit Seilzug. Nach dem Verdrehen der Einstellhülse oder der Nachstellmutter (Abb. 1, S. 304) kann das Kupplungsspiel und damit auch der Leerweg am Kupplungspedal nachgestellt werden. Es werden auch **selbstnachstellende Seilzugbetätigungseinrichtungen** verwendet (Abb. 1). Das Ausrücklager wird dann durch eine Feder auf der Kupplungswelle spielfrei gehalten, wodurch es ständig mitläuft.

32.2.2 Hydraulische Kupplungsbetätigung

Die Abb. 2 zeigt eine hydraulische Kupplungsbetätigung. **Geber-** und **Nehmerzylinder** sind über eine Rohr- und Schlauchleitung miteinander verbunden. Das Ausrücklager wird über die Ausrückgabel durch eine Druckfeder im Nehmerzylinder spielfrei gehalten (Abb. 3b). Durch den Kupplungsbelagverschleiß verkleinert sich der Füllraum des Nehmerzylinders. Über die Ausgleichsbohrung des Geberzylinders (Abb. 3a) kann die verdrängte Hydraulikflüssigkeit in den Ausgleichsbehälter entweichen. Dadurch arbeitet diese Betätigungseinrichtung **selbstnachstellend**.

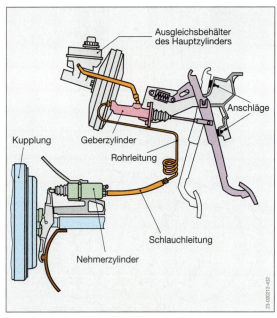

Abb. 2: Hydraulische Kupplungsbetätigung

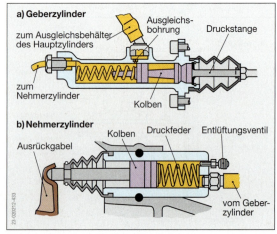

Abb. 3: Hydraulische Zylinder

> Der **Leerweg** am Kupplungspedal einer spielfreien Kupplungsbetätigung **ändert sich nicht**.

Zwischen der Druckstange am Kupplungspedal und dem Kolben im Geberzylinder ist ein Spiel von etwa **0,5** bis **1 mm** vorhanden, damit der Kolben sicher in die Ruhelage gedrückt werden kann und die Ausgleichsbohrung immer frei wird.

Die Hydraulikflüssigkeit für die Kupplungsbetätigung wird der Bremsanlage über eine Schlauchverbindung vom Ausgleichsbehälter des Hauptzylinders entnommen.

Vorteile der hydraulischen Kupplungsbetätigung gegenüber der mechanischen Betätigung:
- es können große Abstände zwischen Kupplungspedal und Kupplung überbrückt werden (z. B. bei Kraftomnibussen mit Heckmotor), da sich Hydraulikleitungen beliebig verlegen lassen,
- geringere Betätigungskräfte und -wege, die immer gleich bleiben,
- höherer Wirkungsgrad, da geringere Reibungsverluste und
- geringere Geräusch- und Vibrationsübertragung vom Motor.

32.2.3 Ausrücker

> Der **Ausrücker** hat die **Aufgabe**, die Ausrückkraft auf die rotierende Kupplung zu übertragen.

Es werden wegen der hohen Kupplungskräfte ausschließlich Ausrücker mit Kugellager verwendet. Sie haben eine hohe Haltbarkeit und sind auf Grund ihrer Dauerschmierung wartungsfrei.
Es werden
- zentral geführte und
- an der Ausrückgabel schwenkbar gelagerte

Ausrücker mit Kugellager eingebaut.

Der **zentral** mit einer am Getriebe befestigten Hülse **geführte Ausrücker** (Abb. 4) hat einen feststehenden Außenring und einen mit der Kupplung ständig mitlaufenden Innenring. Er liegt an den Ausrückhebeln oder den Membranfederzungen mit einer Kraft von etwa 500 N an.

Der an der Ausrückgabel **schwenkbar** geführte Ausrücker ist auf der Anlauffläche des Innenrings mit einem Kunststoffring aus Teflon beschichtet. Dieser Ring ermöglicht ein reibungsarmes Anlegen des Ausrückers an die Ausrückplatte.

Schwenkbar gelagerte Ausrücker eignen sich nur für Kupplungen mit **Kupplungsspiel**, da sie außermittig zur Kupplungsachse an den Ausrückhebeln anliegen.

Für die hydraulische Kupplungsbetätigung wird auch ein **Zentralausrücker** (Abb. 5) als Nehmerzylinder

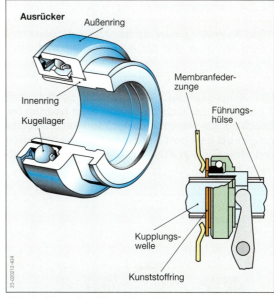

Abb. 4: Zentral geführter Ausrücker

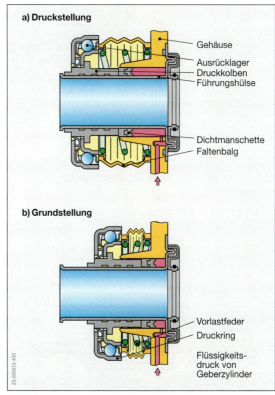

Abb. 5: Hydraulischer Zentralausrücker

verwendet. Der Druckkolben wird vom Geberzylinder mit Hydraulikflüssigkeit beaufschlagt und drückt den Druckring gegen die Membranfederzungen (Abb. 5a). Es wird ausgekuppelt. Im eingekuppelten Zustand ist das Hydrauliksystem drucklos (Abb. 5b), die Vorlastfeder hält den Druckring aber spielfrei an der Membranfeder, um Lagergeräusche zu vermeiden.

32.2.4 Kupplungsspiel

> Das **Kupplungsspiel** ist der Abstand zwischen dem Ausrücker und der Ausrückplatte oder den Ausrückhebeln bzw. den Membranfederzungen.

Das Kupplungsspiel (Abb. 1, S. 304) beträgt etwa 2 bis 3 mm. Dadurch bleiben bei einer **gedrückten** Kupplung die Ausrückhebel bzw. Membranfederzungen bei geringem Belagverschleiß frei beweglich und ohne Gegenkraft. Die Kupplung kann einwandfrei einkuppeln.

Dem Kupplungsspiel von 2 bis 3 mm entspricht ein Leerweg der Pedaltrittplatte von etwa 20 bis 30 mm. Erst nach dem Überbrücken des Leerwegs beginnt der eigentliche Vorgang des Auskuppelns, der durch eine größere Gegenkraft spürbar wird.

Die Kupplungsbeläge nutzen sich durch Verschleiß ab. Der Abstand zwischen Kupplungsdruckplatte und Reibfläche des Schwungrades wird im eingekuppelten Zustand immer kleiner.

Die Folge ist, dass die Ausrückhebel weiter ausschwenken oder sich die Membranfeder mehr verformt. Dadurch nähern sich die Ausrückhebelenden (Abb. 1, S. 304) bzw. die Membranfederspitzen (Abb. 1 und 2, S. 302) dem Ausrücker. Das Kupplungsspiel wird kleiner.

Ist kein Spiel mehr vorhanden, lässt die Kraftübertragung nach. Die notwendige Anpresskraft kann nicht mehr entstehen.

> Wird das **Kupplungsspiel** kleiner, dann verkürzt sich auch der Leerweg des Kupplungspedals. An der Verringerung des Leerwegs ist der Reibbelagverschleiß erkennbar.

Durch **Nachstelleinrichtungen** kann das Kupplungsspiel wieder auf das erforderliche Maß gebracht werden.

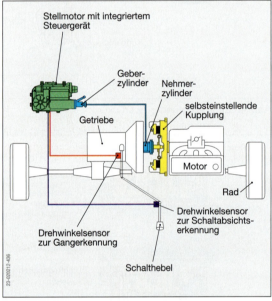

Abb. 1: Bauteile des elektronischen Kupplungsmanagements

32.3 Elektronisches Kupplungsmanagement (EKM)

Die Aufgabe des elektronischen Kupplungsmanagements (EKM) ist es, dem Fahrer das Betätigen der Kupplung während des Anfahrens, Schaltens der Gänge und Anhaltens abzunehmen. Ein Kupplungspedal ist nicht vorhanden.

Die Bauteile des EKM zeigt die Abb. 1.

Über Drehwinkelsensoren, die sich am Schaltgestänge befinden, wird sowohl der eingelegte Gang als auch die Schaltabsicht des Fahrers vom Steuergerät erkannt.

Soll die Kupplung betätigt werden, legt das Steuergerät eine Spannung an den Stellmotor (Abb. 2). Dieser betätigt über ein Schneckengetriebe die Druckstange und damit den Kolben des hydraulischen Geberzylinders. Die Kraft der Kompensationsfeder unterstützt den Stellmotor und entlastet ihn dadurch. Der Druckstangenweg wird dem Steuergerät von dem Wegsensor mitgeteilt.

Über eine Druckleitung wird der hydraulische Zentralausrücker (Nehmerzylinder) mit Hydraulikflüssigkeit beaufschlagt und die selbstnachstellende Kupplung betätigt.

Das elektronische Kupplungsmanagement wird in Verbindung mit einer selbsteinstellenden Kupplung mit hydraulischem Zentralausrücker und automatisiertem Getriebe verwendet.

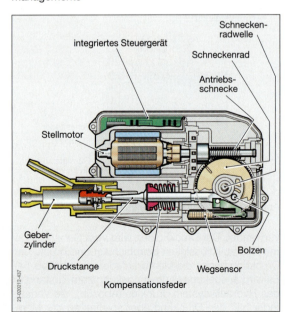

Abb. 2: Stellmotor mit Steuergerät

32.5 Wartung und Diagnose

Trockenkupplungen gehören zu den Verschleißteilen des Kraftfahrzeugs. Die Haltbarkeit der Kupplungen richtet sich nach der Fahrweise und den Einsatzbedingungen (z. B. Stadtverkehr).

> **Arbeitshinweise**
>
> Die **Kupplungsscheibe** muss sich auf dem Profil der Getriebeantriebswelle leicht **verschieben lassen**.
>
> Vor der Montage müssen Nabenprofil und das Profil der Kupplungswelle leicht eingefettet werden. Das überschüssige Fett wird durch Hin- und Herschieben der Kupplungsscheibe auf dem Wellenprofil nach außen geschoben und muss entfernt werden. Andernfalls könnte es den Kupplungsbelag verschmieren.
>
> Als Fett ist ein temperatur- und druckfestes Hochleistungsgleitfett zu verwenden.
>
> Bevor der Kupplungsdeckel an die Schwungscheibe geschraubt wird, ist die **Kupplungsscheibe** mit einer **Hilfswelle** (Zentrierdorn) im Schwungrad, d. h. im Kupplungswellenlager, zu zentrieren.
>
> Das Prüfen einer Kupplung auf einwandfreies Kuppeln geschieht im Stand auf folgende Weise (Kupplung muss betriebswarm sein):
> - Handbremse fest anziehen,
> - Auskuppeln,
> - höchsten Vorwärtsgang einlegen,
> - Motordrehzahl auf 3000 bis 4000/min erhöhen (höchstes Drehmoment) und
> - rasch Einkuppeln und Fahrpedal durchtreten. Fällt die Motordrehzahl schnell auf Null (Motor »abgewürgt«), so arbeitet die Kupplung einwandfrei.
>
> Bleibt die Drehzahl gleich oder erhöht sie sich, so wird das Motordrehmoment nicht mehr sicher übertragen. Falls erforderlich, ist das Kupplungsspiel nachzustellen bzw. die Kupplungsscheibe auszutauschen, wenn diese zu stark abgenutzt oder verölt ist.
>
> Da die Kupplung bei dieser Prüfung einer sehr großen Wärmebelastung ausgesetzt ist, darf dieser Vorgang höchstens zweimal hintereinander wiederholt werden.
>
> Die Prüfung auf einwandfreies Trennen der Kupplung (Rückwärtsgang unsynchronisiert) geschieht folgendermaßen:
> - Kupplungspedal durchtreten,
> - 3 bis 4 Sekunden warten (Getrieberäder müssen zum Stillstand kommen) und
> - Rückwärtsgang bei Leerlaufdrehzahl einlegen.
>
> Das Schalten des Getriebes muss geräuschlos möglich sein. Im anderen Fall trennt die Kupplung nicht mehr vollständig.

Ist für die Kupplung ein **Kupplungsspiel** vorgeschrieben, so muss dieses Spiel kontrolliert und gegebenenfalls nachgestellt werden. Ist das Kupplungsspiel durch Verschleiß zu klein geworden (Leerhub am Kupplungspedal nimmt ab), so kann das Motordrehmoment nicht mehr vollständig übertragen werden, da die Kupplungsscheibe durchrutscht. Die Folgen sind eine zu starke Erwärmung und schließlich die Zerstörung der Kupplung.

Aufgaben

1. Welche Aufgaben hat die Kupplung?
2. Wovon ist das übertragbare Drehmoment einer Kupplung abhängig?
3. Beschreiben Sie den Aufbau und die Wirkungsweise
   a) der Membranfederkupplung und
   b) der Einscheiben-Trockenkupplung mit Schraubenfedern.
4. Beschreiben Sie die Wirkungsweise einer gezogenen Membranfederkupplung.
5. Welchen Vorteil haben Zweischeiben-Trockenkupplungen?
6. Welche Aufgabe hat die Belagfederung einer Kupplungsscheibe?
7. Welche Aufgabe hat der Schwingungsdämpfer in einer Kupplungsscheibe?
8. Beschreiben Sie die Wirkungsweise des Schwingungsdämpfers einer Kupplungsscheibe.
9. Nennen Sie die Anforderungen an den Kupplungsbelag.
10. Warum werden Mehrscheibenkupplungen verwendet?
11. Warum ist die Ausrückkraft an der Kupplung wesentlich größer als die Fußkraft des Fahrers?
12. Beschreiben Sie die Wirkungsweise der hydraulischen Kupplungsbetätigung.
13. Nennen Sie die Ursachen für die Abnahme des Kupplungsspiels während des Betriebs.
14. Erklären Sie die Begriffe Lüftspiel, Kupplungsspiel und Leerweg.
15. Beschreiben Sie den Unterschied zwischen einer Zweischeiben-Trockenkupplung und einer Doppelkupplung.
16. Warum wird in einer Doppelkupplung die Kupplung mit dem größeren Durchmesser als Anfahrkupplung verwendet?
17. Auf welche Weise erfolgt im elektronischen Kupplungsmanagement die Betätigung der Kupplung?
18. Eine Kupplung rutscht. Nennen Sie mögliche Ursachen.
19. a) Berechnen Sie das übertragbare Drehmoment einer Zweischeibenkupplung: wirksamer Reibbelagdurchmesser $d = 310$ mm, Reibungszahl $\mu = 0{,}35$, Normalkraft pro Druckfeder $F = 600$ N, Anzahl der Druckfedern 9.
    b) Durch Verölung sinkt die Reibungszahl auf $\mu = 0{,}15$. Wie groß ist jetzt das übertragbare Drehmoment?
20. Zeichnen Sie das Schema einer Zweischeibenkupplung im ein- und ausgekuppelten Zustand.

33 Wechselgetriebe

Das Wechselgetriebe hat folgende **Aufgaben**:
- Für alle Lastzustände des Kraftfahrzeugs das erforderliche Drehmoment durch Drehmomentwandlung über das Achsgetriebe bereitzustellen, da das Motordrehmoment zu gering ist,
- für alle gewünschten Fahrzeuggeschwindigkeiten die Motordrehzahl zu übersetzen,
- die Drehrichtung der Antriebsräder umzukehren (Rückwärtsfahrt) und
- den Kraftfluss zwischen Motor und Antriebsrädern im Leerlauf (Stillstand des Fahrzeugs bei laufendem Motor) zu unterbrechen.

Die Wechselgetriebe in Kraftfahrzeugen können nach der Abb. 1 gegliedert werden (⇒ TB: Kap. 8). Synchronisierte Handschaltgetriebe (Schaltmuffengetriebe) lassen sich weiter unterteilen nach der Anzahl der Übersetzungsstufen für einen Gang

- in einstufige, ungleichachsige (2-Wellen-) Getriebe (Abb. 5, S. 318) und
- zweistufige, gleichachsige (3-Wellen-) Getriebe (Abb. 1, S. 315).

33.1 Drehmomentwandlung

In einem Wechselgetriebe erfolgt die Drehmomentwandlung meist mit Hilfe von Zahnradpaaren (Abb. 2).

Das Zahnrad eines Zahnradpaares, welches das andere antreibt, ist das **treibende Zahnrad**.

Das Zahnrad, welches vom anderen angetrieben wird, ist das **getriebene Zahnrad**.

Das treibende Zahnrad erhält den Index 1, 3 oder 5 usw., ein getriebenes Zahnrad den Index 2, 4 oder 6 usw.

Das Drehmoment des treibenden Zahnrades ergibt sich aus:

$$M_1 = F_1 \cdot r_1$$

- M_1 Drehmoment des treibenden Zahnrades in Nm
- F_1 treibende Kraft an der gemeinsamen Berührungsstelle zweier Zähne von Zahnrad z_1 und z_2 in N
- r_1 Radius des Zahnrades z_1 in m

Für das gewandelte Drehmoment M_2 am Zahnrad z_2 gilt sinngemäß:

$$M_2 = F_2 \cdot r_2$$

Da $F_1 = F_2$ ist, gilt nach Umstellung und Gleichsetzung der Gleichungen:

$$\frac{M_1}{r_1} = \frac{M_2}{r_2}$$

Daraus folgt: $M_2 = \frac{r_2}{r_1} \cdot M_1$

> Ist das **getriebene Zahnrad** z_2 größer als das treibende z_1, so ist das Drehmoment M_2 des getriebenen Zahnrades größer als das Drehmoment M_1 des treibenden Zahnrades.

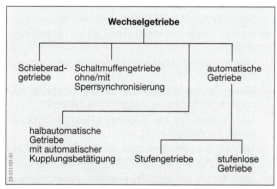

Abb. 1: Einteilung der Getriebe

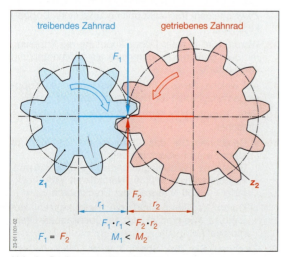

Abb. 2: Drehmomentwandlung

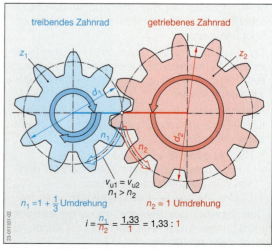

Abb. 3: Drehzahlwandlung

Kapitel 33: Wechselgetriebe

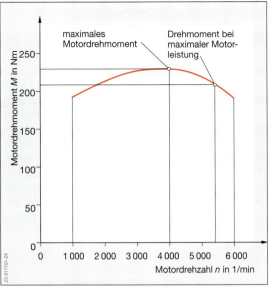

Abb. 4: Drehmomentverlauf eines Ottomotors bei Volllast (gemessen am Schwungrad)

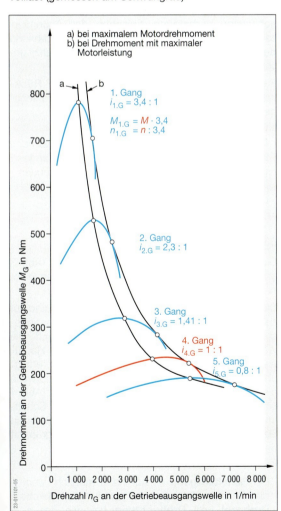

Abb. 5: Drehmomentverlauf in den einzelnen Gängen (gemessen an der Getriebeausgangswelle)

33.2 Drehzahlwandlung

Die **Übersetzung** i eines Zahnradpaares ist das Verhältnis der Drehzahl n_1 des treibenden Rades zu der Drehzahl n_2 des getriebenen Rades.

$$i = \frac{n_1}{n_2}$$

- i Übersetzungsverhältnis
- n_1 Drehzahl des treibenden Zahnrades in 1/min
- n_2 Drehzahl des getriebenen Zahnrades in 1/min

Da die Umfangsgeschwindigkeit v_u der Zahnräder eines Zahnradpaares gleich ist (Abb. 3), folgt:

$v_u = d_1 \cdot \pi \cdot n_1 = d_2 \cdot \pi \cdot n_2$

Die Umstellung ergibt:

$$i = \frac{n_1}{n_2} = \frac{d_2}{d_1}$$

- d_1 Teilkreisdurchmesser des treibenden Zahnrades in mm
- d_2 Teilkreisdurchmesser des getriebenen Zahnrades in mm

Ist n_1 größer als n_2, so ist i immer größer als 1. Es ist eine **Übersetzung** ins **Langsame**. Ist n_1 kleiner als n_2, so ist i immer kleiner als 1. Es ist eine **Übersetzung** ins **Schnelle**.

Da das Verhältnis der Drehzahlen umgekehrt zum Verhältnis der Durchmesser der Zahnräder ist, folgt für den Zusammenhang zwischen Drehmoment und Drehzahl:

Eine **Drehmomenterhöhung** ist nur durch eine Übersetzung ins **Langsame** (Drehzahlverringerung) möglich.

33.3 Idealer Verlauf des Drehmoments an der Antriebsachse

Wird der **Drehmomentverlauf** eines Motors (Abb. 4) durch ein Schaltgetriebe stufenweise gewandelt, dann ergibt sich das Diagramm nach der Abb. 5. Es zeigt die Drehmomentänderung in den einzelnen Gängen bei gleichzeitiger Änderung der Drehzahlen am Getriebeausgang.

Werden die Punkte des Drehmoments bei **maximaler Motorleistung** oder **maximalen Motordrehmoments** (Abb. 5) verbunden, so ergibt sich eine **ideale Drehmomentkurve** (Drehmomenthyperbel, mathematische Kurve), die nur von einem stufenlosen Getriebe (s. Kap. 34.4) erreicht werden kann.

Ein Fünfganggetriebe hat z. B. auf der **Drehmomenthyperbel** nur fünf Punkte des Drehmoments bei maximaler Leistung. Die Abb. 3, S. 314 zeigt einen möglichen Drehmomentverlauf am Getriebeausgang während einer Fahrt bis zur Höchstgeschwindigkeit, wenn bei maximaler Motorleistung in den nächsten Gang geschaltet wird.

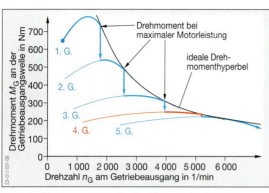

Abb. 1: Drehmomentverlauf während des Schaltens vom 1. bis 5. Gang bei maximaler Leistung

Das Drehmoment an der Getriebeausgangswelle wird durch das Achsgetriebe (s. Kap. 35) nochmals erhöht. Aus dem Drehmoment an den Antriebsrädern des Fahrzeugs kann die Kraft ermittelt werden, mit der das Fahrzeug bewegt wird. Diese Kraft wird **Zug-** oder **Antriebskraft** genannt.

$$F_A = \frac{M_A}{r_{dyn}}$$

F_A Antriebskraft in N
M_A Antriebsdrehmoment in Nm
r_{dyn} dynamischer Radhalbmesser in m

Durch diese Gleichung kann aus der Drehmomenthyperbel die **Zugkrafthyperbel** ermittelt werden.

Die Festlegung der **Anzahl** der **Gänge** und der zugehörigen Übersetzungen hängt wesentlich ab von:
- dem Drehmomentverlauf des Motors und
- dem Verwendungszweck des Fahrzeugs.

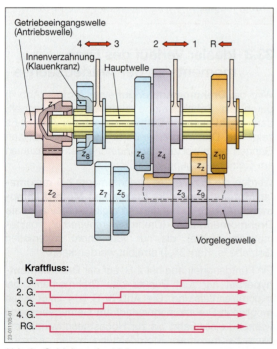

Abb. 2: Schieberadgetriebe

33.4 Wechselgetriebearten

33.4.1 Schieberadgetriebe

Das Antriebszahnrad z_1 der Getriebeeingangswelle ist ständig mit dem Zahnrad z_2 der Vorgelegewelle im Eingriff (Abb. 2). Die Zahnräder sind fest mit ihren Wellen verbunden. Die mit dem Zahnradpaar z_1/z_2 erzeugte Übersetzung i_1 ist eine **Teilübersetzung** (Vorgelegeübersetzung) für die Gänge 1, 2 und 3. Sind keine weiteren Zahnräder im Eingriff, so ist **Leerlauf** geschaltet, der **Kraftfluss** ist unterbrochen.

Durch Verschieben von z_4 nach z_3 oder z_6 nach z_5 werden der **erste** bzw. der **zweite Gang** geschaltet. Der **dritte Gang** ist geschaltet, wenn z_8 und z_7 miteinander im Eingriff sind. Die **Gesamtübersetzung** i_{ges} der einzelnen Gänge im Getriebe ist

$$i_{ges} = i_1 \cdot i_{Gang}$$

i_{ges} Gesamtübersetzung
i_1 Vorgelegeübersetzung
i_{Gang} Übersetzung in den einzelnen Gängen

Der **vierte** (direkte) **Gang** wird durch eine formschlüssige Verbindung zwischen der Außenverzahnung am Zahnrad z_1 und der Innenverzahnung des verschiebbaren Zahnrads z_8 (Klauenkranz) geschaltet.

Für die Drehrichtungsumkehr, d. h. für den **Rückwärtsgang**, wird z_{10} zum Zwischenrad z_Z verschoben, das mit z_9 ständig im Eingriff ist.

> Der Schaltvorgang im Schieberadgetriebe ist nur bei **gleicher** und **gleichgerichteter Umfangsgeschwindigkeit** der zum Eingriff kommenden Zahnräder möglich, andernfalls werden die Zahnräder beschädigt.

33.4.2 Schaltmuffengetriebe

Die **Gangräder** eines Schaltmuffengetriebes (Abb. 3 und 4) sind auf der Hauptwelle drehbar, aber nicht seitlich verschiebbar gelagert (Losräder).

Die **Vorgelegeräder** sind Festräder, d. h., sie sind auf der Welle nicht drehbar und nicht verschiebbar angeordnet. Alle Radpaare sind ständig im Eingriff. Die jeweilige Verbindung der Gangräder mit der Hauptwelle, d. h. die Herstellung des **Kraftflusses**, erfolgt über **Schaltmuffen**. Diese sind auf der Hauptwelle nicht drehbar, aber verschiebbar gelagert (Abb. 4 und 5). Zur Schaltung eines Ganges wird die Schaltmuffe über den **Schaltkranz** des entsprechenden Gangrades geschoben. Dadurch ist das Gangrad mit der Hauptwelle **formschlüssig** verbunden.

> Ein **Schaltvorgang** ist nur dann möglich, wenn die Schaltmuffe bzw. Hauptwelle die **gleiche Drehzahl** und **Drehrichtung** hat wie das zu schaltende Gangrad.

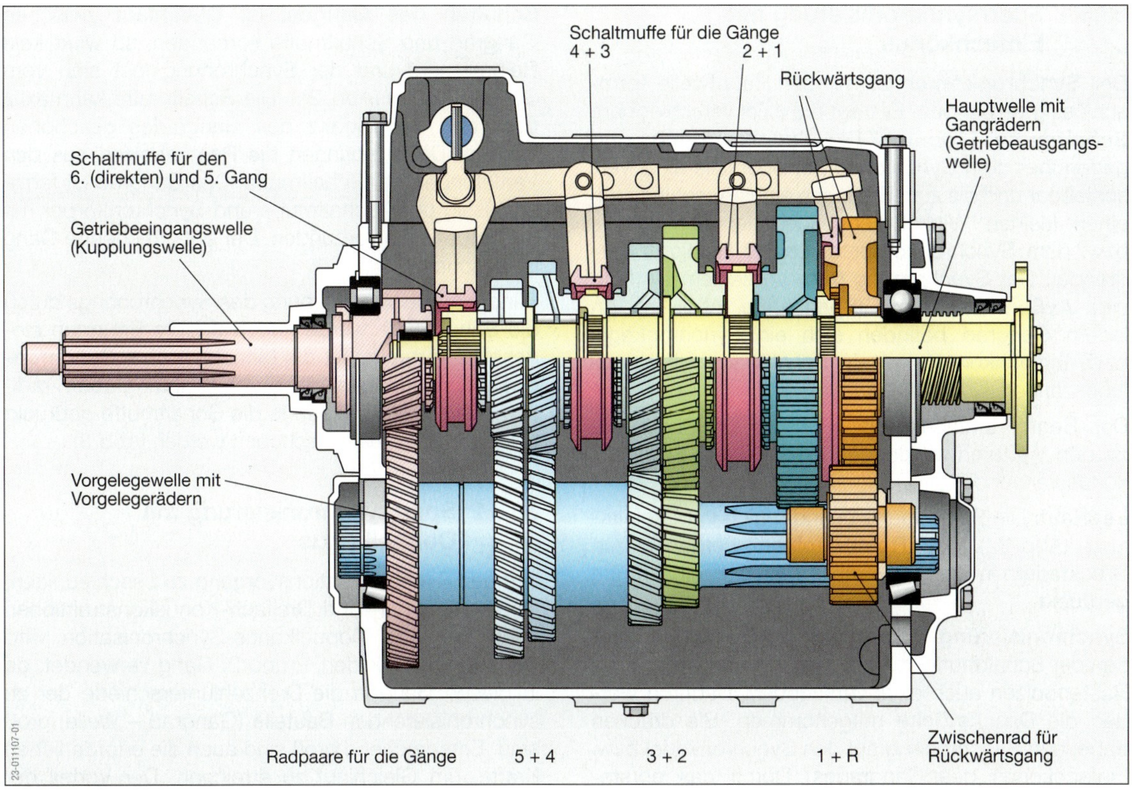

Kapitel 33: Wechselgetriebe

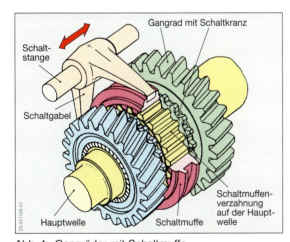

Abb. 3: Schaltmuffengetriebe

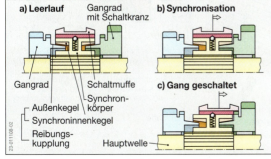

Abb. 4: Gangräder mit Schaltmuffe

Abb. 5: Wirkungsweise einer Synchronisiereinrichtung

33.5 Synchronisiereinrichtungen

Durch eine **Synchronisiereinrichtung** wird die Drehzahlgleichheit (der Gleichlauf) zwischen Gangrad und Schaltmuffe durch eine **Reibungskupplung** hergestellt.

Die **Reibungskupplung** (Abb. 5) ist das Hauptbauteil der Gleichlauf- oder Synchronisiereinrichtung (synchron, griech.: gleichzeitig).

In Personenkraftwagen werden nur Getriebe mit Sperrsynchronisierung eingebaut (⇒ TB: Kap. 8).

Eine **Sperrsynchronisierung** verhindert das Schalten eines Ganges solange, bis das Gangrad und damit der Schaltkranz, die gleiche Drehzahl hat wie die Schaltmuffe.

Die **Sperrwirkung** wird bei Gleichlauf selbsttätig aufgehoben. Danach kann die Schaltmuffe über den Schaltkranz des Gangrades geschoben werden.

Es werden **Sperrsynchroniereinrichtungen** mit
- Einfachkonus,
- Doppelkonus,
- Dreifachkonus,
- Außenkonus und
- Lamellen unterschieden.

33.5.1 Sperrsynchronisierung mit Einfachkonus

Der **Synchronkörper** ist mit der Hauptwelle formschlüssig verbunden. Er trägt die axial verschiebbare **Schaltmuffe** (Abb. 1a). Die **Synchronringe** sind gegenüber dem Synchronkörper ebenfalls axial verschiebbar und bis zum Erreichen eines Anschlags um einen kleinen Winkel gegenüber der Schaltmuffe bzw. dem Synchronkörper durch die Reibkraft verdrehbar. Der Synchronring trägt an seinem Umfang eine **Außenverzahnung** (Sperrzähne, Abb. 1b). An jedem Gangrad befinden sich ein Synchronkegel bzw. Einfachkonus und ein Schaltkranz mit Kupplungszähnen.

Der Begriff Einfachkonus wird nur im Gegensatz zu den Weiterentwicklungen Doppel- und Dreifachkonus verwendet.

Leerlauf: Die Schaltmuffe befindet sich in Mittelstellung (Abb. 2a). Die **Rastenbolzen** werden durch Druckfedern in Rasten (Vertiefungen) der Schaltmuffe gedrückt.

Synchronisierung und Sperrung: Durch Verschieben der Schaltmuffe in Richtung Gangrad werden die Rastenbolzen auch axial verschoben. Dadurch werden die **Druckstücke** mitgenommen. Sie drücken dabei den Synchronring auf den Synchronkegel bzw. Einfachkonus des Gangrades. Durch das entstehende Reibmoment verdreht sich der Synchronring um eine **halbe Zahnbreite** und sperrt dadurch die Bewegung der Schaltmuffe (Abb. 2b). Der Synchronring liegt mit seinen **Anschlägen** in den Nuten des Synchronkörpers an.

Schalten des Ganges: Ist **Gleichlauf** zwischen Gangrad und Schaltmuffe vorhanden, so wirkt kein Reibmoment und der Synchronring löst sich vom Synchronkegel (Abb. 2c). Die Schaltmuffe kann axial über den Schaltkranz des Gangrades geschoben werden. Dabei springen die Rastenbolzen aus den Vertiefungen der Schaltmuffe. Das Gangrad ist formschlüssig über Schaltmuffe und Synchronkörper mit der Hauptwelle verbunden. Der entsprechende Gang ist geschaltet.

Für die axiale Verschiebung des Synchronrings durch die Schaltmuffe werden noch andere Bauarten eingesetzt. Verbreitet ist die Mitnahme über **Synchronriegel** (Druckstücke), die durch Drahtringfedern radial mit ihren Erhebungen in die Schaltmuffe gedrückt und durch sie axial verschoben werden (Abb. 3).

33.5.2 Sperrsynchronisierung mit Doppelkonus

Um den Synchronisationsvorgang zu beschleunigen, wurden Doppel- und Dreifach-Konuskonstruktionen entwickelt. Die Doppelkonus-Synchronisation wird insbesondere für den 1. und 2. Gang verwendet, da in diesen Gängen die Drehzahlunterschiede der zu synchronisierenden Bauteile (Gangrad – Welle) groß sind. Entsprechend groß sind auch die erforderlichen Kräfte, um Gleichlauf zu erreichen. Der Vorteil der Doppelkonus-Synchronisation liegt in der Verminderung der Synchronkraft um etwa 50 % durch den zweiten Reibkegel, insbesondere während des Rückschaltens von einem Gang in den nächst niedrigeren Gang.

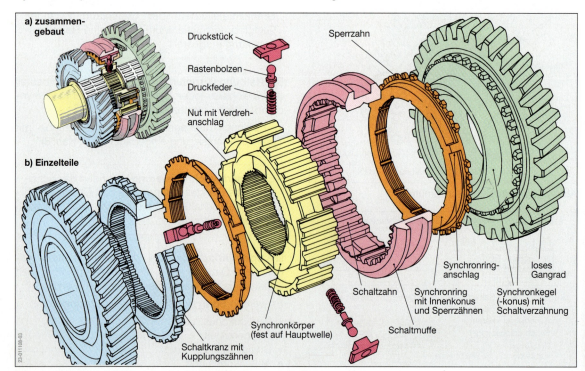

Abb. 1: Sperrsynchronisierung mit Einfachkonus und Sperrzähnen am Synchronring

Kapitel 33: Wechselgetriebe

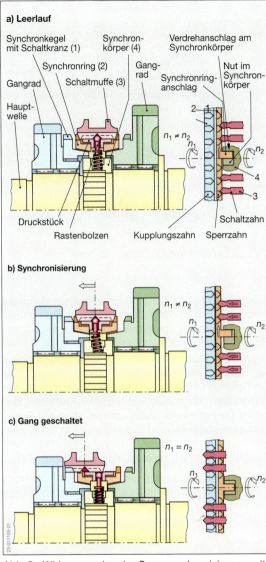

Abb. 2: Wirkungsweise der Sperrsynchronisierung mit Einfachkonus

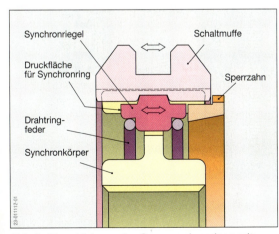

Abb. 3: Verschiebung des Sperrsynchronrings mit Synchronriegel

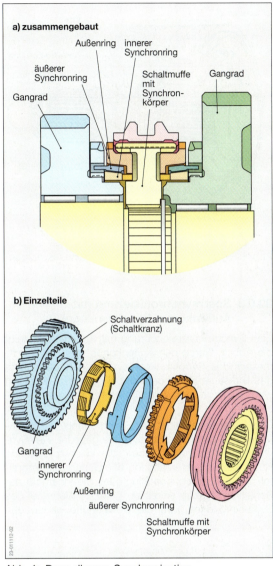

Abb. 4: Doppelkonus-Synchronisation

Die **Doppelkonus-Synchronisation** besteht aus folgenden Bauteilen (Abb. 4b):
- innerer Synchronring,
- Außenring,
- äußerer Synchronring und
- Schaltmuffe mit Synchronkörper.

Am Gangrad befindet sich im Gegensatz zur einfachen Synchronisierung nur die Schaltverzahnung, aber kein Außenkegel. Dafür ist der Außenring mit dem Gangrad formschlüssig verbunden (Abb. 4a). Innerhalb des Außenringes befindet sich der innere Synchronring, der mit dem äußeren Synchronring formschlüssig verbunden ist. Dieser wird von der Schaltmuffe formschlüssig geführt. Die Synchronisierung erfolgt über die beiden Synchronringe und den Außenring. Dadurch steht für den Synchronisationsvorgang nahezu die doppelte Reibfläche wie bei der einfachen Synchronisation zur Verfügung.

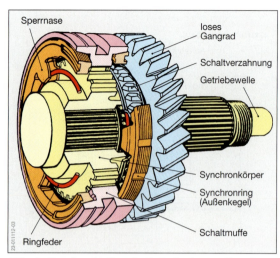

Abb. 1: Synchronisation durch Außenkonus-Synchronkegel

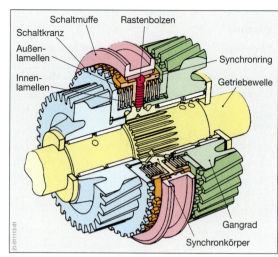

Abb. 3: Synchronisation durch Lamellen

33.5.3 Sperrsynchronisierung mit Außenkonus-Synchronkegel

Eine Synchronisiereinrichtung mit Außenkonus zeigt die Abb. 1. Durch den Außenkonus wird der Durchmesser des Synchronkegels vergrößert und damit das wirksame Reibmoment. Bei gleicher Schaltkraft wird dadurch der Synchronisierungsvorgang beschleunigt.

Den Außenkegel bildet der Synchronring, der Innenkegel wird durch die Schaltmuffe gebildet. Der Synchronring hat 3 Sperrnasen, die in entsprechende Nuten der Schaltverzahnung des Gangrades eingreifen. Er wird durch eine Ringfeder, die innerhalb der Schaltverzahnung einrastet, geführt. Während des Schaltvorganges wird die Schaltmuffe gegen den Synchronring gedrückt und verdreht diesen durch die Reibung an den Kegelflächen. Seine Sperrnasen legen sich dabei vor Schrägen in den Nuten des Gangrades bis Gleichlauf erzielt ist.

Nach Abschluss des Synchronisierungsvorganges kann die Schaltmuffe mit ihrer Innenverzahnung über die Sperrverzahnung auf die Schaltverzahnung des Gangrades geschoben werden. Der Kraftfluss zwischen Getriebewelle und Gangrad ist durch Formschluss hergestellt.

33.5.4 Sperrsynchronisierung mit Lamellen

Die Synchronisation des Gangrades durch Reibung kann auch mit Lamellen (Abb. 3), ähnlich wie in der Lamellenkupplung (s. Kap. 32.1.7), erzielt werden.

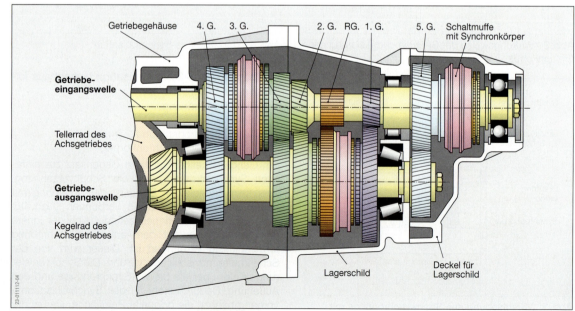

Abb. 2: Wechselgetriebe für Vorderradantrieb

Die Innenlamellen werden durch das Gangrad geführt, die Außenlamellen durch den Synchronring, der sich um eine halbe Zahnbreite während des Synchronisationsvorgangs verdrehen kann. Die Sperrzähne befinden sich am Umfang des Synchronrings. Nach Beendigung des Synchronisationsvorganges kann die Schaltmuffe über die Sperrzähne auf die Schaltverzahnung des Gangrades geschoben werden. Die Synchronisation mit Lamellen ist sehr aufwändig und kostenintensiv. Da große Drehmomente übertragen werden können, wird sie hauptsächlich im Sonderfahrzeugbau eingesetzt.

33.6 Wechselgetriebe für Vorderradantrieb

Die Abb. 2 zeigt ein Getriebe für Vorderradantrieb mit Einfach-Konus-Synchronisation, das zusammen mit dem Achs- und Ausgleichsgetriebe eine kompakte Einheit bildet. Es ist ein einstufiges, ungleichachsiges Getriebe, weil zur Herstellung der Übersetzung eines Ganges nur ein Räderpaar verwendet wird. Die Synchronisiereinrichtungen sind auf beide Wellen verteilt.

Die Abb. 4 zeigt ein **Dreiwellen-6-Ganggetriebe**. Die Zahnräder der Getriebeeingangswelle kämmen mit den Zahnrädern von zwei Getriebeausgangswellen, auf denen sich auch die Synchronisierungseinrichtungen befinden. Je ein Zahnrad der Getriebeausgangswellen kämmt mit dem Tellerrad des Achsgetriebes. Durch die Verteilung der Gangräder und Synchronisiereinrichtungen auf die zwei Getriebeausgangswellen hat dieses Getriebe eine sehr geringe Baulänge.

33.7 Bauteile des Getriebes

33.7.1 Zahnräder

> **Zahnräder** übertragen Kräfte und Bewegungen formschlüssig.

In Wechselgetrieben für Kraftfahrzeuge werden ausschließlich Stirnräder verwendet. Nach der **Verzahnungsrichtung** werden

- geradverzahnte und
- schrägverzahnte Stirnräder

unterschieden (Abb. 5).

Nach der **Lage** der Zähne gibt es

- außenverzahnte und
- innenverzahnte Zahnräder.

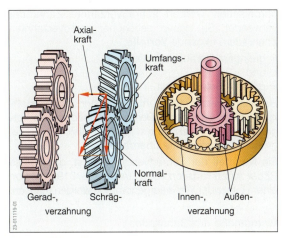

Abb. 5: Stirnräder

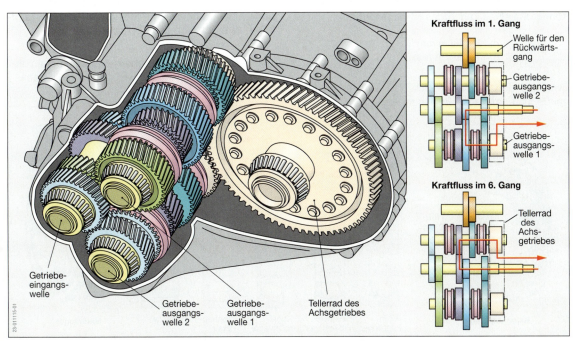

Abb. 4: Dreiwellen-6-Ganggetriebe, Ansicht und Kraftfluss im 1. und 6. Gang

Innenverzahnungen werden nur in Planetengetrieben eingesetzt (s. Kap. 34).

Werkstoffe für hoch beanspruchte Zahnräder sind überwiegend Einsatzstähle (z. B. 16 MnCr 5, 18 CrNi 8) und Nitrierstähle (z. B. 34 CrAl 16, 34 CrAlMo 5), um die Zahnflanken härten zu können, der Kern aber zäh bleibt (⇒TB: Kap. 3).

Stirnräder mit Geradverzahnung

Diese Zahnräder werden für den unsynchronisierten Rückwärtsgang verwendet. Sie können im Gegensatz zu schrägverzahnten Rädern durch Verschieben geschaltet werden.

Stirnräder mit Schrägverzahnung

In Schaltmuffengetrieben ohne oder mit Sperrsynchronisation werden schrägverzahnte Zahnräder verwendet. Sie haben gegenüber geradverzahnten Zahnrädern folgende **Vorteile**:
- geringere Geräuschentwicklung und
- größere Belastbarkeit.

Bei schrägverzahnten Zahnrädern sind immer **mehrere Zähne** im Eingriff. Deshalb können sie, im Vergleich zu geradverzahnten Rädern gleicher Breite, größere Drehmomente übertragen.

Ein **Nachteil** der Schrägverzahnung ist, dass diese Räder **Axialkräfte** erzeugen (Abb. 5, S. 319), die von einem Lager der Welle aufgenommen werden müssen.

Grundmaße des Zahnrades

Die Abb. 4 zeigt wichtige Grundmaße und Bezeichnungen des Zahnrades (⇒TB: Kap. 5). Die wichtigste Kenngröße eines Zahnrades ist der **Modul** m.

$$m = \frac{p}{\pi}$$

m Modul in mm
p Teilung in mm

Zwischen den Größen in der Abb. 2 bestehen folgende mathematische Beziehungen:

Benennung	Zeichen	Benennung	Zeichen
Modul	m	Fußkreisdurchmesser	d_f
Teilung	p	Kopfhöhe	h_a
Zähnezahl	z	Zahnhöhe	h
Teilkreisdurchmesser	d, d_1, d_2	Fußhöhe	h_f
Kopfkreisdurchmesser	d_a	Achsabstand	a
Kopfspiel	c	Übersetzungsverhältnis	i

Abb. 2: Bezeichnungen am Zahnrad

$d = m \cdot z$ $h = h_a + h_f$
$d_a = d + 2 \cdot m$ $h = 2{,}25 \cdot m$
$d_f = d - 2{,}5 \cdot m$ $a = \frac{m}{2} \cdot (z_1 + z_2)$
$h_a = m$
$h_f = 1{,}25 \cdot m$ $i = \frac{d_2}{d_1} = \frac{z_2}{z_1}$
$c = h_f - h_a = 0{,}25 \cdot m$

Sind die Zähne eines Radpaares im Eingriff, so berühren sich die Zähne auf den Teilkreisen. Die Fußhöhe eines Zahnes ist immer größer als die Kopfhöhe: es ergibt sich das Kopfspiel c.

Nur Zahnräder mit gleichem **Modul** können in Eingriff gebracht werden, weil nur dann die Zahngrößen gleich sind.

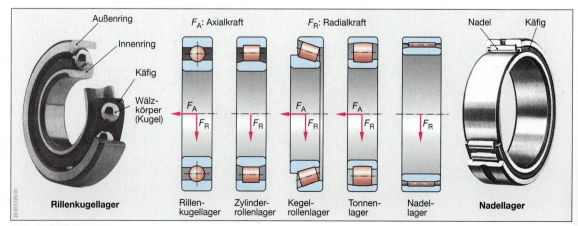

Abb. 1: Wälzlager

Kapitel 33: Wechselgetriebe

33.7.2 Wälzlager

In Kraftfahrzeuggetrieben werden Wellen und Zahnräder mit Wälzlagern gelagert (Abb. 1; ⇒ TB: Kap. 4). Sie werden nach der Form ihrer **Wälzkörper** unterschieden in:

- Rillenkugellager,
- Zylinderrollenlager,
- Kegelrollenlager,
- Tonnenlager und
- Nadellager.

Je nach Gestaltung der Laufbahnen und der Anordnung der Wälzlagerringe können von den Wälzlagern Radial- und/oder Axialkräfte aufgenommen werden. Sie werden daher als **Radial-** bzw. **Axiallager** bezeichnet (Abb. 1).

Die Lager werden auch nach deren Verwendung als **Fest-** oder **Loslager** (Abb. 3) unterteilt.

> **Festlager:** Ein Lager, das durch Anordnung und Aufbau verhindert, dass eine Welle axial verschiebbar ist. Nur ein Festlager kann Axialkräfte gegenüber dem Getriebegehäuse abstützen.
>
> **Loslager:** Ein Lager, das sich bei Längenänderung der Welle gegenüber dem Gehäuse, z. B. durch Erwärmung, axial verschiebt.

Nur kurze Wellen können mit 2 Festlagern gelagert werden (z. B. Radlagerung), weil die Wärmedehnung gering ist.

Ein **störungsfreier Lauf** eines Wälzlagers wird erreicht durch:

- einwandfreie Abdichtung gegen Schmutz,
- Vermeidung von Überlastungen, extremen Stößen und Schwingungen sowie
- sachgerechte Montage.

Wälzlager können eine werksseitige Dauerschmierung haben. Die Lager haben dann Dichtscheiben zwischen Innen- und Außenring. In Kraftfahrzeuggetrieben werden die Zahnräder durch Spritzöl (Getriebeöl) geschmiert. Das Öl übernimmt auch die Kühlung der Lager.

33.7.3 Wellendichtringe

Die Getriebewellen werden mit Radial-Wellendichtringen (auch Simmerringe genannt) abgedichtet (Abb. 4).

Wellendichtringe sind genormte Bauteile (⇒ TB: Kap. 4 und 6), die aus einem Gehäuse oder aus einem **Versteifungsring** und einer **Manschette** mit federbelasteter **Dichtlippe** bestehen. Die Manschette wird aus Silikon- oder Fluorkautschuk hergestellt.

Die Dichtwirkung ist vom einwandfreien Zustand der Dichtlippe und der Wellenoberfläche abhängig. Nur bei ausreichender Härte (45 bis 55 HRC) und einer maximalen Rautiefe von 4 µm kann die gewünschte Dichtwirkung erreicht werden. Dreht sich die Welle nicht, so erfolgt die Abdichtung durch die zur Welle gerichteten Radialkräfte an der Dichtlippe und die Kraft der aufgelegten Zugfeder. Dreht sich die Welle (dynamische Abdichtung), so erfolgt die Abdichtung durch die Oberflächenspannung des Öls.

33.8 Wartung und Diagnose

Ein Wechselgetriebe ist nahezu wartungsfrei. Der Ölstand ist in regelmäßigen Abständen zu prüfen und das Öl ist in den vom Hersteller angegebenen Intervallen (z. B. 60 000 km) zu wechseln. Dabei muss das Getriebe betriebswarm sein.

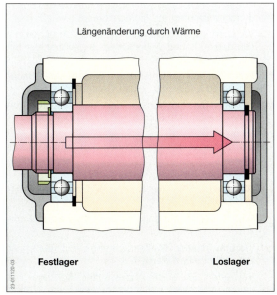

Abb. 3: Fest- und Loslager

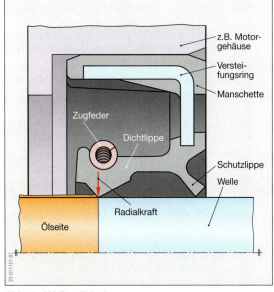

Abb. 4: Wellendichtring

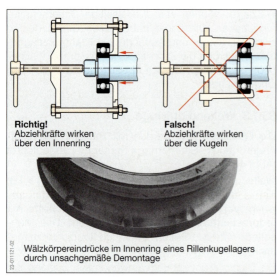

Abb. 1: Ausbau von Wälzlagern

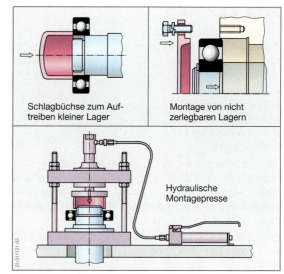

Abb. 2: Einbau von Wälzlagern

Arbeitshinweise

- Zur Demontage von Wälzlagern sind geeignete Abziehvorrichtungen zu verwenden, da die Gefahr der Beschädigung des Lagers und der Sitzflächen besteht (Abb. 1).
- Bei Montage nicht zerlegbarer Lager muss z.B. der Innenring (mit Festsitz) zuerst auf die Welle gepresst werden. Anschließend wird das Lager zusammen mit der Welle in das Gehäuse geschoben (Abb. 2).
- Wird die Kraft über die Wälzlagerkörper geleitet, können Laufbahnen und Wälzlagerkörper beschädigt werden.
- Die gehärteten Lagerringe dürfen nicht durch Hammerschläge beansprucht werden, denn die Ringe sind äußerst schlagempfindlich.
- Kleine Lager können kalt auf die Welle gepresst werden (Abb. 2). Größere Lager werden im Ölbad auf 80 bis 100 °C erwärmt, keinesfalls aber über 120 °C, da es sonst zu Gefügeänderungen im Lagerwerkstoff kommt.
- Einseitige Belastung der Ringe und Verkanten sind unbedingt zu vermeiden.
- Bei Einbau eines Wälzlagers ist auf Sauberkeit zu achten, da bereits kleinste Verunreinigungen nach kurzer Zeit zur Zerstörung des Wälzlagers führen können.
- Radial-Wellendichtringe müssen so eingebaut werden, dass die Dichtlippe zur Ölseite zeigt.
- Damit die Dichtlippe bei der Montage nicht beschädigt wird, muss zur Überwindung von Wellenabsätzen eine Führungshülse verwendet werden. Nur wenn alle Kanten, über die die Dichtlippe geschoben werden muss, sorgfältig gerundet bzw. mit einer Fase versehen sind, kann auf diese Hülse verzichtet werden.

Aufgaben

1. Warum benötigen Kraftfahrzeuge mit Verbrennungsmotoren ein Wechselgetriebe?
2. Erklären Sie die Drehzahlwandlung in einem Wechselgetriebe.
3. Beschreiben Sie den Zusammenhang zwischen Drehmoment- und Drehzahlwandlung.
4. Welche mathematische Kurve ergibt sich bei einem idealen Drehmomentenverlauf?
5. Beschreiben Sie den Grundaufbau eines Schieberadgetriebes.
6. Erläutern Sie, wie in einem Schaltmuffengetriebe die Gänge geschaltet werden.
7. Nennen Sie das Grundprinzip aller Synchronisiereinrichtungen.
8. Was ist eine Sperrsynchronisierung?
9. Wie erfolgt die Sperrsynchronisierung bei der Sperrsynchronisierung mit Einfachkonus?
10. Welchen Vorteil haben die Synchronisierungen mit Doppelkonus und Außenkonus gegenüber der mit Einfachkonus?
11. Worin besteht der Unterschied zwischen gleichachsigen und ungleichachsigen Getrieben?
12. Nennen Sie die Vorteile und den Nachteil von schrägverzahnten Stirnrädern gegenüber geradverzahnten Rädern.
13. Ein Zahnrad mit 23 Zähnen hat einen Modul $m = 2{,}5$.
    Berechnen Sie: d, d_a, d_f, h_a, h_f und h.
14. Beschreiben Sie den Unterschied zwischen Fest- und Loslagern.
15. Was ist bei der Montage von Wälzlagern zu beachten?
16. Warum müssen Wellendichtringe mit äußerster Sorgfalt montiert werden?
17. Entwerfen Sie einen Abzieher für Wälzlager mit einem maximalen Außendurchmesser von 60 mm (Abb. 1).

34 Automatische Getriebe

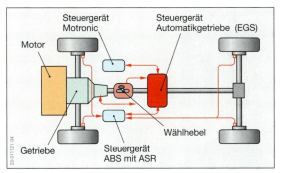

Abb. 1: Verknüpfung der Steuergeräte elektronischer Systeme

Die Entwicklung der automatischen Getriebe begann mit einer **vollhydraulischen Steuerung** des Gangwechsels. Dieses System steuert die Größe der Schaltdrücke und die Schaltung der Hydraulikventile (offen/geschlossen) in einem hydraulisch arbeitenden Steuergerät (Schieberkasten). Die Schaltpunkte für die Gänge wurden von der Fahrgeschwindigkeit und der Fahrpedalstellung abgeleitet.

Durch **elektronische Getriebesteuerungen** konnten folgende **Vorteile** erreicht werden:

- weniger Kraftstoffverbrauch, d. h. auch Schadstoffminderung,
- besserer Schaltkomfort während des Gangwechsels,
- Verknüpfung des elektronischen Teils der Getriebesteuerung mit anderen elektronischen Systemen des Fahrzeugs (Abb.1). Dadurch erfolgt eine Bereitstellung von Betriebsdaten, die für die Optimierung der automatischen Schaltung benötigt werden,
- Möglichkeit manuell wählbarer Schaltprogramme (z. B. Sommer/Winter/Sport),
- vereinfachte Störungssuche durch Eigendiagnose,
- adaptive (selbstlernende) Schaltprogrammanpassung an das Fahrverhalten.

34.1 Automatisierte Schaltgetriebe

Automatisierte Schaltgetriebe (Abb. 1, S. 324) bestehen aus:

- einem Handschaltgetriebe oder dessen wesentlichen Baugruppen,
- elektro-motorischen oder elektro-hydraulischen Aktoren für die Betätigung der Kupplung, für die Gangwahl und den Gangwechsel sowie
- einer elektronischen Steuerung.

Gegenüber einem Handschaltgetriebe hat das automatisierte Schaltgetriebe folgende **Vorteile**:

- vereinfachte und damit komfortablere Bedienung,
- geringerer Kraftstoffverbrauch durch Optimierung der Schaltvorgänge und
- kürzere Kraftflussunterbrechungen.

Gegenüber anderen automatischen Getrieben bestehen folgende **Vorteile**:

- kompakter und leichter Aufbau,
- hoher Wirkungsgrad und
- Entwicklung aus vorhandenen Schaltgetrieben möglich und dadurch kostengünstige Herstellung auf vorhandenen Produktionsstraßen.

Einen prinzipiellen **Aufbau** eines automatisierten Getriebes zeigt die Abb. 2. Hierbei handelt es sich um ein elektro-mechanisches System. Die Kupplungsbetätigung erfolgt über das elektronische Kupplungsmanagement (EKM, s. Kap. 32).

Für die Gangwahl und das Schalten der Gänge werden zwei Stellmotoren eingesetzt. Die dafür notwendigen Befehle können entweder vom Fahrer über einen Schalthebel oder von einer elektronischen Steuerung ausgelöst werden.

Der Automatisierungsgrad kann von einfachen, den Fahrer unterstützenden Funktionen, bis zum vollautomatischen System gewählt werden. Eine Verbindung mit der elektronischen Motorregelung unterstützt z. B. den Gangwechsel durch kurzzeitige Reduzierung des Motordrehmoments.

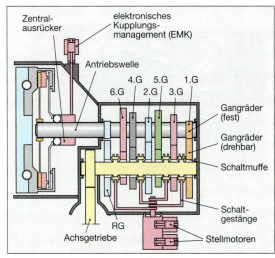

Abb. 2: Prinzipieller Aufbau eines automatisierten Schaltgetriebes

Doppelkupplungsgetriebe / twin clutch gearbox

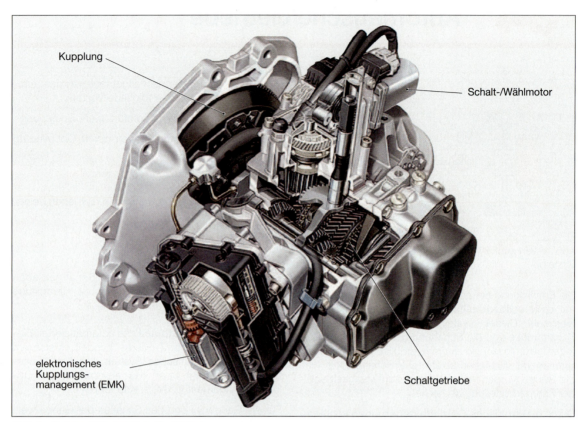

Abb. 1: Automatisiertes Schaltgetriebe

Die Abb. 2 zeigt eine elektro-hydraulisch gesteuerte Bauart eines automatisierten Schaltgetriebes, wie es auch in stärker motorisierten Fahrzeugen eingebaut wird.

Es werden auch bei diesem Getriebe die wesentlichen Teile eines Handschaltgetriebes übernommen und durch eine elektrisch angetriebene Hydraulikpumpe, einen Druckspeicher, eine hydraulische Steuereinheit und weitere Bauteile ergänzt.

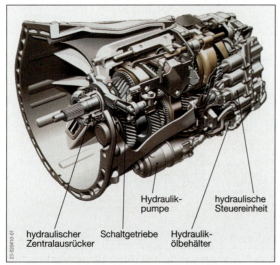

Abb. 2: Automatisiertes 6-Gang-Schaltgetriebe

Die Kupplung wird hydraulisch durch den Zentralausrücker betätigt. Die hydraulische Steuereinheit beinhaltet die Aktoren zur Schaltung der Gänge sowie alle elektro-hydraulischen Ventile als Verbindung zur elektronischen Steuerung.

34.2 Doppelkupplungsgetriebe

Das Doppelkupplungsgetriebe (Abb. 3), auch Direktschaltgetriebe oder Parallelschaltgetriebe genannt, ist eine Weiterentwicklung des automatisierten Schaltgetriebes.

Das Doppelkupplungsgetriebe hat gegenüber dem automatisierten Schaltgetriebe folgende **Vorteile**:
- Gangschaltung erfolgt ohne Kraftflussunterbrechung und dadurch
- geringerer Kraftstoffverbrauch des Motors.

34.2.1 Aufbau

Das Doppelkupplungsgetriebe hat im grundsätzlichen Aufbau wesentliche Bauteile eines Handschaltgetriebes. Die benötigten Zahnräder und Schaltelemente wie Schaltmuffen sind auf vier Wellen und eine Rücklaufwelle verteilt (Abb. 3).

Das Motordrehmoment wird wechselweise über zwei trockene oder nasse Lamellenkupplungen zum Getriebe geleitet. Die Betätigung der Kupplungen und Schaltelemente erfolgt durch hydraulische Aktoren.

Kapitel 34: Automatische Getriebe

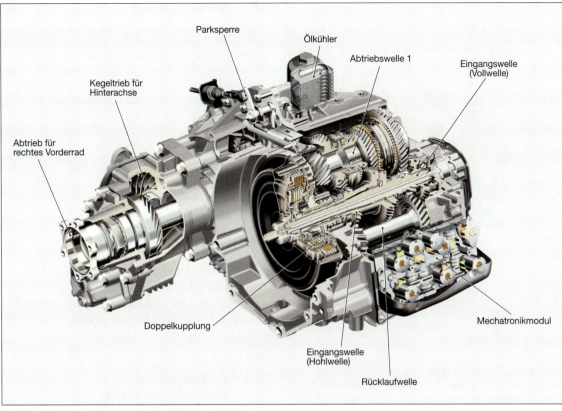

Abb. 3: Doppelkupplungsgetriebe (Allradantrieb)

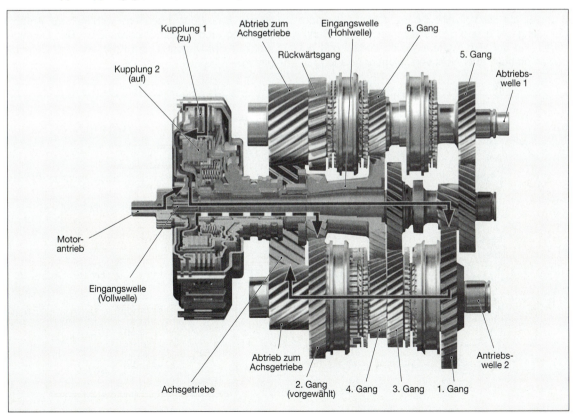

Abb. 4: Doppelkupplungsgetriebe, 1. Gang geschaltet, 2. Gang vorgewählt

Hydrodynamischer Drehmomentwandler / hydrodynamic torque converter

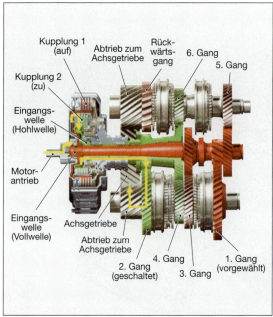

Abb. 1: Doppelkupplungsgetriebe, 2. Gang geschaltet, 1. Gang vorgewählt

34.2.2 Wirkungsweise

Während des Betriebes ist immer ein Gang eingelegt und ein weiterer vorgewählt (Abb. 1 und Abb. 4, S. 325). Beide Gangräder sind mit ihrer Welle über die Schaltverzahnung und die Schaltmuffe formschlüssig verbunden. Wirksam ist aber nur der Gang, dessen Lamellenkupplung eingekuppelt ist. Das andere Radpaar und dessen Wellen laufen lose mit.

Der Gangwechsel erfolgt, indem die eine Kupplung ausgekuppelt und gleichzeitig die andere eingekuppelt wird. Eine Kraftflussunterbrechung findet dabei während des Gangwechsels nicht statt.

34.3 Automatikgetriebe

Automatikgetriebe können aus folgenden **Baugruppen** bestehen:

- hydrodynamischer Drehmomentwandler,
- Planeten- oder Stirnradgetriebe,
- Variator mit Schubgliederband oder Laschenkette,
- hydraulischen Betätigungseinrichtungen und
- elektronischen Steuerungseinrichtungen.

Den beiden Kupplungen am Getriebeeingang ist jeweils eine Getriebeeingangswelle zugeordnet. Eine Eingangswelle ist eine Hohlwelle und befindet sich auf der zweite Welle, eine Vollwelle. Auf der Hohlwelle befinden sich die zwei festen Zahnräder der Gänge 2, 4 und 6, auf der Vollwelle die drei festen Zahnräder der Gänge 1, 3 und 5. Die entsprechenden Gangräder sind auf zwei weitere Wellen verteilt und auf diesen drehbar, aber nicht verschiebbar gelagert.

34.3.1 Hydrodynamischer Drehmomentwandler

Der hydrodynamische Drehmomentwandler (hydro, gr.: Wasser und dynamisch, gr.: die von Kräften erzeugte Bewegung betreffend) arbeitet als Anfahrkupplung und Drehmomentwandler. Bei Leerlaufdrehzahl des Motors ist der Kraftfluss zum Getriebe gering.

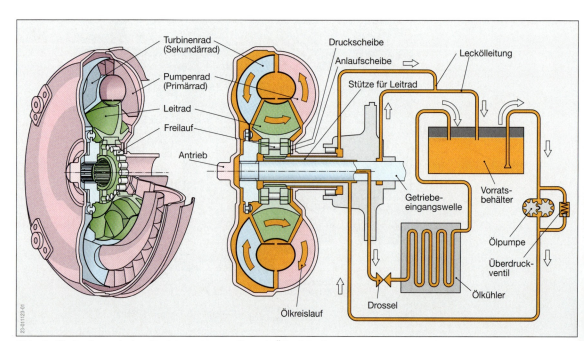

Abb. 2: Hydrodynamischer Drehmomentwandler mit Ölkreislauf

Kapitel 34: Automatische Getriebe

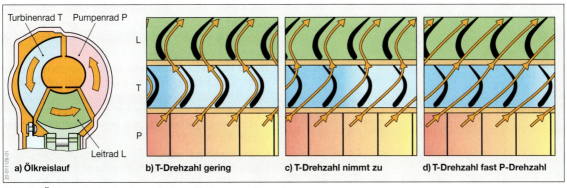

Abb. 3: Ölstrom im hydrodynamischen Drehmomentwandler

Aufbau des hydrodynamischen Drehmomentwandlers

Der hydrodynamische Drehmomentwandler besteht aus **drei Hauptbauteilen** (Abb. 2 und 3):
- Pumpenrad (Primärrad),
- Turbinenrad (Sekundärrad) und
- Leitrad.

Diese drei mit Schaufeln versehenen Räder befinden sich in einem geschlossenen Gehäuse, das von einer Zahnradpumpe mit Hydrauliköl (Öldruck 2 bis 5 bar) versorgt wird.

Dieser Öldruck ist notwendig, um eine Verschäumung und Dampfblasenbildung des Hydrauliköls zu verhindern, welche die Wirkung des Wandlers stark herabsetzen würde.

Im **Ölkreislauf** (Abb. 2) ist immer dann ein **Ölkühler** notwendig, wenn die Wärmeableitung über das Getriebegehäuse und dessen Kühlrippen nicht ausreicht.

Der Ölkühler ist ein Wärmetauscher und liegt im unteren Wasserkasten des Motorkühlers. Die Füllung des Wandlers mit Hydrauliköl (ATF, s. Kap. 27.4.2) wird etwa je Minute einmal vollständig durch den Kühler gepumpt.

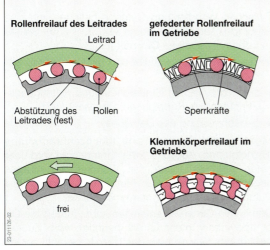

Abb. 4: Ausführungsformen von Freiläufen

Wirkungsweise des hydrodynamischen Drehmomentwandlers

Der Motor treibt das Pumpenrad an. Durch die **Fliehkraft** wird das Öl nach außen gedrückt. Es strömt mit hoher Geschwindigkeit zu den gekrümmten Schaufeln des **Turbinenrades** (Abb. 3b) und gibt wegen der starken Umlenkung seine **Bewegungsenergie** an das Turbinenrad ab. Das Turbinenrad wird in Drehung versetzt.

Vom **Turbinenrad** strömt das Öl in das **Leitrad**, dessen entgegengesetzt gekrümmte Schaufeln ihn wieder in die Richtung der Schaufeln des Pumpenrades zurücklenken. Dabei stützt sich das Leitrad an einem **Freilauf** ab (Abb. 2 und 4).

> Die **Umlenkung** des **Ölstroms** im Leitrad ist dann am größten, wenn zwischen Pumpen- und Turbinenrad der größte Drehzahlunterschied besteht (z. B. Anfahrvorgang) und damit auch die Drehmomentwandlung.

Die erreichbare **Drehmomentübersetzung** (Drehmomentwandlung) liegt etwa bei 3 : 1, d. h. das Turbinendrehmoment ist während des Anfahrens dreimal größer als das Drehmoment am Pumpenrad.

Hat das Turbinenrad etwa 85 % der Pumpenraddrehzahl erreicht, werden die Schaufeln des Leitrades auf der Rückseite angeströmt (Abb. 3d), so dass die Freilaufsperre des Leitrades nicht wirken kann. Das Leitrad stützt sich am Freilauf nicht ab, sondern läuft mit. Es findet keine Umlenkung des Öls mehr statt. Eine Drehmomentwandlung ist nicht mehr möglich (Abb. 1, S. 328).

> Wenn der Freilauf des Leitrades nicht mehr sperrt, d. h. das Leitrad frei dreht, ist der **Kupplungspunkt** des hydrodynamischen Drehmomentwandlers erreicht. Er arbeitet dann wie eine **hydrodynamische Kupplung**.

Die Drehzahlen von Pumpen- und Turbinenrad gleichen sich nicht vollständig an. Es ist immer noch ein Drehzahlunterschied (Schlupf) von etwa 2 bis 3 %

Hydrodynamischer Drehmomentwandler / hydrodynamic torque converter

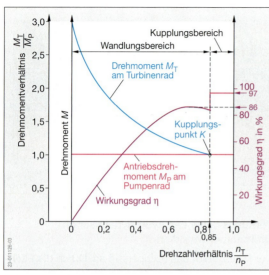

Abb. 1: Kennlinien eines hydrodynamischen Drehmomentwandlers

vorhanden. Ohne diesen **Schlupf** kann kein Drehmoment übertragen werden. Bei Gleichlauf der Räder würde das Hydrauliköl nicht mehr strömen und könnte das Turbinenrad nicht antreiben.

Durch den unvermeidbaren Schlupf gegenüber der Reibungskupplung wird mehr Kraftstoff verbraucht. Um Gleichlauf zu erreichen und dadurch den Kraftstoffverbrauch zu senken haben hydrodynamische Drehmomentwandler häufig eine **Überbrückungskupplung** (Abb. 2).

Nach Erreichen der größten Drehzahlangleichung werden Kurbelwelle und Getriebeeingangswelle (Turbinenwelle) durch automatisches Betätigen der Überbrückungskupplung kraftschlüssig verbunden. Dadurch wird im Kupplungsbereich des Wandlers ein Wirkungsgrad von nahezu 100 % erreicht (Abb. 1).

Die Überbrückungskupplung ist eine Lamellenkupplung, deren Lamellen durch einen Kolben zusammengedrückt werden. Im Augenblick der Überbrückung wird auf der Kolbenrückseite ein Öldruck aufgebaut. Die Außenlamellen werden mit den Innenlamellen (Turbinenrad) kraftschlüssig verbunden.

Die **Vorteile** des hydrodynamischen Drehmomentwandlers sind:
- kompakte Bauweise,
- verschleißarm und
- selbsttätig arbeitend.

Nachteile sind:
- hohe Drehmomentwandlung nur während des Anfahrens,
- höherer Kraftstoffverbrauch ohne Überbrückungskupplung und
- Kraftfluss nur vollständig trennbar, wenn sich zwischen Kurbelwelle und Pumpenrad eine automatisch betätigte Kupplung befindet, die im Leerlauf den Kraftfluss zum hydrodynamischen Drehmomentwandler unterbricht.

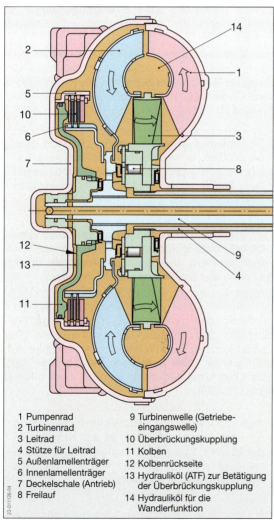

1 Pumpenrad
2 Turbinenrad
3 Leitrad
4 Stütze für Leitrad
5 Außenlamellenträger
6 Innenlamellenträger
7 Deckelschale (Antrieb)
8 Freilauf
9 Turbinenwelle (Getriebeeingangswelle)
10 Überbrückungskupplung
11 Kolben
12 Kolbenrückseite
13 Hydrauliköl (ATF) zur Betätigung der Überbrückungskupplung
14 Hydrauliköl für die Wandlerfunktion

Abb. 2: Hydrodynamischer Drehmomentwandler mit Überbrückungskupplung

Ölpumpe

Zwischen Wandler und Getriebe befindet sich eine Ölpumpe (Abb. 2, S. 326 und Abb. 2, S. 330). Sie liefert den notwendigen **Öldruck** für:
- den Drehmomentwandler und die Überbrückungskupplung,
- die hydraulischen Steuerungs- und Betätigungseinrichtungen (Kupplungen, Bremsen) und
- die Schmierung des Getriebes.

Meist ist die Ölpumpe eine **Innenzahnradpumpe** (Sichelpumpe, Abb. 5, S. 268). Ihr Innenrad wird über einen Antriebsflansch des Wandlerpumpenrades angetrieben. Sobald der Motor läuft, versorgt die Pumpe das Hydrauliksystem mit Drucköl.

Damit kein Ölmangel entstehen kann, fördert die Ölpumpe immer mehr Öl als benötigt wird. Zu viel gefördertes Öl wird über das Überdruckventil zurück in die Saugleitung bzw. in die Ölwanne geleitet.

Kapitel 34: Automatische Getriebe

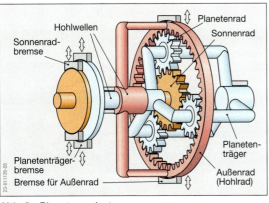

Abb. 3: Planetenradsatz

34.3.2 Planetengetriebe

In einem automatischen Getriebe werden die Übersetzungen meist mit Hilfe von Planetengetrieben (⇒TB: Kap. 8) erzeugt.

Die **Vorteile** des Planetengetriebes gegenüber einem Schaltmuffengetriebe sind:

- ohne Unterbrechung des Kraftflusses schaltbar,
- kompakte Bauweise und
- Verteilung der Kraft auf mehrere Zahnräder.

Aus diesen Gründen werden Planetengetriebe nicht nur in automatischen Getrieben, sondern auch als Nachschalt- und Achsgetriebe (s. Kap. 47.4.2) verwendet.

Einfaches Planetengetriebe (Planetenradsatz)

Ein Planetenradsatz (Abb. 3) hat seinen Namen von der Bewegungsart der **Planetenräder**. Sie bewegen sich um das Sonnenrad, ähnlich wie Planeten um eine Sonne. Die Drehachse der Welle des **Sonnenrades** ist auch gemeinsame Drehachse für das **Außenrad** (Hohlrad) und den **Planetenträger**.

> Die **Planetenräder** drehen sich um ihre eigenen Achsen und um die Welle des Planetenträgers.

Die Übersetzungen und unterschiedlichen Drehrichtungen eines Planetenradsatzes entstehen durch Bremsen des Sonnenrades, des Außenrades oder des Planetenträgers. Werden zwei Elemente gleichzeitig kraftschlüssig verbunden, so ist das Planetengetriebe blockiert, d. h. der direkte Gang ($i = 1:1$) ist geschaltet.

Wie die Abb. 4 zeigt, hat ein Planetenradsatz insgesamt **sieben Schaltmöglichkeiten**. Da von diesen in einem Kraftfahrzeuggetriebe aber jeweils nur zwei oder drei nutzbar sind, werden Getriebe mit mehreren Planetenradsätzen bzw. mehrstufigen Planetenradsätzen ausgestattet.

Mehrstufige Planetenradsätze

Verbreitet sind zwei **zweistufige Planetenradsätze**, die jeweils drei Vorwärts- und einen Rückwärtsgang ermöglichen:

- Ravigneaux-Getriebe und
- Simpson-Getriebe.

Das besondere Merkmal des **Ravigneaux-Getriebes** ist der **gemeinsame Planetenträger** für alle Planetenräder der zwei Stufen (Abb. 1, S. 330). Es ist nur ein **Außenrad** (Hohlrad) vorhanden. Dadurch hat das Getriebe eine geringe Baugröße. Die **langen Planetenräder** sind im **Ravigneaux-Getriebe** mit dem großen Sonnenrad und den Planetenrädern des kleinen Sonnenrades gleichzeitig im Eingriff.

Das besondere Merkmal des **Simpson-Getriebes** (Simpson, Thomas: engl. Mathematiker, 1710 bis 1761) ist ein **gemeinsames Sonnenrad**. Der Planetenträger des einen Planetenradsatzes ist mit dem **Außenrad** (Hohlrad) des anderen Planetenradsatzes verbunden (Abb. 3, S. 330).

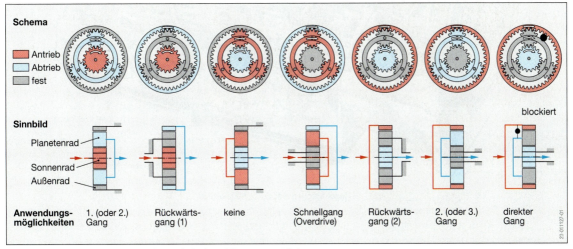

Abb. 4: Schaltmöglichkeiten eines einfachen Planetengetriebes

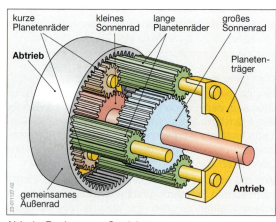

Abb. 1: Ravigneaux-Getriebe

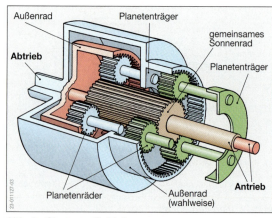

Abb. 3: Simpson-Getriebe

34.3.3 Automatikgetriebe mit Planetenradsätzen

Das in der Abb. 2 dargestellte 7-Gang-Getriebe besteht aus einem **mechanischen Getriebe** (drei Planetenradsätze), dem ein **hydrodynamischer** **Drehmomentwandler** mit Überbrückungskupplung vorgeschaltet ist. Mit dem Getriebegehäuse ist die **Steuereinheit** verbunden. Sie besteht aus dem Schieberkasten mit allen Regel- und Schaltschiebern und dem elektrischen Teil mit den Magnetventilen, die vom Steuergerät angesteuert werden.

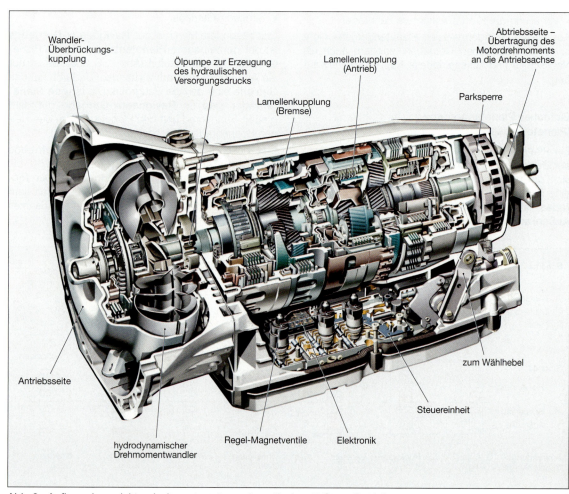

Abb. 2: Aufbau eines elektronisch gesteuerten automatischen 7-Gang-Getriebes

Die Magnetventile geben den hydraulischen Druck, je nach Schaltphase, für bestimmte Schieber im Schaltkasten frei. Dadurch werden im Getriebe Lamellenkupplungen und -bremsen betätigt, d.h. die Gänge geschaltet. Den hydraulischen Druck erzeugt eine Ölpumpe, z.B. eine Zahnradpumpe, die im Wandlergehäuse eingebaut ist.

Der Fahrer wählt mit einem Wählhebel bestimmte **Programme**, z.B. bei einem 5-Gang-Getriebe:

P: Parkstellung
R: Rückwärtsgang
N: Neutral. Der Kraftfluss zwischen Motor und den Antriebsrädern ist unterbrochen.
D: Drive. Alle Vorwärtsgänge stehen zur Verfügung.
4: Hochschaltung nur bis zum 4. Gang
3: Hochschaltung nur bis zum 3. Gang
2: Hochschaltung nur bis zum 2. Gang
1: Fahren nur im 1. Gang

Elektronische Getriebesteuerung

Die **Aufgabe** der **elektronischen Getriebesteuerung** ist es, elektrische Eingangssignale aufzunehmen, zu verarbeiten und in Form von elektrischen Ausgangssignalen zur Schaltung der Gänge an die Magnetventile weiterzuleiten.

Einige dieser Eingangssignale werden durch Sensoren am Getriebe ermittelt. So erhält das **elektronische Getriebe-Steuergerät** (**EGS**, Abb. 4) z.B. Informationen vom:
• Wählhebel,
• Sommer/Winterschalter,
• Kickdownschalter,
• Getriebeöltemperatur-Sensor,
• Anlasssperrkontakt und
• Drehzahlsensor für getriebeinterne Drehzahlen.

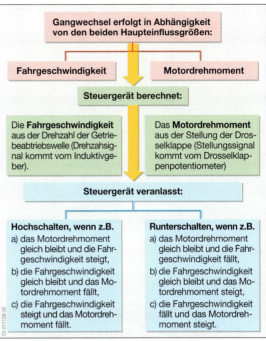

Abb. 5: Abhängigkeit der Schaltzeitpunkte von den Haupteinflussgrößen

Über CAN-Datenbus (s. Kap. 53.6.2), d.h. Verbindungen zur Motorsteuerung, zum ABS- und ASR-System erhält das EGS **Informationen** über:
• Fahrpedalstellung,
• Raddrehzahlen,
• Motordrehzahl,
• Motordrehmoment und
• Kühlmitteltemperatur.

Die wesentlichen **EGS-Ausgangssignale** (Abb. 4) dienen der Ansteuerung der Magnetventile.

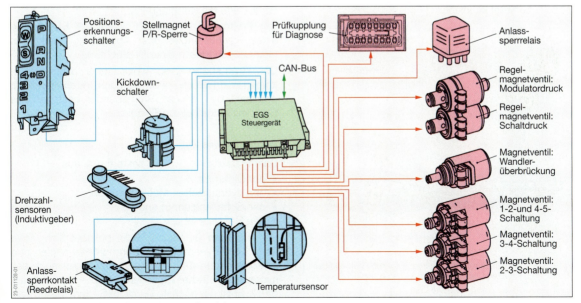

Abb. 4: Bauteile einer elektronischen Getriebesteuerung

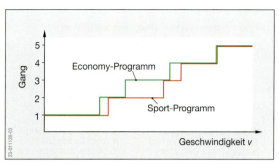

Abb. 1: Schaltzeitpunkte in verschiedenen Schaltprogrammen

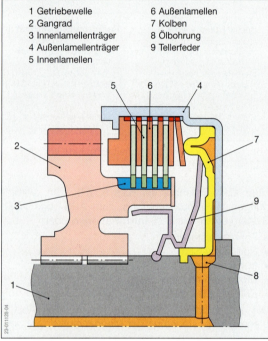

1 Getriebewelle
2 Gangrad
3 Innenlamellenträger
4 Außenlamellenträger
5 Innenlamellen
6 Außenlamellen
7 Kolben
8 Ölbohrung
9 Tellerfeder

Abb. 2: Lamellenkupplungen

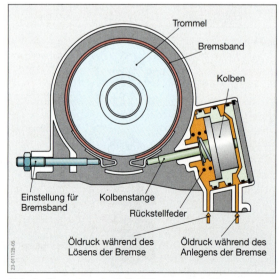

Abb. 3: Bremsband mit Betätigungseinrichtung

Über Datenbus-Leitungen werden weitere Ausgangssignale für andere Steuergeräte gesendet. Es sind **Informationen** über
- den gewählten Gang,
- die Kickdownschaltung,
- die Rückschaltsicherung,
- den Betriebszustand der Wandlerüberbrückungskupplung und
- die Aufrechterhaltung eines Notlaufprogramms.

Die elektronische Steuerung kann je nach Ausstattung aber auch die Betriebsbedingungen wie Steigung, Gefälle, Höhe, Hangabtrieb und Beladung berücksichtigen, sowie auch die Fahrweise des Fahrers mit dem entsprechenden Schaltprogramm (sportlich oder wirtschaftlich, Abb. 1).
Die Abb. 5, S. 331 zeigt die Abhängigkeit der Schaltzeitpunkte von den Haupteinflussgrößen **Motordrehmoment** (Last) und **Fahrgeschwindigkeit** (Raddrehzahl).

Schaltelemente

In automatischen Getrieben werden für die Schaltung der Gänge folgende Schaltelemente verwendet:
- Lamellenkupplung,
- Freilauf und
- Bremsband.

Sie haben die Aufgabe, den Kraftfluss im Getriebe entsprechend dem geschalteten Gang herzustellen oder zu unterbrechen.
Die **Lamellenkupplungen** (Abb. 2) haben die Aufgabe, Räder im automatischen Getriebe festzuhalten (Bremsen) oder durch Verbindung anzutreiben. Danach werden Brems- und Antriebskupplungen unterschieden (Abb. 2, S. 330). Die Lamellenkupplung schließt, wenn Hydrauliköl in den Raum vor dem Kolben gedrückt wird. Wird dieser Raum drucklos, drückt die Tellerfeder (Rückdruckfeder) den Kolben zurück und die Kupplung löst.
Der **Freilauf** (Abb. 2, S. 326) dient der Blockierung eines Planetensatzes oder Abstützung gegen das Getriebegehäuse in einer Drehrichtung.
Das **Bremsband** (Abb. 3) wird über einen Servokolben hydraulisch, teilweise auch federunterstützt, gespannt bzw. gelöst. Bremsbänder bestehen aus Stahl mit aufgeklebten Belägen.

Hydraulisches System

Das hydraulische System besteht u. a. aus
- der Ölpumpe,
- den hydraulischen Magnetventilen,
- den Schaltschiebern und
- den Regelschiebern.

Die **Ölpumpe** (s. Kap. 27.3.1), befindet sich hinter dem hydrodynamischen Drehmomentwandler und versorgt neben dem Drehmomentwandler auch das hydraulische System mit dem Haupt- oder Arbeitsdruck. Er ist der höchste Druck im System (bis 60 bar), von ihm werden alle anderen Drücke abgeleitet.

Kapitel 34: Automatische Getriebe

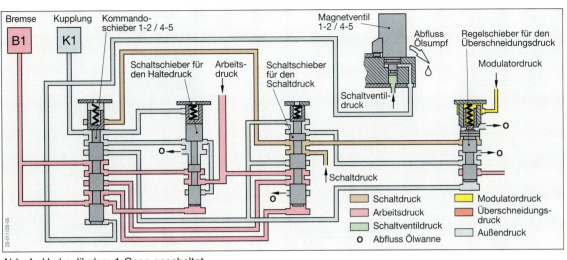

Abb. 4: Hydraulikplan: 1. Gang geschaltet

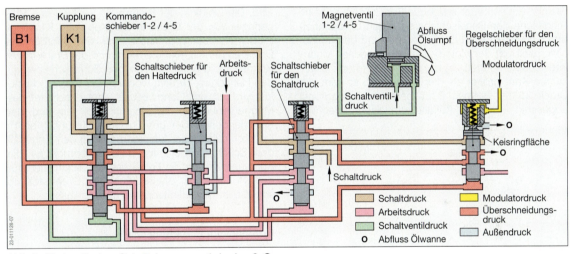

Abb. 5: Hydraulikplan: Schaltphase vom 1. in den 2. Gang

Die **Magnetventile** (Abb. 4, S. 331) werden vom Steuergerät angesteuert. Sie haben die Aufgabe, die elektrischen Signale des Steuergeräts in hydraulische Drücke umzusetzen.

Diese Drücke werden von den Magnetventilen verändert, wie der **Modulatordruck** (lastabhängiger Druck) und der **Schaltdruck**. Dies erfolgt durch unterschiedliche Öffnungsquerschnitte der Magnetventilbohrungen. Die Ansteuerung der Magnetventile erfolgt dabei stromgetaktet.

Andere Magnetventile schalten einen Ölstrom nur zu oder ab, wie das Magnetventil für die Wandlerüberbrückung und die Magnetventile für die Schaltung der Gänge.

Die **Schalt-** und **Regelschieber** sind öldruckbeaufschlagte Ventile. Während die Schaltventile nur zwei Stellungen einnehmen, d. h. einen Ölstrom nur zu- oder abschalten können (z. B. Schaltschieber für den Haltedruck), werden Regelschieber zur Veränderung eines Drucks verwendet (z. B. Regelschieber für Überschneidungsdruck).

Die Abb. 4, 5 und die Abb. 1, S. 334 zeigen das Zusammenwirken von Magnetventilen, Schalt- und Regelschiebern einer Schaltgruppe während der Schaltung eines Automatikgetriebes vom 1. in den 2. Gang. Dazu muß die Bremse B1 gelöst und die Kupplung K1 betätigt werden. Dieser Vorgang soll möglichst komfortabel, d. h. ruckfrei ablaufen.

Der erste Gang ist geschaltet (Abb. 4). Die Bremse B1 ist durch die Beaufschlagung mit Arbeitsdruck betätigt. Gleichzeitig wirkt dieser Druck auf die Stirnseiten der Schaltschieber für den Schalt- und Haltedruck gegen die Federkräfte.

Der Schaltvorgang wird eingeleitet, indem das Magnetventil 1-2/4-5 vom Steuergerät elektrisch betätigt wird und den Schaltventildruck auf die Stirnseite des Kommandoschiebers leitet. Dieser wird gegen die Federkraft verschoben. Es kann der Schaltdruck über den Schaltschieber für den Schaltdruck und den Kommandoschieber zur Kupplung K1 gelangen. Der gleiche Druck stellt sich am Schaltschieber für den Haltedruck ein.

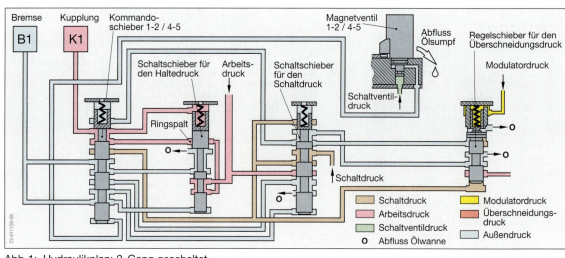

Abb. 1: Hydraulikplan: 2. Gang geschaltet

Gleichzeitig wirkt der steigende Schaltdruck auf eine Ringfläche des Regelschiebers für den Überschneidungsdruck. Er wirkt der Federkraft und dem in Abhängigkeit von der Motorbelastung geregelten Modulatordruck entgegen. Ist die vom Schaltdruck verursachte Kraft größer als die Gegenkraft, so wird der Druck in der Bremse B1 (Überschneidungsdruck) abgesenkt, indem der Abfluss zum Ölsumpf geöffnet wird. Der Druck in der Bremse B1 wird um das Maß geringer wie der Druck in der Kupplung K1 steigt (Abb. 5, S. 333 und Abb. 2). Ist der erforderliche Druck an der Kupplung erreicht und der Druck in der Bremse gesunken, schaltet der Schaltschieber für den Haltedruck zurück, wodurch die Bremse drucklos wird. Ist der Gangwechsel erfolgt, schaltet das Magnetventil den Schaltventildruck ab und der Kommandoschieber geht in Grundstellung (Abb. 1). Dadurch gelangt der Arbeitsdruck über den Ringspalt des Schaltschiebers für den Haltedruck an die Kupplung K1. Da die Feder des Schaltschiebers für den Schaltdruck diesen auch in Grundstellung schiebt, ist der Schaltvorgang abgeschlossen.

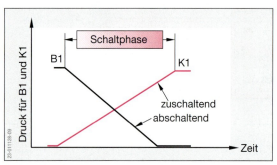

Abb. 2: Drucküberschneidung während der Schaltphase

Kraftfluss im Planetengetriebe

Über das Steuerungssystem werden im Getriebe (je nach Hersteller) unterschiedliche Anordnungen von Planetenradsätzen über Lamellenkupplungen, Bremsbänder und Freiläufe geschaltet.

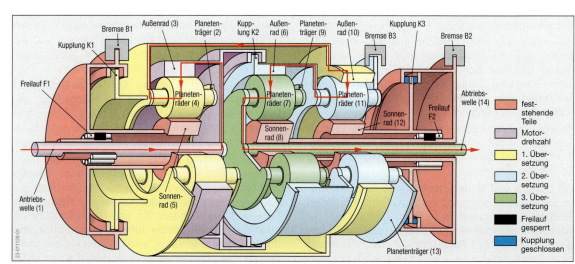

Abb. 3: Kraftfluss im 1. Gang

Kapitel 34: Automatische Getriebe

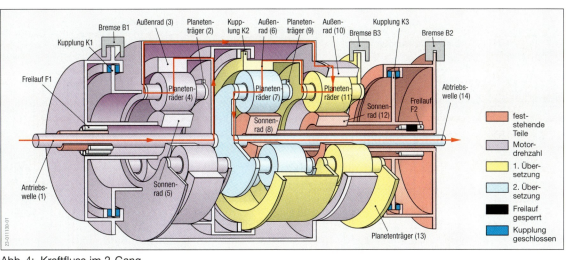

Abb. 4: Kraftfluss im 2. Gang

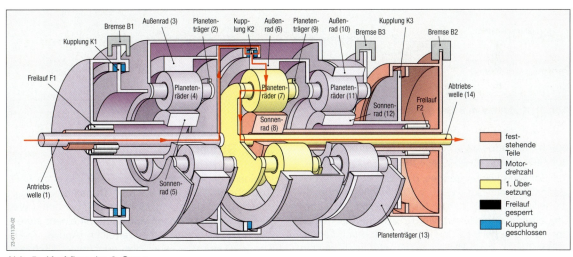

Abb. 5: Kraftfluss im 3. Gang

Die Abb. 3 zeigt den **Kraftfluss** eines 5-Gang-Automatikgetriebes im **1. Gang**. Die Übersetzung wird durch das Zusammenwirken von drei einfachen Planetenradsätzen erzeugt. Über die Antriebswelle (1) wird das Außenrad (3) angetrieben. Sonnenrad (5) ist über die Bremse B1 und den Freilauf F1 fest. Dadurch wälzen sich die Planetenräder (4) auf dem Sonnenrad (5) ab. Es entsteht die 1. Teilübersetzung, die sich über das Außenrad (10) auf den hinteren Planetenradsatz überträgt. Auch Sonnenrad (12) wird festgehalten (B2 und K3 geschaltet). Dadurch wälzen sich die Planetenräder (11) ab. Es entsteht die 2. Teilübersetzung. Auch Sonnenrad (8) ist fest, so dass über Außenrad (6) schließlich die Planetenräder (7) angetrieben werden, die gleichzeitig die Abtriebswelle (14) drehen. Die Gesamtübersetzung $i_{1.Gang}$ entsteht mit der 3. Teilübersetzung.

Die Abb. 4 zeigt den **Kraftfluss** im **2. Gang**. B1 ist gelöst, während K1 geschaltet ist. Der Freilauf F1 stützt sich am Gehäuse nicht mehr ab. Der vordere Planetenradsatz ist blockiert. Das Außenrad (10) hat die Drehzahl der Antriebswelle (1). Die weiteren Planetenradsätze sind wie im 1. Gang geschaltet. Wegen der fehlenden 1. Teilübersetzung ergibt sich eine kleinere Übersetzung gegenüber dem 1. Gang.

Im **3. Gang** (Abb. 5) ist ein weiterer Planetenradsatz blockiert, weil das Außenrad (10) und die Planetenräder (11) über den blockierten Planetenträger (13) verbunden sind.

34.3.4 Automatikgetriebe mit Stirnrädern

Die Abb. 1, S. 336 zeigt den Kraftfluss in einem elektronisch gesteuerten 5-Gang-Automatikgetriebe mit Stirnrädern für frontgetriebene Fahrzeuge.

Der hydrodynamische Drehmomentwandler ist auch in diesem Getriebe mit einer Überbrückungskupplung versehen, die in Abhängigkeit von Motordrehzahl und -last vom Getriebesteuergerät zugeschaltet wird, um den Schlupf des Wandlers zu vermeiden.

Die Übersetzungen für die einzelnen Gänge sind

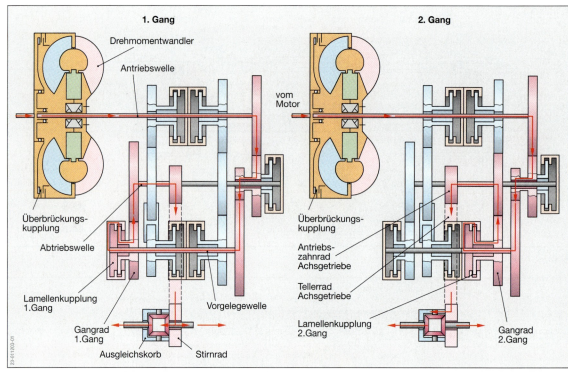

Abb.1: Kraftfluss im 5-Gang-Automatikgetriebe mit Stirnrädern

durch Stirnradpaare vorgegeben. Die Stirnräder sind auf ihren Wellen drehbar gelagert.

Zur Schaltung eines Ganges, d.h. die Festlegung des Gangrades auf der Welle, wird die entsprechende Lamellenkupplung durch Magnetventile, die vom Steuergerät angesteuert werden, hydraulisch betätigt. Das Drucköl wird den Kupplungen durch Längsbohrungen in ihren Wellen zugeführt. Durch weitere Bohrungen in den Wellen wird das Schmieröl zugeleitet und verteilt.

34.6 Stufenloses Getriebe

In einem stufenlosen Getriebe (Abb. 2), auch **CVT-Getriebe** (**C**ontinously **V**ariable **T**ransmission: engl.: kontinuierlich-variable Übersetzung) genannt, wird eine gewünschte Geschwindigkeit mit einem stufenlosen Übersetzungsverlauf erreicht (Abb. 3, ⇒ TB: Kap. 8). Dadurch kann der günstigste Drehzahlbereich ohne zu große Abweichungen eingehalten werden.

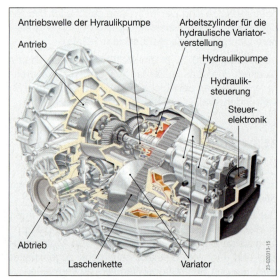

Abb. 2: Stufenloses Getriebe

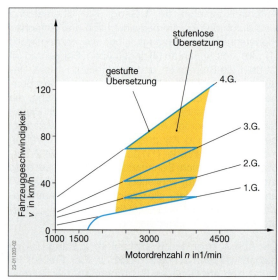

Abb. 3: Gestufte und stufenlose Übersetzung

Kapitel 34: Automatische Getriebe

Die **Vorteile** einer stufenlosen Übersetzung gegenüber vergleichbaren Automatik- und Handschaltgetrieben sind:
- geringerer Kraftstoffverbrauch und
- besseres Beschleunigungsvermögen.

Zentrales Bauteil der stufenlosen Getriebe ist der Variator (Abb. 4). Er besteht aus zwei Kegelscheibenpaaren, dem Primärscheibenpaar, das vom Motor angetrieben wird und dem Sekundärscheibenpaar auf der Abtriebsseite. Als Verbindungselement der Scheibenpaare dient ein **Schubgliederband** oder eine **Laschenkette**.

Jeweils eine Kegelscheibe eines Scheibenpaares ist axial verschiebbar. Im **Anfahrbereich** befindet sich das Schubgliederband bzw. die Kette auf dem kleinsten Durchmesser des treibenden Kegelscheibenpaares und damit gleichzeitig auf dem größten des getriebenen Scheibenpaares. Das ergibt die größte **Übersetzung** ins **Langsame**. Durch gegenläufiges Verschieben der Kegelscheibenhälften wird der wirksame Durchmesser des antreibenden Kegelscheibenpaares größer, der des getriebenen kleiner.

Das **Schubgliederband** (Abb. 5) besteht aus etwa 300 gestanzten Schubgliedern, die in ihren seitlichen Ausklinkungen von zwei Paketen aus jeweils zehn dünnen Stahlbändern (0,1 mm dick) geführt werden. Das Motordrehmoment wird von den Schubgliedern übertragen, die vom treibenden zum getriebenen Kegelscheibenpaar **gedrückt** werden.

Die **Laschenkette** (Abb. 6) besteht aus nebeneinander gereihten Kettenlaschen, die mit jeweils zwei seitlich überstehenden Wiegedruckstücken endlos verbunden sind. Diese sind zwischen den Kegelscheiben des Variators »eingeklemmt«, da die Kegelscheiben gegeneinander gedrückt werden. Es entsteht eine Reibkraft, durch die das Drehmoment übertragen wird.

Die Abb. 1, S. 338 zeigt ein **CVT-Getriebe mit Laschenkette**. Das Motordrehmoment wird nicht über einen hydraulischen Drehmomentwandler, sondern über eine Schwungrad-Dämpfereinheit oder ein Zweimassenschwungrad (s. Kap. 25.9) mit einer Anfahrkupplung übertragen.

Als Anfahrkupplung wird für Vorwärts- und Rückwärtsfahrt jeweils eine elektro-hydraulisch betätigte Lamellenkupplung eingesetzt. Ein Planetengetriebe erzeugt die Drehrichtungsumkehr für die Rückwärtsfahrt. Zur Drehmomenterhöhung befindet sich zwischen dem Planetengetriebe und den Primärscheiben des Variators eine Vorgelegestufe. Von den Sekundärscheiben des Variators wird das Drehmoment über ein Kegelradgetriebe (Achsgetriebe) zu den Rädern geleitet.

Der Variator wird von einem elektronischen Getriebesteuergerät über das hydraulische Steuergerät betätigt. Dieses gibt dem Fahrer auch die Möglichkeit des

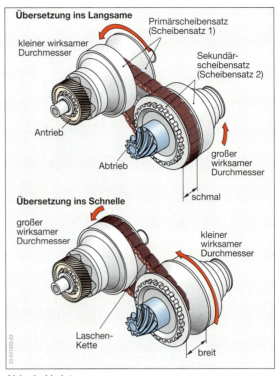

Abb. 4: Variator

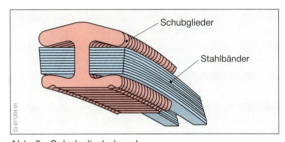

Abb. 5: Schubgliederband

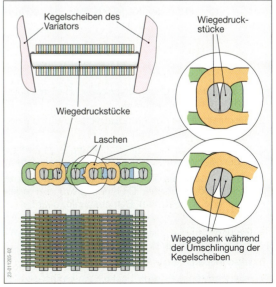

Abb. 6: Laschenkette

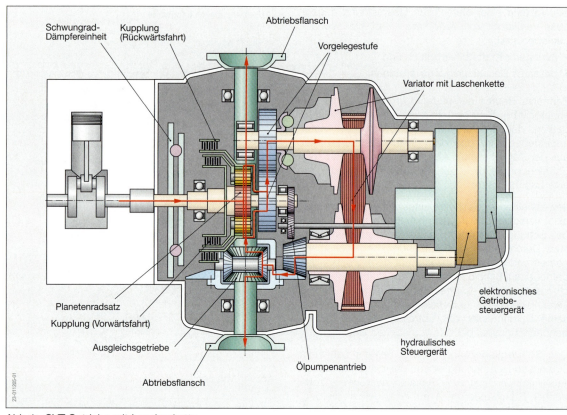

Abb. 1: CVT-Getriebe mit Laschenkette

manuellen Schaltens. Es stehen 6 Schaltkennlinien, d. h. 6 Gänge zur Verfügung.

Jedes Kegelscheibenpaar des Variators hat einen Zylinder für die Anpressung der Kegelscheiben sowie einen weiteren für die Veränderung der Übersetzung. So ist es möglich, mit einer geringen Menge Drucköl sehr schnell die Übersetzung zu verändern und bei verhältnismäßig geringem Druck immer eine ausreichende Anpressung der Kegelscheiben zu gewährleisten.

Aufgaben

1. Beschreiben Sie den Schaltvorgang in einem automatisierten Schaltgetriebe.
2. Beschreiben Sie den grundsätzlichen Aufbau eines Doppelkupplungsgetriebe.
3. Welche Vorteile hat ein Doppelkupplungsgetriebe gegenüber einem automatisierten Schaltgetriebe?
4. Welche maximale Drehmomentübersetzung kann ein hydrodynamischer Drehmomentwandler erreichen und in welchem Betriebspunkt befindet er sich dann?
5. Beschreiben Sie die Vorgänge im hydrodynamischen Drehmomentwandler im Kupplungspunkt.
6. Beschreiben Sie die Aufgabe eines Freilaufs?
7. Aus welchen Bauteilen besteht ein einfacher Planetenradsatz?
8. Welches Übersetzungsverhältnis hat ein Planetengetriebe, wenn der Planetenträger und das Hohlrad miteinander verbunden sind?
9. Welche wesentlichen Bauteile hat
   a) ein Ravigneaux-Getriebe und
   b) ein Simpson-Getriebe?
10. Welche Aufgabe hat die elektronische Steuerung eines automatischen Getriebes?
11. Skizzieren Sie ein Blockschaltplan einer elektronischen Getriebesteuerung.
12. Welche elektronischen Systeme können über Datenbus-Leitungen mit der EGS verbunden sein?
13. Welche Schaltelemente werden in automatischen Getrieben verwendet?
14. Durch welche Haupteinflussgrößen werden die Schaltpunkte der Getriebeschaltung beeinflusst?
15. Welche Aufgabe hat der Regelschieber für den Überschneidungsdruck?
16. Welche Ventile stellen die Verbindung zwischen Hydraulik und Elektronik her?
17. Welche Bauteile legen im Automatikgetriebe mit Stirnrädern die Gangräder auf den Wellen fest und wie werden sie betätigt?
18. Was ist ein CVT-Getriebe und welche Vorteile hat es?
19. Beschreiben Sie den Grundaufbau und die Wirkungsweise eines CVT-Getriebes.
20. Beschreiben Sie den Aufbau einer Laschenkette.

35 Radantrieb

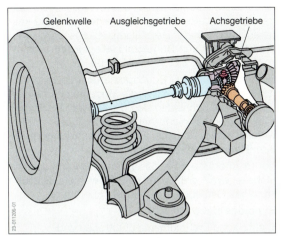

Abb. 1: Bauteile des Radantriebs

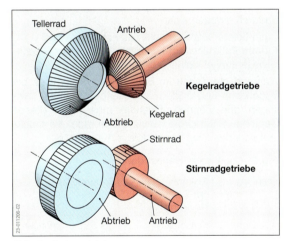

Abb. 2: Achsgetriebe

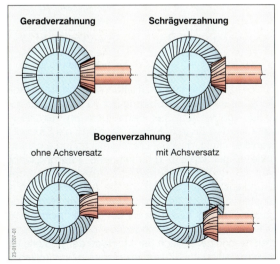

Abb. 3: Kegelradtriebe

Die **Aufgabe** des Radantriebs ist es, die Kräfte vom Getriebe zu den Antriebsrädern zu übertragen. Die **Bauteile** des Radantriebs zeigt die Abb. 1.

Übersetzungen des Radantriebs größer als 5:1 werden meist durch ein zusätzliches Achsgetriebe erreicht. Dafür werden Vorgelege- oder Planetengetriebe an den Antriebsrädern verwendet (s. Kap. 47).

35.1 Achsgetriebe

Achsgetriebe haben die **Aufgaben**,
- das vom Getriebe kommende Antriebsdrehmoment zu erhöhen,
- die Getriebeausgangsdrehzahl zu verringern und
- das Drehmoment an die Antriebsräder weiterzuleiten.

Gebräuchliche Übersetzungsverhältnisse von Achsgetrieben zeigt die Tab. 1.

Tab. 1: Getriebeübersetzungen von Achsgetrieben

Fahrzeugart	Getriebeübersetzung
Pkw	3,5:1 bis 5:1
Nkw	5:1 bis 10:1

Arten der Achsgetriebe

Für Pkw werden die folgenden **Achsgetriebearten** unterschieden (Abb. 2):
- Kegelradgetriebe und
- Stirnradgetriebe.

Ist der Motor längs zur Fahrtrichtung des Fahrzeugs eingebaut, muss der Kraftfluss an den Antriebsachsen um 90° umgelenkt werden (⇒ TB: Kap. 8). Dies erfolgt durch Kegelradgetriebe.

35.1.1 Kegelradgetriebe

> In **Kegelradgetrieben** erfolgt eine Umlenkung des Kraftflusses um 90°.

Nach der **Form** der **Zähne** (Abb. 3) werden Kegelräder unterschieden mit:
- Geradverzahnung,
- Schrägverzahnung und
- Bogenverzahnung.

Geradverzahnte Kegelräder sind kostengünstig in der Herstellung. Die Zähne haben jedoch eine geringere Tragfähigkeit und Laufruhe als schrägverzahnte Kegelräder, da jeweils immer nur ein Zahn im Eingriff ist.

Schrägverzahnte und **bogenförmig** verzahnte Kegelräder haben gegenüber den geradverzahnten Kegelrädern einen ruhigeren Lauf, da immer mindestens zwei Zähne des Kegelrades mit dem Tellerrad im Eingriff sind.

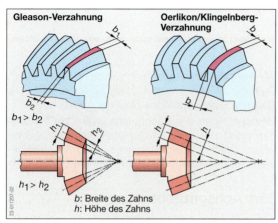

Abb. 1: Bogenzahn-Kegelradarten

$b_1 > b_2$
$h_1 > h_2$
b: Breite des Zahns
h: Höhe des Zahns

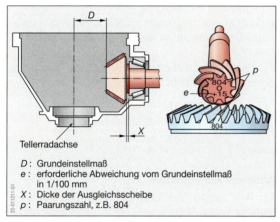

D : Grundeinstellmaß
e : erforderliche Abweichung vom Grundeinstellmaß in 1/100 mm
X : Dicke der Ausgleichsscheibe
p : Paarungszahl, z.B. 804

Abb. 2: Einstellmaße für Kegelradpaarungen

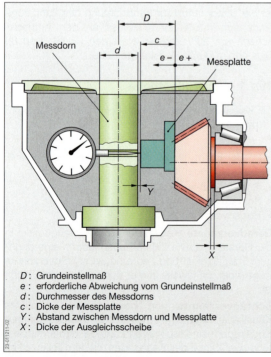

D : Grundeinstellmaß
e : erforderliche Abweichung vom Grundeinstellmaß
d : Durchmesser des Messdorns
c : Dicke der Messplatte
Y : Abstand zwischen Messdorn und Messplatte
X : Dicke der Ausgleichsscheibe

Abb. 3: Ermittlung des Einstellmaßes

Bei gleicher Breite der Kegelräder sind die Zähne länger und können mehr Kraft und daher auch ein größeres Drehmoment übertragen.

Durch die Form der Zähne entsteht neben der Radialkraft auch eine Axialkraft, die von Axiallagern aufgenommen werden muss. Die Kegelräder sind kostenaufwändig in der Herstellung. Hauptsächlich werden drei Arten von **Bogenzahn-Kegelrädern** unterschieden (Tab. 2 und Abb. 3, S. 339).

Die Bezeichnung der Bogenzahnarten (Abb. 1) erfolgt nach den Firmen, welche die Verzahnungen entwickelt haben. Schneiden sich die Achsen der Bogenzahn-Kegelräder nicht (Achsversatz, Abb. 3. S. 339), werden diese Getriebe als **Kegelschraubgetriebe** oder **Hypoidgetriebe** bezeichnet.

Bei gleicher Baugröße des Tellerrades kann das Antriebskegelrad größer ausgeführt werden. Dadurch kann das Getriebe größere Kräfte übertragen.

Hypoidgetriebe können

- sehr hohe Drehmomente übertragen und
- sind sehr laufruhig.

Das **Antriebskegelrad** kann tiefer gelegt werden. Dadurch ergeben sich

- ein tieferer Schwerpunkt des Fahrzeugs und
- mehr Fußfreiheit im Fahrgastraum, da der Gelenkwellentunnel kleiner ist.

Während die Zähne im Eingriff sind, kommt es bei Bogenzahn-Kegelrädern zu Gleitbewegungen zwischen den Zähnen. Deshalb müssen in diesen Getrieben Schmieröle verwendet werden, die druck- und scherfest sind (Hypoidöle, s. Kap. 27).

Tab. 2: Bogenzahn-Kegelradarten

Zahnart	Krümmungskurve der Zähne des Tellerrades	Besonderheit
Gleason	Kreisbogen	Die Zähne verjüngen sich zur Kegelspitze.
Oerlikon	Epizykloide	Die Zahnhöhe ist über die gesamte Zahnbreite gleich.
Klingelnberg	Palloide	Die Zahnhöhe ist über die gesamte Zahnbreite nahezu gleich.

Für die Laufruhe und die Haltbarkeit von Kegelrad-Achsgetrieben ist die Stellung der Kegelräder zueinander von wesentlicher Bedeutung. Im Herstellerwerk werden für jede Kegelradpaarung die **Einstellwerte** ermittelt, die gute Laufeigenschaften ergeben. Jede Kegelradpaarung erhält eine **Paarungszahl** (Abb. 2) und die erforderliche Abweichung vom Grundeinstellmaß D (Abb. 3). Die Abweichung vom Einstellmaß wird bei der Montage der Kegelradpaarung durch Verschieben der Räder eingestellt. Dies erfolgt durch Gewinderinge oder durch Ausgleichsscheiben. Nach der Montage der Bauteile ist es erforderlich, das Zahnflankenspiel zu kontrollieren und ein Tragbild (Abb. 4) anzufertigen.

Kapitel 35: Radantrieb

Zahnflanken-spiel	richtig	richtig	zu groß
Grundeinstell-maß	richtig	zu klein	richtig
Tragbild	richtig	falsch	falsch
Gleason			
Oerlikon-Klingelnberg			

Abb. 4: Tragbilder von Kegelradpaarungen

Die **Tragbilder** von Kegelradpaarungen zeigen, an welchen Stellen der Zahnflanken sich die im Eingriff befindlichen Zahnräder berühren.

Arbeitshinweis
Die Korrektur eines fehlerhaften Tragbildes wird hauptsächlich durch axiale Verschiebung des Antriebskegelrades erreicht. Eine axiale Verschiebung des Tellerrades ändert das Zahnflankenspiel.

35.1.2 Stirnradgetriebe

Bei quer zur Fahrtrichtung angeordneten Motoren muss der Kraftfluss zu den Antriebsrädern nicht umgelenkt werden. Dort können schrägverzahnte Stirnradgetriebe verwendet werden (Abb. 6). Sie sind kostengünstiger herzustellen und erfordern weniger Einstellarbeiten als Kegelradgetriebe.

35.2 Ausgleichsgetriebe

Ausgleichsgetriebe ermöglichen **unterschiedliche Drehzahlen** der Antriebsräder einer Achse oder zwischen zwei Antriebsachsen (Allradantrieb).

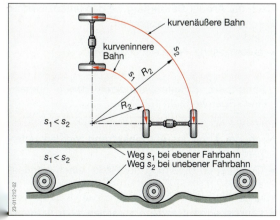

Abb. 5: Unterschiedlich lange Wege bei Kurvenfahrt und unebener Fahrbahn

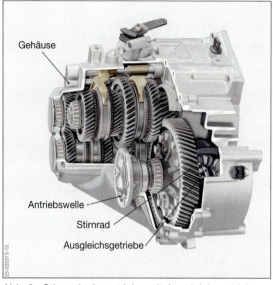

Abb. 6: Stirnradachsgetriebe mit Ausgleichsgetriebe

Unterschiedliche Drehzahlen an den Antriebsrädern entstehen
- durch unebene Fahrbahnen und
- bei Kurvenfahrt (Abb. 5).

Das **Antriebsrad** eines Fahrzeugs, das den längeren Weg zurücklegt, hat eine größere Drehzahl.

35.2.1 Grundprinzip des Ausgleichsgetriebes

Die Abb. 7 zeigt das Grundprinzip eines Ausgleichsgetriebes. Wirkt auf den Ausgleichsbolzen eine Kraft F, so wird die Kraft auf beide Zahnstangen verteilt und das Ausgleichsrad und die Stangen werden um den gleichen Weg s_A verschoben (Abb. 7a).

Bewegt sich eine Zahnstange nicht, so wird die andere Zahnstange um den doppelten Weg s_A verschoben. Das Ausgleichsrad dreht sich dabei um die eigene Achse (Abb. 7b). Werden die Zahnstangen durch **Kegelräder** ersetzt, ergibt sich der prinzipielle Aufbau eines Kegelradausgleichsgetriebes (Abb. 7c).

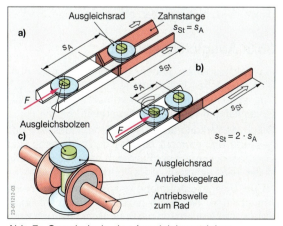

Abb. 7: Grundprinzip des Ausgleichsgetriebes

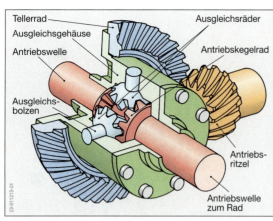

Abb. 1: Aufbau des Kegelradausgleichsgetriebes mit Achsgetriebe

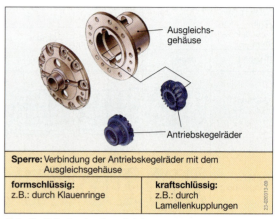

Abb. 2: Prinzip der Ausgleichssperre

35.2.2 Aufbau und Wirkungsweise des Kegelradausgleichsgetriebes

Den Aufbau des Kegelradausgleichsgetriebes zeigt die Abb. 1. Der Kraftfluss geht vom Antriebsritzel über das Tellerrad des Achsantriebes, das Ausgleichsgehäuse, den Ausgleichsbolzen, die Ausgleichsräder auf die Antriebskegelräder.

Bei Geradeausfahrt auf trockener Fahrbahn drehen sich die Ausgleichsräder nicht um die eigene Achse, sie verteilen das Drehmoment gleichmäßig auf beide Antriebskegelräder.

Wenn ein **Drehzahlunterschied** zwischen den Antriebswellen vorhanden ist (z. B. Kurvenfahrt), drehen sich die Ausgleichsräder um die eigene Achse. Antriebs- und Ausgleichskegelräder haben Geradverzahnung. Dies ist ausreichend, da die beiden Räder nur geringe Drehzahlen gegeneinander haben.

> Wegen der gleichmäßigen Kraftübertragung der Ausgleichsräder auf die beiden Antriebskegelräder ist das **Drehmoment** an den beiden Antriebswellen **immer gleich groß**.

Stirnradausgleichsgetriebe (Abb. 6, S. 341) sind kostenaufwändigere Ausgleichsgetriebe und werden daher im Kraftfahrzeugbau selten verwendet.

35.3 Ausgleichssperren

Ausgleichssperren heben die Wirkung des Ausgleichsgetriebes in bestimmten Fahrsituationen auf. Das ist immer erforderlich, wenn ein Antriebsrad die Bodenhaftung verliert und durchdreht.

Durch die Wirkung des Ausgleichsgetriebes wird das gesamte Drehmoment auf das durchdrehende Rad übertragen. Das auf der Fahrbahn haftende Rad kann daher kein Drehmoment als Vortriebskraft nutzen.

Ist das Ausgleichsgetriebe gesperrt, wird auf beide Antriebsräder ein gleich großes Drehmoment übertragen. Am Antriebsrad mit guter Bodenhaftung kann eine Vortriebskraft wirksam werden.

> Ein **Ausgleichsgetriebe** ist dann **gesperrt**, wenn das Ausgleichsgehäuse und eine Antriebswelle form- oder kraftschlüssig miteinander verbunden sind, d. h. beide Antriebswellen sind dann starr oder durch Reibung miteinander verbunden (Abb. 2).

Ausgleichssperren können mit unterschiedlich großer Sperrwirkung gebaut werden. Als Maß für die Sperrwirkung gilt der **Sperrwert**.

$$S = \frac{\Delta M_R}{\Sigma M_R} \cdot 100\,\%$$

S Sperrwert in %
ΔM_R Differenz der beiden Raddrehmomente in Nm
ΣM_R Summe der beiden Raddrehmomente in Nm

Selbsttätige Ausgleichssperren werden hauptsächlich in sportlichen Wettbewerbsfahrzeugen (Sperrwert 50 bis 70 %) und Pkw mit großer Motorleistung (Sperrwert 15 bis 55 %) eingebaut.

Bei einem Sperrwert von 50 % ist das Ausgleichsgetriebe solange gesperrt, bis am Rad mit der geringeren Bodenhaftung wieder ein entsprechendes Drehmoment übertragen werden kann.

Nach der **Art** der **Betätigung** werden unterschieden:
- schaltbare Ausgleichssperren und
- automatische Ausgleichssperren.

> **Schaltbare Ausgleichssperren** haben immer einen Sperrwert von 100 %.

Nach der **Lage** im **Antriebsstrang** werden unterschieden:
- Quersperren (Sperrung der Räder einer Antriebsachse) und
- Längssperren (Sperrung zwischen zwei Antriebsachsen).

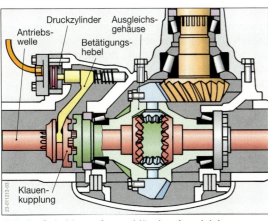

Abb. 3: Schaltbare, formschlüssige Ausgleichssperre

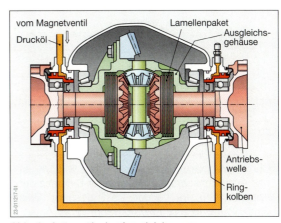

Abb. 4: Automatische Ausgleichssperre

35.3.1 Schaltbare Ausgleichssperren

Schaltbare Ausgleichssperren werden vom Fahrer manuell betätigt.

Die Verbindung zwischen der Antriebswelle und dem Ausgleichsgehäuse erfolgt **formschlüssig** durch eine Klauenkupplung (Abb. 3).

Formschlüssige Ausgleichssperren dürfen nur eingeschaltet werden, wenn kein Drehzahlunterschied zwischen den Antriebsrädern erzwungen werden kann. Unterschiedliche Raddrehzahlen, z. B. bei Kurvenfahrt, können die Zerstörung der formschlüssigen Verbindung bewirken. Deshalb müssen diese Sperren nach Erreichen griffiger, trockener Fahrbahnen sofort ausgeschaltet werden. Formschlüssige Ausgleichssperren haben einen Sperrwert von 100 % und werden hauptsächlich in Geländefahrzeugen und Nutzkraftwagen eingesetzt.

35.3.2 Automatische Ausgleichssperren

Die **Sperrung** des Ausgleichsgetriebes erfolgt automatisch.

Automatisches Sperrdifferential

Im **a**utomatischen **S**perr**d**ifferential (**ASD**) werden die Antriebswellen und das Ausgleichsgehäuse durch Lamellenkupplungen **kraftschlüssig** miteinander verbunden (Abb. 4). Die erforderliche Spannkraft wird hydraulisch erzeugt. Eine Radialkolbenpumpe fördert das Öl in einen Druckspeicher. Der Druck im Druckspeicher beträgt etwa 33 bar.

Ist eine Sperrung des Ausgleichsgetriebes erforderlich, wird durch ein elektronisches Steuergerät ein Magnetventil geöffnet, das Öl strömt in die Ringzylinder, die Lamellenpakete werden zusammengedrückt. Das elektronische Steuergerät nutzt die Drehzahlinformationen der Radsensoren vom ABS (s. Kap. 44.2).

Die **Radsensoren** liefern dem Steuergerät Angaben über die
- Raddrehzahlen,
- Differenzdrehzahlen zwischen den Vorderrädern bei Kurvenfahrt und
- Differenzdrehzahlen zwischen den Vorder- und Hinterrädern.

Das automatische Sperrdifferential wird nur bis zu einer Fahrgeschwindigkeit von 30 km/h zugeschaltet. Bei einer Bremsung wird die Ausgleichssperre sofort gelöst, so dass die ABS-Regelung nicht beeinträchtigt wird.

Der **Sperrwert** des ASD beträgt **100 %**.

Visco-Lok-Ausgleichssperre

Die kraftschlüssige Verbindung zwischen dem Antriebskegelrad und dem Ausgleichsgehäuse erfolgt bei der Visco-Lok-Ausgleichssperre durch eine Lamellenkupplung (Abb. 5). Durch eine Tellerfeder wirkt auf das Lamellenpaket eine Druckkraft, Ausgleichsgehäuse und Antriebskegelrad werden kraftschlüssig miteinander verbunden. Dadurch wird ein **Grundsperrwert** von **15** bis **25 %** erzeugt. Reicht dieser Grundsperrwert nicht aus, kommt es bei unterschiedlich hohen Drehzahlen an den Antriebsrädern zu einer Bewegung zwischen den Lamellen.

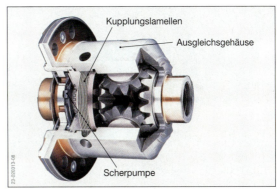

Abb. 5: Visco-Lok-Ausgleichssperre

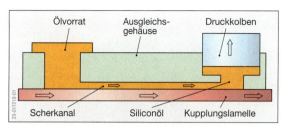

Abb. 1: Druckaufbau: Scherpumpe (Prinzip)

> Durch einen **Grundsperrwert** von z. B. 25 % ist das Ausgleichsgetriebe bis zu einer Differenz der Antriebsdrehmomente von 25 % gesperrt. Dies ermöglicht eine gute Traktion während des Anfahrens.

Die Kupplungslamelle (Abb.1) dreht sich im Ausgleichsgehäuse. Auf Grund dieser Drehzahl fördert eine integrierte Scherpumpe zähflüssiges Siliconöl in einen Druckkolben. Je höher die Differenzdrehzahl zwischen den Antriebsrädern ist, desto höher ist auch die Ölförderung der Scherpumpe und damit die Kraft des Druckkolbens. Dieser Druck wirkt auf das Kupplungslamellenpaket und steigert dadurch den Sperrwert.

35.3.3 Torsen-Ausgleichsgetriebe

Im Torsen-Ausgleichsgetriebe (Abb. 2) erfolgen Kraftübertragung und Drehzahlausgleich durch ein **Schneckengetriebe**. (**Torsen**, aus **Tor**que, engl.: Drehmoment, **sen**sing, engl.: fühlend). Torsen-Ausgleichsgetriebe werden als Ausgleichsgetriebe zwischen den Antriebsrädern und im **Verteilergetriebe** zwischen den Antriebsachsen eingesetzt.

Das Antriebsdrehmoment wird über das Ausgleichsgehäuse und die Schneckenradachsen auf die Schneckenräder übertragen.

Jeweils zwei Schneckenräder sind durch Stirnräder formschlüssig miteinander verbunden. Können auf beiden Antriebsseiten gleiche Drehmomente übertragen werden, drehen sich die **Schneckenräder** nicht um die eigene Achse.

Unterschiedliche Drehzahlen der Antriebswellen werden durch die Drehung der Schnecken ausgeglichen. Durch das Wirkprinzip des Schneckentriebes entstehen zwischen Schnecke und Schneckenrad Reibungskräfte. Die Größe der Reibungskräfte ist von der Steigung der Schnecke abhängig.

Bei Kurvenfahrt wirken sich diese Reibungskräfte kaum aus, da die Drehzahldifferenzen zwischen den Antriebsrädern gering sind. Eine große Drehzahldifferenz (z.B. ein Antriebsrad dreht durch) bewirkt jedoch große Reibungskräfte. Diese Reibungskräfte beeinträchtigen den Drehzahlausgleich und sperren das Ausgleichsgetriebe.

> Das Torsen-Ausgleichsgetriebe hat einen **Sperrwert** von etwa **60 %**.

35.3.4 Ausgleichsgetriebe für Allradantrieb

Werden mehrere Achsen eines Fahrzeugs angetrieben, so können auch **zwischen** den **Antriebsachsen** Drehzahldifferenzen entstehen (z.B. durch ungleiche Fahrbahnbeschaffenheit und unwegsames Gelände).

Um eine gute Traktion zu erreichen und Verspannungen des Fahrzeugs zu vermeiden, erfolgt die Kraftübertragung im Antriebsstrang zwischen den Achsen durch:

- Kegelradausgleichsgetriebe (s. Kap. 35.2.2),
- Viscokupplungen
  oder
- Haldex-Kupplungen.

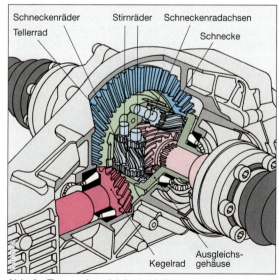

Abb. 2: Torsen-Ausgleichsgetriebe

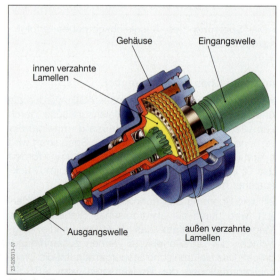

Abb. 3: Viscokupplung

Viscokupplung

Innerhalb der Viscokupplung (Abb. 3) sind die außenverzahnten Kupplungslamellen mit dem Gehäuse (Eingangswelle) verbunden. Die innenverzahnten Lamellen haben eine formschlüssige Verbindung mit der Ausgangswelle.

Zwischen den Kupplungslamellen befindet sich Siliconöl. Entsteht eine Drehzahldifferenz zwischen den Lamellen, entstehen im Öl Scherkräfte. Diese Kräfte übertragen das Drehmoment auf die Abtriebswelle. Die Größe des übertragbaren Drehmoments ist abhängig von der Größe und der Anzahl der Kupplungslamellen.

Haldex-Kupplung

Das Gehäuse der Haldex-Kupplung (Haldex: schwedischer Konstrukteur) ist mit der Eingangswelle (z. B Kardanwelle, Hinterachse) formschlüssig verbunden. Im Gehäuse sind außenverzahnte Lamellen. Zwischen diesen Lamellen befinden sich die innenverzahnten, mit der Ausgangswelle (z. B. Kardanwelle zur Vorderachse) verbundenen Lamellen. Die Lamellen sind axial verschiebbar.

Haben Eingangs- und Ausgangswelle die gleiche Drehzahl, werden die Axialkolbenpumpen nicht betätigt.

Entsteht zwischen der Vorder- und der Hinterachse eine Drehzahldifferenz, dreht sich die Nockenscheibe im Gehäuse und betätigt eine oder mehrere Axialkolbenpumpen (Abb. 4).

Der hydraulische Druck spannt durch die Arbeitskolben die Lamellenpakete. Die Eingangswelle und die Ausgangswelle werden kraftschlüssig miteinander verbunden.

Durch ein elektromagnetisch betätigtes Regelventil kann der Druck im System geregelt und dadurch der Sperrwert verändert werden. Kennfeldgesteuert kann so für jede Fahrsituation der bestmögliche Sperrwert realisiert werden.

35.4 Gelenkwellen

> **Gelenkwellen** sind **lösbare** Verbindungselemente. Sie übertragen Drehmomente und Drehbewegungen.

Der **Einbau** von **Gelenkwellen** ist erforderlich, wenn
- die Mittelachsen der zu verbindenden Bauteile zueinander nicht fluchten (z. B. Nebenantriebe, Nfz),
- die zu verbindenden Bauteile sich zueinander verschieben (z. B. während des Einfederns, Abb. 5) und
- die Kraftübertragung auf drehbewegliche Bauteile erfolgen muss (z. B. lenkbare Antriebsräder).

> **Gelenkwellen** ermöglichen **Bewegungen** und **Längenänderungen** zwischen zwei Bauteilen.

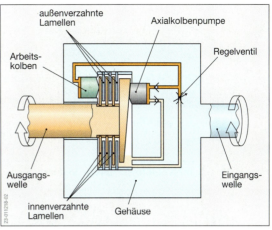

Abb. 4: Haldex-Kupplung

35.4.1 Grundaufbau der Gelenkwellen

Gelenkwellen bestehen aus Gelenk und Welle. Kurze Wellen werden hauptsächlich aus Rundstahl, längere Wellen meist aus nahtlos gezogenen oder geschweißten Stahlrohren hergestellt. Für besonders leichte Gelenkwellen werden Rohre aus glasfaserverstärkten Kunststoffen (GFK) verwendet.

35.4.2 Gelenkarten

Nach der **Art** der **Gelenke** werden unterschieden:
- elastische Gelenke (Trockengelenke): z. B. Hardyscheiben, Guibo-Gelenk, Silentbloc-Gelenk.
- drehbewegliche Gelenke: z. B. Kreuzgelenke, Gleichlaufgelenke.

Nach den **Anforderungen** an die **Gelenkwellen** werden unterschieden:
- Gelenkwellen mit Längenausgleich und
- Gelenkwellen ohne Längenausgleich.

Der Längenausgleich kann in der Welle (verschiebbare, formschlüssige Verbindungen, Abb. 1, S. 346) oder in den Gelenken (Topfgelenke, Abb. 2, S. 348) erfolgen.

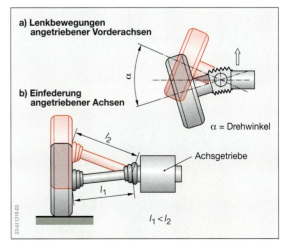

Abb. 5: Ursachen für entstehende Beugungswinkel und Längenänderungen an Gelenkwellen

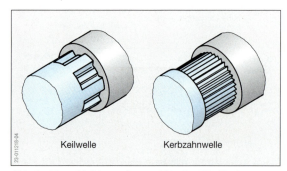

Abb. 1: Verschiebbare, formschlüssige Verbindungen

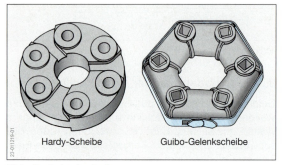

Abb. 2: Gelenkscheiben

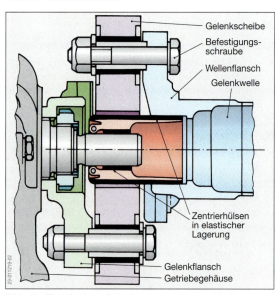

Abb. 3: Elastisches Gelenk mit zentrierten Wellen

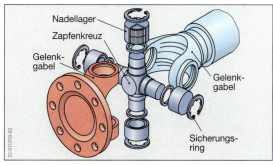

Abb. 4: Kreuzgelenk (Kardangelenk)

Elastische Gelenke

Gelenkscheiben (Abb. 2) erlauben einen Beugungswinkel der Wellen bis zu 5° und eine Längenänderung zwischen den Anschlussflanschen bis 5 mm. Diese Gelenke sind wartungsfrei.

Als Gelenkscheiben werden Gummigewebescheiben, Metallscheiben mit Silentbloc oder Laschen aus gummiertem Gewebe verwendet.

Für schnelldrehende Gelenkwellen müssen die beiden Wellenenden zentriert werden, um Unwuchten zu verhindern. Die Abb. 3 zeigt ein Gelenk mit zentrierten Wellen.

> **Elastische Gelenke** sind kostengünstig und wartungsfrei. Sie sind für kleine Beugungswinkel der Wellen und geringe Längenänderungen zwischen den Anschlussflanschen geeignet. Sie dämpfen Schwingungen und Schaltstöße.

Drehbewegliche Gelenke

> **Drehbewegliche Gelenke** können große Drehmomente übertragen und ermöglichen (je nach Bauart) Beugungswinkel bis etwa 45°.

Kreuzgelenke, auch Kardangelenke genannt (Cardano; ital. Naturwissenschaftler, 1501 bis 1567), bestehen aus zwei ineinandergreifenden Gabeln, die durch ein Zapfenkreuz miteinander verbunden sind. Die Gabeln werden meist im Gesenk geschmiedet und bestehen aus hochwertigem Einsatzstahl (z.B. 20 MoCr5). Gekapselte Nadellager führen das Zapfenkreuz in den Gabeln (Abb. 4). An die Gabeln werden meist dünnwandige Rohre angeschweißt. Gelenke dieser Bauart gestatten Beugungswinkel bis zu 15°. Längenänderungen zwischen zwei Anschlussflanschen müssen durch Schiebestücke (Abb. 7) ausgeglichen werden.

Kreuzgelenkwellen können große Drehmomente übertragen. Sie werden hauptsächlich zwischen Getriebe und Radantrieb und bei Allradfahrzeugen auch als Antriebswellen zwischen den Achsen eingebaut.

Nachteilig bei **großen Beugungswinkeln** ist, dass Drehgeschwindigkeitsschwankungen in der gebeugten Welle auftreten (Abb. 5).

Die Lager des Zapfenkreuzes der treibenden Welle bewegen sich immer auf einer Kreisbahn (Punkte 1 und 1*, Abb. 5). Bezogen auf die Mittelachse der treibenden Welle, laufen aber die Lager des Zapfenkreuzes der gebeugten Welle (Punkte 2 und 2*) auf einer elliptischen Bahn.

Bei **gleichförmiger Drehgeschwindigkeit** der treibenden Welle legen die Lagerpunkte (2 und 2*) der getriebenen Welle, z.B. bei einem Drehwinkel von 90°, unterschiedlich lange Wege in gleicher Zeit zurück.

Kapitel 35: Radantrieb

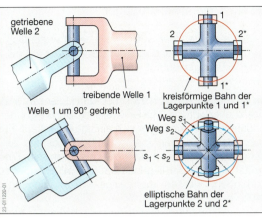

Abb. 5: Ungleichförmige Drehbewegungen der gebeugten Welle

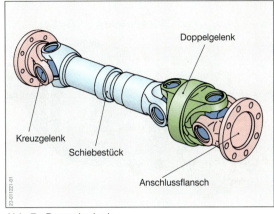

Abb. 7: Doppelgelenk

Dadurch entstehen Drehgeschwindigkeitsschwankungen an der gebeugten Welle, die jedoch ausgeglichen werden können, wenn zwei Kreuzgelenke verwendet werden. Voraussetzung ist, dass beide Beugungswinkel gleich groß sind und die Gabeln der Zwischenwelle auf einer Ebene liegen (Abb. 6).

Doppelgelenke erreichen Beugungswinkel bis 48°. Es sind Gelenkkombinationen zweier Kreuzgelenke in W-Anordnung. Beide Wellenenden sind meist ineinander zentriert (Abb. 7). Bei diesen Gelenken entstehen keine Gleichlaufschwankungen.

> **Gleichlaufgelenke** werden auch als **homokinetische Gelenke** bezeichnet (homokinetisch, gr.: gleichförmige Bewegung). Sie haben keine Drehgeschwindigkeitsschwankungen an der gebeugten Welle.

Tripode-Gelenke (Tripoid, griech.: Dreifuß) sind Gleichlaufgelenke, die einen Beugungswinkel von etwa 20° und eine Längsbeweglichkeit bis zu 30 mm ermöglichen (Verschiebegelenk, Abb. 8). Durch ein Keilnutenprofil ist der Zapfenstern mit dem Wellenende verbunden. Über diesen Zapfenstern greift eine topfförmige Glocke. In den drei Aussparungen der Glocke bewegen sich Laufrollen, welche die Glocke mit dem Zapfenstern verbinden und am Zapfenstern gelagert sind.

Kugel-Gleichlaufgelenke werden nach ihrem Aufbau unterschieden:
- Kugel-Gleichlaufgelenk ohne Längsbeweglichkeit (Festgelenk) und einem Beugungswinkel bis zu 47° (Abb. 1, S. 348).
- Kugel-Gleichlaufgelenk mit Längsbeweglichkeit (Verschiebegelenk) und einem Beugungswinkel von etwa 20° (Abb. 2, S. 348).

Die Kugeln zwischen den gehärteten Laufbahnen des Innensterns und des Außengehäuses werden durch einen Käfig geführt. Der bauliche Unterschied beider Gelenke liegt in der Gestaltung der Kugellaufbahnen. Festgelenke haben **gekrümmte**, Verschiebegelenke **gerade Kugellaufbahnen**.

> Werden **Gleichlaufgelenke** für lenkbare Antriebsachsen verwendet, so wird das **Verschiebegelenk** (auch Topfgelenk genannt) immer getriebeseitig und das **Festgelenk** immer radseitig angeordnet.

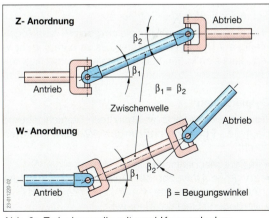

Abb. 6: Zwischenwelle mit zwei Kreuzgelenken

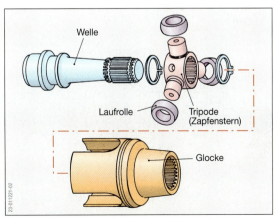

Abb. 8: Tripode-Gelenk (Verschiebegelenk)

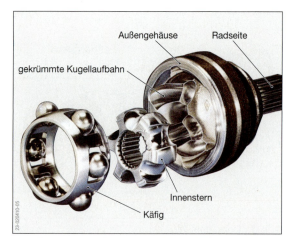

Abb. 1: Kugelgleichlauf-Festgelenk

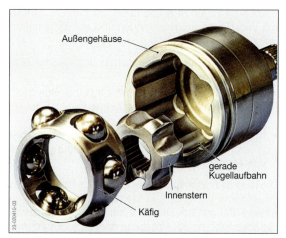

Abb. 2: Kugelgleichlauf-Verschiebegelenk (Topfgelenk)

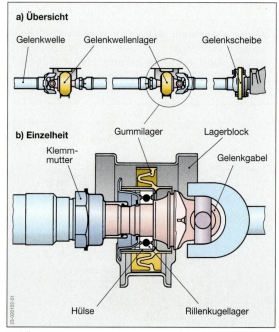

Abb. 3: Mehrteilige Gelenkwelle mit Gelenkwellenlager

35.4.3 Gelenkwellen-Lager

> Die **Laufruhe** einer Gelenkwelle hängt wesentlich von ihrer Länge und von der Genauigkeit ab, mit der sie ausgewuchtet wurde.

Je größer der Abstand zwischen den Gelenken wird, desto eher wird die Gelenkwelle zu Schwingungen angeregt. Dadurch ergibt sich ein unruhiger Lauf. Für schnelllaufende Gelenkwellen soll der Abstand zwischen den Gelenken nicht größer als 1,5 m sein. Sind weiter auseinander liegende Bauteile miteinander zu verbinden, werden mehrteilige Wellen eingebaut (Abb. 3).

> **Gelenkwellen** werden vom Hersteller ausgewuchtet.
> Ein nachträgliches Auswuchten (z.B. nach einer Reparatur) ist nur auf Spezialmaschinen möglich.

Der Ausgleich der Unwucht erfolgt durch Schweißraupen oder das Anschweißen dünner Blechstreifen.

35.5 Wartung und Diagnose

Achsgetriebe

Die Wartung an Achsgetrieben umfasst die regelmäßige Kontrolle des Ölstands im Getriebe, die Prüfung der Dichtheit und, wenn vom Hersteller vorgeschrieben, den Ölwechsel.

Störungen am Achsgetriebe treten nur dann auf, wenn es zur Überlastung des Getriebes kommt (z. B. falsches Herunterschalten, häufig schwerer Anhängerbetrieb). Lagerschäden und Zahnbrüche sind die Folgen. Übermäßiger Verschleiß führt zu Geräuschen während des Lastwechsels.

> Der **Austausch** von Kegelrädern des Achsgetriebes muss immer **paarweise** erfolgen

Durch defekte Dichtungen können Verunreinigungen in das Getriebe gelangen. Diese verringern die Schmierfähigkeit des Getriebeöls.

Hydraulisch wirkende Ausgleichssperren sind regelmäßig auf Dichtheit zu prüfen. Es ist darauf zu achten, dass sich in den Vorratsbehältern immer ausreichend Flüssigkeit befindet.

Gelenkwellen

Trockengelenke sind wartungsfreie, verschleißarme Bauteile. **Funktionsstörungen** können auftreten durch:
- äußere mechanische Einwirkungen,
- zu große Unwucht der Gelenkwelle (Verlust der Ausgleichsgewichte),
- verbogene Gelenkwellen und
- Werkstoffermüdung der Gelenkscheiben.

Alle **Gelenkwellenteile**, insbesondere die Dichtmanschetten sind in regelmäßigen Abständen auf Beschädigungen zu kontrollieren.

Beschädigte **Gelenkscheiben** sind sofort auszuwechseln. Die Einbauhinweise der Hersteller sind unbedingt zu beachten.

Die Funktionsfähigkeit der Metallgelenke hängt wesentlich von einer ausreichenden Schmierung der beweglichen Teile ab.

Kreuzgelenke werden in wartungsfreier Ausführung oder mit Nachschmiermöglichkeit geliefert. Die Schmierung der Lager erfolgt über einen Druckschmierkopf (Schmiernippel) in der Mitte des Kreuzgelenks.

Durch Schmierbohrungen wird das Fett zu den Lagern gedrückt. Das verbrauchte Fett tritt durch die Dichtung aus. Die Lager des Kreuzgelenks sind bei Verschleiß stets komplett zu wechseln.

Sind die Gelenke gekapselt, so ist zu kontrollieren, ob alle Dichtungen und Gummimanschetten unbeschädigt sind. Beschädigte Manschetten sind sofort zu ersetzen, die Gelenke zu säubern und mit einer Spezialfett-Füllung zu versehen.

Ist das Profil des Schiebestücks beschädigt, muss immer die Keilwelle und die Nabe zusammen ausgewechselt werden.

Vor der Demontage von Gelenkwellen ist die Stellung der Bauteile zueinander zu markieren. Die Welle ist in derselben Stellung wieder zusammenzubauen.

Werden die einzelnen Bauteile zueinander verdreht eingebaut, so ist die Welle nicht mehr ausgewuchtet.

Gleichlaufgelenke sind wartungsfrei. In regelmäßigen Abständen muss durch eine Sichtkontrolle festgestellt werden, ob die Gummidichtungen unbeschädigt sind. Schadhafte Dichtmanschetten sind unverzüglich auszuwechseln. Das Gelenk ist dabei zu säubern und mit einer neuen Fettfüllung (Spezialfett) zu montieren.

Aufgaben

1. Nennen Sie die Aufgaben des Achsgetriebes.
2. Skizzieren Sie die Bauteile des Radantriebes. Legen Sie die Bauteile unterschiedlich farbig an.
3. Welchen Vorteil haben schrägverzahnte Kegelräder gegenüber geradverzahnten Kegelrädern?
4. Wodurch unterscheidet sich eine Klingelnberg-Verzahnung von einer Oerlikon-Verzahnung?
5. Aus welchem Grund muss in Hypoidgetrieben ein Spezialöl verwendet werden?
6. Welche Informationen liefert das Tragbild einer Kegelradpaarung?
7. Auf welchen Bauteilen des Achsgetriebes befindet sich eine Paarungszahl? Begründen Sie diesen Sachverhalt.
8. Aus welchem Grund werden im Kraftfahrzeug Ausgleichsgetriebe benötigt?
9. Ein Rad eines Fahrzeugs wird angehoben. Das Tellerrad hat eine Drehzahl von 120/min. Welche Drehzahl hat das angehobene Rad, wenn keine Ausgleichssperre vorhanden ist? Begründen Sie ihre Angabe.
10. Beschreiben Sie die Wirkungsweise eines Ausgleichsgetriebes bei Kurvenfahrt.
11. Ein Fahrzeug fährt einen Kreis. Der Durchmesser am kurvenäußeren Rad beträgt 12,5 m. Berechnen Sie, wie oft sich das kurveninnere und das kurvenäußere Rad drehen (Radhalbmesser = 260 mm, Spurweite = 1,7 m).
12. Welchen Sperrwert hat die in der Abb. 3, S. 343 dargestellte Ausgleichssperre?
13. Die Ausgleichssperre einer Antriebsachse hat einen Grundsperrwert von 20 %. Woran können Sie feststellen, ob die Sperre funktionsfähig ist (angehobene Antriebsachse)?
14. Im Ausgleichsgetriebe ist eine Sperre mit einem Sperrwert von 25 % eingebaut. An den Antriebsrädern wirken M_R = 110 Nm und M_L = 80 Nm. Ist die Ausgleichssperre in Funktion? Begründen Sie ihre Antwort.
15. Worauf muss während des Einsatzes formschlüssiger Ausgleichssperren geachtet werden? Begründen Sie Ihre Antwort.
16. Beschreiben Sie die Wirkungsweise der Visco-Lok Ausgleichssperre.
17. Wodurch erfolgt die Sperrwirkung bei einer Torsen-Ausgleichssperre?
18. Skizzieren Sie schematisch eine Viscokupplung. Legen Sie die Lamellen unterschiedlich farbig an.
19. Wodurch werden die Kolben der Axialkolbenpumpe einer Haldex-Kupplung bewegt?
20. Die Sperrwirkung einer Haldex-Kupplung wird von einem elektronischen Rechner gesteuert. Erläutern Sie, wodurch die Sperrwirkung beeinflusst wird.
21. Nennen Sie die Aufgaben der Gelenkwellen.
22. Nennen Sie unterschiedliche Gelenkarten und deren Verwendung im Kraftfahrzeug.
23. Wodurch treten bei Kreuzgelenken Drehgeschwindigkeitsschwankungen in der gebeugten Welle auf?
24. Wie können die Drehgeschwindigkeitsschwankungen an Kreuzgelenken ausgeglichen werden?
25. Worin unterscheidet sich ein Kugel-Gleichlauf-Festgelenk von einem Kugel-Gleichlauf-Verschiebegelenk?
26. Geben Sie an, welche Gleichlauf-Gelenkarten an angetriebenen Lenkachsen getriebeseitig und radseitig angeordnet werden. Begründen Sie ihre Angaben.
27. Nennen Sie Ursachen für Funktionsstörungen an Gelenkwellen.
28. Welche Wartungsarbeiten sind an Kreuzgelenken mit Nachschmiermöglichkeit durchzuführen?

Fahrwerk eines Personenkraftwagens

Grundlagen
Kraftfahrzeuge
Motor
Kraftübertragung
Fahrwerk
Krafträder
Nutzkraftwagen
Elektrische Anlage
Elektronische Systeme

36	Achsgeometrie	351
37	Lenkung	359
38	Federung	368
39	Schwingungsdämpfung	375
40	Radaufhängung	386
41	Räder	393
42	Bremsen: Grundlagen	403
43	Hydraulische Bremsanlage	407
44	Elektronisch geregelte Bremssysteme	420
45	Fahrzeugaufbau	432

36 Achsgeometrie

Das **Fahrverhalten** eines Kraftfahrzeugs wird beeinflusst von der:
- Lage des Schwerpunkts,
- Lage der Wankzentren,
- Radstellung,
- Antriebsart (s. Kap. 31),
- Federung (s. Kap. 38),
- Schwingungsdämpfung (s. Kap. 39),
- Radaufhängung (s. Kap. 40) und
- elektronischen Regelung, z. B. ABS (s. Kap. 44).

> Die **Fahrzeugdrehbewegungen** und das **Eigenlenkverhalten** des Fahrzeugs werden im Wesentlichen von der **Achsgeometrie** bestimmt.

36.1 Fahrzeugdrehbewegungen

Je nach einwirkender Kraft kommt es zu verschiedenen **Drehbewegungen** eines Fahrzeugs (Tab. 1) um die Raumachsen. Bezogen auf ein fahrzeugfestes Koordinatensystem mit dem Ursprung im Schwerpunkt (Abb. 1), dreht sich das Fahrzeug dabei um die

- Querachse: Nicken,
- Hochachse: Gieren (Schleudern) und
- Längsachse: Wanken (Rollen).

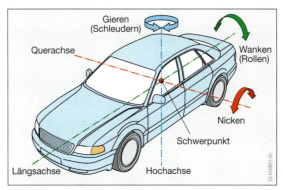

Abb. 1: Fahrzeugdrehbewegungen

Tab. 1: Drehbewegungen eines Fahrzeugs

Raumachse	Art der einwirkenden Kraft	Bezeichnung der Drehbewegung
Querachse	Brems- und Anfahrkräfte	Nicken
Hochachse	Lenk-, Wind- und Fliehkräfte	Gieren (Schleudern)
Längsachse	Radführungs- und Seitenkräfte	Wanken (Rollen)

Die Lage des **Schwerpunkts** wird wesentlich durch die Massenverteilung (z. B. Lage des Motors und des Getriebes) und die Art des Aufbaus bestimmt.

> Das **Wankzentrum** einer Achse ist der Punkt, um den sich der Aufbau unter dem Einfluss einer Seitenkraft neigt. Die Lage des Wankzentrums hängt von der Bauart der Achse ab.

Die Lage des Wankzentrums bleibt bei Starrachsen, unabhängig von der Belastung des Fahrzeugs, stets gleich. Dagegen verändert sich die Lage des Wankzentrums einer Achse mit Einzelradaufhängung in Abhängigkeit von der Ein- oder Ausfederbewegung des Rades. Dies kann zu Änderungen der Spurweite führen. Die Abstützung des Wankmoments um das Wankzentrum erfolgt über die Federn der Vorder- und Hinterachse.

Die Seitenneigung eines Fahrzeugs um die Längsachse ist abhängig von dem Abstand zwischen dem Schwerpunkt und der Wankachse (Abb. 2).

> Die **Wankachse** eines Fahrzeugs ist die Verbindungslinie zwischen den beiden **Wankzentren** der Vorder- und der Hinterachse.

Je größer der Abstand zwischen dem Schwerpunkt und der Wankachse ist, desto größer wird das auf den Aufbau wirkende Drehmoment um die Wankachse, wenn Radführungs- oder Seitenkräfte wirken.

> Fahrzeuge mit einem **kleinen Abstand** zwischen Wankachse und Schwerpunkt haben bei Einwirkung einer Seitenkraft eine **geringe Wankneigung**.

Geht die Seitenkraft durch die Wankachse, dann entsteht kein Wankmoment und damit keine Drehung um die Wankachse. Deshalb sollte die Wankachse möglichst hoch in Schwerpunktnähe liegen. Die Wankachse sollte parallel zur Fahrbahn liegen, um bei Kurvenfahrt annähernd gleiche Radlaständerungen an der Vorder- und Hinterachse zu erzielen.

Abb. 2: Schwerpunkt und Wankachse

36.2 Eigenlenkverhalten

Das Eigenlenkverhalten eines Fahrzeugs wird durch eine genormte Kreisfahrt ermittelt. Bis zur **Kurvengrenzgeschwindigkeit** ist der Kraftschluss zwischen Reifen und Fahrbahn gewährleistet. Wird der Kreis schneller durchfahren, so können die notwendigen Seitenkräfte nicht mehr übertragen werden. Das Fahrzeug giert oder schleudert um seine Hochachse. Schleudert ein Fahrzeug, so bildet sich um seine Hochachse ein Schwimmwinkel (Abb.1).

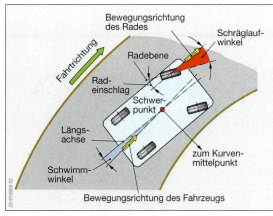

Abb.1: Schwimm- und Schräglaufwinkel

> Der **Schwimmwinkel** ist der Winkel zwischen Längsachse und Bewegungsrichtung eines Fahrzeugs.

Greifen an einem Fahrzeug Seitenkräfte an (z.B. Windkraft, Fliehkraft), so rollen die Räder nicht mehr in der Radebene ab. Sie radieren auf der Fahrbahn um den Schräglaufwinkel in der Bewegungsrichtung des Rades (Abb. 2).

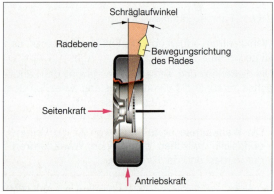

Abb. 2: Schräglaufwinkel (Draufsicht)

> Der **Schräglaufwinkel** ist der Winkel zwischen der Radebene und der Bewegungsrichtung des Rades.

Das **Eigenlenkverhalten** eines Fahrzeugs wird durch die Größe des Schräglaufwinkels bestimmt. Es werden unterschieden: neutrales, untersteuerndes und übersteuerndes Fahrverhalten.

> **Neutrales Fahrverhalten:** Die Schräglaufwinkel an den Vorder- und Hinterrädern sind gleich groß.

Ein neutrales Fahrverhalten (Abb. 3) ermöglicht die höchste Ausnutzung der Seitenkräfte aller Räder und somit die größte Kurvengrenzgeschwindigkeit. Darüber hinaus ist ein Ausbrechen nicht vorhersehbar, da es sowohl über die Hinterachse als auch über die Vorderachse erfolgen kann.

Abb. 3: Neutrales Fahrverhalten

> **Untersteuerndes Fahrverhalten:** Die Schräglaufwinkel der Vorderräder sind größer als die der Hinterräder.

Überschreitet ein Fahrzeug mit untersteuerndem Fahrverhalten (Abb. 4) die Kurvengrenzgeschwindigkeit, so verliert es zuerst vorn die Bodenhaftung und schiebt über die Vorderräder nach außen. Es durchfährt einen größeren Kurvenradius als es dem Lenkeinschlag entspricht. Dieses Fahrverhalten ist durch entsprechendes Gegenlenken und/oder Beschleunigen gut zu kontrollieren, so dass fast alle Fahrwerke unterschiedlicher Fahrzeuge (Front- oder Heckantrieb) ein leicht untersteuerndes Fahrverhalten aufweisen.

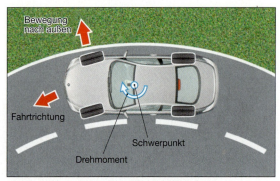

Abb. 4: Untersteuerndes Fahrverhalten

Abb. 5: Übersteuerndes Fahrverhalten

> **Übersteuerndes Fahrverhalten:** Die Schräglaufwinkel der Vorderräder sind kleiner als die der Hinterräder.

Überschreitet ein Fahrzeug mit übersteuerndem Fahrverhalten (Abb. 5) die Kurvengrenzgeschwindigkeit, so verliert es zuerst hinten die Bodenhaftung und schiebt mit dem Heck nach außen. Es durchfährt einen kleineren Kurvenradius als es dem Lenkeinschlag entspricht. Dieses Fahrverhalten ist durch entsprechendes Gegenlenken nur schwer zu korrigieren und es erfordert ein intensives Fahrertraining.

Auch durch die Lage des Schwerpunkts, der Achslastverteilung und der Antriebsart wird die Größe des Schräglaufwinkels an den Vorder- oder Hinterrädern beeinflusst.

> **Fahrzeuge** mit Frontmotor neigen zum **Untersteuern**, mit Heckmotor zum **Übersteuern**.
> Fahrzeuge mit Allradantrieb zeigen ein **neutrales Fahrverhalten**.

36.3 Radstellungen

Die **Radstellungen** werden bestimmt durch:
- Spurweite, Radstand,
- Vor- oder Nachspur,
- Sturz,
- Lenkrollhalbmesser,
- Spreizung,
- Vorlauf oder Nachlauf und
- Spurdifferenzwinkel.

36.3.1 Spurweite und Radstand

> Die **Spurweite** ist der Abstand der Räder einer Achse, gemessen von Reifenmitte zu Reifenmitte auf der Standebene. Bei Zwillingsrädern ist es der Abstand von Mitte Zwillingsrad zu Mitte Zwillingsrad.

Die Spurweite beträgt 1300 bis 1500 mm, der Radstand etwa 2300 bis 2800 mm (Abb. 6).

Abb. 6: Spurweite und Radstand

> Der **Radstand** ist der Abstand zwischen den Radmitten der Vorder- und Hinterräder.

Je größer Spurweite und Radstand sind, desto größer ist auch die Fahrsicherheit des Fahrzeugs, insbesondere bei Kurvenfahrt.

36.3.2 Gesamtspur, Vorspur und Nachspur

> Die **Gesamtspur** ist der Maßunterschied zwischen den Abständen der Felgenhörner vor und hinter der Achse in Geradeausstellung.

Die Gesamtspur einer Achse (Abb. 7) kann in mm oder Winkelgraden gemessen werden. Als Einzelspur wird der Winkel eines Rades zur geometrischen Fahrachse bezeichnet.

Ist der Abstand vor und hinter der Achse gleich, so hat das Fahrzeug die Spur 0. Meist ist jedoch eine Vor- oder Nachspur vorhanden.

> **Vorspur** hat ein Fahrzeug, wenn der Abstand der Felgenhörner in Fahrtrichtung vor der Achse kleiner als hinter der Achse ist.
> **Nachspur** hat ein Fahrzeug, wenn dieser Abstand vor der Achse größer als hinter der Achse ist.

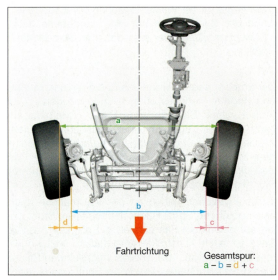

Abb. 7: Gesamtspur der Vorderachse (Vorspur)

Gesamtspur: $a - b = d + c$

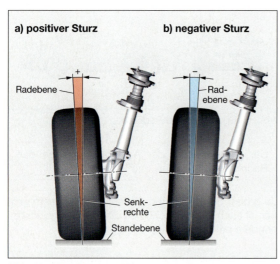

Abb. 1: a) Positiver und b) negativer Sturz

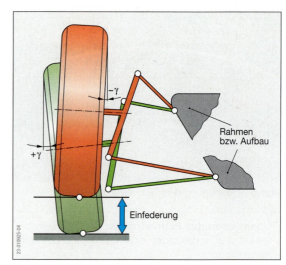

Abb. 2: Sturzänderung durch Einfederung

Die ideale Laufrichtung der Räder verläuft parallel zur Fahrzeuglängsachse. Durch elastische Verformungen in den Radführungselementen (z. B. Spurstange, Kugelbolzen, Gummilager) kann sich die Spur ändern. Für Fahrzeuge mit **positivem Lenkrollhalbmesser** (s. Kap. 36.3.4) gilt:

- bei Heckantrieb werden die nicht angetriebenen Vorderräder durch den Rollwiderstand nach außen in Richtung Nachspur gedrückt und
- bei Frontantrieb werden sie durch das Antriebsdrehmoment nach innen in Richtung Vorspur gezogen.

Die Vorspur beträgt für Pkw 0 bis 5 mm, die Nachspur 0 bis 3 mm. Die Einzelspur eines Rades (Vor- oder Nachspur) wird in Winkelgraden angegeben. Der Vorspurwinkel beträgt dann etwa 0 bis 1°, der Nachspurwinkel etwa 0 bis 0,5°.

36.3.3 Sturz

> Der **Sturz** ist der Winkel zwischen der Radebene und der Senkrechten auf die Standebene des Fahrzeugs. Die Räder sind dabei in Geradeausstellung.

Der Sturz ist **positiv**, wenn das Rad oben nach außen und **negativ** wenn es oben nach innen geneigt ist (Abb. 1). Unter Sturz laufende Räder wollen wie ein flach gelegter Kegel auf einer Kreisbahn ablaufen. Werden sie daran durch die Radaufhängung gehindert, so entstehen unterschiedliche Seitenkräfte. Das Seitenkraftpotenzial der Reifen ist unter negativen Sturzwerten größer als unter positiven.

Einige Fahrzeuge haben an der Vorderachse noch einen **positiven** Sturz. Räder mit positivem Sturz rollen auf gewölbten Fahrbahnen gut ab. Der positive Sturz ist auch konstruktiv erforderlich, weil Kegelrollenlager (s. Kap. 40.1.4) einer wechselnden Belastung nicht standhalten. Durch die Spreizung (s. Kap. 36.3.5) und den Nachlaufwinkel (s. Kap. 36.3.6) wird beim Einschlagen das kurvenäußere Rad in einen negativen Sturzbereich gebracht und dadurch die erforderliche Seitenführungsstabilität erzielt.

> Während einer **Kurvenfahrt** darf am äußeren gelenkten Rad **kein positiver Sturz** auftreten.

Hinterräder haben einen **negativen** Sturz, da sie nicht durch Lenkbewegungen in den negativen Sturz gebracht werden können. Durch den Einsatz zweireihiger Schrägkugellager (s. Kap. 40.1.4) werden zunehmend auch die Räder der gelenkten Vorderachse auf negative Sturzwerte eingestellt. Durch die Wirkung des negativen Sturzes läuft das Rad auf den Achsschenkel (inneres Radlager) auf, entlastet das äußere Radlager und hebt dadurch das Radlagerspiel auf.

Pkw-Räder haben einen Sturz zwischen –30' und 1°30', Lkw-Räder einen Sturz von 1 bis 2°.

Durch das Ein- und Ausfedern der Räder verändert sich der Sturz bei vielen Einzelradaufhängungen (s. Kap. 40.2). Dabei geht der positive Sturz in den negativen Bereich und erhöht bei eingefedertem Fahrzeug die Seitenführungskraft.

Der Sturz steht in enger Wechselwirkung mit anderen Radstellungen wie z.B. Lenkrollhalbmesser und Spur. Durch den Lenkeinschlag verändert der Radaufstandspunkt seine Lage zur Längsachse des Fahrzeugs. Aus diesem Grund muss nach der elektronischen Achsvermessung (s. Kap. 36.4) zuerst der Sturz eingestellt werden.

> **Falsche Sturzwerte** verursachen einen erhöhten Reifenverschleiß, erhöhen die Walkarbeit des Reifens und vermindern seine Seitenführungskraft.

Kapitel 36: Achsgeometrie

36.3.4 Lenkrollhalbmesser

> Der **Lenkrollhalbmesser** r ist der Abstand zwischen den Schnittpunkten der Lenkachse und der Radmittelebene, gemessen auf der Standebene.

Liegt der Lenkrollhalbmesser innerhalb der Spurweite, so ist er **positiv**; außerhalb ist er **negativ**. Der Lenkrollhalbmesser (Abb. 3) beeinflusst auch die Größe des Drehmoments am Lenkrad. Ein kleiner Lenkrollhalbmesser (bei Pkw etwa −20 bis +50 mm) entlastet das Lenkgestänge, da das Drehmoment aus Lenkrollhalbmesser und Reibkraft im Radaufstandspunkt klein ist. Ist der Lenkrollhalbmesser sehr klein bzw. Null, so »radieren« die gelenkten Räder im Stand auf der Fahrbahn. Es entstehen hohe Reibkräfte und die Lenkung ist schwergängig.

Positiver Lenkrollhalbmesser
Wird ein Rad einseitig stärker abgebremst, so steuert es zu der Seite, an der die größere Bremskraft angreift. Bei positivem Lenkrollhalbmesser (Abb. 3a) drücken die Bremskräfte die Räder vorn nach außen.
Nachteil: Das Rad mit der größeren Bremskraft wird dadurch nach außen geschwenkt und das Fahrzeug zusätzlich in Richtung der stärker gebremsten Seite gelenkt.

Negativer Lenkrollhalbmesser
Durch die Verwendung von tiefen Radschüsseln und Scheibenbremsen (s. Kap. 43) ist es möglich, den Lenkrollhalbmesser nach außen zu legen (negativer Lenkrollhalbmesser). Die Bremskräfte schwenken dadurch die Räder nach innen (Abb. 3b). Das Rad mit der größeren Bremskraft wird wegen der elastischen Aufhängung der Radführungselemente nach innen geschwenkt.
Vorteil: Es entsteht ein selbsttätiges Gegenlenken. Das Fahrzeug wird von der stärker gebremsten Seite weggelenkt und stabilisiert dadurch den Geradeauslauf.

36.3.5 Spreizung

> Die **Spreizung** ist der Winkel in Fahrzeugquerrichtung zwischen der Lenkachse und der Senkrechten auf die Standebene.

Mit der Festlegung der Spreizung wird auch die Größe des **Lenkrollhalbmessers** bestimmt (Abb. 4). Der Spreizwinkel beträgt etwa 5 bis 7°.
Durch die Spreizung wird das **Rückstellmoment** des Rades in Geradeausstellung bewirkt. Bei einem Lenkeinschlag bewegt sich die Lenkachse (Abb. 5) gegen die Gewichtskraft nach oben und hebt das Fahrzeug an. Das Zurücklenken in die Geradeausstellung wird durch das Absenken der Fahrzeugmasse unterstützt.

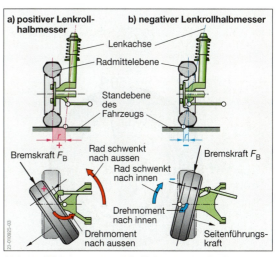

Abb. 3: Wirkung unterschiedlicher Lenkrollhalbmesser

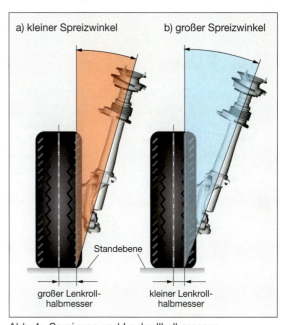

Abb. 4: Spreizung und Lenkrollhalbmesser

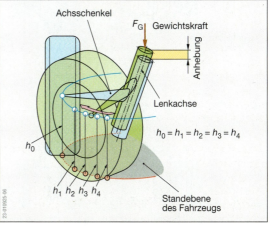

Abb. 5: Spreizung und Rückstellmoment

36.3.6 Vorlauf und Nachlauf

Der **Vor-** oder **Nachlaufwinkel** ist der Winkel zwischen der Lenkachse und der Senkrechten durch die Radmitte.

Die **Vor-** oder **Nachlaufstrecke** ist der Abstand auf der Standebene zwischen den Schnittpunkten der Lenkachse und der Senkrechten durch die Radmitte.

Vor- und **Nachlauf** können als Winkel oder Strecke angegeben werden (Abb. 1). Bei **Nachlauf** liegt der Schnittpunkt der Senkrechten durch die Radmitte **nach**, bei **Vorlauf vor** dem Schnittpunkt der Lenkachse mit der Standebene. Durch den Nachlauf wird das Rad gezogen, weil die im Radaufstandspunkt angreifende Kraft hinter der Lenkachse liegt.

Vorteil des **Nachlaufs**: Das gezogene Rad wird stabilisiert, die Flatterneigung wird unterdrückt.

Der Nachlaufwinkel beträgt bei Pkw etwa 0 bis 9°, die Nachlaufstrecke etwa 0 bis 40 mm.

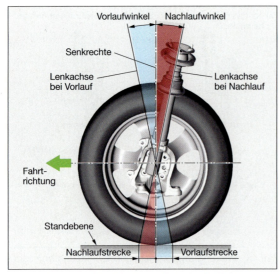

Abb. 1: Vor- und Nachlauf als Winkel und Strecke

36.3.7 Spurdifferenzwinkel

Der **Spurdifferenzwinkel** ist der Unterschied der Einschlagwinkel zwischen dem kurveninneren und dem kurvenäußeren Rad. Dieser Winkel wird bei 20° Lenkeinschlag des kurveninneren Rades gemessen.

Der Spurdifferenzwinkel (Abb. 2) muss bei Links- und Rechtseinschlag gleich groß sein, andernfalls sind Bauteile des Lenktrapezes verbogen. Die Räder einer Vorderachse rollen nur dann einwandfrei auf der Fahrbahn ab, wenn sich die Mittellinien der beiden Achsschenkel auf der verlängerten Mittellinie der Hinterachse in einem gemeinsamen Mittelpunkt schneiden (s. Kap. 37.3).

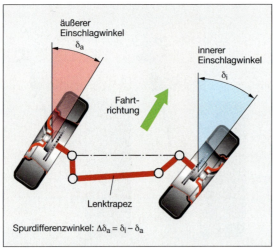

Abb. 2: Spurdifferenzwinkel: $\Delta \delta_a = \delta_i - \delta_a$

36.4 Elektronische Achsvermessung

Die Achsvermessung (Abb. 3) dient zur Feststellung der vorhandenen **Einstellwerte** (Istwerte) für die Radaufhängung. Gleichzeitig ermöglicht sie den Vergleich mit den vom Fahrzeughersteller vorgegebenen Werten (Sollwerte) und eine entsprechende Korrektur der Einstellwerte.

> **Arbeitshinweis**
>
> Folgende **Kontrollen** sind vor jeder Achsvermessung durchzuführen und die eventuell vorhandenen Mängel zu beheben:
> - richtige Größe von Felgen und Reifen,
> - Reifenfülldruck laut Betriebsanleitung,
> - einwandfreier Zustand der Federung, der Schwingungsdämpfung und der Radaufhängung und
> - einwandfreier Zustand der Felgen, Reifen, Radlager, Lenkhebel, Spurstangen und Kugelgelenke.

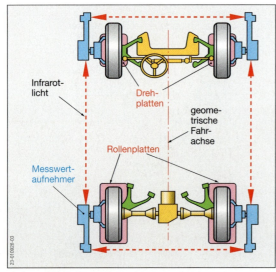

Abb. 3: Elektronische Achsvermessung

36.4.1 Niveauprüfung des Messplatzes

Die Achsvermessung kann auf Hebebühnen oder über Arbeitsgruben durchgeführt werden. Sie ermöglicht eine genaue Einstellung der Achsgeometrie. Als Toleranz für die Einstellung der Vorspur sind z. B. nur Abweichungen von ±1 Minute zulässig. Für diese sehr genaue Achsvermessung ist es wichtig, dass die **Rollen-** und **Drehplatten** in einer horizontalen Ebene liegen. Die Radaufstandsflächen des Messplatzes müssen zueinander höhengleich liegen.

> **Zulässige Höhenabweichungen:**
> – in der Spurweite: max. 0,5 mm
> – im Radstand: max. 1,0 mm
> – in den Diagonalen: max. 1,0 mm

36.4.2 Messwertaufnehmer

Die **Messwertaufnehmer** (Abb. 3) an den Rädern erfassen über acht Infrarotspuren (vier horizontal und vier vertikal) alle Größen der Radstellungen. Das achtfache Spurgebersystem bildet ein Messrechteck oder Messtrapez, dessen vier Ecken zusammen 360° ergeben. Die vier Messwertaufnehmer sind in zwei Ebenen mit jeweils einer Lichtquelle ausgerüstet (Abb. 4). Die horizontale Infrarotspur zur Spurmessung wird auf **CCD-Zellen** gebündelt (engl.: **c**hange **c**ouple **d**evice, ladungsgekoppeltes Gerät). Sturz, Spreizung und Nachlauf werden über ein Pendel mit integrierter Lichtquelle gemessen, deren vertikale Infrarotspur ebenfalls von den CCD-Zellen digitalisiert wird. Alle Daten werden an den Achsmesscomputer übermittelt, der daraus die **geometrische Fahrachse** (Abb. 5) berechnet. Der Computer berechnet zu allen Radstellungen die entsprechenden Werte (Tab. 2).

> Die **Bezugsachse** für die Achsvermessung ist die **geometrische Fahrachse**: das ist die Winkelhalbierende der Gesamtvorspur der Hinterachse.

36.4.3 Ablauf der Achsvermessung

> Ein **exaktes Ausrichten** des Fahrzeugs vor der elektronischen Achsvermessung ist **nicht erforderlich**.

Vor der Achsvermessung ist eine **Felgenschlagkompensation** durchzuführen. Dafür sind die Räder anzuheben und jeweils um 90° zu drehen. Der Computer speichert einen vorhandenen Felgenschlag als Korrekturwert für die folgenden Messungen. Dann ist der Bremsenspanner zwischen Bremspedal und Fahrersitz zu montieren. Für Messungen bei belastetem Fahrzeug sind die vorgeschriebenen Beladungen einzuhalten. Alle Sollwerte eines Fahrzeugtyps sind im Computer gespeichert. Durch die Eingabe der Fahrzeugdaten können diese für einen Vergleich mit den Istwerten aufgerufen werden. Die Reihenfolge der Messungen kann vom Bediener oder Computer bestimmt werden.

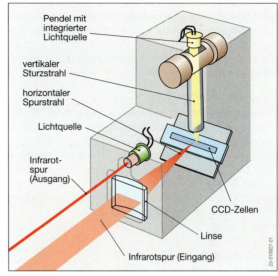

Abb. 4: Aufbau des Messwertaufnehmers

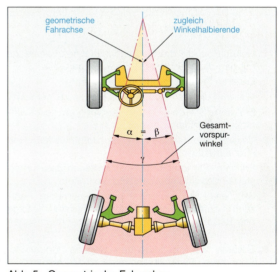

Abb. 5: Geometrische Fahrachse

Tab. 2: Radstellungen

Radstellung	Messgenauigkeit	Messbereich
Gesamtspur	+/– 3'	+/– 18°
Einzelspur	+/– 2'	+/– 9°
Sturz	+/– 2'	+/– 10°
Nachlauf	+/– 4'	+/– 22°
Spreizung	+/– 4'	+/– 22°
Spurdifferenz	+/– 4'	+/– 20°
Lenkeinschlag	+/– 4'	+/– 60°
Radversatz	+/– 2'	+/– 9°
Achsversatz	+/– 2'	+/– 9°

Auswertung der Messergebnisse

Auf dem Monitor (Abb. 1) sind über den Istwerten die Sollwerte angegeben. Dazwischen wird durch Farbbereiche der Toleranzgrenzwert angegeben, d. h. ob die Messwerte »innerhalb« oder »außerhalb« der Toleranz liegen. Eine Pfeilmarke weist auf das Ergebnis der Messung. Gespeichert sind Hinweise für die Korrekturmöglichkeit einzelner Einstellwerte an der Radaufhängung. Alle Daten zur Achsgeometrie können mit den entsprechenden Toleranzangaben abschließend ausgedruckt werden.

Fahrwerksanalyse

Die **elektronische Achsvermessung** ermöglicht neben den bisher üblichen Einstelldaten für die Radaufhängung eine genaue **Fahrwerksanalyse** (FWA). Das geschlossene Messfeld bildet ein Messrechteck (Abb. 2a), dessen 4 Ecken zusammen 360° ergeben. Ist das Rechteck verzerrt (Abb. 2b und 2c), so ergeben sich Hinweise auf eventuell erforderliche Reparaturen (Abb. 3) an der **Karosserie** bei

- Achsversatz,
- Radstandsdifferenz,
- Seitenversatz,
- Radversatz und
- Spurweitendifferenz.

Aufgaben

1. Nennen Sie die drei Raumachsen eines Fahrzeugs mit den dazugehörenden Bewegungen.
2. Erklären Sie den Begriff »Wankzentrum«.
3. Wie wird die Wankachse eines Fahrzeugs gebildet?
4. Erläutern Sie den Begriff »Kurvengrenzgeschwindigkeit« an einem Beispiel.
5. Erklären Sie die Begriffe »Schwimmwinkel« und »Schräglaufwinkel«.
6. Erklären Sie die Begriffe übersteuerndes, untersteuerndes und neutrales Fahrverhalten.
7. Skizzieren Sie an einem untersteuerndem Fahrzeug in der Draufsicht die Schräglaufwinkel, die Lage des Schwerpunkts und das mögliche Ausbrechen des Fahrzeugs.
8. Erklären Sie die folgenden Begriffe: Spurweite, Spur, Sturz, Lenkrollhalbmesser und Spreizung.
9. Skizzieren Sie ein beliebiges Rad mit 5° Sturz und 8° Spreizung in der Seitenansicht.
10. Begründen Sie die Notwendigkeit für Vorspur, Sturz und Lenkrollhalbmesser.
11. Welchen Vorteil hat ein negativer Lenkrollhalbmesser?
12. Skizzieren Sie an einem Rad mit positivem Lenkrollhalbmesser die Wirkung einer Bremskraft in der Draufsicht.
13. Was ist die Bezugsachse für die elektronische Achsvermessung?
14. Beschreiben Sie den Ablauf der elektronischen Achsvermessung.
15. Wodurch werden bei der Fahrwerksanalyse Schäden an der Karosserie erkannt?

Abb. 1: Messwertanzeige: Einzelspur

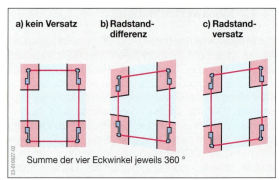

Abb. 2: Messung der Eckwinkel

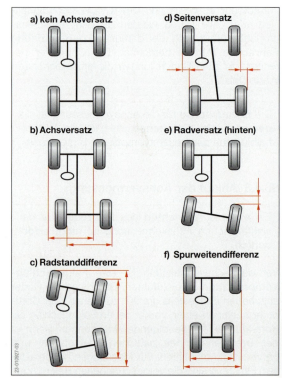

Abb. 3: Ermittlung zusätzlicher Werte

37 Lenkung

Die Lenkung hat folgende **Aufgaben**:
- die Räder der gelenkten Achse bzw. Achsen für die Kurvenfahrt einzuschlagen (zu schwenken),
- die Räder in die Stellung für Geradeausfahrt selbsttätig zurückzuführen (Rückstellmoment),
- auf die Lenkung wirkende Kräfte (z.B. Brems- und Antriebskräfte) so aufzunehmen, dass das Lenkverhalten des Fahrzeugs nicht beeinträchtigt wird,
- die Lenkradumdrehungen so zu übersetzen, dass für 40° Radeinschlagwinkel etwa zwei Lenkradumdrehungen notwendig sind und
- die aufgebrachte Handkraft zu verstärken.

37.1 Lenkungsarten

Wird nur mit Muskelkraft gelenkt, so wird die Lenkung Muskelkraft- oder mechanische Lenkung genannt. Reicht die Muskelkraft wegen zu großer Lenkkräfte nicht aus, so müssen Hilfskraftlenkungen verwendet werden. Unabhängig von dieser Unterscheidung wird je nach **Anordnung** der **Lenkachse** (⇒ TB: Kap. 9) für die Räder unterschieden in:
- Drehschemel-Lenkung und
- Achsschenkel-Lenkung.

37.1.1 Drehschemel-Lenkung

Die Drehschemel-Lenkung (Abb. 1a) wird nur für mehrachsige Anhänger verwendet.

Die **Nachteile** der Drehschemel-Lenkung sind:
- hohe Schwerpunktlage des Kraftfahrzeugs und dadurch großes Kippmoment bei Kurvenfahrt und
- bei Lenkeinschlag schmale Stützfläche im Bereich des Drehschemels (Kippgefahr).

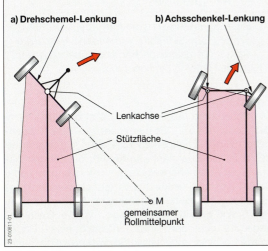

Abb. 1: Lenkungsarten

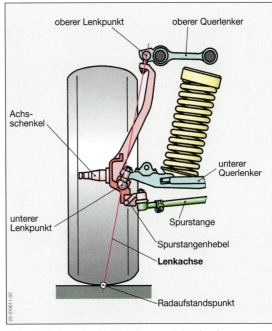

Abb. 2: Achsschenkel-Lenkung mit Lenkachse

37.1.2 Achsschenkel-Lenkung

Die Achsschenkel-Lenkung in Kraftfahrzeugen hat für jedes Rad hat eine **gesonderte Lenkachse** (Abb. 1b). Sie kann vom Achsschenkelbolzen (Abb. 1, S. 360) gebildet werden oder sie ist die Verbindungslinie zwischen dem oberen und dem unteren Lenkpunkt (Abb. 2).

Der **Achsschenkel**, der das Rad aufnimmt, ist um die Lenkachse schwenkbar gelagert. Jeder Achsschenkel hat einen **Spurstangenhebel**, an dem die Lenkkräfte über die **Spurstange** meist direkt angreifen (Abb. 1, S. 360). Es gibt aber auch Achsschenkel-Lenkungen, bei denen die Lenkkraft am **Lenkhebel** angreift und über das **Lenktrapez** zum anderen Achsschenkel weitergeleitet wird (Abb. 3, S. 360).

Die Achsschenkel-Lenkung hat folgende **Vorteile**:
- die Stützfläche verkleinert sich bei Lenkeinschlag nur unwesentlich und
- der Raum zwischen den gelenkten Rädern kann für den Einbau tiefliegender Aggregate (z.B. Motor) verwendet werden.

> Der Begriff **Allradlenkung** wird verwendet, wenn alle Räder eines Kraftfahrzeugs gelenkte Räder sind.

Je nach Bauart werden gegen- und gleichsinnige Allradlenkungen unterschieden (⇒ TB: Kap. 9).

37.2 Lenktrapez

Den **Aufbau** eines Lenktrapezes zeigt die Abb. 1. Die Spurstange verbindet über zwei Spurstangenhebel die gelenkten Räder.

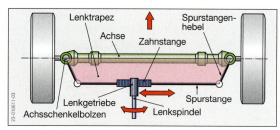

Abb. 1: Lenktrapez mit Lenkgestänge

> Das **Lenktrapez** hat die **Aufgabe**, die gelenkten Räder einer Achsschenkel-Lenkung jeweils soweit einzuschlagen, dass alle Räder des Fahrzeugs immer um einen gemeinsamen Mittelpunkt M rollen.

Durch **unterschiedliche Lenkwinkel** (Abb. 2) wird ein gemeinsamer Mittelpunkt aller Räder erreicht. Das kurveninnere Rad muss deshalb stärker eingeschlagen werden als das kurvenäußere Rad. Durch das Lenktrapez wird vermieden, dass bei einem Lenkeinschlag einzelne Räder seitlich gleiten (radieren) und damit der Bodenkontakt zur Fahrbahn verringert wird.

> Bei **Kurvenfahrt** hat das kurveninnere Rad einen größeren Lenkeinschlag als das kurvenäußere Rad.

Der kleinste **Wendekreis** eines Fahrzeugs ergibt sich aus dem größtmöglichen Lenkeinschlag der Räder.

37.3 Bauteile der Lenkung

Der **Aufbau** einer Kraftfahrzeuglenkung hängt von der Art der Radaufhängung (Einzelradaufhängung oder Starrachse) und der Art der Kraftübertragung (Vorder- oder Hinterradantrieb) ab.

Der Drehwinkel und das Drehmoment am Lenkrad werden über die Lenkspindel auf das Lenkgetriebe mit Spindel übertragen (Abb. 3). Durch das Lenkgetriebe wird die Lenkkraft übersetzt. Gleichzeitig wird der Drehwinkel der Lenkspindel in einem Kugel-

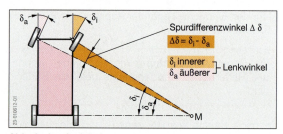

Abb. 2: Lenkwinkel

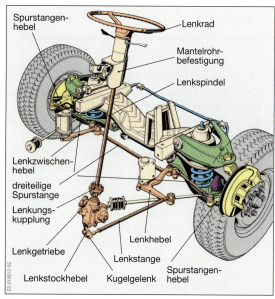

Abb. 3: Aufbau einer Lenkung

umlauf-Lenkgetriebe in eine bogenförmige Bewegung des Lenkstockhebels untersetzt und über das Lenkgestänge auf die gelenkten Räder übertragen.

In einem Lenkgetriebe mit **Zahnstange** (Abb. 1) bildet die Zahnstange einen Teil der Spurstange. Die Drehbewegung der Lenkspindel wird direkt in eine geradlinige Bewegung der Spurstange umgewandelt.

Das am **Lenkrad** aufzubringende **Drehmoment** hängt ab von:
- der Reifengröße,
- dem Reifenluftdruck,
- der Reibung zwischen Reifen und Fahrbahn,
- der Radlast,
- der Übersetzung des Lenkgetriebes und
- der Hubarbeit am Fahrzeugaufbau durch den Radeinschlag.

37.3.1 Lenkgestänge

> Das **Lenkgestänge** hat die **Aufgabe**, die am Ausgang des Lenkgetriebes vorhandene Lenkbewegung auf die gelenkten Räder zu übertragen. Es führt die Räder in Lenkrichtung.

Spurstange

Die Spurstange (Abb. 1) bildet meist die kurze Seite des Lenktrapezes. Sie verbindet die Spurstangenhebel mit dem Lenkgetriebe. Bei einer starren Vorderachse ist die Spurstange **ungeteilt**, da sich der Abstand der Achsschenkelbolzen nicht verändern kann. Dieser Abstand verkürzt sich jedoch während des Einfederns einzeln aufgehängter Räder (Abb. 3). Durch eine **geteilte Spurstange** wird die Abstandsänderung verringert. Das Einfedern eines Rades würde bei einer **ungeteilten Spurstange** eine Eigenlenkbewegung des anderen Rades bewirken.

Kapitel 37: Lenkung

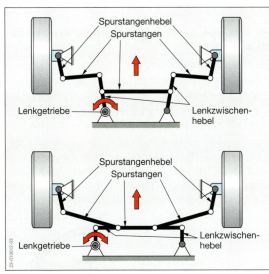

Abb. 4: Dreiteilige Spurstangen

Bei Einzelradaufhängungen sind zwei- oder dreiteilige Spurstangen üblich. **Zweiteilige Spurstangen** (Abb. 7) können mittig oder seitlich am Zahnstangen-Lenkgetriebe angeflanscht sein. Kugelumlauf-Lenkgetriebe benötigen **dreiteilige Spurstangen** (Abb. 4) und einen **Lenkzwischenhebel**.

Kugelgelenk

Die Gelenke des Lenkgestänges sind **Kugelgelenke** Abb. 5). Die Teile des Lenkgestänges können sich dadurch um die Längsachse des Kugelgelenks um 360° drehen und bis zu 40° Winkelabweichungen quer zur Längsachse ausführen. Der Kugelzapfen ist in Stahl- oder Kunststoffschalen gelagert. Ein Abdichtbalg verhindert Schmiermittelverluste.

37.3.2 Lenkgetriebe

Lenkgetriebe haben folgende **Aufgaben**:
- die Drehbewegung des Lenkrades zu übersetzen,
- eine Schwenkbewegung des Lenkstockhebels oder eine Längsbewegung der Spurstange zu erzeugen,
- störende Rückwirkungen der gelenkten Räder vom Lenkrad fernzuhalten.

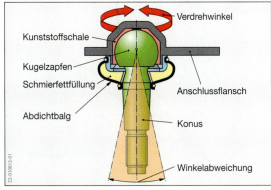

Abb. 5: Kugelgelenk

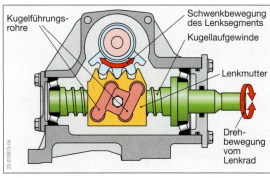

Abb. 6: Kugelumlauf-Lenkgetriebe

Lenkgetriebe haben eine **Übersetzung** von etwa **14:1** bis **22:1**. Diese Übersetzung ist für die Erzeugung der benötigten großen Lenkkräfte am Lenkgestänge notwendig. Ab einer Übersetzung unter 16:1 oder aus Komfortgründen, wird eine Lenkhilfe erforderlich.

Kugelumlauf-Lenkgetriebe (Abb. 6) haben in der **Lenkschraube** und **-mutter** ein **Kugellaufgewinde**. Die Gewindegänge berühren sich nicht, da die Verbindung der Gänge über Kugeln hergestellt wird. Die Gewindegänge bilden die Wälzbahn für die Kugeln. Wird die Lenkschraube gedreht, so rollen die Kugeln im Kugellaufgewinde in zwei geschlossenen Kugelumläufen nahezu verschleißfrei ab. Die notwendige Rückführung der Kugeln erfolgt durch zwei **Kugelführungsrohre**. Die axiale Bewegung der Lenkmutter wird über eine Verzahnung in eine Schwenkbewegung des **Lenksegments** übersetzt.

> **Zahnstangen-Lenkgetriebe** wandeln die Drehbewegung des Lenkrades über ein **Ritzel** und eine **Zahnstange** (Abb. 7) in eine Längsbewegung der **Spurstangen** um.

Ein federbelastetes Druckstück (Abb. 1, S. 362) presst die Zahnstange gegen das Ritzel. Dadurch arbeitet dieses Lenkgetriebe **spielfrei**. Gleichzeitig wirkt die Gleitreibung zwischen Druckstück und Zahnstange dämpfend auf die Übertragung von Fahrbahnstößen zum Lenkrad.

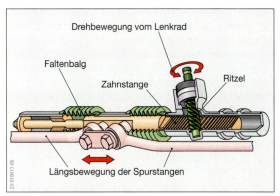

Abb. 7: Zahnstangen-Lenkgetriebe

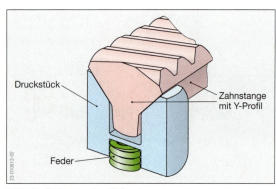

Abb. 1: Führung der Zahnstange

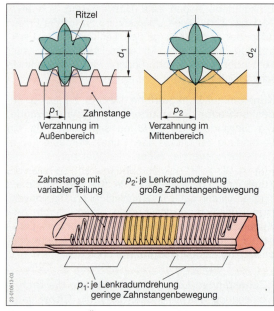

Abb. 2: Variable Übersetzung einer Zahnstange

Eine Zahnstange mit **variabler Übersetzung** ist so gestaltet, dass sie im normalen Fahrbetrieb direkt wirkt und während des Aus- und Einparkens leicht zu betätigen ist. Durch unterschiedliche Module der Zahnstange (Abb. 2) ändert sich die Teilung p_2 und der Teilkreisdurchmesser d_1 um etwa 30 %. Das in die Verzahnung eingreifende Ritzel hat eine gleichbleibende Verzahnung. Im Mittenbereich wird bei kleinen Lenkraddrehwinkeln eine direkte Übersetzung erzielt, während bei stärkeren Lenkradeinschlägen die Übersetzung indirekter wird. Durch die variable Übersetzung wird bei höheren Geschwindigkeiten ein sicheres, zielgenaues Lenken bei gutem Fahrbahnkontakt gewährleistet. Das Lenken im Stand wird mit geringem Kraftaufwand möglich, wodurch das Einparken erleichtert wird.

Vorteile der Zahnstangen-Lenkung sind:
- flache Bauweise,
- gute Lenkungsrückstellung und
- sehr direkte Lenkung.

Auf Grund dieser Vorteile wird die Zahnstangen-Lenkung meist für Pkw mit Frontantrieb verwendet.

37.3.3 Lenksäule

Die Abb. 3 zeigt den Aufbau einer **Sicherheitslenksäule.**

Die **Hauptbauteile** sind:
- das Lenkrad mit Pralltopf und Airbag,
- die Lenkspindel mit kardanischer Aufhängung und
- das Mantelrohr, das am Fahrzeugaufbau befestigt ist und die Lagerung der Lenkspindel übernimmt.

Das Lenkrad kann neben dem Airbag (s. Kap. 45) auch mit einer Tastatur für zahlreiche Zusatzfunktionen (s. Kap. 54) ausgerüstet sein. Elektronische Stabilitätsprogramme (s. Kap. 44) und aktive Fahrwerke (s. Kap. 40) erfordern einen Lenkwinkelsensor.

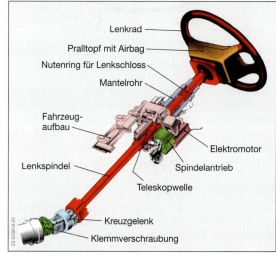

Abb. 3: Verstellbare Sicherheitslenksäule

Die **Lenkspindel** einer verstellbaren Lenksäule ist mit Kreuzgelenken und Teleskopwellen ausgestattet (Abb. 4). Dadurch werden Beugungswinkel bis etwa 50° und Längenänderungen bis 100 mm ermöglicht. Bei passiver Verstellung wird die Lenksäule durch einen Hebel form- oder kraftschlüssig in der gewünschten Position arretiert. Bei aktiven Systemen übernehmen Elektromotoren über Spindel- oder Schneckenantriebe das Verstellen (Abb. 3). Außerdem können über eine Memory-Funktion (memory, engl.: Gedächtnis) verschiedene Lenkradpositionen gespeichert und abgerufen werden.

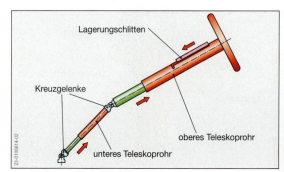

Abb. 4: Teleskoprohre in der Sicherheitslenksäule

Kapitel 37: Lenkung

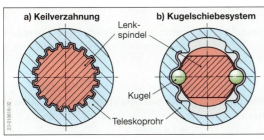

Abb. 5: Bauarten von Teleskoprohren

Bei einem Frontalaufprall wird die Lenksäule durch Verschiebung verkürzt. Dabei gleiten formschlüssige Profile (Abb. 5) teleskopartig ineinander und verhindern, dass sich die Lenksäule in den Fahrgastraum schiebt. Prallt der Fahrer in den aufgeblasenen Airbag, so verschiebt sich die Lenksäule über den Lagerungsschlitten (Abb. 4) nach vorn zum Motorraum.

37.3.4 Lenkungsdämpfer

Der **Lenkungsdämpfer** hat die **Aufgabe**, die von den gelenkten Rädern ausgehenden Schwingungen am Lenkgestänge zu dämpfen.

Als Lenkungsdämpfer werden Einrohrdämpfer verwendet (s. Kap. 39). Sie haben in der Zug- und Druckstufe die gleiche Dämpfungswirkung, damit sie in beiden Richtungen gleichmäßig dämpfen.

37.4 Hilfskraftlenkung

Die für die Lenkbewegung der gelenkten Räder notwendige Kraft hängt u.a. von der Achsbelastung ab. Eine Lenkübersetzung kann nicht beliebig vergrößert werden, weil sonst ein Lenkeinschlag zu viele Lenkradumdrehungen erfordern würde.

Aus **Komfortgründen** und weil nach StVZO eine **Lenkkraft** von **250 N** nicht überschritten werden darf, werden Pkw mit einer Hilfskraftlenkung (Servolenkung) ausgerüstet. **Hilfskräfte** können hydraulisch oder elektrisch erzeugt werden.

An die Hilfskraft von Servolenkungen werden folgende **Anforderungen** gestellt:
- stufenlos dosiertes Einsetzen der Hilfskraft,
- geringer Energiebedarf für die Hilfskraft und
- Lenkmöglichkeit auch bei Ausfall der Hilfskraft.

37.4.1 Servolenkung

Die **hydraulisch unterstützte Hilfskraftlenkung** (Servolenkung) kann mit einem Zahnstangen- oder Kugelumlauf-Lenkgetriebe kombiniert werden.

Bei der **Zahnstangen-Hydrolenkung** (Abb. 6) versorgt die Druckölpumpe ein Drehschieberventil. Durch die Lenkspindeldrehung wird im Ventil ein Drehschieber betätigt.

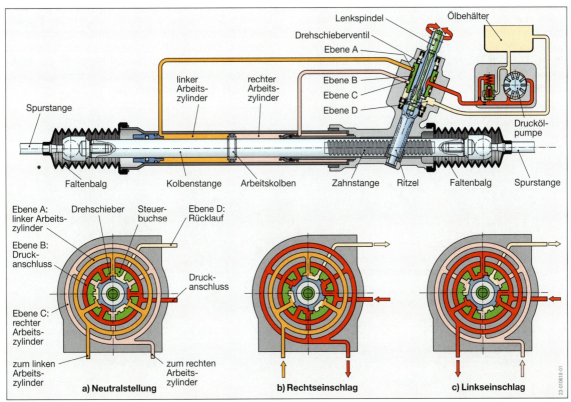

Abb. 6: Zahnstangen-Hydrolenkung mit Drehschieber

Dadurch fließt je nach Rechts- oder Linkseinschlag am Lenkrad Drucköl in die entsprechende Druckleitung zum **Arbeitszylinder** und erzeugt am Arbeitskolben eine hydraulische Hilfskraft. Sie wirkt zusätzlich zu der am Ritzel übertragenen Lenkkraft. Wird das Lenkrad nicht gedreht, so entspannt sich die Federkraft im Drehstab des Drehschieberventils und das Lenkrad geht in eine neutrale Stellung.

> Bei einem **Ausfall** der **Hilfskraft** bleibt das Fahrzeug durch das mechanische Lenkgetriebe lenkbar.

Im Drehschieberventil befinden sich kreisförmige Nuten auf den **Ebenen A** bis **D** (Abb. 6, S. 363) für die Steuerung der Hilfskraft. Der Drehschieber betätigt mit seinen sechs Steuerkanten die Nuten in der Steuerbuchse. Diese hat insgesamt 12 Nuten, d. h. je 3 Nuten für den Druckanschluss, den Rücklauf, den linken und den rechten Arbeitszylinder. Diese Anschlüsse werden je nach Einschlag paarweise miteinander verbunden.

In der **Neutralstellung** (Abb. 6a, S. 363) verschließt der Drehschieber mit seinen Steuerkanten alle 6 Nuten zu den beiden Leitungen des linken und rechten Arbeitszylinders. Der Kolben der Zahnstangen-Hydrolenkung wird auf beiden Seiten mit dem gleichen Öldruck beaufschlagt und dadurch zwangsweise in der mittleren Position fixiert. Bei einem **Rechtseinschlag** (Abb. 6b, S. 363) gelangt der Öldruck aus der Ebene B zur Ebene C des rechten Arbeitszylinders. Gleichzeitig wird das im linken Arbeitszylinder verdrängte Öl über die Ebene A mit der Ebene D, dem Rücklauf verbunden. Bei **Linkseinschlag** (Abb. 6c, S. 363) des Lenkrades setzt die hydraulische Unterstützung im linken Arbeitszylinder ein.

37.4.2 Servotronic

Die elektronisch gesteuerte Hydrolenkung (Servotronic, Abb. 1) ist eine Weiterentwicklung der Hydrolenkung.

> Über den **elektro-hydraulischen Wandler**, das **Steuergerät** und den **elektronischen Tachometer** wird das Drehschieberventil fahrgeschwindigkeitsabhängig betätigt.

Für das Lenken im Stand und bei niedrigen Geschwindigkeiten wirkt die volle Hilfskraft, d. h. es sind nur geringe Lenkkräfte erforderlich. In dieser Situation verhält sich die Servotronic wie eine normale Servolenkung. Mit steigender Geschwindigkeit wird jedoch die Hilfskraft geringer. Die Lenkung wird direkter und die Betätigungskraft am Lenkrad nimmt zu. Über den elektro-hydraulischen Wandler wird ein Rückstell-Drehmoment erzeugt, das der Lenkbewegung entgegen wirkt und mit steigender Geschwindigkeit zunimmt.

37.4.3 Servolectric

> In der **Servolectric** (elektrische Servolenkung) wird die Hilfskraft von einem Elektromotor erzeugt.

Sie benötigt bis zu 80 % weniger Energie als eine Hydrolenkung, da sie nur bei Bedarf Hilfskraft zur Verfügung stellt. Für die elektrische Servolenkung ist kein hydraulisches System erforderlich. In der elektrischen Servolenkung (Abb. 2) erfasst das **Steuergerät** die Werte für Fahrgeschwindigkeit, Lenkmoment, Lenkwinkel und Lenkgeschwindigkeit und berechnet daraus die Größe der Hilfskraft. Der **Elektromotor** treibt über ein Schneckengetriebe direkt das Ritzel der **Zahnstange** an.

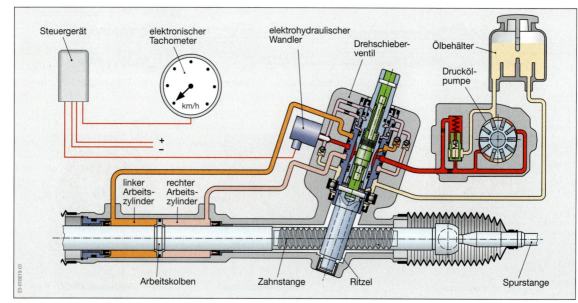

Abb. 1: Elektronisch gesteuerte Hydrolenkung (Servotronic)

Kapitel 37: Lenkung

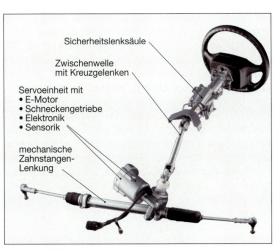

Abb. 2: Elektrische Servolenkung

Die Anordnung des Elektromotors erfolgt je nach Größe der Achslast in der Lenksäule, am Lenkgetriebe oder direkt in der Zahnstange.

37.4.4 Aktivlenkung

Die **Aufgabe** der **Aktivlenkung** ist es, je nach Fahrsituation – unabhängig und unbemerkt vom Fahrer – einen erhöhten **oder** reduzierten Lenkwinkel an den gelenkten Vorderrädern zu erzeugen.

Passive Lenksysteme unterstützen lediglich den Fahrer durch eine Erhöhung des Lenkmoments. Die Aktivlenkung erzeugt zusätzlich einen Lenkwinkeleingriff.

Aufbau

Der **Aufbau** der **Aktivlenkung** basiert auf der Servotronic (s. Kap. 37.4.2). Der hydraulische Teil der Servotronic wurde durch eine elektronisch geregeltes Drehschieberventil (Abb. 3) erweitert, das den Volumenstrom der Hydraulikpumpe verändert. Diese Ventil wird als **E**lectrical **C**ontrolled **O**rifice (**ECO** engl.: elektrisch regelbare Öffnung) bezeichnet. Bei maximal bestromten ECO liefert die Hydraulikpumpe einen großen Volumenstrom von 15 l/min. Im stromlosen Zustand stellt die Hydraulikpumpe einen reduzierten Volumenstrom von 7 l/min zur Lenkkraftunterstützung bereit. Die dadurch verringerte Leistungsaufnahme der Hydraulikpumpe senkt den Kraftstoffverbrauch und die Emissionen.

Wirkungsweise

In die geteilte Lenksäule ist ein Planetengetriebe (Abb. 4 und Abb. 1, S. 366) mit zwei Eingangswellen und einer Ausgangswelle integriert. Eine Eingangswelle ist mit dem Lenkrad verbunden, die zweite wird über einen Schneckentrieb von einem Elektromotor

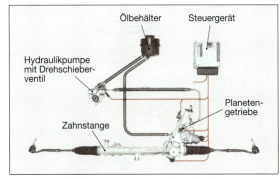

Abb. 3: Aufbau der Aktivlenkung

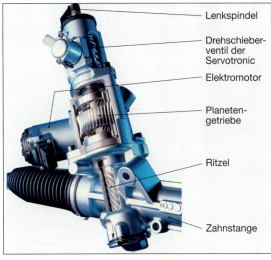

Abb. 4: Planetengetriebe der Aktivlenkung

angetrieben. Bei niedrigen Geschwindigkeiten arbeitet dieser Stellmotor **gleichsinnig** zum Lenkeinschlag und **vergrößert** dadurch den **Lenkwinkel** der Vorderräder. Bei höheren Geschwindigkeiten arbeitet der Elektromotor **gegensinnig** zum Lenkeinschlag und **verringert** so den **Lenkwinkel** der Vorderräder (Abb. 2, S. 366).

Fällt der Elektromotor oder die elektronische Regelung aus, dann wird die zweite Eingangswelle mechanisch arretiert. Die elektromagnetisch gesteuerte Sicherheitssperre (Abb. 3, S. 366) ist im Planetengetriebe eingebaut. Wenn keine Spannung anliegt, greift die Sicherheitssperre federbelastet in die Sperrverzahnung des Schneckengetriebes ein. Das Planetengetriebe läuft dann als »geschlossener Block« um. Da die erste Eingangswelle weiterhin mit dem Lenkrad verbunden bleibt, ist der direkte Durchtrieb bis zum Ritzel der Zahnstange gewährleistet. Das Fahrzeug bleibt mit einer festen Übersetzung weiterhin lenkbar.

Gegenüber passiven Lenksystemen mit einem Übersetzungsverhältnis von etwa 18:1 variiert die **Aktivlenkung** das **Übersetzungsverhältnis** zwischen **10:1** und **24:1**.

Aktivlenkung / active steering

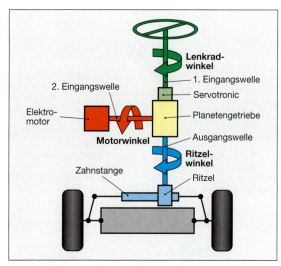

Abb.1: Schema der geteilten Lenksäule

Für das Abbiegen im Stadtverkehr oder Rangieren in engen Parklücken ist auf Grund der direkten Übersetzung weniger als eine Lenkradumdrehung für einen vollen Lenkeinschlag der Vorderräder erforderlich. Auch bei kurvenreichen Fahrten, z. B. auf der Landstraße oder im Gebirge, bleiben die Hände durch den geringen Lenkwinkel immer an der gleichen Position am Lenkrad. Dadurch bleiben Multifunktionstasten oder Schaltwippen am Lenkrad in jeder Fahrsituation optimal erreichbar. Durch die indirekte Übersetzung bei hohen Geschwindigkeiten werden Fahrfehler (schnelle Spurwechsel, Lastwechsel in der Kurve oder abrupte Ausweichmanöver) abgemildert. Die Aktivlenkung dämpft Gierbewegungen des Fahrzeugs schon im Ansatz ab.

> Darüber hinaus ist die Aktivlenkung mit dem **elektronischen Stabilitäts-Programm (ESP) vernetzt**. Die Eingriffsschwelle der Aktivlenkung liegt unter der des ESP.

In fahrdynamisch kritischen Situationen greift **zuerst** die Aktivlenkung bei auftretenden Giermomenten in die Fahrzeugstabilisierung ein. Erst bei höheren Gierraten bremst das ESP einzelne Räder ab, um die Fahrstabilität wieder herzustellen.

> Bei der Aktivlenkung sind die **Sensoren** für den vom Fahrer gewünschten Lenkeinschlag **dreifach ausgelegt**, um die **Systemsicherheit** zu erhöhen.

Diese redundante (lat.: überreichliche) Auslegung erfolgt über drei Sensoren. Die beiden Eingangswellen (Abb. 3) haben zwei getrennte Sensoren: **Lenkwinkelsensor** an der Lenksäule und **Motorlagensensor** am Elektromotor. An der Ausgangswelle misst ein **Summenlenkwinkelsensor** zusätzlich die Stellung des Ritzels an der Zahnstange. Für die Lenkwinkelberechnung sind im Steuergerät der Aktivlenkung zwei Prozessoren eingebaut, die sich gegenseitig auf Plausibilität (lat.: einleuchtend) der Signale überwachen.

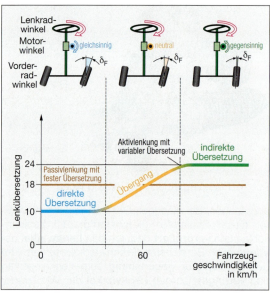

Abb.2: Lenkwinkel und Fahrzeuggeschwindigkeit

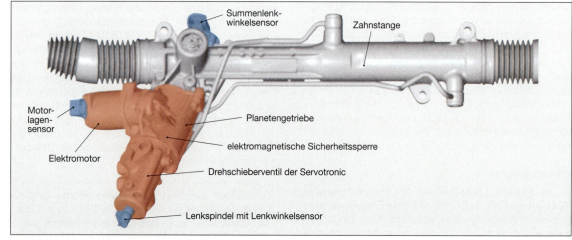

Abb.3: Sensoren der Aktivlenkung

Die **Vorteile** der Aktivlenkung entsprechen einem »Steer-By-Wire« (engl.: Steuern Überleitung), die vom Gesetzgeber aber noch nicht zugelassen ist.

> Das **Lenkrad** der Aktivlenkung bleibt bei Fehlern im elektrischen Teil des Systems **mechanisch** mit den **Vorderrädern** verbunden.

Fehler im System der Aktivlenkung und damit ein verändertes Lenkverhalten werden dem Fahrer über eine Kontrollleuchte angezeigt.

37.5 Wartung und Diagnose

Die gleitenden und rollenden Teile der Lenkung sind einem **Verschleiß** durch Reibung unterworfen. Aber auch **Stoßbeanspruchungen** und **Korrosion** führen zu Abnutzungen. Bei unzulässig hohen Beanspruchungen der Lenkung, z. B. durch Schlaglöcher und Bordsteinkanten, kann es zu **Verformungen** am Lenkgestänge kommen.

Prüfen des Lenkungsspiels (außer Servolenkung): Das Lenkrad wird bei stehendem Fahrzeug leicht hin und her bewegt. Dabei werden die gelenkten Räder beobachtet. Ist nicht sofort eine Schwenkbewegung zu erkennen, so ist ein Lenkungsspiel vorhanden. Das Spiel kann im Lenkgetriebe oder im Lenkgestänge vorhanden sein. Hat das Lenkgestänge unzulässiges Spiel, so sind die Gelenke zu erneuern.

Einstellarbeiten am Lenkgetriebe: Bei der Kugelumlauflenkung kann das Spiel der Lenkschraube mit einer Einstellschraube nachgestellt werden. Auch eine selbsttätige Nachstellung der Lagerung durch Tellerfedern ist üblich. Anschließend wird das Zahnflankenspiel zwischen Lenksegment und Lenkmutter durch eine Druckschraube am Ende der Lenkwelle eingestellt, weil die Zähne von Lenkmutter und Lenksegment keilförmig ausgebildet sind. An einigen Zahnstangen-Lenkgetrieben kann das Längsspiel des Ritzels nachgestellt werden. Die Nachstellung des Zahnflankenspiels entfällt, da die Zahnstange über das Druckstück spielfrei gegen das Ritzel gedrückt wird.

> Alle **Einstellungen** sind in der **Lenkmittelstellung** vorzunehmen, da in dieser Stellung das Zahnflankenspiel am geringsten ist.

Arbeitshinweise

- Die Reparaturanleitungen der Hersteller sind bei allen Einstellarbeiten zu beachten.
- In den Lenkgetrieben ist auf den notwendigen Ölstand und die vorgeschriebene Ölsorte zu achten. Es werden Lenkgetriebeöl, Hypoidöl oder Flüssigkeitsgetriebeöl ATF (Servolenkung) verwendet.
- Schrauben und Muttern sind mit den vom Hersteller angegebenen Drehmomentwerten anzuziehen.
- Schraubensicherungen (selbstsichernde Muttern) sind grundsätzlich zu erneuern.
- Alle gleitenden Teile des Lenkgetriebes sind vor dem Zusammenbau mit Lenkgetriebeöl einzuölen.
- Arbeiten an den Dichtungen sind mit größter Sorgfalt auszuführen.
- Die Keilriemenspannung der Drucköplumpe ist genau einzustellen.
- Eine Reparatur an der Lenkung darf nur nach normalem Verschleiß erfolgen. Soll die beschädigte Lenkung eines Unfallwagens repariert werden, so ist äußerste Sorgfalt geboten. Alle Teile sind einer genauen Kontrolle zu unterziehen. Dichtungen und Lager sind zu ersetzen.
- Lenksäulen von Unfallwagen dürfen nicht gerichtet und nicht wiederverwendet werden.
- Nachträgliche Veränderungen an der Lenkung müssen von der Kfz-Zulassungsstelle genehmigt und im Fahrzeugbrief eingetragen sein (z. B. ein Lenkrad ohne allgemeine Betriebserlaubnis).

Aufgaben

1. Welche Aufgaben hat die Lenkung?
2. Nennen Sie den Unterschied zwischen einer Achsschenkel- und Drehschemel-Lenkung.
3. Welche Aufgaben hat das Lenktrapez?
4. Nennen Sie die Bauteile einer Lenkung.
5. Durch welches Bauteil bleibt das Zahnstangen-Lenkgetriebe spielfrei?
6. Welchen Vorteil bieten Zahnstangen mit variabler Übersetzung?
7. Beschreiben Sie die Wirkungsweise eines Kugelumlauf-Lenkgetriebes.
8. Welche Aufgabe hat der Lenkungsdämpfer?
9. Beschreiben Sie die grundsätzliche Wirkungsweise einer Servolenkung.
10. Beschreiben Sie den wesentlichen Unterschied zwischen einer hydraulischen und einer elektrischen Servolenkung (Servolectric).
11. Nennen Sie die Aufgaben der Aktivlenkung.
12. In welchem Bereich kann die Aktivlenkung das Übersetzungsverhältnis verändern?
13. Welchen Vorteil bietet die Vernetzung der Aktivlenkung mit dem elektronischen Stabilitäts-Programm?
14. Welche Sensoren tragen zur Systemsicherheit der Aktivlenkung bei?
15. Welche Aufgabe hat die elektromagnetische Sicherheitssperre der Aktivlenkung?
16. Nennen Sie Einstellarbeiten am Lenkgetriebe.
17. Bei 2,5 Lenkradumdrehungen wurde das kurveninnere Rad um 43° geschwenkt. Berechnen Sie die Lenkübersetzung.

38 Federung

Fährt ein Fahrzeug über Fahrbahnunebenheiten, treten an den Rädern **stoßartige Kräfte** auf. Diese Kräfte werden über die Federung und Radaufhängung auf den Fahrzeugaufbau übertragen.

> **Aufgabe** der **Fahrzeugfederung** ist es, die Fahrbahnstöße auf die Räder aufzunehmen und im Zusammenwirken mit dem Schwingungsdämpfersystem in wenige gedämpfte Schwingungen des Fahrzeugaufbaus umzuwandeln.

Durch das Zusammenwirken des Federungs- und Schwingungsdämpfersystems soll folgendes erreicht werden:

- **Fahrsicherheit:** Der notwendige Fahrbahnkontakt der Räder wird für das Lenken und Bremsen verbessert.
- **Fahrkomfort:** Gesundheitsschädliche Belastungen für die Fahrzeuginsassen werden vermieden und empfindliches Ladegut wird nicht beschädigt.
- **Betriebssicherheit:** Die Bauteile des Fahrzeugs werden vor zu hohen Belastungen geschützt.

38.1 Grundprinzip der Federung

Durch die Federung zwischen dem Aufbau und der Radaufhängung wird das Fahrzeug zu einem schwingungsfähigen System.

Die einfachste Art einer **ungedämpften Federung** besteht aus einer einseitig fest eingespannten Feder, deren andere Seite mit einer freischwingenden Masse fest verbunden ist (Abb.1). Sie entspricht, bezogen auf ein Fahrzeug, der Summe der Einzelmassen von Aufbau, Motor, Getriebe usw. Im Ruhezustand wird die Feder nur durch die Gewichtskraft der Masse belastet. Wird die Masse in senkrechter Richtung angestoßen, so drückt sie die Feder zusammen. Die Feder nimmt während des Einfederns die Bewegungsenergie (**Energieaufnahme**) auf.

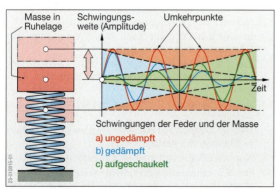

Abb.1: Federungssystem und Schwingungsvorgang

Nach der Energieaufnahme schnellt die Feder zurück (**Energieabgabe**) und kehrt dadurch die Bewegungsrichtung der Masse um. Dabei bewegt sich die Masse infolge der Massenträgheit über die ursprüngliche Ruhelage hinaus. Die Feder wird solange auseinandergezogen, bis sie die vorhandene Bewegungsenergie der Masse gespeichert hat. Dann kommt es wieder zur Bewegungsumkehr. Die Amplitude des Ein- und Ausfederns bleibt bei einem ungedämpften Federungssystem (Abb.1a) gleich. Bei einem gedämpften System (Abb.1b) nimmt die Amplitude immer mehr ab, da die Bewegungsenergie durch die Reibung im Federwerkstoff und die Reibung der Feder mit der Luft in Wärmeenergie umgewandelt wird. Die Zeit für das Abklingen des Schwingungsvorgangs bei immer kleiner werdender Schwingungsweite (Amplitude) hängt von der Eigendämpfung (Reibung im Federwerkstoff) der Feder ab.

> **Gummifedern** haben eine **gute Eigendämpfung**, **Stahlfedern** meist eine **geringe Eigendämpfung**.

Wird die Masse während des Schwingungsvorgangs immer wieder von neuem angestoßen, so kann der Federweg (Abb.1c) immer größer werden, d.h. das Schwingungssystem schaukelt sich auf. Dieser Vorgang wird **Resonanz** genannt und entsteht, wenn der Aufbau im Rhythmus der Eigenschwingung durch Fahrbahnunebenheiten angestoßen wird.

Die **Frequenz** (s. Kap. 29) des einfachen Federungssystems hängt von der **gefederten Masse** und der **Federrate** der Feder ab.

> Bei gleicher Feder bewirkt eine **größere Masse** eine **kleinere Schwingungszahl** je Zeiteinheit (Frequenz). Bei gleicher Masse bewirkt eine **weichere Feder** eine **kleinere Schwingungszahl** je Zeiteinheit.

Die **Federrate** gibt an, ob eine Feder weich oder hart ist. Mit einem **Federprüfgerät** kann die Federrate ermittelt werden. Dabei wird die zu prüfende Feder zunehmend höher belastet und der jeweilige Federweg gemessen.

Die axiale Federrate liegt bei Personenkraftwagen zwischen 40 und 100 N/mm.

> Die **axiale Federrate** gibt die Kraft zur elastischen Verformung einer Druck- oder Zugfeder um eine Längeneinheit an.
>
> Die **radiale Federrate** gibt die Kraft bzw. das Drehmoment zur elastischen Verformung einer Drehstabfeder um eine Winkeleinheit an.

Kapitel 38: Federung

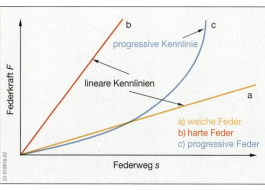

Abb. 2: Kraft-Weg-Diagramm von Federn

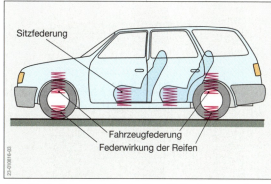

Abb. 3: Federungssysteme eines Fahrzeugs

Die Ergebnisse der Federprüfung lassen sich als **Kennlinien** in einem **Kraft-Weg-Diagramm** (Abb. 2) darstellen.

Die linearen Kennlinien zeigen, dass die Feder bei gleichem Betrag der Krafterhöhung um den gleichen Betrag des Federwegs zusammengedrückt wird. Kraft und Federweg verhalten sich **linear**.

Die linearen Kennlinien zeigen eine **weiche** (Abb. 2a) und eine **harte Feder** (Abb. 2b). Für den gleichen Federweg ist bei der harten Feder eine größere Kraft erforderlich als bei der weichen Feder. Harte Federn geben schwache Fahrbahnstöße ohne großen Federweg fast direkt an den Aufbau weiter und werden vom Fahrer als unangenehm empfunden. Ein weiterer **Nachteil** der harten Feder ist die hohe Frequenz des Aufbaus bei geringer Beladung.

Durch eine **progressive Feder**, deren Kennlinie (Abb. 2c) bei zunehmender Belastung immer mehr ansteigt, werden die Nachteile der Feder mit linearer Kennlinie ausgeglichen.

> Eine **lineare** Federkennlinie steigt gleichmäßig an. Eine **progressive** Federkennlinie steigt mit zunehmender Belastung stärker an.

Vorteile der **progressiven** Federcharakteristik sind:
- Bei geringer Zuladung (kleine Masse, weiche Federung) hat der Fahrzeugaufbau eine geringe Eigenfrequenz.
- Bei großer Zuladung (Masse groß, Federung hart) bleibt die günstige Schwingungszahl des Fahrzeugaufbaus für die Fahrzeuginsassen erhalten.
- In Einfederungsrichtung schlägt die Federung auch bei starken Fahrbahnstößen nicht durch.
- In Ausfederungsrichtung sind große Federwege bis zur Radentlastung vorhanden.

> Bei **Radentlastung** verliert das Rad den Kontakt zur Fahrbahn.
>
> Die Radentlastung kann im Bereich kleiner Federkräfte bei einer weichen Feder während des Ausfederns auftreten.

38.2 Grundaufbau der Federung

Zum **Federungssystem** eines Kraftfahrzeugs gehören die Federn zwischen der Radaufhängung und dem Aufbau bzw. dem Rahmen. Ergänzt wird dieses System durch die Federwirkung der Reifen und die Federung der Sitzflächen (Abb. 3).

Durch die Fahrzeugfederung entstehen am Fahrzeug **ungefederte** und **gefederte** Massen. Obwohl die Reifen zum Federungssystem gehören, werden die Räder und weitere Bauteile an den Rädern als ungefederte Massen bezeichnet.

> Zu den **ungefederten Massen** gehören die Räder, die Radbefestigungen, die Bremsen und – weil teils gefedert und teils ungefedert – auch ein Teil der Radaufhängung (z. B. Schwingungsdämpfer, Federn, Stabilisator und Achswelle).
>
> Zu den **gefederten Massen** gehören die Baugruppen, die von den Federn gegen die Radaufhängung bzw. Räder abgestützt werden (z. B. Aufbau, Motor, Kupplung und Getriebe).

Um den Einfluss der ungefederten Bauteile auf das Schwingungsverhalten des Aufbaus zu verringern, sollen die ungefederten gegenüber den gefederten Massen so klein wie möglich gehalten werden. Kleine ungefederte Massen verringern auch durch ihre verminderte Massenträgheit die Stoßbelastungen für den Fahrzeugaufbau.

Die Frequenz der **ungefederten** Masse beträgt bei einem mittleren Pkw etwa 10 bis 16 Hz. Die Frequenz der **gefederten** Masse beträgt 1,2 bis 1,8 Hz.

Frequenzen unterhalb 1 Hz führen zu Übelkeit, oberhalb von 2 Hz beeinträchtigen die Schwingungen sehr stark den Fahrkomfort und ab 5 Hz werden sie als Erschütterungen empfunden.

Da der Aufbau wegen der **geringen Eigendämpfung** der Federn zu lange ausschwingen würde, ist jedes Federungssystem mit einer **Schwingungsdämpfung** (s. Kap. 39) kombiniert. Nur eine einwandfreie Abstimmung beider Systeme ergibt die gewünschten Federungs- und Fahreigenschaften.

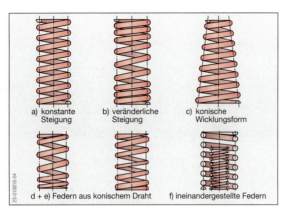

Abb. 1: Schraubendruckfedern

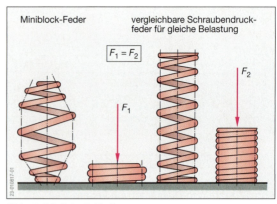

Abb. 2: Miniblock-Feder

38.3 Arten der Fahrzeugfederung

Es werden **unterschieden**:

- Stahlfederung,
- Luftfederung,
- hydropneumatische Federung und
- Gummifederung.

38.3.1 Stahlfederung

Im Fahrzeugbau werden folgende **Stahlfedern** verwendet:

- Schraubenfedern in Pkw und Nkw,
- Blattfedern in Nkw (s. Kap. 47),
- Drehstabfedern in Pkw und
- Stabilisatoren in Pkw und Nkw.

Schraubenfeder

Schraubenfedern für die Federung des Fahrzeugaufbaus sind **Schraubendruckfedern**. Sie werden durch Aufwickeln von erwärmtem Federstahldraht auf einen Dorn mit anschließendem Härten und Anlassen hergestellt. Bei gleichmäßiger Steigung, zylindrischer Wicklungsform und konstantem Drahtdurchmesser ergeben sich Federn mit linearer Federkennlinie (Abb. 1a).

Schraubendruckfedern werden **härter** durch:
- einen größeren Drahtdurchmesser,
- einen kleineren Federdurchmesser und
- eine geringere Zahl der Windungen.

Schraubendruckfedern mit **progressiver Kennlinie** (Abb. 1b bis 1e) haben entweder:

- ungleichmäßige Wicklungssteigung,
- ungleichmäßigen mittleren Durchmesser oder
- ungleichmäßigen, konischen Drahtdurchmesser.

Diese Konstruktionseigenschaften können auch kombiniert werden. Durch Ineinanderstellen verschieden hoher Druckfedern (Abb. 1f) wird eine einfache progressive Kennlinie mit geknickt linearer Kennlinie erzielt.

Die **Miniblock-Feder** (Tonnenfeder) ist eine Entwicklung für den Pkw-Bau. Ihre progressive Kennung wird durch Anwendung aller drei Möglichkeiten zur Erzielung einer progressiven Kennlinie erreicht. Die Abb. 2 zeigt eine Miniblock-Feder im Vergleich zu einer zylindrischen Schraubenfeder mit gleicher Federkennlinie (Schraubenfederdraht ist konisch). Die Windungen der Miniblock-Feder legen sich bei Belastung spiralförmig ineinander.

Vorteile der Miniblock-Feder sind:
- sehr niedrige Bauhöhen,
- kleine Masse und
- keine Geräusche durch Berühren der Windungen.

Allgemein haben Schraubendruckfedern folgende **Nachteile**:
- kaum Eigendämpfung und
- keine Übertragungsmöglichkeit für Quer- und Längskräfte.

Deshalb werden für die Fahrzeugfederung Schraubendruckfedern nur in Verbindung mit Schwingungsdämpfern und besonderen Radführungselementen, z.B. Quer- oder Längslenker (s. Kap. 40) oder als Bauteil des Federbeins, verwendet. Größere Stoßbelastungen werden durch zusätzliche **Gummifedern** als **Endanschlag** abgefangen.

Drehstabfedern

Die Drehstabfeder (Abb. 3) nutzt die Federwirkung eines um seine Längsachse verdrehten Stabes aus.

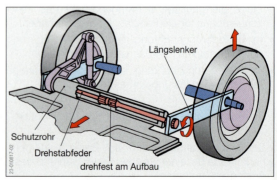

Abb. 3: Drehstabfeder

Kapitel 38: Federung

> Je länger der **Drehstab** bei gleich bleibendem Querschnitt ist, desto weicher ist ihre Federwirkung.

Es werden Drehstäbe aus Rund- und Flachstahl oder Bündel dieser Drehstäbe verwendet.
Nachteile der Drehstabfeder sind:
- großer Platzbedarf,
- keine Aufnahme von Biegekräften und
- Lagerung in einem zusätzlichen Schutzrohr.

Werkstoffe für Stahlfedern

Übliche Federstähle sind z. B. 60 SiCr 7, 55 Cr3 und für höchste Belastungen z. B. 50 CrV4 oder 51 CrMoV4. Die Außenschichten der Federn sind durch Dehnung am meisten beansprucht. Deshalb muss die Oberfläche der Federn sehr glatt, d. h. ohne Kerben sein. Durch Verdichtung der Oberfläche kann die Haltbarkeit erhöht werden.

Passiver Stabilisator

> Durch den **passiven Stabilisator** wird das Kurvenverhalten verbessert, indem die **Wankbewegung** des Aufbaus vermindert wird.

Er besteht aus einem U-förmig gebogenen Rundstab von 10 bis 60 mm Durchmesser. Der mittlere Teil des »U« wird quer am Aufbau drehbar in Gummilagern geführt. Die längsgerichteten Schenkel sind mit Gummilagern an der Radaufhängung der Vorder- oder Hinterachse befestigt (Abb. 4). Es gibt auch Fahrzeuge mit Stabilisatoren an der Vorder- und Hinterachse.

Während einer **Kurvenfahrt** stellt sich am Fahrzeug durch die Querbeschleunigung eine Seitenkraft ein. Sie greift am Schwerpunkt des Fahrzeugs an und bewirkt, dass die Karosserie um die Längsachse wankt (Abb. 5). Dadurch stellt sich ein Wankwinkel bis 8° ein und am Radkasten ergibt sich eine Höhenstandsänderung von bis zu 10 cm. Das Wank-

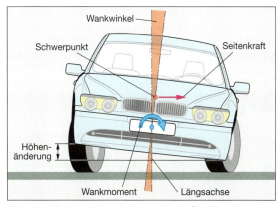

Abb. 5: Wankverhalten mit passivem Stabilisator

moment wird von den Federn aufgenommen. Die kurvenäußeren Federn werden zusammen gedrückt und die kurveninneren Federn werden auseinander gezogen. Zusätzlich wird während des Einfederns eines Rades über die Verdrehung des Stabilisators das andere Rad auch angehoben. Dadurch wird die Wankbewegung gemindert. Federn beide Räder einer Achse gleichzeitig ein bzw. aus, dann bleibt der Stabilisator unwirksam.

Aktiver Stabilisator

> Der **aktive Stabilisator** hat die **Aufgabe** das Wankmoment des Aufbaus vollständig bis zu einer Querbeschleunigung von etwa 3 m/s² auszugleichen.

Über 3 m/s² ist das Wankmoment größer als das vom Stabilisator eingestellte Gegenmoment und es kommt zu einem verminderten Wankwinkel (Abb. 6).

Aufbau

Das System des aktiven Stabilisators besteht aus Ölbehälter, Hydraulikpumpe, Ölkühler, Hydraulikleitungen, Ventilblock, Querbeschleunigungssensor, Steuergerät und einem hydraulischen Stellmotor je Fahrzeugachse. Dieser ist in der Mitte des geteilten Stabilisators eingebaut (Abb. 1, S. 372). Jeweils eine Stabilisatorhälfte ist mit der Welle (Rotor) bzw. dem Gehäuse (Stator) des Stellmotors fest verbunden.

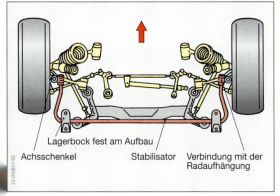

Abb. 4: Stabilisator an der Vorderachse

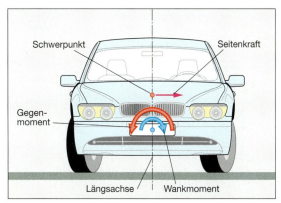

Abb. 6: Wankverhalten mit aktivem Stabilisator

Der Rotor teilt den Innenraum des Stators (Abb. 2) in vier Kammern. Die jeweils gegenüber liegenden Kammern sind hydraulisch miteinander verbunden, so dass in ihnen der gleiche Druck wirkt. Die beiden Hochdruckkammern werden mit Öldruck versorgt. Die beiden Niederdruckkammern sind mit dem Rücklauf verbunden. Hoch- und Niederdruckkammern wechseln je nach Wankrichtung des Fahrzeugs. Über den Ventilblock wird in den Kammern der Druck geregelt. Die Höhe des Öldrucks wird vom Steuergerät in Abhängigkeit von den Signalen des Querbeschleunigungssensors geändert. Durch die beiden Drücke entstehen die Kräfte F_H (high) und F_L (low). Dadurch wirken am Rotor und Stator entgegen gesetzte Drehmomente. Die beiden Stabilisatorhälften werden gegeneinander verdreht. Die Karosserie wird gegen das Wankmoment auf der kurvenäußeren Seite hoch gedrückt und auf der kurveninneren Seite herab gezogen (Abb. 6, S. 371). Bei hoher Querbeschleunigung beträgt der Systemdruck bis zu 180 bar.

Wirkungsweise

Je nach Beladung ergeben sich unterschiedliche Kennlinien im Wankwinkeldiagramm (Abb. 3). Mit zunehmender Beladung wirkt durch die höhere Masse auch eine größere Seitenkraft auf das Fahrzeug und der Wankwinkel steigt um etwa 1°. Die Kennlinie des passiven Stabilisators steigt linear auf 6 bis 7° bei einer Querbeschleunigung von 9 m/s². Die Kennlinie des aktiven Stabilisators bleibt bis etwa 3 m/s² nahezu auf Null und steigt dann progressiv auf nur 2 bis 3° bei maximaler Querbeschleunigung.

Die Verteilung der Gegenmomente auf die Vorder- und Hinterachse ist von der Fahrgeschwindigkeit abhängig und beeinflusst das Eigenlenkverhalten (s. Kap 36.2) des Fahrzeugs.

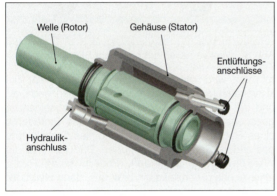

Abb. 1: Aufbau des Stellmotors

> Je größer das stabilisierende **Gegenmoment** an einer Achse ist, desto weniger **Seitenkräfte** kann diese Achse gleichzeitig übertragen.

Zu unterscheiden sind folgende **Aufteilungen**:
- Gleich große Gegenmomente an beiden Achsen führen zu einem **neutralen** Fahrverhalten.
- Ein größeres Gegenmoment an der Vorderachse führt zu einem **untersteuernden** Fahrverhalten.

Bei niedrigen Geschwindigkeiten ist der aktive Stabilisator neutral abgestimmt und die Lenkung reagiert dadurch sehr direkt. Bei höheren Geschwindigkeiten wird der vordere Stellmotor mit höherem Öldruck versorgt als der hintere. Dadurch steigt einerseits das stabilisierende Gegenmoment an der Vorderachse, gleichzeitig sinkt die übertragbare Seitenkraft. Das Fahrzeug zeigt ein untersteuerndes Fahrverhalten, dass auch von einem ungeübten Fahrer gut beherrscht und als sicher empfunden wird.

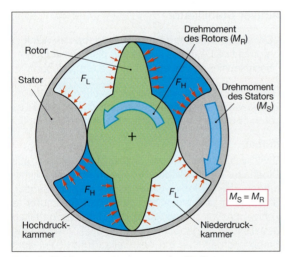

Abb. 2: Drehmomenterzeugung im Stellmotor

Falls die elektronische Regelung des aktiven Stabilisators ganz oder teilweise ausfällt, wird der Fahrer über eine gelbe Kontrollleuchte gewarnt, dass die Fahrstabilität eingeschränkt ist. Das hydraulische System ist so ausgelegt, dass auch bei einem Ausfall der Regelung das Fahrzeug nicht übersteuert. Dagegen wird bei einem hydraulischen Druckverlust der Fahrer über eine rote Kontrollleuchte aufgefordert, umgehend anzuhalten und den Motor abzustellen, damit die Hydraulikpumpe nicht beschädigt wird.

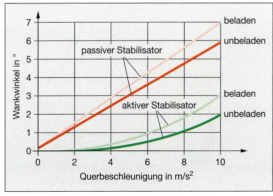

Abb. 3: Wankwinkeldiagramm

38.3.2 Luftfederung

> Für die Luftfederung wird das **elastische Verhalten** einer eingeschlossenen Luftmenge ausgenutzt.

Unterschieden werden **Luftfederungen** mit veränderlicher Luftmenge oder **Gasfederungen** mit gleich bleibender Stickstoffmenge (s. Kap. 38.3.3). Luft- und Gasfedern haben eine progressive Kennlinie (s. Kap. 38.1). Durch die Regelung des Luftdrucks können luftgefederte Fahrzeuge niveaureguliert werden. Luftfederungen wurden bislang vor allem bei Bussen und Lastkraftwagen eingesetzt, die bereits eine Druckluftanlage für die Bremsen besitzen (s. Kap. 47). In Personenkraftwagen dienen Luftfederungen zunehmend der Erhöhung des Fahrkomforts (Oberklasse) und der Bodenfreiheit (Geländewagen).

Luftfederungsanlagen (Abb. 4) bestehen aus:
- der Druckversorgungsanlage (Kompressor),
- dem Druckspeicher,
- den Steuerventilen (Ventileinheit),
- den Federelementen (Luftfederbein) und
- der elektronischen Regelung (Steuergerät).

Der **Kompressor** liefert einen Systemdruck von bis zu 16 bar. Fällt er unter einen Mindestdruck von etwa 9 bar, so werden die Magnetventile der Ventileinheit im stromlosen Zustand durch Federkraft geschlossen. Damit kann im Störfall Luft weder aus- noch einströmen.

Das **Federelement** der Luftfederung ist der Rollbalg. Er besteht aus öl- und alterungsbeständigem Gummi mit verstärkenden Gewebeeinlagen.

> Durch die **elektronische Regelung** der Luftfederung wird der Abstand des Aufbaus zur Fahrbahn unabhängig von der Beladung gleich gehalten.

Dieses Niveau kann auch geschwindigkeitsabhängig angehoben oder abgesenkt werden. Bei Kurvenfahrt, Beschleunigen oder Bremsen wird durch eine entsprechende Luftmengenregelung die Längs- oder Querneigung vermindert.

Wegen der geringen Eigendämpfung der Luftfederelemente müssen Schwingungsdämpfer dieses System ergänzen. Fahrzeuge mit nur **einer luftgefederten Achse** haben an der Hinterachse meist eine vom Schwingungsdämpfer getrennte Luftfeder (Abb. 5). Diese Anordnung ermöglicht eine niedrige Bauhöhe und dadurch einen breiten Gepäckraum. Werden **beide** Achsen luftgefedert, dann ist an der Vorderachse die Luftfeder oft mit dem Schwingungsdämpfer zu einem **Luftfederbein** integriert (Abb. 6). Das schmale Luftfederbein ist oben am Federbeindom und unten an einem Querlenker befestigt.

> **Zweiachsige Luftfederungen** bieten gegenüber der **einachsigen Luftfederung** den Vorteil, dass zum Beladen und Einsteigen beide Achsen gleichmäßig und parallel abgesenkt werden können.

Abb. 4: Aufbau einer Luftfederung

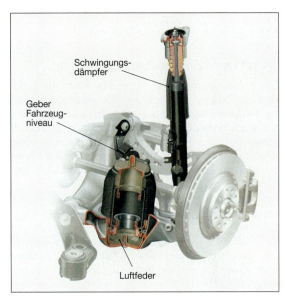

Abb. 5: Getrennte Luftfederung der Hinterachse

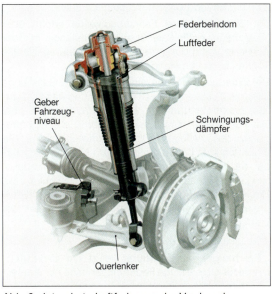

Abb. 6: Integrierte Luftfederung der Vorderachse

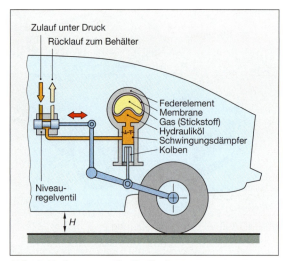

Abb. 1: Hydropneumatische Federung

38.3.3 Hydropneumatische Federung

Die hydropneumatische Federung ähnelt in ihrem Grundaufbau der Luftfederung. Sie arbeitet mit einer im **Federelement** (Abb. 1) fest eingeschlossenen, d.h. **konstanten Gasmenge**. Als Gas wird **Stickstoff** verwendet. Das Federelement ist ein kugelförmiger Druckbehälter, dessen Innenraum durch eine Membrane in einen Gas- und einen Hydraulikraum getrennt ist.

Der **Niveauausgleich** erfolgt über eine Flüssigkeitssäule im hydropneumatischen Federelement. Deshalb benötigt dieses Federungssystem statt der Druckluftanlage eine **Hydraulikanlage**. Sie besteht aus der Hochdruckpumpe, einem Vorratsbehälter und einem Druckspeicher. Gesonderte Schwingungsdämpfer werden nicht benötigt, da in den Federelementen zwischen dem Ölraum in der Druckspeicherkugel und dem Zylinder Drosselventile für die Druck- und Zugrichtung eingebaut sind.

Die Einstellung des Fahrzeugniveaus erfolgt über Niveauregelventile, die über ein Gestänge mit der Achse in Verbindung stehen. Die Niveauregelventile können auch von Hand betätigt werden.

Bei **Zuladung** wird die eingeschlossene Gasmenge über die Kolbenstange, den Kolben und das Hydrauliköl zusammengedrückt. Der Gasdruck erhöht sich. Die Federhärte nimmt zu und damit die Eigenfrequenz des Aufbaus. Diese starke Zunahme der Eigenfrequenz bei Zuladung ist ein Nachteil gegenüber der reinen Luftfederung mit Luftmengenregulierung. Der Niveauausgleich erfolgt durch Zufuhr bzw. Rückfluss von Hydrauliköl. Die **Vorteile** der hydropneumatischen Federung entsprechen denen der Luftfederung (s. Kap. 38.3.2).

> Bei **steigender Beladung** liefert nur die **Luftfederung** als einzige Federungsart eine konstante Frequenz des Aufbaus.

38.3.4 Gummifederung

Gummifedern werden im Fahrzeugbau vorwiegend als Zusatzfedern und Endanschläge verwendet (Abb. 2). Die Federkennlinie ist progressiv. Gummifedern zeichnen sich durch hohe Elastizität, gute Eigendämpfung und günstige Formgebungsmöglichkeiten aus. Durch Vulkanisieren können die Gummifedern mit Metallplatten verbunden werden. Gummifedern sind empfindlich gegen Chemikalien und hohe Temperaturen. Sie altern und schrumpfen unter ständiger Belastung. Der verfügbare Federweg wird kürzer.

> **Arbeitshinweise**
> - Die Oberfläche von Stahlfedern nicht beschädigen (Kerbwirkung und Bruchgefahr).
> - Schraubendruckfedern nur mit Federspannern ein- und ausbauen (Unfallgefahr).
> - Vor Arbeiten an der Luft- und hydropneumatischen Federung ist der Aufbau abzustützen.
> - Vor Arbeiten am Ölkreislauf der hydropneumatischen Federung ist der Öldruck abzubauen. Herstellervorschriften beachten.

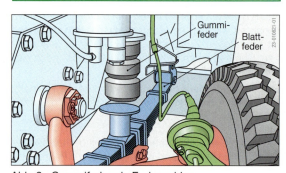

Abb. 2: Gummifeder als Endanschlag

Aufgaben
1. Welche Aufgaben hat die Fahrzeugfederung?
2. Beschreiben Sie den Schwingungsvorgang einer gefederten Masse.
3. Was bedeutet die Eigendämpfung einer Feder?
4. Welche Bauteile des Fahrzeugs gehören zur ungefederten Masse?
5. Warum soll die ungefederte Masse möglichst klein sein?
6. Nennen Sie den Unterschied zwischen einer linearen und progressiven Federkennlinie. Skizzieren Sie die Kennlinien in einem Diagramm.
7. Nennen Sie die Arten der Fahrzeugfederung.
8. Wie wird bei Schraubendruckfedern eine progressive Kennlinie erreicht?
9. Was ist eine Miniblock-Feder?
10. Wie arbeitet eine Drehstabfederung?
11. Beschreiben Sie die Wirkungsweise des passiven Stabilisators.
12. Welche Aufgabe hat ein aktiver Stabilisator?
13. Nennen Sie die Bauteile einer Luftfederanlage.
14. Nennen Sie die Vorteile der Luftfederung.

39 Schwingungsdämpfung

Die Schwingungsdämpfung hat folgende **Aufgaben**:
- die von der Fahrbahn angeregten Schwingungen des Rades und der Achse schnell zum Abklingen zu bringen und
- ein Aufschaukeln und langes Nachschwingen des Fahrzeugaufbaus zu verhindern.

> Schwingungen der gefederten und der ungefederten Massen wirken sich nachteilig auf den **Fahrkomfort** und die **Fahrsicherheit** aus.

Auswirkungen auf den Fahrkomfort:
- gesundheitliche Belastung des menschlichen Körpers durch kurze Schwingungen (Rüttelbewegung),
- körperliches Unwohlsein durch langes Nachschwingen des Fahrzeugaufbaus bei Bodenwellen.

Auswirkungen auf die Fahrsicherheit:
- Verringerung der Bodenhaftung der Räder (Lenkunsicherheit, Antriebsunsicherheit),
- Ausbrechen des Fahrzeugs während des Bremsens und der Kurvenfahrt.

Die Schwingungen der einzelnen Massen können durch aufeinander folgende Bodenwellen so verstärkt werden, dass die Räder auf der Fahrbahn springen und der Aufbau zu immer größeren Schwingungen aufgeschaukelt wird. Um dies zu verhindern, werden Schwingungsdämpfer eingebaut.

39.1 Grundprinzip der Schwingungsdämpfung

Die Abb. 1 zeigt die beiden grundsätzlichen Bauarten von hydraulischen Schwingungsdämpfern:
- **Einrohrschwingungsdämpfer** mit Gasdruckraum,
- **Zweirohrschwingungsdämpfer** mit einem ölgefüllten Ausgleichsraum, der vom Arbeitsraum durch ein Bodenventil getrennt ist.

In beiden Bauarten bewegt sich ein Kolben mit **Bohrungen** und **Ventilen** (Drosselstellen) in einem **Arbeitsraum**, der mit Hydrauliköl gefüllt ist. Die Bewegungen der schwingenden Massen des Fahrzeugaufbaus werden über eine **Kolbenstange** auf den Kolben übertragen. Gleichzeitig bewegt sich auch der mit den Achsen verbundene Arbeitszylinder. Diese Bewegungen pressen das Hydrauliköl durch die **Drosselstellen** des **Kolbens** bzw. **Bodenventils**. Je nach Bewegungsrichtung der Kolbenstange wird zwischen Zugstufe und Druckstufe unterschieden.

> In der **Zugstufe** (Ausfedern des Fahrzeugs) wird der Schwingungsdämpfer auseinandergezogen.
>
> In der **Druckstufe** (Einfedern des Fahrzeugs) wird der Schwingungsdämpfer zusammengeschoben.

Durch den **Strömungswiderstand** des Öls an den Drosselstellen des **Kolbens** bzw. **Bodenventils** entsteht durch Reibung zwischen den Ölmolekülen und besonders an den Wandungen und Ventilen des Schwingungsdämpfers eine **Dämpfungskraft**.

> **Schwingungsdämpfer** wandeln den größten Teil der Bewegungsenergie in Wärmeenergie um.

Zusätzlich ist ein Ausgleichsraum erforderlich, der für den **Volumenausgleich** der ein- und austretenden Kolbenstange sorgt und die Ölvolumenänderungen durch Temperaturschwankungen ausgleicht (Abb. 2).

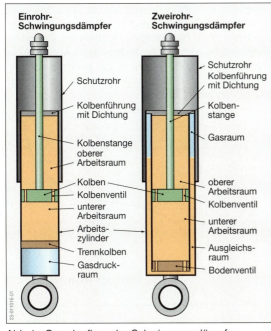

Abb. 1: Grundaufbau der Schwingungsdämpfer

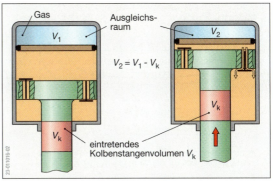

Abb. 2: Volumenausgleich für die Kolbenstange

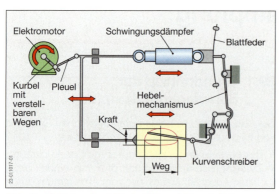

Abb. 1: Prüfstand mit Kurbel-Pleuel-Konstruktion

39.2 Kennlinien von Schwingungsdämpfern

Der Prüfstand für Schwingungsdämpfer besteht aus einer Kurbel-Pleuel-Konstruktion, die von einem Elektromotor angetrieben wird (Abb. 1). Die Bewegungen des Schwingungsdämpfers werden über eine Blattfeder und einen Hebelmechanismus auf einen Kurvenschreiber übertragen. Die dabei aufgezeichneten Kraft-Weg-Diagramme zeigt die Abb. 2.

Wird bei konstanter Drehzahl der Weg der Kurbel verändert, so ergeben sich im Kraft-Geschwindigkeits-Diagramm (Abb. 3) verschiedene **Kennlinien**:

- **progressiv:** Die Kraft steigt mit der Geschwindigkeit stark an. Der Schwingungsdämpfer wird härter.
- **linear:** Die Kraft steigt gleichmäßig zur Geschwindigkeit an.
- **degressiv:** Die Kraft fällt mit der Geschwindigkeit ab. Der Schwingungsdämpfer wird weicher.

> **Schwingungsdämpfer** weisen in der Zugstufe eine größere **Dämpfungskraft** auf als in der Druckstufe, weil sich in der Druckstufe die Feder- und Dämpferkräfte zu einer Gesamtkraft addieren.

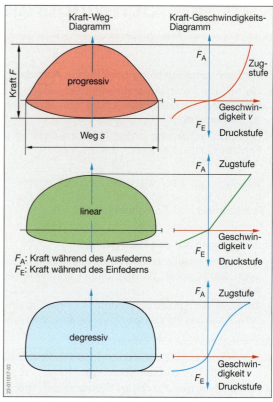

F_A: Kraft während des Ausfederns
F_E: Kraft während des Einfederns

Abb. 3: Kennlinien von Schwingungsdämpfern

Variable Schwingungsdämpfer (Abb. 4) weisen in ihrer Kennlinie drei verschiedene Bereiche auf. Im ersten Bereich werden kleine Unebenheiten einer glatten Fahrbahn durch die progressive Kennlinie gut getilgt. Der degressive Verlauf im mittleren Bereich dämpft auch größere Unebenheiten einer welligen Fahrbahn. Im dritten Bereich sichert die progressive Kennlinie bei hohen Geschwindigkeiten die Fahrsicherheit auch bei welligen Fahrbahnen. Bei geringer Beladung wird durch die degressive Kennlinie der Fahrkomfort erhöht, während bei hoher Belastung durch die zunehmende Progression die Fahrsicherheit gewährleistet bleibt.

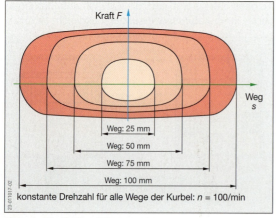

Abb. 2: Kraft-Weg-Diagramme

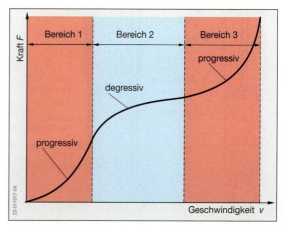

Abb. 4: Kennlinie eines variablen Schwingungsdämpfers

39.3 Einrohrschwingungsdämpfer

Das **Grundprinzip** des Einrohrschwingungsdämpfers (Gasdruckschwingungsdämpfer) zeigt die Abb. 5. Die **Drosselstellen** für die Zug- und Druckstufe befinden sich im Kolben. Öl- und Gasraum sind in der Ausführung mit **Prallscheibe** (Abb. 5a) nur unvollständig getrennt. Durch den obenliegenden Gasraum trennen sich beide Stoffe, da das Gas (z.B. Stickstoff) wegen seiner geringeren Dichte nach oben steigt. Damit die Ölströme aus dem Arbeitsraum nicht in den Gasraum gelangen, werden sie durch eine Prallscheibe umgelenkt. Schwingungsdämpfer mit Prallscheibe können nur senkrecht eingebaut werden, so dass der Gasraum oberhalb des Ölraums liegt, damit keine Mischung von Öl und Gas erfolgt.

Gas- und Ölraum sind im Schwingungsdämpfer mit **Trennkolben** (Abb. 5b) vollständig getrennt. Der Schwingungsdämpfer mit Trennkolben kann in beliebiger Lage eingebaut werden.

Während des **Einfederns** (Druckstufe, Abb. 5) bewegt die Kolbenstange den Kolben nach oben. Das aus dem oberen Arbeitsraum verdrängte Ölvolumen gelangt über das **Druckstufenventil wenig gedrosselt** in den unteren Arbeitsraum. Gleichzeitig verdrängt die einfahrende Kolbenstange das entsprechende Ölvolumen in den oberen Arbeitsraum und verdichtet die Gasfüllung.

Während des **Ausfederns** (Zugstufe, Abb. 5) strömt das Hydrauliköl in entgegengesetzter Richtung **stark gedrosselt** durch das **Zugstufenventil**. Die hauptsächliche Dämpfung erfolgt in der Zugstufe.

Für die Zug- und Druckstufe werden Flatterventile (Abb. 5) oder federbelastete Tellerventile (Abb. 6) verwendet. In beiden Fällen hängt die Dämpfungskraft von der Größe des Ventilquerschnitts und der Federkraft ab.

> Die **Dämpfungskraft** ist um so höher, je kleiner der Ventilquerschnitt und je größer die Federkraft ist.

Der Schwingungsdämpfer erwärmt sich während des Betriebs auf etwa 100 °C. Das Gas steht unter einem Druck von etwa 20 bis 35 bar. Der Druck erhöht den Siedepunkt des Hydrauliköls. Dadurch wird die Dampfblasenbildung bei hohen Temperaturen verhindert.

39.4 Zweirohrschwingungsdämpfer

Den **Aufbau** des Zweirohrschwingungsdämpfers zeigt die Abb. 6. Der Arbeitsraum ist vom Ausgleichsraum (Ölvorratsraum) durch ein Bodenventil getrennt.

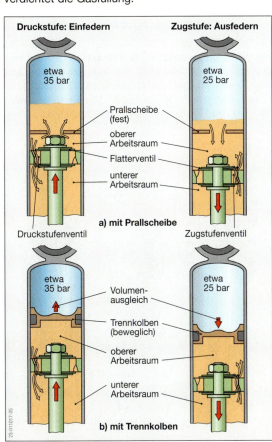

Abb. 5: Einrohrschwingungsdämpfer

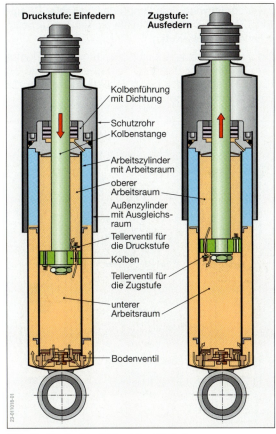

Abb. 6: Zweirohrschwingungsdämpfer

Während des **Einfederns** (Druckstufe) strömt das durch die einfahrende Kolbenstange verdrängte Öl über das Bodenventil in den Ausgleichsraum. Der Widerstand, den das **Bodenventil** dem Ölstrom entgegensetzt, dämpft die Kolbenbewegung und bewirkt die **Dämpfungskraft** in der **Druckstufe**. Gleichzeitig fließt ein Teil des Öls unterhalb des Kolbens über das Druckstufenventil in den größer gewordenen Raum oberhalb des Kolbens. Das Zugstufenventil ist während der Druckstufe geschlossen. Der Öldruck oberhalb und unterhalb des Kolbens ist in der Druckstufe etwa gleich groß.

Während des **Ausfederns** (Zugstufe) übt der Kolben auf das Öl im oberen Raum Druck aus. Das Öl fließt durch das Zugstufenventil in den unteren Raum. Das Druckstufenventil ist während der Zugstufe geschlossen. Das **Kolbenventil** dämpft die Kolbenbewegung und bestimmt die **Dämpfungskraft** in der **Zugstufe**. Gleichzeitig wird Öl aus dem Ausgleichsraum nahezu ungehindert über das Bodenventil in den Arbeitsraum gesaugt.

Zweirohrschwingungsdämpfer mit **Niedergasdruck** haben im Ausgleichsraum eine Gasfüllung mit einem Druck von etwa 3 bar. Dieser Druck verhindert weitgehend eine Ölverschäumung während des Betriebs. Im ausgebauten Zustand bewirkt der Druck das Ausfahren der Kolbenstange.

Zweirohrschwingungsdämpfer mit **variabler Dämpfung** (Abb. 1) haben im mittleren Teil des Arbeitszylinders Bypass-Nuten.

Der Fahrkomfort wird durch die verminderte Dämpfung bei geringer Beladung verbessert, während bei hoher Beladung durch die erhöhte Dämpfung die Fahrsicherheit erhöht wird.

39.5 Federbein

> Der **Schwingungsdämpfer** bildet zusammen mit der **Schraubenfeder** und der **Befestigung** (z. B. Achsschenkel) das **Federbein**.

Das Federbein (Abb. 2) muss alle Biegebeanspruchungen aufnehmen, die sich aus der Radlast, den Brems-, Beschleunigungs- und Seitenführungskräften ergeben. Deshalb sind die Kolbenstange, die Kolbenstangenführung und das Behälterrohr besonders stabil ausgeführt.

Um bei einem defekten Schwingungsdämpfer nicht das ganze Federbein wechseln zu müssen, werden Schwingungsdämpfer-Patronen verwendet. Bei nachlassender Dämpferkraft kann die Verschraubung gelöst und die separate Patrone gewechselt werden. Die Befestigung des Federbeins am Fahrzeugaufbau erfolgt durch Gummilager in Verbindung mit einem Kugellager (Abb. 1, S. 390).

39.6 Verstellbare Schwingungsdämpfer

> Die Anpassung der Schwingungsdämpfung an Fahrverhalten, Fahrbahnbeschaffenheit und Zuladung wird durch **mechanisch** oder **elektrisch** verstellbare **Schwingungsdämpfer** ermöglicht.

Mechanisch verstellbare Schwingungsdämpfer verändern die Vorspannung der **Kolbenventile** über eine Verstellstange. Die Schwingungsdämpfer einer Achse müssen in der gleichen Weise verstellt werden, um die Fahrsicherheit zu gewährleisten.

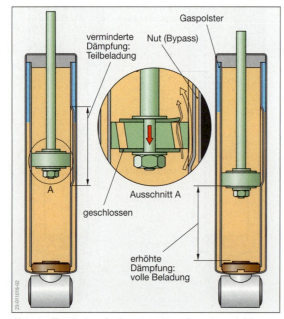

Abb. 1: Zweirohrschwingungsdämpfer mit variabler Dämpfung

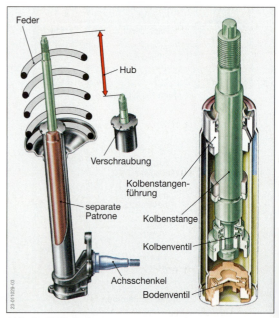

Abb. 2: Federbein

Kapitel 39: Schwingungsdämpfung

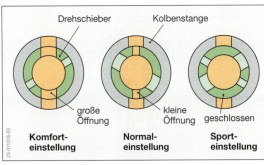

Abb. 3: Dämpfungsstufen eines Drehschiebers

Elektrisch verstellbare Schwingungsdämpfer verändern die Dämpfungskraft, indem ein Drehschieber (Abb. 3) in der hohlen Kolbenstange Zusatzöffnungen freigibt oder verschließt. Die Verstellung erfolgt in drei Stufen durch einen Elektromotor.
- **Komforteinstellung:** Die großen Zusatzöffnungen verringern die Dämpfungskraft und erhöhen den Fahrkomfort.
- **Normaleinstellung:** Die kleinen Zusatzöffnungen bewirken ein ausgewogenes Verhältnis zwischen der Dämpfungskraft und dem Fahrkomfort.
- **Sporteinstellung:** Durch die geschlossene Zusatzöffnung wird die Dämpfungskraft erhöht und der Fahrkomfort verringert.

Die Wirkung der Kolben- und Bodenventile (s. Kap. 39.3 und 39.4) bleibt in allen Einstellungen erhalten.

39.7 Niveauregulierung

Herkömmliche Schwingungsdämpfer sind für mittlere Belastungen (Beladung, Kurvenfahrt, Bremsen) und gute Fahrbahnen ausgelegt. Bei zunehmender Beladung oder Anhängerbetrieb sinkt das Fahrzeugheck ab, die Bodenfreiheit, der Fahrkomfort und der Federweg verschlechtern sich. Das Lenkverhalten wird unsicherer, die Empfindlichkeit gegen Seitenwind steigt und nachts nimmt die Blendgefahr für den Gegenverkehr zu. Um die Fahrsicherheit und den Komfort bei allen Belastungen konstant zu halten, kann die **Fahrzeughöhe** durch:
- hydraulische,
- pneumatische oder
- hydropneumatische

Niveauregulierungen verstellt werden.

Hydraulische Niveauregulierungen (Nivomat) sind mit selbstaufpumpenden Schwingungsdämpfern ausgerüstet. Sie enthalten eine mit dem Gehäuse verbundene Pumpenstange, die mit der aufgebohrten Kolbenstange als Ölpumpe wirkt. Nach der Beladung erfolgt der Niveauausgleich nur durch die Fahrzeugschwingungen. Dafür ist eine Fahrstrecke von etwa 500 bis 1000 m erforderlich. Nach Entlastung des Fahrzeugs stellt sich der Schwingungsdämpfer automatisch auf das Sollniveau zurück. Da die hydraulische Niveauregulierung nicht geregelt ist, entfallen elektronische Bauteile.

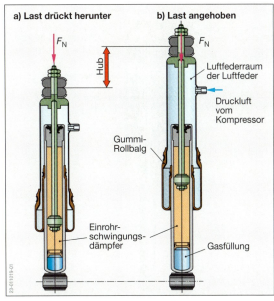

Abb. 4: Pneumatische Niveauregulierung

Pneumatische Niveauregulierungen (Airmatic) mit zusätzlichen Luftfedern (Abb. 4) ermöglichen den Ausgleich der Niveauveränderungen des Aufbaus. Die Luftfedern werden mit Drücken bis zu 16 bar betrieben und arbeiten parallel zur Fahrzeugfederung. Die automatische Einstellung des Sollniveaus erfordert Niveausensoren an den Rädern und eine elektronische Regelung (s. Kap. 39.8).

Hydropneumatische Niveauregulierungen (Abb. 5) arbeiten im Gegensatz zur pneumatischen Niveauregulierung (offenes System) mit einem geschlossenen System. Am Druckspeicher befindet sich ein Anschluss für die Hochdruck-Ölpumpe. Bei Beladung wird der Aufbau durch Vergrößerung der Ölmenge im Federbein angehoben. Der erforderliche Öldruck wird von einer Hochdruck-Ölpumpe erzeugt. Die Regelung erfolgt über hydraulische oder elektrische Niveauregelventile an den Achsen.

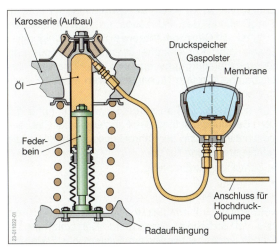

Abb. 5: Hydropneumatische Niveauregulierung

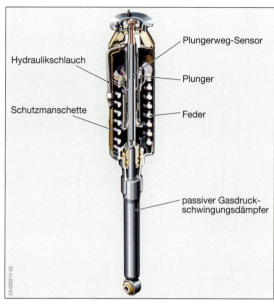

Abb. 1: Schwingungsdämpfersystem mit Stahlfedern

Abb. 2: Schwingungsdämpfersystem mit Luftfedern

39.8 Aktive Fahrwerkssysteme

> **Aktive Fahrwerkssysteme** (AFS) verbessern das Fahrverhalten wesentlich. Sie erhöhen die **aktive Fahrsicherheit** und den **Fahrkomfort**.

Aktive Fahrwerkssysteme wirken den **Bewegungen** des **Fahrzeugs** (s. Kap. 36.1) um die
- Längsachse (Wanken),
- Hochachse (Gieren) und
- Querachse (Nicken) entgegen.

Je nach Umfang des Gesamtsystems wird die momentane Fahrsituation vom Steuergerät durch die Signale von **Sensoren** erfasst und verarbeitet. Die **Drehzahlfühler** des ABS (s. Kap. 44.2) liefern Informationen über die Raddrehzahlen und die Fahrgeschwindigkeit. Die Lenkgeschwindigkeit und der Lenkwinkel werden vom **Lenkwinkelsensor** erfasst. Die Drehung des Fahrzeugs um die Hochachse ermittelt ein **Giermomentsensor**. Beschleunigungs-, Brems- und Kurvenkräfte übermitteln **Längs-** und **Querbeschleunigungssensoren**. Die Höhe des Fahrzeugaufbaus liefern **Niveausensoren** an den Federbeinen.

Für die jeweilige **Fahrsituation** werden, abhängig vom Beladungszustand des Fahrzeugs, der Straßenbeschaffenheit und der Fahrzeuggeschwindigkeit, die günstigsten Werte für die
- Schwingungsdämpfung,
- Federung und
- Niveauregelung

vom Steuergerät ermittelt und verschiedene **Aktoren** (z.B. im Federbein) angesteuert. Der elektronische Eingriff erfolgt entweder am System der Federung oder Schwingungsdämpfung.

39.8.1 Aktive Schwingungsdämpfersysteme

> **Aktive Schwingungsdämpfersysteme** passen die Wirkung der Schwingungsdämpfer der jeweiligen Fahrsituation an.

Dazu werden verstellbare Ventile im Schwingungsdämpfer entsprechend der erforderlichen Kennlinien (s. Kap. 39.2) angesteuert. Sie passen sich adaptiv (adapto; lat.: anpassen) über ein Kennfeld im Steuergerät den Fahrsituationen an. Das System kann mit Stahlfedern (Abb. 1) oder Luftfedern (Abb. 2) kombiniert werden. Ein am Schwingungsdämpfer angeflanschtes Schaltelement (Abb. 3) wird vom Steuergerät angesteuert. Durch eine Verstellung von Ventilquerschnitten ermöglicht es die Umsetzung von unterschiedlichen Kennlinien der Schwingungsdämpfer.

Das **Fahrzeugniveau** wird je nach Fahrgeschwindigkeit (Absenken), Beladung (Halten) und Bodenbeschaffenheit (Anheben) verändert. Manuell kann über einen Schalter zwischen einer sportlichen oder komfortablen Abstimmung gewählt werden.

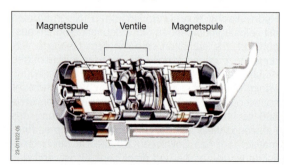

Abb. 3: Aufbau des Schaltelements

Aktive Schwingungsdämpfersysteme können elektronisch geregelt oder hydraulisch gesteuert werden. **Elektronisch geregelte Schwingungsdämpfer** werden **C**ontiuously **C**ontrolled **E**lectronic **S**uspension **CES** (engl.: fortlaufend kontrollierte elektronische Einstellung) oder **C**ontinuous **D**amper **C**ontrol **CDC** (engl.: ständige Dämpferkontrolle) genannt. Dabei werden zwei **Regelstrategien** unterschieden:
- Schwellwert-Regelstrategie oder
- Skyhook-Regelstrategie.

Die **Schwellwert-Regelstrategie** verarbeitet die Informationen von drei Beschleunigungssensoren an der Vorder- und Hinterachse, sowie am Aufbau. Diese Sensoren erkennen ab einem bestimmten Schwellwert die Hub- und Nickbewegungen des Aufbaus.

> Mit der **Schwellwert-Regelstrategie** werden nur achsweise die Dämpferkräfte in der Zug- und Druckstufe verändert und dadurch die Hub- und Nickbewegungen des Fahrzeugs gemindert.

Die **Skyhook-Regelstrategie** (engl.: Himmelshaken) hält den Fahrzeugaufbau in allen Fahrsituationen fast waagerecht, als sei er am »Himmel festgehakt«. Bis zu acht Sensoren messen die Rad- und Aufbaubewegungen um alle Fahrzeugachsen. Das Steuergerät ist mit anderen elektronischen Systemen, wie z. B. ABS, ASR, ESP und BAS vernetzt. Schon während des Betätigens der Bremse oder Lenkung werden die Schwingungsdämpfer vorgespannt.

> Mit der **Skyhook-Regelstrategie** werden Hub-, Nick- und Wankbewegungen schon im Ansatz erkannt und individuell für jedes Rad entsprechend gegengeregelt.

Hydraulisch gesteuerte Schwingungsdämpfer erhöhen auch ohne elektronische Regelung den Fahrkomfort und die Fahrsicherheit. Bei der **D**ynamic **R**ide **C**ontrol **DRC** (engl.: dynamische Fahrkontrolle) sind je zwei diagonal gegenüberliegende Schwingungsdämpfer durch eine Hydraulikleitung miteinander verbunden (Abb. 4). In beiden Leitungen ist je ein Zentralventil zwischengeschaltet, dessen Speicher mit 16 bar Gasdruck gefüllt ist.

Aufbau

Im Innern des Zentralventils befindet sich ein schwimmend gelagerter Kolben mit einer größeren Kreisfläche und einer kleineren Kreisringfläche (Abb. 5). Die größere Kreisfläche ist mit einer Ventileinheit versehen. Diese ist mit dem Arbeitskolben eines Schwingungsdämpfer vergleichbar (s. Kap. 39.3). Die Bohrungen der Ventileinheit sind beidseitig mit Flatterventilen versehen. Die kleinere Kreisringfläche entspricht dem Trennkolben eines Einrohrschwingungsdämpfers. Der Hydraulikdruck des hinteren Schwingungsdämpfers wirkt auf die größere Kreisflä-

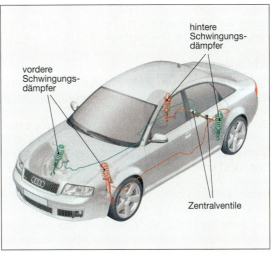

Abb. 4: Aufbau der dynamischen Fahrkontrolle (DRC)

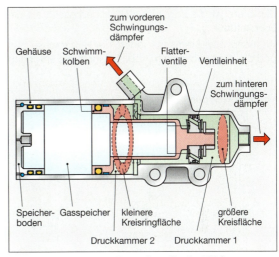

Abb. 5: Aufbau eines Zentralventils der DRC

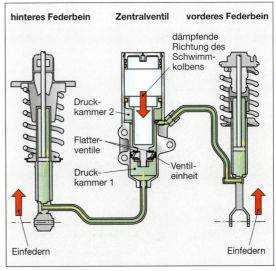

Abb. 6: Gleichsinniges Einfedern des DRC

che der Druckkammer 1, der Hydraulikdruck des vorderen Schwingungsdämpfers wirkt auf die kleinere Kreisringfläche der Druckkammer 2.

Wirkungsweise

Federn die vorderen und hinteren Schwingungsdämpfer gleichmäßig ein, dann verdrängen beide einfahrenden Kolbenstangen Hydrauliköl in das Zentralventil (Abb. 6, S. 381). Dabei wirkt der Hydraulikdruck beider Druckkammern auf den Schwimmkolben und schiebt diesen in Richtung Gasspeicherboden. Der Gasdruck steigt und wirkt dieser Verschiebung entgegen, sodass das Absenken des gesamten Fahrzeugaufbaus gedämpft wird.

Bei einer parallelen Hubbewegung des gesamten Fahrzeugaufbaus wird das in das Zentralventil verdrängte Hydrauliköl durch den erhöhten Gasdruck wieder in die beiden Schwingungsdämpfer zurück gefördert. Wie bei konventionellen Schwingungsdämpfern ist die Zugstufe stärker gedrosselt als die Druckstufe.

Während des Bremsens federt die Hinterachse aus und die Vorderachse ein (Abb. 1). Durch die entgegengerichtete Bewegung der Kolbenstangen entstehen unterschiedliche Drücke in den beiden Kammern des Zentralventils. In der Druckkammer 1 sinkt der Öldruck durch die ausfahrende Kolbenstange des hinteren Schwingungsdämpfers. In der Druckkammer 2 steigt er durch die einfahrende Kolbenstange des vorderen Schwingungsdämpfers. Durch diese Druckdifferenz wird der Schwimmkolben des Zentralventils nicht verschoben. Statt dessen findet ein Ausgleich des Hydrauliköls statt. Die einfahrende Kolbenstange des vorderen Schwingungsdämpfers verdrängt Hydrauliköl zum Zentralventil und von dort zum hinteren Schwingungsdämpfer. Dabei durchströmt das Hydrauliköl die Ventileinheit.

> Durch den **Strömungswiderstand** an den Flatterventilen der Ventileinheit verhärten sich die vorderen Schwingungsdämpfer und die **Nickbewegung** des Aufbaus während des Bremsens wird **stark gemindert**.

Nach der gleichen Wirkungsweise wird das Absenken des Fahrzeughecks während des Beschleunigens vermindert. In beiden Fällen wird die Dämpferkraft der vorderen und hinteren Schwingungsdämpfer parallel erhöht bzw. gesenkt (Abb. 2).

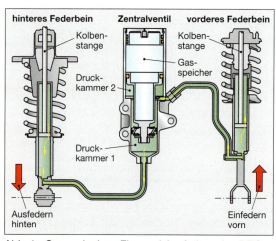

Abb. 1: Gegensinniges Ein- und Ausfedern des DRC

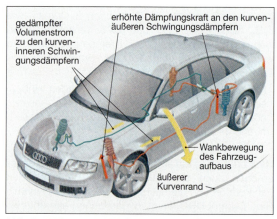

Abb. 3: Wirkung der DRC bei Kurvenfahrt

Im Gegensatz zur Verminderung der Nickbewegung um die Querachse, beruht die Wankverminderung bei einer Kurvenfahrt (Abb. 3) auf der Anordnung beider Zentralventile in den diagonalen Hydraulikleitungen der vorderen und hinteren Schwingungsdämpfer.

> Bei der Minderung der **Wankbewegung** erhöhen die Schwingungsdämpfer der **beiden kurvenäußeren Räder** ihre Dämpfungskraft nach dem gleichen hydraulischen Wirkprinzip wie bei der Nickminderung.

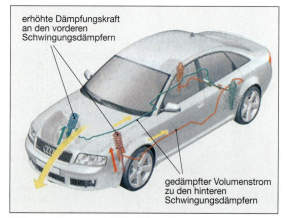

Abb. 2: Wirkung der DRC beim Bremsen

Nachteilig an der hydraulisch gesteuerten Schwingungsdämpfung ist die Voraussetzung einer Relativbewegung zwischen Aufbau und Räder. Ihr **Vorteil** ist die kostengünstige Herstellung und Wartung.

Kapitel 39: Schwingungsdämpfung

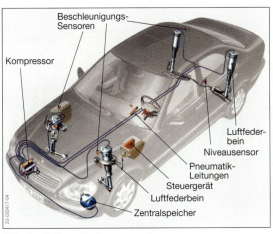

Abb. 4: Aktives Federungssystem

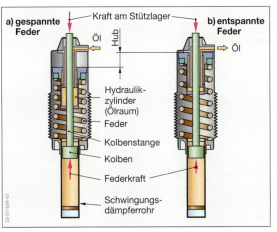

Abb. 6: Federbein mit Hydraulikzylinder (Plunger)

39.8.2 Aktive Federungssysteme

Aktive Federungssysteme halten den Fahrzeugaufbau in allen Fahrsituationen auf gleichem Niveau.

Aktive Federungssysteme, auch **ABC** genannt (**A**ktive **B**ody **C**ontrol), sind elektro-hydraulische Fahrwerkssysteme, die neben der Veränderung von Federung und Schwingungsdämpfung auch eine automatische Niveauregelung ermöglichen.

Niederfrequente Schwingungen der ungefederten Massen (bis 5 Hertz), z. B. während des Bremsens, Beschleunigens oder in Kurven, werden vom System gemindert.

Höherfrequente Schwingungen (bis 16 Hertz) werden durch konventionelle Stahlfedern und hydraulische Schwingungsdämpfer gemindert.

Sensoren (s. Kap. 39.8) erfassen die Aufbaubewegungen des Fahrzeugs. Um diesen entgegen wirken zu können, sind in jedem Federbein vertikal verstellbare **Hydraulikzylinder** (Plunger) angeordnet, die von einer **Ölpumpe** (Abb. 5) mit Systemdruck (bis zu 200 bar) versorgt werden. Je mehr Öl in den Hydraulikzylinder gelangt, desto stärker wird die Feder vorgespannt. Die Federkraft nimmt zu (Abb. 6a). Eine Verringerung der Ölmenge führt zu einer Entspannung der Feder, die Federkraft (Abb. 6b) wird geringer. Ein Wegsensor am Plunger (s. Kap. 44.2.2) ermittelt ständig die Stellung der Kolbenstange im Federbein und damit die Lage des Fahrzeugaufbaus.

Regelventile (Aktoren) steuern an jedem Federbein den Ölfluss zu den Hydraulikzylindern. Der Arbeitsdruck gelangt dadurch zum Federbein oder in den Rücklauf. **Sperrventile** schließen bei stehendem Motor, Stillstand des Fahrzeugs und auftretenden Systemfehlern den Vorlauf, um Druckverluste zu vermeiden. Dadurch wird auch bei Arbeiten auf der Hebebühne oder während des Radwechsels ein Auseinanderdrücken der Hydraulikzylinder verhindert. Die elektromagnetischen Ventile sind jeweils an der Vorder- und Hinterachse in einer **Ventileinheit** (Abb. 7) zusammengefasst.

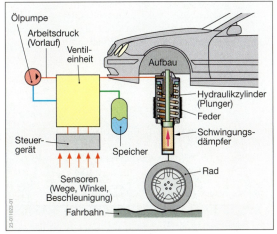

Abb. 5: Schema eines aktiven Federungssystems

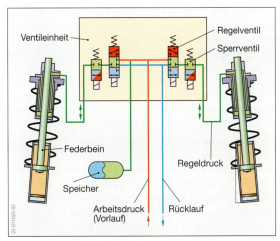

Abb. 7: Hydraulische Regelung

Jedes Federbein hat einen eigenen Regelkreis. Dadurch können die **Regelvorgänge** an den verschiedenen Rädern gleichzeitig umgesetzt werden

> Durch eine **Veränderung** der **Federkräfte** in den Federbeinen wirkt das ABC-System den Nick- oder Wankbewegungen des Aufbaus entgegen, die z.B. bei Kurvenfahrt oder während des Bremsens auftreten.

Starten: Durch das Öffnen der Fahrzeugtür wird das ABC-Steuergerät aktiviert. Über die Niveausensoren wird das Ist-Niveau mit dem Soll-Niveau verglichen. Treten dabei Abweichungen auf, so werden die Regelventile aller Federbeine angesteuert, bis das Soll-Niveau erreicht ist.

Kurvenfahrt: Wird eine Wankbewegung des Fahrzeugs durch den Querbeschleunigungssensor erkannt, so werden durch das ABC-Steuergerät die Regelventile (Abb. 1) angesteuert. Arbeitsdruck gelangt zu den kurvenäußeren Federbeinen und spannt dort die Federn. Gleichzeitig werden die Federn der kurveninneren Räder entspannt, indem das Federbein mit dem Rücklauf verbunden wird. Die dabei entstehenden Kräfte wirken der Wankbewegung des Fahrzeugaufbaus entgegen. Wirken keine Kurvenkräfte mehr, werden alle Federbeine mit dem gleichen Arbeitsdruck beaufschlagt.

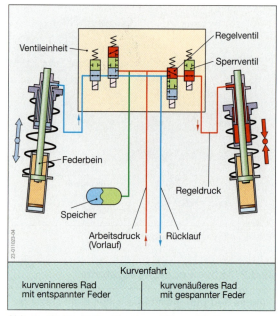

Abb. 1: Hydraulische Regelung (Kurvenfahrt)

> Durch die Wirkung unterschiedlicher Federkräfte in den kurveninneren und kurvenäußeren Federbeinen kann der **Stabilisator** im ABC-System entfallen.

Geradeausfahrt: Durch Informationen vom ABS-Steuergerät wird mit steigender Fahrgeschwindigkeit das Fahrzeugniveau automatisch abgesenkt. Dafür werden alle Regelventile vom ABC-Steuergerät nach einem Kennfeld auf Druckabbau geschaltet.

Bremsen und **Beschleunigen:** Eine Nickbewegung des Fahrzeugs wird durch den Längsbeschleunigungssensor oder das betätigte Bremspedal erkannt (Abb. 2). Über das ABC-Steuergerät werden die Federn der Vorderachse gespannt und die der Hinterachse entspannt. Die Stärke der Verzögerung beeinflusst den Druck in den Hauptzylindern. Während des Beschleunigens wird das schnell betätigte Gaspedal (EGAS) als Information verarbeitet. Die Regelung erfolgt analog zum Bremsen, d.h. die vorderen Federn werden entspannt und die hinteren gespannt.

Vertikalschwingungen: Bewegungen in Richtung Hochachse des Fahrzeugs, z.B. durch Bodenwellen, werden von den Niveausensoren erkannt und durch entsprechende Regelungen automatisch ausgeglichen. Der Fahrer kann dabei zwischen einer sportlichen oder komfortablen Fahrwerksabstimmung wählen. Bei größeren Fahrbahnunebenheiten und niedrigen Geschwindigkeiten kann das Fahrzeug in zwei Stufen über einen manuellen Niveauschalter angehoben werden.

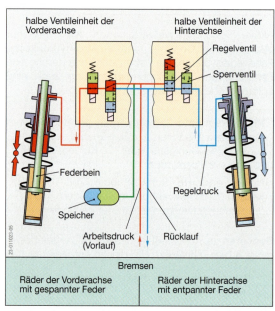

Abb. 2: Hydraulische Regelung (Bremsen)

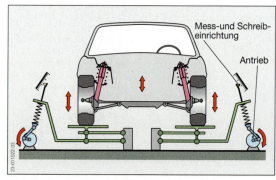

Abb. 3: Mechanische Prüfung mit dem Schocktester

39.9 Wartung und Diagnose

Mechanische Prüfung: Die Funktionsfähigkeit der Schwingungsdämpfer kann mit einem Schocktester (Abb. 3) ermittelt werden. Beide Schwingungsdämpfer einer Achse werden gleichzeitig geprüft.

Das Dämpferverhalten wird in Form eines **Scheibendiagramms** (Abb. 4) aufgezeichnet. Ein Diagramm enthält jeweils die Schwingungsbilder der Dämpfer einer Fahrzeugachse. Große Ausschläge weisen auf defekte Schwingungsdämpfer hin.

Elektronische Prüfung: Sie ergibt genaue Messwerte der Dämpfungskraft eingebauter Schwingungsdämpfer. Wie beim Schocktester werden die Räder auf Schwingplatten gestellt. Nach einer Aufwärmphase werden die Schwingplatten in unterschiedlich hohe Schwingungen versetzt. Die dabei auftretenden Fahrwerksschwingungen werden von einer Messtechnik erfasst. Ein Programm ordnet die Messdaten der Zug- und Druckstufe zu und schließt Messfehler aus. Erst bei eindeutigen Ergebnissen werden die Messwerte verarbeitet und auf einem Bildschirm angezeigt.

Die Bewertung der Schwingungsdämpfer einer Vorderachse zeigt die Abb. 5. Während das linke Rad einen Wirkungsgrad von 100 % aufweist, beträgt dieser am rechten Rad in der Druckstufe 91,4 % und in der Zugstufe 93,3 %. Die größte Differenz zwischen dem linken und rechten Rad wird in der Kopfzeile in Prozent (9 %) und Hertz (1 Hz) angezeigt.

Eine Bewertung erfolgt in farbigen Segmenten:
- Grüner Bereich: gute Schwingungsdämpfung
- Gelber Streifen: mittlere Schwingungsdämpfung
- roter Bereich: schlechte Schwingungsdämpfung

Sichtprüfung: Frische Ölspuren am Behälterrohr oder an der Dichtung weisen auf Ölverlust hin. Ein Öldunst darf vorhanden sein. Er entsteht durch den Schmierfilm, der für die Schmierung der Kolbenstange erforderlich ist. Zu große Ölverluste beeinträchtigen die Dämpferwirkung.

> **Unfallverhütung**
>
> **Gasdruckschwingungsdämpfer** sind im Bereich des Gasraumes vor der Verschrottung mit einem dünnen Bohrer anzubohren, damit das Gas entweichen und der Gasdruck abgebaut werden kann.

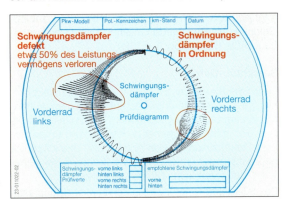

Abb. 4: Scheibendiagramm

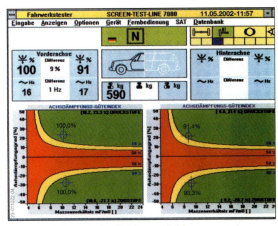

Abb. 5: Elektronische Prüfung mit Messcomputer

Aufgaben

1. Welche Aufgaben haben Schwingungsdämpfer?
2. Wodurch entsteht die Dämpfungskraft?
3. Skizzieren Sie verschiedene Dämpferkennlinien.
4. Beschreiben Sie die Wirkungsweise variabler Schwingungsdämpfer.
5. Beschreiben Sie die Wirkungsweise eines Einrohrschwingungsdämpfers.
6. Warum hat ein Schwingungsdämpfer in der Zug- und Druckstufe unterschiedliche Axialkräfte?
7. Welchen Vorteil hat der Einrohrschwingungsdämpfer mit Trennkolben gegenüber der Ausführung mit Prallscheibe?
8. Beschreiben Sie die Wirkungsweise des Zweirohrschwingungsdämpfers.
9. Welche Vorteile bietet die Niveauregulierung?
10. Aus welchen Bauteilen besteht ein Federbein?
11. Begründen Sie, warum aktive Fahrwerkssysteme ein Beitrag zur aktiven Verkehrssicherheit sind.
12. Wann treten Fahrwerkssysteme in Funktion?
13. Welche vier Eingangsgrößen benötigt das elektronische Steuergerät für eine Regelung der aktiven Fahrwerkssysteme?
14. Beschreiben Sie, wie die Seitenneigung des Fahrzeugs bei Kurvenfahrt gemindert wird (ABC-System).
15. Wodurch verbessern aktive Fahrwerkssysteme den Fahrkomfort?
16. Nennen Sie drei Schwingungsdämpfer-Prüfungen.
17. Was ist bei der Verschrottung von Schwingungsdämpfern zu beachten?

40 Radaufhängung

Die **Radaufhängung** verbindet die Räder mit dem Fahrzeugaufbau oder dem Fahrzeugrahmen und überträgt die Kräfte zwischen den Rädern und dem Fahrzeugaufbau.

Durch die Radaufhängung werden **statische** und **dynamische Kräfte**, die in unterschiedliche Richtungen wirken, übertragen. Das sind:
- Massenkräfte (z. B. Fahrzeugaufbau, Zuladung)
- Radführungskräfte (z. B. Lenkkräfte),
- Seitenkräfte (z. B. Fliehkräfte bei Kurvenfahrt oder Windkräfte).

Die **Bauteile** der Radaufhängung sollen:
- statische und dynamische Kräfte übertragen,
- eine geringe Masse haben,
- zwischen Rädern und Aufbau geräuschisolierend wirken,
- leicht beweglich sein und
- eine hohe Führungsgenauigkeit der Räder erzielen.

40.1 Bauteile der Radaufhängung

40.1.1 Lenker

Lenker sind drehbewegliche Bauteile und haben die **Aufgabe**, die Räder zu führen.

Lenker werden unterschieden nach (⇒TB: Kap. 9):
- der **Bauart**:
  Einfachlenker oder Dreieckslenker,
- der **Einbaulage** im Fahrzeug:
  Querlenker, Längslenker oder Schräglenker.

Einfachlenker (Abb. 1) übertragen Zug- oder Druckkräfte. Nach der Lage der Lenker am Fahrzeug können sie daher nur Längs-, Quer- oder Hochkräfte aufnehmen. Werden zwei Einfachlenker im Verbund angeordnet, so haben sie die gleichen Eigenschaften wie ein Dreieckslenker.

Dreieckslenker (Abb. 1) werden mit zwei Gelenken am Fahrzeug befestigt und können neben Längskräften auch höhere Querkräfte übertragen.

Lenker werden als biegesteife Profile aus Stahlguss, Aluminium, hochwertigen Blechen oder als geschmiedete Bauteile aus Stahl hergestellt.

40.1.2 Lenkerlagerungen

Am Aufbau und am Achsschenkel werden die Lenker beweglich gelagert. Diese Lagerstellen sollen folgende **Anforderungen** erfüllen:
- leichte Beweglichkeit der Lenker,
- geringe Nachgiebigkeit innerhalb der Lagerstellen (dadurch große Führungsgenauigkeit),
- geräuschisolierende Wirkung und
- Wartungsfreiheit.

Die Führung der Lenkerlager am Fahrzeugaufbau erfolgt hauptsächlich durch Silentbloc- oder Flanbloc-Gelenke. Am Rad werden meist Kugelgelenke eingebaut (Abb. 6 und Abb. 5, S. 389).

Silentbloc-Gelenk

Das Silentbloc-Gelenk (silent, engl.: schweigsam, hier: geräuschisolierend) besteht aus einem Außenrohr, Innenrohr und zylindrischem Gummiteil (Abb. 2). Das Gummiteil (Elastomer, s. Kap. 8) wird unter großem Druck zwischen das Außen- und das Innenrohr gepresst oder mit den Metallrohren bei einer Temperatur von etwa 180 °C vulkanisiert.

Das Silentbloc-Gelenk wird in den Lenker eingepresst, das Innenrohr mit einer Schraube am Fahrzeug befestigt. Werden die beiden Rohre zueinander verdreht, erfolgt eine **elastische Verformung** des Gummiteils.

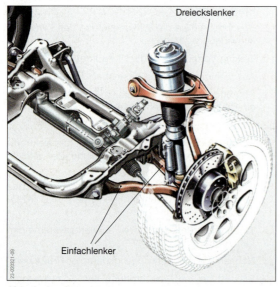

Abb. 1: Lenkerarten

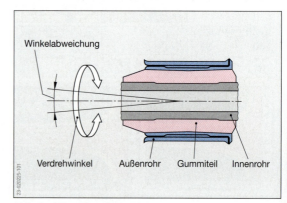

Abb. 2: Silentbloc-Gelenk

Kapitel 40: Radaufhängung

Abb. 3: Geschlitzte Elastomerlager

> **Silentbloc-Gelenke** nehmen sehr hohe Kräfte in radialer Richtung auf. Sie ermöglichen Verdrehwinkel von ±30° und gestatten Winkelabweichungen der Längsachse von ±7°.

Eine sehr hohe Führungsgenauigkeit erreichen **geschlitzte Elastomerlager** (Abb. 3). Nach dem Einbau der Lager ist der Stoßspalt fast geschlossen.

Die einvulkanisierten Elastomer-Werkstoffe können große Druckkräfte übertragen, aber nur geringe Zugbelastungen aufnehmen.

Werden die Elastomerlager in die Buchsen eingepresst, wirkt in dem Elastomer eine **Vorspannung**. Durch diese Vorspannung wird das Elastomer auf Druck beansprucht. Die auf den Lenker wirkenden Kräfte stehen diesen Druckkräften entgegen. Es ist sichergestellt, dass die Druckkräfte im Lager (auf Grund der Vorspannung) immer größer als die auf das Lager wirkenden Kräfte sind. Eine lange Haltbarkeit der Lager wird erreicht, wenn keine Zugkräfte im Lager wirksam werden.

Mehrschichtige Elastomerlager (Abb. 4) haben zwischen den Elastomerschichten Blechstreifen. Die Dicke und die Anzahl der Blechstreifen verändern die Eigenschaften der Lager. Die Streifen beeinflussen wesentlich die axiale Steifigkeit.

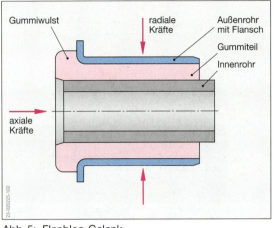

Abb. 5: Flanbloc-Gelenk

Flanbloc-Gelenk

Die Flanbloc-Gelenke haben am Außenrohr und am Gummi einen flanschartigen Ansatz (flange, engl.: Flansch). Dadurch können sowohl Radial- als auch einseitig auf den Flansch wirkende Axialkräfte übertragen werden (Abb. 5).

Wirken auf die Lenkerlager in der axialen Richtung wechselnde Kräfte (z. B. Anfahr- oder Bremskräfte), so ist die Verwendung von zwei Flanbloc-Gelenken erforderlich.

Kugelgelenke

> In die Lenker eingepresste **Kugelgelenke** führen die Radträger.

Sie übertragen Kräfte und ermöglichen Verdrehwinkel von 360° um die Längsachse bei Winkelabweichungen bis zu 40° (Abb. 6 und Abb. 1, S. 382).

Abb. 4: Elastomerlager (Anwendungsbeispiel)

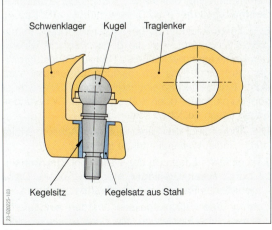

Abb. 6: Kugelgelenk

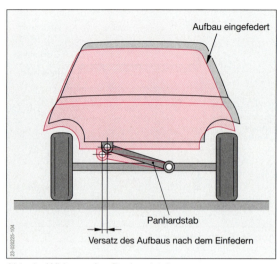

Abb. 1: Wirkung des Panhardstabs

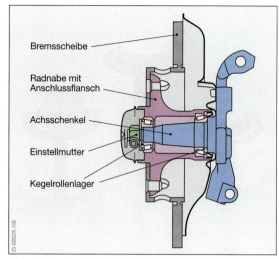

Abb. 2: Vorderradlagerung mit Kegelrollenlager

40.1.3 Panhardstab

> Der **Panhardstab** (Panhard, franz. Automobil-Konstrukteur, 1841 bis 1908) führt die Achse des Fahrzeugs in **Querrichtung**.

Ein Stabende ist am Fahrzeugaufbau, das andere an der Achse befestigt.

Je nach Länge und Lage des Panhardstabs kommt es bei Federbewegungen des Rades zu einem seitlichen Versetzen des Aufbaus zur Achse (Abb. 1). Lange, waagerecht eingebaute Stäbe bewirken nur einen geringen Versatz.

40.1.4 Radlager

> **Radlager** haben die **Aufgabe**, die Räder leicht drehbar zu lagern und Radführungskräfte zu übertragen.

Für die Lagerung einzeln aufgehängter Räder werden meist **Kegelrollenlager** (Abb. 2) oder zweireihige **Schrägkugellager** (Abb. 3) verwendet (⇒ TB: Kap. 4).

Das innere Radlager ist bei Kegelrollenlagern immer größer ausgeführt, weil die bei Kurvenfahrt wirkenden Kräfte am kurvenäußeren Rad zur Fahrzeugmitte gerichtet sind. Das erforderliche **Lagerspiel** wird durch Einstellmuttern eingestellt (Abb. 2). Diese müssen durch form- oder kraftschlüssige Sicherungen gegen Lösen gesichert sein.

Die Abdichtung der Lager auf den Achsen erfolgt durch Radial-Wellendichtringe (s. Kap. 33.6.3).

Eine einfache Lagerung der Wellen bei **Starrachsen** ist durch **Rillenkugellager** möglich (Abb. 4). Diese Lager können Radial- und Axialkräfte aufnehmen.

Schräg- oder Rillenkugellager werden einbaufertig geliefert. Eine Einstellung des Lagerspiels ist nicht erforderlich.

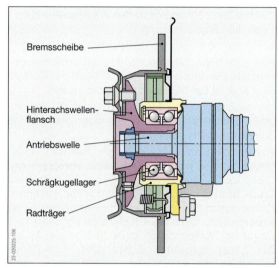

Abb. 3: Hinterradlagerung mit Schrägkugellager

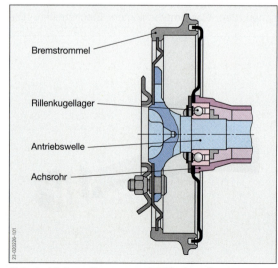

Abb. 4: Hinterradlagerung mit Rillenkugellager

Kapitel 40: Radaufhängung

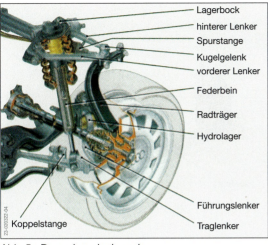

Abb. 5: Doppelquerlenkerachse

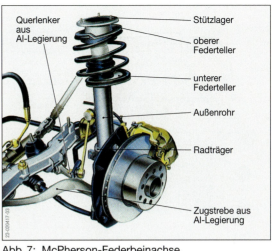

Abb. 7: McPherson-Federbeinachse

40.2 Arten der Radaufhängung

> **Radaufhängungen** werden nach der Bauform der Lenker und ihrer Lage zur Fahrzeuglängsachse bezeichnet.

Für die Vorderachse von Personenkraftwagen finden nur Einzelradaufhängungen Anwendung (⇒TB: Kap. 9). Die Hinterachse wird meist mit Einzelradaufhängung ausgeführt, es werden aber auch Starrachsen oder starrachsähnliche Konstruktionen (z.B. Verbundlenkerachsen) eingebaut.

40.2.1 Einzelradaufhängung (Vorderachse)

> Bei der **Einzelradaufhängung** führen die beiden Räder einer Achse Ein- oder Ausfederbewegungen durch, ohne sich dabei gegenseitig zu beeinflussen.

Für Vorderachsen eignen sich Achskonstruktionen, die den Vorderrädern für die Lenkbewegungen Raum geben.

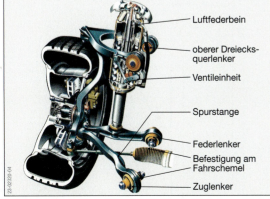

Abb. 6: Mehrlenkerachse (Vierlenkerachse)

Es werden unterschieden, z. B.:
- Doppelquerlenkerachse,
- Mehrlenkerachse und
- McPherson-Federbein-Achse.

Doppelquerlenkerachse

Querlenker (Abb. 5) aus Aluminiumlegierungen oder Stahl übernehmen die Abstützung der Seiten- und Längskräfte. Alle Lenker sind durch Kugelgelenke mit dem Radträger verbunden.

Die oberen Lenker sind am Lagerbock und die unteren Lenker am Aggregatträger befestigt. Durch die Länge und die Lage der Querlenker werden nur geringe Sturz- und Spurweitenänderungen während des Einfederns erreicht.

Mehrlenkerachse

Der obenliegende Dreiecks-Querlenker (Abb. 6) ragt weit über den Reifen. Auf dem Federlenker ist das Federbein (hier als Luftfederbein) angeordnet. Die Zugstrebe ist am Fahrschemel befestigt. Als vierter Lenker führt die Spurstange der Zahnstangenlenkung das Vorderrad. Diese Achskonstruktion bietet eine hohe Führungsgenauigkeit der Räder und benötigt weniger Platz als die Doppelquerlenkerachse.

McPherson-Federbeinachse

> Das **McPherson-Federbein** übernimmt die **Aufgaben** eines Lenkers und dient gleichzeitig zur Federung und zur Schwingungsdämpfung des Fahrzeugs.

Der Achsschenkel (Radträger) wird unten meist durch einen Querlenker geführt. Der obere Befestigungspunkt liegt im Radkasten (Abb. 7). Zwischen dem Radträger und dem oberen Befestigungspunkt sind der Schwingungsdämpfer und die Schraubenfeder angeordnet.

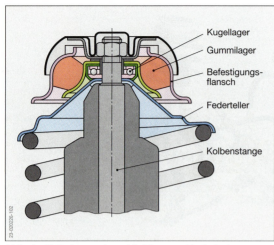

Abb. 1: Stützlager eines McPherson-Federbeins

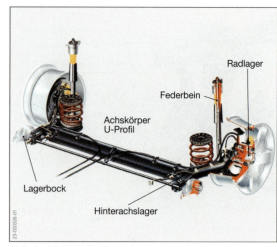

Abb. 3: Verbundlenkerachse

Die Übertragung der Kräfte erfordert eine besonders biegesteife Kolbenstange im Schwingungsdämpfer und eine Verstärkung des Radkastens im Bereich des oberen Stützlagers.

Das Stützlager muss große axiale Kräfte aufnehmen und bei lenkbaren Achsen große Verdrehwinkel ermöglichen (Abb. 1). Das zwischen Fahrzeugaufbau und Federbein angeordnete Gummilager wirkt geräuschisolierend. In axialer Richtung sind die Gummilager weich, in seitlicher Richtung haben sie jedoch eine große Führungsgenauigkeit.

Zwischen der Kolbenstange des Federbeins und dem Stützlager ist meist ein Axialkugellager eingebaut.

40.2.2 Einzelradaufhängung (Hinterachse)

Für Hinterachsen eignen sich **Achskonstruktionen** mit niedriger Bauhöhe, wie z. B.:
- Längslenkerachse,
- Verbundlenkerachse,
- Koppellenkerachse,
- Schräglenkerachse und
- Mehrlenkerachse.

> **Längslenker-** und **Verbundlenkerachsen** sind breite, flache Achskonstruktionen. Sie ermöglichen gute Durchlademöglichkeiten im Fahrzeug.

Längslenkerachse

Auf jeder Fahrzeugseite führt ein Längslenker die gezogenen Räder. Die Lenker sind am Fahrzeugaufbau oder an längs zur Fahrtrichtung liegenden Trägern (Fahrschemel) befestigt (Abb. 2). Als Längslenker werden meist Dreieckslenker oder Einfachlenker aus biegesteifen Hohlprofilen verwendet.

Während des Einfederns bei Geradeausfahrt ändert sich der Radstand geringfügig, Sturz und Spurweite bleiben gleich.

Verbundlenkerachse

Die beiden Längslenker sind an einem Ende durch einen Achskörper miteinander verbunden (Abb. 3). Der Achskörper besteht aus torsionsweichen, aber biegesteifen Profilen (Federstahl). Die Querschnittsform des Profils beeinflusst das Einfederungsverhalten und die Stellung der Räder.

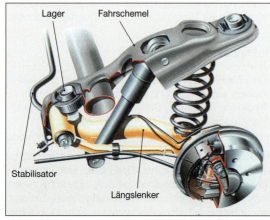

Abb. 2: Längslenkerachse

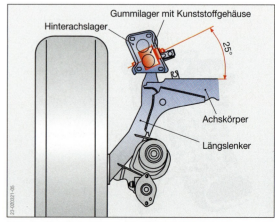

Abb. 4: Spurkorrigierendes Hinterachslager

Kapitel 40: Radaufhängung

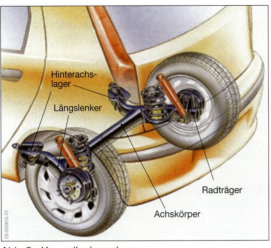

Abb. 5: Koppellenkerachse

Abb. 7: Mehrlenkerachse

Durchfährt das Fahrzeug eine Kurve, verändern sich die Spurwerte. Das ausfedernde kurveninnere Rad geht leicht in die Vorspur, das einfedernde kurvenäußere Rad geht in die Nachspur. In Verbindung mit den für diese Achse speziell entwickelten **spurkorrigierenden Hinterachslagern** (Abb. 4) wird das Kurvenverhalten der Fahrzeuge verbessert. Diese Lager werden schräg zur Fahrtrichtung (Winkel 25°) eingebaut.

Für den Achskörper werden T-, U- oder V-Profile verwendet. Der Achskörper wirkt als Stabilisator, wenn bei Kurvenfahrt das kurveninnere Rad ausfedert und das kurvenäußere Rad einfedert.

Verbundlenkerachsen zeigen unter verschiedenen Betriebsbedingungen sowohl Eigenschaften der Einzelradaufhängung als auch Eigenschaften der Starrachsen.

Koppellenkerachse

Liegt der Achskörper, als Verbindung der beiden Längslenker, nicht am Ende der Längslenker sondern zwischen dem Radträger und Hinterachslager (Abb. 5), wird diese Achse als Koppellenkerachse bezeichnet.

Diese Achsen sind spurgenauer als die Verbundlenkerachsen. Einfederbewegungen eines Rades beeinflussen jedoch die Sturzstellung der Räder.

Schräglenkerachse

Die Radführung erfolgt durch breit ausladende Dreieckslenker. Durch die weit voneinander entfernt liegenden Lenkerlagerungen können die Kräfte gut aufgenommen werden und es ist eine genaue Führung des Rades möglich.

Zur Verbesserung der Fahreigenschaften ist der Dreieckslenker schräg zur Querachse nach unten und nach hinten geneigt (Abb. 6).

Während des Einfederns erhält das Rad einen negativen Sturz, während des Ausfederns einen positiven Sturz (s. Kap. 36.3.3). Die Seitenführungskraft wird dadurch, besonders bei Kurvenfahrt, verbessert.

Mehrlenkerachse

> **Mehrlenkerachsen** gewährleisten in allen Fahrsituationen einen positiven Einfluss auf das **Fahrverhalten**. Über den gesamten Federweg bleiben Vorspur und Spurweite nahezu gleich. Auch bei Lastwechsel ergibt sich ein guter **Geradeauslauf**.

Mehrere räumlich angeordnete, voneinander unabhängige Lenker führen das Rad (Abb. 7).

Die Befestigung der Lenker erfolgt durch Gummilager und Kugelgelenke. Durch die Mehrlenkerlagerung ist eine gleichmäßige Aufnahme der Radkräfte am Rahmenboden gegeben.

Die Lenker sind so zueinander gestellt, dass sich bei Ein- und Ausfederbewegungen die Vorspur und die Spurweite kaum verändern.

Das ausfedernde Rad wird leicht in den positiven Sturz gedreht, das einfedernde Rad bekommt einen leicht negativen Sturz. Dadurch stehen die Räder, auch bei Seitenneigung des Fahrzeugs, nahezu gerade.

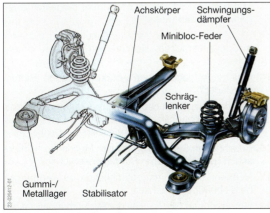

Abb. 6: Schräglenkerachse

Die Anfahr- und Bremsmomente werden durch das Zusammenwirken der Lenker abgestützt. Diese Abstützung vermindert das Anheben des Hecks während des Bremsens und das Eintauchen des Hecks während des Anfahrens.

Die Vorspur und der Vorlauf können häufig durch Exzenterverstellung ein- und nachgestellt werden.

Die Lenker haben jeweils unterschiedliche **Aufgaben** (Abb. 7, S. 391):

- **Spurstange:** Einfluss auf die Vorspur,
- **Zug- und Druckstrebe:** Aufnahme der Antriebs- und Bremskräfte,
- **oberer Querlenker:** Veränderung der Sturzverstellung über den Federweg,
- **unterer Querlenker:** Aufnahme der Tragfeder und des Schwingungsdämpfers.

> **Mehrlenkerachsen** benötigen gegenüber **Schräglenkerachsen** weniger Raum und haben eine geringere Masse.

40.2.3 Starrachsen

> Die beiden **Achsschenkel** einer Achse sind **starr** miteinander **verbunden**. Ein- oder Ausfederbewegungen eines Rades beeinflussen **immer** die Radstellung des anderen Rades.

Starrachsen (Abb. 1) werden hauptsächlich in Nutzkraftwagen (s. Kap. 47) und für geländegängige Pkw als Hinterachsen und als lenkbare Vorderachsen verwendet.

Starrachsen können als **Antriebsachsen** oder als **Tragachsen** verwendet werden. Der Achskörper besteht bei Tragachsen aus biegesteifen Profilen, an denen die Achsschenkel (Radträger) befestigt sind. Antriebsachsen schwerer Fahrzeuge haben meist einen einteiligen Achskörper aus Stahlguss. In ihm werden der Radantrieb, das Ausgleichsgetriebe und die Antriebswellen untergebracht.

Wegen der **Massenersparnis** sind die Achskörper für leichtere Fahrzeuge aus einem Leichtmetall-Gussgehäuse und zwei dünnwandigen Stahlrohren gefertigt, an denen die Achsschenkel befestigt sind.

40.3 Wartung und Diagnose

In regelmäßigen Abständen muss eine Prüfung aller Bauteile der Radaufhängung erfolgen. Die Prüfung umfasst im Wesentlichen die Kontrolle des Spiels in den Lagern und Gelenken, der Unversehrtheit der Dichtmanschetten sowie eine Sichtprüfung aller Radaufhängungsteile auf äußere Beschädigungen.

> **Beschädigte Bauteile** der Radaufhängung müssen immer erneuert werden. Sie dürfen nicht unter dem Einfluss von Wärme gerichtet werden, da sich dadurch die Festigkeit der Bauteile erheblich verringert.

Aufgaben

1. Nennen Sie die auf die Radaufhängung wirksam werdenden dynamischen Kräfte.
2. Welche Anforderungen werden an die Radaufhängung gestellt?
3. Worin unterscheidet sich ein Einfachlenker von einem Dreieckslenker? Skizzieren Sie die beiden Lenkerarten.
4. Skizzieren Sie die einzelnen Bauteile eines Silentbloc-Gelenks.
5. Worin unterscheidet sich ein Silentbloc- von einem Flanbloc-Gelenk?
6. Warum werden die Metallbuchsen der Elastomerlager geschlitzt?
7. Wie verändert sich der Schlitz der Metallbuchse, wenn das Lager in ein Rohr eingepresst wird?
8. Welche Aufgabe hat der Panhardstab?
9. Erklären Sie den Begriff »Einzelradaufhängung«.
10. Nennen Sie verschiedene Einzelradaufhängungen für Vorderachsen und Hinterachsen.
11. Welche beiden Aufgaben hat das McPherson-Federbein?
12. Begründen Sie, warum die Kolbenstange des McPherson-Federbeins besonders biegesteif ausgeführt werden muss.
13. Skizzieren Sie eine Verbundlenkerachse und eine Koppellenkerachse. Beschreiben Sie den Unterschied.
14. Welche Aufgabe haben spurkorrigierende Hinterachslager?
15. Mehrlenkerachsen haben mehrere unterschiedliche Lenker. Nennen Sie die verschiedenen Lenker und geben Sie die jeweiligen Aufgaben der Lenker an.
16. Beschreiben Sie die Vorteile der Mehrlenker-Hinterachse gegenüber einer Schräglenkerachse.
17. Nennen Sie die hauptsächlichen Anwendungsbereiche für Starrachsen.
18. Warum dürfen die Bauteile der Radaufhängung nicht unter dem Einfluss von Wärme gerichtet werden?

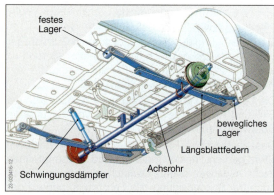

Abb. 1: Starrachse mit Längsblattfedern

41 | Räder

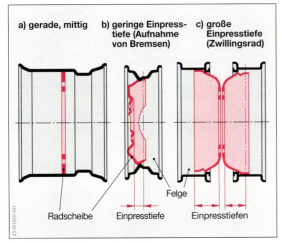

Abb. 1: Scheibenradformen

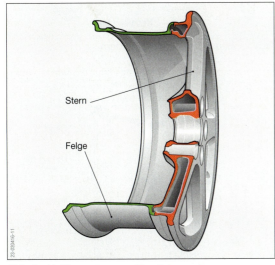

Abb. 2: Hohl gegossenes Aluminiumrad

Abb. 3: Flanschnabe

> Die **Räder** haben die **Aufgabe**, den Kontakt des Fahrzeugs zur Fahrbahn herzustellen.

Auf die Räder wirken **Kräfte** aus unterschiedlichen Richtungen:
- Gewichtskräfte, Kräfte durch Fahrbahnstöße, Seitenführungskräfte,
- Brems- und Anfahrkräfte.

Räder bestehen aus folgenden **Bauteilen** (DIN 7829, ⇒ TB: Kap. 9):
- Radscheibe,
- Radbefestigung,
- Felge und
- Reifen.

41.1 Radscheiben

> Die **Radscheibe** hat die **Aufgabe**, die Anschlussflansche der Radnaben mit den Felgen zu verbinden.

Nach der Häufigkeit der Verwendung werden folgende **Radscheiben** bzw. Räder unterschieden:
- Scheibenräder,
- Drahtspeichenräder (s. Kap. 46) und
- Radsterne (s. Kap. 47).

Scheibenräder

Die Scheibenräder haben meist die Form einer Schüssel (Radschüssel). Scheibenradformen zeigt die Abb. 1.

Radschüsseln werden durch Tiefziehen aus Stahlblech (z. B. S 235 JR G2) geformt und durch Schweißen an der Felge befestigt.

Löcher und Schlitze in den Radschüsseln verringern die Masse und ermöglichen einen gezielten Zustrom der Kühlluft zu den Bremsen.

Eine deutliche Verringerung der Masse des Rades wird durch die Verwendung von **Leichtmetall-Legierungen** erreicht. Es werden unterschieden:
- gegossene Leichtmetall-Räder (z. B. aus EN AC-AlSi 10 Mg) und
- geschmiedete Leichtmetallräder (z. B. aus AlMgSi 1).

Gegenüber Stahlblechrädern verringert sich die Masse der gegossenen Räder bis zu 35 % und der geschmiedeten Räder bis zu 50 %. Eine noch deutlichere Verminderung der Masse wird erreicht, wenn der Stern des Aluminiumrades hohl gegossen wird (Abb. 2). Felge und Stern werden unabhängig voneinander gegossen, und dann durch Reibschweißen miteinander verbunden.

41.2 Radbefestigung

> Die **Radbefestigung** hat die **Aufgabe**, die Räder fest und zentrisch mit der Radnabe zu verbinden. Die Verbindungen sollen einfach zu lösen und zu befestigen sein.

Im Fahrzeugbau werden meist **Flanschnaben** verwendet (Abb. 3, S. 393). Radnabe und Radscheibe werden durch Schraubverbindungen miteinander verbunden.

Die **zentrische Führung** der Radscheibe erfolgt am Pkw durch kegelige oder kugelige Senkungen für die Radschrauben oder -muttern in den Radscheiben. Je nach Art der Felge haben sie unterschiedliche Formen und Längen (Abb. 2).

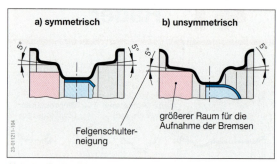

Abb. 1: Tiefbettfelgen

41.3 Felgen

> Die **Felge** hat die **Aufgabe**, den Reifen aufzunehmen und zu führen.

Wesentliche **Bezeichnungen** an der Felge und Radscheibe zeigt die Abb. 3.

Die Felgen werden unterteilt nach:
- der Querschnittsform und
- dem Aufbau der Felge.

Nach der **Querschnittsform** wird unterschieden in:
- Tiefbettfelge (Abb. 1),
- Steilschulterfelge (s. Kap. 47) und
- Flachbettfelge (Abb. 4 und s. Kap. 47).

Nach dem **Aufbau** wird unterschieden in:
- ungeteilte Felge (Abb. 1),
- ringgeteilte Felge (s. Kap. 47) und
- umfangsgeteilte Felge (s. Kap. 47).

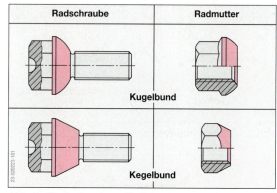

Abb. 2: Radschrauben, Radmuttern

41.3.1 Tiefbettfelge

> Eine **Tiefbettfelge** ist immer eine ungeteilte Felge mit einer Felgenschulterneigung von 5° (Schrägschulterfelge).

Die Ausformung des Felgenbetts als Tiefbett erfolgt, um eine Montage des Reifens bei ungeteilter Felge zu ermöglichen.

Der **Wulstkern** (Abb. 5) lässt sich nur dann über das Felgenhorn ziehen, wenn die gegenüberliegende Seite im Tiefbett liegt.

Eine unsymmetrische Anordnung des Tiefbetts vergrößert den Raum in der Radschüssel, in dem die Bremse untergebracht werden kann (Abb. 1).

Tiefbettfelgen eignen sich für schlauchlose Reifen und für Reifen mit Schlauch. Werden schlauchlose Reifen verwendet, müssen Felgen eingesetzt werden, die an der Felgenschulter eine umlaufende Erhöhung haben.

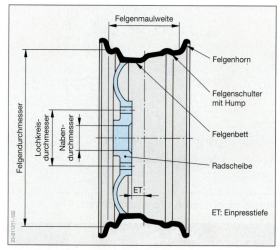

Abb. 3: Bezeichnungen an der Felge

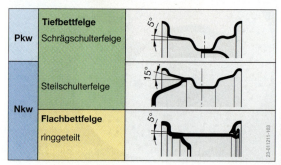

Abb. 4: Querschnittsformen von Felgen

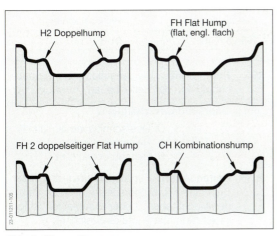

Abb. 5: Hump-Formen

Diese Felge wird als **Hump-Felge** (hump, engl.: Höcker) oder Felge mit **Sicherheitsschulter** bezeichnet.

Diese Erhöhung (Hump, Abb. 5) verhindert, dass ein schlauchloser Reifen bei schneller Kurvenfahrt von der Felgenschulter gedrückt wird.

Das Lösen des Reifens von der Felgenschulter würde zu einem plötzlichen Luftverlust des Reifens führen.

41.3.2 Felgenbezeichnungen

In der Bezeichnung einer Felge können bis zu sieben Angaben enthalten sein.

Beispiel: 5 J x 15 H2 DIN 7817 S

- 5: Felgenmaulweite in Inch
- J: Felgenhornform nach DIN 7817
- x: Kurzzeichen für die Form des Felgenbetts: x steht für Tiefbettfelge, – (Strich) steht für Flachbettfelge,
- 15: Felgendurchmesser in Inch
- H2: Angabe über Humpform (rund) und Humpzahl
- DIN 7817: Angabe der entsprechenden Norm
- S: symmetrisches Tiefbett: Bei der unsymmetrischen Tiefbettfelge erfolgt keine besondere Bezeichnung.

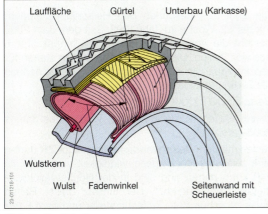

Abb. 6: Radialreifen

41.4 Reifen

Der **Reifen** hat die **Aufgabe**, sicher auf der Straße zu haften, sowie alle auf ihn wirkenden Kräfte aufzunehmen und weiterzuleiten.

41.4.1 Anforderungen an den Reifen

Der Reifen bestimmt wesentlich die **Fahrsicherheit** und den **Fahrkomfort** des Fahrzeugs.

An Reifen werden folgende **Anforderungen** gestellt:
- guter Kraftschluss zur Fahrbahn,
- sicherer Sitz auf der Felge,
- hohe Formstabilität bei Geradeausfahrt und bei Kurvenfahrt, dadurch große Lenkgenauigkeit,
- geringer Rollwiderstand,
- geringe Aquaplaningneigung,
- ausreichende Schnelllauffestigkeit,
- hohe Nutzungsdauer,
- hoher Federungskomfort und
- geringe Geräuschentwicklung.

41.4.2 Reifenbauarten

Nach der **Richtung** der **Gewebelagen** des Reifenunterbaus (Karkasse, Abb. 6) werden unterschieden:
- Radialreifen (Pkw) und
- Diagonalreifen (Lkw, s. Kap. 47, Kraftrad, s. Kap. 46).

Die Verwendung unterschiedlicher **Reifenbauarten** auf einer Achse des Fahrzeugs ist **nicht zulässig**.

Radialreifen

Die Gewebelagen des **Unterbaus** eines Radialreifens verlaufen **radial** von Wulst zu Wulst. Um diesen Unterbau wird ein **Gürtel** aus diagonal zueinander liegenden Gewebelagen gelegt. Dieser Gürtel gibt dem Reifen die Festigkeit.

Die Walkarbeit im Bereich der Lauffläche wird durch den Gürtel geringer, dadurch verringert sich der Verschleiß an der Lauffläche und der Rollwiderstand.

Der Winkel, unter dem die Gewebelagen des Gürtels zueinander liegen, wird als **Fadenwinkel** (Zenithwinkel) bezeichnet. Er beträgt etwa 6 bis 20° (Abb. 6).

Als **Gewebelagen** werden in Gummi einvulkanisierte Fäden aus Stahl- oder Textilfasern verwendet.

Nach dem **Werkstoff** der **Gewebelagen** werden unterschieden:
- Stahlgürtelreifen und
- Textilgürtelreifen.

41.4.3 Reifenaufbau

Der **Wulstkern** (Abb. 6, S. 395) besteht aus einem oder mehreren in Gummi eingebetteten ringförmigen Drahtkernen. Die Gewebelagen des Unterbaus werden um den Wulstkern geschlungen. Zum Schutz des Unterbaus werden oft seitlich Scheuerleisten angebracht.

Die Lauffläche trägt das Profil des Reifens und schützt den Unterbau. Für die Lauffläche wird eine gut haftende, aber abriebfeste Gummimischung verwendet.

> **Weiche Gummimischungen** haben eine große Haftreibung auf der Straße, aber einen großen **Abrieb**.

Die Profilgestaltung, die Gummimischungen und der Reifenaufbau bestimmen die Eigenschaften des Reifens.

Nach dem **Einsatzbereich** der Reifen werden unterschieden:
- Sommerreifen,
- Winterreifen und
- Ganzjahresreifen.

Winterreifen (**M**+**S**-Reifen; **M**: Matsch, **S**: Schnee) haben gegenüber den Sommerreifen ein tieferes, **grobstolligeres Profil** und eine weichere Gummimischung, die auch noch bei tiefen Temperaturen eine ausreichende Elastizität behält.

Winterreifen werden mit einem um 0,2 bar erhöhten Luftdruck gefahren. Im Sichtfeld des Fahrers muss eine Plakette angebracht sein, welche die zulässige Höchstgeschwindigkeit des Winterreifens angibt, wenn diese niedriger ist als die im Fahrzeugschein genannte zulässige Höchstgeschwindigkeit des Fahrzeugs.

> **Ganzjahresreifen** bieten einen Kompromiss zwischen den Eigenschaften von Sommer- und Winterreifen.

41.4.4 Reifenbezeichnungen und -abmessungen

Diese sind in der DIN 7803 und DIN 70020 festgelegt. Reifenbezeichnungen (⇒ TB: Kap. 9) werden nach der ECE-R 30 (Pkw), ECE-R 54 (Nkw, s. Kap. 47) und ECE-R 75 (Kraftrad, s. Kap. 46) beschrieben (**ECE**: **E**conomic **C**ommission for **E**urope).

In der ECE-R 30 sind Prüfkriterien zusammengefasst, die ein in den Handel kommender Reifen erfüllen muss. Nach der Zulassung erhält der Hersteller für den Reifen eine Zulassungsnummer (E-Nr.).

Die **Reifenbezeichnung** nach **ECE-R 30** umfasst alle Pkw-Reifen bis zu einer Höchstgeschwindigkeit von 300 km/h. In zwei Gruppen erfolgen Angaben über die Reifengröße (**Reifenkennung**) und die Reifenbetriebsbeschreibung (**Betriebskennung**). Ausgenommen von dieser Kennzeichnung sind die Reifen mit der Geschwindigkeitsbezeichnung ZR.

Reifenkennung	Betriebskennung
195/65 R 15	91 H

195: **Reifenbreite:** Die Angabe erfolgt, unabhängig von der Reifenbauart, immer in mm.

/65: **Querschnittsverhältnis Q**

$$Q = \frac{H}{B} \cdot 100\,\%$$

Q Querschnittsverhältnis in %
H Reifenhöhe in mm
B Reifenbreite in mm

R: **Reifenbauart:** Für Radialreifen steht der Buchstabe R, Diagonalreifen werden durch den Buchstaben D oder durch einen Strich in der Klammer (-) gekennzeichnet.

15: **Felgendurchmesser:** Der Felgendurchmesser wird üblicherweise in Inch angegeben, die Angabe in mm ist auch zulässig.

91: **Tragfähigkeitsklasse:** Durch die Tragfähigkeitskennzahl LI (**L**oad **I**ndex; load, engl.: Last) wird die Reifentragfähigkeit angegeben. In den Tabellen sind den jeweiligen Kennzahlen die entsprechenden Tragfähigkeitswerte zugeordnet (Tab. 1).

H **Geschwindigkeitsklasse:** Die für einen Reifen zulässige Höchstgeschwindigkeit wird durch einen Buchstaben verschlüsselt angegeben (Tab. 2).

Der **Betriebskennung** werden noch folgende Angaben nachgestellt:
- Einsatzbereich des Reifens, z. B. M+S Reifen,
- tubeless (schlauchloser Reifen) und/oder
- reinforced (verstärkter Reifen) sowie
- Herstellungsdatum.

Bislang war der Herstellungszeitraum aus den letzten drei Stellen der DOT-Identifikationsnummer erkennbar (**DOT**: **D**epartment **o**f **T**ransportation, US-Verkehrsministerium, Abb. 1).

Die Zahl 329 beschrieb den Herstellungszeitraum mit der 32. Woche im Jahr 1999. Seit dem Jahr 2000 besteht die Angabe über den Herstellungszeitraum aus vier Stellen. Die beiden letzten Stellen stehen für das Fertigungsjahr, die beiden Stellen davor nennen die Fertigungswoche.

Beispiel: DOT XXXX XXXX **1305**

Dieser Reifen wurde in der **13**. Woche des Jahres **2005** gefertigt.

Reifen mit dem **Geschwindigkeitssymbol ZR** dürfen eine zulässige Höchstgeschwindigkeit von mehr als 240 km/h haben und sind in der Höchstgeschwindigkeit nicht begrenzt. Der Einsatz dieser Reifen muss zwischen dem Reifenhersteller und dem Fahrzeughersteller abgestimmt sein.

Kapitel 41: Räder

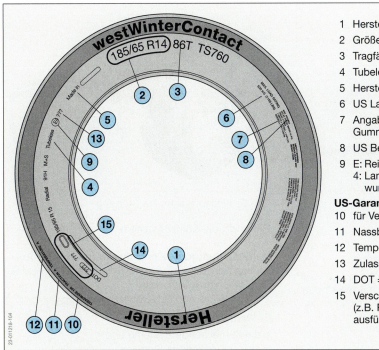

1. Hersteller
2. Größenbezeichnung
3. Tragfähigkeitskennzahl
4. Tubeless (schlauchlos)
5. Herstellungsland
6. US Lastkennzeichnung (max. Load Rating)
7. Angaben über Anzahl und Art der Gummilagen
8. US Begrenzung für max. Luftdruck
9. E: Reifen erfüllt die Norm ECE-R30
   4: Land, in dem die Prüfung durchgeführt wurde (Niederlande)

US-Garantiehinweise
10. für Verschleiß,
11. Nassbremsvermögen und
12. Temperaturfestigkeit
13. Zulassungsnummer nach ECE-R 30
14. DOT = Department of Transportation
15. Verschlüsselte Angaben der Hersteller (z.B. Reifenfabrik, Reifengröße, Reifenausführung, Herstellungszeitraum)

Abb.1: Reifenangaben

Die genaue Bezeichnung des Reifens wird in die Fahrzeugpapiere eingetragen. Bei diesem Reifen steht die Bezeichnung ZR innerhalb der Reifenkennung (z. B. 245/45 **ZR** 16). Eine Montage von Reifen anderer Hersteller ist nicht zulässig.

Neben den Angaben über die Reifenkennung und die Betriebskennung sind weitere Angaben nach ECE-R 30 und der amerikanischen Norm FMVSS 109 auf den Reifenflanken enthalten (Abb.1).

41.4.5 Sicherheitssysteme

Eine Verbesserung der **aktiven Verkehrssicherheit** wird erreicht durch den Einsatz von

- Reifennotlaufsystemen und
- Reifendruckkontrollsystemen.

Reifen-Notlaufsysteme

> Ein **Reifen-Notlaufsystem** ermöglicht ein Weiterfahren bei Druckverlust im Reifen.

Reifen-Notlaufsysteme sollen bei einem **Druckverlust** des Reifens,

- das Fahrzeug fahrstabil halten,
- ein sicheres, zügiges Weiterfahren, auch über eine längere Strecke, ermöglichen (etwa 200 km bei einer Geschwindigkeit von 80 km/h),
- trotz ihrer besonderen Bauart keine spürbaren Einbußen hinsichtlich der Verkehrssicherheit des Fahrkomforts und des Rollwiderstands haben.

> Reifennotlaufsysteme sind als **Sicherheitssysteme** immer mit einem Reifendruckkontrollsystem zusammen zu sehen.

Tab.1: Tragfähigkeitsklassen
(**L**oad **I**ndex, **LI**; Auszug)

Tragfähigkeitskennziffer	max. Reifentragfähigkeit in kg	Tragfähigkeitskennziffer	max. Reifentragfähigkeit in kg	Tragfähigkeitskennziffer	max. Reifentragfähigkeit in kg
65	290	78	425	91	615
66	300	79	437	92	630
67	307	80	450	93	650
68	315	81	462	94	670
69	325	82	476	95	690
70	335	83	487	96	710
71	345	84	500	97	730
72	355	85	515	98	750
73	365	86	530	99	775
74	375	87	545	100	800
75	387	88	560	101	825
76	400	89	580	102	850
77	412	90	600	103	875

Tab.2: Geschwindigkeitsklassen
(**S**peed **I**ndex, **SI**; Auszug)

SI	zul. Höchstgeschwindigkeit in km/h (Pkw-Reifen)	SI	zul. Höchstgeschwindigkeit in km/h (Pkw-Reifen)
M	130	H	210
P	150	V	240
Q	160	W	270
R	170	Y	300
S	180	ZR	über 240
T	190		

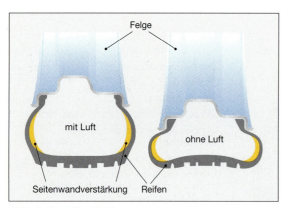

Abb. 1: Run Flat Reifen

Es werden unterschieden:
- Räder mit flankenverstärkten, selbsttragenden Reifen (RSC, Run Flat System Component) und
- Räder mit einem elastischen Stützring auf einer speziellen Felge und einem Reifen mit einer neuen Wulstform (PAX-System).

Räder mit flankenverstärkten Reifen

Die Seitenwände der Reifen (Abb. 1) sind deutlich dicker und damit tragfähiger ausgeführt. Die Verstärkungen tragen das Fahrzeug bei Luftverlust ohne sich dabei stark zu erwärmen, der Reifen sitzt weiterhin sicher auf der Felge. Flankenverstärkte Reifen werden auf herkömmlichen Felgen montiert.

Räder mit einem eingebauten Stützring

Dieses System (PAX-System) benötigt eine neuartige Felge. Der Innendurchmesser der Felge ist größer als der Außendurchmesser (Abb. 3). Der Stützring aus einem hoch belastbaren Kunststoff wird auf die Felge aufgeschoben und ist dort formschlüssig befestigt. Bei einem Luftverlust stützt sich der Reifen auf dem Stützring ab.

Reifen dieser Bauart haben eine neue Reifenbezeichnung (Abb. 2).

Bei einer Geschwindigkeit von bis zu 80 km/h kann der Reifen noch etwa 200 km weit gefahren werden. Einen Defekt am Reifen bemerkt der Fahrer durch Vibrationen und erhöhten Laufgeräuschen.

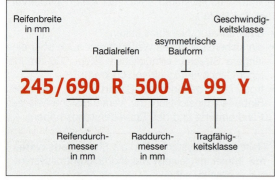

Abb. 2: Reifenbezeichnung für das Pax-System

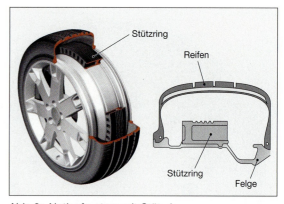

Abb. 3: Notlaufsystem mit Stützring

Reifendruck-Kontrollsystem

> Das **Reifendruck-Kontrollsystem** hat die **Aufgabe,** den Fahrer frühzeitig über einen Druckabfall im Reifen zu informieren.

Es werden unterschieden:
- direkt messende Systeme und
- indirekt messende Systeme.

Direkt messende Reifendruck-Kontrollsysteme

> **Direkt** messende Systeme nutzen den **tatsächlich** im Reifen herrschenden **Druck** als Bezugsgröße.

Der Sensor für den Reifendruck (Abb. 4) ist in der Tiefbettfelge auf das Metallventil aufgeschraubt. Er enthält einen Druck- und Temperatursensor, die Mess- und Steuerelektronik, eine Batterie und eine Sendeantenne.

Etwa alle 3 Sekunden ermittelt der Sensor den Druck im Reifen. Einmal in der Minute sendet der Sensor die ermittelten Daten zum Steuergerät.

Um die Daten sicher zum Steuergerät zu übertragen, sind **Antennen** im Bereich der Radkästen, im Kabel der Raddrehzahlsensoren (Abb. 5) oder als Zentralantenne im Steuergerät (Abb. 4) angeordnet, welche die Signale der Sensoren erfassen und zum Steuergerät weiterleiten.

Der Fahrer erhält im Display die Information über den Reifenluftdruck. Kurzzeitige Druckänderungen oder gleichmäßige Drucksteigerung durch Temperaturanstieg nach langer, schneller Fahrt werden vom Gerät erkannt und nicht als Fehler gemeldet.

Die Spannungsversorgung des Sensors erfolgt durch eine Batterie, deren Haltbarkeit beträgt etwa 7 Jahre.

Indirekt messende Reifendruck-Kontrollsysteme

> **Indirekt** messende Systeme nutzen die unterschiedlichen **Raddrehzahlen** zur Erkennung eines Druckverlustes im Reifen.

Kapitel 41: Räder

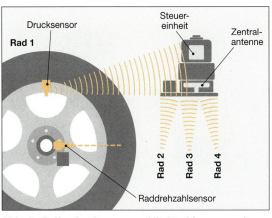

Abb. 4: Reifendruckmessung (direkte Messung mit Zentralantenne)

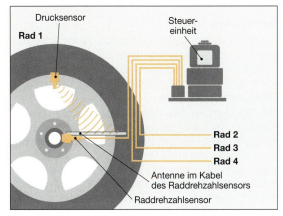

Abb. 5: Reifendruckmessung (direkte Messung, Antenne im Kabel)

Ein Reifen mit einem geringeren Reifendruck hat einen kleineren Abrollradius (Abb. 7) und damit auch eine höhere Raddrehzahl.

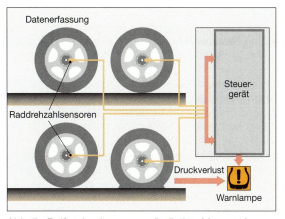

Abb. 7: Reifendruckmessung (indirekte Messung)

41.4.6 Aquaplaning

Werden zusammenhängende Wasserflächen sehr schnell durchfahren, bildet sich vor der Aufstandsfläche des Reifens ein Wasserkeil (Abb. 6). Dieser Wasserkeil versucht das Rad anzuheben. Ist die im Wasserkeil entstehende Kraft größer als die Radlast, **schwimmt** der **Reifen** auf, er verliert den Bodenkontakt. Dies wird als Aquaplaning bezeichnet (aqua, lat.: Wasser; to plane, engl.: gleiten).

> Ein **Reifen**, der den **Bodenkontakt verloren** hat und auf der Wasserfläche **gleitet**, kann keine Brems-, Beschleunigungs- und Seitenführungskräfte mehr übertragen.

Ein **Reifen schwimmt** umso schneller auf, je
- dicker der Wasserfilm,
- höher die Fahrgeschwindigkeit,
- geringer die Radlast,
- geringer die Profiltiefe und
- feiner die Profilgestaltung ist.

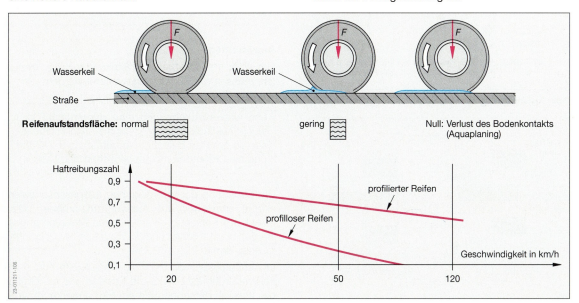

Abb. 6: Aquaplaningverhalten

41.4.7 Radunwucht

> Eine **Radunwucht** entsteht durch eine ungleiche Massenverteilung des Reifens und/oder der Felge.

Ursache einer Radunwucht (ungleiche Massenverteilung am Rad) sind z. B. das Ventil oder unterschiedliche Laufstreifendicken. Mit zunehmender Geschwindigkeit entsteht dadurch eine immer größer werdende Fliehkraft (Abb. 2).

Diese **Fliehkraft** wirkt an den Rädern des Fahrzeugs. Die Räder springen, taumeln und haben einen unruhigen Lauf. Nach der **Lage** und der **Wirkung** der Unwuchtmasse werden unterschieden:
- statische Radunwucht (Abb. 2) und
- dynamische Radunwucht (Abb. 3).

Statische Unwucht

Liegt der Schwerpunkt eines Rades nicht in der Radachse, so bleibt das frei drehende Rad, wenn es zum Stillstand kommt, in der gleichen Stellung stehen. Nach dem Auspendeln befindet sich die Unwuchtmasse an der tiefsten Stelle (Abb. 1a). Liegt diese Unwuchtmasse in der Radmittelebene, wird sie als statische Unwuchtmasse bezeichnet. Die bei der Drehung des Rades entstehende Fliehkraft lässt das Rad und die Radachse pendeln (Abb. 2).

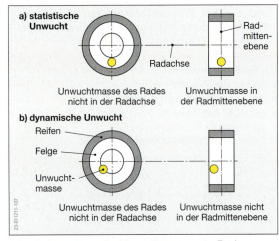

Abb. 1: Verteilung der Unwuchtmasse am Rad

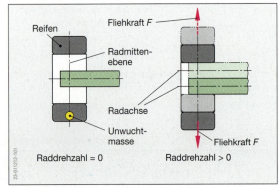

Abb. 2: Statische Unwucht

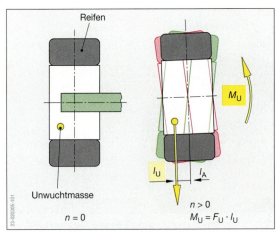

Abb. 3: Dynamische Unwucht

Dynamische Unwucht

Ist die Unwuchtmasse am Rad so verteilt, dass sie nicht in der Radachse und nicht in der Radmittenebene liegt, so bleibt das frei drehende Rad nach dem Auspendeln auch immer an der gleichen Stelle stehen (Abb. 1b).

Bei der Drehung des Rades entsteht nicht nur eine Fliehkraft, die das Rad und die Achse pendeln lässt, sondern die Unwuchtmasse bewirkt ein zusätzliches Taumeln des Rades. Das Taumeln des Rades entsteht dadurch, dass die **Fliehkraft** der **Unwuchtmasse** mit einem Hebelarm zur Radmittenebene angreift und dadurch ein Drehmoment um die Radmittenebene des Rades entsteht. Dieses Drehmoment bewirkt ein Kippen der Radachse. Das Rad taumelt (Abb. 3).

> Durch die ungleiche Massenverteilung am Fahrzeugrad **wirken** meist **statische** und **dynamische** Unwuchten **zusammen**.

Auswuchten

Um einen ruhigen Lauf der Fahrzeugräder zu erzielen, müssen die Räder ausgewuchtet werden.

> Um eine **statische** und eine **dynamische** Unwucht auszugleichen, müssen die Ausgleichsmassen so am Rad befestigt werden, dass die Kräfte und die Drehmomente ausgeglichen sind (Abb. 4).

Die Ermittlung der erforderlichen Ausgleichsmassen erfolgt **stationär** auf Auswuchtmaschinen oder **direkt** am Fahrzeug. Während des Messvorgangs werden die statischen und die dynamischen Unwuchtmassen ermittelt.

In Abhängigkeit von der Felgenmaulweite und dem Felgendurchmesser wird die Position und die Größe der Massen berechnet, die am Rad angebracht werden müssen, um die statische und dynamische Un-

Kapitel 41: Räder

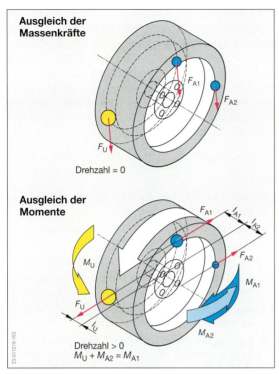

Abb. 4: Ausgleich der Radunwucht

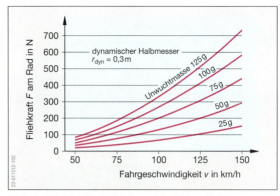

Abb. 5: Fliehkräfte bei unterschiedlichen Fahrgeschwindigkeiten

wucht auszugleichen. Die Ausgleichsgewichte werden an die Felgenhörner geklemmt oder, bei Leichtmetallfelgen, in die Felge geklebt.

Durch das Auswuchten am Fahrzeug (Feinwuchten) wird auch die Unwucht der Bremsscheiben und bei angetriebenen Achsen, auch die Unwucht der Gelenkwellen mit ausgewuchtet.

> Je genauer ein **Rad ausgewuchtet** ist, desto ruhiger dreht sich das Rad auch bei hohen Geschwindigkeiten.

Die auf Grund der Unwucht auf das Rad wirkende Fliehkraft (Abb. 5) wird mit folgender Gleichung berechnet:

$$F = \frac{m \cdot v^2}{r_{dyn}}$$

F Fliehkraft in N
m Unwuchtmasse in kg
v Fahrgeschwindigkeit in m/s
r_{dyn} dyn. Halbmesser in m

41.4.8 Ventile

Es werden zwei **Arten** von Ventilen unterschieden:
- einsteckbare Ventile für schlauchlose Reifen (Abb. 6a) und
- Gummiventile für Schläuche. Diese Ventile werden in den Schlauch einvulkanisiert (Abb. 6b).

Für Fahrzeuge mit hoher Endgeschwindigkeit ist häufig die Verwendung einschraubbarer Ventile erforderlich. Wegen der hohen Fliehkraft würden andere Ventile zu stark belastet. Werden neue Reifen montiert, so sind stets die Ventile zu erneuern.

41.4.9 Schläuche

Schläuche werden meist nur für Räder mit geteilten Felgen (s. Kap. 47) verwendet.

An Pkw werden überwiegend schlauchlose Reifen montiert. Diese Reifen haben auf der Innenseite eine Gummischicht, die den Luftdurchsatz verhindert. Gegenüber Reifen mit Schlauch haben diese Reifen folgende **Vorteile**:
- geringere Erwärmung,
- einfachere Reifenmontage und
- kein plötzlicher Luftverlust bei kleineren Beschädigungen der Gummischicht. Die Gummischicht ist elastisch und dichtet kleinere Löcher ab.

Es ist zulässig in einen schlauchlosen Reifen einen Schlauch einzuziehen. Dies kann erforderlich werden, wenn der Reifen auf der Felge nicht richtig abdichtet.

41.5 Wartung und Diagnose

Der ordnungsgemäße Zustand der Fahrzeugbereifung beeinflusst die **aktive Verkehrssicherheit**. Am Fahrzeug sollten möglichst alle Reifen gleich sein (z. B. Profiltiefe). Bei einer Mischbereifung müssen auf einer Achse immer Reifen mit einer gleichen Tragfähigkeit und gleichen Typs (Profil) montiert sein.

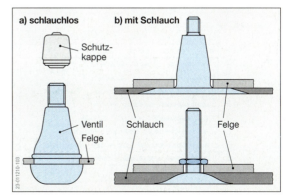

Abb. 6: Ventile

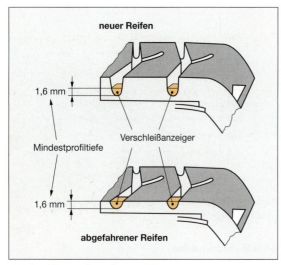

Abb. 1: Abriebindikatoren (TWI)

Neue Reifen haben eine glatte Oberfläche und erreichen erst nach einer Fahrstrecke von etwa 100 km ihre volle Haftfähigkeit. In diesem Zeitraum sollte daher besonders vorsichtig gefahren werden.

Reifen müssen in regelmäßigen Zeitabständen auf äußere Beschädigungen und außergewöhnlichen Verschleiß geprüft werden.

Der **Reifenverschleiß** und damit die **Haltbarkeit** und die **Verkehrssicherheit** des Reifens hängen wesentlich ab von:
- einer sachgerechten Montage,
- der Fahrweise,
- der regelmäßigen Kontrolle des Reifenluftdrucks und
- einer sachgerechten Lagerung.

Die **Profiltiefe** des **Reifens** darf an keiner Stelle der Lauffläche geringer als 1,6 mm sein.

Abriebindikatoren (TWI; Tread Wear Indicator, Abb. 1) in der Lauffläche der Reifen zeigen an, wenn der Reifen die erforderliche Mindestprofiltiefe erreicht hat. Diese Indikatoren sind am Umfang des Reifens verteilt. In welchem Bereich sich die Indikatoren befinden, wird an der Seitenwand des Reifens durch die Buchstaben **TWI** gekennzeichnet.

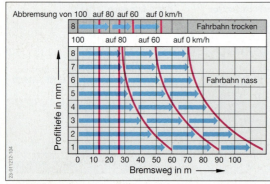

Abb. 2: Bremsweg in Abhängigkeit von der Profiltiefe

Auf nasser Fahrbahn verlängert sich der Bremsweg in Abhängigkeit von der Profiltiefe (Abb. 2).

Bei zu hohem Reifenluftdruck ist der Verschleiß in der Reifenmitte hoch, bei zu geringem Reifenluftdruck fahren sich die Außenkanten extrem stark ab.

Die Lagerung der Reifen soll in dunklen, trockenen und kühlen Räumen erfolgen. Reifen sollen nicht mit Ölen, Fetten oder Kraftstoffen in Kontakt gebracht werden.

Aufgaben

1. Benennen Sie die Bauteile der Räder und beschreiben Sie deren Aufgaben.
2. Was ist die Einpresstiefe an Scheibenrädern?
3. Skizzieren Sie ein Scheibenrad für die Verwendung als Zwillingsrad. Bemaßen Sie die Einpresstiefe.
4. Skizzieren Sie eine Felge und tragen Sie die wichtigsten Bezeichnungen ein.
5. Aus welchem Grund kann eine ungeteilte Felge nur als Tiefbettfelge ausgeführt werden?
6. Bei welcher Reifenart müssen Hump-Felgen verwendet werden? Begründen Sie diese Vorschrift.
7. Geben Sie an, welche Informationen die Felgenbezeichnung 6J x 15 H 2 enthält.
8. Worin unterscheidet sich ein Textilgürtelreifen von einem Stahlgürtelreifen?
9. Erklären Sie die vier Angaben der Reifenkennung.
10. Was wird unter dem Begriff »Betriebskennung« eines Reifens verstanden?
11. Worin unterscheidet sich ein 50er Reifen von einem 60er Reifen, wenn beide die gleiche Reifenbreite haben?
12. Welche Besonderheit gilt beim Einsatz von Reifen mit der Bezeichnung ZR?
13. Beschreiben Sie die Aufgabe und die Arbeitsweise eines Pannenlaufsystems.
14. Nennen Sie unterschiedliche Reifennotlaufsysteme.
15. Beschreiben Sie das PAX-Reifennotlaufsystem.
16. Welche Größen beeinflussen das Aquaplaningverhalten eines Reifens?
17. Beschreiben Sie die Zusammenhänge zwischen den Begriffen: Profiltiefe – nasse Straße – Bremsweg.
18. Wodurch kann der Fahrer die Haltbarkeit eines Reifens beeinflussen?
19. Durch die Unwucht wirken Fliehkräfte am Rad. Warum machen sich aber auch Drehmomente bemerkbar?
20. Erläutern Sie den Unterschied zwischen einer statischen und einer dynamischen Unwucht.
21. Welche Aufgabe haben Abriebindikatoren?
22. Skizzieren Sie die Lauffläche eines Reifens, der die Mindestprofiltiefe erreicht hat und der Abriebindikator erkennbar ist.

42 Bremsen: Grundlagen

42.1 Gesetzliche Bestimmungen

Die Anforderungen an die Bremsanlagen, sowie ihr Sollzustand, ihre Arten und ihre Überwachungsintervalle sind in Gesetzen festgelegt. In diesem Kapitel werden Auszüge aus gesetzlichen Bestimmungen über Fahrzeugbremsen wiedergegeben. Diese sind:
- Straßenverkehrszulassungsordnung (StVZO),
- ECE-Regelungen und
- EU-Richtlinien (⇒ TB: Kap. 6).

42.1.1 Arten von Bremsanlagen (§ 41 StVZO)

Betriebsbremsanlage (BBA)

Kraftfahrzeuge müssen zwei voneinander unabhängige Bremsanlagen haben oder eine Bremsanlage mit zwei voneinander unabhängigen Bedienungseinrichtungen, von denen die eine auch dann wirken kann, wenn die andere ausfällt. Können mehr als zwei Räder gebremst werden, so dürfen gemeinsame Bremsflächen und gemeinsame Übertragungseinrichtungen benutzt werden. Diese müssen jedoch so gebaut sein, dass bei einem Bruch eines Teils noch mindestens zwei Räder, die nicht auf der selben Fahrzeugseite liegen, gebremst werden können.

Feststellbremsanlage (FBA)

Die Bedienungseinrichtung dieser Bremsanlage muss feststellbar sein und muss aus Gründen der Sicherheit ausschließlich mechanisch wirken. Sie wirkt nur auf die Räder einer Achse und sichert ein haltendes oder geparktes Fahrzeug auch auf geneigter Fahrbahn gegen Wegrollen.

Hilfsbremsanlage (HBA)

Sie soll eine Notbremsung auch dann sicherstellen, wenn die Betriebsbremsanlage ganz oder teilweise ausgefallen ist. Dies wird sichergestellt durch eine abstufbar betätigte Feststellbremse (Pkw) oder durch die Aufteilung der Betriebsbremsanlage in mehrere Bremskreise (Nkw).

Dauerbremsanlage (DBA)

Sie ist für Kraftomnibusse (>5 t) und Lastkraftwagen (>12 t) vorgeschrieben (dritte Bremse) und soll verhindern, dass auf 6 km Länge und 7 % Gefälle eine Geschwindigkeit von 30 km/h überschritten wird.

Automatische Blockierverhinderer (ABV)

Sie sind seit 1990 für alle Fahrzeuge mit einem zulässigen Gesamtgewicht über 3,5 t und einer Höchstgeschwindigkeit über 60 km/h (Nkw, Anhänger, Omnibusse usw.) vorgeschrieben. ABV, auch Antiblockiersysteme (ABS) genannt, vermeiden ein Blockieren der Räder unabhängig vom Reibwert zwischen der Fahrbahn und den Rädern. ABV werden zunehmend auch in Pkw eingebaut.

Anhängerbremsanlage

Sie muss bei Anhängern mit einem zulässigen Gesamtmasse von mehr als 8 t vom ziehenden Fahrzeug aus bedient werden können. Die Bremse muss ausschließlich mechanisch feststellbar sein und darf einen vollbeladenen Anhänger auf einer Steigung von 20% nicht abrollen lassen.

Auflaufbremsanlage

Sie wirkt ausschließlich durch die Auflaufkraft und ist nur bei Anhängern mit einem zulässigen Gesamtgewicht von nicht mehr als 8 t zulässig.

42.1.2 Bremsleuchten (§ 53 StVZO)

Kraftfahrzeuge und ihre Anhänger müssen hinten mit zwei **Bremsleuchten** für rotes Licht ausgerüstet sein, die nach rückwärts die Betätigung der Betriebsbremse anzeigen und auch bei Tage deutlich aufleuchten. Für Pkw ist seit 1993 hinten in der Mitte eine dritte Bremsleuchte gestattet und seit 2000 nach EG-Recht für neu zugelassene Pkw vorgeschrieben.

42.1.3 Untersuchungen (§ 29 StVZO)

Bei der **Hauptuntersuchung** (HU) ist die Einhaltung der Bestimmungen der StVZO zu prüfen. Die **Sicherheitsprüfung** (SP) fordert für die Bremsanlage eine Sicht-, Wirkungs- und Funktionsprüfung. Die entsprechenden Untersuchungen und die zeitlichen Abstände der jeweiligen Untersuchungen zeigt die Tab. 1.

Tab. 1: Art und Zeit der Untersuchungen

Fahrzeugart	Hauptuntersuchung (HU) Monate	Sicherheitsprüfung (SP) Monate
Krafträder	24	–
Personenkraftwagen allgemein		
erste Untersuchung	36	
weitere Untersuchungen	24	
Taxen, Krankenwagen usw.	12	
Kraftomnibusse	12	3*
Lkw mit zul. Gesamtmasse		
• ≤ 3,5 t	24	
• > 3,5 t	12	6*
Anhänger mit zul. Gesamtmasse		
• ≤ 0,75 t		
erste Untersuchung	36	
weitere Untersuchungen	24	
• > 0,75 t ≤ 3,5 t	24	
• > 3,50 t ≤ 10 t	12	
• > 10 t	12	6*

* gilt für ältere Fahrzeuge

42.2 Bremsvorgang

42.2.1 Physikalische Grundlagen

Die Bewegungsenergie eines Fahrzeugs hängt von der Fahrzeugmasse und der Fahrgeschwindigkeit ab.

$$E = \frac{1}{2} m_F \cdot v^2$$

E Bewegungsenergie in Nm
m_F Fahrzeuggmasse in kg
v Fahrgeschwindigkeit in m/s

Eine Verdoppelung der Fahrzeugmasse bei gleichbleibender Fahrgeschwindigkeit ergibt die doppelte Bewegungsenergie. Eine Verdoppelung der Fahrgeschwindigkeit bei gleicher Fahrzeugmasse ergibt die vierfache Bewegungsenergie.

> Durch den **Bremsvorgang** wird Bewegungsenergie in Wärmeenergie (Reibungswärme) umgewandelt.

Die Reibungswärme entsteht, wenn durch die Umfangskraft die Bremsbeläge gegen die rotierende Bremstrommel oder Bremsscheibe gepresst werden (Abb. 3). Die Wärmeabgabe an die Umgebungsluft wird durch den Fahrtwind begünstigt. Die Bremszeit reicht häufig nicht aus, um die Wärmeenergie abzugeben. Die Bremsen müssen einen Teil dieser Wärmeenergie speichern (Abb. 2). Dazu ist ein ausreichend großes Werkstoffvolumen erforderlich.

> Die **Bremsverzögerung** ergibt sich aus der Differenz der Fahrgeschwindigkeiten vor und nach dem Bremsen, geteilt durch die Bremszeit.

$$a = \frac{v_1 - v_2}{t}$$

a Bremsverzögerung in m/s²
v_1, v_2 Fahrgeschwindigkeit in m/s
t Bremszeit in s

Die besten Verzögerungswerte erreicht das Fahrzeug, wenn die Reifen mit der Fahrbahn noch durch **Haftreibung** (s. Kap. 27.1) Kontakt haben. Wird die Anpresskraft zwischen Bremsbelag und Bremsscheibe bzw. -trommel so groß, dass zwischen Rad und Fahrbahn die Haftreibung überschritten wird, dann blockieren die Räder. Zwischen Fahrbahn und Reifen entsteht dann **Gleitreibung** (s. Kap. 27.1).

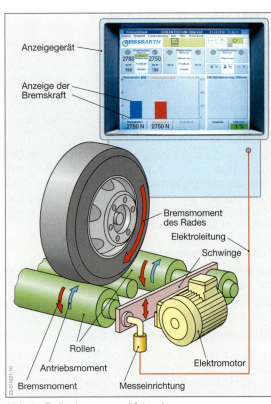

Abb. 1: Rollenbremsenprüfstand

Die **Bremsenprüfung** umfasst:
- eine Sichtprüfung der Bremsanlage,
- eine Funktionsprüfung der Bremsanlage,
- eine Untersuchung der Radbremsen nach den Anleitungen der Fahrzeug- oder Bremsenhersteller,
- nötigenfalls auch eine innere Untersuchung der einzelnen Bauteile der Bremsanlage.

Auf einem Rollenbremsenprüfstand (Abb. 1) wird die Wirkung der Bremsanlage geprüft. Ein Elektromotor treibt über zwei Rollen die beiden Räder einer Achse an. Werden die Räder gebremst, so entsteht ein Bremsmoment, das dem Antriebsmoment entgegen gerichtet ist. Die Bremskraft wird auf eine Messeinrichtung übertragen. An einem Anzeigegerät (z. B. Monitor) wird die Bremskraft für beide Räder angezeigt.

Die zulässigen Betätigungskräfte bzw. Bremsdrücke dürfen nicht überschritten werden. Bei steigender Pedalkraft gibt der Verlauf der Bremskräfte Aufschluss über mögliche Fehler in der Bremsanlage. Die Bremskräfte werden an den Laufflächen der Räder gemessen und in die **Abbremsung** umgerechnet.

$$z = \frac{F_{ges} \cdot 100\%}{G}$$

z Abbremsung in %
F_{ges} Summe der Bremskräfte in N
G Fahrzeuggewichtskraft in N

Auf elektronischen Prüfständen für Pkw können neben der Bremsanlage auch die Achsgeometrie und die Schwingungsdämpfer geprüft werden.

Abb. 2: Erwärmung der Bremsscheibe durch Reibung

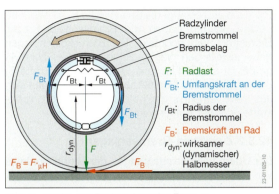

Abb. 3: Kräfte am Rad und an der Bremse

Blockierte Räder haben folgende **Nachteile**:
- die Lenkbarkeit ist nicht mehr gewährleistet,
- das Fahrzeug neigt zum Ausbrechen (Schleudern),
- geringere Bremsverzögerung und
- größerer Reifenverschleiß.

42.2.2 Zeitlicher Ablauf des Bremsvorgangs

> Die **Gesamtbremszeit** t_{ges} ergibt sich aus der Summe von Reaktionszeit t_R, Ansprechzeit t_a, Schwellzeit t_{sw} und Verzögerungszeit t_v.

Die **Reaktionszeit** t_R (Abb. 4) ist die Zeit zwischen dem Erkennen der Gefahr und der Betätigung des Bremspedals. Sie ist von der Reaktionsgeschwindigkeit des Fahrers abhängig. Durch Übermüdung oder Alkoholeinfluss kann sie beträchtlich verlängert werden.

Während der **Ansprechzeit** t_a wird das Spiel in der Bremsanlage überwunden (z. B. Lüftspiel zwischen Bremsbelag und Bremstrommel bzw. Bremsscheibe).

Als **Schwellzeit** t_{sw} wird die Zeit bezeichnet, die vergeht, bis die Bremskraft und damit die Bremsverzögerung ihr Maximum erreichen.

> Die **Bremszeit** t ergibt sich aus der Summe von Ansprechzeit t_a, Schwellzeit t_{sw} und Verzögerungszeit t_v.

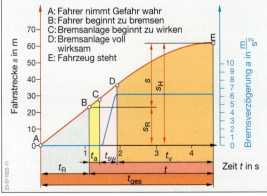

Abb. 4: Zeitlicher Ablauf des Bremsvorgangs

> Die **Gesamtbremszeit** t_{ges} ist die Summe aus der Reaktionszeit t_R und der Bremszeit t.

Während dieser Zeit wird der Anhalteweg s_H zurückgelegt (Abb. 4).

> Der **Anhalteweg** s_H ist die Summe aus dem Reaktionsweg s_R und dem Bremsweg s.

Die **Länge des Bremswegs** hängt neben der Betätigungskraft von folgenden Einflussgrößen ab:
- **Fahrgeschwindigkeit:** Doppelte Fahrgeschwindigkeit ergibt bei gleicher Verzögerung den vierfachen Bremsweg.
- **Fahrbahnbeschaffenheit:** Trockene und raue Fahrbahn ergibt einen kürzeren Bremsweg als eine nasse oder glatte Fahrbahn.
- **Bremsbelag:** Verölte oder glasige Bremsbeläge ergeben einen längeren Bremsweg als trockene und griffige Bremsbeläge.
- **Bremsenbauart:** Durch Wärmeausdehnung lässt die Bremswirkung von Trommelbremsen stärker nach (Bremsfading) als die von Scheibenbremsen (s. Kap 43.8).

42.3 Hydraulische Bremsanlagen

Den Aufbau und die wesentlichen Teile einer hydraulischen Bremsanlage zeigt die Abb. 5. In einer hydraulischen Bremsanlage wird zur Übertragung der Kräfte Bremsflüssigkeit verwendet.

42.3.1 Physikalisches Prinzip

Die Wirkungsweise einer hydraulischen Bremsanlage beruht auf dem **Pascalschen Prinzip** (Blaise Pascal, französischer Mathematiker und Philosoph, 1623 bis 1662).

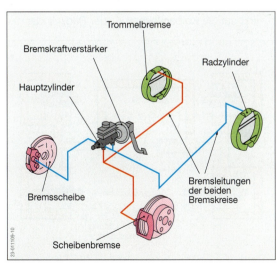

Abb. 5: Aufbau einer hydraulischen Bremsanlage

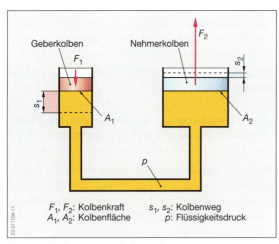

Abb. 1: Hydraulische Kraftübertragung

Wird auf eine eingeschlossene **Flüssigkeit** eine **Kraft** ausgeübt, so entsteht ein **Flüssigkeitsdruck**, der nach allen Seiten gleich groß ist.

Gesetze der hydraulischen Kraftübertragung (Abb. 1)

$$V = A_1 \cdot s_1 = A_2 \cdot s_2$$

$$W = F_1 \cdot s_1 = F_2 \cdot s_2$$

$$p = \frac{F_1}{A_1} = \frac{F_2}{A_2}$$

$$i = \frac{A_1}{A_2} = \frac{F_1}{F_2} = \frac{s_2}{s_1}$$

V verdrängtes Volumen in cm³
A_1 Fläche des Geberkolbens in cm²
A_2 Fläche des Nehmerkolbens in cm²
s_1 Weg des Geberkolbens in cm, m
s_2 Weg des Nehmerkolbens in cm, m
W Bremsarbeit in Nm
F_1 Kraft auf den Geberkolben in N
F_2 Kraft auf den Nehmerkoben in N
p hydraulischer Druck in N/cm²
i_{hyd} hydraulische Kraftübersetzung

In einer **hydraulischen Bremsanlage** (Abb. 2) wirkt die Pedalkraft F_p über die Hebelübersetzung auf den Kolben im Hauptzylinder und erzeugt die Kolbenkraft F_1. Die Bremsflüssigkeit wird mit dem Druck p von der Kolbenfläche A_1 in die Bremsleitungen gedrückt. Dabei legt der Kolben den Weg s_1 zurück. Der Druck p wirkt auf die Kolbenflächen A_2 der Radzylinder der Bremsen und erzeugt die Spannkräfte F_2. Die Bremsbeläge werden gegen die Bremsscheiben bzw. Bremstrommeln gedrückt. Die Bremskolben legen dabei jeweils den Weg s_2 zurück. Da die Fläche A_2 größer ist als die Fläche A_1, sind auch die Kräfte F_2 größer als F_1. Das Übersetzungsverhältnis ergibt sich aus dem Verhältnis der Kolbenflächen, der Kolbenkräfte oder der Kolbenwege.

42.3.2 Zweikreis-Bremsanlagen

Die Übertragungseinrichtungen der Betriebsbremse von Pkw müssen mindestens zwei voneinander unabhängige Kreise bilden. Die Bremswirkung bleibt bei Ausfall eines Kreises voll oder zum Teil erhalten.

Zweikreis-Bremsanlagen (Abb. 3) werden nach **DIN 74000** in fünf verschiedene Arten eingeteilt. Die zunehmende Verbreitung von ABS hat zu zwei einfachen Bremskreisaufteilungen geführt:

- System **II**: Pkw mit Hinterrad- oder Allradantrieb
- System **X**: Pkw mit Frontantrieb

Diese beiden Systeme benötigen maximal vier ABS-Regelkreise (s. Kap. 44.2) für die individuelle Regelung des Bremsdrucks an jedem Rad. Die Systeme **HI**, **LL** und **HH** würden für die gleiche Regelung bis zu acht ABS-Ventile benötigen (⇒ TB: Kap. 9).

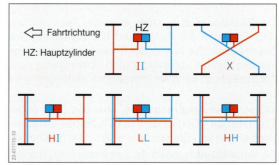

Abb. 3: Einteilung von Zweikreis-Bremsanlagen

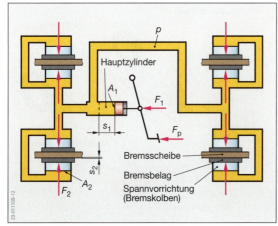

Abb. 2: Hydraulische Bremsanlage

Aufgaben

1. Nennen Sie sieben Arten von Bremsanlagen nach § 41 StVZO.
2. Beschreiben Sie den Unterschied zwischen einer Hauptuntersuchung und einer Sicherheitsprüfung.
3. Nennen Sie vier Bereiche einer Bremsenprüfung.
4. Wie verändert sich die Bewegungsenergie, wenn sich die Fahrzeugmasse verdoppelt?
5. Berechnen Sie den Bremsweg s, wenn $v_0 = 36$ km/h und $a_0 = 4$ m/s² beträgt.
6. Wie wirkt sich eine Verdoppelung der Geschwindigkeit auf die Länge des Bremswegs aus?
7. Nennen Sie vier Nachteile blockierter Räder.
8. Aus welchen vier Teilzeiten setzt sich die Gesamtbremszeit zusammen?
9. Beschreiben Sie das physikalische Prinzip einer hydraulischen Bremsanlage.
10. Begründen Sie die bevorzugte Verwendung von zwei Aufteilungen von Zweikreis-Bremsanlagen.

43 | Hydraulische Bremsanlage

Hydraulische Bremsanlagen bestehen aus:
- Betätigungseinrichtung (z. B. Bremspedal),
- Hauptzylinder (z. B. Tandem-Hauptzylinder),
- Bremskraftverstärker (z. B. Saugluftverstärker),
- ABS-Hydraulikeinheit (z. B. 4-Kanal),
- Übertragungseinrichtungen (z. B. Bremsleitungen),
- Betriebsbremse (z. B. Scheibenbremse) und
- Feststellbremse.

Hydraulische Bremsanlagen werden überwiegend durch Muskelkraft oder zusätzlich durch eine Hilfskraft betätigt. In der hydraulischen Bremsanlage (Abb. 1) wird die Muskelkraft im Bremskraftverstärker durch Saugluft verstärkt. Der Aufbau, die hydraulische Wirkungsweise und die elektronische Regelung der ABS-Hydraulikeinheit werden im Kap. 44.2 erklärt.

43.1 Hauptzylinder

Der Hauptzylinder (Abb. 2) hat folgende **Aufgaben**: Er soll
- die auf das Bremspedal wirkende Fußkraft in hydraulischen Druck umwandeln,
- bei Trommelbremsen in den Leitungen einen Vordruck aufrecht erhalten, der ein schnelles Ansprechen der Bremsen bewirkt,
- das Lösen der Bremsen durch einen schnellen Druckabbau veranlassen,
- ein Nachfließen der Bremsflüssigkeit, entsprechend der Abnutzung der Bremsbeläge bewirken und
- einen Volumenausgleich der Bremsflüssigkeit ermöglichen.

> Auf Grund **gesetzlicher Bestimmungen** müssen Pkw mit zwei **getrennten Bremskreisen** ausgerüstet sein. **Zweikreis-Bremsanlagen** werden durch einen **Tandem-Hauptzylinder** gesteuert.

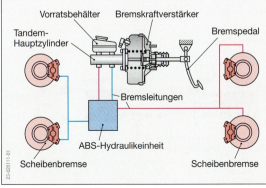

Abb. 1: Hydraulische Bremsanlage

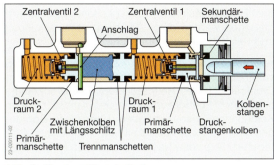

Abb. 2: Tandem-Hauptzylinder

43.1.1 Tandem-Hauptzylinder

> Im **Tandem-Hauptzylinder** sind zwei hintereinanderliegende Kolben und damit zwei voneinander getrennte **Druckräume** in einem Gehäuse angeordnet.

Bremsstellung: Der Druckstangenkolben (Abb. 2) wird über das Bremspedal und die Kolbenstange betätigt. Der im ersten Druckraum aufgebaute Druck wirkt auf den schwimmend geführten Zwischenkolben, so dass bei gleichen Kolbenflächen in beiden Druckräumen der gleiche Druck aufgebaut wird. Jeder Kolben ist an der vorderen Kolbenfläche mit einer **Primärmanschette** abgedichtet. Diese dichten die Druckräume des Hauptzylinders gegen die Kolbenringräume ab (Abb. 4, S. 408).

Lösestellung: Wird die Bremse gelöst, so schiebt der in den Druckräumen wirksame Druck, mit Unterstützung der Kraft der Druckfedern, die Kolben wieder in die Ausgangslage zurück. Die hintere Kolbenfläche des Druckstangenkolbens wird mit einer **Sekundärmanschette** (Abb. 2), der Zwischenkolben mit zwei **Trennmanschetten** abgedichtet.

> **Fahrzeuge mit ABS** sind zum Volumenausgleich mit **Zentralventilen** ausgerüstet, **Fahrzeuge ohne ABS** sind mit **Ausgleichsbohrungen** im Hauptzylinder und **Füllbohrungen** in den Bremskolben versehen.

Zentralventile (Abb. 2) haben den Vorteil, dass Ausgleichsbohrungen nicht benötigt werden. Bei Fahrzeugen mit ABS können stärkere Druckschwankungen auftreten. Wenn die Primärmanschette die Ausgleichsbohrung (Abb. 2a, S. 408) überfährt, kann sie beschädigt werden und der Bremskreis ausfallen.

Wirkungsweise des Zentralventils: In der Bremsstellung (Abb. 1a, S. 408) wird die Verbindung vom Druck- zum Zwischenraum von den Zentralventilen geschlossen.

In der Lösestellung (Abb.1b) wird der Ventilschaft auf den Anschlag (Abb. 2, S. 407) gedrückt und das Zentralventil öffnet. Beide Druckräume sind über Nachlaufbohrungen mit dem Ausgleichsbehälter verbunden. Dadurch werden Volumenänderungen der Bremsflüssigkeit ausgeglichen. Volumenänderungen werden durch Temperaturschwankungen und Belagabnutzung verursacht.

Ausgleichsbohrungen bei Fahrzeugen ohne ABS verbinden den Ausgleichsbehälter (Abb. 2a) mit den Druckräumen des Hauptzylinders. Die Druckräume sind durch **Füllbohrungen** in den Kolben mit den Kolbenringräumen verbunden. Über diese Bohrungen gelangt Bremsflüssigkeit vom Ausgleichsbehälter über die beiden Nachlaufbohrungen an den Füllscheiben und Primärmanschetten der Kolben vorbei in die Druckräume (Abb. 2b).

> Die **Füllscheibe** verhindert, dass die Primärmanschette während des Druckhubes gegen die Füllbohrungen gepresst und dadurch beschädigt wird.

In der **Lösestellung** drücken die Kolbenfedern die Kolben an ihre Anschlagflächen zurück. Während sich die Kolben zurück bewegen, darf in den Druckräumen kein Unterdruck entstehen. Es könnte sonst Luft in das hydraulische System gelangen.

> **Luft** in der **hydraulischen Bremsanlage** setzt die Bremswirkung bis zur Wirkungslosigkeit herab, da sich Luft zusammendrücken lässt. Im Hauptzylinder wird der Druckaufbau und in den Bremsleitungen die Weiterleitung des Flüssigkeitsdrucks durch Luft verhindert.

Bei Ausfall eines Bremskreises (Abb. 3) ist für die Betätigung des zweiten Bremskreises ein längerer Kolbenweg und Bremspedalweg erforderlich.

Während des Wechsels der Bremsflüssigkeit (Kap. 43.9) darf keine Luft in die Bremsanlage gelangen. Sie muss notfalls entlüftet werden.

43.1.2 Gestufter Tandem-Hauptzylinder

Fahrzeuge mit II-Bremskreisaufteilung (Kap. 42.3.2) können mit einem **gestuften Tandem-Hauptzylinder** (Abb. 4) ausgerüstet sein. Die Fläche des Zwischenkolbens ist kleiner als die des Druckstangenkolbens.

Ist der Bremskreis 1 (Vorderachse) defekt, so wirkt die Pedalkraft direkt auf den Kolben des Bremskreises 2 (Hinterachse).

Bei gleicher Pedalkraft wirkt im intakten Hinterachsbremskreis wegen der kleineren Fläche ein wesentlich höherer hydraulischer Bremsdruck. Durch den gestuften Tandem-Hauptzylinder wird dadurch eine noch **ausreichende Bremswirkung** bei einem ausgefallenem Vorderachsbremskreis erreicht.

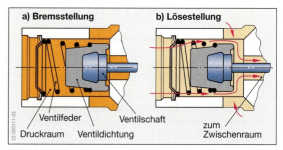

Abb. 1: Wirkungsweise eines Zentralventils

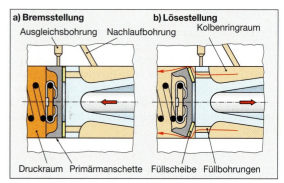

Abb. 2: Wirkungsweise der Ausgleichsbohrung

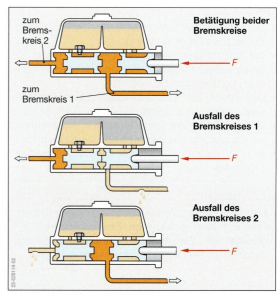

Abb. 3: Wirkungsweise des Tandem-Hauptzylinder

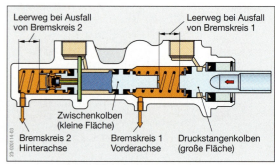

Abb. 4: Gestufter Tandem-Hauptzylinder

Kapitel 43: Hydraulische Bremsanlage

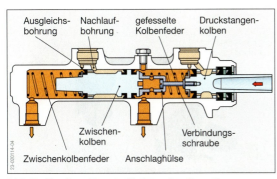

Abb. 5: Tandem-Hauptzylinder mit gefesselter Kolbenfeder

43.1.3 Tandem-Hauptzylinder mit gefesselter Kolbenfeder

Dieser Hauptzylinder (Abb. 5) hat im Druckstangenkolben eine Schraube, mit der die Kolbenfeder über die Anschlaghülse vorgespannt und gefesselt wird. Es wird eine nahezu starre Verbindung zwischen beiden Kolben hergestellt. Dies hat den Vorteil, dass der Druck in beiden Bremskreisen gleichzeitig aufgebaut werden kann.

Bremsstellung: Durch die Vorspannung der Druckstangen-Kolbenfeder verschließen beide Kolben gleichzeitig die jeweilige Ausgleichsbohrung und bauen in beiden Bremskreisen Druck auf.

Lösestellung: Durch die Fesselung der vorgespannten Feder wird verhindert, dass durch die Kraft der stärkeren Druckstangen-Kolbenfeder der Zwischenkolben nach links verschoben wird. Die Bremsen werden vollständig gelöst. Die Primärmanschette würde sonst die Ausgleichsbohrung des Zwischenkolbens nicht freigeben und ein Restdruck bliebe erhalten.

43.2 Bremskraftverstärker

Ist bei Pkw die Betätigungskraft zur Erzeugung der Spannkräfte am Radzylinder größer als 500 N, so wird eine Hilfskraft benötigt (⇒ TB: Kap. 9).

> Die **Hilfskraft** verstärkt die Muskelkraft des Fahrers. Diese Kraft wird auch **Servokraft** genannt. Die Hilfskraft wird durch ein Ventil für Teilbremsungen in Abhängigkeit von der Fußkraft verringert. Fällt die Hilfskraft aus, so wird der Hauptzylinder ausschließlich durch Muskelkraft betätigt.

Die **Verstärkung der Fußkraft** erfolgt durch:
- Saugluft-Bremskraftverstärker,
- Druckluft-Bremskraftverstärker oder
- Hydraulik-Bremskraftverstärker.

43.2.1 Saugluft-Bremskraftverstärker

Der Saugluft-Bremskraftverstärker arbeitet mit dem **Druckunterschied** zwischen dem Druck im Ansaugrohr des Viertakt-Ottomotors und dem Umgebungsluftdruck (Abb. 6). Die eingeleitete Fußkraft wird um das 2- bis 4fache verstärkt. Sie ist abhängig von der wirksamen Druckfläche der Membrane. Kennzeichnend für den Saugluft-Bremskraftverstärker ist der große Durchmesser des Vakuumzylinders mit Membrankolben (Arbeitskolben).

> **Dieselmotoren** erzeugen im Ansaugrohr nicht den erforderlichen Unterdruck. Sie benötigen daher eine durch den Motor angetriebene **Unterdruckpumpe**, die einen absoluten Druck von etwa $p_{abs} = 0{,}8$ bar liefert.

43.2.2 Druckluft-Bremskraftverstärker

Der Druckluft-Bremskraftverstärker (Abb. 7) wird für kleinere Diesel-Nutzfahrzeuge verwendet, deren Bremsanlage aus einer **pneumatischen Energieversorgung** und einer **hydraulischen Betätigung** besteht. Der hohe **Vorratsdruck** ermöglicht gegenüber dem Saugluft-Bremskraftverstärker kleinere Durchmesser des Arbeitskolbens und eine kompaktere Bauweise.

> Der **Druckluft-Bremskraftverstärker** arbeitet mit einem Arbeitsdruck von etwa **7 bar**.

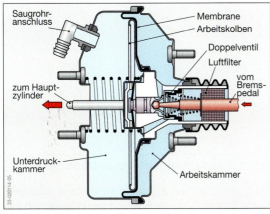

Abb. 6: Saugluft-Bremskraftverstärker

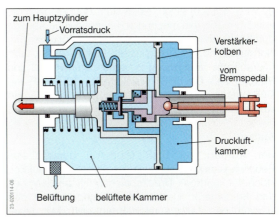

Abb. 7: Druckluft-Bremskraftverstärker

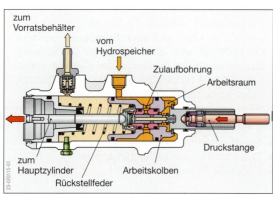

Abb. 1: Hydraulik-Bremskraftverstärker

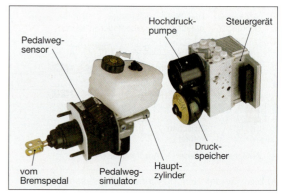

Abb. 2: Aufbau der elektro-hydraulischen Bremse

43.2.3 Hydraulik-Bremskraftverstärker

Der Hydraulik-Bremskraftverstärker (Abb. 1) kann für Fahrzeuge verwendet werden, die bereits für die Versorgung weiterer Hydraulikanlagen (z. B. Servolenkung) eine Hydraulikpumpe haben. Der Pumpendruck wird in einem **Hydrospeicher** gespeichert. Bei **Ausfall** der **Pumpe** können durch den gespeicherten Druck noch etwa 10 bis 15 Bremsungen mit Hilfskraftunterstützung erfolgen. Der Bremskraftverstärker ist durch eine Druckleitung mit dem Hydrospeicher verbunden. In der Bremsstellung wird der Arbeitskolben mit Öldruck beaufschlagt. In der Lösestellung gelangt das Öl über eine Rücklaufleitung vom Bremskraftverstärker zurück in den Vorratsbehälter.

> **Hydraulik-Bremskraftverstärker** arbeiten mit einem hydraulischen Druck von etwa 60 bar und haben auf Grund des hohen Arbeitsdrucks das geringste Bauvolumen aller Bremskraftverstärker.

43.3 Elektro-hydraulische Bremse

Die **e**lektro-**h**ydraulische **B**remse (**EHB**) wird auch als Sensortronic Brake Control (SBC) bezeichnet (engl.: elektronisch geregelte Bremse). Bei diesem »brake-by-wire« System (engl.: elektrische Bremse) wird die herkömmliche rein mechanisch-hydraulische Abfolge durch eine elektronische Regelung unterbrochen. Im Normalbetrieb der EHB besteht **keine** mechanisch-hydraulische Verbindung zwischen Bremspedal und Radbremsen. Die EHB vereinigt ABS, ASR, ESP und BAS, deren Wirkungsweisen im Kap. 44 erläutert werden.

Aufbau

Der **Aufbau** der EHB (Abb. 2) besteht aus Pedalwegsensor, Hauptzylinder, Pedalwegsimulator, Hochdruckpumpe, Druckspeicher, Hydraulikeinheit und Steuergerät. Der Pedalwegsensor erfasst den Wunsch des Fahrers nach Bremskraft. Mit dieser Information regelt das EHB-Steuergerät in der Hydraulikeinheit den optimalen Bremsdruck getrennt für alle vier Räder. Die Druckversorgung erfolgt über eine elektrisch angetriebene Hochdruckpumpe. Deshalb benötigt die EHB keinen Bremskraftverstärker. Im Druckspeicher werden bis etwa 200 bar Radbremsdruck bereitgehalten. Im Gegensatz zum festen Verstärkungsverhältnis konventioneller Bremsanlagen nutzt die EHB ein breites Feld von Verstärkungsverhältnissen (Abb. 3), die situationsabhängig eingesetzt werden. Da der Hauptzylinder von der Hydraulikeinheit entkoppelt ist, erzeugt der Pedalwegsimulator eine Pedalkraft, die dem herkömmlichen Bremsdruck entspricht.

Wirkungsweise

Im **Normalbetrieb** erfolgt die Druckversorgung der Radzylinder elektronisch geregelt über die Hydraulikeinheit. Bei einem **Ausfall** der **EHB** wird der vom Fahrer im Hauptzylinder erzeugte Bremsdruck nur an die Radzylinder der Vorderachse geleitet. Die Hinterachse ist dann ungebremst. Da kein Bremskraftverstärker vorhanden ist, kann nur eine verminderte Bremswirkung erzielt werden. Deshalb wird die Fahrzeuggeschwindigkeit vom Motorsteuergerät auf maximal 90 km/h begrenzt.

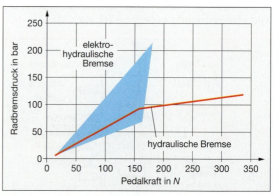

Abb. 3: Pedalkraft-Radbremsdruck-Diagramm

Die EHB erfüllt die Aufgaben einer konventionellen hydraulischen Bremsanlage und bietet zusätzlich folgende **Vorteile**:

Kapitel 43: Hydraulische Bremsanlage

- Trockenbremsen der Bremsscheibe.
- Halten des Fahrzeugs an einer Steigung.
- Vorfüllen der Bremsleitungen bei abrupter Gaswegnahme. Das Lüftspiel wird überwunden, bevor das Bremspedal betätigt wird, dadurch wird der Bremsweg verkürzt.
- Im Stau bei »stop-and-go« benötigt der Fahrer nur den Gasfuß, weil bei Gaswegnahme automatisch verzögert wird.
- Die Feststellbremse ist über den Druckspeicher in der EHB integriert.

Die EHB führt regelmäßig einen elektrischen und hydraulischen Selbsttest durch. Fehler im System werden dem Fahrer über eine Kontrollleuchte angezeigt und die maximale Fahrzeuggeschwindigkeit reduziert. Das Fahrzeug ist dann nur beschränkt einsatzbereit.

43.4 Bremskraftübertragungseinrichtungen

Die von der Bremsbetätigungseinrichtung gesteuerte **Bremskraft** wird auf die **Radzylinder** übertragen durch:
- Bremsgestänge und Bremsseilzug oder
- Bremsleitungen mit der Bremsflüssigkeit.

43.4.1 Bremsgestänge und Bremsseilzug

Das Bremsgestänge und der Bremsseilzug sind der mechanische Teil der Bremskraftübertragung. Wegen ihres geringen Wirkungsgrades (etwa 50 %) werden sie überwiegend als **Feststell-** oder **Auflaufbremse** eingesetzt.

Bremsgestänge: Für Anhänger sind Bremsgestänge als Übertragungseinrichtung der Betriebsbremse unter bestimmten Bedingungen (§ 41 StVZO) erlaubt. In der **Auflaufbremse** (Abb. 4) wirkt die Schubkraft des gebremsten Anhängers über die Zugöse und das Druckgestänge als Spannkraft für die Radbremse. Die Druckfeder verhindert das Ansprechen der Bremse bei geringen Lastwechseln (Gangwechsel). Die Gewichtskraft der Zuggabel betätigt die Bremse über das Bremsgestänge, wenn der Anhänger abreißt oder abgestellt wird. Die Auflaufbremse wirkt dann als Feststellbremse.

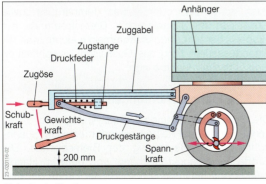

Abb. 4: Auflaufbremse

Bremsseilzüge: Sie werden zur Betätigung der **Feststell-** (Kap. 43.7) oder der **Betriebsbremse** in Kleinkrafträdern verwendet. Dabei werden Stahlseile in Rohren oder Metallschläuchen (Bowdenzüge) geführt. Zum Schutz vor Korrosion oder Vereisung sind die Bowdenzüge meist mit Kunststoff überzogen und müssen regelmäßig gewartet werden.

43.4.2 Bremsleitungen

> **Bremsleitungen** sind **Bremsrohre** oder **Bremsschläuche**. Sie leiten den Flüssigkeitsdruck vom Hauptzylinder zu den Radzylindern der Bremsen.

Bremsrohre: Sie sind nach DIN 74 234 leicht biegbare Rohre (meist aus Stahl) mit einem Außendurchmesser d von 4,75; 6; 8 oder 10 mm.

> **Arbeitshinweise**
>
> Bei der Verlegung von Bremsrohren ist folgendes zu beachten:
> - Biegestellen dürfen keine Querschnittsverengungen aufweisen (Biegeradius $r > 3 \times d$) und
> - die Leitungen müssen vor Steinschlag geschützt sein.

Bremsschläuche: Sie sollen nach DIN 74 225 möglichst kurz sein und müssen allen Bewegungen des Rades (z. B. Federung, Lenkung) ungehindert folgen können.

> **Arbeitshinweise**
>
> Bremsschläuche dürfen nicht:
> - der Auspuffwärme direkt ausgesetzt sein,
> - an anderen Teilen scheuern,
> - auf Zug und Verdrehung beansprucht werden,
> - mit Öl, Fett, Kraftstoff oder Sprühmitteln in Berührung kommen.

43.4.3 Bremsflüssigkeit

> Die **Bremsflüssigkeit** hat die **Aufgabe**, den im Hauptzylinder erzeugten Druck **verlustfrei** weiterzuleiten.

Folgende **Anforderungen** werden an die Bremsflüssigkeit gestellt:
- hoher Siedepunkt (etwa 290 °C),
- tiefer Gefrierpunkt (etwa – 60 °C),
- chemisch neutral gegenüber Bauteilen der Bremsanlage (darf weder Metall noch Gummi angreifen),
- Schmierung der beweglichen Teile der Bremsanlage auch bei hohen Temperaturen,
- geringe Luftfeuchtigkeitsaufnahme und
- hohe Alterungsbeständigkeit.

Die in Bremsflüssigkeiten eingesetzten Glykolether sind **hygroskopisch** (gr.: Wasser an sich ziehen) und werden mit zunehmender Alterung unbrauchbar, da sie durch Abriebteile verschmutzen und Luftfeuchtigkeit aufnehmen. Da sich eine Bremsscheibe während einer Dauerbremsung auf etwa 700 °C erwärmt, verdampft das von der Bremsflüssigkeit aufgenommene Wasser. Der **Trockensiedepunkt** gibt die Siedetemperatur einer neuen Bremsflüssigkeit an. Schon ein geringer Wassergehalt senkt den Siedepunkt erheblich. Der **Nasssiedepunkt** wird bei 3,5 Gewichtsprozent Wasseranteil gemessen.

> Je **höher** der **Wasseranteil** in der Bremsflüssigkeit ist, desto **geringer** ist ihr **Nasssiedepunkt**.

Bremsflüssigkeiten sind nach **DOT** (**D**epartment **o**f **T**ransportation) in drei Klassen (Abb. 1) eingeteilt. Die besten Werte für den Trocken- und Nasssiedepunkt erreicht DOT 5.1.

> Bremsflüssigkeit muss nach Angaben des Herstellers gewechselt werden, weil dann der **kritische Wasseranteil** von 3,5 % erreicht ist.

Damit die Magnetventile von ABS-Bremssystemen auch bei tiefen Temperaturen störungsfrei arbeiten, wird die maximale Kälteviskosität von Bremsflüssigkeit bei −40 °C gemessen. DOT 5.1 bietet auch hier die größte Betriebssicherheit. Neben **Gykolether** (DOT 3, 4 und 5.1) werden auch **Silikonöle** (DOT 5) als Bestandteile von Bremsflüssigkeiten verwendet.

> **Hinweis:** Nicht alle Bremsflüssigkeiten sind untereinander mischbar, weil sie die Gummi- und Metalldichtungen zerstören können (Herstellerangaben beachten).

Arbeitshinweise
- Bremsflüssigkeit ist giftig und ätzend. Sie darf nur in Originalbehältern verschlossen aufbewahrt werden.
- Bremsflüssigkeit greift Lacke an, Spritzer sind sofort mit Wasser abzuwaschen.
- Abgelassene Bremsflüssigkeit darf nicht mehr verwendet werden, da sie verunreinigt sein kann.
- Bremsflüssigkeit darf auf keinen Fall in das Grund- oder Abwasser gelangen.

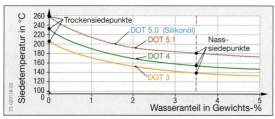

Abb. 1: Siedekurven von Bremsflüssigkeiten

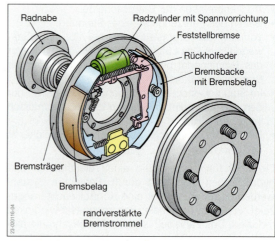

Abb. 2: Aufbau der Trommelbremse

43.5 Trommelbremsen

43.5.1 Aufbau und Wirkungsweise

Den Aufbau der Trommelbremse zeigt die Abb. 2. Der Bremsträger ist an der Radaufhängung (z. B. Achsschenkel) befestigt. An dem Bremsträger sind die **Bremsbacken** beweglich angebracht. Bremstrommel und Rad sind an der Radnabe befestigt.

Während des Bremsens werden die Bremsbacken durch die **Spannvorrichtungen** gegen die Bremstrommel gepresst. Durch Rückholfedern werden nach dem Bremsen die Bremsbacken von der Bremstrommel gelöst und ein Lüftspiel hergestellt (Abb. 4, S. 406).

43.5.2 Bremstrommeln

An Bremstrommeln werden folgende **Anforderungen** gestellt:
- Formsteifigkeit,
- Verschleißfestigkeit,
- gute Wärmeleitfähigkeit und
- Korrosionsbeständigkeit.

Die erforderliche Formsteifigkeit wird durch einen verstärkten Rand (Abb. 2) bzw. durch Rippen erzielt. Durch geeignete Werkstoffwahl werden Verschleißfestigkeit, Wärmeleitfähigkeit und Korrosionsbeständigkeit erreicht. Üblich ist die Verwendung von Stahlguss, schwarzem oder weißem Temperguss sowie Gusseisen mit Kugelgraphit. Bremstrommeln mit Rippen oder Verbundgusstrommeln (Leichtmetall mit eingegossenem Ring aus Gusseisen) gewährleisten eine gute Wärmeableitung.

43.5.3 Spannvorrichtungen

Die **Spannvorrichtungen** (Radzylinder, Abb. 3) erzeugen mit ihren Kolben die erforderlichen Spannkräfte für die Betätigung der Bremsbacken. Die Größe der Spannkräfte hängt von dem im Hauptzylinder aufgebauten Druck und der Größe der Kolbenflächen in den Radzylindern ab.

Kapitel 43: Hydraulische Bremsanlage

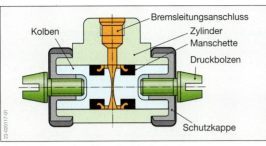

Abb. 3: Doppelt wirkender Radzylinder

Die Abdichtung des Radzylinders erfolgt durch die Manschette. Einfach wirkende Zylinder sind mit einem Kolben, doppelt wirkende Zylinder mit zwei Kolben (Abb. 3) ausgerüstet. Schutzkappen verhindern, dass von außen Staub und Feuchtigkeit in die feinstbearbeiteten Zylinder eindringen kann. Das Gehäuse ist mit Gewindebohrungen für den Anschluss der Bremsleitungen und die Befestigung am Bremsträger versehen. An der höchsten Stelle ist ein Entlüftungsventil eingeschraubt.

43.5.4 Bremsbacken und Bremsbeläge

Bremsbacken haben einen T-förmigen Querschnitt. Dadurch sind sie sehr biegefest. Sie werden aus Stahlblechen zusammengeschweißt (Abb. 4a) oder aus Stahlguss, Temperguss oder Leichtmetalllegierungen gegossen (Abb. 4b). Die Bremsbeläge sind entweder auf die Bremsbacken geklebt oder genietet. Geklebte Beläge müssen zusammen mit den Bremsbacken ausgetauscht werden.

Wegen der hohen Wärmebeanspruchung bestehen die Beläge aus wärmebeständigen Werkstoffen (z. B. Schiefer-, Graphitmehl, Metallpulver) und Kunstharzbindestoffen. Zur Erhöhung der Festigkeit und Wärmeleitung enthalten die Bremsbeläge Metallgeflechte aus Kupfer-Zink-Legierungen.

Bremstrommel und Bremsbelag bilden zusammen eine **Reibpaarung**, deren **Reibungszahl** µ zwischen 0,3 und 0,5 liegt. Zu geringe Reibungszahlen verringern die Bremswirkung, zu hohe Reibungszahlen vergrößern den Verschleiß.

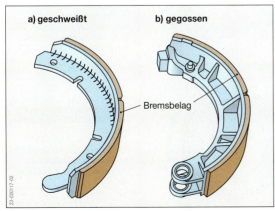

Abb. 4: Bremsbacken

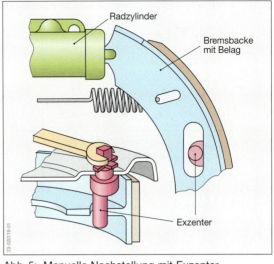

Abb. 5: Manuelle Nachstellung mit Exzenter

43.5.5 Nachstellvorrichtungen

Ohne eine Nachstellung der Bremsbacken würde sich durch Verschleiß der Abstand zwischen Bremsbelag und Bremstrommel, das **Lüftspiel** (Abb. 6), zunehmend vergrößern. Durch das Nachstellen der Bremsbacken mit einem Exzenter (Abb. 5) wird das Lüftspiel und damit der Rückstellweg manuell verringert.

Selbsttätige Nachstellvorrichtungen arbeiten stufenlos (z. B. durch Reibscheiben) oder abgestuft. Eine abgestufte Nachstellvorrichtung (Abb. 6) besteht aus einer Nachstellzange mit Sägengewinde und einem Bolzen. Ist das **Lüftspiel** größer als die Gewindesteigung, so verschiebt sich der Bolzen gegenüber der Nachstellzange durch die Spreizkräfte während des Bremsens um einen Gewindegang. Das Lüftspiel wird verringert.

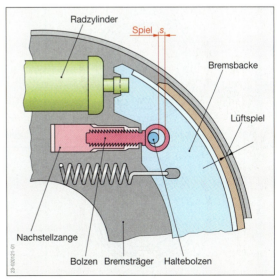

Abb. 6: Selbsttätige, abgestufte Nachstellung

Arten von Trommelbremsen / types of drum brakes

Tab.1: Arten von Trommelbremsen und ihre Bremswirkung

Art	Vorwärtsfahrt	Rückwärtsfahrt	Bremswirkung
Bremse	auflaufende Bremsbacke — ablaufende Bremsbacke	ablaufende Bremsbacke — auflaufende Bremsbacke	Auflaufende Bremsbacken verstärken, ablaufende Bremsbacken vermindern die Bremswirkung.
Simplex-Bremse	Radzylinder; mit zwei festen Drehpunkten	mit schwimmenden Bremsbacken	In beiden Fahrtrichtungen ist die Bremswirkung gemindert, da jeweils nur eine Bremsbacke aufläuft und die andere Bremsbacke abläuft.
Duplex-Bremse	mit zwei festen Drehpunkten	mit schräg abgestützten Gleitbacken	Bei Vorwärtsfahrt entsteht eine hohe Bremswirkung durch zwei auflaufende Bremsbacken. Bei Rückwärtsfahrt ist die Bremswirkung erheblich gemindert, da beide Bremsbacken ablaufen.
Duo-Duplex-Bremse	mit zwei festen Drehpunkten	mit schrägen Abstützungen	In beiden Fahrtrichtungen ist die Bremswirkung gut, da beide Bremsbacken auflaufen.
Servo-Bremse	mit Abstützung am Radzylinder	eine Bremsbacke schräg abgestützt	Bei Vorwärtsfahrt entsteht eine hohe Bremswirkung durch zwei auflaufende Bremsbacken. Bei Rückwärtsfahrt ist die Bremswirkung durch zwei ablaufende Bremsbacken erheblich gemindert.
Duo-Servo-Bremse	mit einem festen Drehpunkt	mit einer schrägen Abstützung	In beiden Fahrtrichtungen wirken zwei auflaufende Bremsbacken. Die hohe Bremswirkung wird durch das gegenseitige Abstützen der Bremsbacken erreicht.

Kapitel 43: Hydraulische Bremsanlage

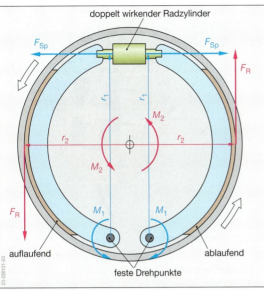

Abb.1: Auf- und ablaufende Bremsbacke

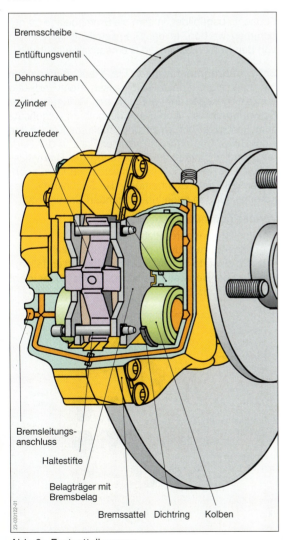

Abb. 2: Festsattelbremse

43.5.6 Anordnung der Bremsbacken

Die Bremsbacken sind auf dem Bremsträger beweglich angebracht. Die Abstützung der Spreiz- und Reibkräfte erfolgt entweder an einem Drehpunkt (Drehbacke) oder durch **veränderliche** Abstützpunkte (schwimmende Backe). Je nach Trommeldrehrichtung, Anordnung der Spannvorrichtung und der Abstützpunkte werden **auf-** und **ablaufende Bremsbacken** unterschieden (Abb.1). Während des Bremsens entstehen an der Bremstrommel zwei Drehmomente. Die Spannkraft F_{Sp} erzeugt mit dem Hebelarm r_1 ein Drehmoment M_1, mit dem die Bremsbacken gegen die Bremstrommel gedrückt werden.

$$M_1 = F_{Sp} \cdot r_1$$

M_1 Drehmoment in Nm
F_{Sp} Spannkraft in N
r_1 Hebelarm in m

Die Reibkraft F_R erzeugt an der Bremsbacke mit dem Hebelarm r_2 ein Drehmoment M_2.

$$M_2 = F_R \cdot r_2$$

M_2 Drehmoment in Nm
F_R Reibkraft in N
r_2 Hebelarm in m

Die **auflaufende Bremsbacke** wird nicht nur durch das Drehmoment M_1, sondern zusätzlich durch das Drehmoment M_2 gegen die Bremstrommel gedrückt. Die Bremswirkung der auflaufenden Backe wird verstärkt. Der **ablaufenden Bremsbacke** mit dem Drehmoment M_1 wirkt das Drehmoment M_2 entgegen und verringert die Bremswirkung. Eine Übersicht der Trommelbremsen mit ihren Bremswirkungen zeigt die Tab.1.

> Bei gleicher **Spannkraft** F_{Sp} erzeugt eine **auflaufende** Bremsbacke eine größere Bremswirkung als eine **ablaufende** Bremsbacke.

43.6 Scheibenbremsen

43.6.1 Aufbau und Wirkungsweise

Den Aufbau einer Scheibenbremse mit Festsattel zeigt die Abb. 2. Der **Bremssattel** ist mit der Radaufhängung verschraubt und enthält die **Zylinder** mit den **Kolben**. Diese drücken die **Bremsbeläge** gegen die **Bremsscheibe**.

Die Zylinder sind durch **Schutzkappen** vor dem Eindringen von Schmutz und Wasser geschützt. Ein **Dichtring** (Abb. 6, S. 417) verhindert den Austritt der Bremsflüssigkeit und bewirkt die Rückstellung des Kolbens nach dem Bremsen.

Die Bremswirkung ist vom **Reibwert** μ und der **Anpresskraft** F_N abhängig, mit der die Bremsbeläge von beiden Seiten gegen die Bremsscheibe gedrückt werden. Eine Selbstverstärkung oder Selbstschwächung der Anpresskraft, wie bei der Trommelbremse, erfolgt nicht. Es sind daher größere Betätigungskräfte erforderlich, die durch größere Kolbendurchmesser sowie durch einen zusätzlichen Bremskraftverstärker (Kap. 43.2) aufgebracht werden.

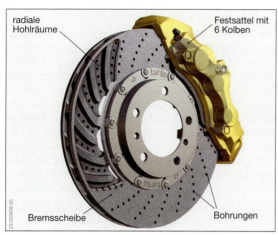

Abb. 1: Keramik-Bremsscheibe (innenbelüftet)

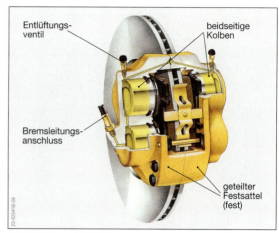

Abb. 2: Festsattelbremse

43.6.2 Bremsscheibe

Die Bremsscheibe ist mit der Radnabe verschraubt. Durch die hohen Anpresskräfte bei kleinen Belagflächen tritt eine große Wärmebelastung der Scheibe auf. Da die Bremsscheibe fast vollständig vom Fahrtwind umströmt wird, ist eine gute Kühlwirkung vorhanden. Hoch beanspruchte Bremsscheiben sind breiter (größere Wärmespeicherfähigkeit) und mit radialen Hohlräumen und Bohrungen versehen (Abb. 1). Der Fahrtwind gelangt in die Hohlräume und Bohrungen, wodurch die Kühlwirkung verbessert wird.

Bremsscheiben werden aus wärmebeständigen Werkstoffen wie z.B. Stahlguss, Gusseisen mit Kugelgraphit oder Keramik hergestellt (Abb. 3). Bremsscheiben aus Keramik haben eine geringe Masse und können Laufleistungen bis zu 300 000 km erreichen. Sie haben höhere Reibwerte und neigen weder im kalten noch im warmen Zustand zum Bremsfading (Kap. 43.8). Auf Grund der sehr aufwändigen Fertigung sind sie aber sehr kostenintensiv.

43.6.3 Bremsbeläge

Bremsbeläge sind auf **Trägerplatten** geklebt, die verschiebbar im Bremssattel geführt werden. Je nach Zusammensetzung der Werkstoffe erreicht der Belag seinen höchsten Reibwert bei einer Betriebstemperatur von etwa 400 °C.

Als Rohstoffe für Bremsbeläge werden Metalle, Füllstoffe, Verstärkungsfasern sowie Gleit- und Bindemittel verwendet. Scheibenbremsbeläge können elektrische Kontakte enthalten, die den Stromkreis zu einer Kontrolllampe im Armaturenbrett schließen, sobald die Verschleißgrenze erreicht ist.

43.6.4 Bremssattelarten

Nach der Art der Befestigung bzw. Führung des Bremssattels werden **Scheibenbremsen** mit
- Festsattel,
- Schwimmrahmen und
- Faustsattel unterschieden.

Festsattelbremse: Das Gehäuse (Abb. 2) ist geteilt und enthält paarweise sich gegenüberliegende Kolben. Die Gehäusehälften sind durch Dehnschrauben verbunden. Das Gehäuse ist in der Mitte als Schacht ausgebildet, in dem die Bremsbeläge aufgenommen werden. In der Bremsstellung werden sie von den Kolben gegen die Bremsscheibe gedrückt.

Schwimmrahmenbremse: Für Radaufhängungen mit negativem Lenkrollhalbmesser steht radseitig nur ein geringer Einbauraum zur Verfügung. Der Schwimmrahmen (Abb. 3) hat deshalb im Gegensatz zum Festsattel nur einen oder mehrere Kolben auf einer Seite. Das erfordert weniger Platz in der Radfelge und verringert die Erwärmung der Bremsflüssigkeit. Der Rahmen ist seitlich verschiebbar auf dem Halter gelagert. Er überträgt die Spannkräfte des Kolbens auf den gegenüberliegenden Bremsbelag.

Vorteile gegenüber dem Festsattel:
- radseitig geringerer Platzbedarf,
- geringere Erwärmung der Bremsflüssigkeit,
- hochbelastete Schraubenverbindungen entfallen,
- einfachere Reparatur, da sich der Radzylinder leicht ausbauen lässt.

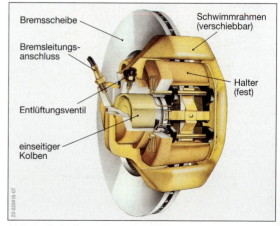

Abb. 3: Schwimmrahmenbremse

Kapitel 43: Hydraulische Bremsanlage

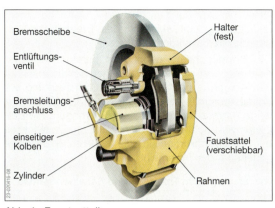

Abb. 4: Faustsattelbremse

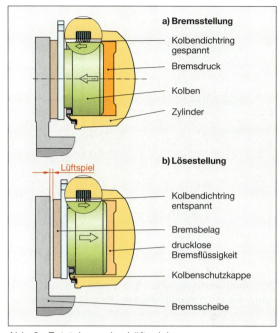

Abb. 6: Entstehung des Lüftspiels

Faustsattelbremse: Der Rahmen bildet mit dem Zylinder den kompakten Faustsattel (Abb. 4), der im Halter geführt wird. Der Faustsattel vereinigt den einfachen Aufbau des Festsattels mit den Vorteilen des Schwimmrahmens.

Scheibenbremsen werden je nach Ausführung auch unterschieden nach:
- der Anzahl der Bremskolben,
- der thermischen Belastung und
- der Verbindung mit einer Feststellbremse.

Die Anzahl der Bremskolben (Abb. 5) richtet sich nach dem erforderlichen Bremsmoment und der Bauart. Je nach Kolbendurchmesser (38 bis 68 mm) werden Bremsmomente von 550 bis 2200 Nm bei 100 bar Bremsdruck erreicht. Einseitig wirkende Schwimmrahmen- und Faustsattelbremsen gibt es als Ein-, Zwei- und Dreikolbenbremse. Die zweiseitig wirkende Festsattelbremse in Fahrzeugen mit großer Masse bzw. hoher Geschwindigkeit hat bis zu sechs Bremskolben (Abb. 1). Schwimmrahmen- und Faustsattelbremsen weisen günstigere thermische Verhältnisse auf als die Festsattelbremse, da bei ihnen in der kritischen Aufheizzone oberhalb der Bremsscheibe keine hydraulischen Leitungen verlaufen. Alle Arten von Scheibenbremsen können mit einer mechanischen Feststellbremse verbunden werden.

43.6.5 Lüftspiel

Nach jedem Bremsvorgang muss zwischen Bremsscheibe und den Belägen wieder ein **Lüftspiel** von etwa 0,15 mm entstehen, damit die Bremsbeläge nicht an der Bremsscheibe schleifen. Der Dichtring wird in der **Bremsstellung** (Abb. 6a) durch die Kolbenbewegung seitlich verspannt. Die Elastizität des Dichtringwerkstoffs bewirkt während des **Lösevorgangs** (Abb. 6b) eine Entspannung des Dichtrings. Der Kolben wird zurückgezogen. Der zulässige Seitenschlag unterstützt die Rückstellung. Bei Verschleiß des Belags rutscht der Kolben während einer Bremsbetätigung weiter aus dem Zylinder und gleicht den Belagverschleiß automatisch aus. Eine zusätzliche Nachstelleinrichtung ist daher nicht erforderlich.

43.7 Feststellbremse

Die Feststellbremse ist eine von der Betriebsbremse unabhängig zu betätigende Bremsanlage. Sie soll das Wegrollen des Fahrzeugs am Berg und nach dem Abstellen verhindern (§ 41 StVZO). Die **Betätigungskraft** wird vom Hand- oder Fußbremshebel mit Hilfe von Seilzügen auf die Spannvorrichtung übertragen. Ein Ausgleichshebel oder eine Ausgleichsrolle verteilt die Bremskraft gleichmäßig auf die Radbremsen. Die Betätigung der Feststellbremse wird meist durch eine Kontrollleuchte signalisiert.

Trommelbremsen ermöglichen auf Grund der Selbstverstärkung einen einfachen Aufbau der Feststellbremse. Deshalb werden Scheibenbremsen als Betriebsbremse oft mit Trommelbremsen als Feststellbremse (Abb. 1, S. 418) kombiniert.

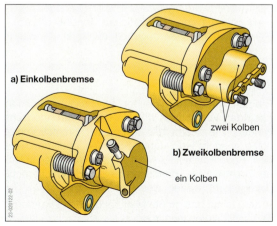

Abb. 5: Ausführungen von Scheibenbremsen

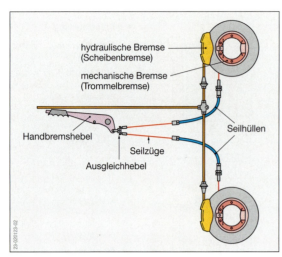

Abb. 1: Feststellbremsanlage

Scheibenbremsen erfordern einen größeren Aufwand für die Feststellbremse. Neben der hydraulischen Betriebsbremse wirkt zusätzlich eine mechanische Kraftübertragung (Abb. 2) auf den vorhandenen Kolben der Scheibenbremse.

43.8 Vergleich: Trommel- und Scheibenbremse

Die Bremswirkung der **Trommelbremse** sinkt mit zunehmender Temperatur während des Bremsens stark ab. Das Nachlassen der Bremswirkung wird auch als **Bremsfading** oder kurz Fading (to fade, engl.: schwinden) bezeichnet. Das Fading ist bedingt durch Formänderungen an der Bremstrommel, die durch hohe Temperaturen (Wärmedehnung) und die Spannkräfte auftreten.

Die Bremstrommel wird kegelförmig aufgeweitet, wodurch die Beläge nicht mehr gleichmäßig am Umfang anliegen. Die tragende Bremsfläche wird kleiner. Infolge der nun höheren Erwärmung nimmt die Reibungszahl zwischen den Bremsflächen ab und die Bremswirkung lässt nach.

Die **Bremsscheibe** dehnt sich durch Erwärmung axial aus und schiebt bei gleicher Betätigungskraft den Kolben in den Zylinder. Die Bremswirkung der Scheibenbremse bleibt dadurch nahezu gleich. Nur lange Bremszeiten (z. B. Talfahrt) verringern die Reibungszahl und damit die Bremswirkung. Ein **Nachteil** der **Scheibenbremse** sind die größeren Spannkräfte gegenüber der Trommelbremse.

Tab. 2: Vergleich: Trommel- und Scheibenbremse

Kriterien	Trommelbremse	Scheibenbremse
Bremsleitungsdruck	25 bis 50 bar	50 bis 100 bar
Spannkraft	klein	groß
Belagflächenpressung	klein: 120 bis 150 N/cm^2	groß: 600 bis 800 N/cm^2
Durchmesser Radzylinder	klein	groß
Bremsfading	groß	gering
Lüftspiel durch	0,3 bis 0,5 mm Rückstellfeder	0,15 mm Dichtring
Nachstellung des Lüftspiels	von Hand und selbsttätig	selbsttätig
Erwärmung	bis 450 °C	bis 750 °C
Auswirkung von Schwankungen des Reibwertes	groß	gering
Bremsbelagwechsel	aufwändig	einfach
Kombination mit Feststellbremse	einfach	aufwändig

43.9 Wartung und Diagnose

> Störungen an der Bremse gefährden nicht nur die **Betriebssicherheit**, sondern auch die **Verkehrssicherheit** des Fahrzeugs. Wartungs-, Diagnose- und Reparaturarbeiten an der Bremsanlage müssen verantwortungsbewusst, mit äußerster Sorgfalt und mit den erforderlichen Spezialwerkzeugen nach Herstellerangaben durchgeführt werden.

Trommelbremse

Bremstrommeln mit riefiger Bremsfläche können nach den Vorschriften des Herstellers **nachgedreht** werden. Die bearbeitete Fläche der Bremstrommel sollte anschließend durch Schleifen geglättet werden. Raue Flächen führen zum schnellen Verschleiß der Bremsbeläge. Bremstrommeln dürfen nicht mehr nachgedreht werden, wenn sie

- bereits auf das größte Maß nachgedreht wurden,
- Rissbildungen zeigen oder
- unzulässig erwärmt wurden.

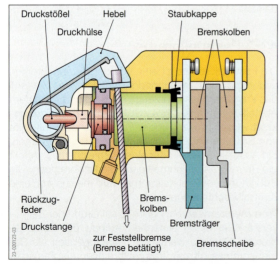

Abb. 2: Scheibenbremse mit Feststellbremse

Kapitel 43: Hydraulische Bremsanlage

Für ausgedrehte Bremstrommeln gibt es Bremsbeläge mit entsprechenden Übergrößen.

Arbeitshinweise

Geklebte Beläge werden zusammen mit den Bremsbacken ausgetauscht. Genietete Beläge werden von der Mitte aus aufgenietet, damit der Bremsbelag nicht verspannt wird. Bremsbeläge können im montierten Zustand überdreht werden, damit ein gleichmäßiges Anliegen an die Bremstrommel gewährleistet ist.

Scheibenbremse

Durch Nachschleifen werden Riefen in der Bremsscheibe beseitigt. Die Scheibendicke darf jedoch die vom Hersteller vorgeschriebenen Werte nicht unterschreiten, sonst müssen die Bremsscheiben ausgetauscht werden.

Der **Verschleiß** an **Bremsbelägen** führt zum Absinken des Flüssigkeitsspiegels im Ausgleichsbehälter. Genauen Aufschluss über die Abnutzung gibt allerdings nur eine Sichtkontrolle der Bremsbeläge. Bremsbeläge müssen erneuert werden, wenn sie bis auf etwa 2 mm abgenutzt sind.

Bremsflüssigkeit wechseln

Der **Bremsflüssigkeitswechsel** und die **Entlüftung** mit dem **Füll-** und **Entlüftungsgerät** (Abb. 3) benötigt nur eine Person. Die neue Bremsflüssigkeit steht im Druckentlüftungsgerät unter einem Arbeitsdruck von etwa 2 bar. Es wird mit einem Anschlussstück am Ausgleichsbehälter druckdicht angeschlossen. Nach dem Reinigen der Entlüftungsventile an den Radbremsen wird der transparente Entlüfterschlauch auf ein Entlüftungsventil aufgesteckt und in das Entlüftungsgefäß geführt. Der Fahrzeughersteller gibt die einzuhaltende Reihenfolge der Radzylinder an.

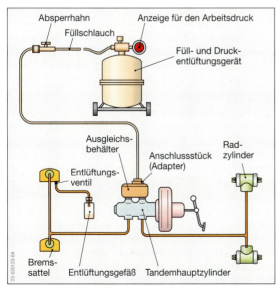

Abb. 3: Schema eines Bremsflüssigkeitswechsels

Nach diesen Vorbereitungen beginnt durch Öffnen des Absperrhahns der Bremsflüssigkeitswechsel. Auf Dichtheit des Adapters ist zu achten. Das unter Druck stehende Entlüftungsventil wird solange geöffnet, bis neue Bremsflüssigkeit **blasenfrei** austritt. Dieser Vorgang wird für jedes Entlüftungsventil wiederholt.

Wird mit dem Füll- und Entlüftungsgerät die Bremsflüssigkeit an einem Radzylinder eingeleitet, dann muss das Bremspedal mit einer Pedalstütze so weit durchgedrückt werden, dass die Ausgleichsbohrungen von den Primärmanschetten verschlossen sind.

Alte **Bremsflüssigkeit** kann nicht aufbereitet werden und ist immer als **Sondermüll** (z.B. vom Altöl) getrennt zu entsorgen.

Aufgaben

1. Nennen Sie die Baugruppen einer hydraulischen Bremsanlage.
2. Beschreiben Sie den Aufbau eines Tandem-Hauptzylinders.
3. Beschreiben Sie die Vorgänge im Tandem-Hauptzylinder, wenn jeweils ein Bremskreis ausfällt.
4. Erläutern Sie die Wirkungsweise und die Vorteile von Zentralventilen in Tandem-Hauptzylindern.
5. Erläutern Sie den Vorteil gestufter Tandem-Hauptzylinder.
6. Welche Möglichkeiten der Bremskraftverstärkung in einer hydraulischen Bremsanlage gibt es?
7. Erläutern Sie die Bremskraftverteilung in Fahrzeugen ohne ABS.
8. Nennen Sie die Bauteile der elektro-hydraulischen Bremse.
9. Was ist bei der Montage von Bremsschläuchen zu beachten?
10. Welche Anforderungen werden an Bremsflüssigkeiten gestellt?
11. Warum ist ein hoher Siedepunkt der Bremsflüssigkeit erforderlich?
12. Nennen Sie die Bauteile einer Trommelbremse und deren Aufgaben.
13. Beschreiben Sie für die gebräuchlichsten Bremsbackenanordnungen den Einfluss der Bremstrommel-Drehrichtung auf die Bremswirkung.
14. Erläutern Sie die Wirkungsweise der abgestuften selbsttätigen Nachstellung der Bremsbacken.
15. Beschreiben Sie die Wirkungsweise eines doppelt wirkenden Radzylinders.
16. Erläutern Sie die grundsätzliche Wirkungsweise einer Scheibenbremse.
17. Beschreiben Sie den Aufbau und die Wirkungsweise einer Schwimmrahmenbremse.
18. Nennen Sie den Unterschied zwischen einer Faustsattel- und Schwimmrahmenbremse.
19. Warum benötigen Scheibenbremsen Bremskraftverstärker?
20. Welche Vor- und Nachteile hat eine Scheibenbremse gegenüber einer Trommelbremse?

44 Elektronisch geregelte Bremssysteme

Elektronisch geregelte Bremssysteme haben die Aufgabe, die Lenk- und Bremsfähigkeit, die Fahrstabilität und die Traktion (Antriebskraft) eines Fahrzeugs zu verbessern.

Zu den elektronisch geregelten **Bremssystemen** gehören:
- Anti-Blockier-System (ABS),
- Antriebs-Schlupf-Regelung (ASR),
- Elektronisches Stabilitäts-Programm (ESP),
- Brems-Assistent-System (BAS) und
- Adaptive Reisegeschwindigkeitsregelung (ACC).

44.1 Physikalische Grundlagen

44.1.1 Kräfte am Rad

Die Räder eines Fahrzeugs übertragen folgende Kräfte auf die Fahrbahn (Abb. 1):

- **Normalkraft F_N:** Sie wirkt senkrecht auf die Fahrbahn und entspricht jenem Anteil des Fahrzeuggewichts, der auf das einzelne Rad entfällt.
- **Seitenführungskraft F_S:** Sie wirkt in Querrichtung des Rades und hält das Fahrzeug auch bei Kurvenfahrt oder Seitenwind in der Spur.
- **Antriebskraft F_A:** Sie wirkt in Längsrichtung des Rades, wenn das Fahrzeug fährt und besonders während der Beschleunigung.
- **Bremskraft F_B:** Sie wirkt entgegen der Längsrichtung des Rades, wenn das Fahrzeug gebremst wird.

Nach dem Kamm'schen Reibungskreis (Wunnibald Kamm, dt. Ingenieur, 1893-1966) kann die größte übertragbare Kraft F_{Res} am Rad während des Bremsens bzw. Beschleunigens in zwei Kräfte zerlegt werden:

- **Bremsen:** Bremskraft F_B und Seitenführungskraft F_{S1} oder
- **Beschleunigen:** Antriebskraft F_A und Seitenführungskraft F_{S2}.

Im Kamm'schen Reibungskreis (Abb. 1) entspricht der Radius immer der resultierenden Kraft F_{Res} aus der Umfangskraft F_B oder F_A und der Seitenkraft F_S.

Je größer die übertragene **Umfangskraft** (Brems- oder Antriebskraft) ist, desto geringer ist die übertragbare **Seitenführungskraft** eines Rades.

Damit die Räder eines Fahrzeugs die Umfangskraft (F_A oder F_B) und die Seitenführungskraft F_S übertragen können, muss zwischen Reifen und Fahrbahn eine Reibungskraft (Haftreibung) wirksam sein. Die Größe der Reibungskraft ist von der Normalkraft F_N und der Reibungszahl μ abhängig (s. Kap. 27.1).

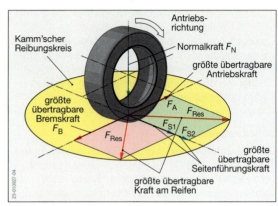

Abb. 1: Kamm'scher Reibungskreis

44.1.2 Schlupf am Rad

Ein Reifen kann nur Kräfte übertragen, wenn er auf der Fahrbahn haftet. Er wird dabei elastisch verformt. Die Dynamik des gebremsten Rades entspricht jener des angetriebenen Rades. Sie unterscheiden sich mathematisch nur durch ein umgekehrtes Vorzeichen. Die Gesetzmäßigkeiten für den **Bremsschlupf** gelten also auch für den **Antriebsschlupf**. Die Umfangsgeschwindigkeit eines gebremsten Rades ist stets langsamer als die Fahrzeuggeschwindigkeit. Die Differenz zwischen der Umfangsgeschwindigkeit des Rades und der Fahrzeuggeschwindigkeit wird als Schlupf bezeichnet.

$$\lambda = \frac{v_F - v_u}{v_F} \cdot 100\%$$

λ = Schlupf in %
v_F = Fahrzeuggeschwindigkeit in m/s
v_u = Umfangsgeschwindigkeit des Rades in m/s

Frei rollende Räder haben 0 % Schlupf, **blockierende** oder **durchdrehende Räder** während des Bremsens bzw. Beschleunigens haben 100 % Schlupf.

Das **Bremsvermögen** eines Fahrzeugs, unabhängig von seiner Masse, wird durch den **Bremskraftbeiwert** μ_B erfasst. Er ist der Quotient aus Bremskraft und Normalkraft. Je größer der Bremskraftbeiwert, desto größer ist das Bremsvermögen des Fahrzeugs. Der Verlauf des Bremskraftbeiwerts (Abb. 3) zeigt unter fast allen Fahrbahnbedingungen einen charakteristischen Verlauf. Die Bremsen erreichen ihre größte Wirkung zwischen 10 und 30 % Bremsschlupf. Mit steigenden Schlupfwerten fällt der Bremskraftbeiwert ab. Die elektronisch geregelten Bremssysteme nutzen den Bereich der optimalen Haftreibung sowohl für das Bremsen als auch für den Antrieb aus (Abb. 4).

Kapitel 44: Elektronisch geregelte Bremssysteme

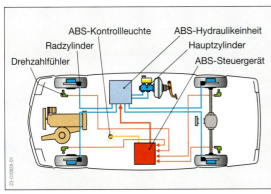

Abb. 2: Aufbau eines ABS

44.2 Anti-Blockier-System

> Das **Anti-Blockier-System** (ABS) hat die Aufgabe, ein Blockieren der Räder während des Bremsens zu verhindern, um den bestmöglichen Kraftschluss zwischen Reifen und Fahrbahn zu gewährleisten.

Durch zu starkes Bremsen (Überbremsen) können alle oder einzelne Räder des Fahrzeugs blockieren. Das ABS verhindert diesen kritischen Fahrzustand. Es hat folgende Vorteile:

- Das Fahrzeug bleibt lenkbar, da die Seitenführungskräfte erhalten bleiben.
- Für die meisten Bremsvorgänge ergeben sich die jeweils kürzesten Bremswege.

> **Lenkbarkeit** und **Fahrstabilität** haben Vorrang vor einer Verkürzung des Bremsweges.

Da die beste Bremswirkung bei einem Bremsschlupf zwischen 10 und 30 % liegt (Abb. 3), regelt das ABS die Bremskraft in diesem Bereich. Im ABS-Regelbereich wird ein Kompromiss zwischen größter Bremskraft und größter Seitenführungskraft (Abb. 4) erzielt.

Die Abb. 4 zeigt den Zusammenhang zwischen Bremsschlupf und Bremskraft- bzw. Seitenführungskraftbeiwert für die Geradeausfahrt. Der Beiwert für die Bremskraft steigt steil an und erreicht seinen größten Wert bei etwa 35% Bremsschlupf, während ein frei rollendes Rad (0% Bremsschlupf) den höchsten Beiwert für die Seitenführungskraft hat, der mit zunehmendem Bremsschlupf stark fällt. Ab etwa 40% Bremsschlupf nimmt der Beiwert für die Seitenführungskraft so stark ab, dass das Fahrzeug nicht mehr lenkbar ist und das Fahrverhalten instabil wird.

44.2.1 Aufbau

Den Aufbau eines ABS zeigt die Abb. 2. Das Steuergerät berechnet aus den Signalen der Drehzahlfühler (s. Kap. 53) eine **Referenzgeschwindigkeit**, die etwa der Fahrzeuggeschwindigkeit entspricht.

> Aus dem Vergleich der **Umfangsgeschwindigkeiten** der Räder mit der **Referenzgeschwindigkeit** berechnet das ABS-Steuergerät den **Bremsschlupf** für jedes einzelne Rad.

Die ABS-Hydraulikeinheit setzt die Befehle des ABS-Steuergeräts in den geschlossenen Hydraulikkreisen aller Räder um. Der Bremsdruck in den Radzylindern wird dem optimalen Bremsschlupf angepasst. Wenn das Fahrzeug vorsichtig abgebremst wird, erzeugt die Bremsung nur einen geringen Schlupf zwischen Rad und Fahrbahn. Eine Blockierneigung entsteht nicht. Damit das ABS optimal arbeiten kann, ist es erforderlich, dass der Fahrer das Bremspedal schnell und mit der größten Bremskraft betätigt (s. Kap. 44.5).

> Ein **Ausfall** des **ABS** wird dem Fahrer durch eine **Kontrollleuchte** angezeigt.

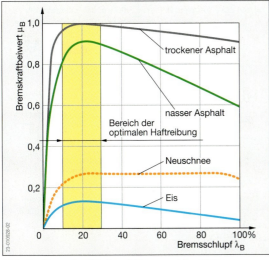

Abb. 3: Bremskraftbeiwert-Bremsschlupf-Diagramm

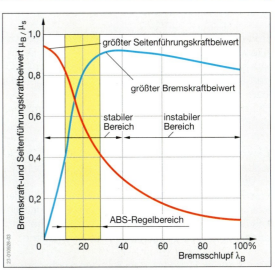

Abb. 4: ABS-Regelbereich

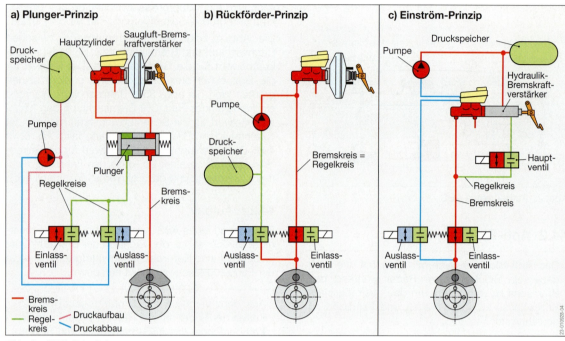

Abb. 1: ABS-Prinzipien

44.2.2 ABS-Prinzipien

In allen ABS-Prinzipien wird der Bremsdruck an den optimalen Bremsschlupf angepasst. Dafür wird während einer **ABS-Bremsung** die direkte hydraulische Verbindung zwischen Haupt- und Radzylinder durch Wegeventile verbunden bzw. getrennt.

Plunger-Prinzip: Der Bremsdruck wird durch Verschieben eines Plungers (Schwimmkolben) verändert (Abb. 1a). Für den Druckaufbau öffnet das Einlassventil und der Plunger wird nach links verschoben. Für den Druckabbau öffnet das Auslassventil und der Plunger wird nach rechts verschoben. Dadurch wird der Druck im Bremskreis erhöht bzw. gesenkt. Brems- und Regelkreis sind voneinander getrennt.

Rückförder-Prinzip: Zum Druckabbau wird Bremsflüssigkeit über das Auslassventil in den Druckspeicher abgelassen. Das erforderliche Volumen für den Druckabbau (Abb. 1b) fördert die Pumpe über das Auslassventil aus dem Regelkreis in den Bremskreis. Der Regelkreis ist mit dem Bremskreis direkt verbunden.

Einström-Prinzip: Die Pumpe fördert für den Druckaufbau Bremsflüssigkeit aus dem Ausgleichsbehälter in den Druckspeicher. Die Bremsflüssigkeit strömt vom Regelkreis über das Hauptventil (Abb. 1c) in den Bremskreis ein. Zum Druckabbau wird Bremsflüssigkeit über das Auslassventil in den Ausgleichsbehälter abgelassen. Brems- und Regelkreis sind getrennt.

Wegeventile: Für jeden Regelkreis wird entweder ein 3/3-Wegeventil oder zwei 2/2-Wegeventile benötigt.

Die Bremsdruckregelung ist im 3/3-System in einem Ventil (Abb. 2a) vereint, während im 2/2-System Ein- und Auslassventil (Abb. 2b) getrennt sind.

Die getrennte Zuordnung von Druckauf- und -abbau zu jeweils einem 2/2-Wegeventil führt zu einer kompakteren Hydraulikeinheit, an der das ABS-Steuergerät direkt angebaut wird. Durch das Anbausteuergerät entfällt der Kabelbaum und werden die Schaltzeiten verkürzt. Die kompakteren 2/2-Wegeventile ermöglichen außerdem eine kleinere Verlustleistung und einen größeren Regelkomfort, weil sie leiser sind als 3/3-Wegeventile und eine geringere Bremspedalrückwirkung aufweisen.

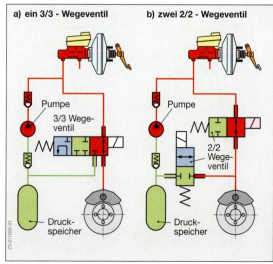

Abb. 2: Anordnung von Wegeventilen

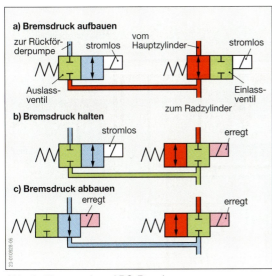

Abb. 3: Phasen einer ABS-Regelung

44.2.3 Wirkungsweise des Rückförder-Prinzips

Mit den Phasen Druck aufbauen, halten und abbauen können die elektromagnetisch betätigten Wegeventile den Bremsdruck eines Kreises (Kanals) so verändern, dass die Räder nicht blockieren.

Bremsdruck aufbauen: Der Hauptzylinder (Abb. 3a) ist mit dem Radzylinder verbunden, der Rücklauf ist gesperrt. Beide Magnetventile sind stromlos.

Bremsdruck halten: Zu- und Rücklauf (Abb. 3b) sind gesperrt. Dafür wird das Einlassventil angesteuert und das Auslassventil ist stromlos.

Bremsdruck abbauen: Der Zulauf ist gesperrt und der Radzylinder ist mit dem Rücklauf (Abb. 3c) verbunden. Beide Wegeventile werden gleichzeitig angesteuert.

Eine ABS-Regelung beginnt mit dem ersten Druckabbau, sobald eine Blockierneigung des Rades durch das Steuergerät erkannt wird. Der Schlupf nimmt dadurch ab und der Druck wird auf »halten« geschaltet. Fällt der Schlupf weiter ab, weil z. B. die Griffigkeit der Fahrbahn zunimmt, so wird der Druck wieder aufgebaut. Je nach Fahrbahnbeschaffenheit laufen bis zu **10 Regelzyklen** je Sekunde ab. Dabei wird der Bremsdruck ständig auf- bzw. abgebaut oder gehalten.

Die Dauer der Phasen ist abhängig von der Höhe des Reibwerts zwischen Reifen und Fahrbahn (Abb. 3, S. 421). Bei einer Bremsung auf Eis erfolgt eine andere Druckmodulation als auf trockenem Asphalt. Die während des Druckabbaus überschüssige Bremsflüssigkeit wird vom Druckspeicher (Abb. 1b) übernommen und von der Pumpe den jeweiligen Bremskreisen wieder zugeführt.

44.2.4 ABS-Steuergerät

Die Hauptkomponenten des Steuergeräts sind zwei baugleiche **Mikroprozessoren**, die jeweils die gleichen Programme für die ABS-Regelung enthalten. Die Mikroprozessoren berechnen aus den **Drehzahlsignalen** der einzelnen Räder die **Aktorsignale** für die Magnetventile der Radzylinder. Beide Mikroprozessoren kommunizieren zur gegenseitigen **Überwachung** der elektronischen Signalverarbeitung und der logischen Prozesse miteinander.

Bei gleichen Eingangssignalen müssen auch die Ausgangssignale identisch sein. Abweichungen der Signale werden als Fehler erkannt. Dann schaltet das Steuergerät die ABS-Regelung ab und die ABS-Kontrolllampe leuchtet auf. Der Fehler wird gespeichert und kann mit einem Diagnosegerät ausgelesen werden. Die Bremsanlage bleibt **ohne** ABS funktionsfähig.

ABS-Steuergeräte können über einen CAN-Datenbus (s. Kap. 53.5.5) mit den Steuergeräten des Motors und des Getriebes verbunden sein. Zur Verbesserung der Bremsleistung können darüber Eingriffe an der Drosselklappe, der Zündung oder an den Schaltvorgängen (Automatikgetriebe) erfolgen.

44.2.5 Arten der ABS-Regelung

Vom Steuergerät können, je nach Systemausführung, drei verschiedene Regelungen durchgeführt werden.

Individual-Regelung (IR): Jedes Rad wird mit dem erforderlichen Bremsdruck individuell versorgt. Daraus ergibt sich der kürzeste Bremsweg, weil jedes Rad den größten Kraftschluss zwischen Reifen und Fahrbahn ausnutzt. Nachteilig sind die während des Bremsens der einzelnen Räder auf unterschiedlichen Fahrbahnoberflächen (z. B. Eis und Asphalt) entstehenden Gier- bzw. Lenkmomente am Fahrzeug.

Select-Low-Regelung (SLR): Das Rad mit der geringeren Bodenhaftung (select low, engl.: niedrig auswählen) bestimmt den Bremsdruck einer Achse. Daraus ergibt sich die größte Fahrstabilität, weil keine Gier- bzw. Lenkmomente auftreten. Allerdings verlängert sich der Bremsweg, weil an dem anderen Rad der höhere Bremsdruck nicht genutzt wird.

Select-High-Regelung (SHR): Das Rad mit der größeren Bodenhaftung (select high, engl.: hoch auswählen) bestimmt den Bremsdruck einer Achse. Der Bremsweg wird gegenüber SLR verkürzt, aber das Rad mit der kleineren Bodenhaftung blockiert. Ein blockiertes Vorderrad verschlechtert die Lenkbarkeit des Fahrzeugs und ein blockiertes Hinterrad kann zum Ausbrechen des Fahrzeughecks führen.

Vorderräder werden oft nach der Individual-Regelung, **Hinterräder** nach der Select-Low-Regelung gebremst.

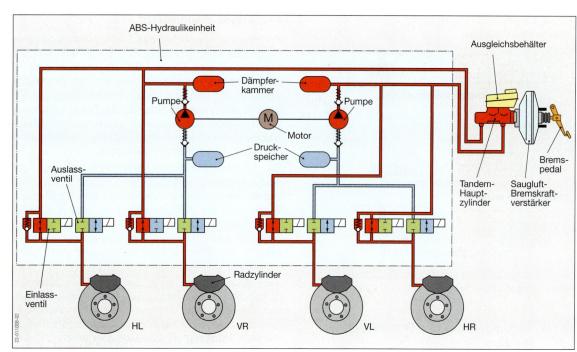

Abb. 1: Hydraulikplan eines 4-Kanal-ABS

44.2.6 ABS-Bremsanlagen

ABS-Bremsanlagen werden üblicherweise nur mit II- oder X-Aufteilung der Bremskreise kombiniert. Alle anderen Aufteilungen (s. Kap. 42.3.2) benötigen eine wesentlich aufwändigere elektronische Regelung. Die in Abb. 1 dargestellte ABS-Anlage kann wahlweise mit II- oder X-Aufteilung der Bremskreise verbunden sein.

Der **Hydraulikplan** (Abb. 1) zeigt eine X-Aufteilung der Bremskreise. In der ABS-Hydraulikeinheit befinden sich acht 2/2 Wegeventile. Die beiden diagonal aufgeteilten Bremskreise enthalten jeweils eine Dämpferkammer, eine Rückförderpumpe und einen Druckspeicher. Der Antrieb beider Pumpen erfolgt über einen gemeinsamen Motor.

2-Kanal-ABS: Dieses System (Abb. 2a) wird wegen seiner Nachteile zunehmend von den anderen Systemen ersetzt. Nur das rechte Vorderrad und das linke Hinterrad sind mit einem Drehzahlfühler ausgerüstet. Tritt an dem geregelten Rad einer Achse ein größerer Haftreibungswert auf als an dem ungeregelten Rad, dann blockiert dieses. Die Lenkbarkeit und die Fahrstabilität werden gemindert.

3-Kanal-ABS: Fahrzeuge mit Heckantrieb und großem Radstand sind oft mit einem 3-Kanal-ABS ausgerüstet (Abb. 2b). Der Bremsdruck für die Räder der Vorderachse wird individuell geregelt und damit die Lenkbarkeit gewährleistet. Die Hinterräder werden nach der Select-High-Regelung gemeinsam geregelt. Ein mögliches Ausbrechen des Fahrzeugs auf unterschiedlichen Fahrbahnoberflächen durch das auftretende Giermoment wird durch das große Massenträgheitsmoment eines schweren Fahrzeugs gut beherrscht. Bei leichten Fahrzeugen mit kurzem Radstand (Kleinwagen) werden die Hinterräder nach der Select-Low-Regelung gebremst.

4-Kanal-ABS: Eine Individual-Regelung des Bremsdrucks für alle Räder erfordert ein 4-Kanal-ABS (Abb. 2c). Damit jedoch beim Bremsen auf unterschiedlichen Fahrbahnoberflächen das auftretende Giermoment die Lenkbarkeit und die Fahrstabilität nicht gefährden, werden die Vorderräder meist individuell und die Hinterräder oft nach select-low geregelt.

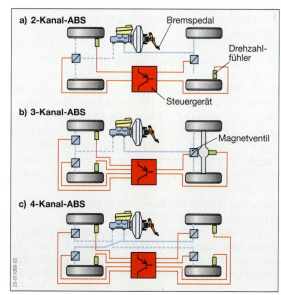

Abb. 2: ABS-Bremsanlagen

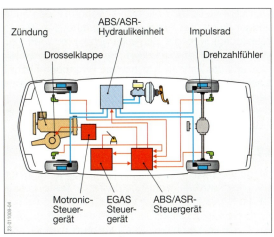

Abb. 3: ASR mit Motor- und Bremseneingriff

44.3 Antriebs-Schlupf-Regelung

Die **Antriebs-Schlupf-Regelung** (ASR) hat die **Aufgabe**, das Durchdrehen der Antriebsräder zu verhindern und dadurch die Fahrstabilität zu verbessern.

Die ASR ist eine Erweiterung des ABS. Die Verbindung von ASR und ABS erhöht die Fahrsicherheit und ermöglicht es, Sensoren und Aktoren für beide Systeme zu nutzen.

Durch die Antriebs-Schlupf-Regelung wird der Fahrer entlastet, sofern physikalische Grenzen nicht überschritten werden. Durchdrehende Antriebsräder verändern das Fahrverhalten. Das Fahrzeug wird instabil und das Heck kann bei Heckantrieb ausbrechen. Ferner kommt es zu einem höheren Verschleiß der Reifen und des Ausgleichsgetriebes.

Die Kraftübertragung hängt während des Beschleunigens und Bremsens vom Schlupf (s. Kap. 44.1.2) zwischen Reifen und Fahrbahn ab. Die meisten Brems- und Beschleunigungsvorgänge finden zwischen 10 bis 30 % Schlupf im stabilen Bereich statt. Erhöht sich der Schlupf, so verringert sich der Kraftschluss. Wird ein Fahrzeug z. B. auf vereister Straße oder in einer Kurve stark beschleunigt, so kann der instabile Bereich erreicht werden. Um dies zu verhindern wird die ASR aktiviert.

44.3.1 Aufbau und Wirkungsweise

Die Abb. 3 zeigt den Aufbau der Antriebs-Schlupf-Regelung. Die Drehzahlen der nicht angetriebenen Räder dienen zur Ermittlung der Fahrzeuggeschwindigkeit. Aus der Differenz der Umfangsgeschwindigkeit der Antriebsräder und der Fahrzeuggeschwindigkeit wird der Schlupf berechnet. Bei Allradantrieb wird die Drehzahl des langsamsten Rades als Bezugsgröße herangezogen. Erkennt die ASR kritische Schlupfwerte an den Antriebsrädern, so wird sie über einen Motor- und/oder Bremseneingriff wirksam.

44.3.2 Motoreingriff

Bei **höheren Geschwindigkeiten** wird im Wesentlichen ein Motoreingriff (ohne Bremseneingriff) vorgenommen, um die Fahrstabilität zu gewährleisten. ASR nutzt das **e**lektronische **Gas**pedal (**EGAS**). Dieses tritt an die Stelle der mechanischen Verbindung des Fahrpedals zur Drosselklappe oder Dieseleinspritzpumpe und regelt die Antriebsleistung unabhängig vom Fahrer im Moment des ASR-Eingriffs (Abb. 3). Bei Fahrzeugen ohne EGAS wird nur der Zündwinkel verstellt.

Die **Antriebsleistung** von **Ottomotoren** kann vermindert werden durch eine Änderung:
- des Zündwinkels,
- des Drosselklappenwinkels und
- der Einspritzmenge.

Die **Antriebsleistung** von **Dieselmotoren** kann vermindert werden durch eine Änderung:
- des Einspritzbeginns und
- der Einspritzmenge.

Die Antriebs-Schlupf-Regelung kann durch eine **M**otor**s**chlepp**m**oment**r**egelung (**MSR**) erweitert werden. Sie verhindert einen zu hohen Bremsschlupf, der durch plötzliches Gaswegnehmen oder Zurückschalten bei hohen Motordrehzahlen entstehen kann.

Die **MSR** hebt das Motordrehmoment durch leichtes Gasgeben an, um die Abbremsung der Räder zu verringern. Das Fahrzeug bleibt im stabilen Fahrbereich.

44.3.3 Motor- und Bremseneingriff

Während des **Anfahrens** erfolgt die ASR über den Motor- und/oder Bremseneingriff.

Die Wirkungsweise des ABS/ASR-Systems ist in der Abb. 1, S. 426 dargestellt. Wird das Fahrpedal betätigt und ist das Antriebsdrehmoment M_A kleiner als die Raddrehmomente M_R, so drehen die Antriebsräder nicht durch. Das Fahrzeug wird ohne Verlust der Fahrstabilität beschleunigt.

Übersteigt das Antriebsdrehmoment M_A die Raddrehmomente M_R, so drehen die Antriebsräder durch. Die ASR verringert die Antriebsdrehmomente M_A und erhöht die Bremsmomente M_B.

Das Raddrehzahlmoment M_R wird auf das größte übertragbare Straßendrehmoment M_S (auf die Straße übertragbares Drehmoment) an jedem Rad verringert, indem die **ASR** die **Bremsen** betätigt und gleichzeitig die **Motorleistung** verringert.

Dreht nur ein Antriebsrad durch, so wird nur dieses gebremst. Das Antriebsdrehmoment wird dann durch die Wirkung des Ausgleichsgetriebes auf das gegenüber liegende Rad mit dem größeren Kraftschluss übertragen. Drehen alle Antriebsräder durch, so erfolgt ein Bremseneingriff und gleichzeitig wird das Antriebsdrehmoment verringert.

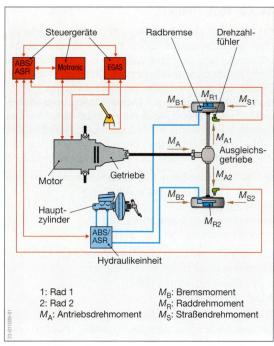

Abb. 1: ASR-Funktionseinheiten

Im ABS/ASR-Steuergerät beeinflussen sich beide Regelbereiche gegenseitig. Wenn die ASR eine Tendenz zum Durchdrehen der Räder signalisiert, übernimmt das ABS/ASR-Steuergerät die Regelung. Während des ASR-Regelvorgangs schaltet ein Umschaltventil vom normalen Bremsbetrieb auf ASR-Schaltung um. Die unter Druck stehende Bremsflüssigkeit strömt vom Speicher in den Bremskreis, ohne dass der Fahrer bremst. Die Regulierung des Bremsdrucks übernimmt das ABS/ASR-Steuergerät.

Die Wirkung des ASR entspricht in etwa der eines Sperrdifferentials und bringt Vortriebsverbesserungen bei unterschiedlichen Haftreibungswerten an den Antriebsrädern. Die ASR kann über einen Schalter abgestellt werden, z.B. auf Prüfständen.

44.4 Elektronisches Stabilitäts-Programm

Das **Elektronische Stabilitäts-Programm** (ESP) hat die **Aufgabe**, das seitliche Ausbrechen eines Fahrzeugs während des Lenkens zu verhindern.

Das ESP wird auch als **Fahrdynamikregelung** (FDR) bezeichnet und greift in das Brems- und Antriebssystem ein. Es fasst dabei folgende **elektronische Teilsysteme** zusammen:

- Anti-Blockier-System (ABS),
- Antriebs-Schlupf-Regelung (ASR),
- Motorschleppmoment-Regelung (MSR),
- Automatische Bremskraftverteilung (ABV) und
- Giermoment-Regelung (GMR).

Das ESP verbessert die aktive Sicherheit des Fahrzeugs. Auch bei extremen Lenkmanövern (Panikreaktionen) wird die Schleudergefahr reduziert und die Fahrstabilität verbessert. Bei der aktiven Unterstützung des Fahrers in **kritischen Situationen** haben **Lenkbarkeit** und **Fahrstabilität Vorrang** vor einer Verkürzung des Bremsweges oder einer Verbesserung der Traktion. Das ESP arbeitet im Gegensatz zu ABS/ASR auch bei einem frei rollenden Fahrzeug.

44.4.1 Spurstabilität

Je genauer ein Fahrzeug einer Fahrspur folgt, die dem Lenkwinkeleinschlag entspricht, desto besser ist die Spurstabilität. Fahrzeuge ohne ESP zeigen je nach Schräglaufwinkel an den Rädern (s. Kap. 36.2) ein Eigenlenkverhalten. Das Fahrzeug giert um die Hochachse. ESP erfasst dieses Fahrverhalten und erzeugt durch einen gezielten Bremseneingriff ein **ausgleichendes Giermoment** (Abb. 2).

Untersteuern: Das Fahrzeug schiebt über die Vorderräder nach außen. Durch einen gezielten Bremseneingriff am kurveninneren Hinterrad (Abb. 2a) wird dies verhindert.

Übersteuern: Das Fahrzeug bricht mit dem Heck aus. Es erfolgt ein gezielter Bremseneingriff am kurvenäußeren Vorderrad (Abb. 2b), der dieser Tendenz innerhalb weniger Sekundenbruchteile entgegenwirkt.

44.4.2 Aufbau und Wirkungsweise

Um die Regeleingriffe vornehmen zu können, ist das ESP mit einer erweiterten Sensorik (Abb. 3) ausgerüstet.

Es werden unterschieden:

- Sensoren, die den **Fahrerwunsch** erkennen (Lenkwinkel, Brems- und Fahrpedalstellung) und
- Sensoren, die das **tatsächliche Fahrverhalten** erfassen (Gierrate, Querbeschleunigung, Raddrehzahl und Bremsdruck).

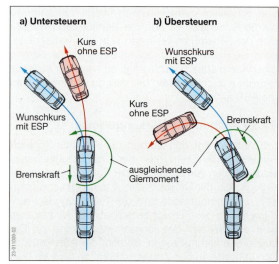

Abb. 2: ESP-Eingriff je nach Eigenlenkverhalten

Kapitel 44: Elektronisch geregelte Bremssysteme

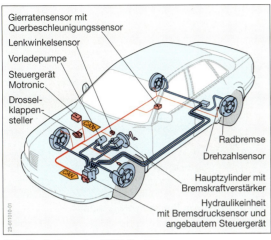

Abb. 3: Aufbau des ESP-Systems

Das Steuergerät vergleicht die von den Sensoren gemeldeten Daten mit den Kennfeldern und berechnet bei Abweichungen einen Regeleingriff. Im ESP-Steuergerät sind die Funktionen ABS und ASR enthalten. Es ist mit dem Steuergerät für das Motormanagement über einen CAN-Datenbus verbunden, der einen schnellen Datenaustausch ermöglicht. Eine Warnleuchte signalisiert dem Fahrer den ESP-Betrieb und informiert darüber, dass er das Fahrzeug an der fahrphysikalischen Grenze bewegt. Auf Prüfständen und während des Fahrens mit Schneeketten kann das ESP wie die ASR über einen Schalter abgeschaltet werden.

44.4.3 ESP-Regelungen

Überschreiten die Sensorwerte bestimmte Regelschwellen, so werden Magnetventile in der Hydraulikeinheit angesteuert, um einen gezielten Bremseneingriff an den entsprechenden Rädern einzuleiten. Gleichzeitig werden über den CAN-Datenbus Befehle an das Motor-Steuergerät weitergeleitet.

ESP-Bremsmomentregelung (ABS): Neigt ein Rad zum Blockieren, dann wird der Bremsdruck im Radzylinder dieses Rades durch die Regelphasen Druckaufbau, Druckhalten und Druckabbau (s. Kap. 44.2.3) geregelt.

ESP-Bremsmomentregelung (ASR): Zum Abbremsen eines durchdrehenden Rades wird Bremsdruck in dessen Bremssattel geleitet (Druckaufbau). Dadurch kann das andere Rad der gleichen Achse die erforderliche Antriebskraft übertragen (Sperrdifferentialwirkung).

ESP-Antriebsmomentregelung (ASR): Um ein zu großes Antriebsmoment abzubauen, erfolgt über den CAN-Datenbus eine Ansteuerung des Motorsteuergeräts zur Antriebsmomentreduzierung.

ESP-Antriebsmomentregelung (MSR): Tritt bei Gasrücknahme ein Bremsschlupf an den Rädern auf, so wird ein entsprechendes Signal an das Motorsteuergerät gesendet. Durch Erhöhung des Antriebsmoments wird der Bremsschlupf vermindert und die Seitenführung des Fahrzeugs erhöht. Dieser Vorgang erfolgt ohne Fahrerinformation (Warnleuchte aus).

ESP-Brems- und **Antriebsmomentregelung:** Wird ein Unter- oder Übersteuern erkannt, so wird ein Bremseneingriff an den Rädern der Vorder- oder Hinterachse ausgeführt (s. Kap. 44.4.1). Durch ein Signal über den CAN-Datenbus zum Motorsteuergerät wird parallel dazu eine bedarfsgerechte Verringerung des Antriebsmoments durch eine Rücknahme des Motordrehmoments (z. B. Drosselklappe zu) eingeleitet.

44.5 Bremsassistent

> Der **Bremsassistent** (BAS) hat die **Aufgabe**, bei einer Notbremsung schnell die volle Bremskraft aufzubauen.

Untersuchungen aus der Unfallforschung haben gezeigt, dass die meisten Fahrer bei Notbremsungen, vor allem in der Anfangsphase, das Bremspedal zwar schnell, aber nicht stark genug betätigen. Es wird unterschieden:

- **Unzureichende Bremsung:** Der Fahrer bringt während der gesamten Bremsung zu wenig Pedalkraft auf (Abb. 4, Kurve a).
- **Zögerliche Bremsung:** Der Fahrer bringt in der Anfangsphase zu wenig Pedalkraft auf und steigert sie zu langsam (Abb. 4, Kurve b).

In beiden Fällen wird nicht genügend Bremsdruck aufgebaut, um eine maximale Fahrzeugverzögerung (Abb. 4, Kurve c) und einen minimalen Bremsweg zu erreichen. Um diese Situation zu verbessern, unterstützt der BAS den Fahrer, indem er den Bremsdruck schnell aufbaut und im stabilen Bereich hält (Abb. 3, S. 428). Das ABS arbeitet im Regelbereich und bewirkt die optimale Verzögerung. Der Bremsweg kann verkürzt und das Unfallrisiko gemindert werden.

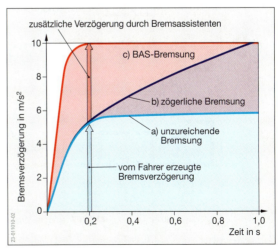

Abb. 4: Arten von Bremsungen

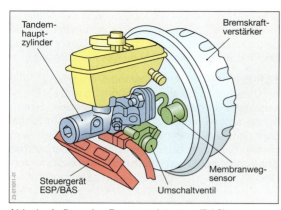

Abb. 1: Aufbau des Bremsassistenten (BAS)

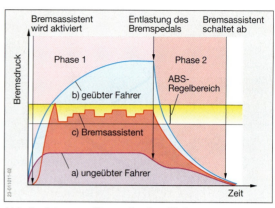

Abb. 3: Arten von Bremsdruckverläufen

44.5.1 Aufbau und Wirkungsweise

Der Bremsassistent (BAS) ist vollständig in das Elektronische Stabilitäts-Programm (ESP) integriert. Die Elektronik (Abb. 1) befindet sich im Steuergerät des ESP/BAS. Der BAS wird aktiviert, wenn der Membranwegsensor eine hohe Bremspedalgeschwindigkeit erfasst. Der BAS besteht aus einem pneumatischen und einem hydraulischen Teilsystem. Die Hydraulikeinheit und der Bremskraftverstärker wurden dem BAS angepasst. Während einer Notbremsung wird im Bremskraftverstärker der volle Verstärkerdruck und in der Hydraulikeinheit ein erhöhter Bremsdruck aufgebaut.

Nach jedem Motorstart findet eine Identifikation und Kontrolle des Systems statt. Liegt keine Fehlermeldung vor, so ist der BAS funktionsbereit.

> Bei einem **Defekt** kommt der **BAS** nicht zum Einsatz. Die normale Wirkungsweise der Bremse wird dadurch nicht beeinträchtigt.

44.5.2 Bremsdruckregelung

Je nach Fahrer kommt es bei Notbremsungen ohne BAS zu unterschiedlichen Bremsdruckverläufen (Abb. 3, Phase 1).

Ein ungeübter Fahrer (Abb. 3, Kurve a) bleibt deutlich unterhalb des erforderlichen Bremsdrucks. Ein geübter Fahrer (Abb. 3, Kurve b) erzeugt ohne ABS einen zu großen Bremsdruck, sodass die Räder blockieren.

Der Bremsassistent (Abb. 3, Kurve c) erhöht in Phase 1 den Bremsdruck bis in den ABS-Regelbereich. Entlastet der Fahrer das Bremspedal unter einen bestimmten Wert (Abb. 3, Phase 2), so wird der Bremsdruck wieder an den Pedaldruck des Fahrers herangeführt.

Der bisherigen ABS-Hydraulikeinheit ist der Bremsassistent vorgeschaltet. Dieser enthält für jeden Bremskreis zwei zusätzliche Magnetventile: je ein Umschalt- und Ansaugventil.

Die Abb. 2 zeigt den Hydraulikplan des BAS nur für einen Bremskreis, da der zweite gleich aufgebaut ist.

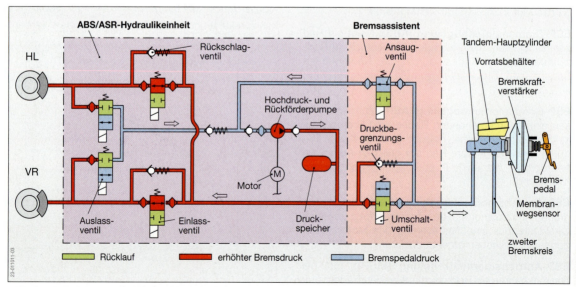

Abb. 2: Hydraulikplan des Bremsassistenten für nur einen Bremskreis in der Druckaufbauphase

Druckaufbau: Zu Beginn der BAS-Regelung wird das Umschaltventil geschlossen und das Ansaugventil geöffnet. Die Hochdruckpumpe saugt über den Hauptzylinder Bremsflüssigkeit aus dem Vorratsbehälter an und pumpt sie mit Hochdruck (etwa 170 bar) zu den Radzylindern. Zur Begrenzung des Hochdrucks dient das im Umschaltventil integrierte Druckbegrenzungsventil.

Der BAS wird **zugeschaltet**, wenn folgende Bedingungen **gleichzeitig** gegeben sind:
- die Geschwindigkeit über etwa 10 km/h beträgt,
- kein Systemfehler erkannt ist,
- das System (nach Systemtest) freigegeben ist und
- die Zuschaltschwelle der Pedalgeschwindigkeit überschritten wurde.

Druckabbau: Vom Membranwegsensor am Bremskraftverstärker erhält das Steuergerät BAS die Information, dass die Notfallbremsung beendet ist. Die Hochdruckpumpe wird nicht mehr angesteuert, das Umschaltventil wird geöffnet und das Ansaugventil geschlossen. Die Hochdruckunterstützung des Bremsassistenten ist nun abgeschaltet. Die Bremskraftunterstützung des Bremskraftverstärkers bleibt weiterhin erhalten.

Der BAS wird **abgeschaltet**, wenn **eine** der folgenden Bedingungen gegeben ist:
- die Geschwindigkeit unter etwa 3 km/h beträgt,
- der Bremspedaldruck so weit abgesenkt wurde, dass keine Notfallbremsung mehr erforderlich ist,
- der Bremslichtschalter nicht betätigt ist oder
- das Steuergerät BAS einen Systemfehler erkennt und die BAS-Kontrollleuchte ansteuert.

44.6 Adaptive Reisegeschwindigkeitsregelung

> Die **adaptive Reisegeschwindigkeitsregelung** hat die **Aufgabe**, den Abstand zu einem vorausfahrenden Fahrzeug abhängig von der Fahrzeuggeschwindigkeit einzuhalten.

Die adaptive Reisegeschwindigkeitsregelung (adapto, lat.: anpassen) wird auch als **A**daptive **C**ruise **Co**ntrol, **ACC** (cruise control, engl.: Reisegeschwindigkeitskontrolle) bezeichnet. Sie basiert in ihrer Grundfunktion auf der konventionellen Fahrgeschwindigkeitsregelung (Tempomat), die eine vom Fahrer vorgegebene Reisegeschwindigkeit einhält. Darüber hinaus kann ACC die Geschwindigkeit durch selbsttätiges Beschleunigen, Gaswegnehmen oder Bremsen automatisch den wechselnden Verkehrsbedingungen anpassen.

44.6.1 Aufbau und Wirkungsweise

Die wichtigste Komponente einer ACC ist ein Sensor, der den Abstand, den Winkel und die Geschwindigkeitsdifferenz zu vorausfahrenden Fahrzeugen misst. Dafür wird ein Radarsensor (Abb. 4) verwendet, der auch bei schlechten Sichtbedingungen zuverlässig arbeitet. Es werden ständig drei Strahlen gleichzeitig mit einer Frequenz von etwa 76 GHz ausgesendet und die reflektierten Strahlen von einer Kontrolleinheit ausgewertet.

Für eine sichere Funktion von ACC müssen die vorausfahrenden Fahrzeuge auch in Kurven sicher

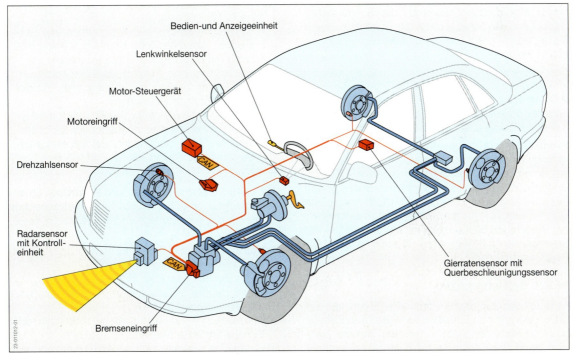

Abb. 4: Aufbau der ACC

Adaptive Reisegeschwindigkeitsregelung / adaptive cruising speed control

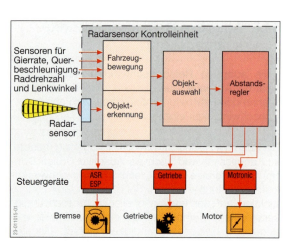

Abb. 1: Grundstruktur der ACC-Regelung

erkannt und der richtigen Fahrspur zugeordnet werden (Abb. 1). Hierzu werden zunächst die Informationen der ESP-Sensoren (s. Kap. 44.4) für das eigene Kurvenverhalten ausgewertet und mit den Werten des Radar-Sensors verglichen. Zur Unterstützung können auch die Informationen eines Navigationssystems (s. Kap. 54.4.2) herangezogen werden.

44.6.2 Systemeingriffe

Der Abstandsregler in der ACC ist mit den Steuergeräten des Motors, des Getriebes und der Bremsen über einen CAN-Datenbus (s. Kap. 53.6.2) verbunden und greift somit auf dreifache Weise in das Management dieser Systeme ein (Abb. 1).

Motoreingriff: Für den Motoreingriff ist eine elektronische Motorleistungssteuerung (EMS) erforderlich. Damit kann das Fahrzeug auf die Wunschgeschwindigkeit beschleunigt oder durch Gaswegnehmen verzögert werden.

Getriebeeingriff: Für den Getriebeeingriff muss das Fahrzeug mit einer elektronischen Getriebesteuerung (EGS, s. Kap. 34.3.1) ausgerüstet sein. Zu niedrige oder zu hohe Motordrehzahlen werden vermieden, indem der Gang automatisch gewechselt wird.

Bremseneingriff: Ist das Verzögern durch Gaswegnehmen für die Funktion des ACC nicht ausreichend, so kommt es zu einem Bremseneingriff. ACC erlaubt jedoch nur »weiche« Eingriffe in das Bremssystem. Dafür muss das Fahrzeug mit ASR/ESP ausgerüstet sein. Notbremsungen auf Grund plötzlich auftauchender Hindernisse bleiben dem Fahrer vorbehalten. Der Bremsassistent (s. Kap. 44.5) ist nicht in die ACC-Regelung integriert.

44.6.3 Systemgrenzen

ACC soll den Fahrer von »stupiden« Tätigkeiten entlasten, wie z.B. das Einhalten von Geschwindigkeiten und das Hinterherfahren in dichtem Verkehr. Trotzdem bleibt der Fahrer für die Führung seines Fahrzeugs voll verantwortlich. Für komplexe Entscheidungen wie z.B. Spurwechsel und Spurhalten bleibt er auch weiterhin zuständig. ACC übernimmt ausschließlich **Komfortfunktionen**.

> **Sicherheitsfunktionen** wie z.B. Notbremsungen, die Höhe der Reisegeschwindigkeit und der Abstand zum vorausfahrenden Fahrzeug liegen ausschließlich im **Verantwortungsbereich** des **Fahrers**.

Die Leistungsfähigkeit des Radarsensors reicht für plötzlich auftretende Hindernisse nicht aus. Häufige Spurwechsel anderer Fahrzeuge oder auf die Straße rennende Kinder werden von diesem System nicht zuverlässig genug erfasst und verarbeitet.

> **ACC** kann erst bei Geschwindigkeiten **über 30 km/h** aktiviert werden und erlaubt im **Stadtbetrieb** nur eine eingeschränkte Regelung.

44.7 Wartung und Diagnose

Elektronisch geregelte Bremssysteme sind wartungsfrei und arbeiten bei Beachtung der Instandsetzungsvorschriften äußerst zuverlässig. Mess- und Prüfverfahren für die elektronischen Bauteile aller Systeme werden im Kapitel: **Diagnose** an **elektronischen Systemen** (s. Kap. 53.6) erläutert.

> **Arbeitshinweise**
>
> Das Arbeiten an elektronisch geregelten Bremssystemen erfordert die Beachtung folgender Arbeitsregeln:
>
> - Verbindungsstecker nur herausziehen bzw. aufstecken, wenn die Zündung ausgeschaltet ist.
> - Nicht mit abgezogenen Steckern fahren.
> - Keine Schrauben an der Hydraulikeinheit lösen.
> - Den Bremsdruckgeber nur zusammen mit der Hydraulikeinheit wechseln.
> - Besondere Hinweise für das Entlüften der Hydraulikeinheit im Werkstatthandbuch beachten.
> - Manche Störungen werden erst bei einer Mindestgeschwindigkeit von 12 km/h erkannt.

Vor elektronischen Prüfungen sind **Kontrollen** an den **elektrischen**, **mechanischen** und **hydraulischen** Bauteilen der Bremsanlage und am Fahrzeug durchzuführen:

- Bremsschalter und Bremsleuchten müssen auf ihre Wirkungsweise überprüft werden,
- hydraulische Anschlüsse müssen dicht sein,
- Stand der Bremsflüssigkeit im Ausgleichsbehälter muss ausreichend sein,
- Bremsleitungen dürfen nicht geknickt sein oder Scheuerstellen aufweisen,
- elektrische Anschlüsse und Masseverbindungen müssen fest sitzen,

Kapitel 44: Elektronisch geregelte Bremssysteme

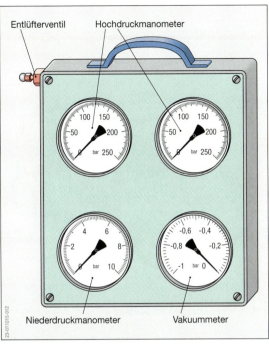

Abb. 2: Kombi-Druckprüfgerät

- elektrische Leitungen dürfen keine Beschädigungen aufweisen,
- die Drehzahlfühler müssen ordnungsgemäß befestigt sein,
- es darf kein unzulässiges Radlagerspiel vorhanden sein und
- das Bremspedal darf im Betrieb nicht vibrieren, wenn die Regelkreise ausgeschaltet sind.

Die hydraulische Bremsanlage muss nach den Angaben des Herstellers auf ihre Dichtigkeit geprüft werden. Das **Kombi-Druckprüfgerät** (Abb. 2) enthält Messgeräte zum Messen von:

- Vakuum (0 bis −1 bar) für den Saugrohrdruck,
- Niederdruck (0 bis 10 bar) für den Radzylinder und
- Hochdruck (0 bis 250 bar) für die Hydraulikeinheit.

> **Arbeitshinweis**
> Um Messfehler zu vermeiden, muss vor jeder hydraulischen Druckprüfung das Kombi-Druckprüfgerät über das Entlüfterventil entlüftet werden.

Aufgaben

1. Nennen Sie fünf elektronisch geregelte Bremssysteme.
2. Welche Kräfte übertragen die Räder auf die Fahrbahn?
3. Skizzieren Sie den Kamm'schen Reibungskreis mit den dazugehörigen Kräften.
4. Welcher Zusammenhang besteht zwischen der Umfangs- und der Seitenführungskraft?
5. Geben Sie die Formel für die Berechnung des Radschlupfes an.
6. In welchem Schlupfbereich bleibt ein Fahrzeug lenkbar und fahrstabil?
7. Erläutern Sie die Aufgaben des Anti-Blockier-Systems (ABS).
8. Nennen Sie die Vorteile des ABS.
9. Nennen Sie drei ABS-Grundprinzipien und erläutern Sie die Unterschiede.
10. Beschreiben Sie den Grundaufbau der ABS-Hydraulikeinheit.
11. Nennen Sie die Bauteile eines ABS.
12. Erläutern Sie die drei Regelphasen des ABS.
13. Welche Aufgaben hat das ABS-Steuergerät?
14. Beschreiben Sie drei Arten der ABS-Regelung.
15. Skizzieren Sie den Aufbau von 2/2- und 3/3-Wegeventilen und erläutern Sie deren Wirkungsweise.
16. Was verstehen Sie unter einem 4-Kanal-ABS?
17. Welche Aufgabe hat die Antriebs-Schlupf-Regelung (ASR)?
18. Nennen und erläutern Sie für folgende Abkürzungen die vollständigen Begriffe: EGAS und MSR.
19. Beschreiben Sie eine ASR-Regelung mit Motor- und Bremseneingriff.
20. Welche Aufgabe hat ein elektronisches Stabilitäts-Programm (ESP)?
21. Welche Sensoren im ESP erfassen das tatsächliche Fahrverhalten?
22. Aus welchen Teilsystemen setzt sich das ESP zusammen?
23. Beschreiben Sie den Bremseneingriff des ESP bei einem übersteuernden Fahrverhalten.
24. Nennen Sie fünf verschiedene ESP-Regelungen.
25. Begründen Sie den Einsatz des Bremsassistenten (BAS).
26. Skizzieren Sie in einem Diagramm je eine Kurve für eine zögerliche, eine unzureichende und eine BAS-Bremsung.
27. Nennen Sie die Bauteile des BAS.
28. Wie erkennt der BAS eine Notbremsung?
29. Welche Magnetventile in der Hydraulikeinheit sind für den BAS zuständig?
30. Unter welchen Bedingungen wird der BAS zugeschaltet?
31. Beschreiben Sie den Druckabbau des BAS.
32. Was verstehen Sie unter der Adaptiven Cruise Control (ACC)?
33. Beschreiben Sie die Aufgabe des Radarsensors.
34. Erläutern Sie die Systemgrenzen des ACC (zwei Funktionen).
35. Warum ist die ACC im Stadtbetrieb nur begrenzt zu aktivieren?
36. Nennen Sie Sichtkontrollen an den mechanisch-hydraulischen Bauteilen von elektronisch geregelten Bremssystemen.
37. Begründen Sie den Arbeitshinweis für das Kombi-Druckprüfgerät.

45 Fahrzeugaufbau

45.1 Aufgaben des Rahmens und des selbsttragenden Aufbaus

Der Rahmen bzw. der selbsttragende Aufbau hat folgende **Aufgaben**:

- die Baugruppen des Kraftfahrzeugs (z. B. Radaufhängung, Bremsen, Motor, Getriebe) zu einer Einheit zu verbinden,
- die statischen Kräfte auf die Räder zu übertragen,
- die dynamischen Kräfte aufzunehmen,
- Aufnahme und Schutz der Fahrzeuginsassen bzw. Güter.

Statische Kräfte sind alle Gewichtskräfte, die Kräfte der Federn und der Radaufhängungen, die den Rahmen bzw. den selbsttragenden Aufbau beanspruchen.

Zu den **dynamischen Kräften** gehören die Antriebs-, Brems- und Seitenführungskräfte sowie die senkrechten Stoßbeanspruchungen (z. B. während des Einfederns).

Die statischen und dynamischen Kräfte beanspruchen den Rahmen bzw. den selbsttragenden Aufbau auf Biegung, Torsion, Zug und Druck.

45.2 Gestaltung des Fahrzeugaufbaus

Die Gestaltung des Fahrzeugaufbaus wird überwiegend durch den Verwendungszweck des Kraftfahrzeugs bestimmt.

Es werden unterschieden:

- Kraftfahrzeuge mit einem **selbsttragenden Aufbau**,
- Kraftfahrzeuge mit einer selbsttragenden Karosserie (carrosserie, fr.: Wagenoberbau) auf einer **Trägerkonstruktion** und
- Kraftfahrzeuge, für die der **Aufbau** – die Karosserie – und das **Fahrgestell** – das Chassis (chassis, fr.: Untergestell, Fahrgestell) – **getrennt** voneinander gebaut werden.

Unter Beachtung der jeweils gültigen gesetzlichen Vorschriften (StVZO, ABE) werden die Fahrzeugaufbauten (Karosserien) nach folgenden **Zielvorgaben** entwickelt:

- ergonomische Gestaltung,
- hohe Verkehrssicherheit und
- wirtschaftliche Fertigungsmöglichkeit.

Der Sitzplatz des Fahrers gilt als Arbeitsplatz. Daher sind für die Gestaltung des Arbeitsplatzes und des Innenraums eines Kraftfahrzeugs nach der StVZO Richtlinien vorgegeben. Diese beziehen sich im Wesentlichen auf die **ergonomische Gestaltung** der Karosserie sowie auf die **Sicherheit** der **Insassen**.

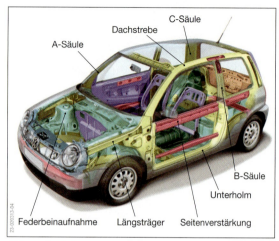

Abb. 1: Selbsttragender Aufbau

Die **Ergonomie** beschäftigt sich mit der optimalen Anpassung des Arbeitsplatzes an den Menschen. Ergonomisch gut ausgestattete Innenräume sind Voraussetzung für ein sicheres, bequemes Fahren ohne vorzeitige Ermüdung.

45.2.1 Selbsttragender Aufbau

Der **selbsttragende Aufbau** (Karosserie) ist ein biege- und torsionssteifes Bauteil. Im Pkw-Bau werden geschlossene Stahlleichtbauprofile zu einer tragfähigen Konstruktion verschweißt (Abb. 1).

Die Bauteile des selbsttragenden Aufbaus sind fest miteinander verbunden. Auf die Karosserie einwirkende Kräfte werden gezielt in den Karosseriekörper eingeleitet (Abb. 3, S. 435). Dies bedeutet eine Entlastung aller verbundenen Bauteile.

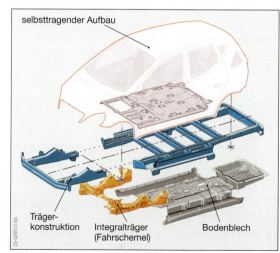

Abb. 2: Selbsttragender Aufbau auf einer Trägerkonstruktion

45.2.2 Selbsttragender Aufbau auf einer Trägerstruktur

In **Sandwichbauweise** (Abb. 2) wird eine Trägerkonstruktion aus höherfestem Stahl mit einer selbsttragenden Stahlkarosserie verbunden. Die stabile Trägerkonstruktion aus offenen Profilen wird mit den Bodenblechen verschweißt und kann dadurch große Deformationskräfte aufnehmen.

Der Motor und das Getriebe sind vorn im Fahrschemel unter der Karosserie angeordnet. Wegen ihrer starren Struktur können sie keine Verformungsarbeit aufnehmen. Bei einem Frontalunfall werden sie aus den Befestigungen gelöst und, ohne die Fahrzeuginsassen zu verletzen, unter die steife Fahrgastzelle geschoben.

> Alle Bauteile des selbsttragenden Aufbaus nehmen Kräfte auf. Jede **Veränderung** oder **Beschädigung** dieser Bauteile bewirkt eine **Minderung** der **Festigkeit** des gesamten Aufbaus.

45.2.3 Geripperahmen

Im Bereich der Personenkraftwagen kommen auch Geripperahmen (Abb. 3) aus Aluminium zum Einsatz (**Space Frame**, space; engl.: Raum; frame; engl.: Rahmen, Gefüge). Die unterschiedlichen Aluminiumprofile werden durch Gussknoten zu einer tragfähigen Gitterstruktur zusammengefügt. Die im Vakuum-Druckgussverfahren hergestellten Gussknoten werden durch Schweißverbindungen mit den Profilen verbunden und können große Kräfte übertragen. Diese Rahmen haben bei hoher Festigkeit eine geringere Masse.

Für Kraftomnibusse werden **Geripperahmen** mit geschlossenen Hohlprofilen aus Stahl gebaut (Gitterrohrrahmen, Abb. 4). Die verschiedenen Rahmenteile werden in Rahmenschablonen gefertigt und zusammengefügt. Diese Art der Fertigung ermöglicht eine große Variabilität hinsichtlich der Gestaltung des Fahrzeugrahmens.

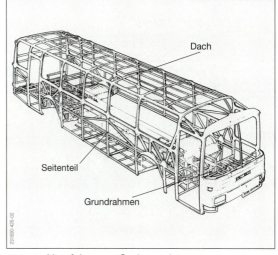

Abb. 4: Nutzfahrzeug-Geripperahmen (Gitterrohrrahmen)

45.2.4 Leiterrahmen

Im Nkw-Bau werden vorwiegend **Leiterrahmen** verwendet (Abb. 5, s. Kap. 47). Als Längsträger werden biegesteife, aber torsionsweiche offene Profile (z.B. U-Profil) eingesetzt, die durch torsionsweiche Querträger miteinander verbunden werden. Die Verbindung der Längs- und Querträger erfolgt durch Nieten, Schweißen oder Schrauben.

> **Leiterrahmen** sind **biegesteife**, aber **verwindungs-elastische** Bauteile.

Die Trennung von Aufbau und Fahrgestell bietet die Möglichkeit, auf baugleichen Fahrgestellen verschiedene Aufbauten zu montieren (Wechselaufbauten). Diese Bauart wird vorrangig für Nutzkraftwagen und Anhänger verwendet. Die verschiedenen Baugruppen, wie z.B. Achsen, Federung, Bremsen und Räder werden am **Rahmen** befestigt und bilden mit ihm zusammen das **Fahrwerk**.

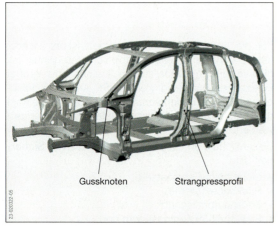

Abb. 3: Aluminium-Geripperahmen (Space Frame)

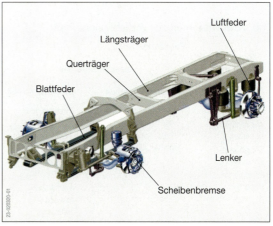

Abb. 5: Leiterrahmen

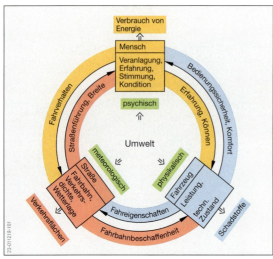

Abb. 1: Einflussgrößen auf die Verkehrssicherheit

45.3 Fahrzeugsicherheit

Neben den **Maßnahmen am Kraftfahrzeug** sind der **Mensch** (Verkehrsteilnehmer), die **Umwelt** und die **Straßenbeschaffenheit** für die Sicherheit im Straßenverkehr wichtige Einflussgrößen (Abb. 1).

Die verschiedenen Größen beeinflussen sich gegenseitig und können als Regelkreis betrachtet werden.

Im Zusammenhang mit der Verkehrssicherheit des Fahrzeugs werden **Maßnahmen** unterschieden für:
- die aktive Sicherheit, d.h. Verhinderung von Unfällen
und
- die passive Sicherheit, d.h. Verminderung der Unfallfolgen (Tab. 1).

In den Bereich der passiven Sicherheit fallen auch Maßnahmen des **Partnerschutzes**. Durch konstruktive Maßnahmen am Fahrzeug sollen die Folgen für die am Unfall beteiligten anderen Verkehrsteilnehmer gering gehalten werden.

Tab. 1: Maßnahmen zur Verkehrssicherheit

Fahrzeug		
aktive Sicherheit	passive Sicherheit	
	äußere Sicherheit	innere Sicherheit
Fahrsicherheit, Wahrnehmungssicherheit, Bedienungssicherheit, Konditionssicherheit	Deformationsverhalten der Karosserie, Karosserieaußenform: glatte Oberfläche	Festigkeit der Fahrgastzelle, Rückhaltesystem, Aufschlagbereiche des Innenraums, Lenkanlage, Insassenbefreiung, Brandschutz

45.3.1 Aktive Sicherheit

Die **aktive Verkehrssicherheit** umfasst alle Maßnahmen zur Verhinderung von Verkehrsunfällen.

Die aktive Sicherheit umfasst vier Bereiche. Jeder der Bereiche wird von verschiedenen Faktoren beeinflusst (Tab. 2).

Tab. 2: Einflussgrößen auf die aktive Sicherheit

Bereich	Einflussfaktoren
Fahrsicherheit	Radaufhängung, Bremsen (z.B. ABS), Motorleistung, Lenkung, Reifen
Wahrnehmungssicherheit	Sichtverhältnisse, Überschaubarkeit der Karosserie, Licht- und Signalanlage, Lackierung (Signalfarben)
Bedienungssicherheit	gute Erreichbarkeit der Bedienungselemente, Eindeutigkeit der Symbole, Zuverlässigkeit der Bedienungselemente
Konditionssicherheit	gute Sitzposition, angenehme Temperatur, genügend Frischluft, gute Geräuschisolierung

45.3.2 Passive Sicherheit

Die **passive Verkehrssicherheit** umfasst alle konstruktiven Maßnahmen am Fahrzeug zur Minderung der Unfallfolgen.

Die **passive Verkehrssicherheit** wird unterschieden in:
- Vorkehrungen für beteiligte Verkehrsteilnehmer außerhalb des Kraftfahrzeugs, Partnerschutz (äußere Sicherheit), günstiges Deformationsverhalten (Energieaufnahme) der Karosserie und
- Sicherheitsvorkehrungen für beteiligte Personen innerhalb des Kraftfahrzeugs (innere Sicherheit).

Der **Partnerschutz** umfasst alle Maßnahmen zur **Minderung** der **Unfallfolgen** für den Unfallgegner.

Für die **äußere passive Sicherheit** ist es wichtig, dass das Kraftfahrzeug frei von scharfen Kanten ist, die Verformungswiderstände kleiner und großer Fahrzeuge annähernd gleich sind. An Nutzfahrzeugen soll der Unterfahrschutz die Verkehrsteilnehmer davor schützen, dass sie von den Rädern erfasst werden.

Wesentliche Merkmale der **inneren passiven Sicherheit** sind:
- Sicherheits-Fahrgastzelle,
- Rückhaltesysteme,
- Seitenaufprallschutz,
- Sicherheit im Fahrgastraum und
- Brandschutz.

Kapitel 45: Fahrzeugaufbau

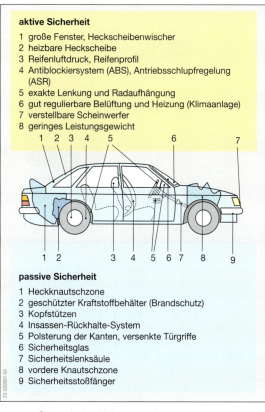

aktive Sicherheit
1. große Fenster, Heckscheibenwischer
2. heizbare Heckscheibe
3. Reifenluftdruck, Reifenprofil
4. Antiblockiersystem (ABS), Antriebsschlupfregelung (ASR)
5. exakte Lenkung und Radaufhängung
6. gut regulierbare Belüftung und Heizung (Klimaanlage)
7. verstellbare Scheinwerfer
8. geringes Leistungsgewicht

passive Sicherheit
1. Heckknautschzone
2. geschützter Kraftstoffbehälter (Brandschutz)
3. Kopfstützen
4. Insassen-Rückhalte-System
5. Polsterung der Kanten, versenkte Türgriffe
6. Sicherheitsglas
7. Sicherheitslenksäule
8. vordere Knautschzone
9. Sicherheitsstoßfänger

Abb. 2: Sicherheits-Fahrgastzelle

Sicherheits-Fahrgastzelle

Die Sicherheits-Fahrgastzelle (Abb. 2) soll auch bei starker Frontalkollision, bei Seitenaufprall und/oder Überschlag weitgehend erhalten bleiben. Energieaufnehmende Träger leiten die auftretenden Kräfte verzweigt um die Fahrgastzelle herum (Abb. 3) und verformen sich dabei kontrolliert.

Durch lange Verformungswege wird Bewegungsenergie in Formänderungsarbeit umgewandelt. Eine starke, lokal begrenzte Verformung wird vermieden und dadurch die Belastung auf die Fahrzeuginsassen vermindert.

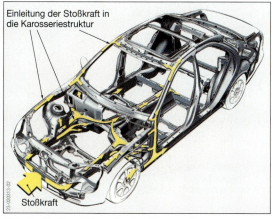

Abb. 3: Kraftverteilung in der Karosserie

Abb. 4: Deformationsverhalten unterschiedlich großer Fahrzeuge

Die Knautschzonen großer und kleiner Fahrzeuge sollen bei einem Frontalunfall **gemeinsam** und gleich verteilt die **Verformungsenergie abbauen**. Durch konstruktive Maßnahmen sind die Vorbaustrukturen großer Fahrzeuge in der Lage, einen Teil der Bewegungsenergie eines kleineren Fahrzeugs aufzunehmen und abzubauen. Dadurch vermindert sich das Verletzungsrisiko der Fahrzeuginsassen in dem kleineren Fahrzeug (Abb. 4).

> Bei einem Zusammenstoß zweier unterschiedlich großer Fahrzeuge soll die **Deformationsarbeit** möglichst gleichmäßig auf beide Fahrzeuge verteilt werden.

Um vergleichbare Messergebnisse hinsichtlich des Verformungsverhaltens der Fahrzeuge zu erhalten, werden Crash-Tests durchgeführt. Eine Auswahl verschiedener Crash-Tests zeigt die Abb. 5.

Rückhaltesysteme

Wirkungsvolle Rückhaltesysteme sind der **Sicherheitsgurt** und der **Airbag** (Abb. 1, S. 436). Elektronisch gesteuerte Gurtstraffer (Abb. 2, S. 436) erhöhen die Wirksamkeit der Sicherheitsgurte. Nach Überschreiten eines bestimmten Verzögerungswertes (Aufprall auf ein Hindernis) wird elektrisch eine Treibgasladung gezündet.

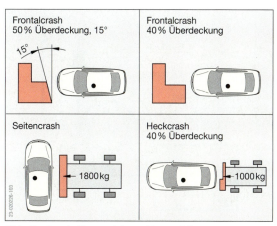

Abb. 5: Crash-Testverfahren (Auswahl)

Fahrzeugsicherheit / vehicle security

Abb. 1: Rückhaltesysteme

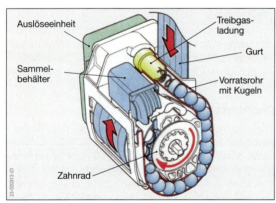

Abb. 2: Gurtstraffer

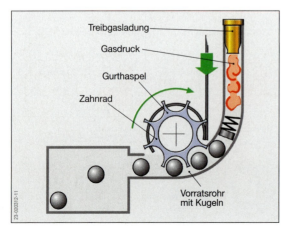

Abb. 3: Arbeitsprinzip des Gurtstraffers

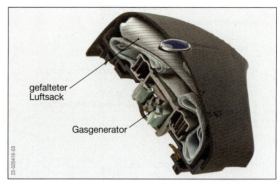

Abb. 4: Airbag im Lenkrad

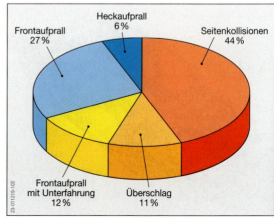

Abb. 5: Verteilung tödlicher Unfälle

Der entstehende Gasdruck treibt die Kugeln durch ein Vorratsrohr in einen Sammelbehälter (Abb. 3). Dabei wird ein Zahnrad auf der Gurthaspel gedreht, der Gurt wird gestrafft. Innerhalb von 0,012 s legt sich der Gurt an, die Fahrzeuginsassen werden in ihren Sitzen gehalten.

In Verbindung mit Sicherheitsgurten und Kopfstützen bietet der **Airbag** (engl.: Luftsack, Abb. 1 und 4) ab einer bestimmten Verzögerung einen besonders wirkungsvollen Schutz für Fahrer und Beifahrer. Gefährliche Nickbewegungen des Kopfes werden begrenzt. Der Luftsack dient der Abstützung des Oberkörpers.

Der Front-Airbag befindet sich im Lenkradtopf (Abb. 4). Für den Beifahrer ist der Airbag im Bereich des Handschuhfachs angeordnet. Bei extrem hoher Verzögerung des Fahrzeugs (Aufprall, Verzögerung $a > 18\,m/s^2$) wird der Luftsack, elektronisch gesteuert, innerhalb von 0,026 s entfaltet.

Die elektronische Auslösung des Airbags erfolgt durch das Airbag-Steuergerät. Sensoren liefern dem Steuergerät die erforderlichen Informationen über den Wert der Verzögerung.

> In **adaptiven Systemen** (adapto, lat.: anpassen) wird die **Wirkung** des Airbags und des Gurtstraffers der Stärke der Verzögerung **angepasst**.

Seitenaufprallschutz

Bei Verkehrsunfällen kommt es durch seitliche Kollisionen zu den meisten Verkehrstoten (Abb. 5). In den Türen und in der C-Säule angeordnete Airbags (Seiten- und Fenster-Airbags) schützen die Fahrzeuginsassen vor Verletzungen.

Der Fenster-Airbag (Window-Airbag) spannt sich wie ein Vorhang (Abb. 6) innerhalb von 0,025 s von der C-Säule bis zur A-Säule. Diese Airbags werden von dem Airbag-Steuergerät aktiviert.

Kapitel 45: Fahrzeugaufbau

Abb. 6: Seiten- und Fensterairbags

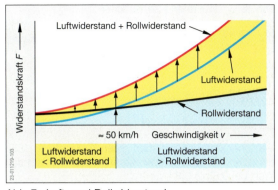

Abb. 7: Luft- und Rollwiderstand

> **Arbeitshinweise**
> Bei der Instandsetzung von Fahrzeugen müssen die vom Hersteller vorgeschriebenen Sicherheitsvorschriften für den Umgang, die Lagerung und die Entsorgung von Gurtstraffern und Airbags beachtet werden (⇒TB: Kap. 6).
>
> Wird auf dem Beifahrersitz ein Kindersitz entgegen der Fahrtrichtung montiert, so muss der Airbag ausgeschaltet werden (Herstellervorschriften beachten).

Sicherheit im Fahrgastraum

Um das Verletzungsrisiko bei einem Unfall zu verringern, werden für die Ausgestaltung des Innenraumes energieaufnehmende Werkstoffe verwendet. Für diesen Zweck eignen sich Polyurethan-Schäume, die mit Kunststofffolien überzogen werden.

Die Scheiben des Fahrzeugs müssen aus Sicherheitsglas (s. Kap. 45.6.4) hergestellt werden. Im Fahrzeug mitgeführte Gepäckstücke müssen gegen Verrutschen gesichert werden. Auf hervorstehende Bauteile, besonders im Bereich des Instrumententrägers, muss verzichtet werden. Die Sicherheitslenkung gewährleistet, dass die Lenksäule nicht in den Fahrgastraum geschoben wird (s. Kap. 37).

Brandschutz

Zum Brandschutz gehört, neben der Verwendung **schwer entflammbarer** Polster und Dämmwerkstoffe, auch eine sichere, gut zugängliche Unterbringung eines **Feuerlöschers**.

Für Omnibusse, Tankfahrzeuge und Gefahrguttransporter ist nach **StVZO** die Anzahl, die Größe und die Art der Feuerlöscher **vorgeschrieben**. Sie müssen an gut sichtbarer Stelle angebracht sein.

Der **stoßgesicherte Kraftstoffbehälter** liegt in einem Bereich mit geringer Deformationsgefährdung (vor der Hinterachse).

Der **Einfüllstutzen** darf bei einem Aufprall nicht abreißen, und bei Schräglage des Fahrzeugs darf kein Kraftstoff auslaufen.

45.4 Aerodynamik

Der Bewegung von Kraftfahrzeugen in Fahrtrichtung werden folgende **Widerstände** entgegengesetzt:
- Luftwiderstand,
- Rollwiderstand und
- Steigungswiderstand.

Bei zunehmender Fahrgeschwindigkeit nimmt der Luftwiderstand deutlich stärker zu als der Rollwiderstand (Abb. 7).

Durch aerodynamische Maßnahmen an der Karosserie (Aerodynamik: Lehre von der Bewegung gasförmiger Stoffe) kann der Luftwiderstand eines Fahrzeugs verändert werden.

Der Luftwiderstand F_L wird wie folgt errechnet:

$$F_L = \frac{\varrho}{2} \cdot A \cdot v^2 \cdot c_w$$

F_L Luftwiderstand in N
ϱ Luftdichte in $\frac{kg}{m^3}$
A Stirnfläche des Fahrzeugs in m^2
v Fahrzeuggeschwindigkeit in $\frac{m}{s}$
c_w Luftwiderstandszahl ohne Einheit

Der **c_w-Wert** eines Kraftfahrzeugs ist ein dimensionsloser Beiwert der Fahrzeugform und der Oberflächenbeschaffenheit, der im Windkanal ermittelt wird.

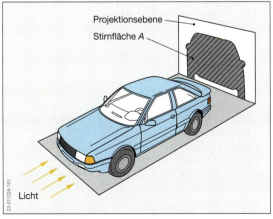

Abb. 8: Stirnfläche des Kraftfahrzeugs

Tab. 3: c_w-Werte und Stirnflächen

Fahrzeug (Beispiele)	c_w-Wert	Stirnfläche A in m²	$c_w \cdot A$
Pkw	0,25	2,0	0,5
Lkw	0,8	7,5	6,0
Omnibus	0,5	6,0	3,0
Motorrad (verkleidet, Fahrer sitzend)	0,6	0,45	0,27

Personenkraftwagen haben einen c_w-Wert von 0,25 bis 0,32, für Nkw und Kraftomnibusse liegt der c_w-Wert bei 0,5 bis 0,8.

Für die Beurteilung der Formqualität einer Karosserie wird häufig nur der c_w-Wert betrachtet. Eine genaue Aussage kann jedoch erst dann erfolgen, wenn der **c_w-Wert** mit der **Stirnfläche** des Kraftfahrzeugs multipliziert wird (Tab. 3).

Die Stirnfläche eines Kraftfahrzeugs ist die Projektion seiner Vorderansicht auf eine senkrechte Fläche (Abb. 8, S. 437).

Eine Verringerung des c_w-Wertes wird durch Veränderungen an der Karosserieform erreicht. Den Einfluss von Veränderungen an der Karosserieform auf den c_w-Wert zeigt die Tab. 4.

Neben dem c_w-Wert und der Stirnfläche hat die Fahrzeuggeschwindigkeit den größten Einfluss auf die Höhe des Luftwiderstands. Sie geht in die Berechnung des Luftwiderstands mit dem Quadrat ihres Wertes ein.

> Eine **Verdopplung** der **Fahrgeschwindigkeit** bedeutet eine **Vervierfachung** des **Luftwiderstands**.

Im Bereich der Nutzkraftwagen kann durch aerodynamische Maßnahmen (glatte Fahrzeugfront, Windabweiser, Vollverkleidungen, Abb. 2) der c_w-Wert vermindert werden. Dies führt zu einer deutlichen Minderung des Kraftstoffverbrauchs (Abb. 1).

Tab. 4: c_w-Wert-Veränderungen

Veränderung des c_w-Wertes in %	
Maßnahmen	
Niveau-Absenkung um 30 mm	etwa −5
glatte Radkappen	−1 bis −3
geklebte Scheiben	etwa −1
abgedichtete Spalten	−2 bis −5
Bodenverkleidungen	−1 bis −7
Klappscheinwerfer	+3 bis +10
Außenspiegel	+2 bis +5
geöffnete Fenster	etwa +5
geöffnetes Schiebedach	etwa +2
Surfbrett-Dachtransport	etwa +40
Durchströmung von Kühler und Motorraum	+4 bis +14
Bremsenkühlung	+2 bis +5

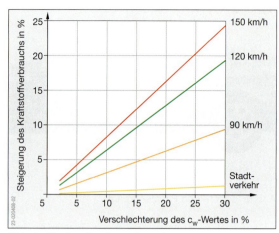

Abb. 1: Kraftstoffverbrauchssteigerung in Abhängigkeit vom c_w-Wert

> **Aerodynamische Veränderungen** an Karosserien beeinflussen z. B. das Fahrverhalten (Seitenwindempfindlichkeit, Bodenhaftung), die Windgeräusche und auch die Fahrzeugverschmutzung.

Abb. 2: Minderung des c_w-Wertes durch Anbauteile

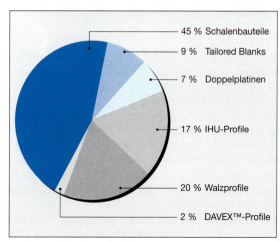

Abb. 3: Bauteile im Kraftfahrzeugbau

45.5 Werkstoffe

Zielsetzung des Karosseriebaus ist die Verminderung der Fahrzeugmasse. Dabei sollen die Eigenschaften wie Festigkeit, Steifigkeit, Verkehrssicherheit, Umformbarkeit, Reparaturmöglichkeit und Korrosionsschutz gleich bleiben oder noch gesteigert werden.

Für den Fahrzeugaufbau werden hauptsächlich **Halbzeuge** (Bleche und Profile, Abb. 3) aus Stahl, Aluminium oder Kunststoff in unterschiedlichen Verarbeitungsformen verwendet.

45.5.1 Stahlbleche

An Stahlbleche werden folgende **Anforderungen** gestellt:
- hohe Zugfestigkeit,
- gute plastische Verformbarkeit,
- niedrige Streckgrenze,
- gleichmäßiges, feines Gefüge und
- glatte Oberfläche.

Eine hohe **Zugfestigkeit** des Bleches sorgt für eine hohe Festigkeit des Bauteils. Das **Verformungsvermögen** beeinflusst die Formgebungsmöglichkeiten. Mit einer niedrigen **Streckgrenze** setzt der Werkstoff einer Verformung einen geringen Widerstand entgegen. Die Korngröße und die Art des **Gefüges** beeinflussen die Härte und die Festigkeit, während eine **glatte Oberfläche** für ein gutes Aussehen des Bauteils erforderlich ist.

Durch Zugabe von Legierungselementen (z. B. Mn, P, Si, Al) entstehen feinkörnige, hochfeste und höherfeste Stahlbleche mit gutem Umformvermögen, hoher Oberflächengüte und verbessertem Korrosionsschutz.

Besonders hohe Festigkeitswerte erreichen Mehrphasenstähle und »Bake Hardening Steel«.

Mehrphasenstähle erhalten ihre besondere Festigkeit durch die Einlagerung verschiedener harten Phasen (z. B. Austenit und Martensit) zwischen den Korngrenzen des Gefüges (s. Kap. 9).

Bake Hardening Steel (engl.: durch Wärme aushärtender Stahl) erhält eine wesentliche Steigerung seiner Festigkeit durch die Zufuhr von Wärme während des Trockenvorgangs nach dem Lackieren. Dabei kommt es zu einer Diffusion von Kohlenstoff, die durch die Wahl der Legierungsbestandteile gesteuert und kontrolliert werden kann.

Diese neuen Werkstoffe erfordern neue Umform- und Verarbeitungstechniken.

Dünnwandige Hohlprofile werden durch ein Innen-Hochdruck-Umformverfahren (IHU-Verfahren) hergestellt. Ein Hohlprofil wird in ein Werkzeug eingespannt (Abb. 4) und mit einer Flüssigkeit gefüllt. Der hydraulische Druck (bis 4000 bar) wirkt von innen und verformt das Hohlprofil.

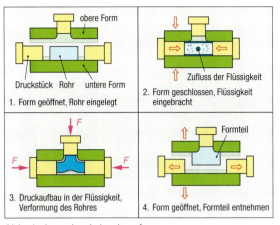

Abb. 4: Innenhochdruckumformen

Dünnwandige, leichte, belastungsfähige, korrosionsbeständige Träger und Hohlprofile werden als **Davex-Profile** hergestellt (Abb. 5 und 6).

Die Einzelteile der Profile werden durch ein linienförmiges umformtechnisches Fügen in mehreren Schritten gefügt. Es können unterschiedliche Werkstoffe (z. B. Stahl und Kunststoff) miteinander verbunden werden.

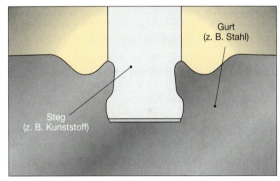

Abb. 5: Davex-Profil, Schnittbild

Tailored Blanks (tailored, engl.: maßgeschneidert, blanket, engl.: Decke). Tailored Blanks entstehen durch das Fügen von Blechen unterschiedlicher Dicke und Festigkeit (Abb. 1, S. 440).

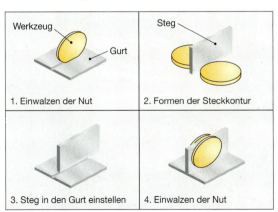

Abb. 6: Davex-Profilträger, Fertigungsverfahren

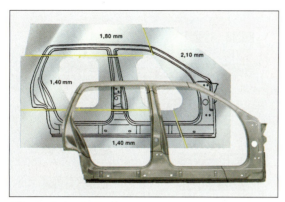

Abb. 1: Tailored Blanks

Die Bleche werden vor der Umformung durch Laserschweißen oder Rollnahtschweißen (s. Kap. 8.13.1) auf automatischen Anlagen gefügt (Abb. 2).

Es können auch Bleche (Platinen) aus verschiedenen Werkstoffen (z. B. Stahl und Aluminium) hergestellt werden. Der **Einsatz** von Tailored Blanks hat folgende **Vorteile**:

- die Bauteile werden hinsichtlich der Dicke und der Festigkeit genau an die wirkenden Spannungen angepasst,
- die Bauteile werden leichter (Abb. 3) und
- die Anzahl der Bauteile wird geringer (weniger Abdichtarbeiten erforderlich).

> **Tailored Blanks** können aus verschiedenen Werkstoffen und mit unterschiedlicher Werkstoffdicke hergestellt werden.

Die im Kraftfahrzeugbau verwendeten Bleche werden nach der Temperatur während des **Umformens** (Walzvorgang) in

- kalt gewalzte Bleche und
- warm gewalzte Bleche unterschieden.

Abb. 2: Herstellung der Tailored Blanks

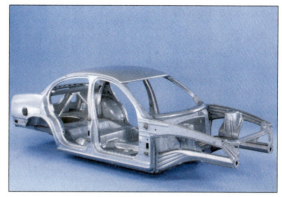

Abb. 3: Stahlkarosserie mit geringer Masse

Für den äußeren, sichtbaren Bereich der Karosserie kommen **kalt gewalzte** Bleche zum Einsatz. Diese Bleche haben eine bessere Oberflächengüte.

Warm gewalzte Bleche werden z. B. für innen liegende Karosserieteile, Bremsbelagträger, Radscheiben benötigt.

45.5.2 Leichtmetalle

Um die Masse klein zu halten, werden im Karosseriebau **Leichtmetall-Profile** (Abb. 4) und Bleche (z. B. Dach, Türaußenhaut) verwendet. Die Profile werden hauptsächlich aus **Aluminium-Knetlegierungen** hergestellt.

Legierungszusätze sind z. B. Zink (Zn), Magnesium (Mg), Silizium (Si) und Kupfer (Cu). Al-Legierungen haben gegenüber den Stahlblechen die folgenden **Vorteile** sind:

- geringere Dichte, bei gleicher Festigkeit und
- bessere Korrosionsbeständigkeit.

45.5.3 Kunststoffe

Es werden zunehmend Kunststoffe für Bauteile des Fahrzeugaufbaus verwendet (Abb. 5). Die immer häufigere Verwendung von Kunststoffen ergibt sich aus den folgenden **Vorteilen** gegenüber Metallblechen:

- geringere Dichte,
- höhere Korrosionsbeständigkeit,
- einfache und vielfältige Formgebungsmöglichkeiten,
- gute Geräusch- und Wärmedämmung,
- einfärbbar und
- gute Fügemöglichkeit (z. B. durch Kleben).

Eine Übersicht über die im Kraftfahrzeug verwendeten Kunststoffarten und ihre Bezeichnungen zeigt die Tab. 12, S. 102.

45.5.4 Glas

Eine wichtige Bedeutung für die **passive Sicherheit** hat die **Verglasung** des Kraftfahrzeugs. Bei einem Unfall muss die Verletzungsgefahr durch Aufprall der Insassen auf die Scheibe möglichst gering gehalten werden. Aus diesem Grund wird für Front-, Heck- und Seitenscheiben **Sicherheitsglas** verwendet.

Kapitel 45: Fahrzeugaufbau

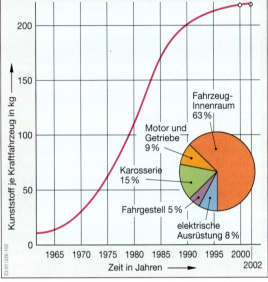

Abb. 4: Aluminiumkarosserie (Profilquerschnitte)

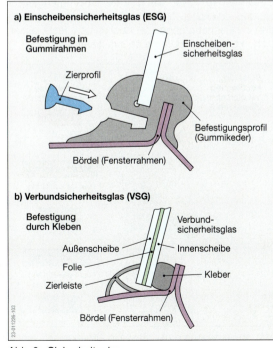

Abb. 5: Kunststoffanteile am Fahrzeugbau

Abb. 6: Sicherheitsglas

Es werden unterschieden:
- Einscheibensicherheitsglas (ESG, Abb. 6a) und
- Verbundsicherheitsglas (VSG, Abb. 6b).

Einscheibensicherheitsglas durchläuft während der Herstellung einen Abschreckvorgang. Die Oberfläche des Glases erhält dadurch eine starke **Vorspannung**. Bei einem Scheibenbruch zerfällt die Scheibe in viele kleine Glaskrümel (Abb. 1a, S. 442). Auch durch Aufschlag eines kleinen Steines kann die Scheibe ein Splitterbild erhalten, wodurch die Sicht stark eingeschränkt wird.

Verbundsicherheitsglas besteht aus zwei oder mehreren, auch unterschiedlich dicken Glasscheiben, die durch Kunststofffolien verklebt sind (Abb. 6b).

Wird auch auf der Innenseite der Scheibe eine Kunststofffolie aufgebracht, so bietet das einen zusätzlichen Schutz vor Verletzungen durch Glassplitter.

Eine höhere Festigkeit, bessere Geräuschisolierung und einen effektiveren Schutz gegen ultraviolette Strahlen bietet das **EPG-Glas** (**E**nhanced **P**rotective **G**las, engl.: verbessertes Sicherheitsglas, Abb. 7).

Die zwischen den Scheiben liegenden Kunststofffolien werden bei einer Temperatur von 100 °C und einem Druck von etwa 10 bar »eingebacken«.

Verbundsicherheitsglas bildet bei Beschädigung der Scheibe ein lokales, spinnennetzförmiges Splitterbild, das die Sicht nur wenig einschränkt (Abb. 1b, S. 442).

Die **Befestigung** feststehender Scheiben im Fensterrahmen erfolgt durch:
- Gummirahmen (Gummikeder, Abb. 6a) oder
- Kleben (Abb. 6b).

Wie die Scheiben im Fahrzeug befestigt werden, ist unabhängig von der Bauart der Scheibe.

Eingeklebte Scheiben haben folgende Vorteile:
- spannungsfreier Einbau der Scheibe,
- bei einem Unfall bleibt die Scheibe im Fensterausschnitt,
- besserer c_W-Wert durch glatte Übergänge,
- tragendes Bauteil, Steifigkeit wird erhöht und
- Einsparung von Stahl, die Karosserie wird leichter.

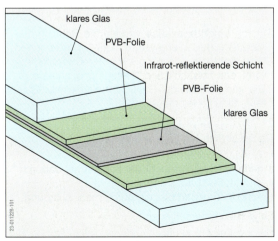

Abb. 7: Aufbau des EPG-Glases

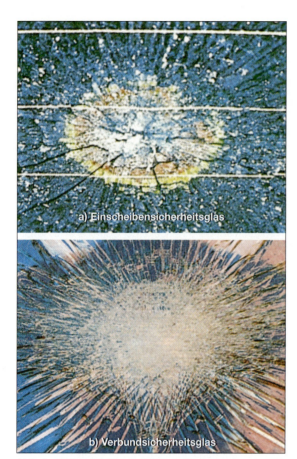

Abb. 1: Splitterbilder von Sicherheitsgläsern

Getöntes Glas absorbiert einen Teil der infraroten Sonnenstrahlen. Da die infraroten Strahlen Wärme transportieren, bewirkt eine Absorption dieser Strahlen eine Verminderung der »Aufheizung« des Fahrzeuginnenraums. Die Minderung der Innenraumtemperatur beträgt etwa 2 °C. Dieses Glas wird als **wärmedämmendes Glas** bezeichnet.

45.6 Leichtbau

Durch **Leichtbauweise** werden die Bauteile hinsichtlich der Werkstoffart, der erforderlichen Werkstoffdicke und der günstigsten Querschnittsform den tatsächlichen Belastungen angepasst. Bei gleichbleibender Steifigkeit werden die Bauteile dadurch leichter.

Der Leichtbau hat folgende **Vorteile**:
- Werkstoffersparnis,
- geringeres Leergewicht der Fahrzeuge, dadurch
- Kraftstoffersparnis und
- höhere Transportleistung durch mehr Zuladung.

Es werden unterschieden:
- Form-Leichtbau und
- Stoff-Leichtbau.

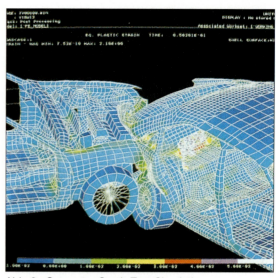

Abb. 2: Computer Crash-Test-Simulation

45.6.1 Form-Leichtbau

Die Bauteile werden in ihrer **Querschnittform** und der **Werkstoffdicke** den tatsächlich wirkenden Spannungen (z. B. Zug- oder Druckspannungen) angepasst.

Computer-Rechenprogramme ermitteln den genauen Verlauf der Spannungen im Bauteil (**F**inite **E**lemente **M**ethode, **FEM**, engl.: Berechnungsmethode auf der Basis eines begrenzten Netzes). Dabei wird eine vorhandene Form in viele kleine, einfach zu berechnende Elemente (Stäbe, Dreiecke) zerlegt. Die Wirkung der Kräfte in diesen geometrischen Formen kann vom Computer sehr schnell berechnet und zu einem Gesamtergebnis für das Bauteil zusammengefasst werden. Je kleiner die Elemente, desto genauer werden die Rechenergebnisse. Auch Crash-Tests lassen sich mit diesen Programmen simulieren (Abb. 2).

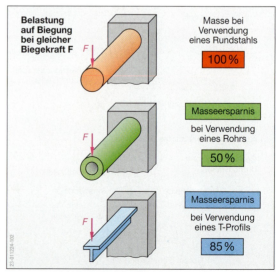

Abb. 3: Verringerung der Masse in Abhängigkeit von der Querschnittsform (Formleichtbau)

Kapitel 45: Fahrzeugaufbau

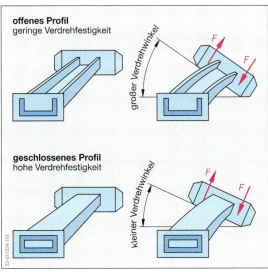

Abb. 4: Profilarten

Die Abb. 3 zeigt schematisch die Masse von Bauteilen mit unterschiedlicher Querschnittsform. Alle drei Bauteile sind aus dem gleichen Werkstoff gefertigt und gleich belastet. Durch die **Profilform** wird nicht nur die **Biegefestigkeit** sondern auch die **Verdrehfestigkeit** eines Bauteils wesentlich beeinflusst. Geschlossene Profile sind verdrehsteif, offene Profile sind verdrehelastisch (Abb. 4).

45.6.2 Stoff-Leichtbau

Aufgabe des Stoff-Leichtbaus ist es, durch die Verwendung geeigneter Werkstoffe **leichtere Bauteile** zu fertigen. Bisher verwendete Werkstoffe werden durch solche ersetzt, die bei etwa gleicher Festigkeit eine geringere Dichte haben oder bei gleicher Dichte eine höhere Festigkeit aufweisen.

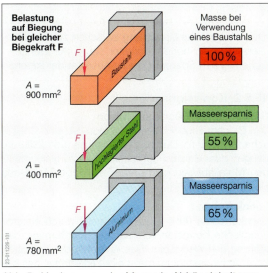

Abb. 5: Verringerung der Masse in Abhängigkeit vom Werkstoff (Stoff-Leichtbau)

Die Abb. 5 zeigt die Masse und die erforderliche Querschnittsfläche von Bauteilen, wenn bei gleicher Belastung unterschiedliche Werkstoffe verwendet werden.

Die **Auswahl** der **Werkstoffe** wird auch durch andere Faktoren beeinflusst, z. B. durch die

- Verfügbarkeit,
- Umweltverträglichkeit (Recycling),
- Herstellungskosten,
- Verarbeitungsmöglichkeiten (Umformbarkeit, Schweißbarkeit) und
- Korrosionsbeständigkeit.

> **Form-Leichtbau** und **Stoff-Leichtbau** müssen immer **zusammen** beachtet werden, um **brauchbare, kostengünstige Konstruktionen** erzielen zu können.

45.7 Gesetzliche Bestimmungen

Für den Bau und die Reparatur von Fahrzeugaufbauten bestehen gesetzliche Bestimmungen. Diese sind in der StVZO (Straßenverkehrszulassungsordnung) festgelegt.

> Jede **Änderung** von Fahrzeugteilen, deren Beschaffenheit vorgeschrieben ist, führt **automatisch** zum **Erlöschen** der **allgemeinen Betriebserlaubnis** (ABE).

Eine **Betriebserlaubnis erlischt**, wenn z. B. die folgenden Veränderungen an der Karosserie durchgeführt werden:

- **Umbauten** größerer Art am Kraftfahrzeug, z. B. der Anbau eines Ladekrans, Umbau von Wechselaufbauten oder Ladebordwänden.
- **Änderung** an der **Karosserie**, z. B. Verbreiterung der Kotflügel oder Radkästen, Verwendung von nicht zum Typ gehörenden Karosserieteilen.
- Anbau eines **Gitterschutzes** vor Scheinwerfern.
- **Nachträglicher Einbau** einer vom Scheibenhersteller im oberen Teil eingefärbten **Windschutzscheibe.**
- **Aufkleben** von **farbigen Folien** oder Aufsprühen von Sonnenschutzlack (Glastönungssprays) auf Scheiben, die für die Durchsicht erforderlich sind.

Aufgaben zu Kap. 45.1 bis 45.7

1. Welche Aufgaben hat ein Kraftfahrzeugrahmen bzw. ein selbsttragender Aufbau?
2. Nennen Sie unterschiedliche Kraftfahrzeugrahmen und deren Einsatzbereiche.
3. Beschreiben Sie den Unterschied zwischen »aktiver Sicherheit« und »passiver Sicherheit«.
4. Nennen Sie Einflussfaktoren auf die »aktive Sicherheit« eines Kraftfahrzeugs.
5. Welche Aufgabe hat das Airbag-System?
6. Skizzieren Sie schematisch die Wirkungsweise eines Gurtstraffers.

7. Welchen Vorteil haben adaptive Rückhaltesysteme?
8. Was muss bei der Nutzung und der Reparatur moderner Rückhaltesysteme beachtet werden?
9. Welche Fahrwiderstände muss ein Kraftfahrzeug während der Fahrt überwinden?
10. Skizzieren Sie den Verlauf des Roll- und Luftwiderstands in Abhängigkeit von der Fahrgeschwindigkeit.
11. Beschreiben Sie die Wirkung des Roll- und Luftwiderstands bei unterschiedlichen Fahrgeschwindigkeiten.
12. Nennen und bewerten Sie die Größen, die den Luftwiderstand beeinflussen.
13. Berechnen Sie den Luftwiderstand eines Fahrzeugs in N für die Geschwindigkeiten 50 km/h und 185 km/h ($c_w = 0{,}28$, $A = 186$ dm^2, $\varrho = 1{,}23$).
14. Von welchen Einflussfaktoren ist die Auswahl und der Einsatz unterschiedlicher Werkstoffe im Karosseriebau hauptsächlich abhängig?
15. Welche Anforderungen werden an Stahlbleche gestellt, die im Karosseriebau verarbeitet werden sollen?
16. Skizzieren Sie ein Tailored Blank und beschreiben Sie die Vorteile dieser Bleche.
17. Welche günstigeren Eigenschaften hat der Kunststoff gegenüber dem Stahlblech?
18. Was bedeuten die Bezeichnungen ESG und VSG?
19. Welchen Vorteil hat eine VSG-Scheibe gegenüber einer ESG-Scheibe?
20. Skizzieren Sie den Aufbau einer VSG-Scheibe.
21. Nennen Sie die Vorteile, die durch das Einkleben von Scheiben erreicht werden können.
22. Skizzieren Sie den Aufbau einer EPG-Scheibe.
23. Welche Vorteile hat eine EPG-Scheibe gegenüber einer VSG-Scheibe?
24. Welche Veränderungen an einer Karosserie führen zum Erlöschen der allgemeinen Betriebserlaubnis?
25. Worin unterscheidet sich der Form-Leichtbau vom Stoff-Leichtbau?

Tab. 5: Elektrochemische Spannungsreihe

Elektrodenwerkstoff	Spannung in Volt
Kalium	– 2,92
Natrium	– 2,84
Magnesium	– 2,37
Aluminium	– 1,66
Zink	– 0,76
Eisen	– 0,44
Nickel	– 0,25
Zinn	– 0,14
Blei	– 0,13
Wasserstoff	+ 0,00
Kupfer	+ 0,35
Silber	+ 0,80
Quecksilber	+ 0,85
Platin	+ 1,20
Gold	+ 1,68

45.8 Oberflächenschutz

Die Karosserie des Kraftfahrzeugs wird durch die folgenden **Oberflächenschutzmaßnahmen** vor Schäden durch **Korrosion** geschützt:

- Oberflächenbehandlung der Bleche,
- Fahrzeuglackierung,
- Hohlraumversiegelung und
- Unterbodenschutz.

45.8.1 Korrosion

> **Korrosion** ist nach DIN 50 900 die unbeabsichtigte Zerstörung eines Werkstücks durch chemische oder elektrochemische Vorgänge.

Ursachen der **Korrosion** sind chemische oder elektrochemische Reaktionen des Metalls mit seiner Umgebung.

Chemische Korrosion

Wirken Säuren, Laugen, Salzlösungen oder Gase (z. B. Sauerstoff) auf Metalle ein, so werden diese an der **Oberfläche chemisch** verändert. Es bildet sich eine Korrosionsschicht. Ist die Korrosionsschicht porenfrei, gasundurchlässig und unlöslich, so verhindert sie die weitere Korrosion. Eine solche Schicht bildet sich z. B. auf Aluminium als Aluminiumoxid. Die chemische Korrosion wird durch Wärme beschleunigt.

Elektrochemische Korrosion

Elektrochemische Korrosion tritt auf, wenn zwei verschiedene Metalle mit einem **Elektrolyten** ein elektrochemisches (galvanisches) Element bilden. Dabei wird das **unedlere Metall** abgetragen bzw. **beschädigt**.

Ob ein Metall gegenüber einem anderen Metall edler oder unedler ist, ergibt sich aus der **elektrochemischen Spannungsreihe**. Diese gibt die Spannungswerte verschiedener Metalle gegenüber Wasserstoff an (Tab. 5).

> Die **elektrische Spannung** zwischen zwei Metallen ist umso höher, je weiter sie in der elektrochemischen Spannungsreihe auseinander liegen.

45.8.2 Korrosionsarten

Gleichmäßige Flächenkorrosion

Die gleichmäßige Flächenkorrosion ist eine chemische Korrosion. Durch den Einfluss von Säuren, Laugen oder Salzlösungen kommt es zu gleichmäßigen Metallabtragungen parallel zur Oberfläche des Bauteils (Abb. 1).

Lochkorrosion

Lochkorrosion (Abb. 2) ist eine meist durch elektrochemische Korrosion verursachte punktförmige Zerstörung des Werkstoffs. Das Auftreten der Korrosion ist im Anfangsstadium meist nicht erkennbar, das bedeutet z.B. für den Behälter- und Leitungsbau eine große Gefahr für die Undichtigkeit.

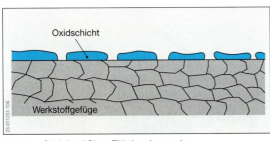

Abb. 1: Gleichmäßige Flächenkorrosion

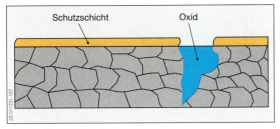

Abb. 2: Lochkorrosion

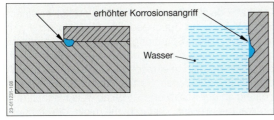

Abb. 3: Spalt- und Belüftungskorrosion

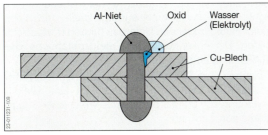

Abb. 4: Kontaktkorrosion

Spalt- und Belüftungskorrosion

Diese Korrosionsart tritt bei Feuchtigkeit in engen Spalten oder Falzen sowie an Wandungen unterhalb von Wasseroberflächen auf. Durch unterschiedliche Sauerstoffkonzentration entstehen Potentialunterschiede, welche die Korrosion an wenig belüfteten Stellen fördern (Abb. 3).

Kontaktkorrosion

Verbindet ein Elektrolyt (z. B. Luftfeuchtigkeit) unterschiedliche Werkstoffe, entsteht ein galvanisches Element (Abb. 4). Die Zerstörung des unedleren Metalls geht umso schneller vor sich, je weiter die Metalle in der elektrochemischen Spannungsreihe auseinander liegen.

Interkristalline Korrosion

Diese Korrosion tritt an den Korngrenzen auf (Abb. 5). Die Ursache für diese Korrosion ist die unterschiedli-

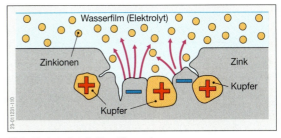

Abb. 5: Interkristalline Korrosion

che Werkstoffzusammensetzung innerhalb des Gefügeaufbaus. In Verbindung mit einem Elektrolyten (z. B. Feuchtigkeit) bildet sich ein galvanisches Element. Erfolgt die Zerstörung durch Korrosion nicht entlang der Korngrenzen, sondern durch die einzelnen Kristalle hindurch, wird dies als **transkristalline Korrosion** bezeichnet. Ursache dafür sind geringfügige Ungleichmäßigkeiten in der Werkstoffzusammensetzung und der Einfluss eines Elektrolyten.

45.8.3 Korrosionsschutz

Es wird zwischen aktivem und passivem Korrosionsschutz unterschieden.

Aktive Korrosionsschutzmaßnahmen sind die Verwendung nichtrostenden Stahls (hoher Cr- und Ni-Gehalt, ⇒ TB: Kap. 3) oder die Wahl anderer korrosionsbeständiger Werkstoffe (z. B. Aluminium, Kunststoffe).

Der **passive Korrosionschutz** erfolgt durch das Aufbringen von Schutzschichten (z. B. Einölen, Lackieren, Versiegeln).

Im Kraftfahrzeugbau erfolgt der Korrosionsschutz überwiegend durch das Aufbringen von metallischen oder nichtmetallischen Schutzschichten auf die Metalloberfläche (z. B. Galvanisieren oder Lackieren).

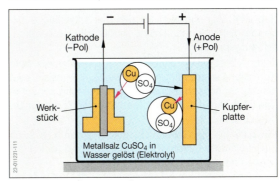

Abb. 6: Galvanisches Verkupfern

Galvanisieren

> Durch **Galvanisieren** werden auf elektrochemischem Wege metallische Schutzschichten auf die Metalloberfläche gebracht.

Die Abb. 6 zeigt den Vorgang des galvanischen Verkupferns. Kupfersulfat ($CuSO_4$, Metallsalz) ist im Wasser gelöst (Elektrolyt).

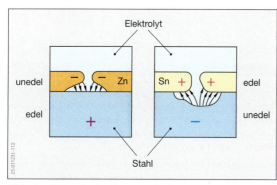

Abb. 1: Galvanische Schutzschicht

Durch Anlegen einer Gleichspannung an das Werkstück und an die Kupferplatte wird erreicht, dass sich am Werkstück Kupfer (Cu-Ionen) und an der Kupferplatte SO_4-Ionen aus dem Kupfersulfat ablagern. Diese bilden dort durch Verbindung mit dem Kupfer neues Kupfersulfat, das sich wieder im Elektrolyten löst. Die Kupferplatte wird dabei abgetragen.

Ist die Schutzschicht gegenüber dem Grundmetall unedler, so besteht selbst bei einer Beschädigung der Schutzschicht eine Schutzwirkung für das Grundmetall, da zunächst die unedlere Schutzschicht zersetzt wird (Abb. 1).

Einige Fahrzeughersteller **verzinken** die besonders korrosionsgefährdeten Teile oder die gesamte Fahrzeugkarosserie. Für die später nicht sichtbaren Bauteile werden **feuerverzinkte** Bleche verwendet. Die im sichtbaren Bereich liegenden Bauteile werden **galvanisch verzinkt** oder durch eine **Zinkphosphatierung** vor Korrosion geschützt. Eine Zinkphosphatierung kann durch ein Spritz- oder Tauchverfahren erreicht werden. Die gesäuberten Stahlbleche werden mit in Säure gelösten Zinkanteilen in Kontakt gebracht. Auf die sich an der Blechoberfläche bildende glatte Schutzschicht werden die Lackschichten aufgebracht.

Durch »Verzinken« ergibt sich eine besonders gute Korrosionsschutzwirkung, da das Zink »unedler« ist als das Stahlblech. Bei einer Korrosion wird zunächst das Zink zersetzt (Abb. 1), das Stahlblech wird nicht angegriffen.

Für galvanische Schutzschichten werden z.B. auch die Werkstoffe Chrom (Cr), Silber (Ag) und Nickel (Ni) verwendet.

Die elektrolytische Umwandlung der Aluminiumoberfläche in eine Schutzschicht aus Aluminiumoxid wird als **Eloxieren** bezeichnet.

Fahrzeuglackierung

Um eine gut aussehende, widerstandsfähige Lackierung und einen dauerhaften Korrosionsschutz zu erreichen, ist eine sorgfältige **Vorbehandlung** der Bleche erforderlich. Die zu verarbeitenden Bleche müssen frei von metallischen und chemischen Verunreinigungen sein. Auf die sauberen, gegebenenfalls verzinkten Oberflächen werden mehrere Schutzschichten aufgetragen (Abb. 2). Eine Phosphatierung gibt dem Blech eine feste Deckschicht, die vor Korrosion schützt und einen guten Haftgrund für die weiteren Schichten bietet.

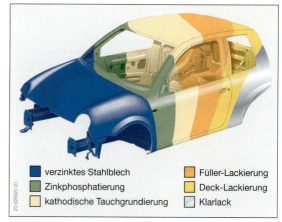

Abb. 2: Aufbau einer Lackierung

Die kathodische Tauchgrundierung erfolgt in einem Bad (Abb. 3). Im Tauchbad ist die Karosserie am Minuspol einer Spannungsquelle angeschlossen. Mehrere Anoden ragen in das Becken (+ Pol). Durch die Wirkung des elektrischen Stroms lagern sich die positiv geladenen Partikel der Lack-Elektrolyt-Lösung an der Karosserie (–Pol) ab. Alle Flächen und Hohlräume werden dadurch mit einer gleichmäßig dicken Grundierschicht überzogen.

Der **Füller** hat die Aufgabe, kleinere Unebenheiten, Schleifriefen und Poren auszugleichen und einen gleichmäßig tragenden Unterbau für den Decklack zu bilden. Der Füller wird durch **elektrostatische Beschichtung** aufgebracht.

Zwischen dem Sprühkopf (+Pol), aus dem der Füller austritt und dem Kraftfahrzeug liegt eine Gleichspannung von 30 000 bis 150 000 V (bei einer Stromstärke von 1 mA) an.

Der Minuspol ist am Kraftfahrzeug befestigt. Zwischen dem Sprühkopf und dem Kraftfahrzeug entsteht ein elektrisches Feld. Die elektrisch geladenen Füllerteilchen bewegen sich auf den Feldlinien zum Kraftfahrzeug.

Die Beschichtung erfolgt sehr gleichmäßig, es gibt kaum Verluste des Füllermaterials. Dieses Beschichtungsverfahren kann maschinell oder von Hand erfolgen. Bei Reparaturlackierungen erfolgt der Fülleraufrag durch Spritzen von Hand.

Abb. 3: Tauchgrundierung

Das Aufbringen der **Decklackierung** erfolgt im Werk weitgehend automatisch durch elektrostatische Verfahren. Die Decklackierung gibt die Farbe, den Glanz und die erforderliche Oberflächenhärte. Der Decklack kann im **Einschichtverfahren** (nur Decklack) oder im **Zweischichtverfahren** (Decklack und Klarlack) aufgebracht werden.

Im Herstellerwerk und zunehmend auch im Bereich der Reparaturlackierung werden **Wasserlacke** eingesetzt. Bei diesen Lacken wird als Lösungsmittel und als Verdünner Wasser verwendet. Bislang kamen Lacke mit organischen Lösungsmitteln (z. B. Azeton) zum Einsatz.

Müssen vor der Verarbeitung der Lacke zwei unterschiedliche Komponenten gemischt werden, so werden diese Lacke als **Zweikomponentenlacke** (2K-Lacke) bezeichnet. Die Trocknung der Lacke erfolgt durch die Verdunstung des Lösungsmittels oder durch chemische Reaktion (Polymerisation) der Lackbestandteile. Die erforderliche Trocknungszeit kann durch Wärmezufuhr verkürzt werden.

Zwischen den Beschichtungsvorgängen sind weitere Arbeitsgänge wie z. B. Schleifen, Reinigen und Trocknen erforderlich (Abb. 4). Alle für die Lackierung verwendeten Werkstoffe müssen sorgfältig aufeinander abgestimmt sein.

45.8.4 Hohlraumversiegelung

Die Hohlraumversiegelung schützt die Hohlräume der Karosserie vor Korrosion. Das **Konservierungsmittel** ist auf Wachsbasis aufgebaut, kriechfähig, trocknet leicht und enthält Korrosionsschutzzusätze. Das Konservierungsmittel wird durch Sonden in die Hohlräume gespritzt. Zu diesem Zweck sind am Kraftfahrzeug Bohrungen vorhanden oder müssen nach einer entsprechenden Zeichnung gebohrt werden.

Durch diese Bohrungen erfolgt auch die **Sichtprüfung** der Hohlräume.

Unterbodenschutz

Die Unterseite der Kraftfahrzeuge wird durch den Unterbodenschutz vor Korrosion geschützt. Die Beschichtungen können auf der Basis von Wachs, Bitumen oder Kautschuk erfolgen.

Diese **Mittel** sollen:
- Feuchtigkeit vom Unterboden fernhalten,
- den Unterboden gegen Steinschlag schützen,
- elastisch bleiben und
- Eigenvibrationen der Bleche verhindern (Antidröhnwirkung).

Um langfristigen Korrosionsschutz zu gewährleisten, müssen Unterbodenschutz und Hohlraumversiegelung in **regelmäßigen Abständen** kontrolliert und gegebenenfalls ausgebessert werden.

Aufgaben zu Kap. 45.8

1. Nennen Sie die Ursachen für verschiedene Korrosionsarten.
2. Worin besteht der Unterschied zwischen interkristalliner und transkristalliner Korrosion?
3. Beschreiben Sie den Vorgang der elektrostatischen Beschichtung.
4. Aus welchem Grund werden für die kathodische Tauchgrundierung Anoden benötigt?
5. Was wird unter dem Begriff »Zweikomponentenlack« verstanden?
6. Welche Eigenschaften müssen die Korrosionsschutzmittel haben, die für die Hohlraumversiegelung und für den Unterbodenschutz eingesetzt werden?

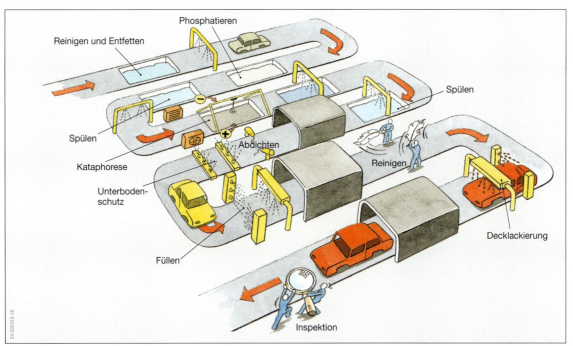

Abb. 4: Karosserie-Lackieranlage

Motorrad BMW K 1200

Grundlagen
Kraftfahrzeuge
Motor
Kraftübertragung
Fahrwerk
Krafträder
Nutzkraftwagen
Elektrische Anlage
Elektronische Systeme

| 46 | Krafträder | 449 |

46 Krafträder

46.1 Kraftradarten

> **Krafträder** sind **einspurige** Kraftfahrzeuge mit zwei Rädern. Wird ein Beiwagen mitgeführt (Gespann), gelten die gleichen gesetzlichen Bestimmungen.

Krafträder dürfen auch Anhänger ziehen, wenn dazu eine allgemeine Betriebserlaubnis (ABE) erteilt wurde. Der Kraftradfahrer sowie der Beifahrer sind verpflichtet, während der Fahrt einen amtlich zugelassenen Schutzhelm zu tragen (§ 21a StVO).

Krafträder werden unterteilt in:

- **Fahrräder mit Hilfsmotor** (Mofa): Sie dürfen Bauart bedingt eine Höchstgeschwindigkeit von 25 km/h und ein Hubvolumen von 50 cm^3 nicht überschreiten. Das Mindestalter zur Führung des Fahrzeugs beträgt 15 Jahre. Es darf ohne Fahrerlaubnis gefahren werden. Eine Betriebserlaubnis ist erforderlich, Mofas sind aber zulassungs- und steuerfrei.
- **Kleinkrafträder** (Moped, Mokick): Ihre Höchstgeschwindigkeit ist auf 45 km/h begrenzt und der Hubraum darf 50 cm^3 nicht überschreiten. Diese Fahrzeuge sind fahrerlaubnispflichtig (Klasse M, Mindestalter 16 Jahre). Für die Zulassung, die Betriebserlaubnis und Steuerfreiheit gilt das Gleiche wie für Fahrräder mit Hilfsmotor.
- **Leichtkrafträder:** Die maximale Leistung beträgt 11 kW, das maximale Hubvolumen 125 cm^3. Die Geschwindigkeit des Leichtkraftrades ist auf 80 km/h beschränkt. Das Mindestalter zur Führung dieser Fahrzeuge beträgt 16 Jahre. Es ist eine Fahrerlaubnis der Klasse A1 erforderlich.
- **Motorroller** sind besondere Bauformen von Krafträdern. Sie werden ohne Knieschluss gefahren. Ein Trittbrett ersetzt die Fußrasten für den Fahrer. Der Motor und die Kraftübertragung befinden sich im hinteren Teil des Kraftrades und sind verkleidet. Motorroller werden für unterschiedliche Fahrerlaubnis- und Zulassungsklassen gebaut. Übliche Motorhubräume liegen zwischen 50 und 500 cm^3.
- **Motorräder** (und Gespanne) sind Krafträder ohne Hubraum-, Leistungs- und Geschwindigkeitsbegrenzung. Sie werden mit Knieschluss gefahren. Zum Erwerb der Fahrerlaubnis der Klasse A muss der Fahrer mindestens 18 Jahre alt sein. Für die ersten zwei Jahre gilt eine Beschränkung auf max. 25 kW und ein Leistungsgewicht von max. 0,16 kW/kg. Nach zwei Jahren kann diese Beschränkung auf Antrag ohne Prüfung aufgehoben werden.

Nach dem Haupteinsatzgebiet werden unterschieden:

- **Motocross-Motorräder** (cross, engl.: Kreuz, hier kreuz und quer): Für den ausschließlichen Einsatz im Gelände (Offroad). Sie haben große Federwege, kurze Radstände und große Bodenfreiheit.
- **Enduro-Motorräder** (endurance, engl.: Durchhaltevermögen): Für den Einsatz auf der Straße und im Gelände (Abb. 1).
- **Chopper bzw. Cruiser** (engl.: customized motorbike, individuell hergerichtetes Motorrad; to chop, engl.: ständig wechseln, to cruise, engl.: gemütlich mit Reisegeschwindigkeit fahren): Hauptmerkmale sind die niedrige Sitzposition, der große Radstand und der größere Lenkkopfwinkel (Abb. 2).
- **Touren-Motorräder:** Sie besitzen eine komfortable Sitzposition für lange Fahrten und einen Stauraum für das Gepäck.
- **Sport-Motorräder:** Charakteristisch ist der flache Lenker und meist eine Teil- oder Vollverkleidung zur Verbesserung der Aerodynamik (Abb., S. 448). Sie sollen möglichst handlich sein und sind für hohe Geschwindigkeiten ausgelegt.

Die **Hauptbaugruppen** des Kraftrades sind:
- Motor,
- elektrische Anlage,
- Kraftübertragung und
- Fahrwerk.

Abb. 1: Enduro-Motorrad

Abb. 2: Chopper bzw. Cruiser

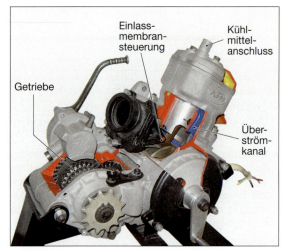

Abb. 1: Flüssigkeitsgekühlter Einzylinder-Zweitakt-Ottomotor (125 cm³)

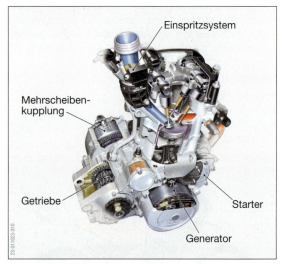

Abb. 2: Einzylinder-Viertakt-Ottomotor (650 cm³)

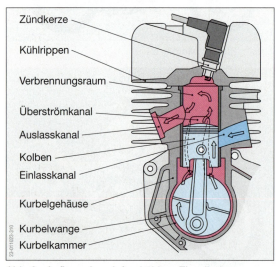

Abb. 3: Aufbau eines luftgekühlten Einzylinder-Zweitaktmotors

46.2 Motor

In Krafträdern werden Zweitakt- und Viertakt-Ottomotoren (Abb. 1 und 2) als Einzylinder- oder Mehrzylindermotoren in V-, Boxer- oder Reihenanordnung der Zylinder eingebaut. Sie werden luft- oder flüssigkeitsgekühlt (s. Kap. 26). Die Literleistung reicht von 30 bis 300 kW/l.

Für Motoren mit einem kleinen Hubraum wird überwiegend das **Zweitaktverfahren** (s. Kap. 46.2.1), für Motoren mit großem Hubraum das **Viertaktverfahren** (s. Kap. 16) eingesetzt. Der Zweitakt-Ottomotor ist durch ständige Verbesserung des Ladungswechsels (Drehschieber, Membransteuerung, Steuerwalze) immer leistungsstärker geworden. Wegen der hohen Schadstoffanteile im Abgas wird er aber immer mehr vom Viertakt-Ottomotor verdrängt.

Der äußere Aufbau der Motoren von Krafträdern unterscheidet sich von den Pkw-Motoren darin, dass häufig Motor und Getriebe in einem Gehäuse untergebracht sind. Kurbelgehäuse und Zylinder bestehen aus zwei Baugruppen. Dadurch ist es erforderlich, dass das Kurbelgehäuse zur Montage der Kurbelwelle quer oder längs geteilt sein muss.

46.2.1 Aufbau und Wirkungsweise des Zweitaktmotors

Der Aufbau des Zweitaktmotors ist einfach, da er wenig bewegte Bauteile besitzt. Die Abb. 3 zeigt den schematischen Aufbau eines Zweitaktmotors.

Der Zweitaktmotor arbeitet überwiegend **ohne Ventile**, so dass eine aufwändige und schwere Ventilsteuerung entfällt. Der Ladungswechsel erfolgt über Kanäle (Schlitze), die sich in der Zylinderwand befinden. Der Kolben steuert durch das Verschließen und Freigeben dieser Schlitze den Ladungswechsel.

Grundsätzlich wirken im Zweitaktmotor dieselben gasdynamischen Gesetze wie im Viertaktmotor. Da der Einlasskanal und der Auslasskanal nicht durch Ventile voneinander getrennt sind, d.h. der Ladungswechsel offen ist, spielen die Druck- und Strömungsverhältnisse eine große Rolle.

> Das **Arbeitsspiel** eines **Zweitaktmotors** läuft gleichzeitig **oberhalb** und **unterhalb** des Kolbens ab.

In Zweitaktmotoren gelangt das **Kraftstoff-Luft-Gemisch** unter den Kolben in das Kurbelgehäuse. Kolben, Zylinder und das Kurbelgehäuse arbeiten als **Pumpe**. Deshalb ist das Kurbelgehäuse gasdicht abgeschlossen. Bei den meisten Zweitaktmotoren bestehen Ein- und Auslasskanäle jeweils aus einem Schlitz, während der Überströmkanal mindestens aus zwei oder mehr Schlitzen gebildet wird. Durch die Lage und den Querschnitt der Kanäle, d.h. der Position der Steuerschlitze, werden die Öffnungs- und Schließzeiten festgelegt.

Kapitel 46: Krafträder

> Die Bezeichnung »**Zweitakt**« besagt, dass für ein **Arbeitsspiel** zwei Takte oder eine **Kurbelwellenumdrehung** erforderlich ist.

46.2.2 Vorgänge während eines Arbeitsspiels

Voransaugen, Ansaugen, Verdichten

Durch die Aufwärtsbewegung (von UT nach OT) des Kolbens im Zylinder wird das Kraftstoff-Luft-Gemisch oberhalb des Kolbens verdichtet und das Volumen im Kurbelgehäuse des Motors vergrößert (Abb. 4a und 4b).

Die **Kolbenoberkante** verschließt etwa 50 °KW nach UT den Überströmkanal (Abb. 1, S. 452). Im Kurbelgehäuse wird vorangesaugt. Der Ansaugdruck beträgt je nach Motorbauart p_{abs} = 0,4 bis 0,8 bar.

Durch die **Kolbenunterkante** (untere Begrenzung des Kolbenschaftes) wird der **Einlass** des Kraftstoff-Luft-Gemisches gesteuert. Etwa 60 bis 50 °KW vor OT beginnt der sich aufwärts bewegende Kolben den Einlasskanal zu öffnen.

Durch den Druckunterschied zwischen Kurbelkammer und der Außenluft strömt das Gemisch in die Kurbelkammer.

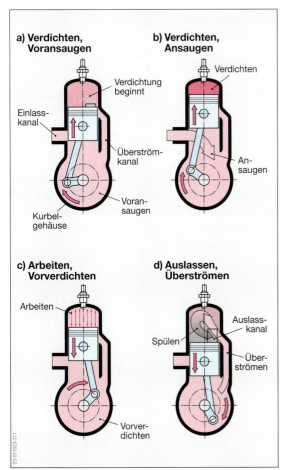

Abb. 4: Vorgänge während eines Arbeitsspiels

Arbeiten, Vorverdichten

Das Kraftstoff-Luft-Gemisch wird kurz vor OT gezündet. Es entsteht eine Temperatur von 2000 bis 2500 °C bei einem Arbeitsdruck von 30 bis 40 bar. Der vom Verbrennungsdruck abwärts gedrückte Kolben **vorverdichtet** das Kraftstoff-Luft-Gemisch nach dem Schließen des Einlasskanals in der Kurbelkammer.

Während des Arbeitstakts (Kolben bewegt sich von OT nach UT) wird der Einlassschlitz ungefähr 50 bis 60 °KW nach OT durch den Kolben geschlossen (Abb. 4c).

Die **Vorverdichtung** erzeugt je nach Motorbauart einen **Spüldruck** p_s von 0,3 bis 0,6 bar Überdruck. Durch Ausfüllen des Kurbelgehäuseraumes mit großvolumigen Kurbelwangen wird das Volumen in der Kurbelkammer vermindert, dadurch kann die Vorverdichtung erhöht werden.

Nach dem nutzbaren Arbeitshub muss der Zylinder möglichst vollständig von verbrannten Gasen geleert und mit Frischladung gefüllt werden. Der Vorgang (Ausstoßen und Überströmen) wird in einem Zweitaktmotor als »**Spülung**« bezeichnet (Abb. 4d).

Spülung

Etwa 70 bis 60 °KW vor UT beginnt die Oberkante des Kolbens den Auslasskanal zu öffnen. Der Überströmkanal, auch Spülkanal genannt, ist noch geschlossen. Bei dem **Vorauslass** wird der noch durch die Verbrennung herrschende Druck etwa p_{abs} = 2,5 bis 3,5 bar ausgenutzt. Die verbrannten Gase strömen in den Auslasskanal und entspannen sich auf einen Druck von p_{abs} = 1,1 bis 1,3 bar. Ungefähr 10 °KW später (60 bis 50 °KW vor UT) beginnt auch der Überströmkanal zu öffnen (Abb. 4d und Abb. 1, S. 452).

Das vorverdichtete Kraftstoff-Luft-Gemisch strömt in den Zylinder über und verdrängt die verbrannten Gase in den Auslasskanal. Im UT sind Überström- und Auslasskanal voll geöffnet.

Während sich der Kolben wieder nach OT bewegt, steigt der Druck über dem Kolben durch das weiter überströmende Gemisch maximal bis auf den Spüldruck von p_{abs} = 1,3 bis 1,6 bar an. Da der Überströmkanal 50 bis 60 °KW nach UT schließt, während der Auslasskanal noch geöffnet ist (Nachauslass), fällt der Druck auf den atmosphärischen Druck (etwa 1 bar) ab.

Die Abb. 1, S. 452 zeigt ein symmetrisches Steuerdiagramm mit p-V-Diagramm während des Ladungswechsels eines Zweitaktmotors mit Schnürle-Umkehrspülung (Adolf Schnürle, dt. Ingenieur, 1896 bis 1951). **Symmetrisch** heißt, dass die Aus- bzw. Einlasskanäle vor bzw. nach UT in gleichem Abstand (°KW) geöffnet bzw. geschlossen werden.

> Zweitaktmotoren haben einen **offenen Ladungswechsel**. Aus- und Überströmkanal sind fast während des gesamten Spülvorgangs gleichzeitig geöffnet.

Spülarten / types of rinsing

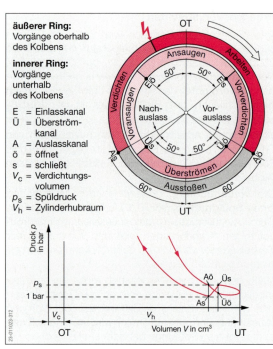

äußerer Ring: Vorgänge oberhalb des Kolbens

innerer Ring: Vorgänge unterhalb des Kolbens

- E = Einlasskanal
- Ü = Überströmkanal
- A = Auslasskanal
- ö = öffnet
- s = schließt
- V_c = Verdichtungsvolumen
- p_s = Spüldruck
- V_h = Zylinderhubraum

Abb. 1: Symmetrisches Steuerdiagramm mit p-V-Diagramm

Die Spülung hat die **Aufgabe**:
- die Frischgase in den Zylinder zu drücken,
- die Restgase aus dem Zylinder zu drücken und
- eine Innenkühlung des Verbrennungsraums zu gewährleisten.

Die Qualität der **Spülung** wird beurteilt nach:
- dem Anteil der verbrannten Gase (Abgase), die im Zylinder nach dem Spülvorgang verbleiben,
- dem Anteil der Frischladung, die während des Spülvorgangs verloren geht oder
- der Frischladungsmasse, die nach dem Spülvorgang tatsächlich im Zylinder verbleibt.

Eine wichtige Kenngröße des Zweitaktmotors ist der Spülgrad λ_S.

Der **Spülgrad** λ_S ist das Verhältnis der tatsächlich im Zylinder vorhandenen **Frischladungsmasse** zur gesamten im Zylinder befindlichen **Ladungsmasse** (Frischladung + Restgase).

$$\lambda_S = \frac{m_z}{m_z + m_R}$$

- λ_S Spülgrad
- m_z tatsächlich im Zylinder vorhandene Frischladungsmasse in kg
- m_R verbrannte Restgasmasse (Abgase) in kg

Die **Leistung** eines Zweitaktmotors wird neben Hubraum und Motordrehzahl auch vom Spülgrad λ_S beeinflusst. Die Leistung ist hoch, wenn nur wenig Restgase im Zylinder verbleiben.

Der **Kraftstoffverbrauch** eines Zweitakt-Ottomotors hängt wesentlich davon ab, wie viel Frischladung während des Spülvorgangs verloren geht.

In einem Zweitakt-Ottomotor wird angestrebt, das angesaugte Kraftstoff-Luft-Gemisch im Verbrennungsraum so zu führen, dass keine **ungespülten Räume** entstehen.

Auf Grund dieser Forderungen wurden die folgenden **Spülverfahren** entwickelt (Abb. 2):
- Umkehrspülung,
- Querstromspülung,
- Gleichstromspülung.

Umkehrspülung

Die Umkehrspülung nach Schnürle hat sich weitgehend durchgesetzt (Abb. 2a). Der Frischgasstrom wird durch schräg angeordnete Überströmkanäle in den Zylinder geführt. Dieser Frischgasstrom richtet sich an der gegenüberliegenden Zylinderwand auf und wird in einem langen Wirbel zu dem meist gegenüberliegenden Auslasskanal geleitet. Die Abgase werden vom Frischgasstrom hinausgeschoben. Moderne Motorenkonstruktionen haben eine Mehrkanalspülung (bis zu fünf Überströmkanäle).

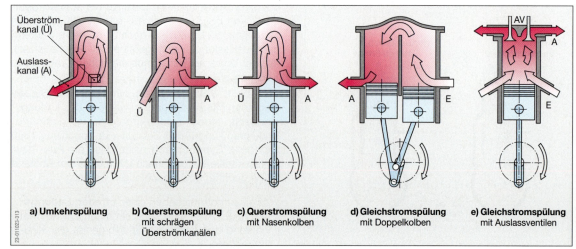

a) Umkehrspülung
b) Querstromspülung mit schrägen Überströmkanälen
c) Querstromspülung mit Nasenkolben
d) Gleichstromspülung mit Doppelkolben
e) Gleichstromspülung mit Auslassventilen

Abb. 2: Schematische Darstellung der Spülarten

Vorteile der Umkehrspülung sind:
- gründliche Ausspülung des Zylinders bei geringer Vermischung mit den Abgasen,
- richtungsstabile Strömung mit großer Sicherheit gegen eine Kurzschlussspülung und
- durch die Anordnung der Überström- und Auslasskanäle in nahezu gleicher Höhe beginnt die Verdichtung früher.

Nachteile der Umkehrspülung sind:
- großer konstruktiver Aufwand und höhere Fertigungskosten bei der Herstellung der Zylinder,
- große Wärmeübertragung von den heißen Abgasen an die Frischgase und damit Füllungsverluste,
- große Erwärmung der Frischgase bei der Vorverdichtung im Kurbelgehäuse und dadurch Füllungsverluste.

Querstromspülung

Das aus dem Kurbelgehäuse in den Zylinder einströmende Kraftstoff-Luft-Gemisch wird durch schräg nach oben gerichtete **Überströmkanäle** zum Zylinderkopf gelenkt (Abb. 2b). Es ändert am Zylinderkopf seine Richtung und schiebt die verbrannten Gase durch den Auslasskanal, die den Überströmkanälen gegenüberliegen.

Dabei besteht die Gefahr, dass die Richtungsänderung der Frischgase nur sehr ungenau erreicht wird und dadurch die Frischladung teilweise durch den Auslasskanal verloren geht (Kurzschlussspülung).

In kleineren Motoren wird die einströmende Frischladung durch einen **Nasenkolben** abgelenkt (Abb. 2c).

Ein **Nachteil** des Nasenkolbens ist die große Wärmeaufnahme auf Grund der größeren Kolbenbodenfläche.

Die Querstromspülung hat einen einfachen Aufbau, jedoch einen sehr **geringen Spülgrad**. Ein großer Anteil an Restgasen verbleibt nach dem Schließen der Kanäle im Brennraum. Der Kraftstoffverbrauch ist hoch und folglich der Nutzwirkungsgrad gering.

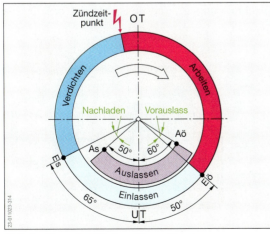

Abb. 3: Unsymmetrisches Steuerdiagramm

Gleichstromspülung

Dieses Spülverfahren ist nur mit einem **Doppelkolbensystem** (Abb. 2d) oder mit einer **Kombination** aus **Schlitzsteuerung** und **Auslassventilen** (Abb. 2e) möglich.

Alle Vorgänge während eines Arbeitsspiels laufen oberhalb des Kolbens ab. Die Frischladung strömt im UT durch Einlasskanäle in den Zylinder. Sie schiebt das Abgas durch Ventile oder Auslasskanäle ins Freie. Tangential in den Zylinder mündende Einlasskanäle bewirken eine Drehbewegung (Drall) der Frischladung. Die Steuerung durch die Kombination Schlitze und Ventile ermöglicht ein **unsymmetrisches Steuerdiagramm**.

Die Ein- und Auslasskanäle werden in ungleichem Abstand vor bzw. nach UT geöffnet bzw. geschlossen (Abb. 3).

Daraus ergeben sich gegenüber dem symmetrischen Steuerdiagramm folgende **Vorteile**:
- Ein frühes Öffnen der Auslassventile ermöglicht einen **Vorauslass**. Der Restdruck aus der Verbrennung kann zum Auslassen der verbrannten Gase genutzt werden.
- Ein früheres Schließen der Auslassventile, vor den Einlasskanälen, verhindert den Verlust von Frischladung.
- Es besteht die Möglichkeit einer **Nachladung**. Die Einlasskanäle bleiben nach dem Schließen der Auslassventile geöffnet. Die Trägheit der strömenden Frischladung wird ausgenutzt und dadurch die Zylinderfüllung verbessert.

Durch den Einsatz von Auslassventilen ergeben sich weitere Vorteile:
- eine genauere zeitliche Steuerung des Verbrennungsablaufs ist möglich und
- die Zylinderwände werden im UT durch ausströmende Abgase nicht aufgeheizt.

Nachteile der Gleichstromspülung sind:
- großer Bauaufwand, dadurch hohe Fertigungskosten,
- große bewegte Steuerungsmassen, dadurch sind keine hohen Motordrehzahlen möglich (geringere Drehzahlfestigkeit).

Membransteuerung für den Einlass

Erst wenn das gesamte vom Kolben angesaugte Kraftstoff-Luft-Gemisch in das Kurbelgehäuse eingeströmt ist, sollte bei einem abgestimmten Ansaugsystem der Kolbenschaft den Einlassschlitz schließen.

Um einem Entweichen des Gemisches entgegenzuwirken, muss der Einlass rechtzeitig geschlossen werden. Schließt der Einlass bei einem zu langen Ansaugkanal zu früh, verbleibt ein Teil des Gemisches im Ansaugkanal. Schließt er bei zu kurzem Ansaugkanal zu spät, strömt das bereits vorverdichtete Gemisch über den Einlasskanal wieder zurück.

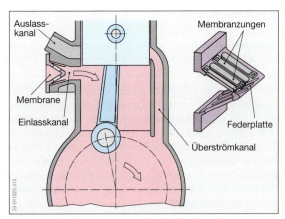

Abb. 1: Membransteuerung im Einlasskanal

Eine **Membransteuerung** (Abb. 1) verhindert ein Entweichen des eingeströmten Gemisches zurück in den Einlasskanal und bewirkt eine »**Nachladung**« am Ende der Spülung. Die Leistung wird vergrößert. Die Membrane ist eine leichte Federplatte mit schwachfedernden stählernen **Membranzungen**. Die Zungen öffnen schon bei geringem Unterdruck und schließen, wenn kein Unterdruck (Saugwirkung) im Zylinder mehr wirkt.

Um die Strömungswiderstände gering zu halten, wird die Membran häufig **dachgiebelförmig** im Ansaugkanal angestellt.

Vorteile der Membransteuerung sind:
- hohe Literleistung,
- hohes Drehmoment auch bei niedrigen Motordrehzahlen und
- ruhiger Motorlauf. Durch ein allmähliches Abheben der Membranzungen wird ein starkes Ansauggeräusch verhindert.

Schiebersteuerung im Ein- und Auslasskanal

Eine weitere Möglichkeit zur gezielten Beeinflussung des Ladungswechsels wird mit dem Einsatz von Drehschiebern im Ein- und Auslass erreicht. Sie werden meist als **Plattendrehschieber** (Abb. 2) oder **Walzendrehschieber** (Abb. 3) eingesetzt.

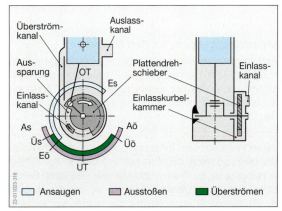

Abb. 2: Einlasssteuerung mit Plattendrehschieber

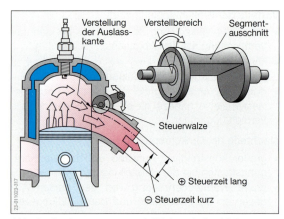

Abb. 3: Auslasssteuerung mit Walzendrehschieber

Durch den Einsatz von Schiebern ist es bei kolbengesteuerten Gaswechseln möglich, ein unsymmetrisches Steuerdiagramm (Abb. 3, S. 453) zu erzeugen. Der Plattendrehschieber hat gegenüber dem Walzendrehschieber den Vorteil, dass er nahezu verlustfrei die Durchströmung der Gase zulässt, da keine Umlenkung des Gasstroms um 90° wie beim Walzendrehschieber erfolgt. Weiterhin ist er sehr einfach im Aufbau und es sind alle erforderlichen Steuerzeiten realisierbar.

Bei der Auslassschiebersteuerung wird der Auslasskanal nicht vollständig verschlossen, sondern der wirksame Querschnitt des Auslasses wird drehzahlabhängig entweder mechanisch über den Gaszug oder elektronisch über ein Steuergerät und einen Stellmotor variiert. Bei der elektronischen Steuerung ist jede leistungs- und drehmomentoptimierte Steuerungscharakteristik einstellbar.

46.2.3 Bauliche Besonderheiten

Der Zweitaktmotor unterscheidet sich im Wesentlichen auch in den folgenden Baugruppen und Bauteilen vom Viertaktmotor:

Motorschmierung: Es werden die **Gemischschmierung**, bei der dem Kraftstoff in einem bestimmten Verhältnis Schmieröl beigemischt wird, und die **Frischölschmierung** (s. Kap. 46.5), bei der das Öl aus

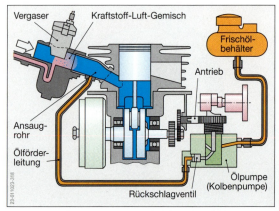

Abb. 4: Gemischschmierung (Frischölautomatik)

einem separaten Behälter gezielt zu den Schmierstellen befördert wird, verwendet.

Bei der **Frischölautomatik** (Gemischschmierung, Abb. 4) erfolgt die Zumischung des Schmieröls durch eine Ölpumpe hinter dem Vergaser. Der Vorteil ist eine drehzahl- und lastabhängige Anpassung der Ölmenge an den Betriebszustand des Motors und damit eine Reduzierung des Schmierölverbrauchs und der schädlichen Abgase.

Kurbeltrieb: Zur Lagerung der Kurbelwelle und des Pleuels werden wegen der Gemischschmierung Wälzlager verwendet, deshalb muss die Kurbelwelle zerlegbar sein (s. Kap. 25.8).

Wegen der doppelten Anzahl der Arbeitsspiele im Zweitaktmotor sind Kolben und Kolbenringe thermisch höher belastet. Deshalb werden Zweitaktkolben mit größeren Einbauspielen in die Zylinder eingebaut. Da bei einigen Motoren der Kolben den Gaswechsel steuert, muss er mit einem Einlassfenster ausgestattet sein (s. Kap. 25.4). Die Kolbenringe müssen in ihrer Lage gegen Verdrehen fixiert werden, da sie sonst mit ihren Enden in die im Zylinder angeordneten Kanäle hinein gedrückt werden und Motorschäden entstehen.

Zylinderkurbelgehäuse: Da der Vorverdichtungsraum im Zylinderkurbelgehäuse liegt, muss er an den Kurbelwellenlagern und den Dichtflächen des geteilten Gehäuses gasdicht sein. Bei Mehrzylindermotoren müssen die jeweiligen Kurbelkammern gegeneinander abgedichtet werden.

46.2.4 Vor- und Nachteile des Zweitaktmotors

Vorteile sind:

- **Einfacher Aufbau** mit wenig beweglichen Bauteilen (Kurbeltrieb), damit geringer Verschleiß und geringe Reparaturanfälligkeit. Bei Einsatz in oberen Last- und Drehzahlbereichen ist der Zweitaktmotor sehr unempfindlich gegenüber den auftretenden hohen Belastungen.

  Anstelle einer aufwändigen und wartungsintensiven Ventilsteuerung haben diese Motoren eine Schlitzsteuerung. Diese behindern auch nach langer Laufzeit den Ladungswechsel durch Ölkohleablagerungen an den Kanalwandungen nur gering.

- **Geringes Baugewicht** verbunden mit einer hohen Hubraumleistung, dadurch gutes Beschleunigungsvermögen, eine Forderung besonders für Kraftradmotoren.

- **Gleichförmiges Drehmoment** im mittleren Drehzahlbereich. Durch eine schnelle zeitliche Folge der Arbeitstakte (je Kurbelwellenumdrehung ein Arbeitstakt) wird in diesem Bereich ein gutes Beschleunigungsvermögen und eine hohe »**Laufkultur**« (Vibrationsarmut) erzielt.

Nachteile sind:

- **Unrunder Leerlauf:** Besonders bei niedrigen Drehzahlen erfolgt auf Grund der Schlitzsteuerung eine sehr ungenaue Trennung zwischen Frisch- und Abgasen. Durch die Trägheit der Gasströme ist der Liefergrad und damit die Zylinderfüllung sehr gering.

- **Hoher spezifischer Kraftstoffverbrauch:** Durch Spülverluste und einen ungenau gesteuerten Ladungswechsel (offener Ladungswechsel) ist besonders bei wechselnden Drehzahlen der Anteil der unvollständig bzw. nicht verbrannten Kohlenwasserstoffe sehr groß. Die verbrannten Schmierstoffe erhöhen den Schadstoffanteil im Abgas.

- **Hohe thermische Belastung:** Da bei jeder Kurbelwellenumdrehung ein Arbeitstakt erfolgt, werden die Bauteile, insbesondere Kolbenboden, Kolbenringe, Zylinder und Zündkerze thermisch hoch belastet.

- **Geringer mittlerer Kolbendruck:** Wegen der schlechten Zylinderfüllung ist der mittlere Kolbendruck gering, daraus ergibt sich eine geringere Motorleistung.

Aufgaben zu Kap. 46.1 und 46.2

1. Nennen Sie die gesetzlichen Voraussetzungen zur Führung von Mofa, Kleinkraftrad und Motorrad.
2. Welche Motorradtypen werden unterschieden? Nennen Sie jeweils ihre Merkmale.
3. Nennen Sie zwei entscheidende Unterschiede im Aufbau eines Zweitaktmotors im Vergleich zu einem Viertaktmotor.
4. Erklären Sie den Vorgang der »Spülung«.
5. Was bedeutet der Begriff »offener Ladungswechsel« bei einem Zweitaktmotor?
6. Begründen Sie die Bezeichnungen der drei möglichen Spülverfahren von Zweitaktmotoren.
7. Beschreiben Sie den Ladungswechsel bei der Schnürle-Umkehrspülung.
8. Zeichnen Sie das Steuerdiagramm einer Schnürle-Umkehrspülung mit Hilfe der folgenden Daten:
   Es: 50 °KW nach OT, Aö: 60 °KW vor UT;
   As: 60 °KW nach UT, Eö: 50 °KW vor OT;
   Üö: 55 °KW vor UT, Üs: 55 °KW nach UT;
   ZZP: 10 °KW vor OT
9. Berechnen und beurteilen Sie qualitativ anhand der Ergebnisse von Aufgabe 8 den Spülgrad eines Zweitaktmotors. Die im Zylinder vorhandene Frischladung beträgt 0,25 kg, die Abgasmasse 0,15 kg.
10. Nennen Sie die drei Vorteile einer unsymmetrischen Steuerung.
11. Durch welche baulichen Maßnahmen lassen sich unsymmetrische Steuerdiagramme erzielen?
12. Skizzieren Sie den Aufbau und die Lage der Einlassmembransteuerung.
13. Nennen Sie den Vorteil der Membransteuerung.
14. Erläutern Sie die Aufgabe der Schiebersteuerung.
15. Beschreiben Sie die Wirkungsweise der Auslasssteuerung mit Walzendrehschieber.
16. Nennen Sie die Vor- und Nachteile des Zweitaktmotors.

46.3 Gemischbildungssysteme

Bei Krafträdern werden die folgenden Gemischbildungssysteme verwendet:
- Vergaser (Einfacher Vergaser, Gleichdruckvergaser, Schiebervergaser) und
- Einspritzanlagen (s. Kap. 20).

Der **Vergaser** ist derzeit das am häufigsten eingesetzte Gemischbildungssystem im Kraftradmotor.

> Der **Vergaser** soll ein homogenes, brennbares **Gemisch** liefern, welches zu schadstoffarmen **Abgasen** verbrennt.

Je besser die **Gemischbildung** ist, desto vollständiger ist die Verbrennung des gesamten Kraftstoff-Luft-Gemisches. Dadurch wird die chemische Energie des Kraftstoffs besser ausgenutzt, und die Schadstoffanteile (Kohlenmonoxid, Stickoxide und Kohlenwasserstoffe) im Abgas werden verringert.

Für die Verbrennung muss der Kraftstoff seinen Aggregatzustand ändern. Er geht vom flüssigen in den gasförmigen Zustand über. Da tröpfchenförmiger Kraftstoff schneller verdampft (größere Oberfläche), wird der Kraftstoff im Vergaser fein zerstäubt. Der zerstäubte Kraftstoff geht im Ansaugkrümmer und im Verbrennungsraum durch Wärmeaufnahme in den gasförmigen Zustand über. Die Bezeichnung »Vergaser« ist deshalb irreführend. Sie stammt aus den Anfängen der Motortechnik.

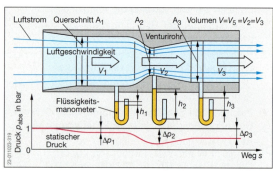

Abb. 1: Statische Drücke in Abhängigkeit von der Strömungsgeschwindigkeit

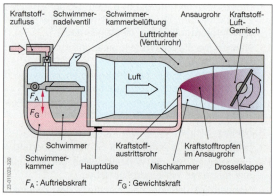

Abb. 2: Wirkungsweise des einfachen Vergasers

46.3.1 Grundlagen des Vergasers

Im Vergaser befindet sich die Austrittsöffnung für den Kraftstoff an einer Stelle **hoher Luftgeschwindigkeit**. Die hohe Strömungsgeschwindigkeit wird durch die Querschnittsverengung (Venturirohr) erreicht. Der Kraftstoff wird durch den höheren Umgebungsdruck von der Schwimmerkammer in die Mischkammer gedrückt und vom Luftstrom grob zerstäubt mitgerissen (Abb. 2). Je höher die Strömungsgeschwindigkeit der Luft ist, desto größer ist die Menge des geförderten Kraftstoffs.

Strömt ein Gas (oder eine Flüssigkeit) fortlaufend durch ein Rohr mit gleichbleibendem Querschnitt, so strömt je Zeiteinheit an jeder Stelle ein gleich großes Gas- bzw. Flüssigkeitsvolumen vorbei.

Das Volumen V je Zeiteinheit t ergibt sich aus dem Rohrquerschnitt A und der Strömungsgeschwindigkeit v:

$$\frac{V}{t} = \frac{A \cdot s}{t} = A \cdot v$$

- V Volumen in m^3
- t Zeit in s
- v Strömungsgeschwindigkeit in m/s
- A Rohrquerschnitt in m^2
- s Weg in m

Verändert sich der Rohrquerschnitt (Abb. 1), so muss in jeder Zeiteinheit durch diesen Querschnitt das gleiche Gasvolumen strömen. Das ist nur möglich, wenn sich bei abnehmendem Querschnitt die Strömungsgeschwindigkeit erhöht und mit zunehmendem Rohrquerschnitt abnimmt.

Die physikalische Wirkungsweise des Vergasers beruht im Wesentlichen auf der Erhöhung der Strömungsgeschwindigkeit durch eine Rohrquerschnittsverengung und der sich daraus ergebenden Druckänderung (statischer Druck) an den Rohrwandungen (Abb. 1).

Nach G. B. Venturi (ital. Physiker, 1746 bis 1822), der in einem Versuch gezeigt hat, dass der statische Druck in der Rohrverengung geringer als an den anderen Rohrstellen ist, wurde die Querschnittsverengung in Vergasern »Venturirohr« genannt.

In **strömenden Gasen** gilt:

> Ein **kleiner** Rohrquerschnitt erzeugt eine **hohe** Strömungsgeschwindigkeit und damit eine **Verringerung** des statischen Drucks.

46.3.2 Aufbau und Wirkungsweise des einfachen Vergasers

Die wesentlichen **Bauteile** des einfachen Vergasers (Abb. 2) sind:
- Mischkammer mit Lufttrichter (Venturirohr),
- Kraftstoffaustrittsrohr,
- Hauptdüse,
- Drosselklappe und
- Schwimmerkammer mit Schwimmer, Schwimmernadelventil und Schwimmerkammerbelüftung.

Die **Mischkammer** mündet in das Ansaugrohr des Motors. An der Rohrverengung des Lufttrichters (Venturirohr) entsteht durch die große Luftgeschwindigkeit während des Ansaugtakts eine große Druckdifferenz zwischen dem Luftdruck über dem Kraftstoff in der **Schwimmerkammer** (Schwimmerkammerbelüftung) und dem Unterdruck in dem Lufttrichter.

Diese Druckdifferenz bewirkt, dass der Kraftstoff über die **Hauptdüse** in das Mischrohr gedrückt und dort durch den Luftstrom mitgenommen und fein zerstäubt wird. Die Hauptdüse ist eine Drosselbohrung mit bestimmtem Durchmesser, die die Kraftstoffzufuhr begrenzt. Mischkammer, Kraftstoffaustrittsrohr und Hauptdüse werden als Hauptdüsensystem bezeichnet. Das Mischungsverhältnis des erzeugten Kraftstoff-Luft-Gemisches hängt ab vom Hauptdüsendurchmesser, Kraftstoffstand in der Schwimmerkammer (Saughöhe), dem Lufttrichterdurchmesser und der Strömungsgeschwindigkeit (last- und drehzahlabhängig) der angesaugten Luft.

Der Schwimmerstand im Vergaser wird durch das Schwimmernadelventil eingestellt.

> Die Schwimmereinrichtung mit **Schwimmer** und **Schwimmernadelventil** hat die Aufgabe, den Kraftstoffstand, und damit den Kraftstoffvorrat, in der Schwimmerkammer konstant zu halten.

Bei voll geöffneter Drosselklappe strömt das Kraftstoff-Luft-Gemisch nahezu ungedrosselt, d. h. mit geringen Drosselverlusten, in das Ansaugrohr.

> Die **Drosselklappe** hat die **Aufgabe**, die Menge des angesaugten Kraftstoff-Luft-Gemisches und damit den Lastzustand zu steuern.

Ein nur mit Drosselklappe ausgerüsteter Vergaser liefert die erforderliche Gemischzusammensetzung und Gemischmenge nur für einen bestimmten Lastbereich des Motors. Ein Vergaser muss aber das erforderliche Gemisch liefern, z. B. für:

- sicheres Starten auch bei kaltem Motor,
- gleichbleibende Leerlaufdrehzahl,
- einwandfreies Übergangsverhalten,
- ruckfreies Beschleunigen,
- geringen Kraftstoffverbrauch im Teillastbereich,
- Volllastbetrieb und
- geringe Schadstoffemissionen in allen Betriebszuständen.

Aus diesen Gründen benötigt der Vergaser Zusatzeinrichtungen (s. Kap. 46.3.5). Diese Zusatzeinrichtungen sollen in allen Betriebszuständen die erforderliche Gemischzusammensetzung und Gemischmenge liefern.

46.3.3 Aufbau und Wirkungsweise des Gleichdruckvergasers

Neben der Drosselklappe hinter dem Lufttrichter, die mechanisch mit dem Gasdrehgriff des Kraftrades verbunden ist, befindet sich in Strömungsrichtung der Luft gesehen vor der Drosselklappe ein Kolben (Abb. 3), der selbsttätig auf Grund der Druckverhältnisse im Vergaser angehoben bzw. abgesenkt wird und den Querschnitt verändert. Am Kolben ist die Düsennadel fest angebracht, die durch ihre konische Form in Abhängigkeit von der Position des Kolbens einen kleineren bzw. größeren Düsenringspalt der Nadeldüse frei gibt.

Bei einigen Gleichdruckvergasern kann die Position der Düsennadel durch eine verstellbare Befestigung am Kolben verändert werden.

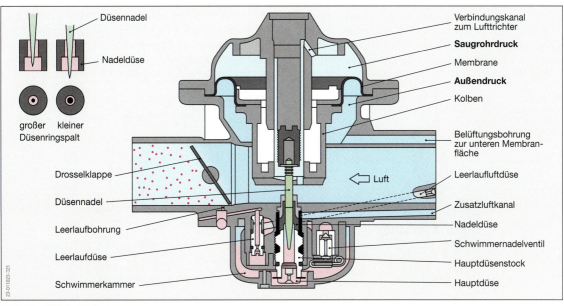

Abb. 3: Gleichdruckvergaser

> Das Anheben der **Düsennadel** vergrößert den Ringspalt der **Nadeldüse**, das Absenken verkleinert den Ringspalt.

Der Kolben ist an einer Gummimembrane befestigt, die mit dem Vergasergehäuse verbunden ist. Der Druckraum oberhalb der Membrane ist durch eine Bohrung mit dem Lufttrichter verbunden. Ändert sich der Druck im Lufttrichter durch das Öffnen der Drosselklappe, so ändert sich auch der Druck oberhalb des Kolbens. Im unteren Membranraum herrscht Umgebungsluftdruck, da dieser Raum durch eine Bohrung mit der Umgebungsluft verbunden ist.

> Im Gleichdruckvergaser wird der **Unterdruck** an der **Nadeldüse** in allen Drehzahl- und Lastbereichen nahezu konstant gehalten.

Bei geschlossener Drosselklappe und damit geringer Luftströmung ist die Druckdifferenz zwischen Außen- und Lufttrichterdruck nahezu null. Der Kolben sinkt aufgrund des Eigengewichts und einer schwachen Kolbenfeder in seine untere Endlage.

Wird die Drosselklappe geöffnet, steigt die Strömungsgeschwindigkeit der Luft an. Durch die entstehende Druckdifferenz ober- und unterhalb der Membrane wird der Kolben angehoben bis er sich in einer Gleichgewichtslage befindet.

Im **Leerlauf** befindet sich der Kolben in der untersten Stellung, Düsenringspalt und Lufttrichterquerschnitt sind am kleinsten. Bei **Vollast** ergibt sich die höchste Kolbenstellung, Düsenringspalt und Lufttrichterquerschnitt sind am größten. Im **Teillastbereich** sind alle Zwischenstellungen möglich.

Der Unterdruck im Lufttrichter bleibt nahezu konstant. Aufgrund der gleichbleibenden Druckverhältnisse lassen sich diese Vergaser für nahezu alle Betriebszustände gut abstimmen. Auf Beschleunigungseinrichtungen kann auf Grund des konstanten Unterdrucks im Lufttrichter meist verzichtet werden. Der Lufttrichterquerschnitt ist so abgestimmt, dass in allen Betriebssituationen eine konstant hohe Strömungsgeschwindigkeit der Luft vorliegt.

Ein Abmagern des Gemischs kann kaum eintreten, da wegen dieser hohen Luftgeschwindigkeit auch während des Beschleunigungsvorgangs ausreichend Kraftstoff in den Lufttrichter gelangt.

Um die Gemischbildung in allen Betriebszuständen weiter zu verbessern, werden von einigen Kraftradherstellern Vergaser mit Zusatzeinrichtungen verwendet. Die meisten Gleichdruckvergaser besitzen ein eigenes Leerlaufsystem, da wegen der Wirbelbildung an der Kolbenkante die Gemischbildung gestört wird. Die meisten Motorräder sind mit Kaltstarteinrichtungen ausgestattet. Um das Beschleunigungsverhalten noch zu verbessern, werden Gleichdruck- und Schiebervergaser teilweise mit zusätzlichen Beschleunigungseinrichtungen ausgestattet.

46.3.4 Schiebervergaser

Kleinkrafträder sind meist auf Grund des geringen Baugewichts und des einfachen Aufbaus mit **Schiebervergasern** ausgestattet. In sportlichen Krafträdern werden sie überwiegend deshalb eingesetzt, weil sie ein besseres Ansprechverhalten zeigen als Gleichdruckvergaser, d.h. sie reagieren unmittelbar ohne Zeitverzögerung auf die Drehbewegung des Gasgriffs.

Es werden unterschieden:
- Rundschiebervergaser und
- Flachschiebervergaser.

Die meisten Schiebervergaser besitzen weder eine Leerlauf- noch eine Beschleunigungseinrichtung. Für den Kaltstart werden **Tupfer**, **Startluftschieber** oder **Startvergaser** verwendet.

Der Rundschiebervergaser (Abb. 1) hat statt der Drosselklappe einen seilzugbetätigten **Gasschieber**, der ähnlich dem Kolben des Gleichdruckvergasers (Abb. 3, S. 457) durch Auf- und Abwärtsbewegung den Lufttrichterquerschnitt des Vergasers verändert.

Eine im Kolben mittels eines Halteplättchens verstellbar befestigte **Düsennadel** mit kegeliger Spitze dosiert die Kraftstoffmenge entsprechend der Schieberstellung bzw. der angesaugten Luftmasse.

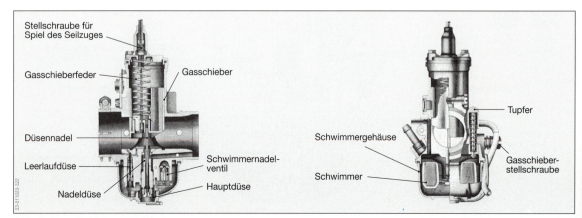

Abb. 1: Rundschiebervergaser

Sie ragt in die Nadeldüse hinein und gibt durch ihre kegelige Form unterschiedlich große Kreisringquerschnitte für den Kraftstoffdurchfluss frei.

Kaltstart

Der Gasschieber wird bis auf einen kleinen Spalt geschlossen. Durch Betätigung des **Tupfers** steigt der Kraftstoffstand in der Schwimmerkammer. Durch den manuell betätigten, zusätzlichen Startluftschieber entsteht ein hoher Unterdruck. Dadurch wird in ausreichender Menge Kraftstoff aus der Nadeldüse gedrückt. Es entsteht ein **fettes Startgemisch**.

Zum Starten des Motors wird der Gasschieber manuell auf etwa 1/3 bis 1/2 in die Höhe gezogen. Hat der Motor seine Betriebstemperatur erreicht, wird der Gasschieber voll hochgezogen. Dabei nimmt er den Startluftschieber in die Endstellung mit.

Leerlauf: Der Gasschieber liegt am Anschlag, d.h. an der Einstellschraube an. Nur ein kleiner Spalt für die Leerlaufluft ist frei. Das Leerlaufsystem gibt die entsprechende Leerlauf-Kraftstoffmenge ab. Mit Hilfe der Einstellschraube kann die Leerlaufdrehzahl eingestellt werden. Größere Schiebervergaser haben ein Zusatzsystem für den Leerlauf.

Übergang: Zur Verbesserung des Übergangs vom Leerlauf zur Teillast hat der Gasschieber häufig einen Ausschnitt (Abb. 2).

Teillast und Volllast: Der Gasschieber gibt einen größeren Querschnitt frei. Dadurch strömt mehr Luft durch den Lufttrichter. Die angehobene Düsennadel vergrößert den Durchflussquerschnitt an der Nadeldüse. Durch die kegelige Form der Düsennadel entsteht ein annähernd gleichbleibendes Mischungsverhältnis.

Der **Flachschiebervergaser** (Abb. 2) hat gegenüber dem Rundschiebervergaser mit zylindrischem Kolben folgende Vorteile:

- keine Störkanten, die bei einem zylindrischen Schieber im Lufttrichter entstehen, deshalb geringe Strömungsverluste durch turbulente Strömung,
- kurze Baulänge des Vergasers mit kürzeren Saugwegen und
- geringere Schiebermasse.

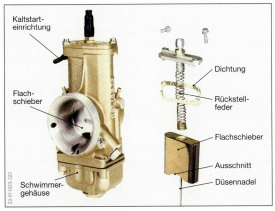

Abb. 2: Flachschiebervergaser

46.3.5 Zusatzeinrichtungen für Gleichdruck- und Schiebervergaser

Leerlaufeinrichtung

Die Leerlaufeinrichtung besteht aus der Leerlaufluftdüse, der Leerlaufdüse und der Leerlaufbohrung (Abb. 3, S. 457).

Im Bereich des höchsten Unterdrucks (am Drosselklappenspalt) befindet sich die Leerlaufbohrung. Bei geschlossener Drosselklappe gelangt Luft über die Leerlaufluftdüse zur Leerlaufdüse, wo der Kraftstoff verschäumt wird. Durch den großen Unterdruck gelangt der Kraftstoff über die Leerlaufdüse und die Bohrungen in den Ansaugkanal.

Kaltstarteinrichtungen

Wird ein kalter Motor gestartet, schlägt sich ein großer Teil des Kraftstoffs an den kalten Saugrohr- und Zylinderwandungen nieder. Begünstigt wird diese Kondensation durch den hohen Siedepunkt der meisten Kraftstoffbestandteile (s. Kap. 17) und die mangelhafte Zerstäubung als Folge der niedrigen Motordrehzahl während des Startvorgangs. Die Kondensation des Kraftstoffs magert das Gemisch so stark ab, dass es nicht mehr zündfähig ist.

Die **Starteinrichtung** sorgt für ein sehr fettes Gemisch (Kraftstoff-Luft-Gemisch bis $\lambda = 0{,}6$). Nach dem »Starten« des Motors magert die Starteinrichtung das Kraftstoff-Luft-Gemisch ab. Ist die Betriebstemperatur erreicht, muss die Starteinrichtung abgeschaltet werden.

In Krafträdern werden folgende **Starteinrichtungen** eingesetzt:

- Tupfer (Schiebervergaser),
- manuelles Startventil (Schieber- und Gleichdruckvergaser) oder
- automatisches Startventil (Gleichdruckvergaser).

Tupfer

Bei der Starteinrichtung mit Tupfer (Abb. 1) wird manuell durch den Fahrer ein Gestänge nach unten auf den Schwimmer gedrückt. Dadurch öffnet das Schwimmernadelventil und es fließt soviel Kraftstoff nach, dass er über die Nadeldüse in den Lufttrichter gelangt (Überlaufen). Das Kraftstoff-Luft-Gemisch wird nur während des Startvorgangs angereichert. Diese sehr einfache Starteinrichtung wird meist bei Schiebervergasern eingesetzt.

Manuelles Startventil

Durch das Öffnen (Herausziehen) des Startventils (Abb. 1a, S. 460) wird das Startsystem mit dem Ansaugrohr verbunden. Während des Anlassens bewirkt der Unterdruck im Ansaugrohr, dass Luft über die Startluftdüse und Kraftstoff über die Startkraftstoffdüse in das Saugrohr gelangen und das Gemisch solange anfetten, bis das Startventil manuell verschlossen wird. Dieses Startventil kann stufenlos oder abgestuft geöffnet bzw. verschlossen werden.

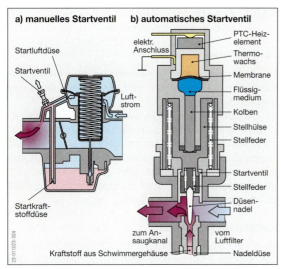

Abb. 1: Startventilsysteme

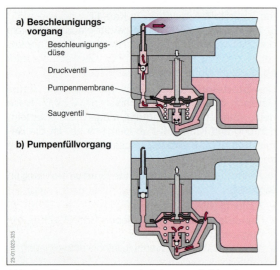

Abb. 2: Beschleunigungseinrichtung mit Membranpumpe

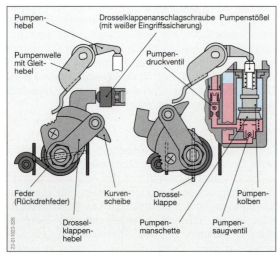

Abb. 3: Beschleunigungseinrichtung mit Kolbenpumpe

Automatisches Startventil

An der Stelle eines manuellen Startventils wird das automatische Startventil angeordnet (Abb. 1b). Bei abgestelltem, kaltem Motor wird das automatische Startventil durch eine Feder in seiner Endstellung gehalten, in der die Kraftstoffanreicherung wirksam ist. Der Motor erhält zusätzliches Kraftstoff-Luft-Gemisch zur Anfettung.

Gleichzeitig wird das PTC-Element durch einen elektrischen Strom beheizt. Das Thermowachs dehnt sich aus und überträgt diese Bewegung auf den Kolben, die Stellhülse und die Stellfeder. Dadurch wird das Startventil abgesenkt und die Düsennadel verschließt das Kraftstoffanreicherungssystem.

Beschleunigungseinrichtung

Durch schnelles **Öffnen** der **Drosselklappe** nimmt die Luftgeschwindigkeit und damit der Unterdruck im Lufttrichter kurzzeitig zu.

Trotz der konstant hohen Luftgeschwindigkeit im Lufttrichter des Gleichdruckvergasers kann der Kraftstoff auf Grund seiner größeren Massenträgheit nur zeitverzögert aus dem Ringspalt der Nadeldüse herausgesaugt werden. Das Kraftstoff-Luft-Gemisch magert ab. Hierdurch entsteht kurzzeitig ein Leistungsabfall.

Zum Beschleunigen des Fahrzeugs ist aber gerade eine Leistungssteigerung erforderlich, d. h. es wird zu Beginn des Beschleunigungsvorgangs ein fetteres Gemisch benötigt. Um das Beschleunigungsverhalten zu verbessern, wird deshalb für Krafträder mit hoher Motorleistung eine Beschleunigungseinrichtung verwendet.

Die **Gemischanreicherung** für den Beschleunigungsvorgang erfolgt meist durch eine **Membranpumpe** (Abb. 2) oder eine **Kolbenpumpe** (Abb. 3).

Die **Membranpumpe** wird über ein Gestänge betätigt, das mit der Drosselklappe verbunden ist.

Während des **Druckhubes** wird das Saugventil durch den Kraftstoffdruck geschlossen, und das Druckventil geöffnet. Der Kraftstoff gelangt durch eine Verbindungsleitung und Beschleunigungsdüse in den Lufttrichter. Während des **Saughubes** (Schließen der Drosselklappe) wird die Membrane durch die Membranfeder in die Ausgangslage zurück bewegt. Dabei wird Kraftstoff über das offene Saugventil aus der Schwimmerkammer angesaugt. Das Druckventil ist dabei geschlossen.

Die Einspritzmenge je Hub kann mit einer einstellbaren Kurvenscheibe (Abb. 3) oder einer Einstellmutter bzw. -schraube an der Kolbenpumpe korrigiert werden.

Im Gegensatz zur Membranpumpe arbeitet die Beschleunigungseinrichtung bei der **Kolbenpumpe** mit einem Kolben als Förderpumpe, der über eine Kurvenscheibe und den Pumpenhebel betätigt wird (Abb. 3). Die Wirkungsweise entspricht der der Membranpumpe.

46.4 Motorkühlung

Bei der **Luftkühlung** erfolgt die Abfuhr der Wärme von den Bauteilen über die im Fahrtwind offenliegenden Zylinder (s. Kap. 28). Häufig werden luftgekühlte Motoren durch eine thermostatgeregelte Ölkühlung unterstützt (Abb. 4). Die bei Motorrädern früher ausschließlich eingesetzte Luftkühlung ist weitgehend durch die **Flüssigkeitskühlung** verdrängt worden. Dies erfolgte auf Grund des Anstiegs der spezifischen Leistung (s. Kap. 30) der Kraftradmotoren.

> Flüssigkeitsgekühlte Kraftradmotoren arbeiten mit einer **Pumpenumlaufkühlung**, die der Pkw-Motorenkühlung entspricht.

Die Pumpenumlaufkühlung ist mit einem kleinen und einem großen Kühlmittelkreislauf ausgestattet, um die Warmlaufphase des Motors zu verkürzen. Die Abb. 5 zeigt den Aufbau einer Flüssigkeitskühlung am Motorrad. Das Thermostatventil liegt unmittelbar im Kühlergehäuse und das Kühlmittel durchströmt den Kühler von unten nach oben. Der Ausgleichsbehälter und das Thermostat sorgen für eine temperaturabhängige Anpassung des Flüssigkeitsvolumens.

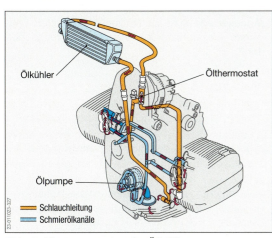

Abb. 4: Thermostatgeregelte Ölkühlung

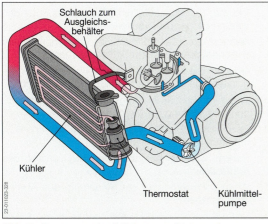

Abb. 5: Pumpenumlaufkühlung am Motorrad

46.5 Motorschmierung

In Krafträdern werden folgende **Schmierungssysteme** verwendet:

- Gemischschmierung (Mischungsschmierung und Frischölautomatik) und Frischölschmierung,
- Druckumlaufschmierung (s. Kap. 28) als Nass- oder Trockensumpfschmierung im Viertaktmotor.

> Bei der **Gemischschmierung** wird das erforderliche Schmieröl **direkt im Tank** (Mischungsschmierung) oder mit einer **Ölpumpe**, die das Öl zum Vergaser pumpt (Frischölautomatik), dem Kraftstoff zugemischt.

Die **Gemischschmierung** wird nur für Zweitakt-Vergasermotoren verwendet, bei denen die Vorverdichtung im Kurbelgehäuse erfolgt. Während des Ansaugtakts strömt das Schmieröl mit dem Kraftstoff-Luft-Gemisch in das Kurbelgehäuse. Das Schmieröl und ein Teil des noch nicht in den gasförmigen Zustand umgewandelten Kraftstoffs schlagen sich an den Wandungen des Kurbelgehäuses nieder. Dieses Gemisch schmiert die Bauteile des Motors.

Um eine in allen Betriebszuständen ausreichende Schmierung zu gewährleisten, wird dem Kraftstoff bei der Mischungsschmierung Öl im **Mischungsverhältnis** von 1:20 bis 1:50 zugegeben. Die Folgen sind ein hoher Schmierölverbrauch und hohe Schadstoffemissionen.

Durch die **Frischölautomatik** (Abb. 4, S. 464) kann der hohe Ölverbrauch der Mischungsschmierung verringert werden. Das Schmieröl ist bei dieser Schmierungsart getrennt vom Kraftstoff in einem separaten Vorratsbehälter gelagert. Durch eine Kolbenpumpe wird drehzahl- und lastabhängig die jeweils erforderliche Schmierölmenge dem Kraftstoff zugegeben. Der Schmierölverbrauch verringert sich dadurch in allen Last- und Drehzahlbereichen auf etwa 1% des Kraftstoffverbrauchs. Die Schadstoffe im Abgas werden reduziert.

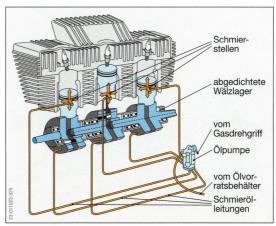

Abb. 6: Frischölschmierung

Durch die **Frischölschmierung** (Abb. 6, S. 461) wird aus einem Vorratsbehälter **Schmieröl** in regelmäßigen Abständen genau dosiert den Schmierstellen zugeführt. Das Schmieröl fließt durch Rohrleitungen und kommt nicht mit dem Kraftstoff in Berührung. Die Schmierstellen erhalten stets frisches Schmieröl. Wegen des geringen Mengendurchsatzes ist die Kühlwirkung des Öls sehr gering. Das nicht mehr benötigte Öl sammelt sich in der Ölwanne. Eine Pumpe fördert das Öl in einen Sammelbehälter. Dieses Öl wird für die Zylinderschmierung verwendet, während für die Lagerschmierung nur Frischöl eingesetzt wird.

Diese Art der Schmierung ist aufwändig und wird deshalb nur für hoch belastete Kraftradmotoren eingesetzt.

46.6 Abgasanlage

Die Abgasanlage hat folgende **Aufgaben**:
- Geräuschminderung,
- Schadstoffreduzierung in Verbindung mit einem Katalysator und
- Bestimmung der Leistungscharakteristik z. B. durch Abstimmung der Rohrlänge.

Abgasanlagen werden aus lackiertem oder verchromtem Stahlblech hergestellt. Hochwertige Anlagen sind aus rostfreien Stählen gefertigt.

Da bei Motorrädern zur Zeit keine Abgasgrenzwerte vom Gesetzgeber gefordert werden, sind die meisten Krafträder ohne Abgaskatalysatoren oder mit ungeregelten Abgaskatalysatoren ausgestattet.

Krafträder mit größerem Hubraum werden aber zunehmend mit geregelten Abgaskatalysatoren ausgestattet.

Die Abb. 1 zeigt eine Abgasanlage mit geregeltem Abgaskatalysator. Sie besteht aus den Abgaskrümmern, dem Interferenzrohr (Interferenz, s. Kap. 29), dem Vorschalldämpfer und den Endschalldämpfern. Die Abgasanlage ist genau auf den Motor abgestimmt. Eine bauliche Veränderung führt zu Leistungsverlusten und darüber hinaus zum Erlöschen der Betriebserlaubnis.

> **Jede Änderung** an der Abgasanlage **muss** von den technischen Überwachungsanstalten im Kfz-Brief **eingetragen** werden oder es ist eine **A**llgemeine **B**etriebs**e**rlaubnis (ABE) mitzuführen.

Folgende **Forderungen** werden zusätzlich an Kraftrad-Abgasanlagen gestellt:
- Wegen der hohen Motordrehzahlen ergibt sich eine hohe thermische Belastung, die besondere Werkstoffe erforderlich macht;
- trotz geringen Platzangebots bzw. mittragendem Motor muss eine Vibrationsentkopplung durch Gummimetalllager gegenüber dem Fahrwerk erreicht werden;
- die Abgasanlage muss so angebracht sein, dass große Schräglagen des Motorrades möglich sind und der Fahrer nicht mit den warmen Bauteilen in Berührung kommt;
- hohe Ansprüche in Bezug auf das Aussehen der Abgasanlage sind zu erfüllen, da sie zum optischen Gesamteindruck des Kraftfahrzeugs beiträgt.

Aufgaben zu Kap. 46.3 bis 46.6

1. Skizzieren Sie einen einfachen Vergaser, und erklären Sie seine grundsätzliche Wirkungsweise.
2. Erläutern Sie die Vorgänge in strömenden Gasen bei Veränderung des Strömungsquerschnittes.
3. Welche Aufgabe hat die Drosselklappe im Vergaser?
4. Welche Aufgabe hat die Schwimmereinrichtung?
5. Skizzieren Sie einen Gleichdruckvergaser und beschreiben Sie dessen Wirkungsweise.
6. Weshalb benötigt der Motor ein fettes Gemisch während des Kaltstarts?
7. Welche unterschiedlichen Kaltstarteinrichtungen werden im Vergaser verwendet?
8. Nennen Sie die Unterschiede zwischen einem Gleichdruck- und einem Schiebervergaser.
9. Nennen Sie die Vorteile eines Flachschiebervergasers gegenüber einem Rundschiebervergaser.
10. Erläutern Sie die Wirkungsweise der Beschleunigungseinrichtung mit Membranpumpe.
11. Beschreiben Sie die Wirkungsweise der Frischölautomatik.
12. Nennen Sie die Aufgaben der Abgasanlage des Kraftrades.
13. Welche Folgen kann die Änderung der Abgasanlage haben?
14. Welche besonderen Forderungen werden an die Abgasanlage eines Kraftrades gestellt?

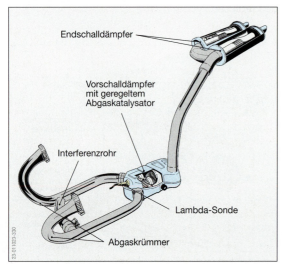

Abb. 1: Abgasanlage mit geregeltem Abgaskatalysator

46.7 Elektrische Anlage

Die elektrische Anlage besteht aus den folgenden **Hauptbaugruppen**:
- Spannungsversorgung,
- Zündanlage,
- Startanlage,
- Beleuchtungsanlage (s. Kap. 52),
- Zentralelektrik und
- Instrumententafel mit Bedieneinrichtung.

46.7.1 Spannungsversorgung

In Krafträdern wird überwiegend 12 V Bordspannung verwendet. Bei einigen Krafträdern (meist Kleinkrafträder) auch 6 V.

In Kleinkrafträdern mit Zweitaktmotoren werden auf Grund der kompakten und leichten Bauweise **Magnetzündanlagen** kombiniert mit einem **Magnetgenerator** eingesetzt. Sie werden dann als **Magnetzünder-Generator** bezeichnet. Der Magnetgenerator hat die Aufgabe, die Beleuchtungs- und Signalanlage mit elektrischer Energie zu versorgen.

> In den **Magnetzündanlagen** und **Magnetgeneratoren** wird die elektrische Energie durch drehende **Magnete** erzeugt (Generatorprinzip).

Den Aufbau des Magnetzünder-Generators zeigt die Abb. 2.

Das Polrad ist auf der Kurbelwelle befestigt. Es dreht sich um die feststehende Ankerplatte. Auf der Ankerplatte sitzen der Zünd- und der Generatoranker. Der **Zündanker** besteht, wie die Zündspule (s. Kap. 50.2.1), aus einem Eisenkern, um den die Primär- und Sekundärwicklung angeordnet sind. Der **Generatoranker** besteht aus einem Eisenkern mit mehreren Wicklungen. Der **Unterbrecherkontakt** wird durch den Nocken an der Polradnabe betätigt.

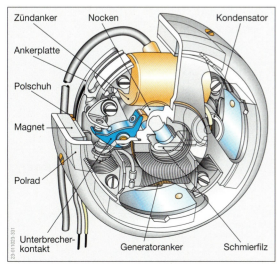

Abb. 2: Aufbau des Magnetzünder-Generators

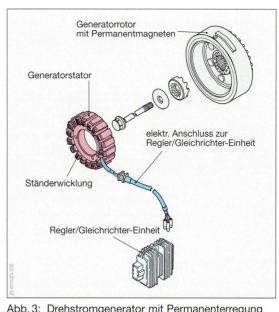

Abb. 3: Drehstromgenerator mit Permanenterregung

Während der Drehung des Polrades verändert sich die Stärke und durch die abwechselnd angeordneten Nord- und Südpole auch die Richtung des Magnetfeldes. Nach dem Induktionsgesetz (s. Kap. 13.12) wird in der Primärwicklung eine Spannung erzeugt. Bei geschlossenem Unterbrecherkontakt fließt der Primärstrom. Hat die Stromstärke ihren höchsten Wert erreicht, öffnet der Unterbrecherkontakt und in der Sekundärwicklung wird die **Zündspannung** erzeugt. Ein zum Unterbrecherkontakt parallel geschalteter **Kondensator** verhindert das Kontaktfeuer und beschleunigt damit die sprunghafte Änderung der Stärke und Richtung des Magnetfeldes. Dadurch wird die Zündspannung erhöht. Während der Drehung des Polrades ändert sich auch im Generatoranker die Stärke und die Richtung des Magnetfeldes. Im Generatoranker werden deshalb in Abhängigkeit von der Wicklungsanzahl eine oder mehrere **Wechselspannungen** erzeugt. Die in dem Generatoranker entstehende Wechselspannung wird nach der Gleichrichtung (s. Kap. 13.13.5) zur Versorgung der elektrischen Anlage verwendet.

Für größere Krafträder werden heute ausschließlich Drehstromgeneratoren verwendet. Der gebräuchlichste Generator hat eine Permanenterregung (Abb. 3). Bei diesem Generator wird der Rotor mit den Permanentmagneten direkt von der Kurbelwelle angetrieben. Um den Stator mit den Statorspulen dreht sich der Rotor. Durch die Drehung des Rotors wird in den Spulen des Stators eine Spannung erzeugt.

Die Gleichrichtung und Begrenzung der Spannung erfolgt in der Regler/Gleichrichter-Einheit außerhalb des Generators. Mit diesen Generatoren können Leistungen von etwa 400 W erzeugt werden.

Sind höhere Generatorleistungen erforderlich, werden **Klauenpol-Drehstromgeneratoren** (s. Kap. 49) eingebaut.

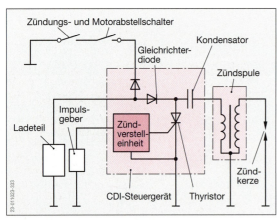

Abb. 1: Schaltplan einer CDI-Zündanlage

46.7.2 Zündanlage

Bei den meisten Motorrädern werden elektronische Zündsysteme verwendet. Diese Zündsysteme lassen sich nach ihrer **Wirkungsweise** einteilen in:

- Kontaktgesteuerte Magnetzündanlagen (s. Kap. 46.7.1),
- CDI-Zündsysteme mit Batterie oder Magnetgenerator (**C**apacitive **D**ischarge **I**gnition: Kondensatorentladungszündung),
- Transistor-Batterie-Zündanlagen (s. Kap. 50),
- Motronic (kombinierte Zünd- und Einspritzsysteme, s. Kap. 20).

CDI-Zündsystem

Bei dem CDI-Zündsystem mit Magnetgenerator (s. Kap. 46.7.1) wird während der Drehung des Generators Wechselspannung in der Kondensatorladespule induziert. Diese Spannung von 100 bis 400 V wird zum CDI-Steuergerät geleitet. Die Wechselspannung wird durch eine Diodenschaltung gleichgerichtet und im Kondensator des CDI-Steuergerätes gespeichert. Der Kondensator kann sich nur entladen, wenn der Thyristor durchgeschaltet wird. Das Schalten des Thyristors erfolgt, wenn ein Impuls vom **Im-pulsgeber** (Hallgeber oder Induktivgeber) zum **Gate** des Thyristors (s. Kap. 13.13.7) geleitet wird. Der Kondensator entlädt sich über die Primärwicklung der Zündspule, wodurch sekundärseitig die Zündspannung erzeugt wird.

Die Zündverstellung erfolgt durch die elektronische Zündverstelleinheit im CDI-Steuergerät (Kennfeld-Zündung, s. Kap. 50.4.3).

Bei der CDI-Zündung mit Batterie erfolgt die Aufladung des Kondensators über die Starterbatterie bzw. den Generator und eine elektronische Schaltung, die die Spannung von 12 V auf 400 V transformiert.

46.7.3 Startanlage

Die meisten Krafträder sind mit einer Elektrostartanlage ausgerüstet. Sie besteht aus einem Permanentmagnet-Elektromotor, einer Freilaufeinrichtung und einem Übersetzungsgetriebe (Abb. 2).

Bei hubraumstärkeren Motoren werden auch wie für Pkw Starter mit Vorgelege (s. Kap. 51) verwendet. Neben dieser Einrichtung besitzen einige Krafträder eine mechanische Starteinrichtung (Kickstarter), durch die der Motor über den Freilauf und eine Übersetzung mit Fußkraft gestartet werden kann.

> Aus **Sicherheitsgründen** ist die elektrische Startanlage bei eingelegtem Gang oder ausgeklapptem Seitenständer über eine Sicherheitsschaltung ausgeschaltet. Der Motor kann dann nicht gestartet werden.

46.8 Kraftübertragung

Die Kraftübertragung (Abb. 3) des Kraftrades besteht aus:

- Primärantrieb,
- Kupplung,
- Getriebe und
- Sekundärantrieb.

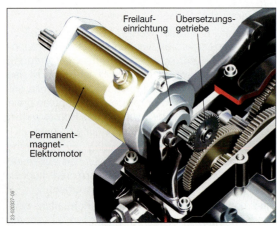

Abb. 2: Elektrostartanlage

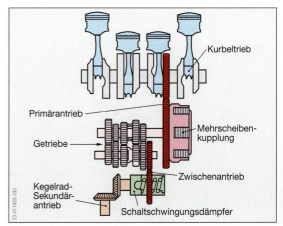

Abb. 3: Bauteile der Kraftübertragung

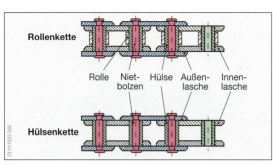

Abb. 4: Rollen- und Hülsenkette

46.8.1 Primärantrieb

Der Primärantrieb verbindet die Kurbelwelle des Motors mit der Getriebeeingangswelle. Bei Motoren mit einem gemeinsamen Gehäuse für Motor und Getriebe verbindet der Primärantrieb die Kurbelwelle mit dem Kupplungskorb auf der Getriebeeingangswelle (Abb. 5).

> Der **Primärantrieb** verringert die Motordrehzahl, d.h. die Eingangsdrehzahl für das Schaltgetriebe.

Die Kraftübertragung erfolgt über Ketten- oder Stirnräder. Für den Kettenantrieb werden endlose einfache oder doppelte **Rollen-** oder **Hülsenketten** ohne zusätzliche Spannvorrichtung verwendet (Abb. 4). Die Rollenkette enthält zwischen den Innenlaschen Rollen, die den Verschleiß und die Reibung zwischen der Kette und den Zahnrädern verringern.

46.8.2 Kupplung

> Durch die **Kupplung** wird zwischen Motor und Getriebe eine kraftschlüssige, lösbare Verbindung hergestellt.

Bei Krafträdern werden folgende **Kupplungen** eingesetzt (s. Kap. 32):
- Fliehkraftkupplungen mit Kugeln oder mit Fliehgewichten,
- Einscheiben-Trocken-Kupplungen oder
- Mehrscheibenkupplungen im Ölbad.

Für Kleinkrafträder (Mofa, Moped) und Motorroller haben sich automatische Kupplungen durchgesetzt. Es werden **Fliehkraftkupplungen** mit **Kugeln** oder **Fliehgewichten** eingebaut.

Mit steigender Motordrehzahl werden bei einer **Fliehkraftkupplung** mit Kugeln (s. Kap. 32.3.1) die auf einer Kegelfläche laufenden Kugeln nach außen bewegt. Dadurch wird die Kupplungsscheibe gegen den Druck einer Feder an den Kupplungsbelag gedrückt. Der Kupplungsbelag ist fest mit der Kupplungsglocke verbunden.

Bei der **Fliehkraftkupplung** mit **Fliehgewichten** wird der Kraftfluss durch einen Kupplungsbelag auf den Fliehgewichten (Kupplungsbacken) hergestellt (Abb. 3, S. 466). Durch die Fliehkraft wird der Kupplungsbelag gegen die Kupplungstrommel gedrückt.

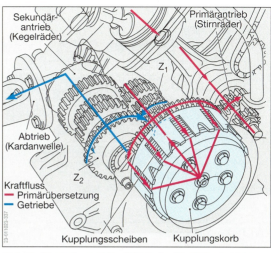

Abb. 5: Bauteile und Kraftfluss der Kraftübertragung im 1. Gang

Die **Mehrscheibenkupplung** (Abb. 5 und Kap. 32.1.6) wird in allen Antriebskonzepten eingesetzt, bei denen der Motor und das Getriebe in einem gemeinsamen Gehäuse angeordnet sind.

Vorteile der Mehrscheibenkupplung:
- gute Dosierbarkeit
- geringer Verschleiß,
- gute Wärmeableitung und
- kompakte Bauweise.

Nachteile der Mehrscheibenkupplung:
- hohe Reibungsverluste in der Kupplung und
- unvollständiges Trennen bei kaltem, zähem Öl.

46.8.3 Getriebe

Das Schaltgetriebe eines Kraftrades ist ein unsynchronisiertes, geradverzahntes **Ziehkeil-** oder **Schaltklauengetriebe** (Abb. 1 und 2, S. 466) und wird mit dem Fuß geschaltet. Das Schaltgetriebe wird häufig mit dem Motorgehäuse zu einem Block zusammengefasst. Auf die Synchronisiereinrichtung kann verzichtet werden, da die zu übertragenden Motordrehmomente deutlich geringer sind als bei Pkw-Motoren. Die bis zu sieben Schaltstufen werden über Schaltgabeln oder Ziehkeile geschaltet. Ziehkeilgetriebe werden heute nur noch selten verwendet, da die übertragbaren Drehmomente sehr gering sind.

Das **Ziehkeilgetriebe** hat eine Antriebswelle (Hohlwelle, Abb. 1, S. 466), auf der die Zahnräder frei drehbar gelagert sind. Die Zahnräder der Nebenwelle (Abtrieb) sind fest mit dieser verbunden. Der Kraftfluss für das Zahnrad der gewählten Schaltstufe wird dadurch hergestellt, dass eine in der Hohlwelle verschiebbare Schaltstange Kugeln oder Stifte in die Nuten des Zahnrades drückt. Dadurch wird eine formschlüssige Verbindung zwischen Hohlwelle und Zahnrad hergestellt.

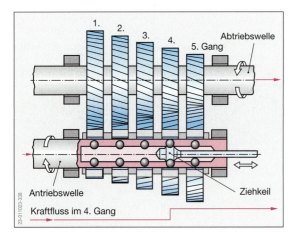

Abb. 1: Ziehkeilgetriebe

Vorteile sind:
- geringer Verschleiß der zu schaltenden Bauteile,
- einfache Schaltmechanik und
- geringer Platzbedarf.

Nachteil ist:
- lange Schaltwege und damit verbundene Schaltpausen verzögern das Beschleunigen des Kraftrades.

Im **Schaltklauengetriebe** (Abb. 2) treibt die Antriebswelle mit Anfahrdämpfer die Zwischenwelle mit den schaltbaren Gangrädern an. Über den Fußschalthebel wird die Schaltwalze betätigt, die die Schaltgabel und damit die Gangräder der Zwischenwelle verschieben. Die Gangräder der Zwischenwelle sind im ständigen Eingriff mit den Gangrädern der Getriebeausgangswelle. Durch Drücken des Ganghebels wird herunter geschaltet, durch Anheben in den nächst höheren Gang geschaltet. Der Gang im Schaltklauengetriebe wird eingelegt, indem das zu schaltende Schaltrad durch die Schaltgabel verschoben wird und mit seinen Klauen in die Aussparungen des Gangrades eingreift.

In Kleinkrafträdern werden überwiegend **automatische Getriebe** eingesetzt. Bei der in der Abb. 3 dargestellten Zweigang-Automatik werden die Gänge durch ein Planetengetriebe in Verbindung mit einer Fliehkraftkupplung geschaltet.

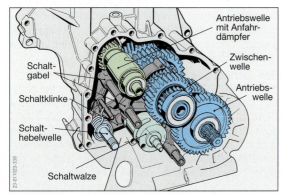

Abb. 2: Schaltklauengetriebe

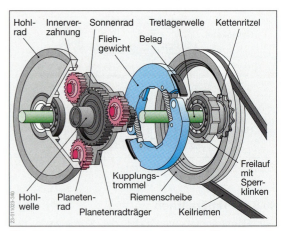

Abb. 3: Zweigang-Automatik mit Fliehkraftkupplung

Das Hohlrad bildet mit der vom Motor angetriebenen Riemenscheibe eine Einheit. Das Sonnenrad sitzt beweglich auf der Hohlwelle und ist über den Freilauf mit der Tretlagerwelle verbunden. Der Planetenradträger, an dem die Fliehgewichte sitzen, ist fest mit der Hohlwelle und diese mit dem Kettenritzel verbunden.

1. Gang: Das Hohlrad wird über die Riemenscheibe angetrieben. Das Sonnenrad wird vom Freilauf festgehalten, da dieser in der Antriebsrichtung sperrt. Die Planetenräder werden vom Hohlrad angetrieben und wälzen sich auf dem Sonnenrad ab. Dabei wird der Planetenträger mitgenommen. Dieser treibt das Kettenritzel an (Übersetzung ins Langsame).

2. Gang: Mit zunehmender Motordrehzahl wandern die Fliehgewichte nach außen und verbinden die Kupplungstrommel mit dem Planetenradträger. Dieser treibt über die Hohlwelle das Kettenritzel an (Übersetzung 1:1).

Starten: Wird der Motor über die Tretlagerwelle von den Pedalen aus gestartet, wird die Tretlagerwelle gedreht und nimmt über den Freilauf, der das Sonnenrad jetzt fest mit der Tretlagerwelle verbindet, und den Planetenrädern das Hohlrad mit. Der Planetenträger kann sich nicht mitdrehen, da er über die Hohlwelle und das Ritzel vom Antriebsrad festgehalten wird.

Bei Motorrollern erfolgt die Drehzahl- und Drehmomentwandlung meist durch **stufenlose Keilriemengetriebe**, welche als kompakte Baueinheiten in der **Triebsatzschwinge** integriert sind (Abb. 5).

46.8.4 Sekundärantrieb

> Der **Sekundärantrieb** überträgt die Antriebskraft vom Getriebe zum Hinterrad.

Die **Kraftübertragung** erfolgt durch:
- Rollenketten (geteilt oder endlos),
- Kardanwellenantrieb mit Kegelrädern,
- Zahnriemenantrieb (Belt Drive) oder
- Triebsatzschwinge.

Kapitel 46: Krafträder

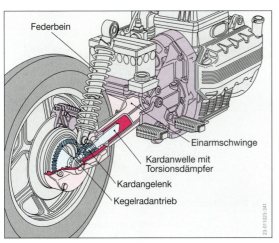

Abb. 4: Kardanwellenantrieb

Der **Rollenkettenantrieb** ist bei Motorrädern die am häufigsten eingesetzte Antriebsart. Die Rollenkette (Abb. 4, S. 465) ist meist geteilt und wird durch ein Steckglied mit Federlasche geschlossen. Aus Sicherheitsgründen haben Motorräder mit hohen Raddrehzahlen Endlosketten. Das Problem der Kettenschmierung wurde durch die Entwicklung von O-Ringketten, bei der ein Dichtring (O-Ring) zwischen Außenlasche und Hülse das Schmiermittel einschließt, deutlich reduziert.

Vorteile sind:
- niedrige Masse und geringer Bauaufwand,
- kostengünstige und problemlose Änderung des Übersetzungsverhältnisses durch den Wechsel von Kettenritzel und Kettenblatt (Hinterrad).

Nachteile sind:
- sehr wartungsintensiv und großer Verschleiß,
- große Laufgeräusche,
- Abnahme des Wirkungsgrades mit zunehmender Laufleistung, da die Reibungsverluste zunehmen.

Kardanwellenantriebe werden überwiegend in Krafträdern mit großem Motorhubraum und großen Drehmomenten für den Sekundärantrieb verwendet (Abb. 4).

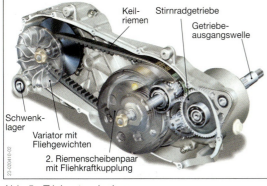

Abb. 5: Triebsatzschwinge

Da der Kraftfluss am Hinterrad umgelenkt werden muss, sind Kegelräder eingebaut. In Krafträdern mit längs zur Fahrtrichtung liegender Kurbelwelle werden zwischen Motor und Kardanwelle Stirnräder verwendet. In Motoren mit quer liegender Kurbelwelle Kegelräder.

Diese technisch aufwändige, kostenaufwändige und schwere Bauweise hat folgende **Vorteile**:

- gute Schmierung und Abdichtung,
- hohe Betriebssicherheit,
- gleichbleibender Wirkungsgrad,
- wartungsfrei,
- große Federwege möglich und
- geräuscharmer Lauf.

Der **Zahnriemenantrieb** (Belt Drive: engl. Gürtelantrieb) wird nur in wenigen Motorradmodellen eingesetzt. Der Aufbau ist grundsätzlich mit dem bei der Motorsteuerung (s. Kap. 24) zu vergleichen. Der Zahnriemen ist laufruhig und wartungsfrei, doch tritt ein hoher Verschleiß der Zähne durch Verschmutzungen auf, da der Riemen wegen der Kühlung nicht gekapselt werden kann. Hohe Temperaturen beschleunigen die Alterung des Zahnriemens.

Zum Antrieb der meisten Motorroller wird eine **Triebsatzschwinge** (Abb. 5) eingebaut.

Sie besteht aus dem Motor, Variator (variatio: lat. Verschiedenheit), Kupplung und dem Hinterachsantrieb. Die Triebsatzschwinge ist schwenkbar am Motorradrahmen gelagert und dient gleichzeitig zur schwenkbaren Führung des Hinterrades. Der **Variator** ist mit der Kurbelwelle des Motors verbunden. Mit zunehmender Drehzahl werden die Fliehgewichte am Variator nach außen bewegt und drücken die beiden Scheiben (1. Riemenscheibenpaar) zusammen, so dass der wirksame Durchmesser größer wird und somit die Raddrehzahl zunimmt. Gleichzeitig wird das zweite Scheibenpaar entgegen einer Federkraft auseinandergedrückt. Mit diesem Antrieb wird eine stufenlose Übersetzung realisiert (s. Kap. 34). Als Anfahrkupplung wird eine **Fliehkraftkupplung** am zweiten Riemenscheibenpaar verwendet. Über ein **Stirnradgetriebe** wird das Motordrehmoment auf die Getriebeausgangswelle und damit auf das Hinterrad übertragen.

46.9 Fahrwerk

46.9.1 Fahrdynamik des Motorrades

Motorräder (Einspurfahrzeuge) befinden sich während der Fahrt in einem labilen Gleichgewicht. Sie werden durch **Kreiselkräfte** stabilisiert.

> **Kreiselkräfte** entstehen, wenn ein Körper um einen festen Drehpunkt rotiert. Kreisel haben das Bestreben, ihre eingenommene Lage stabil beizubehalten.

Rahmen / frame

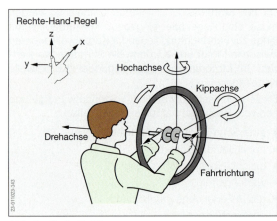

Abb. 1: Kreiselkräfte

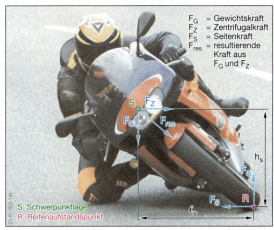

Abb. 2: Kräfte bei der Kurvenfahrt

Die drehenden Räder eines Motorrades reagieren wie Kreisel. Zwingt man dem Kreisel eine zusätzliche Rotation um eine andere Achse auf, so weicht der Kreisel senkrecht zu dieser Achse aus (Rechte-Hand-Regel, Abb. 1). Dieses Ausweichen wird als **Kreiselpräzession** bezeichnet.

Wird z. B. das Vorderrad in Fahrtrichtung gesehen nach rechts eingeschlagen (Drehung um die **Hochachse**), so kippt das Motorrad nach links (Drehung um die **Kippachse**). Diese Kräfte sind um so größer je schneller die Drehbewegung des Rades ist.

Dieses Verhalten wird bei schneller Kurvenfahrt ausgenutzt, indem während des Einfahrens in die Kurve (Rechtskurve) ein kurzer Lenkeinschlag nach links zu einer Kippbewegung des Motorrades nach rechts führt.

Im idealen Zustand herrscht bei Kurvenfahrt Gleichgewicht zwischen der Zentrifugalkraft multipliziert mit der Höhe des Schwerpunktes und der Gewichtskraft multipliziert mit dem Abstand zum Radaufstandspunkt (Abb. 2). Die Kräfte greifen am gedachten Schwerpunkt des Fahrzeugs an.

$$F_z \cdot h_s = F_G \cdot l_s$$

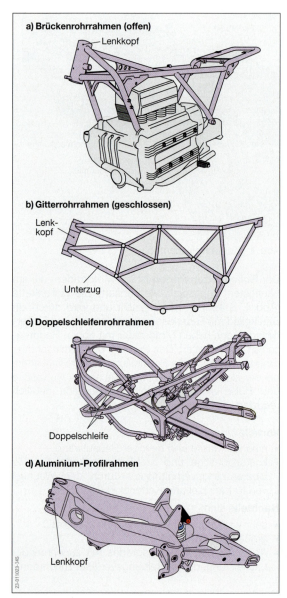

Abb. 3: Rahmenarten

46.9.2 Rahmen

Der **Rahmen** eines Kraftrades ist die tragende Verbindung zwischen dem Lenkkopf und der Aufnahme für die Hinterradlagerung.

Die **Anforderungen** an einen **Motorradrahmen** sind:
- ausreichende Festigkeit bei geringer Masse,
- Aufnahme aller Bauteile,
- gute Sitzposition von Fahrer und Beifahrer,
- gute Bodenfreiheit bei großen Schräglagen,
- niedrige Schwerpunktlage,
- gute Zugänglichkeit zu den wichtigsten Bauteilen,
- anspruchsvolles Aussehen und
- große plastische Verformbarkeit.

Kapitel 46: Krafträder

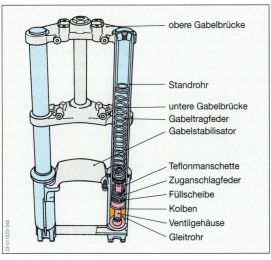

Abb. 4: Teleskopgabel

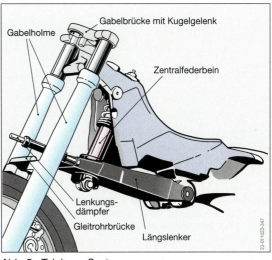

Abb. 5: Telelever-System

Es werden **offene** (Abb. 3a und d) und **geschlossene Rahmen** (Abb. 3b und c) verwendet. Der offene Rahmen ist dadurch gekennzeichnet, dass die Motor-Getriebe-Einheit den Unterzug des Rahmens bildet und ihn dadurch versteift.

Die wichtigsten **Rahmenbauarten** sind:
- Brückenrohrrahmen (Abb. 3a),
- Gitterrohrrahmen (Abb. 3b),
- Ein- oder Doppelschleifenrohrrahmen (Abb. 3c) und
- Aluminium-Profilrahmen (Delta-Box-Rahmen, Abb. 3d).

46.9.3 Lenkung

> Die **Lenkung** soll eine spielfreie Lagerung des Vorderrades und ein leichtgängiges Lenken in allen Fahrzuständen ermöglichen.

Dies sind entscheidende Voraussetzungen, um richtungsstabiles Fahren eines Einspur-Fahrzeugs bei hohen Geschwindigkeiten und Kurvenfahrt zu gewährleisten.

Die Lenkung (Vorderradgabel und Lenker) ist meist in Kegelrollenlagern im **Lenkkopf** gelagert. Ein falsches Lenkkopflagerspiel beeinflusst wesentlich das Fahrverhalten. Ein zu großes Spiel zeigt Auswirkungen auf den Geradeauslauf und erzeugt Schwingungen. Eine zu »stramme« Einstellung verschlechtert das Fahrverhalten bei hohen Geschwindigkeiten.

Durch den **Nachlauf** (s. Kap. 36) am Vorderrad entsteht am eingeschlagenen Rad ein Rückstellmoment, welches das Vorderrad bei Geradeausfahrt stabilisiert und damit die Spurstabilität verbessert. Außerdem wird ein geringer Lenkwiderstand, der das Einfahren in die Kurve erleichtert, erzeugt.

46.9.4 Radaufhängung

> Die **Aufgabe** der Radaufhängung für Vorder- und Hinterrad ist das Einhalten einer vorgegebenen Radstellung (z. B. Nachlauf) in allen Fahrzuständen.

Vorderrad-Aufhängung

Als Vorderrad-Aufhängungen werden verwendet:
- Teleskopgabel,
- Upside-Down-Gabel,
- Achsschenkellenkung oder
- Telelever-System.

Als Vorderrad-Aufhängung hat sich überwiegend die **Teleskopgabel** durchgesetzt (Abb. 4). Zwei Rohre, das **Standrohr** (inneres Rohr) und das **Gleitrohr** (äußeres Rohr), werden gegen die Kraft einer innenliegenden Feder ineinander verschoben. Mit zunehmender Belastung, z. B. während des Bremsvorgangs, taucht das Standrohr in das Gleitrohr. Die Teleskopgabel übernimmt die Aufgaben der Radführung, Lenkung, Federung und Dämpfung. Ein langer Federweg (über 200 mm), sowie eine geringe Wartung durch eine sichere Abdichtung der geschmierten Gleitstellen sind die Vorteile dieser Radaufhängung. Ein Nachteil der Teleskopgabel ist das Verkanten des Standrohres im Gleitrohr bei Aufnahme großer Kräfte und langen Federwegen.

Bei der **Upside-Down-Gabel** (upside-down, engl.: verkehrt herum) taucht das Gleitrohr in das Standrohr. Eine bessere Führung des tauchenden Gleitrohrs im Standrohr ist dadurch möglich. Ein Verkanten, auch bei extremer Belastung, wird verhindert. Bei diesem Bauprinzip ist aber die Abdichtung aufwändiger.

Ein Nachteil beider Gabeln ist, dass nur die Stöße ausreichend aufgenommen werden, die genau in Achsrichtung der Gabel wirken.

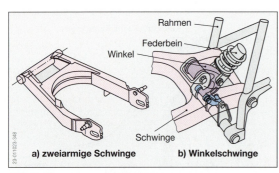

Abb. 1: Bauarten von Schwingen

Die **Achsschenkellenkung** arbeitet mit zwei Schwingen, die im oberen und unteren Anlenkpunkt des Achsschenkels angeordnet sind. Der Vorteil dieser Bauart ist der nahezu gleichbleibende Nachlauf bei Federwegsänderungen. Nachteilig ist das höhere Baugewicht gegenüber Teleskopgabeln. Die Schwingungsdämpfung erfolgt wie im Telelever-System durch ein zentral angeordnetes Federbein.

Im **Telelever-System** (Abb. 5, S. 469) nimmt der Rahmen das Kugelgelenk der Gabelbrücke und den oberen Befestigungspunkt des Zentralfederbeins auf. Der Längslenker ist schwenkbar in einem Kugellager mit den Gabelholmen und der Gleitrohrbrücke verbunden. Die Federbewegungen werden über den Längslenker auf das zentrale Federbein übertragen.

Vorteile sind:
- große Fahrwerkssteifigkeit,
- gleichbleibende Fahreigenschaften durch konstante Fahrwerksgeometrie,
- feinfühliges Ansprechverhalten der Federung und
- kein Eintauchen während des Bremsens (Anti-Dive, engl.: gegen das Tauchen).

Hinterrad-Aufhängung

Für die Hinterradaufhängung werden meist **einarmige** (Abb. 4, S. 467), **zweiarmige Schwingen** oder **Winkelschwingen** verwendet (Abb. 1).

Motorräder mit großen Federwegen haben zweiarmige Schwingen. Durch das »Pro-Link«-System (Abb. 2, pro-link, engl.: progressives Gelenk) wird z. B. über Gelenke eine **progressive Federwegänderung** erzeugt. Während des Überrollens einer Fahrbahnunebenheit wird zunächst über die zweiarmige Schwinge und das progressive Gelenk ein kleiner Federweg auf das Federbeinlager übertragen. Wenn sich das **progressive Gelenk** im mittleren Lager streckt, nimmt die Auslenkung am Federbein progressiv zu.

Motorräder mit großem Hubraum bzw. großer Leistung haben zweiarmige, gezogene, breit gelagerte **Langarmschwingen**, die das Hinterrad sehr genau führen.

Der Drehpunkt des Kettenritzels bzw. des Kardangelenks liegt sehr nahe am Schwingendrehpunkt.

Die Federung und Schwingungsdämpfung übernehmen zwei symmetrisch angeordnete Federbeine.

Bei der **Winkelschwinge** (Abb. 1b) wird ein Federbein nahezu waagerecht unter Sitz und Kraftstoffbehälter angebracht. Das Federbein ist über ein U-förmiges Gestänge mit der Schwinge verbunden. Am Drehpunkt des U-förmigen Gestänges besteht über ein weiteres Gestänge eine Verbindung zum Rahmen.

Die ungefederte Masse des Hinterrads wird verkleinert und dadurch ausreichend Platz für die Auspufftöpfe geschaffen. Die dreiecksförmige Winkelschwinge ist sehr verdrehfest. Ihr entscheidender **Vorteil** ist eine progressive Federkennung durch entsprechende Gestaltung des Hebelsystems.

Ein weiteres System zur Hinterradführung ist das **Paralever-System** (Abb. 3), dass aus einer Einarmschwinge und einer Schubstange besteht.

Vorteile sind:
- kaum Lastwechselreaktionen des Motorradaufbaus,
- progressive Federkennung und
- einstellbare zentrale Dämpfereinheit.

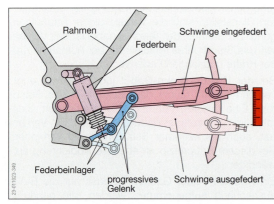

Abb. 2: Schwinge mit progressivem Gelenk (Pro-Link-System)

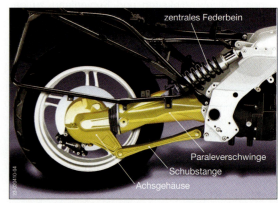

Abb. 3: Paralever-System

Kapitel 46: Krafträder

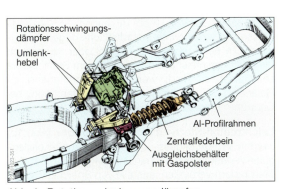

Abb. 4: Rotationsschwingungsdämpfer

46.9.5 Federung und Schwingungsdämpfung

Zur Federung von Vorder- und Hinterrad werden ausschließlich Schraubenfedern verwendet. Eine Federung, die mit zunehmender Belastung »härter« wird, hat eine progressive Federkennlinie (s. Kap. 38).

An den Vorder- und Hinterrädern von Motorrädern werden folgende **hydraulische Schwingungsdämpfer** eingesetzt:
- Einrohrgasdruckschwingungsdämpfer (s. Kap. 39),
- Einrohrschwingungsdämpfer mit Ausgleichsbehälter,
- Zweirohrschwingungsdämpfer (s. Kap. 39) und
- Rotationsschwingungsdämpfer (Hinterräder).

Im **Rotationsschwingungsdämpfer** (Abb. 4) wird über ein Hebelwerk die Drehung der Schwinge auf den Rotationskolben übertragen, der das Dämpferöl beim Einfedern in die Druckstufenkammer, während des Ausfederns in die Zugstufenkammer pumpt. Ein Ausgleichsbehälter mit Gaspolster verhindert Schaum- und Kavitationsbläschen.

Vorteile sind:
- unterschiedliche Progressionsraten für Federung und Dämpfung,
- schmalere Bauweise und wärmeunempfindlich.

46.9.6 Bremsen

Mofas, Mopeds und Motorroller werden meist mit mechanisch betätigten Trommelbremsen ausgerüstet. Diese werden zunehmend mit hydraulischer Betätigung ausgestattet. Alle übrigen Krafträder sind mit einer **hydraulischen Bremsanlage** ausgerüstet. Am Vorderrad werden ausschließlich **Scheibenbremsen** eingebaut (meist zwei Scheiben), am Hinterrad sowohl Scheiben- als auch Trommelbremsen. Verwendete Trommelbremsenbauarten sind Simplex, Duplex- oder Servobremsen, als Scheibenbremse werden Festsattel- oder Faustsattelbremsen eingesetzt (s. Kap. 43.3 und 43.4).

Damit die Gesamtmasse verkleinert, die Feuchtigkeit schneller verdrängt und die Bremse besser gekühlt werden kann, werden Bremsscheiben gelocht oder geschlitzt.

Die Fußbremse (Fußbremshebel) wirkt meist nur auf die Hinterradbremse, die Handbremse (Handbremshebel) auf die Vorderradbremse. Durch eine Verbundbremse (Integralbremse) werden über die Fußbremse die Vorder- und Hinterradbremse gleichzeitig betätigt. Die Handbremse wirkt dann nur auf die rechte Vorderradbremsscheibe. Diese Verbundbremse kann durch hydraulische Leitungen oder elektrohydraulisch als Kombination mit dem ABS realisiert werden. Die Abb. 5 zeigt den schematischen Aufbau eines **Integral-ABS**, bei dem mit Hand- oder Fußbremshebel alle Bremsen betätigt werden können.

> Eine wichtige **Anforderung** an die Kraftradbremse ist eine sichere **Stabilisierung** des **Kraftrades** während des Bremsvorgangs.

Dies gilt besonders während einer Überbremsung (blockierende Räder) bei Kurvenfahrt.

> Ein kurzzeitiges Blockieren des **Vorderrades** bei **Kurvenfahrt** führt unvermeidbar zum **Sturz**.

Bei einem **hydraulisch-elektronischen Anti-Blockier-System** (ABS, s. Kap. 44) für Krafträder wirkt der Handbremshebel auf die Vorderradbremse, der Fußbremshebel auf die Hinterradbremse (Abb. 6). Das ABS besteht aus zwei Druckmodulatoren, die jeweils auf die Radzylinder des Vorder- und Hinterrades wirken. **Sensoren** an den Rädern geben Drehzahlinformationen an ein elektronisches Steuergerät. Neigt ein Rad zum Blockieren, so wird der federbelastete Regelkolben im Druckmodulator über die Ansteuerung der Magnetventile bewegt (Abb. 6).

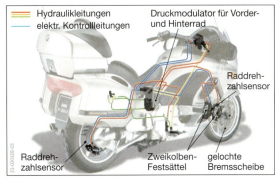

Abb. 5: Leitungssystem für das Integral-ABS

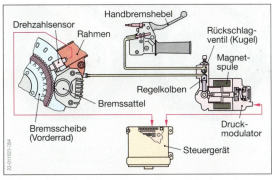

Abb. 6: ABS-Funktionschema für das Vorderrad

Ein Teil der unter Druck stehenden Bremsflüssigkeit strömt in den Zylinder des Druckmodulators, so dass der Bremsdruck abnimmt. Durch die Verschiebung des Regelkolbens wird im Druckmodulator ein Rückschlagventil geschlossen und dadurch die Leitung zwischen Hauptzylinder und Radzylinder gesperrt. Eine gegenläufige Bewegung des Regelkolbens öffnet das Rückschlagventil und Bremsflüssigkeit wird in die Leitung zum Radzylinder gedrückt.

Der Bremsdruck steigt wieder an. Durch mehrere solcher Regelvorgänge in der Sekunde wird ein schnelles Ansprechen der Bremse erreicht und ein Blockieren der Räder verhindert. Alle Bauteile des Systems werden auch außerhalb eines Bremsvorgangs alle vier Sekunden auf Funktionsfähigkeit überprüft. Bei Störungen schaltet sich das System automatisch ab. Die Funktionsfähigkeit der Bremse bleibt erhalten. Das Abschalten des ABS wird dem Fahrer über eine Kontrolllampe angezeigt.

In Krafträdern mit hoher Motorleistung und großem Fahrzeuggewicht werden Systeme mit **Traktionskontrolle** (s. Kap. 44.3) mit dem ABS gekoppelt. Wird das Durchdrehen des Hinterrades von den Raddrehzahlsensoren des ABS gemeldet, so greift das Steuergerät der Traktionskontrolle ein und verstellt die Zündung in Richtung »spät«, bis kein Schlupf mehr vorhanden ist.

46.9.7 Räder und Reifen

An Kraftradräder werden folgende **Anforderungen** gestellt:
- unempfindlich gegen Stoßbeanspruchung,
- geringe Masse,
- geringer Seiten- und Höhenschlag und
- gute Seitenabstützung des Reifens.

Es werden folgende **Bauarten** eingesetzt:
- Drahtspeichenräder,
- Leichtmetall-Stern- und Speichenräder und
- Verbundräder.

Drahtspeichenräder (Abb. 1a) haben eine geringe Masse und eine geringe Angriffsfläche gegen Seitenwind. Die Felge besteht aus Stahl oder Aluminium, die Speichen meist aus nicht rostendem Stahl. Da sie sehr elastisch sind, werden sie vorwiegend im Geländesport und aus optischen Gründen häufig bei Choppern eingesetzt.

Leichtmetall-Stern- und **Speichenräder** (Abb. 1b) werden im Druckguss- oder Niederdruck-Kokillenguss-Verfahren aus Aluminium hergestellt. Bei den Sternrädern verbinden, anstelle von Speichen, sternförmige Rippen die Felge mit der Nabe. Die geringe Festigkeit von **Leichtmetall-Gusslegierungen** erfordern größere Wanddicken. Ihr Vorteil ist eine sehr genaue höhen- und seitenschlagfreie Führung, sowie die Möglichkeit der Verwendung schlauchloser Reifen.

Verbundräder bestehen aus drei Bauteilen: der Felge, den Speichen und der Nabe. Die Felgen, aus Al-Legierungen im Strangpress-Verfahren hergestellt, sind sehr formsteif. Sie haben einen hohen Steg, um die Niet- oder Schraubverbindungen für die Speichen luftdicht aufnehmen zu können.

Dadurch wird der Einsatz schlauchloser Reifen möglich. Die Speichen aus Leichtmetall oder Stahlblech werden mit der Nabe verschraubt. Der Vorteil der Verbundräder liegt in der leichten Austauschbarkeit der Bauteile nach einer Beschädigung.

Anforderungen an Kraftrad-Reifen sind:
- große Rundlaufgenauigkeit,
- guter Geradeauslauf,
- große Seitenstabilität und Seitenführung,
- geringer Einfluss der Profiltiefe auf die Fahreigenschaften.

Kraftradreifen haben gegenüber Pkw-Reifen eine geringere Auflagefläche. Diese Auflagefläche beeinflusst die Fahrsicherheit und das Fahrverhalten.

Folgende **Reifenbauarten** werden in Motorrädern verwendet:
- Diagonalreifen (Abb. 2),
- Diagonal-Gürtelreifen,
- Radialreifen mit Diagonal- oder 0°-Stahlgürtel.

Kraftradreifen werden überwiegend als **Niederquerschnittsreifen** in Diagonal- oder Radialbauweise (s. Kap. 41.4) hergestellt. Der Diagonalreifen bei Motorrädern ist weiterhin stark verbreitet, insbesondere bei Enduros, da der bei geringerer Masse ein gutes Federungsverhalten besitzt.

Wegen der besseren Seitenstabilität und Seitenführung werden bei Motorrädern aber immer mehr Radialreifen eingesetzt. Er besitzt weniger Gewebelagen als der Diagonalreifen, zeigt weniger Walkarbeit und damit eine geringere Erwärmung.

a) Drahtspeichenrad b) Leichtmetall-Speichenrad

Abb. 1: Räderarten am Kraftrad

Kapitel 46: Krafträder

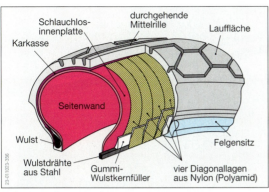

Abb. 2: Aufbau eines Diagonalreifens

Der **Radialreifen** mit **Diagonalgürtel** hat eine 90° radial verlaufende Karkasse mit einem meist zweilagigen diagonal angeordneten Gürtel. Der **Radialreifen mit 0°-Stahlgürtel** (Abb. 4) hat über die Radialkarkasse einen 0°-Stahlgürtel gelegt, der dem Reifen eine große Formstabilität auch bei hohen Geschwindigkeiten gibt.

Krafträder haben ungleiche Abmessungen und eine unterschiedliche Profilierung der Reifen an den Vorder- und Hinterrädern. Das Vorderrad hat überwiegend Lenk- und Seitenführungskräfte zu übertragen. Im Profil sind daher mehr **Längsrillen**. Eine durchgehende **Mittelrille** (Abb. 2) sorgt für einen sicheren Geradeauslauf. Das Vorderrad ist meist kleiner und der Reifen schmaler als das Hinterrad, um die Masse des Rades und damit die Lenkkräfte gering zu halten. Im Profil des größeren Hinterrades ist der Anteil von **Quer-** und **Längsrillen** gleich. Sie haben eine größere Aufstandsfläche und übertragen hauptsächlich Antriebs- und Bremskräfte, nehmen aber auch Seitenführungskräfte auf. Der Kraftradreifen hat einen runden Laufflächenquerschnitt. Der Querschnitt der Reifen (Abb. 3) ist zu den Seiten stark abgeflacht, so dass die Reifenauflagefläche und somit die Haftung mit größeren Schräglagen des Kraftrades zunimmt.

> Da die **Fahrsicherheit** von der Bereifung des Motorrades entscheidend abhängt, sind nur die vom Hersteller **zugelassenen** Reifengrößen und Reifenmarken zu verwenden (Herstellervorschriften beachten).

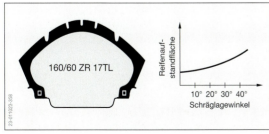

Abb. 3: Querschnitt des Kraftradreifens

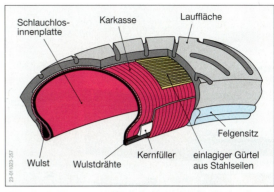

Abb. 4: Aufbau eines Radialreifens (0°-Stahlgürtel)

Beispiel für **Reifenabmessungen** (Radialbauweise, Abb. 3) eines Kraftrades:

Hinterradreifen: 160/60 ZR 17TL

160	Reifenbreite in mm
60	Querschnittsverhältnis (Höhen-Breiten-Verhältnis in %)
ZR	Geschwindigkeitssymbol (über 240 km/h)
17	Felgendurchmesser in inch
TL	Tubeless (schlauchlos)

Reifenabmessungen eines Diagonalreifens:

Vorderradreifen: 3.50 - 18 56 H

3.50	Reifenbreite in inch
–	Diagonalbauweise
18	Felgendurchmesser in inch
56	Reifentragfähigkeitskennziffer
H	Geschwindigkeitssymbol (bis 210 km/h)

Der **Niederquerschnittsreifen** hat ein Querschnittsverhältnis kleiner als 100 %. Sie werden auch als **Serienreifen** bezeichnet. Der Standardreifen für Krafträder ist der Serie-90-Reifen. Reifen mit kleineren Querschnittsverhältnissen, z.B. Serie-70-, -60- oder -55-Reifen, können größere Brems- und Beschleunigungskräfte übertragen, da die Reifenaufstandsflächen größer werden. Nachteilig ist die geringere Fahrstabilität während der Kurvenfahrt.

Aufgaben zu Kap. 46.7 bis 46.9

1. Nennen Sie die Hauptbaugruppen der elektrischen Anlage eines Kraftrades.
2. Skizzieren Sie den Schaltplan einer CDI-Zündanlage.
3. Nennen Sie die Bauteile der Kraftübertragung des Kraftrades.
4. Beschreiben Sie den Gangwechsel im Schaltklauengetriebe.
5. Nennen Sie die Kraftübertragungsarten, die für den Sekundärantrieb des Kraftrades eingesetzt werden.
6. Skizzieren Sie den Aufbau einer Triebsatzschwinge und beschreiben Sie mit Hilfe der Skizze die Wirkungsweise.
7. Nennen Sie die im Kraftrad verwendeten Rahmenbauarten.
8. Beschreiben Sie die Wirkungsweise des Telelever-Systems.

Sattelzug Axor

Grundlagen
Kraftfahrzeuge
Motor
Kraftübertragung
Fahrwerk
Krafträder
Nutzkraftwagen
Elektrische Anlage
Elektronische Systeme

| 47 | Nutzkraftwagen | 475 |

47 Nutzkraftwagen

Nutzkraftwagen (Nkw) sind Transportmittel (Kraftfahrzeuge) für Güter und Lasten, für eine größere Zahl von Menschen oder zum Ziehen von Anhängern (DIN 70010).

Die **Hauptbaugruppen** eines Nutzkraftwagens sind (⇒ TB: Kap. 6):
- **Aufbau, Fahrerhaus**;
- **Motor** mit Kraftstoffanlage, Einspritzanlage und Aufladung;
- **Kraftübertragung** mit Kupplung, Getriebe und Achsantrieb;
- **Fahrwerk** mit Rahmen, Achsen, Lenkung, Federn, Rädern, Schwingungsdämpfern und Bremsanlage;
- **elektrische Anlage** mit Batterien, Startanlage, Generator, Beleuchtungs- und Signalanlage.

Der **Verwendungszweck** von Nutzkraftwagen wird weitgehend durch ihren Aufbau bestimmt (Abb. 1).

Es werden unterschieden:
- Kraftomnibusse (Abb. 1a und 1b),
- Lastkraftwagen (Abb. 1c und 1d),
- Speziallastkraftwagen (Abb. 1e und 1f) und
- Zugmaschinen (Abb. 1g und 1h).

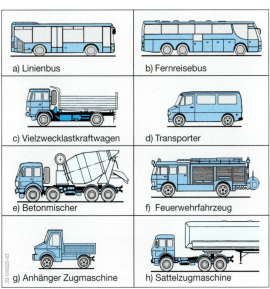

Abb. 1: Arten von Nutzkraftwagen

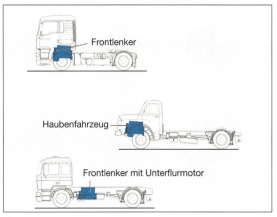

Abb. 2: Anordnung der Antriebsmotoren

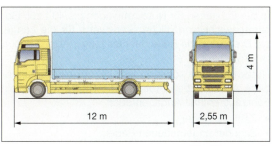

Abb. 3: Maximal zulässige Abmessungen, Zugfahrzeug

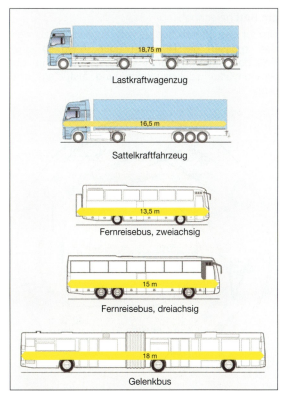

Abb. 4: Maximal zulässige Fahrzeuglängen

47.1 Bauformen und gesetzliche Bestimmungen

Schwere Nutzkraftwagen (> 5 t zul. Gesamtgewicht) haben Hinterachsantrieb. Fahrzeuge mit einem geringeren zul. Gesamtgewicht werden sowohl mit Frontantrieb als auch mit Heckantrieb gebaut.

Die **Anordnung** des **Motors** richtet sich nach der Bauform der Fahrzeuge (Abb. 2).

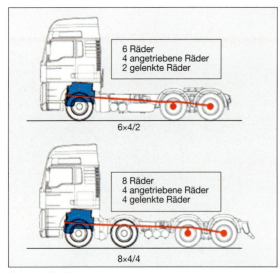

Abb. 1: Radformel

In der EU gelten für Nutzkraftwagen bis 40 t zul. Gesamtgewicht einheitliche Grenzwerte für die Länge, die Breite und die Höhe der Fahrzeuge (Abb. 3 und 4, S. 475).

Nutzkraftwagen können mehr als nur eine angetriebene Achse haben (Abb. 1). Die **Radformel** für ein Fahrzeug enthält Angaben über:

- Zahl der Räder,
- Zahl der angetriebenen Räder,
- Zahl der gelenkten Räder.

Eine **Zwillingsbereifung** wird in der Radformel als **ein Rad** gerechnet.

Um für den öffentlichen Verkehr zugelassen zu werden, müssen die Nutzkraftwagen innerhalb einer Kreisbahn fahren können, deren Maße in der Straßenverkehrszulassungsordnung festgelegt sind (Abb. 2).

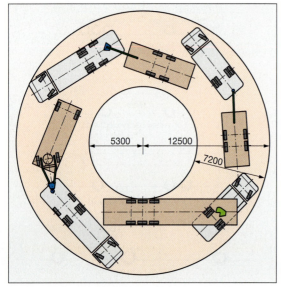

Abb. 2: Kreisbahn für Nutzkraftwagen (StVZO)

Für den **Betrieb** von Nutzkraftwagen gelten **gesetzliche Vorschriften** in Bezug auf, z. B.:

- Höchstgeschwindigkeiten,
- Sonntagsfahrverbot,
- Lenk- und Ruhezeiten der Fahrer.

Auf **Bundesautobahnen** dürfen Lkw (zulässiges Gesamtgewicht; zGG > 3,5 t) mit und ohne Anhänger sowie Lkw (zGG < 3,5 t) mit einem zweiachsigen Anhänger **80 km/h** schnell fahren.

Außerhalb geschlossener Ortschaften dürfen Lkw (zGG < 3,5 t) mit einem Anhänger, Lkw (zGG > 7,5 t) mit oder ohne Anhänger sowie Sattelkraftfahrzeuge **60 km/h** schnell fahren.

Ein **Sonntagsfahrverbot** gilt an Sonn- und Feiertagen in der Zeit von **0 bis 22 Uhr** für Nutzkraftwagen mit einem **zGG > 7,5 t**.

Für die **Fahrer** von Fahrzeugen mit einem zGG > 7,5 t gelten gesetzlich vorgeschriebene **Lenk-** und **Ruhezeiten** (⇒ TB: Kap. 13).

Die Einhaltung der Lenk- und Ruhezeiten wird durch ein EG-Kontrollgerät dokumentiert. Das **EG-Kontrollgerät** ist ein Tachograph, der folgende Daten auf einer Diagrammscheibe (Abb. 3) graphisch darstellt:

- Fahrgeschwindigkeit,
- Lenk- und Ruhezeiten,
- Wegstrecken,
- Kraftstoffverbrauch und
- Uhrzeit.

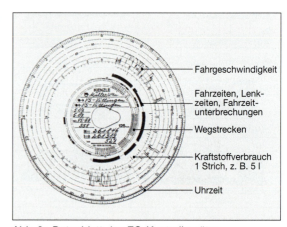

Abb. 3: Datenblatt des EG-Kontrollgerätes

EG-Kontrollgeräte werden nach dem Einbau plombiert, Manipulationen an diesen Geräten sind strafbar. Sie müssen alle 24 Monate von einer anerkannten Werkstatt oder einer Prüforganisation geprüft werden.

Die **Diagrammscheibe** muss vom Fahrer mit folgenden **Angaben** sorgfältig ausgefüllt werden:

- Name des Fahrers,
- Abfahrts-/Ankunftsort,
- Datum,
- Kennzeichen des Fahrzeugs und
- Kilometerstand Abfahrt/Ankunft.

Vom Fahrer sind Diagrammscheiben der vorherigen Arbeitstage im Fahrzeug mitzuführen und bei Kontrollen vorzulegen.

Kapitel 47: Nutzkraftwagen

Tab. 1: Zeiträume für die Sicherheitsprüfung und die Hauptuntersuchung

Fahrzeugart	Art der Untersuchung und Zeitabstände (Monate)	
Kraftfahrzeuge, die zur Güterbeförderung bestimmt sind.	Sicherheitsprüfung (SP)	Hauptuntersuchung (HU)
Fahrzeuge, die erstmals in den Verkehr gekommen sind, mit einer • Gesamtmasse > 7,5 t < 12 t, in den ersten 36 Monaten		12
• Gesamtmasse > 12 t, in den ersten 24 Monaten		12
• alle weiteren Untersuchungen	6	12
Kraftomnibusse und andere Fahrzeuge mit mehr als 8 Sitzplätzen		
• in den ersten 12 Monaten nach der Erstzulassung		12
• im Zeitraum von 12 bis 36 Monaten	6	12
• alle weiteren Untersuchungen	3	12

Sicherheitsprüfungen (SP) sind für **Nutzkraftwagen** mit einem zulässigen Gesamtgewicht > 7,5 t und für **Kraftomnibussen** mit mehr als 8 Sitzplätzen zwischen den Hauptuntersuchungen (HU) vorgeschrieben (§ 29 StVZO, Tab. 1).

Die **Sicherheitsprüfung** umfasst sicherheitsrelevante verschleißträchtige Bauteile des Nutzkraftwagens, z. B.

- Rahmen, Fahrwerk;
- Lenkung, Räder, Reifen;
- Verbindungseinrichtungen;
- Bremsanlage und
- Abgasanlage.

Die Sicherheitsprüfung kann von anerkannten Sachverständigen, Prüforganisationen und anerkannten Werkstätten durchgeführt werden.

Über das Ergebnis der Sicherheitsprüfung ist ein **Protokoll** zu erstellen und im **Prüfbuch** abzulegen. Das Prüfbuch ist im Fahrzeug mitzuführen.

Nach bestandener Sicherheitsprüfung wird am linken Fahrzeugheck eine **Prüfmarke** (Abb. 4) angebracht. Die Prüfmarke zeigt den Fälligkeitstermin der nächsten Sicherheitsprüfung. Eine Hauptuntersuchung (HU) des Fahrzeugs darf nur dann durchgeführt werden, wenn der Termin der Sicherheitsprüfung noch nicht abgelaufen ist.

47.1.1 Fahrerhaus und Aufbauten

An ein **Nutzkraftwagen-Fahrerhaus** werden folgende **Anforderungen** gestellt:

- ergonomisch gut gestalteter Arbeitsplatz des Fahrers (Kap. 45.2);
- hohe aktive und passive Verkehrssicherheit;
- bequemer Einstieg, große Bewegungsfreiheit im Fahrerhaus, ausreichender Stauraum;
- gute Innenausstattung, hoher Wohnkomfort (Fahrzeuge im Fernverkehr) und
- ästhetisches Erscheinungsbild.

Damit bei vorgeschriebener maximaler Fahrzeuglänge das größte Ladevolumen erreicht wird, werden meist **Frontlenker-Fahrerhäuser** eingesetzt (Abb. 5). Im Bereich der Baustellen- oder Sonderfahrzeuge kommen Hauben-Fahrerhäuser zum Einsatz.

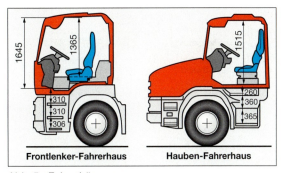

Abb. 5: Fahrerhäuser

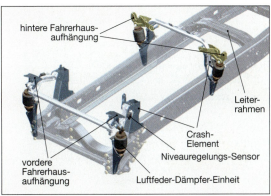

Abb. 6: Vier-Punkt-Fahrerhaus-Lagerung

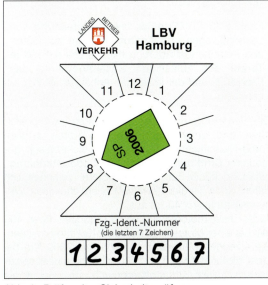

Abb. 4: Prüfmarke, Sicherheitsprüfung

Abb. 1: Fahrerhaus, gekippt

Fahrerhäuser werden auf dem **Leiterrahmen** durch eine **Vier-Punkt-Lagerung** befestigt (Abb. 6, S.477). Dämpfer-Federeinheiten sorgen für einen guten Fahrkomfort. Eine Niveauregelung für das Fahrerhaus ist durch die Luftfeder-Dämpfereinheit möglich.

Die **Crash-Elemente** sind ein Beitrag zur passiven Verkehrssicherheit. Sie erlauben bei einem Frontalzusammenstoß eine Bewegung des Fahrerhauses nach hinten.

Zur Erleichterung der Wartungsarbeiten am Motor werden Kippeinrichtungen für die Fahrerhäuser vorgesehen (Abb. 1).

Abb. 2: Fahrzeugaufbauten, Auswahl

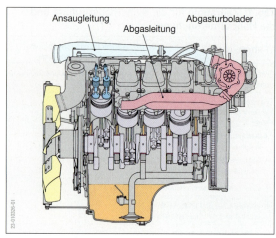

Abb. 3: Nkw-Dieselmotor mit Abgasturboaufladung

Der **Kippvorgang** erfolgt hydraulisch mit Hilfe handbetriebener oder elektrisch angetriebener Pumpen.

Je nach dem Verwendungszweck der Fahrzeuge werden auf die Nutzkraftwagenfahrgestelle unterschiedliche **Aufbauten** montiert. Eine Auswahl möglicher Aufbauformen zeigt die Abb. 2.

47.2 Motor

In Nutzkraftwagen werden meist Dieselmotoren (Abb. 3) eingesetzt. In Europa haben Lastkraftwagen mit mehr als 5 t zulässigem Gesamtgewicht ausschließlich Dieselmotoren.

Es werden Viertakt-Reihen- oder Viertakt-V-Motoren eingebaut. Die überwiegend flüssigkeitsgekühlten Motoren haben bis zu 16 Zylinder und einen Gesamthubraum bis zu 18 l. Reihenmotoren können stehend, geneigt oder liegend (Unterflurmotor) angeordnet sein. Zweitakt-Dieselmotoren bzw. luftgekühlte Dieselmotoren finden nur geringe Anwendung im Nutzkraftwagenbau.

> Nach § 35 StVZO muss die **Motorleistung** von Lastkraftwagen und Kraftomnibussen zur Güter- und Personenbeförderung mindestens **4,4 kW je Tonne** des zulässigen Gesamtgewichts des Fahrzeugs und der jeweiligen Anhängerlast betragen.

Die Forderung nach leistungsstarken, wirtschaftlichen und umweltfreundlichen Motoren erfüllen Turbo-Dieselmotoren (Abb. 3) mit elektronisch gesteuerter **Direkteinspritzung** und **Ladeluftkühlung**. Ladeluftgekühlte Turbo-Dieselmotoren zeichnen sich durch einen vergleichsweise hohen effektiven Wirkungsgrad ($\eta_{eff} > 40\,\%$) aus.

Turbo-Dieselmotoren können Leistungen über 400 kW bei einer Motordrehzahl von 2400/min erreichen. Sie erzeugen Motordrehmomente bis 2500 Nm bei einer Motordrehzahl von 1400/min und einem spezifischen Volllast-Kraftstoffverbrauch von weniger als 200 g/kWh.

47.2.1 Aufladung

Zur Verbesserung des Füllungsgrades (s. Kap. 24.4) werden Dieselmotoren aufgeladen. Eine deutliche Verbesserung des Wirkungsgrades der Dieselmotoren wird durch den Einsatz von **Turbo-Compound-Systemen** (Compound; engl.: Verbund) erreicht. Es kommen zwei Turbolader zum Einsatz (Abb. 4). Der erste Turbolader wird genutzt, die Frischgase zu verdichten. Der zweite Turbolader nutzt die verbleibende Abgasenergie und gibt das am Turbinenrad wirkende Drehmoment über eine Zahnradübersetzung und eine hydraulische Kupplung direkt an die Kurbelwelle ab.

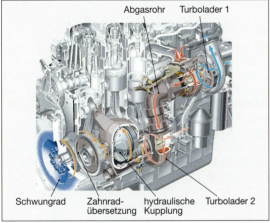

Abb. 4: Turbo-Compound-System

47.2.2 Einspritzanlagen

In Nutzkraftwagen werden meist folgende **Einspritzanlagen** verwendet:

Nutzkraftwagen bis 7,5 t:
- mechanisch oder elektronisch geregelte Verteilereinspritzpumpen (s. Kap. 23),
- Pumpe-Düse-Einheit (PDE, s. Kap. 23.6),
- Common-Rail-Einspritzsystem (CR, s. Kap. 23.7).

Nutzkraftwagen über 7,5 t:
- elektronisch geregelte Hubschieberpumpen (s. Kap. 47.2.2),
- Pumpe-Leitung-Düse-Systeme (PLD, s. Kap. 23.6),
- Common-Rail-Einspritzsysteme (CR, s. Kap. 23.7).

47.2.3 Elektronisch geregelte Hubschieber-Reiheneinspritzpumpe

Für Nutzkraftwagen wurde eine **Hubschieber-Reiheneinspritzpumpe** entwickelt (Abb. 5, TB: Kap. 7), die durch hohen **Einspritzdruck** bis etwa 1600 bar, genauen **Einspritzbeginn** und exakte **Einspritzmenge**

- das Entstehen von Schadstoffen minimieren,
- den Kraftstoffverbrauch vermindern und
- die Start- und Warmlaufphase verkürzen soll.

Die Erfüllung der Anforderungen wird durch eine elektronische Dieselregelung (**EDC**: Electronic Diesel Control) möglich (s. Kap. 23.2 und 23.3).

Durch diese EDC werden der **Spritzbeginn**, die **Einspritzmenge** und dadurch die **Motordrehzahl** elektronisch geregelt.

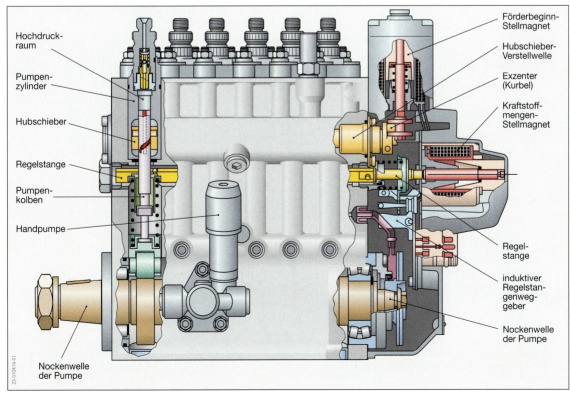

Abb. 5: Hubschieber-Reiheneinspritzpumpe

Elektronisch geregelte Hubschieber-Reiheneinspritzpumpe
electronic-controlled piston valve in-line injection pump

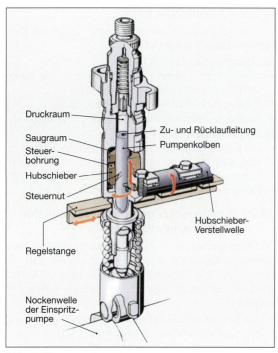

Abb. 1: Pumpenelement

Drehzahlregelung und **Spritzverstellung** werden von elektronisch geregelten **Stellwerken** übernommen.

Sensoren übermitteln dem Steuergerät Daten über den Betriebszustand des Gesamtsystems, z. B. Luftdruck, Lufttemperatur, Einspritzbeginn, Motordrehzahl und Fahrpedalstellung.

Das **Steuergerät** enthält die Mikroprozessoren und Speichereinheiten, in denen in Kennfeldern die Solldaten abgelegt sind. Nach Berechnung des Istzustands werden bei Abweichungen Korrektursignale an die **Aktoren** (Kraftstoffmengen-Stellmagnet und Förderbeginn-Stellmagnet) ausgegeben (Abb. 3 und Abb. 5, S. 479).

Aufbau

Von der Kurbelwelle wird die Nockenwelle der Hubschieber-Reiheneinspritzpumpe durch eine formschlüssige Verbindung angetrieben (Übersetzungsverhältnis 2 : 1 ins Langsame).

Durch die Nocken der Nockenwelle bewegt sich der Pumpenkolben im Pumpenzylinder immer zwischen einem oberen und einem unteren Totpunkt (Abb. 1 und 2). Für **jeden Zylinder** des Motors ist **ein Pumpenelement**, bestehend aus Pumpenkolben und Pumpenzylinder, vorhanden.

Der Pumpenkolben ist mit dem Hubschieber verbunden. Der Hubschieber kann durch die Hubschieberverstellwelle nach oben und nach unten verstellt werden (Abb. 1). Durch die Regelstange wird der Pumpenkolben verdreht. Ein Kraftstoffmengen-Stellmagnet bewegt die Regelstange.

Die Stellung des Hubschiebers und der Weg der Regelstange werden durch das elektronische Steuergerät in Abhängigkeit vom Lastzustand und der Motordrehzahl geregelt

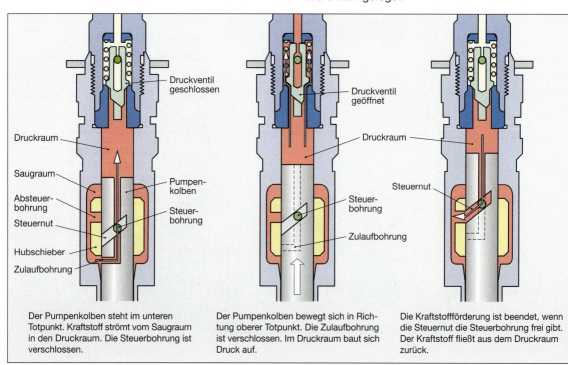

Abb. 2: Funktionsprinzip einer Hubschieber-Reiheneinspritzpumpe

Kapitel 47: Nutzkraftwagen

Elektronische Drehzahlregelung (Einspritzmengenregelung)

Der Fahrpedalgeber (Potenziometer) erfasst den vom Fahrer vorgegebenen Drehmoment- bzw. Drehzahlwunsch.

Aus den zusätzlichen Sensorsignalen (Abb. 3) über die Motordrehzahl, Luftmenge und der Regelstangenposition, sowie weiterer Korrekturgrößen (z. B. Motor-, Ansaugluft-, Kraftstofftemperatur, Ladedruck) errechnet das Steuergerät den für die Solleinspritzmenge erforderlichen Regelstangenweg. Der vom Steuergerät betätigte **Kraftstoffmengen-Stellmagnet** (Abb. 3 und Abb. 5, S. 479) betätigt die Regelstange und bewirkt durch Drehung der Pumpenkolben eine Veränderung der Einspritzmenge. Aus Sicherheitsgründen schiebt eine Rückstellfeder die Regelstange bei Stromausfall auf »Nullförderung«.

> In der **Hubschieberpumpe-Reiheneinspritzpumpe** wird durch die Drehung der **Pumpenkolben** die **Einspritzmenge** verändert.

Elektronische Spritzbeginnverstellung (Förderbeginnregelung)

Die elektronische Spritzverstellung hat die Aufgabe, den Einspritzzeitpunkt (Spritzbeginn) im Wesentlichen in Abhängigkeit von der Motordrehzahl zu verstellen.

Der **Förderbeginn** und damit der Spritzbeginn sämtlicher Pumpenelemente wird über **Hubschieber** verändert (Abb. 2 und Abb. 5, S. 479), deren Unterkante die Steuerbohrungen der Pumpenkolben je nach berechnetem Spritzbeginn früher oder später verschließen. Die Hubschieber werden durch einen **Förderbeginn-Stellmagneten** (Abb. 5, S. 479) über einen **Exzenter** (Kurbel) und die **Hubschieber-Verstellwelle** gleichzeitig bewegt.

Der Sollwert für den Einspritzbeginn, ermittelt aus den an das Steuergerät gelieferten Sensordaten (Abb. 3), wird mit dem Istwert des Spritzbeginns verglichen. Dieser wird durch einen Geber für **Nadelhub** bzw. **Spritzbeginn** in einem der Einspritzdüsenhalter (s. Kap. 23.2) ermittelt. Der Hubschieber wird vom Förderbeginn-Stellmagneten solange bewegt, bis Soll und Istwert des Einspritzbeginns übereinstimmen.

> Eine **Verstellung** des **Hubschiebers** in Richtung OT bedeutet einen großen Vorhub und damit einen späten Einspritzbeginn und umgekehrt.

47.2.4 Wartung und Diagnose

Hubschieber-Reiheneinspritzpumpen werden meist an den Schmierölkreislauf des Motors angeschlossen. Pumpen ohne Verbindung zum Ölkreislauf werden bis zur Kontrollmarke mit dem vorgeschriebenen Schmieröl gefüllt.

Voraussetzungen für die **einwandfreie Arbeitsweise** der Hubschieber-Reiheneinspritzpumpe sind:
- einwandfreier Zustand der Einspritzdüsen,
- richtig eingestellter Einspritzdruck,
- gleiche Fördermenge aller Pumpenelemente und
- richtiger Förderbeginn der Einspritzpumpe.

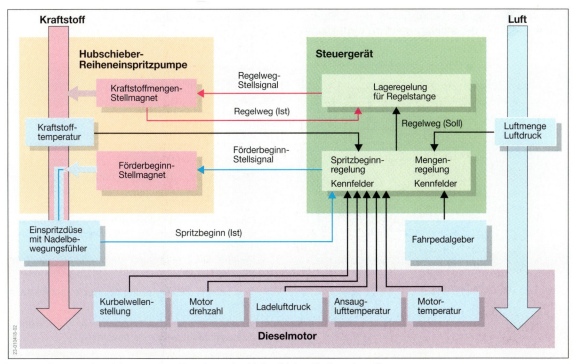

Abb. 3: System der elektronischen Regelung der Hubschieber-Reiheneinspritzpumpe

Entlüften der Diesel-Einspritzanlage

Nach allen Arbeiten, bei denen Luft in die Anlage gelangt ist, muss durch Betätigung der **Handpumpe** und durch Öffnen der **Entlüftungsschrauben** die Hubschieber-Reiheneinspritzpumpe entlüftet werden.

Zuerst werden die Kraftstofffilter, anschließend wird die Einspritzpumpe entlüftet. Im laufenden Motorbetrieb entlüftet sich die Anlage über das Überströmventil am Kraftstofffilter selbsttätig.

Einbau der Hubschieber-Reiheneinspritzpumpe und Einstellung des Förderbeginns

Der Einbau der Reiheneinspritzpumpe und das Einstellen des Förderbeginns müssen immer nach der vom Motorenhersteller angegebenen Vorgehensweise erfolgen.

Zum Einstellen des Förderbeginns der Reiheneinspritzpumpe dienen zwei **Markierungen**, die sich am **Motor** (Abb.1) und an der **Einspritzpumpe** befinden. Die Markierungen am Motor sind meist auf der **Keilriemenscheibe** oder auf der **Schwungscheibe** angebracht.

Diese Marke muss vor Einbau der Pumpe im Verdichtungshub des ersten Zylinders der jeweiligen Festmarke am Motor gegenüberstehen.

Die Markierungen auf der **Einspritzpumpe** befinden sich auf dem Pumpengehäuse und auf dem Spritzversteller bzw. auf der Kupplung und müssen vor Einbau ebenfalls zur Deckung gebracht werden.

Zur Vereinfachung der Montage von Einspritzpumpen werden diese zunehmend mit einem **Förderbeginnanzeiger** auf der Reglerseite oder einer **Arretierung** der Nockenwelle der Einspritzpumpe, die nach der Montage entfernt wird, ausgeliefert.

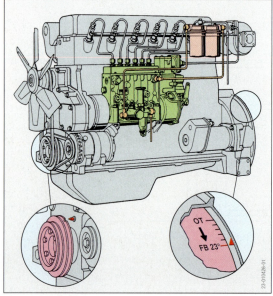

Abb. 1: Markierungen zum Einstellen der Hubschieber-Reiheneinspritzpumpe

Aufgaben zu Kap. 47 bis 47.3

1. Nennen Sie die Hauptbaugruppen von Nutzkraftwagen.
2. Wie hoch muss die Motorleistung von Lastkraftwagen und Kraftomnibussen nach StVZO mindestens sein?
3. Die maximalen Abmessungen von Nutzkraftwagen sind gesetzlich festgelegt. Geben Sie die Maße für einen Gliederzug und für einen Sattelzug an.
4. Welche Informationen können Sie aus der Bezeichnung 4 x 4/2 entnehmen?
5. Welche gesetzlichen Vorschriften gelten für den Betrieb von Nutzkraftwagen mit einem zGG. > 7,5 t?
6. Nennen Sie Eigenschaften, welche ein Fahrerhaus haben muss.
7. Skizzieren Sie unterschiedliche Fahrerhaus-Bauformen und beschreiben Sie die Vorteile der jeweiligen Bauform.
8. Fahrzeuge mit einem zGG. > 7,5 t müssen mit einem EG-Kontrollgerät ausgerüstet werden. Welche Daten werden durch das Kontrollgerät erfasst?
9. Welche Angaben muss ein Fahrer eines Nutzkraftwagens (zGG. > 3,5 t) in das Datenblatt eines EG-Kontrollgerätes eintragen?
10. In welchen Zeitabständen müssen die gesetzlich vorgeschriebenen Untersuchungen (HU und SP) durchgeführt werden?
11. Woran ist erkennbar, ob die erforderliche Sicherheitsprüfung fristgerecht durchgeführt wurde?
12. Beschreiben Sie die Wirkungsweise des Turbo-Compound-Systems.
13. Welche Vorteile bietet das Turbo-Compound-System?
14. Nennen Sie gebräuchliche Einspritzsysteme für Nutzkraftwagen.
15. Welche Dieseleinspritzsysteme werden in Nutzkraftwagen über 7,5 t überwiegend eingesetzt?
16. Beschreiben Sie die Wirkungsweise der Einspritzmengenregelung der Hubschieber-Reiheneinspritzpumpe.
17. Beschreiben Sie die Wirkungsweise der Spritzbeginnverstellung der Hubschieber-Reiheneinspritzpumpe.
18. Das Steuergerät einer Hubschieber-Reiheneinspritzpumpe verarbeitet Informationen von Sensoren. Welche Größen werden durch diese Sensoren ermittelt?
19. Was bewirkt die Verstellung des Hubschiebers nach unten?
20. Was ist während des Einbaus einer Hubschieber-Reiheneinspritzpumpe zu beachten?
21. In welcher Reihenfolge ist eine Diesel-Einspritzanlage mit einer Reiheneinspritzpumpe zu entlüften?

Kapitel 47: Nutzkraftwagen

47.3 Kraftübertragung

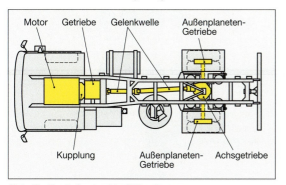

Abb. 2: Bauteile der Kraftübertragung

Die Übertragung des **Motordrehmoments** auf die **Antriebsräder** erfolgt bei Nutzkraftwagen durch:

- Getriebe,
- Verteilergetriebe,
- Gelenkwellen,
- Achsgetriebe und, falls vorhanden,
- Außenplanetengetriebe.

Die **Verbindung** zwischen **Motor** und dem **Getriebe** erfolgt durch:

- Einscheibentrockenkupplungen (s. Kap. 32.1.2),
- Mehrscheibentrockenkupplungen (s. Kap. 32.1.7) oder
- hydrodynamischer Drehmomentwandler (s. Kap. 34.3.1)

Mittlere und schwere Nutzkraftwagen werden wegen der besseren Traktion im beladenen Zustand mit Heck- oder Allradantrieb (Abb. 2) gebaut. Bei mehreren Hinterachsen können auch mehrere Hinterachsen angetrieben sein.

47.3.1 Kupplung

Durch eine **Einscheiben-Trockenkupplung** mit Schraubenfedern oder Membranfeder mit Schwingungsdämpfung besteht zwischen dem Motor und dem Getriebe eine lösbare Verbindung (s. Kap. 32).

Müssen sehr hohe Drehmomente übertragen werden, wird eine **Zweischeiben-Trockenkupplung** verwendet. Die Kupplungsbetätigung in Nutzkraftwagen erfolgt überwiegend hydraulisch. Nutzkraftwagen mit automatisierten Schaltgetrieben können auch mit elektropneumatisch betätigten Kupplungen ausgerüstet sein (Abb. 3).

47.3.2 Schaltgetriebe

Um möglichst hohe Transportleistungen zu erreichen, ist es insbesondere bei schweren Fahrzeugen erforderlich, in allen Geschwindigkeitsbereichen hohe Zugkraftwerte zur Verfügung zu haben.

Werden bei Nutzkraftwagen bis 12 t zul. Gesamtgewicht 4 bis 6-Gang-Getriebe eingesetzt, haben Fahrzeuge mit einem zul. Gesamtgewicht bis zu 40 t 8 bis 16-Gang-Getriebe (Abb. 4).

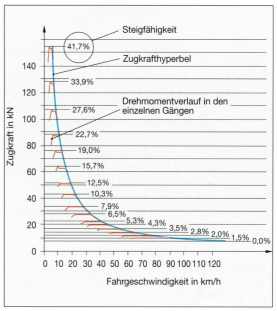

Abb. 4: 16-Gang-Getriebe, Gangstufung

Um die Vielzahl der Gänge zu ermöglichen, werden 3-oder 4-Gang-Getriebe (s. Kap. 33) mit einer Vor- und/oder Nachschaltgruppe kombiniert (Abb. 5).

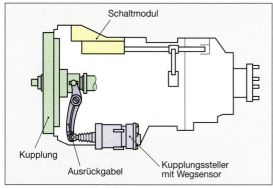

Abb. 3: Elektropneumatische Kupplungsbetätigung

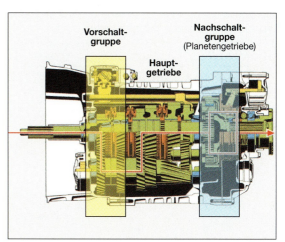

Abb. 5: Getriebe mit Vor- und Nachschaltgruppe

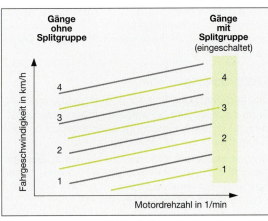

Abb. 1: Gangstufung, Vorschaltgruppe

Getriebe mit Vorschaltgruppe

Durch eine zusätzliche Zahnradpaarung (Vorschaltgruppe) wird die Anzahl der Gänge des Hauptgetriebes verdoppelt (Abb. 1). Die Motordrehzahl kann durch zwei Getriebeübersetzungen auf die Vorgelegewelle übertragen werden. Es werden Zwischengänge geschaltet, der Drehzahlsprung zwischen den Gängen wird halbiert.

Die Schaltung der **Vorschaltgruppe**, auch **Splitgruppe** bezeichnet (split; engl.: teilen) erfolgt durch einen Schalter am Schalthebel (Abb. 3).

Der Schalter kann zu einem beliebigen Zeitpunkt geschaltet werden. Der Schaltvorgang im Getriebe erfolgt elektropneumatisch erst bei der Betätigung der Kupplung oder bei einem Lastwechsel.

> Fahrzeuge mit einer **Vorschaltgruppe** erreichen ihre **Höchstgeschwindigkeit** im **letzten Gang** des **Hauptgetriebes**.

Getriebe mit Nachschaltgruppe

Wird dem Hauptgetriebe ein Planetengetriebe nachgeschaltet (Abb. 5, S. 483), wird die Anzahl der Gänge im Hauptgetriebe verdoppelt (Abb. 2). Durch das Planetengetriebe wird in der Nachschaltgruppe (Bereichsgruppe) eine Übersetzung ins Langsame und eine Übersetzung 1:1 geschaltet.

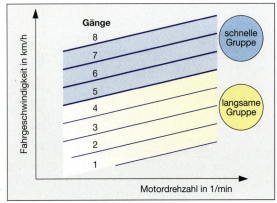

Abb. 2: Nachschaltgruppe

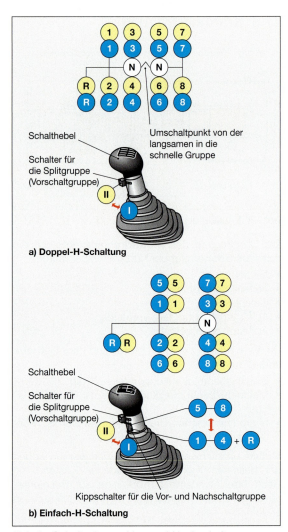

Abb. 3: Schaltschema, Vor- und Nachschaltgruppe

Es entstehen (bei einem 4-Gang-Hauptgetriebe) 4 Gänge in der **langsamen Gruppe** (Planetengetriebeschaltung: Übersetzung ins Langsame) und 4 Gänge in der **schnellen Gruppe** (Planetengetriebeübersetzung: 1:1).

Das Schalten der Nachschaltgruppe erfolgt durch einen Schalter am Schalthebel (Abb. 3) oder bei einer Doppel-H-Schaltung das Überdrücken eines Druckpunkts mit dem Schalthebel. Die Nachschaltgruppe wird dann elektropneumatisch geschaltet.

> Fahrzeuge mit einer **Nachschaltgruppe** erreichen ihre **Höchstgeschwindigkeit** im **letzten** Gang der **schnellen Gruppe**.

Getriebe mit Vor- und Nachschaltgruppe

Wird ein **4-Gang Hauptgetriebe** mit einer **Vor- und** einer **Nachschaltgruppe** kombiniert, so entsteht ein Getriebe mit 16 Gängen (Abb. 4). Die Schaltung dieser Getriebe kann durch eine **Einfach-Schaltung** oder durch eine **Doppel-H-Schaltung** erfolgen (Abb. 3).

Kapitel 47: Nutzkraftwagen

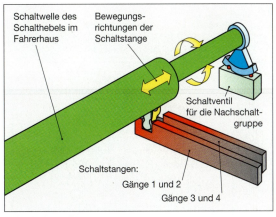

Abb. 5: Schaltkulissen

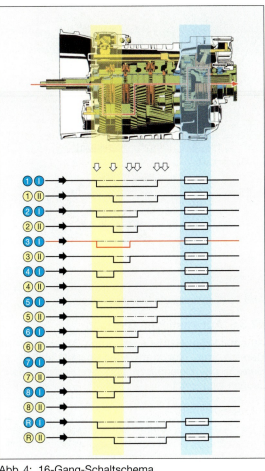

Abb. 4: 16-Gang-Schaltschema

Getriebeschaltungen

Die rein mechanische Gestängeschaltung wird bei leichten Nutzkraftwagen mit Getrieben bis zu 6 Gängen eingesetzt.

Um den Fahrer zu **entlasten** und **sichere, schnelle Schaltvorgänge** zu ermöglichen, werden folgende Schaltsysteme eingebaut:
- pneumatische,
- elektropneumatische,
- hydrostatische und
- automatisierte Schaltkraftunterstützung.

Pneumatische Schaltkraftunterstützung

Pneumatische Kraftunterstützung wird zur Schaltung der Vor- und Nachschaltgruppen, und bei einigen Getrieben auch zur Schaltung der Gänge genutzt.

Die **Ansteuerung** der **pneumatischen Schaltzylinder** kann
- mechanisch,
- hydraulisch oder
- elektrisch erfolgen.

Erfolgt die Schaltung der Gänge durch eine mechanische Verbindung zwischen dem Schalthebel und dem Getriebe, werden die pneumatischen Schaltzylinder durch Schaltkulissen gesteuert (Abb. 5).

Der Schaltvorgang wird ausgeführt, wenn die Kupplung getrennt worden ist.

Bei hydrostatisch und elektrisch betätigten pneumatischen Schaltzylindern besteht keine mechanische Verbindung zwischen dem Schalthebel im Fahrerhaus und dem Getriebe.

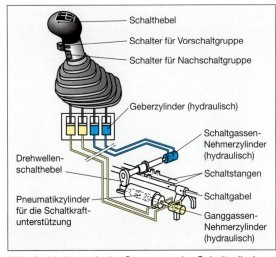

Abb. 6: Hydrostatische Steuerung der Schaltzylinder

Eine **hydrostatisch betätigte pneumatische Schaltkraftunterstützung** zeigt die Abb. 6. Die Bewegung des Schalthebels wird über Geber- und Nehmerkolben auf die Steuereinheit der Ventile übertragen und dann durch die pneumatischen Schaltzylinder der jeweilige Gang eingelegt.

Elektropneumatische Schaltkraftunterstützung (EPS)

haben ein elektronisches Steuergerät. Durch Sensoren werden
- die Motordrehzahl,
- die Fahrgeschwindigkeit und
- der Lastzustand

erfasst und im Steuergerät verarbeitet. Der jeweils richtige Gang wird ermittelt und durch elektromagnetische Schaltventile die entsprechenden Schaltzylinder (Aktoren) aktiviert (Abb. 1, S. 486).

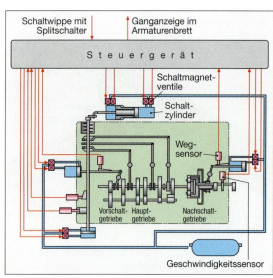

Abb. 1: ESP – Systemübersicht

Der Gangwechsel erfolgt nach der Betätigung der Kupplung, bei einem Lastwechsel oder vollautomatisch.

Über ein Display werden dem Fahrer der jeweils eingelegte Gang und sinnvolle Schaltempfehlungen angezeigt.

> Durch Kontrollfunktonen im Steuergerät sind **Fehlschaltungen**, die zu Getriebe- oder Motorschäden führen können, **nicht möglich**.

Automatisierte Schaltgetriebe

Alle für das Anfahren und das Schalten der Gänge erforderlichen Vorgänge sind automatisiert. Das elektronische Getriebesteuergerät arbeitet mit den im Fahrzeug befindlichen anderen Systemen, wie z. B. EDC, Tempomat und ABS zusammen.

Es kommen unsynchronisierte Schaltgetriebe zum Einsatz. Der für das Schalten der Gänge erforderliche Gleichlauf wird durch eine schnelle Erhöhung oder Minderung der Motordrehzahl erzielt.

Durch exakte Erfassung der jeweiligen Motordrehzahl und der Getriebewellendrehzahl und eine genaue Steuerung des Kupplungsvorgangs wird die Betriebsdauer der Kupplung und der Getriebeeinheit deutlich erhöht.

Der Fahrer wählt mit einem Drehschalter das Fahrprogramm aus (Abb. 2). Ein 12-Gang-Getriebe schaltet bei Vorwärtsfahrt z. B. in den 3. Gang.

Bei der Betätigung des Fahrpedals wird durch die Getriebesteuerung der Kupplungsvorgang gesteuert. Alle weiteren Gangwechsel erfolgen automatisch. Im Display erscheint der jeweils eingelegte Gang.

Durch Betätigung eines Schalters kann zwischen automatischem und manuellem Schalten gewählt werden. Während des manuellen Schaltens können mehrere Gänge übersprungen werden.

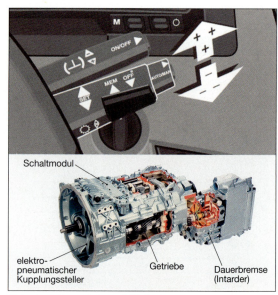

Abb. 2: Automatisierte Schaltgetriebe

47.3.3 Automatische Getriebe

Automatische Getriebe (s. Kap. 34) werden im Bereich der Nutzkraftwagen hauptsächlich im Bereich der Linienbusse und bei Kommunalfahrzeugen eingesetzt.

> **Arbeitshinweis**
>
> Die Getriebe schwerer Nutzkraftwagen werden meist über eine von der Vorgelegewelle und damit vom Motor angetriebenen Ölpumpe mit Schmieröl versorgt. Da während des Abschleppens des Fahrzeugs die Pumpe nicht angetrieben wird, ist es erforderlich, für diesen Fall die Kardanwelle oder die Hinterachswellen auszubauen, um Getriebeschäden infolge mangelnder Schmierung zu vermeiden.

47.3.4 Gelenkwellen

Die Kraftübertragung vom Getriebe zur Antriebsachse erfolgt bei Nutzkraftwagen durch besonders stabile Gelenkwellen mit Kardangelenken (s. Kap. 35.4.2).

Um einen guten Gleichlauf zu erzielen, werden die Kardangelenke in Z-Anordnung (Abb. 6, S. 347) eingebaut. Der Beugungswinkel der Wellen soll 8° nicht überschreiten, da bei den hohen Drehmomenten und größeren Beugungswinkeln die Belastung der Gelenke zu groß wird.

47.3.5 Achsgetriebe

Als Achsgetriebe wird das **Hypoidgetriebe** verwendet (s. Kap. 35.1.1), das sehr hohe Drehmomente übertragen kann.

Um bei ungleicher Traktion (einseitig glatte oder sandige Fahrbahn, im Sand oder Kies) einen guten Vortrieb zu ermöglichen, werden Ausgleichssperren eingebaut (Kap. 35.3).

Kapitel 47: Nutzkraftwagen

> **Ausgleichssperren** heben die Wirkung des Ausgleichsgetriebes auf.

Im Nutzkraftwagen werden hauptsächlich schaltbare Ausgleichssperren (Abb. 3) mit einem Sperrwert von 100 % eingesetzt. Die Ausgleichssperren werden pneumatisch oder elektropneumatisch vom Fahrer aus- bzw. eingeschaltet.

Um Beschädigungen oder die Zerstörung des Achsgetriebes zu vermeiden, dürfen Ausgleichssperren nur bis zu einer Geschwindigkeit von 25 km/h eingeschaltet sein und müssen bei guter Traktion an den Antriebsrädern **sofort** wieder ausgeschaltet werden.

Akustische und/oder optische Signaleinrichtungen weisen den Fahrer daraufhin, dass die Ausgleichssperre eingelegt ist.

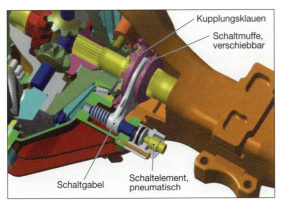

Abb. 3: Schaltbare Ausgleichssperre

47.3.6 Außenplaneten-Getriebe

Um die Beanspruchung aller Bauteile der Kraftübertragung (z. B. Zahnräder, Gelenkwellen) zu reduzieren, wird bei schweren Nutzkraftwagen das erforderliche hohe Drehmoment erst durch die **Übersetzung** in den **Außenplaneten-Getrieben** der Antriebsachse (Abb. 4) erzeugt.

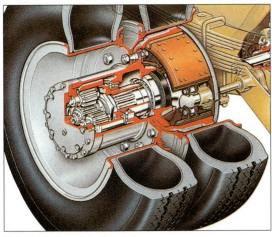

Abb. 4: Außenplaneten-Achse

Durch die **Außenplaneten-Antriebsachse** kann im Achsgetriebe-Gehäuse, auf Grund der dort wirkenden geringeren Drehmomente, ein kleineres Tellerrad eingebaut werden, das Achsgetriebe-Gehäuse kann kleiner ausgeführt werden. Dadurch wird die Bodenfreiheit größer und die Ladefläche kann zugunsten eines größeren Ladevolumens abgesenkt werden.

47.3.7 Verteilergetriebe

> Werden mehr als **eine Achse** eines Fahrzeugs angetrieben, sind **Verteilergetriebe** erforderlich.

Das Drehmoment an der Getriebeausgangswelle wird meist über Gelenkwellen zum Verteilergetriebe (Abb. 5 und 6) und von dort auf alle Räder des Fahrzeugs (Allradantrieb) übertragen.

Es werden unterschieden:
- zuschaltbarer Allradantrieb und
- permanenter Allradantrieb.

Im Bereich der Nutzkraftwagen (Baustellenfahrzeuge, Kommunalfahrzeuge) werden hauptsächlich zuschaltbare Allradantriebe eingebaut.

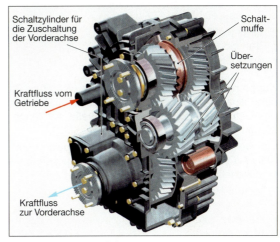

Abb. 5: Verteilergetriebe

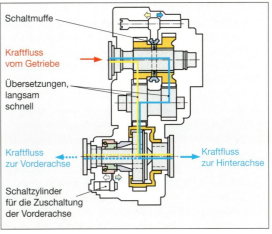

Abb. 6: Kraftfluss im Verteilergetriebe

Durch eine **zweistufige Übersetzung** (Abb. 6, S. 487) im Verteilergetriebe kann eine **zusätzliche Übersetzung ins Langsame** geschaltet werden (Geländegang).

Durch den Einbau eines Planetengetriebes im Antriebsstrang können die Drehmomente zu unterschiedlichen Anteilen auf Vorder- und Hinterachse übertragen werden (z. B. Vorderachse 40 %, Hinterachse 60 %).

47.3.8 Nebenantriebe

> Über **Nebenantriebe** werden die am Nutzkraftwagen montierte Aggregate (z. B. Betonpumpen, Autokräne) mit der erforderlichen **Antriebsleistung** versorgt.

Es werden unterschieden:
- motorabhängige und
- kupplungsabhängige Nebenantriebe.

Motorabhängige Nebenantriebe sind **vor** dem **Getriebe** angeordnet. Sie können im Stand oder während der Fahrt, meist durch Lamellenkupplungen, zugeschaltet werden. Diese Antriebsart wird z. B. eingesetzt bei:
- Betonpumpen,
- Transport-Betonmischer und
- Autokräne.

Kupplungsabhängige Nebenantriebe werden meist über einen Anschlussflansch an der Abtriebsseite des Getriebes, von der **Vorgelegewelle** aus, angetrieben.

Sie werden bei betätigter Kupplung meist durch Klauenkupplungen zugeschaltet. Kupplungsabhängige Nebenantriebe werden z. B. eingesetzt in:
- Tankfahrzeugen,
- Silofahrzeugen,
- Feuerwehrdrehleitern und
- Absetzkipper.

Aufgaben zu Kap. 47.3

1. Warum werden mittlere und schwere Nutzkraftwagen nur mit Heck- oder Allradantrieb gebaut?
2. Beschreiben Sie die Zusammenhänge zwischen der Steigfähigkeit und der Getriebeübersetzung eines Fahrzeugs.
3. Erläutern Sie die Radformel 6 × 6/2.
4. Warum werden schwere Nutzkraftwagen häufig mit Zweischeiben-Trockenkupplungen ausgerüstet?
5. Beschreiben Sie die Aufgabe und die Wirkungsweise von Nachschalt- bzw. Gruppengetrieben.
6. Beschreiben Sie die Aufgabe und die Wirkungsweise von Vorschaltgetrieben bzw. Splitgruppen.
7. Nennen Sie Anordnungen des Motors nach der Bauform der Nutzkraftwagen.
8. Beschreiben Sie den Schaltvorgang der Splitgruppe.
9. Welche Vorteile haben elektropneumatische Schaltsysteme gegenüber mechanischen Schaltungen?
10. Wodurch unterscheiden sich elektropneumatische Schaltsysteme von mechanischen Schaltungen?
11. Welchen Vorteil hat eine hydrostatische Steuerung der Getriebeschaltung?
12. Welche Aufgabe hat der elektropneumatische Kupplungssteller?
13. Welche Aufgabe haben die Wegsensoren in elektropneumatischen Schaltsystemen?
14. Nennen Sie die Aufgabe von Verteilergetrieben.
15. Welche Aufgabe haben Nebenantriebe?
16. Welche Vorteile haben Außenplaneten-Achsen?

47.4 Fahrwerk

47.4.1 Rahmen

Der Rahmen eines Nutzkraftwagens muss folgende **Anforderungen** erfüllen:
- hohe Tragfähigkeit,
- Aufnahme aller Kräfte und Momente und
- Möglichkeit einer günstigen Anordnung aller Hauptbaugruppen und zusätzlicher Bauteile.

Der **Rahmen** ist durch die Nutzlast, die Eigenmasse des Nutzkraftwagens und durch dynamische Kräfte großen Biegekräften ausgesetzt. Durch Fahrbahnunebenheiten, eine unsymmetrische Belastung oder bei Kurvenfahrt treten Torsionskräfte auf. Während des Brems- und Anfahrvorgangs müssen große Zug- und Druckkräfte aufgenommen werden.

Nutzfahrzeuge mit einem zGG. < 4 t haben meist einen **Kastenrahmen** (Abb. 1), Fahrzeuge mit einem zGG. > 4 t haben einen **Leiterrahmen** (Abb. 2).

> Leiterrahmen sind **biegesteife, verdrehelastische** Bauteile.

Abb. 1: Kastenrahmen

Kapitel 47: Nutzkraftwagen

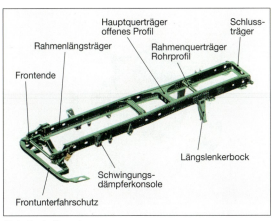

Abb. 2: Leiterrahmen

Die Rahmenlängsträger werden aus U-Stahlprofilen gefertigt. Durch unterschiedliche Profilquerschnittsgestaltung werden die Träger den im Bauteil wirkenden Beanspruchungen angepasst. Dort, wo sehr hohe Belastungen wirken (z. B. im Bereich der Sattelkupplung oder bei Fahrzeugen mit Betonmischbirnen), werden die Rahmenlängsträger durch Hilfsrahmen verstärkt.

Die Rahmenquerträger (Abb. 2) werden meist an den Längsträgerstegen befestigt, um die Längsträgergurte nicht zu schwächen. Durch die **Profilgestaltung** der **Rahmenquerträger** (geschlossenes Hohlprofil, offenes Profil) wird die **Verwindungssteifigkeit** des Verbundes beeinflusst. Dort, wo eine große Steifigkeit erforderlich ist, kommen geschlossene Profile zum Einsatz. Offene Profile haben eine geringere Torsionssteifigkeit.

Die Verbindung der Träger erfolgt meist durch Niet- oder Schraubverbindungen.

Da Wärmeeinbringung während des Schweißens die Festigkeit der Rahmenbauteile vermindert, werden Schweißverbindungen kaum verwendet.

Rahmen von Bussen werden als selbsttragende Gitterrohrrahmen gefertigt (s. Kap. 45). Es entstehen biege- und verwindungssteife Rahmenstrukturen. Die Stahl- oder Edelstahlprofilrohre werden durch Schutzgasschweißverfahren in Rahmenlehren gefügt.

47.4.2 Radaufhängung

Achsen zählen zu den ungefederten Massen. Es werden unterschieden:
- angetriebene Achsen,
- nicht angetriebene Achsen,
- lenkbare Achsen und
- nicht lenkbare Achsen.

Der Einsatz der unterschiedlichen Achsbauformen ist vom Antriebskonzept des Fahrzeugs (s. Kap. 31) abhängig.

In Nutzkraftwagen werden hauptsächlich Starrachsen (Abb. 3, S. 490) eingesetzt. Achskonstruktionen mit Einzelradaufhängungen (Abb. 2, S. 490) werden nur bei Bussen an der Vorderachse genutzt.

Nach der **Lage** der **Achse** am Fahrzeug werden unterschieden:
- Vorderachse, angetrieben oder nicht angetrieben,
- Hinterachse, angetrieben (Antriebsachse) oder nicht angetrieben,
- Vorlaufachse, vor der Antriebsachse angeordnet,
- Nachlaufachse, hinter der Antriebsachse angeordnet.

Vorderachsen

Vorderachsen von Nutzkraftwagen sind lenkbare Starrachsen (Ausnahme: Omnibus). Sie können als Faust- oder Gabelachse (Abb. 3 und 4) gebaut werden.

Auf Grund der kostengünstigeren Herstellung werden in Nutzkraftwagen meist **Faustachsen** eingesetzt.

Gekröpfte Achsen (Abb. 1, S. 490) ermöglichen einen größeren Bauraum für den Motor. Als Profilquerschnitt wird meist ein Doppel-T-Profil genutzt. Der Achskörper wird im Gesenk geschmiedet.

Lenkbare, angetriebene Vorderachsen werden als **Gabelachsen** gebaut, damit der erforderliche Raum für die Antriebswelle vorhanden ist (Abb. 4). Der Achsschenkelbolzen ist geteilt. Der Antrieb der Radnabe erfolgt über das Kegel- und Tellerrad, dem Ausgleichsgetriebe und den Doppelgelenkwellen.

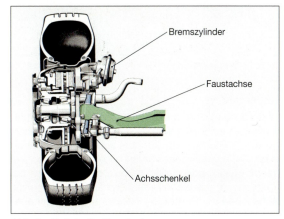

Abb. 3: Gekröpfte Faustachse

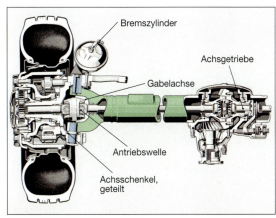

Abb. 4: Angetriebene Vorderachse als Gabelachse

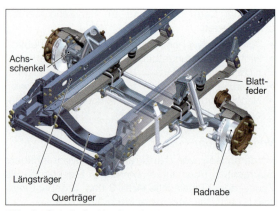

Abb. 1: Gekröpfte Vorderachse

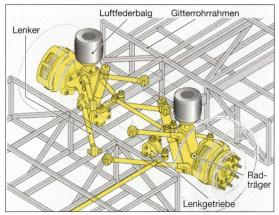

Abb. 2: Vorderachse mit Einzelradaufhängung (Bus)

Hinterachsen

Hinterachsen sind in Lastkraftwagen und Kraftomnibussen hauptsächlich als **Starrachsen** eingebaut. (Abb. 3). Starrachsen können als **Antriebsachsen** oder als **Tragachsen** (Vorlauf- oder Nachlaufachse) verwendet werden. Der Achskörper besteht bei Tragachsen aus biegesteifen Profilen, an denen die Achsschenkel (Radträger) befestigt sind. Antriebsachsen schwerer Fahrzeuge haben meist einen einteiligen Achskörper (Abb. 3) aus Stahlguss.

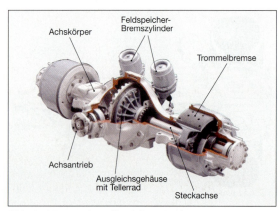

Abb. 3: Hinterachse (Antriebsachse)

Abb. 4: Durchtriebsachse

In den Achskörper sind Achs- und Ausgleichsgetriebe eingebaut. Die Antriebswellen werden mittig durch den hohlen Achskörper geführt.

Durch die Ausrüstung mit einer angetriebenen Doppelachse oder einer Vor- und/oder einer Nachlaufachse kann das zulässige Gesamtgewicht und somit die Nutzlast erhöht werden.

Bei zwei hintereinander liegenden Antriebsachsen ist eine **Durchtriebsachse** erforderlich. Die Drehmomentübertragung zur zweiten Antriebsachse erfolgt durch eine Stirnradübersetzung (Abb. 4). Zwischen den Achsen wird, für den Drehzahlausgleich, ein Längsausgleichsgetriebe eingebaut.

Tragachsen

Tragachsen werden eingebaut, um die **Nutzlast** und damit das **zul. Gesamtgewicht** des Fahrzeugs zu erhöhen.

Tragachsen können als
- Vorlaufachsen (vor der Antriebsachse) oder als
- Nachlaufachsen (hinter der Antriebsachse) eingebaut werden.

Vor- und **Nachlaufachsen** werden als
- ungelenkte Achsen oder als
- gelenkte Achsen eingesetzt.

Die Räder ungelenkter Tragachsen radieren bei Kurvenfahrt auf der Fahrbahn. Dadurch ergibt sich ein hoher Reifenverschleiß.

Gelenkte Achsen haben eine
- passive Lenkung oder
- aktive Lenkung.

Werden die Tragachsen **gelenkt**, laufen alle Räder des Fahrzeugs um einen gemeinsamen **Kurvenmittelpunkt**.

Die Räder einer Achse mit passiver Lenkung laufen bei Vorwärtsfahrt, auf Grund der Reibung zwischen dem Rad und der Straße und dem Nachlauf (s. Kap. 36.3.6) der Antriebsachse voran oder hinterher. Bei Rückwärtsfahrt werden diese Achsen in Geradeausstellung verriegelt.

Kapitel 47: Nutzkraftwagen

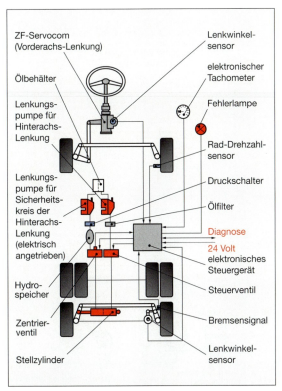

Abb. 5: Elektro-hydraulisches Lenksystem (Systemübersicht)

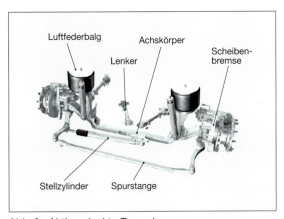

Abb. 6: Aktiv gelenkte Tragachse

Bei **gelenkten Tragachsen** (Abb. 5 und 6) wird meist durch elektro-hydraulische Systeme (**R**ear **A**xle **S**teering, **RAS**) die Lenkbewegung der Räder der Tragachse gesteuert. Das Steuergerät erfasst über den Lenkwinkelsensor an der Vorderachse die Lenkbewegung und steuert über Ventile und Stellzylinder die Lenkbewegung der Tragachse. Das System arbeitet in einem Geschwindigkeitsbereich bis etwa 25 km/h bei Vorwärts- und Rückwärtsfahrt.

Tragachsen können als **Liftachsen** ausgeführt werden (Abb. 7). Bei unbeladenem oder wenig beladenem Fahrzeug wird die Achse durch einen Luftbalg angehoben. Das Absenken der Liftachse kann manuell oder automatisch bei Überschreitung der zul. Achslast an der Antriebsachse erfolgen.

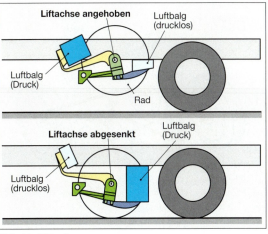

Abb. 7: Liftachse

Portalachsen (Abb. 8) werden in Linienbussen zur Absenkung des Fahrzeugbodenniveaus eingebaut. Zwischen den Antriebsrädern ist der Achskörper tiefer gelegt und der **Achsantrieb** (mit Ausgleichsgetriebe) **außermittig** angeordnet. Dadurch ergeben sich ein tiefer, durch das ganze Fahrzeug eben verlaufender Fahrzeugboden und eine große Stehhöhe im Fahrzeug. Von den Antriebswellen im Achskörper werden die Drehmomente durch einen Stirnradantrieb auf die Räder übertragen.

In Geländefahrzeugen wird der Achskörper höher gelegt, um eine größere Bodenfreiheit zu erreichen.

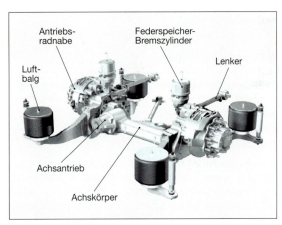

Abb. 8: Portalachse

47.4.3 Lenkung

Nutzkraftwagen haben eine **Achsschenkellenkung** mit **Lenktrapez**.

Eine einteilige Spurstange bildet mit dem Achskörper und den Spurstangenhebeln das Lenktrapez (s. Kap 35). Die Lenkkräfte werden über die Lenkschubstangen auf die Lenkhebel übertragen. Das **Lenkgetriebe** ist überwiegend ein hydraulisch unterstütztes **Kugelumlaufgetriebe** (s. Kap. 37).

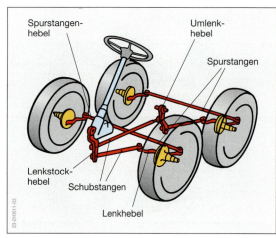

Abb. 1: Doppellenkung

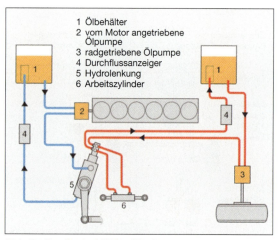

Abb. 2: Zweikreis-Hilfskraftlenkung

Eine **Doppelachslenkung** (Abb. 1) ermöglicht ein schlupffreies Abrollen aller Räder um einen gemeinsamen Kurvenmittelpunkt. Um dies zu erreichen ist ein kleinerer Einschlagwinkel der zweiten Achse bei Kurvenfahrt erforderlich. Der Differenzwinkel hängt von Radabstand der gelenkten Achsen ab.

Die zweite Schubstange, ausgehend vom Lenkstockhebel, wirkt auf einen am Rahmen befestigten Umlenkhebel und betätigt das Lenktrapez der zweiten Achse. Der erforderliche Lenkdifferenzwinkel zwischen der ersten und der zweiten Achse wird durch ein entsprechendes Übersetzungsverhältnis zwischen den Schubstangen über den Lenkstock- und Umlenkhebel erzielt.

Hilfskraftlenkanlagen

Hilfskraftlenkanlagen unterstützen die Lenkkraft.

Es werden unterschieden:
- Einkreis-Hilfskraftlenkungen und
- Zweikreis-Hilfskraftlenkungen.

Zweikreis-Hilfskraftanlagen müssen eingebaut werden, wenn bei Ausfall der hydraulischen Kraftunterstützung eine Lenkkraft > 450 N erforderlich wird. Diese Anlagen arbeiten mit zwei voneinander unabhängigen hydraulischen Systemen.
Eine Ölpumpe wird vom Motor, die andere von einem Antriebsrad angetrieben (Abb. 2).

Die **hydraulische Unterstützung** kann
- hydraulisch oder
- hydraulisch-elektronisch gesteuert erfolgen.

Die elektronisch gesteuerte Servolenkung (Servocomtronic) beeinflusst die Betätigungskraft in Abhängigkeit von der **Fahrgeschwindigkeit** (Abb. 3). Im Stand bzw. bei niedriger Geschwindigkeit sind nur geringe Lenkkräfte erforderlich. Mit zunehmender Geschwindigkeit wird die Lenkung schwergängiger und vermittelt dadurch einen besseren Fahrbahnkontakt.

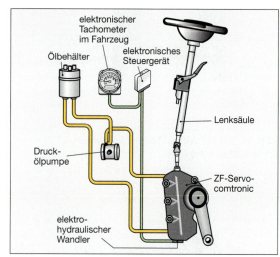

Abb. 3: Elektronisch gesteuerte Servolenkung

Das Steuergerät erhält das Geschwindigkeitssignal vom elektronischen Tachometer und beeinflusst über einen elektro-hydraulischen Wandler die Steuerkolben im Lenkgetriebe (Abb. 3). Weitere Steuergrößen, wie z. B. die **Achslast** des Fahrzeugs können als Steuergrößen für den Wandler verwendet werden, um die Lenkkraft unabhängig von der Beladung konstant zu halten.

Hydrostatische Lenkung

Die hydrostatische Lenkung (Abb. 4) ist eine **Fremdkraftlenkung**. Das Lenkrad hat keine mechanische Verbindung mit dem Lenkgestänge. Die Übertragung der Lenkkraft erfolgt **hydraulisch**, d. h. mit Drucköl. Ein solches System wird in der Regel nur dann eingebaut, wenn die mechanische Verbindung vom Lenkrad zu den gelenkten Rädern zu aufwändig ist, z. B. bei Schleppern. Die Fahrgeschwindigkeit darf 50 km/h nicht überschreiten. Fällt die Druckölpumpe aus, so muss die Lenkbarkeit über eine Notlenkpumpe weiterhin gewährleistet sein. Sie ist mit dem Achsantrieb verbunden.

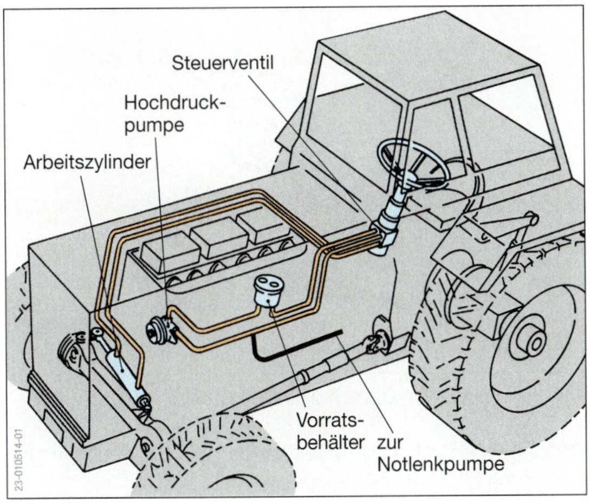

Kapitel 47: Nutzkraftwagen

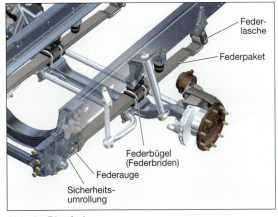

Abb. 4: Hydrostatische Lenkung

47.4.4 Federung

In Nutzkraftwagen werden an der Vorderachse hauptsächlich **Blattfedern** eingebaut. An Hinterachsen kommen Blattfedern und **Luftfedern** zum Einsatz. Baustellenfahrzeuge haben meist Blattfedern, bei Fahrzeugen für Wechselaufbauten werden Luftfedern eingebaut (einfache Niveauregulierung).

Moderne **Kraftomnibusse** werden an der Vorder- und an der Hinterachse mit **Luftfederung** ausgerüstet.

Schraubenfedern (s. Kap. 38) ermöglichen große Federwege, benötigen aber eine aufwändige Führung der Achsen. Sie werden daher fast ausschließlich in **geländegängigen Nutzkraftwagen** eingebaut.

Blattfedern

> **Blattfedern** übernehmen **Radführungseigenschaften**. Daher kann auf zusätzliche Bauteile für die Radaufhängung verzichtet werden.

Ein Blattfederpaket besteht aus unterschiedlich vielen Federblättern, die durch einen Herzbolzen zentriert und mit dem Federbügel (Federbriden) an der Achse befestigt werden. Am Rahmen vorn umschlingt eine **Sicherheitsumrollung** das am Rahmen befestigte Federauge (Abb. 5), mit einer Federlasche wird die Blattfeder hinten am Rahmen geführt.

Blattfedern haben durch die Reibung zwischen den Federblättern eine **Eigendämpfung** und unterstützen dadurch das Schwingungsdämpfersystem. Nachteilig sind Federgeräusche und Beschädigungen der Oberfläche durch Verschleiß. Diese Nachteile können durch geeignete **Zwischenlagen** aus **Kunststoff** vermieden werden.

Die **Federungseigenschaften** von Blattfedern werden bestimmt von:

- dem Querschnitt der Federblätter,
- der Länge der einzelnen Blätter und
- der Anzahl der Federblattlagen.

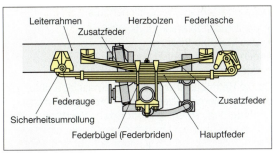

Abb. 5: Blattfeder

Mit einer großen Zahl von **Blattfederlagen** können große Kräfte vom Aufbau auf die Achse übertragen werden. Durch eine Zusatzfeder (Abb. 6) entsteht eine progressive Kennlinie (s. Kap. 38). Blattfedern können Kräfte in der Längs- und Querrichtung des Fahrzeugs übertragen.

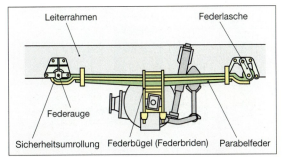

Abb. 6: Blattfeder mit progressiver Kennlinie

Es werden **Trapez**- und **Parabelfedern** unterschieden. Die Blätter der Trapezfeder haben gleiche Dicke, sind in ihrer Länge aber unterschiedlich. Nebeneinander gelegt ergeben die Federblätter die Form eines Trapezes.

Parabelfederblätter haben unterschiedliche Werkstoffdicken, sie sind parabelförmig gewalzt (Abb. 7).

Bei gleicher Federkraft haben **Parabelfedern** gegenüber den Blattfedern folgende **Vorteile**:

- geringere Masse,
- geringe Lagenzahl, daher Platz sparend und
- längere Haltbarkeit.

Abb. 7: Parabelfeder

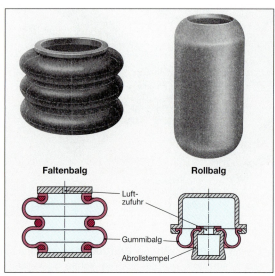

Abb. 1: Luftfederelemente

Luftfederung

Die **Luftfederungsanlage** (TB: Kap. 9) von Nutzkraftwagen besteht im Wesentlichen aus
- der Druckluftversorgungsanlage,
- den Vorratsbehältern,
- den Federelementen und
- dem System der Niveauregulierung.

Da die Betriebssicherheit der Bremsanlage durch die Luftfederung nicht beeinflusst werden darf, muss die Luftfederung einen **gesonderten Vorratsbehälter** haben und über ein Überströmventil oder eine eigene Versorgungsleitung am Vierkreisschutzventil (Abb. 2, S. 499) von der Bremsanlage getrennt sein.

Die Federelemente der Luftfederung sind der **Rollbalg** oder der **Faltenbalg** (Abb. 1). Sie bestehen aus öl- und alterungsbeständigem Gummi mit verstärkenden Gewebeeinlagen.

Als Luftfederelement im Bereich der Nutzkraftwagen kommt hauptsächlich der **Rollbalg** zum Einsatz (Abb. 2).

Im Inneren der Federbälge wirkt eine **Gummifeder** (Abb. 2) als Anschlag zur Begrenzung des Federweges. Im Defektfall kann deshalb bei vollständigem

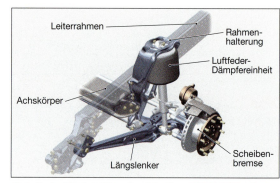

Abb. 3: Luftfeder-Dämpfereinheit an der Vorderachse

Druckluftverlust das Fahrzeug noch mit geringer Geschwindigkeit weiterfahren.

Nutzkraftwagen und Kraftomnibusse können auch an der Vorderachse mit Luftfederung ausgerüstet werden (Abb. 3 und Abb. 2, S. 490).

> **Roll-** und **Faltenbälge** können, wie die Schraubenfedern, **keine Rad-** bzw. **Achsführungskräfte** aufnehmen.

Diese Aufgabe wird von Längs-, Querlenkern oder X-Lenkern (Vierpunktlenker, Abb. 4), sowie von Stabilisatoren übernommen. Der **Vierpunktlenker** ist an der Achse und am Leiterrahmen mit jeweils zwei Lagern gelagert. Der Lenker führt die Achse und übernimmt auch die Aufgaben des **Stabilisators**. Federt die Achse einseitig ein, entsteht eine Torsionskraft im Lenker, die der Ausfederbewegung entgegenwirkt und das Fahrzeug stabilisiert.

Wegen der **geringen Eigendämpfung** der Luftfederung sind Schwingungsdämpfer erforderlich.

Elektronische Niveauregulierung

> **Aufgabe** der **Niveauregulierung** ist es, das Fahrzeugniveau unabhängig von der Belastung konstant zu halten.

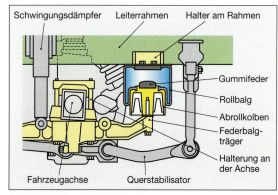

Abb. 2: Rollbalg-Luftfederung

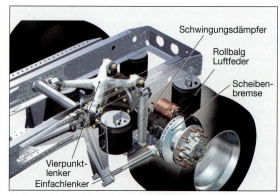

Abb. 4: Luftfederung mit X-Lenker

Kapitel 47: Nutzkraftwagen

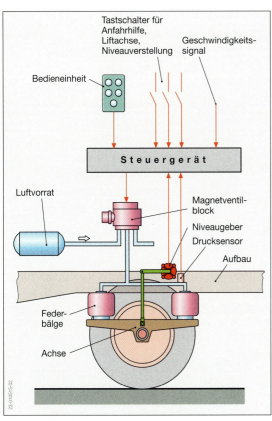

Abb. 5: Elektronische Niveauregulierung

Die Luftfederung mit Niveauregulierung hat neben dem Komfortgewinn für Nutzkraftwagen folgende **Vorteile**:
- die Laderaumhöhe kann vergrößert werden, weil die Nutzlast keinen zusätzlichen Federweg verursacht,
- vereinfachte Handhabung von Wechselaufbauten sowie
- eine bessere Be- und Entladung an Laderampen.

Das System erfüllt folgende **Aufgaben**:
- automatische Niveauregelung,
- manuelle Niveauverstellung,
- Liftachsensteuerung und
- Anfahrhilfe.

Die **elektronische Niveauregelung** (Abb. 5) sorgt unabhängig von der Beladung für einen konstanten Abstand zwischen Fahrzeugachse und Aufbau. Der **Niveaugeber** (Potenziometer oder Wegsensor) erfasst diesen Abstand über ein Gestänge und gibt entsprechende Spannungssignale an das **Steuergerät**. Ändert sich der Abstand, z. B. durch Be- oder Entladen des Fahrzeugs, gibt das Steuergerät entsprechende Stellbefehle an die **Magnetventile**. Die Federbälge werden durch die Magnetventile solange be- bzw. entlüftet, bis der Niveaugeber dem Steuergerät das Soll-Niveau meldet.

Der Umgang mit Wechselpritschen oder das Be-und Entladen an Rampen wird durch die **manuelle Niveauverstellung** über die **Bedieneinheit** oder über **Tastschalter** an der Armaturentafel vereinfacht. Durch das Beladen des Fahrzeugs erhöht sich der Druck in den Federbälgen. Bei Erreichen eines bestimmten Drucks wird die **Liftachse automatisch abgesenkt**, um eine Überschreitung der zulässigen Achslast zu vermeiden.

Zur **Traktionsverbesserung** während des Anfahrens (Anfahrhilfe) kann die Liftachse über einen **Tastschalter** kurzzeitig angehoben werden, um die Anpresskraft der Antriebsachse während des Anfahrens zu erhöhen.

Aufgaben zu Kap. 47.4

1. Welche Anforderungen muss ein Nutzkraftwagenrahmen erfüllen?
2. Beschreiben Sie, welchen Belastungen ein Nutzkraftwagenrahmen ausgesetzt ist.
3. Ein Leiterrahmen soll biegesteif und verdrehelastisch sein. Durch welche baulichen Maßnahmen werden diese Eigenschaften beeinflusst?
4. Nennen Sie unterschiedliche Achsbauformen und deren Einsatzbereich im Nutzkraftwagen.
5. Skizzieren Sie eine Faust- und Gabelachse.
6. Beschreiben Sie den Aufbau einer Durchtriebsachse und geben Sie an, bei welchen Fahrzeugen diese Achsen erforderlich sind.
7. Skizzieren Sie schematisch eine Portalachse und begründen Sie die Bauform dieser Achse.
8. Skizzieren Sie die zwei Betriebsstellungen einer Liftachse und beschreiben Sie die Vorteile dieser Achskonstruktion.
9. Wo werden elektro-hydraulische Lenksysteme im Bereich der Nutzkraftwagen eingesetzt?
10. Beschreiben Sie die Wirkungsweise elektro-hydraulischer Lenksysteme.
11. Tragachsen können eine passive oder eine aktive Lenkung haben. Beschreiben Sie den Unterschied der beiden Systeme.
12. Erklären Sie den Unterschied zwischen einer Servolenkung und einer hydrostatischen Lenkung.
13. Welche Vorteile hat eine Zweikreis-Hilfskraftlenkanlage gegenüber einer Einkreis-Hilfskraftlenkanlage?
14. Beschreiben Sie die Vorteile einer elektronisch gesteuerten Servolenkung (Servocomtronic) gegenüber einer herkömmlichen Servolenkung.
15. Wovon werden die Federungseigenschaften einer Blattfeder bestimmt?
16. Welche Vorteile hat die Parabelfeder gegenüber der Trapezfeder?
17. Welche Aufgabe hat die Gummifeder im Innern von Federbälgen?
18. Welchen Vorteil hat ein Vierpunktlenker gegenüber einem Dreipunktlenker?
19. Nennen Sie die Vorteile der Luftfederung mit Niveauregulierung.
20. Beschreiben Sie die Vorgänge im System der elektronischen Niveauregulierung während des Beladens und Entladens des Fahrzeugs.

47.5 Druckluftbremsanlage

Für die Abbremsung von mittleren und schweren Nutzkraftwagen reichen die durch Fußkraft und mechanische oder hydraulische Übersetzung erzeugter Kräfte nicht aus. Es ist eine Fremdkraft erforderlich, um die benötigten Spannkräfte an den Bremsen zu erzeugen.

Der Fahrer leitet den Bremsvorgang nur noch ein. Die erforderlichen Bremskräfte werden durch Druckluft erzeugt, die ein vom Motor angetriebener Luftpresser (Kompressor) liefert.

Die **Bauteile** einer Zweikreis-Druckluftbremsanlage zeigt die Abb. 1 (⇒ TB: Kap. 9).

Sie gliedert sich in:
- Energieversorgungsanlage,
- Betätigungseinrichtung und
- Übertragungseinrichtung.

Geräteanschlüsse

Die Anschlussbezeichnungen nach DIN ISO 6786 haben in der ersten Ziffer die in der Tab. 1 dargestellte Bedeutung.

Tab. 1: Anschlussbezeichnungen

Kennziffer	Bedeutung
0	Ansauganschluss (Luftpresser)
1	Energiezufluss
2	Energieabfluss (nicht zur Atmosphäre)
3	Anschluss Atmosphäre
4	Steueranschluss (Eingang am Gerät)
5	frei
6	frei
7	Gefrierschutzmittelanschluss
8	Schmierölanschluss (Luftpresser)
9	Kühlmittelanschluss (Luftpresser)

Sind mehrere gleichartige Anschlüsse vorhanden, ist eine zweite Ziffer erforderlich, z. B.:
11 ... 12 ... 13 ... oder 21 ... 22 ... 23 ...

Mehrere gleiche Anschlüsse aus einer Kammer erhalten gleiche Ziffern.

Anschlüsse, die mehrere Funktionen erfüllen, sind durch einen waagerechten Strich voneinander zu trennen, z. B. 1–2 (Reifenfüllanschluss am Druckregler).

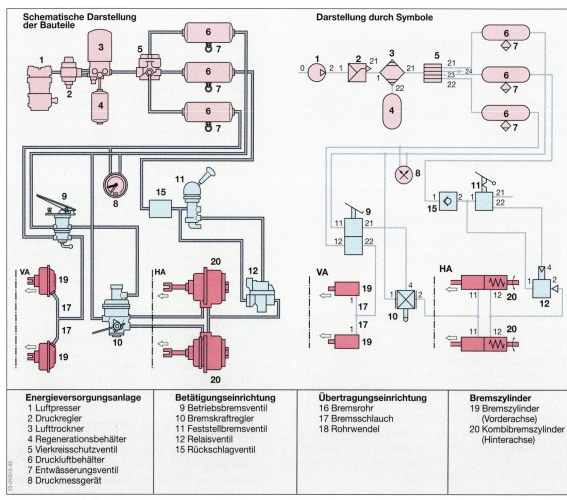

Abb. 1: Zweikreis-Druckluftbremsanlage

Energieversorgungsanlage
1 Luftpresser
2 Druckregler
3 Lufttrockner
4 Regenerationsbehälter
5 Vierkreisschutzventil
6 Druckluftbehälter
7 Entwässerungsventil
8 Druckmessgerät

Betätigungseinrichtung
9 Betriebsbremsventil
10 Bremskraftregler
11 Feststellbremsventil
12 Relaisventil
15 Rückschlagventil

Übertragungseinrichtung
16 Bremsrohr
17 Bremsschlauch
18 Rohrwendel

Bremszylinder
19 Bremszylinder (Vorderachse)
20 Kombibremszylinder (Hinterachse)

Kapitel 47: Nutzkraftwagen

47.5.1 Betriebsbremsanlage und Druckluftversorgung

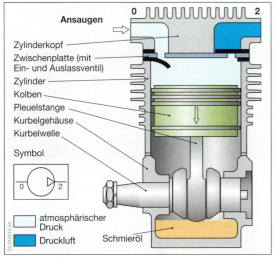

Abb. 2: Luftpresser

> Der **Luftpresser** hat die **Aufgabe**, die Druckluftbremsanlage mit der erforderlichen Druckluftmenge zu versorgen

Luftpresser

Der Luftpresser (Abb. 2) ist eine Ein- bzw. Zweizylinderkolbenpumpe. Er wird vom Motor durch Keilriemen oder Zahnräder angetrieben. Die Ventile sind als Plattenventile ausgeführt. Sie öffnen und schließen selbsttätig.

Der **Abwärtshub** des Kolbens erzeugt einen Unterdruck im Arbeitsraum. Es gelangt Außenluft durch das Einlassventil. Die Luft wird während des **Aufwärtshubes** über das Auslassventil in die Druckleitung zum Druckregler gepresst. Die Druckleitung hat eine oder mehrere Windungen, um Längenänderungen auszugleichen, die durch Temperaturschwankungen auftreten können.

Zur Reinigung der Ansaugluft vor dem Einlassventil dient das Luftfilter des Motors oder ein zusätzliches Luftfilter (s. Kap. 19). Die Schmierung der beweglichen Teile des Luftpressers erfolgt durch eine Verbindungsleitung um Ölkreislauf des Motors oder durch Tauchschmierung. Luftpresser sind **luft-** oder **kühlmittelgekühlt**. Kühlmittelgekühlte Luftpresser sind an das Kühlsystem des Motors angeschlossen.

Druckregler

> Der **Druckregler** hat die **Aufgabe**, den Druck in der Bremsanlage innerhalb vorgegebener Grenzwerte zu regeln.

Zu hoher Druck führt zu einer Überbeanspruchung der Bremsanlage, bei zu geringem Druck ist die Verkehrssicherheit des Fahrzeugs nicht mehr gewährleistet. Im allgemeinen beträgt der **Abschaltdruck** p_e = 7,5 bis 10 bar. Der **Einschaltdruck** liegt um etwa 1 bar niedriger (Schaltspanne).

In der **Füllstellung** (Abschaltdruck noch nicht erreicht) ist das Leerlaufventil geschlossen (Abb. 3a). Die vom Luftpresser erzeugte Druckluft strömt über den Anschluss 1 durch das Luftfilter des Druckreglers und die Luftkanäle zum Rückschlagventil. Die vom Druck erzeugte Kraft öffnet das Rückschlagventil. Die Druckluft strömt durch den Anschluss 21 über den Lufttrockner bzw. die Frostschutzpumpe zu den Luftbehältern. Gleichzeitig gelangt die Druckluft zur Membrane und zum Steuerventil des Druckreglers.

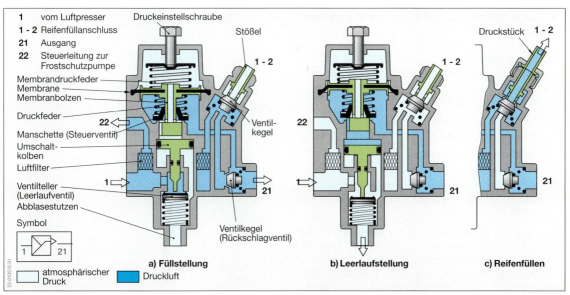

Abb. 3: Druckregler

Die Feder des Steuerventils drückt die Manschette solange auf den Sitz, bis der Abschaltdruck in den Luftbehältern erreicht ist. Dieser Druck wird durch die Druckeinstellschraube eingestellt, die eine Vorspannung der Membrandruckfeder bewirkt.

In der **Leerlaufstellung** (Abschaltdruck erreicht) hebt die vom Druck abhängige Kraft die Membrane gegen die Kraft der Membrandruckfeder an. Das Steuerventil wird über den Membranbolzen von seinem Sitz abgehoben (Abb. 3a). Die Druckluft strömt zum Umschaltkolben. Der Umschaltkolben wird abwärts gedrückt und öffnet das Leerlaufventil. Die vom Luftpresser erzeugte Druckluft strömt über das Leerlaufventil ins Freie. Eventuell vorhandene Kondenswasser und Öltröpfchen werden dabei mitgerissen. Während der Leerlaufstellung ist das Rückschlagventil geschlossen.

Der **Reifenfüllanschluss** (Anschluss 1–2, Abb. 3c) kann nur während der Füllstellung des Druckreglers benutzt werden, da in der Leerlaufstellung die Druckluft direkt ins Freie gelangt. Die Überwurfmutter (bzw. Steckverbindung) des Reifenfüllschlauchs wird auf den Reifenfüllanschluss geschraubt. Dabei verschiebt das Druckstück den Stößel, und der Ventilkegel des Reifenfüllventils wird geöffnet. Gleichzeitig schließt der Ventilkegel die Leitung zum Rückschlagventil. Die Reifen können mit einem Druck bis zu 10 bar gefüllt werden (abhängig von der Förderleistung des Luftpressers). Erreicht der Druck den Wert, auf den das Leerlaufventil eingestellt ist, so öffnet das Leerlaufventil (Sicherheitsdruck). Der Luftpresser fördert ins Freie. Über den Reifenfüllanschluss können auch die Vorratsbehälter eines geschleppten Fahrzeugs befüllt werden. Dies ist erforderlich, wenn der Luftpresser des geschleppten Fahrzeugs nicht mehr arbeiten kann (z. B. Motorschaden).

Über den **Reifenfüllanschluss** kann Druckluft für das Aufpumpen der Reifen entnommen oder den Vorratsbehältern von außen Druckluft zugeführt werden.

Neben den Anschlüssen 1 (Luftzufluss) und 21 (Lufttrockner bzw. Frostschutzpumpe) können je nach Ausführung des Druckreglers noch zusätzliche Anschlüsse vorhanden sein.

Für Betrieb mit Frostschutzpumpe:

22: für die Impulssteuerung der Frostschutzpumpe

Für Betrieb mit Lufttrockner:

23: für die Impulssteuerung des Lufttrockners
4: erfasst den Druck nach dem Lufttrockner zur Steuerung des Abschaltdrucks. Für diesen Fall entfällt das Rückschlagventil.

Die Temperatur der vom Luftpresser erzeugten Druckluft beträgt etwa 160 bis 200 °C. Damit die mitgeführte Luftfeuchtigkeit zu Wasser kondensiert, ist der Druckregler an einer gut gekühlten Stelle angebracht. Das kondensierte Wasser wird größtenteils während der Leerlaufstellung von der Druckluft ins Freie mitgerissen.

Frostschutzpumpe

Die **Frostschutzpumpe** hat die **Aufgabe**, die Druckluftbremsanlage mit einem Frostschutzmittel zu versorgen.

Je nach Witterung und geförderter Luftmenge gelangen täglich 0,25 bis 0,75 l Kondenswasser in die Druckluftbremsanlage. Bei tiefen Temperaturen bildet sich Eis, das die Anlage außer Funktion setzen kann.

Die **automatische Frostschutzpumpe** wird über den Druckanstieg des Druckreglers gesteuert. Schaltet der Druckregler in Füllstellung, wird durch einen Kolben Frostschutzmittel in die Druckleitung gespritzt.

Lufttrockner

Der **Lufttrockner** hat die **Aufgabe**, die Druckluft zu entwässern und zu reinigen.

Durch den Einbau eines Lufttrockners zwischen Druckregler und Mehrkreisschutzventil können Frostschutzeinrichtungen entfallen.

Das Vorfilter des Lufttrockners (Abb. 1) hält Schmutzteilchen zurück und kühlt die Druckluft ab. Dabei findet eine Vorentwässerung statt, da ein Teil der Luftfeuchtigkeit kondensiert. Die Luft strömt anschließend durch ein Trockenmittel, das der Luft soviel Wasser entzieht, dass keine weitere Kondensation eintritt. In der Leerlaufstellung des Druckreglers wird das Trockenmittel regeneriert (regenerieren, lat.: erneuern), indem durch ihn über den Anschluss 4 das Entlüftungsventil geöffnet wird. Vom Regenerationsbehälter strömt trockene Luft durch das Trockenmittel, entzieht ihm die Feuchtigkeit und strömt über das Entlüftungsventil ins Freie. Ein Heizstab verhindert das Einfrieren des Entlüftungsventils.

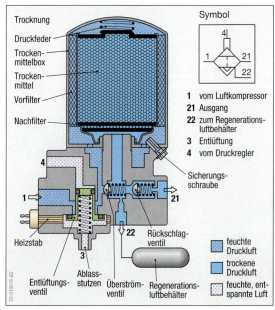

Abb. 1: Lufttrockner

Kapitel 47: Nutzkraftwagen

Mehrkreisschutzventil

> Das **Mehrkreisschutzventil** hat die **Aufgabe**, bei Ausfall eines Druckluftkreises, den Druck in den anderen Kreisen zu halten.

Je nach Anzahl der Kreise sind dafür Zwei-, Drei- oder Vierkreisschutzventile (Abb. 1, S. 496) erforderlich.

Das **Vierkreisschutzventil** (Abb. 2) verteilt die Druckluft auf:

- zwei Zugwagen-Bremskreise,
- einen Bremskreis für Feststellbremse und Anhänger und
- den Kreis für Nebenverbraucher (z. B. Betätigungszylinder der Dauerbremsanlage).

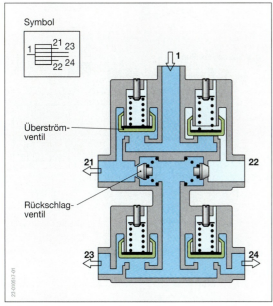

Abb. 2: Wirkungsweise des Vierkreisschutzventils

Fällt ein Bremskreis aus, so schließt sich dessen Überströmventil und damit auch das entsprechende Rückschlagventil. Der Luftpresser fördert weiterhin Druckluft in die verbleibenden Kreise.

Vorratsbehälter

> Die **Vorratsbehälter** haben die **Aufgabe**, die vom Luftpresser erzeugte Druckluft zu speichern

Das Volumen der Vorratsbehälter muss so bemessen sein, dass nach **acht Vollbremsungen** die für die Hilfsbremsanlage vorgeschriebene Bremswirkung noch sichergestellt ist (EU-Richtlinien, Anhang IV). Die **Druckluftleitungen** müssen mit Gefälle verlegt werden, damit sich das anfallende Kondenswasser in den Vorratsbehältern sammeln kann. Jeder Behälter ist an der tiefsten Stelle mit einem automatischen oder von Hand zu betätigendem Entwässerungsventil versehen.

Das Kondenswasser muss abgelassen werden, damit die Korrosionswirkung gering gehalten wird und das Speichervolumen für die Druckluft nicht abnimmt.

Das **automatische Entwässerungsventil** (Abb. 3) entwässert immer dann, wenn der Behälterdruck (Vorratsdruck in Kammer 1) absinkt. Der höhere Teildruck in Kammer 2, der durch den Behälterdruck entsteht, wölbt die Membrane in Richtung Kammer 1. Das Entwässerungsventil wird kurzzeitig geöffnet.

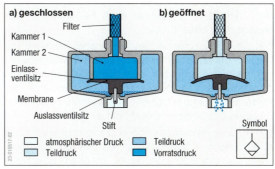

Abb. 3: Automatisches Entwässerungsventil

Optische und akustische Geräte zur Drucküberwachung

Nach den Bestimmungen der StVZO in Verbindung mit den Richtlinien der Europäischen Union (EU-Richtlinien) müssen Fahrzeuge mit Druckluft-Bremsanlagen neben **Luftdruckmessern** noch mit **optisch** (z. B. Kontrolllampen) oder **akustisch** wirkenden **Warneinrichtungen** (z. B: Summer) versehen sein, da der Fahrer die Druckanzeigegeräte nicht immer beobachten kann.

Diese Warneinrichtungen werden wirksam, sobald der Druck in einem Teil der Anlage auf 65 % des vorgeschriebenen Wertes absinkt. Für die Überwachung des Vorratsdrucks benötigen Zweikreis-Bremsanlagen jeweils zwei Einfach- oder einen Doppeldruckmesser.

Bremskraftregler

> Der **Bremskraftregler** hat die **Aufgabe**, den Bremsdruck im Hinterachsbremskreis in Abhängigkeit vom Belastungszustand des Fahrzeugs zu regeln.

Die Betriebsbremse wäre ohne Bremskraftregler im unbeladenen Zustand nur unzureichend dosierbar. Eine Vollbremsung würde bereits bei geringer Pedalbetätigung erfolgen.

Es werden **automatische, lastabhängige Bremskraftregler** (ALB) verwendet (Abb. 1, S. 496). Der automatische Bremskraftregler ist am Fahrzeugrahmen befestigt.

Für **Fahrzeuge** mit **Stahlfederung** ist ein Betätigungshebel über eine Feder mit der Fahrzeugachse verbunden. Als Stellgröße dient der Abstand zwischen Fahrzeugachse und Rahmen.

Die Betätigungsstange wirkt über eine Kurvenscheibe auf ein Regelventil. Bei voll beladenem Fahrzeug (kleinster Abstand zwischen Achse und Rahmen) ist das Regelventil vollständig geöffnet. Der eingeleitete Bremsdruck wird ungeregelt weitergeleitet. In allen anderen Beladungszuständen wird der Druck verringert und damit ein Überbremsen der Achse verhindert.

Für **Fahrzeuge** mit **Luftfederung** wird wegen des konstanten Abstands zwischen Fahrzeugachse und Aufbau ein automatischer Bremskraftregler verwendet, der den Druck in den Federbälgen als Steuergröße erfasst.

Für die Druckregelung des Vorderachsbremskreises wird ein zusätzliches **Druckverhältnisventil** verwendet, welches den Druck im Vorderachsbremskreis in Abhängigkeit vom eingesteuerten Bremsdruck der Hinterachse regelt. Das Druckverhältnisventil ist meist im Betriebsbremsventil mit eingebaut.

Die Reglung der erforderlichen Bremskraft kann auch **elektronisch** erfolgen. Aus den Werten für Fahrpedalstellung und der dabei erzielten Beschleunigung des Fahrzeuges wird dann die Achslast des Fahrzeuges berechnet.

Betriebsbremsventil

> Das **Betriebsbremsventil** hat die **Aufgabe**, ein abstufbares Bremsen des Zugwagens zu ermöglichen und bei Anhängerbetrieb das Anhänger-Steuerventil zu betätigen.

Das Betriebsbremsventil (Abb. 1a) wird auch als **Trittplattenbremsventil** bezeichnet. Es besteht für eine Zweikreisbremsanlage des Zugwagens aus zwei Ventilsystemen.

Jedes System versorgt einen Bremskreis und die damit verbundenen Bremszylinder mit Druckluft. Die Betätigung erfolgt über eine Trittplatte.

Teilbremsung

Bei teilweiser Betätigung werden über den Stößel und die Wegausgleichsfeder beide Kolben (Reaktions- und Wiegekolben) gegen die Kraft der Kolbenfedern verschoben. Die Kolben öffnen die Ventile und unterbrechen die Verbindung zur Außenluft.

Die Druckluft strömt von den Vorratsbehältern in beide Bremskreise und in die Räume unterhalb der Kolben entgegen der Kraft der Wegausgleichsfeder.

Die dabei von unten auf den Reaktionskolben wirkende Kraft (Reaktionskraft) verschiebt den Kolben soweit, bis die Ventile wieder schließen (Teilbremsabschlussstellung).

Die Reaktionskräfte (Gegendruck wirkt auf das Pedal) geben dem Fahrer eine Information über die in den Bremszylindern wirkenden Bremskräfte. Dadurch ist ein gefühlvolles Bremsen möglich.

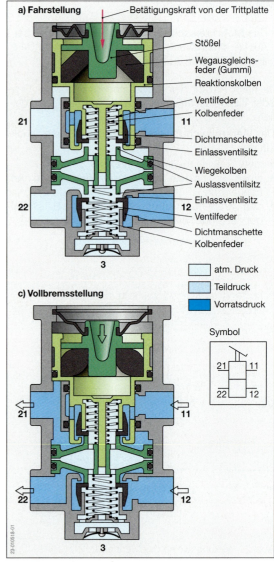

Abb. 1: Betriebsbremsventil

Je tiefer der Stößel und die Wegausgleichsfeder in das Ventilgehäuse hineingedrückt werden, desto größer wird der Druck in den Bremskreisen.

Vollbremsung

Das Betriebsbremsventil wird betätigt, bis die Kolben an dem Gehäuse anliegen. Die Ventile werden geöffnet, und der gesamte Vorratsdruck wird in den Bremskreisen wirksam (Abb. 1b).

Lösestellung

Wird die Bremse gelöst, so entspannt sich die Wegausgleichsfeder. Auf der Unterseite der Kolben wirken die Druckluft und die Druckfedern. Die Kolben werden nach oben geschoben. Die Ventile schließen durch Federkraft. Sobald die Kolben von den Ventilen abheben, gelangt die Druckluft aus den Bremskreisen über die Gehäuseentlüftung ins Freie.

Kapitel 47: Nutzkraftwagen

Betriebsbremsventile mit **Druckverhältnisventil** bewirken eine lastabhängige Regelung des Bremsdrucks an den Bremsen der Vorderachse. Als Steuergröße dient der eingesteuerte Bremsdruck der Hinterachse durch den Bremskraftregler.

47.5.2 Bremszylinder

> Im **Bremszylinder** wird der über das Betriebsbremsventil eingeleitete Druck in eine Kolbenstangenkraft umgewandelt.

Für die **Betriebsbremsanlage** werden
- Kolbenzylinder (Abb. 2) oder
- Membranzylinder (Abb. 3)

verwendet.

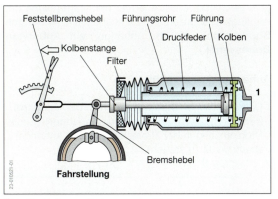

Abb. 2: Kolbenzylinder

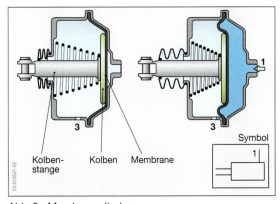

Abb. 3: Membranzylinder

Für die **Feststellbremsanlage** (Abb. 4) wird ein zusätzlicher **Federspeicher** verwendet, der die Spannkräfte mechanisch erzeugt.
Der Federspeicher kann mit einem Kolbenzylinder oder mit einem Membranzylinder (Abb. 4) kombiniert werden (Kombibremszylinder). Die Feder lässt sich durch eine Sechskantschraube spannen (Notlöseeinrichtung). Dadurch wird das Rangieren des Fahrzeugs bei leerer Druckluftbremsanlage oder bei Ausfall der Druckluft durch Undichtigkeiten möglich.

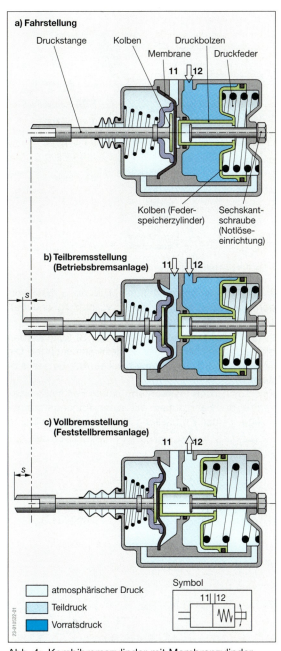

Abb. 4: Kombibremszylinder mit Membranzylinder

47.5.3 Feststellbremsanlage

> Die **Feststellbremsanlage** hat die Aufgabe, das Fahrzeug im Stand und auf geneigter Fahrbahn durch rein mechanisch erzeugte Kräfte festzuhalten. Sie dient auch als **Hilfsbremsanlage**, wenn die Betriebsbremsanlage ausgefallen ist.

Die Betätigung erfolgt durch das **Feststellbremsventil** (Abb. 1, S. 502). In der **Fahrstellung** (Abb. 4a) werden die Federspeicher der Kombibremszylinder mit Druckluft versorgt. Die Feder ist zusammengedrückt.

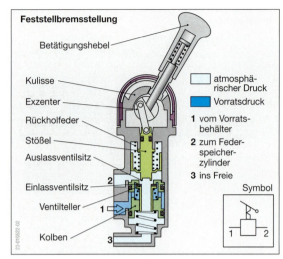

Abb. 1: Feststellbremsventil

In der **Feststellbremsstellung** (Abb. 4c, S. 501) werden die Federspeicherzylinder vollständig entlüftet. Die Federkraft wirkt auf die Bremse.

In der **Teilbremsstellung** (Abb. 4b, S. 501) werden die Federspeicherzylinder nur teilweise entlüftet. Die Federkraft wird für ein gefühlvolles Abbremsen eingesetzt.

Eine zusätzliche **Prüfstellung** haben Feststellbremsventile bei Fahrzeugen mit einer Anhängerbremsanlage. In der Prüfstellung kann die Bremswirkung des Zugwagens bei entlüfteter Anhängerbremsanlage kontrolliert werden.

In der EG-Kontrollstellung muss der Zugwagen den gesamten Zug nur mit seiner Bremse bis zu einer Steigung von 12 % abbremsen

Das **Relaisventil** (Abb. 2, Nr. 12) hat die Aufgabe, das Be- und Entlüften der Federspeicher zu beschleunigen.

47.5.4 Anhängerbremsanlage

Die **Bauteile** einer Zweikreis-Zweileitungs-Zugwagen und Anhängerbremsanlage zeigt die Abb. 2. Die Anlage wird als Zweileitungsanlage bezeichnet, weil zwei Leitungen (Vorrats- und Bremsleitung) zum Anhänger führen. Die **Vorratsleitung** versorgt den Vorratsbehälter des Anhängers mit Druckluft. Über die **Bremsleitung** wird die Abbremsung des Anhängers gesteuert. Die Steuerung der Abbremsung des Anhängers erfordert im Zugwagen ein **Anhänger-Steuerventil** und im Anhänger ein **Anhänger-Bremsventil**.

Anhänger-Steuerventil

> Das **Anhänger-Steuerventil** hat die **Aufgabe**, den Bremsvorgang für den Anhänger durch Druckanstieg in der Bremsleitung zum Anhänger-Bremsventil zu steuern.

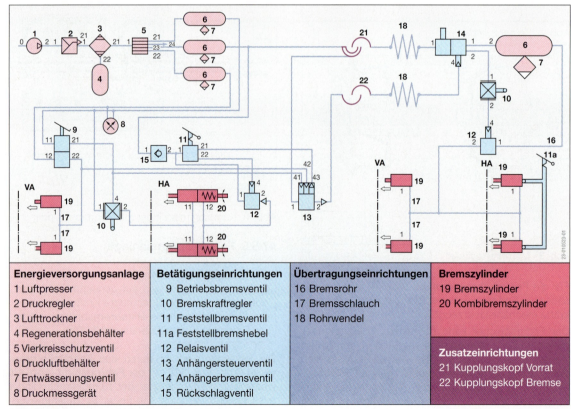

Abb. 2: Zugwagen- und Anhängerbremsanlage

Das Anhänger-Steuerventil (Nr. 13, Abb. 2) reagiert auf die Druckverhältnisse in den Zugwagen-Bremskreisen. Wird mit der Betriebsbremsanlage eine **Bremsung** eingeleitet, so strömt Druckluft über die Anschlüsse 41 (Bremskreis 1) und 42 (Bremskreis 2) in das Anhängersteuerventil. Das Anhängersteuerventil steuert über das Anhängerbremsventil (Nr. 14, Abb. 2) den erforderlichen Bremsdruck aus den Vorratsbehältern in die Radzylinder ein.

Kupplungsköpfe

> Die **Kupplungsköpfe** haben die **Aufgabe**, die Vorrats- und Bremsleitung des Zugwagens **vertauschsicher** mit den entsprechenden Leitungen des Anhängers zu verbinden.

Der mit der **Vorratsleitung** verbundene Kupplungskopf des Zugwagens (Abb. 3a) lässt die Druckluft über das Anhänger-Bremsventil (ABrV) in den Anhänger-Vorratsbehälter und gleichzeitig in das Anhänger-Steuerventil (AStV) strömen (Abb. 2).

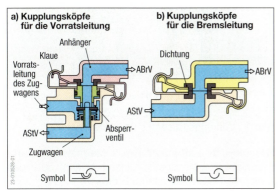

Abb. 3: Kupplungsköpfe

Im abgekuppelten Zustand sperrt ein automatisches **Absperrventil** die Vorratsleitung und entlüftet gleichzeitig die Leitung zum Anhänger-Steuerventil.
Der Kupplungskopf der **Bremsleitung** des Anhängers (Abb. 3b) enthält kein Absperrventil, da diese Leitung im abgekuppelten Zustand drucklos ist.

> Die Kupplungsköpfe sind mit unterschiedlichen Klauen versehen, damit ein **Vertauschen** der Anschlüsse **vermieden** wird. Zusätzlich sind die Kupplungsköpfe unterschiedlich eingefärbt:
> **rot = Vorratsleitung, gelb = Bremsleitung.**

Anhänger-Bremsventil

Das Anhänger-Bremsventil (Abb. 2, Nr. 14) der Zweileitungs-Bremsanlage soll:
- die Vorratsluft vom Zugwagen bei gelöster und betätigter Bremse in den Vorratsbehälter des Anhängers strömen lassen,
- bei Betätigung der Zugwagen-Bremsen die Vorratsluft aus dem Anhänger-Vorratsbehälter entsprechend der Stellung des Bremskraftreglers über das Relaisventil zu den Anhänger-Bremszylindern leiten,
- wenn der Anhänger abreißt, die Vorratsluft aus dem Anhänger-Vorratsbehälter zu den Bremszylindern leiten (Notbremsung),
- mit einer handbetätigten Lösevorrichtung das Rangieren des abgekuppelten und damit gebremsten Anhängers ermöglichen und
- die Handbetätigung während des Wiederankuppelns automatisch ausschalten.

> Durch **Abkuppeln** oder **Abreißen** der Vorratsleitung wird der Anhänger **sofort abgebremst**.

> **Arbeitshinweise**
> Aus Sicherheitsgründen muss beim Ankuppeln und Abkuppeln von Anhängern für das Lösen und Befestigen der Schlauchkupplungen folgende Reihenfolge eingehalten werden:
> **Ankuppeln:** Zuerst die gelbe Bremsleitung, dann die rote Vorratsleitung befestigen.
> **Abkuppeln:** Zuerst die rote Vorratsleitung, dann die gelbe Bremsleitung lösen.

Mechanische Feststellbremsanlage des Anhängers

Ist der Anhänger mit Kombibremszylindern (Abb. 2, S. 501) ausgerüstet, so wirken die Federn des Federspeichers als mechanische Feststellbremse. Andernfalls ist eine **Muskelkraftbremsanlage** erforderlich, um den abgestellten Anhänger im Stand festzuhalten. Mit einem Feststellbremshebel oder einer Kurbel über Gestänge oder Seile werden die Bremsen der Hinterachse des Anhängers betätigt. Die Muskelkraftbremsanlage kann nicht vom Zugwagen aus betätigt werden.

Aufgaben zu Kap. 47.5

1. In welche Baugruppen gliedert sich die Druckluftbremsanlage?
2. Beschreiben Sie die Aufgabe und die Wirkungsweise des Luftpressers.
3. Wozu dient der Druckregler?
4. Durch welche Maßnahmen kann die Druckluftbremsanlage vor Vereisung geschützt werden?
5. Beschreiben Sie die Aufgabe des Regenerationsbehälters.
6. Wozu dient das Mehrkreisschutzventil?
7. Berechnen Sie die Kraft, die ein Membranzylinder erzeugt. Der Nenndruck beträgt 7 bar, die Membrane hat einen Durchmesser von 140 mm.
8. Welche Aufgaben hat der Kombibremszylinder?
9. Beschreiben Sie, warum der Kombibremszylinder auch als Federspeicherbremszylinder bezeichnet wird.
10. Welche Farben haben die Kupplungsköpfe?
11. Welche Sicherheitsregeln sind bei An- bzw. Abkuppeln eines Anhängers mit Druckluftbremsanlage zu beachten?

47.6 Anti-Blockier-System (ABS) für Druckluftbremsanlagen

Anti-Blockier-Systeme (ABS) haben die **Aufgabe**, während des Bremsens ein Blockieren der Räder zu verhindern, d. h. den bestmöglichen Kraftschluss zwischen Reifen und Fahrbahn zu gewährleisten.

Laut EU-Richtlinie-Bremsanlagen 71/320/EWG müssen folgende neu in den Verkehr gebrachten Fahrzeuge mit ABS ausgerüstet sein:
- alle Kraftomnibusse,
- Lkw und Anhänger ab 3,5 t zGG.

Das ABS für Druckluftbremsanlagen besteht aus den **Drehzahlsensoren** (s. Kap. 53.3.4), dem **Steuergerät** und den **Drucksteuerventilen**, die den Luftdruck in den einzelnen Bremszylindern regeln (Abb.1 und 2). Zugwagen und Anhänger haben je ein eigenes ABS, wodurch das gefährliche »Einknicken des Zuges« vermieden wird.

Fahrzeugkombinationen haben zusätzlich ein Steuergerät zur **Anhängererkennung**. Es informiert den Fahrer durch eine Warn- und eine Informationslampe über die ABS-Ausrüstung des Anhängers. Leuchtet die Informationslampe auf, bedeutet das »Anhänger ist nicht mit ABS ausgerüstet«. Leuchtet die Warnlampe auf, so wird damit »Störung im Anhänger-ABS« gemeldet.

Drucksteuerventil

Jedem geregelten Rad ist ein Drucksteuerventil (Abb. 1) zugeordnet. Es besteht aus zwei **Magnetventilen**, die zusammen mit zwei **Membranventilen** in den Bremszylindern die **drei Regelphasen**
- Bremsdruck aufbauen,
- Bremsdruck halten und
- Bremsdruck abbauen ermöglichen.

Die **Membranventile** (Halteventil, Auslassventil) des Drucksteuerventils werden durch die Magnetventile **vorgesteuert**, d. h. die Magnetventile bestimmen durch ihre Position (offen oder geschlossen), ob die Membranventile durch Druckluft geöffnet werden können.

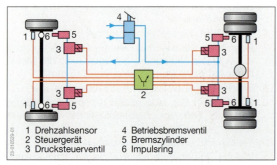

1 Drehzahlsensor 4 Betriebsbremsventil
2 Steuergerät 5 Bremszylinder
3 Drucksteuerventil 6 Impulsring

Abb.1: Druckluft-ABS-Anlage für 2-Achs-Nkw

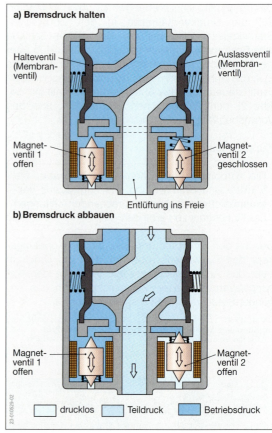

Abb. 2: Wirkungsweise des Drucksteuerventils

Bremsdruck aufbauen: Beide Magnetventile sind geschlossen (stromlos). Druckluft gelangt über das geöffnete Halteventil zu den Bremsen.

Bremsdruck halten (Abb. 2a): Neigt das Rad zum Blockieren, muss der Druck gehalten werden. Das Magnetventil 2 bleibt geschlossen und das Magnetventil 1 öffnet. Dadurch bewegt sich das Halteventil nach rechts, und der Druck wird nicht mehr weiter aufgebaut, sondern nur noch gehalten.

Bremsdruck abbauen (Abb. 2b): Nimmt die Blockiergefahr am Rad weiter zu, so bewirkt das Steuergerät durch Öffnen beider Magnetventile, dass der Druck abgebaut wird. Das Auslassventil verschiebt sich nach rechts. Der Bremsdruck sinkt, da die Luft am geöffneten Auslassventil vorbei ins Freie entweichen kann. Ist die Blockierneigung behoben, folgt Schaltstellung 2a (Bremsdruck aufbauen).

47.7 Antriebs-Schlupf-Regelung (ASR) für Druckluftbremsanlagen

Die **Antriebs-Schlupf-Regelung** (ASR) hat die **Aufgabe**, das Durchdrehen der Antriebsräder zu verhindern d. h. den bestmöglichen Kraftschluss zwischen Reifen und Fahrbahn während des Beschleunigens zu gewährleisten.

ASR ist eine **Erweiterung** des **ABS** und nutzt dessen Bauelemente (Raddrehzahlsensoren, Drucksteuerventile ABS/ASR-Steuergerät, Abb. 1).

Zur Erfassung des Antriebsschlupfs werden die Signale der Raddrehzahlsensoren vom Steuergerät ausgewertet. Erkennt das Steuergerät erhöhten Schlupf an den Antriebsrädern (Gefahr des Durchdrehens), wird zur Reduzierung des Antriebsmomentes der **Bremsregelkreis** oder der **Motorregelkreis** aktiviert. Dem Fahrer wird das aktivierte ASR durch eine Kontrollleuchte in der Armaturentafel angezeigt.

Bremsregelkreis

Der **Bremsregelkreis** wird aktiviert, wenn eines der **Antriebsräder** auf Grund unterschiedlicher Reibwerte dazu neigt durchzudrehen.

Die Bremsregelung hat die Aufgabe, das durchdrehende Rad abzubremsen. Das Steuergerät betätigt das ASR-Magnetventil. Über das Wechselventil und das Drucksteuerventil wird der Bremszylinder des durchdrehenden Rades mit Vorratsluft abgebremst. Wie beim ABS erfolgt die Druckregelung durch die Regelphasen:

Druckaufbau, Druckhalten, Druckabbau.

Über das Ausgleichsgetriebe wird nun ein Teil des Antriebsmoments auf das gegenüberliegende Antriebsrad übertragen. Auf diese Weise wirkt die ASR als automatische Differentialsperre. Aufgrund des erhöhten Bremsbelagverschleißes wirkt ab etwa 30 km/h nur noch der Motorregelkreis.

Motorregelkreis

Der **Motorregelkreis** wird aktiviert, wenn **beide Antriebsräder** durchdrehen.

Die Motorregelung hat die Aufgabe, durch Reduzierung der Einspritzmenge eine **Minderung** des **Motordrehmoments** zu bewirken. Für Motoren mit elektronischer Dieselregelung (EDC) erfolgt dies durch das **Steuergerät** des **Motormanagements**. Für Motoren mit mechanischer Mengenregelung erfolgt die **Reduzierung** der **Einspritzmenge** durch einen
- Stellmotor oder
- pneumatischen Stellzylinder direkt auf die Regelstange der Dieseleinspritzpumpe.

47.8 Elektronisch geregeltes Bremssystem (EBS)

Das elektronisch geregelte Bremssystem (Abb. 3) hat gegenüber der herkömmlichen Druckluftbremsanlage folgende **Vorteile**:

Die Bremszylinder werden **schneller, gleichmäßiger** und **gleichzeitig** angesteuert. Das hat
- gleichmäßigen Verschleiß der Bremsbeläge und
- kürzere Bremswege zur Folge.
- Die Verringerung der Strömungszeiten für Druckaufbau und Druckabbau verkürzt die Reaktionszeiten des Bremssystems.
- Die Funktionen von ABS, ASR und ESP sind im System integriert.

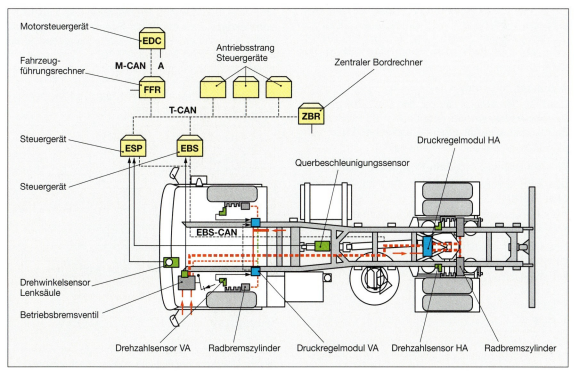

Abb.3: Elektronisch geregeltes Bremssystem (EBS)

Aufbau

Als Basis für das EBS ist die herkömmliche **Druckluftbremsanlage** mit den Baugruppen

- Druckluftversorgung,
- Feststellbremsanlage und
- Anhängersteuerung

größtenteils unverändert vorhanden.

Die **Betriebsbremsanlage** besteht aus einem

- pneumatischen und
- elektronischen Anlagenteil.

Der zweikreisige pneumatische Anlagenteil entspricht im Wesentlichen der konventionellen Bremsanlage. Er wirkt bei Ausfall der elektronischen Regelung für sich allein weiter (Notlauf).

Der elektronische Teil regelt die Bremsvorgänge und übernimmt zusätzlich die Aufgaben von **ABS**, **ASR** und **ESP**.

Wirkungsweise

Wird vom Fahrer das Bremspedal betätigt, leitet der im Betriebsbremsventil vorhandene **Pedalwertgeber** (Potenziometer oder Wegsensor) ein der Pedalstellung entsprechendes Spannungssignal zum **EBS-Steuergerät**. Zur Berechnung des erforderlichen **Bremsdrucks** werden die Signale der Sensoren für:

- Raddrehzahl,
- Bremsbelagverschleiß,
- Bremsdruck und
- Federbalgdruck

mit herangezogen.

Die Be- und Entlüftung der Bremszylinder erfolgt durch die **Druckregelmodule**. Diese übernehmen auch die Aufgabe der ABS-Drucksteuerventile und des ASR-Magnetventils. Zwischen den Druckregelmodulen und dem EBS-Steuergerät erfolgt der Datenaustausch über einen **CAN-Bus**.

Anhängersteuerung

Das EBS-Steuergerät ist über den CAN-Bus mit dem **Anhängersteuermodul** verbunden. Es steuert den Bremsdruck des Anhängers entsprechend dem vom EBS-Steuergerät berechneten Druck.

Elektronisches-Stabilitäts-Programm (ESP)

Das **ESP** umfasst im Bereich der Nutzkraftwagen zwei Systeme:

- DSP (dynamisches Stabilitätsprogramm) und
- ROP (Rollover Prevention; engl.: Kippschutz).

Das **DSP** ist ein fahrdynamisches Regelsystem. Es verarbeitet die **Sensorsignale**:

- Fahrgeschwindigkeit,
- Lenkwinkel,
- Lenkwinkelgeschwindigkeit und
- Gierrate.

> Bei **untersteuerndem** oder **übersteuerndem** Fahrverhalten greift das DSP durch Bremseneingriff ein und **stabilisiert** das **Fahrverhalten**.

Das **ROP** erfasst die **Fahrgeschwindigkeit** und die **Querbeschleunigung**, die am Fahrzeug wirksam sind. Werden im Programm festgelegte Werte überschritten, wird das Motordrehmoment verringert und/oder das Fahrzeug durch die Bremsanlage abgebremst.

Zusätzliche Informationen erhält dieses System durch die Raddrehzahlsensoren, wenn das kurveninnere Rad abgehoben hat.

> Neigt ein Fahrzeug zum **Kippen**, wird dies vom ROP erkannt. Durch die Minderung des Motordrehmoments und/oder durch Bremseneingriff wird das Fahrzeug stabilisiert.

47.9 Druckluftbremsanlage mit hydraulischer Übertragungseinrichtung

Für Omnibusse und Lastkraftwagen ohne Anhängerbetrieb mit einem zulässigen Gesamtgewicht von 6 bis etwa 15 t kann eine hydraulische Bremsanlage mit einer Druckluftbremsanlage kombiniert werden (Abb. 1).

> Mit der **Kombination** aus **Hydraulik** und **Pneumatik** können mit kleinen Bauteilen hohe Bremsdrücke mit kurzen Schwellzeiten erreicht werden.

Der Fahrer betätigt über das Bremspedal ein **pneumatisches Bremsgerät**, dem ein hydraulischer **Tandemhauptzylinder** nachgeordnet ist. Zur **Betriebsbremsanlage** gehören zwei Druckluft-Vorratskreise und zwei hydraulische Bremskreise. Die Druckluftvorratskreise sind durch ein Schutzventil gegeneinander abgesichert. Für die Feststellbremsanlage ist eine mechanische Muskelkraftbremsanlage oder ein pneumatisch betätigter Federspeicherzylinder an der Hinterachse vorgesehen. Bei Ausfall der beiden Druckluft-Vorratskreise dient die Feststellbremsanlage als Hilfsbremsanlage.

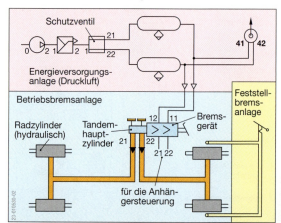

Abb. 1: Zweikreis-Druckluftbremsanlage mit hydraulischer Übertragungseinrichtung und mechanischer Feststellbremse

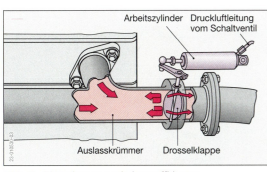

Abb. 2: Motorbremse mit Auspuffklappe

47.10 Dauerbremsanlagen

> Die **Dauerbremse** (dritte Bremse) ist eine verschleißfreie Zusatzbremse zur Entlastung der Radbremsen bei Dauerbeanspruchung.

Dauerbremsen sind vorgeschrieben für:
- **Kraftomnibusse** (außer Stadtbusse) mit einer zulässigen Gesamtmasse > 5 t und mehr als 9 Sitzplätzen,
- **Lastkraftwagen** mit einer zulässigen Gesamtmasse >12 t.

Als Dauerbremsanlagen werden verwendet:
- **Motorbremssysteme**
  Motorbremse mit Auspuffklappe oder Motorbremse mit Auspuffklappe und Konstantdrossel.
- **Retarder** (retardieren; lat.: verzögern): hydrodynamischer Retarder oder elektrodynamischer Retarder.

47.10.1 Motorbremse mit Auspuffklappe

Die Motorbremse (Abb. 2), auch Auspuffklappenbremse genannt, ist am weitesten verbreitet. Zum Bremsen wird die Drosselwirkung des **Ansaugens (1. Takt)** und **Ausstoßens (4. Takt)** ausgenutzt. Zur Erhöhung der Bremswirkung werden
- die Querschnittsfläche des Auspuffrohrs verringert und
- die Einspritzung abgestellt.

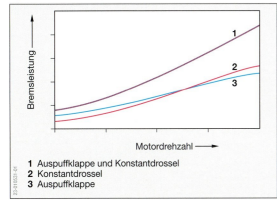

1 Auspuffklappe und Konstantdrossel
2 Konstantdrossel
3 Auspuffklappe

Abb. 3: Bremsleistungen der Motorbremssysteme

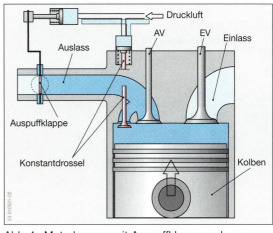

Abb. 4: Motorbremse mit Auspuffklappe und Konstantdrossel

> Die **Bremsleistung** der Motorbremse ist von der Motordrehzahl abhängig (Abb. 3).

Der Motor läuft dabei im Schiebebetrieb, d. h. das Fahrzeug treibt den Motor an. Die Betätigung der Auspuff-Drosselklappe erfolgt durch pneumatische Arbeitszylinder. Die Motorbremse hat den Nachteil, dass sich der Motor bei langen Talfahrten stark abkühlt, da keine Verbrennungen erfolgen. Der Verschleiß nimmt zu.

47.10.2 Motorbremse mit Konstantdrossel

Der 2. und 3. Takt tragen bei der Motorbremse mit Auspuffklappe kaum zur Abbremsung bei, weil die komprimierte Luft des 2. Takts den Kolben bei seiner Abwärtsbewegung im 3.Takt beschleunigt. Eine verbesserte Bremswirkung (Abb. 3) wird durch den Einbau eines zusätzlichen Auslassventils (Konstantdrossel) erreicht (Abb. 4), welches mit Betätigung der Motorbremse geöffnet wird. Die komprimierte Luft kann teilweise in den Auslasskanal strömen. Der Expansionsdruck im 3. Takt wird dadurch erheblich vermindert.

47.10.3 Hydrodynamische Retarder

Hydrodynamische Retarder sind **Strömungsbremsen**. Die **Bauteile** des Retarders sind (Abb. 1, S. 508):
- Stator, fest mit dem Gehäuse verbunden;
- Rotor, vom Getriebe angetrieben und der
- Hydraulikblock.

Stator und Rotor sind ähnlich der hydrodynamischen Kupplung mit Schaufeln versehen. In dem Hydraulikblock befindet sich ein Ölvorrat. Durch einen Hebel am Lenkrad oder am Armaturenbrett, gelangt durch ein Steuerventil Hydrauliköl in das Gehäuse. Das Öl strömt durch die Drehbewegung der Rotorschaufeln als Ölstrom gegen die Statorschaufeln, wird abgebremst und erwärmt sich. Die Bewegungsenergie wird in Wärmeenergie umgewandelt.

Elektrodynamische Retarder / hydro-dynamic retarder

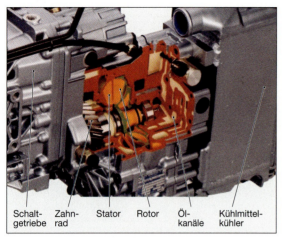

Abb. 1: Intarder

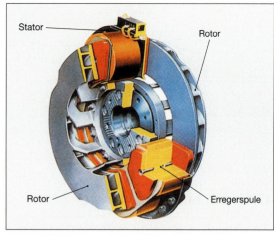

Abb. 3: Elektrodynamischer Retarder

Durch das Steuerventil kann die eingeleitete Ölmenge und damit die Bremswirkung verändert werden. Je größer die Ölmenge zwischen Stator und Rotor ist, desto größer ist die Bremswirkung.

Das Öl wird in einem Wärmetauscher, der mit dem Kühlmittelkreislauf des Motors verbunden ist, gekühlt.

Die abgegebene Wärmeenergie verhindert, dass die Motortemperatur bei längeren Talfahrten zu stark sinkt.

Diese hydraulischen Retarder werden im Getriebe (Intarder) oder hinter dem Getriebe (Retarder) im Antriebsstrang eingebaut. Die Bremswirkung ist auch dann wirksam, wenn kein Gang eingelegt ist.

An der Vorderseite des Motors können Flüssigkeitsretarder angebaut werden (Abb. 2). Anstelle des Öls wird das Kühlmittel als Strömungsmedium genutzt.

> Im **Kühlmittelkreislauf** eingebaute **Retarder** haben nur bei eingelegtem Fahrgang eine **Bremswirkung**.

47.10.4 Elektrodynamische Retarder

Elektrodynamische Retarder (Abb. 3) sind **Wirbelstrombremsen** (s. Kap. 22). Sie bestehen aus einem Stator und einem Rotor. Der Stator ist feststehend mit dem Fahrzeugrahmen verbunden. Er trägt ringförmig angeordnete Magnetspulen. Der Rotor ist mit der Gelenkwelle verbunden. Er besteht aus zwei Weicheisen- oder Kupferscheiben mit Kühlrippen.

Die Magnetspulen des Stators werden über den Betätigungshebel am Lenkrad oder am Armaturenbrett mit Strom aus dem Bordnetz (abstufbar) gespeist. Dieser Strom (Erregerstrom) erzeugt in den Spulen Magnetfelder. Wird der Rotor gedreht, so erzeugen die Magnetfelder des Stators im Rotor **Wirbelströme** (Abb. 4). Die Wirbelströme erzeugen um den Rotor herum Magnetfelder. Diese treten mit den Magnetfeldern des Stators in Wechselwirkung.

Die Wirkung ist ein Abbremsen des Rotors. Die Bewegungsenergie wird in Wärmeenergie umgewandelt. Die Kühlrippen verbessern die Wärmeabfuhr an die Umgebungsluft. Die Wirbelstrombremse arbeitet verschleißfrei. Nachteilig ist die große Masse der Wirbelstrombremse und damit die Verringerung der Nutzlast bzw. der erhöhte Kraftstoffverbrauch.

Elektrodynamische Retarder werden hinter dem Getriebe im Antriebsstrang eingebaut. Die Bremswirkung dieser Systeme ist auch bei geringen Geschwindigkeiten gut.

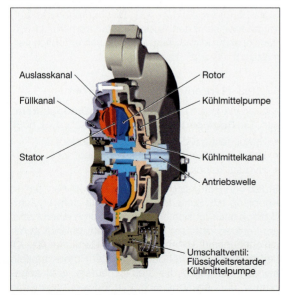

Abb. 2: Flüssigkeitsretarder

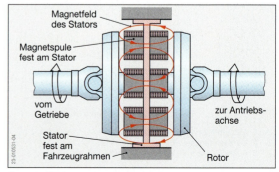

Abb. 4: Wirbelstrombremse

Kapitel 47: Nutzkraftwagen

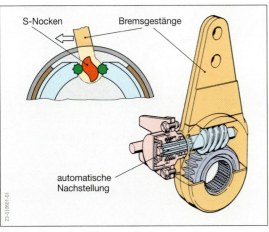

Abb. 5: Bremsbetätigung mit Bremsnocken

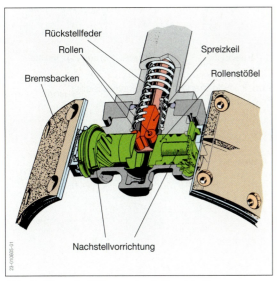

Abb. 6: Bremsbetätigung durch Spreizkeil

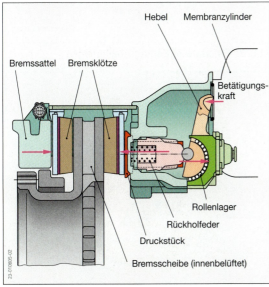

Abb. 7: Druckluftbetätigte Scheibenbremse

47.11 Radbremsen

In mittelschweren und schweren Nutzkraftwagen werden pneumatisch betätigte **Scheiben- und Trommelbremsen** verwendet. Auf Grund der gestiegenen gesetzlichen Anforderungen (⇒ TB: Kap. 6) an die Abbremsung von schweren Nutzkraftwagen, werden zunehmend Scheibenbremsen eingebaut. Nutzkraftwagen für den Einsatz im Gelände und auf Baustellen sind, wegen der geringeren Empfindlichkeit gegen Verschmutzung, meistens mit Trommelbremsen ausgestattet.

47.11.1 Trommelbremsen

Folgende **Bauarten** der pneumatisch betätigten Trommelbremse (s. Kap. 43) werden überwiegend eingesetzt:

- Simplex-Bremse (mittelschwere Lkw),
- Duplex- oder Duo-Duplex-Bremse (schwere Lkw).

Die Bremsbacken werden über **S-Nocken** (Abb. 5) oder **Spreizkeile** (Abb. 6) betätigt.

S-nockenbetätigte Trommelbremsen werden vom Membranzylinder über ein **Gestänge** betätigt. Die Nachstellung erfolgt manuell oder über eine im Bremsgestänge integrierte **automatische Nachstellung** (Abb. 5).

Spreizkeilbetätigte Trommelbremsen haben meist eine integrierte automatische Nachstellvorrichtung (Abb. 6). Der Spreizkeil wird direkt vom Membranzylinder betätigt. Über die Rollen und Rollenstößel werden die Bremsbacken auseinandergedrückt.

47.11.2 Scheibenbremsen

Pneumatisch betätigte Scheibenbremsen (Abb. 7) werden in **Motorwagen** und **Anhängern** verwendet. Die **Vorteile** der Scheibenbremse gegenüber der Trommelbremse sind:

- bessere Dosierbarkeit,
- geringere Neigung zum Bremsfading,
- hohe thermische Belastbarkeit,
- gleichmäßigere Bremswirkung,
- geringe Masse und
- einfacherer Belagwechsel.

Pneumatisch betätigte Scheibenbremsen arbeiten nach dem **Faustsattel-Prinzip** (s. Kap. 43.6.4). Es werden ausschließlich **innenbelüftete Bremsscheiben** (Abb. 7) verwendet.

Die fehlende Selbstverstärkung von Scheibenbremsen und der im Gegensatz zu hydraulischen Bremsen geringere Bremsdruck von etwa 10 bar, erfordern eine zusätzliche innere Übersetzung der Bremskraft. Die Betätigung der Bremse durch den direkt am Bremssattel angebrachten Membranzylinder erfolgt deshalb über einen **exzentrisch, rollengelagerten Hebel**.

Eine **automatische Nachstellvorrichtung** stellt das durch Verschleiß an Bremsscheibe und Bremsbelag größer gewordene Lüftspiel nach.

47.12 Räder

Räder bestehen aus folgenden **Bauteilen**:
- Radkörper (Radscheibe) zur Befestigung des Rades und
- Felge zur Aufnahme des Reifens.

Übliche Lkw-Räder (⇒ TB: Kap. 9) sind mittenzentrierte (s. Kap. 41.2), einteilige Scheibenräder mit Steilschulterfelgen (Abb. 1) aus Stahl oder Aluminium.

Steilschulterfelgen

> **Steilschulterfelgen** sind ungeteilte Tiefbettfelgen mit einer Felgenschulterneigung von 15°.

Diese Art der Felge (Abb. 1) ist für die Montage schlauchloser Radialreifen erforderlich. Ähnlich wie bei Pkw-Felgen ermöglicht ein Tiefbett die Reifenmontage. Die 15° geneigte Steilschulter bewirkt einen festen Sitz und eine gute Abdichtung, da sich der Reifen durch den Reifenfülldruck in der Felge festkeilt.

Schrägschulterfelgen

> **Schrägschulterfelgen** sind geteilte (Flachbettfelgen) oder ungeteilte Felgen (Tiefbettfelgen) mit einer Felgenschulterneigung von 5°.

Ringgeteilte Schrägschulterfelgen (Abb. 2b und 3). haben einen oder mehrere geschlitzte Seitenringe (Verschlussringe). Für den Reifenwechsel wird der Wulstkern des Reifens vom Seitenring abgedrückt. In dieser Stellung lassen sich der oder die Seitenringe von der Felge abnehmen. Der Reifen kann dann von der Felge gezogen werden. Diese Felgen können auch mit schlauchlosen Reifen ausgerüstet werden, wenn vor den Seitenring eine Gummidichtung gelegt wird.

Umfangsgeteilte Schrägschulterfelgen (Trilexfelgen) bestehen aus drei Segmenten (Abb. 2c und 4), die in den Reifen gelegt und mit einem Montierhebel so verspannt werden, dass sie an der Wulst des Reifens anliegen. Sie sind nicht für schlauchlose Reifen geeignet. Die Felge wird nach der Reifenmontage am Radstern befestigt.

Felgenbezeichnungen

Beispiel: **8,5-20**
8,5: Felgenmaulweite in inch
- : Kurzzeichen für die Form des Felgenbetts
Ein **Strich** »-« steht für geteilte Schrägschulterfelge (Flachbett). Ein X steht für Tiefbettfelge.
20: Felgendurchmesser in inch
Wird die Angabe des Felgendurchmessers durch ».5« ergänzt, (z. B. 19.5) so handelt es sich um eine Steilschulterfelge.

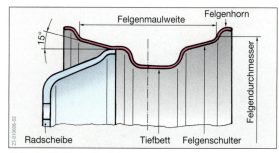

Abb. 1: Steilschulterfelge

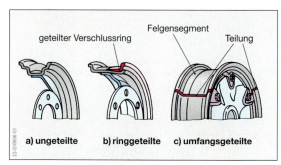

Abb. 2: Felgenarten mit unterschiedlicher Felgenteilung

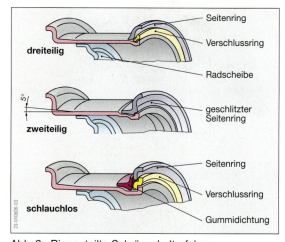

Abb. 3: Ringgeteilte Schrägschulterfelgen

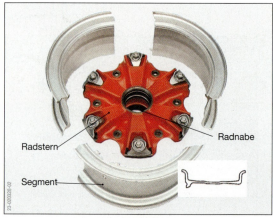

Abb. 4: Umfangsgeteilte Schrägschulterfelge (Trilexfelge)

Kapitel 47: Nutzkraftwagen

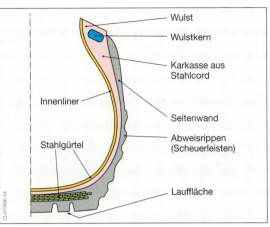

Abb. 5: Niederquerschnitts-Stahlgürtelreifen

Abb. 6: Reifenprofile

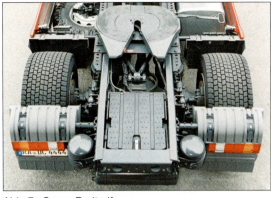

Abb. 7: Super-Breitreifen

47.13 Reifen

Im Bereich der Nutzkraftwagen werden **Radialreifen** eingesetzt. Der schlauchlose **Niederquerschnitts-Stahlgürtelreifen** (Abb. 5) ist der Standardreifen der Nutzkraftwagen. Bei Nkw-Radialreifen besteht nicht nur der Gürtel aus Stahlfäden, sondern auch die Karkasse. Man spricht dann vom **Ganzstahlreifen**. Seine Eigenschaften und Vorteile entsprechen denen der Pkw-Radialreifen (s. Kap. 41 und ⇒ TB: Kap. 9). Die Profilgestaltung (Abb. 6) entspricht dem Einsatzbereich der Reifen am Fahrzeug. Während an der Vorderachse vorrangig **Seitenführungskräfte** wichtig sind, steht an den Antriebsrädern die **Traktion** im Vordergrund.

Lenkachsen haben eine **Einzelbereifung**. Zur Steigerung der Tragfähigkeit der Antriebs- oder der Tragachse kann eine **Zwillingsbereifung** eingesetzt werden.

Anstelle der Zwillingsbereifung werden auch **Super-Breitreifen** (Single Belt; engl.: ein Reifen) montiert.

Super-Breitreifen (Abb. 7) haben gegenüber einer Zwillingsbereifung folgende **Vorteile**:

- Masseersparnis von mehr als 30 %,
- geringeren Rollwiderstand,
- geringere Geräuschentwicklung,
- einfachere Montage und
- bessere Rundlaufeigenschaften.

Werden Super-Breitreifen montiert, so wird meist auf einen Reservereifen verzichtet. Die Reifenhändler garantieren im Falle eines Reifenschadens europaweit innerhalb von 2 h einen Ersatzreifen zu montieren.

Reifensicherheitssysteme (Abb. 8) und **Reifendruckkontrollsysteme** (s. Kap. 41.4.5) ermöglichen bei einem Reifenschaden ein Weiterfahren mit einer Geschwindigkeit von 25 km/h bis zu 60 km weit.

Bei einem Reifenschaden dehnt sich das Sicherheitsvolumen selbsttätig auf und trägt das Fahrzeug.

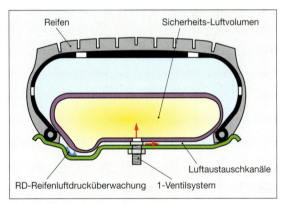

Abb. 8: Notlaufsystem (Aircept)

An Nutzkraftwagenreifen mit der Aufschrift **Regroovable** (regroovable; engl.: nachschneidbar) darf das Profil nachgeschnitten werden (Abb. 1, S. 512), um die Nutzungsdauer des Reifens zu verlängern. Abhängig von der Reifendimension und Profilausführung können so zusätzlich 3 bis 5 mm Profiltiefe gewonnen werden.

Der Gesetzgeber verlangt zum Schutz des Stahlgürtels eine Restgrunddicke von 2 mm oberhalb des Gürtels.

Bei Nutzkraftwagenreifen ist es üblich, die Lauffläche des Reifens zu erneuern. **Runderneuerte Reifen** dürfen nicht an Lenkachsen und bei Fernreisebussen montiert werden.

Die gesetzlich vorgeschriebene Mindestprofiltiefe beträgt 1,6 mm. Auch bei Nutzkraftwagenreifen kommen Verschleißanzeiger (TWI, Tread Wear Indicator, s. Kap. 41.5) zum Einsatz.

Reifenbezeichnungen / type designations

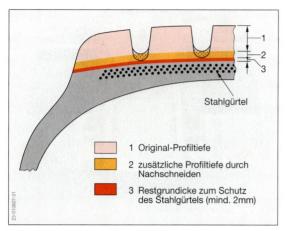

Abb. 1: Nachschneiden von Reifenprofil

1 Original-Profiltiefe
2 zusätzliche Profiltiefe durch Nachschneiden
3 Restgrundicke zum Schutz des Stahlgürtels (mind. 2mm)

Reifenbezeichnungen (⇒ TB: Kap. 9)

Die Reifenbezeichnungen für Nutzkraftwagen sind nach ECE-R 54 (Europa-Norm) und nach FMVSS 119 (USA-Norm) festgelegt.

Beispiel entsprechend der Abb. 2:

Angaben nach Europa-Norm (ECE):

315 Reifenbreite in mm

80 Querschnittsverhältnis Q in %

Q Querschnittsverhältnis in %

H Reifenhöhe in mm

B Reifenbreite in mm

R Radialbauweise

22.5 Felgen-Nenndurchmesser der Steilschulterfelge (Code) in inch

154 Lastindex für Einzelbereifung 3750 kg je Reifen (Tab. 2)

150 Lastindex für Zwillingsbereifung 3350 kg je Reifen (Tab. 2)

M Geschwindigkeitskennzeichnung bis 130 km/h (Tab. 3)

156/150L alternativ zulässige Tragfähigkeit für niedrigere Geschwindigkeiten (L)

Angaben nach USA-Norm (FMVSS):

TUBELESS: Schlauchlos

TREAD: Anzahl der Lagen Stahlcord unter der Lauffläche einschließlich Karkasse (5 Lagen)

SIDEWALL: Anzahl der Lagen Stahlcord unter der Seitenwand (1 Karkassenlage)

LOAD RANGE H: Tragfähigkeitsklasse

MAX. LOAD SINGLE: Lastkennzeichnung (LBS) für Einzelbereifung und max. Fülldruck (psi)

MAX. LOAD DUAL: Lastkennzeichnung (LBS) für Zwillingsbereifung und max. Fülldruck (psi) (psi; engl.: pounds per square inch, Pfund pro Quadratinch, 1 bar = 14,5 psi)

Arbeitshinweise

- Während der Montage darf der Reifen-Fülldruck max. 150 % des Reifen-Normluftdrucks nicht überschreiten. 10 bar dürfen in keinem Fall überschritten werden.
- Für neue Reifen sind immer neue Ventile bzw. neue Schläuche und Wulstbänder zu verwenden.
- Reifen müssen immer kühl, trocken und dunkel gelagert werden.
- Sie dürfen nicht mit Kraftstoffen, Schmierstoffen und Lösungsmitteln in Berührung kommen.
- Reifen, die nicht auf Felgen montiert sind, müssen stehend gelagert werden.

Tab. 2: Tragfähigkeitskennzahlen (Load-Index)

Index	147	148	149	150	151	152	153	154	155	156
Tragfähigkeit kg/Reifen	3075	3150	3250	3350	3450	3550	3650	3750	3875	4000

Tab. 3: Geschwindigkeitskennzeichnung (Speed-Symbol)

Symbol	F	G	J	K	L	M	N
Geschwindigkeit km/h	80	90	100	110	120	130	140

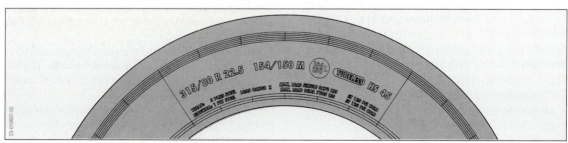

Abb. 2: Reifenbezeichnungen

47.14 Koppelsysteme

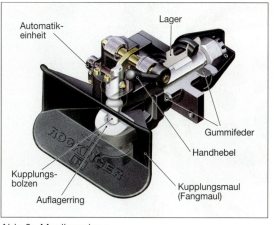

Abb. 3: Maulkupplung

Maulkupplungen stellen eine bewegliche Verbindung zwischen einem Zugfahrzeug und einem Anhänger her.

Der Kupplungsbolzen (Abb. 3) hat eine Durchmesser von 40 mm. Für die **Bauteile** der Maulkupplung gelten gesetzlich vorgeschrieben Verschleißgrenzen:

- Mindestdicke des Kupplungsbolzens 36,5 mm,
- Höhenspiel des Bolzens 4 mm,
- Radialspiel max. 1mm und
- kein Längsspiel der Zugstange.

Durch **Sattelkupplungen** werden bewegliche Verbindungen zwischen einem Sattelfahrzeug und einem Auflieger (Trailer) hergestellt.

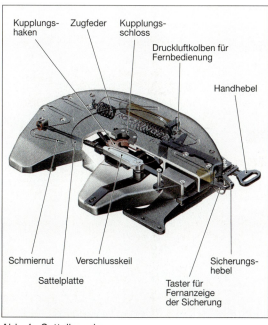

Abb. 4: Sattelkupplung

Der Zapfen des Aufliegers wird im Kupplungshaken durch den Verschlusskeil formschlüssig in seiner Position gehalten. Ein Sicherungshebel (Abb. 4) hält den Handhebel in seiner Position.

Aufgaben zu Kap. 47.6 bis 47.14

1. Beschreiben Sie die grundsätzliche Aufgabe von Druckluft-Anti-Blockier-Systemen (ABS).
2. Beschreiben Sie den Funktionsablauf des Drucksteuerventils während der Regelphasen: Druck halten, Druck abbauen.
3. Welche Aufgabe hat die Anhängererkennung im ABS für Druckluftbremsanlagen?
4. Beschreiben Sie die grundsätzliche Aufgabe der Antriebs-Schlupf-Regelung (ASR).
5. Durch welche Regelkreise steuert die ASR das Drehmoment der Antriebsräder?
6. Beschreiben Sie die Wirkungsweise der ASR, wenn ein Antriebsrad durchdreht.
7. Welche Vorteile bietet das elektronisch geregelte Bremssystem (EBS) gegenüber der konventionellen Druckluftbremse?
8. Welche Aufgabe hat der Pedalwertgeber des EBS?
9. Welche Größen werden im EBS zur Berechnung des Bremsdrucks mit herangezogen?
10. Welche Bauteile sind für eine Druckluftbremse mit hydraulischer Übertragungseinrichtung erforderlich?
11. Wie reagiert das EBS bei Ausfall der elektronischen Steuerung?
12. Welche Aufgaben haben Dauerbremsanlagen und welche Arten gibt es?
13. Erläutern Sie die Wirkungsweise der Motorbremse mit Konstantdrossel.
14. Welcher grundsätzliche Unterschied besteht zwischen einer hydrodynamischen Bremse und einer Wirbelstrombremse?
15. Skizzieren Sie jeweils eine Trommelbremse mit Betätigung durch S-Nocken und Spreizkeil.
16. Worin unterscheidet sich die Faustsattel-Scheibenbremse schwerer Nutzfahrzeuge von der Pkw-Faustsattelbremse?
17. Aus welchem Grund kann eine ungeteilte Felge nur als Tiefbettfelge ausgeführt sein?
18. Worin unterscheidet sich eine Schrägschulterfelge von einer Steilschulterfelge?
19. Welche Vorteile haben Super-Breitreifen gegenüber einer Zwillingsbereifung?
20. Erklären Sie die Reifenbezeichnung: 285/60 R 22.5 156/150 K
21. Welche Reifen dürfen nachgeschnitten werden?
22. Welche gesetzlich vorgeschriebenen Verschleißgrenzen gelten für Maulkupplungen?

Elektrische Systeme eines Personenkraftwagens

Grundlagen

Kraftfahrzeuge

Motor

Kraftübertragung

Fahrwerk

Krafträder

Nutzkraftwagen

Elektrische Anlage

Elektronische Systeme

48	**Kraftfahrzeugbatterie**	**515**
49	**Generator**	**521**
50	**Zündanlagen**	**529**
51	**Startanlage**	**555**
52	**Beleuchtungs- und Signalanlage**	**561**

48 Kraftfahrzeugbatterie

Die Batterie (Starterbatterie) im Kraftfahrzeug hat folgende **Aufgaben**:
- die für das Starten des Verbrennungsmotors notwendige elektrische Energie zu liefern,
- die eingeschalteten elektrischen Verbraucher bei Motorstillstand mit Energie zu versorgen und
- die vom Generator zur Ladung der Batterie abgegebene elektrische Energie zu speichern.

Im Kraftfahrzeug werden überwiegend Bleibatterien eingesetzt.

48.1 Aufbau der Batterie

Die Batterie besteht aus mehreren **Zellen**. Die Zelle ist der **Grundbaustein** der Batterie (Abb. 1).
Die **Batteriezelle** besteht aus:
- der positiven Elektrode (Pluspol, Plusplatte),
- der negativen Elektrode (Minuspol, Minusplatte),
- dem Elektrolyten (elektrisch leitende Flüssigkeit),
- dem Zellenbehälter.

Der Ausgangswerkstoff für die Elektroden (Platten) ist Blei (Pb). Als Elektrolyt wird Schwefelsäure (H_2SO_4) verwendet, die mit Wasser (H_2O) verdünnt ist.

48.2 Grundprinzip der Batterie

In der Batterie wird während des **Ladens** die vom Generator abgegebene elektrische Energie durch chemische Reaktionen **gespeichert**.

Während des **Entladens** werden in der Batterie die chemischen Reaktionen rückgängig gemacht, wobei die gespeicherte elektrische Energie **freigesetzt** wird.

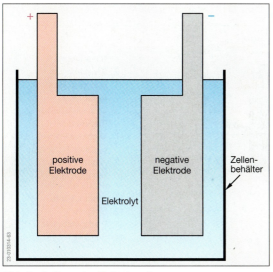

Abb. 1: Aufbau der Batteriezelle

48.2.1 Laden der Batteriezelle

Vor dem Laden der Batteriezelle (Abb. 1a, S. 516) bestehen die beiden Platten aus weißem **Bleisulfat** ($PbSO_4$). Während des Ladens der Batteriezelle werden Elektronen durch die Wirkung der angelegten Gleichspannung von der Plusplatte »abgesaugt« und zur Minusplatte »gedrückt«. Es fließt der **Ladestrom** (Elektronenstrom I_e, Abb. 1b, S. 516). Durch das »Absaugen« der Elektronen von der Plusplatte wird die chemische Eigenschaft des Bleis verändert. Dasselbe geschieht mit dem Blei der Minusplatte durch das Zuführen von Elektronen. Dadurch wird das Bleisulfat an beiden Platten in seine Bestandteile **Blei** (Pb) und den **Säurerest** (SO_4) zerlegt. Der **Säurerest** von beiden Platten geht in den Elektrolyten und spaltet dort jeweils ein **Wassermolekül** (H_2O) in seine Bestandteile **Wasserstoff** (H_2) und **Sauerstoff** (O).

Der Säurerest verbindet sich mit dem Wasserstoff zur **Schwefelsäure** (H_2SO_4). Der Sauerstoff geht zur Plusplatte und verbindet sich dort mit dem Blei zu **Bleidioxid** (PbO_2). Das Blei der Minusplatte geht keine neue Verbindung ein (Abb. 1c, S. 516).

> Im **geladenen Zustand** besteht die **Plusplatte** aus dunkelbraunem **Bleidioxid** und die **Minusplatte** aus reinem grauem **Blei**.

Die Gleichung für die chemische **Gesamtreaktion** während des **Ladens** ist:

$$2\,PbSO_4 + 2\,H_2O \xrightarrow{\text{Laden}} 2\,H_2SO_4 + Pb + PbO_2$$

Aus der Gleichung für die Gesamtreaktion ist zu entnehmen, dass während des Ladens der **Wasseranteil** des Elektrolyten **verringert** wird und der **Säureanteil zunimmt**.

> Da die Dichte der Schwefelsäure größer als die Dichte des Wassers ist, nimmt die **Dichte des Elektrolyten** während des **Ladens zu**.

Nach dem Laden besteht zwischen Plus- und Minuspol der Batteriezelle eine **Spannung** von etwa 2 Volt (Abb. 1c, S. 516).

> **Plus**- und **Minuspol** einer **Batteriezelle** entstehen durch das Anschließen der entsprechenden Pole des **Generators** bzw. des **Ladegerätes**.

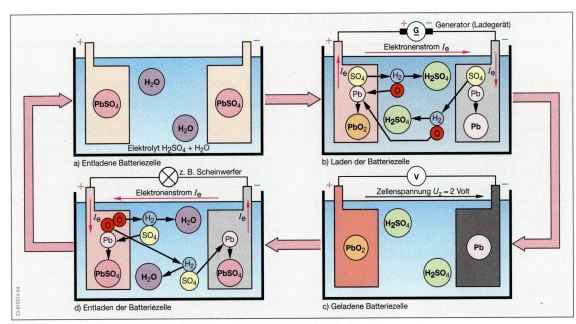

Abb. 1: Vorgänge in der Batteriezelle während des Ladens und Entladens

48.2.2 Entladen der Batteriezelle

Das Entladen der Batteriezelle beginnt, wenn zwischen den beiden Polen der Stromkreis geschlossen wird (Abb. 1d). Während des Entladens fließt der **Entladestrom** (Elektronenstrom I_e) vom Minuspol über den elektrischen Verbraucher zum Pluspol. Dadurch wird das **Bleidioxid** der Plusplatte in seine Bestandteile **Blei** und **Sauerstoff** zerlegt. Der Sauerstoff geht in den Elektrolyten und verbindet sich mit dem **Wasserstoff** der Schwefelsäure wieder zu **Wasser**. Das **Blei** der Plus- und Minusplatte verbindet sich mit dem **Säurerest** wieder zu Bleisulfat.

> Im **entladenen Zustand** besteht die Plus- und die Minusplatte wieder aus weißem **Bleisulfat**.

Ist die Batteriezelle **völlig** entladen, besteht zwischen den Elektroden **keine** elektrische Spannung mehr.
Die Gleichung für die chemische **Gesamtreaktion** während des **Entladens** ist:

$$Pb + PbO_2 + 2H_2SO_4 \xrightarrow{Entladen} 2PbSO_4 + 2H_2O$$

Aus der Gleichung ist zu entnehmen, dass während des Entladens der **Säureanteil** des Elektrolyten **verringert** wird und der **Wasseranteil zunimmt**.

> Während des **Entladens** nimmt die **Dichte des Elektrolyten ab**.

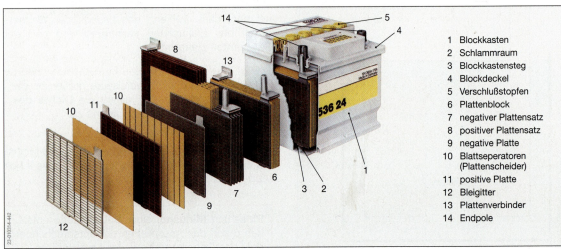

Abb. 2: Bauteile einer Kraftfahrzeugbatterie

1 Blockkasten
2 Schlammraum
3 Blockkastensteg
4 Blockdeckel
5 Verschlußstopfen
6 Plattenblock
7 negativer Plattensatz
8 positiver Plattensatz
9 negative Platte
10 Blattseparatoren (Plattenscheider)
11 positive Platte
12 Bleigitter
13 Plattenverbinder
14 Endpole

48.3 Bauteile der Batterie

Eine Kraftfahrzeugbatterie »wartungsfrei nach DIN« besteht aus den in der Abb. 2 dargestellten Teilen.

Der **Blockkasten** ist aus isolierendem, säurebeständigem Kunststoff (Polypropylen, transparent oder eingefärbt, ⇒ TB: Kap. 3) hergestellt. Er ist durch Trennwände in Zellen unterteilt. Die Anzahl der Zellen richtet sich nach der Nennspannung der Batterie. So hat z. B. eine 12 V-Batterie 6 Zellen. Die **Plattenblöcke** stehen auf den Stegen des Blockkastens. Zwischen den **Stegen** befindet sich der **Schlammraum**. Er dient zur Aufnahme der Bleiteilchen (Bleischlamm), die sich im Betrieb von den Platten ablösen (Abb. 3). Dadurch werden Kurzschlüsse zwischen den Plattensätzen solange vermieden, bis der Schlammraum gefüllt ist.

Der **Blockdeckel** verschließt den Blockkasten. Zum Einfüllen der Batteriesäure und zum Auffüllen des Säurestandes mit destilliertem Wasser hat jede Zelle eine Öffnung, die mit einem schraubbaren **Verschlussstopfen** versehen ist.

Der **Plattenblock** besteht aus je einem zusammengefügten **negativen** und **positiven Plattensatz** mit zwischengefügten **Blattseparatoren** (Plattenscheider). Die Anzahl und Größe der Platten bestimmt die Kapazität der Batterie. Da die **positiven Platten** die Eigenschaft haben, sich bei Stromentnahme zu verformen, beginnt und endet der Plattenblock aus Stabilitätsgründen mit einer **negativen Platte**. Die Platten bestehen aus Bleigittern. In den Bleigittern befindet sich die sogenannte »aktive Masse«. Diese besteht aus gepresstem Bleipulver, das mit verdünnter Schwefelsäure vermischt ist. Durch diese Mischung wird erreicht, dass möglichst viel Blei an den chemischen Reaktionen während der Ladung und Entladung beteiligt wird. Die Platten jedes Plattensatzes sind durch **Plattenverbinder** miteinander verbunden.

> Um ein Verwechseln der Anschlussklemmen zu vermeiden, hat der **positive Endpol** der Plattenblöcke einen **größeren** Durchmesser als der negative.

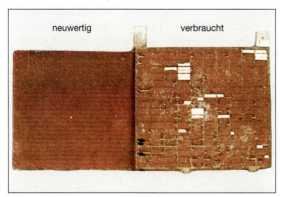

Abb. 3: Neuwertige und verbrauchte positive Platte einer Bleibatterie

48.4 Kennzeichnung der Batterie

Starterbatterien werden nach der europäischen Norm EN 60095-1 gekennzeichnet. Diese besteht aus einer neunstelligen europäischen Typnummer (ETN), z. B.:

560 073 048

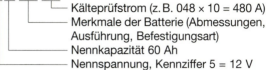

- Kälteprüfstrom (z. B. 048 × 10 = 480 A)
- Merkmale der Batterie (Abmessungen, Ausführung, Befestigungsart)
- Nennkapazität 60 Ah
- Nennspannung, Kennziffer 5 = 12 V

In Deutschland kann noch zusätzlich die Kennzeichnung nach DIN 72310 erfolgen, z. B.:

53624 12 V 36 Ah 175 A

- Kälteprüfstrom
- Nennkapazität
- Nennspannung
- Typnummer

Die Nennspannung einer Batterie ergibt sich aus der Anzahl der in Reihe geschalteten Zellen und der Nennspannung einer Zelle. Eine Batterie mit sechs Zellen hat demnach eine Nennspannung von 6 × 2 V = 12 V. Batterien mit einer Nennspannung von 6 und 12 V werden in **Bordnetzen** mit gleichlautender Spannungsangabe verwendet. Im 24 V-Bordnetz werden zwei in Reihe geschaltete 12 V-Batterien eingesetzt.

> Die **Nennkapazität** einer Batterie gibt an, welche **Elektrizitätsmenge** der Batterie entnommen werden kann.

Die Nennkapazität ist der Sollwert der Kapazität einer Starterbatterie.

Die **Nennkapazität** einer Batterie ist abhängig von:
- der Entladestromstärke,
- der Temperatur und Dichte des Elektrolyten und
- dem Alter der Batterie.

Die **Nennkapazität** wird deshalb für eine 20stündige Entladung und für eine Säuretemperatur von 25 ± 2 °C angegeben.

Eine Nennkapazitätsangabe von 36 Ah besagt, dass eine 12 V-Batterie 20 Stunden lang mit einer Stromstärke von 1,8 A belastet werden kann, ohne dass die Klemmenspannung unter 10,5 V absinkt.

Der **Kälteprüfstrom** ist ein Maß für die Startfähigkeit der Batterie bei niedrigen Temperaturen. Die Angabe zum Kälteprüfstrom erfolgt nach DIN oder nach EN.

Angabe nach DIN: Stromstärke, welche eine 12 V-Batterie bei −18 °C mindestens 30 Sekunden lang liefern kann, ohne dass die Klemmenspannung der Batterie unter 9,0 V sinkt.

Angabe nach EN: Stromstärke, welche eine 12 V-Batterie bei −18 °C mindestens 10 Sekunden lang liefern kann, ohne dass die Klemmenspannung der Batterie unter 7,5 V sinkt.

48.5 Selbstentladung und Sulfatierung der Batterie

Die Bleigitter der Batterie »wartungsfrei nach DIN« (s. Kap. 48.3) bestehen wegen der erforderlichen Festigkeit aus einer **Blei-Antimon-Legierung.** Diese hat den Nachteil, dass sich die Batterie im Laufe der Zeit von selbst entlädt, ohne dass sie belastet wird. Der Grund für diese **Selbstentladung** liegt in der Bildung von »Lokalelementen« in den Batteriezellen, deren Größe und Zahl von den Legierungselementen des Bleigitters abhängt, bzw. in der Verunreinigung des Elektrolyten. Durch die Selbstentladung fängt die Batterie an zu gasen, wodurch Wasser verbraucht wird. Der Elektrolytstand wird dadurch verringert.

> Die **Selbstentladung** beträgt bei der Batterie »wartungsfrei nach DIN« – je nach Alter – täglich 0,2 bis 1 % der Kapazität.

Befindet sich eine Batterie längere Zeit im entladenen Zustand, so wandelt sich das während des Entladens entstandene feinkristalline Bleisulfat in grobkristallines Bleisulfat um. Dieses grobkristalline Bleisulfat lässt sich nur noch schwer zurückbilden. Die Batterie wird dann als **sulfatiert** bezeichnet. Bei geringer Sulfatierung kann diese durch längeres Laden mit kleiner Stromstärke (etwa 0,2 A) wieder rückgängig gemacht werden.

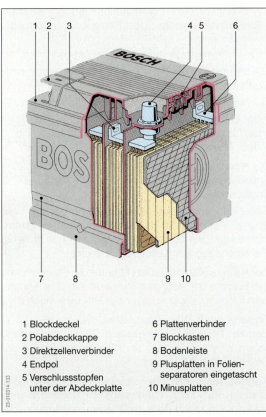

1 Blockdeckel
2 Polabdeckkappe
3 Direktzellenverbinder
4 Endpol
5 Verschlussstopfen unter der Abdeckplatte
6 Plattenverbinder
7 Blockkasten
8 Bodenleiste
9 Plusplatten in Folienseparatoren eingetascht
10 Minusplatten

Abb. 1: Aufbau der »absolut wartungsfreien« Batterie

48.6 Batteriearten

Es werden folgende **Batteriearten** unterschieden (⇒ TB: Kap. 11):
- die »wartungsfrei nach DIN« (s. Kap. 48.3) und
- die »absolut wartungsfreie« Batterie.

Die **»absolut wartungsfreie«** Batterie (Abb. 1) unterscheidet sich von der »wartungsfrei nach DIN« äußerlich dadurch, dass die Verschlussstopfen fehlen. Auf diese kann verzichtet werden, da die Bleigitter aus einer Blei-Calcium-Legierung (zum Teil auch mit Silberanteil) statt einer Blei-Antimon-Legierung bestehen. Durch diese Legierung ist die Selbstentladung und der Wasserverbrauch der Batterie sehr gering (s. Kap. 48.5).

Statt der **Blattseparatoren** (Abb. 2, S. 516) sind die Plus- oder die Minusplatten von **Taschen-** oder **Folienseparatoren** (Kunststoffhüllen, Abb. 1) umschlossen. Dadurch kann herunterfallender Bleischlamm keinen Kurzschluss mehr zwischen den Plus- und Minusplatten verursachen. Auf den Schlammraum kann deshalb verzichtet werden und die Platten können bei gleichen Abmessungen des Blockkastens größer ausgeführt werden. Die Batterien haben deshalb eine größere Kapazität und Startleistung.

Sonderausführungen der Batterien werden für bestimmte Beanspruchungsarten und Verwendungszwecke hergestellt. So z. B. die **HD-**(**H**eavy **D**uty, engl.: schwere Beanspruchung) und **RF-**(**R**üttel**f**este) Batterien, Gel-Batterien und Vlies-Batterien (⇒ TB: Kap. 11).

> Als **»trocken geladen«** oder besser **»ungefüllt** und **geladen«** werden Batterien bezeichnet, deren Batterieplatten sich im geladenen Zustand befinden.

Die Batterie wird wegen der besseren Lagerfähigkeit **ohne Säure** geliefert. Vor Inbetriebnahme einer solchen Batterie muss in die Zellen verdünnte Schwefelsäure (Dichte 1,28 kg/l) eingefüllt werden. Nach einer Einwirkungszeit von 20 Minuten ist die Batterie gebrauchsfertig (s. Kap. 48.7).

Die Batterie »wartungsfrei nach DIN« ist überwiegend »trocken geladen«. Die »absolut wartungsfreie« Batterie wird wegen der geringen Selbstentladung gefüllt geliefert.

Die **Haltbarkeit** einer Batterie wird von den folgenden Faktoren beeinflusst:
- Batteriepflege,
- Betriebsverhältnisse,
- Größe der Selbstentladung,
- Beanspruchung der Plusplatten im Betrieb,
- Anzahl der Tiefentladungen und
- Überladungen.

48.7 Wartung und Diagnose

48.7.1 Prüfung des Ladezustandes der Batterie

Mit dem **Säureprüfer** kann die Säuredichte der verdünnten Schwefelsäure gemessen werden (Abb. 2).

Der Säureprüfer besteht aus einem Glasrohr mit Ansaugballon. Im Glasrohr befindet sich ein Schwimmkörper (Aräometer) mit einer geeichten Skala. Die Eintauchtiefe des Schwimmkörpers in der angesaugten Säure ist ein Maß für deren Dichte. Von der **Dichte** kann auf den **Ladezustand** der Batterie geschlossen werden.

> Ein **Säurewert** von **1,28 kg/l** entspricht einer **voll geladenen**, ein Wert von **1,20 kg/l** einer **halb geladenen** Batterie. Bei einem Wert von **1,12 kg/l** ist die Batterie **entladen**.

Um das **Startverhalten** (Startleistung) einer Batterie zu ermitteln, ist die Batterie unter Belastung zu testen. Hierfür gibt es besondere **Batterie-Testgeräte**, welche die Batterie-Spannung bei entsprechender Belastung (Kälteprüfstrom) messen. Bei dieser Prüfung wird am Batterie-Testgerät entweder die Nennkapazität oder der Kälteprüfstrom eingestellt. Die Dauer der Prüfung wird vom Testgerät gesteuert. Durch eine Zeigeranzeige oder durch das Aufleuchten von Leuchtdioden wird das Prüfergebnis angezeigt. Ist das Prüfergebnis negativ, so soll die Batterie geladen werden. Die Prüfung ist danach zu wiederholen. Werden tiefentladene Batterien geprüft, wird dies durch eine Schutzschaltung verhindert.

48.7.2 Laden der Batterie

Nach der **Art** des Ladens werden unterschieden:
- Normalladen und
- Schnellladen.

Das **Normalladen** erfolgt mit einem Ladestrom, der etwa 10% des Zahlenwertes der Batteriekapazität beträgt. Das **Schnellladen** wird mit dem 5- bis 8fachen Wert des Normalladestroms durchgeführt, wodurch eine wesentlich kürzere Ladezeit erzielt wird.

Das Schnellladen darf aber nur bis zur Gasungsspannung von 2,35 Volt je Zelle durchgeführt werden. Bei höherer Ladespannung wird das Wasser im Elektrolyten in seine Bestandteile Wasserstoff und Sauerstoff zerlegt. Diese entweichen als Gase und bilden außerhalb des Elektrolyten das **explosive Knallgas**. Wird weiter schnell geladen, so wird aufgrund der starken Gasentwicklung aktive Masse (Bleischlamm) aus den Bleigittern herausgelöst. Diese füllt mit der Zeit den Schlammraum aus. Werden Minus- und Plusplatten durch den Bleischlamm verbunden, entsteht ein Plattenkurzschluss. Die Folge ist eine Verringerung der Lebensdauer der Batterie.

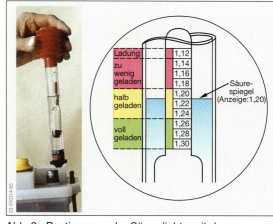

Abb. 2: Bestimmung der Säuredichte mit dem Säureprüfer

Ladegeräte zum Schnellladen schalten deshalb bei Erreichen der Gasungsspannung selbsttätig auf Normalladung um.

> Eine **Schnellladung** darf nur bei neuwertigen, einwandfreien, keineswegs bei sulfatierten Batterien vorgenommen werden (Explosionsgefahr!).

> **Arbeitshinweise zum Laden**
> - Die Batterie muss vor dem Laden vom elektrischen Leitungsnetz des Fahrzeugs getrennt werden.
> - Um Kurzschlüsse zu vermeiden, ist das Massekabel zuerst zu entfernen und nach dem Laden zuletzt zu befestigen.
> - Die Plusklemme des Ladegeräts wird an dem Pluspol (+) und die Minusklemme an dem Minuspol (-) der Batterie befestigt.
> - Es ist so lange zu laden, bis die Säuredichte den erforderlichen Wert von 1,28 kg/l aufweist.
> - Sulfatierte Batterien sind daran zu erkennen, dass die positiven und negativen Platten einen weißlichen Überzug aufweisen, die Batterien während des Ladens sofort anfangen stark zu gasen und sich schnell erwärmen.
> - Nach beendeter Ladung ist der Säurestand zu prüfen und evtl. mit destilliertem bzw. entsalztem Wasser aufzufüllen.
> - Zum Auffüllen des Säurestandes niemals Batteriesäure nehmen!
> - Eventuell entfernte Verschlussstopfen sind wieder aufzuschrauben.

> Da während des Ladens **Knallgas** ($2H_2 + O_2$) entsteht, darf in der Nähe der Batterien wegen der **Explosionsgefahr** nicht mit **offener Flamme** hantiert werden. Das **Rauchen** ist verboten!

Arbeitshinweise

- In regelmäßigen Abständen ist der Säurestand zu kontrollieren und eventuell aufzufüllen.
- Der Ladezustand ist mit dem Säureprüfer zu prüfen.
- Die Anschlussklemmen sind auf Sauberkeit und festen Sitz zu prüfen, eventuell zu reinigen und zum Schutz vor Korrosion mit Säureschutzfett einzufetten.
- Bei der »absolut wartungsfreien« Batterie ist der Wasserverbrauch sehr gering. Ist aber der Regler des Generators defekt, kann die Batterie überladen werden, und der Wasserverbrauch steigt stark an.
  Für solche Fälle lassen sich zum Zwecke des Wassernachfüllens die Batterien einiger Hersteller öffnen.
- Vor tiefen Temperaturen (Frost) sollten Batterien möglichst geschützt werden. Eine entladene Batterie gefriert bei etwa −11 °C, eine geladene dagegen erst bei etwa −69 °C. Ein guter Ladezustand ist deshalb der beste Frostschutz für die Batterie.

Bei der **Inbetriebnahme** der »trocken geladenen« Batterie sind die folgenden Punkte zu beachten:

- während des Füllens sollen Batterie und Säure eine Temperatur von mindestens 10 °C haben;
- die Zellen sind bis zur Säurestandsmarke (etwa 15 mm über der Plattenoberkante) zu füllen;
- zum Einfüllen keine Metalltrichter verwenden;
- Batterie 20 Minuten stehen lassen, dann leicht schütteln und, falls erforderlich, Säure nachfüllen;
- Verschlussstopfen einschrauben und Batterie im Fahrzeug sicher befestigen.

48.7.3 Batteriesensor

Der **Batteriesensor** soll dafür sorgen, dass die Batterie immer genügend **elektrische Energie** für den **Startvorgang** zur Verfügung hat.

Dies geschieht dadurch, dass der Batteriesensor dauernd die Lade- und Entladezyklen der Batterie, die Batteriespannung und Batterietemperatur überwacht.

Unterschreitet die Batteriekapazität einen kritischen Wert, meldet der Batteriesensor dies an die digitale Motorelektronik. Läuft der Motor, so wird durch die digitale Motorelektronik die Leerlaufdrehzahl und/oder die Ladespannung des Generators erhöht. Tritt der kritische Ladezustand während des Stillstands des Motors auf, werden eingeschaltete Verbraucher (z.B. Standheizung, Multimediageräte) nach einer Meldung an den Fahrer ausgeschaltet. Der Batteriesensor befindet sich am Minuspol der Batterie.

48.7.4 Sicherheits-Batterieklemme

Die **Sicherheits-Batterieklemme** verbindet die Starter- und Generatorleitung mit dem Pluspol der Batterie. Die übrigen Bordnetzleitungen sind direkt mit dem Pluspol verbunden. Kommt es zu einem Unfall, wird die Verbindung Starter-/Generatorleitung pyrotechnisch durch ein Signal vom Airbag-Steuergerät getrennt. Dadurch werden Kurzschlüsse und damit evtl. verbundene Brandgefahren verhindert.

48.7.5 Entsorgung der Batterien

Batterien enthalten für die Umwelt gefährliche Stoffe (Blei, Schwefelsäure), die gleichzeitig wertvoll sind. Deshalb müssen sie sachgerecht entsorgt und wiederverwertet werden. Um dies sicherzustellen, gibt es die Pfandregelung. Diese besagt, dass eine neue Batterie nur gegen eine alte bzw. gegen ein Euro-Pfand abgegeben werden darf.

Aufgaben

1. Welche Aufgaben hat eine Kraftfahrzeugbatterie?
2. Skizzieren und beschreiben Sie den Grundaufbau einer Batteriezelle.
3. Woraus bestehen die Plus- und Minusplatten einer ungeladenen und einer geladenen Batterie?
4. Wie verändert sich der Elektrolyt der Batterie während des Ladens und Entladens?
5. Beschreiben Sie die chemischen Reaktionen an den Plus- und Minusplatten während des Ladens und Entladens.
6. Beschreiben Sie den Aufbau einer Kfz-Batterie.
7. Erklären Sie die folgenden Batteriekennzeichnungen: 545 019 036 und 54419 12 V 44 Ah 210 A.
8. Was wird unter Nennspannung, Nennkapazität und Kälteprüfstrom verstanden?
9. Von welchen drei Größen ist die Nennkapazität einer Starterbatterie abhängig?
10. Was wird unter den Vorgängen der Selbstentladung und des Sulfatierens einer Batterie verstanden?
11. Beschreiben Sie die Unterschiede zwischen der »wartungsfreien nach DIN« und der »absolut wartungsfreien« Batterie.
12. Was wird unter einer »trocken geladenen« Batterie verstanden?
13. Erklären Sie den Aufbau und die Wirkungsweise des Säureprüfers.
14. Beschreiben Sie das Normalladen und das Schnellladen von Batterien.
15. Welche Arbeitshinweise sind zu beachten, wenn Batterien geladen werden sollen?
16. Was ist bei der Schnellladung von Batterien zu beachten?
17. Nennen Sie die wichtigsten Wartungsarbeiten an der Kraftfahrzeugbatterie.
18. Welche Aufgabe hat der Batteriesensor und die Batteriesicherheitsklemme?
19. Warum müssen Batterien sachgerecht entsorgt werden?

49 Generator

Der Generator im Kraftfahrzeug hat folgende **Aufgaben**:
- die eingeschalteten Verbraucher bei laufendem Motor mit elektrischer Energie zu versorgen und
- die Starterbatterie zu laden.

Die vom Generator erzeugte Spannung wird mit steigender Drehzahl größer. Durch einen Generatorregler muss die Spannung konstant gehalten werden (s. Kap. 49.3). Dadurch werden Schäden an den elektrischen Verbrauchern und der Starterbatterie vermieden.

49.1 Grundaufbau und Wirkungsweise des Generators

Im Generator erfolgt die Spannungserzeugung durch **elektromagnetische Induktion** (Generatorprinzip, s. Kap. 13.12.1).

Im Generator führt entweder eine **Leiterschleife** (Wicklung) oder ein **Magnetfeld** eine drehende Bewegung aus. Dreht sich eine Leiterschleife in einem Magnetfeld, so pendelt der Zeiger eines angeschlossenen Spannungsmessers um seine Ruhelage (Abb.1). Die erzeugte Spannung ändert im Verlauf der Drehbewegung jeweils nach 180° ihre Richtung (Polarität). Es wird eine **Wechselspannung** erzeugt (s. Kap. 13.2). Das Magnetfeld wird bei den in Kraftfahrzeugen verwendeten Generatoren durch Elektromagnete (z.B. Klauenpolläufer mit Erregerwicklung, Abb. 3) erzeugt.

Die elektronischen Schaltgeräte, die Batterie und die Zündanlage erfordern eine **Gleichspannung**, deshalb muss die erzeugte Wechselspannung gleichgerichtet werden.

> Im Generator wird eine **Wechselspannung** erzeugt, die **gleichgerichtet** wird.

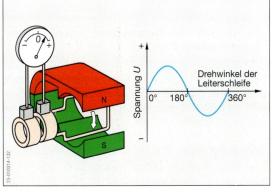

Abb. 1: Drehende Leiterschleife im Magnetfeld und Verlauf der erzeugten Wechselspannung

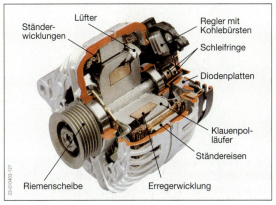

Abb. 2: Klauenpol-Compact-Drehstromgenerator

49.2 Drehstromgenerator

Am häufigsten wird in Kraftfahrzeugen der **Klauenpol-Drehstromgenerator** eingebaut (Abb. 2, ⇒ TB: Kap. 11). Er hat seine Bezeichnung von der Form des Läufers (Abb. 3 und Abb. 6, S. 523).

49.2.1 Aufbau und Wirkungsweise des Drehstromgenerators

Den grundsätzlichen Aufbau des Klauenpol-Drehstromgenerators zeigt die Abb. 3.

Die wesentlichen **Bauteile** sind:
- das Gehäuse (Ständer) mit zwei Lagern zur Lagerung der Läuferwelle,
- ein Klauenpolläufer (Klauenpolrotor) mit Erregerwicklung und Schleifringen,
- drei Wicklungen im Gehäuse (Ständer),
- sechs Leistungs- und drei Erregerdioden und
- zwei gegen die Schleifringe drückende Kohlebürsten.

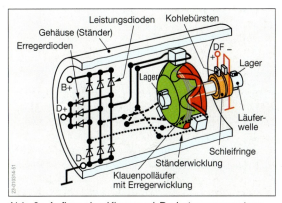

Abb. 3: Aufbau des Klauenpol-Drehstromgenerators

Drehstromgenerator / alternating current generator

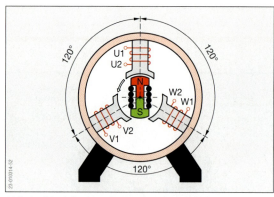

Abb. 1: Modell eines Drehstromgenerators

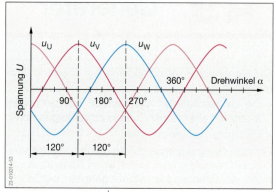

Abb. 4: Verlauf der drei Wechselspannungen

Die **drei Wicklungen** im Ständer sind um **120° versetzt** angeordnet (Abb.1). Die Wicklungsanfänge werden mit den Buchstaben U1, V1, W1 und die Wicklungsenden mit U2, V2 und W2 bezeichnet. Die Reihenfolge der Wicklungsbezeichnung hängt von der Drehrichtung des Generators ab.

Werden die Wicklungsenden miteinander verbunden, so entsteht eine **Sternschaltung** mit dem Sternpunkt N (Abb. 2a). Werden jeweils die Wicklungsanfänge mit den Wicklungsenden, z. B. U1 mit W2, V1 mit U2 und W1 mit V2, verbunden, so entsteht eine **Dreieckschaltung** (Abb. 2b).

Die Wicklungsanfänge der Sternschaltung (Abb. 1, S. 524), bzw. die Verbindungspunkte der Dreieckschaltung (Abb. 2, S. 527) sind mit der Gleichrichterschaltung verbunden.

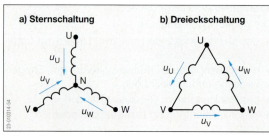

Abb. 2: Schaltungsarten

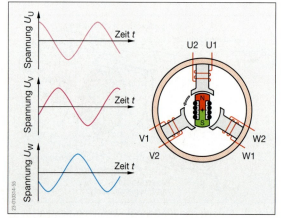

Abb. 3: Verlauf der drei Einzelspannungen

> **Kraftfahrzeug-Drehstromgeneratoren**, die für eine hohe Leistung ausgelegt sind, werden zunehmend in **Dreieckschaltung** ausgeführt.

Wird der Läufer (Elektromagnet, Abb. 3) gedreht, so wird in jeder Ständerwicklung eine **Wechselspannung** erzeugt. Werden die drei Wechselspannungen in ein gemeinsames Diagramm eingetragen (Abb. 4), so folgt:

> Die drei im Drehstromgenerator erzeugten **Wechselspannungen** sind zueinander **versetzt**.

Bei einem zweipoligen Läufer (z. B. Stabmagnet) beträgt die **Versetzung 120°** (Abb. 3 und 4). Der zwölfpolige Klauenpolläufer (Abb. 6) bewirkt eine **Versetzung** von **20°** und dadurch eine höhere Frequenz der erzeugten Wechselspannungen.

Drehfeld und Drehstrom

Wird an die drei erzeugten Wechselspannungen ein **Elektromotor** (Drehstrommotor) angeschlossen, so fließen durch dessen drei Ständerwicklungen Wechselströme. Die Wechselströme erzeugen in den Ständerwicklungen Magnetfelder, deren Stärke und Richtung sich fortwährend ändern. Die Wirkung dieser drei Magnetfelder zusammengenommen ergibt ein **magnetisches Drehfeld**.

> Die Bezeichnung **Drehstrom** ist abgeleitet vom **magnetischen Drehfeld**.

Die Abb. 5 und Abb. 2, S. 521 zeigen den **Aufbau** eines Klauenpol-Drehstromgenerators. An der Stirnseite des Schleifringlagerschilds befinden sich der angebaute **Regler** und die Steckanschlüsse B+ und D+ für den Anschluss an das Bordnetz (Batterie, Verbraucher) bzw. an die Generatorkontrolllampe.

Zwei innenliegende **Lüfter** saugen von den Stirnseiten her Luft zur Kühlung durch den Generator. Der Antrieb erfolgt über eine **Riemenscheibe** durch einen Keil- oder Keilrippenriemen.

Kapitel 49: Generator

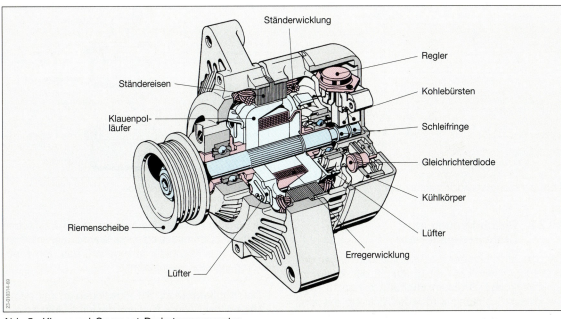

Abb. 5: Klauenpol-Compact-Drehstromgenerator

Generatoren für Dieselmotoren haben oft eine Riemenscheibe mit **Freilauf**. Durch den Freilauf wird die Schwungenergie des Läufers während des Gaswegnehmens ausgenutzt. Außerdem wird dadurch die Belastung des Riemens vermindert.

Die Drehstromgeneratoren können in **beiden Drehrichtungen** betrieben werden. Die Drehrichtung ist nur abhängig von der Art der verwendeten Lüfter. Es gibt Lüfter für Links- und Rechtslauf sowie für beide Drehrichtungen.

Der Klauenpol-Läufer besteht aus zwei Hälften, zwischen denen sich die Erregerwicklung befindet (Abb. 6). Jede Hälfte hat **klauenartig** ausgebildete Pole, die wechselweise ineinander greifen.

Die sechs Leistungsdioden und die drei Erregerdioden sitzen in **Kühlkörpern**, weil sich die Dioden während der Gleichrichtung erwärmen.

Neben der **Luftkühlung** der Generatoren wird zunehmend die **Flüssigkeitskühlung** eingesetzt.

Vorteile der Flüssigkeitskühlung sind:
- geringere Geräuschentwicklung,
- höhere Leistung und besserer Wirkungsgrad sowie
- schnelleres Erreichen der Betriebstemperatur des Motors durch die Abwärme des Generators.

Bei Dieselmotoren mit Direkteinspritzung kann dadurch evtl. auf den elektrischen bzw. mit Kraftstoff betriebenen Zusatzheizer für Innenraumheizung verzichtet werden.

Nachteilig ist der höhere Bauaufwand.

Flüssigkeitsgekühlte Generatoren werden in ein **Kühlflüssigkeitsgehäuse** eingebaut. Dieses ist entweder am Motor direkt angeflanscht oder durch Schlauchverbindungen mit dem Kühlkreislauf des Motors verbunden. Der Generator wird vom Kühlmittel umströmt. Das Innere des Generators bleibt trocken.

Flüssigkeitsgekühlte Generatoren für Pkw sind Klauenpol-Compact-Drehstromgeneratoren oder schleifringlose Leitstückläufer-Drehstromgeneratoren (Abb. 7, ⇒ TB: Kap. 11).

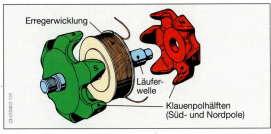

Abb. 6: Klauenpolläufer

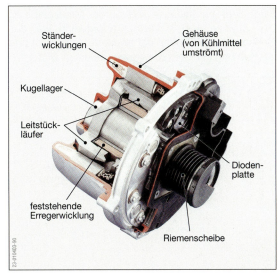

Abb. 7: Schleifringloser Leitstückläufer-Drehstromgenerator

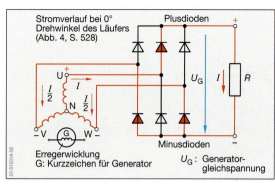

Abb. 1: Drehstrombrückenschaltung

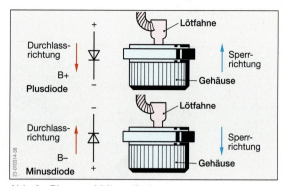

Abb. 3: Plus- und Minusdiode

49.2.2 Gleichrichtung im Drehstromgenerator

Die Gleichrichtung der drei Wechselspannungen des Drehstromgenerators erfolgt durch die Zweiweg-Gleichrichtung in **Brückenschaltung** (s. Kap. 13.13.5). Bei dieser Schaltung wird jede Wicklung mit zwei Dioden verbunden (Abb. 1). Über die Dioden sind die Wicklungen miteinander verbunden. Drei Dioden bilden den Pluspol und drei den Minuspol der Brückenschaltung.

Durch die Dioden werden von den positiven und negativen Halbwellen deren **Hüllkurven** gebildet. Die positive (U_+) und negative Hüllkurve (U_-) werden durch die Brückenschaltung zu einer leicht gewellten Gleichspannung (U_G) umgeformt (Abb. 2).

> Die **Gleichrichtung** der im Drehstromgenerator erzeugten drei Wechselspannungen erfolgt durch die **Drehstrombrückenschaltung**.

Die Dioden, die am Pluspol der Batterie anliegen, werden als »**Plusdioden**«, die am Minuspol als »**Minusdioden**« bezeichnet. Die Minusseite der Plusdiode liegt am Gehäuse und die der Minusdiode an der Lötfahne (Abb. 3). Dies ist erforderlich, weil das Gehäuse dieser Dioden der zweite Anschluss ist und zur Kühlung in einem Kühlkörper befestigt wird.

Die Kühlkörper haben die Aufgabe, die in den Dioden durch den Stromfluss erzeugte Wärme aufzunehmen und an das Kühlmittel abzugeben, das den Drehstromgenerator durchströmt.

> Der **Kühlkörper** für die Plusdioden ist mit dem Pluspol der Batterie (B+) und der für die Minusdioden mit dem Minuspol der Batterie (B–) verbunden.

In neueren Generatoren werden als Leistungsdioden **Z-Dioden** (s. Kap. 13.13.5) verwendet (Abb. 4). Im Gegensatz zur üblichen Schaltung in Sperrrichtung werden diese in der Drehstrombrückenschaltung in Durchlassrichtung geschaltet. Durch die Verwendung von Z-Dioden werden die Diodenschaltung und andere elektronische Geräte vor Spannungsspitzen über 33 V aus dem Bordnetz geschützt. Das bei großen Generatoren verwendete Überspannungsschutzgerät kann entfallen. Ein Betrieb der Generatoren **ohne** Starterbatterie ist möglich.

Die in der Abb. 4 dargestellte Drehstrombrückenschaltung mit Z-Dioden hat zusätzlich noch drei Erregerdioden (s. Kap. 49.2.3) und zwei weitere Leistungsdioden, die am Sternpunkt N angeschlossen sind. Dadurch werden die periodischen Spannungsunterschiede am Sternpunkt zur Leistungssteigerung des Generators benutzt. An der Klemme W wird für Dieselmotoren ein Drehzahlsignal abgegriffen. Der Kondensator C dient zur Entstörung des Generators.

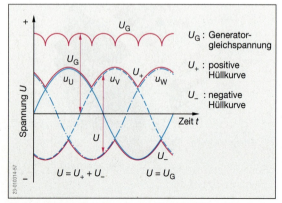

Abb. 2: Gleichrichtung der drei Wechselspannungen durch die Drehstrombrückenschaltung

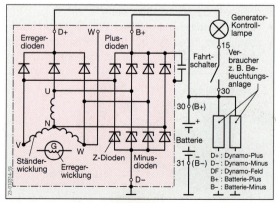

Abb. 4: Drehstrombrückenschaltung mit Z-Dioden

49.2.3 Stromkreise des Drehstromgenerators

Im Drehstromgenerator werden die folgenden **Stromkreise** unterschieden:
- Hauptstromkreis (Generatorstromkreis),
- Erregerstromkreis und
- Vorerregerstromkreis.

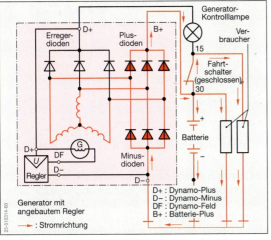

Abb. 5: Hauptstromkreis (Generatorstromkreis)

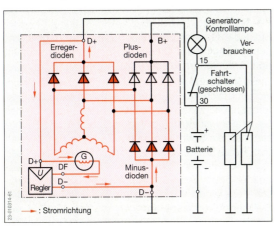

Abb. 6: Erregerstromkreis

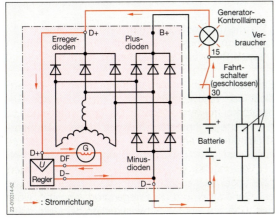

Abb. 7: Vorerregerstromkreis

Die folgenden Ausführungen beziehen sich auf einen Generator mit Sternschaltung, treffen aber auch für einen Generator mit Dreieckschaltung zu.

> Im **Hauptstromkreis** fließt der Strom zum Laden der Batterie und zur Versorgung der anderen elektrischen Verbraucher.

Der **Hauptstrom** fließt aus den Ständerwicklungen (Sternschaltung) zu den Plusdioden und von diesen zur Batterie und den eingeschalteten elektrischen Verbrauchern (Abb. 5). Von der Batterie und den Verbrauchern fließt der Hauptstrom über die Fahrzeugmasse zu den Minusdioden und in die Ständerwicklungen zurück.

> Im **Erregerstromkreis** fließt der Strom für den Aufbau des Magnetfeldes des Läufers.

Der **Erregerstrom** kommt von den Ständerwicklungen und wird durch drei **Erregerdioden** und die drei Minusdioden gleichgerichtet (Abb. 6). Er fließt über die Klemme D+ zur Erregerwicklung des Läufers, durch den Regler und von dort über die Minusdioden zu den Ständerwicklungen zurück.

Der **Vorerregerstrom** kommt aus der Batterie und fließt über den Fahrtschalter, die Generatorkontrolllampe, die Erregerwicklung, den Regler und über die Klemme D– zurück zum Minuspol der Batterie (Abb. 7).

Die **Vorerregung** des Drehstromgenerators ist notwendig, weil der Restmagnetismus des Läufers nicht ausreicht, um bei niedrigen Drehzahlen in den Ständerwicklungen die zum Durchschalten der Dioden erforderliche Spannung von jeweils 0,6 V zu erzeugen (Schwellenspannung). Da in der Drehstrombrückenschaltung zwei Dioden in Reihe liegen (Abb. 1), ist zur Selbsterregung eine Spannung von 1,2 V notwendig. Der Vorerregerstrom bewirkt eine Verstärkung des Restmagnetismus durch die Erregerwicklung. Dadurch wird die Spannung von etwa 1,2 V zur Einleitung der Erregung des Generators bei niedrigen Drehzahlen des Läufers erzeugt.

> Im **Vorerregerstromkreis** fließt der Strom zur Erregung des Generators so lange, bis sich der Generator von selbst erregen kann.

Der Vorerregerstrom wird unterbrochen, wenn die Generatorspannung gleich oder höher als die Batteriespannung ist. Zwischen den Klemmen D+ und B+ des Generators besteht dann kein Spannungsunterschied mehr. Die **Generatorkontrolllampe** erlischt, weil durch sie kein Strom mehr fließt (Abb. 7).

> Ist die **Generatorkontrolllampe** defekt, kann der Drehstromgenerator **nicht** vorerregt werden.

49.3 Generatorregelung

Die **Generatorregelung** hat die **Aufgabe**, die Generatorspannung unabhängig von der Drehzahl und der Belastung des Generators konstant zu halten (Spannungsregelung).

49.3.1 Grundprinzip der Regelung

Die Regelung der Generatorspannung erfolgt über die Veränderung der **Erregerstromstärke**. Solange die Generatorspannung unter der **Regelspannung** von z. B. 14 Volt bleibt, wird die Erregerstromstärke nicht verändert. Übersteigt die Generatorspannung die Regelspannung, so wird der Erregerstrom unterbrochen. Sinkt die Generatorspannung unter die Regelspannung, so wird der Erregerstrom wieder eingeschaltet. Dieser Vorgang wiederholt sich ständig.

Die **Regelung** der **Generatorspannung** erfolgt durch das Ein- und Ausschalten des Erregerstromes und damit über die Veränderung des **Erregermagnetfeldes**.

Das Aus- und Einschalten des Erregerstromes kann **mechanisch** über ein Relais (Kontaktregler) oder **elektronisch** erfolgen.

49.3.2 Elektronische Regler

Die Spannungsregelung von Generatoren erfolgt überwiegend durch elektronische Regler. Diese enthalten eine Transistorschaltung (s. Kap. 13.13.6), weshalb sie auch als **Transistorregler** bezeichnet werden. Die Abb. 1 zeigt den Schaltplan eines einfachen Transistorreglers. Im einfachen Transistorregler schaltet der sogenannte **Leistungstransistor** V2 den Erregerstrom. Ein **Steuertransistor** V1 steuert den Leistungstransistor.

Das **Schalten** des Steuertransistors wird durch eine **Z-Diode** (s. Kap. 13.13.5) veranlasst. Die Z-Diode wird im Gegensatz zu einer normalen Diode in Sperrrichtung betrieben. Sie hat die Eigenschaft, bei einer bestimmten Spannung (**Z-Spannung**) leitend zu werden. Durch das Schalten des Steuertransistors V1 wird der Leistungstransistor V2 und dadurch der Erregerstrom ein- und ausgeschaltet.

Der **Transistorregler** regelt die Generatorspannung mit zwei Schaltstufen:
- Erregerstrom fließt und
- Erregerstrom ist abgeschaltet.

Der **Erregerstrom fließt**, wenn der Leistungstransistor **V2 durchgeschaltet** ist (Abb. 1). Das ist der Fall, wenn der Steuertransistor **V1 sperrt**. Zwischen Basis und Emitter von V2 besteht dann die zum Durchschalten von V2 notwendige Spannung von mindestens 0,6 Volt (s. Kap. 13.13.5).

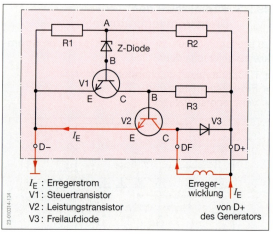

I_E : Erregerstrom
V1 : Steuertransistor
V2 : Leistungstransistor
V3 : Freilaufdiode

Abb. 1: Transistorregler (Schaltplan)

V1 sperrt, weil die Z-Diode einen Basis-Emitter Strom durch V1 verhindert.

Der **Erregerstrom** wird **abgeschaltet**, wenn die Generatorspannung die Regelspannung erreicht. Zwischen dem Punkt A und der Basis B von V1 besteht dann eine Spannung, die so groß ist, dass die **Z-Diode öffnet**. Es fließt ein Basis-Emitter-Strom durch V1. V1 schaltet durch und V2 sperrt, weil die Spannung zwischen Basis und Emitter von V2 unter 0,6 Volt sinkt.

Sinkt die Generatorspannung unter die Regelspannung, **sperrt** die Z-Diode, V1 sperrt und V2 schaltet den Erregerstrom wieder ein.

Diese **Vorgänge** wiederholen sich in schneller Folge, wodurch sich eine nur gering schwankende Generatorspannung zwischen den Klemmen B+ und D– des Generators einstellt. Die Widerstände R1 und R2 bestimmen die Spannung an der Z-Diode. R2 begrenzt den Basis-Emitter-Strom von V1. R3 begrenzt den Kollektor-Emitter-Strom von V1 und den Basis-Emitter-Strom von V2. Die zwischen DF und D+ geschaltete Diode V3 schützt die Transistoren vor den **Selbstinduktionsspannungen** (s. Kap. 13.12.3) der Erregerwicklung. Eine Selbstinduktionsspannung entsteht immer dann, wenn der Erregerstrom abgeschaltet wird. Die Diode wird dann leitend (Freilaufdiode).

Die **elektronischen Regler** sind überwiegend im oder am Generator befestigt. Nur bei größeren Generatoren sind sie weggebaut.

Bei den heute verwendeten **Multifunktionsreglern** fließt der Vorerregerstrom nicht mehr über die Generatorkontrolllampe (Abb. 2). Dadurch ist es möglich, die Vorerregerstromstärke der geforderten Generatorstromstärke in Abhängigkeit von der Motordrehzahl anzupassen. Um den Startvorgang zu erleichtern, wird der Vorerregerstrom während des Startens vermindert oder sogar ausgeschaltet. Bei Belastungsänderungen des Generators wird der Erregerstrom langsam geändert. Dadurch werden Schwankungen der Motordrehzahl im Leerlauf vermieden.

Kapitel 49: Generator

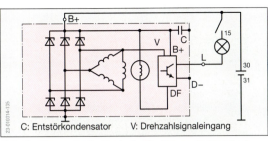

Abb. 2: Generator in Dreieckschaltung mit Multifunktionsregler und Z-Dioden ohne Erregerdioden

Zusätzlich erfüllt der Multifunktionsregler z. B. noch folgende **Aufgaben**:
- Spannungsregelung in Abhängigkeit von der Generator- und der Batterietemperatur,
- Generator- und Reglerfehleranzeige über eine Kontrolllampe bzw. über die Generatorkontrolllampe, die beide auch als LED ausgeführt werden.
- Abschalten von elektrischen Verbrauchern, wenn z. B. eine ausreichende Batterieladung nicht mehr gewährleistet ist.

49.4 Sonderbauformen von Generatoren

Doppelgenerator

Der in der Abb. 3 dargestellte Doppelgenerator besteht aus zwei mechanisch gekoppelten Klauenpolgeneratoren mit Luft- oder Flüssigkeitskühlung. Diese können auch elektrisch miteinander verbunden (Einspannungssystem, z. B. 14 oder 28 V) oder getrennt sein. Bei einer elektrischen Trennung kann der Generator mehrere Spannungen liefern, z. B. 14 und 42 V (Mehrspannungssystem). Die Notwendigkeit von zwei Bordnetzspannungen ergibt sich aus der gestiegenen Leistung vieler elektrischer Verbraucher bzw. der Zunahme elektrischer Verbraucher im Kraftfahrzeug. Die höhere Leistung kann im 12 V-Bordnetz nur über eine Erhöhung der Stromstärke erbracht werden. Um die damit verbundene Erwärmung und größeren Spannungsverluste in den Leitungen klein zu halten, müssten die Leitungsquerschnitte vergrößert werden. Dies hätte eine Masseerhöhung und Kostenzunahme zur Folge.

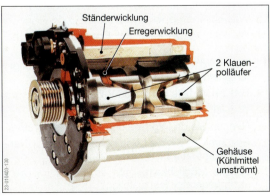

Abb. 3: Doppelgenerator mit Flüssigkeitskühlung

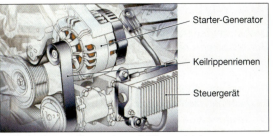

Abb. 4: Starter-Generator mit Riementrieb

In einem **Zweispannungsbordnetz** werden die Verbraucher mit hoher Leistung, z. B. Starter, elektrischer Lüfter, elektrische Servolenkung, durch das **36 V-Bordnetz** und die mit geringerer Leistung, z. B. Beleuchtung, Steuergeräte, durch das **12 V-Bordnetz** versorgt.

Starter-Generator

Im **Starter-Generator** sind **Starter** und **Generator** in einem Gehäuse zu einer **Baueinheit** zusammengefasst.

Diese Baueinheit ist am Motor befestigt (Abb. 4) oder an der Kurbelwelle angeflanscht (Abb. 5). Der Starter-Generator hat eine Luft- oder Flüssigkeitskühlung und kann in der Ausführung als Kurbelwellen-Starter-Generator mehrspannungsfähig bis zu 230 V Gleich- und Wechselspannung sein. Während des Startens arbeitet der Starter-Generator als Drehstrom-Asynchronmotor (s. Kap. 30.3).

Durch **Starter-Generatoren** wird **Masse** gespart, da dieselben Bauteile für den Starter- und Generatorenbetrieb genutzt werden. Die **Betriebsgeräusche** sind besonders bei der Flüssigkeitskühlung geringer. Die **Bremsenergie** im Schubbetrieb kann in elektrische Energie umgewandelt werden. Ein besserer **Stop-Start-Betrieb** ist möglich.

Nachteilig ist der hohe elektronische Bauaufwand.

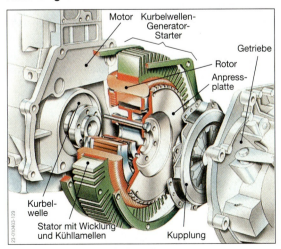

Abb. 5: Kurbelwellen-Starter-Generator

49.5 Wartung und Diagnose

Drehstromgeneratoren sind wartungsarm. Die Schleifkohlen und die Lagerschmierung reichen bis zur Grundüberholung des Generators bei etwa 100 000 bis 150 000 km. Der Regler ist wartungsfrei. Reparaturen oder eine Änderung der Reglereinstellung können nicht vorgenommen werden.

Die **Prüfung** von Generator und Regler erfolgt meist im eingebauten Zustand. Eine schnelle Prüfung des Reglers kann mit einem Spannungsmesser erfolgen, der an D+ und Masse angeschlossen wird. Die vom Generator abgegebene Spannung muss dabei konstant bleiben und je nach Reglertyp und Temperatur zwischen 13,4 und 14,5 V liegen.

> Eine genauere Prüfung (**Leistungsprüfung**) von Generator und Regler erfolgt bei **Belastung** und verschiedenen **Drehzahlen**.

Zur Messung wird ein **Volt-Ampere-Tester** (Abb. 3, S. 130) mit eingebautem oder separatem **Belastungswiderstand** sowie ein **Drehzahlmesser** verwendet. Um Schäden am Generator zu vermeiden, muss die Batterie angeschlossen bleiben. Die Prüfung ist nach Herstellerangaben vorzunehmen. Die gemessenen Testwerte sind mit den **Sollwerten** des Herstellers zu vergleichen.

Stimmen die Testwerte nicht überein, so ist die Messung mit einem neuen Regler zu wiederholen. Dadurch kann schnell festgestellt werden, ob der Fehler am Regler oder am Generator liegt.

Liegt der Fehler am Generator, so kann mit einem **Drehstromgenerator-Tester** der Zustand der Wicklungen und der Dioden geprüft werden.

Zur Fehlersuche am Generator kann auch die **Generator-Kontrolllampe** benutzt werden. Im Fehlerfall erlischt die Generator-Kontrolllampe nicht oder nur zum Teil. Die verbleibende Leuchtstärke lässt auf den Fehler im Generator schließen.

Eine genauere Fehlerermittlung ist mit dem Oszilloskop (s. Kap. 13.7.3) möglich. Bestimmte Fehler des Drehstromgenerators führen dabei zu charakteristischen Oszillogrammen (Abb. 1, ⇒ TB: Kap. 11).

Dioden lassen sich im ausgebauten Zustand mit einer Prüflampe oder genauer mit einem Widerstandsmessgerät überprüfen.

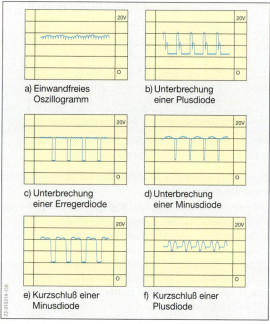

Abb. 1: Oszillogramme des Drehstromgenerators

a) Einwandfreies Oszillogramm
b) Unterbrechung einer Plusdiode
c) Unterbrechung einer Erregerdiode
d) Unterbrechung einer Minusdiode
e) Kurzschluß einer Minusdiode
f) Kurzschluß einer Plusdiode

Aufgaben

1. Nennen Sie die Aufgaben des Generators.
2. Beschreiben Sie das Grundprinzip der Spannungserzeugung im Generator.
3. Von welchen Größen ist die Höhe der erzeugten Spannung im Generator abhängig?
4. Warum wird im Generator eine Wechselspannung erzeugt?
5. Warum muss die Wechselspannung gleichgerichtet werden?
6. Beschreiben Sie den Aufbau und die Wirkungsweise des Klauenpolgenerators.
7. Erläutern Sie anhand einer Skizze die Drehstrombrückenschaltung.
8. Skizzieren und beschreiben Sie die Stromkreise des Drehstromgenerators.
9. Warum muss der Drehstromgenerator vorerregt werden?
10. Welche Wirkung hat eine defekte Generatorkontrolllampe?
11. Warum muss die Generatorspannung geregelt werden?
12. Nennen Sie die Aufgabe der Generatorregelung.
13. Beschreiben Sie das Grundprinzip der Regelung.
14. Erklären Sie mit Hilfe einer Schaltungsskizze den Aufbau und die Wirkungsweise des Transistorreglers.
15. Welche Aufgabe hat die »Freilaufdiode« im elektronischen Regler des Drehstromgenerators?
16. Was ist ein Doppelgenerator?
17. Welchen Vorteil kann der Doppelgenerator haben?
18. Was wird unter dem Begriff »Mehrspannungsfähigkeit« verstanden?
19. Welche Vorteile hat ein 36 V-Bordnetz?
20. Was ist ein Starter-Generator?
21. Nennen Sie drei Vorteile des Starter-Generators.
22. Beschreiben Sie die Leistungsprüfung des Drehstromgenerators.
23. Welche Möglichkeiten gibt es, Fehler im Drehstromgenerator festzustellen?
24. Wie kann eine Diode schnell geprüft werden?

50 Zündanlagen

Die **Aufgaben** der Zündanlage sind:
- die Zündspannung zu erzeugen, die erforderlich ist, damit in allen Betriebszuständen des Motors der Zündfunke entstehen kann,
- die Zündspannung im richtigen Moment (Zündzeitpunkt) der Zündkerze zuzuführen und
- bei Mehrzylindermotoren die Zündspannung entsprechend der Zündfolge des Motors an die Zündkerzen zu leiten.

Es werden folgende **Arten** von **elektronischen Zündanlagen** unterschieden (⇒ TB: Kap. 11):
- Transistor-Batteriezündanlagen,
- Kondensator-Batteriezündanlagen und
- Magnetzündanlagen (s. Kap. 46.2.3).

50.1 Grundlagen der Transistor-Batteriezündanlagen

50.1.1 Erzeugung der Zündspannung und des Zündfunkens

Die Abb. 1 zeigt den grundsätzlichen **Aufbau** einer **Zündanlage** für einen 1-Zylinder-Motor. Das **Zündsteuergerät** hat die Aufgabe, den Primärstrom ein- und auszuschalten. Im Prinzip kann das ein **mechanischer Schalter** (Unterbrecherkontakt) sein. Wegen der Nachteile des mechanischen Schalters, z. B. Funkenbildung während des Ausschaltens des Primärstromes (Kontaktfeuer) und dem damit verbundenen Verschleiß, wird ein **Transistor** bzw. eine **Transistorschaltung** verwendet.

Wirkungsweise

Wird bei geschlossenem Zündschalter der **Primärstrom** I_p durch das **Zündsteuergerät** eingeschaltet, fließt dieser durch die Primärwicklung der Zündspule (Abb. 1). Dadurch wird um die **Primärwicklung** ein **Magnetfeld** aufgebaut.

Im **Zündzeitpunkt** wird der Primärstrom durch das Zündsteuergerät ausgeschaltet. Dadurch wird das Magnetfeld abgebaut und in der **Sekundärwicklung** der Zündspule nach dem **Transformatorprinzip** (s. Kap. 13.12.2) die **Zündspannung** erzeugt. Durch die Zündspannung entsteht an den Elektroden der Zündkerze ein **Zündfunke**, der das verdichtete Kraftstoff-Luft-Gemisch im Zylinder zündet.

> Die **Zündspannung** wird durch das **Ausschalten** des **Primärstromes** in der **Zündspule** erzeugt.

Solange der Zündfunke brennt, fließt in der Zündanlage der **Sekundärstrom** I_s (Abb. 1).

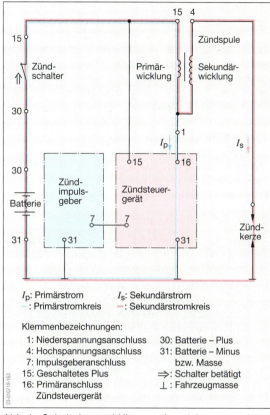

Abb. 1: Schaltplan und Klemmenbezeichnungen einer Zündanlage für einen 1-Zylinder-Motor

Der **Zündfunke** entsteht durch die hohe Zündspannung (etwa 10 bis 15 kV) zwischen der Mittel- und Masseelektrode der Zündkerze. Durch die Zündspannung werden die **Gasteilchen** des Kraftstoff-Luft-Gemisches elektrisch leitend, wodurch ein kurzer Stromstoß (etwa 80 mA, bis 2 ms) in Form eines **Lichtbogens** (Zündfunke) erfolgt. Durch die hohe Temperatur des Zündfunkens (etwa 4000 °C) wird das Kraftstoff-Luft-Gemisch erwärmt und dadurch gezündet.

> Die **Verbrennung** des Kraftstoff-Luftgemisches wird durch den **Zündfunken** eingeleitet.

> **Unfallverhütung**
>
> Die in der Transistor-Batteriezündanlage erzeugte **Zündspannung** kann bis zu **40 000 V** (40 kV) betragen. Da elektronische Zündanlagen eine hohe Zündleistung haben, besteht bei Berührung von Teilen der Zündanlage bei laufendem Motor **Lebensgefahr**.

50.1.2 Zündsteuergerät und Zündimpulsgeber

> Das **Zündsteuergerät** hat die **Aufgabe**, den Primärstrom einzuschalten und im **Zündzeitpunkt** auszuschalten.

Das Zündsteuergerät enthält eine **Transistorschaltung** (Abb. 1). Diese muss zum Schalten angesteuert werden. Die Ansteuerung wird vom **Zündimpulsgeber** (Abb.1), z.B. Induktiv- oder Hallgeber (s. Kap. 50.3.1 und 50.3.2) ausgelöst.

> Der **Zündimpulsgeber** erzeugt ein elektrisches Spannungssignal, welches für das Ein- und Ausschalten des Primärstromes durch das **Zündsteuergerät** verwendet wird.

50.1.3 Schließzeit und Schließwinkel

Die Begriffe »Schließzeit« und »Schließwinkel« stammen von der kontaktgesteuerten Zündanlage und werden bei elektronischen Zündanlagen sinngemäß verwendet.

> Die **Schließzeit** ist die Zeit, in welcher der **Primärstrom** eingeschaltet ist.

> Der **Schließwinkel** ist bei einem Viertakt-Ottomotor der **Drehwinkel**, den ein Punkt auf der **Zündverteiler-** oder **Nockenwelle** durchläuft, während der **Primärstrom** eingeschaltet ist.
>
> Der **Schließwinkel** kann auch auf die Kurbelwelle bezogen werden. Dann ist er der **halbe Drehwinkel**, den ein Punkt auf der **Kurbelwelle** durchläuft, während der **Primärstrom** eingeschaltet ist.

Der **Schließwinkel** wird auch in **Prozent** angegeben. Die Prozentangabe bezieht sich dabei auf den gesamten Drehwinkel der Verteiler- bzw. Nockenwelle, der sich ergibt, während der Primärstrom je einmal ein- und ausgeschaltet wurde. **Motortester** (s. Kap. 13.7.4) geben den Schließwinkel meist in Grad und Prozent an.

50.1.4 Transistorschaltungen

Die Abb.1 zeigt die **Transistor-Grundschaltung** (s. Kap.13.13.6) für eine Transistor-Batteriezündanlage mit einem **Transistor** als **Zündsteuergerät** und einem mechanischen **Schalter** als **Zündimpulsgeber**. Die Transistorschaltung besteht aus einem Transistor (V1) mit zwei Widerständen (R1, R2) als Spannungsteiler an der Basis des Transistors. Der **Spannungsteiler** ist mit dem mechanischen Schalter S1 in Reihe geschaltet.

Wird der Schalter S1 geschlossen, so wird die Basis des Transistors V1 gegenüber dem Emitter durch den Stromfluss über die Widerstände R1 und R2 (Spannungsteiler) **negativ** gepolt. Die Folge ist ein Emitter-Basisstrom I_{EB} (Steuerstrom I_S, Abb.1), der den Transistor V1 durchschaltet und den **Primärstrom** I_p einschaltet. Im **Zündzeitpunkt** wird der Schalter S1 geöffnet. Der Steuerstrom I_S wird unterbrochen. Dadurch wird die Basis über den Widerstand R1 genauso gepolt wie der Emitter. Der Transistor V1 sperrt und schaltet den Primärstrom I_p aus. Die **Zündung** erfolgt.

In der Abb. 2 ist eine erweiterte **Schaltung** der Transistor-Grundschaltung dargestellt. Das **Zündsteuergerät** enthält wegen der besseren Ansteuerung und des damit sicheren Durchschaltens des **Schalttransistors V2**, noch einen zweiten **Transistor V1** (Steuertransistor).

Zusätzlich enthält das Zündsteuergerät in der Abb. 2 nicht enthaltene elektronische Bauelemente, die der Betriebssicherheit dienen (Abb. 7, S. 537).

Wird der Schalter S1 geschlossen (Abb.2), fließt ein Emitter-Basis-Strom I_{EB} (Steuerstrom I_{s1}) durch den **Steuertransistor V1**. Dieser schaltet durch. Daraufhin fließt der Emitter-Kollektorstrom I_{EC} (Steuerstrom I_{s2}) von V1. Durch den Steuerstrom I_{s2} wird durch die Wirkung der Widerstände R3 und R4 der **Schalttransistor V2** leitend. Der Primärstrom I_p wird eingeschaltet. Öffnet der Schalter S1, so wird V1 gesperrt. Damit sperrt V2, und der Primärstrom wird unterbrochen. Die Zündung erfolgt.

Die Abb. 4 zeigt eine Transistor-Batteriezündanlage mit Darlington-Schaltung (s. Kap. 13.13.6) als Endstufe. Durch die Verwendung von Darlington-Schaltungen in Endstufen von Steuergeräten fließen nur kleine Steuerströme. Dadurch wird die thermische Belastung der Steuergeräte verringert. **Endstufen** in elektronischen Schaltungen haben die Aufgabe, den **Arbeitsstrom** für die **Aktoren** (s. Kap. 53.4), z.B. Zündspule, Einspritzventil, Magnetventil zu schalten.

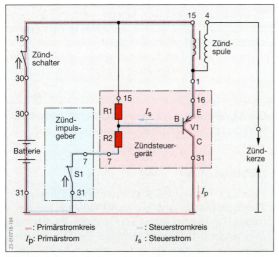

Abb.1: Grundschaltung einer Transistor-Batteriezündanlage

Kapitel 50: Zündanlagen

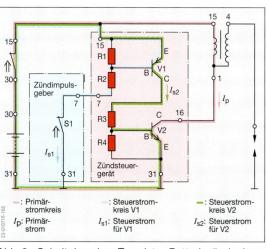

Abb. 2: Schaltplan einer Transistor-Batteriezündanlage mit zwei Transistoren

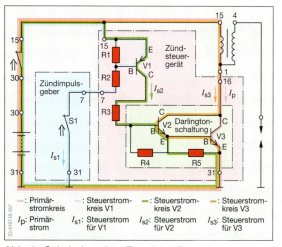

Abb. 4: Schaltplan einer Transistor-Batteriezündanlage mit einer Endstufe in Darlington-Schaltung

> **Transistor-Endstufen** in **elektronischen Systemen**, z. B. Zünd- und Einspritzanlagen, sind immer als **Darlington-Schaltung** ausgeführt.

Die **Wirkungsweise** der Schaltung in der Abb. 4 ist im Prinzip die selbe wie die in der Abb. 2. Die **Darlington-Schaltung** (**V2** und **V3**) wird durch den **Steuertransistor V1** zum Schalten veranlasst. Über die Widerstände R1 und R2 und den Schalter S1 wird V1 durchgeschaltet. Der Emitter-Kollektorstrom von V1 (Steuerstrom I_{s2}) schaltet über den Spannungsteiler R3 und R4 den Transistor V2 in der Darlington-Schaltung durch. Über die Primärwicklung fließt dann der Kollektor-Emitterstrom von V2 (Steuerstrom I_{s3}). Dieser veranlasst über R5 den Transistor V3 zum Durchschalten. Der Primärstrom fließt. Wird der Schalter S1 geöffnet, sperrt V1 und damit die Darlington-Schaltung. Die Zündung erfolgt.

50.2 Bauteile der Transistor-Batteriezündanlagen

50.2.1 Zündspulen

> Die **Zündspule** hat die **Aufgabe**, die für den **Funkenüberschlag** notwendige **Zündenergie** zu speichern und die **Zündspannung** zu erzeugen.

Durch das Fließen des Primärstromes wird um die Primärwicklung ein Magnetfeld aufgebaut. Die im Magnetfeld gespeicherte magnetische Energie stellt die Zündenergie der Zündspule dar. Diese wird im Zündzeitpunkt in Form des Zündfunkens freigesetzt.

Die Abb. 3 zeigt den **Aufbau** einer Zündspule, die auf Grund ihrer Bauform als **Zylinder-Zündspule** bezeichnet wird.

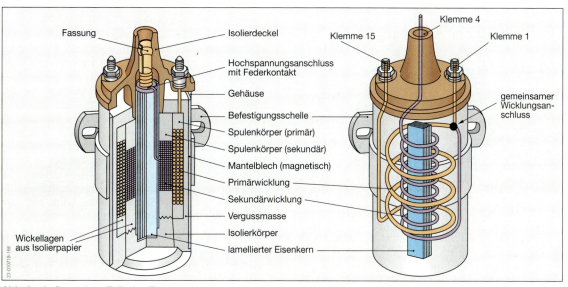

Abb. 3: Aufbau einer Zylinder-Zündspule

Zündverteiler / ignition distributor

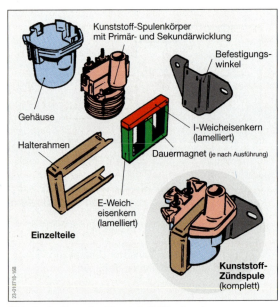

Abb. 1: Aufbau der Kunststoff-Zündspule

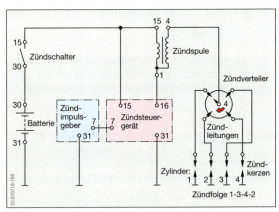

Abb. 2: Schaltplan einer Transistor-Batteriezündanlage mit Zündverteiler

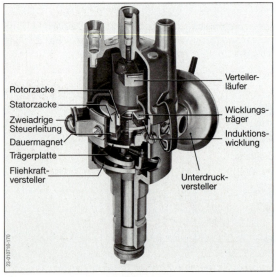

Abb. 3: Aufbau des Zündverteilers

Auf dem aus Blechen zusammengesetzten Eisenkern (lamellierten Eisenkern, s. Kap. 13.12.4) befindet sich die **Sekundärwicklung** und darüber die **Primärwicklung**. Je nach Ausführung der Zündspule hat die Primärwicklung 100 bis 500 Windungen und die Sekundärwicklung etwa 15 000 bis 30 000 Windungen.

Primär- und Sekundärwicklung haben einen gemeinsamen **Wicklungsanschluss**, der die Klemme 1 der Zündspule bildet (Abb. 2 und Abb. 3, S. 531). Die Widerstandswerte der Zündspulen betragen, je nach Ausführungsart, für die Primärwicklung 0,4 bis 0,8 Ω und für die Sekundärwicklung 6 bis 10 kΩ. Die Primärstromstärken haben Werte zwischen 8 und 12 A und können während des Startens des Motors bis auf 20 A ansteigen.

Die Abb. 1 zeigt eine andere Zündspulen-Bauform, die als **Kunststoff-Zündspule** bezeichnet wird. Ihr Hauptmerkmal ist der in und um den Kunststoff-Spulenkörper angeordnete Eisenkern. Einige Ausführungen haben einen im Eisenkern vorhandenen Dauermagneten. Dieser soll den Abbau des Magnetfeldes der Primärwicklung beschleunigen. Dadurch wird sekundärseitig eine höhere Zündspannung erzeugt.

50.2.2 Zündverteiler

Mehrzylindermotoren mit nur einer Zündspule benötigen einen **Zündverteiler**. Die Abb. 2 zeigt den Schaltplan einer Transistor-Batteriezündanlage mit Zündverteiler.

> Der **Zündverteiler** hat die **Aufgabe**, die **Zündspannung** entsprechend der **Zündfolge** des **Motors** an die **Zündkerzen** zu leiten.

Die **Zündfolge** eines Motors ist konstruktiv bedingt und darf nicht durch Umstecken der Zündleitungen verändert werden (s. Kap. 26.3.2 , ⇒ TB: Kap. 7).
Den Aufbau des Zündverteilers zeigt die Abb. 3.
Der **Verteilerläufer**, der **Zündimpulsgeber** (s. Kap. 50.3) und der **Zündversteller** (s. Kap. 50.4.2) sind im Zündverteiler zu einer Baueinheit zusammengefasst (Abb. 3).
In der **Verteilerkappe** sind die Fassungen für die Zündleitungen angebracht. Die mittlere Fassung nimmt die Leitung von der Zündspule (Klemme 4) auf. Die Zündspannung wird über eine gefederte Schleifkohle dem **Verteilerläufer** zugeführt und über die Läuferelektrode auf die Festelektroden in Form eines Funkens übertragen. Von diesen gelangt die Zündspannung über die Zündleitungen zu den Zündkerzen (Abb. 2). Die **Verteilerwelle** wird von der Kurbel- oder Nockenwelle angetrieben.

> Das **Übersetzungsverhältnis** zwischen **Kurbelwelle** und **Verteilerwelle** beträgt im Viertakt-Ottomotor 2:1.

Kapitel 50: Zündanlagen

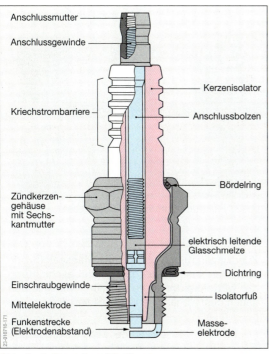

Abb. 4: Aufbau einer Zündkerze

Das Kerzengehäuse und der Anschlussbolzen bestehen aus Stahl, der Isolator aus einer Spezialkeramik.

Die **Masseelektrode** ist meistens aus einer Nickel-Chrom-Legierung gefertigt und am Kerzengehäuse angeschweißt.

Die **Mittelelektrode** besteht, je nach verwendetem Kerzentyp, aus einer Nickel-Chrom-Legierung mit oder ohne Kupferkern, einer Nickel-Yttrium-Legierung sowie zum Teil aus Silber oder Platin (⇒ TB: Kap. 11).

Die **Abdichtung** der **Zündkerze** zum Zylinderkopf (Brennraum) erfolgt je nach Motorbauart durch einen **Flachdichtsitz** (Abb. 5a) mit einem unverlierbaren Dichtring oder einem **Kegeldichtsitz** (Abb. 5b), bei dem kegelige Flächen am Zündkerzengehäuse und im Zylinderkopf die Abdichtung vornehmen.

Wichtig für die einwandfreie Wirkungsweise der Zündkerze sind der **Elektrodenabstand** und der **Wärmewert** der Zündkerze. Ein großer Elektrodenabstand ergibt zwar einen langen und kräftigen Zündfunken, erfordert aber eine hohe Zündenergie und Zündspannung.

Um Zündaussetzer bei Verschmutzung oder Abnutzung der Elektroden zu vermeiden und um eine gewisse **Zündspannungsreserve** zu haben (s. Kap. 50.10), sollte der Elektrodenabstand etwa 0,7 mm betragen (Herstellerangabe beachten).

50.2.3 Zündkerze

> Die **Zündkerze** hat die **Aufgabe**, die Zündspannung der Zündspule in den Zylinder zu leiten. Die Zündspannung erzeugt zwischen den Elektroden der Zündkerze den Zündfunken.

Den **Aufbau** der Zündkerze zeigt die Abb. 4.

Die **Kriechstrombarriere** hat die Aufgabe, bei Verschmutzung oder feuchtem Isolator die Entstehung von Kriechströmen zur Fahrzeugmasse zu verhindern. Kriechströme mindern die Zündspannung und können zu Fehlzündungen führen.

Die elektrisch leitende **Glasschmelze** soll die Mittelelektrode mit dem Anschlussbolzen **gasdicht** verbinden.

> Der **Wärmewert** einer Zündkerze ist ein Maß für ihre **thermische** Belastbarkeit.

Damit die Zündkerze sicher arbeitet, soll die Temperatur des Isolatorfußes zwischen der **Selbstreinigungstemperatur** (etwa 400 °C) und der **Glühzündungstemperatur** (über 900 °C, Abb. 6) liegen. Liegt die Temperatur unter der Selbstreinigungstemperatur, so kann sich die Zündkerze nicht selbst von den Verschmutzungen durch Wegbrennen reinigen. Dadurch kommt es zu Nebenschlüssen an der Zündkerze, die **Zündaussetzer** (Zündfunken entsteht nicht) zur Folge haben. Liegt die Temperatur über der Glühzündungstemperatur besteht die Gefahr der Glühzündung. Durch die Glühzündung kann es zu einer klopfenden Verbrennung kommen (s. Kap. 50.4.1).

Abb. 5: Zündkerze mit a) Flachdichtsitz und b) Kegeldichtsitz

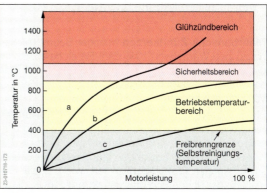

Abb. 6: Temperaturverhalten der Zündkerzen a), b) und c) aus der Abb. 1, S. 534 im selben Motor

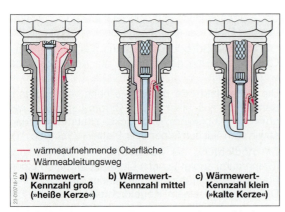

Abb. 1: Bauformen von Zündkerzen mit verschiedenen Wärmewert-Kennzahlen

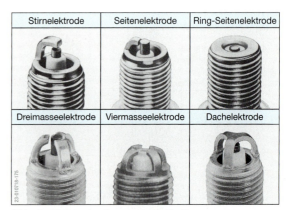

Abb. 2: Elektrodenformen bei Zündkerzen

Der Wärmewert einer Zündkerze wird durch eine **Wärmewert-Kennzahl** angegeben.

Tab. 1: Wärmewert-Kennzahlen (Auszug)

Wärmewert-Kennzahlen	2	3	4	5	7	8	9	10
Merkmal	kälter ←			Kerze			→ wärmer	

Die meisten Hersteller verwenden Wärmewert-Kennzahlen nach der Tab. 1 (⇒ TB: Kap. 11).

> Je größer die **Wärmewert-Kennzahl** einer Zündkerze ist, desto schneller erreicht sie ihre **Betriebstemperatur** und um so weniger Wärmemenge wird von ihr je Zeiteinheit abgeleitet.

Die Wärmewert-Kennzahl einer Zündkerze ist um so höher, je **größer** die **Isolatorfußfläche** und damit der **Wärmeableitungsweg** ist (Abb. 1). Nur für einen bestimmten Motor hat die Zündkerze b) aus der Abb. 1 die richtige Wärmewert-Kennzahl (Abb. 6, S. 533).

> Je größer die **Wärmewert-Kennzahl** einer Zündkerze, desto **wärmer** wird diese im Vergleich zu Zündkerzen mit **niedrigerer Wärmewertkennzahl** im **selben Motor**.

Mehrbereichs-Zündkerzen heutiger Bauart decken bis zu zwei Wärmewert-Kennzahl-Bereiche ab. Durch diese Zündkerzen wird ein sicheres Betriebsverhalten sowohl im Teillastbereich (Stadtverkehr) als auch bei Volllast gewährleistet.

Einige **Daten** von Zündkerzen sind in ISO-Normen festgelegt, wie z. B. Gewindeabmessungen, Schlüsselweiten, Dichtsitz und Anziehdrehmomente (⇒ TB: Kap. 11). Jedoch hat jeder Zündkerzenhersteller seine eigenen **Elektrodenformen**, wie z. B. die Gestaltung der Mittel- und Masseelektrode, sowie deren Zahl und Anordnung (Abb. 2) und **Typenbezeichnungen**.

> Zündkerzen mit mehr als einer **Masseelektrode** und/oder einer **Silber-** bzw. **Platinbeschichtung** der **Mittelelektrode** verschleißen weniger und haben deshalb längere Wechselintervalle.

Zwischen der Masse- und der Mittelelektrode befindet sich die **Funkenstrecke** (Abb. 3 und Abb. 4, S. 533).
Als **Luftfunkenstrecke** (Abb. 3a) wird die Funkenstrecke bezeichnet, bei der der Zündfunke direkt von der Mittelelektrode durch das Kraftstoff-Luft-Gemisch zur Masseelektrode überspringt und dabei das Gemisch zündet.
Eine **Luftgleitfunkenstrecke** (Abb. 3b) entsteht dann, wenn z. B. die Isolatorfußspitze verschmutzt ist. Dann gleitet der Zündfunke erst über die Isolatorfußspitze, um dann zur Masseelektrode überzuspringen. Dabei wird die Verschmutzung der Isolatorfußspitze weggebrannt (Selbstreinigungseffekt).
Bei der Anordnung der Elektroden wie in der Abb. 3c entsteht immer ein Gleitfunke. Deshalb wird diese Funkenstrecke als **Gleitfunkenstrecke** bezeichnet. Dadurch wird eine dauernde Reinigung der Isolatorfußspitze erreicht. Nebenschlüsse und damit Zündaussetzer werden verhindert. Nachteilig sind die schlechte Gemischzugänglichkeit und der systembedingte große Elektrodenabstand.
Vom »**Zündkerzengesicht**« (Abb. 4) kann auf das einwandfreie oder fehlerhafte Arbeiten der Zündkerze geschlossen werden. Darüber hinaus können Aussagen über die Gemischzusammensetzung und den Zustand des Motors (z. B. Ventile, Zylinder, Kolben und Kolbenringe) getroffen werden (⇒ TB: Kap. 11).

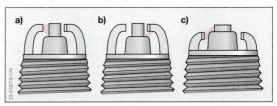

Abb. 3: a) Luftfunkenstrecke, b) Luftgleitfunkenstrecke und c) Gleitfunkenstrecke

50.3 Transistor-Batteriezündanlagen

50.3.1 Transistor-Batteriezündanlage mit Induktivgeber

Der **Induktivgeber** ist in der Transistor-Batteriezündanlage der **Zündimpulsgeber**. Im Gegensatz zu einem mechanischen Schalter arbeitet der Induktivgeber berührungslos.

> In der Transistor-Batteriezündanlage mit Induktivgeber, auch als Transistorspulenzündung mit Induktivgeber (**TSZ-I** bzw. **TZ-I**) bezeichnet, steuert der Induktivgeber die Transistorschaltung im Steuergerät und damit das **Ein-** und **Ausschalten** des **Primärstromes**.

Die Kurzbezeichnung TZ-I wird bei Zündanlagen verwendet, deren Steuergeräte in Hybrid-Bauweise ausgeführt sind (s. Kap. 13.13.8).
Der **Schaltplan** einer TSZ-I ist in der Abb. 5 dargestellt. Der Vorwiderstand R_V dient zur **Startspannungsanhebung**. Er wird während des Startens durch die Klemme 15a am Starter oder durch ein Relais überbrückt. Durch die Startspannungsanhebung wird ein Absinken der Spannung an der Primärwicklung durch den hohen Starterstrom verhindert. Dadurch wird erreicht, dass während des Startens die notwendige **Zündenergie** und **Zündspannung** zur Verfügung steht.
Der **Induktivgeber** ist im Zündverteiler untergebracht (Abb. 6).
Die Klemmen »**0**« und »**–**« des **Induktivgebers** sind mit den Klemmen 7 und 31d des Steuergerätes verbunden (Abb. 5). Der Induktivgeber erzeugt zur Ansteuerung der Transistorschaltung und damit zum Ein- und Ausschalten des Primärstromes eine Spannung. Die Spannungserzeugung erfolgt nach dem Generatorprinzip (s. Kap. 13.12.1).
Die Abb. 6 und Abb. 3, S. 532 zeigen jeweils den **Aufbau** eines Zündverteilers mit Induktivgeber. Das **Impulsgeberrad** (Rotor) ist mit der Zündverteilerwelle verbunden. Um die Verteilerwelle fest angeordnet befindet sich ein **Dauermagnet**, der mit der **Induktionsspule** und den **Statorzacken** eine geschlossene Baueinheit bildet (Abb. 1 und 2a, S. 536).

> Das **Impulsgeberrad** weist so viele **Zacken** auf, wie der Motor **Zylinder** hat.

Dreht sich das **Impulsgeberrad**, so wird der Abstand zwischen den Rotor- und Statorzacken verändert. Der **Luftspalt** zwischen beiden wird größer. Da Luft der Ausbreitung des Magnetfeldes des Dauermagneten einen größeren Widerstand entgegensetzt, verändert sich die Stärke des Magnetfeldes, welches die Spule durchdringt. In der Spule wird eine Spannung erzeugt, die dem Verlauf nach eine **Wechselspannung** U_i ist (Abb. 2b, S. 536).

Abb. 4: Zündkerzengesichter

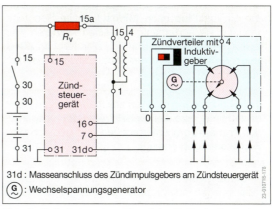

31d: Masseanschluss des Zündimpulsgebers am Zündsteuergerät
Ⓖ: Wechselspannungsgenerator

Abb. 5: Schaltplan einer Transistor-Batteriezündanlage mit Induktivgeber

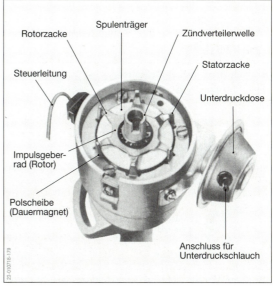

Abb. 6: Zündverteiler mit Induktivgeber

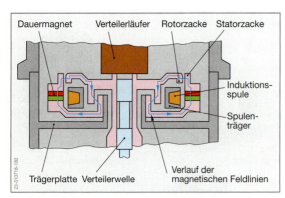

Abb. 1: Schnittdarstellung des Induktivgebers

Da die Transistorschaltung im Steuergerät zum Durchschalten und Sperren eine **Rechteckspannung** benötigt, wird die Wechselspannung U_i durch eine elektronische Schaltung im Steuergerät in die **Rechteckspannung U_R** (Abb. 2c) für die Transistorschaltung umgeformt.

Während des **Nulldurchgangs** der Wechselspannung U_i von **Plus** nach **Minus** fällt die Rechteckspannung U_R sprungartig auf einen kleineren Wert (Punkt t_z in der Abb. 2b und 2c). Dies führt im **Zündsteuergerät** dazu, dass der Schalttransistor gesperrt wird.

> Im Nulldurchgang der Wechselspannung von Plus nach Minus wird der **Schalttransistor** gesperrt, der **Primärstrom** unterbrochen und dadurch die **Zündspannung** erzeugt.

Der **Schließwinkel** wird bei der Transistor-Batteriezündanlage mit Induktivgeber in Abhängigkeit von der Motordrehzahl und der Bordnetzspannung elektronisch verändert (Schließwinkelsteuerung bei der TSZ-I, Schließwinkelregelung bei der TZ-I, s. Kap. 50.5.2).

> Mit steigender Motordrehzahl bzw. fallender Bordnetzspannung wird der **Schließwinkel größer** und **umgekehrt**.

50.3.2 Transistor-Batteriezündanlage mit Hallgeber

Der **Hallgeber** ist in der Transistor-Batteriezündanlage der **Zündimpulsgeber**. Im Gegensatz zu einem mechanischen Schalter arbeitet der Hallgeber berührungslos.

> In der Transistor-Batteriezündanlage mit Hallgeber, auch als Transistorspulenzündung mit Hallgeber bezeichnet (**TSZ-H** bzw. **TZ-H**), steuert der **Hallgeber** die Transistorschaltung im Steuergerät und damit das **Ein-** und **Ausschalten** des **Primärstromes**.

Der **Schaltplan** einer TSZ-H ist in der Abb. 3 dargestellt. Die TSZ-H hat zwei Vorwiderstände, von denen nur einer zur **Startspannungsanhebung** (s. Kap. 50.3.1) überbrückt wird. Werden beide überbrückt, würde die Primärstromstärke während des Startens zu hoch werden. Die Folge wäre eine zu hohe und damit für das Steuergerät und den Hallgeber schädliche Selbstinduktionsspannung in der Primärwicklung beim Abschalten des Primärstromes.

Der **Hallgeber** ist im **Zündverteiler** untergebracht.

Den **Aufbau** eines Zündverteilers mit Hallgeber zeigt die Abb. 4. Der Hallgeber wird durch einen **Blendenrotor**, der auch am Verteilerläufer befestigt sein kann, gesteuert (Abb. 4 und 6).

> Die **Anzahl** der **Blenden** des **Blendenrotors** entspricht der **Zylinderzahl** des **Motors**.

Der **Hall-Effekt** und die Wirkungsweise des **Hallgebers** sind im Kap. 53.3.4 beschrieben.

Der Hallgeber ist mit seinen Klemmen »+«, »0« und »–« mit den Klemmen 8h, 7 und 31d des Steuergerätes verbunden (Abb. 3). Über die **Klemme 8h** erfolgt die **Spannungsversorgung** des Hallgebers. Die im Hall-Generator erzeugte **Spannung U_G** (Abb. 5a) wird im **IC** (integrierter Schaltkreis, Abb. 7) des Hallgebers in eine **Rechteckspannung U_R** (Abb. 5b) um-

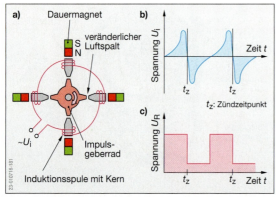

Abb. 2: a) Wirkungsschema des Induktivgebers, b) Verlauf der erzeugten Spannung und c) der Rechteckspannung

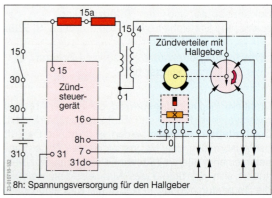

Abb. 3: Schaltplan einer Transistor-Batteriezündanlage mit Hallgeber

Kapitel 50: Zündanlagen

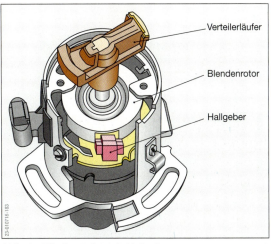

Abb. 4: Zündverteiler mit Hallgeber

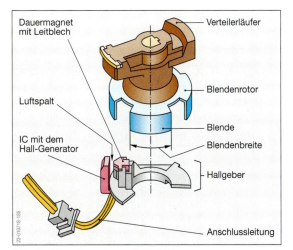

Abb. 6: Blendenrotor und Hallgeber

geformt, die den **Schalttransistor V1** im **Hallgeber** zum Schalten veranlasst. Ist der Schalttransistor V1 durchgeschaltet, fließt von der Klemme 7 des Steuergerätes ein **Impulsgeberstrom** über die Klemme »0« des Hallgebers, durch den Schalttransistor V1, über Klemme »–« und Klemme 31d des Steuergerätes zur Masse (Abb. 7).

> Durch das **Schalten** des **Transistors V1** im Hallgeber wird der **Impulsgeberstrom** ein- und ausgeschaltet.

Durch das Ein- und Ausschalten des Impulsgeberstromes entsteht an den Klemmen »0« und »–« bzw. 7 und 31d eine **Impulsgeberspannung** U_I (Abb. 5c und 7). Die Impulsgeberspannung U_I (Rechteckspannung) bewirkt in der Transistorschaltung des Steuergerätes das Durchschalten und Sperren des Steuertransistors V2. Dieser schaltet die Darlington-Schaltung mit den Transistoren V3 und V4 und damit das Ein- und Ausschalten des Primärstromes.

> Ist der **Impulsgeberstrom** ausgeschaltet, fließt der **Primärstrom** und umgekehrt.

> Der **Primärstrom** fließt, wenn die **Impulsgeberspannung** U_I zwischen den Klemmen 7 und 31d vorhanden ist. Das ist dann der Fall, wenn sich eine Blende des Blendenrotors im **Luftspalt** des Hallgebers befindet.

Ist die Blende außerhalb des Luftspaltes (Abb. 5), ist keine Impulsgeberspannung U_I mehr zwischen den Klemmen 7 und 31d vorhanden. Der **Primärstrom** wird ausgeschaltet. Die **Zündung** erfolgt.

Der **Schließwinkel** wird bei der TSZ-H durch die **Blendenbreite** (Abb. 6) bestimmt und bleibt deshalb immer gleich groß.

Bei Steuergeräten mit **Schließwinkelregelung** (TSZ-H, Steuergerät in Hybrid-Bauweise, s. Kap. 50.5.2) wird der Schließwinkel in Abhängigkeit von der Motordrehzahl und der Bordnetzspannung verändert.

> Mit steigender Motordrehzahl bzw. fallender Bordnetzspannung wird der **Schließwinkel größer** und **umgekehrt**.

Die zusätzlich im Steuergerät vorhandenen elektronischen Bauelemente dienen der Betriebssicherheit des Steuergerätes (Abb. 7).

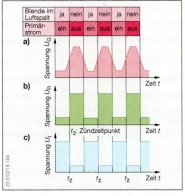

Abb. 5: Steuerimpulse in der TSZ-H

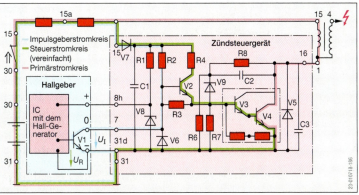

Abb. 7: Innenschaltung des Hallgebers und des Zündsteuergerätes

Aufgaben zu Kap. 50.1 bis 50.3

1. Skizzieren Sie den Schaltplan einer Zündanlage für einen 4-Zylindermotor mit Zündverteiler. Die Zündfolge ist 1-2-4-3. Tragen Sie in den Schaltplan die Klemmenbezeichnungen sowie den Primär- und den Sekundärstromkreis mit verschiedenen Farben ein.
2. Beschreiben Sie, wie der Zündfunke entsteht.
3. Welche Aufgabe hat das Zündsteuergerät und der Zündimpulsgeber?
4. Erklären Sie die Begriffe Schließzeit und Schließwinkel.
5. Skizzieren Sie den Schaltplan einer Transistorzündanlage mit Darlingtonschaltung. Tragen Sie mit verschiedenen Farben die folgenden Stromkreise ein: Primärstromkreis, die Steuerstromkreise für den Steuertransistor und für die beiden Darlingtontransistoren.
6. Nennen Sie die Aufgabe der Zündspule.
7. Beschreiben Sie den Aufbau und die Wirkungsweise einer Kunststoff-Zündspule.
8. Welche Aufgabe hat der Zündverteiler?
9. Beschreiben Sie den Aufbau und die Wirkungsweise des Zündverteilers.
10. Was sind die Selbstreinigungs- und die Glühzündungstemperatur einer Zündkerze?
11. Welchen Einfluss hat eine zu hohe bzw. niedrige Wärmewert-Kennzahl auf die Wirkungsweise einer Zündkerze?
12. Welchen Vorteil haben Zündkerzen mit mehreren Masseelektroden?
13. Was kann aus dem »Zündkerzengesicht« geschlossen werden?
14. Was ist das Grundprinzip der induktiven Zündauslösung?
15. Zeichnen Sie den Schaltplan einer TSZ-I.
16. Beschreiben Sie den Aufbau und die Wirkungsweise des Induktivgebers in der TSZ-I.
17. Zeichnen Sie den Schaltplan einer TSZ-H.
18. Erläutern Sie die Zündauslösung bei der TSZ-H.
19. Zeichnen Sie einen Schaltplan des Steuergerätes der TSZ-H ohne die elektronischen Bauteile, die der Betriebssicherheit dienen (Abb. 7, S. 537).

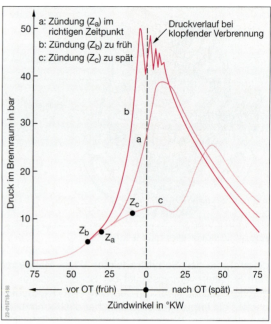

Abb. 2: Druckverlauf im Zylinder bei verschiedenen Zündzeitpunkten

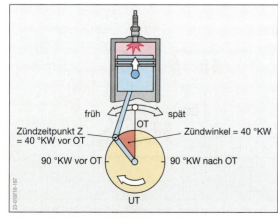

Abb. 1: Zündzeitpunkt und Zündwinkel

50.4 Zündzeitpunktverstellung

50.4.1 Grundlagen

Die **Verstellung** des Zündzeitpunkts ist erforderlich, damit der Motor in Bezug auf seinen jeweiligen Betriebszustand möglichst die größte Leistung, den geringsten Kraftstoffverbrauch und einen geringen Schadstoffanteil im Abgas hat. Da der **Betriebszustand** des Motors, gerade im Stadtverkehr, dauernd geändert wird, muss auch der Zündzeitpunkt ständig verstellt werden.

Der **Zündzeitpunkt** (Z) wird in Kurbelwellenwinkelgraden (°KW) im Abstand zum oberen Totpunkt (OT) angegeben (Abb. 1).

Liegt der Zündzeitpunkt vor OT, wird dies als **Frühzündung**, liegt er nach OT, als **Spätzündung** bezeichnet.

> Der **Winkel** zwischen Zündzeitpunkt und **oberem Totpunkt** ist der **Zündwinkel**.

Entscheidend für die Verstellung des Zündzeitpunkts ist die Bedingung, dass der **höchste Verbrennungsdruck** immer dann erreicht werden soll, wenn der **Kolben** sich **kurz nach OT** befindet (Abb. 2, Linie a). Die Zeit für die Verbrennung des Kraftstoff-Luft-Gemisches bei **Volllast** des Motors bleibt über den **gesamten Drehzahlbereich** etwa gleich (2 Millisekunden). Der **Kolben** legt in dieser Zeit mit **steigender Drehzahl** des Motors (höhere Kolbengeschwindigkeit) eine immer **längere Wegstrecke** zurück. Ohne gleichzeitige **Zündzeitpunktverstellung** in Richtung »früh« würde der mögliche höchste Verbrennungsdruck erst erreicht werden, wenn der Kolben weit vom OT entfernt ist (Abb. 2, Linie c).

Kapitel 50: Zündanlagen

Eine zu große Zündzeitpunktverstellung in Richtung »**früh**« kann eine **klopfende** Verbrennung bewirken (Abb. 2, Linie b). Der höchste Verbrennungsdruck wird dann vor dem OT erreicht. Dies führt zu Schäden am Kurbeltrieb des Motors.

Im **Teillastbereich** verbrennt das Gemisch langsamer. Deshalb muss im Teillastbereich der **Zündzeitpunkt** zusätzlich in Richtung »früh« verstellt werden.

> Die **Zündzeitpunktverstellung** erfolgt in Abhängigkeit von den Betriebszuständen **Volllast** und **Teillast** des Motors.

Die **Verstellung** des **Zündzeitpunkts** kann mechanisch im Zündverteiler oder elektronisch durch das Zündsteuergerät vorgenommen werden.

50.4.2 Mechanische Zündzeitpunktverstellung

Die mechanische drehzahl- und lastabhängige **Zündzeitpunktverstellung** wird von **selbsttätig** arbeitenden **Zündverstellern** übernommen. Dies sind der **Fliehkraft-** und der **Unterdruckversteller**.

> Die **Zündversteller** haben die **Aufgabe**, den Zündzeitpunkt und damit den Zündwinkel zu verstellen.

Fliehkraftversteller

> Der **Fliehkraftversteller** verstellt den Zündzeitpunkt in Abhängigkeit von der **Motordrehzahl**.

In den Abb. 3 und 4 sind der **Aufbau** und die **Wirkungsweise** des Fliehkraftverstellers dargestellt.

Auf der **Zündverteilerwelle** sitzt eine Hohlwelle mit einem **Mitnehmer** (Abb. 3). Die Hohlwelle ist beweglich auf der Zündverteilerwelle angeordnet und kann auf dieser verdreht werden. Über den Mitnehmer und die **Rückstellfedern** ist die Hohlwelle mit der **Grundplatte** des Fliehkraftverstellers verbunden. Die Grundplatte ist an der Zündverteilerwelle befestigt. Mit steigender Drehzahl der Zündverteilerwelle werden die **Fliehgewichte** nach außen gedrückt und verdrehen über die Abwälzbahn entgegen der Federkraft der Rückstellfedern den Mitnehmer (Abb. 3) und damit die Hohlwelle. Die Hohlwelle und die auf ihr sitzenden Teile des **Zündimpulsgebers**, z. B. das Impulsgeberrad des Induktivgebers (Abb. 4) bzw. der Blendenrotor des Hallgebers (Abb. 4, S. 537 und Abb. 1, S. 540), sowie der **Zündverteilerläufer** werden dadurch in **Drehrichtung** (in Richtung Frühzündung) der **Zündverteilerwelle** gedreht.

Unterdruckversteller

> Der **Unterdruckversteller** verstellt den Zündzeitpunkt in Abhängigkeit vom **Lastzustand** des **Motors**.

Die Abb. 1, S. 540 zeigt den **Aufbau** des Unterdruckverstellers.

Teile des **Zündimpulsgebers**, z. B. die Polscheibe des Induktivgebers (Abb. 4) oder die Verstellplatte mit dem Hallgeber (Abb. 1, S. 540), sind um die Zündverteilerwelle drehbar befestigt. Beide sind über die Zugstange mit der Membrane der Unterdruckdose verbunden.

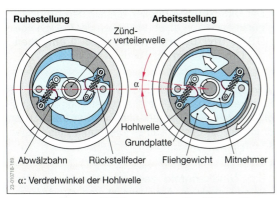

Abb. 3: Aufbau und Wirkungsweise des Fliehkraftverstellers

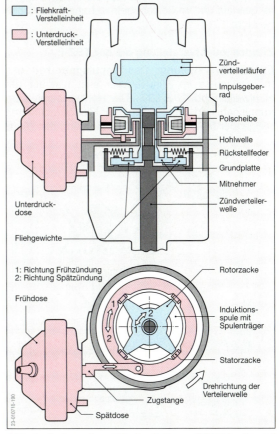

Abb. 4: Aufbau eines Zündverteilers mit Fliehkraft- und Unterdruckverstellung für die TSZ-I

Der Schlauchanschluss der **Unterdruckdose** (Frühdose) liegt in Strömungsrichtung der Luft betrachtet am **Saugrohr**, vor der **Drosselklappe** (Abb. 1).

Dort herrscht im Teillastbetrieb ein hoher Unterdruck. Durch den Unterdruck in der Unterdruckdose wird die **Membrane** gegen die Federkraft verschoben. Über die Zugstange wird die Polscheibe bzw. die Verstellplatte **entgegen der Drehrichtung** (in Richtung Frühzündung) der Zündverteilerwelle verdreht.

> Der **Unterdruckversteller** arbeitet unabhängig vom Fliehkraftversteller. Die Unterdruckverstellung erfolgt **zusätzlich** zur Fliehkraftverstellung über den gesamten Drehzahlbereich des Motors.

Eine Unterdruckverstellung wird auch zur Verringerung der schädlichen Bestandteile im **Abgas** bei Fahrzeugen ohne Katalysator verwendet. Die Schadstoffanteile können durch ein Verstellen des Zündzeitpunkts im **Leerlauf** und im **Schiebebetrieb** des Motors nach »spät« gesenkt werden.

Neben der Unterdruckdose für die Verstellung nach »früh« (Frühdose) gibt es eine »Spätdose« (Abb. 1). Diese verstellt die Verstellplatte in **Drehrichtung** der **Zündverteilerwelle**. Der Unterdruckanschluss für die Spätdose ist, in Strömungsrichtung der Luft betrachtet, **hinter der Drosselklappe** (Abb. 1), weil dort im Leerlauf und im Schiebebetrieb hoher Unterdruck herrscht.

Zündzeitpunktverstellung bei der TSZ-I

Fliehkraftverstellung: Das **Impulsgeberrad** des Induktivgebers im Zündverteiler sitzt fest auf der Hohlwelle (Abb. 4, S. 539). Die Hohlwelle mit dem Impulsgeberrad wird durch die Fliehgewichte mit steigender Motordrehzahl in Drehrichtung der Zündverteilerwelle verdreht. Dadurch erreichen die Rotorzacken des Impulsgeberrades die Statorzacken früher. Die erzeugte Wechselspannung (Abb. 2b, S. 536) wird so verschoben, dass der Nulldurchgang und damit der Zündzeitpunkt früher erfolgen.

Unterdruckverstellung: Ist Unterdruck in der **Frühdose** (Abb. 4, S. 539), wird die Bewegung der Membrane über die Zugstange auf die Polscheibe übertragen. Diese wird entgegen der Drehrichtung der Zündverteilerwelle gedreht. Der Zündzeitpunkt erfolgt auf Grund der Vorgänge wie bei der Fliehkraftverstellung früher.

Ist in der **Spätdose** Unterdruck, so wird die Polscheibe in Drehrichtung der Zündverteilerwelle verdreht. Dadurch erfolgt der Zündzeitpunkt später.

Zündzeitpunktverstellung bei der TSZ-H

Fliehkraftverstellung: Auf der Hohlwelle ist der **Blendenrotor** befestigt (Abb. 1). Mit steigender Motordrehzahl wird dieser in Drehrichtung der Zündverteilerwelle verdreht. Die Blenden treten früher in den Luftspalt des Hallgebers ein und verlassen diesen früher. Der Impulsgeberstrom (s. Kap. 50.3.2) wird dadurch früher aus- und eingeschaltet, die Zündung erfolgt früher.

Unterdruckverstellung: Der **Hallgeber** ist mit der Verstellplatte fest verbunden (Abb. 1). Die Bewegung der Membrane in der **Frühdose** wird über die Zugstange auf die Verstellplatte übertragen. Dadurch wird der Hallgeber entgegen der Drehrichtung der Zündverteilerwelle verdreht. Der Zündzeitpunkt erfolgt aufgrund der Vorgänge wie bei der Fliehkraftverstellung früher.

Ist in der **Spätdose** Unterdruck, so wird der Hallgeber in Drehrichtung der Zündverteilerwelle verdreht. Dadurch erfolgt der Zündzeitpunkt später.

> Der **Fliehkraftversteller** verstellt den Zündzeitpunkt nach »früh« durch Verdrehen des **Impulsgeberrades** (TSZ-I) bzw. des **Blendenrotors** (TSZ-H) in **Drehrichtung** der Zündverteilerwelle.

> Der **Unterdruckversteller** verstellt den Zündzeitpunkt nach früh durch Verdrehen der **Polscheibe** (TSZ-I) bzw. des **Hallgebers** (TSZ-H) **entgegen der Drehrichtung** der Zündverteilerwelle.

Werden die **Zündwinkelwerte** (Zündzeitpunkte) der Fliehkraft- und der Unterdruckverstellung in Abhängigkeit von der Drehzahl und von der Last (Unterdruck) in ein gemeinsames Diagramm eingetragen, so ergibt sich ein Zündkennfeld (Abb. 2).

> Ein **Zündkennfeld** zeigt die Verstellung des **Zündwinkels** in Abhängigkeit von der **Motordrehzahl** und der **Motorlast**.

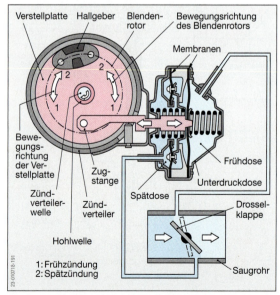

Abb. 1: Unterdruckversteller mit Früh- und Spätverstellung an einem Zündverteiler für die TSZ-H

50.4.3 Elektronische Zündzeitpunktverstellung (Kennfeldzündung)

Mit Hilfe der **elektronischen Zündzeitpunktverstellung** ist es möglich, folgende Anforderungen zu unterstützen:

- maximale Leistung,
- gutes Startverhalten,
- geringe Schadstoffanteile im Abgas,
- optimiertes Leerlaufverhalten und
- geringer Kraftstoffverbrauch.

Für die maximale Motorleistung und einen geringen Kraftstoffverbrauch ist die **Klopfgrenze** (s. Kap. 16.6) für die Einstellung des Zündwinkels bestimmend.

> Je näher der **Zündwinkel** an der **Klopfgrenze** liegt, desto höher ist die **Motorleistung** und desto geringer ist der **Kraftstoffverbrauch**.

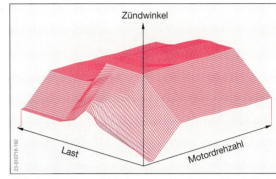

Abb. 2: Zündkennfeld eines mechanischen Verstellsystems

In der Abb. 3 ist der **Verlauf** der **Klopfgrenze** bei einer bestimmten Teillast in Abhängigkeit von der Motordrehzahl dargestellt. Werden die Zündwinkel einer mechanischen Verstellung in das Diagramm eingetragen, so ergibt sich, dass mit diesen der Verlauf der Klopfgrenze nur ungenügend nachgebildet werden kann. Eine elektronische Verstelllinie verläuft dagegen fast parallel zur Klopfgrenze. Dabei wird ein **Sicherheitsabstand** von der Klopfgrenze eingehalten. Dieser ist notwendig, weil sich im Verlauf der Motoralterung die Klopfgrenze nach unten verschiebt.

Die **elektronische Zündzeitpunktverstellung**, in Verbindung mit der Transistorzündung auch als **Kennfeldzündung** oder **elektronische Zündung mit Zündkennfeld (EZ)** bezeichnet, ersetzt die Fliehkraft- und Unterdruckverstellung im Verteiler. Der Verteiler dient dann nur noch zur Verteilung der Zündspannung. Er wird deshalb als »**Hochspannungsverteiler**« bezeichnet. Der Zündimpulsgeber (Drehzahl- und Bezugsmarkengeber) sitzt dann meist an der Kurbelwelle (Abb. 2, S. 542) oder noch im Hochspannungsverteiler.

Hat der Hochspannungsverteiler einen **Hallgeber** mit Blendenrotor (Abb. 4), und hat dieser mehrere Blenden, so dient dieser statt des Drehzahl- und Bezugsmarkengebers als Zündimpulsgeber.

Weist der Blendenrotor des Hallgebers nur eine Blende auf, so gibt diese an das Steuergerät Informationen zur Erkennung des OT vom 1. Zylinder, z.B. bei den Zündanlagen mit Einzelfunkenzündspulen (s. Kap. 50.7.1). Der Verteiler wird dann »Hochspannungsverteiler mit Impulsgeber« genannt.

> Bei der **Kennfeldzündung** erfolgt die **Zündzeitpunktverstellung** anhand eines im Steuergerät elektronisch gespeicherten **Zündkennfeldes**.

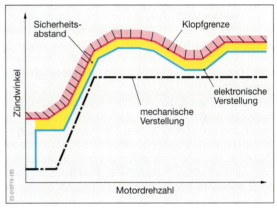

Abb. 3: Klopfgrenze und Zündwinkelverstelllinien

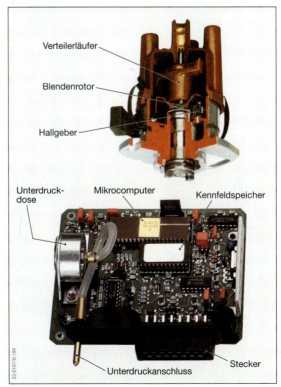

Abb. 4: Hochspannungsverteiler mit Hallgeber für die Zündauslösung und Steuergerät für die Kennfeldzündung

Kennfeldzündung / electronic-map ignition

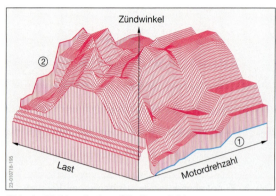

Abb. 1: Elektronisches Zündkennfeld

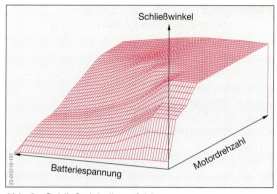

Abb. 3: Schließwinkelkennfeld

Ein **Zündkennfeld** (Abb.1) wird in Fahrversuchen und auf dem Prüfstand in Abhängigkeit von der Last und der Motordrehzahl sowie unter Berücksichtigung von Kraftstoffart, Abgaszusammensetzung, Verbrauch und Klopfneigung ermittelt und **elektronisch gespeichert**.

Durch die Erfüllung der gestellten Anforderungen (z.B. maximale Leistung bei geringem Kraftstoffverbrauch) ergibt sich ein elektronisches Zündkennfeld, das gegenüber dem mechanischen (Abb.1, S. 541) sehr zerklüftet ist. Je nach Anforderungen und Anpassungsgrad sind im elektronischen Kennfeld etwa 250 bis 4000 abrufbare **Zündwinkel** gespeichert.

> Ein **elektronisches Zündkennfeld**, das auf **hohe Motorleistung** und **niedrigem Kraftstoffverbrauch** ausgelegt ist, gibt den Klopfgrenzenverlauf eines Motors wieder. Es ist gleichzeitig ein **Klopfkennfeld**.

> Durch die **elektronische Zündzeitpunktverstellung** wird jedem **Betriebszustand** des Motors der günstigste **Zündzeitpunkt** zugeordnet.

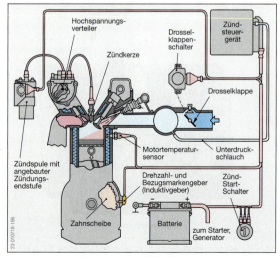

Abb. 2: Aufbau einer Kennfeldzündung

Den **Aufbau** einer Kennfeldzündung zeigt die Abb. 2. Das Steuergerät erhält von einem Induktivgeber bzw. Hallgeber (s. Kap. 53.3.4) über eine Zahnscheibe auf der Kurbelwelle und/oder von einem Hallgeber im Hochspannungsverteiler (Abb. 4, S. 541) Signale über die **Drehzahl** und die **Kurbelwellenstellung**.

Das **Lastsignal** (Saugrohrdruck) wird dem Zündsteuergerät durch einen Schlauch zugeführt. Bei Motoren mit **elektronischer Benzineinspritzung** kann das für die Gemischaufbereitung verwendete Lastsignal auch für die Bestimmung des Zündwinkels verwendet werden. Der Drosselklappenschalter liefert das **Leerlauf-** bzw. **Volllastsignal**. Ein statt des Drosselklappenschalters verwendetes Drosselklappenpotentiometer kann auch für die Bestimmung des Lastsignals benutzt werden. Die **Motortemperatur** und evtl. auch die **Ansauglufttemperatur** werden von entsprechenden Temperatursensoren als elektrische Spannungssignale geliefert. Die **Bordnetzspannung** wird vom Steuergerät direkt erfasst.

Die **Signalverarbeitung** im Steuergerät ist im Kap. 53.5 beschrieben.

> Im **Steuergerät** werden bis zu 20000mal in der Minute die **Signale** der **Sensoren** verarbeitet und Werte für den Zündwinkel, den Schließwinkel bzw. die Schließzeit berechnet.

Zur Bestimmung des Schließwinkels wird ein im Mikrocomputer gespeichertes **Schließwinkelkennfeld** (Abb. 3) eingesetzt. Dadurch wird, wie bei der Schließwinkelregelung (s. Kap. 50.5.2), das Zündspannungsangebot (s. Kap. 50.10) über den Motordrehzahlbereich fast konstant gehalten. Bei einigen Kennfeldzündungen werden die Werte aus dem Schließwinkelkennfeld durch eine Schließwinkelregelung optimiert.

Ist die Drosselklappe fast geschlossen, arbeitet der Motor im Leerlauf- bzw. im Schiebebetrieb. In diesem Betriebszustand kommt nur die sog. **Leerlauf/Schiebekennlinie** des Zündkennfeldes zur Anwendung (Abb.1, ①). Im Volllastbetrieb wird die Zündverstellung anhand der **Volllastkennlinie** vorgenommen (Abb.1, ②).

Kapitel 50: Zündanlagen

Um den **Startvorgang** zu beschleunigen, ist ein vom Zündkennfeld getrenntes **Startkennfeld** programmiert. Der Zündwinkel ist dabei von der Startdrehzahl und der Motortemperatur abhängig. Die **Beschleunigung** des **Startvorgangs** wird durch einen größeren Zündwinkel (mehr Frühzündung) erreicht. Dadurch wird das Motordrehmoment während des Startens erhöht, ohne dass durch zuviel Frühzündung rückdrehende Motordrehmomente auftreten.

Es gibt Kennfeldzündungen, die zwei Kennfelder gespeichert haben. Das eine Kennfeld ist für den Betrieb des Motors mit **Ottokraftstoff Normal »N«** und das andere für **Ottokraftstoff Super »S«** bestimmt. Durch einen **Abgleichstecker** (Oktanzahl-Stecker) oder einen **Kennfeldschalter** kann das jeweilige Kennfeld »N« oder »S« gewählt werden.

Durch die Wahl des Kennfeldes »N« wird der **Zündwinkel** verkleinert, d. h., der Zündzeitpunkt wird um etwa 4 bis 6 °KW in Richtung **»spät«** verstellt. Die Zündung erfolgt später. Im oberen Lastbereich erfolgt eine noch spätere Zündung, um das **Hochgeschwindigkeitsklopfen** (s. Kap. 16.6) zu verhindern. Bei Kennfeldzündungen mit **Klopfregelung** (s. Kap. 50.6) wird das entsprechende Kennfeld vom Steuergerät selbsttätig ausgewählt.

> Die **Kennfeldzündung** ermöglicht den Betrieb eines Motors mit Ottokraftstoff **Normal**, der für Ottokraftstoff **Super** vorgesehen ist.

Die **Zündungsendstufe**, die den Primärstrom schaltet, kann im Steuergerät oder getrennt vom Steuergerät untergebracht sein, z. B. am Verteiler oder an der Zündspule (Abb. 2 und 4).

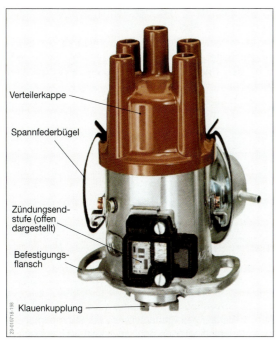

Abb. 4: Zündverteiler mit Zündungsendstufe

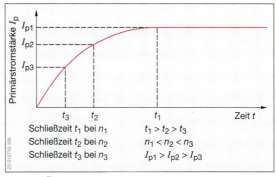

Abb. 5: Änderung der Primärstromstärke bei steigender Motordrehzahl und konstantem Schließwinkel

50.5 Elektronische Primärstrombegrenzung, Schließwinkelregelung und Ruhestromabschaltung

Die Primärstrombegrenzung, Schließwinkelregelung und Ruhestromabschaltung haben die folgenden **Aufgaben**: Sie sollen

- das Steuergerät und die Zündspule vor thermischer Überlastung schützen,
- dafür sorgen, dass die Zündspule für jeden Betriebszustand des Motors die notwendige Zündspannung für den Funkenüberschlag liefert und dadurch Zündaussetzer vermieden werden.

50.5.1 Primärstrombegrenzung

Wegen der Selbstinduktion (s. Kap. 13.12.3) in der Primärwicklung steigt die **Primärstromstärke** nach dem Einschalten nur langsam an (Abb. 5). Bei Zündanlagen mit **gleichbleibendem Schließwinkel** wird deshalb die Primärstromstärke ab einer bestimmten Motordrehzahl kleiner, weil die Schließzeit abnimmt. Dadurch erhöht sich die Gefahr von Zündaussetzern mit ihren negativen Auswirkungen auf den Katalysatorbetrieb (s. Kap. 29.3.2).

Damit das **Zündspannungsangebot** (s. Kap. 50.10) über den gesamten Drehzahlbereich des Motors gleich bleibt, und die thermische Belastung für die Zündspule sowie die Endstufe des Steuergerätes gering gehalten wird, muss die **Primärstromstärke** im Zündzeitpunkt stets ihren **Sollwert** sehr schnell erreichen.

Der **Sollwert** der Primärstromstärke wird durch **Zündspulen** mit einer kleinen **Primärwindungszahl** schnell erreicht, deren **Primärwicklungswiderstand** nur 0,3 bis 0,8 Ω beträgt. In diesen Zündspulen ist der Anstieg des Primärstromes sehr steil (Abb.1, S. 544). Die maximale Primärstromstärke kann aber bei diesen Zündspulen bis 30 A betragen, wodurch die **thermische Belastung** für das Steuergerät und die Zündspule zu hoch wird. Deshalb erfolgt eine **Primärstrombegrenzung**.

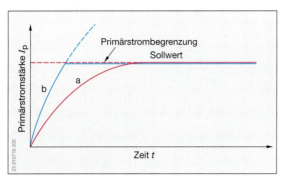

Abb. 1: Primärstromanstieg und Primärstrombegrenzung bei Zündspulen mit a) hohem und b) kleinem Primärwicklungswiderstand

> Durch die **Primärstrombegrenzung** übersteigt die **Primärstromstärke** nie ihren **Sollwert**.

Die Primärstrombegrenzung erfolgt über eine dauernde **Messung** der **Primärstromstärke**. Diese wird durch eine Spannungsmessung an einem im Steuergerät enthaltenen niederohmigen Widerstand im Primärstromkreis durchgeführt (Primärstromerfassung, Abb. 2). Die Auswertung der Spannungsmessung erfolgt durch einen Operationsverstärker (s. Kap. 13.13.6). Die gemessene Spannung verhält sich proportional zur Primärstromstärke. Sie wird deshalb mit einem in der elektronischen Schaltung der Primärstrombegrenzungsstufe gespeicherten Spannungswert verglichen. Dieser ist ein Maß für den **Sollwert** der Primärstromstärke (Abb. 2).

Erreicht die am Widerstand zur Primärstromerfassung gemessene Spannung ihren Sollwert, wird durch die **Strombegrenzungsstufe** die **Steuerstufe** mit dem Steuertransistor (s. Kap. 50.1.4) so beeinflusst, dass die Endstufe (Darlingtontransistor) nicht mehr voll durchschaltet. Dadurch wird der Widerstand der Endstufe erhöht und die Primärstromstärke auf den Sollwert begrenzt (Abb. 3a).

> Während der **Primärstrombegrenzung** arbeitet der Endstufentransistor wie ein elektronisch geregelter Widerstand (elektronisches Potentiometer).

Durch die Primärstrombegrenzung benötigt die Zündspule keinen **Vorwiderstand** mehr.

50.5.2 Schließwinkelregelung und Ruhestromabschaltung

Die **Schließwinkelregelung** bestimmt den **Einschaltzeitpunkt** des Primärstromes. Dieser muss so erfolgen, dass die dadurch bestimmte **Schließzeit** ausreicht, um den Sollwert der Primärstromstärke zu erreichen (Abb. 3a).

Durch die **Schließwinkelregelung** wird der **Schließwinkel** mit steigender Motordrehzahl vergrößert, um

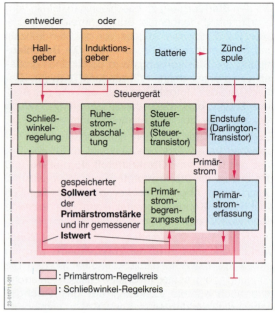

Abb. 2: Blockschaltplan der Primärstrombegrenzung, Schließwinkelregelung und Ruhestromabschaltung

damit eine ausreichende **Schließzeit** für das Erreichen des Sollwertes der Primärstromstärke zu gewährleisten.

Zur **Schließwinkelregelung** wird, wie bei der Primärstrombegrenzung, die **Messung** der **Primärstromstärke** (Primärstromerfassung) genutzt.

Ergibt die Messung, dass der eingestellte Schließwinkel für den Sollwert der Primärstromstärke ausreicht, wird er konstant gehalten (Abb. 3a).

Ist die Primärstromstärke zu klein, wird der Schließwinkel vergrößert, d.h. der Primärstrom wird früher eingeschaltet (Abb. 3b).

Ist der Sollwert der Primärstromstärke zu lange eingeschaltet, wird der Schließwinkel verkleinert, d.h. der Primärstrom wird später eingeschaltet (Abb. 3c).

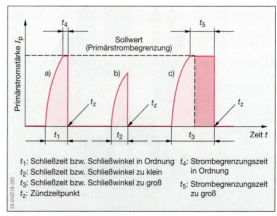

t_1: Schließzeit bzw. Schließwinkel in Ordnung
t_2: Schließzeit bzw. Schließwinkel zu klein
t_3: Schließzeit bzw. Schließwinkel zu groß
t_z: Zündzeitpunkt
t_4: Strombegrenzungszeit in Ordnung
t_5: Strombegrenzungszeit zu groß

Abb. 3: Verlauf des Primärstromes bei Strombegrenzung, unterschiedlichen Schließwinkeln und gleicher Motordrehzahl

Durch die Schließwinkelregelung wird die Strombegrenzungszeit (Abb. 3a und 3c) möglichst klein gehalten, um die thermische Belastung des Endstufentransistors zu begrenzen. Um eine gewisse Schließwinkel- bzw. Schließzeitreserve für den Beschleunigungsvorgang zu haben, wird der Schließwinkel so geregelt, dass die Primärstromstärke ihren Sollwert etwas eher erreicht, bevor der Zündzeitpunkt ausgelöst wird (Abb. 3a).

> Durch die **elektronische Schließwinkelregelung** erreicht die **Primärstromstärke** immer ihren **Sollwert**.

Die Primärstrombegrenzung wird im Zusammenhang mit der Schließwinkelregelung auch als **Primärstromregelung** bezeichnet.

Durch die Primärstromregelung wird der **Sollwert** der **Primärstromstärke** auch bei Schwankungen der Bordnetzspannung sowie einer Veränderung des Widerstandes der Primärwicklung der Zündspule durch Erwärmung immer erreicht.

Wird die Zündung eingeschaltet, so fließt bei einigen Ausführungen von Zündsteuergeräten sofort der Primärstrom, um die Motorstartzeit möglichst kurz zu halten. Erfolgt nach dem Einschalten der Zündung kein Starten des Motors, wird durch die **Ruhestromabschaltung** (Abb. 2) eine thermische Überlastung der Zündanlage verhindert.

> Die **Ruhestromabschaltung** unterbricht den **Primärstrom**, wenn etwa 1s nach dem Einschalten der Zündung nicht gestartet wird.

Wird nach der Ruhestromabschaltung gestartet, bekommt das Zündsteuergerät vom Impulsgeber ein elektrisches Spannungssignal und schaltet den Primärstrom wieder ein.

50.6 Elektronische Klopfregelung

> Die **elektronische Klopfregelung** hat die **Aufgabe**, häufige klopfende Verbrennungen im Motor zu verhindern.

Der **Aufbau** einer Zündanlage mit Klopfregelung ist im Prinzip genauso wie der Aufbau einer Zündanlage mit Kennfeldzündung (Abb. 2, S. 542). Zusätzlich hat die Zündanlage noch einen **Klopfsensor**. Im Zündsteuergerät der Kennfeldzündung ist die Klopfregelungsschaltung untergebracht.

Der Klopfsensor ist am Motorblock befestigt (Abb. 4). Bei Motoren mit sechs und mehr Zylindern werden wegen der besseren Klopferkennung zwei bzw. mehr als zwei Klopfsensoren benutzt, die jeweils die halbe Zylinderzahl oder weniger überwachen.

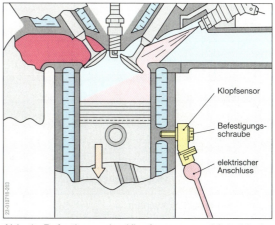

Abb. 4: Befestigung des Klopfsensors am Motorblock

Der **Aufbau** und die **Wirkungsweise** des Klopfsensors sind im Kap. 53.3.5 beschrieben.

Die Erkennung von klopfenden Verbrennungen ist auch durch die **Ionenstrommessung** möglich (s. Kap. 50.8.).

Die Bauteile der Klopfregelung bilden einen **Regelkreis** (Abb. 5).

Wirkungsweise der Klopfregelung: Das im Klopfsensor erzeugte elektrische Spannungssignal wird durch eine auftretende klopfende Verbrennung, z. B. im 1. Zylinder, verändert. Die Signalveränderung wird im Steuergerät mittels einer Auswerteschaltung verarbeitet. Durch die Regelungsschaltung erfolgt dann eine Verstellung des **Zündzeitpunkts** vom 1. Zylinder nach »spät« (Abb. 1, S. 546). Die Verstellung beträgt etwa 3 °KW von dem im Kennfeld gespeicherten Zündwinkel.

Durch die Verstellung nach »spät« wird der Druckanstieg im Zylinder verringert und dadurch der **Klopfneigung** des Motors entgegengewirkt (s. Kap. 16.6).

> Durch die **Klopfregelung** erfolgt eine Verstellung des Zündzeitpunkts nach »spät«. Der **Zündwinkel** wird verkleinert.

Tritt nur **eine** klopfende Verbrennung auf, so wird der Zündwinkel nach kurzer Zeit wieder an den im Zündkennfeld gespeicherten Zündwinkel schrittweise herangeführt (Abb. 1, S. 546).

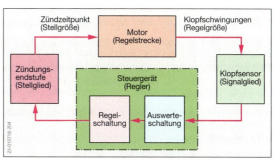

Abb. 5: Regelkreis der Klopfregelung

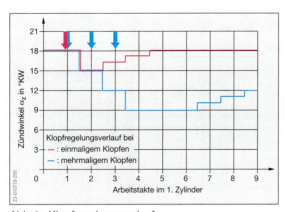

Abb. 1: Klopfregelungsverlauf

Tritt **mehrmaliges** Klopfen auf (Abb. 1), erfolgt solange eine Zurücknahme des Zündzeitpunkts, z. B. bis zu insgesamt 15 °KW, bis vom Klopfsensor keine Klopfsignale mehr gemeldet werden. Danach wird der Zündzeitpunkt dem im Zündkennfeld gespeicherten Wert wieder schrittweise angenähert.

> Die **Klopfregelung** erfolgt für **jeden Zylinder einzeln**, d. h., nur der **Zündzeitpunkt** und damit der **Zündwinkel** des betreffenden Zylinders wird durch die Klopfregelung verändert.

Die **Erkennung** des **Zylinders**, in dem Klopfen stattfindet, kann mit Hilfe des Signals von einem Hallgeber oder Induktivgeber an der Nockenwelle zur Erkennung z. B. des OT vom 1. Zylinder durchgeführt werden. Durch die im Steuergerät gespeicherte Zündfolge ist dann eine Zuordnung möglich. Bei Motoren **ohne** Impulsgeber an der Nockenwelle werden die folgenden Zündungen vom Steuergerät abgezählt. Tritt z. B. in einem 4-Zylinder-Motor Klopfen auf, so zählt das Steuergerät die folgenden Zündungen. Die vierte Zündung erfolgt dann später in dem Zylinder, wo das Klopfen bei der vorherigen Zündung auftrat. Welcher Zylinder das ist, z. B. der 1. oder der 3., wird und kann dabei vom Steuergerät nicht ermittelt werden.

> Die **Klopfregelung** für jeden Zylinder wird auch **selektive Klopfregelung** (selektiv, lat.: auswählend) genannt.

Durch die Klopfregelung ist es möglich, dass die im Zündkennfeld gespeicherten Zündwinkel bis an die **Klopfgrenze** herangeführt werden. Auf einen **Sicherheitsabstand** zwischen Zündwinkel und Klopfgrenze kann dabei verzichtet werden. Dadurch ergeben sich folgende **Vorteile**:

- optimale Anpassung des Zündzeitpunkts an den Betriebszustand des Motors,
- besserer Motorwirkungsgrad,
- minimaler Kraftstoffverbrauch und
- Schadstoffminderung.

> Um den Motor bei einem **Ausfall** der **Klopfregelung** vor Schäden zu schützen, wird der **Zündzeitpunkt** automatisch nach »spät« verstellt (Notlaufprogramm). Die **Warnanzeige** leuchtet dann auf.

Steuergeräte für die selektive Klopfregelung sind in der Lage, **neue Zündkennfelder** zu erstellen, welche die **Motoralterung** berücksichtigen. Tritt z. B. nach dem Auftreten einer klopfenden Verbrennung bei der Einstellung des gespeicherten Zündwinkels wiederholt »Klopfen« auf, wird der Zündwinkel soweit zurückgenommen, bis über längere Zeit keine klopfende Verbrennung mehr erfolgt. Der **neue Zündwinkel** für den entsprechenden Last- und Drehzahlpunkt im Zündkennfeld wird dann gespeichert. Durch die Speicherung des neuen Zündwinkels wird das Steuergerät von den dauernden Regelprozessen entlastet, die bei wiederholtem Auftreten von klopfenden Verbrennungen in diesem Bereich des Kennfeldes stattfinden würden. Treten klopfende Verbrennungen bei vielen im Zündkennfeld gespeicherten Zündwinkeln häufig auf, wird das Zündkennfeld den veränderten Bedingungen des Motors angepasst.

> Die Eigenschaft von Steuergeräten, gespeicherte **Kennfelder** den **veränderten Anforderungen** des Motors anzupassen, werden als »**adaptiv**« (adapto, lat.: anpassen) bezeichnet, z. B. **adaptive Klopfregelung**.

Aufgaben zu Kap. 50.4 bis 50.6

1. Warum muss der Zündzeitpunkt verstellt werden?
2. Was ist der Zündwinkel?
3. Erklären Sie die Begriffe »Früh- und Spätzündung«.
4. Beschreiben Sie die Wirkungsweise des Fliehkraft- und des Unterdruckverstellers.
5. Erläutern Sie die Zündzeitpunktverstellung bei der TSZ-I und bei der TSZ-H.
6. Was ist ein Zündkennfeld?
7. Nennen Sie die Vorteile der Kennfeldzündung.
8. Erläutern Sie die Wirkungsweise der Primärstrombegrenzung.
9. Beschreiben Sie die Schließwinkelregelung.
10. Begründen Sie die Notwendigkeit der Primärstromabschaltung.
11. Nennen Sie die Aufgabe und die Vorteile der Klopfregelung.
12. Skizzieren Sie den Regelkreis der Klopfregelung und beschreiben Sie deren Wirkungsweise.
13. Weshalb wird durch eine Verstellung des Zündzeitpunkts nach »spät« Klopfen verhindert?
14. Was wird unter der selektiven Klopfregelung verstanden?
15. Welche Vorteile haben adaptive elektronische Systeme?

Kapitel 50: Zündanlagen

50.7 Vollelektronische Transistor-Batteriezündanlage

> Die **vollelektronische Transistor-Batteriezündanlage (VZ)** ist eine Kennfeldzündung ohne **Zündverteiler**.

Die Zündspannungsverteilung bei der vollelektronischen Zündanlage wird als **ruhende Zündspannungsverteilung (RUV)** bezeichnet. Sie besitzt im Vergleich mit der Zündspannungsverteilung durch den Zündverteiler, die **rotierende Zündspannungsverteilung (ROV)** genannt wird, folgende **Vorteile**:
- keine rotierenden Teile und dadurch geringere Geräusche,
- kein mechanischer Verschleiß und
- keine oder kürzere Zündspannungsleitungen.

Die **Zündspannungsverteilung** erfolgt bei der vollelektronischen Zündanlage durch:
- **E**inzelfunken-**Z**ünd**s**pulen (**EFS**),
- **Z**weifunken-**Z**ünd**s**pulen (**ZFS**) bzw. **D**oppel**f**unken-Zünd**s**pulen (**DFS**) oder
- **V**ier**f**unken-**Z**ünd**s**pulen (**VFS**).

50.7.1 Einzelfunken-Zündspulen

Für die Zündspannungsverteilung durch **Einzelfunken-Zündspulen** (Abb. 3) werden soviel Zündspulen und Endstufen benötigt, wie Zylinder vorhanden sind. Die Zündspannungsleitungen entfallen, wenn die Zündspulen mit den Endstufen als kompakte Einheit (**Zündeinheit**) im Zylinderkopf direkt auf den Zündkerzen angeordnet werden (Abb. 2). Die jeweilige Zündkerze ist dabei unmittelbar mit dem Zündspannungsausgang der Zündspule verbunden. Das Ein- und Ausschalten des Primärstromes durch die jeweilige Zündungsendstufe wird von einem **Leistungsmodul** mit **Verteilerlogik** im Steuergerät ausgeführt.

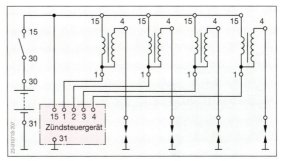

Abb. 3: Schaltplan einer VZ mit Einzelfunken-Zündspulen

5.7.2 Zweifunken-Zündspulen

> **Zweifunken-Zündspulen** erzeugen **zwei Zündfunken** gleichzeitig.

Bei Zweifunken-Zündspulen ist die Primärwicklung elektrisch von der Sekundärwicklung getrennt. Die Zündspulen haben zwei **Hochspannungsausgänge**, die jeweils mit einer Zündkerze verbunden sind (Abb. 1 und 2, S. 548). Dadurch sind beide Zündkerzen mit der Sekundärwicklung elektrisch in Reihe geschaltet. Für einen 4-Zylinder-Motor werden zwei Zweifunken-Zündspulen, z.B. als kompakte Einheit mit den beiden Endstufen zusammen, benötigt. Den Aufbau dieser Zündanlage zeigt die Abb. 4. Schaltpläne sind in den Abb. 1 und 2, S. 548 dargestellt.

> **Zweifunken-Zündspulen** können nur bei Motoren mit **gerader Zylinderzahl** eingesetzt werden.

Die **Zündleitungen** sind mit den Zündkerzen der Zylinder so verbunden, dass die erste Zündkerze zu Beginn des **Arbeitstakts** eines Zylinders zündet, während die zweite Zündkerze in den **Ausstoßtakt** eines anderen Zylinders zündet (Abb. 3, S. 548, Abschnitte ②, ③ und Abb. 6, S. 549).

Abb. 2: Zündeinheit

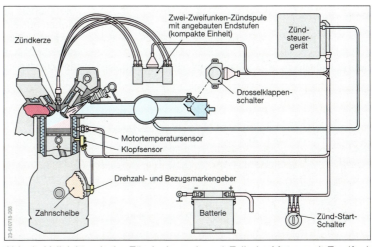

Abb. 4: Vollelektronische Zündanlage eines 4-Zylinder-Motors mit Zweifunken-Zündspulen und Klopfregelung (VZ-K)

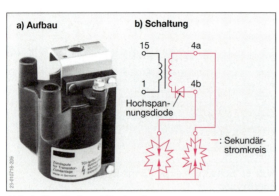

Abb. 1: Zweifunken-Zündspule

Eine **Kurbelwellenumdrehung** später erfolgen die Zündungen genau umgekehrt. Für die beiden anderen Zylinder erfolgen die Zündungen genauso, aber um eine **halbe Kurbelwellenumdrehung** versetzt.

> Bei einer Zündanlage mit Zweifunken-Zündspulen entsteht bei jedem **Zündimpuls** an **zwei Zündkerzen** zur selben Zeit **jeweils ein Zündfunke**.

Aus der **Zündfolge** 1-3-4-2 eines Viertakt-Ottomotors (Abb. 6) ist zu entnehmen, dass im 1. Zylinder der Arbeitstakt eingeleitet wird (Ende des Verdichtungstakts), wenn im 4. Zylinder das Ende des Ausstoßtakts erreicht ist und umgekehrt. Deshalb werden die Zündleitungen der einen Zweifunken-Zündspule mit den Zündkerzen des 1. und 4. Zylinders verbunden (Abb. 2). Für die Zylinder 2 und 3 gilt entsprechendes.

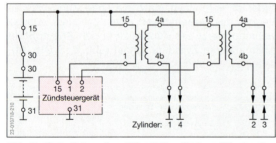

Abb. 2: Schaltplan einer VZ mit Zweifunken-Zündspulen

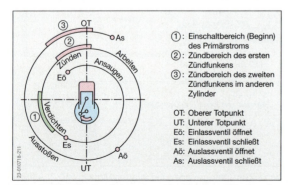

Abb. 3: Zündfunkenfolge einer Zweifunken-Zündspule

Abb. 4: Vierfunken-Zündspule mit Zündungsendstufen

50.7.3 Vierfunken-Zündspulen

Die Abb. 4 zeigt eine Vierfunken-Zündspule mit angebauten Endstufen. Der Schaltplan einer Zündanlage mit einer **Vierfunken-Zündspule** ist in der Abb. 5 dargestellt.

Diese besteht aus zwei Primärwicklungen (W1, W2), die jeweils von einer eigenen Endstufe (V1, V2) gesteuert werden. Sekundärseitig ist nur eine Wicklung vorhanden, deren zwei Ausgänge jeweils zwei Dioden aufweisen, die entgegengesetzt gepolt sind. Die Zündspule hat dadurch vier Hochspannungsanschlüsse.

> Die **Vierfunken-Zündspule** erzeugt wie die Zweifunken-Zündspule pro **Zündimpuls zwei Zündfunken**, die durch die Dioden jeweils zu zwei Zündkerzen geleitet werden.

Die Versorgung aller vier Zündkerzen erfolgt durch den Wechsel der Polarität der Zündspannung (Abb. 5). Dieser Wechsel wird von den Magnetfeldern der beiden Primärwicklungen hervorgerufen. Die Richtung der Magnetfelder während ihres Auf- und Abbaus ist durch entgegengesetzte Wicklungsrichtungen der Primärwicklungen ebenfalls entgegengesetzt.

Die Dioden an den Hochspannungsausgängen bestehen aus einer **Hochspannungsdiodenschaltung**, die eine Vielzahl von hintereinander geschalteten Dioden darstellt. Eine einzige Diode würde bei der Höhe der Zündspannung zerstört werden.

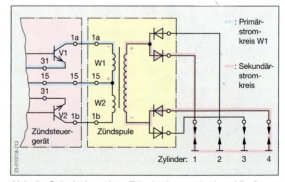

Abb. 5: Schaltplan einer Zündanlage mit einer Vierfunken-Zündspule

Einzel- und Zweifunken-Zündspulen werden ebenfalls mit einer **Hochspannungsdiodenschaltung** im Sekundärkreis ausgeführt (Abb.1).

> Die Hochspannungsdiodenschaltung soll einen **Einschaltfunken** und damit eine vorzeitige **Entflammung** des **Kraftstoff-Luft-Gemisches** verhindern.

Der **Einschaltfunke** würde durch die Sekundärspannung entstehen, die während des Einschaltens des Primärstromes in der Sekundärwicklung erzeugt wird (Abb.2, S. 552). Die Höhe der **Sekundärspannung** von etwa **5 kV** würde zur Entflammung des Gemisches ausreichen, da der Verdichtungsdruck noch gering ist. Da die Sekundärspannung während des **Ausschaltens** des Primärstromes umgekehrt gepolt ist als beim Einschalten, kommt es zur **Funkenbildung** an der Zündkerze, da die Hochspannungsdiodenschaltung dann in Durchlassrichtung gepolt ist.

> Wegen des **hochohmigen Widerstandes** der Hochspannungsdiodenschaltung, sowohl in der Sperr- als auch in der Durchlassrichtung, kann der **Sekundärwiderstand** der Zündspule nicht gemessen werden.

50.7.4 Zündauslösung

Die **Zündauslösung** bei **Einzelfunken-Zündspulen** benötigt neben dem Last-, Drehzahl- und Bezugsmarkensignal für die Zündwinkelberechnung sowohl bei Motoren mit gerader als auch mit ungerader Zylinderzahl noch ein OT-Signal z.B. für den 1. Zylinder. Dieses Signal kommt von einem Hallgeber oder von einem Induktivgeber an der Nockenwelle und ermöglicht eine genaue Zuordnung der Zylinder nach der Zündfolge.

Zur **Zündauslösung** bei **Zwei-** und **Vierfunken-Zündspulen**, z.B. in einem 4-Zylinder-Viertakt-Otto-motor genügt das Signal vom Drehzahl- und Bezugsmarkengeber (Abb.4, S. 547). Aus dem Bezugsmarkensignal berechnet das Steuergerät den OT des 1. Zylinders und in Verbindung mit dem Zündkennfeld den Zündzeitpunkt im 1. Zylinder.

Beim zweiten Bezugsmarkensignal erfolgt dasselbe wieder für den 1. Zylinder, obwohl im 4. Zylinder der Arbeitstakt erfolgen soll. Da jeweils in beiden Zylindern ein Zündfunke an der Zündkerze überspringt, ist eine Berechnung des Zündzeitpunktes für den 4. Zylinder nicht erforderlich.

Für die Zündung im 3. Zylinder rechnet das Steuergerät zur OT Berechnung des 1. Zylinders noch 180 °KW hinzu. Für die Zündung im 2. Zylinder gilt dasselbe wie für den 4. Zylinder.

Zylinder	Takte			
1.	Arbeiten	Ausstoßen	Ansaugen	Verdichten
2.	Ausstoßen	Ansaugen	Verdichten	Arbeiten
3.	Verdichten	Arbeiten	Ausstoßen	Ansaugen
4.	Ansaugen	Verdichten	Arbeiten	Ausstoßen
Kurbelwinkel	0°	180°	360°	540° 720°

Abb.6: Zündfolge eines 4-Zylinder-Viertakt-Ottomotors (1-3-4-2)

50.7.5 Doppelzündung

Bei der Doppelzündung hat jeder Zylinder zwei Zündkerzen (Abb. 7). Diese zünden gleichzeitig oder versetzt.

Die Doppelzündung hat folgende **Vorteile**:
- die Wahrscheinlichkeit von Zündaussetzern wird verringert,
- kürzere Flammenwege und dadurch vollständigere Verbrennung und Reduzierung der Kohlenwasserstoffe im Abgas,
- Verringerung des Zündwinkels und dadurch weniger Klopfneigung des Motors, zusätzliche Abnahme der Kohlenwasserstoffanteile und der Stickoxide im Abgas,
- höheres Drehmoment und damit größere Motorleistung und
- geringerer Kraftstoffverbrauch.

Nachteile der Doppelzündung sind der hohe konstruktive und bauliche Aufwand, z.B. für die Gestaltung des Zylinderkopfes, die zweite Zündkerze und Zündspule sowie die erweiterte Steuerungselektronik.

Die **versetzte Doppelzündung** hat eine weichere Verbrennung zur Folge. Durch einen Wechsel der Funkenfolge an den beiden Zündkerzen ist der Abbrand an beiden Zündkerzen gleichmäßig. Einseitige Ablagerungen im Brennraum werden dadurch vermieden.

Abb.7: Zwei Zündkerzen je Zylinder (Doppelzündung)

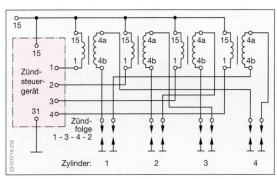

Abb.1: Doppelzündung mit Zweifunken-Zündspulen für einen 4-Zylinder-Motor

Werden **Zweifunken-Zündspulen** für die Doppelzündung eingesetzt (Abb.1), so wird durch diese immer nur eine Zündkerze des Zylinders versorgt, da sonst die Zündleistung pro Zylinder zu stark verringert wird. Die zweite Hochspannungsleitung geht zu einem Zylinder, der gerade im Auslasstakt arbeitet. Dabei werden immer zwei Zündspulen gleichzeitig oder versetzt angesteuert.

> Ein **4-Zylinder-Motor** hat bei einer Doppelzündung **vier Zündkerzen** und acht **Einzelfunken-** bzw. **vier Zweifunken-Zündspulen**.

50.8 Verbrennungsaussetzer-Erkennung

Der Gesetzgeber verlangt in den Vorschriften zur **E**uropäischen-**O**n-**B**oard-**D**iagnose (EOBD) unter anderem eine Verbrennungsaussetzer-Erkennung (EU-Richtlinie 98/69/EC, Tab. 2, s. Kap. 53.6.3, ⇒ TB: Kap. 7).

Tab. 2: EOBD-Termine

Kraftstoff	Fahrzeugart	Termin
Benzin	neue typzugelassene Pkw	01.01.00
Benzin	neue zugelassene Pkw	01.01.01
Diesel	neue typzugelassene Pkw	01.01.03
Diesel	neue typzugelassene Lkw	01.01.05

> Die **Verbrennungsaussetzer-Erkennung** hat die **Aufgabe**, Verbrennungsaussetzer festzustellen, das Einspritzventil des entsprechenden Zylinders abzuschalten und dem Fahrer das Auftreten des Fehlers mitzuteilen.

Treten Verbrennungsaussetzer auf, so gelangt das Kraftstoff-Luft-Gemisch unverbrannt zum Katalysator. Leistungseinbußen und eine Verschlechterung der Abgaszusammensetzung des Motors sind die Folge. Durch die erhöhte katalytische Verbrennung kann der Katalysator zu warm und dadurch beschädigt werden.
Tritt ein Fehler auf, der die Abgasqualität verschlechtert, wird der Fehler im Fehlerspeicher gespeichert und nach einer festgelegten Zahl von Fahrzyklen durch das Aufleuchten der Abgas-Warnleuchte angezeigt.

> Wenn Verbrennungsaussetzer so oft auftreten, dass dadurch die **Katalysatorwirkung** beeinträchtigt wird, **blinkt** die Abgas-Warnleuchte.

Die Verbrennungsaussetzer-Erkennung wird bei der EOBD nur bis zu einer Motordrehzahl von 4500/min durchgeführt.

Die **Verbrennungsaussetzer-Erkennung** erfolgt durch:
- Messung der Drehzahlschwankungen der Kurbelwelle oder
- Messung der Ionenstromstärke.

Messung der Drehzahlschwankungen

Das Grundprinzip bei der Verbrennungsaussetzer-Erkennung über die Drehzahlschwankungen der Kurbelwelle beruht auf der zylinderselektiven Ermittlung der **Laufunruhe** des Motors.
Fahrbahnunebenheiten können von der Verbrennungsaussetzer-Erkennung fälschlicherweise als Aussetzer gedeutet werden. Deshalb wird die Verbrennungsaussetzer-Erkennung beim Auftreten von großen Fahrbahnunebenheiten vom Motormanagement abgeschaltet. Die **Zahnscheibe** auf der Kurbelwelle (s. Abb. 4, S. 547) ist in Sektoren eingeteilt, die dem Zündabstand des Motors entsprechen; z.B. bei einem 6-Zylinder-Motor in 3 Sektoren. Das Steuergerät berechnet für die jeweilige Motordrehzahl die Zeit, die für das Durchlaufen eines Sektors benötigt wird. Kommt es zu Zündaussetzern, wird die Zeit für das Durchlaufen eines Sektors länger. Dies wird dem Steuergerät durch den Drehzahl- und Bezugsmarkengeber mitgeteilt. Die Signale des Nockenwellengebers ermöglichen eine genaue Zuordnung des betreffenden Zylinders.

Messung der Ionenstromstärke

Bei der Ionenstromstärkenmessung (Ion, gr.: Wanderer; Ionen: elektrisch geladene Atome in Flüssigkeiten und Gasen) dient eine **Hilfsspannung** zwischen den Zündkerzenelektroden von etwa 400 bis 1000 V zur Erkennung von Zündaussetzern. Durch die Zündspannung wird das Kraftstoff-Luft-Gemisch zwischen den Elektroden elektrisch leitend (ionisiert). Der Zündfunke entsteht. Nach dem Abreißen des Zündfunkens bleibt die Ionisierung nicht nur erhalten, sondern nimmt wegen der Entflammung des Kraftstoff-Luftgemisches noch zu. Durch die angelegte Hilfsspannung fließt eine Ionenstromstärke, deren Höhe von dem Druck und der Temperatur im Verbrennungsraum abhängt. Die Ionenstromstärke wird im Steuergerät erfasst und ausgewertet.

Kommt es zu einer **klopfende Verbrennung**, so entstehen starke Druckschwankungen und damit Schwankungen der Ionenstromstärke. Diese werden vom Steuergerät erkannt. Der **Zündwinkel** im betreffenden Zylinder wird verkleinert (s. Kap. 50.6).

Kapitel 50: Zündanlagen

50.9 Kondensator-Batteriezündanlage

50.9.1 Aufbau

> In der Kondensator-Batteriezündanlage wird die Zündenergie in einem **Kondensator** gespeichert. Die Entladung des Kondensators erfolgt über einen **Thyristor**.

Die Kondensatorzündanlage wird auch wegen des als Schalter verwendeten Thyristors **Thyristorzündung** oder, wegen der im Primärstromkreis hohen Spannung (etwa 400 Volt), **Hochspannungs-Kondensatorzündung (HKZ)** genannt. Die HKZ wurde für leistungsstarke Hubkolben-Motoren in Sport- und Rennwagen sowie für Motorräder und Kreiskolbenmotoren entwickelt. Vereinzelt wird sie auch in normalen Pkw-Motoren als **Kondensator-Batteriezündanlage** und in kleinvolumigen Zweitaktmotoren als **Kondensatormagnetzündanlage** (s. Kap. 46.7) eingebaut. Die Kondensator-Batteriezündanlagen in **Pkw-Motoren** sind vollelektronische Zündanlagen mit Klopfregelung, die durch einen Induktivgeber an der Kurbelwelle und einen Hallgeber an der Nockenwelle gesteuert werden. Die **HKZ** besteht im wesentlichen aus dem **Kondensator**, dem **Ladeteil** für den Kondensator, dem **Zündtransformator** und dem **Thyristor** als Leistungsschalter (Abb. 2).

50.9.2 Wirkungsweise

In der Abb. 2 sind die Arbeitsprinzipien der TSZ und der HKZ gegenübergestellt. Die Wirkungsweise des Kondensators und des Thyristors sind in den Kap. 13.13.3 und 13.13.7 beschrieben. Der Thyristor wird in der HKZ als **elektronischer Leistungsschalter** verwendet, weil er gegenüber dem Transistor höhere Ströme schalten kann und unempfindlicher gegen hohe Spannungen ist. Im Gegensatz zur Transistorzündung dient der Zündtransformator der HKZ nicht als Energiespeicher sondern nur als **Transformator**.

Als Energiespeicher dient der **Kondensator**, der während der Sperrzeit des Thyristors vom Ladeteil auf etwa 400 V aufgeladen wird. Im Zündzeitpunkt wird

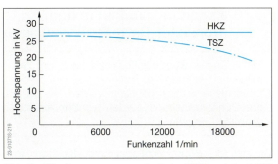

Abb. 3: Zündspannungsangebot der TSZ und der HKZ

der Thyristor vom Impulsgeber durchgeschaltet (gezündet, s. Kap. 13.13.7). Der Kondensator wird über die Primärwicklung des Zündtransformators entladen. Die Primärstromstärke ist zu Beginn der Kondensatorentladung am größten und verursacht einen schnellen Anstieg des Magnetfeldes der Primärwicklung. Durch die Transformatorwirkung wird dadurch in der Sekundärwicklung die **Zündspannung** erzeugt.

> In der **Kondensator-Batteriezündanlage** wird die Zündspannung erzeugt, wenn der **Primärstrom eingeschaltet** wird.

Vorteile der HKZ sind:
- höhere Zündspannungsreserve,
- verbesserte Leistungsaufnahme und Abgabe im gesamten Drehzahlbereich und
- weitgehende Unempfindlichkeit gegen Nebenschlüsse im Sekundärstromkreis.

Die HKZ bietet über den gesamten Drehzahlbereich ein höheres und konstanteres Zündspannungsangebot als die TSZ (Abb. 3).

Nachteilig ist bei der HKZ die kurze Brenndauer des Zündfunkens. Damit die Entflammung des Kraftstoff-Luftgemisches während der Zündung gewährleistet wird, ist eine besondere Gestaltung des Verbrennungsraumes erforderlich.

Im Gegensatz zum **sekundärseitigen Zündoszillogramm** der TSZ (s. Kap. 50.10), hat die HKZ einen anderen Zündspannungsverlauf (Abb. 4).

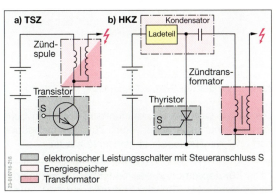

Abb. 2: Schematischer Vergleich von Transistor- (TSZ) und Kondensator-Batteriezündanlage (HKZ)

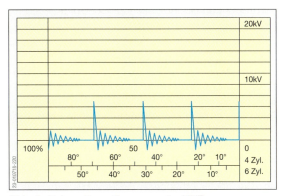

Abb. 4: Sekundäroszillogramm der HKZ

50.10 Spannungsverlauf in den Transistor-Batteriezündanlagen

> Mit Hilfe des **Zündoszilloskops** kann der **primäre** und **sekundäre** Spannungsverlauf in der Zündanlage sichtbar gemacht werden. Die Bilder des Zündoszilloskops werden als **Zündoszillogramme** bezeichnet.

Da sich die **Primäroszillogramme** der Transistor-Batteriezündanlage kaum von den **Sekundäroszillogrammen** unterscheiden (⇒ TB: Kap. 11), die Sekundäroszillogramme aber im Hinblick auf mögliche Fehler in der Zündanlage aussagekräftiger sind (s. Kap. 50.11), wird deren Verlauf beschrieben.

In den Abb. 1 und 3, Linie a, ist das **Zündoszillogramm** der **Sekundärspannung** dargestellt, wenn kein **Funkenüberschlag** erfolgt. Das ist z. B. dann der Fall, wenn die Zündspannung für einen Funkenüberschlag nicht ausreicht, der Kerzenstecker abgezogen ist oder die Zündleitung von Klemme 4 keinen Kontakt hat.

Charakteristisch für das Zündoszillogramm **ohne** Funkenüberschlag sind die **Schwingungen**, die nach dem **Ausschalten** des Primärstromes auftreten. Die Wicklungen der Zündspule bilden mit den restlichen Kapazitäten des Zündkreises einen **elektrischen Schwingkreis**, in dem die Zündenergie in Form von gedämpften Schwingungen von Strom und Spannung ausschwingt.

Die Schwingungen der **Sekundärspannung** während des **Einschaltens** des **Primärstromes** (Abb. 1 und 2, Einschaltspannung) entstehen dadurch, dass auch während des Aufbaus des Magnetfeldes der Primärwicklung eine Spannung in der Sekundärwicklung erzeugt wird. Die Spannung beträgt nur etwa 3 bis 5 kV, weil sich die Stärke des Magnetfeldes auf Grund der Selbstinduktionsspannung nur langsam ändert.

Die Abb. 2 zeigt den Spannungsverlauf, wenn der Zündfunke entsteht (**Normaloszillogramm**).

> Der **Zündspannungsbedarf** ist die Höhe der Sekundärspannung, die zur Entstehung des **Zündfunkens** (Zündfunkenüberschlag) nötig ist.

Charakteristisch für den Verlauf der Sekundärspannung ist die **Zündspannungsnadel**. Die Länge der Zündspannungsnadel gibt die Höhe der **Zündspannung** an, z. B. 15 kV (Abb. 2 und 3). Nach der Entstehung des Zündfunkens sinkt die Sekundärspannung auf die **Brennspannung** ab. Diese reicht aus, um den Zündfunken aufrechtzuerhalten.

Die **Funkendauer** richtet sich nach der in der Zündspule gespeicherten Zündenergie. Sobald diese einen bestimmten Wert unterschreitet, reißt der Zündfunke ab. Die noch vorhandene Restenergie schwingt in Form gedämpfter Schwingungen aus (**Ausschwingvorgang**, Abb. 2).

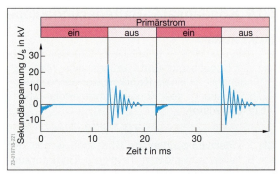

Abb. 1: Zündoszillogramm ohne Funkenüberschlag

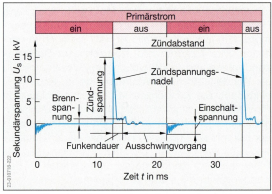

Abb. 2: Zündoszillogramm mit Funkenüberschlag

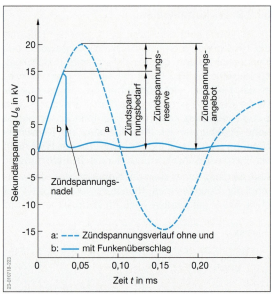

Abb. 3: Verlauf der Sekundärspannung

Die Abb. 3 gibt den Zusammenhang zwischen dem Zündspannungsangebot, dem Zündspannungsbedarf und der Zündspannungsreserve wieder.

> Die **Zündspannungsreserve** ist der Unterschied zwischen dem **Zündspannungsangebot** und dem **Zündspannungsbedarf**.

Kapitel 50: Zündanlagen

> **Unfallverhütung**
>
> Elektronische Zündanlagen haben eine hohe Zündleistung. Sie befinden sich in einem Leistungsbereich, der **Lebensgefahr** bei Berührung durch den Menschen bedeutet. Das gilt sowohl für den **Primär-** als auch für den **Sekundärstromkreis** der Zündanlagen.
>
> Es ist zu beachten, dass die **gefährlichen Spannungen** nicht nur an den Bauteilen der Zündanlage, sondern auch am Kabelbaum, z. B. am Diagnosestecker, an Steckverbindungen, an den Prüf- und Testgeräten auftreten.
>
> **Vor dem Arbeiten** an der Zündanlage ist grundsätzlich die **Zündung auszuschalten** oder die **Batterie abzuklemmen**. Das gilt für das Auswechseln von Bauteilen und das Anschließen von Motortestgeräten.

Elektronische Zündanlagen stellen im Sinne der VDE-Richtlinie 0104/7.67 gefährliche Anlagen dar.

50.11 Wartung und Diagnose

Bei der **Wartung** der Zündanlage ist folgendes zu beachten:
- Sämtliche Bauteile der Zündanlage, welche die Zündspannung erzeugen und weiterleiten, sind auf Sauberkeit zu prüfen.
- Sämtliche Anschlüsse und Leitungen sind auf einwandfreien Zustand zu prüfen.
- Die Prüfung der Zündkerzen beinhaltet eine Sichtprüfung des Zündkerzengesichts, des Elektrodenabbrandes und des Isolators auf Risse.
- Der Elektrodenabstand wird mit der Kerzenlehre gemessen und evtl. durch Nachbiegen der Masseelektrode auf das vorgeschriebene Maß eingestellt.
- Zündkerzenwechsel nur bei kaltem Motor vornehmen.
- Zündkerzen sind möglichst von Hand einzuschrauben, um ein Verkanten des Gewindes zu vermeiden, und dann mit dem vorgeschriebenen Drehmoment (⇒ TB: Kap. 11) bzw. Drehwinkel festzuziehen.
- Wird der Klopfsensor ausgetauscht, so muss die Befestigungsschraube mit dem vorgeschriebenen Drehmoment (etwa 20 Nm) angezogen werden. Anderenfalls kommt es zu einer **Verfälschung** der Klopfsensorsignale.

Für **Zündanlagen** mit **Zündverteiler** gilt zusätzlich:
- Verteilerkappe ist außen und auch von innen zu säubern. Dabei den Verteilerläufer auf Zustand und Sauberkeit prüfen.
- Zündverteilerwellen mit Schmierfilz sind mit einigen Tropfen Öl, z. B. vom Ölmessstab, zu versorgen.

50.11.1 Prüfung und Einstellung von Zündanlagen

Die Zündungsprüfung und -einstellung erfolgt mit dem **Motortester** (s. Kap. 13.7.4) und zwar mit Hilfe der Schließwinkel- und der Motordrehzahlanzeige sowie der Zündlichtlampe (Stroboskop). Die Prüfung und Einstellung kann auch mit entsprechenden Einzelgeräten vorgenommen werden.

> Um **Schäden** zu vermeiden, sind bei der Prüfung und Einstellung von Zündanlagen die **Herstellerangaben** unbedingt zu beachten.

Die Prüfung des Schließwinkels, des Zündzeitpunktes, der Fliehkraftverstellung sowie der Unterdruckverstellung kann bei **Zündanlagen** mit **Zündverteiler** (TSZ-I, TSZ-H) vorgenommen werden. Eine Einstellung ist aber nur im Hinblick auf den Zündzeitpunkt möglich.

Bei den **Zündanlagen** mit **Hochspannungsverteiler** (EZ und EZ-K) und den **vollelektronischen Zündanlagen** (VZ und VZ-K) können die selben Prüfungen vorgenommen werden. Eine Einstellung des Zündzeitpunktes ist **nicht** möglich, weil der Zündzeitpunkt anhand eines Zündkennfeldes bestimmt wird.

Bei diesen Anlagen erfolgt die Prüfung mit einem Systemtester (z. B. über die Datenliste) oder durch eine an der Riemenscheibe anzubringende Behelfsmarke.

Die Prüfung der **Zündzeitpunktverstellung** erstreckt sich auf die Abhängigkeit dieser von der Motordrehzahl und der Motorlast. Bei allen elektronischen Zündanlagen können, soweit vorhanden, die Schließwinkelregelung, die Primärstrombegrenzung und die Ruhestromabschaltung geprüft werden. Bei der EZ-K und der VZ-K, das **K** steht für Klopfregelung, kann auch diese überprüft werden.

> Die **Prüfung** der **Klopfregelung** erfolgt durch leichte, unrhythmische Hammerschläge an den Motorblock.
>
> Der **Zündzeitpunkt** muss dabei in Richtung »spät« verstellt werden.

Wird die Motordrehzahl und die Motorlast verändert, so muss der **Zündzeitpunkt** sich ebenfalls ändern. Wird die Motordrehzahl erhöht, muss der **Schließwinkel größer** werden (Abb. 2).

Die Prüfung der **Primärstrombegrenzung** erfolgt mit Hilfe einer Strommesszange (s. Kap. 13.7.2). Dabei wird der Verlauf des Primärstromes auf dem Bildschirm des Motortesters dargestellt.

Die eventuell vorhandene **Ruhestromabschaltung** wird ebenfalls mit der Strommesszange geprüft.

50.11.2 Fehlerbestimmung mit dem Zündoszilloskop

Voraussetzung für die Fehlerbestimmung an der Zündanlage mit dem Zündoszilloskop ist die Kenntnis der **Normaloszillogramme**. Die Normaloszillogramme (⇒ TB: Kap. 11) geben den Spannungsverlauf im Primär- und Sekundärkreis bei einwandfreier Wirkungsweise der Zündanlagen wieder.

> **Arbeitshinweis**
> Messungen nur bei betriebswarmem Motor und einer Motordrehzahl von etwa 2000/min vornehmen, da viele Fehler an der Zündanlage erst bei betriebswarmem Motor auftreten.

In der Abb. 1 sind die Normaloszillogramme einer Transistorzündanlage mit Primärstrombegrenzung dargestellt. Deutlich zu erkennen sind die Abschnitte, wo der Transistor sperrt (1) bzw. durchschaltet (3, Primärstrom fließt). Der Punkt 2 gibt im Primäroszillogramm die Z-Diodenspannung (Abb. 7, S. 537) und im Sekundäroszillogramm die Höhe der Zündspannung an. Der Einsatz der Strombegrenzung wird durch den Punkt 4 gekennzeichnet.

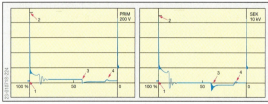

Abb. 1: Primär- und Sekundäroszillogramm einer Transistor-Batteriezündanlage mit Primärstrombegrenzung

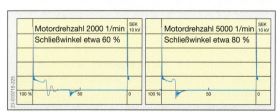

Abb. 2: Sekundäroszillogramme einer Transistor-Batteriezündanlage mit Schließwinkelregelung

Die Wirkung der Schließwinkelregelung ist in den Oszillogrammen der Abb. 2 zu erkennen. In der Abb. 3 sind einige fehlerhafte Sekundäroszillogramme abgebildet (⇒ TB: Kap. 11).

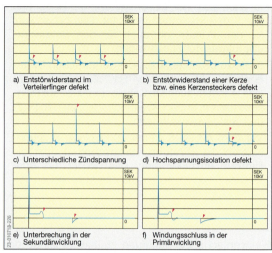

Abb. 3: Fehlerhafte Sekundäroszillogramme

Aufgaben zu Kap. 50.7 bis 50.11

1. Erklären Sie den Begriff »vollelektronische Zündanlage«.
2. Beschreiben Sie anhand einer Schaltungsskizze den Aufbau und die Wirkungsweise einer Zündanlage für einen 4-Zylindermotor mit Einzelfunken-Zündspulen.
3. Skizzieren Sie die Schaltung einer Zündanlage für einen 6-Zylindermotor mit drei Zweifunken-Zündspulen unter Berücksichtigung der Zündfolge und erläutern Sie deren Wirkungsweise.
4. Skizzieren Sie eine Vierfunken-Zündspule und nennen Sie die Unterschiede im Aufbau im Vergleich zu einer Zweifunken-Zündspule.
5. Welche Aufgabe hat die Hochspannungsdiodenschaltung bei Ein- und Zweifunken-Zündspulen?
6. Wie viele Zündspulen und Zündkerzen hat eine Zündanlage mit Doppelzündung für einen 5-Zylindermotor?
7. Begründen Sie, warum es eine Verbrennungsaussetzer-Erkennung gibt.
8. Nennen Sie die zwei Verfahren zur Verbrennungsaussetzer-Erkennung und erläutern Sie deren grundsätzliche Unterschiede.
9. Welcher wesentliche Unterschied besteht zwischen einer Transistor-Batteriezündanlage (TSZ) und einer Kondensator-Batteriezündanlage (HKZ)?
10. Beschreiben Sie anhand einer Skizze den Aufbau und die Wirkungsweise der HKZ.
11. Erklären Sie die folgenden Begriffe: Zündspannungsangebot, Zündspannungsbedarf und Zündspannungsreserve.
12. Warum besteht an elektronischen Zündanlagen Lebensgefahr?
13. Worauf müssen Sie besonders achten, wenn Zündkerzen und Klopfsensoren ausgetauscht werden?

51 Startanlage

> Die **Startanlage** des Kraftfahrzeugs hat die **Aufgabe**, die Kurbelwelle des Verbrennungsmotors mit der zum Anspringen notwendigen **Mindeststartdrehzahl** zu drehen.

Die Mindeststartdrehzahl beträgt für Ottomotoren 60 bis 100/min bei Dieselmotoren 80 bis 200/min (je nach Verbrennungsverfahren, mit oder ohne Starthilfsanlage).

51.1 Aufbau und Wirkungsweise der Startanlage

Die Abb. 1 zeigt den **Aufbau** (Bauteile) der Startanlage. Die Relais (z. B. Startsperrrelais, Startwiederholrelais, ⇒ TB: Kap. 11) werden bei Startanlagen mit großer Leistung verwendet. Zusätzlich haben Dieselmotoren evtl. noch Starthilfsanlagen (s. Kap. 21.5).

Eine Möglichkeit, den Verbrennungsmotor zu starten, besteht darin, dass ein **kleines Zahnrad** (Ritzel) in den **Zahnkranz** der **Schwungscheibe** eingreift. Auf Grund der großen Übersetzung zwischen Ritzel und Zahnkranz (10:1 bis 20:1) benötigt der Starter nur ein kleines Drehmoment bei großer Drehzahl. Dadurch ergeben sich für den Starter kleine Abmessungen und eine geringe Masse. Bei der anderen Möglichkeit ist der **Starter** an der **Kurbelwelle** angeflanscht (Kurbelwellen-Starter-Generator, s. Kap. 49.4) und treibt diese während des Startens direkt an.

Das **Hauptbauteil** der Startanlage für den Antrieb der Kurbelwelle über Ritzel und Zahnkranz ist der elektrische Starter (Abb. 2) mit den folgenden Baugruppen:
- Gleichstrom-Startermotor,
- Einrückrelais und
- Einspurgetriebe.

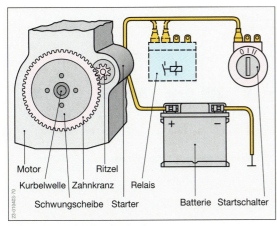

Abb. 1: Bauteile der Startanlage

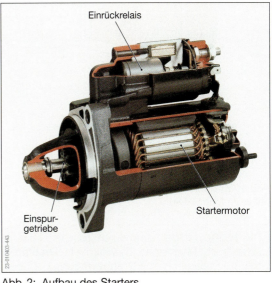

Abb. 2: Aufbau des Starters

Durch Betätigung des Startschalters wird über das Einrückrelais und das Einspurgetriebe das Starterritzel mit dem Zahnkranz der Schwungscheibe in Eingriff gebracht. Nach dem **Einspuren** des Ritzels dreht der Startermotor über das Ritzel und den Zahnkranz die Kurbelwelle des Verbrennungsmotors. Ist der Motor angesprungen, wird das Ritzel ausgespurt.

51.1.1 Wirkungsweise des Startermotors

Die Wirkungsweise des elektrischen Startermotors (Elektromotor) beruht auf der Umkehrung des Generatorprinzips (s. Kap. 13.12.1).

Fließt durch einen im Magnetfeld befindlichen Leiter ein Strom (Abb. 1, S. 556), so wird der Leiter quer zum Magnetfeld bewegt.

> Auf einen vom elektrischen Strom durchflossenen **Leiter** im **Magnetfeld** wirkt eine **Kraft**.

Die Kraftwirkung auf den Leiter wird als **Motorprinzip** bezeichnet.

Die Größe der **Kraft** ist abhängig von:
- der Stärke des Magnetfeldes,
- der Stromstärke im Leiter und
- der Länge des Leiters im Magnetfeld.

Durch Verwendung einer **Leiterschleife** wird eine Drehbewegung erzeugt (Abb. 2, S. 556). Die Drehbewegung der Leiterschleife entsteht dadurch, dass die Strom- und Kraftrichtung im oberen Teil der Leiterschleife entgegengesetzt zum unteren Teil der Leiterschleife sind.

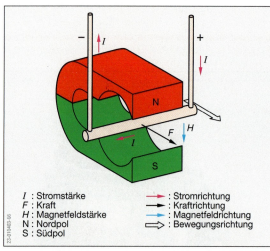

Abb. 1: Kraftwirkung auf einen stromdurchflossenen Leiter im Magnetfeld

> Die **Kräfte** an der stromdurchflossenen Leiterschleife im Magnetfeld bewirken ein **Drehmoment** und dadurch eine **Drehbewegung** der Leiterschleife.

Das **Drehmoment** an der Leiterschleife ist am größten, wenn die Leiterschleife **längs** (Abb. 2) zur Richtung des Magnetfeldes steht. Das Drehmoment ist Null, wenn die Leiterschleife **quer** zur Richtung des Magnetfeldes steht. Die Drehbewegung hört auf. Soll sie fortgesetzt werden, muss in diesem Zeitpunkt die **Stromrichtung** in und damit die Kraftrichtungen an der Leiterschleife geändert werden. Das erfolgt durch den **Stromwender** (Kommutator oder Kollektor genannt).

Durch die **Trägheit** der **Leiterschleife** (des Läufers) wird der Stillstand verhindert und nach der Stromwendung die Drehbewegung fortgesetzt.

Durch die Verwendung von mehreren Leiterschleifen wird ein gleichmäßig hohes Gesamtdrehmoment und damit eine gleichförmige Drehbewegung erzeugt.

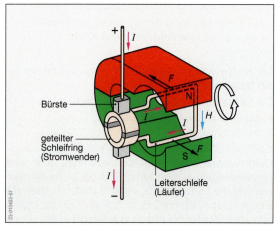

Abb. 2: Strom- und Kraftrichtungen an der Leiterschleife

51.1.2 Aufbau und Schaltung des Startermotors

Die Hauptbauteile des Startermotors zeigt die Abb. 3. In einem **Gehäuse** (Polgehäuse) sind die **Polschuhe** mit den Erregerwicklungen (Elektromagnete) oder die Dauermagnete (Permanentmagnete, s. Kap. 13.11.1) befestigt.

Der **Läufer** (auch als Anker bezeichnet) ist im Polgehäuse gelagert. Auf der Läuferwelle sind das Läuferpaket (Blechlamellen) und der Stromwender angeordnet. Im Läuferpaket sind die Leiterschleifen (Läuferwicklung) befestigt. Mit den **Lamellen** des **Stromwenders** sind die Wicklungsanfänge und Wicklungsenden der Läuferwicklung verbunden. Die **Kohlebürsten**, die im Bürstenhalter federnd gelagert sind, schleifen auf dem Stromwender. Über die Kohlebürsten fließt der Strom zur Läuferwicklung und wieder zurück. Die Anzahl der Kohlebürsten entspricht immer der Anzahl der Polschuhe oder Dauermagnete im Gehäuse.

Startermotoren werden nach der **Schaltung** der Läufer- und Erregerwicklung in Reihen- oder Hauptschluss- und Doppelschlussmotoren unterschieden (Abb. 4, ⇒ TB: Kap. 11).

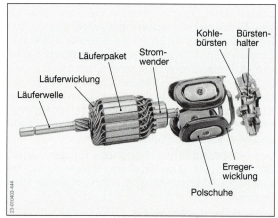

Abb. 3: Hauptbauteile des Startermotors

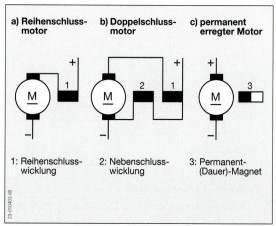

Abb. 4: Schaltzeichen von Startermotoren

In **Reihenschlussmotoren** (Hauptschlussmotoren) sind Erreger- (1) und Läuferwicklung in Reihe (hintereinander) geschaltet (Abb. 4a) und werden deshalb vom selben Strom durchflossen. Dadurch ergibt sich während des Startbeginns ein hohes Drehmoment, welches, verstärkt durch die Übersetzung von Ritzel und Zahnkranz der Schwungscheibe, die Kurbelwelle des Verbrennungsmotors dreht.

Für Starter mit großer Leistung wird die **Doppelschlussschaltung** angewandt (Abb. 4b). Diese hat zwei Erregerwicklungen (1 und 2), die im Nebenschluss (parallel) und im Reihenschluss geschaltet sind.

Durch das Einschalten der Nebenschlusswicklung (2) werden ein langsames Einspuren und ein geringes Anfangsdrehmoment erreicht. Nach dem Einspuren wird die Reihenschlusswicklung (1) dazugeschaltet, wodurch das erforderliche hohe Drehmoment erreicht wird.

Permanenterregte Startermotoren (Abb. 4c) zeigen einen ähnlichen Drehmomentverlauf wie Reihenschlussmotoren.

Durch die Verwendung von Dauermagneten (3) ist der Aufbau einfacher. Die Baugröße und Masse des Startermotors werden geringer.

Tab. 1: Starterarten

Starterart	Wirkungsweise	Schematischer Aufbau Einspurgetriebe (E), Motor (M), Relais (R)	Vorgelege	Schaltung, Anwendung und Leistung
Schraubtrieb	Schraubenförmiger Ritzelvorschub auf Grund der Trägheit des Ritzels während des Anlaufens des Starters. Sofort maximale Starterstromstärke, Ausspuren des Ritzels erfolgt durch die Wirkung des Steilgewindes auf der Läuferwelle. Ausführung mit und ohne Rollenfreilauf.		ohne	Reihenschlussmotor oder permanenterregter Motor; für leichte Motorräder mit 12 V; 0,1 bis 0,3 kW
Schub-Schraubtrieb	Vorschub des Ritzels durch das Einrückrelais mit gleichzeitiger Schraubbewegung durch das Steilgewinde auf der Läuferwelle. Hat das Relais vollständig angezogen, wird der Starterstrom eingeschaltet. Schäden am Starter werden durch einen Rollenfreilauf verhindert.		mit und ohne	Reihenschlussmotor oder permanenterregter Motor; für Motorräder, Pkw und kleine Lkw mit 12 oder 24 V; 12 V: bis 3,6 kW; 24 V: bis 9,0 kW
Schubtrieb	Mit zweistufiger **mechanischer** Einspurvorrichtung: Geradliniger Ritzelvorschub durch das Einrückrelais. Einspurerleichterung durch die zweite Einspurstufe durch mechanisches Drehen des Ritzels, wenn dieses auf einen Zahnkranzzahn stößt. Der Starterstrom wird erst nach dem vollständigen Einspuren geschaltet. Durch einen Stirnzahnfreilauf wird die Mitnahme des Läufers nach dem Anspringen des Motors verhindert.		ohne	Reihenschlussmotor; für Lkw, Busse und Schlepper mit 12 oder 24 V 12 V: bis 6,5 kW; 24 V: bis 8,0 kW
	Mit **elektromotorischer** Ritzelverdrehung: Geradliniger Ritzelvorschub über die in der hohlen Läuferwelle gelagerte Einrückstange durch das Einrückrelais. Gleichzeitige langsame Läuferdrehung zur Einspurerleichterung (elektrische Vorstufe). Kurz vor dem vollständigen Einspuren erfolgt das Einschalten der maximalen Starterstromstärke (Hauptstufe). Eine Lamellenkupplung dient als Freilauf und Überlastungsschutz.		ohne	Doppelschlussmotor; für Lkw, Busse, Schlepper und Sonderfahrzeuge mit 24 V; bis 15 kW
			mit	

51.2 Starterarten

Die Starterarten werden nach dem **Verfahren**, mit dem das Ritzel zum **Einspuren** gebracht wird unterschieden.

Die Anwendung des jeweiligen Verfahrens richtet sich nach der vom Starter geforderten Leistung und der Sicherheit des Ein- und Ausspurens des Ritzels. In der Tab. 1, S. 557 sind die **Starterarten** nach ihrer Wirkungsweise und Anwendung gegenübergestellt (⇒ TB: Kap. 11).

Pkw-Startanlagen werden mit **Schub-Schraubtrieb-Startern** ausgerüstet.

51.2.1 Schub-Schraubtrieb-Starter

Schub-Schraubtrieb-Starter werden mit oder ohne **Vorgelege** als Reihenschlussmotoren (Abb. 1) oder permanenterregte Motoren (Abb. 1 und 2, S. 560) gebaut.

Schub-Schraubtrieb-Starter ohne Vorgelege

In der Abb. 1 ist der **Aufbau** des Schub-Schraubtrieb-Starters ohne Vorgelege mit Reihenschlussmotor dargestellt. Die elektrische Schaltung zeigt die Abb. 2.

Das Ritzel ist mit dem Rollenfreilauf und dem Mitnehmer axial verschiebbar auf dem Steilgewinde der Läuferwelle angeordnet. Auf dem Mitnehmer sitzen ein verschiebbarer Führungsring und die Einspurfeder. In den Führungsring greift das gabelförmige Ende des Einrückhebels, der über das Einrückrelais betätigt wird.

> Durch das **Einrückrelais** wird ein sicheres **Ein- und Ausspuren** des **Ritzels** gewährleistet.

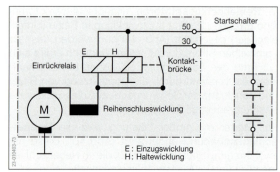

Abb. 2: Schaltung des Schub-Schraubtrieb-Starters

Das **Einrückrelais** hat zwei Wicklungen (Abb. 1 und 2). Beide Wicklungen sind zu Beginn des Startvorgangs eingeschaltet. Dadurch wird auf den Einrückanker eine große Kraft ausgeübt, wodurch dieser in das Einrückrelais gezogen wird und die Kontaktbrücke den Starterstrom einschaltet. Durch das Einschalten des Starterstromes wird die Einzugswicklung stromlos (Abb. 3b), weil am Ein- und Ausgang der Wicklung dieselbe Spannung anliegt. Die Kraft der Haltewicklung reicht aus, um die Kontaktbrücke geschlossen zu halten.

> Durch das **Abschalten** der Einzugswicklung wird **elektrische Energie** gespart und die **thermische Belastung** des Einrückrelais verringert.

Der **Einspurvorgang** setzt sich aus zwei Teilbewegungen des Ritzels zusammen, der **Schub-** und der **Schraubbewegung**. Nach dem Schließen des Startschalters wird der Einrückanker im Einrückrelais und damit der Einrückhebel entgegen der Federkraft der Rückstellfeder bewegt. Die **Erreger-** und **Läufer-**

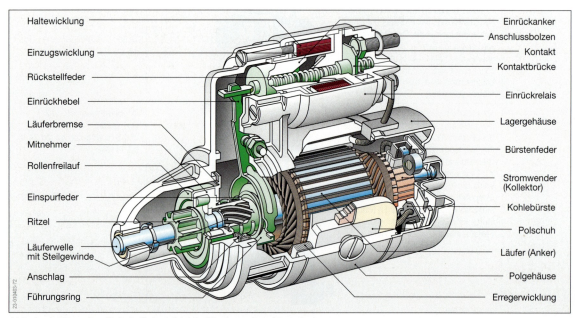

Abb. 1: Aufbau des Schub-Schraubtrieb-Starters ohne Vorgelege

Kapitel 51: Startanlage

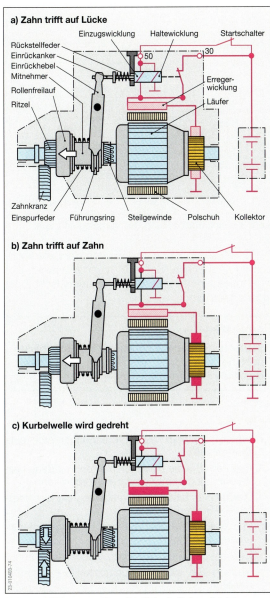

Abb. 3: Wirkungsweise des Schub-Schraubtrieb-Starters

wicklung des Starters werden noch nicht vom Hauptstrom (Starterstrom) durchflossen (Abb. 3a).

Der über die Erreger- und Läuferwicklung fließende Strom der Einzugswicklung (Abb. 3a) kann je nach Stromstärke (etwa 14 bis 48 A, abhängig vom Startertyp und der Bordnetzspannung, ⇒ TB: Kap. 11) eine langsame Drehung des Läufers bewirken.

Durch die Bewegung des Einrückhebels werden der Mitnehmer und das Ritzel mit dem Rollenfreilauf gegen den **Zahnkranz** der Schwungscheibe des Motors **geschoben** und gleichzeitig durch das Steilgewinde **gedreht**. Die Drehbewegung erleichtert das Einspuren des Ritzels.

Kann das Ritzel ungehindert einspuren, schaltet die **Kontaktbrücke** (Abb. 1) den Strom in der Erreger- und Läuferwicklung ein. Der Starter dreht (Abb. 3c). Stößt nach Einleitung des Startvorgangs ein **Ritzelzahn** auf einen Zahn des Zahnkranzes (Abb. 3b), so bewegt sich der Einrückhebel mit dem Führungsring entgegen der Kraft der Einspurfeder weiter, bis die Kontaktbrücke schaltet. Der **Läufer** und damit das **Ritzel** drehen sich. Durch diese Drehung kommt ein **Ritzelzahn** vor eine **Zahnkranzlücke**. Das Ritzel spurt durch den Druck der gespannten Einspurfeder ein. Der Starter dreht über das Ritzel und den Zahnkranz der Schwungscheibe die Kurbelwelle (Abb. 3c). Ist der Motor angesprungen, so wird das Ritzel vom Motor angetrieben.

> Der **Rollenfreilauf** verhindert die Mitnahme des Läufers, weil er die Verbindung zwischen Ritzel und Läuferwelle löst.

Durch den Rollenfreilauf (Abb. 1, s. Kap. 34.1.1) wird die Läuferwicklung und der Kollektor vor **Schäden** durch zu hohe Drehzahlen (Fliehkräfte) geschützt. Das Ritzel bleibt jedoch so lange im Eingriff, bis der Startschalter geöffnet und dadurch die Haltewicklung im Einrückrelais stromlos wird.

> Das **Ausspuren** des **Ritzels** erfolgt durch die gespannte Rückstellfeder des Einrückankers im Einrückrelais.

Schub-Schraubtrieb-Starter mit Vorgelege

Die Abb. 1, S. 560 zeigt den **Aufbau** des Vorgelegestarters mit Permanentmagneten. Er ist, abgesehen vom Vorgelege und den Permanentmagneten, genauso aufgebaut wie der Starter ohne Vorgelege und hat dieselbe Wirkungsweise.

> Durch die **Verwendung** des **Vorgeleges** und der **Permanentmagnete** ergeben sich gegenüber dem Starter ohne Vorgelege kleinere Abmessungen und eine Masseneinsparung von bis zu 40 % bei gleicher Starterleistung.

Das **Vorgelege** besteht aus einem **Planetengetriebe** (s. Kap. 34.2), das zwischen dem Läufer und der Läuferwelle (Planetenträgerwelle) angeordnet ist. Das **Sonnenrad** ist fest mit dem Läufer verbunden. Das **Hohlrad** ist im Polgehäuse verankert. Auf der **Planetenträgerwelle** befindet sich das Ritzel mit dem Rollenfreilauf (Abb. 2, S. 560).

Der **Kraftfluss** erfolgt vom Läufer über das Sonnenrad, die Planetenräder, die Planetenträgerwelle und das Einspurgetriebe auf das Ritzel. Der **Läufer** des Vorgelegestarters hat eine höhere Drehzahl und ein kleineres Drehmoment als der Läufer des Starters ohne Vorgelege. Die Drehzahl wird durch das Planetengetriebe verringert und damit gleichzeitig das Drehmoment erhöht.

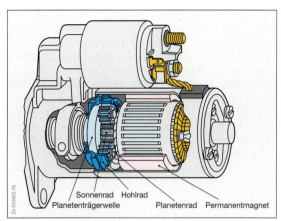

Abb. 1: Aufbau des Vorgelegestarters mit Permanentmagneten

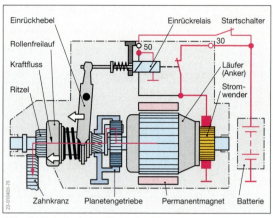

Abb. 2: Prinzipdarstellung des Vorgelegestarters

51.3 Wartung und Diagnose

Zur **Wartung** der Startanlage gehören die Prüfung der Leitungen und ihrer Anschlüsse im Arbeits- und Steuerstromkreis, sowie die Prüfung des einwandfreien Zustandes der Kohlebürsten, Bürstenfedern und deren Halterungen. Diese müssen frei von Öl, Fett und Staub sein. Die Kohlebürsten müssen in den Halterungen frei beweglich sein. Der Kollektor soll eine gleichmäßige glatte Oberfläche haben und darf nicht verölt oder verschmutzt sein. Riefige und unrund gewordene Kollektoren müssen nachgedreht werden. Dabei darf der Mindestdurchmesser des Kollektors nicht unterschritten werden.

Die Kollektorisolierung wird anschließend ausgesägt und der Kollektor danach feinstgedreht. Eine Schmierung der gesinterten Lager (s. Kap. 10.11.2) ist nicht erforderlich.

Zur Erhöhung der **Haltbarkeit** von Ritzel und Zahnkranz sind diese in regelmäßigen Abständen zu fetten.

Die **elektrische Prüfung** des Starters im **eingebauten Zustand** beschränkt sich auf die Spannungs- und Strommessung des Starters im **Kurzschlussbetrieb**. Dieser liegt dann vor, wenn der Starter eingeschaltet wird, das Ritzel sich aber nicht drehen kann. Um das zu erreichen, wird der höchste Gang eingelegt, die Hand- und Betriebsbremse betätigt und der Starter bis zu max. 3 s eingeschaltet.

Auf einem **Volt-Ampere-Tester** (Abb. 3, S. 130), der die Spannung zwischen Klemme 30 und Masse und den Strom im Arbeitsstromkreis misst, wird der Spannungs- und Stromwert abgelesen. Stimmen die Messwerte nicht mit den Herstellerangaben (⇒ TB: Kap. 11) überein, muss der Starter ausgebaut werden.

Im **ausgebauten Zustand** kann der Starter auf einem **Starterprüfstand** genauer geprüft werden. Diese **Prüfung** umfasst die

- Leerlaufprüfung,
- Kurzschlussprüfung und
- Belastungsprüfung.

Die gemessenen Werte sind mit den Herstellerangaben zu vergleichen. Bei nicht mehr zulässigen Abweichungen muss der Starter ausgetauscht oder repariert werden.

> **Arbeitshinweis**
>
> Starter mit **Vorgelege** dürfen keiner **Kurzschlussprüfung** unterzogen werden, da dadurch ein Bruch der **Läuferwelle** eintreten kann.

Aufgaben

1. Warum benötigt ein Verbrennungsmotor eine Startanlage?
2. Erläutern Sie die beiden Verfahren, mit denen ein Verbrennungsmotor gestartet werden kann.
3. Wodurch entsteht die Drehbewegung des Läufers im Starter?
4. Von welchen Größen ist das Drehmoment des Läufers abhängig?
5. Beschreiben Sie den Aufbau des Startermotors.
6. Nennen Sie die Schaltungsarten von Startermotoren.
7. Welche Starterarten werden unterschieden und wodurch wird ihre Anwendung bestimmt?
8. Erläutern Sie den Aufbau des Schub-Schraubtrieb-Starters ohne Vorgelege.
9. Beschreiben Sie die Wirkungsweise des Einrückrelais.
10. Beschreiben Sie den Ein- und Ausspurvorgang im Schub-Schraubtrieb-Starter.
11. Welche Aufgabe hat der Rollenfreilauf?
12. Welche Unterschiede bestehen im Aufbau und in der Wirkungsweise zwischen den Schub-Schraubtrieb-Startern mit und ohne Vorgelege?
13. Welche Aufgabe hat das Planetengetriebe im Schub-Schraubtrieb-Starter mit Vorgelege?
14. Beschreiben Sie die Wartungsarbeiten an der Startanlage.
15. Beschreiben Sie die elektrische Prüfung des Starters im eingebauten Zustand.

52 | Beleuchtungs- und Signalanlage

52.1 Gesetzliche Vorschriften

Für die Beleuchtungs- und Signalanlage eines Fahrzeugs hat der Gesetzgeber umfangreiche **Bestimmungen** erlassen. Diese regeln:
- Art und Anzahl der Leuchten und Signale,
- Mindestabstände der Leuchten vom Fahrzeugumriss, zu anderen Leuchten und zur Fahrbahn und
- Beleuchtungs- und Signalstärken sowie Signalfrequenzen und Schaltungsvorschriften.

Welche Leuchten und Signaleinrichtungen vorgeschrieben sind und welche zusätzlich gestattet werden, ist in den §§ 49a bis 55 und § 60 der StVZO festgelegt. Über die Benutzung der Beleuchtungs- und Signalanlage geben die §§ 9, 10, 15, 15a, 16 und 17 der StVO Auskunft (⇒TB: Kap. 6).

Die §§ 22 und 22a der StVZO regeln die Betriebserlaubnis und Bauartgenehmigungspflicht für Fahrzeugteile und somit auch für die Bauteile der Beleuchtungs- und Signalanlage. Zusätzlich zu den nationalen Vorschriften gelten noch die übergeordneten Vorschriften der Europäischen Union (EU-Bestimmungen) und Vorschriften, die europaweit gelten (ECE-Bestimmungen).

Die Abb. 1 zeigt die vorgeschriebenen und die zusätzlich erlaubten Leuchten am Kraftfahrzeug.

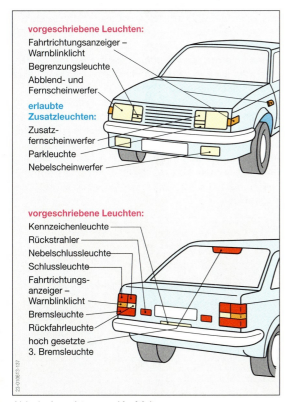

Abb. 1: Leuchten am Kraftfahrzeug

52.2 Lichtquellen

Als **Lichtquellen** werden im Kraftfahrzeug eingesetzt:
- Glühlampen,
- Halogenlampen,
- Leuchtdioden und
- Xenon-Lampen.

52.2.1 Glühlampen

Glühlampen (Abb. 2) gehören zu den Temperaturstrahlern. Ein vom elektrischen Strom durchflossener Draht (Glühwendel) wird von diesem erwärmt und strahlt dadurch Licht aus. Je höher die Stromstärke ist, desto größer ist die Lichtstärke. Damit die Glühwendel eine bestimmte Haltbarkeit erreicht, wird sie aus Wolfram hergestellt und in einem luftleeren Lampenkolben untergebracht. Durch das Glühen verdampft Wolfram und setzt sich als Schwärzung auf den Lampenkolben nieder. Deshalb und wegen des im Vergleich zur Lichtstärke hohen elektrischen Energieverbrauchs werden Glühlampen nicht mehr in **Scheinwerfern** verwendet. Es gibt Einfaden- und Zweifadenglühlampen, z.B. für Brems- und Schlusslicht (Abb. 2, ⇒ TB: Kap. 11).

52.2.2 Halogenlampen

Der Lampenkolben der Halogenlampe hat eine Edelgasfüllung (Neon, Krypton) mit einem Anteil an Halogenen (Brom, Jod). Die Halogene sorgen dafür, dass die Glühwendel nahe am Schmelzpunkt des Wolframs (3410 °C) betrieben werden kann. Dadurch ist die Lichtstärke besonders hoch. Die Halogene nehmen verdampftes Wolfram in der Nähe des Glaskolbens auf und führen dieses durch Wärmeströmung der Glühwendel wieder zu. Eine Schwärzung des Lampenkolbens wird dadurch weitgehend vermieden. Halogenlampen haben bei gleicher elektrischer Leistung eine höhere Lichtstärke und Haltbarkeit als konventionelle Glühlampen. Halogenlampen werden als Einfaden- und Zweifadenlampen (Abb. 1, S. 562) hergestellt (⇒TB: Kap. 11). Um eine direkte Blendung durch die Glühwendel zu vermeiden, wird der Glaskolben im vorderen Bereich geschwärzt (Abb. 1, S. 562) und/oder es muss im Scheinwerfer eine Strahlenblende (Abb. 3, S. 562 und Abb. 7, S. 563) vorhanden sein.

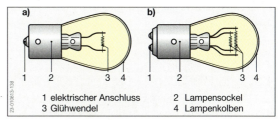

Abb. 2: a) Einfadenglühlampe (21 W) und b) Zweifadenglühlampe (21/5W)

Durch eine Veränderung der Gasfüllung in Halogenlampen kann die Lichtfarbe ins Gelbe oder nach Weiß-Blau verschoben werden (sog. Allweather-, Allseason- oder Super Blue-, Blue Vision-Lampen).

52.2.3 Xenon-Lampen

> **Xenon-Lampen** sind Gasentladungslampen wie z. B. Leuchtstoffröhren. Sie enthalten keine **Glühwendel**.

In ihnen wird Licht erzeugt, indem ein elektrischer Strom durch ein Edelgas (Xenon), dem Metallsalze zugesetzt sind, fließt. Die Lampe besteht aus einem UV-Schutzglaskolben, in dem sich der Entladungsraum mit zwei Elektroden befindet (Abb. 2). Um die Lampe zu zünden, ist eine Zündspannung von 10 bis 20 kV notwendig. Durch das Zünden entsteht ein Lichtbogen zwischen den Elektroden. Damit die Elektroden gleichmäßig abgenutzt werden, wird an die Elektroden eine Wechselspannung (Rechteckspannung) von etwa 65 bis 85 V gelegt, die eine Frequenz von 400 Hz hat. Dadurch wird ein Flackern des Lichtes vermieden. Die Stromstärke ist unmittelbar nach dem Zünden höher und wird danach auf einen kleineren Wert geregelt. Die Lampe erreicht dadurch schneller ihre Helligkeit.

Xenon-Lampen haben gegenüber den Halogenlampen folgende **Vorteile**:
- das erzeugte Licht entspricht fast dem Tageslicht,
- etwa fünfmal höhere Haltbarkeit,
- größere Lichtstärke und geringere Wärmeabstrahlung bei gleicher Leistungsaufnahme.

Nachteile sind:
- verzögertes Erreichen der vollen Lichtstärke,
- hoher elektronischer Aufwand und dadurch
- sehr kostenintensiv.

52.2.4 Leuchtdioden

Leuchtdioden (s. Kap. 13.13.5) werden als Kontrolllampen sowie in Blink-, Schluss- und Bremsleuchten eingesetzt. Um die notwendige Lichtstärke zu erzeugen, werden mehrere Leuchtdioden parallel geschaltet. Ihre **Vorteile** sind geringe Leistungsaufnahme, schnelles Aufleuchten und hohe Haltbarkeit.

52.3 Beleuchtungsanlage

52.3.1 Scheinwerferreflektoren

> **Scheinwerferreflektoren** haben die **Aufgabe**, das von der Lampe erzeugte Licht aufzufangen und so zu reflektieren, dass mit oder ohne **Streuscheibe** die gewünschte Lichtverteilung auf die Fahrbahn erfolgt.

Es werden folgende **Reflektorarten** unterschieden:
- Paraboloidreflektor,
- Freiflächenreflektor,
- Stufenreflektor und
- Ellipsoidreflektor.

Paraboloidreflektor

Die Form des Reflektors (Abb. 3a) entsteht durch die Drehung einer Parabel (geometr. Kurve) um ihren Scheitelpunkt. Durch die Neigung des Reflektors zur Fahrbahnebene in Verbindung mit einer für die Lichtart geeigneten Streuscheibe, welche die Verteilung des Lichtes auf die Fahrbahn übernimmt, ergibt sich der Einsatzbereich des Scheinwerfers. Nachteilig sind bei den Paraboloidreflektoren die große Bauhöhe und Bautiefe sowie die geringe Lichtstärke bei Abblendlicht (Abb. 3a).

Freiflächenreflektor

Der Freiflächenreflektor (Abb. 3b) besteht aus mehreren Teilflächenbereichen, die optisch kaum zu erkennen sind. Im Hinblick auf die zu erzeugende Lichtart werden diese Flächen unterschiedlich angeordnet und aus einer Vielzahl von kleinen optisch nicht zu erkennenden geometrisch unterschiedlichen Flächenelementen zusammengesetzt. Die Teilflächen und Flächenelemente übernehmen gleichzeitig die Verteilung des Lichtes auf die Fahrbahn, wodurch eine Streuscheibe entfällt. Diese wird durch eine Abschlussscheibe ersetzt, die oftmals glasklar ist und nur die Aufgabe hat, den Scheinwerfer nach vorn abzudichten und vor Schmutz zu schützen. Die Lichtstärke bei Abblendlicht ist sehr hoch (Abb. 3b). Die Abmessungen und die Gestaltung der Freiflächenreflektoren kann sich nach der Form des Kraftfahrzeugs richten und reicht von kreisrund bis flach rechteckig.

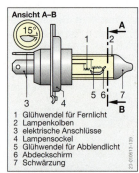

1 Glühwendel für Fernlicht
2 Lampenkolben
3 elektrische Anschlüsse
4 Lampensockel
5 Glühwendel für Abblendlicht
6 Abdeckschirm
7 Schwärzung

Abb. 1: Zweifaden-Halogenlampe H4

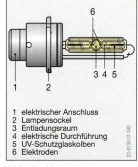

1 elektrischer Anschluss
2 Lampensockel
3 Entladungsraum
4 elektrische Durchführung
5 UV-Schutzglaskolben
6 Elektroden

Abb. 2: Xenon-Lampe

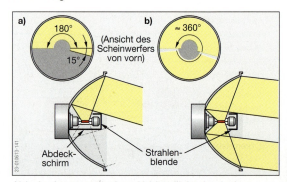

Abb. 3: Asymmetrisches Abblendlicht durch den
a) Paraboloid- und b) Freiflächenreflektor

Stufenreflektor

Der Stufenreflektor ist aus mehreren Teilreflektoren zusammengesetzt (Abb. 4), die noch aus mehreren kaum zu erkennenden Flächen nach dem Prinzip des Freiflächenreflektors bestehen können. Deren geometrische Grundform besteht aus einer Mischung von Parabeln und Ellipsen (Parellipsen). Aus diesen werden die endgültigen Flächen der Teilreflektoren errechnet. Stufenreflektoren erfordern keine oder nur schwach strukturierte Streuscheiben und haben eine geringe Tiefe und Höhe. Sie können so konstruiert werden, dass in einem Gehäuse platzsparend mehrere Scheinwerfer untergebracht sind (Abb. 4).

Ellipsoidreflektor

Der Ellipsoidreflektor (gr.-nlat.: ellipsenähnlich) ist aus Teilstücken von Ellipsen zusammengesetzt (Abb. 5), in deren Brennpunkt eine Halogenlampe (H1 oder H7, ⇒ TB: Kap. 11) sitzt. Die vom Reflektor abgestrahlten Lichtstrahlen werden von einer Linse erfasst, die für die Lichtverteilung auf die Fahrbahn sorgt (Projektionsprinzip). Eine Streuscheibe ist nicht unbedingt erforderlich.

52.3.2 Scheinwerfer für Fern- und Abblendlicht

Für das Fern- und Abblendlicht kann ein gemeinsamer Scheinwerfer (2-Scheinwerfersystem, Abb. 1, S. 561) oder es können getrennte Scheinwerfer (4-Scheinwerfersystem) eingesetzt werden.

Die Abb. 6 zeigt die Beleuchtungsweiten bei **symmetrischem** (gleichmäßigem) und dem zumeist verwendeten **asymmetrischen** (ungleichmäßigen) Abblendlicht. Das asymmetrische Abblendlicht hat auf der rechten Fahrbahnseite eine größere Leuchtweite, ohne dass der entgegenkommende Verkehr geblendet wird.

Scheinwerfer mit Abblend- und Fernlicht haben Halogenlampen mit zwei Glühfäden. Deshalb werden die Lampen auch als **Zweifadenlampen** oder **Bilux-Lampen** (bi, lat.: zwei; lux, lat.: Licht) bezeichnet oder einfach mit ihrer Kurzbezeichnung, z. B. **H4** benannt.

Das **H** ist das Kurzzeichen für die Halogenlampe und die **4** kennzeichnet die Bauart der Lampe (⇒ TB: Kap. 11).

Die H4-Lampe hat unter dem Glühfaden für das Abblendlicht einen **Abdeckschirm** (Abb. 1). Dieser verhindert ein Austreten von Lichtstrahlen nach unten, so dass nur aus dem oberen Teil des Scheinwerfers Lichtstrahlen austreten können (Abb. 1, S. 564). Asymmetrisches Abblendlicht entsteht dadurch, dass der Abdeckschirm auf einer Seite um 15° abgewinkelt ist (Abb. 1 und 3a).

> **Scheinwerfer** für Abblend- und Fernlicht sind bei eingeschaltetem **Abblendlicht** in der oberen Hälfte **hell** und in der unteren Hälfte **dunkel** (Hell-Dunkel-Grenze).

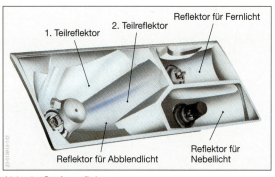

Abb. 4: Stufenreflektor

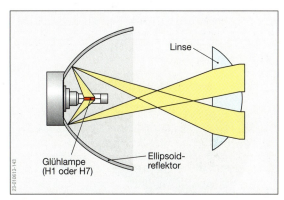

Abb. 5: Ellipsoidreflektor

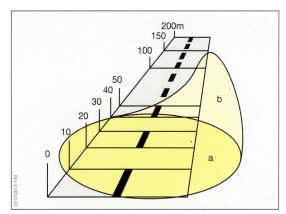

Abb. 6: a) symmetrisches und b) asymmetrisches Abblendlicht

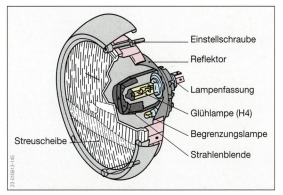

Abb. 7: Halogen-Scheinwerfer

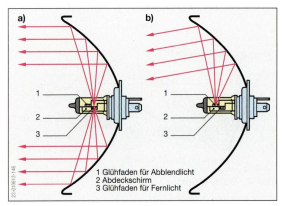

Abb. 1: Strahlengang bei a) Fern- und b) Abblendlicht

1 Glühfaden für Abblendlicht
2 Abdeckschirm
3 Glühfaden für Fernlicht

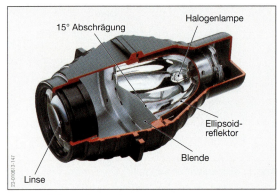

Abb. 2: Ellipsoid-Scheinwerfer

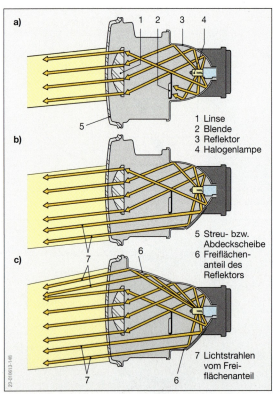

Abb. 3: a) Ellipsoid-Scheinwerfer für Abblendlicht,
b) und c) Ellipsoid-Scheinwerfer mit Freiflächenanteilen

1 Linse
2 Blende
3 Reflektor
4 Halogenlampe
5 Streu- bzw. Abdeckscheibe
6 Freiflächenanteil des Reflektors
7 Lichtstrahlen vom Freiflächenanteil

Die Abb. 7, S. 563, zeigt den Aufbau eines Scheinwerfers mit einer H4-Lampe (Halogenscheinwerfer) und Begrenzungslicht sowie eingebauter **Strahlenblende** (s. Kap. 52.2.2).

Die **Streuscheibe** (Abb. 7, S. 563) besteht aus strukturiertem Glas oder Kunststoff und sorgt für die gewünschte Verteilung des Lichts auf die Fahrbahn. Der **Reflektor** ist paraboloidförmig und hat einen **Brennpunkt**. In diesem Brennpunkt ist der Fernlichtglühfaden angeordnet, wodurch die vom Reflektor reflektierten Lichtstrahlen diesen parallel verlassen (Abb. 1a). Vor dem Brennpunkt befindet sich der Abblendlichtglühfaden. Dadurch verlassen die vom oberen Teil des Reflektors reflektierten Lichtstrahlen diesen schräg nach unten (Abb. 1b).

> Im Scheinwerfer wird durch die Form des Reflektors und durch die **Anordnung** der Glühfäden Fern- und Abblendlicht erzeugt, **ohne** dass der Scheinwerfer verstellt werden muss.

52.3.3 Scheinwerfer für Fern-, Abblend- oder Nebellicht

Halogen-Scheinwerfer, die nur für eine Lichtart bestimmt sind, werden mit allen aufgeführten Reflektorarten (s. Kap. 52.3.1) gebaut.

Eine Sonderstellung nehmen die Scheinwerfer mit Freiflächen- und Ellipsoidreflektor ein. Diese Scheinwerfer können sowohl mit Halogen- als auch mit Xenon-Lampen betrieben werden.

Scheinwerfer mit Ellipsoidreflektor und Halogenlampe

Sie werden für Abblend- und Nebellicht, seltener für Fernlicht verwendet. Der Scheinwerfer für das Abblendlicht hat zwischen Reflektor und Linse eine **Blende** (Abb. 2 und 3). Diese Blende erzeugt die für das Abblendlicht notwendige **Hell-Dunkel-Grenze** und hat eine 15° Abschrägung, wodurch asymmetrisches Abblendlicht entsteht.

> Im Gegensatz zur **Hell-Dunkel-Grenze** auf der Streuscheibe eines Paraboloid-Scheinwerfers bei eingeschaltetem **Abblendlicht** hat der Ellipsoid-Scheinwerfer **keine** Hell-Dunkel-Grenze auf der Linse.

Die Hell-Dunkel-Grenze ist nur auf einer angestrahlten Wand bzw. auf dem Scheinwerfer-Einstellgerät zu sehen (⇒ TB: Kap. 11).

Weiterentwicklungen des Ellipsoid-Scheinwerfers führten durch eine Vergrößerung und Veränderung des Reflektors, zum Teil durch Freiflächenanteile, zu einer größeren Lichtstärke, wobei nicht alle Lichtstrahlen den Scheinwerfer durch die Linse verlassen (Abb. 3b und 3c).

Kapitel 52: Beleuchtungs- und Signalanlage

Scheinwerfer mit Xenon-Lampe

Xenon-Lampen werden in **Reflexions-** und **Projektionsscheinwerfern** verwendet.

Scheinwerfer mit **Xenon-Lampen** gibt es:
- nur für Abblendlicht,
- nur für Fernlicht (Zusatzscheinwerfer) und
- für Abblend- und Fernlicht.

> **Xenon-Scheinwerfer** für **Abblend-** und/oder **Fernlicht** müssen, wegen der großen Blendgefahr für den Gegenverkehr, eine **automatische Leuchtweitenregulierung**, eine **Scheinwerferreinigungsanlage** und eine **Schaltung** haben, die sicherstellt, dass das **Abblendlicht** bei **Fernlicht** immer mitleuchtet (§ 50 StVZO).

Die Abb. 4a zeigt einen **Xenon-Projektionsscheinwerfer** mit einem für die Zündung der Xenon-Lampe erforderlichen Zündgerät und einem Steuergerät, welches die etwa 65 bis 85 V-Wechselspannung mit 400 Hz liefert und die notwendige Stromanpassung vornimmt.

In der Abb. 4b ist ein **Xenon-Reflexionsscheinwerfer** mit den erforderlichen Teilen für die automatische Leuchtweitenregulierung dargestellt. Beide Scheinwerfer erzeugen **nur Abblendlicht**.

Bei Xenon-Scheinwerfern für **Abblend-** und **Fernlicht** (Bi-Xenon) wird für beide Lichtarten dieselbe **Xenon-Lampe** verwendet. Das Umschalten von Abblendlicht auf Fernlicht und umgekehrt erfolgt im **Reflexionsscheinwerfer** (Abb. 5a) durch ein Verschieben der **Xenon-Lampe längs** und im **Projektionsscheinwerfer** (Abb. 5b) durch ein Verschieben der **Blende quer** zur **Längsachse** des Scheinwerfers. Das Umschalten erfolgt durch einen elektromechanischen Steller.

52.3.4 Leuchtweitenregulierung

Um eine **Blendung** des **Gegenverkehrs** durch unterschiedliche Beladung des Fahrzeugs zu verhindern, **müssen** die Scheinwerfer eine **Leuchtweitenregulierung** haben. Die Regulierung kann manuell oder automatisch erfolgen. Die manuelle Regulierung muss vom Fahrersitz möglich sein und erfolgt über ein Stellrad, welches z.B. drei Einstellpositionen (0, 1 und 2, Abb. 6) hat.

Die **automatische Regulierung** hat den Vorteil, dass die Scheinwerfer in Abhängigkeit vom Beladungszustand des Fahrzeugs immer die richtige Leuchtweite haben **(Leuchtweitenregelung)**. Dabei wird der Beladungszustand des Fahrzeugs von Sensoren erfasst.

Bei der **dynamischen Regelung** (Abb. 1, S. 566) werden Veränderungen des Beladungszustands und die Bewegungen des Fahrzeugaufbaus während des Anfahrens, Beschleunigens und Bremsens von je einem Sensor an der Vorder- und Hinterachse erfasst. Die Regelhäufigkeit erfolgt durch das Steuergerät in Abhängigkeit von der Fahrzeuggeschwindigkeit.

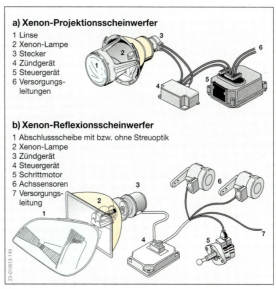

Abb. 4: Xenon-Scheinwerfer

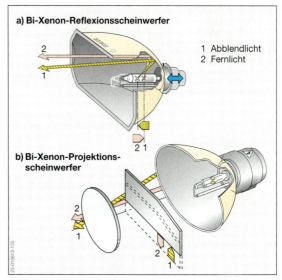

Abb. 5: Bi-Xenon-Scheinwerfer

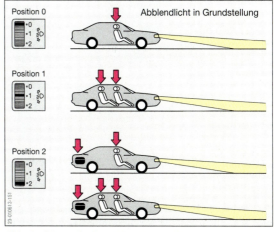

Abb. 6: Manuelle Leuchtweitenregulierung

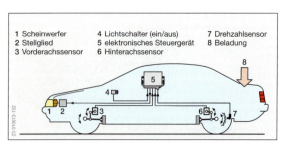

Abb. 1: Dynamische Leuchtweitenregelung

1 Scheinwerfer
2 Stellglied
3 Vorderachssensor
4 Lichtschalter (ein/aus)
5 elektronisches Steuergerät
6 Hinterachssensor
7 Drehzahlsensor
8 Beladung

Bei der **statischen Regelung** wird dagegen nur der Beladungszustand durch einen Sensor an der Hinterachse erfasst, der den Verstellmotor des Scheinwerfers direkt betätigt.

Kraftfahrzeuge mit **automatischer Niveauregulierung** (s. Kap. 39.7) benötigen keine Leuchtweitenregulierung, da durch die Niveauregulierung eine Blendung des Gegenverkehrs ausgeschlossen ist.

52.3.5 Abbiege- und Kurvenlicht

Abbiegelicht

> Das **Abbiegelicht** ist ein **Zusatzlicht**, welches während des Abbiegens eingeschaltet wird.

Das Abbiegelicht, auch als **statisches Kurvenlicht** bezeichnet, wird von zusätzlichen Leuchten erzeugt. Es wird zum Abblendlicht dazugeschaltet, wenn das Fahrzeug rechts oder links abbiegt (Abb. 2a).

Für die Erzeugung des Abbiegelichts werden auch die Nebelscheinwerfer verwendet.

Das Einschalten des Abbiegelichts erfolgt bei eingeschaltetem Fahrlicht, einer Fahrgeschwindigkeit kleiner als 40 km/h sowie der Betätigung der Blinklampen und/oder bei einem entsprechenden Lenkwinkel. Das Abbiegelicht leuchtet den seitlichen Bereich des Fahrzeugs in einem Winkel von etwa 65° und einer Reichweite von 30 m aus.

> Das **Abbiegelicht** wird nicht sofort mit **voller Leuchtkraft** ein- und ausgeschaltet. Durch ein elektronisches Steuergerät wird es auf- und abgedimmt.

Kurvenlicht

> Das **Kurvenlicht** folgt den **Lenkbewegungen** des Fahrzeugs.

Das Kurvenlicht wird auch zur Unterscheidung zum statischen Kurvenlicht als **dynamisches** oder **adaptives** Kurvenlicht (adapto, lat.: anpassen) bezeichnet.

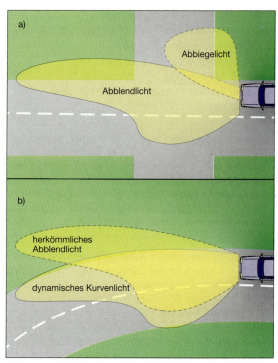

Abb. 2: a) Abbiegelicht, b) Kurvenlicht

Das Kurvenlicht soll die schlechte Ausleuchtung der Strasse gerade in einer Linkskurve vermeiden (Abb. 2b). Dadurch erweitert sich der ausgeleuchtete Bereich bei einer Kurve mit z.B. einem Radius von 190 m von 30 m auf 55 m.

> Das **Abblend-** und das **Fernlicht** werden als **Kurvenlicht** ausgeführt.

Die Verstellung der Scheinwerfer folgt den Lenkbewegungen des Fahrzeugs in Abhängigkeit von der Fahrgeschwindigkeit und beträgt maximal etwa 12°. Bei anderen Ausführungen werden die Scheinwerfer unterschiedlich verstellt, so z.B. der kurveninnere bis zu 15° und der kurvenäußere bis zu 8°. Dadurch wird eine breitere Ausleuchtung der Fahrbahn erreicht.

> Für das **Kurvenlicht** werden **Bi-Xenon-Projektionsscheinwerfer** verwendet (Abb. 5b, S. 565).

52.3.6 Scheinwerfereinstellung

Die Scheinwerfer eines Fahrzeugs sollen die Fahrer entgegenkommender Fahrzeuge nicht blenden (§ 50 StVZO). Deshalb muss die Scheinwerfereinstellung regelmäßig kontrolliert und evtl. korrigiert werden.

Die **Scheinwerfereinstellung** kann an einer Prüffläche oder mit dem Scheinwerfer-Einstellgerät kontrolliert und wenn nötig, korrigiert werden (⇒ TB: Kap. 11).

Kapitel 52: Beleuchtungs- und Signalanlage

Vor der Kontrolle der Scheinwerfereinstellung sind die folgenden **Voraussetzungen** zu schaffen:

- Reifenluftdruck nach Herstellervorschrift,
- Beladung des Fahrzeugs nach Fahrzeugtyp,
  Pkw: eine Person oder 75 kg auf dem Fahrersitz,
  Lkw: unbelastet, einspurige Fahrzeuge und einachsige Zugmaschinen:
  eine Person oder 75 kg auf dem Fahrersitz,
- nach dem Beladen muss das Fahrzeug zum Ausgleich der Federung einige Meter bewegt werden,
- Fahrzeug muss auf eine ebene Fläche gestellt werden,
- die Leuchtweitenregulierung ist in Nullstellung zu bringen bzw. nach Herstellervorschrift einzustellen,
- das Einstellmaß »e« (Abb. 3) ist aus Herstellerangaben bzw. Tabellen (⇒ TB: Kap. 11) zu entnehmen.

Scheinwerfereinstellung an einer Prüffläche

Bei dieser Einstellmethode ist eine Prüffläche nach der Abb. 3 zu verwenden. Das Fahrzeug wird 10 m vor dieser Prüffläche nach Abb. 4 so aufgestellt, dass die Zentralmarke (Abb. 3) in Fahrtrichtung genau vor dem einzustellenden Scheinwerfer angeordnet wird. Die Scheinwerfer sind einzeln einzustellen, dabei müssen die anderen Scheinwerfer abgedeckt sein.

Die Einstellung der Abblendscheinwerfer muss so vorgenommen werden, dass die Prüffläche wie in der Abb. 3 beleuchtet wird.

An Scheinwerfern mit Abblend- und Fernlicht erfolgt bei der Einstellung des Abblendlichts gleichzeitig auch die Einstellung des Fernlichts. Bei getrennten Scheinwerfern für Abblend- und Fernlicht muss die Einstellung des Fernlichts getrennt vorgenommen werden. Die Einstellung erfolgt horizontal symmetrisch zur Scheinwerfermitte und der Zentralmarke (Abb. 5b).

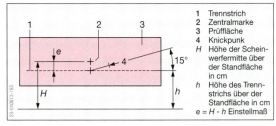

Abb. 3: Prüffläche zur Scheinwerfereinstellung

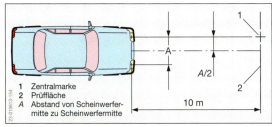

Abb. 4: Anordnung der Prüffläche zum Fahrzeug

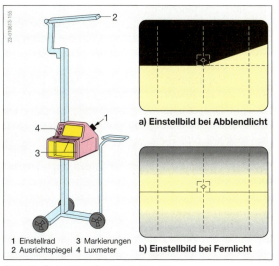

Abb. 5: Scheinwerfer-Einstellgerät

Scheinwerfereinstellung mit dem Scheinwerfer-Einstellgerät

Bei der Einstellung mit dem Scheinwerfer-Einstellgerät (Abb. 5) muss mit Hilfe des Einstellrades das erforderliche Einstellmaß »e« eingestellt werden. Mit Hilfe des Ausrichtspiegels und der Markierungen wird das Gerät zur Fahrzeugachse und zum Scheinwerfer ausgerichtet. Bei asymmetrischen Abblendlicht muss die Hell-Dunkel-Grenze wie in der Abb. 5a dargestellt verlaufen. Die Lichtbündelmitte des Fernlichts muss innerhalb der Begrenzungsecken um die Zentralmarke liegen (Abb. 5b). Mit dem Luxmeter kann zusätzlich noch die Beleuchtungsstärke gemessen werden.

52.4 Signalanlage

Die **Signalanlage** hat die **Aufgaben**, andere Verkehrsteilnehmer zu warnen (Hupe, Lichthupe), Fahrtrichtungsänderungen anzuzeigen (Blinklampen) und das Abbremsen des Fahrzeugs (Bremslicht) erkennbar zu machen (⇒ TB: Kap. 6).

52.4.1 Fahrtrichtungsanzeiger

Die **Impulse** für die Fahrtrichtungsanzeiger erzeugt der **elektronische Blinkgeber**.

Die **Grundschaltung** des elektronischen Blinkgebers ist eine **astabile Kippstufe** (Abb. 1, S. 568), die auch als **astabiler Multivibrator** (astabil, gr.-lat.: nicht beständig; Multivibrator, lat.: Vielschwinger) bezeichnet wird.

Wird der Schalter S1 (Abb. 1, S. 568) geschlossen, so werden die beiden Transistoren V1 und V2 durch die Wirkung der Kondensatoren C1 und C2 in Verbindung mit den Widerständen R1 und R2 wechselseitig ein- und ausgeschaltet. Die Lampen H1 und H2 leuchten deshalb abwechselnd auf. Die Blinkfrequenz der Schaltung ist abhängig von der Größe der Widerstände R1 und R2 sowie der Kapazitäten der Kondensatoren C1 und C2. Kleine Widerstände und geringe Kapazitäten ergeben eine hohe Blinkfrequenz und umgekehrt.

Da vom Gesetzgeber vorgeschrieben ist, dass die Blinklampen gleichzeitig aufleuchten müssen, wird die astabile Kippstufe nur zum Ansteuern eines **Relais**, z. B. K1 in der Abb. 2 oder bei anderen Ausführungen eines **Leistungstransistors** bzw. **Thyristors** verwendet.

In der Abb. 2 ist die Lampe H1 der Abb. 1 durch den Widerstand R3 und die Lampe H2 durch die Relaiswicklung K1 ersetzt. Über den Blinkschalter wird die Blinkanlage eingeschaltet. Die astabile Kippstufe steuert das Blinkrelais mit dem Emitter-Kollektor-Strom von V2, der gleichzeitig der Steuerstrom vom Relais K1 ist. Der Strom für die Blinklampen wird vom Relaiskontakt ein- und ausgeschaltet.

> Der Strom zu den Blinklampen wird im Blinkgeber durch ein **Relais** mit der vorgeschriebenen Blinkfrequenz (90 ± 30 /min) gesteuert. Das hat den **Vorteil**, dass das Schaltgeräusch des Relais gleichzeitig eine **akustische Kontrolle** ist.

Fällt eine Blinklampe aus, so muss dies dem Fahrzeugführer durch eine erhöhte Blinkfrequenz angezeigt werden. Da die Kippstufe unabhängig von der Leistung (Wattzahl) der angeschlossenen Blinklampen arbeitet, wird durch eine zusätzliche Transistorschaltung die Blinkfrequenz bei Ausfall einer Lampe erhöht.

In der Abb. 3 sind mögliche **Schaltungsarten** von **Kontrolllampen** dargestellt.

Ist nur eine Kontrolllampe vorgesehen (H1), so wird diese zwischen den Klemmen R (rechts) und L (links) des Blinkschalters geschaltet. Die zwischen R und L geschaltete **Kontrolllampe H1** leuchtet mit den Blinklampen zusammen auf. Wird z. B. rechts geblinkt, fließt der Kontrolllampenstrom über die Klemme R des Blinkschalters, durch die Kontrolllampe H1 sowie jeweils etwa ein Drittel der Kontrolllampenstromstärke durch die Blinklampen E1, E2 und E3 zur Masse. Die Blinklampen E1, E2 und E3 leuchten nicht auf, weil die Kontrolllampenstromstärke zu klein ist.

Bei zwei **Kontrolllampen** (H2 und H3, Abb. 3) wird jeweils eine mit den Blinklampen für rechtsseitiges und linksseitiges Blinken parallel geschaltet und leuchtet deshalb mit diesen zusammen auf. Dadurch kann der Fahrer erkennen, ob er rechtsseitig oder linksseitig blinkt. Blinkgeber werden auch mit Kontrolllampenanschlüssen, z. B. C und C2, hergestellt. Der Anschluss C2 ist für die Kontrolllampe des Anhängers vorgesehen.

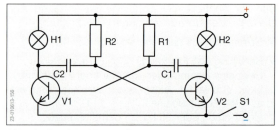

Abb. 1: Astabile Kippstufe

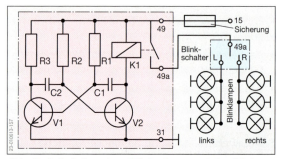

Abb. 2: Schaltplan eines Blinkgebers und der Blinkanlage

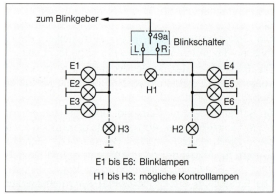

Abb. 3: Schaltungsarten von Kontrolllampen

52.4.2 Warnblinkanlage

Mehrspurige Fahrzeuge, für die eine Blinkanlage vorgeschrieben ist, müssen zusätzlich eine **Warnblinkanlage** haben (§ 53a StVZO). Diese muss unabhängig von der Blinkanlage ein- und ausschaltbar sein. Ist die Warnblinkanlage eingeschaltet (rote Kontrolllampe), müssen alle am Fahrzeug vorhandenen Blinklampen gleichzeitig blinken. Als Blinkgeber für die Warnblinkanlage wird der Blinkgeber für die Fahrtrichtungsanzeige mit verwendet. Der Stromlaufplan auf der S. 626, Abschnitt 9 zeigt die kombinierte Schaltung einer Warnblink- und Blinkanlage.

52.4.3 Signalhornanlage

Kraftfahrzeuge müssen eine Signalhornanlage haben (§ 55 StVZO). Zugelassen sind auch mehrere Anlagen. Diese müssen aber so geschaltet sein, dass nur jeweils eine Anlage betrieben werden kann.

Kapitel 52: Beleuchtungs- und Signalanlage

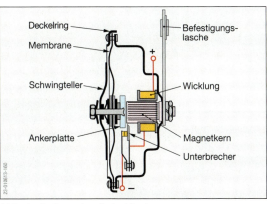

Abb. 4: Aufbau des Aufschlaghorns

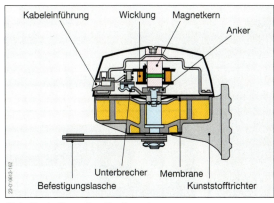

Abb. 6: Aufbau des Fanfarenhorns

Verwendet werden **Hörner** (Hupen), die einen gleichbleibenden Ton oder einen harmonischen Mehrklang erzeugen. Tonfolgegeräte sind nicht erlaubt (§ 16 StVO).

Den **Aufbau** eines **Aufschlaghorns** (Normalhorn) zeigt die Abb. 4. Die **Wirkungsweise** besteht darin, dass die Ankerplatte während des Betätigens des Hupentasters vom Elektromagneten angezogen wird, auf den Magnetkern aufschlägt und dabei den Unterbrecher öffnet. Dadurch wird der Stromkreis unterbrochen, und die Ankerplatte schwingt in die Ausgangsstellung zurück. Der Unterbrecher schließt, und der Vorgang beginnt von neuem.

Durch die mit der Ankerplatte mitschwingende Membrane wird die Luft in Schwingungen versetzt und dadurch ein Signalton erzeugt.

Das Starktonhorn arbeitet nach demselben Prinzip, aber mit größerer Leistung. Da es nur außerhalb geschlossener Ortschaften benutzt werden darf, muss die Signalhornanlage auch ein Normalhorn haben. Die Schaltung einer solchen Signalhornanlage zeigt die Abb. 5.

Statt des Starktonhorns kann auch ein **Fanfarenhorn** (Abb. 6) verwendet werden. Auch bei diesem wird eine Membrane elektromagnetisch in Schwingungen versetzt. Dadurch wird im Schneckentrichter der charakteristische volle, melodische Fanfarenklang erzeugt. Im Gegensatz zum Aufschlaghorn schlägt aber der Anker nicht auf den Magnetkern auf.

52.4.4 Lichthupe

Mit der Lichthupe (§ 16 StVO) dürfen Leuchtzeichen durch kurzes Aufleuchten des Fernlichts gegeben werden, wenn außerhalb geschlossener Ortschaften überholt wird bzw. wer sich oder andere gefährdet sieht. Die Betätigung erfolgt über einen Schalter (s. Schaltplan auf der S. 627) oder ein Relais.

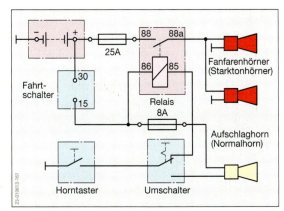

Abb. 5: Schaltplan einer Starktonhornanlage

Aufgaben

1. Welche Vorteile haben Halogenlampen gegenüber normalen Glühlampen?
2. Beschreiben Sie die Wirkungsweise von Xenon-Lampen.
3. Welche Vorteile haben Freiflächenreflektoren gegenüber den Paraboloidreflektoren?
4. Beschreiben Sie den Aufbau und die Wirkungsweise eines Halogen-Scheinwerfers für Abblend- und Fernlicht.
5. Erläutern Sie den Aufbau und den Strahlengang eines Ellipsoid-Scheinwerfers für Abblendlicht.
6. Erklären Sie die Wirkungsweise eines Reflexionsscheinwerfers und eines Projektionsscheinwerfers für Fern- und Abblendlicht mit Xenon-Lampen.
7. Weshalb müssen Scheinwerfer eine Leuchtweitenregulierung haben?
8. Nennen Sie die Unterschiede zwischen dem Abbiegelicht und dem Kurvenlicht.
9. Beschreiben Sie die Scheinwerfereinstellung mit dem Scheinwerfereinstellgerät.
10. Welche Aufgaben hat die Signalanlage?
11. Was ist eine »astabile Kippstufe«?
12. Beschreiben Sie die Wirkungsweise des Normalhorns.
13. Zeichnen Sie den Stromlaufplan einer Beleuchtungsanlage in aufgelöster Darstellung mit Stand-, Abblend-, Fern- und Nebellicht. Kennzeichnen Sie die einzelnen Stromkreise farbig. Informieren Sie sich anhand des Schaltplans auf S. 627.

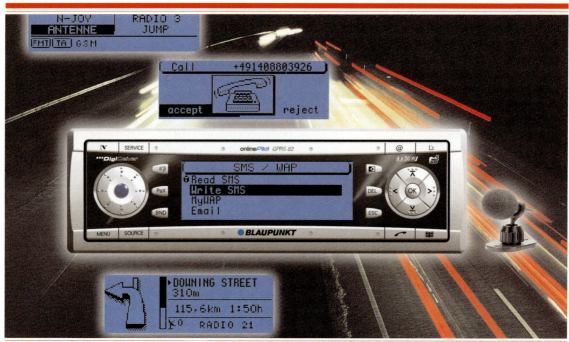

Kommunikationssystem eines Personenkraftwagens

Grundlagen

Kraftfahrzeugsysteme

Motor

Kraftübertragung

Fahrwerk

Krafträder

Nutzkraftwagen

Elektrische Anlage

Elektronische Systeme

| 53 | Grundlagen elektronischer Systeme im Kraftfahrzeug | 571 |
| 54 | Komfortelektronik | 593 |

53 | Grundlagen elektronischer Systeme im Kraftfahrzeug

Die elektronischen Systeme im Kraftfahrzeug (Abb.1) haben folgende **Aufgaben**:

- die Leistung zu steigern, den Kraftstoffverbrauch zu verringern und die Schadstoffe im Abgas zu reduzieren (Motorsysteme),
- die Drehmomentübertragung bzw. -verteilung zu steuern oder zu regeln (Antriebssysteme),
- die Fahrsicherheit zu erhöhen (Sicherheitssysteme),
- den Fahrer von Tätigkeiten zu entlasten, die ihn vom Straßenverkehr ablenken (Komfortsysteme),
- die Funktionsfähigkeit des Kraftfahrzeugs bzw. der Baugruppen des Kraftfahrzeugs zu kontrollieren (Kontrollsysteme) und
- den Fahrer mit Informationen, z.B. über den Betriebszustand des Fahrzeugs oder die aktuelle Verkehrslage zu versorgen (Kommunikationssysteme).

Zu den **Grundlagen** der elektronischen Steuerungs- und Regelungssysteme gehören auch die in den Kapiteln Grundlagen technischer Systeme sowie Steuerungs-, Regelungs- und Informationstechnik beschriebenen Inhalte.

> **Elektronische Systeme** umfassen Baugruppen und/oder Bauteile eines Kraftfahrzeugs, deren Zusammenwirken durch **elektronische Steuerungs-** und/oder **Regelungsvorgänge** beeinflusst werden.

53.1 Aufbau und Wirkungsweise von elektronischen Steuerungssystemen

Elektronische Steuerungssysteme bilden **Steuerketten** (s. Kap. 12.1). Das **Steuergerät** ist das Hauptbauteil der Steuerkette (Abb.1, S. 572). Es erhält die zu verarbeitenden Informationen von den **Sensoren**. Die erzeugten Eingangssignale von den Sensoren können häufig vom Steuergerät nicht direkt verarbeitet werden, sie müssen deshalb umgewandelt werden (Signalumwandlung).

Sind im Steuergerät **Sollwerte** gespeichert, so erfolgt ein Vergleich der Eingangssignale mit den Sollwerten (Signalvergleich).

Aus dem Vergleich ergeben sich Ausgangssignale, die oftmals verstärkt werden müssen (Signalverstärkung). Die verstärkten Signale steuern die Aktoren an, wodurch die **Steuergröße** bestimmt wird (Abb.1, S. 572).

Elektronische Steuerungssysteme sind z.B.:

- elektronische Einspritzanlagen ohne Lambda-Regelung (s. Kap. 20.5),
- Ruhestromabschaltung (s. Kap. 50.5.2),
- Getriebesteuerung (s. Kap. 34.3.1),
- Airbag und Gurtstraffer (s. Kap. 45.3.2),
- Blinkgeber (s. Kap. 52.4.1).

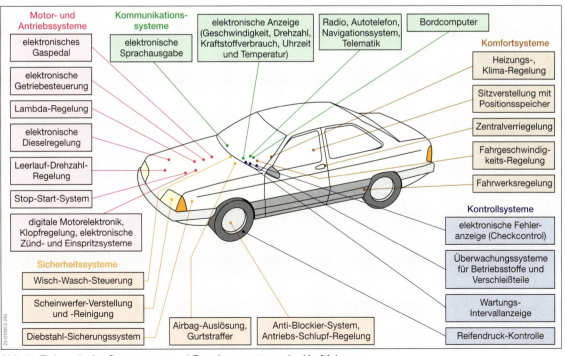

Abb.1: Elektronische Steuerungs- und Regelungssysteme im Kraftfahrzeug

53.2 Aufbau und Wirkungsweise von elektronischen Regelungssystemen

Elektronische Regelungssysteme bilden Regelkreise (s. Kap. 12.1.2). In elektronischen Regelkreisen ist das **Regelgerät** bzw. der **Regler** das Hauptbauteil (Abb. 2). Im Gegensatz zur Steuerung muss für eine Regelung die **Regelgröße** laufend gemessen werden. Die Messung erfolgt durch einen **Sensor**. Das Sensorsignal ist ein Maß für den **Istwert** der Regelgröße und wird zum Regelgerät geleitet. Im Regelgerät erfolgt ein Vergleich des Istwertes mit dem **Sollwert**. Aus dem Vergleich ergeben sich im Zusammenhang mit den Signalen der anderen Sensoren die Ausgangssignale für die **Aktoren** (z. B. Einspritzventile, Leerlaufsteller). Durch die Aktoren wird die Regelgröße beibehalten oder verändert (Abb. 2).

In elektronischen Regelungssystemen ist der Regler bzw. das Regelgerät im **Steuergerät** des Systems integriert. **Steuergeräte** haben neben der Regelungsaufgabe noch Steuerungsaufgaben zu erfüllen.

Elektronische Regelungssysteme sind z. B.:
- elektronische Einspritzanlagen mit Lambda-Regelung (s. Kap. 20.5), Klopfregelung (s. Kap. 50.6),
- Klimaregelung (s. Kap. 54.1),
- Anti-Blockier-Systeme (s. Kap. 44.2),
- Antriebs-Schlupf-Regelung (s. Kap. 44.3),
- Elektronisches Stabilitäts Programm (s. Kap. 44.4),
- Reisegeschwindigkeitskontrolle (s. Kap. 44.6),
- Schließwinkelregelung (s. Kap. 50.5.2),
- Generatorregelung (s. Kap. 49.3),
- elektronische Dieselregelung (s. Kap. 23.1).

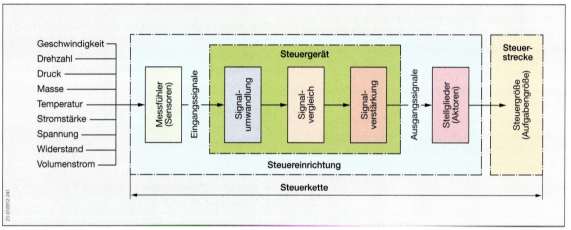

Abb. 1: Signalübertragung in Steuerungssystemen

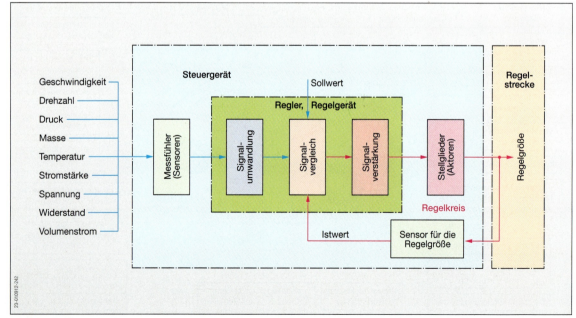

Abb. 2: Signalübertragung in Regelungssystemen

53.3 Sensoren von elektronischen Systemen im Kraftfahrzeug

> **Sensoren** von elektronischen Systemen haben die **Aufgabe**, Betriebszustände (z.B. Motordrehzahl, Motortemperatur, Fahrgeschwindigkeit) zu erfassen, diese in elektrische Signalgrößen umzuwandeln und zur Verarbeitung an das Steuergerät weiterzuleiten.

In elektronischen Systemen von Kraftfahrzeugen werden überwiegend folgende **Sensoren** verwendet:
- elektrische Widerstände,
- Sensoren zur Erfassung der Luftmasse,
- Drucksensoren,
- Drehzahlsensoren,
- Klopfsensoren und
- Lambda-Sonden.

53.3.1 Widerstände

Widerstände (s. Kap.13.3 und ⇒ TB: Kap.12) werden als Sensoren von elektronischen Systemen im Kraftfahrzeug besonders häufig verwendet.

Elektrische Schalter sind Widerstände, die als EIN/AUS-Schalter:
- manuell/mechanisch (z.B. Bedienschalter für Bordcomputer, Drosselklappenschalter (Abb. 3),
- pneumatisch/hydraulisch (z.B. Druckschalter für Liftachsensteuerung) und
- temperaturabhängig (z.B. Thermoschalter für Kühlerventilatorensteuerung)

betätigt werden. Sie können nur **binäre**, d.h. Ein-/Aus-Signale übertragen.

> **Schalter geschlossen:** kleiner Widerstand (etwa 0 Ω)
> **Schalter offen:** großer Widerstand (gegen ∞ Ω)

Potenziometer sind stufenlos mechanisch **verstellbare Widerstände**. Die in elektronischen Systemen von Kraftfahrzeugen überwiegend verwendeten Potenziometer haben flächige Widerstandsbahnen, über die Schleifkontakte bewegt werden. Je länger der wirksame Stromweg zum Schleifkontakt ist, desto größer ist der Widerstand.

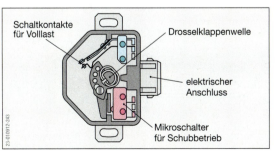

Abb. 3: Drosselklappenschalter

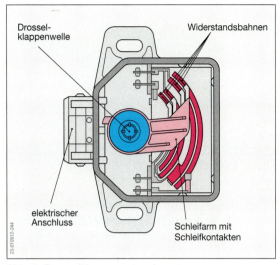

Abb. 4: Drosselklappenpotenziometer

Potenziometer werden häufig zur Erfassung der **Fahrpedalstellung** bei
- Benzineinspritzanlagen und Automatikgetriebesteuerungen (Drosselklappenpotenziometer, Abb. 4 und Pedalpotenziometer, EGAS) oder
- Dieseleinspritzanlagen (Pedalpotenziometer, EGAS)

verwendet.

Temperaturabhängige Halbleiterwiderstände (NTC oder PTC) verändern ihren elektrischen Widerstand temperaturabhängig.

Der **NTC** (**N**egative-**T**emperature-**C**oefficient) verringert seinen Widerstand mit steigender Temperatur.

Der **PTC** (**P**ositive-**T**emperature-**C**oefficient) vergrößert seinen Widerstand mit steigender Temperatur.

Den Aufbau und den typischen Widerstandsverlauf eines NTC zeigt die Abb. 5. Insbesondere dienen NTC in elektronischen Systemen zur **Erfassung** der **Temperatur** von:
- dem Kühlmittel und der Ansaugluft (Benzineinspritzung, Dieseleinspritzung),
- dem Getriebeöl (Automatikgetriebesteuerung),
- der Außenluft oder
- dem Kraftstoff (Dieseleinspritzung, s. Kap. 23).

Lichtabhängige (Foto)-**Widerstände LDR** (**L**ight-**D**ependent-**R**esistor) werden z.B. für automatische Parklichtsteuerungen verwendet.

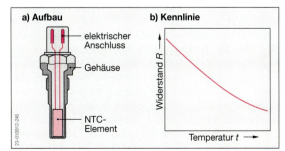

Abb. 5: Motortemperaturfühler

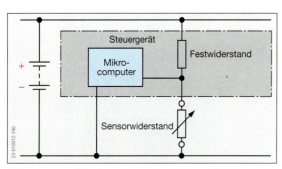

Abb. 1: Datenübertragung vom Widerstand zum Steuergerät

Die **Datenerfassung** am Sensorwiderstand erfolgt durch eine **Spannungsmessung** (Abb. 1). Verändert sich der Sensorwiderstand, so ändert sich auch die Spannung an ihm. Die Spannungsänderung wird vom Mikrocomputer erfasst, wobei dieser wie ein Spannungsmessgerät arbeitet.

Dadurch ergibt sich eine

- **hohe Signalspannung** bei großem Sensorwiderstand und
- **geringe Signalspannung** bei kleinem Sensorwiderstand.

Wird statt des Sensorwiderstands ein **Schalter** verwendet, gilt:

- Schalter offen: großer Widerstand, **hohe Signalspannung** und
- Schalter geschlossen: kleiner Widerstand, **kleine Signalspannung.**

53.3.2 Sensoren zur Erfassung der Luftmasse

> **Luftmassenmesser** sollen die dem Motor zugeführte **Luftmasse** direkt erfassen und in Form eines Spannungssignals an das Steuergerät weiterleiten.

Es werden folgende **Systeme** unterschieden (⇒ TB: Kap. 12):

- Hitzdrahtluftmassenmesser und
- Heißfilmluftmassenmesser.

Beide Systeme arbeiten nach dem gleichen Grundprinzip. Sie nutzen die Kühlwirkung der strömenden Ansaugluft aus.

Ein **Heizelement** (keramikbeschichteter **Platindraht** (Abb. 2) des Hitzdrahtluftmassenmessers oder ein **Heißfilmsensor** (Abb. 3) des Heißfilmluftmassenmessers werden auf eine konstante Temperatur von etwa 100 °C oberhalb der Ansauglufttemperatur aufgewärmt, welche jeweils durch einen **Ansauglufttemperatursensor** (Abb. 2) erfasst wird. Je nach vorbeiströmender Luftmasse wird das Heizelement unterschiedlich stark abgekühlt. Eine im Luftmassenmesser integrierte **Regelelektronik** erhöht den Heizstrom zum Heizelement, bis wieder eine **konstante Temperaturdifferenz** zur **Ansaugluft** vorhanden ist. Aus der Höhe des Heizstromes bildet die Regelelektronik eine Signalspannung für das **Motorsteuergerät**, die der angesaugten Luftmasse proportional ist.

Messungenauigkeiten durch zurückströmende Ansaugluft werden von der Regelelektronik bzw. durch die Anordnung des Platindrahtes in einem Bypasskanal (Abb. 2) ausgeglichen.

Beide Systeme sind weitgehend unempfindlich gegenüber Verschmutzungen.

Ein Freibrennen des Heizelementes ist nur bei Hitzdrahtluftmassenmessern erforderlich, deren Platindraht **ohne schützende Keramikbeschichtung** dem Luftstrom ausgesetzt ist. In regelmäßigen Abständen wird der Platindraht durch Erhöhung des Heizstromes kurzzeitig auf etwa 1000 °C erwärmt und dadurch von Ablagerungen freigebrannt.

Vorteile der **Luftmassenmessung** gegenüber der Luftmengenmessung (s. Kap. 20.4.2):

- keine Messfehler durch Luftdichteunterschiede infolge Temperatur- oder Luftdruckschwankungen,
- geringer Strömungswiderstand im Ansaugkanal,
- sehr genaues Erfassen der Luftmasse auch bei kleinen Durchflussänderungen und
- verschleißfrei, da keine beweglichen Teile vorhanden sind.

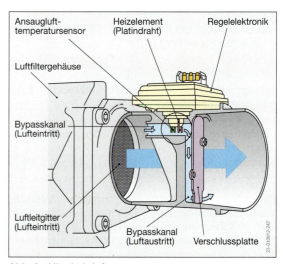

Abb. 2: Hitzdrahtluftmassenmesser

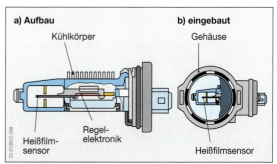

Abb. 3: Heißfilmluftmassenmesser

Kapitel 53: Grundlagen elektronischer Systeme im Kraftfahrzeug

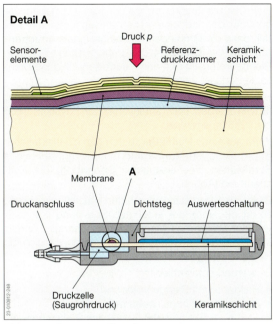

Abb. 4: Aufbau eines Drucksensors

53.3.3 Drucksensoren

Drucksensoren (⇒TB: Kap. 12) werden für die Erfassung von **Gas-** oder **Flüssigkeitsdrücken** in verschiedenen elektronischen Systemen des Kraftfahrzeugs verwendet.

Zum Beispiel in:
- Benzineinspritzanlagen: **Saugrohrdruck**,
- Dieseleinspritzanlagen: **Kraftstoffdruck**,
- Turbomotoren: **Ladedruck**,
- Luftfederungssysteme: **Luftfederdruck**,
- Fahrwerkregelung: **Schwingungsdämpferdruck**,
- Fahrdynamikregelung (ESP): **Bremsflüssigkeitsdruck**.

Den **Aufbau** eines Drucksensors zeigt die Abb. 4.

In der **Druckzelle** des Sensors befindet sich eine **Membrane**, die ein Volumen (Referenzdruckkammer) mit einem bestimmten Innendruck einschließt. Je nach Größe des wirkenden Drucks wird die Membrane mit den darauf angebrachten **Sensorelementen** gedehnt oder gestaucht. Die Sensorelemente ändern mit der Verformung ihren elektrischen Widerstand und bewirken dadurch ein vom **Druck abhängiges Spannungssignal**. Die im Sensorgehäuse integrierte Auswerteschaltung verarbeitet das Signal und liefert dem Steuergerät ein lineares Spannungssignal als Maß für den gemessenen Druck.

53.3.4 Drehzahlsensoren

Drehzahlsensoren zur berührungslosen und verschleißfreien Erfassung von **Drehzahlen**, **Drehwinkeln** und **Wegstrecken** werden z. B. in folgenden elektronischen **Systemen** verwendet:
- Elektronische Benzin- und Dieseleinspritzanlagen:

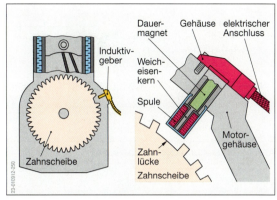

Abb. 5: Induktiver Drehzahlsensor (Induktivgeber)

Motordrehzahl, Kurbelwinkelstellung, Nockenwellenstellung;
- Zündanlage: Zündwinkel, Schließwinkel;
- ABS, ASR, ESP, Fahrerinformationssysteme, Geschwindigkeitsregler: Raddrehzahlen;
- Getriebesteuerung: Getriebeabtriebsdrehzahl;
- Fahrdynamikregelung (ESP): Lenkwinkel.

Es werden verwendet:
- induktive Drehzahlsensoren und
- Hall-Drehzahlsensoren.

Induktive Drehzahlsensoren (Induktivgeber, ⇒TB: Kap. 12) bestehen aus einem **Dauermagneten** zur Erzeugung eines Magnetfeldes, einem **Weicheisenkern**, der das Magnetfeld des Dauermagneten bündelt und einer Spule, die vom Magnetfeld des Dauermagneten durchdrungen wird (Abb. 5).

Auf der Welle, deren Drehzahl erfasst werden soll, rotiert ein mit Zähnen besetztes **Impulsgeberrad** (Abb. 5). Durch die Bewegung der Zähne wird die Stärke des Magnetfeldes verändert, wodurch in der Spule des Impulsgebers eine **Wechselspannung** erzeugt wird. Aus der Frequenz der erzeugten Wechselspannung berechnet das Steuergerät die Drehzahl.

Eine **Zahnlücke** (Abb. 5) oder ein **Dauermagnet** (Bezugsmarke) auf dem Impulsgeberrad führt zu einem veränderten Signal (Abb. 6) an dieser Stelle. Das Steuergerät erkennt aus diesem **Signal** die jeweilige **Winkelstellung** der Welle.

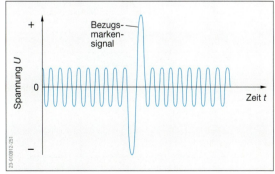

Abb. 6: Verlauf der Induktionsspannung

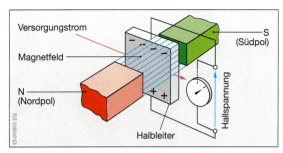
Abb. 1: Entstehung der Hallspannung

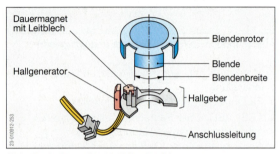
Abb. 2: Aufbau des Hall-Drehzahlsensors

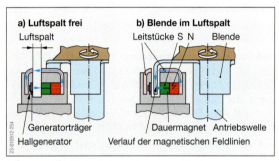
Abb. 3: Hall-Drehzahlsensor mit Blendenrotor

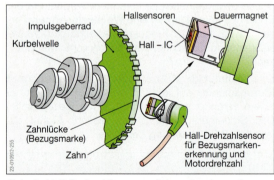
Abb. 4: Hall-Drehzahlsensor mit Impulsgeberrad

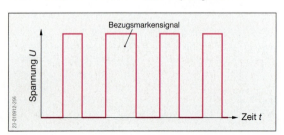
Abb. 5: Signalverlauf eines Hall-Drehzahlsensors

Hall-Drehzahlsensoren (⇒TB: Kap. 12) haben gegenüber den induktiven Drehzahlsensoren den Vorteil, dass die Größe des Ausgangssignals **unabhängig** von der **Drehzahl** des Impulsgeberrades bzw. Blendenrotors ist und damit auch sehr niedrige Drehzahlen erfasst werden können.

Mit dem Hall-Drehzahlsensor wird der **Hall-Effekt** (Edwin Herbert Hall, amerikanischer Physiker, 1855 bis 1938) ausgenutzt:

Wirkt auf einen **Halbleiter**, durch den ein elektrischer Strom fließt, ein **Magnetfeld**, so entsteht an seinen Stirnflächen eine elektrische **Spannung,** die Hallspannung (Abb. 1).

Bleibt die Stromstärke durch den Halbleiter konstant, so ist die Höhe der erzeugten Spannung nur noch von der Stärke des Magnetfeldes abhängig. Ändert sich die Stärke des Magnetfeldes, so ändert sich die **Hallspannung**.

Es werden unterschieden:
- Hallgeber mit Blendenrotor und
- Hallgeber mit Impulsgeberrad.

Den Aufbau und die Wirkungsweise des **Hall-Drehzahlsensors** mit Blendenrotor zeigen die Abb. 2 und 3.

Das vom Dauermagneten erzeugte Magnetfeld wird über Leitstücke und einen Luftspalt (Abb. 3a) zum Hallgenerator (Halbleiter) geleitet. Die dort erzeugte **Hallspannung** ist sehr klein. Sie wird deshalb im Hallgenerator verstärkt und dem Steuergerät zugeführt.

Eine Änderung der Stärke des Magnetfeldes erfolgt durch den Blendenrotor, der mit der Welle verbunden ist, deren Drehzahl bzw. Winkelstellung erfasst werden soll.

Wird in den Luftspalt eine Blende (Hallschranke) des Blendenrotors gedreht (Abb. 3b), wird das Magnetfeld umgelenkt und damit die Stärke des Magnetfeldes durch den Hall-Generator verringert. Die Hallspannung wird unterbrochen bzw. stark verkleinert.

> Das Steuergerät erhält vom Hallsensor mit Blendenrotor **Rechtecksignale**, deren Frequenz von der **Drehzahl** und deren Zeitdauer von der **Blendenbreite** bzw. vom **Blendenabstand** abhängt.

Die Anordnung des **Hall-Drehzahlsensors mit Impulsgeberrad** zeigt die Abb. 4.

Der Hallgenerator (Halbleiter) und der Dauermagnet sind in einem gemeinsamen Gehäuse untergebracht. Die Änderung des Magnetfeldes erfolgt durch die **Zähne** eines **Impulsgeberrades**, welches mit der Kurbelwelle verbunden ist.

> Das Steuergerät erhält vom Hallsensor Rechtecksignale, deren Frequenz von der **Drehzahl** und deren Zeitdauer von der **Zahnbreite** bzw. vom **Zahnabstand** abhängt (Abb. 5).

Kapitel 53: Grundlagen elektronischer Systeme im Kraftfahrzeug

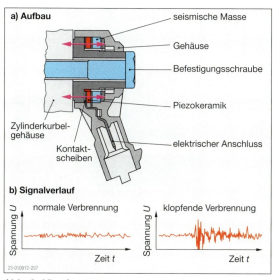

Abb. 6: Klopfsensor

53.3.5 Klopfsensor

> Der **Klopfsensor** hat die **Aufgabe**, klopfende Verbrennungen in Ottomotoren zu erfassen.

Klopfsensoren (Abb. 6, ⇒TB: Kap. 12) werden für die **elektronische Klopfregelung** verwendet (s. Kap. 16.6 und 50.6).

Die Verbrennung des Kraftstoff-Luft-Gemisches bewirkt Körperschallschwingungen, die auf das Zylinderkurbelgehäuse und damit auf den Klopfsensor übertragen werden.

Der Klopfsensor nimmt die Körperschallschwingungen an einer geeigneten Anbaustelle am Motor auf und wandelt diese in ein elektrisches Signal um. Das elektrische Signal wird durch eine piezokeramische Scheibe (piezo, griech.: Druck, Abb. 6a), welche auf einer seismischen Masse (seismos, griech.: Erschütterung) ruht, erzeugt. Das elektrische Signal ist eine Wechselspannung (Abb. 6b). Diese wird über Kontaktscheiben und dem elektrischen Anschluss dem Steuergerät zugeführt. Eine Auswerteschaltung im Steuergerät erkennt die klopfende Verbrennung an den gegenüber der normalen Verbrennung höheren Signalspannungsausschlägen (Abb. 6b). Der Zündzeitpunkt wird in Richtung spät verstellt (s. Kap. 50.6).

53.3.6 Lambda-Sonden

> Die **Lambda-Sonde** hat die **Aufgabe**, den Restsauerstoffgehalt im Abgas als Messgröße für die Gemischzusammensetzung bzw. den katalytischen Wirkungsgrad zu erfassen.

Es werden unterschieden:
- Spannungssprung-Lambda-Sonden,
- Widerstandssprung-Lambda-Sonden und
- Breitband-Lambda-Sonden.

Die Lambda-Sonden werden in elektronisch geregelten Benzin- und Dieseleinspritzanlagen mit Katalysatorbetrieb eingesetzt.

Die **Spannungssprung-Lambda-Sonde** (Abb. 7 und Abb. 1a, S. 578) besteht aus einem Spezialkeramikkörper aus **Zirkondioxid**, dessen Innen- und Außenseiten mit gasdurchlässigen Platinelektroden versehen sind. An die Innenelektrode strömt Außenluft, an die Außenelektrode gelangt Abgas (Abb. 1, S. 578).

Der Keramikkörper wird bei Temperaturen über 300 °C für Sauerstoffionen leitend. Ist der Sauerstoffgehalt an beiden Seiten der Elektroden unterschiedlich groß, entsteht eine **Gleichspannung** (Abb. 1, S. 578), deren Höhe von der Menge des Restsauerstoffes im Abgas abhängt. Kennzeichnend für diese Lambda-Sonde ist ein **Spannungssprung** (Abb. 2, S. 578) bei $\lambda = 1$ (stöchiometrisches Gemisch, s. Kap. 20.1). Vom Steuergerät der Gemischaufbereitungsanlage wird die Sondenspannung erfasst und zur Korrektur der Gemischzusammensetzung ausgewertet (Abb. 1a, S. 578).

> Ein **mageres** Gemisch mit **hohem** Restsauerstoffgehalt im Abgas bewirkt eine **geringe Lambdasondenspannung**.
>
> Ein **fettes** Gemisch mit **geringem** Restsauerstoffgehalt im Abgas bewirkt eine **hohe Lambdasondenspannung**.

Lambda-Sonden werden während und nach dem Starten durch einen PTC-Widerstand elektrisch beheizt, damit sie schnell ihre Betriebstemperatur erreichen, um eine Lambda-Regelung auch bei niedrigen Abgastemperaturen sicherzustellen.

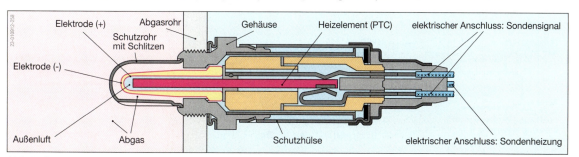

Abb. 7: Spannungssprung-Lambda-Sonde mit PTC-Heizwiderstand

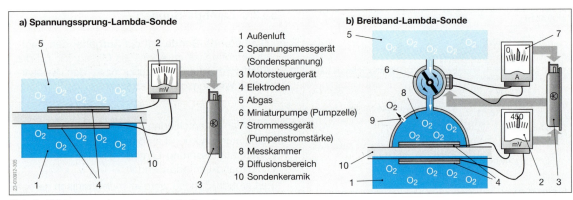

Abb. 1: Wirkungsweise von Lambda-Sonden

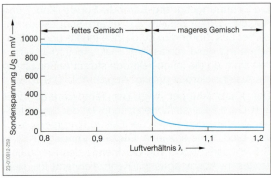

Abb. 2: Kennlinie der Spannungssprung-Lambda-Sonde

Die **Widerstandssprung-Lambda-Sonde** hat einen Keramikkörper aus **Titandioxid**, der seinen **Widerstandswert** in Abhängigkeit von der Abgaszusammensetzung ändert. Im Arbeitspunkt ($\lambda = 1$) ändert sich der Widerstand sprunghaft.

An der Sonde wird vom Steuergerät der Gemischaufbereitungsanlage eine Gleichspannung angelegt. Diese Spannung wird durch den jeweiligen Widerstand der Sonde verändert und als **Signalspannung** vom Steuergerät erfasst.

Die **Breitband-Lambda-Sonde** (Abb. 3) eignet sich für die Messung des λ-Wertes über einen größeren Messbereich ($\lambda = 0{,}7$ bis 4). Dadurch kann sie auch für die Regelung von:

- Dieselmotoren,
- Ottomotoren mit Direkteinspritzung und
- Gasmotoren verwendet werden.

Das Sensorelement der Breitband-Lambda-Sonde wird aus **Zirkondioxid-Keramikfolien** in Schichttechnik gebildet. Ein integriertes Heizelement sorgt für das schnelle Erreichen der Betriebstemperatur von mindestens 600 °C.

Die Sonde arbeitet nach dem gleichen physikalischen Grundprinzip wie die Spannungssprung-Lambda-Sonde. Es wird an den Elektroden der Keramik eine Spannung erzeugt, die aus den unterschiedlichen Sauerstoffanteilen von Abgas und Außenluft entsteht. Im Unterschied zur Spannungssprung-Lambda-Sonde werden bei der Breitband-Sonde durch eine **Pumpzelle** soviel Sauerstoffanteile aus dem Abgas in eine mit der Abgasseite verbundenen Messkammer gefördert, dass die Sondenspannung immer auf einem **konstanten Wert** von 450 mV gehalten wird (Abb. 1b).

Liegt z. B. fettes Gemisch vor, ist der Sauerstoffgehalt im Abgas gering. Durch den Diffusionskanal entweicht mehr Sauerstoff aus der **Messkammer** als die Pumpzelle fördert. Dadurch steigt die Spannung an den Elektroden auf über **450 mV**. Durch Erhöhung der Pumpleistung steigt der Sauerstoffgehalt in der Messkammer und die Spannung sinkt, bis sich wieder eine Spannung von 450 mV einstellt.

Liegt bei magerem Kraftstoff-Luft-Gemisch ein hoher Restsauerstoffgehalt im Abgas vor, ist die Wirkungsweise umgekehrt.

> Die **Stromaufnahme** der **Pumpzelle** wird von der Gemischaufbereitungsanlage erfasst und in einen **Lambda-Wert** umgerechnet.

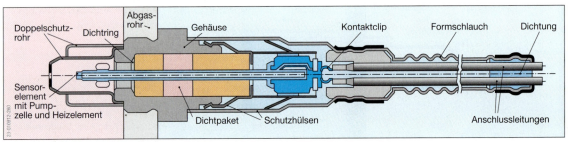

Abb. 3: Breitband-Lambda-Sonde

Kapitel 53: Grundlagen elektronischer Systeme im Kraftfahrzeug

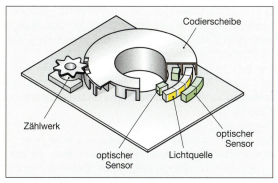

Abb. 4: Aufbau eines Drehwinkelsensors

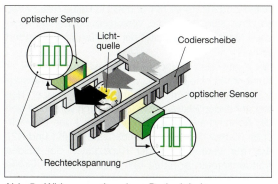

Abb. 5: Wirkungsweise eines Drehwinkelsensors

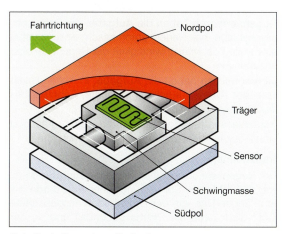

Abb. 6: Aufbau eines Drehratensensors

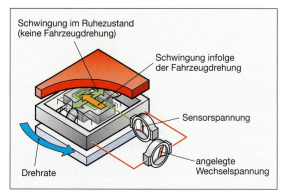

Abb. 7: Wirkungsweise eines Drehratensensors

53.3.7 Drehwinkelsensor

Drehwinkelsensoren werden überwiegend für die Erfassung des **Lenkwinkels** im elektronischen Stabilitätsprogramm (ESP) benötigt.

Das Signal wird vom ESP-Steuergerät für die Berechnung der Soll-Fahrtrichtung verwendet. Im Gegensatz zu Potenziometern können Drehwinkel von mehreren Umdrehungen erfasst werden (z. B. Lenkwinkel ± 720°).

Der **Drehwinkelsensor** (Abb. 4) besteht aus:
- einer Lichtquelle,
- einer Codierscheibe,
- optischen Sensoren und
- einem Zählwerk für volle Umdrehungen.

Die Codierscheibe ist an der Lenksäule befestigt und dreht sich mit dem Lenkeinschlag.

Die Blenden der Codierscheibe haben unterschiedlich große Aussparungen und bewegen sich zwischen zwei optischen Sensoren und einer Lichtquelle (Abb. 5). Entsprechend dem Prinzip der Lichtschranke erzeugen die Sensoren eine Rechteckspannung, wenn das Licht durch die Bewegung der Codierscheibe freigegeben oder abgedeckt wird. Aus den Spannungsverläufen erkennt das elektronische Steuergerät die Stellung des Lenkrades. Die vollständigen Lenkradumdrehungen (360°) werden von einem zusätzlichen elektronischen Zählwerk erfasst (Abb. 4).

53.3.8 Drehratensensor

Drehratensensoren werden im elektronischen Stabilitätsprogramm (ESP) für die Erfassung der **Drehbewegung** um die **Hochachse** als Maß für die **Schleudertendenz** des Fahrzeugs benötigt.

Das Signal wird vom ESP-Steuergerät für die Berechnung der Ist-Fahrtrichtung herangezogen.

Der **Drehratensensor** besteht aus einer Schwingmasse, die in einem Magnetfeld zwischen Nord- und Südpol an einem Träger elastisch aufgehängt ist (Abb. 6). Auf der Schwingmasse befindet sich ein Sensor, dessen elektrisches Verhalten durch Schwingungen beeinflusst wird.

Wird im Ruhezustand eine Wechselspannung angelegt, so führt die Schwingmasse unter dem Einfluss des Magnetfeldes eine geradlinige Schwingung aus. Eine Drehung des Fahrzeugs beeinflusst die Schwingung und damit das elektrische Verhalten des Sensors (Abb. 7).

Die im Sensor integrierte Auswerteelektronik berechnet daraus die Drehrate und sendet ein entsprechendes Spannungssignal zum ESP-Steuergerät.

53.3.9 Beschleunigungssensor

Beschleunigungssensoren werden im elektronischen Stabilitätsprogramm (ESP) für die Erfassung der **Beschleunigung** eines **Fahrzeugs** in Richtung seiner **Querachse** (Querbeschleunigung) verwendet.

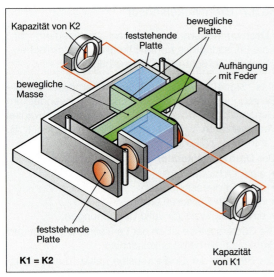

Abb. 1: Aufbau eines Beschleunigungssensors

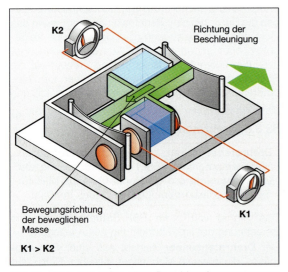

Abb. 2: Wirkungsweise eines Beschleunigungssensors

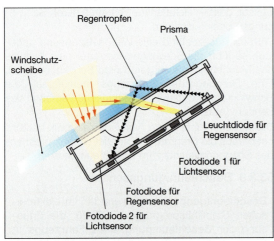

Abb. 3: Aufbau und Wirkungsweise eines kombinierten Regen- und Lichtsensors

Die Querbeschleunigung wird als Maß für seitliches Ausbrechen bei Kurvenfahrt benötigt. Das Signal wird vom ESP-Steuergerät für die Berechnung der Ist-Fahrtrichtung herangezogen.

Der Beschleunigungssensor ist ein **kapazitiver Sensor.** Sein Messprinzip beruht auf der Kapazitätsänderung von verschiebbaren Kondensatorplatten (s. Kap. 13.13.3).

Der Sensor besteht aus zwei mit dem Fahrzeug verbundenen feststehenden Platten sowie einer beweglichen Masse mit zwei beweglichen Platten, die sich entsprechend der auftretenden Beschleunigung gegen eine Federkraft verschieben. An dem feststehenden und dem beweglichen Teil des Sensors sind zwei Kondensatoren (K1 und K2) in Reihe geschaltet, so dass sich durch die Verschiebung der beweglichen Masse die Kapazität der Kondensatoren ändert (Abb. 1).

Wirkt auf den **Beschleunigungssensor** in einer Kurvenfahrt eine Kraft, so verschiebt sich die bewegliche Masse infolge ihrer Trägheit gegenüber den feststehenden Platten (Abb. 2). Dadurch verändert sich der Abstand zwischen den festen und den beweglichen Platten der beiden Kondensatoren (K1 und K2). Aus der Veränderung der Kapazitäten der beiden Kondensatoren ermittelt das Steuergerät die Größe und Richtung der Beschleunigung.

53.3.10 Regensensor, Lichtsensor

Regensensoren haben die **Aufgabe**, die Scheibenwischanlage bei Regen automatisch einzuschalten sowie die Wischgeschwindigkeit der Regenintensität anzupassen.

Lichtsensoren haben die **Aufgabe**, in Abhängigkeit von der Umgebungshelligkeit, die Fahrzeugbeleuchtung ein- und auszuschalten.

Regensensoren und Lichtsensoren werden häufig in einem Bauelement zusammengefasst (Abb. 3).

Regensensor

Der Regensensor besteht aus einer **Leuchtdiode** (s. Kap. 13.13.5) als Sender und einer **Fotodiode** als Empfänger. Das von der Leuchtdiode ausgesendete Licht wird durch ein Prisma gebündelt und an der Scheibenoberfläche reflektiert. Die Fotodiode erfasst die Helligkeit des reflektierten Lichtstrahls (Abb. 3). Wassertropfen auf der Scheibe beeinflussen die Reflexion und damit die von der Fotodiode erfassten Lichtmenge. Die Höhe der abgegebenen Signalspannung der Fotodiode ist ein Maß für die Regenintensität.

Lichtsensor

Der Lichtsensor besteht aus zwei voneinander unabhängigen **Fotodioden**, die jeweils die Lichtintensität in der Umgebung (Fotodiode 2) und die Lichtintensität direkt vor dem Fahrzeug (Fotodiode 1) erfassen. Die Signalspannungen der Fotodioden werden vom Steuergerät ausgewertet. Die Beleuchtung wird entsprechend der Lichtverhältnisse (z. B. Dämmerung, Tunnel- oder Brückendurchfahrt) ein- oder ausgeschaltet.

53.4 Aktoren von elektronischen Systemen im Kraftfahrzeug

Aktoren von elektronischen Systemen erhalten vom **Steuergerät elektrische Signale**, um mechanische, elektrische, hydraulische oder pneumatische Vorgänge auszulösen.

In elektronischen Systemen von Kraftfahrzeugen werden überwiegend folgende **Aktoren** eingesetzt:
- Magnetventile,
- Elektromotoren,
- Transformatoren (Zündspule, s. Kap. 50.2.1),
- Magnetkupplungen und
- optische und akustische Signalgeber.

53.4.1 Magnetventile

Magnetventile haben die **Aufgabe**, die Steuerung von Gas- oder Flüssigkeitsmengen bzw. Gas- oder Flüssigkeitsdrücken entsprechend der elektrischen Signale des Steuergerätes zu ermöglichen.

Die Tab. 2 zeigt den Einsatz von Magnetventilen (⇒ TB: Kap. 12) in elektronischen Systemen.

Tab. 2: Anwendungsbeispiele für Magnetventile

elektronische Systeme	Anwendungsbeispiele
Benzineinspritzanlage (s. Kap. 20)	Einspritzventil Tankentlüftungsventil, Sekundärluftventil, Saugrohrumschaltventil, Abgasrückführventil
Dieseleinspritzanlage (s. Kap. 23)	Pumpe-Düse-Magnetventil, Abgasrückführventil, Ladedruckbegrenzungsventil
Hydraulisches und pneumatisches Antiblockiersystem (ABS) und Antischlupfregelung (ASR); Elektronisches Stabilitätsprogramm (ESP, s. Kap. 44.4)	Drucksteuerventil für ABS, ASR, ESP
Automatische Getriebe (s. Kap. 34)	Schaltmagnetventil, Drucksteuerventil
Elektropneumatische Schaltung (s. Kap. 47.4.2)	Schaltmagnetventil
Luftfederung: elektronische Niveauregulierung (s. Kap. 38.3.2)	Niveauregelventil
Elektronische Servolenkung (Servotronic, s. Kap. 37.4)	Elektrohydraulischer Wandler

Die Abb. 4 zeigt den Aufbau eines Magnetventils. Es besteht aus einem **Elektromagneten**, dessen Magnetanker mit einem **Ventil** verbunden ist. Wird vom Steuergerät eine Spannung angelegt, fließt ein Strom durch die Spule des Elektromagneten. Es entsteht ein magnetisches Feld, das den Magnetanker gegen die Kraft einer Feder anzieht. Wird der Strom vom Steuergerät abgeschaltet, drückt die Feder den Magnetanker in seine Ausgangsposition zurück.

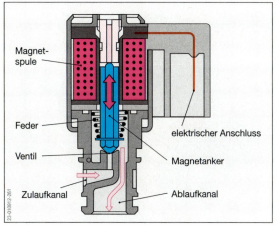

Abb. 4: Aufbau eines Magnetventils

Magnetventile gibt es in zwei Ausführungen:
im **Ruhezustand offen** oder
im **Ruhezustand geschlossen**.
Je nach Ausführung schließt bzw. öffnet das mit dem Magnetanker verbundene Ventil.

Eine feine Dosierung der Durchflussmenge, wie sie z. B. für die Kraftstoffmengensteuerung von Ottomotoren (Einspritzventile) erforderlich ist, erfolgt durch das Steuergerät über unterschiedlich lange Ein- und Ausschaltzeiten der Stromstärke durch die Magnetspule. Die Länge der Ein- und Ausschaltphasen, und damit die Größe der Durchflussmengen, sind durch das **Tastverhältnis** (Abb. 5) gekennzeichnet.

Das **Tastverhältnis** ist der prozentuale Anteil der Einschaltdauer zu der Periodendauer.

$$\text{Tastverhältnis} = \frac{\text{Einschaltdauer } t_e \cdot 100\,\%}{\text{Periodendauer } T}$$

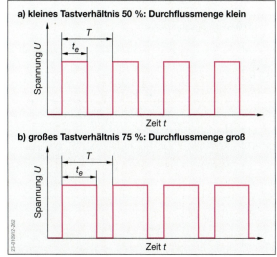

Abb. 5: Tastverhältnis eines Einspritzventils

53.4.2 Elektromotoren

Elektromotoren (⇒TB: Kap. 12) werden als Aktoren in elektronischen Systemen von Kraftfahrzeugen z. B. für folgende **Aufgaben** eingesetzt:

- Pumpenantriebe für ABS- Rückförderpumpe, Kraftstoffförderpumpe;
- Leerlaufsteller;
- Stellmotoren für elektrische Fensterheber, Lüftungsklappen von Heiz- und Klimaanlagen, elektronische Sitz- und Spiegelverstellungen, Zentralverriegelungen.

> **Elektromotoren** werden mit **Zahnradgetrieben** oder **Schneckengetrieben** kombiniert, um eine Verringerung der wirksamen Drehzahl bei gleichzeitiger Drehmomenterhöhung zu erreichen.

Permanentmotoren (Abb. 1) sind Gleichstrommotoren mit Erregung durch Dauermagnete (Permanentmagnete) im Stator (s. Kap. 13.11.1 und 51). Sie werden auf Grund ihrer einfachen Bauart und damit kostengünstigen Herstellung besonders häufig verwendet. Durch die erforderliche Umkehrung der Stromrichtung durch Kohlebürsten und Kollektor sind Haltbarkeit und Leistung begrenzt.

Bei Verwendung von Permanentmotoren als Stellmotoren (z.B. für Lüfterklappen oder Drosselklappen) werden diese häufig mit einem **Rückmeldepotenziometer** versehen, um dem Steuergerät die Lage des angetriebenen Bauteils durch ein entsprechendes Spannungssignal zu melden. Eine Drehrichtungsumkehr erfolgt durch Umkehrung der Stromrichtung.

Drehsteller sind Permanentmotoren, deren Anker mit einem Drehschieber verbunden ist (Abb. 2). Der maximale Drehwinkel des Ankers beträgt etwa 90°.

Drehsteller werden für die Regelung der Leerlaufdrehzahl von Ottomotoren verwendet.
Es werden unterschieden:

- Einwicklungsdrehsteller und
- Zweiwicklungsdrehsteller.

Einwicklungsdrehsteller werden vom Steuergerät über ein **Tastverhältnis** (s. Kap. 53.4.1) mit Spannung versorgt (Abb. 3a). Der Anker dreht sich gegen eine **Federkraft** in Richtung »Öffnen« bis ein Gleichgewicht von **Magnetkraft** und **Federkraft** erreicht ist. Durch Änderung des Tastverhältnisses kann das Steuergerät die Position des Ankers und damit des Drehschiebers verändern (Abb. 2).

Zweiwicklungsdrehsteller haben zwei hinsichtlich der Drehrichtung entgegenwirkende Ankerwicklungen. Die beiden Wicklungen werden vom Steuergerät abwechselnd (Abb. 3b) mit Spannung versorgt und bewirken am Anker gegenläufige Kräfte. Durch die Trägheit des Ankers stellt sich dadurch eine bestimmte Position des Drehschiebers ein. Die Veränderung des Tastverhältnisses für »Öffnen« bzw. »Schließen« verändert die Position des Ankers bzw. Drehschiebers.

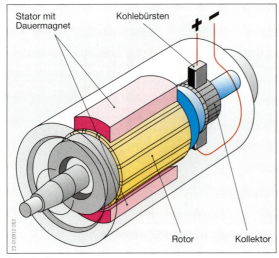

Abb. 1: Permanentmotor

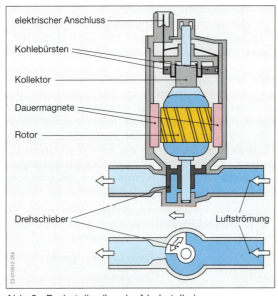

Abb. 2: Drehsteller (Leerlaufdrehsteller)

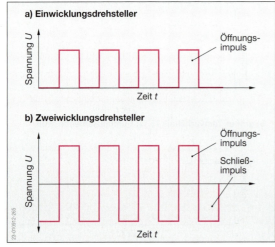

Abb. 3: Verlauf der Versorgungsspannung von Drehstellern

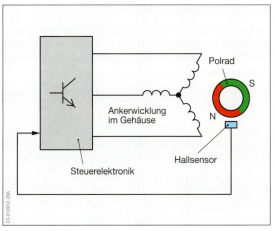

Abb. 4: Prinzipdarstellung eines EC- Motors

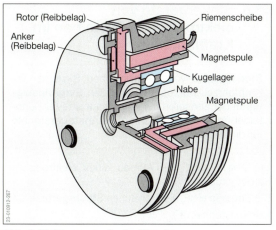

Abb. 5: Elektromagnetische Kupplung

EC-Motoren (engl.: **E**lectric-**C**ommutate, Abb. 4) haben im Gegensatz zu Permanentmotoren drei im Gehäuse (Stator) angeordnete Ankerwicklungen und einen Dauermagneten als Polrad. Dadurch können Kohlebürsten und Kollektor entfallen.

Ein Hallgeber (s. Kap. 53.3.4) erfasst laufend die Position des Polrades. Die Steuerelektronik errechnet daraus die Einschaltpunkte der Ankerwicklungen, die für eine fortlaufende Drehbewegung erforderlich sind. Der gesteuerte Stromfluss durch die Wicklungen baut ein magnetisches Drehfeld auf, welches das Polrad mitnimmt.

Die elektronische Regelung von EC-Motoren kann auch folgende **Zusatzfunktionen** übernehmen:

- Drehzahlregelung,
- Drehrichtungsänderung,
- Sanftanlauf und
- Blockierschutz.

Da EC-Motoren keine verschleiß- und geräuschintensiven Kohlebürsten haben, ist das Betriebsgeräusch leise und die Haltbarkeit hoch.

53.4.3 Elektromagnetische Kupplungen

> **Elektromagnetische Kupplungen** haben die **Aufgabe**, vom Motor angetriebene Zusatzaggregate je nach Bedarf zu- bzw. abzuschalten.

Elektromagnetische Kupplungen (Abb. 5) werden überwiegend für die **zu-** und **abschaltbare Kraftübertragung** von:

- Drehkolbengebläsen (s. Kap. 24.4.5) und
- Klimakompressoren (s. Kap. 54.1.3) verwendet.

Die feststehende Magnetspule wird vom Steuergerät durch ein Spannungssignal angesteuert. Bei Stromfluss durch die Spule wird durch Magnetkraft der Anker mit seinen Reibbelägen gegen den mit der Riemenscheibe verbundenen Rotor gedrückt und dadurch eine kraftschlüssige Verbindung zwischen den Bauteilen hergestellt.

Aufgaben zu Kap. 53.1 bis 53.4

1. Wodurch unterscheiden sich Steuerungssysteme von Regelungssystemen?
2. Nennen Sie jeweils drei Steuerungssysteme und Regelungssysteme im Kraftfahrzeug.
3. Welche Sensoren kommen in Kraftfahrzeugen überwiegend zum Einsatz?
4. Wie unterscheiden sich Schalter und Widerstände hinsichtlich ihrer Signalübertragung?
5. Skizzieren Sie die Kennlinie eines NTC.
6. Beschreiben Sie die Signalerfassung vom Widerstand zum Mikrocomputer des Steuergerätes.
7. Beschreiben Sie das Prinzip der Luftmassenmessung.
8. Beschreiben Sie den Unterschied zwischen Heißfilm- und Hitzdrahtluftmassenmesser.
9. Beschreiben Sie die Wirkungsweise von Drucksensoren.
10. Skizzieren Sie die Signalverläufe eines Induktivgebers und eines Hallgebers, jeweils für hohe und niedrige Drehzahl.
11. Beschreiben Sie die Aufgabe und die Wirkungsweise des Klopfsensors.
12. Wie wirkt sich fettes bzw. mageres Gemisch auf den Restsauerstoffgehalt und die Lambdasondenspannung (Spannungssprung-Lambda-Sonde) aus?
13. In welchem elektronischen System werden Drehwinkelsensoren, Drehratensensoren und Beschleunigungssensoren überwiegend eingesetzt?
14. Nennen Sie alle Bauelemente, die im Drehwinkelsensor zusammenarbeiten.
15. Welche Aufgabe hat die angelegte Wechselspannung im Drehratensensor?
16. Nennen Sie das messtechnische Grundprinzip des Beschleunigungssensors.
17. Beschreiben Sie die Aufgabe der Fotodiode im Regensensor und Lichtsensor.
18. Beschreiben Sie die Aufgabe und die Wirkungsweise von Magnetventilen.

53.5 Steuergeräte von elektronischen Systemen im Kraftfahrzeug

> **Steuergeräte** von elektronischen Systemen im Kraftfahrzeug berechnen aus den **Eingangssignalen** der Sensoren mit Hilfe gespeicherter Kennfelder und Rechenverfahren die **Ansteuersignale** für die **Aktoren**.

Die Abb. 1 zeigt den Aufbau eines elektronischen Steuergerätes.
Die **Bauteile** eines elektronischen **Steuergerätes** sind:
- Impulsformer (IF),
- Analog-Digital-Wandler (A/D-Wandler),
- Mikrocomputersystem und
- Endstufen.

53.5.1 Signaleingabe

Die überwiegende Anzahl der Signale, die von den Sensoren dem Steuergerät zugeführt werden, sind **analog**. Da der Mikrocomputer des Steuergerätes nur **digitale** Signale verarbeiten kann, muss ein vorgeschalteter **Analog-Digital-Wandler** (A/D-Wandler) die analogen Signale (z.B. Temperatur) in digitale Signale umwandeln und an den Mikroprozessor weiterleiten.

Der **Impulsformer** wandelt pulsierende Signale (z.B. von induktiven Drehzahlsensoren) in digitale Signale um.

Digitale Eingangssignale (z.B. Drehzahlimpulse von Hall-Sensoren oder Ein/Aus-Schaltsignale) können vom Mikroprozessor direkt verarbeitet werden.

53.5.2 Signalverarbeitung

Das Mikrocomputersystem ist das Rechenzentrum des Steuergerätes. Hier werden die Eingangssignale der Sensoren verarbeitet (s. Kap. 12.1.4). Das **Mikrocomputersystem** besteht aus:
- Ein-Ausgabeeinheit (E/A),
- Taktgeber,
- BUS,
- Mikroprozessor (CPU),
- Festwertspeicher (ROM, EPROM),
- nichtflüchtige Schreib-/Lesespeicher (EEPROM),
- Betriebsdatenspeicher (RAM) und
- CAN-Schnittstelle.

Die **Ein-Ausgabeeinheit** (E/A) ruft die Eingangssignale in der benötigten Häufigkeit ab. Die Ausgangssignale werden in korrekter Reihenfolge und Geschwindigkeit ausgegeben bzw. bis zum Abruf zwischengespeichert.

Der **Taktgeber** bestimmt die zeitliche Steuerung des Rechenablaufs.

Für den Datenaustausch innerhalb des Mikrocomputers verbindet der **Bus** als Datensammelschiene die einzelnen Komponenten.

Der **Mikroprozessor** (CPU) verarbeitet die vom **Betriebsdatenspeicher** (RAM) zwischengespeicherten Eingangssignale (Istwerte).

Die dafür erforderlichen Programme, Kennlinien, Kenndaten und Sollwerte sind im **Festwertspeicher** (ROM, EPROM) abgelegt.

Im **nichtflüchtigen Schreib-/Lesespeicher** (EEPROM: Daten bleiben auch nach Unterbrechung der Spannungsversorgung erhalten) werden z. B. Daten für die Wegfahrsperre (s. Kap. 54.2.2) und im Betrieb auftretende Fehler gespeichert.

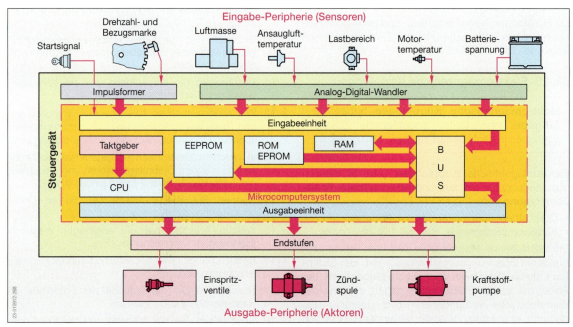

Abb. 1: Aufbau eines elektronischen Steuergerätes am Beispiel einer Motronic

Kapitel 53: Grundlagen elektronischer Systeme im Kraftfahrzeug

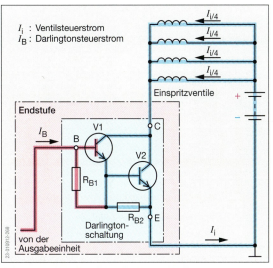

Abb. 2: Endstufe mit Darlington-Schaltung

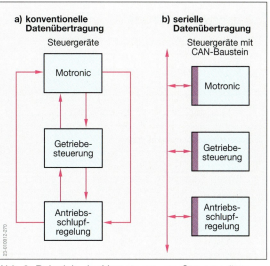

Abb. 3: Beispiele der Vernetzung von Steuergeräten

53.5.3 Signalausgabe

Die Endstufen (Abb. 2) bestehen aus Transistoren (Darlington-Schaltung, s. Kap. 13.13.6), um die schwachen Signale des Mikroprozessors zu verstärken. Damit steht genügend elektrische Leistung zur Verfügung, um die Aktoren (z.B. Magnetventile, Elektromotoren) direkt anzusteuern.

Einige Ausgangssignale werden über Schnittstellen an Steuergeräte anderer Systeme weitergegeben (s. Kap. 53.6).

53.5.4 Varianten-Codierung

> Durch **Varianten-Codierung** kann ein Steuergerät für mehrere **Fahrzeugtypen** mit unterschiedlichen Ausstattungen verwendet werden.

Die hohe Zahl unterschiedlicher Fahrzeug- und Ausstattungsvarianten erfordert sehr viele Ausführungen von Steuergeräten. Um diese Vielfalt zu verringern, werden nur wenige Steuergerätearten hergestellt, die elektronisch umfangreich ausgerüstet sind. So können wenige Grundtypen von Steuergeräten in verschiedene Fahrzeuge mit unterschiedlichen Ausstattungsvarianten eingebaut werden.

In den Grundtypen sind alle Kennfelder gespeichert, die für mehrere Fahrzeugtypen notwendig sind. Durch die **Varianten-Codierung** am Ende der Fahrzeugfertigung bzw. nach Austausch eines Steuergerätes in der Werkstatt werden nur die Kennfelder aktiviert, die für den betreffenden Fahrzeugtyp benötigt werden.

Die Varianten-Codierung in der Werkstatt erfolgt über ein **Systemtestgerät** (s. Kap. 53.7.3). Die Codierung des Steuergerätes kann meist durch eine erneute Varianten-Codierung, z. B. für einen anderen Fahrzeugtyp, geändert werden.

53.6 Vernetzung von Steuergeräten

Mit der umfangreichen Komfort- und Sicherheitsausstattung der Fahrzeuge hat die Anzahl der elektronischen Systeme und damit der Steuergeräte im Kraftfahrzeug stark zugenommen.

Ein **Informationsaustausch** zwischen den Steuergeräten unterschiedlicher Systeme ist erforderlich um:
- die Einzelsysteme besser auszunutzen,
- die Anzahl der Sensoren und damit
- den Umfang der Leitungen zu begrenzen.

So benötigt z. B. das Steuergerät des Automatikgetriebes zur Berechnung der Schaltpunkte ein Signal über die Drosselklappenstellung. Da dieses bereits vom Motorsteuergerät über ein Drosselklappenpotentiometer erfasst wird, können die entsprechenden Daten durch Vernetzung der beiden Steuergeräte über **Schnittstellen** zum Getriebesteuergerät übertragen werden.

Der **Datenaustausch** zwischen Steuergeräten kann erfolgen durch:
- konventionelle Datenübertragung oder
- serielle Datenübertragung.

53.6.1 Konventionelle Datenübertragung

Zur konventionellen Datenübertragung (Abb. 3a) ist für den Datenaustausch zwischen den Steuergeräten je Signal eine **separate Leitung** erforderlich. Zur Signalübertragung werden
- binäre Signale und
- Tastverhältnisse verwendet.

Signale, die **zwei verschiedene Zustände** zu übertragen haben, werden als **binäre Spannungssignale** gesendet. Ein Spannungssignal vom Steuergerät der Einspritzanlage zum Steuergerät der Klimaanlage bedeutet z. B.:

    5 Volt: Klimakompressor »Ein«
    0 Volt: Klimakompressor »Aus«

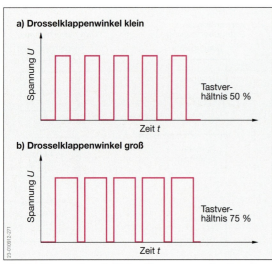

Abb.1: Konventionelle Datenübertragung durch veränderte Tastverhältnisse

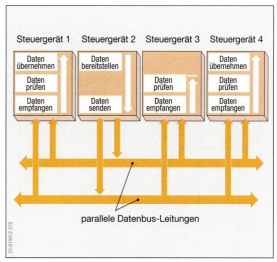

Abb. 2: Datenübertragung mit CAN-Bus

Die Datenübertragung **mehrerer Zustände** erfolgt durch veränderte **Tastverhältnisse** (s. Kap. 53.4.1) von Rechtecksignalen (Pulsweitenmodulation).

Die Abb.1 zeigt die Signale für zwei verschiedene Drosselklappenwinkel als Beispiel für eine Signalübertragung der Drosselklappenstellung vom Motorsteuergerät zum Getriebesteuergerät.

Nachteil der konventionellen Datenübertragung ist die hohe Störanfälligkeit und der hohe Werkstoffaufwand auf Grund zahlreicher Steckverbindungen und Leitungen.

53.6.2 Serielle Datenübertragung

> Die **serielle Datenübertragung** ermöglicht gegenüber der konventionellen Datenübertragung einen **Datenaustausch** mit **höherer Geschwindigkeit** bei gleichzeitiger Reduzierung von Leitungen und Steckverbindungen.

In Kraftfahrzeugen werden folgende **Datenübertragungssysteme** verwendet:
- CAN-Bus (**CAN: C**ontroller **A**rea **N**etwork),
- LIN-Bus (**LIN: L**ocal **I**nterconnect **N**etwork),
- MOST-Bus (**MOST: M**edia **O**riented **S**ystems **T**ransport).

CAN-Bus

Alle angeschlossenen **Steuergeräte** sind bei diesem System durch maximal zwei parallele Datenleitungen miteinander verbunden (Abb. 2 und 3b, S. 585 und ⇒ TB: Kap.11 und 12). Jedes angeschlossene Steuergerät besitzt einen **CAN-Baustein**, der Daten senden und empfangen kann.

Von den einzelnen Steuergeräten werden die Daten Bit für Bit nacheinander auf die Leitung übertragen.

Durch ein festgelegtes **Protokoll** wird der Datenaustausch organisiert. CAN ist der Name des Protokolls, das für die Kraftfahrzeugtechnik entwickelt und durch die ISO-Norm standardisiert wurde. Nach ISO 11898 und 11519 werden unterschieden:

- **High-Speed-CAN-Bus** mit einer Datenübertragungsgeschwindigkeit von 125 KBit/s bis 1 MBit/s für Echtzeitdatenübertragungen zwischen der Fahrdynamikregelung und Steuergeräten von z.B. Motronic, ABS, Getriebesteuerung,
- **Low-Speed-CAN-Bus** mit einer Datenübertragungsgeschwindigkeit von 10 bis 125 KBit/s für Anwendungen in der Karosserie- und Komfortelektronik (z.B. Klimasteuerung, Zentralverriegelung).

Die Abb. 2 zeigt als Beispiel die Organisation der Datenübertragung mit CAN-Bus:

Steuergerät 2 sendet Daten. Von allen weiteren Steuergeräten (1, 3 und 4) werden diese empfangen. Nur die Steuergeräte 1 und 4 benötigen die Daten und legen sie in ihren Speichern ab. Wollen mehrere Steuergeräte gleichzeitig Daten senden, darf das Steuergerät mit den »wichtigeren« Daten zuerst senden. So hat z.B. das ABS-Steuergerät Vorrang vor dem Getriebesteuergerät.

CAN-Bus-Bauelemente

In jedem der angeschlossenen Steuergeräte befindet sich jeweils ein
- CAN-Transceiver und
- CAN-Controller.

Der **CAN-Transceiver** ist ein Sender (Transmitter) und Empfänger (Receiver). Er empfängt Daten von den angeschlossenen Steuergeräten und leitet sie an den **CAN-Controller**. Dieser bereitet die Daten für die Verarbeitung im Mikroprozessor (CPU) auf.

Kapitel 53: Grundlagen elektronischer Systeme im Kraftfahrzeug

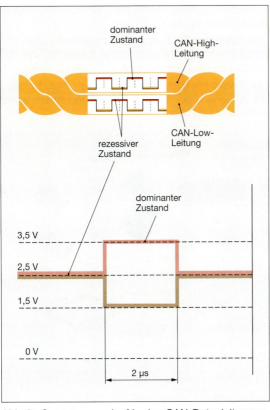

Abb. 3: Spannungsverlauf in den CAN-Datenleitungen

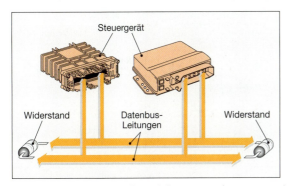

Abb. 4: Anordnung von Datenleitungen und Widerständen

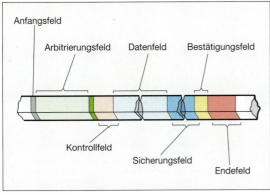

Abb. 5: CAN-Bus-Datenprotokoll

Daten des Mikroprozessors, die gesendet werden sollen, werden ebenfalls vom CAN-Controller aufbereitet und zum CAN-Transceiver geleitet, der die Daten dann zu den anderen Steuergeräten sendet.

Signalübertragung

Für die Signalübertragung zwischen den Steuergeräten werden zwei **verdrillte Leitungen** (Twisted Pair) verwendet (Abb. 3). Sie werden als

- **CAN-High**-Leitung und
- **CAN-Low**-Leitung bezeichnet.

Die Enden sind jeweils durch einen Widerstand verbunden (Abb. 4). Das Verdrillen der Kabel sowie die Widerstände bewirken eine geringere Empfindlichkeit gegenüber Störungen. Zur Steigerung der Betriebssicherheit übertragen beide Leitungen dieselbe Botschaft. Die übertragenen Spannungsimpulse verlaufen entgegengesetzt (Abb. 3)

Im **rezessiven Zustand** (Ruhezustand) ist die Spannung auf beiden Leitungen (CAN-High und CAN-Low) gleich groß (z. B. 2,5 Volt).

Im **dominanten Zustand** steigt die Spannung auf der CAN-High-Leitung um z. B. 1 V von 2,5 V auf 3,5 V an. Gleichzeitig fällt die Spannung auf der CAN-Low-leitung um den gleichen Wert ab (von 2,5 V auf 1,5 V).

CAN-Bus-Datenprotokoll

Für die Datenübertragung ist ein bestimmtes Datenprotokoll (Data Frame) notwendig, damit die angeschlossenen Steuergeräte die Signale erkennen. Das CAN Datenprotokoll besteht aus maximal 130 Bits. Die Anzahl der Bits hängt von der Größe des Datenfeldes (Data Field) ab. Das Datenprotokoll besteht aus unterschiedlichen Feldern, denen bestimmte Funktionen zugeordnet sind. (Abb. 5).

Durch das **Anfangsfeld** (Start of Frame) wird der Beginn der Botschaft durch ein dominantes Bit gekennzeichnet.

Im **Arbitrierungsfeld** (Arbitration Field) ist die Zugriffsberechtigung für die Steuergeräte festgelegt.

Das **Kontrollfeld** (Control Field) gibt die Anzahl der Informationen im Datenfeld an. Jeder Empfänger kann dadurch überprüfen, ob er alle Informationen empfangen hat.

Im **Datenfeld** (Data Field) sind die zu übertragenen Informationen enthalten.

Das **Sicherungsfeld** (CRC Field: **C**yclic **R**edundancy **C**heck Field) wird verwendet, um Störungen während der Datenübertragung zu erkennen.

Das **Bestätigungsfeld** (Ack-Field, acknowledge, engl.: bestätigen) enthält ein Bestätigungssignal aller Steuergeräte, die die Nachricht korrekt empfangen haben.

Im **Endefeld** (End of Frame) wird das Ende der Botschaft durch 7 rezessive Bits markiert.

LIN-Bus

Das **LIN-Bussystem** ist dem CAN-Bussystem untergeordnet (Subsystem). Es wird überwiegend für die Datenübertragung zwischen Komponenten eingesetzt, welche die Vielseitigkeit und Übertragungsgeschwindigkeit des CAN-Bussystems nicht benötigen und sich innerhalb eines begrenzten Bauraums (z. B. Dach oder Armaturentafel) befinden. Dazu gehören z. B. Sensoren und Aktoren der Klimaanlage oder des Schiebedachs (Abb. 1).

Im Gegensatz zum CAN-Bussystem werden die Daten nur auf einer Leitung (Ein-Draht-Bus) übertragen. Es wird eine Datenübertragung von max. 20 KBit/s erreicht.

Ein LIN-Bussystem besteht aus einem **LIN-Master-Steuergerät** und bis zu 16 **LIN-Slave-Steuergeräten**. Jedes Slave-Steuergerät kann nur senden, wenn es vom Master-Steuergerät dazu aufgefordert wird. Dadurch können Bauaufwand und Kosten gering gehalten werden.

LIN-Master-Steuergerät

Das LIN-Master-Steuergerät ist als einziges Steuergerät am CAN-Bus angeschlossen (Abb. 1). Es verknüpft CAN-Bussysten und LIN-Bussystem und ermöglicht die Datenübertragung zwischen den beiden Datennetzen. Das LIN-Master-Steuergerät ist über die Datenleitung mit den LIN-Slave-Steuergeräten verbunden (Abb. 1 und 2).

LIN-Slave-Steuergerät

LIN-Slave-Steuergeräte sind Sensoren (z. B. Temperaturfühler) oder Aktoren (z. B. Lüftermotor) mit integrierter Elektronik zur Auswertung der Sensorsignale bzw. Ansteuerung der Aktoren. Ein Datenaustausch der einzelnen LIN-Slave Steuergeräte erfolgt überwiegend mit dem LIN-Master-Steuergerät (Abb. 2).

LIN-Bus Datenprotokoll

Das LIN-Bus Datenprotokoll besteht aus einem
- **Header** (Botschaftskopf) und einem
- **Response** (Datenfeld).

Die Botschaft wird vom LIN-Master-Steuergerät gesendet und enthält im **Header** Informationen für eines oder mehrere der angeschlossenen LIN-Slave-Steuergeräte.

Je nach Informationen im **Response** wird das LIN-Slave-Steuergerät aufgefordert, entweder Befehle an die Aktoren auszuführen (z. B. Lüftermotor einschalten) oder von Sensoren ermittelte Messwerte zu senden (z. B. Schalterstellung oder Lüfterdrehzahl).

Header und Response bestehen aus unterschiedlichen Feldern, denen bestimmte Funktionen zugeordnet sind (Abb. 3).

Mit der **Synchronisierungspause** wird den LIN-Slave-Steuergeräten der Start der Botschaft mitgeteilt.

Durch die Bitfolge (010101...) des Synchronisierungsfeldes können sich die LIN-Slave-Steuergeräte auf den Systemtakt des Mastersteuergerätes einstellen (synchronisieren).

Das **Identifier-Feld** enthält Informationen über den Inhalt der Nachricht sowie über die Anzahl der angehängten Response-Felder.

Der **Response** besteht aus bis zu acht Datenfeldern, die von einem dominanten Startbit und einem rezessiven Stoppbit begrenzt sind.

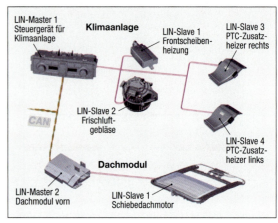

Abb. 1: Aufbau eines LIN-Bussystems

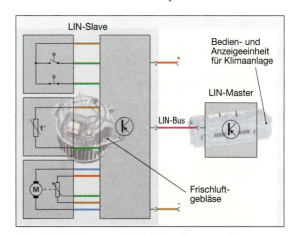

Abb. 2: Vernetzung von LIN-Bus-Steuergeräten

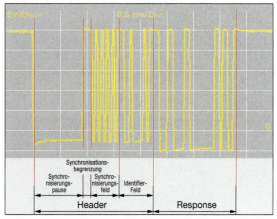

Abb. 3: Signalverlauf einer LIN-Botschaft

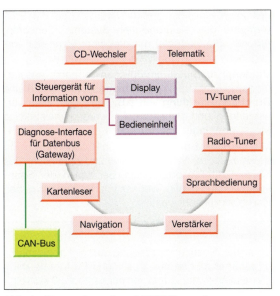

Abb. 4: Ringstruktur eines MOST-Bussystems

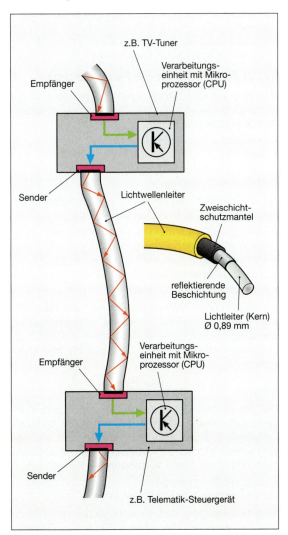

Abb. 5: Lichtwellenleiter und Steuergeräte

MOST-Bus

Im Gegensatz zum CAN- und LIN-Bussystem werden beim MOST-Bussystem nicht Spannungssignale für die Datenübertragung genutzt, sondern **Lichtwellen**. Dadurch werden Datenübertragungsgeschwindigkeiten von bis zu 24,8 Mbit/s erreicht, was die Vernetzung von Infotainment-Systemen wie z. B. TV-Empfang, DVD-Video, Telefon, Telematik und Internet ermöglicht.

Alle angeschlossenen Steuergeräte sind durch einen **Lichtwellenleiter** ringförmig miteinander verbunden (Abb. 4) und besitzen jeweils einen **Sender** und einen **Empfänger** (Abb. 5).

Sender

Der Sender besteht aus einer **Leuchtdiode** (s. Kap. 13.13.5), welche die Spannungssignale der Verarbeitungseinheit in Lichtsignale umwandelt und über den Lichtwellenleiter zum nächsten Steuergerät überträgt. Die erzeugten Lichtwellen haben eine Wellenlänge von 650 nm und sind als rotes Licht sichtbar.

Lichtwellenleiter

Der Lichtwellenleiter besteht in seinem Kern aus einem transparenten Kunststoff (Polymethylmethacrylat). Seine **reflektierende Beschichtung** bewirkt eine nahezu verlustfreie Reflexion der Lichtwellen. Ein Zweischicht-Schutzmantel schützt den Lichtwellenleiter vor äußerer Lichteinstrahlung sowie vor mechanischer Beschädigung (Abb. 5).

Empfänger

Im Empfänger befindet sich eine **Fotodiode**, welche die ankommenden Lichtsignale empfängt, in Spannungssignale umwandelt und an die Verarbeitungseinheit mit dem Mikroprozessor (CPU) zur Verarbeitung weiterleitet. Für andere Steuergeräte bestimmte Daten bleiben unverarbeitet und werden durch den Sender über den Lichtwellenleiter zum nächsten Steuergerät weitergeleitet.

Aufgaben zu Kap. 53.5 bis 53.6

1. Skizzieren Sie den Blockschaltplan des Steuergerätes einer Motronic mit der Ein- und Ausgabeperipherie.
2. Welche Aufgabe haben die Endstufen eines Steuergerätes?
3. Welche Aufgabe hat die Variantencodierung von Steuergeräten?
4. Wie werden bei der konventionellen Datenübertragung zwei verschiedene Zustände und mehrere Zustände übertragen?
5. Was ist eine serielle Datenübertragung?
6. Welche Vorteile hat der Datenaustausch von Steuergeräten mit dem CAN-Bus-System?
7. Nennen Sie die Datenübertragungsgeschwindigkeiten und Anwendungsbeispiele für High-Speed-CAN-Bus und Low-Speed-CAN-Bus.
8. Nennen Sie alle wesentlichen Merkmale des LIN-Bussystems.
9. Wodurch unterscheidet sich das MOST-Bussystem von den übrigen Bussystemen?

53.7 Diagnose an elektronischen Systemen im Kraftfahrzeug

Elektronische Systeme im Kraftfahrzeug sind größtenteils wartungsfrei. Im Falle von Fehlfunktionen ist eine Fehlerdiagnose an den **einzelnen Bauelementen** des gestörten Systems durchzuführen. Elektronische Systeme im Kfz bestehen aus folgenden **Bauelementen**:

- Steuergerät und zugehörige
- Peripherie (Kabel, Steckverbindungen, Sensoren, Aktoren).

Fehler in elektronischen **Steuergeräten** können mit Werkstattmitteln nicht direkt erfasst werden. Aus diesem Grund wird zunächst die Peripherie geprüft. Wenn hier kein Fehler gefunden werden kann, wird das Steuergerät ausgewechselt.

Fehler in der Peripherie werden durch **elektrische Mess-** und **Prüfverfahren** ermittelt.

Für die **Sensoren** und insbesondere **Aktoren** können zusätzliche **Prüfungen** (z. B. Dichtheitsprüfung an Einspritzventilen) erforderlich werden, wenn neben dem **elektrischen Teil** auch ein **mechanisches Teil** (z. B. Ventil, Gestänge, Getriebe) vorhanden ist.

53.7.1 Elektrische Mess- und Prüfverfahren

Für die elektrische Prüfung werden folgende **Mess-** bzw. **Prüfgeräte** verwendet:

- Vielfachmessgerät (Abb. 1a),
- Diodenprüflampe (Abb. 1b),
- Oszilloskop (s. Kap. 13.7.3),
- Systemtestgerät (Abb. 6).

Vielfachmessgeräte (Multimeter) sind universell einsetzbare Geräte für Strom-, Spannungs- und Widerstandsmessungen.

Widerstandsmessungen werden durchgeführt, um Durchgangswiderstände, z. B. von Leitungen, Steckverbindungen und Schaltern zu messen sowie Innenwiderstandsmessungen von Sensoren (z. B. Temperaturfühlern, Induktivgebern) und Aktoren (z. B. Wicklungen von Elektromotoren und Magnetventilen) vorzunehmen.

Alternativ zur Widerstandsmessung können auch **Spannungsmessungen** an den betreffenden Bauteilen durchgeführt werden. Mit Spannungsmessungen kann weiterhin ermittelt werden, ob die Bauelemente des elektronischen Systems (Sensoren, Aktoren, Steuergeräte) mit dem vom Hersteller vorgegebenen Spannungswert versorgt werden.

Diodenprüflampen ermöglichen je nach Ausstattung und Umfang eine **Spannungsprüfung** und eine **Durchgangsprüfung** von z. B. Leitungen, Steckverbindungen und Schaltern. Es werden meist keine Messwerte angezeigt.

Mit **Oszilloskopen** lassen sich Spannungen und deren zeitlicher Verlauf messen und darstellen. Das ist an Bauteilen erforderlich, bei denen der Spannungsverlauf häufig wechselt (z. B. Induktivgeber, Hallgeber, Einspritzventile).

> **Arbeitshinweise**
>
> Für die Spannungsmessung an elektronischen Systemen dürfen nur Mess- und Prüfgeräte mit einem Innenwiderstand von mindestens 20 kΩ/Volt verwendet werden. Ein kleinerer Innenwiderstand kann zu Fehlmessungen und Schäden an Bauteilen der Anlage durch eine zu hohe Stromstärke führen.

53.7.2 Hilfsmittel für die Fehlerdiagnose

Neben geeigneten Mess- und Prüfgeräten sind zur Fehlerdiagnose an elektronischen Systemen folgende **Hilfsmittel** erforderlich:

- technische Unterlagen und
- Adapter.

Technische Unterlagen

Für die Durchführung der Fehlerdiagnose werden folgende **technische Unterlagen** benötigt:

- Lagepläne zum Auffinden der zu prüfenden Bauelemente im Fahrzeug,
- Stromlaufpläne zum Auffinden der Messstellen an den Bauelementen und
- Prüflisten mit den Sollwerten.

Die technischen Unterlagen können als **Handbücher** und **Mikrofilm** oder auf **elektronischen Speichermedien**, wie z. B. Festplatten von Personalcomputern oder CD-ROMs bzw. Systemtestgeräten vorliegen.

Adapter

Die zahlreichen unterschiedlichen Steckverbindungen an Sensoren, Aktoren, Steuergeräten und Leitungsverbindungen erfordern Adapter zur Herstellung einer elektrischen Verbindung vom Messobjekt zum Messgerät. Diese **Verbindungen** können mit

- Adapterleitungen oder
- Prüfadaptern hergestellt werden.

Adapterleitungen (Abb. 2) ermöglichen Verbindungen zu einzelnen Messstellen (Sensoren, Aktoren, Stecker).

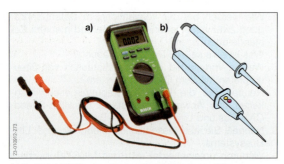

Abb. 1: a) Vielfachmessgerät, b) Diodenprüflampe

Abb. 2: Adapterleitungsset

Abb. 3: Prüfadapter mit internem Messgerät

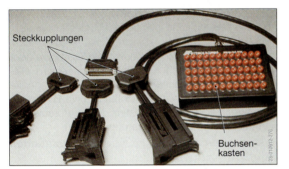

Abb. 4: Prüfadapter zum Anschluss für externe Messgeräte

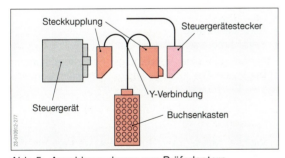

Abb. 5: Anschlussschema von Prüfadaptern

Abb. 6: Systemtestgerät

Prüfadapter (Abb. 3 und 4) werden am Zentralstecker des Steuergerätes angeschlossen, weil an dieser Stelle sämtliche Verbindungen zu den Sensoren und den Aktoren konzentriert sind. Die Messwerte können von einem **internen** (Abb. 3) oder **externen** Messgerät (z. B. Multimeter) abgelesen werden. Prüfadapter werden für Messungen an arbeitenden Systemen (z. B. laufender Motor) über eine Y-Verbindung (Abb. 5) mit dem Steuergerät verbunden.

53.7.3 Eigendiagnose

> Elektronische Systeme mit **eigendiagnosefähigen Steuergeräten** haben die Fähigkeit, ihre Peripherie größtenteils selbst zu überwachen und auftretende Fehler zu speichern.

Durch die Eigendiagnose wird die Fehlersuche mit gezielten Hinweisen auf Fehlerart und Fehlerort erleichtert.

Vom Steuergerät gespeicherte Fehler können mit Hilfe eines **Systemtestgerätes** (Abb. 6) ausgelesen und nach Instandsetzung gelöscht werden.

Beispiel: Ein getrennter Stecker am Motortemperaturfühler einer Motronic ergibt einen hohen Widerstand im Stromkreis. Das Steuergerät erfasst eine hohe Spannung (s. Kap. 53.3.1) und damit eine extrem niedrige Temperatur (−36 °C).

Durch den Vergleich mit **gespeicherten Grenzwerten** oder durch eine **Plausibilitätsprüfung** (z. B. Vergleich mit den Werten des Ansauglufttemperaturfühlers) erkennt das Steuergerät den Fehler und speichert einen entsprechenden **Fehlercode** im EEPROM (s. Kap. 53.5.2). Die Aktivierung des **Notlaufprogramms** ermöglicht die Weiterfahrt mit einem **Ersatzwert** (z. B. 80 °C).

Über eine **Diagnoseschnittstelle** (Diagnosesteckdose, Abb. 2, S. 592) kann ein **Systemtestgerät** (Abb. 6) mit dem Steuergerät verbunden werden. Auf dem Display des Systemtestgerätes können z. B. folgende Aussagen erscheinen:

»Fehlercode 17, Kühlmitteltemperaturfühler Unterbrechung im Stromkreis«
oder
»Fehlercode 17, Kühlmitteltemperaturfühler Spannung zu hoch«

Da das Systemtestgerät keine Aussagen über defekte Bauteile (z. B. Leitungen, Sensoren, Stecker) machen kann sondern nur den Stromkreis und die Art des Fehlers nennt, erfolgt die weitere Fehlersuche im genannten Stromkreis mit den üblichen Messgeräten und Hilfsmitteln (s. Kap. 53.7.1).

On Board Diagnose (OBD)

Die Abgasvorschriften (ab EURO-3) schreiben neben niedrigeren Abgasgrenzwerten auch verbindlich die Funktionsüberwachung der abgasrelevanten Bauteile durch **O**n **B**oard **D**iagnose (OBD) vor. Das heißt, dass

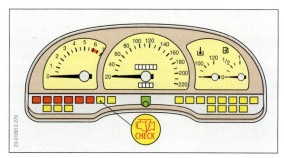

Abb. 1: Abgas-Warnleuchte

alle abgasrelevanten Bauteile von Otto- und Dieselmotoren nach dem System der **Eigendiagnose** überwacht werden müssen. Dazu gehören u.a. alle mit dem Steuergerät verbundenen, abgasrelevanten Sensoren und Aktoren sowie eine Erkennung von Verbrennungsaussetzern (s. Kap. 50.8). Aufgetretene Fehler müssen dem Fahrer durch eine **Abgas-Warnleuchte** (Abb. 1) mitgeteilt werden.

Im Rahmen der Fahrzeugüberwachung kann der Fehlerspeicher mit einem Systemtestgerät (Abb. 6, S. 591) über eine **genormte Schnittstelle** ausgelesen werden. Die Schnittstelle besteht aus einer **16-poligen Diagnosesteckdose** (Abb. 2). Das Datenübertragungsprotokoll sowie ein Teil der Belegung des Diagnosesteckers sind verbindlich festgelegt (⇒ TB: Kap. 12).

Einsatz von Systemtestgeräten

Systemtestgeräte (Diagnosecomputer, Abb. 6, S. 591) sind Computer, mit denen über eine Diagnoseschnittstelle Datenaustausch mit Steuergeräten von eigendiagnosefähigen Systemen durchgeführt werden kann. Je nach Ausführung können Systemtestgeräte mit folgendem **Funktionsumfang** ausgestattet sein:

- Auslesen bzw. Löschen von Fehlerspeichern,
- Auslesen der vom Steuergerät erfassten Istwerte einzelner Sensoren (z.B. Drehzahl),
- gezielte Ansteuerung bestimmter Aktoren als Funktionskontrolle (Stellglieddiagnose) und
- Programmierung von Steuergeräten (z.B. Variantencodierung).

Systemtestgeräte mit entsprechend großem Display oder Monitor ermöglichen auch die grafische Darstellung von z.B. Spannungsverläufen, Stromverläufen und Drehzahlen.

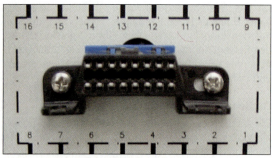

Abb. 2: Diagnosesteckdose

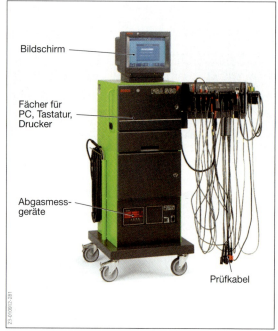

Abb. 3: Teststation mit integriertem Systemtestgerät

Durch integrierte Speichermedien wie Festplatte oder CD-ROM oder durch Kombination mit einem entsprechenden PC können die für die Fehlerdiagnose erforderlichen technischen Unterlagen (z.B. Stromlaufpläne, Lagepläne, Prüflisten, Reparaturanleitungen, technische Daten) abgerufen werden.

Systemtestgeräte sind häufig in **Teststationen** (Abb. 3), mit z.B.

- Motortester,
- Informationssystem mit technischen Unterlagen und geführter Fehlersuche,
- Oszilloskop,
- Abgastester und
- Vielfachmessgerät (Multimeter)

integriert, die eine vollständige Fahrzeugdiagnose ermöglichen. Die Anzeige erfolgt über einen gemeinsamen Bildschirm.

Aufgaben zu Kap. 53.7

1. Welche Mess- bzw. Prüfgeräte werden für die Diagnose an elektronischen Systemen verwendet?
2. Welche Hilfsmittel werden für die Diagnose an elektronischen Systemen benötigt?
3. Beschreiben Sie die Anwendungsbereiche von Adapterleitungen und Prüfadaptern.
4. Beschreiben Sie das Prinzip der Eigendiagnose am Beispiel einer Leitungsunterbrechung im Stromkreis eines Temperaturfühlers.
5. Was bedeutet das Aufleuchten der Abgas-Warnleuchte während der Fahrt?
6. Was ist ein Systemtestgerät (Diagnosecomputer)?
7. Mit welchem Funktionsumfang kann ein Systemtestgerät ausgestattet sein?

54 Komfortelektronik

Elektronische Komfortsysteme haben die **Aufgabe,** den Fahrkomfort zu erhöhen, die Bedienung des Fahrzeugs zu vereinfachen und damit die Sicherheit zu erhöhen.

Es werden z. B. unterschieden:
- Klimaanlagen,
- Diebstahlschutzsysteme,
- elektrische Fensterheber und
- Fahrerinformationssysteme.

54.1 Klimatisierung von Kraftfahrzeugen

Ein behagliches Innenraumklima steigert das Wohlbefinden des Fahrers. Es beeinflusst dadurch wesentlich seine Leistungsfähigkeit und dient damit der **aktiven Verkehrssicherheit**. Ein behagliches **Innenraumklima** hängt im Wesentlichen ab von:
- Luftdurchsatz,
- Innenraumtemperatur,
- Luftfeuchtigkeit und
- Luftqualität.

Die Abb. 1 zeigt den Zusammenhang von Außentemperatur, Innenraumtemperatur, Luftdurchsatz und der Behaglichkeit.

Für ein behagliches Innenraumklima bei 0 °C Außentemperatur ist eine Innentemperatur von etwa 23 °C bei einem Luftdurchsatz von 5 kg/min erforderlich.

Ein behagliches Innenraumklima erfordert, in Abhängigkeit von der **Außentemperatur**, einen unterschiedlichen **Luftdurchsatz** und damit eine unterschiedliche **Innenraumtemperatur**.

Eine zu hohe **Luftfeuchtigkeit** sowie **Luftverschmutzung** erhöhen die körperliche Belastung des Fahrers, seine **Konzentrations-** und **Reaktionsfähigkeit** werden dadurch verringert.

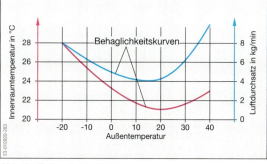

Abb. 1: Behaglichkeitskurven

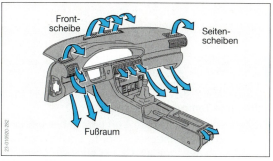

Abb. 2: Belüftung des Innenraums

An eine **Klimatisierung** des Fahrzeuginnenraums werden deshalb folgende **Aufgaben** gestellt:
- Be- und Entlüftung des Innenraums,
- Innenraumheizung bzw. Innenraumkühlung,
- Luftentfeuchtung und Luftreinigung.

54.1.1 Be- und Entlüftung des Innenraums

Die Belüftung des Innenraums erfolgt überwiegend von der Stirnseite des Innenraums (Abb. 2).

Die **Frischluft** wird dort bei
- **Heizungsbetrieb** von einem **Wärmetauscher** erwärmt oder
- **Kühlbetrieb** vom **Verdampfer** der Klimaanlage abgekühlt.

Im Stand oder bei geringer Geschwindigkeit wird die Frischluft von außen durch ein mehrstufiges oder stufenloses **Gebläse** angesaugt.

Die Luft wird durch verschiedene Luftklappen verteilt. Sie können, je nach Bedarf, den Luftstrom z. B. in den Fußraum oder an die Scheiben lenken (Abb. 2).

Im **Umluftbetrieb** wird vom Gebläse keine Luft von außen angesaugt, sondern die vorhandene Innenraumluft wird **umgewälzt**. Die Abkühlung bzw. Erwärmung der Innenraumluft wird dadurch beschleunigt. Außerdem können die Insassen vor Geruchsbelästigungen bzw. Schadstoffen von außen geschützt werden. Der Umluftbetrieb ist nur kurzzeitig möglich, weil die Luftqualität abnimmt und die Luftfeuchtigkeit ständig steigt, wenn die Klimaanlage nicht eingeschaltet ist (s. Kap. 54.1.3) was zum Beschlagen der Scheiben führt.

Die **Betätigung** der Luftklappen zur Steuerung der Luftströmung bzw. des Umluftbetriebs erfolgt je nach Ausstattung **manuell** (z. B. Seilzüge, Gestänge) oder durch **Elektromotoren**. Bei elektronisch gesteuerten Heiz- bzw. Klimaanlagen (s. Kap. 54.1.3) werden die Stellmotoren der Luftklappen programmgesteuert durch ein Steuergerät betätigt.

Öffnungen am Fahrzeugheck sorgen für eine **Entlüftung** nach außen.

54.1.2 Innenraumheizung

> Für die Heizung des Innenraums wird das **erwärmte Kühlmittel** des Motors genutzt. Es wird durch einen **Wärmetauscher** (Heizkörper) geleitet, der seine Wärme an die in den Innenraum strömende Luft abgibt.

Die **Temperatur** der Heizungsluft kann
- luftseitig (Abb. 1) oder
- kühlmittelseitig (Abb. 2) gesteuert werden.

Luftseitige Temperatursteuerung

Eine stufenlos verstellbare **Luftklappe** bewirkt eine **Aufteilung** des Luftstroms (Abb. 1). Ein Teil der Luft strömt durch den Wärmetauscher und wird anschließend wieder mit dem anderen Teil der Luft vermischt. Je größer der Anteil der Luftmenge ist, die durch den Wärmetauscher fließt, um so höher ist die Temperatur am Luftaustritt. Die durch den Wärmetauscher fließende Kühlmittelmenge bleibt unverändert.

Kühlmittelseitige Temperatursteuerung

Die gesamte Luftmenge strömt durch den Wärmetauscher (Abb. 2). Die Temperatureinstellung erfolgt durch ein Ventil. Dadurch wird die Kühlmittelmenge, die durch den Wärmetauscher fließt, verändert. Je mehr Kühlmittel durch den Wärmetauscher strömt, desto mehr Wärme wird an die strömende Luft abgegeben.

54.1.3 Klimaanlagen (Innenraumkühlung)

> **Klimaanlagen** ermöglichen neben der Be- und Entlüftung und der Heizung auch die **Abkühlung** der Innenraumluft.

Es werden unterschieden:
- gesteuerte Klimaanlagen (Klimaautomatik) und
- elektronisch geregelte Klimaanlagen.

Temperatur, Luftverteilung und Gebläseeinstellung werden bei **gesteuerten Klimaanlagen** durch den Fahrer von Hand eingestellt bzw. verändert.
Elektronisch geregelte Klimaanlagen (Abb. 3) erfordern weniger Bedienungsaufwand. Je nach Ausstattung des elektronischen Regelungssystems muss vom Fahrer meist nur die gewünschte **Innenraumtemperatur** mit dem Sollwertsteller vorgewählt werden.

Neben Gebläsedrehzahl und Lufttemperatur werden vom **elektronischen Steuergerät** die Luftklappen für Luftverteilung, Frischluft- bzw. Umluftbetrieb durch **Elektromotoren** verstellt.

Vom Steuergerät können die **Sensorsignale** für
- Außentemperatur (NTC),
- Luftqualität (Luftgütesensor),
- Luftklappenposition (Potenziometer),
- Temperatur des Innenraums,
- Ausströmtemperatur und
- Sensor für Sonneneinstrahlung (Photosensor)

erfasst und ausgewertet werden.

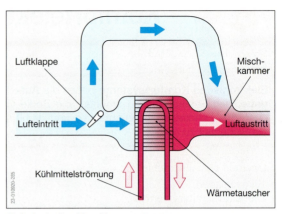

Abb. 1: Luftseitige Temperatursteuerung

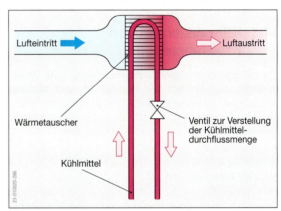

Abb. 2: Kühlmittelseitige Temperatursteuerung

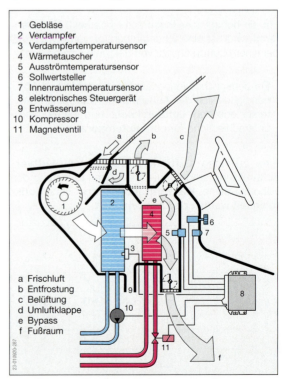

1 Gebläse
2 Verdampfer
3 Verdampfertemperatursensor
4 Wärmetauscher
5 Ausströmtemperatursensor
6 Sollwertsteller
7 Innenraumtemperatursensor
8 elektronisches Steuergerät
9 Entwässerung
10 Kompressor
11 Magnetventil

a Frischluft
b Entfrostung
c Belüftung
d Umluftklappe
e Bypass
f Fußraum

Abb. 3: Elektronisch kühlmittelseitig geregelte Klimaanlage

Kapitel 54: Komfortelektronik

Grundprinzip des Kühlsystems von Klimaanlagen

> Das **Kühlsystem** von Klimaanlagen im Kraftfahrzeug besteht aus einem geschlossenen Kreislauf, in dem ein **Kältemittel** zirkuliert.

Das Kältemittel wechselt ständig zwischen dem **flüssigen** und dem **gasförmigen** Zustand. Während des Übergangs vom flüssigen in den gasförmigen Zustand wird der Umgebungsluft Wärme entzogen, die dadurch abgekühlte Umgebungsluft wird dann zur Kühlung des Innenraums verwendet (Kältemittelkreislauf, Abb. 4).

Der **Kompressor** saugt kaltes, gasförmiges Kältemittel mit niedrigem Druck an und verdichtet es auf einen Druck von etwa 16 bar, wodurch sich das Kältemittel auf etwa 60 bis 100 °C erwärmt. Das warme Kältemittelgas gelangt anschließend in den Kondensator.

Der **Kondensator** ist ein Wärmetauscher, in dem das warme Kältemittelgas von der durchströmenden Luft (Fahrtwind bzw. Gebläse) stark abgekühlt wird und dadurch kondensiert.

Das nun flüssige Kältemittel fließt durch den **Flüssigkeitsbehälter** (Abb. 5). Er dient als **Ausgleichs-** und **Vorratsbehälter**. Im Behälter befindet sich ein **Trockner** mit Filtersieb, der Verunreinigungen und Wasserreste zurückhält. Das flüssige und unter hohem Druck stehende Kältemittel wird anschließend vom **Expansionsventil** (expandere, lat.: ausbreiten) in den Verdampfer gesprüht.

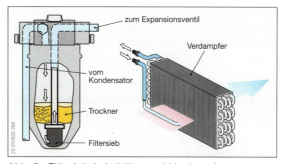

Abb. 5: Flüssigkeitsbehälter und Verdampfer

Im **Verdampfer** (Abb. 4 und 5) herrscht geringer Druck (etwa 1,2 bar.) Dadurch sinkt der Siedepunkt des Kältemittels und es verdampft.

> Die für die Umwandlung vom flüssigen in den gasförmigen Zustand erforderliche **Wärme** wird der an den Kühlrippen vorbeiströmenden Luft entzogen. Diese wird dabei abgekühlt und strömt in den **Innenraum** des Fahrzeugs.

Das nun wieder gasförmige Kältemittel wird vom Kompressor angesaugt und durchläuft erneut den Kreislauf.

Da warme Luft mehr Wasser aufnimmt als kalte, wird Wasser während der Abkühlung der Luft ausgeschieden (kondensiert). Das ausgeschiedene Kondenswasser wird über den Kondenswasserablauf nach außen abgeleitet.

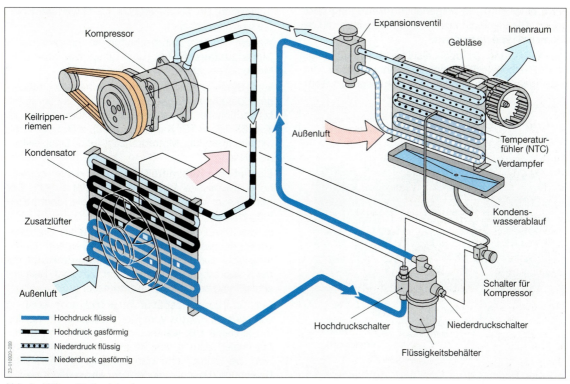

Abb. 4: Kältemittelkreislauf

Kältemittel

Als Kältemittel wird in Fahrzeugen ausschließlich **R134a** (Tetraflourethan, CH_2F-CF_3) verwendet (Siedepunkt: −29,8 °C bei Umgebungsdruck von 1 bar). Als Gas ist es unsichtbar, als Flüssigkeit farblos. Das früher verwendete Kältemittel R12 darf nicht mehr eingefüllt werden, weil es in erheblichem Umfang den **Treibhauseffekt** fördert und die **Ozonschicht** abbaut.

> Zur **Schmierung** der mechanischen Teile im Kältemittelkreislauf (z. B. Kompressor) wird dem Kältemittel ein spezielles Kältemittelöl beigemischt.

Kompressor

Kompressoren für Fahrzeugklimaanlagen arbeiten nur bei eingeschalteter Klimaanlage. Sie werden meist über einen Keilrippenriemen vom Motor angetrieben. Auf der Antriebswelle des Kompressors ist eine **Magnetkupplung** (Abb.1 und s. Kap. 53.4.2) angeordnet, über die der Antrieb des Kompressors zu- bzw. abgeschaltet werden kann.

Es werden überwiegend **Taumelscheibenkompressoren** verwendet (Abb.1). Je nach Bauart befinden sich im Kompressor 3 bis 10 **Kolben**, denen jeweils ein federbelastetes Ansaug- und Auslassventil zugeordnet ist. Die Ventile öffnen und schließen durch Über- und Unterdruck selbsttätig. Der Antrieb der Kolben erfolgt durch eine **Taumelscheibe**, die von der Antriebswelle angetrieben wird. Die taumelnde Bewegung der Taumelscheibe (Abb. 1) wird von der Pleuelaufnahme über das Pleuel auf die Kolben in Form einer hin- und hergehenden Bewegung übertragen. Die Pleuelaufnahme ist formschlüssig mit der Taumelscheibe verbunden.

Die Anpassung an den Leistungsbedarf (abhängig von z. B. eingestellter Temperatur, Motordrehzahl, Umgebungstemperatur), erfolgt bei **ungeregelten Kompressoren** durch periodisches Ein- und Ausschalten des Kompressors über die Magnetkupplung. Die Leistung von **geregelten Kompressoren** wird durch die Änderung der Winkelstellung der Taumelscheibe angepasst. Eine Änderung der Winkelstellung der Taumelscheibe durch die Mitnahmemechanik bewirkt eine Änderung des Kolbenhubs und damit des Hubraums, wodurch die Fördermenge verändert wird.

Automatische Abschaltung des Kompressors

Eine automatische Abschaltung des **Kompressors** kann erfolgen, wenn:
- die Betriebssicherheit der Anlage gefährdet ist oder
- die Abschaltung vom Steuergerät der Einspritzanlage angefordert wird.

> Eine **Sicherheitsabschaltung** des Kompressors erfolgt bei zu hohem oder zu niedrigem Druck im Kältemittelkreislauf.

Ein zu hoher Druck (etwa 24 bis 32 bar) kann z. B. auf Grund eines stark verschmutzten Kondensators entstehen. Zu geringer Druck (etwa 2 bar) tritt z. B. bei einem Kältemittelverlust auf.

Der Systemdruck wird von einem **Drucksensor** oder von jeweils einem **Hochdruckschalter** und einem **Niederdruckschalter** (Abb. 4, S. 595) erfasst.

Bei zu niedriger Temperatur am Verdampfer besteht die Gefahr der **Vereisung** des Verdampfers. Dadurch wird die Kühlleistung der Anlage gemindert. Ein **Temperaturfühler** (NTC, Abb. 4, S. 595) oder ein Thermoschalter erfassen die Temperatur zwischen den Kühlrippen. Bei etwa −1 °C bis +3 °C wird der Kompressor abgeschaltet.

Weitere Kompressorabschaltungen können durch **Signalaustausch** mit der Einspritzanlage (z. B. Motronic) erfolgen.

Vom Steuergerät der **Motronic** erhält das Steuergerät der Klimaanlage über den CAN-Bus oder durch konventionelle Datenübertragung Informationen (s. Kap. 53.5.5, ⇒TB: Kap.11 und 12), z. B. über Kühlmitteltemperatur, Motordrehzahl und Drosselklappenstellung.

Eine erhöhte **Kühlmitteltemperatur** deutet auf eine hohe thermische Belastung des Motors hin. Der Kompressor wird abgeschaltet, um die Motorbelastung zu reduzieren.

Ist der Kompressor mit einem integrierten Drehzahlsensor ausgestattet, erkennt das Steuergerät der Klimaanlage durch Vergleich der **Motordrehzahl** mit der Kompressordrehzahl einen unzulässigen Riemenschlupf und schaltet den Kompressor ab.

Der Kompressor benötigt im Betrieb eine Leistung von etwa 10 kW, die vom Motor aufgebracht werden muss. Damit z. B. während des Überholvorgangs die maximale Leistung des Motors zur Verfügung steht, wird bei entsprechender Stellung (Volllast) oder Bewegung (Beschleunigung) der **Drosselklappe** der Kompressor abgeschaltet.

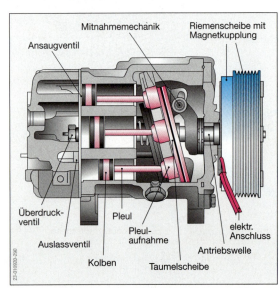

Abb. 1: Geregelter Taumelscheibenkompressor

Sicherheitsregeln

Im Umgang mit Klimaanlagen und Kältemitteln sind u. a. folgende Sicherheitsregeln zu beachten:

- Am Kältemittelkreislauf darf nur in **gut belüfteten Räumen** gearbeitet werden. Kältemittelgas ist farblos, geruchlos und schwerer als Luft. Es besteht deshalb insbesondere in tiefliegenden und unzureichend belüfteten Räumen **Erstickungsgefahr**.
- Die Temperatur von freiwerdendem Kältemittel beträgt – 26°C. Unmittelbarer **Hautkontakt** mit dem Kältemittel ist deshalb zu vermeiden.
- Reparaturarbeiten wie **Schweißen**, **Hart-** oder **Weichlöten** dürfen nicht an gefüllten Klimaanlagen durchgeführt werden, weil im System unzulässig hohe Drücke entstehen könnten. Beschädigte Teile sind deshalb auszutauschen.
- Reparaturarbeiten sind möglichst so durchzuführen, dass der Kältemittelkreislauf nicht geöffnet werden muss. Der Kältemittelkreislauf darf nur von **sachkundigen Personen** mit den entsprechenden Hilfsmitteln geöffnet werden.

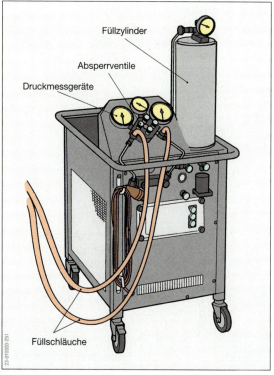

Abb. 2: Service- und Recyclingstation für Klimaanlagen

54.1.4 Wartung und Diagnose

Zum Prüfen, Absaugen, Evakuieren (vacuus, lat.: »leer«) und Befüllen von Klimaanlagen ist eine besondere **Service-** und **Recyclingstation** gesetzlich vorgeschrieben. Sie darf nur von **sachkundigen Personen** bedient werden. Die Abb. 2 zeigt Einzelgeräte einer Servicestation.

Das abgesaugte Kältemittel wird in der Servicestation gereinigt und getrocknet. Mit dem so recycelten Kältemittel wird anschließend die Klimaanlage des Fahrzeugs wieder befüllt.

Kältemittel mit übermäßigen Verschmutzungen, z. B. durch Metallabrieb aus einem defekten Kompressor, kann in der Service- und Recyclingstation nicht gereinigt werden. Es wird in einen besonderen, vorher evakuierten Behälter gefüllt und einer Entsorgung zugeführt.

Die **Fehlerdiagnose** am **Kältemittelkreislauf** erfolgt durch eine **Druckprüfung**. Sie wird mit den Druckmessgeräten der Service- und Recyclingstation bei arbeitender Klimaanlage jeweils im **Hochdruckkreis** (zwischen Kompressor und Expansionsventil) und **Niederdruckkreis** (zwischen Verdampfer und Kompressor) durchgeführt.

Kleine Undichtigkeiten (Kältemittelverlust von weniger als 5 Gramm/Jahr) können mit speziellen **Lecksuchgeräten** erkannt werden.

Die **Fehlerdiagnose** an der **elektronischen Steuerung** von Klimaanlagen wird durch **Eigendiagnose** (s. Kap. 53.6.2) vereinfacht.

Aufgaben zu Kap. 54.1

1. Welche Aufgabe haben elektronische Komfortsysteme?
2. Wovon hängt ein behagliches Innenraumklima im Wesentlichen ab?
3. Welchen Einfluss hat die Außentemperatur auf ein behagliches Innenraumklima?
4. Welche Auswirkungen hat der Umluftbetrieb auf das Innenraumklima?
5. Erläutern Sie mit jeweils einer Skizze die kühlmittelseitige und die luftseitige Temperatursteuerung.
6. Wodurch unterscheiden sich gesteuerte von elektronisch geregelten Klimaanlagen?
7. Welche Sensorsignale können von elektronisch geregelten Klimaanlagen erfasst werden?
8. Beschreiben Sie den Kältemittelkreislauf der Klimaanlage.
9. Nennen Sie die physikalischen Eigenschaften des Kältemittels R134a.
10. Beschreiben Sie den Aufbau des Taumelscheibenkompressors.
11. Wie wird bei geregelten Kompressoren die Leistung angepasst?
12. Aus welchen Gründen erfolgt eine automatische Abschaltung des Klimakompressors?
13. Welche Sicherheitsregeln sind im Umgang mit Klimaanlagen zu beachten?
14. Welche Arbeiten können mit einer Service- und Recyclingstation durchgeführt werden?

54.2 Diebstahlschutzsysteme

> **Diebstahlschutzsysteme** haben die **Aufgabe,** das Fahrzeug gegen unbefugten Zugriff zu sichern oder die Bedienung der Schutzsysteme zu erleichtern.

Neben Tür-, Zünd- und Lenkradschloss können folgende **Systeme** im Fahrzeug vorhanden sein:
- Zentralverriegelung,
- Wegfahrsperre und
- Diebstahlwarnanlage.

54.2.1 Zentralverriegelung

> Die **Zentralverriegelung** hat die **Aufgabe**, alle Türen (z. B. Fahrer- und Beifahrertür) von zentraler Stelle zu verschließen bzw. zu öffnen.

Ein unbeabsichtigtes Offenlassen einzelner Türen wird dadurch verhindert.

Je nach Systemumfang und Fahrzeugausstattung können mit der Zentralverriegelung weitere Funktionen verbunden sein, z. B. das Einbeziehen von Tankverschluss, Kofferraum, Handschuhfach, das automatische Schließen der Fenster und des Schiebedachs und die Aktivierung der Diebstahlwarnanlage.

Neben **pneumatisch gesteuerten Zentralverriegelungen** werden überwiegend **elektronisch gesteuerte Zentralverriegelungen** eingebaut. Die Betätigung erfolgt durch **Schlüssel** oder **Fernbedienung**.

Fernbedienung von Zentralverriegelungen

Es wird unterschieden zwischen
- Infrarot-Fernbedienung und
- Funk-Fernbedienung.

Beide Systeme bestehen aus einem **Handsender** (z. B. im Schlüssel) und einem **Empfänger** im Fahrzeug. Vom Handsender wird ein **verschlüsseltes Infrarotsignal** (Infrarot-Fernbedienung) oder ein **Funkwellensignal** (Funk-Fernbedienung) an den jeweiligen Empfänger gesendet. Der Empfänger gibt dann einen entsprechenden Stellbefehl an das Steuergerät der Zentralverriegelung.

Elektronisch gesteuerte Zentralverriegelung

Die elektronisch gesteuerte Zentralverriegelung besteht meist aus folgenden **Bauelementen**:
- Steuergerät,
- Stellmotoren (Abb. 1 und 2),
- Betätigungsschalter und
- Kontrollschalter.

Die Abb. 1 zeigt die **Schließeinheit** einer Vordertür, in der Stellmotor, Betätigungsschalter und Kontrollschalter mit dem Türschloss als Einheit zusammengefasst sind.

Mit der Fernbedienung oder vom Schlüssel betätigten Mikroschaltern 2 und 3 wird dem Steuergerät mitgeteilt, ob die Türen verriegelt oder entriegelt werden sollen. Das Steuergerät erteilt dann einen Stellbefehl an den **Stellmotor**, der über ein entsprechendes **Getriebe** (Abb. 2) die Türverriegelung betätigt. Zur Kontrolle melden die Mikroschalter 4 und 5 dem Steuergerät die Position des Verriegelungsstiftes. Mikroschalter 1 meldet dem Steuergerät, ob das Türschloss eingerastet ist.

> Der korrekt ausgeführte **Ver-** bzw. **Entriegelungsvorgang** wird dem Fahrer durch eine Kontrollleuchte oder durch kurzzeitiges Einschalten der Warnblinkanlage mitgeteilt.

Elektronische Zentralverriegelungen mit **Bussystem** haben neben einem **Zentralsteuergerät** zusätzliche Steuergeräte in den Türen. In diesem Fall erfolgt die Auswertung der Schaltersignale und die Ansteuerung der Stellmotoren durch die **Türsteuergeräte**. Die Aufgabenverteilung auf mehrere Steuergeräte hat den Vorteil, dass bei Defekt eines Steuergerätes nur ein Teil des Systems ausfällt.

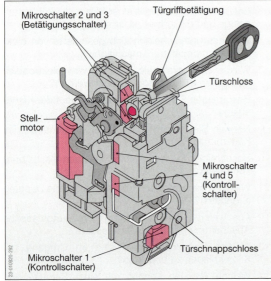

Abb. 1: Schließeinheit einer elektronisch gesteuerten Zentralverriegelung

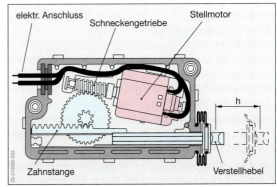

Abb. 2: Stellmotor mit Getriebe

54.2.2 Elektronische Wegfahrsperren

> **Elektronische Wegsfahrsperren** haben die **Aufgabe**, ein unbefugtes Benutzen des Fahrzeugs zu verhindern.

Sie sind seit Januar 1995 für neuzugelassene Personenwagen gesetzlich vorgeschrieben.

Die Abb. 3 zeigt eine Systemübersicht der elektronischen Wegfahrsperre. Sie besteht aus einem **Steuergerät**, welches mit dem **Motorsteuergerät** (Motronic, EDC) verbunden ist. Durch einen **elektronisch kodierten Eingriff** wird das Motorsteuergerät blockiert. Darüberhinaus können auch zusätzliche Bauelemente, die den Motorstart verhindern (z. B. Starter, Kraftstoffpumpe), einbezogen werden.

Zur **Aktivierung** der **Wegfahrsperre** werden unterschiedliche Systeme eingebaut:

- Transponder,
- Handsender,
- Codetastatur und
- Chipkarte.

Transpondersysteme (Abb. 4) werden auf Grund ihrer einfachen Handhabung überwiegend verwendet.

Der Transponder (lat.-engl.: **Trans**mitter: Sender und Res**ponder**: Antwortgeber) ist ein im Zündschlüssel integrierter **Mikrochip**, der als **Sende- und Empfangseinheit** arbeitet. Jeder Zündschlüssel unterscheidet sich durch einen im Transponder gespeicherten **Festcode**. Während des Einschaltens der Zündung wird der Transponder aktiviert, indem er von einer **Spule** (Lesespule) im Zündschloss nach dem **Transformatorprinzip** (induktiv, s. Kap.13) mit

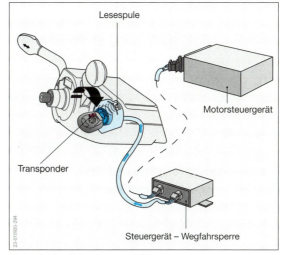

Abb. 4: Wegfahrsperre mit Transponder

Spannung versorgt wird. Der Transponder sendet nun seinen Festcode über die Lesespule an das Steuergerät der Wegfahrsperre.

Ist der Code gültig, wird anschließend vom Steuergerät der Wegfahrsperre ein **Wechselcode** im **Motorsteuergerät** abgefragt, der nach dem Zufallsprinzip bei jedem Motorstart neu festgelegt wird. Nur wenn der korrekte Wechselcode erkannt wird, kann der Motor gestartet werden.

Eine Steigerung der Sicherheit kann erreicht werden, wenn der Transponder in das Wechselcodeverfahren mit einbezogen wird. Für diesen Fall ist der Transponder mit einem zusätzlichen Speicher (EEPROM, s. Kap. 53.5.2) ausgestattet.

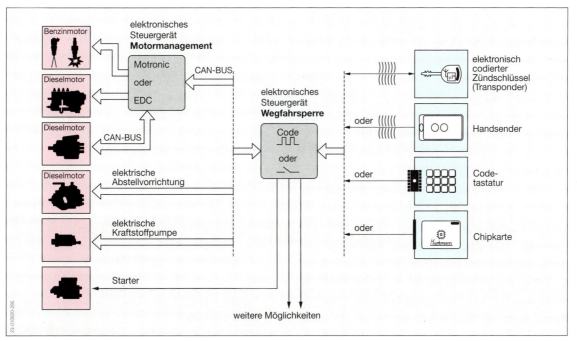

Abb. 3: Systemübersicht der elektronischen Wegfahrsperre

54.2.3 Diebstahlwarnanlagen

> **Diebstahlwarnanlagen** haben die **Aufgabe**, bei unbefugtem Zugriff auf das Fahrzeug Warnsignale abzugeben.

Nach §38b StVZO und ECE-R18 sind folgende **Warnsignale** zulässig:
- getaktete Schallsignale von max. 30 s,
- Blinksignale der Fahrtrichtungsanzeiger max. 5 min und
- Blinken des Abblendlichts max. 30 s.

Die Abb. 1 zeigt die Systemübersicht einer Diebstahlwarnanlage.

Die Überwachung des Fahrzeugs erfolgt jeweils durch unterschiedliche **Sensoren**. Ein **Steuergerät** wertet die Sensorsignale aus und schaltet bei Bedarf die **Warneinrichtungen** ein.

Die Anlage wird mit einer **Funk-** oder **Infrarot-Fernbedienung** eingeschaltet. Dies ist nur bei ausgeschalteter Zündung möglich. Eine Leuchtdiode im Innenraum zeigt den Status des Systems an (an = scharf / aus = nicht scharf). Alle Sensorsignale können den Alarm unabhängig voneinander auslösen.

Je nach **Systemumfang** können folgende Bereiche vom System überwacht werden:
- Türen, Motorhaube, Kofferraum,
- Innenraum,
- Radio,
- Rad- und Abschleppschutz und
- Zündung, Startsperre.

Die Überwachung von Türen, Motorhaube und Kofferraum erfolgt durch **Kontaktschalter**. Das Schließen eines Kontaktschalters, die Unterbrechung der **Leiterschleife** zum Radio, sowie das Einschalten der **Zündung** führt zum Auslösen des Alarms. Zusätzlich verhindert die Unterbrechung der Zündung das **Starten** des Motors.

Der Innenraum des Fahrzeugs kann durch einen **Ultraschall-Innenraumschutz** überwacht werden (Abb. 2). Ein Ultraschallsender sendet Ultraschallwellen mit einer Frequenz von 20 kHz durch den Innenraum des Fahrzeugs. Diese werden von einem Detektor (detegere, lat.: »aufdecken«) empfangen und ausgewertet.

Durch Bewegungen im Innenraum (z. B. Hineingreifen, Bruch einer Scheibe) verändern sich die vom Detektor empfangenen Ultraschallwellen, was zur Alarmauslösung führt. Die Empfindlichkeit ist einstellbar, um Fehlalarm auszuschließen.

Ein **Rad-** und **Abschleppschutz** löst Alarm aus, wenn das Fahrzeug bewegt wird (z. B. während des Anhebens oder Abschleppens). Ein **Lagesensor** mit **Auswertelektronik** erfasst und speichert die Lage des Fahrzeugs nach dem Abstellen. Alarm wird ausgelöst, wenn der Sensor Änderungen seiner gespeicherten Werte durch eine Längs- oder Querneigung des Fahrzeugs erfasst.

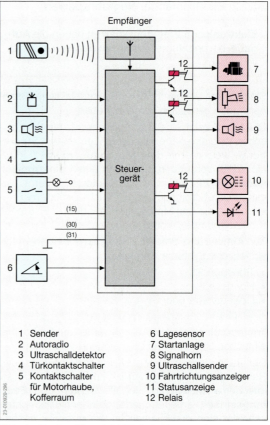

Abb. 1: Systemübersicht Diebstahlwarnanlage

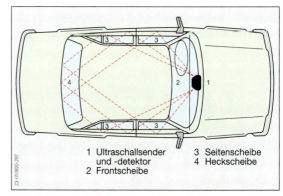

Abb. 2: Ultraschall-Innenraumüberwachung

Aufgaben zu Kap. 54.2

1. Welche Aufgaben haben Diebstahlschutzsysteme?
2. Wodurch unterscheiden sich Infrarot-Fernbedienungen von Funk-Fernbedienungen?
3. Welche Aufgaben haben die Stellmotoren bei der elektronisch gesteuerten Zentralverriegelung?
4. Beschreiben Sie die Wirkungsweise einer elektronischen Wegfahrsperre mit Transponder.
5. Welche Warnsignale von Diebstahlwarnanlagen sind zulässig?
6. Beschreiben Sie die Wirkungsweise des Ultraschall-Innenraumschutzes.

Kapitel 54: Komfortelektronik

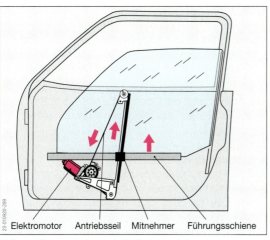

Abb. 3: Fensterheber mit Seilzuggetriebe

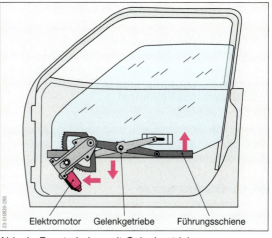

Abb. 4: Fensterheber mit Gelenkgetriebe

54.3 Elektrische Fensterheber

> **Elektrische Fensterheberantriebe** ermöglichen ein **Öffnen** und **Schließen** der **Fenster** durch Betätigung eines Tastschalters.

Der Antrieb erfolgt durch einen **Elektromotor** mit **Schneckengetriebe** (Abb. 5), dessen Drehzahl über ein **Seilzuggetriebe** (Abb. 3) oder ein **Gelenkgetriebe** (Abb. 4) auf die Führungsschiene des Fensters übertragen wird. Durch **Drehrichtungsumkehr** des Elektromotors wird das Fenster geöffnet oder geschlossen.

Ein Öffnen des Fensters von außen wird durch die selbsthemmende Wirkung des Schneckengetriebes verhindert.

54.3.1 Einklemmschutz

> Nach § 30 StVZO müssen zur Vermeidung von Unfällen elektrische Fensterheber während des Schließens mit einem **Einklemmschutz** (Überschusskraftbegrenzer) ausgerüstet sein.

Der Einklemmschutz muss im Bereich von 200 bis 4 mm, vom oberen Fensterrahmen aus gemessen, wirksam sein.

Der Schutz wird durch eine elektronische Steuerung erreicht. Auf der Ankerwelle des Elektromotors ist ein **Hallgeber** (s. Kap. 53.3.4) angeordnet, der die Position und die Drehzahl der Welle an das **elektronische Steuergerät** meldet. Wird während des Schließens des Fensters (z. B. durch ein eingeklemmtes Körperteil) ein Absinken der Motordrehzahl erkannt, wird die Drehrichtung des Motors umgekehrt, um das Fenster wieder zu öffnen. Vor dem Einfahren in die Fensterdichtung wird der Einklemmschutz **automatisch abgeschaltet**, damit das Fenster sicher schließen kann.

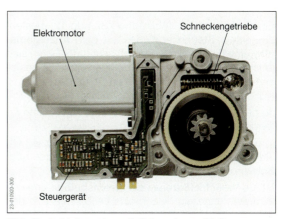

Abb. 5: Antriebsmotor mit Schneckengetriebe

Hierzu wird vom Steuergerät die Position des Fensters über die Anzahl der abgegebenen Impulse des Hallgebers ermittelt.

54.3.2 Türsteuergeräte

Fahrzeuge, die mit vernetzten Komfortsystemen ausgestattet sind, besitzen **Türsteuergeräte**, die neben der Steuerung des Fensterhebers die Aufgaben der **Zentralverriegelung** sowie der **Außenspiegelverstellung** und **-beheizung** übernehmen. Die Türsteuergeräte sind über das CAN-Bussystem untereinander und mit dem Steuergerät der Zentralverriegelung (s. Kap. 54.2.1) verbunden.

Aufgaben zu Kap. 54.3

1. Nennen Sie die zwei Systeme der elektrischen Fensterheber.
2. Skizzieren Sie ein Seitenfenster und zeichnen Sie den Bereich ein, in dem ein Einklemmschutz nach StVZO wirksam sein muss.
3. Beschreiben Sie die Wirkungsweise des Einklemmschutzes.
4. Welche Aufgaben haben Türsteuergeräte?

54.4 Fahrerinformationssysteme

> **Fahrerinformationssysteme** haben die **Aufgabe**, den Fahrer über **fahrzeugbezogene Daten** (z.B. Kraftstoffverbrauch) und **Kommunikations-** sowie **Komfortanwendungen** (z.B. Radio, Navigationssystem) zu informieren.

Fahrerinformationssysteme sind häufig zu einer zentralen Einheit zusammengefasst, um die Bedienung der unterschiedlichen Teilsysteme zu vereinfachen.

54.4.1 Bordcomputer

> **Bordcomputer** haben die **Aufgabe**, fahrzeugbezogene **Daten** zu erfassen, zu berechnen, auszuwerten und anzuzeigen.

Ein Bordcomputer (Abb.1, ⇒TB: Kap.12) besteht aus einem **Steuergerät**, das mit dem **Anzeigedisplay** eine Einheit bildet. Zur Erfassung der Daten sind entsprechende Sensoren vorhanden, bzw. es bestehen Verknüpfungen mit anderen Steuergeräten (z.B. ABS, Motronic) im Fahrzeug.

Je nach Systemumfang können unterschiedliche Informationen angezeigt werden.

Informationen über **Flüssigkeitsstände** (z.B. Ölstand, Waschwasser, Bremsflüssigkeit) werden über **Schwimmerschalter** ermittelt.

Ist die **Verschleißgrenze** der **Bremsbeläge** erreicht, wird dies angezeigt, wenn eine Leiterschleife in den Bremsbelägen unterbrochen wurde.

Die Information über **defekte Glühlampen** wird meist von einem separaten **Lampenkontrollmodul** erfasst und an den Bordcomputer weitergeleitet. Dabei wird die Spannung an einem sehr kleinen Widerstand im jeweiligen Stromkreis der Glühlampe gemessen und durch einen Operationsverstärker (s. Kap. 13.13.6) ausgewertet.

Für die Berechnung des **momentanen** und **durchschnittlichen Kraftstoffverbrauchs** werden vom Bordcomputer Daten über die **Wegstrecke** und die eingespritzte **Kraftstoffmenge** ausgewertet. Diese Informationen erhält der Bordcomputer vom **ABS** (Wegstrecke) und von der **Motronic** (Öffnungszeit der Einspritzventile). Zur Berechnung der **Reichweite** wird als zusätzliche Information das Signal des Tankgebers ausgewertet.

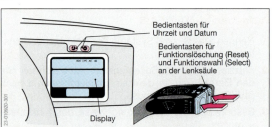

Abb. 1: Bordcomputer mit Bedientasten

54.4.2 Navigationssyteme

> Durch **Navigationssysteme** kann die **Fahrsicherheit gesteigert** werden, weil das Studium von Straßenkarten während der Fahrt entfällt.

Die Abb. 2 zeigt die Übersicht eines Navigationssystems. Es besteht aus folgenden **Komponenten**:
- GPS-Antenne,
- Radio-Lautsprecher,
- Schalter für Rückfahrleuchten,
- ABS-Raddrehzahlsensoren,
- Navigationscomputer mit integrierten Bedientasten, Display, GPS-Empfänger, CD-ROM Laufwerk und Drehwinkelsensor.

Die Komponenten des Navigationscomputers können auch getrennt angeordnet sein.

Satellitenortungssystem GPS

Das Satellitenortungssystem **GPS** (**G**lobal-**P**ositioning-**S**ystem) ermöglicht die Satellitennavigation in Fahrzeugen. GPS besteht aus 24 Satelliten, die in etwa 20 000 km Höhe die Erde auf unterschiedlichen Laufbahnen umkreisen (Abb. 4). Jede Position auf der Erde kann dadurch von mehreren Satelliten gleichzeitig durch Funkkontakt erreicht werden. Die **Satelliten** funken im Millisekundentakt
- ihren Identifizierungscode,
- ihre Position und die
- Uhrzeit.

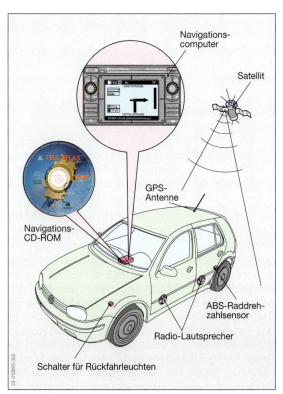

Abb. 2: Übersicht Navigationssystem

Kapitel 54: Komfortelektronik

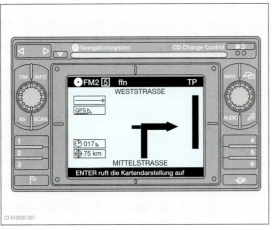

Abb. 3: Anzeigedisplay des Navigationssystems

Der Navigationscomputer empfängt die Signale (Daten) über die **GPS-Antenne** und sendet sie an den **GPS-Empfänger**.

Aus der Zeit, die die Daten vom Satelliten bis zur Erde benötigen, kann der Navigationscomputer die Entfernung zu den Satelliten und damit seine Position auf der Erde berechnen. Für die Positionsbestimmung werden vom Navigationscomputer die Daten von mindestens 3 Satelliten (Abb. 4) benötigt.

Zu Empfangsstörungen bzw. Empfangsausfall kommt es, wenn das Satellitensignal reflektiert wird (z.B. in Tälern, Tunneln, Parkhäusern).

Die Störanfälligkeit des GPS-Signals erfordert die Einbeziehung zusätzlicher Systemkomponenten (ABS, Drehwinkelsensor, CD-ROM) in die Berechnung der **Streckenführung**.

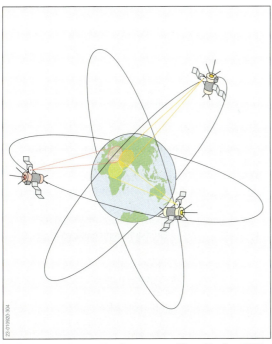

Abb. 4: Anordnung der Ortungssatelliten für das GPS

Streckenführung

Nachdem über die Bedientasten das Fahrziel eingegeben wurde, wird vom Computer die Position des Fahrziels mit Hilfe der Straßenkarte auf der CD-ROM bestimmt.

Durch Vergleich von empfangenen Satellitendaten mit den Daten der Straßenkarte auf der CD-ROM wird vom Navigationscomputer zunächst die Position des Fahrzeugs mit einer Genauigkeit von etwa ±5 m ermittelt. Das anschließend errechnete Streckenprofil (Wegstrecke und Fahrtrichtung) wird auf dem Display (Abb. 3) angezeigt.

Während der Fahrt werden die **Wegstrecke** und der **Kurvenradius** von den ABS-Sensoren erfasst und über das ABS-Steuergerät dem Navigationscomputer übermittelt. Der Kurvenradius ergibt sich aus den Drehzahlunterschieden der kurveninneren und der kurvenäußeren Räder. Vom **Drehwinkelsensor** werden die **Fahrtrichtungsänderungen** (Drehung des Fahrzeugs um die Hochachse) und vom **Schalter** für die **Rückfahrscheinwerfer** Rückwärtsfahrt erfasst. Durch ständigen Vergleich der Sensordaten und der Satellitendaten mit der Straßenkarte auf der CD-ROM werden die Position des Fahrzeugs und der Streckenverlauf vom Navigationscomputer ständig aktualisiert.

Fahrempfehlungen werden dem Fahrer optisch (über das Display) und akustisch (über die Radiolautsprecher) mitgeteilt.

Durch Verknüpfung mit anderen Kommunikationssystemen wie **RDS** (**R**adio-**D**ata-**S**ystem) oder **TMC** (**T**raffic-**M**essage-**C**hannel) können z.B. Staumeldungen oder Verkehrsbeeinträchtigungen durch Baustellen in die Streckenberechnung des Navigationscomputer einfließen.

Eine Verbindung mit dem Mobiltelefon ermöglicht eine automatische Verbindung mit der Rettungsstelle nach einem Unfall.

Durch Erweiterung der Funktionen kann das Display als zentrale Informationseinheit auch für andere Systeme genutzt werden, z.B. zur Anzeige von Bordcomputerfunktionen (s. Kap. 54.4.1), Statusanzeigen für Radio, CD-Wechsler oder TV-Empfang.

Aufgaben zu Kap. 54.4

1. Welche Aufgaben haben Fahrerinformationssysteme?
2. Welche Daten benötigt der Bordcomputer für die Berechnung des Momentanverbrauchs?
3. Wie werden defekte Glühlampen vom Bordcomputer erfasst?
4. Aus welchen Komponenten besteht ein Navigationssystem?
5. Beschreiben Sie die Wirkungsweise des Satellitenortungssystem GPS.
6. Wie erfolgt die Berechnung der Streckenführung durch das Navigationssystem?

Sachwortverzeichnis / index

0°-Stahlgürtel / 0°-steel belt 473
12 V-Bordnetz / 12 V vehicle electrical system 527
2/2-Wegeventil / 2/2 diretional-control valve 114
2-Kanal-ABS / 2 channel ABS 424
3/2-Wegeventil / 3/2 diretional-control valve 114
36 V-Bordnetz / 36 V vehicle electrical system 527
3-Kanal-ABS / 3 channel ABS 424
4-Kanal-ABS / 4 channel ABS 424
5/2-Wegeventil / 5/2 diretional-control valve 114

A

Abbiegelicht / turning beam 566
Abblendlicht / dipped beam 563
Abbremsung / retardation 404
Abfallarten / waste types 17
Abfallgesetz / waste management 16
Abfallvermeidung / waste avoidance 16
Abfallverwertung / waste recycling 16
Abfallwirtschaft / waste management 16
Abgasanlage / exhaust gas system 283, 462
Abgasfilter / exhaust gas filter 176
Abgaskatalysator / exhaust gas catalyst 285, 286
Abgasnachbehandlung / exhaust gas treatment 288
Abgasrückführung / exhaust gas recirculation 287
Abgasrückführungsfilter / exhaust gas recirculation filter 176
Abgasturboaufladung / exhaust gas turbocharging 238
Abgasturboaufladung, zweistufige / two-stageexhaust gas turbocharging 240
Abgasturbolader / exhaust gas turbocharger 239
Abgasuntersuchung / exhaust-emission analysis 155, 291
Ablaufsteuerung / sequential control 118
Abriebindikator / driven indicator 402
ABS-Bremsanlagen / ABS-braking system 424
Abschleppschutz / tow protection 600
Absolut wartungsfreie Batterie / absolute maintenance-free battery 519
Absorptionsschalldämpfer / absorption silencer 284

ABS-Prinzipien / ABS-principle 422
ABS-Steuergerät / ABS-control device 423
Abtragen / separating 63
ACC, Systemeingriff / system control of ACC 430
ACC, Systemgrenze / system limit of ACC 430
ACC-Regelung / ACC regulation 430
Achsgeometrie / axle geometry 351
Achsgetriebe / axle drive 339, 348, 486
Achsöl / axle oil 270
Achsschenkel / axle-pivot 359
Achsschenkellenkung / axle-pivot steering 359, 470
Achsvermessung / axle alignment 357
Achsvermessung, elektronische / electronic axle alignment 356, 358
Adapter / adapter 590
Adapterleitung / adapter lead 590
Adaptive Cruise Control (ACC) / adaptive cruise control 429
Additive / additive 275, 289, 290
Adhäsionskraft / adhesive force 83
Adressbus / address bus 122
Aerodynamik / aerodynamic 437
Aggregatzustand / state 91, 276
Airbag / airbag 435, 436
aktive Sicherheit / active safety 434, 435
aktiver Stabilisator / active stabilisator 371, 372
Aktives Federungssystem / active suspension system 383
aktives Schwingungsdämpfersystem / active vibration damper system 380
Aktivlenkung / active steering 365, 366
Aktor / actuator 112, 530, 572, 581
Aktorsignal / actuator signal 423
allgemeine Betriebserlaubnis (ABE) / General Certification 155
Allradantrieb / all-wheel drive 300, 344
Allradlenkung / all-wheel steering 359
Altautoentsorgung / old-car disposal 19
Altauto-Verordnung / old-car ordinance 20
Alternative Antriebe / alternative drive 293
Alternative Kraftstoffe / alternative fuel 169, 296
Alterung / anti-aging 274
Altöl / waste oil 19

Altölverordnung / waste-oil ordinance 19
Aluminium / aluminum 100
Aluminium-Profilrahmen / aluminum profile frame 468
Ampere / ampere 126
Analog / analog 111
Analog/Binär-Wandler / analog-binary-converter 111
Analog/Digital-Wandler / analog-digital-converter 111, 584
Anhalteweg / braking distance 405
Anhänger-Bremsanlage / trailer brake system 403, 502
Anhänger-Bremsventil / trailer brake valve 503
Anhängersteuerung / trailer steering 506
Anlassen / tempering 88, 89
Ansaugen / induction 157, 451
Ansauglufttemperatursensor / induction air temperature sensor 574
Ansaugrohreinspritzung / induction-pipe injection 184
Ansaugsystem / induction system 184
Ansaugtakt / intake period 159, 196
ANSI-Code / American national standard institute 120
Ansprechzeit / response time 405
Anspringtemperatur / light-off temperature 286
Anti-Blockier-System (ABS) / anti-lock braking system 421
Anti-Blockiersystem für Druckluftbremsanlagen / anti-lock braking system for air-pressure brake system 504
Anti-Blockiersystem, hydraulisch-elektronisches / hydraulic-electronic anti-lock braking system 471
Antriebsart / types of drive 299
Antriebsglied / power unit 114
Antriebskraft / traction force 314, 420
Antriebsschlupf / drive slip 420
Antriebs-Schlupf-Regelung (ASR) / traction control system 425, 504
Antriebs-Schlupf-Regelung für Druckluftbremsanlagen / traction control system for air-pressure brake system 504
Anzugsdrehmoment / tightening torque 257
API-Klassifikation / American Petroleum Institute Classification 272, 273
Aquaplaning / aquaplaning 399

Sachwortverzeichnis / Index

Arbeit / work 162, 163
Arbeiten / working 157, 451
Arbeitsablaufplanung / developmemt planning of work 32
Arbeitskreis / electric working open loop 141
Arbeitsplanung / working planning 31
Arbeitsschutz / work protection 11, 16
Arbeitsspiel / working cycle 157, 162, 197, 198, 450
Arbeitsspiel, ideales / ideal working cleareance 198
Arbeitsstromstärke / working current 141
Arbeitstakt / working period 160, 197
Arten der Einspritzanlage / types of injection systems 180
Arten der Fahrzeugfederung / types of vehicles suspension 370
ASCII-Code / American standard code for information interchange 120
Asynchronmotor / asynchronous drive 295
ATF-Öl / ATF-oil 270
Atom / atomic 90
Atomkern / atomic core 90
Aufbau einer Diesel-Einspritzanlage / development of Diesel-injection-system 208
Aufbau eines Betriebes / development of a firm 24
Aufheizstromstärke / preheating current 184
Aufladung / supercharging 479
Auflaufbremsanlage / overrun brake system 403
Aufschlaghorn / impact horn 569
Aufschrumpfen / shrink on 65
Auftragsbearbeitung / order processing 32
Ausbau von Wälzlagern / extension of rolling bearing 322
Ausgabegerät / output device 121
Ausgleichsbohrung / compensating bore 408
Ausgleichsgetriebe / differential gear 341
Ausgleichssperre / differential lock 342, 343, 487
Auskunftssystem / information system 35
Ausrücker / clutch controller 308
Außengewinde / external thread 66
Außenkonus-Synchronkegel / external-cone synchronize pin 318
Außenplaneten-Antriebsachse / planetary drive-axle 487
Außenplaneten-Getriebe / planetary gearbox 487

Außenrad / exterior wheel 329
Ausstoßen / exhaust 157
Ausstoßtakt / exhaust period 161, 197
Austenit / austenite 86
Auswuchten / balancing 400
Autogen- Gasschmelzschweißen / gas welding 81
Automatikgetriebe / automatic gearbox 326
Automatikgetriebe mit Planetenradansatz / automatic gearbox with planetary train 330
Automatikgetriebe mit Stirnrädern / automatic gearbox with spur gear 335
automatisches Getriebe / automatical gearbox 323, 486
automatisiertes Schaltgetriebe / automatic manuel shifted gearbox 323, 486
Axialkolbenpumpe / axial piston pump 208
Axiallager / thrust bearing 254

B

Batterie / battery 515
Batteriesensor / battery sensor 520
Batterie-Testgerät / battery control device 519
Batteriezelle / battery cell 515
Batteriezündanlage / battery ignition system 529, 547
Befestigungsgewinde / fastening thread 68
Belagfeder / lining suspension 305
Beleuchtungsanlage / lighting system 562
Belüftungskorrosion / ventilation corrosion 445
Benz, Karl 151
Benzineinspritzanlage / petrol-fuel injection system 181
Berührungsspannung / contact voltage 134
Beschleunigungseinrichtung / acceleration equipment 460
Beschleunigungsklopfen / acceleration knock 165
Beschleunigungssensor / acceleration sensor 579, 580
Betrieb / firm 23
Betriebliche Organisation / operating organisation 23
Betriebsbremsanlage / service brake system 403, 497
Betriebsbremsventil / service brake valve 500
Betriebsdatenspeicher / service characteristics storage 584

Betriebsstruktur / structure of a firm 28
Bewegungsgewinde / motion thread 68
Biegeumformen / forming under bending conditions 51
Biegeverfahren / process of bending 52
Bilux-Lampe / Bilux-lamp 563
Bimetallventil / bimetal valve 231
Binär / binary 111
Biodiesel / biological Diesel 296
Biodieselkraftstoff / biological Diesel fuel 166, 169
Bit / binary digit 120
Biturboaufladung / biturbocharging 241
BI-Xenon-Scheinwerfer / BI-Xenon headlamp 565
Blattfeder / leaf spring 493
Blechschraube / sheet-metal screw 69
Blendenrotor / trigger wheel 537
Blindniet / pop rivet 73
Blindnietverbindung / pop rivet connection 73
Blockierverhinderer / anti-lock device 403
Bodenventil / bottom valve 375
Bogenverzahnung / curved-toothed 339
Bogenzahn-Kegelrad / curved-tooth-bevel gear 340
Bohren / drilling 59
Bonderlager / Bonder bearing 255
Bordcomputer / trip computer 602
Bördeln / bordering 74
Bördelverbindungen / bordering connection 74
Bosch, Robert 152
Bottom-Feed-Einspritzventil / bottom-feed-injection valve 182, 183
Boyle, Robert 158
Boyle-Mariotte, Gesetz von / law of Boyle-Mariotte 159
Brake Hardening Steel / brake hardening steel 439
Brandschutz / fire protection 437
Brandschutzmaßnahme / fire pre caution measure 13
Brandschutzzeichen / fire protection signs 13
Braunsche Röhre / Braun's tube 131
Breitband-Lambda-Sonde / wide-band lambda sensor 578
Bremsanlage / braking system 403
Bremsanlage, hydraulische / hydraulic braking system 405, 406, 407
Bremsassistent (BAS) / brake assistant 427

Bremsbacke / brake shoe 413
Bremsbacke, ablaufende / secondary brake shoe 415
Bremsbacke, auflaufende / primary brake shoe 415
Bremsband / brake band 332
Bremsbelag / brake pad 413, 416
Bremsdruckregelung / brake pressure control 428
Bremsdruckverlauf / brake pressure curve 428
Bremse / brake 471
Bremsenprüfung / brake control 404
Bremsfading / brake fading 418
Bremsflüssigkeit / brake fluid 411, 419
Bremsgestänge / brake linkage 411
Bremskraft / brake power 411, 420
Bremskraftregler / brake power regulator 499
Bremskraftübertragungseinrichtung / brake power transmission equipment 411
Bremskraftverstärker / brake power assist unit 409
Bremsleitung / brake pipe 411
Bremsleuchte / stop light 403
Bremsregelkreis / brake control loop 505
Bremsrohr / brake pipe 411
Bremssattel / disk brake calliper 415
Bremssattelart / type of disk brake calliper 416
Bremsscheibe / brake disk 416
Bremsschlauch / brake hose 411
Bremsschlupf / brake sliding 420, 421
Bremsseilzug / brake cable pull 411
Bremssysteme, elektronisch geregelte / electronic-controlled brake system 420, 502
Bremstrommel / brake drum 412
Bremsverzögerung / braking deceleration 404
Bremsvorgang / braking action 404
Bremsweg / braking distance 405
Bremszeit / braking time 405
Bremszylinder / brake cylinder 501
Brennbarkeit / flammability 94
Brennspannung / sparking voltage 552
Brennstoffzelle / fuel cell 294, 297
Brückenrohrrahmen / bridge-type tubular frame 468
Brückenschaltung / bridge connection 144
Bügelmessschraube / bow-micrometer 40, 41
Bundesdatenschutzgesetz / federal data protection law 125
Bustürsteuerung / bus-door controller 116

Byte / byte 120

C

CAN-Baustein / CAN-stone 586
CAN-Bus / controller area network bus 586
CAN-Bus-Datenprotokoll / CAN–bus data reportl 587
CAN-Controller / CAN-controller 586
CAN-High-Leitung/ CAN-high-lead 587
CAN-Low-Leitung / CAN-low-lead 587
CAN-Transceiver / CAN-transceiver 586
CCD-Zelle / change couple device-cell 357
CDI-Zündsystem / capacitive discharge ignition system 464
CE-Kennzeichen / CE code 13
Cetanzahl / cetane number 198
Chemikalienrecht / law of chemicals 16, 17
chemische Eigenschaft / chemical property 94
chemische Verbindung / chemical compound 91
Chopper / chopper 449
cih-Motor / camshaft in head engine 226
Clinchen / clinchen 73
Closed-Deck-Ausführung / closed-deck operation 261
C-Öl / C-oil 272
Common-Rail-Drucksensor / common rail pressure sensor 221
Common-Rail-System / common rail system 220
Computersoftware / computer software 124
Cracken / cracking 166, 167
Crash-Testverfahren / crash-test operating 435
CRT-Katalysator / CRT-catylist 289
Cruiser / cruiser 449
CVT-Getriebe / continously variable transmission gearbox 336, 337, 338
c_w-Wert / drag coefficient 437, 438

D

Daimler, Gottlieb 151
Darlington-Schaltung / Darlington circuit 147, 148
Datenbus / databus 122
Datenverarbeitung / data processing 34
Dauerbremsanlage / permanent braking system 403, 507
Dauermagnet / permanent magnet 136

Dauermagnetismus / permanent magnetism 136
Davex-Profile / Davex-prifile 439
Dehnschraube / reduced-shaft bolt 69
Dehnstoffelement / expansion-element 280
Demontageanalyse / dismanting analysis 21
Demontagesysteme / dismanting system 21
Desachsierung / axially offset 244
Diagnose / diagnostic 384
Diagnose an elektronischen Systemen im Kraftfahrzeug / diagnostic of electronic systems of vehicles 590
Diagnosearbeit / diagnostic work 33
Diagnoseschnittstelle / diagnostic interface 591
Diagnosesteckdose / diagnosic socket 592
Diagonalgürtel / bias tyre 473
Diagrammscheibe / tachograph cart 476
Dichtheitsprüfung an Einspritzdüsen / leak-test of injection nozzles 217
Dichtungsbauart / types of gaskets 258
Diebstahlschutzsystem / theft protection system 598
Diebstahlwarnanlage / security system 600
Diesel, Rudolf 151
Diesel-Einspritzanlage / Diesel injection system 208
Dieselkraftstoff / Diesel fuel 168
Dieselmotor / Diesel engine 196, 288
Dieseltester, elektronische / electronic Diesel tester 217
Digit / digit 111
digitale Service-Leitung (DSL) / digital service leads 124
Diode / diode 143, 144
Diodenprüflampe / diode test lamp 590
Direkteinspritzanlage / direct injection system 193, 194
dohc-Motor / double overhead camshaft engine 226
dominanter Zustand / dominat state 587
Doppelachslenkung / twin axle steering 492
Doppelgelenk / cardan joint 347
Doppelgenerator / double generator 527
Doppelhallgeberrad / double hall generator wheel 191
Doppelkolbensystem / twin piston system 453

Sachwortverzeichnis / Index

Doppelkonus / double cone 316
Doppelkonus-Synchronisation / double cone synchronization 317
Doppelkupplung / twin clutch 307
Doppelkupplungsgetriebe / twin clutch gearbox 324, 325
Doppelquerlenkerachse / double-wishbone axle 389
Doppelschleifenrohrrahmen / tubular double-loop frame 468
Doppelschlussschaltung / compound connection 557
Doppel-Vanos / double-Vanos 237
Doppelzündung / twin-plug ignition 549
Dotierung / endowment 143
Drahtspeichenrad / wire-ring spring 472
Drehbewegung / rotary movement 351
Drehen / turning 62
Drehfeld / rotary field 522
Drehkolbengebläse / rotary piston compressor 242
Drehmoment / torque 67
Drehmomenthyperbel / torque hyperbola 313
Drehmomentverlauf / torque characteristic 313
Drehmomentwandler / torque converter 326
Drehmomentwandler, hydrodynamischer / hydrodynamictorque converter 326, 327
Drehmomentwandlung / torque conversion 312
Drehratensensor / yaw-rate sensor 579
Drehschemel-Lenkung / single-pivot steering 359
Drehstabfeder / torsion bar spring 370
Drehsteller / torsion actuator 582
Drehstrom / alternating current 126, 522
Drehstrombrückenschaltung / alternator bridge connection 524
Drehstromgenerator / alternator 521
Drehstromgenerator-Tester / alternator control-device 528
Drehwinkelsensor / angle of rotation sensor 579
Drehzahlregelung, elektronische / electronic rotational speed control 481
Drehzahlsensor / speed sensor 575
Drehzahlsensor, induktiver / inductive speed sensor 575
Drehzahlwandlung / speed conversion 312, 313
Dreieckschaltung / triangle connection 522

Dreieckslenker / wishbone 386
Dreistofflager / trimetal bearing 255
Dreiwegekatalysator / three-way catalytic converter 286
Dreiwellen-6-Ganggetriebe / three-waves–6-speed gearbox 319
Drosselklappe / throttle 179, 457
Drosselklappenpotenziometer / throttle potentiometer 573
Drosselklappenschalter / throttle switch 573
Drosselventil / throttle valve 114
Drosselzapfendüse / throttle pintle nozzle 214
Druck / pressure 158
Druckbegrenzungsventil / pressure limiting valve 114
Druckgießen / pressure die casting 48
Druckluftbremsanlage / compressed air brake system 496, 506
Druckluft-Bremskraftverstärker / pneumatic brake booster 409
Druckluftversorgung / air pressure supply 497
Druckprobe / pressure test 282
Druckreduzierventil / pressure decrease valve 114
Druckregelventil / pressure control valve 221
Druckregler / pressure regulator 189, 190, 497
Drucksensor / pressure sensor 575
Drucksteller, elektro-hydraulischer / electro-hydraulic pressure actuator 187, 491
Drucksteuerventil / pressure control valve 194, 504
Druckstufe / compression 375
Drucküberwachung / pressure control 499
Druckumformen / forming under compressive conditions 50
Druckumlaufschmierung / pressure circulation lubrication 267
duales Zahlensystem / binary number system 120
Durchgangsprüfung / test of speed up out of control 590
Durchhärten / harden 88
Durchsetzfügen (Clinchen) / clinchen 73
Durchtriebsachse / drive through axle 490
Duroplast / duroplastic 49
Düsenhalter / nozzle holder 215
Düsenhalterkombination / combination of nozzle holder 213, 215
Düsenkörper / nozzle body 213
Düsennadel / nozzle pin 213, 458

E

EC-Motor / electric-commutate engine 583
Edelstahl / precious steel 96, 97
effektive Leistung / effective power 206
EGAS-System / EGAS-system 190
Eigendiagnose / self-diagnostic 591
Eigenlenkverhalten / self-steering effect 351, 352
Ein- Ausgabeeinheit(EVA) / input-output unit 584
Einbau von Wälzlagern / assembly of bearing 322
Einfachkonus / single cone 316
Einfachlenker / single suspension link 386
Einfadenglühlampen / single filament lamp 561
Eingabegerät / input device 121
Eingabe-Verarbeitung-Ausgabe (EVA-Prinzip) / input-processing- output 119
Einheitsbohrung / hole-basis system of fits 45
Einheitswelle / shaft-basis system of fits 45
Einklemmschutz / pinch protection 601
Einmetallventil / single-metal valve 231
Einrohrschwingungsdämpfer / single-tube vibration damper 375, 377
Einrückrelais / solenoid switch 558
Einscheibensicherheitsglas / single-layer safety glass 441
Einscheiben-Trockenkupplung mit Membranfeder / single-disk dry clutch with diaphragm spring 302
Einscheiben-Trockenkupplung mit Schraubenfeder / single-disk dry clutch with coil spring 304
Einspritzanlage / injection system 179, 208, 479
Einspritzanlage für PKW-Dieselmotoren / injection system for passenger car-engine 208
Einspritzanlage, directe / direct injection system 180,191, 200
Einspritzanlage, elektronische / electronic injection system 181
Einspritzanlage, indirekte / indirect injection system 186
Einspritzdüse / injection nozzle 180, 181, 182, 183, 213
Einspritzdüsenprüfstand / injection-nozzle tester 216
Einspritzfolgen / injection sequence 183

Einspritzmenge / injected fuel quantiy 185
Einspritzmengenregelung / control of injected fuel quantity 208, 213
Einspritzmengenregelung, elektronische / electronic control of injected quantity 210
Einspritzmengenregler / fuel-quantity controller 209
Einspritzpumpenprüfstand / injection-pump tester 216
Einspritzung, indirekte / indirect injection 180, 200
Einspritzung, intermittierende / intermit injection 180, 181
Einspritzung, kontinuierliche / continually injection 180, 181
Einspritzung, sequentielle / sequential injection 183
Einspritzung, simultane / simulate injection 183
Einspritzventil mit Luftumfassung/ injection valve with air encirclement 183
Einspritzventil / injection valve 180, 182, 183, 194
Einström-Prinzip / intake principle 422
Einweg-Gleichrichtung / single-way rectification 144
Einwicklungsdrehsteller / rewinding torsion actuator 582
Einzelbetriebserlaubnis / single plant permission 155
Einzelfunkenzündspule / single-spark coil 547
Einzelradaufhängung / independent suspension 389, 390
Eisen / iron 94
Eisen-Eisenkarbid-Diagramm / iron-cementite diagram 87
Eisen-Kohlenstoff-Gusswerkstoff / iron carbon casting 98
Eisenwerkstoff / iron material 85
Elastizität / elasticity 92
Elastomerlager / elastomer bearing 387
elektrische Arbeit / electrical work 134
elektrischer Schalter / electrical switch 573
Elektroantrieb / electric drive 294
Elektrochemische Spannungsreihe / electrochemical series 444
Elektro-Hybridantrieb / electro hybrid drive 295
elektro-hydraulische Bremse (EHB) / eletro-hydraulic brake 410
Elektrolyt / electrolyte 515, 516
Elektromagnet / electro magnet 136

Elektromagnetismus / electro magnetism 136
Elektromotor / electric motor 582
Elektron / electron 90, 126
elektronische Dieselregelung (EDC) electronic Diesel control 208
elektronisches Fahrpedal / electronic accelarator pedal 194
elektronisches Kupplungsmanagement / electronic clutch management 310
elektronisches Regelungssystem / electronic control system 572
Elektronisches Stabilitäts-Programm (ESP) / electronic stability program 426
elektronisches System / electronic system 571
Elektronisches-Stabilitäts-Programm / electronic-stabilizer-program 606
elektro-pneumatische Schaltkraftunterstützung / electro pneumatic operating force support 485
Elektrostartanlage / electro start system 464
Elemente / element 90
Ellipsoidreflektor / ellipsoid reflector 563, 564
Ellipsoid-Scheinwerfer / ellipsoidal headlight 564
Emissionsminderung / emission reduction 285
Empfänger / reciever 589
Enduro-Motorrad / Enduro motorcycle 449
Energie, elektrische / electrical energy 143
Energieumsetzung / energy conversion 105
Entlüften der Diesel-Einspritzanlage / bleeding of the Diesel Injection system 482
Entsorgbarkeit / disposalability 94
Entsorgungsnachweis / disposal permit 17
Entstörkondensator / interference suspension capacitor 143
Entwässerungsventil / water-drainage valve 499
EPG-Glas / enhanced protective glas 441
Erdgas / natural gas 66, 169
Erdgasbetrieb / natural gas running 296
Erdgasbetrieb, Bauteile des / compounds of natural gas running 296
Erdöl / petroleum 166
Ergonomie / ergonomics 432
Erregerdiode / exciter diode 525

Erregerstromkreis / field current circuit 525
ESP-Regelung / ESP-control 427
EU-Fahrerlaubnisklasse / EU-driving licence classification 154
Euronorm / EURO-standards 95
Europäische-On-Board-Diagnose (EOBD) / European-On-Board-diagnostic 550
EVA-Prinzip / EVA-principle 104, 106, 111
EVA-Prinzip der Einspritzanlage / EVA-principle of injection system 185
EXOR-Schaltung / EXOR-connection 115
Expansionsventil / expansion valve 595
Exzenterwelle / eccentric shaft 293

F

Fadenwinkel / cord angle 395
Fahrachse, geometrische / geometrical travelling axle 357
Fahrdynamik / vehicle dynamic 467
Fahrdynamikregelung (FDR) / vehicle dynamic control 426
Fahrerhaus / driver's cab 477
Fahrerinformationssystem / driver information system 602
Fahrkomfort / driving comfort 375
Fahrkontrolle, dynamische / dynamic driving control 381
Fahrprogramm / shift program 285
Fahrrad mit Hilfsmotor / motor-assisted bicycle 449
Fahrsicherheit / driving safety 375
Fahrtrichtungsanzeiger / direction indicator 567
Fahrtwindkühlung / air stream cooling 277
Fahrverhalten / vehicle handling 351
Fahrverhalten, neutrales / neutral vehicle handling 352, 253
Fahrverhalten, übersteuerndes / oversteering vehicle handling 353
Fahrverhalten, untersteuerndes / understeeringvehicle handling 352
Fahrwerk / chassis 467, 488
Fahrwerkanalyse / chassis analsis 358
Fahrwerkssystem, aktives / active chassis system 380
Fahrzeugaufbau / vehicle body 432, 478
Fahrzeugdrehbewegung / vehicle rotation 351
Fahrzeugfederung / vehicle suspension 368
Fahrzeuglackierung / vehicle painting 446

Sachwortverzeichnis / Index

Fahrzeugleichtbau / vehicle light body 84
Fahrzeugniveau / vehicle niveau 380
Fahrzeugsicherheit / vehicle security 434
Faltenbalg / bellow 494
Falzen / folding 74
Falzverbindungen / folding connection 74
Fanfarenhorn / air horn 569
FAP-System / FAP-system 290
Farad / farad 143
Faserfilter / fibre filter 174
Faustachse / solid-end axle 489
Faustsattelbremse / floating-calliper brake 417
Federprüfgerät / spring test device 368
Federung / suspension 368, 471
Federungssystem / suspension system 368, 382
Federverbindung / spring connection 71
Federwegänderung, progressive / progressive spring deflection 470
Fehlerstrom-Schutzeinrichtung (FI) / residual current protection 134
Fehlersuchplan / fault analysis plan 33
Feilen / filling 57
Feinfilter / fine filter 176
Felge / rim 394
Felgenbezeichnung / rim code 395, 510
Felgendurchmesser / rim diameter 396
Felgenkompensation / rim compensation 357
Fensterheber / power-window unit 601
Fensterheberantrieb / power-window drive 601
Fernlicht / high beam 563
Fernthermometer / remote thermostat 282
Ferrit / ferrite 85
Fertigungsverfahren / production process 47
Festgelenk / solid joint 347
Festigkeit / strength 92
Festigkeitskennzahl / strength code 70
Festigkeitsklasse / classification of strength 69
Festkörperreibung / solid state friction 265
Festlager / fast bearing 321
Festsattelbremse / fixed-calliper brake 415, 416
Feststellbremsanlage / parking brake system 403, 418, 501
Feststellbremsanlage des Anhängers / parking brake system of trailer 503

Feststellbremse / parking brake 417
Feststellbremsstellung / parking brake position 502
Feststellbremsventil / parking brake valve 502
Festwiderstand / fixed resistor 142
Feuersteg / head land 245
Filter / filter 174
Filterart / types of filters 174
Filterwirkung / filter effect 174
Flachbettfelge / flat-base rim 394
Flächenkorrosion, gleichmäßige / regular surface corrosion 44
Flachschiebervergaser / flat control vacuum carburetor 458, 459
Flammglühkerze / flame glow-plug 203
Flammpunkt / flash point 169
Flammstartanlage / flame starting system 203
Flanbloc-Gelenk / flanbloc-joint 387
Fliehkraftkupplung / centrifugal clutch 465
Fliehkraftversteller / centrifugal advance device 539
Fliehkraftverstellung / centrifugal advance 540
Flügelzellenpumpe / vane pump 209, 211
Flüssigkeitskühler / liquid cooler 278
Flüssigkeitskühlung / liquid cooling 277
Flüssigkeitsreibung / fluid friction 266
Flussmittel / flux 76
Ford, Henry 151
Förderpumpe / delivery pump 209
Form-Leichtbau / shape light weight 442
Freiflächenreflektor / free-space reflector 562
Freilauf / free-wheel 332
Freischnitt / free cutting 56
Freiwinkel / clearance angle 53
Fremdkraftlenkung / power-steering system 492
Fremdzündung / spark ignition 157
Frequenz / frequency 132
Frischladungsmasse / fresh charge mass 452
Frischölautomat / fresh-oil automat 461
Frischölautomatik / fresh-oil automatic 455
Frischölschmierung / fresh-oil lubrication 454, 462
Frontlenker-Fahrerhaus / cab-over-engine 477
Frontmotorantrieb / front engine drive 299

Frostschutzpumpe / antifreeze pump 498
Frühzündung / pre-ignition 538
Fügen / joining 65
Fügeverfahren / joining process 65
Füllbohrung / filling drill 408
Füllscheibe / filling disk 408
Füllungsgrad / electrolyte level 164, 235
Funkendauer / spark duration 552
Funktionselement / operating symbol 106
Funktionsgruppe / functiion group 106
Funktionstabelle / functional table 116

G

Gabelachse / fork axle 489
Galvanisieren / galvanize 445
Gangrad / speed change gear 314
Gasfederung / gas suspension 373
Gasgesetze / general gas equation 158
Gasgleichung / gas equation 159
Gate / gate 464
Gay-Lussac, Joseph Louis 159
Geberzylinder / master cylinder 308
Gebläseluftkühlung / air-blower cooling 277
Gebotszeichen / mandatory signs 12
gecrackte Pleuelstange / cracking connecting rod 251
Gefahrensymbol / symbol of hazardous 18
Gefahrgutverordnung Straße / act government the road haulage of hazardous 14,15
Gefährliche Stoffe / dangered materials 13, 18
Gefahrstoffrecht / legistation onhazardous substances 18
Gefahrstoffverordnung / hazardous substance regulation 14
gefederte Massen / spring weight 369
Gefrierschutzmittel / anti-freezing compound 282
Gefüge / microstructure 85
Gefügeart / types od microstructures 86
Gelenk, progressives / progressive joint 470
Gelenkscheibe / flexible coupling 346, 349
Gelenkwelle / propeller shaft 345, 348, 486
Gelenkwellen-Lager / propeller-shaft bearing 348
Gemischbildung / mixture formation 157, 196

Gemischbildungssysteme / mixture formation system 456
Gemischschmierung / mixture lubrication 454, 461
Generator / generator 521
Generatorprinzip / generator control 137
Generatorregelung / generator regulation 526
Generatorstromkreis / generator current circuit 525
Geradverzahnung / straight-running stabilty 320, 339
Geripperahmen / carcass frame 433
Germaniumdiode / germanium diode 144
Gesamtbremszeit / total braking time 405
Gesamtspur 353
Gesamtsystem / total system 106
Geschwindigkeitskennzahl / speed code 512
Geschwindigkeitsklasse / speed index 396, 397
Gesundheitsrisiko / risk of health 14
Getriebe / gearbox 465
Getriebe mit Nachschaltgruppe / gearbox with post-start enrichment 484
Getriebe mit Vorschaltgruppe / gearbox with ballast unit 484
Getriebeöl / gearbox oil 270, 271
Getriebeschaltung / gearbox connection 485
Getriebesteuerung, elektronische / electronic transmission control system 323, 331
Getriebeübersetzung / drive transmission 339
Gewässerschutz / protection of water bodies 16, 18
Gewindearten / types of threads 68
Gewindebezeichnung / identification of threads 68
Gewindebohrer / screw-tap 61
Gewindeflanke / theads flank 67
Gewindeschneiden / threading 61
Gewindesteigung / thread pitch 66, 67
Gießbarkeit / castability 93
Gießen / casting 48
Giftigkeit / toxicity 94
Gitterrohrrahmen / tubular space frame 468
Glas / glass 102, 440
Gleichdruck-Verbrennung / constant-depression combustion 196, 198
Gleichdruckvergaser / constant-depression carburetor 457
Gleichlaufgelenk / constant-velocity joint 347, 349

Gleichraum-Verbrennung / constant volume combustion 157, 162
Gleichrichterschaltung / rectification connecting 144
Gleichrichtung / rectification 524
Gleichspannung / direct voltage 126, 521
Gleichstrom / direct current 126
Gleichstromspülung / uniflow scavenging 452, 453
Gleitfunkenstrecke / surface–gap 534
Gleitlager / plain bearing 254, 255
Gleitprüfung / sliding test 217
Gleitreibung / sliding friction 404
Gleitreibungskraft / sliding friction force 265
Glühen / annealing 87
Glühkerze / glow plug 201
Glühlampe / bulb 561
Glühstiftkerze / sheathed type glow plug 202
Glühzeitsteuergerät / glow-control unit 202
Glühzündungstemperatur / glow-ignition temperature 533
GPS / Global-Positioning-System 602
Grenzlehrdorn / limit plug gauge 42, 43
Grenzlehre / limit gauge 42, 43
Grenzrachenlehre / limit gap gauge 42, 43
Grundfunktion / basic function 106, 107
Grundsperrwert / basic locking value 343, 344
Gruppeneinspritzung / range-change injection 183
Gummi / rubber 102
Gummifeder / rubber spring 368, 374
Gummifederung / rubber suspension 374
Gürtel / belt 395
Gurtstraffer / seat-belt tensioner 436
Gusseisen / cast iron 98
Gusslegierung / cast alloy 99

H

H4-Lampe / H4-lamp 563
Haftreibung / static friction 265, 404
Haftreibungskraft / static friction force 265
Halbleiterwiderstand (NTC/PTC) / semi-conductor resistor 573
Haldex-Kupplung / Haldex-clutch 345
Hall-Drehzahlsensor / Hall-speed sensor 576
Hall-Effekt / Hall-effect 536, 576
Hallgeber / Hall-effect pulse generator 130, 191, 464, 536, 541

Hallspannung / Hall-voltage 576
Halogenlampe / halogen lamp 561
Halogen-Scheinwerfer / halogen headlamp 563
Härtbarkeit / hardenability 94
Härte / hardness 92
Härten / hardening 88
Hartgummi / hard rubber 2
Hartguss / chilled soldering 98
Hartmetall / hard metal 103
Hauptdüse / master nozzle 457
Hauptfunktion / main function 104, 106
Hauptschneide / major cutting edge 59
Hauptstromfilter / main flow filter 269
Hauptuntersuchung / general inspection 155, 403, 477
Hauptzylinder / master cylinder 407
HD-Öl / HD-oil 273
Header / header 588
Heckmotorantrieb / rear engined drive 300
Heißfilm-Luftmassenmesser / hot film mass air-flow meter 184
Heißfilmsensor / hot film sensor 574
Heißleiter / thermal resistor 142
Heizungsbetrieb / heating operation 593
Heizwert / caloric value 168
Hexadezimalsystem / hexa-dicimale-system 120
Hiebarten / types of cut 58
High-Speed-CAN-Bus / high-speed-CAN-bus 586
Hilfsbremsanlage / emergency braking system 403
Hilfskraftlenkanlage / power-assisted steering system 492
Hilfskraftlenkung / power-assisted steering 363
Hinterachse / vertical axis 490
Hinterachslager / vertical axis bearing 390, 391
Hinterradantrieb / rear wheel drive 299, 300
Hinterrad-Aufhängung / rear-wheel suspension 470
Hitzdraht-Luftmassenmesser / hot wire mass air-flow sensor 184, 574
HJS-Partikelfilter / HJS- particulate filter 291
Hochdruckerzeugung / high-pressure production 211, 212
Hochdruckmagnetventil / high-pressure magneto valve 218
Hochdruckpumpe / high-pressure pump 221
Hochdruckspeicher / high-pressure accumulator 221

Sachwortverzeichnis / Index

Hochdrucksystem / high-pressure system 220, 222
Hochdruckteil / high-pressure equipment 218
Hochgeschwindigkeitsklopfen / high-speed knock 165
Hochspannungsdiodenschaltung / high-voltage diode circuit 548
Hochspannungsverteiler / high-tension distributor 541
Höhenspiel / vertical clearance 249, 250
höherfrequente Schwingung / high frequent vibration 383
Hohlraumversiegelung / body-cavity preservation 447
Hohlventil / hollow-stern valve 231
Homogenbetrieb / homogenous working 192
Honen / honing 63
Horn / horn 569
HP-Zusatz / HP-additive 273
Hubkolbenmotor / internal combustion piston engine 158, 257
Hubraum / displacement 158
Hubscheibe / cam plate 209
Hubschieber / piston valve 481
Hubschieber-Reiheneinspritzpumpe / piston valve in-line injection pump 479
Hülsenkette / sleeve-type chain 465
Hump-Felge / Hump-rim 395
Hybridantrieb / hybrid propulsion 295
Hybridantrieb, gemischter / mixed hybrid propulsion 295
Hybridantrieb, paralleler / parallel hybrid propulsion 295
Hybridantrieb, serieller / serial hybrid propulsion 295
Hybrid-Schaltung / hybrid-connection 149
Hydraulik-Bremskraftverstärker / hydraulic brake power assist unit 410
Hydraulikfilter / hydraulic filter 178
Hydraulisch gesteuerter Schwingungsdämpfer / hydraulic-steered vibration damper 381
hydraulische Regelung / hydraulic control 384
Hydrodynamische Kupplung / hydrodynamic clutch 327
hydrodynamisches Schmiersystem / hydrodynamic lubrication system 266
Hydrolager / hydraulic bearing 264
Hydrolenkung. elektronisch gesteuerte / electronic control hydro-steering 364

Hydropneumatisch Federung / hydro-pneumatic suspension 374
hydropneumatische Niveauregulierung / hydro-pneumatic level adjustment 378
hydrostatisch betätigte pneumatische Schaltkraftunterstützung / hydrostatic-pneumatic shift force help 485
Hydrostößel / hydraulic lifter 228
Hypoidgetriebe / hypoid gearbox 340, 486
Hypoid-Öl / hypoid-oil 273

I

IDIS / international dismantling information system 21
Impulsformer / pulse-shaping circuit 584
Impulsgeber / pulse generator 464
Impulsgeberrad / trigger wheel 535, 575, 576
Impulsgeberspannung / pulse-generator voltage 537
Impulsgeberstrom / pulse-generator current 537
Individual-Regelung (IR) / individual control 423
Induktion / induction 137
Induktion, elektromagnetische / electro-magnetic induction 137, 521
Induktionsspannung / induction voltage 575
Induktivgeber / inductive pickup 464, 535, 575
Informationstechnik / information technology 119
Informationsumsetzung / information transforming 105
Injektor / injector 221
Innengewinde / internal thread 66
Innenhochdruckumformen / internal high-pressure metal forming 439
Innenmessschraube / internal micrometer 40
Innenraumfilter / passenger compartment filter 178
Innenraumheizung / interior heating 594
Innenraumtemperatur / passenger compartment temperature 593
Innenzahnradpumpe / internal gear pump 171, 328
Inspektion / inspection 15
Instandsetzung / repairing 15
In-Tank-Pumpe / In-Tank-pump 190
Intarder / intarder 508
Integral-ABS / intergral- ABS 471
integrierter Schaltkreis / integrated connecting circiut 149

Interferenz / interference 284
Interferenzschalldämpfer / interference silencer 285
Internetnutzung / internet using 125
ISDN / Integrated Services Digital Network 124
ISO-Norm / ISO-norm 95
ISO-Passung / ISO –fit 44
ISO-Toleranzsystem / ISO-tolerance system 44

K

Kältemittel / refrigerant 595, 596
Kältemittelkreislauf / refrigerant circuit 595
Kaltleiter / PTC-conductor 142
Kaltstart / cold start 459
Kaltstarteinrichtung / cold-starting unit 459
Kapazität, elektrische / electrical capacitance 143
Kapazitiver Sensor / capacitive sensor 580
Kapillarviskosimeter / capillarity viscous meter 272
Kapillarwirkung / capillarity 76
Kardangelenk / cardan shaft 346
Kardanwellenantrieb / cardan shaft drive 467
Kastenrahmen / box-type frame 488
Katalysator / catalyst 167, 285
katalytische Abgasnachbehandlung / catalyst exhaust treatment 179
Kegelradausgleichsgetriebe / bevel-gear differential 342
Kegelradgetriebe / bevel-gear drive 339
Kegelrollenlager / tapered-roller bearing 388
Kegelschraubgetriebe / conical-screw gearbox 340
Kegelverbindung / conical connection 66
Keilriemengetriebe, stufenlos / free-state ribbed V-belt gearbox 466
Keilschneiden / taper cutting 54
Keilwellenprofile / splinted shaft profile 71
Keilwinkel / wedge angle 53, 54
KE-Jetronic / KE-jetronic 186
Kennfeldzündung / electronic-map ignition 541, 542, 543
Kennlinien von Schwingungsdämpfern / characteristics of vibration damper 376
Kennzeichnung der Batterie/ identification of battery 517
Keramische Werkstoffe / ceramic material 102

Kerbverzahnunge / serrated coupling 71
kinematische Viskosität / cinematic viscosity 272
Kipphebel / rocker 229
Kippstufe, astabile / astabile tilting shape 567, 568
Kirchhoffsches Gesetz / Kirchhoff's law 133
Klappenschaltsaugrohr / flap shift induction pipe 235
Klauenpol-Drehstromgenerator / claw-pole alternator 463, 521
Klebearten / types of adhesive 83
Kleben / glueing 82
Klebeverbindungen / glueing connection 82
Kleinkraftrad / light motorcycle 449
Klemmverbindungen / clamp connection 65
Klimaanlage / air conditioner system 594
Klimatisierung / conditioning 593
klopfende Verbrennung / knocking combustion 164
Klopffestigkeit / antiknock index 166, 167
Klopfgrenze / kock limit 541
Klopfregelung / knock control 545, 546
Klopfregelung, adaptive / adaptive knock control 546
Klopfregelung, elektronische / electronic knock control 545, 577
Klopfregelung, selektive / selective knock control 546
Klopfsensor / knock sensor 545, 577
Knetlegierung 99
Kohäsionskraft / cohesive force 83, 91
Kolben / piston 243, 244
Kolbenbolzen / piston pin 250
Kolbendruck / piston pressure 163
Kolbendurchmesser / piston diameter 158, 244
Kolbeneinbaubeispiel / piston installation clearance 245, 246
Kolbeneinbauspiel / piston installation 245, 246
Kolbenform / type of piston 245, 247
Kolbenherstellung / piston design 246
Kolbenhub / piston stroke 157, 158
Kolbenkraft / piston force 243
Kolbenlaufflächenschutz / piston bearing surface protection 247
Kolbenpumpe / piston pump 460
Kolbenring / piston ring 248
Kolbenringform / type of piston ring 249
Kolbenringwerkstoff / piston ring material 249

Kolbenringzone / piston ring zone 244
Kolbenseitenkraft / piston side force 243
Kolbenwerkstoff / piston material 246
Kombinationsschalldämpfer/ combination silencer 284
kombiniertes Zünd- und Gemischbildungssystem / combinted ignition and mixture formation system 189, 190
Komfortelektronik / comfort electronic 593
Kommunikation / communication 28
Kommunikationsmodell / communication model 29
Kompensationsklappe / compensation folding 184
Kompressionsdruckschreiber / compression tester 233
Kompressionsdruckverlust / compression lost 234
Kompressor / compressor 595, 596
Kondensator / capacitor 142, 551
Kondensator-Batteriezündanlage / capacitor battery ignition system 551
Königswellenantrieb / vertical-shaft drive 227
Kontaktkleber / contact adhesive 83
Kontaktkorrosion / contact corrosion 445
Kontrolllampe / control lamp 568
konventionelle Datenübertragung / conventional data transmission 585
Konvertierungsgrad / convertion rate 286
Kopfschraube / head screw 68
Koppellenkerachse / semi-independent suspension 391
Koppelsystem / coupling system 513
Korrosion / corrosion 444, 445
Korrosion, chemische / chemical corrosion 444
Korrosion, elektrochemische /electrochemical corrosion 444
Korrosion, interkristalline / intercrystalline corrosion 445
Korrosion, transkristalline / transcristalline corrosion 445
Korrosionsart / type of corrosion 444
Korrosionsbeständigkeit / corrosion-proof 94
Korrosionsschutz/ corrosion protection 445
Kraft / force 53, 54, 420
Kräfteparallelogramm / force parallelogram 54
Kraftfahrzeug / motor-vehicle 154

Kraftfahrzeugbatterie / vehicle battery 516
Kraftfluss / force flow 314, 319
Kraftfluss im Planetengetriebe / force-flow in planetary gearbox 334
Kraftomnibus / motor bus 154
Kraftrad / motorcycle 154, 449
Kraftschlüssige Schraubensicherungen / adherent screw locks 70
Kraftschlüssige Verbindungen / adherent connection 65
Kraftstoff / fuel 166
Kraftstoffabstellvorrichtung / fuel shutoff device 211
Kraftstoffbehälter / fuel tank 170
Kraftstoffdruckregler / fuel pressure regulator 182
Kraftstofffilter / fuel filter 172, 176
Kraftstoffförderanlage / fuel supply system 170
Kraftstoffförmodul / fuel supply module 173
Kraftstoffförderpumpe / fuel supply pump 171
Kraftstoffherstellung / fuel production 166
Kraftstoff-Kühlkreislauf / fuel cooling-circuit 218
Kraftstoffleitung / fuel pipe 173
Kraftstoff-Luft-Gemisch / fuel-air mixture 450
Kraftstoffmengen-Stellmagnet / fuel delivery contro l magnet 481
Kraftstoffmengenteiler / fuel distributor 186
Kraftstoffstrahl / fuel ray 199
Kraftstoffsystem mit Rücklauf / fuel system with reversing 182
Kraftstoffverbrauch, spezifischer / spezific fuel consumption 205
Kraftstoffverteiler-Modul / fuel rail module 182
Kraftstoffvorratsanzeiger / fuel gauge 170
Kraftstoffwärmetauscher / fuel heat exchange 211
Kraftübertragung / power transmission 464, 483
Kraftübertragung, hydraulische / hydraulic power transmission 406
Kreisbahn für Nutzfahrzeuge / circular path for commercial vehicle 476
Kreiselkraft / centrifugal force 467, 468
Kreiskolbenmotor / rotary engine 293
Kreuzgelenk / cardan joint 346, 349
Kreuzgelenkwelle / cardan shaft 346
Kugelgelenk / ball joint 361, 387

Kugelgleichlauf-Festgelenk / ball homokinetic solid joint 348
Kugel-Gleichlaufgelenk / ball-constant velocity joint 347
Kugelgleichlauf-Verschiebegelenk / ball homokinetic shift joint 348
Kugelumlauf-Lenkgetriebe / ball steering gear 361
Kühlbetrieb / coolant operation 593
Kühlmittel / coolant 281
Kühlmittelkreislauf / coolant circuit 280
Kühlmittelpumpe / coolant pump 279
Kühlmittelthermostat / coolant thermostat 280, 281
Kühlmodul / coolant module 278
Kühlrippe / cooling rib 277
Kühlsystem von Klimaanlagen / cooling system of air conditioner system 595
Kühlung / cooling 275
Kühlverschlussdeckel / cooling cap 280
Kundengespräch / conservation with customer 29
Kundenorientierung / customer orientation 25
Kunststoff / synthetic material 101, 102, 440
Kunststoffe, glasfaserverstärkte / glass-fiber-reinforced synthetic material 102, 103
Kunststoffe, kohlenstofffaserverstärkte 102, 103
Kupfer / cupper 99
Kupplung / clutch 301, 465, 483
Kupplung, elektromagnetische / electro-magnetic clutch 279, 583
Kupplungsbelag / clutch lining 306
Kupplungsbetätigung / clutch control 308, 483
Kupplungsbetätigung, hydraulische / hydraulic clutch control 308
Kupplungsdrehmoment / clutch torque 301
Kupplungsdruckpla / clutch pressure plate 301
Kupplungskopf / coupling head 503
Kupplungsscheibe / clutch disk 305, 306, 307
Kupplungsspiel / clutch clearance 309, 310
Kurbelgehäuse-Entlüftung / positive crankcase ventilation 263, 264
Kurbeltrieb / crank-gear 243
Kurbelwelle / crankshaft 243, 252
Kurbelwelle, gegossene / cast crankshaft 253
Kurbelwelle, geschmiedete / forged crankshaft 253

Kurbelwellen-Starter-Generator / crankshaft-starter-generator 527
Kurvenlicht / curve light 566

L

Ladedruckregelung / boost-pressure control 239
Ladedruckregelung, elektronische / electronic boost-pressure control 240
Ladeluftkühlung / change air cooling 242
Ladungswechsel / changing cycle 163
Ladungswechsel, offener / open changing cycle 451
Lagermetall / bearing metal 100
Lagerspiel / beaing clearance 255, 388
Lambda-(Einspritzzeit-)Kennfeld / oxygen map 187
Lambda-Regelung / oxygen control 185
Lambda-Sonde / oxygen sensor 577
Lambda-Wert / oxygen value 179
Lamellenkupplung / multi-disk clutch 306, 332
LAN-Card / Local Area Network-Card 124
Langarmschwinge / long-arm swinging 470
Längsblattfeder / linear leaf spring 392
Längslenkerachse / trailing link axle 390
Laschenkette / shakle chain 337
Laser-Schmelzschneiden / laser fusion welding 64
Laserstrahlhartlöten / laser beam hard soldering 75
Laserstrahlschweißen / laser beam welding 80
Lastkraftwagen / truck 154
Läufer / rotor 294, 556
Lautstärke / sound level 283
Leerlaufeinrichtung / idle speed unit 459
Legierbarkeit / alloyability 94
Legierter Stahl / alloyed steel 96, 97
Legierung / alloy 91
Lehre / gauge 37, 42
Leichtbau / light-weight 442
Leichtkraftrad / light motorcycle 449
Leichtmetall / light metal 100, 440
Leichtmetall-Sternrad / light metal star-wheel 472
Leistung, effektive / effective power 204
Leistung, elektrische / electrical power 134

Leistungsbremse / performance brake 204
Leistungsmessung / performance measurement 204
Leiterrahmen / ladder-type frame 433, 488
Leiterschleife / conductor loop 137, 521, 555, 556
Leitfähigkeit, elektrische / electric conductibility 93
Leitfähigkeit, thermische / thermal conductibility 93
Leitrad / reactor 327
Leitschaufel / guide blade 240
Leitschaufel, verstellbare / adjustable guide blade 240
Lenkachse / pivot 359
Lenker / suspension link 386
Lenkerlagerung / steering bearing 386
Lenkgestänge / steering linkage 360
Lenkgetriebe / steering gearbox 361, 367
Lenkhebel / linkage lever 359
Lenkkopf / steering head 469
Lenkrollhalbmesser / kingpin offset 355
Lenkrollhalbmesser, negativer / negative kingpin offset 355
Lenkrollhalbmesser, positiver / positive kingpin offset 354, 355
Lenksäule / steering column 362
Lenkspindel / steering spindle 362
Lenktrapez / steering trapeze 359, 360
Lenkung / steering 359, 491
Lenkung, hydrostatische / hydrostatic steering 492
Lenkungsdämpfer / steering shock absorber 363
Lenkungsspiel / steering clearance 367
Lenzsche Regel / Lenz rule 139
Leuchtdiode / light emitting diode 145, 562
Leuchte / headlight 561
Leuchtweitenregulierung / headlight range adjustment 565
LHFM-Jetronic / LHFM-Jetronic 188
Lichtabhängiger Widerstand (LDR) / light dependent resistor 573
Lichtbogen-Handschweißverfahren / manual arc welding process 80
Lichthupe / headlight flasher 569
Lichtquelle / source of light 561
Lichtsensor / light sensor 580
Lichtwellenleiter / optical waveguide 589
Liefergrad / volumetric efficiency 164, 235, 238
Liftachse / lift axle 491

LIN-Bus / LIN-bus 588
LIN-Bus-Datenprotokoll / LIN-bus-data report 588
lineare Federkennlinie / linear spring characteristic 369
LIN-Mastersteuergerät / LIN-master control device 588
LIN-Slave-Steuergerät / LIN-slave-control device 588
L-Jetronic / L-Jetronic 188
Lochdüse / hole-type nozzle 214, 215
Lochkorrosion / hole corrosion 444
Logikplan / logic chart 115
Lösestellung 500
Loslager / movable bearing 321
Lösungsmittelkleber / solvent adhesive 83
Lötverbindung / soldering connection 75
Lötverfahren / soldering process 75
Lötvorgang / soldering event 76
Lotwerkstoffe / solder material 76, 77
Low-Speed-CAN-Bus / low-speed-CAN-bus 586
Luftbedarf / air requirement 179
Lüfter / blower 278, 279
Luftfederbein / air-spring strut 373
Luftfederung / air suspension 373, 494
Luftfederungsanlagen / air suspension system 373
Luftfilter / air filter 175
Luftfunkenstrecke / spark air gap 534
Luftgleitfunkenstrecke / surface air spark gap 534
Luftkühlung / air cooling 277
Luftmasse / air mass 185, 574
Luftmassenmesser / mass air-flow meter 184, 574
Luftmassenmesser mit Hitzdraht / mass air-flow meter with hot wire 188
Luftmengenmesser / air-volume meter 184, 186, 188
Luftpresser / brake-air compressor 497
Lüftspiel / air space 302, 413, 417
Lufttrockner / air dryer 498
Luftverhältnis Ï / air ratio 179, 285
Luftwiderstand / aerodynamic drag 437
Luftzahl / excess-air factor 179

M

Magmesium / magnesium 101
Magnetabscheider / magneto seperator 175
Magnetfeld / magnetic field 136, 137, 141, 521

Magnetgenerator / permanent magneto generator 463
Magnetismus / magnetism 136
Magnetventil / magneto valve 213, 333, 581
magnetventilgesteuerter Injektor / magneto-valve steered injector 222
Magnetzündanlage / magneto ignition system 463
Magnetzünder-Generator / flywheel magneto generator 463
MAG-Verfahren / MAG welding 79
Mariotte, Edmé 158
Martensit / martensitic 86
Maschinenschutz / protection of machines 15
Masse / mass 127
Maßeinheit / unit of measurement 37
Maßtoleranz / dimensional tolerance 43
Maßverkörperung / material measure 38
Maulkupplung / opening clutch 513
McPherson-Federbeinachse / McPherson- strut 389
Mehrbereichsöl / multi-grade oil 272
Mehrbereichs-Zündkerze / multi-grade sparkplug 534
Mehrkreisschutzventil / multiple-circuit protection valve 499
Mehrlenkerachse / multi.link suspension 389, 391, 392
Mehrlochdüse / multi-hole nozzle 214
Mehrpunkteinspritzung / multi position injection 180, 185, 190
Mehrscheibenkupplung / multi-disk clutch 306, 465
Mehrventiltechnik / multi-valve technology 235
Meißeln / chiseling 56
Membranfederkupplung / diaphragm spring clutch 304
Membranfederkupplung, gezogen / drawing diaphragm spring clutch 303
Membranfederung / diaphragm spring 302
Membranpumpe / diaphragm pump 460
Membransteuerung / diaphragm steering 453, 454
Membranzylinder / diaphragm cylinder 501
ME-Motronic / ME-Motronic 189, 190
Mengenstellwerk / fuel quantity actuator 208
Messabweichung / measuring difference 38
Messen / measuring 37

Messgerät / measuring device 37, 39
Messgröße / measuring quantity 37
Messschieber / slide gauge 39, 40
Messschraube / micrometer 40, 41
Messuhr / dial gauge 41
Messwertaufnehmer / recording device 357
Metalldichtung / metal gasket 259
Metallkatalysator / metal catalyst 286
Metallschutzgasschweißen (MSG) / metal inert gas shielded arc welding 78
Meter / meter 37
Methanol / methanol 166
MIG-Löten / MIG-hardening 75
MIG-Verfahren / metal electrode inert gas welding 79
Mikrocomputersystem / micro-computer system 584
Mikroprozessor / microprocessor 584
Miniblock-Feder / miniblock-spring 370
Minusdiode / negative diode 524
Minutenring / tapered compression ring 249
Mischkammer / mixing chamber 457
Mischverhältnis / mixture ratio 461
Mitarbeiterverhalten / relation of stuff member 30
Mittelmotorantrieb / central engine drive 300
Modem / modem 124
Modul / module 320
Modulatordruck / modulator pressure 333
Molekül / molecule 91
Mono-Jetronic / Mono-jetronic 187
MOST-Bus / MOST-bus 589
Motocross-Motorrad / motocross-motorcycle 449
Motor / engine 478
Motoraufhängung / engine suspension 264
Motorbremse mit Auspuffklappe / engine brake with butterfly valve 507
Motorbremse mit Konstantdrossel / engine brake with constant throttle 507
Motordrehmoment / engine torque 204, 206, 244
Motorenöl / engine oil 270, 271
Motorenöle nach ACEA / ACEA engine-oil 273
Motorfüllungssteuerung, elektronische / electronic engine filling control 190
Motorkennlinie / engine graphs 204, 205

Motorklopfen / engine kocking 165
Motorkühlung / engine cooling 461
Motorleistung / engine power 205
Motorrad / motorcycle 449
Motorradrahmen / motorcycle frame 468
Motorroller / scooter 449
Motorschleppmomentregelung (MSR) / engine-drag torque control 425
Motorschmierung / engine lubrication 267
Motorsteuerung / engine management 225
Motortemperaturfühler / engine temperature sensor 573
Motortester / engine tester 132, 553
MPI-Anlage / MPI- system 188
Multifunktionsregler / multifunctional controller 525
Multimeter / multimeter 129
Multivibrator, astabiler / astabile multivibrator 567
Mutternarten / types of nuts 69
Mutternwerkstoff / material for nuts 69

N

Nachladung / supercharging 454
Nachlauf / castor 356
Nachspur / toe-cut 353
Nachstellvorrichtung / adjusting device 413
Nadelbewegungsfühler / nozzle motion sensor 215
Nadeldüse / pintle nozzle 458
Nadellager / needle bearing 320
Nageln / diesel knock 198
Nasenkolben / deflector piston 453
Nassfilter / wet filter 175
Nasssiedepunkt / wet boiling point 412
Naturgummi / natural rubber 102
Navigationssystem / navigation system 602
Nebenantrieb / auxiliary power take-off 488
Nebenstromfilter / partial-flow filter 269
Nehmerzylinder / slave cylinder 308
Nennkapazität / nominal capacitance 517
Nennmaß / nominal dimension 43
neutrale Faser / neutral fibre 51
Neutrale Flamme / neutral flame 81
NICHT-Funktion / NOT-function 118
niederfrequente Schwingung / lower-frequent vibration 383
Niedergasdruck / low-gas pressure 377
Niederquerschnittsreifen / low section tyre 472, 473

Niederquerschnitts-Stahlgürtelreifen / low section steel-belt tyre 511
Nietarten / types of rivet 72
Nietverbindungen / rivet connection 72
Nietvorgang / rivet process 72
Nitrierhärten / nitrate hardening 88
Niveauregulierung / level control system 378, 494
Niveauregulierung, hydraulische / hydraulic level control system 378
Niveauregulierung, pneumatische / pneumatic level adjustment 378
Nocken, flacher / flat cam 227
Nocken, steiler / steep cam 227
Nockenwelle / camshaft 226, 227
Nockenwellensensor / camshaft sensor 191
Nockenwellenverstellung / camshaft adjustment 236
Nonius / vernier 39
Normalglühen / normalizing 87
Normalkraft / standard force 420
Normallehre / standard gauge 42
Normaloszillogramm / standard oscilloscope 554
Normung / standards 95
Notlaufsystem / emergency running system 511
NTC-Widerstand / NTC-resistor 142
Nutzhub / effective stroke 213
Nutzleistung / effective power 206

O

obengesteuerter Motor / overhead valve engine 225
oberer Totpunkt (OT) / top dead center 158
Oberflächenschutz / surface protection 444
ODER-Funktion / OR-function 118
ODER-Ventil / OR-valve 13
offener Wirkungsablauf / open effiency running 109
ohc-Motor / overhead camshaft engine 226
Ohm / ohm 127
Ohmsches Gesetz / Ohm's law 128
ohv-Motor / overhead valve engine 226
ökologische Eigenschaft / ecological quality 94
Oktanzahl / octane number 16
Ölabsteifring / oil scraper ring 248
Ölbadluftfilter / oil-bath air filter 175
Öldruckmesser / oil-pressure meter 270
Öldruckschalter / oil-pressure switch 270

Ölfilter / oil filter 269
Ölfiltermodul /oil-filter module 269
Ölkühler / oil cooler 269, 281
Ölkühlung, thermostatgeregelte / thermostate-controlled oilcoolant 461
Ölpumpe / oil pump 267, 268, 328
Öltemperatur / oil temperature 271
Ölwanne / oil sump 263
Ölzustandssensor / oil sensor 270
On Board Diagnose (OBD) / on-board diagnostic 591
Open-Deck-Ausführung / open-deck-process 261
Operationsverstärker / operational amplifier 148
Oszilloskop / oscilloscope 131, 590
Otto, Nikolaus August 151
Ottokraftstoff / petrol 167, 169
Ottomotor / spark-ignition engine 157
Oxidation / oxidation 91
Oxidschicht / oxide layer 78

P

Panhardstab / Panhard rod 388
Parabelfeder / parabola spring 493
Paraboloidreflektor / paraboloid reflector 562
Parallaxenfehler / parallax flaut 38
Parallelschaltung / parallel connection 133
Partikelfilter / particulate filter 289
Partikelfiltersystem mit Additiven / particulate filter system with additive 290
Pascalsches Prinzip / Pascal's principle 405
Passfeder / fit.spring 71
Passive Sicherheit / passive safety 434, 435
passiver Stabilisator / passive stabilizer 371
Passung / fit 44
Passungssystem / system of fits 45
Pax-System / PAX-system 398
Pendelschieberpumpe 268
Peripheralpumpe / peripheral pump 172
Perlit / perlite 85
Permanentmotor / permanent engine 582
Personalführung / personal management 130
Personenkraftwagen / passenger car 154
Personenschutz / personally security 11
Persönliche Schutzausrüstung / private protective eqiupment 14

Pflanzenölmotor / vegetable-oil engine 296
Piezoelement / Piezo element 221
piezogesteuerter Injektor / Piezo-steered injector 222, 223
Pilzstößel / mushroom tappet 228
PKW-Dieselmotoren / passaenger car-Diesel engine 208
Planetengetriebe / planetary gearbox 329
Planetenrad / planet wheel 329
Planetenradsatz / planetary wheel set 329
Planetenträger / planet carrier 329
Plasmaschneiden / plasma cutting 63, 64
Plastizität / plasticity 92
Plattendrehschieber / rotary disk valve 454
Pleuellager / connecting-rod bearing 251
Pleuelstange / connecting-rod 243, 251
Pleuelstangenkraft / connecting-rod force 243
Plunger-Prinzip / Plunger principle 422
Plusdiode / positive diode 524
PM-Filter / PM-filter 290
pneumatische Schaltkraftunterstützung / pneumatic drive power support 485
Polygonprofile / polygon profile 71
Portalachse / portal axle 491
Potenziometer / potentiometer 142, 184, 573
Prallscheibe / impact disk 377
Presssitz / press fit 255
Pressverbindung / compression connection 65, 66
Primärantrieb / primary drive 465
Primärmanschette / primary cup seal 407
Primärspule / primary coil 137
Primärstrom / primary current 529, 537
Primärstrombegrenzung / primary current limiting 543, 544, 554
Primärstromstärke / primary current 544
Primärwicklung / primary winding 529
Profilverbindung / profile connection 71
Progressive Feder / progresive spring 369
Progressive Federkennlinie / progressive spring rate 369
Prüf- und Messgerät / testing and measuring device 216
Prüfadapter / test adapter 591

Prüfmarke / test point 477
Prüfmittel / measuring and inspection equipment 37
Prüfstellung / test method 502
Prüfung und Einstellung von Zündanlagen / testing and adjusting of ignition systems 553
PTC-Heizwiderstand / PTC-heat-resitor 577
PTC-Widerstand / PTC- resistor 142
Pumpe-Düse-Einheit (PDE) / unit injector 217, 218
Pumpe-Düse-System / pump-nozzle system 217
Pumpe-Leitung-Düse (PLD) / unit pump 217, 219, 220
Pumpenelement / pump element 209, 408
Pumpenrad / impeller 327
Pumpenumlaufkühlung / pump circulation cooling 277, 278
Pumpzelle / pump cell 578
Punktschweißkleben / spot welding glueing 78
Punktschweißzange / spot welding pliers 77
p-V-Diagramm / p-V diagram 161, 197

Q

Qualitätskontrolle / quality control 24
Qualitätsmanagement / quality-management 26
Qualitätsregelung / quality regulation 157, 196
Qualitätsstahl / quality steel 97
Querschnittsverhältnis / cross section ratio 396
Querstromspülung / cross-flow scavening 452, 453

R

R134a 596
Rad / wheel 393, 510
Radaufhängung / wheel suspension 386, 389, 489
Radbefestigung / wheel fitting 394
Radbremse / wheel brake 509
Radformel / wheel formula 476
Radial-Hochdruckpumpe / radial high-pressure pump 211
Radialkolbenpumpe / radial piston pump 211, 212
Radialkraft / radial force 244
Radiallager / radial bearing 254
Radialreifen / radial ply tyre 395, 473
Radlager / wheel bearing 388
Radscheibe / wheel disk 393
Radschutz / wheel protection 600
Radsensor / wheel sensor 343

Radstand / wheel base 353
Radstellungen / wheel base 353
Radunwucht / wheel imbalance 400, 401
Radzylinder / wheel brake cylinder 413
Rahmen / frame 432, 488
Raildruck / rail pressure 220
RAM / random access memory 122
Randschichthärten / boundary layer hardening 88
Rauchgastester / smokemeter 217
Ravigneaux-Getriebe / Ravigneaux-gearbox 329, 330
RDS / Radio-Data-System 603
Reaktionskleber / mixed adhesive 83
Reaktionszeit / reaction time 405
Rechtecksring / reangle ring 249
Rechtecksspannung / reangle voltage 536
Rechtsgewinde / right-handed thread 68
Recycling / recycling 20
Reduktion / reduction 91
Reed-Relais / Reed-relay 141
Referenzgeschwindigkeit / referenz speed 421
Reflektion / reflection 284
Reflektorarten / types of reflection 562
Reflexionsschalldämpfer / resonator-type silencer 284
Regelglied / controlling element 246
Regelgröße / controlled variable 572
Regelkreis / control loop 110
Regeln / closed loop controlling 110
Regelschieber / control valve 333
Regelstrecke / controlled system 110
Regelung / reulation 110
Regelung des Qualitätsmanagements / regulation of quality-mamagement 26
Regensensor / rain sensor 580
Registeraufladung / sequential supercharging 240, 241
Regler / regulator 572
Regler, elektronischer / electronic controller 526
Reibahle / reamer 60
Reiben / reaming 60
Reibflächenpaarung / frition surface in pairs 301
Reibkraft / reaming force 301
Reibung / friction 265
Reibungskraft / frictional force 265
Reibungskupplung / friction clutch 301, 315
Reibungszahl / coefficient of friction 265, 301

Sachwortverzeichnis / Index

Reibungszustand / friction support 266
Reifen / tyre 395, 511, 512
Reifenabmessung / tyre dimension 473
Reifenangabe / tyre dimension 397
Reifenaufbau / tyre contruction 396
Reifenbauart / tyre design 395, 396
Reifenbezeichnung / tyre designation 396, 512
Reifenbreite / tyre width 396
Reifendruckkontrollsystem / tyre-pressure control system 511
Reifendruckmessung / tyre-pressure measurement 399
Reifenfüllanschluss / tyre filling connection 498
Reifen-Kontrollsystem / tyre control system 398
Reifen-Notlauf-System / tyre-emergency run system 397
Reifenprofil / tyre profile 511
Reifensicherheitssystem / tyre safety sytem 511
Reihenschaltung / serial connection 133
Reihenschlussmotor / series wound engine 557
Reisegeschwindigkeitsregelung, adaptive / adaptiv cruising speed control 429
Reklamation / query 29
Reklamationsgespräch / query conversation 29
Rekristallisationsglühen / process annealing 87
Relais / relay 140, 141, 172
Relaisschaltung / relay connection 141
Relaisventil / relay valve 502
Remanenz / residual magnetism 137
Reparaturanleitung / repar instruction 36
Reparaturauftrag / repair work 31
Resonanz / resonance 284, 368,
Resonator / resontor 285
Response / response 588
Retarder, elektrodynamischer / electro-dynamic retarder 508
Retarder, hydrodynamischer / hydro-dynamic retarder 507
Rettungszeichen / rescue signs 12
rezessiver Zustand / rezessive support 587
Rillenkugellager / grooved ball bearing 320, 388
Rollbalg / roller skin 494
Rollenbremsprüfstand / chassis dynamometer 404
Rollenkette / roller chain 465

Rollenkettenantrieb / roller chain drive 226, 467
Rollenkipphebel / roller dumping lever 229
Rollen-Leistungsprüfstand / roller dynamometer 207
Rollenstößel / roller tappet 228
Rollenzellenpumpe / roller vane pump 171
Rollnahtschweißen / rolling seal welding 78
Rollreibung / rolling friction 266
Rollreibungskraft / rolling friction force 266
ROM / read only memory 122
Rootsgebläse / Roots blower 242
Rotationsschwingungsdämpfer / rotation vibration damper 471
Rotationsviskosimeter / rotation viscos-meter 271
Rotor / rotor 204
Rotorpumpe / rotor-type pump 268
Rückförder-Prinzip / reverse flow principle 422, 423
Rückhaltesystem / restraint system 435
Rücklauffreies Kraftstoffsystem / free-reversing fuel system 182
Rückstellmoment / retraction torque 355
Rückstromerkennung / return-flow control 190
Ruhestromabschaltung / peak coil current desconnection 544, 545, 554
Run Flat Reifen / run-flat tyre 398
Rundschiebervergaser/ radial control vacuum carburetor 458
Rußpartikelemission / soot particle emission 289

S

S intern / sintering 49
SAE-Klasse / SAE-viscosity category 271, 272
Sägen / sawing 56
Sandwichbauweise / sandwich construction 433
Sattelkupplung / fifthwheel 513
Saugbrenner / suction combustioner 81
Saugluft-Bremskraftverstärker / vacuum brake power assist unit 409
Saugrohr, stufenloses / free-state intake manifold 236
Saugrohrdrucksensor / inlet manifold pressure sensor 184
Saugrohreinspritzung / inlet manifold injection 159

Schadstoff / pollutants 285
Schadstoffgrenzwert / pollutants limit value 288
Schall / sound 283
Schalldämpfer / silencer 283
Schalldämpfung / sound damper 284
Schallgeschwindigkeit / velocity of sound 283
Schallpegel / sound level 283
Schaltelement / control element 332
Schaltgetriebe / manual gearbox 483, 484
Schaltklauengetriebe / shifting dog gearbox 466
Schaltkranz / shifting rim 314
Schaltmöglichkeiten eines Planetengetriebes / shift-possibility of planetary gearbox 329
Schaltmuffe / sliding sleeve 314, 316
Schaltmuffengetriebe / sliding sleeve gearbox 314, 315
Schaltplan / connection diagram 115
Schaltsaugrohr / shift induction pipe 235
Schaltschieber / shift valve 333
Schalttransistor / switch transistor 530, 536
Schaltung / connection 118
Schaltungsart / types of connection 522
Schaltvorgang / shifting operation 314
Scheiben, eingeklebte / glue-in glass 441
Scheibenbremse / disk brake 415, 509
Scheibendiagramm / disk diagram 385
Scheibenfeder / disk spring 71
Scheibenrad / web disk wheel 393
Scheinwerfer / headlamp 561
Scheinwerfer-Einstellgerät / headlamp adjust device 567
Scheinwerfereinstellung / headlamp adjustment 566, 567
Scheinwerferreflektoren / headlamp reflector 562
Scherschneiden / shearing 55
Schicht-Katheizen / stratified catalytic heating 192
Schichtladung / stratified charging 192
Schichtladungsbetrieb / stratified-charge operation 191
Schieberadgetriebe / sliding-gear coundershaft gearbox 314
Schiebersteuerung / sleeve control 454
Schiebervergaser / contrlvacuum carburetor 458
Schiefe Ebene / inclined plane 66
Schlauch / hose 401
Schleifen / grinding 62

Schleifmittel / grinding agent 63
Schlepphebel / towing lever 229
Schleuderluftfilter / centrifugal air filter 176
Schließwinkel / dwell angle 530, 536
Schließwinkelkennfeld / dwell angle map 542
Schließwinkelregelung / dwell angle control 537, 544
Schließzeit / dwell period 530
Schlupf am Rad / slippage of wheel 420
Schmelzpunkt / melting point 93
Schmieden / forging 50
Schmiedstoff / forged material 103
Schmierfett / lubricating grease 273
Schmieröl / lubricating oil 270
Schmierölfilter / lubricating oil filter 177
Schmierstoff / lubricating material 270
Schneckengetriebe / worm-gear pair 344
Schneideisen / screwing die 61
Schneidstoff, oxidkeramischer / oxide ceramic cutting material 103
Schnellladung / quick charging 519
Schnellstartgeberrad / rapid starting generator wheel 191
Schnittstelle / interface 122
Schocktester / shock tester 384
Schrägkugellager / angular-ball bearing 388
Schräglaufwinkel / oblique angle 352
Schräglenkerachse / semi-trailing arm axle 391, 392
Schrägschulterfelge / taper bead seat rim 510
Schrägverzahnung / 320, 339
Schraubenarten / types of screw 69
Schraubenfeder / coil spring 370
Schraubenfederkupplung / coil-spring clutch 304
Schraubenkraft / screw force 67
Schraubenpumpe / screw pump 171
Schraubensicherung / screw locking 70
Schraubensicherung, formschlüssige / form-fitting screw locking 70
Schraubenwerkstoff / screw material 69
Schraubverbindung / screw connection 66
Schreddersysteme / shredder system 21
Schreddertechnologie / shredder technology 22
Schreib-/Lesespeicher / write-/read storage 584
Schubgliederband / thrust link tape 337

Schub-Schraubtrieb-Starter / pre-engaged drive starter 558, 559
Schutzgas / inert gas 79
Schutzgasschweißen / inert gas shielded arc welding 78
Schwarzer Temperguss / all-black malleable cast iron 98
Schweißbarkeit / weldability 94
Schweißen / welding 77
Schweißflamme / welding flame 81
Schweißnahtarten / types of welding seam 81
Schweißnahtformen / forms of welding seam 80
Schweißverbindungen / welding connection 77
Schwellwert-Regelstrategie / pressure building-up value control strategy 381
Schwellzeit / limit time 405
Schwerkraftgießen / gravity casting 48
Schwermetall / heavy metal 99
Schwerpunkt / center of gravity 351
Schwimmer / float 457
Schwimmerkammer / float chamber 457
Schwimmernadelventil / float needle valve 457
Schwimmrahmenbremse / floating brake 416
Schwimmwinkel / attitude angle 352
Schwinge / swinging 470
Schwingungsdämpfer / vibration damper 254, 375, 377
Schwingungsdämpfer, elektronisch geregelte / electronic controlled vibration damper 381
Schwingungsdämpfung / vibration damping 471
Schwingungsvorgang / vibration process 368
Schwungrad / fly wheel 243, 256
SCR-Katalysator / SCR-catalyst 288
Seitenaufprallschutz / side impact protection 436
Seitenführungskraft / lateral force 420
Seitenkanalpumpe / side.channel pump 172
Sekundärantrieb / secondary drive 466
Sekundärluftsystem / secondary air system 287
Sekundärmanschette / secondary cap seal 407
Sekundäroszillogramm der HKZ / secondary oscilloscope pattern of HKZ 551
Sekundärspule / secondary coil 137

Sekundärstrom / secondary current 529
Sekundärwicklung / secondary winding 529
selbsteinstellende Membranfederkupplung / self-adjusting diaphragm spring clutch 303
Selbstentladung / self-discharge 518
Selbstinduktion / self-induction 139
Selbstinduktionsspannung / self-induction voltage 139
selbstnachstellende Seilzugbetätigung / self-adjusting Bowden cable lever 308
Selbstreinigungstemperatur / self-cleaning temperature 33
selbsttragender Aufbau / self-carring body types 432
Selbstzündung / compression ignition 196
Selbstzündungstemperatur / compression ignition temperature 201
Select-High-Regelung (SHR) / select-high-control 423
Select-Low-Regelung (SLR) / select.low-control 423
Sender / transmitter 589
Senken / sinking 60
Sensor / sensor 112, 572, 573, 574
serielle Datenübertragung / serial data transmission 586
Service- und Recyclingstation / service and recycling station 597
Servolectric / servolectric 364
Servolenkung / power assist steering 363
Servolenkung, elektrische / electrical power assist steering 364
Servotronic / servotronic 364
Sichelpumpe / crescent gear pump 268
Sicherheitsdatenblatt / safety data 17
Sicherheitseinrichtung / safety device 13
Sicherheits-Fahrgastzelle / safety passenger compartment 435
Sicherheitsglas / safety glass 441
Sicherheitsgurt / seat belt 435
Sicherheitslenksäule / safety steering column 362
Sicherheitsprüfung / security control 403, 477
Sicherheitssystem / security system 397
Sicherheitszeichen / safety signs 11
Sicherung / fuse 143
Sicherungsring / circlip 70, 71

Sachwortverzeichnis / Index

Sicherungsscheiben / locking washer 70, 71
Sichtprüfung für alle Fahrzeugarten / visual examination for all vehicles 292
Siebfilter / filter screen 174
Siedekurve / boiling graph 168
Siedepunkt / boiling point 280
Signalanlage / warning system 567
Signalausgabe / signal output 585
Signaleingabe / signal input 584
Signalfluss / signal flow 110
Signalform / type of signal 111
Signalhornanlage / audible warnung 568
Signalübertragung / signal transmission 587
Signalübertragung in Regelungssystemen / signal transmission in regulation units 572
Signalübertragung in Steuerungssystemen / signal transmission in control units 572
Signalverarbeitung / signal processing 584
Signalwandler / signal converter 111
Silentbloc-Gelenk / silentbloc-joint 386, 387
Siliziumdiode / silicon diode 144
Simpson-Getriebe / Simpson gearbox 329, 330
Skyhood-Regelstrategie / skyhood-control strategy 381
S-Öl / S-oil 272
Sonderabfälle aus Kfz-Betrieben / spezial toxic waste out of garages 17
Sonnenrad / sun wheel 329
Spaltkorrosion / gap corrosion 445
Spanen / cutting 55
Spannung / voltage 126
Spannungsarmglühen / stress-free annealing 87
Spannungs-Dehnungs-Diagramm / voltage expansion diagram 92
Spannungsmesser / voltmeter 128
Spannungsmessung / voltage measurement 128, 590
Spannungsprung-Lambda-Sonde / voltage jump oxygen-sensor 286, 577
Spannungssprung / voltage jump 577
Spannvorrichtung / chucking device 412
Spanwinkel / effective cutting angle 53
Spätzündung / retarded ignition 538
Speichenrad / spoked wheel 472
Speicher / storage 123
Speicherkatalysator / storage catalyst 287

Speicher-Programmierte-Steuerung (SPS) / storage-program control 117
Sperrdifferential, automatisches / automatic locking differential 343
Sperrsynchronisierung / locking synchromesh 315
Sperrsynchronisierung mit Doppelkonus / locking synchromesh with double cone 316
Sperrsynchronisierung mit Einfachkonus / locking synchromesh with single cone 316
Sperrventil / non return valve 113
Sperrwert / shut-off 342, 344
Sperrwirkung / locking effect 315
spezifische Wärmekapazität / specific thermal capacity 276
SPI 187
Spiralbohrer / twist drill 59
Splitgruppe / splitter group 484
Sport-Motorrad / sport motorcycle 449
Spreizmaß / spread dimension 255
Spreizung / spreading 355
Spritzbeginnversteller / begin of injection adjuster 209
Spritzbeginnverstellung / begin of injection adjustment 210, 213
Spritzbeginnverstellung, elektronisch geregelte / electronic-controlled begin of injection adjustment 210
Spritzbeginnverstellung, elektronische / electronical begin of injection adjustment 210, 481
Spritzlochscheibe / nozzle-hole disk 182
Spritzversteller / injection timing device 213
Spritzversteller-Magnetventil / injection timing device- magnet valve 213
Spüldruck / scavenging pressure 451
Spule / coil 137
Spülgrad / scavenging rate 452
Spülung / scavenging 451, 452
Spurdifferenzwinkel / toe difference angle 356, 360
Spurstabilität / track stabilization 426
Spurstange / steering toe rod 359, 360, 361
Spurstangenhebel / steering toe-rod arm 359
Spurweite / track width 353
Stahl / steel 94
Stahlblech / sheet steel 439
Stahlfeder / steel spring 368, 370
Stahlguss / cast steel 98
Standzeit / durability 55

Stanznietverbindung / riveting connection 73
Starrachse / solid axle 388, 392
Startanlage / starting system 464, 555
Starterart / type of starter 557, 558
Starter-Generator / starter-generator 527
Startermotor / starter motor 555
Startermotor, permanenterregter / permanent stimulate starter motor 557
Starthilfsanlage / starting aid system 201
Startspannungsanhebung / starting voltage boosting 536
Startventil, automatisches / automatic start-valve 460
Startventil, manuelles / manual start-valve 459
statische Unwucht / static unbalanced state 400
Stator / stator 204, 207, 294
Stauklappe / sensor plate 184
Stauscheibe / sensor plate 186
Steigung / ascending gradient 67
Steilschulterfelge / taper bead seat rim 510
Sternschaltung / star connection 522
Steuerdiagramm / timing diagram 197
Steuerdiagramm, symmetrisches / symmetrical timing diagram 452
Steuerdiagramm, unsymmetrisches / non-symmetrical timing diagram 453
Steuerdruck / control pressure 213
Steuergerät / control device 584
Steuergerät, eigendiagnosefähiges / self.diagnostic control device 591
Steuerkette / open loop control 109
Steuerkolben / control piston 186
Steuerkreis / open loop 141
Steuern / open-loop controlling 109
Steuerstrecke / control system 109
Steuerstromstärke / control current 141
Steuersysteme, elektronisches / electronical control system 571
Steuertransistor / control transistor 530
Steuerung / open loop control 109
Steuerung elektronischer Einspritzanlagen / controlling electronic injection system 185
Steuerung, elektrische / electric control 112, 116
Steuerung, elektronische / electronic control 117
Steuerung, hydraulische / hydraulic control 112, 113, 384

Steuerung, mechanische / mechanical control 112
Steuerung, pneumatische / pneumatical control 112, 113, 116
Steuerungsarten / types of controlling control system 112, 118
Steuerungssystem / controlling system 109
Steuerungstechnik / control1ing technology 18
Stickoxidemission / nitrogen oxide emission 288
Stiftarten / types of pin 71
Stiftschrauben / locking screw 69
Stiftverbindung / pin connection 71
Stirnrad / spur gear 319
Stirnradantrieb / spur-gear drive 226
Stirnradausgleichsgetriebe / spur differential gearbox 342
Stirnradgetriebe / spur gearbox 341
Stirnverzahnungen / spur cutting 72
Stockpunkt / pour point 273
Stoffeigenschaftändern / changing of material properties 85
Stoffgemisch / mixture of substances 91
Stoff-Leichtbau / fabric light-weight 443
Stoffschlüssige Verbindungen / material-fitting connection 75
Stoffumsetzung / material transfotmation 105
Störgröße / disturbance variable 109, 110, 112
Stößel / tappet 228
Stoßspiel / shaping clearance 249
Stoßstange/ bumper 230
Strangpressen / extrusion moulding 51
Straßenverkehrszulassungsordnung / federal motor vehicle safety standards 155
Streuscheibe / lens 564
Strom, elektrischer / electrical current 126
Stromkreis / electrical circuit 127
Strommesser / ammeter 138
Strommessung / current measurement 128
Strommesszange / current measuring pliers 130, 131
Stromstärke / current 126
Stromventil / flow control valve 114
stufenlose Ventilhubsteuerung / free-state valve-stroke control 238
stufenloses Getriebe / free-state gearbox 336
Stufenreflektor / stepped reflector 563
Sturz / wheel camber 354

Sturz, negativer / negative wheel camber 354
Sturz, positiver / positive wheel camber 354
Stützschale / backing 255
Sulfatierung / sulfating 518
Synchronisation durch Lamellen / synchronization with lamination 318
Synchronisiereinrichtung / synchronizing device 315
Synchronkörper / synchronizer part 316
Synchronring / synchronizer ring 316
System, energieumsetzendes / energy-converting system 105
System, informationsumsetzendes / information-converting system 105
System, stoffumsetzendes / material transforming system 105
System, technisches / technical system 104
Systemdruckregler / system pressure control 186
Systemgerät / system device 592
Systemgrenze / system limit 104
Systemtestgerät / system tester 591
Systemübersicht / view about systems 599

T

Tailered Blanks / tailered blanks 439, 440
Takt / stroke 157
Taktgeber / clock generator 584
Tandem-Hauptzylinder / tandem master cylinder 407, 408
Tandem-Hauptzylinder mit gefesselter Kolbenfeder / tandem master cylinder with tied piston ring 409
Tandem-Hauptzylinder, gestufter / graded tandem master cylinder 408
Tangentialkraft / tangential force 244
Tassenstößel / bucket tappet 228
Taster / inside caliper 42
Tastverhältnis / pulse duty factor 581
Tauchgrundierung / dip-priming 446
Taumelscheibenkompressor / swash-plate-compressor 596
Teamarbeit / team work 30
Technische Stromrichtung / technical direction of current 128, 146
technische Unterlagen / engineering data 590
Teilbremsung / part braking 500
Teilfunktion / partial function 106, 107
Teilsystem / partial system 106, 107
Telelever-System / telelever-system 469, 470
Teleskopgabel / telescopic fork 469

Tellerstößel / flat-base tappet 228
Temperatur / temperature 91
Thermoplaste / thermoplast 49
Thermostat / thermostat 281
Thyristor / thyristor 148, 464, 551
Thyristorzündung / thyristor ignition 551
Tiefbettfelge / dropcentre rim 394
Tiefenmessschraube / deep micrometer 40
Tiefziehen / deep-drawing 51
Titan / titanium 101
TMC / Traffic-Message-Channel 603
Toleranzsystem / tolerance system 44
Top-Feed-Einspritzventil / top-feed injection valve 182, 183
Torsen-Ausgleichsgetriebe / Torsen-differntial gear 44
Totpunkt / dead center 157
Tragachse / load axle 490
Tragbild / surface appearance 341
Tragfähigkeitskennzahl / load capacity identification number 512
Tragfähigkeitsklasse / load capacity index 396, 397
Traktionskontrolle / traction control 472
Transaxleantrieb / transaxle drive 299
Transformator / transformer 137
Transformatorprinzip / transformer principle 138
Transistor / transistor 146, 147, 529
Transistor-Batteriezündanlage / transistorized battery ignition system 530, 535, 552
Transistor-Batteriezündanlage, vollelektronische / fully-electronic-transistorized battery ignition system 547
Transistor-Endstufe / transistor driver stage 531
Transistorregler / transistor regulator 526
Transistorschaltung / transistor connection 146, 530
Transistorzündung / transistor ignition 147
Transpondersystem / transponder system 599
Trapezfeder / half keystone spring 493
Trapezring / half keystone ring 249
Trennen / cutting 53
Trennkolben/ dividing piston 377
Triebsatzschwinge / spur set swinging fork 466, 467
Tripode-Gelenk / tripod joint 347
Trockenkupplung / dry-clutch 305
Trockenluftfilter / dry-air filter 176

Sachwortverzeichnis / Index

Trockensiedepunkt / dry boiling point 412
Trockensumpfschmierung / dry-sump lubrication 267
Trommelbremse / drum brake 412, 414, 509
Tropfengröße / formatation of drop 199
Tupfer / primer 459
Turbinenrad / turbine wheel 238, 327
Turbo-Compound-System / turbo-compound-system 479
Türsteuergerät / door control device 601

U

Überbrückungskupplung / converter lockup clutch 328
Überdeckung / overlapping 255
Übersetzung / transmission 313
Übersteuern / oversteering 353, 426
Überströmkanal / overflow duct 453
Ultraschall-Innenraumüberwachung / ultrasonic passenger compartment protection 600
Umformbarkeit / plasticity 93
Umformen / metal forming 50
Umkehrspülung / loop scavenging 452
Umluftbetrieb / recirculation mode 593
Umschaltklappe / change over flap 236
Umweltschutz / enviromental protection 15
Umweltverträglichkeit / ecofriendliness 94
UND-Funktion / AND-function 118
Unfallrisiko / accident risk 14
Unfallverhütungsvorschriften / accident prevention rule 11
ungedämpfte Federung / undamped suspension 368
ungefederte Masse / unsprung mass 369
Unlegierter Stahl / unalloyed steel 96
untengesteuerter Motor / understeering engine 225
Unterbodenschutz / underbody protection 447
Unterdruckversteller / vacuum cotrol unit 539, 540
unterer Totpunkt (UT) / bottom dead center 158
Unterflurmotorantrieb / under floor engine drive 300
Untersteuern / understeering 353, 426
Unwucht, dynamische / dynamic unbalanced state 400
Upside-Down-Gabel / upside-down fork 469

Urformen / processing of amorphous materials 48
USB-Anschluss / USB-connection 122

V

Variable Dämpfung / variable damping 377
variable Schwingungsdämpfer / variable vibration damper 376
variable Übersetzung / variable transmission 362
Variantencodierung / control unit coding 686
Ventil / valve 230, 401
Ventildrehvorrichtung / rotocap 233
Ventilfeder / valve spring 232
Ventilfederteller / valve-spring cap 233
Ventilführung / valve guide 232
Ventilhubänderung / valve lift modification 237
Ventilhubsteuerung / valve lift control 237
Ventilschaftabdichtung / valve stem sealing 232
Ventilsitz / valve seat 231
Ventilsitzring / annular valve seat 231
Ventilspiel / valve clearance 230
Ventilspielausgleich / valve clearance compensation 228, 229
Ventilspielausgleicher, hydraulischer / hydraulic valve clearance adjuster 228
Ventilsteuerung, variable / variable valve actuation 236
Ventilsteuerzeit / valve timing 157, 237
Ventilüberschneidung / valve overlap 163
Verbindung, formschlüssige / form fitting connection 71
Verbotszeichen / prohibiting signs 12
Verbrennungsaussetzer-Erkennung / combustion miss control 549
Verbrennungsverfahren / combustion 200
Verbundlenkerachse / twist-beam rear axle 390
Verbundrad / composite wheel 472
Verbundsicherheitsglas / laminated safety glass 441
Verbundstoff / composite material 102
Verdampfer / vaporizer 595
Verdichten / compression 157, 451
Verdichterrad / compressor wheel 238
Verdichtungsraum / compression space 158, 258
Verdichtungsring / compression ring 248
Verdichtungstakt / compression period 159, 196

Verdichtungsverhältnis / compression ratio 164
Vergaser / carburetor 456
Vergaser, Bauteile des / components of carburator 456
Vergüten / hardening and tempering 89
Vernetzung von Steuergeräten / network of control devices 585
verstellbare Schwingungsdämpfer / adjustable vibration damper 377
Verteilereinspritzpumpe / ditributor injection pump 208, 211
Verteiler-Einspritzsystem / distributor injection system 211
Verteilergetriebe / fransfer box 344, 487
Verteilerkolben / ditributor plunger 209
Vielfachmessgerät / multimeter 129, 590
Vielstoff-Einspritzanlage / multi-material injection system 208
Vierfunken-Zündspule / four spark ignition coil 548
Vierkreisschutzventil / four-circuit protection valve 499
Vier-Punkt-Fahrerhaus 477
Viertakt-Ottomotor / four-stroke spark-ignition engine 157
Viscokupplung / visco-clutch 344, 345
Visco-Lok / visco-lok 343
Visco-Lüfterkupplung / visco-blower clutch 279
Viskosität / viscosity 271
Viskosität, dynamische / dynamic viscosity 271
Vollbremsung / total braking 500
Volllast-Kennlinie / full-load characteristics 205
Volt-Ampere-Tester / volt-ampere-tester 528
Voransaugen / pre suction 451
Vorauslass / pre.exhaust 451
Vorderachse / front axle 489
Vorderradantrieb / front wheel drive 299
Vorderrad-Aufhängung / front-wheel suspension - 469
Vorerregerstromkreis / pre-field circuit 25
Vorförderpumpe / presupply pump 209
Vorgelegeräder / countershaft 314
Vorglühanlagen / preheating system 201, 202
Vorkammerverfahren / pre chamber process 200
Vorlauf / negative castor 356
Vorratsbehälter / reservoir 499

Vorspur / toe in 353
Vorverdichten / pre.compressing 51

W

Walzen / rolling 51
Walzendrehschieber / cylindrical rotary bearing 54
Wälzkörper / rolling body 321
Wälzlager / rolling bearing 320, 321
Wankachse / roll axis 351
Wankbewegung / roll movement 371, 382
Wankel, Felix 152
Wankzentrum / roll center 351
Wärmeausdehnungszahl / coefficient of thermal expansion 93
Wärmebehandlungsverfahren / heat treatment process 87
Wärmedehnung / thermal expansion 93
Wärmeleiter / thermal conductor 275
Wärmeleitfähigkeit / thermal conductivity 275, 278
Wärmeleitung / thermal conduction 275, 277
Wärmemenge / amout of heat 276
Wärmestrahlung / heat radiation 276
Wärmeströmung / thermal convection 276, 277
Wärmeumlaufkühlung / thermosiphon cooling 277
Wärmewert / heat range 533
Wärmewert-Kennzahl / heat-range number 534
Warnblinkanlage / hazard warning system 568
Warnzeichen / hazard signs 12
Wartung / maintenance 15, 384
Wartungsplan / maintenance plan 33
Wartungstabelle / maintenance table 35
Wasserlacke / water lack 447
Wasserretarder / water retarder 508
Wasserstoff / hydrogen 166, 169
Wasserstoffbetrieb / hydrogen operation 296
Wasserstoffbetrieb mit Brennstoffzellen / hydrogen operation with fuell cell 297
Wechselgetriebe / variable-speed gearbox 312
Wechselgetriebe für Vorderradantrieb / variable-speed gearbox for front-wheel drive 318, 319
Wechselgetriebearten / types of variable-speed gearbox 314
Wechselspannung / alternating voltage 126, 137, 521
Wechselstrom / alternating current 126

Wegeventil / dirctional control valve 113, 422
Wegfahrsperre /electric immobilizer 599
Wegfahrsperre, elektronische / electronic immobilizer 599
Weichglühen / soft annealing 87
Weißer Temperguss / white malleable cast iron 98
Weiterverwendung / re-use 20
Weiterverwertung / further recycling 21
Wellendichtring / shaftlip type seal 321
Werkstoff / material 90, 439
Werkstoffeigenschaft / material proteries 91
Werkstoffnorm / work material standards 95
Werkzeugschneide / tool cut 53
Werkzeugstahl / tool steel 1103
Widerstand / resistance 142, 573
Widerstand, elektrischer / electrical resistance 127
Widerstand, spezifischer elektrischer / specific electrical resistance 127
Widerstandsmessung / resistance measurement 129, 590
Widerstands-Pressschweißen / resistance pressure welding 77
Widerstandssprung-Lambda-Sonde / resistance-jump oxygen sensor 578
Wiederverwendbarkeit / reusability 94
Wiederverwendung / re-use 20
Wiederverwertung / reprocessing 16, 20
WIG-Verfahren / WIG-welding 79
Windungszahl / number of turns in winding 137
Winkel / angle 37
Winkelmesse / angular measure 42
Wirbelkammer-Verfahren / turbulence chamber process 200
Wirbelstrom / eddy current 140
Wirbelstrombremse / eddy-current brake 204, 207, 508
Wirkungsgrad, effektiver, / effective efficientcy 163
Wolframschutzgasschweißen (WSG) / tungsten inert gas shieled welding 78
Wulstkern / bead core 394, 395

X

Xenon-Lampen / xenon–lamp 562, 565
Xenon-Scheinwerfer / xenon-headlamp 565

Z

Zähflüssigkeit / viscosity 271

Zahlensysteme in der Datenverarbeitung / number-systems in data-processing 120
Zahnrad / gear 312, 319, 320
Zahnradpumpe / gear pump 268
Zahnriemenantrieb / belt drive 226, 467
Zahnstange / rack 362
Zahnstangen-Hydrolenkung / rock and pinion ower steering 363
Zahnstangen-Lenkgetriebe / rack and pinion ower steering 361
Zahnteilung / tooth pitch 56
Zapfendüse / pintle nozzle 214
Z-Diode / Z-diode 145, 524
Zementit / cementite 85
Zentralausrücker / central clutch controller 309
Zentraleinheit / central processing unit 121
Zentraleinspritzung / single point injection 180, 184
Zentralventil / central valve 407
Zentralverriegelung / central locking system 598
Zentrifugalfilter / centrifugal filter 175
Zerspanbarkeit / cutting property 93
Zerteilen / sevening 54
Zertifizierung / certification 27
Ziehkeilgetriebe / draw-key gearbox 465
Zugdruckumformen / forming under combination of tensile and compressice conditions 51
Zugfestigkeit / tensile strength 92
Zugkraft / tensile force 314
Zugkrafthyperbel / tensile force hyperbola 314
Zugmaschine / towing vehicle 154
Zugstufe / rebound 375
Zündabstand / ignition interval 260
Zündanlage / ignition system 464, 529
Zündauslösung / ignition triggering 549
Zündaussetzer / misfiring 533
Zündeinheit / ignition unit 547
Zündfolge / firing order 260, 261, 532, 548
Zündfunke / ignition spark 529
Zündimpuls / ignition pulse 548
Zündimpulsgeber / ignition pulse generator 530, 535, 539
Zündkennfeld / ignited program map 540, 542
Zündkennfeld, elektronisches / electronic ignited program map 542
Zündkerze / sparking-plug 533
Zündkerzengesicht / sparking-plug face 534

Zündoszillogramm / ignition oscilloscope pattern 552
Zündoszilloskop / ignition oscilloscope 552, 554
Zündspannung / trigger voltage 529, 536
Zündspannungsbedarf / required voltage 552
Zündspannungsnadel / trigger voltage nozzle 552
Zündspule / coil 137, 531
Zündsteuergerät / ignition control unit 529, 530, 536
Zündtransformator / ignition transformer 551
Zündungsendstufe / ignition output stage 543
Zündversteller / ignition advance device 539
Zündverteiler / ignition distributor 532, 537
Zündverteiler mit Induktivgeber / ignition distributor with inductive pickup 535
Zündverzug / ignition delay 198
Zündwilligkeit / ignitability 169
Zündwinkel / ignition angle 538, 540, 541
Zündzeitpunkt / moment of ignition 538
Zündzeitpunktverstellung / ignition timing 538, 540, 541,553
zusammengebaute Kurbelwelle / build-up crankshaft 253
Zweidruckventil / twin pressure valve 114

Zweifadenglühlampe / twin filament glow-lamp 561
Zweifaden-Halogenlampe / twin filament halogen lamp 562
Zweifadenlampe / twin filament lamp 563
Zweifeder-Düsenhalterkombination / dual-spring combination of nozzle holder 215
Zwelfunken-Zündspule / double-spark coil 547
Zweigang-Automatik mit Fliehkraftkupplung / two-speed automatic with centrifugal clutch 466
Zweikanaloszilloskop / twin channel oscillscope 132
Zweikomponentenlacke / two component lack 447
Zweikreis-Bremsanlage / dual-circuit brake system 406
Zweikreis-Druckluftbremsanlage / dual-circuit pressure air brake system 496, 506
Zweimassenschwungrad / dual-mass flywheel 256
Zweipunktverstellung / two-point adjustment 237
Zweirohrschwingungsdämpfer / double-tube vibration damper 375, 377
Zweischeiben-Trockenkupplung / double disk dry-clutch 304, 305
Zweispannungsbordnetz / two-voltage vehicle elevtrical system 527
Zweistofflager / two-material bearing 255

Zweistufenfilter / two-state filter 176
Zweitaktmotor / two-stroke engine 450
Zweiweg-Gleichrichtung / two-way rectification 144, 145
Zweiwicklungsdrehsteller / two-winding torsion actuator 582
Zwillingsbereifung / twin tyres 476
Zylinder / cylinder 260
Zylinder, doppeltwirkende / double actingcylinder 114
Zylinder, einfachwirkender / single actingcylinder 114
Zylinder, flüssigkeitsgekühlter / liquid cooled cylinder 261
Zylinder, luftgekühlter / air cooled cylinder 262
Zylinderbohrung / cylinder drill 243
Zylinderkopf / cylinder head 257
Zylinderkopf, flüssigkeitsgekühlter / liquid cooled cylinder head 258
Zylinderkopf, luftgekühlter / air cooled cylinder head 258
Zylinderkopfdichtung / cylinder head gasket 257, 258, 259
Zylinderkurbelgehäuse / cylinder crankcase 263
Zylinderlaufbuchse / cylinder sleeve 261, 261
Zylinderlaufbuchse, nasse / wet cylinder sleeve 261
Zylinderlaufbuchse, trockene / dry cylinder sleeve 261
Zylinderschrauben / cylinder screw 69
Zylinderverschleiß / cylinder wear 262

Bildquellenverzeichnis / list of picture reference

Verlag und Autoren danken den nachstehend aufgeführten Firmen, Verbänden, Institutionen, Zeitschriften- und Buchredaktionen für die Bereitstellung von Bildmaterial:

3-K-Warner Turbosystems GmbH, Kirchheimbolanden (239.3)
Air Liquide Deutschland GmbH, Düsseldorf (79.8)
Aprilia, Noale/Italien (468.3d)
ARC Schweißmaschinen GmbH, Augsburg (78.1)
AS Autoteile-Service GmbH & Co., Langen (303.4, 305.4, 312.1+2)
ATE: Alfred Teves GmbH, Frankfurt/M. (416.2+3, 417.4)
Audi AG, Ingolstadt (248.2, 267.3, 336.2, 373.4-6, 381.4-6, 382.1-.3, 389.5+7, 391.6)
Autodata, Maidenhead/England (35.4)
Autoliv GmbH, Dachau (435.4)
Autorenteam (34.2, 105.3, 114.2, 119.2, 122.3, 123.4+5, 129.3+5, 130.1+3, 131.4, 132.2+3, 134.1, 136.1+3, 140.1+2, 142.1+2, 145.4, 147.1, 229.6, 234.1, 252.3, 253.4, 257.1, 263.5, 279.5, 296.1+2, 342.2, 517.3, 519.2, 556.3, 590.1, 591.2+6, 592.2)
Behr GmbH & Co., Stuttgart (278.2+3)
Beissbarth, München (358.1, 385.2, 404.1)
Bildarchiv Michler, Balzheim (86.3)
Bing-Vergaser-Fabrik: Fritz Hintermayr GmbH, Nürnberg (458.1)
BMW AG, München (15.1, 18.2, 19.3, 20.1, 21.3+4, 22.1+2, 73.7, 354.1+2, 356.1+2, 365.2+3, 371.5+6, 372.1+2, 236.2, 268.3, 343.5, 352.2-4, 353.5-7, 351.2, 355.4, 366, 448, 449.1, 449.2, 450.1, 450.2)
BMW Motoren GmbH, Steyr/Österreich (98.2)
BMW Motorrad, München (461.4+5, 462.1, 464.3, 466.2, 467.4+5, 469.5, 470.3 471.4+5, 472.1)
Bosch Esitronic: Robert Bosch GmbH, Stuttgart (36.1+2)
Bosch: Robert Bosch GmbH, Stuttgart (122.1, 125.1, 193.5, 214.1+4, 216.2, 220.1+2, 222.2, 223.3, 514, 518.1, 521.2, 523.7, 527.3+5, 532.3, 533.5, 534.2, 535.4+6, 541.4, 543.4, 548.1+4, 555.2, 558.1, 563.4, 564.2, 565.4-6, 591.3+4, 592.3, 595.4, 599.3, 601.5, 602.1)
Bosch: Robert Bosch GmbH, Stuttgart und BMW AG, München (270.1, 410.2)
Bridgestone (510.8)
Büro für Umwelt- und Sanierungsberatung, Berlin (17.1)
Carl Freudenberg, Weinheim (254.1)
Continental Teves AG & Co. oHG, Frankfurt (153.3+4, 398.1, 399.4+5, 7)
Daimler Chrysler, Stuttgart (283.1, 289.4, 290.1, 324.2, 380.1+2, 383.1, 389.6, 390.2, 391.7, 435.3, 436.1, 437.6, 474, 485.5, 488.1, 489.3+4, 510.7, 549.7)
Dell'Orto, Stein-Diese GmbH, Braunschweig (459.2)
Deutsches Museum, München (150)
Eaton Ltd., Hounslow7 Großbrittanien (344.3)
Eckold AG, Schweiz (74.2+3, 73.5+6)
Emitec, Lohmar (285.7, 286.1, 290.2)
EvoBus GmbH, Mannheim (433.4)
Federal Mogul GmbH & Co. KG, Wiesbaden (99.3)
Festo-Didactic, Esslingen (114.1)
Fiat AG, Heilbronn (391.5)
Filterwerk Mann und Hummel GmbH, Ludwigsburg (175.5, 176.2, 177.5+6, 178.1)
Flachglas AG, Gelsenkirchen (442.1)
Ford-Werke AG, Köln (527.4)
Foto+Grafik Dieter Rixe, Braunschweig (66.3, 81.5)
Fotostudio Druwe und Polastri, Cremlingen-Weddel (42.6, 46.3, 61.4, 148.2)
Freudenberg Dichtungs- und Schwingungstechnik KG, Weinheim (375.1)
Fronius International GmbH, Wels (75.5, 76.1)
HJS Fahrzeugtechnik GmbH & Co. KG (289.5, 291.4+5)
Honda Motor Europe (North) GmbH, Offenbach (295.4)
Institut für wiss. Fotografie, Manfred P. Klage, Lauterstein (86.1)
Keppler Kurier (476.2)
Krone Filtertechnik, Achim (178.2)

Krupp Brüninghaus GmbH, Werdohl (50.2)
KS Kolbenschmidt GmbH, Neckarsulm, Mahle GmbH, Stuttgart (247. Tab. 3)
KS Kolbenschmidt GmbH, Neckarsulm (245.3, 263.4)
LeasePlan Deutschland GmbH, Neuss (402.1)
Lemförder, ZF-Gruppe, Bremen (350)
Löhr & Bromkamp GmbH, Offenbach oder GKN Löbro GmbH (348.1+2)
Ludwig Hunger Maschinenfabrik GmbH, Kaufering (232.1)
LuK, Bühl/Baden (303.5, 307.5, 323.2)
LuK-As-Autoteile Service GmbH, Mörfelden (306.2)
Mahle GmbH, Stuttgart (101.1, 248.1)
Mahr GmbH, Esslingen (40, 40.1, 41.2, 41.5)
MAN Nutzkraftwagen (72.2, 438.2, 475.2-4, 476.1+3, 477.5+6, 478.1+2, 480.1+2, 483.2-5, 484.3, 485.4+6, 486.2, 487.3, 5+6, 489.2, 490.1-4, 492.2, 493.5-7, 494.2-4, 505.3, 508.2+3, 510.6, 513.3+4)
MCC smart GmbH, Renningen (97.1)
Mercedes Benz AG, Stuttgart (102.1, 330.2)
Messer Cutting & Welding GmbH, Frankfurt/M. (64.1)
Messer-Griesheim Schweißtechnik GmbH&Co. Groß-Umstadt (82.1)
MotoMeter GmbH, Leonberg (233.7)
Motor Presse International, Stuttgart (235.4, 237.6)
Opel: Adam Opel AG, Rüsselsheim (324.1, 442.2, 602.2)
Oskar Fischer GmbH, Rottenburg (88.1)
Pierburg GmbH & Co. KG, Neuss (171.5, 173.7, 279.6)
Porsche: Dr. Ing. h. c. F. Porsche AG, Stuttgart (298, 393.3, 404.2, 416.1)
Robert Bosch GmbH, Stuttgart (149.5, 289.3)
Rotary mechanic Lld., Zernien (293.1)
Saab-Scania, Södertälje/Schweden (386.1, 547.2)
Scania Deutschland GmbH, Koblenz (479.4, 487.4)
Schuler AG, Göppingen (439.4)
Stahlarbeiter (440.2)
Stahl-Informationszentrum, Düsseldorf (440.3)
Thyssen Fügetechnik GmbH, Duisburg (78.2+4, 80.1)
Thyssen Krupp AG, Bochum (103.2)
Thyssen Krupp Stahl AG, Thyssen (439.5, 439.6, 440.1)
TÜV Nord (477.4)
Universität Otto von Guericke Magdeburg, Institut für Werkstofftechnik, Magdeburg (98.1)
Varta Automotive GmbH&Co KgaA, Hannover (516.2)
Verkehrsmuseum Dresden, Dresden (151.1, 152.1)
Volkswagen AG, Wolfsburg (1-2, 10, 35.3, 35.5, 113.4, 156, 195.4, 196.1, 225.1, 227.3, 261.2, 269.5, 271.2, 325.3+4, 326.1, 341.6, 360.3, 390.3+4, 392.1, 393.2, 398.3, 432.1+2, 433.3, 433.5, 436.2-4, 441.4, 447.4, 579.4-7, 580.1+2, 588.1+2, 589.4+5, 596.1, 597.2, 598.1+2, 599.4, 603.3)
Volkswagen Automuseum, Wolfsburg (152.2)
Vorwerk & Sohn GmbH & Co. KG, Wuppertal (387.3)
ZF Friedrichshafen AG, Friedrichshafen (365.1, 387.4, 491.5, 492.1+3, 508.1)
ZF Passau GmbH, Passau (491.6+8)
ZF Sachs, Schweinfurt (302.1)

Umschlaggestaltung: Jürgen Brohm, Grafik-Design Studio Westermann, Braunschweig und Harald Kalkan, Braunschweig

Satz, Layout, Grafik:
dtp-Service Decker, Vechelde
Lithos, Braunschweig
Wolfgang Seipelt, Technisch-Grafische Abteilung Westermann, Braunschweig
Sperling Info-Design, Gehrden/Everloh
dtp-Studio Wiegand, Gelsenkirchen

Übersetzung ins Englische: Erika Prömel, Berlin

Schaltpläne

In der Kraftfahrzeug-Elektrik werden **Schaltpläne** überwiegend in der Form von **Stromlaufplänen** dargestellt. Der Stromlaufplan zeigt die Wirkungsweise einer Schaltung in übersichtlicher Darstellung. Schaltungen kleineren Umfangs werden oft als Stromlaufpläne in **zusammenhängender Darstellung** gezeichnet (s. Abb.). Dabei werden die Geräte mit oder ohne Innenschaltung dargestellt. Die räumliche Anordnung der Schaltzeichen entspricht dabei der Anordnung der Geräte im Kraftfahrzeug. Bei der **aufgelösten Darstellung** von Stromlaufplänen wird auf den örtlichen und oft auch mechanischen Zusammenhang der Geräte zum Vorteil der Übersichtlichkeit des Schaltplanes verzichtet. Die **Stromkreise** werden dabei einzelnen **Abschnitten** zugeordnet (s. Abb. nächste Seite). Die **Stromwege** werden vorzugsweise von links nach rechts oder von oben nach unten angeordnet. Die Geräte werden durch **genormte Kurzzeichen** benannt und in einer **Geräteliste** aufgeführt. In beiden Stromlaufplanarten werden **genormte Klemmenbezeichnungen** verwendet. Diese sollen ein möglichst fehlerfreies Anschließen der Leitungen an den Geräten ermöglichen.

Beleuchtungsanlage in a) zusammenhängender und b) aufgelöster Darstellung

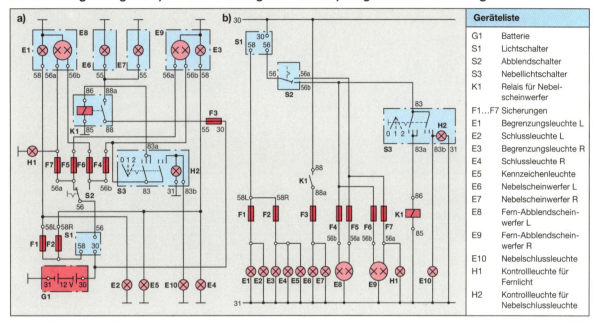

	Geräteliste
G1	Batterie
S1	Lichtschalter
S2	Abblendschalter
S3	Nebellichtschalter
K1	Relais für Nebelscheinwerfer
F1…F7	Sicherungen
E1	Begrenzungsleuchte L
E2	Schlussleuchte L
E3	Begrenzungsleuchte R
E4	Schlussleuchte R
E5	Kennzeichenleuchte
E6	Nebelscheinwerfer L
E7	Nebelscheinwerfer R
E8	Fern-Abblendscheinwerfer L
E9	Fern-Abblendscheinwerfer R
E10	Nebelschlussleuchte
H1	Kontrollleuchte für Fernlicht
H2	Kontrollleuchte für Nebelschlussleuchte

Klemmenbezeichnungen nach DIN 72 552 (Auszug)

Klemme	Bedeutung	Klemme	Bedeutung
1	Zündspule, Zündverteiler (Niederspannung)	56a	Fernlicht und Fernlichtkontrolle
4	Zündspule, Zündverteiler (Hochspannung)	56b	Abblendlicht
7	Plus am Impulsgeber	56d	Lichthupenkontakt
15	Geschaltetes Plus	57a	Parklicht
15a	Ausgang am Vorwiderstand zur Zündspule und zum Starter	57L	Parklicht links
		57R	Parklicht rechts
15x	Geschaltetes 15 am Zünd-Start-Schalter	58	Begrenzungs-, Schluss-, Kennzeichen- und Instrumentenleuchten
16	Eingang Zündschaltgerät von Klemme 1		
30	Batterie Plus (direkt)	58L	Begrenzungs- und Schlusslicht links
30b	Geschaltetes Plus am Warnblinkschalter	58R	Begrenzungs- und Schlusslicht rechts
31	Rückleitung zur Batterie-Minus oder Masse (direkt)	83	Eingang Nebellichtschalter
31b	Rückleitung zur Batterie-Minus über Schalter	83a	1. Ausgang für Nebelscheinwerfer
31d	Minus am Impulsgeber	83b	2. Ausgang für Nebelschlussleuchten
49	Blinkgeber-Eingang	85	Ausgang für Relaiswicklung (Minus oder Masse)
49a	Blinkgeber-Ausgang	86	Eingang Relaiswicklung
50	Startersteuerung (direkt)	88	Eingang Relaiskontakt bei Schließer
53	Wischermotoreingang (Hauptanschluss)	88a	Ausgang Relaiskontakt bei Schließer
53a	Wischermotoreingang (Endabstellschalter)	B+	Batterie-Plus am Generator
53b	Wischermotoreingang (Nebenschlussfeld)	B–	Batterie-Minus am Generator
53c	Wischermotorausgang für Scheibenspülerpumpe	D+	Dynamo-Plus (Generator, Regler)
55	Nebelscheinwerfer	D–	Dynamo-Minus (Generator, Regler)
56	Scheinwerferlicht, Fahrlicht	DF	Dynamo-Feld (Generator, Regler)

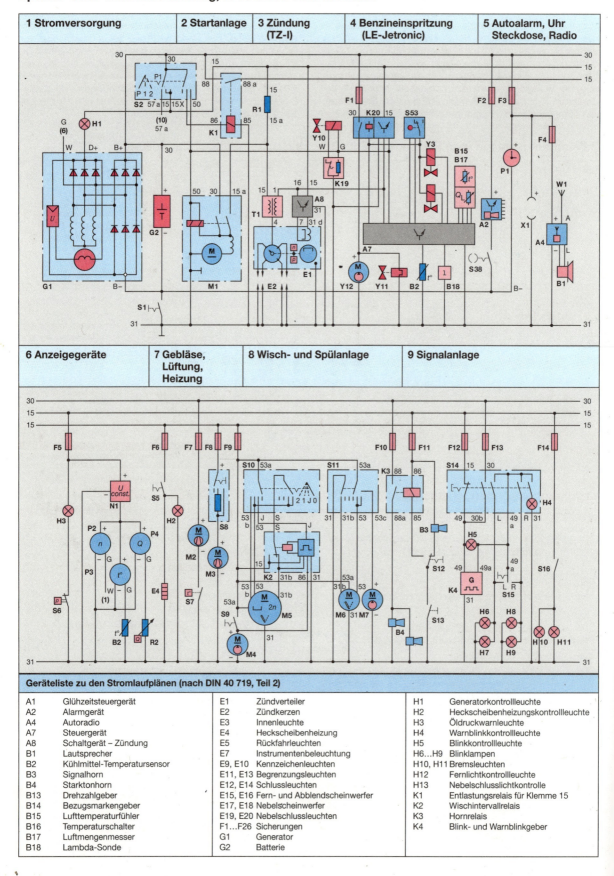